U0263461

国家科学技术学术著作出版基金资助出版

太赫兹真空电子器件原理与技术

刘文鑫　王金淑　著

科 学 出 版 社

北　京

内 容 简 介

本书主要阐述真空电子学太赫兹源基本原理及相关技术，内容分为两部分共九章：第一部分是第1章至第7章，主要阐述太赫兹史密斯–珀塞尔辐射源、超短电子束团的太赫兹辐射源、行波管、返波管、扩展互作用速调管、回旋管的基本原理，以及新型太赫兹辐射源的方法和相关研制成果、实验等，在此基础上，阐述了太赫兹源的基本应用。第二部分是第8章和第9章太赫兹真空电子器件相关技术，主要是阴极技术和微纳加工技术，分别介绍太赫兹阴极高发射机理及太赫兹微纳结构制备方法。

本书适合从事真空电子学领域的科研、教学人员及相关专业的研究人员阅读，同时对从事太赫兹波的传输、检测及应用的广大科研人员也有重要的参考价值。

图书在版编目(CIP)数据

太赫兹真空电子器件原理与技术/刘文鑫，王金淑著. —北京：科学出版社，2024.7

ISBN 978-7-03-047854-2

Ⅰ. ①太… Ⅱ. ①刘… ②王… Ⅲ. ①电磁辐射–研究 ②真空电子学–研究 Ⅳ. ①O441.4 ②O46

中国版本图书馆 CIP 数据核字(2016)第 056213 号

责任编辑：周 涵 杨 探 / 责任校对：彭珍珍
责任印制：赵 博 / 封面设计：无极书装

科学出版社 出版
北京东黄城根北街 16 号
邮政编码：100717
http://www.sciencep.com
北京建宏印刷有限公司印刷
科学出版社发行 各地新华书店经销
*
2024年7月第 一 版 开本：720×1000 1/16
2025年1月第二次印刷 印张：37
字数：744 000

定价：298.00 元

(如有印装质量问题，我社负责调换)

序

太赫兹波是处于微波与光波之间的电磁波，具有重大的应用前景。太赫兹源是太赫兹波广泛应用的关键，真空电子学太赫兹源由于具有功率大、抗辐射强等特点，在军民领域具有更大的应用前景。

《太赫兹真空电子器件原理与技术》一书主要包括太赫兹史密斯–珀塞尔辐射源、超短电子束团的太赫兹辐射源、行波管、返波管、扩展互作用速调管，以及大功率回旋管与自由电子激光，同时对太赫兹阴极技术及微纳加工技术进行阐述。该书针对太赫兹真空电子器件输出功率小、互作用效率低的难点，提出了多种新方法解决该技术瓶颈，对发展高性能真空电子辐射源具有重要的参考与应用价值。

该书由中国科学院空天信息创新研究院刘文鑫研究员和北京工业大学王金淑教授完成。刘文鑫研究员长期从事真空电子太赫兹源研究，承担了国家重点研发计划、国家自然科学基金重点项目等研究任务，具有丰富的太赫兹真空电子器件理论和实际研制经验，研究成果获得了军队科学技术进步奖二等奖等；王金淑教授是国家杰出青年科学基金及教育部“长江学者奖励计划”获得者，长期从事阴极材料研究，具有丰富的理论与研究经验。该书囊括了作者多年的研究成果，条理清晰、层次分明、逻辑性强，对太赫兹源研究具有理论指导和应用参考价值。

太赫兹科学与技术是一门前沿学科，该书的出版填补了太赫兹真空电子学的空白，对太赫兹科学与技术的发展具有积极作用。

吴一戎

中国科学院院士

2024 年 7 月

前　　言

太赫兹波是指频率在 0.1～10THz（$1\text{THz} = 10^{12}\text{Hz}$）频段内的电磁波，位于微波毫米波与红外线之间，处于宏观电子学向微观光子学的过渡区域。太赫兹波具有频率高、光子能量小等特性，是人类探索未知世界的有力工具。

太赫兹源是太赫兹波应用的关键，产生太赫兹波的主要方式包括光学、半导体和真空电子学等，其中基于真空电子学的太赫兹源由于具有功率大、频带宽、抗辐射强等特点，是太赫兹科学与技术的重点研究领域。

本书系统地阐述了太赫兹真空电子器件的基本原理及其研制的关键技术，主要包括太赫兹史密斯–珀塞尔辐射源、超短电子束团的太赫兹辐射源、行波管、返波管、扩展互作用速调管、回旋管，以及新型太赫兹辐射源的基本原理和相关研制成果、实验等，在此基础上，阐述了太赫兹真空电子器件研制的关键工艺技术，主要包括阴极制备技术和高频系统微纳加工技术。

本书共 9 章，第 1～7 章和第 9 章由刘文鑫研究员撰写，第 8 章由王金淑教授撰写，全书由刘文鑫统稿。

本书是作者多年来科研工作的凝练和总结，并进行了归类和拓展。在撰写和出版过程中，感谢中国科学院空天信息创新研究院院长吴一戎院士的指导和大力推荐；感谢中国科学院电工研究所王秋良院士的指导和大力支持；感谢国家自然科学基金委员会信息学部常务副主任张兆田研究员的指导和关心。

在全书成稿过程中，作者刘文鑫的导师电子科技大学梁正教授和杨梓强教授给予了全面的指导，提出了很多宝贵建议并修改完善，衷心感谢导师杨梓强教授为本书成稿和校对付出的大量精力和辛勤劳动。感谢电子科技大学宫玉彬教授和魏彦玉教授的指导和关心；感谢刘頔威教授提供的部分参考资料。感谢博士研究生李科、曹苗苗、刘冬，硕士研究生靳职昊、赵可东、欧粤、杨龙龙、赵征远、钟建伟、张峰源、贺澎、叶青青、郭嘉奇、祝方芳等同学为本书的成稿付出的大量精力，同时也感谢课题组赵超和郭鑫为本书付出的辛勤劳动。

感谢中国科学院空天信息创新研究院微波器件与系统研究发展中心的张志强研究员、张兆传研究员和王勇研究员的支持、指导和关心，以及空天信息创新研究院教育处卢葱葱主任的关心和支持。

在本书出版过程中，得到了科学出版社的大力支持，特别是周涵等编辑做了大量工作，作者表示衷心的感谢。

本书获得了 2023 年度国家科学技术学术著作出版基金资助，同时也得到国家自然科学基金联合基金重点项目（U22A2020、U2341209）的支持。

限于作者水平，书中难免有疏漏之处，恳请读者批评指正。

2024 年 7 月

目 录

第 1 章　太赫兹波的基本特性

1.1　引　　言

太赫兹 (terahertz，$1\text{THz} = 10^{12}\text{Hz}$) 波 [1,2] 是指频率在 0.1~10THz 波段内的电磁波，位于微波毫米波和红外线之间，处于宏观电子学向微观光子学的过渡区域。早期太赫兹波在不同的领域有不同的名称，在光学领域被称为远红外波；而在电子学领域，则称其为亚毫米波 [3]。其在电磁波谱中位置如图 1.1.1 所示。

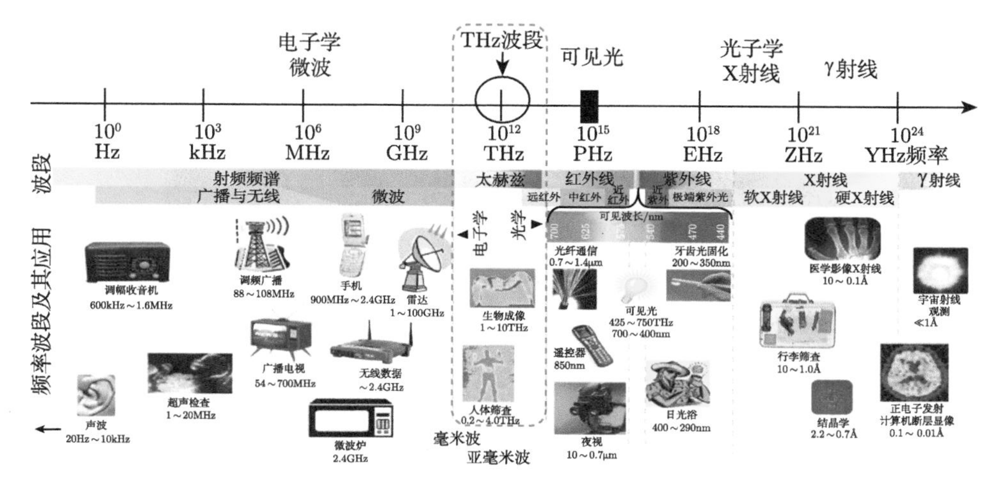

图 1.1.1　太赫兹波在电磁波谱中的位置

近年来，太赫兹科学技术在世界各国受到了高度重视。2004 年，美国将太赫兹列为“改变未来世界的十大技术”之一，日本在 2005 年 1 月将太赫兹技术确立为未来十年重点开发的“国家支柱技术十大重点战略目标”之首。我国政府在 2005 年 11 月专门召开了第 270 次“香山科学会议”，邀请了国内太赫兹研究领域有影响的院士和专家学者，专题讨论了国内外太赫兹科学技术的发展现状与趋势，并制定了我国太赫兹技术的发展战略。

1.2　太赫兹波的特性

对于电磁波谱中处于微波与光波之间的太赫兹波，其具有以下特点 [4]。

(1) 良好的透射性。

太赫兹对许多介电材料和非极性物质具有良好的透射性，具备对隐匿物品实现透视成像的能力，与 X 射线成像和超声波成像技术形成有效互补，在安检或质检过程中可实现高分辨的无损检测 (图 1.2.1)。

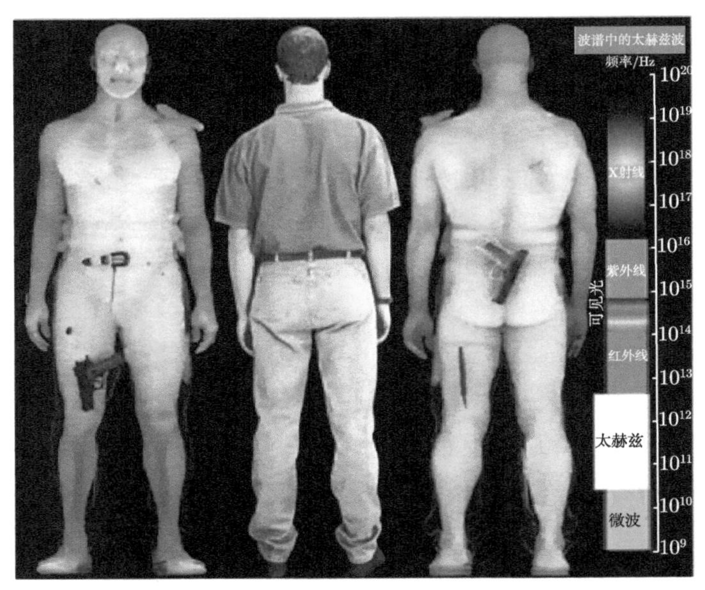

图 1.2.1 太赫兹安全检测

(2) 安全性。

太赫兹光子能量为 4.1meV，只是 X 射线光子能量的 $1/10^8 \sim 1/10^7$。太赫兹辐射不会导致光致电离而破坏被检物质，适用于人体或其他生物样品的活体检查，进而能方便地提取样品的折射率和吸收系数等光谱信息。

(3) 吸水性。

水对太赫兹辐射有极强的吸收性。由于肿瘤组织中水分含量与正常组织明显不同，所以可通过分析组织中的水分含量来确定正常组织与肿瘤的分界面位置。

(4) 瞬态性。

太赫兹脉冲的典型脉宽在皮秒数量级，可以方便地对各种材料包括液体、气体、半导体、高温超导体、铁磁体等进行时间分辨光谱的研究，而且通过取样测量技术，能够有效地抑制背景辐射噪声的干扰。

(5) 相干性。

太赫兹的相干性源于其相干产生机制。太赫兹相干测量技术能够直接测量电场的振幅和相位，从而方便地提取样品的折射率、吸收系数、消光系数、介电常量等光学参数。

(6) 指纹光谱。

大多数极性分子和生物大分子的振动和转动能级跃迁都处在太赫兹波段，因此在太赫兹波段呈现出丰富的物理和化学信息。根据其指纹光谱，太赫兹光谱成像技术不仅能够分辨物体的形貌，而且可以获得物质的物理化学性质，为缉毒、反恐、排爆等提供相关的理论依据和探测技术。

(7) 大带宽。

相比于微波和毫米波，太赫兹波波长更短带宽更宽，具有更高的图像分辨率和更大容量的数据传输能力，可以获得目标更清晰的轮廓及微动特性，也是未来6G 无线通信首选频段。

1.3 太赫兹波的应用

太赫兹波的独特性能给通信、雷达、电子对抗、天文学、医学成像、安全检查等领域带来深远的影响 [5−8]，在以下几个方面具有重要的应用 [9,10]。

1.3.1 太赫兹时域光谱技术

太赫兹时域光谱技术是利用飞秒脉冲产生并探测时间分辨的太赫兹电场，通过傅里叶变换获得被测物品的光谱信息，由于大分子的振动和转动能级大多在太赫兹波段，而大分子，特别是生物和化学大分子是具有本身物性的物质集团，进而可以通过特征频率对物质结构、物性进行分析和鉴定。

太赫兹光谱技术不仅信噪比高，能够迅速地对样品组成的细微变化进行分析和鉴别，而且是一种非接触测量技术，这使它能够对半导体、电介质薄膜及物体材料的物理信息进行快速准确的测量。以上这些特点决定了太赫兹技术在很多领域，如基础研究、工业应用、军事及生物医学等具有重要的应用前景。

1.3.2 太赫兹成像技术

1. 扫描成像技术

太赫兹成像技术 [11] 是利用太赫兹射线照射被测物，通过物品的透射或反射获得样品的信息，进而成像。太赫兹波成像技术相对于可见光和 X 射线有非常强的互补特征，其穿透能力介于两者之间，又不会对人体或生物组织造成伤害。目前，国外对太赫兹波在反恐、安检和危险品检测等各种成像方面的应用进行了广泛的研究。如图 1.3.1 为一种太赫兹安检系统，图 1.3.2 为携带武器者的太赫兹图像。自 1995 年美国的 Hu 和 Nuss 建立了国际上第一套太赫兹成像装置 [12] 以来，许多科学家相继开展了电光取样成像、层析成像、太赫兹单脉冲时域场成像、近场成像、暗场成像、三维成像等的研究。2003 年，日本利用太赫兹成像设计了一套能快速高效地分类筛查邮件的装置，该装置可以区分信封内的毒品等可疑物的种类，现已投入日本邮局试用。

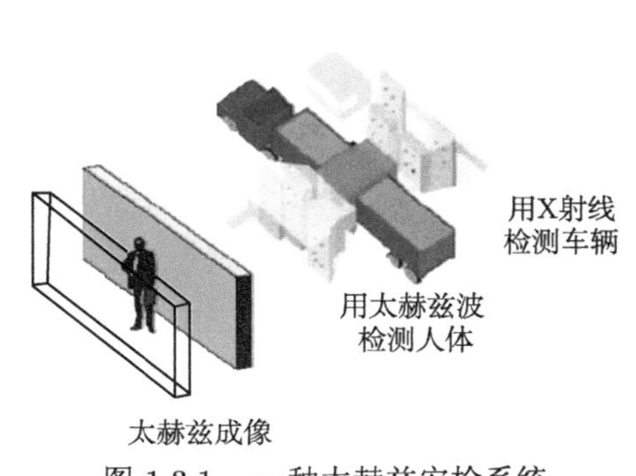

图 1.3.1　一种太赫兹安检系统

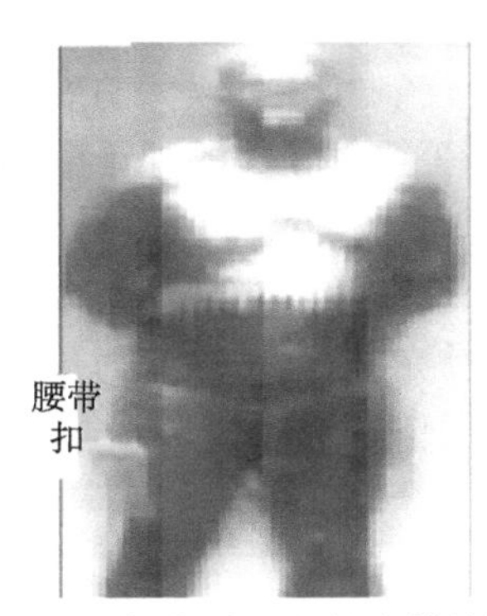

图 1.3.2　携带武器者的太赫兹图像

太赫兹成像技术与其他波段的成像技术相比，探测图像的分辨率和景深都有明显的增加 (图 1.3.3)。另外太赫兹技术还有许多独特的特性，能够探测和测量水汽含量等。

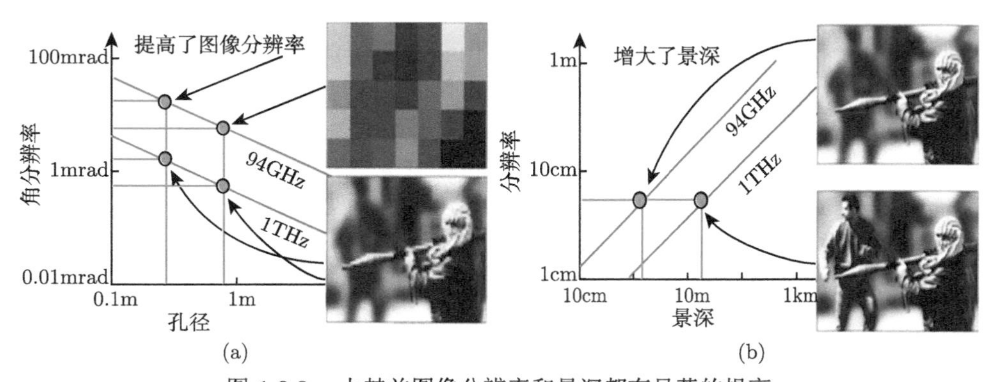

图 1.3.3　太赫兹图像分辨率和景深都有显著的提高

2. 太赫兹安全检查

利用太赫兹波实现隐匿危险物的安全检查，是现阶段最吸引人的应用，是太赫兹波应用的重要研究方向，解决的是目前最受人们关注的反恐、缉毒等问题。目前英国发展的太赫兹安检设备已经进入试用阶段。由于太赫兹射线的穿透性和对金属材料的强反射特性，并且太赫兹的高频率使得成像的分辨率更高，所以可以很容易看到隐藏在衣物内的刀具、枪械等物品。另外如果结合太赫兹的物质鉴别特性，甚至能够区分隐匿危险物的种类，如炸药或毒品等。首都师范大学太赫兹光电子学实验室已经建立了常见的炸药和毒品的数据谱库 (图 1.3.4 和图 1.3.5)，为太赫兹技术在机场安检设备中的应用奠定了基础。另外，世界范围内引起社会动荡的自杀式炸弹恐怖袭击，也可以利用太赫兹安检设备进行防范。因为站岗的可以不再是士兵或保安人员，而是太赫兹安检仪，人们不需要靠近可疑分子就可以对其进行检查 [13,14]。

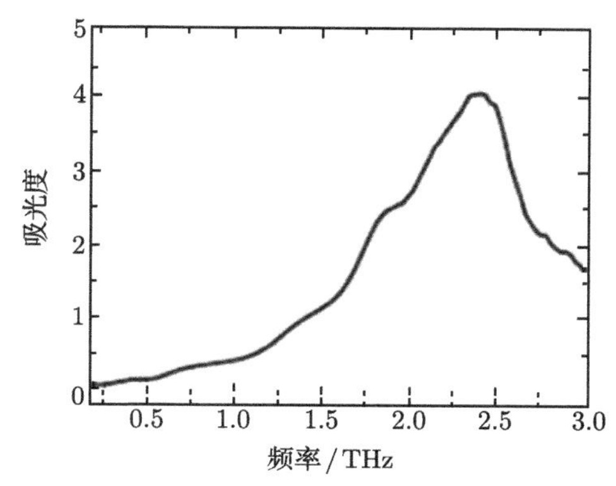

图 1.3.4 海洛因的太赫兹谱

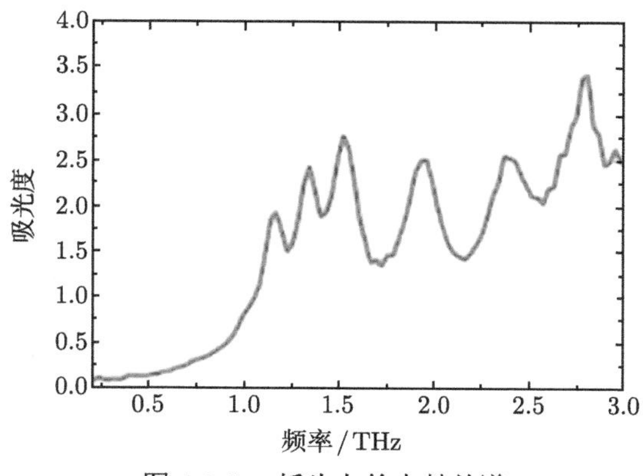

图 1.3.5 摇头丸的太赫兹谱

3. 太赫兹雷达成像技术

由于太赫兹波长远小于微波与毫米波，因此更易于实现极大信号带宽和极窄天线波束，有利于获得目标的精细图像；此外，物体运动引起的多普勒效应更为显著，特别适合低速运动目标检测、高分辨率合成孔径与逆合成孔径成像。超宽带太赫兹雷达更是以其高距离分辨率、强穿透力、低截获率、强抗干扰性与优越的反隐身能力在军事领域得到广泛关注。目前，国际上在太赫兹雷达研究领域，美国和德国走在世界前列 [15]。

1988 年，美国马萨诸塞大学电气与计算机工程系微波遥感实验室在美国陆军的资助下，研制了 0.225THz 的相参极化测量雷达，可实现对 1km 范围内点目标和分布式目标的细微感知 [16]。1991 年，美国佐治亚理工学院研制了 0.225THz 相参脉冲雷达，峰值输出功率达 60W，可探测 3.5km 内各种目标 [17]。目前美国已经建立了机载 0.225THz 军用遥感雷达系统，并成功进行了实验。

2000 年，美国国家地面情报中心和马萨诸塞大学亚毫米波技术实验室研制了 1.56THz 紧缩场雷达系统 [18]。为满足特殊场合对太赫兹源的要求，美国国家航空航天局 (NASA) 资助 Calabazas Creek Research (CCR) 开发工作频率在 0.3～1.5THz 的返波管研究项目。

2006 年 6 月，美国国防部高级研究计划局 (DARPA) 部署了视频合成孔径雷达 (ViSAR) 项目 (图 1.3.6)，目标是研发一种在 231.5～235.0GHz 的高分辨率、全动态视频合成孔径雷达，可装置在各航空平台上透过云层实现对地面动目标的探测跟踪，可解决低能见度环境中现有微波和红外传感器难以实现对地面动目标检测的问题。ViSAR 结合了太赫兹波的穿透性、高频率带来的高成像帧速，以及小孔径天线和合成孔径雷达 (synthetic aperture radar，SAR) 成像运动补偿简单等优势，使其无论在太赫兹军事背景应用还是在关键技术方面均将成为研究热点。

图 1.3.6 视频合成孔径雷达

2008 年，美国喷气推进实验室 (JPL) 研制出 0.58THz 三维雷达成像探测系统 [19]。该成像系统用于逆合成孔径雷达成像可获得亚厘米级的分辨力，在积累角度为 1.5° 的时候，方位向分辨率可达到 1cm。JPL 太赫兹雷达成像系统研究仍然在继续，其研究方向主要集中在近程快速实时成像方面，希望能够进一步提高太赫兹雷达扫描与成像的速度。目前，采用直径 1m 的椭球形铝反射器，可以在 5s 内对 25m 远、50cm×50cm 的视场进行成像，实现亚秒量级高分辨率观测。

2007 年，德国弗劳恩霍夫应用固体物理研究所研制了 0.225THz 宽带实验雷达 COBRA-220，雷达发射机采用固态器件发射调制的连续波，瞬时带宽 8GHz，采用逆合成孔径雷达成像，应用于近距离隐藏武器的探测、军营和舰艇的防护 (图 1.3.7)，作用距离 0.5km，成像分辨率达到 1.8cm[20]。该研究所关于太赫兹成像雷达的研究主要集中在进一步提高系统工作频率、工作带宽与成像速度上，以期快速获得更高分辨率的图像。目前，该系统可以在 9s 的时间内获得大于 55000 像素的图像，且动态范围超过了 35dB，适用于对隐蔽武器的探测。

图 1.3.7 太赫兹雷达探测下的坦克与战斗机

1.3.3 太赫兹无线通信

太赫兹无线通信集成了微波通信与光通信的优点，具有传输速率高、容量大、方向性好、抗干扰能力强等诸多特性，是 6G 技术的首先频段，已成为各国开发的热点。

首先，太赫兹频段的带宽比现有微波通信要高出 1~3 个数量级，这也就意味着它可以承载更大的信息量，轻松解决目前信息传输能力受制于带宽的问题，满足大数据传输速率的通信要求。2012 年，日本东京工业大学预测，利用太赫兹通信技术进行无线数据传输的速度理论上可以高达 100Gbps。我们有充分的理由相信，将来利用太赫兹无线网络传输高清影像资料，也许只在弹指一挥间。其次，太赫兹波束更窄，具有极高的方向性、更好的保密性、较强抗干扰和云雾穿透能力，可以在大风及浓烟等恶劣环境下以极高的带宽进行定向通信。

在太赫兹无线通信系统研究方面，贝尔实验室 0.625THz 通信系统是目前采用全电子学方式实现的最高载波频率的太赫兹通信系统，传输速率达到 2.5Gbps，实验传输距离为数米；欧洲太赫兹通信技术研究主要依托两个欧盟框架计划：“Horizon 2020 (地平线 2020)” 和 “Horizon Europe (地平线欧洲)”，超高速太赫兹通信技术是上述计划的核心技术之一，德国弗劳恩霍夫应用研究促进协会成功实现了 240GHz、40Gbps、1km 的远距离高速太赫兹通信 [21]；日本电报电话公司使用 UTC-PD 光电技术实现太赫兹通信，2012 年在 0.5m 距离上分别实现了 24Gbps、28Gbps 无线数据传输 [22]。在国内，中国工程物理研究院实现了 0.14THz、5Gbps、20km 的等效传输实验 [23]。2017 年，中国电子科技集团有限公司 (中国电科) 第五十四所在国内首次实现 340GHz、10Gbps 实时调制解调的太赫兹通信原理样机演示 [24]。

在太赫兹无线通信空口技术标准上，国际电气电子工程师学会 (IEEE) 于 2008 年在 IEEE 802.15 工作组下设立了太赫兹兴趣组 (THz Interest Group)，探讨 275~3000GHz 频率范围内太赫兹通信和相关网络应用的可行性。2017 年，该任务组发布了 IEEE Std.802.15.3d-2017，定义了符合 IEEE Std.802.15.3-2016 的无线点对点物理层，频率范围为 252~325GHz，是第一个工作在 300GHz 的无线通信标准 [25]。

在太赫兹无线通信频谱分配方面，国际电信联盟 (ITU) 已经完成 100~275GHz 频率范围内各用频业务的频率划分工作，为陆地移动业务和固定业务分配的全球统一标识频谱有 97.2GHz。在 2019 年世界无线电通信大会 (WRC-19) 上，又为陆地移动业务和固定业务在 275~450GHz 频率范围内新增 275~296GHz、306~313GHz、318~333GHz、356~450GHz 四个全球标识的移动业务频段，带宽合计 137GHz。

1.3.4　其他应用

此外，太赫兹在天文学、半导体材料、高温超导材料的性质研究等领域也有广泛的应用。对该频段的研究不仅将推动理论研究工作的重大发展，对固态电子学和电路技术也将提出重大挑战。

1.4　太赫兹辐射源技术

1.4.1　简介

有多种方法可以产生太赫兹波辐射，包括：① 半导体太赫兹源；② 基于光子学的太赫兹发生器；③ 利用自由电子的太赫兹辐射源 (包括中小功率太赫兹线性注真空器件、大功率回旋管和自由电子激光)；④ 基于高能加速器的太赫兹辐射源。不同种类的太赫兹辐射源各有其特点和优势，也适用于不同的应用需求 [26]。

本节主要介绍自由电子驱动的低功率 [27] 和高功率 [28] 真空电子学太赫兹源。

1.4.2　低功率真空电子学太赫兹源

在太赫兹真空电子器件中存在工作波长与物理尺寸的共渡效应，尺寸特征随着工作波长的减少而减少，同时由于注功率的减少，输出功率也随之降低。在线性注器件中，主要有太赫兹行波管、返波管、扩展互作用速调管和振荡器、速调管及史密斯–珀塞尔 (Smith-Purcell) 器件等 [29−31]。

1. 太赫兹行波管

行波管是通过连续调制电子注的速度来实现小信号放大功能的真空电子器件，电子注同慢波电路中行进的电磁波场发生相互作用，在长达 6~40 个波长的慢波电路中电子注连续不断地把动能交给电磁波信号，从而使信号得到放大，具有高增益、大带宽的特点。

行波管是当今广泛应用于雷达、电子对抗、通信等领域作为电磁波功率放大的核心器件。行波管的核心是慢波电路，也称为高频结构，其形式主要有：螺旋线、耦合腔及折叠波导结构。螺旋线式的高频结构频带宽、输出功率大，在微波和毫米段已经获得了重要应用。螺旋线行波管由于存在夹持杆使得其热耗散能力较差，从而限制了其功率的提高；而耦合腔行波管由于具有全金属结构，热耗散能力更强，因此可以获得较大的输出功率。耦合腔慢波结构因具有全金属特性在热耗散能力上有优势，从而功率容量大，但是它的金属密封性又会增强色散，从而使行波管带宽变窄，所以需要在功率和带宽之中找到平衡点。但是螺旋线和耦合腔慢波结构往高频率方向发展时，受到自身结构的限制，难以在亚毫米波及太赫兹频率器件中得到应用。相对于螺旋线和耦合腔慢波结构，折叠波导则可以克服该限制，在亚毫米波及太赫兹波中得到了广泛应用 [32]。

折叠波导慢波电路是一种全金属的周期性加载波导，采用电场面弯曲波导构成，沿轴线方向按一定周期排列，如图 1.4.1 所示。折叠波导高频结构不仅在加工方面容易实现，而且在太赫兹频段还具有以下几个方面的优点 [33,34]：① 制造成本低；② 结构坚固；③ 高功率容量；④ 输入输出信号过渡段结构简单；⑤ 工作频带宽；⑥ 与微细加工技术 (微机电系统 (MEMS)) 兼容。这些优点使得它在毫米波特别是太赫兹波段真空电子器件中得到了广泛的应用。

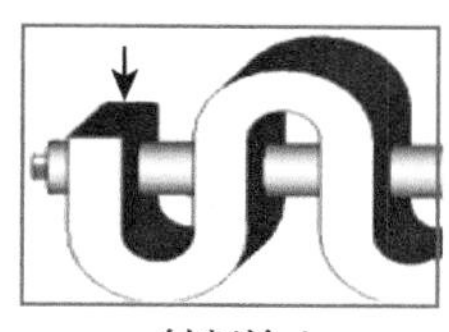
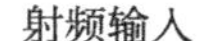

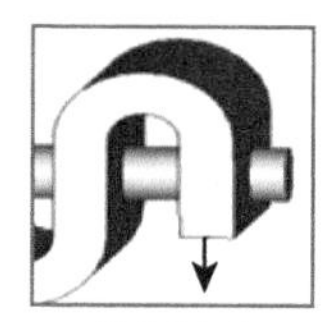

图 1.4.1 折叠波导高频结构

1987 年，诺斯罗普 · 格鲁曼（Northrop Grumman，NG）公司采用折叠波导结构研制了 40~50GHz 的行波管，其输出功率达到了 300W，自此以后，折叠波导就成为毫米波及太赫兹真空电子器件高频互作用系统的研究热点。2003 年，威斯康星大学开展了 560GHz 的振荡器模拟，并且利用电铸 (英文简写为 LIGA，源自德语 Lithgraphie，Galvanoformung 和 Abformung 三个单词的缩写，表示深层光刻、电镀、注塑三种技术的有机结合) 技术制备了折叠波导电路，认为微细方法可以适用于折叠波导电路，使得微细方法研制高频结构成为一个重要途径 [35]。2007 年，NG 公司采用深反应离子刻蚀技术成功制备了折叠波导高频结构，并且应用于中心频率 0.638THz 的太赫兹波行波管，输出功率达到 16mW。2008 年 NG 公司研制了 0.656THz 的太赫兹行波管，输出功率 52mW，增益 15dB，如图 1.4.2 所示。在 2012~2013 年 NG 公司研制了 0.85THz 的折叠波导行波管 [36]，工作带宽 15GHz，输出功率达到了 141mW，增益 26.5dB。美国海军研究实验室 (NRL) 的 Joye 通过 UV-LIGA (紫外-LIGA) 技术研制了 220GHz 折叠波导高频结构，2014 年成功地应用于太赫兹行波管中，实现了带宽大于 15GHz、峰值功率大于 60W 的信号输出，如图 1.4.3 所示。国内，中国科学院空天信息创新研究院于 2021 年分别研制了峰值功率 61W、带宽 5GHz，连续波 27W、带宽 6GHz 的 220GHz 行波管；中国电子科技集团有限公司第十二研究所开展了 220GHz 行波管研制，分别实现了峰值功率 50W 和连续波 20W 的输出。

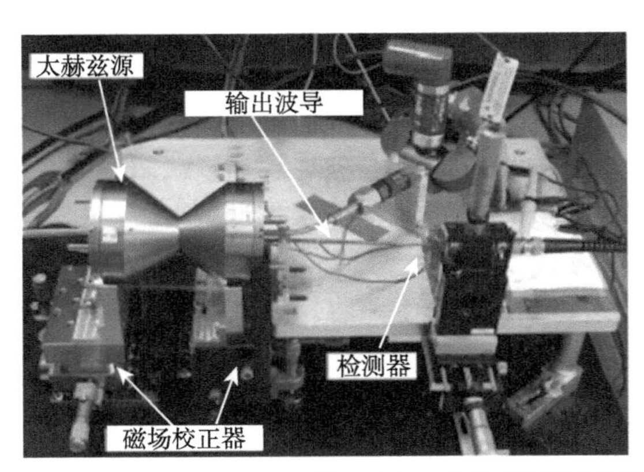

参数	值
窗口功率	52mW
频率	0.656THz
增益	~15dB
阴极电压	9.9kV
脉冲长度	0.05～1.0ms
重复频率	≤30Hz
最大占空比	3%
轴向场	10kG
发射电流	4.6mA
收集极电流	2.1mA
定向传输	46%
互作用效率	0.40%
源效率	0.20%

图 1.4.2　太赫兹源的测试现场和实验参数

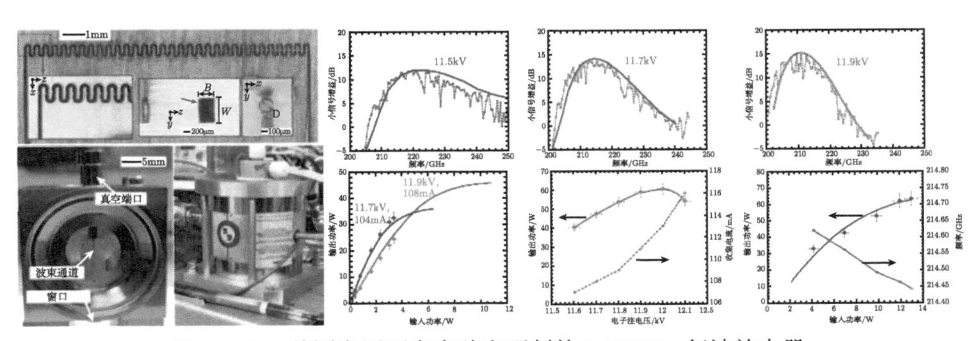

图 1.4.3　美国海军研究实验室研制的 0.22THz 行波放大器

为了提高输出功率，美国海军研究实验室 Nguyen 等开展了级联折叠波导高频结构行波管研究。通过该方法不仅显著提高了输出功率，而且还增加了工作带宽，研究成果连续四年 (2010~2013 年) 在真空电子会议上进行了报道，引起了较为强烈的反响，认为该方法是拓展太赫兹器件工作频带和提高功率输出的一个有效途径。2012 年,美国 NG 公司采用 5 个圆形电子注驱动 5 个独立的折叠波导结构 [36],在高频结构末端通过功率合成的方式实现器件的高功率输出。在电压 19kV、电流 250mA 时实现了工作频率 214GHz 的信号输出，得到了 56W 功率输出，带宽 5GHz，如图 1.4.4 和图 1.4.5 所示。2014 年，Yan[38,39] 提出了多注折叠波导行波放大器，在激励段采用功率分配的方式，在输出段采用功率合成的方式，在 0.14THz 时可以实现 95.5W、带宽 5GHz 的功率输出。

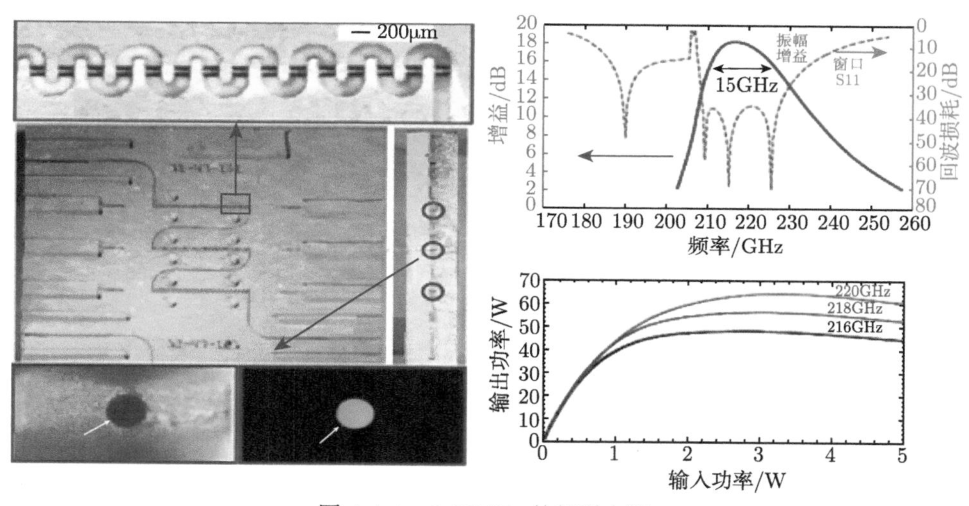

图 1.4.4　0.22THz 的级联电路

另一种增大输出功率和拓展频带的方法是通过多电子注驱动级联折叠波导高频结构，该结构主要是 NRL 在研究，他们首先在 Ka 波段进行了初步研究，模拟结果表明采用多注级联方法可以显著提高输出功率和增加频带宽度，为此他们将该结构推广至 0.22THz 的折叠波导行波放大中，如图 1.4.6 所示。通过该方法有力地提高了器件输出功率和增加了频带宽度。

中国科学院空天信息创新研究院提出了返波激励行波放大的折叠波导器件 [40]，该放大器利用折叠波导返波振荡器 (FW-BWO) 作为激励源，用于激励工作频率为 216GHz 的折叠波导行波放大器，研究表明，最终得到 96W 的输出功率，整个电路的设计长度只有 1cm 左右；与此同时，也开展了功率合成与分配的理论与模拟研究，如图 1.4.7 所示，通过该方法，可以使器件的输出功率提高 3

倍；提出了采用双电子注驱动折叠波导振荡器研究, 如图 1.4.8 所示，在相同电子注功率条件下，可以使器件的输出功率提高 2.5 倍。

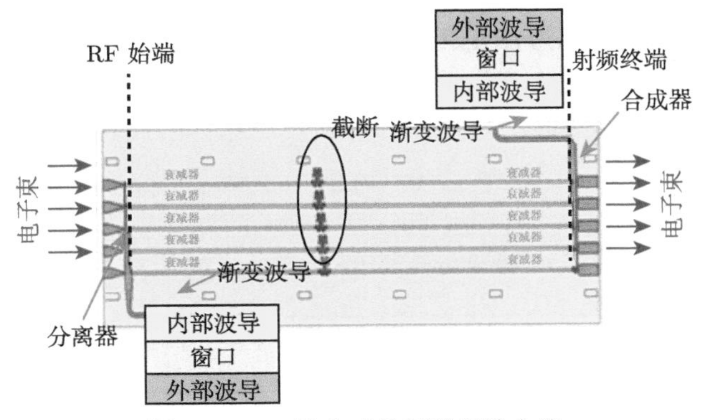

图 1.4.5　5 注合成的级联慢波电路

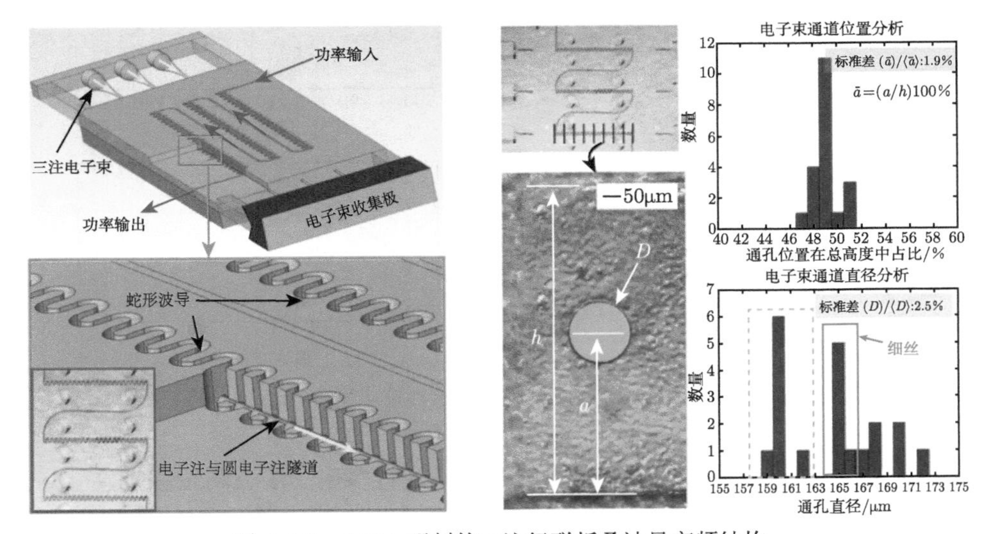

图 1.4.6　NRL 研制的三注级联折叠波导高频结构

在带状注太赫兹行波管研究方面，美国加利福尼亚大学戴维斯分校 (UC Davis) 的研究工作处于领先地位 [41]，通过突破带状电子注的成型与稳定传输的关键技术以及输能窗制备等技术难点，研制了峰值功率大于 100W 的 0.22THz 带状注行波管，带宽大于 5GHz (图 1.4.9)。图 1.4.9(a) 为带状注行波管实物，图 1.4.9(b) 为不同电压的输出功率和增益。

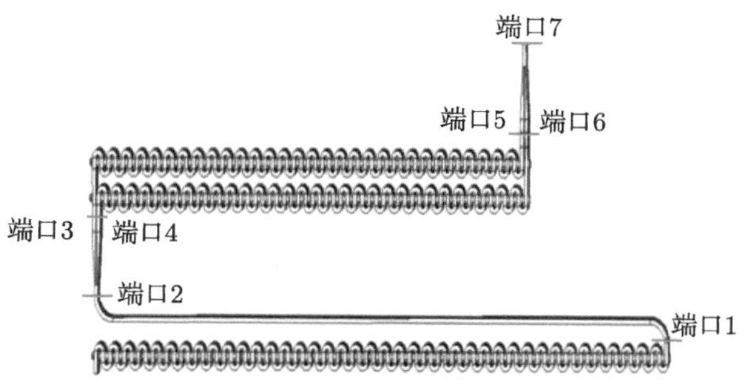

图 1.4.7 功率合成与分配的结构初步设计

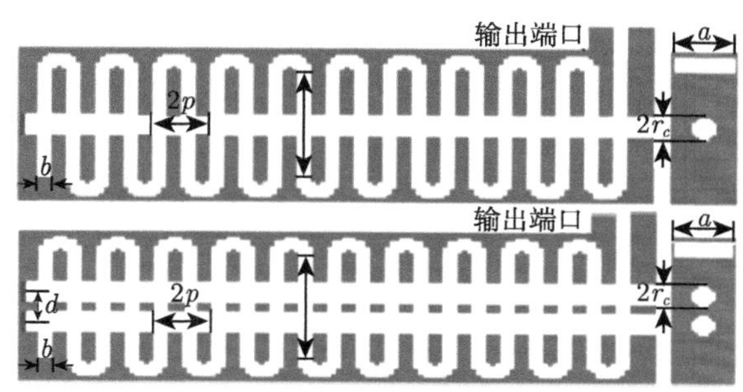

图 1.4.8 双电子注 0.22THz 折叠波导振荡器

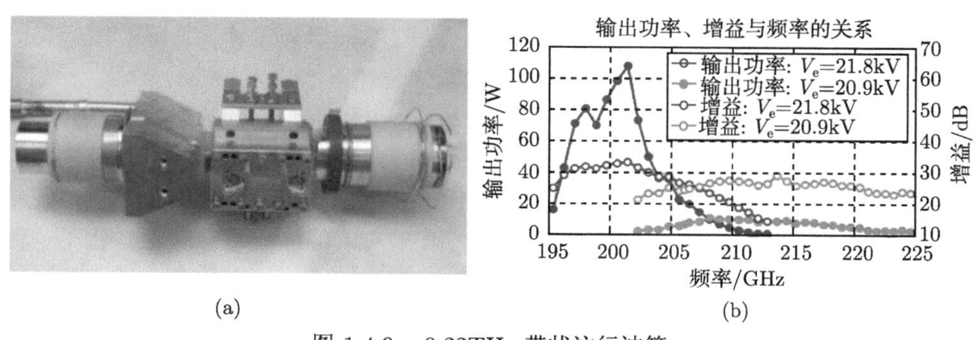

图 1.4.9 0.22THz 带状注行波管

国内，电子科技大学提出太赫兹正弦波导行波管 (图 1.4.10)，利用正弦波导特有的性状特性开展了带状注行波管的研究 [42]，进行了 220GHz、670GHz 及 1.03THz 的行波管设计研究。在频率 0.2~0.25THz 的范围，实现了数百瓦功率输出，器件增益达到 37dB。

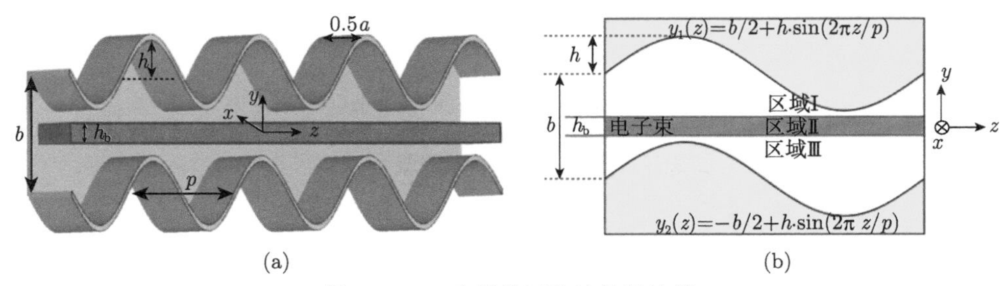

(a)　(b)

图 1.4.10　太赫兹正弦波导行波管

2. 太赫兹返波管 (BWO)

相对行波管而言，返波管中电子注的群速与相速方向相反，群速 $V_g < 0$ 而相速 $V_p > 0$，工作频率可以通过电调谐方式进行调节，输出波导设立在电子注入口处。目前国际上研制成功并且产品化的太赫兹返波管主要是俄罗斯 ISTOK 公司研制了 100GHz~1.03THz 返波管，输出功率达到毫瓦量级。另外一家 Microtech 公司研制的返波管，输出功率在毫瓦量级，已经在成像系统中得到应用。

国内也开展了太赫兹返波管的研究。西北核技术研究所开展表面波太赫兹返波管的研究，利用 UV-LIGA 技术制备微细高频结构，在 340GHz 的工作频率下，实现了百毫瓦量级的功率输出。

3. 太赫兹扩展互作用器件

扩展互作用器件主要包括扩展互作用速调管放大器 (extended interaction klystron amplifier，EIK) 和扩展互作用振荡器 (extended interaction oscillator，EIO)。目前，国际上有多家研究机构正在开展 EIK 的研究工作：美国 CPI (Communication & Power Industries) 公司加拿大分公司、法国 Thales 公司、韩国首尔大学等。CPI 加拿大分公司在毫米波高功率分布作用速调管的研究方面处于世界领先地位，由于在制造技术、高频电路和电子光学设计方面的进步，分布作用速调管的工作频率已经扩展到 700GHz。CPI 加拿大分公司研制的 EIK 已广泛应用于机载和星载的通信系统、成像雷达、测雨和气象雷达、监视和跟踪雷达、弹载雷达以及毫米波电子对抗系统等方面。

CPI 加拿大分公司研制的 220GHz 连续波扩展互作用速调管，输出功率 10W，增益 23dB。在 2007 年红外毫米波和太赫兹国际会议上，CPI 公司报道了可调谐工作频率为 220GHz 的 EIO[43]。当电压 11kV、电流 105mA 时，平均功率 6W，具有 2%机械调谐能力；与此同时，CPI 公司研制的 280GHz 脉冲 EIO，输出功率达到 30W。当前，中国科学院空天信息创新研究院研制了 220GHz 的 EIK，脉冲输出功率大于 100W，带宽大于 400MHz。

4. 太赫兹史密斯–珀塞尔器件

史密斯–珀塞尔 (SP) 型太赫兹自由电子激光成为开发太赫兹器件的一个重要途径，SP 效应是 1953 年发现的重要物理现象，也是一种重要的太赫兹辐射源。SP 效应是 1953 年史密斯 (Steve Smith) 和珀塞尔 (Edward Purcell) 在实验中发现的，当电子注贴近开放的周期性金属光栅表面飞过时，将激励起电磁波辐射，之后就将这种现象称为 SP 辐射 [44]，如图 1.4.11 所示。但是，这种辐射是非相干的自发辐射，辐射功率很小。

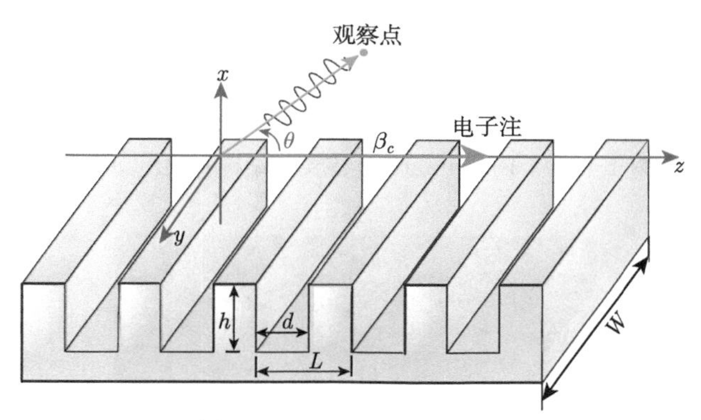

图 1.4.11 SP 辐射示意图

1998 年，美国达特茅斯 (Dartmouth) 学院 Urata 等利用扫描电子显微镜 (SEM) 产生高亮度的连续电子注，使其通过光栅表面，在实验中观察到了 SP 超辐射现象，为 SP 辐射的研究提供了新的方向 [45]。实验结构如图 1.4.12 所示，实验中采用周期为 173μm 的金属光栅作为互作用结构，电子注能量为 20~40keV，器件工作频率是 0.3~1THz。超辐射是一种功率远远高于自发辐射的相干辐射，其产生的原理是利用光栅表面波与电子注相互作用使电子注群聚，从而产生周期性电子束团。当周期性电子束团经过光栅表面时，就会产生有一定方向的相干辐射，即 SP 超辐射。产生超辐射的条件是电子注电流超过某一临界电流，称为起振电流，以保证电子注群聚和周期性电子束团的产生。这种基于 SP 效应的超辐射现象引起了科学家们的广泛研究兴趣及政府的高度关注，是目前国际上比较活跃的研究领域之一，有望发展成为紧凑、可调、高功率太赫兹辐射源。

2002 年，《自然》报道了美国布鲁克海文国家实验室 (Brookhaven National Laboratory) 利用预调制电子束团产生太赫兹的方法 [46]，引起了各国科学家们的广泛关注。2004 年，美国范德堡 (Vanderbilt) 大学进行了基于 SP 效应的自由电子激光实验 [47]，实验结构如图 1.4.13 所示。实验中采用的光栅周期是 0.25mm，辐射波频率为 0.3~1THz。

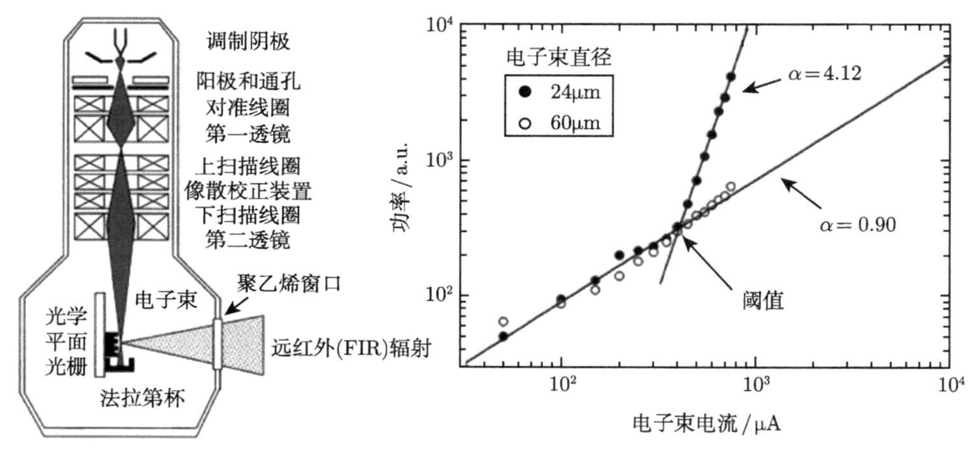

图 1.4.12　Dartmouth 学院实验结构和输出功率图

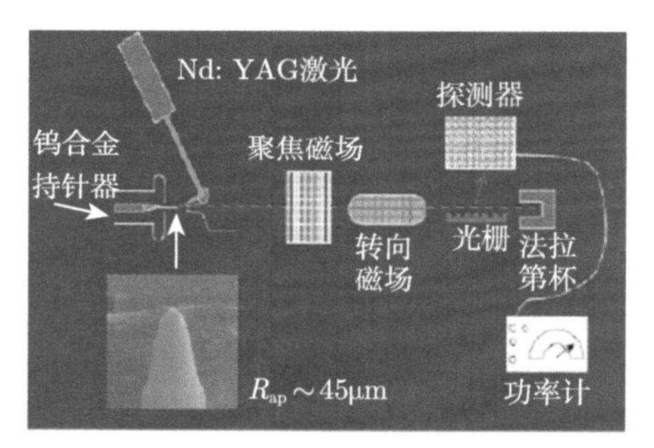

图 1.4.13　Vanderbilt 大学的 SP 实验示意图

2005 年，麻省理工学院 (MIT) 利用直线加速器产生频率为 17.14GHz、脉冲宽度为 1ps、电子束能量为 15MeV 的电子束团 (每个团电荷为 4.67pC)[48]，采用周期为 1cm 的阶梯型光栅作为高频结构，测试得到频率为电子束团重复频率整数倍的相干 SP 辐射太赫兹波；2006 年，利用同样参数的电子束团，使其靠近周期为 2.54mm 阶梯光栅运动，成功测得太赫兹波段 SP 相干辐射信号。图 1.4.14 为 MIT 实验示意图和信号频谱。

2007 年，韩国学者 G. S. Park 教授提出采用双电子注模型，通过注–波互作用产生太赫兹辐射，图 1.4.15 是双电子注模型和色散曲线。

在国内，电子科技大学对基于 SP 效应的三反射镜准光系统进行了大量的理论与实验研究工作。2001 年，陈嘉钰教授进行了基于金属周期光栅的 SP 效应振荡器实验 [49]，实验装置如图 1.4.16 所示，得到工作频率在 73.8~112GHz，峰值功率为数十千瓦的辐射。

中国科学院电子学研究所开展介质加载太赫兹器件的研究，发展了太赫兹介质加载光栅 SP 三维介质理论 [50]，为了更加精确地计算 SP 器件的增长率，发展了二阶小量方法进行计算，提高增长率计算的精度和准确度。北京大学在表面等离子体的 SP 器件方面开展相关研究工作，对发展宽频带可调的太赫兹辐射源提供有力的理论基础。清华大学利用超短电子束团在 SP 光栅中产生了太赫兹辐射，相关成果发表在《应用物理快报》。

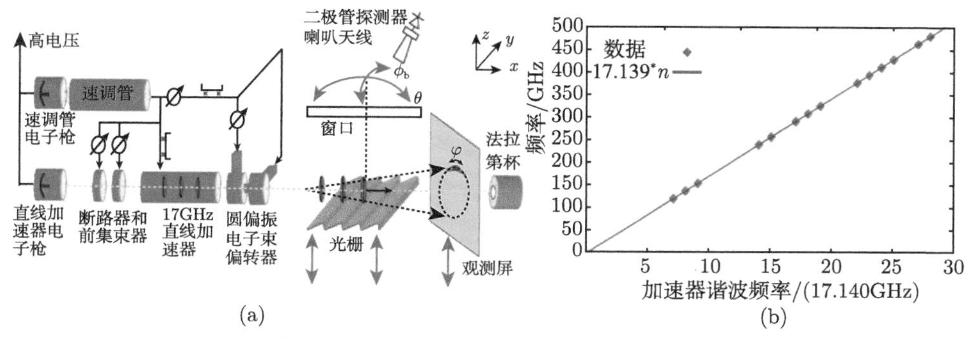

图 1.4.14 MIT 实验示意图和信号频谱

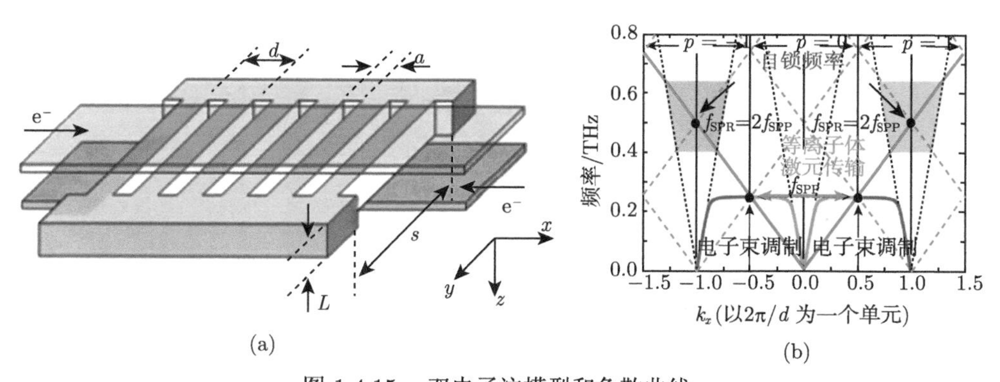

图 1.4.15 双电子注模型和色散曲线

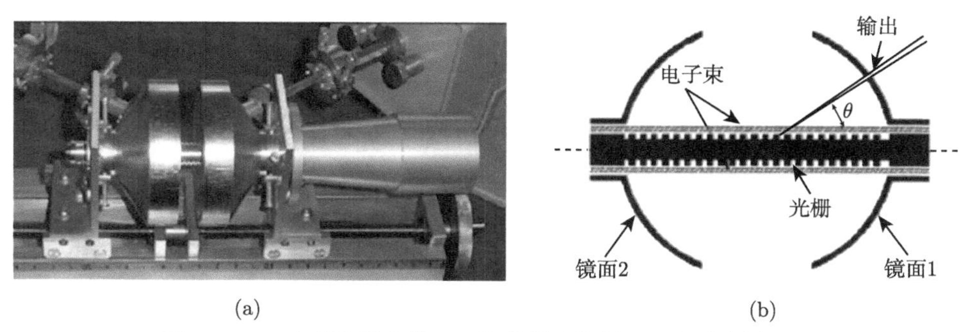

图 1.4.16 电子科技大学 SP 振荡器实物图 (a) 及示意图 (b)

5. 太赫兹速调管

太赫兹速调管能产生毫瓦级功率输出，而且工作电压低 (通常只有几十至几百伏)，不需要磁场。由于集众多优点于一身，目前它已成为太赫兹领域的一个热门的研究课题。

如图 1.4.17 所示 [51]，太赫兹反射速调管由高发射电流密度冷阴极、高频谐振腔、群聚栅、反射腔、输出波导和传输耦合结构等组成。为了使该类速调管能稳定地工作，一个能发射极高电流密度的阴极是绝对必要的。

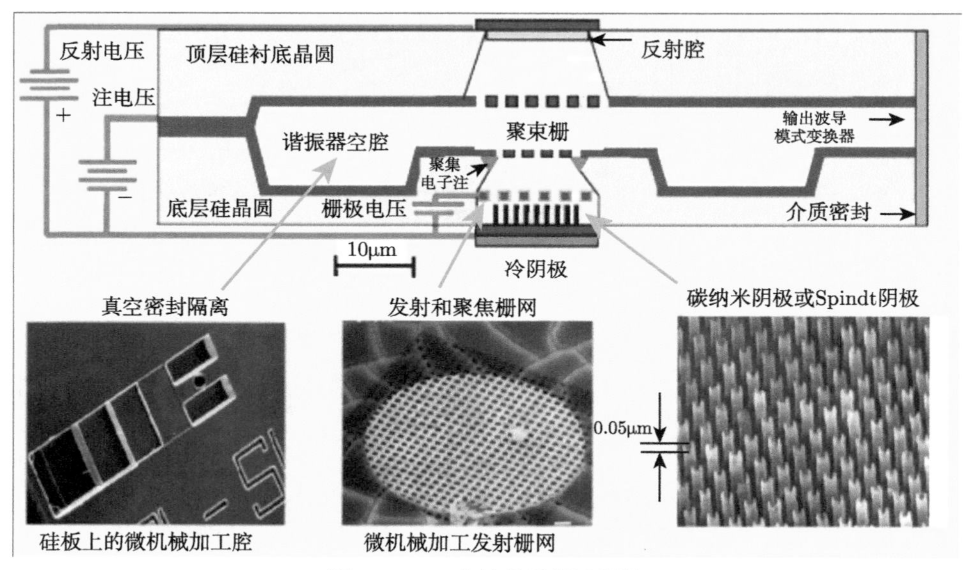

图 1.4.17　太赫兹反射速调管

太赫兹反射速调管工作原理类似于传统反射速调管：阴极产生的电子穿过谐振腔的一对群聚金属栅后，直接进入反射腔，此时，电子进入了一个漂移区。由于受到反射腔带负电的反射极的作用，电子被反射并沿原路返回。如果注电流发生随机波动，则腔体内的振荡电磁场也会发生波动，这种波动又会引起群聚栅网之间的电势差的波动，并在其间建立一个交变的电场。在电子穿越谐振腔时，这种交变的电场使在正半周穿越的电子受到加速，负半周穿越的电子受到减速，亦即电子受到速度调制，如图 1.4.18 所示 [52]。

当电子进入漂移区时，速度调制又将转化为密度调制，从而使电子产生群聚，如图 1.4.19 所示。群聚的电子在反射后，如果在合适的时刻 (上栅网的电势为正) 回到谐振腔，则功率就被传递到谐振腔，同时电子的群聚会得到加强，管子将自发地在谐振腔的频率点发生振荡，一部分振荡功率通过波导传输装置输出到管外。

值得指出的是，电子注提供给腔体的能量必须要很充分，以补偿腔体的能量损失和耦合到外负载的功率。

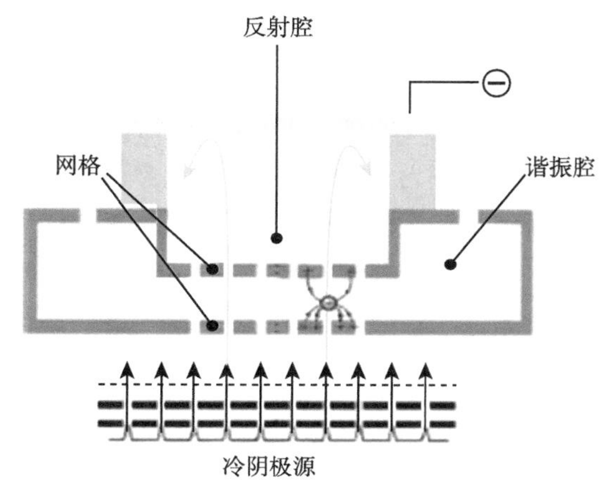

图 1.4.18 太赫兹反射速调管工作原理图

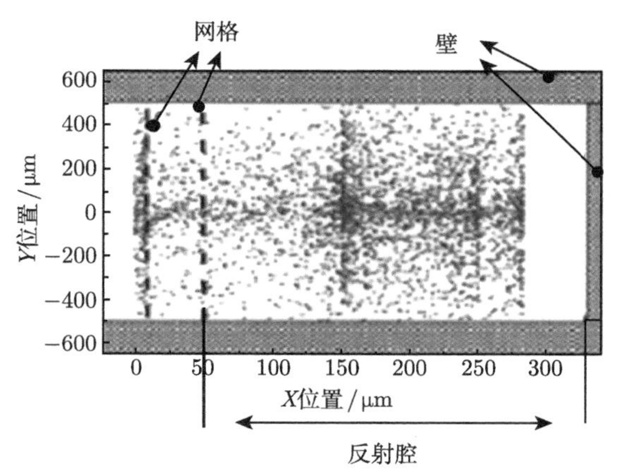

图 1.4.19 反射腔中的群聚电子

1.4.3 大尺寸高功率真空电子学太赫兹源

1. 太赫兹回旋管

电子回旋谐振受激辐射机理首先是澳大利亚天文学家特韦斯在 1958 年提出来的。与此同时，苏联学者卡帕洛夫也独立地提出了考虑相对论效应的回旋电子注与电磁波相互作用的新概念。1965 年，美国耶鲁大学学者 Hirshfield 在实验上完全证实了这一机理，从而为回旋管的发展奠定了理论基础。近年来，美、俄、德、日等国在回旋管研究领域已取得很大进展。回旋速调管具有高功率、高增益、高效率、性能稳定并有一定带宽的优点，主要应用在拒止武器、国际热核聚变实验堆 (ITER) 计划、核磁共振、放射性物质遥测、雷达成像等领域。

图 1.4.20 是麻省理工学院为动态核极化/核磁共振 (DNP/NMR) 开发的回旋管振荡器和放大器装置原理图。麻省理工学院的第一个 DNP/NMR 使用的回旋管工作于 5T、140GHz 以及 210MHz 的质子核磁共振频率下 [53]。

电子科技大学研制了双注回旋管 (图 1.4.21)，工作在 TE_{02}/TE_{04} 模式下，工作频率为 0.11THz/0.22THz，磁场为 4.2T，电压为 40kV，电流为 5A，功率可以达到 20kW。电子科技大学也研发了二次谐波回旋管，在电流为 3A，电压为 51kV，磁场为 8.2T，工作模式为 TE_{26}，以及 423.1GHz 时可以达到 8kW 的输出功率 [54]。

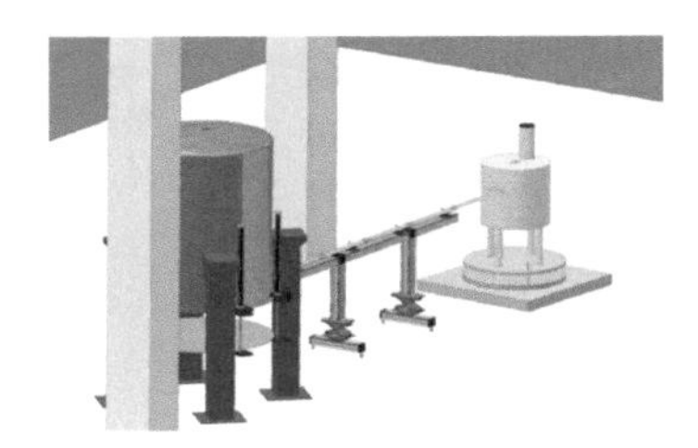

图 1.4.20　麻省理工学院为 DNP/NMR 开发的回旋管装置

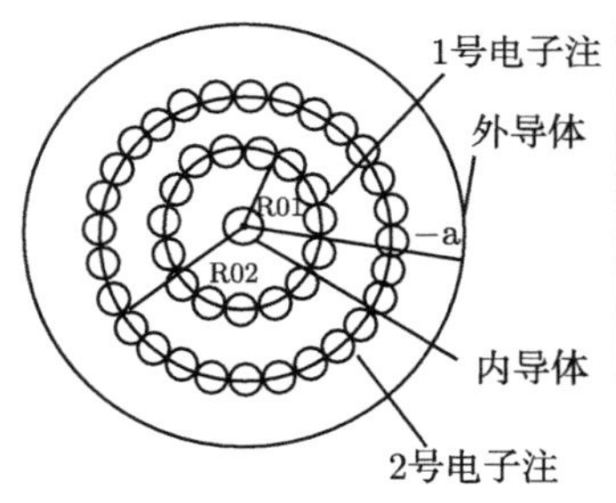

图 1.4.21　电子科技大学研发的双注回旋管

中国电子科技集团有限公司第十二研究所采用双阳极磁控注入电子枪 [55]，研制了回旋振荡管，如图 1.4.22 所示。工作模式为 $TE_{22,6}$ 模，在 68kV 电压和 28A 电流的条件下，获得了 430kW 的功率输出，谐振频率 140.2GHz，效率 22.6%。

2. 太赫兹自由电子激光

自由电子激光 (free-electron laser，FEL) 是一种以在周期磁场中作振荡的相对优质电子束作为工作物质的大功率、可调谐的相干辐射源，它的物理基础是运动的自由电子对电磁波的受激散射。由于不像在普通激光器中那样受原子所束缚，电子是“自由”的，故称为自由电子激光。FEL 由于具有频率连续可调、功率大、线宽窄、方向性好、偏振强等优点，使得在同一台装置上实现太赫兹波段全覆盖的大功率理想太赫兹源成为可能，故 FEL 是目前该波段最有前途的高功率可调谐相干光源。

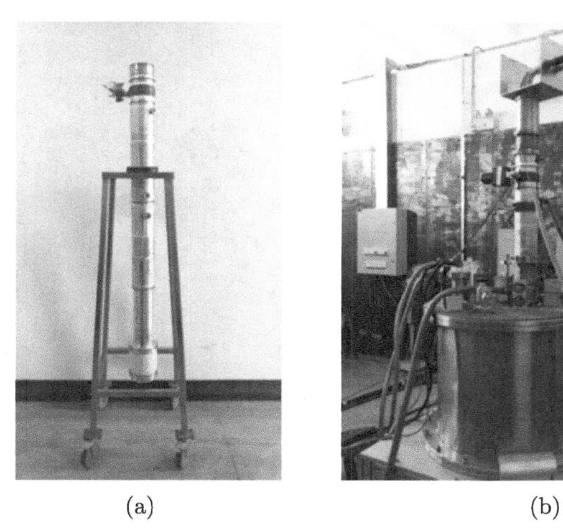

(a) (b)

图 1.4.22 回旋振荡管

1970 年，斯坦福大学学者梅迪 (J. M. J. Madey) 开始研究被首次命名的“自由电子激光”，1976 年，伊莱亚斯 (L. R. Elias) 等首次利用斯坦福大学的超导直线加速器完成了 FEL 放大实验 [56]。1977 年，迪肯 (D. A. G. Deacon) 等以振荡器工作方式进行了类似的实验 [57]，FEL 潜在的特点和优势很快就受到科学家们的重视，有力地促进了世界范围内 FEL 实验工作的开展。早期实验工作进行的同时，各种理论研究工作也相继问世。

从 1985 年以后，FEL 的发展明显受到战略防御计划 (SDI) 的影响和推动，世界各国出现了 FEL 的研究热潮。法国、俄罗斯、英国、德国、中国、日本、荷兰等国家纷纷开展了这方面的工作 [26]。FEL 在通信、雷达、等离子体加热等民用和军事应用领域都有诱人的应用前景 [27,28]。

红外太赫兹频段国际主要的 FEL 用户装置包括荷兰的 FELIX[61] (图 1.4.23)、德国的 FELBE、俄罗斯的 Novo-FEL。其中，俄罗斯的 Novo-FEL 产生太赫兹波的峰值功率达到兆瓦量级、平均功率达到 500W；德国的 FELBE 产生平均功率达到 65W。FEL 装置产生的太赫兹主要应用于材料科学、物理、化学和生物等方面的研究中。

表 1.4.1 为荷兰的 FELIX 装置的基本参数，该装置具有较大的谱宽度，可以实现 0.2~100THz 范围内的太赫兹信号输出，脉冲能量在 0.5~30μJ，主要工作模式是 TEM_{00} (横电磁波，transverse electromagnetic) 模式，信号极化形式是线极化。该用户装置可实现气相分子光谱、生物分子光谱、团簇和离子光谱 (化学)、

低温和/或强磁场下的非线性时间分辨光谱等谱特性分析。

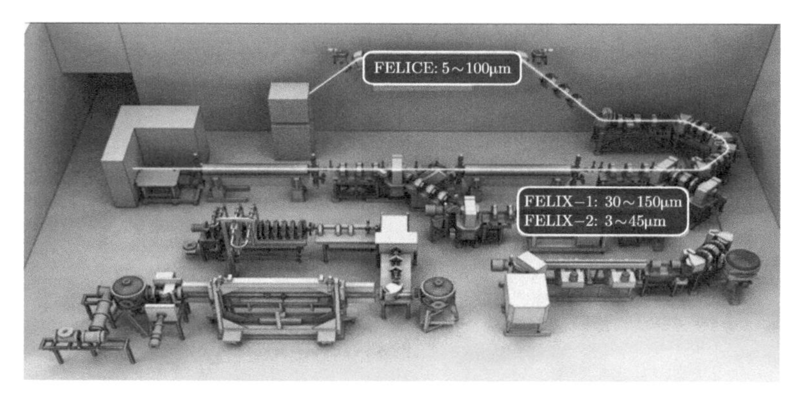

图 1.4.23 荷兰 FELIX 的基本装置

表 1.4.1 荷兰 FELIX 装置的基本参数

束流参数	特征值
频谱宽度/cm^{-1}	6.6～3500 (0.2～100THz)
可调性/%	200～300
脉冲结构: 宏脉冲/微脉冲	5μs, 10Hz/1000Hz 或 25MHz 或单脉冲
宏脉冲能量/μJ	0.5～30
谱宽度/(%, rms)	0.2～ 少数几个
微占空比	变换极限
FEL 模式	TEM_{00}
极化	线极化

德国 FELBE[62] 是全球最完善的长波长光源装置，采用超导直线加速器。该装置可以作为 X 射线源、正电子源、汤姆孙 γ 源、白光中子源等。德国 FELBE 经过 2 次改造，第一次是 FEL1，实现 7.5～60THz 的信号输出，其平均功率在 44W，脉冲宽度在 0.7～4ps；第二次是 FEL2，实现了 1.2～16.7THz 的特征谱，最大的平均功率是 65W，脉冲能量在 5μJ，脉冲宽度在 1～25ps。表 1.4.2 为德国 FELBE 参数。

俄罗斯 Novo-FEL[63] 是国际上最高平均功率的红外–太赫兹 FEL 装置，如图 1.4.24 所示，该装置具有常温能量回收功能。经过三个阶段的升级改造，系统的主加速器能量增益可以达到 10MeV，束团电荷能量达到 1.5nC，束流的归一化发射度在 20mm·mrad，最大重复频率 90.2MHz，可以实现输出信号频率 1.25～60THz，平均功率达到 500W。其主要束流参数如表 1.4.3 所示，具备单脉冲高分辨光谱、低温强磁场条件、燃烧和爆轰条件、生物学研究条件、成像与全息成像等功能。表 1.4.4 为俄罗斯 Novo-FEL 辐射参数。

我国自主研制的首台太赫兹 FEL 装置 (CTFEL)[64] 于 2017 年底在成都首

次出光并投入运行，如图 1.4.25 所示，标志着我国太赫兹科技已正式步入 FEL 时代。CTFEL 装置在 1.99THz、2.41THz 和 2.92THz 三个频率点稳定运行，平均功率均大于 10W，最高达到 17.9W；微脉冲峰值功率均大于 0.5MW，最高达到 0.84MW，通过调节电子束能量和摇摆器磁感应强度，可以实现输出频率连续可调。

表 1.4.2 德国 FELBE 参数

主要参数	FEL1(U37)	FEL2(U100)
特征谱	7.5～60THz	1.2～16.7THz
平均功率	⩽ 44W	⩽ 65W
脉冲宽度 (最小)	0.7～4ps	1～25ps
脉冲能量 (最大)	3.4μJ	5μJ
峰值场强	3MV/cm	600kV/cm
带宽	0.4%～3.4%	0.4%～2%
重复频率	13MHz	13MHz

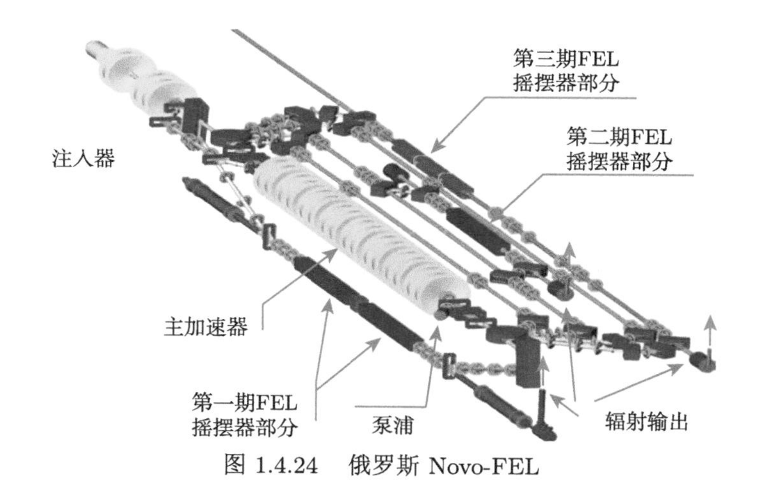

图 1.4.24 俄罗斯 Novo-FEL

表 1.4.3 俄罗斯 Novo-FEL 主要束流参数

注入能量/MeV	2
主加速器能量增益/MeV	10
束团电荷量/nC	1.5
归一化发射度/(mm·mrad)	20
最大重复频率/MHz	90.2

表 1.4.4 俄罗斯 Novo-FEL 辐射参数

阶段	第一阶段	第二阶段	第三阶段
现状	2003	2009	建设
波长/μm	90～240	30～90	5～30
占空比	0.2%～2%	0.2%～1%	0.1%～1%

作为一种新型相干强太赫兹光源，高平均功率、高峰值功率的太赫兹 FEL 在材料、生物医学等领域有着重要应用，通过系统研究强太赫兹波与新材料的作用机理、太赫兹电磁辐射与 DNA (脱氧核糖核酸) 相互作用的生物效应机理等，发现强太赫兹波环境下的物理规律和实验现象，为新实验研究方法和新器件设计及研发提供理论依据。

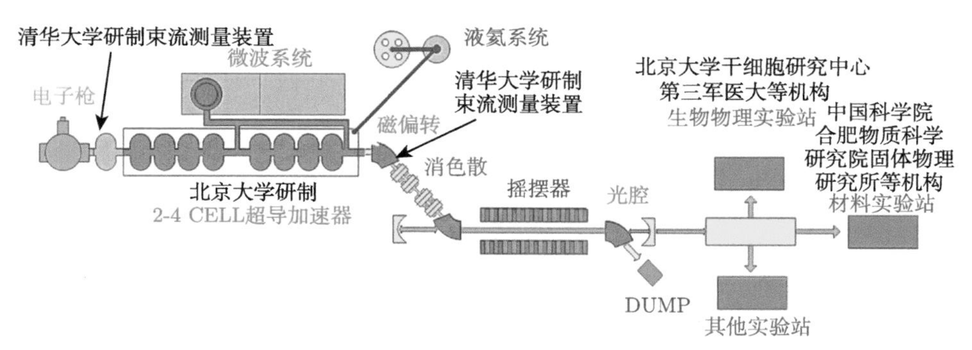

图 1.4.25　中国工程物理研究院太赫兹 FEL 装置

参 考 文 献

[1] Siegel P H. Terahertz technology[J]. IEEE Trans. on Microwave Theory and Techniques, 2002, 50(3): 910-928.

[2] Tonouchi M. Cutting-edge terahertz technology[J]. Nature Photonics, 2007, 1(2): 97-105.

[3] Lee Y S. 太赫兹科学与技术原理 [M]. 崔万照, 等译. 北京: 国防工业出版社, 2012.

[4] 刘盛纲. 太赫兹科学技术的新发展 [J]. 中国基础科学, 2006, (1): 7-12.

[5] Pawar A Y, Sonawane D D, Erande K B, et al. Terahertz technology and its applications[J]. Drug Invention Today, 2013, 5(2): 157-163.

[6] Sharma V, Arya D, Jhildiyal M. Terahertz technology and its applications[C]. IEEE International Conference on Advanced Computing & Communication Technologies (ICACCT), 2011: 175-178.

[7] Skotnicki T, Knap W. Terahertz technologies and applications[C]. 2019 MIXDES - 26th International Conference “Mixed Design of Integrated Circuits and Systems”, 2019.

[8] 张存林. 太赫兹感测与成像 [M]. 北京: 国防工业出版社, 2008.

[9] Nagatsuma T. Terahertz technologies: Present and future[J]. IEICE Electron Express, 2011, 8(14): 1127-1142.

[10] Song H J, Nagatsuma T. Handbook of Terahertz Technologies: Devices And Applications[M]. Singapore: Jenny Stanford Publishing.

[11] 魏华. 太赫兹探测技术发展与展望 [J]. 红外技术, 2010, 32(4): 231-233.

[12] Hu B B, Nuss M C. Imaging with terahertz waves[J]. Optics Letters, 1995, 20(16): 1716-1718.

[13] Amenabar I, Lopez F, Mendikute A. In introductory review to THz non-destructive testing of composite mater[J]. Journal of Infrared Millimeter & Terahertz Waves, 2013, 34(2): 152-169.

[14] Zhong S C. Progress in terahertz nondestructive testing: A review[J]. Frontiers of Mechanical Engineering, 2019, 14: 273-281.

[15] 王瑞君, 王宏强, 庄钊文, 等. 太赫兹雷达技术研究进展 [J]. 激光与光电子学进展, 2013, 50(4): 040001.

[16] McIntosh R E, Narayanan R M, Mead J B, et al. Design and performance of a 215GHz pulsed radar system[J]. IEEE Transactions on Microwave Theory and Techniques, 1988, 36(6): 994-1001.

[17] McMillan R W, Trussell C W, Bohlander R A, et al. An experimental 225GHz pulsed coherent radar[J]. IEEE Transactions on Microwave Theory and Techniques, 1991, 39(3): 555-562.

[18] Goyette T M, Dickinson J C, Waldman J, et al. 1.56THz compact radar range for W-band imagery of scale-model tactical targets[C]. Algorithms for Synthetic Aperture Radar Imagery Ⅶ, International Society for Optics and Photonics, 2000, 4053: 615-622.

[19] Cooper K B, Dengler R J, Chattopadhyay G, et al. A high-resolution imaging radar at 580GHz[J]. IEEE Microwave and Wireless Components Letters, 2008, 18(1): 64-66.

[20] Essen H, Wahlen A, Sommer R, et al. High-bandwidth 220GHz experimental radar[J]. Electronics Letters, 2007, 43(20): 1114-1116.

[21] Lopez-Diaz D, Tessmann A, Leuther A, et al. A 240GHz quadrature receiver and transmitter for data transmission up to 40Gbit/s[C]. 2013 European Microwave Integrated Circuit Conference, IEEE, 2013: 440-443.

[22] Song H J, Ajito K, Muramoto Y, et al. 24Gbit/s data transmission in 300GHz band for future terahertz communications[J]. Electronics Letters, 2012, 48(15): 953-954.

[23] 吴秋宇, 林长星, 陆彬, 等. 21km, 5Gbps, 0.14THz 无线通信系统设计与试验 [J]. 强激光与粒子束, 2017, 29(6): 1-4.

[24] Song R, Li Y, Cui D, et al. The calculation and analysis of terahertz communication system and modules[C]. 2017 10th UK-Europe-China Workshop on Millimetre Waves and Terahertz Technologies (UCMMT), IEEE, 2017: 1-4.

[25] IEEE Standard for High Data Rate Wireless Multi-Media Networks–Amendment 2: 100Gb/s Wireless Switched Point-to-Point Physical Layer[S]. IEEE Std 802.15.3d-2017 (Amendment to IEEE Std 802.15.3- 2016 as amended by IEEE Std 802.15.3e-2017).

[26] 谷智, 陈沅, 李焕勇. 太赫兹辐射源的研究进展 [J]. 红外技术, 2011, (5): 252-256.

[27] Chattopadhyay, G. Technology, capabilities, and performance of low power terahertz sources[J]. IEEE Transactions on Terahertz Science & Technology, 2011, 1(1): 33-53.

[28] 马燕, 谢辉, 鄢扬. 大功率太赫兹电真空器件的研究现状与应用 [J]. 电讯技术, 2012, 52(11): 1844-1849.

[29] 王明红, 薛谦忠, 刘濮鲲. 太赫兹真空电子器件的研究现状及其发展评述 [J]. 电子与信息学报, 2008, 30(7): 1766-1772.

[30] 宫玉彬, 周庆, 田瀚文, 等. 基于电子学的太赫兹辐射源 [J]. 深圳大学学报理工版, 2019, 36 (2): 111-127.

[31] Booske J H, Dobbs R J, Joye C D, et al. Vacuum electronic high power terahertz sources[J]. IEEE Transactions on Terahertz Science & Technology, 2011, 1(1): 54-75.

[32] Wang W, Wei Y, Yu G, et al. Review of the novel slow-wave structures for high-power traveling-wave tube[J]. International Journal of Infrared and Millimeter Waves, 2003, 24(9): 1469-1484.

[33] 冯进军, 蔡军, 胡银富, 等. 折叠波导慢波结构 THz 真空器件研究 [J]. 中国电子科学研究院学报, 2009, 4(3): 249-254.

[34] 刘顺康, 周彩玉, 包正强. 折叠波导慢波电路的传输特性 [J]. 真空电子技术, 2002, 4: 39-43.

[35] Ives R L. Microfabrication of high-frequency vacuum electron devices[J]. IEEE Transactions on Plasma Science, 2004, 32(3): 1277-1291.

[36] Basten M A, Tucek J C, Gallagher D A, et al. A 0.85THz vacuum-based power amplifier[C]. IVEC Monterey, CA, USA, IEEE, 2012: 39-40.

[37] Tucek J C, Basten M A, Gallagher D A, et al. 220GHz power amplifier development at Northrop Grumman[C]. IVEC Monterey, CA, USA, IEEE, 2012: 553-554.

[38] Yan S, Su W, Wang Y, et al. Design and theoretical analysis of multibeam folded waveguide traveling-wave tube for subterahertz radiation[J]. IEEE Transactions on Plasma Science, 2014, 43(1): 414-421.

[39] 颜胜美, 苏伟, 王亚军, 等. 0.14THz 基模多注折叠波导行波管的理论与模拟研究 [J]. 物理学报, 2014, 63(23): 238404.

[40] 刘冬, 刘文鑫, 王勇, 等. 返波激励的级联折叠波导行波放大器 [J]. 红外与毫米波学报, 2016, 35(4): 435-441.

[41] Shin Y M, Baig A, Barnett L R, et al. System design analysis of a 0.22THz sheet-beam traveling-wave tube amplifier[J]. IEEE Transactions on Electron Devices, 2011, 59(1): 234-240.

[42] 许雄, 魏彦玉, 沈飞, 等. 正弦波导慢波结构的研究 [J]. 真空电子技术, 2012 (3): 17-22.

[43] Roitman A, Berry D, Hyttinen M, et al. Sub-millimeter waves from a compact, low voltage extended interaction klystron[C]. 2007 Joint 32nd International Conference on Infrared and Millimeter Waves and the 15th International Conference on Terahertz Electronics, IEEE, 2007: 892-894.

[44] Smith S J, Purcell E M. Visible light from localized surface charges moving across a grating[J]. Physical Review, 1953, 92(4): 1069.

[45] Urata J, Goldstein M, Kimmitt M F, et al. Superradiant smith-purcell emission[J]. Physical Review Letters, 1998, 80(3): 516.

[46] Carr G L, Martin M C, McKinney W R, et al. High-power terahertz radiation from relativistic electrons[J]. Nature, 2002, 420(6912): 153-156.

[47] Andrews H L, Brau C A. Gain of a Smith-Purcell free-electron laser[J]. Physical Review Special Topics-Accelerators and Beams, 2004, 7(7): 070701.

[48] Korbly S E, Kesar A S, Sirigiri J R, et al. Observation of frequency-locked coherent terahertz Smith-Purcell radiation[J]. Physical Review Letters, 2005, 94(5): 054803.

[49] 陈嘉钰, 梁正, 张永川, 等. 新型史密斯–帕塞尔自由电子激光实验 [J]. 中国激光, 2001, 28(10): 893.

[50] 曹苗苗, 刘文鑫, 王勇, 等. 介质加载光栅 Smith-Purcell 效应自由电子激光器三维小信号理论 [C]. 2015 年第十届全国毫米波、亚毫米波学术会议论文集 (二), 2015.

[51] Siegel P H, Fung A, Mononara H, et al. Nanoklystron: a monolithic tube approach to THz power generation [C]. 12th International Symposium on Space Terahertz Technology, Pasadena, CA, USA, 2001: 81-90.

[52] Garcia-Garcia J, Martín F, Miles R E. Optimization of micromachined reflex klystrons for operation at terahertz frequencies[J]. IEEE Trans. on Microwave and Technologies, 2004, 52(10): 2366.

[53] Temkin R J. Development of terahertz gyrotrons for spectroscopy at MIT[J]. Terahertz Science and Technology, 2014, 7(1): 1-9.

[54] Fu W J, Yan Y, Li X Y, et al. The experiment of a 220GHz gyrotron with a pulse magnet[J]. Journal of Infrared, Millimeter and Terahertz Waves, 2010, 31(4)：404-410.

[55] An K, Liu B, Zhang Y, et al. The resonator in 140GHz, TE_{22}, 6-mode gyrotron oscillator[J]. Journal of Terahertz Science and Electronic Information Technology, 2019, 17(1): 18-23.

[56] Elias L R, Fairbank W M. Observation of stimulated emission of radiation by relativistic electrons in a spatially periodic transverse magnetic field[J]. Phys. Rev. Lett., 1976, 36: 717.

[57] Deacon D A G, Elias L R, Madey J M J, et al. First operation of a free-electron laser[J]. Phys. Rev. Lett., 1977, 38(16): 892.

[58] Weise H, Decking W. Commissioning and first lasing of the European XFEL[C]. 38th International Free Electron Laser Conference Santa Fe, 2017.

[59] Ishikawa T, Aoyagi H, Asaka T, et al. A compact X-ray free-electron laser emitting in the sub-ångström region[J]. Nature Photonics, 2012, 6(8): 540-544.

[60] Kang H S, Min C K, Heo H, et al. Hard X-ray free-electron laser with femtosecond-scale timing jitter[J]. Nature Photonics, 2017, 11(11): 708-714.

[61] Koevener T, Wunderlich S, Peier P, et al. THz spectrometer calibration at FELIX[C]. Verhandlungen der Deutschen Physikalischen Gesellschaft, (Darmstadt 2016 issue), 2016.

[62] Seidel W, Dresden Dresden R. The THz-FEL FELBE at the Radiation Source ELBE[C]. Proceedings of FEL 2010, Malmö, Sweden, 2010.

[63] Vinokurov N A, Arbuzov V S, Cnernov K N, et al. Novosibirsk high-power THz FEL facility[C]. 2016 International Conference Laser Optics (LO), 2016.

[64] Li P, He T H, Li M, et al. First Lasing at the CAEP THz FEL Facility[C]. Hamburg, Germany, 2019.

第 2 章　太赫兹史密斯–珀塞尔辐射源

2.1　引　　言

2.1.1　简介

在阐述史密斯–珀塞尔 (Smith-Purcell，SP) 辐射的基本原理之前，首先了解一下切连科夫辐射和渡越辐射，通过这两个概念的阐述，有利于深入理解 SP 辐射机理。

(1) 切连科夫辐射 (Cherenkov radiation，CR)[1]，也称作 Vavilov-Cherenkov radiation。CR 是当介质中运动的物体速度超过该介质中光速时发出的一种以短波长为主的电磁辐射。它是 1934 年由苏联物理学家切连科夫发现的，因此以他的名字命名。在这个实验之后，物理学家 Igor Tamm 和 Ilya Frank 借助爱因斯坦相对论体系框架，从理论上解释了切连科夫效应，并在 1958 年与切连科夫分享了诺贝尔物理学奖。

通过高能粒子加速器或者核反应，物体可以被加速到超过介电质中的光速，当超过介电质中光速的物体是带电粒子 (通常是电子) 并通过这样的介质时，切连科夫辐射即会产生，带电粒子将会辐射出电磁波，其辐射强度与带电粒子速度和数量呈比例关系。

(2) 渡越辐射 (transition radiation，TR) 是 1945 年 Ginzburg 和 Frank 发现的 [2]，它是指带电粒子、粒子束团或者连续粒子束通过不均匀介质时产生的一种电磁辐射。例如，电子从空气进入金属箔时，将会产生电磁波辐射。在高能粒子加速器领域，通常利用超短电子束团进入金属钛箔或者铝箔产生太赫兹波。该 TR 的强度与带电粒子的形状 (矩形、高斯或者正弦)、电荷量、束团长度、入射方向及介质的介电常量有关。

本章围绕太赫兹 SP 辐射的基本特性，从 SP 辐射的基本原理、电子束团和连续性电子注 SP 辐射的基本特性、提高 SP 辐射的基本方法等方面阐述太赫兹 SP 辐射源。

2.1.2　史密斯–珀塞尔辐射基本原理

从产生 TR 和 CR 的条件可以看出，产生 TR 相对容易，带电粒子从一种介质进入另一种介质便可以产生 TR，而 CR 必须满足粒子的运动速度大于介质中的光速，才能产生 CR。在 CR 系统中，物体被加速要超过的光速是指光在介质中传播的相速度而非群速度，因此可以通过多种方法降低介质中光的相速，例如采用周期性结构：盘荷波导、平面光栅和光子晶体等 [3]。

在 1953 年，哈佛大学教授珀塞尔指导的学生史密斯 (Steve Smith) 在实验中发现了一种电磁辐射现象，就是相对论电子通过周期性光栅表面时将辐射出电磁波 [4]，如图 2.1.1 所示，并且以其名字 Smith-Purcell 命名。这种辐射是一种频谱很宽的非相干辐射，其辐射波长 λ_{sp} 满足关系式

$$\lambda_{\mathrm{sp}} = L(1/\beta - \cos\theta)/|n| \tag{2-1-1}$$

式中，L 是光栅周期，$\beta = v/c$ 代表电子相对速度 (其中 v 为电子速度，c 为光速)，n 是辐射的谐波次数，θ 为观测点与电子注运动方向的夹角。

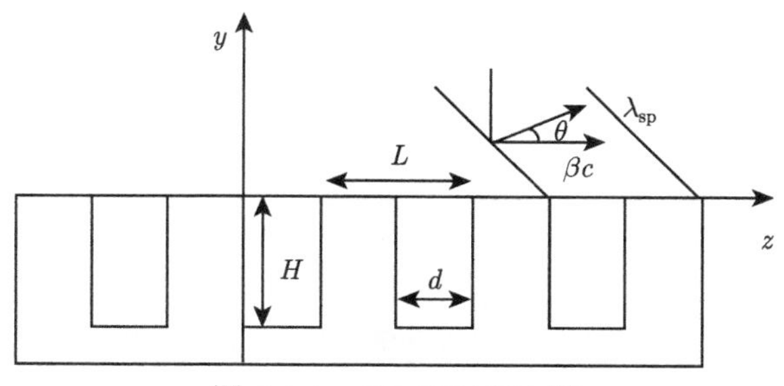

图 2.1.1 SP 辐射示意图

从式 (2-1-1) 可以看出，一方面，SP 辐射中，通过改变电子注速度、光栅周期长度和观测角度实现频率可调。另一方面，采用短周期光栅，在电子束能量较低时 (几十 keV) 可实现太赫兹波辐射。因此，在真空电子辐射源领域，SP 器件是一种紧凑、频率可调的太赫兹辐射源；在加速器领域，可以用 SP 效应诊断超短电子束团的长度。

本章主要是从产生 SP 辐射的两个主要因素电子注和光栅介质进行分析，研究改善 SP 辐射的方法和特性。

2.2 电子束团史密斯–珀塞尔辐射

2.2.1 简介

电子枪中阴极产生的电子注中每个电子的相位是不同的，此时基于 SP 效应产生的辐射是非相干的自发辐射。

电子注从阴极发射后，电子速度是大致相等的，通过对电子注的速度调制，使得某些电子的速度增加，某些电子的速度下降，而剩下的电子速度则未改变。调

制结束后，速度快的电子会逐步赶上前面速度慢的电子，从而实现密度调制产生电子群聚现象，形成电子束团。通过对电子注进行预群聚，激发相干辐射，称为 SP 的超辐射现象 [5,6]。

对于电子束团的 SP 辐射，主要由两部分组成：第一部分是电子注或电子束团与光栅相互作用产生的辐射波；另一部分是电子注与光栅表面的表面波相互作用，在光栅两端辐射的凋落波。因此对 SP 辐射特性的分析，也主要是围绕这两部分展开：第一部分是采用 P. M. van den Berg 的理论分析电子束团或线电荷在 SP 空间的辐射特性，重点是通过辐射因子进行分析；第二部分是分析表面波与电子注相互作用产生 SP 辐射特性，它主要采用流体理论分析注–波互作用特性，包括增长率、工作频率及输出功率等特性。

2.2.2 单电子束团辐射能量特征

假设单电子以速度 v_0 通过周期 d 的光栅，在单位立体角内的辐射能量角分布表示为 [7]

$$\frac{\mathrm{d}W_n}{\mathrm{d}\Omega} = \frac{e^2n^2}{2d\varepsilon_0}\frac{\cos^2\theta\cos^2\varphi}{(1/\beta-\sin\theta)^3}\left|R_n\right|^2\exp\left(-z_h/\lambda_{\mathrm{e}}\right) \tag{2-2-1}$$

其中，$\lambda_{\mathrm{e}}=\lambda_n\dfrac{\beta\gamma}{4\pi\sqrt{1+\beta^2\gamma^2\cos^2\theta\sin^2\varphi}}$，这里 $\gamma=\left(1-\beta^2\right)^{-1/2}$，$\beta=v_0/c$；$\varepsilon_0$ 表示真空介电常量；d 表示光栅单个周期的长度；z_h 表示电子与光栅的高度差；e 表示电子电荷；θ 表示辐射波与 z 轴的夹角；φ 表示方位角，如图 2.2.1 所示；$|R_n|$ 表示光栅的辐射效率因子。

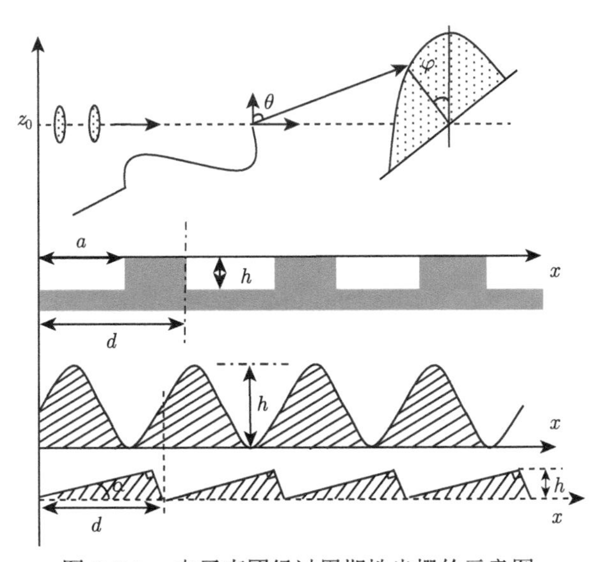

图 2.2.1 电子束团经过周期性光栅的示意图

相对于单电子而言，群聚电子束团在单位立体角内的辐射能量与束团内电子数目 N_e、束团形状因子都有关，其辐射能量公式表示为

$$\left(\frac{\mathrm{d}W_n}{\mathrm{d}\Omega}\right)_{N_\mathrm{e}} = \frac{\mathrm{d}W_n}{\mathrm{d}\Omega}\left(N_\mathrm{e}S_\mathrm{inc} + N_\mathrm{e}^2 S_\mathrm{coh}\right) \tag{2-2-2}$$

式中，S_inc 和 S_coh 分别代表电子束团的非相干与相干辐射因子，其表达式分别如下：

$$S_\mathrm{inc} = \int_h^\infty \mathrm{d}zZ(z)\exp\left(-z/\lambda_\mathrm{e}\right) \tag{2-2-3}$$

$$S_\mathrm{coh} = \left|\int_h^\infty \mathrm{d}zZ(z)\exp\left(-z\right)\tilde{Y}(k_y)\tilde{X}(\omega)\right|^2 \tag{2-2-4}$$

$$\tilde{Y}(k_y) = \int_{-\infty}^\infty Y(y)\exp\left(-\mathrm{i}k_y y\right)\mathrm{d}y \tag{2-2-5}$$

$$\tilde{X}(\omega) = \int_{-\infty}^\infty X(t)\exp\left(-\mathrm{i}\omega t\right)\mathrm{d}t \tag{2-2-6}$$

其中，$Y(y)$、$Z(z)$ 为电子束团的横向分布函数；$X(t)$ 为电子束团的纵向分布函数；$k_y = k_0\cos\varphi$，$k_0 = \sqrt{\omega(\varepsilon_0\mu_0)}$。对于周期性电子束团而言，$N_\mathrm{b}$ 个电子束团产生的辐射能量为

$$\left(\frac{\mathrm{d}W_n}{\mathrm{d}\Omega}\right)_\mathrm{total} = \left(\frac{\mathrm{d}W_n}{\mathrm{d}\Omega}\right)_{N_\mathrm{e}}\left|\sum_{n=1}^{N_\mathrm{b}}\exp\left(\mathrm{i}2\pi n\omega/\omega_0\right)\right|^2 = \left[\frac{\mathrm{d}W_n}{\mathrm{d}\Omega}\right]_{N_\mathrm{e}}\left[\frac{\sin(\pi N_\mathrm{b}\omega/\omega_\mathrm{b})}{\sin(\pi\omega/\omega_\mathrm{b})}\right]^2 \tag{2-2-7}$$

其中，$\omega_\mathrm{b} = 2\pi c/\lambda_\mathrm{b}$，为电子束团的调制角频率，这里 λ_b 为群聚束团之间的间距。

由于周期束团的辐射能量角分布与单个电子运动情况下的辐射效率因子有直接的关系，因此下面对辐射效率因子进行分析。

2.2.3 辐射效率因子

选取笛卡儿直角坐标系，设线电荷平行于 y 轴，紧贴着光栅表面沿 x 方向运动，电荷速度为 $\boldsymbol{v} = v_0\boldsymbol{i}_x$，与 x 轴的距离为 z_0，与光栅的高度差为 z_h；光栅的周期为 d，顶点距离 x 轴的距离为 h。只讨论垂直于光栅平面的辐射情况，即满足 $\varphi = 0$；θ 为辐射波与 z 轴的夹角 (辐射角度)，ε_0 为介电常量，电磁场的散射问题则转化为二维，其模型如图 2.2.1 所示。

为了求解辐射效率因子 R_{-n}[8,9]，需先求出入射波——电子在自由空间运动时激励的电磁波，其电场和磁场分量分别用 $E^\mathrm{i} = E^\mathrm{i}(x,z,t)$ 和 $H^\mathrm{i} = H^\mathrm{i}(x,z,t)$

表示，设 E^{i} 和 H^{i} 可以分别表示为如下傅里叶积分形式：

$$\begin{aligned} E^{\mathrm{i}}(x,z,t) &= (2\pi)^{-1}\int_{-\infty}^{\infty} E^{\mathrm{i}}(x,z;\omega)\exp(-\mathrm{i}\omega t)\,\mathrm{d}\omega \\ H^{\mathrm{i}}(x,z,t) &= (2\pi)^{-1}\int_{-\infty}^{\infty} H^{\mathrm{i}}(x,z;\omega)\exp(-\mathrm{i}\omega t)\,\mathrm{d}\omega \end{aligned} \tag{2-2-8}$$

由于 E^{i} 和 H^{i} 均为实数，所以只考虑 ω 为实数的情况，于是，式 (2-2-8) 可以写为下述形式：

$$\begin{aligned} E^{\mathrm{i}}(x,z,t) &= (\pi)^{-1}\,\mathrm{Re}\left[\int_{0}^{\infty} E^{\mathrm{i}}(x,z;\omega)\exp(-\mathrm{i}\omega t)\,\mathrm{d}\omega\right] \\ H^{\mathrm{i}}(x,z,t) &= (\pi)^{-1}\,\mathrm{Re}\left[\int_{0}^{\infty} H^{\mathrm{i}}(x,z;\omega)\exp(-\mathrm{i}\omega t)\,\mathrm{d}\omega\right] \end{aligned} \tag{2-2-9}$$

傅里叶分量 $E^{\mathrm{i}} = E^{\mathrm{i}}(x,z;\omega)$ 和 $H^{\mathrm{i}} = H^{\mathrm{i}}(x,z;\omega)$ 满足二维电磁场方程

$$\begin{aligned} \nabla\times\boldsymbol{H}^{\mathrm{i}} + \mathrm{i}\omega\varepsilon\boldsymbol{E}^{\mathrm{i}} &= \boldsymbol{J} \\ \nabla\times\boldsymbol{E}^{\mathrm{i}} - \mathrm{i}\omega\mu\boldsymbol{H}^{\mathrm{i}} &= 0 \end{aligned} \tag{2-2-10}$$

其中，$\boldsymbol{J}$ 为电流密度的傅里叶变换，满足下式：

$$J(x,z;\omega) = \int_{-\infty}^{\infty} J(x,z,t)\exp(\mathrm{i}\omega t)\,\mathrm{d}t \tag{2-2-11}$$

根据电流的定义，可以写出电流密度表达式

$$\boldsymbol{J}(x,z,t) = qv_0\delta(x - v_0t, z - z_0)\,\boldsymbol{i}_x \tag{2-2-12}$$

式中，q 为 y 方向每单位长度的电荷量。于是，由式 (2-2-11) 和式 (2-2-12) 可以求出

$$\boldsymbol{J}(x,z;\omega) = q\exp(\mathrm{i}\alpha_0 x)\,\delta(z - z_0)\,\boldsymbol{i}_x \tag{2-2-13}$$

其中，$\alpha_0 = \omega/v_0 = k_0c/v_0$，$k_0 = \omega\sqrt{\varepsilon\mu}$，这里 c 为真空中的光速，k_0 为波数。由于 $J(x,z;\omega)$ 仅有 x 分量，根据方程 (2-2-10)，可以推知 $H^{\mathrm{i}} = H^{\mathrm{i}}(x,z;\omega)$ 仅有 y 分量，$E^{\mathrm{i}} = E^{\mathrm{i}}(x,z;\omega)$ 存在 x 和 z 分量，即辐射场为 H 极化的情况。因此，可以将场写成下列形式：

$$\begin{aligned} \boldsymbol{H}^{\mathrm{i}} &= \psi^{\mathrm{i}}\boldsymbol{i}_y \\ \boldsymbol{E}^{\mathrm{i}} &= (\mathrm{i}\omega\varepsilon)^{-1}\left(\partial_z\psi^{\mathrm{i}}\boldsymbol{i}_x - \partial_x\psi^{\mathrm{i}}\boldsymbol{i}_z + J_x\boldsymbol{i}_x\right) \end{aligned} \tag{2-2-14}$$

且 $\psi^{\mathrm{i}}=\psi^{\mathrm{i}}(x,z;\omega)$ 满足二维非线性亥姆霍兹方程。

$$\left(\frac{\partial^2}{\partial x^2}+\frac{\partial^2}{\partial z^2}+k_0^2\right)\psi^{\mathrm{i}}=-q\exp(\mathrm{i}\alpha_0 x)\,\partial_z\delta(z-z_0) \tag{2-2-15}$$

求解方程 (2-2-15)，可以得到入射波的表达式

$$\psi^{\mathrm{i}}=-\frac{1}{2}q\mathrm{sign}(z-z_0)\exp(\mathrm{i}\alpha_0 x+\mathrm{i}\gamma_0|z-z_0|) \tag{2-2-16}$$

其中，$\gamma_0=\mathrm{i}\sqrt{(\alpha_0^2-k_0^2)}$，由于 $v_0<c$，因此 $\sqrt{(\alpha_0^2-k_0^2)}\geqslant 0$，$\gamma_0$ 为纯虚数。

通过分析式 (2-2-14) 可知，由于电子注的运动而产生的入射场为消逝场 (凋落波)，它在远离 $z=z_0$ 时呈指数衰减。将产生的反射场按照空间谐波的形式进行展开，可得

$$\psi^{\mathrm{r}}=\sum_{n=-\infty}^{\infty}\psi_n^{\mathrm{r}}\exp(\mathrm{i}\alpha_n x+\mathrm{i}\gamma_n z) \tag{2-2-17}$$

其中，$\alpha_n=\alpha_0+2n\pi/d$，$\gamma_n=\sqrt{(k_0^2-\alpha_n^2)}$，并且满足 $\mathrm{Re}(\gamma_n)\geqslant 0$，$\mathrm{Im}(\gamma_n)\geqslant 0$，$n=0$，$\pm 1$，$\pm 2$，$\cdots$。设 θ_n 为 n 阶辐射谐波的辐射角 (波的传播方向与 z 轴的夹角)，对于传输波而言，满足

$$\sin(\theta_n)=c/v_0+n\lambda_0/d \tag{2-2-18}$$

其中，$\lambda_0=2\pi/k_0$，$n<0$。定义辐射效率因子与谐波分量满足下式关系：

$$\psi_{-n}^{\mathrm{r}}=\frac{1}{2}q\exp[\mathrm{i}\gamma_0(z_0-z_{\max})]R_{-n} \tag{2-2-19}$$

其中，$z_{\max}$ 为光栅顶点到 x 轴的距离。于是，当谐波分量的振幅 ψ_{-n}^{r} 已知时，便可求出辐射效率因子。根据式 (2-2-19) 可知，单个电子的辐射效率因子与平面波入射时的散射因子满足下式关系：

$$R_{-n}=R'_{-n}\exp(\mathrm{i}\gamma_0 z_{\max}) \tag{2-2-20}$$

其中，R'_{-n} 为平面波入射到光栅表面的散射因子。于是，将辐射效率因子的求解问题转化为平面波入射时散射因子的求解问题。

根据上面的公式可知，为了求解辐射能量的角分布，单个电子辐射效率因子的求解是探讨辐射特性的关键。根据式 (2-2-20) 可知，辐射效率因子与平面波入射时所产生的散射因子有直接关系，通过对散射因子的数值求解就可以得出辐射效率因子。为了求解反射场中的散射因子 $\psi_{-n}^{\mathrm{r}}/\psi_0$，引入二维格林函数 G，将

散射因子变为积分形式的表达式进行求解。只考虑 H 极化波 (横磁 (transverse magnetic，TM) 波) 入射，利用离散的傅里叶方法及三次样条插值方法可以求出散射因子，从而得出辐射效率因子，具体的求解方法可以参见文献 [10]。

2.2.4 电子束团的史密斯–珀塞尔辐射特性分析

该部分的基本思路为先分析单个电子辐射效率因子，然后分析单个束团的辐射能量角分布，最后计算周期束团的能量辐射特性 [11]。

1. 辐射效率因子的计算

为得到最佳的辐射能量，首先根据光栅辐射效率因子选择合适的光栅形状，在此基础上，优化参数及电子束参数，获得最佳的 SP 辐射，为发展高性能的太赫兹 SP 辐射源奠定坚实的基础。

在 SP 辐射源中，通常有两种电子束：第一种是中低能量电子束，即几十千电子伏；另一种是高能量电子束，能量达到几十兆电子伏甚至到吉电子伏量级，因此对这两种情况下的光栅效率进行分析以确定合适的光栅参数，获取高性能的 SP 辐射具有重要意义。图 2.2.2 表示矩形、三角形及正弦形光栅的效率，其中图 2.2.2(a) 表示中低能量光栅系统的效率，图 2.2.2(b) 则表示高能量光栅系统的效率。图示表明，在中低能量系统中，矩形光栅效率较高，因此美国达特茅斯学院利用扫描电子显微镜 (SEM) 产生 40keV 电子束的 SP 实验，以及 2009 年法国 J. Donhoue 进行的 X 波段 SP 辐射实验，都是选用矩形光栅。而在高能量系统中，三角形光栅效率比矩形及正弦形光栅高，因此在高能量系统中，尽量选择三角形光栅作为互作用系统。2005 年美国麻省理工学院进行的 SP 实验，以及 2009 年英国牛津 (Oxford) 大学在斯坦福直线加速器中心 (SLAC) 进行 GeV 量级电子束的 SP 实验，都是采用三角形光栅。由于基于光阴极射频 (radio frequency，RF) 电子枪产生的高能电子束，其能量可以达到几十兆电子伏，因此本部分对光栅效率的分析主要集中在高能量系统状态下。

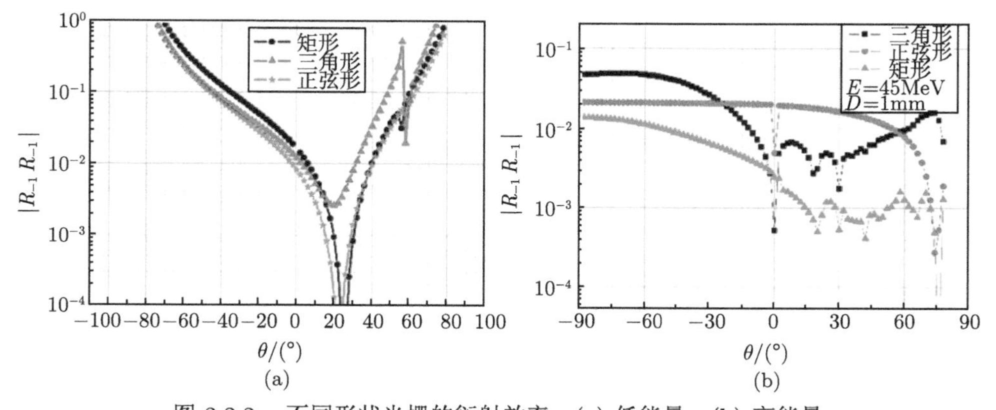

图 2.2.2 不同形状光栅的衍射效率：(a) 低能量；(b) 高能量

图 2.2.3(a) 和 (b) 分别表示三角形与矩形光栅在高能量系统中的光栅效率。图示说明，无论是三角形光栅还是矩形光栅，其辐射效率随着电子束能量的升高有一定的降低。三角形光栅辐射效率在观察角 $-90° \leqslant \theta \leqslant 0°$ 时，衍射效率随着观察角往光栅中心方向变化，其值是逐渐降低的。在观察角从光栅中心 0° 往光栅两端变化时，即 $0° \leqslant \theta \leqslant 90°$，其辐射效率是不断变化的，规律较复杂。对于高能量系统，其矩形光栅辐射效率与三角形光栅基本类似，但是在观察角度 $0° \leqslant \theta \leqslant 90°$ 中，其辐射效率因子增加得很快，但是由于在这个角度贴近光栅表面，因此通常选择的观察角度在 60° 附近。

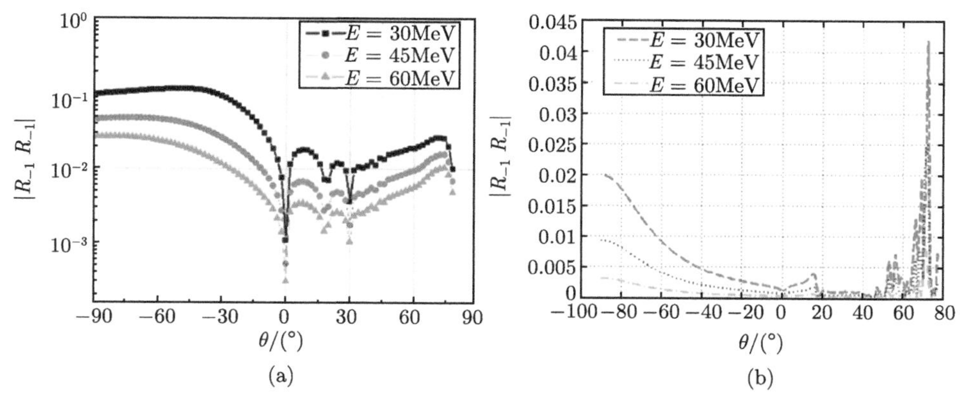

图 2.2.3 不同能量下光栅的衍射效率：(a) 三角形光栅；(b) 矩形光栅

在光栅结构中，矩形光栅较三角形光栅在加工难度和数学处理方法上都相对简单，这里则选择对矩形光栅进行分析。图 2.2.4 表示矩形光栅辐射效率与光栅参数的

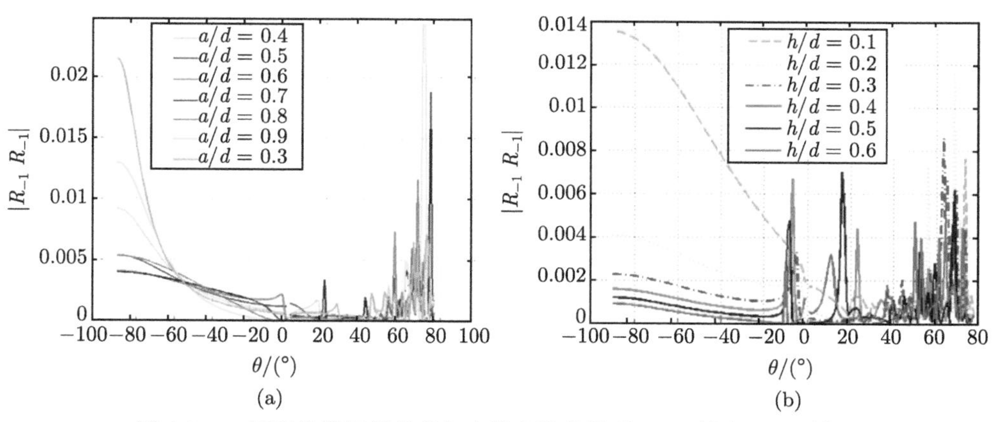

图 2.2.4 矩形光栅辐射效率与光栅参数的关系：(a) 槽宽；(b) 槽深

关系，其中图 2.2.4(a) 表示光栅辐射效率与光栅槽宽的关系，而图 2.2.4(b) 则表示光栅辐射效率与光栅槽深的关系。图 2.2.4(a) 表明，在光栅两端光栅辐射效率较高，而在光栅的中部其辐射效率较低，并且存在一个最佳的光栅宽度，使得光栅的辐射效率最大。图 2.2.4(b) 说明，随着光栅深度增加，辐射效率逐渐降低。

2. 电子能量与光栅类型对能量角分布及频率的影响

图 2.2.5 表示三角形光栅辐射效率与光栅深度的关系。在图示的三角形光栅结构中，当光栅深度 h 与光栅周期的比值确定后，随着光栅深度的增加，其辐射效率显著降低。

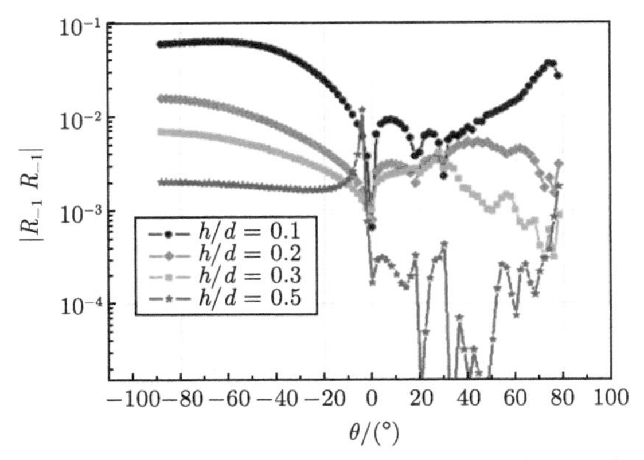

图 2.2.5　三角形光栅辐射效率与光栅深度的关系

图 2.2.6 表示在高能量系统中，麻省理工学院及牛津大学 SP 实验的光栅效率。从图可以看出，麻省理工学院 SP 实验的光栅辐射效率远高于牛津大学 SP 实

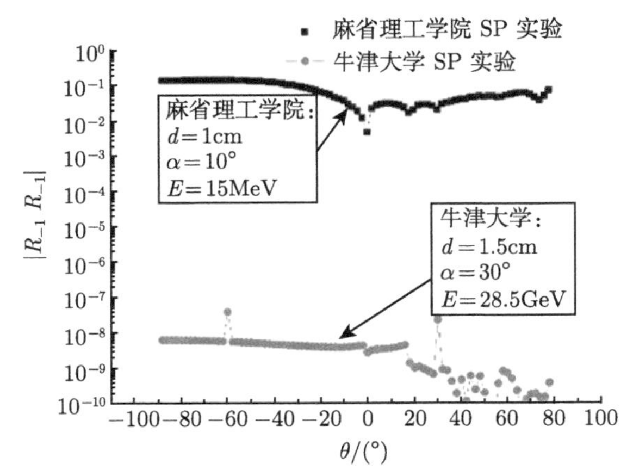

图 2.2.6　麻省理工学院及牛津大学 SP 实验中光栅效率

验的光栅辐射效率，后者辐射效率低的原因主要是光栅倾角较大、光栅较深，从而导致其辐射效率较低。在该实验中，他们利用 SP 相干辐射，结合 K-K 变换关系，进行了束团长度的测量。

图 2.2.7 表示在矩形及三角形光栅系统中，单电子辐射能量角分布与观察角之间的关系。电子束团辐射能量为高能量时，三角形光栅系统的辐射能量最强，与前面计算的光栅辐射效率是一致的。图示说明，辐射能量沿着电子束的运动方向辐射较强，而在后向 (与运动方向相反) 辐射较弱。

图 2.2.8 表示单电子辐射能量角分布与辐射频率及光栅形状的关系。从图中可以看出，三角形光栅的辐射能量比矩形光栅强。而在频率方面，对三角形光栅而言，存在一个频率最佳值，使得辐射能量最强；对矩形光栅而言，存在两个能量峰值。

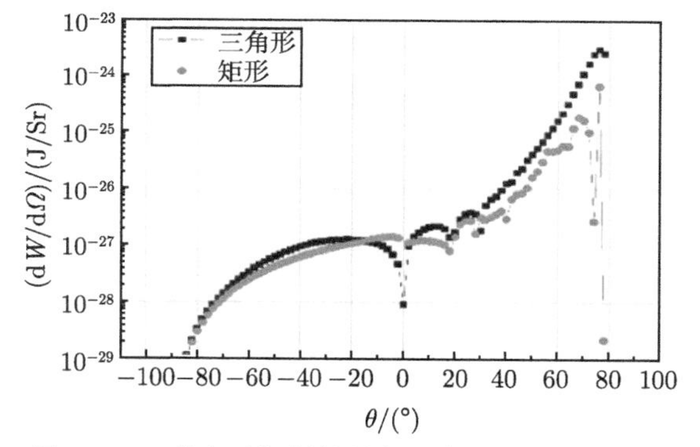

图 2.2.7 单电子辐射能量角分布与观察角的关系

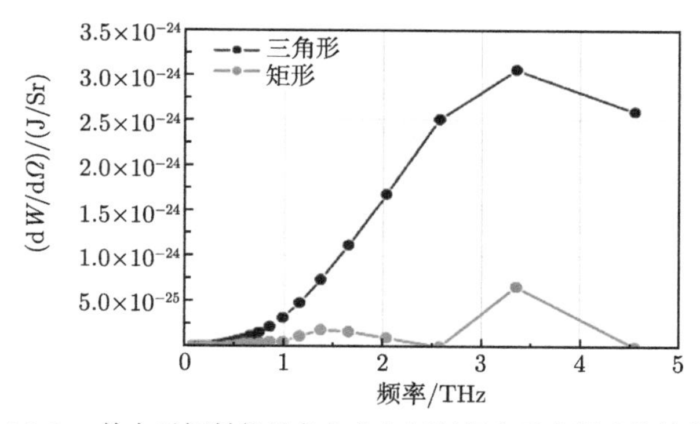

图 2.2.8 单电子辐射能量角分布与辐射频率及光栅形状的关系

3. 单电子束团的辐射特征

一般情况下，当电子束团长度比辐射波长短，或与辐射波长可比拟时，产生的辐射是相干辐射，其强度与束团内电子数的平方 N^2 成正比；反之，当束团长度远大于辐射波长时，产生的辐射是非相干辐射，辐射强度与束团内的电子数 N 成正比。因此，辐射强度与电子束团形状是紧密联系的，在这一部分将分析电子束团相关参数对辐射性能的影响。

图 2.2.9 表示电子束团辐射能量角分布与观察角度的关系。在三角形光栅结构中，光栅周期 $d=1\text{mm}$，光栅深度 h 与周期的关系 $h/d=0.1$，电子束团能量为 40MeV，电荷量为 0.5nC，束团在纵向和横向均为高斯分布，其横向全宽半高 (FWHM) 为 0.5mm，纵向束团 FWHM 为 1.0ps，基本参数如表 2.2.1 所示。从图可以看出，观察角度 θ 位于 $0^\circ \leqslant \theta \leqslant 90^\circ$ 时，即在电子束团前进方向，存在一个最佳的观察角度，在这个方向辐射能量最强。

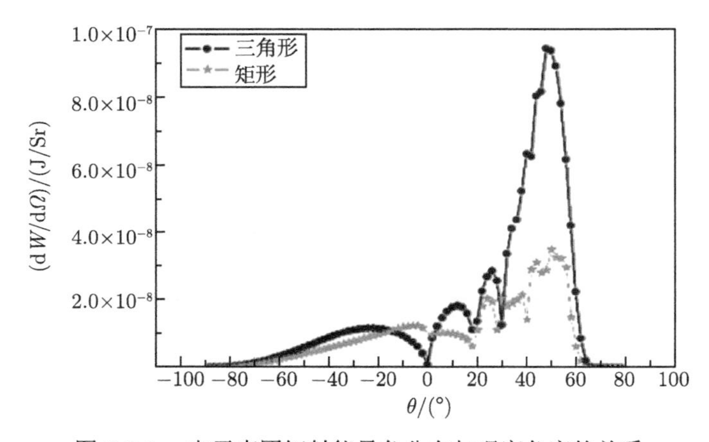

图 2.2.9 电子束团辐射能量角分布与观察角度的关系

表 2.2.1 数值计算基本参数

光栅周期 d	光栅深度 h	束团分布	电子束团能量	电荷量	束团纵向长度 (FWHM)	束团横向长度 (FWHM)
1mm	0.1mm	高斯	40MeV	0.5nC	1.0ps	0.5mm

图 2.2.10 表示电子束团辐射能量角分布与辐射频率的关系。图示说明在中心频率处，辐射能量最强。在利用 SP 相干辐射测定电子束团长度时，应该尽量多地测试不同频率下的辐射能量，从而获得更为准确的束团长度信息。

图 2.2.11 表示电子束团辐射能量角分布与束团高度的关系，从图可以看出，随着束团中心高度与光栅表面距离的增大，其辐射能量的峰值不断减少。根据辐射能量峰值与束团中心高度得到的曲线如图 2.2.12 所示。从曲线知道，束团中心与光栅表面之间的距离存在一个最佳距离，在束团–光栅之间的距离大于最佳辐射值后，辐射能量峰值随着中心高度的增加呈指数递减的关系，因此在实验中尽

可能使电子束团在贴近光栅表面的最佳高度，从而获得最大的辐射能量。

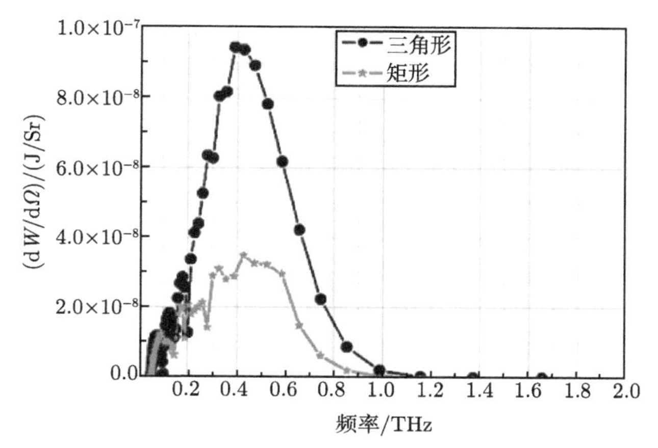

图 2.2.10 电子束团辐射能量角分布与辐射频率关系

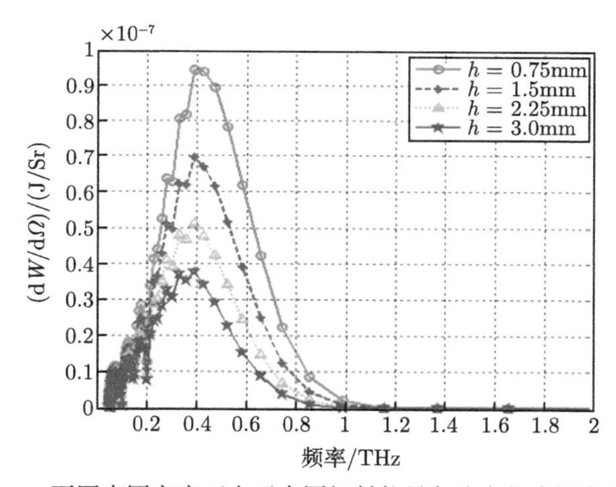

图 2.2.11 不同束团高度下电子束团辐射能量角分布与束团高度的关系

图 2.2.13 表示不同纵向长度电子束团辐射能量角分布与辐射频率的关系。从图可以看出，束团纵向长度对辐射能量影响很大，当单束团长度大于辐射波长时，其辐射能量峰值急剧减少，因此若要求产生相干辐射，则必须要求电子束团长度小于辐射波长，在这里可以根据中心波长来选择需要的电子束团长度。

图 2.2.14 表示辐射能量角分布峰值与电子束团纵向长度的关系。从图可以看出，随着电子束团长度的增加，束团能量显著减少。图中实线是拟合得到的曲线 $y = y_0 + A_1 \times \exp(-x/t_1)$，其中数值为 $y_0 = 0.75502$，$A_1 = 110.7554$，$t_1 = 0.39276$；而实心圆点表示在数值计算中去峰值得到的。

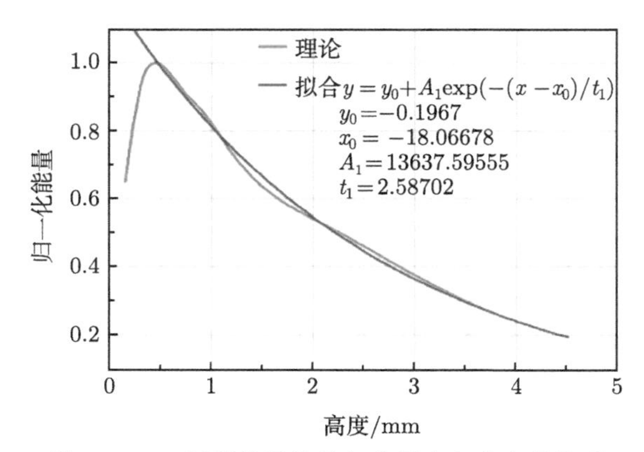

图 2.2.12 辐射能量峰值与束团中心高度的关系

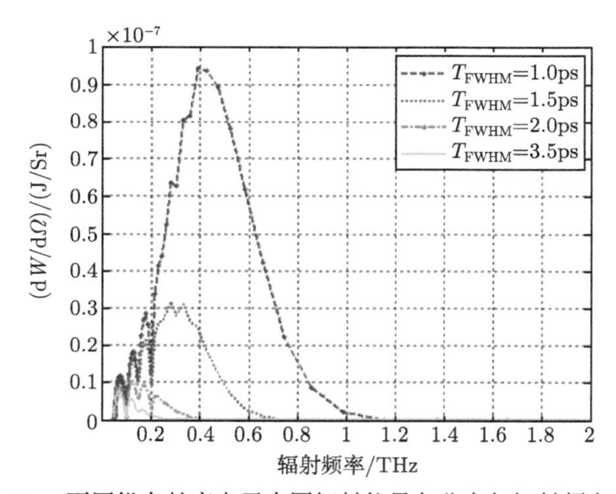

图 2.2.13 不同纵向长度电子束团辐射能量角分布与辐射频率的关系

图 2.2.15 表示不同横向长度电子束团能量角分布与辐射频率的关系。从图可以看出，单电子束团长度在横向尺寸成倍增加时，对辐射能量的影响比较小，远不如纵向长度辐射能量急剧减少 (图 2.2.14)，其峰值的变化可以通过图 2.2.16 表示出来。

4. 周期电子束团能量辐射的特征

从上面数值分析可以看出，对于单个束团产生的 SP 相干辐射，辐射频谱较宽，它在测量电子束团长度上具有很好的优势，即可以实现电子束团的无阻拦测量。但是要发展为高功率、可调及紧凑型的太赫兹辐射源，仅仅单电子束团辐射的能量是不够的，需要寻求有效手段提高辐射源的功率。而在相干的周期电子束团中，其辐射能量与电子束团个数的平方 N_{b}^2 成正比，因此采用周期性电子束团驱动周期性光栅，可以发展高功率的太赫兹辐射源。

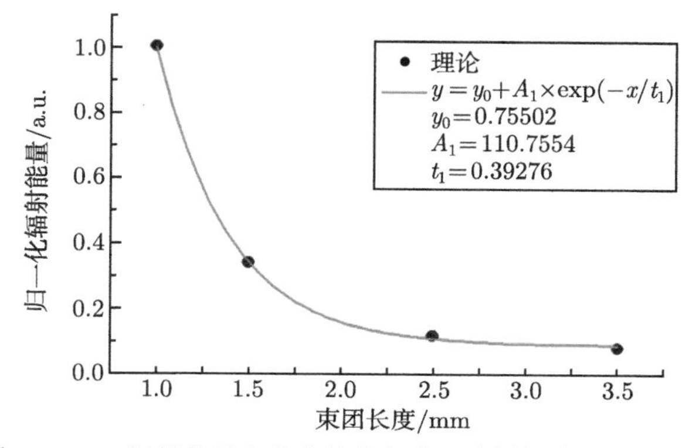

图 2.2.14　辐射能量角分布峰值与电子束团纵向长度的关系

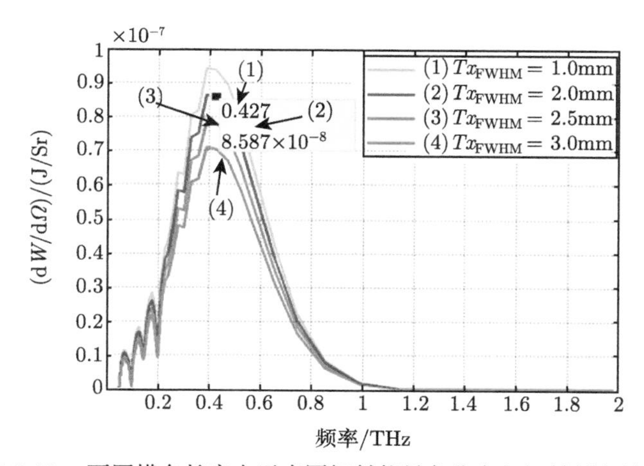

图 2.2.15　不同横向长度电子束团辐射能量角分布与辐射频率的关系

图 2.2.17 表示在光栅周期数为 $N_{\mathrm{g}}=50$ 时，单个电子束团和周期电子束的辐射能量角分布与辐射频率的关系。从图中可以看出，光栅在周期性电子束团的驱动下，辐射信号的频谱变窄，辐射能量峰值显著提高。

图 2.2.18 表示 $N_{\mathrm{b}}=4$、电子束团重复频率 $f_{\mathrm{b}}=500\mathrm{GHz}$ 时，辐射能量角分布与辐射频率的关系。从图可以看出，随着电子束团个数的增加，其辐射能量的峰值增加，但是其辐射频谱宽度却与电子束团个数成反比，因此在定频率范围内整个光栅系统的辐射能量与电子束团个数 N_{b} 成正比，若增加电子束团个数，可以有效地提高辐射功率，得到更好的窄带辐射波。此外，采用周期性的电子束团，

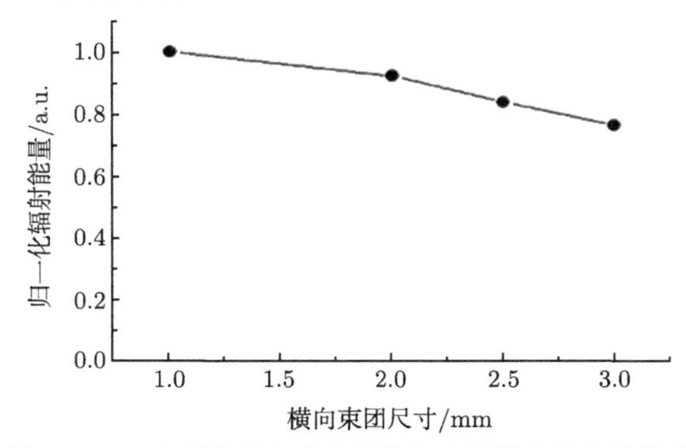

图 2.2.16　辐射能量角分布峰值与束团横向长度的关系

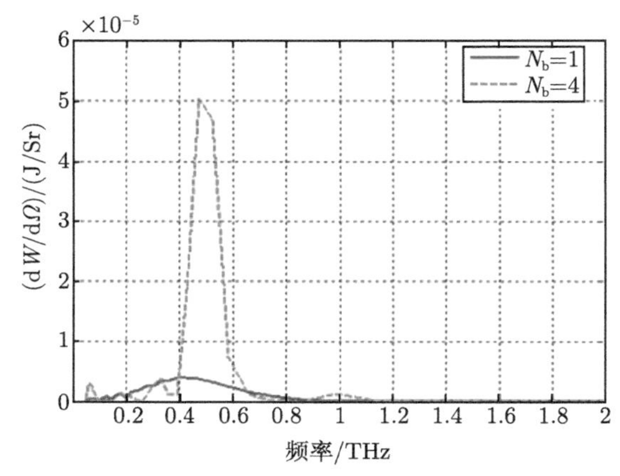

图 2.2.17　单束团与 4 个束团的辐射能量角分布与辐射频率关系

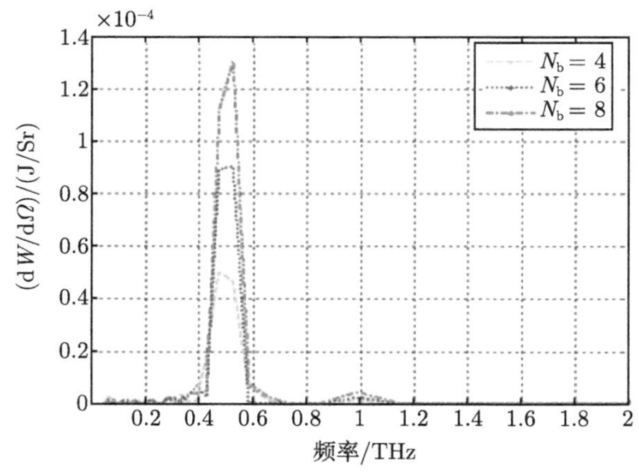

图 2.2.18　周期束团的辐射能量角分布与辐射频率关系

系统的辐射频率可以通过调节束团重复频率得到不同的辐射频率，实现锁频的相干辐射。

2.2.5 超短电子团产生史密斯–珀塞尔辐射的 PIC 模拟分析

1. 三维模拟结构描述

前述研究了电子束团与光栅相互作用产生辐射的物理特性，分析了光栅参数及电子束参数对辐射性能的影响，研究结果对优化光栅结构具有重要的参考价值，同时也为设计光栅提供了理论参考。为了发展高性能的太赫兹 SP 辐射源，获得辐射源相关频率及功率特征，下面利用 PIC (particle-in-cell，一种时域有限差分 (FDTD) 方法) 方法研究电子束团与光栅相互作用的非线性过程。主要对单电子束团及周期性电子束团的 SP 辐射特征进行研究。通过 PIC 模拟研究，得到辐射系统的功率及频率特征。光栅结构如图 2.2.19 所示。

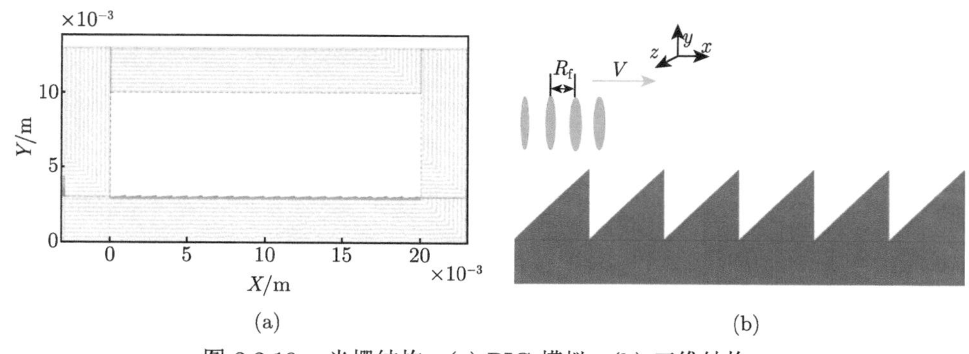

(a) (b)

图 2.2.19 光栅结构：(a) PIC 模拟；(b) 三维结构

2. 模拟参数描述

这一部分主要针对三角形光栅进行模拟，光栅周期 $d = 1\text{mm}$，光栅深度 $h = 0.1\text{mm}$，倾角 $\alpha = 5.78°$，光栅材料为良导体无氧铜。在粒子模拟中，束团电荷量为 0.5nC，在实际中，可以通过调节激光能量改变束团电荷量。电子束团是通过光阴极射频 (RF) 电子枪产生，通过 3m 行波加速管对电子束团加速，其能量可以达到 40MeV 甚至更高，束团长度可以通过调节微波入射相位或者磁压器进行压缩，可以达到亚皮秒量级，因此对束团长度的选择相对较灵活。在模拟中选取束团纵向长度 FWHM 为 1.0ps，横向长度 FWHM 为 0.5mm，假定电子束团内的电子分布均匀，没有考虑电子束团的初始发射度。表 2.2.2 为 PIC 模拟参数。

表 2.2.2　PIC 模拟参数

参数	参数值
光栅周期 d	1mm
光栅深度 h	0.1mm
倾角	5.78°
光栅周期数 N	20
电子束团能量	40MeV
束团长度 σ	0.1ps
束团电荷量	0.5nC

3. 单电子束团模拟结果分析与讨论

图 2.2.20(a) 表示电子束团横向截面在相空间的分布，这里假设束团横向为圆形的均匀分布，其束团横向截面半径为 0.5mm，而电子束团的纵向分布如图 2.2.20(b) 所示。

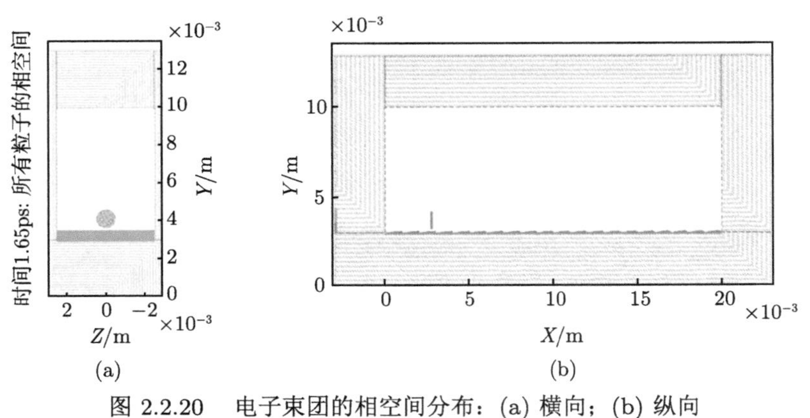

图 2.2.20　电子束团的相空间分布：(a) 横向；(b) 纵向

图 2.2.21 表示束团粒子动能在相空间的分布，其中图 2.2.21(a) 表示束团位于光栅中部位置的动能，而图 2.2.21(b) 表示电子束团全部通过光栅达到光栅末

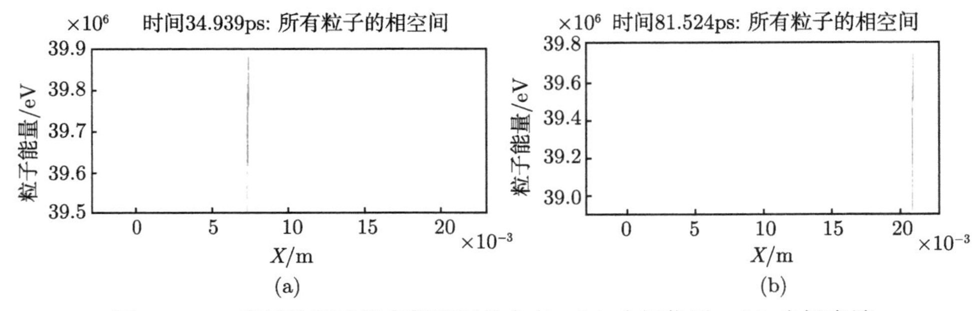

图 2.2.21　束团粒子动能在相空间的分布：(a) 中间位置；(b) 光栅末端

端时的位置。通过粒子动能在相空间的变化可以看出，束团粒子在运动过程中不断地与光栅相互作用，从而产生太赫兹辐射。在初始状态，假设束团的初始动能为 40MeV；在光栅末端时，其失能 1MeV。

图 2.2.22 表示在 $t = 67.709\text{ps}$ 及 $t = 1.833\text{ns}$ 时，电子束团在辐射空间的磁场分布关系。图 2.2.22(a) 为初始电子束团刚刚运动到光栅末端，从图可以看出，电磁波辐射主要在后向。而当电子束团完全通过光栅后，由于是返波型器件，因此电磁波能量从光栅右端传到左端，在光栅两端形成圆弧状，从光栅两端辐射出去。

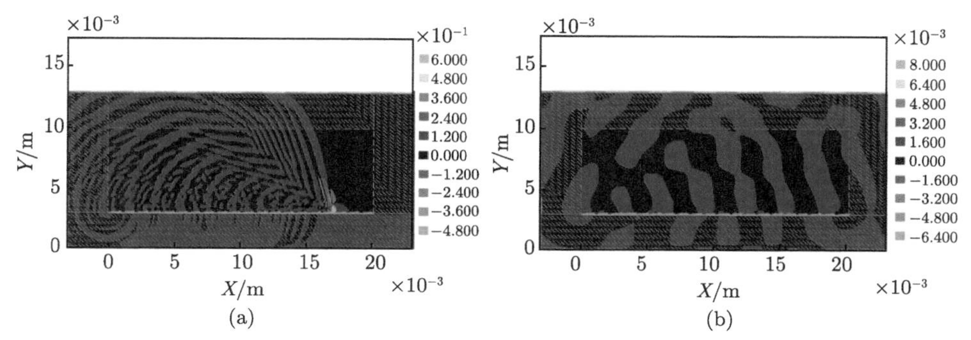

图 2.2.22 辐射的磁场 B_z：(a) 67.709ps；(b) 1.833ns

图 2.2.23 表示辐射电场在纵向与横向的分布。从图中可以看出，$-x$ 方向电场幅值是不断增强的，同时也是周期性变化的。在横向方向上，电场的幅值是关于光栅的横向中心对称的，同时存在两个峰值，根据 H 及 E 极化方向，可以知道它是 E 极化的。

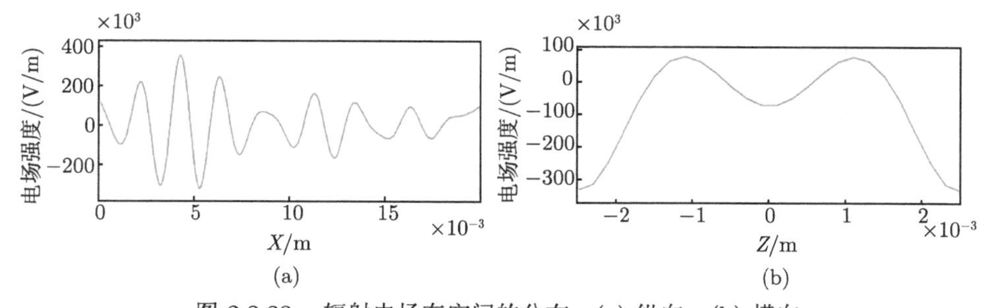

图 2.2.23 辐射电场在空间的分布：(a) 纵向；(b) 横向

为了得到超短电子束团通过光栅时产生太赫兹辐射波的功率，在立方体的 5 个面设定了观察面，其中在左侧面得到的功率及功率谱如图 2.2.24 所示，图 2.2.24(a) 表示左侧面的功率，通过对时间的积分可以知道其辐射能量为 6.28μJ；图 2.2.24(b) 表示图 2.2.24(a) 的频谱变换图，从图可以知道在功率峰值处，其对应的频率为 151GHz。

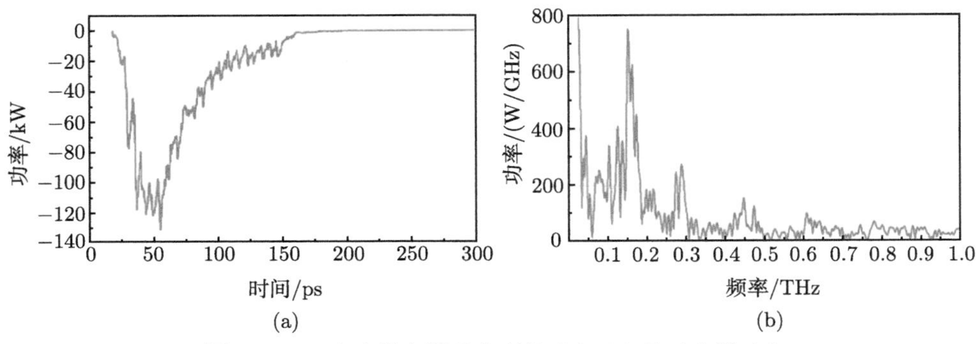

图 2.2.24　在光栅左端观察到的功率 (a) 及功率谱 (b)

4. 周期性电子束团 PIC 模拟结果与分析

在粒子模拟过程中，周期性电子束团与单个电子束团的基本参数相同，只是在周期性束团中，束团重复频率为 0.5THz。

图 2.2.25 表示周期性电子束团相空间的横向和纵向分布，其中图 2.2.25(a) 表示束团相空间的横向分布，而图 2.2.25(b) 表示束团相空间的纵向分布。从图可以看出，电子束团在横向的分布是均匀的，而在纵向是均匀排列。

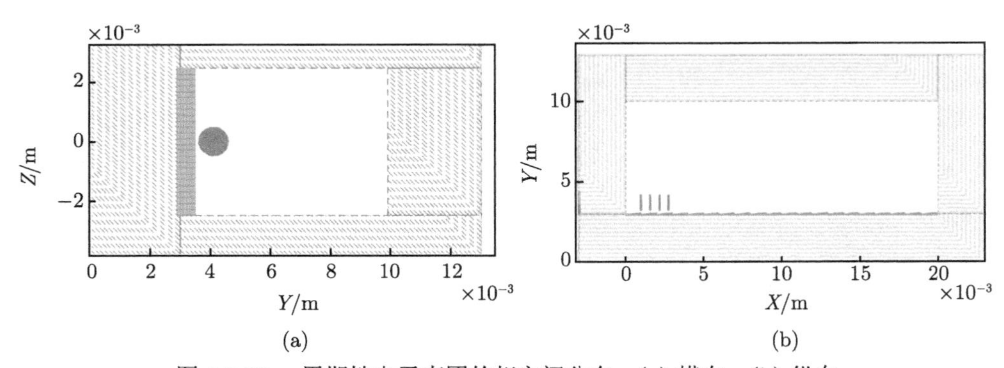

图 2.2.25　周期性电子束团的相空间分布：(a) 横向；(b) 纵向

图 2.2.26 表示粒子动能相空间的分布，其中图 2.2.26(a) 表示光栅初始端粒子动能的分布，从图可以看出，在初始位置，相对初始动能为 40MeV，电子束团的能量损失较小。图 2.2.26(b) 表示电子束团动能在光栅末端的相空间分布，从图可以看出，粒子最大失能达到 1.3MeV。对周期束团而言，其失能是由于束团之间还存在相互作用，因此比单束团损失的能量要多，所以其辐射能量更高。

图 2.2.27 表示周期束团及单束团的辐射功率，它是通过在光栅两侧设置观察面得到的。从图可以看出，相对于单束团而言周期束团的辐射功率，得到了较为明显的提高，接近单束团的 4 倍，这与前面的理论计算是一致的。

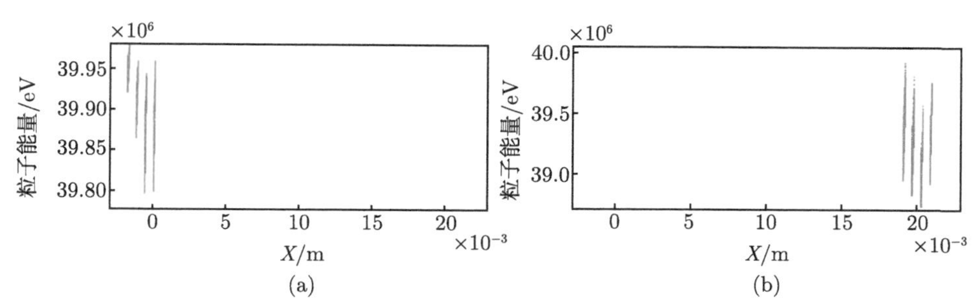

图 2.2.26 粒子动能在相空间的分布：(a) 光栅初始端；(b) 光栅末端

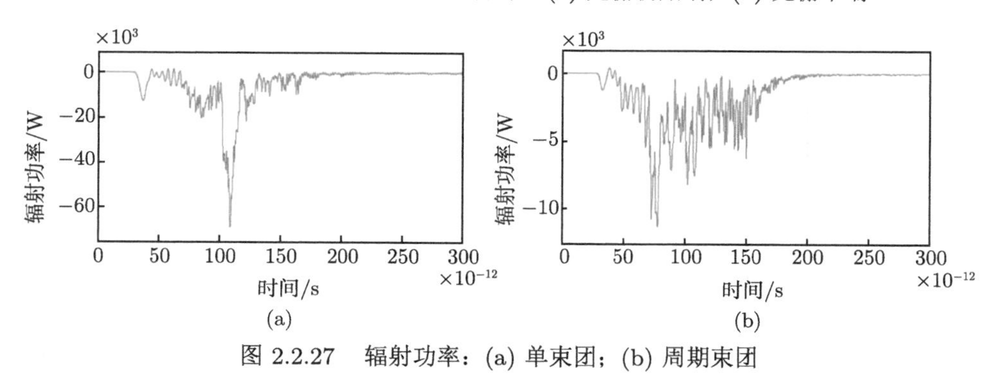

图 2.2.27 辐射功率：(a) 单束团；(b) 周期束团

5. 束团重复频率对辐射强度的影响

在利用周期电子束团产生 SP 辐射的太赫兹源中，束团的重复频率在改善频谱特性方面发挥着重要的作用，这里选取光栅形状为三角形，光栅参数及电子束参数与表 2.2.2 基本相同。下面着重分析束团重复频率对辐射特性的影响，选取的重复频率 R_f 分别为 0.25THz、0.3THz、0.4THz、0.5THz、0.8THz、1.0THz、1.2THz。图 2.2.28 表示周期电子束团在三角形光栅中的粒子分布，其中 R_f 表示束团的重复频率。

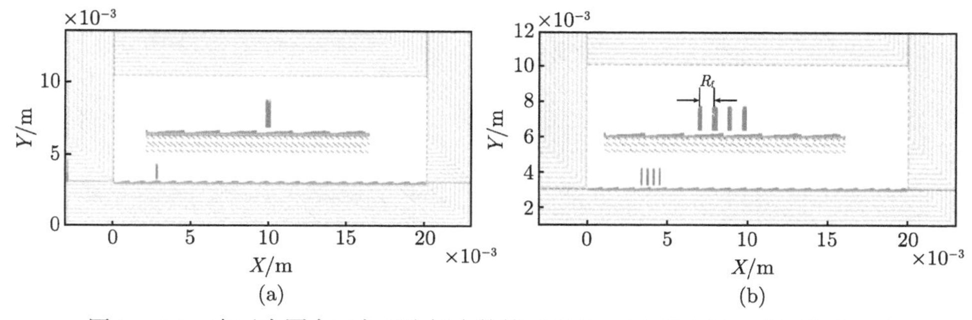

图 2.2.28 电子束团在三角形光栅中的粒子分布：(a) 单束团；(b) 周期束团

图 2.2.29 表示在三角形光栅系统中不同重复频率周期束团的 SP 辐射功率。

从图可以看出，若调节周期束团的重复频率，则太赫兹辐射波的辐射功率发生变化，合适的重复频率的幅值相对于单束团而言可以得到较为明显的提高。当重复频率过高时，束团之间的间隔较小，束团之间的相干性较弱，这时可以当成一个大的束团产生的辐射，但是大束团的分布又是不均匀的，导致其相干性降低，辐射性能变差。因此，选择合适的重复频率，有利于提高 SP 器件的辐射性能。

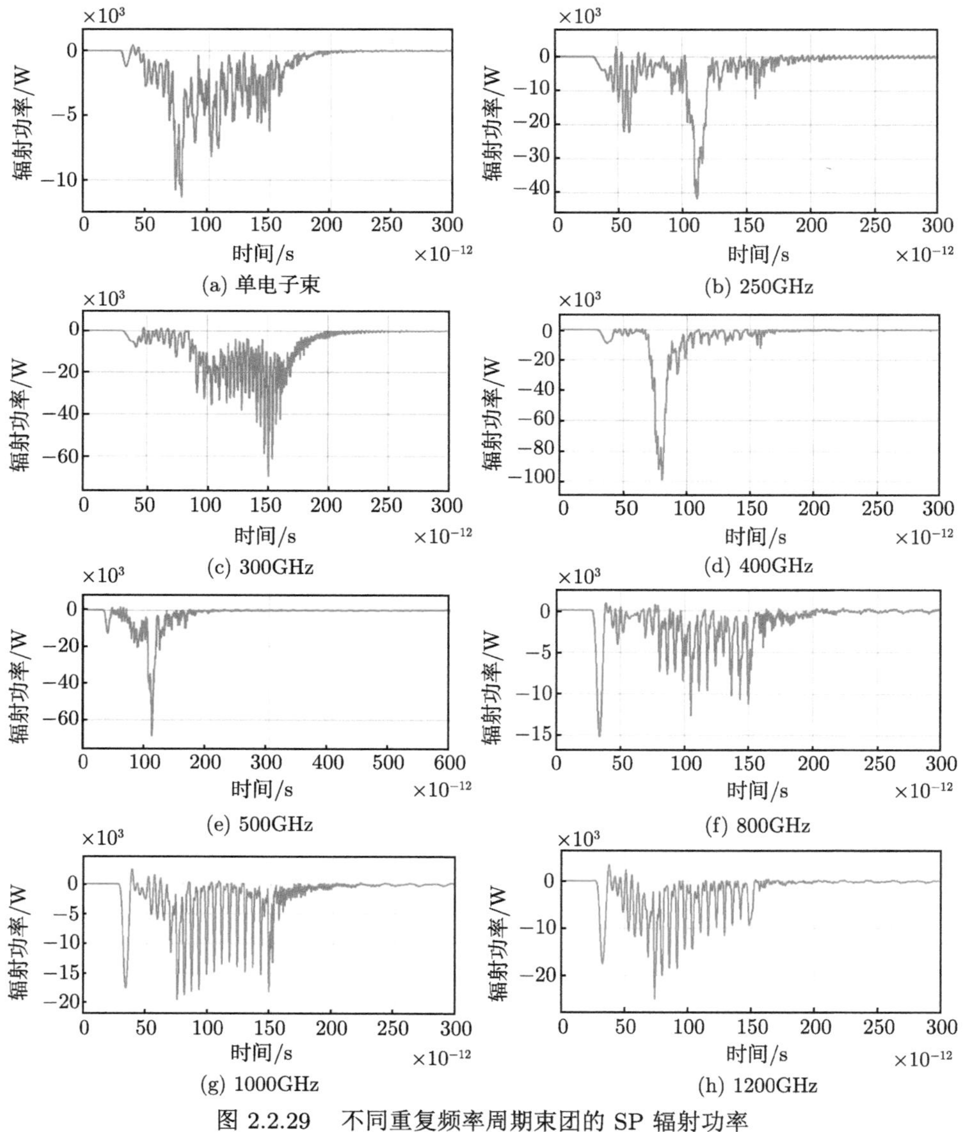

(a) 单电子束　(b) 250GHz　(c) 300GHz　(d) 400GHz　(e) 500GHz　(f) 800GHz　(g) 1000GHz　(h) 1200GHz

图 2.2.29　不同重复频率周期束团的 SP 辐射功率

2.3 有限厚度电子注在任意光栅形状中的色散方程

2.3.1 物理模型

产生 SP 辐射的强度不仅与光栅周期、形状等有关，也与电子束团形状特征、能量、电荷量有关，特别是电子束团的状态，主要指单电子束团、电子束团串及连续电子注状态。在 2.2 节中主要分析了电子束团与光栅作用产生 SP 相干辐射的特征，本节主要分析有限厚度电子注在不同光栅形状中的色散方程，本节中任意形状的光栅系统主要指浅槽光栅，在瑞利假设条件下 [12]，进行展开分析色散方程，而对于深槽光栅情况，则采用本书 2.4 节中的方法进行求解。图 2.3.1 为连续电子注的 SP 辐射模型。

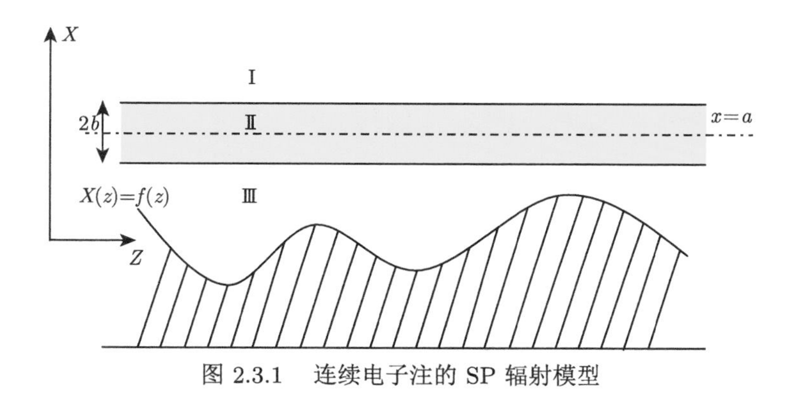

图 2.3.1 连续电子注的 SP 辐射模型

2.3.2 任意光栅形状的色散方程

对于连续电子注在光栅中产生 SP 辐射的情况，在该过程中，主要是电子注与光栅表面波相互作用使电子产生群聚，光栅表面波是一种沿光栅表面传播的慢波，其本身并不辐射，但是由于光栅的有限长度，其在光栅两端产生绕射辐射。在研究电子注与光栅表面慢波互作用过程中，将电子注看成一种等离子介质进行处理，分析其注–波互作用物理特性。它满足麦克斯韦 (Maxwell) 方程、电流连续性方程，具体遵从的物理规律如下：

$$\nabla \times \boldsymbol{E} + \mu_0 \frac{\partial}{\partial t}\boldsymbol{H} = 0 \tag{2-3-1}$$

$$\nabla \times \boldsymbol{H} - \varepsilon_0 \frac{\partial}{\partial t}\boldsymbol{E} = -e(n_0 v + n v_0)\boldsymbol{e}_z \tag{2-3-2}$$

$$\left(\frac{\partial}{\partial t} + v_0 \frac{\partial}{\partial z}\right) v = -\frac{e}{\gamma^3 m_0} E_z \tag{2-3-3}$$

$$\left(\frac{\partial}{\partial t}+v_0\frac{\partial}{\partial z}\right)n=-n_0\frac{\partial}{\partial z}v \tag{2-3-4}$$

式中，$\gamma=(1-\beta^2)^{-\frac{1}{2}}$，$\beta=v_0/c$，这里 c 是真空中的光速；e,m_0,n_0,n,v 分别是电子电荷、电子质量、电子束平衡密度、扰动密度、扰动速度。

由于沿光栅表面传播的慢电磁波对电子注产生调制，因此该表面波沿电子注运动方向必须具备高频电场分量，所以在以下分析中只考虑 TM (H_y，E_z，E_x) 波，各个变量的时间因子为 $\exp(-\mathrm{i}\omega t)$。由式 (2-3-3) 可以解得电子注的扰动速度为

$$v=\frac{eE_z}{\mathrm{i}\gamma^3 m_0\left(\omega+\mathrm{i}v_0\frac{\partial}{\partial z}\right)} \tag{2-3-5}$$

将式 (2-3-5) 代入式 (2-3-4) 可以求得电子的扰动密度

$$n=-\frac{n_0 e}{\gamma^3 m_0\left(\omega+\mathrm{i}v_0\frac{\partial}{\partial z}\right)^2}\frac{\partial E_z}{\partial z} \tag{2-3-6}$$

将式 (2-3-1) 和式 (2-3-2) 联立可得

$$\nabla\times(\nabla\times\boldsymbol{H})+\varepsilon_0\mu_0\frac{\partial^2\boldsymbol{H}}{\partial t^2}=-e\nabla\times[(n_0 v+n v_0)\boldsymbol{e}_z] \tag{2-3-7}$$

其中，

$$n_0 v+n v_0=\frac{n_0 e\omega E_z}{\mathrm{i}\gamma^3 m_0\left(\omega+\mathrm{i}v_0\frac{\partial}{\partial z}\right)^2} \tag{2-3-8}$$

将式 (2-3-8) 代入式 (2-3-7) 可得

$$-\nabla^2\boldsymbol{H}+\frac{1}{c^2}\frac{\partial^2\boldsymbol{H}}{\partial t^2}=-e\frac{\omega n_0 e}{\mathrm{i}\gamma^3 m_0\left(\omega+\mathrm{i}v_0\frac{\partial}{\partial z}\right)^2}\nabla\times E_z\boldsymbol{e}_z \tag{2-3-9}$$

进一步简化得

$$\left(\frac{\partial^2}{\partial x^2}+\frac{\partial^2}{\partial z^2}+\frac{\omega^2}{c^2}\right)\boldsymbol{H}=\frac{\omega_{\mathrm{p}}^2}{\gamma^2\left(\omega+\mathrm{i}v_0\frac{\partial}{\partial z}\right)^2}(-\nabla_x^2 H_y\boldsymbol{e}_y) \tag{2-3-10}$$

由式 (2-3-10) 可以得到

$$\left(\frac{\partial^2}{\partial x^2}+\frac{\partial^2}{\partial z^2}+\frac{\omega^2}{c^2}\right)\boldsymbol{H}=\frac{\omega_{\mathrm{p}}^2}{\gamma^2\left(\omega+\mathrm{i}v_0\dfrac{\partial}{\partial z}\right)^2}\left(\frac{\partial^2}{\partial z^2}+\frac{\omega^2}{c^2}\right)\boldsymbol{H} \tag{2-3-11}$$

令

$$\chi_2=1-\frac{\omega_{\mathrm{p}}^2}{\gamma^2\left(\omega+\mathrm{i}v_0\dfrac{\partial}{\partial z}\right)^2},\quad \chi_1=\chi_3=1 \tag{2-3-12}$$

将式 (2-3-12) 代入式 (2-3-11)，并且令 $\boldsymbol{H}=\psi_l(x,z)\boldsymbol{i}_l$ 得到

$$\left[\frac{\partial^2}{\partial x^2}+\chi_l\left(\frac{\partial^2}{\partial z^2}+\frac{\omega^2}{c^2}\right)\right]\psi_l(x,z)=0 \tag{2-3-13}$$

式中，$l=1,2,3$ 分别代表图 2.3.1 中 Ⅰ、Ⅱ、Ⅲ 的三个区域。

在三个区域中的电场为

$$E_{l,z}=\frac{\mathrm{i}}{\omega\varepsilon_0\chi_l}\frac{\partial H_y}{\partial x} \tag{2-3-14}$$

$$E_{l,x}=-\frac{\mathrm{i}}{\omega\varepsilon_0\chi_l}\frac{\partial H_y}{\partial z} \tag{2-3-15}$$

互作用区域按以下条件进行分区：

$$\begin{cases} a+b<x, & \text{Ⅰ区域} \\ a-b\leqslant x\leqslant a+b, & \text{Ⅱ区域} \\ f(x)<x<a-b, & \text{Ⅲ区域} \end{cases}$$

其中，$f(x)$ 为光栅在 x-z 平面的边界函数。

依据边界条件，在 $x=a\pm b$ 边界上切向电场和磁场连续，在理想光栅的表面切向电场为零，因此边界条件可以表示如下：

$$\psi_1(a+b,z)-\psi_2(a+b,z)=0 \tag{2-3-16}$$

$$\frac{\partial}{\partial x}\psi_1(x,z)-\frac{\partial}{\chi_2\partial x}\psi_2(x,z)|_{x=a+b}=0 \tag{2-3-17}$$

$$\psi_3(a-b,z)-\psi_2(a-b,z)=0 \tag{2-3-18}$$

$$\frac{\partial}{\partial x}\psi_3(x,z)-\frac{\partial}{\chi_2\partial x}\psi_2(x,z)|_{x=a-b}=0 \tag{2-3-19}$$

$$\frac{\partial}{\partial v}\psi_3(x,z)|_{x=f(z)}=0 \tag{2-3-20}$$

求解 I、Ⅲ 区域中的均匀麦克斯韦方程，Ⅱ 区域中的非均匀麦克斯韦方程，可以将各区域中的场表示如下：

$$\psi_{1,N}(x,z)=\sum_{m=-N}^{N}a_{1,m}(N)\phi_{1,m}(x,z) \tag{2-3-21}$$

$$\psi_{2,N}(x,z)=\sum_{m=-N}^{N}a_{2,m}(N)[\phi_{2,m}^{+}(x,z)+R_{2,m}\phi_{2,m}^{-}(x,z)] \tag{2-3-22}$$

$$\psi_{3,N}(x,z)=\sum_{m=-N}^{N}a_{3,m}(N)[\phi_{3,m}^{+}(x,z)+R_{3,m}\phi_{3,m}^{-}(x,z)] \tag{2-3-23}$$

其中，

$$\phi_{1,m}(x,z)=\exp[\mathrm{i}(k_m z+\kappa_m' x)] \tag{2-3-24}$$

$$\phi_{2,m}(x,z)=\exp[\mathrm{i}(k_m z\pm\sqrt{\alpha_m}\kappa_m' x)] \tag{2-3-25}$$

$$\phi_{3,m}(x,z)=\exp[\mathrm{i}(k_m z\pm\kappa_m' x)] \tag{2-3-26}$$

$$k_m=k+2\pi m/z_0,\quad m=0,\pm1,\pm2,\cdots \tag{2-3-27}$$

$$\kappa_m'=\left[\left(\frac{\omega}{c}\right)^2-k_m^2\right]^{\frac{1}{2}} \tag{2-3-28}$$

$$\alpha_m=1-\frac{\omega_{\mathrm{p}}^2}{\gamma^2(\omega-k_m v_0)^2} \tag{2-3-29}$$

将边界条件式 (2-3-16)~ 式 (2-3-20) 及场的分布函数式 (2-3-21)~ 式 (2-3-23) 联立 $R_{2,m}, R_{3,m}$，由边界条件式 (2-3-16) 和式 (2-3-17) 可以得到

$$\begin{aligned}&\sum_{m=-N}^{N}a_{1,m}(N)\exp[\mathrm{i}(k_m z+\kappa_m'(a+b))]\\=&\sum_{m=-N}^{N}a_{2,m}(N)\{\exp[\mathrm{i}(k_m z+\sqrt{\alpha_m}\kappa_m'(a+b))]\\&+R_{2,m}\exp[\mathrm{i}(k_m z-\sqrt{\alpha_m}\kappa_m'(a+b))]\}\end{aligned}$$

$$\sum_{m=-N}^{N} \mathrm{i}\kappa'_m a_{1,m}(N)\exp[\mathrm{i}(k_m z+\kappa'_m(a+b))] \tag{2-3-30}$$

$$\begin{aligned}&=\sum_{m=-N}^{N}\frac{\mathrm{i}\sqrt{\alpha_m}\kappa'_m}{\chi_2}a_{2,m}(N)\{\exp[\mathrm{i}(k_m z+\sqrt{\alpha_m}\kappa'_m(a+b))]\\&-R_{2,m}\exp[\mathrm{i}(k_m z-\sqrt{\alpha_m}\kappa'_m(a+b))]\}\end{aligned} \tag{2-3-31}$$

从式 (2-3-30) 和式 (2-3-31) 得到

$$\begin{aligned}&\exp[\mathrm{i}\sqrt{\alpha_m}\kappa'_m(a+b)]+R_{2,m}\exp[-\mathrm{i}\sqrt{\alpha_m}\kappa'_m(a+b)]\\&=\frac{1}{\sqrt{\alpha_m}}\{\exp[\mathrm{i}\sqrt{\alpha_m}\kappa'_m(a+b)]-R_{2,m}\exp[-\mathrm{i}\sqrt{\alpha_m}\kappa'_m(a+b)]\}\end{aligned} \tag{2-3-32}$$

可以求得反射系数

$$R_{2,m}=\frac{1-\sqrt{\alpha_m}}{1+\sqrt{\alpha_m}}\exp[\mathrm{i}2\sqrt{\alpha_m}\kappa'_m(a+b)] \tag{2-3-33}$$

从式 (2-3-18) 可以得到

$$\begin{aligned}&\sum_{m=-N}^{N}a_{3,m}\{\exp[\mathrm{i}(k_m z+\kappa'_m(a-b))]+R_{3,m}\exp[\mathrm{i}(k_m z-\kappa'_m(a-b))]\}\\&=\sum_{m=-N}^{N}a_{2,m}\{\exp[\mathrm{i}(k_m z+\sqrt{\alpha_m}\kappa'_m(a-b))]+R_{2,m}\exp[\mathrm{i}(k_m z-\sqrt{\alpha_m}\kappa'_m(a-b))]\}\end{aligned} \tag{2-3-34}$$

从式 (2-3-19) 可得

$$\begin{aligned}&\sum_{m=-N}^{N}\mathrm{i}\kappa'_m a_{3,m}\{\exp[\mathrm{i}(k_m z+\kappa'_m(a-b))]-R_{3,m}\exp[\mathrm{i}(k_m z-\kappa'_m(a-b))]\}\\&=\sum_{m=-N}^{N}\frac{\mathrm{i}\sqrt{\alpha_m}\kappa'_m}{\chi_2}a_{2,m}\{\exp[\mathrm{i}(k_m z+\sqrt{\alpha_m}\kappa'_m(a-b))]\\&-R_{2,m}\exp[\mathrm{i}(k_m z-\sqrt{\alpha_m}\kappa'_m(a-b))]\}\end{aligned} \tag{2-3-35}$$

联立式 (2-3-34) 和式 (2-3-35) 可以得到

$$\frac{\exp[2\mathrm{i}\kappa'_m(a-b)]+R_{3,m}}{\exp[2\mathrm{i}\kappa'_m(a-b)]-R_{3,m}}=\sqrt{\alpha_m}\frac{\exp[2\mathrm{i}\sqrt{\alpha_m}\kappa'_m(a-b)]+R_{2,m}}{\exp[2\mathrm{i}\sqrt{\alpha_m}\kappa'_m(a-b)]-R_{2,m}} \tag{2-3-36}$$

式 (2-3-36) 右边

$$\begin{aligned}&\sqrt{\alpha_m}\frac{\exp[2\mathrm{i}\sqrt{\alpha_m}\kappa'_m(a-b)]+R_{2,m}}{\exp[2\mathrm{i}\sqrt{\alpha_m}\kappa'_m(a-b)]-R_{2,m}}\\&=\sqrt{\alpha_m}\frac{(1-\sqrt{\alpha_m})\exp[2\mathrm{i}\sqrt{\alpha_m}\kappa'_m(a+b)]+(1+\sqrt{\alpha_m})\exp[2\mathrm{i}\sqrt{\alpha_m}\kappa'_m(a-b)]}{-(1-\sqrt{\alpha_m})\exp[2\mathrm{i}\sqrt{\alpha_m}\kappa'_m(a+b)]+(1+\sqrt{\alpha_m})\exp[2\mathrm{i}\sqrt{\alpha_m}\kappa'_m(a-b)]}\end{aligned} \tag{2-3-37}$$

联立式 (2-3-36) 和式 (2-3-37) 可以求得反射系数

$$R_{3,m}=\frac{(1-\alpha_m)\exp[2\mathrm{i}\kappa'_m(a-b)]}{(1+\alpha_m)+2\mathrm{i}\sqrt{\alpha_m}[\cot(2\kappa'_m\sqrt{\alpha_m}b)]} \tag{2-3-38}$$

所以 Ⅲ 区域中场可以表示为

$$\begin{aligned}\psi_{3,m}=\sum_{m=-N}^{N}a_{3,m}\{&\exp[\mathrm{i}(k_mz+\kappa'_mx)]\\&+\frac{(1-\alpha_m)\exp[2\mathrm{i}\kappa'_m(a-b)]}{(1+\alpha_m)+2\mathrm{i}\sqrt{\alpha_m}[\cot(2\kappa'_m\sqrt{\alpha_m}b)]}\exp[\mathrm{i}(k_mz-\kappa'_mx)]\}\end{aligned} \tag{2-3-39}$$

光栅表面的场可以表示为

$$\psi_{3,m}=\sum_{m=-N}^{N}a_{3,m}\{\exp[\mathrm{i}(k_mz+\kappa'_mx(z))]+R_{3,m}\exp[\mathrm{i}(k_mz-\kappa'_mx(z))]\} \tag{2-3-40}$$

从边界条件 (2-3-20) 知，光栅表面电场的切向分量为零，可以得到

$$\frac{\partial}{\partial v}\psi_3(x,z)|_{x=x(z)}=0\rightarrow E_{3,z}(x=x(z))+\frac{\mathrm{d}x(z)}{\mathrm{d}z}E_{3,x}(x=x(z))=0 \tag{2-3-41}$$

根据式 (2-3-14) 和式 (2-3-15) 可以求得光栅表面的电场

$$\begin{aligned}E_{3,z}&=\frac{\mathrm{i}}{\omega\varepsilon_0\chi_3}\frac{\partial H_y}{\partial x}\bigg|_{x=x(z)}\\&=\frac{-1}{\omega\varepsilon_0}\sum_{m=-N}^{N}\kappa'_ma_{3,m}\{\exp[\mathrm{i}(k_mz+\kappa'_mx)]-R_{3,m}\exp[\mathrm{i}(k_mz-\kappa'_mx)]\}\bigg|_{x=x(z)}\end{aligned} \tag{2-3-42}$$

$$E_{3,x}=-\frac{\mathrm{i}}{\omega\varepsilon_0\chi_3}\frac{\partial H_y}{\partial z}\bigg|_{x=x(z)}$$

$$= \frac{1}{\omega\varepsilon_0}\sum_{m=-N}^{N} k_m a_{3,m}\{\exp[\mathrm{i}(k_m z + \kappa'_m x)] + R_{3,m}\exp[\mathrm{i}(k_m z - \kappa'_m x)]\}|_{x=x(z)} \tag{2-3-43}$$

将式 (2-3-42) 和式 (2-3-43) 代入边界条件式 (2-3-41) 可以

$$\begin{aligned}&\sum_{m=-N}^{N} \kappa'_m a_{3,m}\{\exp[\mathrm{i}(k_m z + \kappa'_m x(z))] - R_{3,m}\exp[\mathrm{i}(k_m z - \kappa'_m x(z))]\}\\&\quad - \frac{\mathrm{d}x(z)}{\mathrm{d}z}\sum_{m=-N}^{N} k_m a_{3,m}\{\exp[\mathrm{i}(k_m z + \kappa'_m x(z))]\\&\quad + R_{3,m}\exp[\mathrm{i}(k_m z - \kappa'_m x(z))]\} = 0\end{aligned} \tag{2-3-44}$$

将边界函数展开为傅里叶级数的形式 (考虑边界函数为周期性的偶函数)

$$x(z) = x_0 + \sum_{p=1}^{\infty} x_p \cos\frac{2\pi p}{z_0} z \tag{2-3-45}$$

$$x_0 = \frac{1}{z_0}\int_{-z_0/2}^{z_0/2} \mathrm{d}\xi \tag{2-3-46}$$

$$x_p = \frac{2}{z_0}\int_{-z_0/2}^{z_0/2} x(\xi)\cos\left(\frac{2\pi p}{z_0}\xi\right)\mathrm{d}\xi \tag{2-3-47}$$

其中，z_0 为光栅周期。

从表达式 (2-3-45) 知道

$$\frac{\mathrm{d}x(z)}{\mathrm{d}z} = -\sum_{p=1}^{\infty} x_p \frac{2\pi p}{z_0}\sin\frac{2\pi p}{z_0} z \tag{2-3-48}$$

将式 (2-3-45) 和式 (2-3-48) 代入式 (2-3-44) 可以得到

$$\begin{aligned}&\sum_{m=-N}^{N}\left\{\kappa'_m\left\{\exp\left[\mathrm{i}\left(k_m z + \kappa'_m\left(x_0 + \sum_{p=1}^{\infty} x_p\cos\frac{2\pi p}{z_0}z\right)\right)\right]\right.\right.\\&\quad\left. - R_{3,m}\exp\left[\mathrm{i}\left(k_m z - \kappa'_m\left(x_0 + \sum_{p=1}^{\infty} x_p\cos\frac{2\pi p}{z_0}z\right)\right)\right]\right\}\\&\quad + \left(\sum_{p=1}^{\infty} x_p\frac{2\pi p}{z_0}\sin\frac{2\pi p}{z_0}z\right)\times k_m\left\{\exp\left[\mathrm{i}\left(k_m z + \kappa'_m\left(x_0 + \sum_{p=1}^{\infty} x_p\cos\frac{2\pi p}{z_0}z\right)\right)\right]\right.\end{aligned}$$

$$+R_{3,m}\exp\left[\mathrm{i}\left(k_m z-\kappa_m'\left(x_0+\sum_{p=1}^{\infty}x_p\cos\frac{2\pi p}{z_0}z\right)\right)\right]\Bigg\}\Bigg\}a_{3,m}=0 \tag{2-3-49}$$

在式 (2-3-49) 两边同时乘以 $\exp(-\mathrm{i}k_n z)$，并且沿 z 方向在 $-z_0/2\to z_0/2$ 的一个周期内进行积分。下面分别对式 (2-3-49) 进行计算，并进行如下假设：

$$A_{mn}=\int_{-z_0/2}^{z_0/2}\exp\left\{\mathrm{i}\left[\left((k_m-k_n)z+\kappa_m'\left(x_0+\sum_{p=1}^{\infty}x_p\cos\frac{2\pi p}{z_0}z\right)\right)\right]\right\}\mathrm{d}z \tag{2-3-50}$$

$$B_{mn}=\int_{-z_0/2}^{z_0/2}\exp\left\{\mathrm{i}\left[\left((k_m-k_n)z-\kappa_m'\left(x_0+\sum_{p=1}^{\infty}x_p\cos\frac{2\pi p}{z_0}z\right)\right)\right]\right\}\mathrm{d}z \tag{2-3-51}$$

$$C_{mn}=\int_{-z_0/2}^{z_0/2}\left(\sum_{p=1}^{\infty}x_p\frac{2\pi p}{z_0}\sin\frac{2\pi p}{z_0}z\right)\times\exp\left\{\mathrm{i}\left[(k_m-k_n)z+\kappa_m'\left(x_0+\sum_{p=1}^{\infty}x_p\cos\frac{2\pi p}{z_0}z\right)\right]\right\}\mathrm{d}z \tag{2-3-52}$$

令 $C_{mn}=C_{mn}^1+C_{mn}^2$

$$C_{mn}^1=\frac{-\mathrm{i}\pi}{z_0}\int_{-z_0/2}^{z_0/2}\left[\sum_{p=1}^{\infty}x_p p\exp\left(\mathrm{i}\frac{2\pi p}{z_0}z\right)\right]\times\exp\left\{\mathrm{i}\left[(k_m-k_n)z+\kappa_m'\left(x_0+\sum_{p=1}^{\infty}x_p\cos\frac{2\pi p}{z_0}z\right)\right]\right\}\mathrm{d}z \tag{2-3-53}$$

$$C_{mn}^2=\frac{\mathrm{i}\pi}{z_0}\int_{-z_0/2}^{z_0/2}\left[\sum_{p=1}^{\infty}x_p p\exp\left(-\mathrm{i}\frac{2\pi p}{z_0}z\right)\right]\times\exp\left\{\mathrm{i}\left[(k_m-k_n)z+\kappa_m'\left(x_0+\sum_{p=1}^{\infty}x_p\cos\frac{2\pi p}{z_0}z\right)\right]\right\}\mathrm{d}z \tag{2-3-54}$$

$$D_{mn}=\int_{-z_0/2}^{z_0/2}\left(\sum_{p=1}^{\infty}x_p\frac{2\pi p}{z_0}\sin\frac{2\pi p}{z_0}z\right)\times\exp\left\{\mathrm{i}\left[(k_m-k_n)z-\kappa_m'\left(x_0+\sum_{p=1}^{\infty}x_p\cos\frac{2\pi p}{z_0}z\right)\right]\right\}\mathrm{d}z \tag{2-3-55}$$

同理，令 $D_{mn}=D_{mn}^1+D_{mn}^2$

$$D_{mn}^1=\frac{-\mathrm{i}\pi}{z_0}\int_{-z_0/2}^{z_0/2}\left[\sum_{p=1}^{\infty}x_p p\exp\left(\mathrm{i}\frac{2\pi p}{z_0}z\right)\right]$$

$$\times \exp\left\{\mathrm{i}\left[(k_m - k_n)z - \kappa_m'\left(x_0 + \sum_{p=1}^{\infty} x_p \cos\frac{2\pi p}{z_0}z\right)\right]\right\}\mathrm{d}z \tag{2-3-56}$$

$$D_{mn}^2 = \frac{\mathrm{i}\pi}{z_0}\int_{-z_0/2}^{z_0/2}\left[\sum_{p=1}^{\infty} x_p p \exp\left(-\mathrm{i}\frac{2\pi p}{z_0}z\right)\right]$$
$$\times \exp\left\{\mathrm{i}\left[(k_m - k_n)z - \kappa_m'\left(x_0 + \sum_{p=1}^{\infty} x_p \cos\frac{2\pi p}{z_0}z\right)\right]\right\}\mathrm{d}z \tag{2-3-57}$$

将式 (2-3-50)、式 (2-3-51)、式 (2-3-53)～ 式 (2-3-57) 代入式 (2-3-49) 的积分方程可以得到

$$\sum_{m,n=-\infty}^{\infty}[k_m'(A_{mn} - R_{3,m}B_m) + k_m(C_{mm} + R_{3,m}D_{mm})]a_{3,m} = 0 \tag{2-3-58}$$

将式 (2-3-58) 表示成为矩阵的形式

$$Q_{mn} \cdot a_{3,m} = 0 \tag{2-3-59}$$

要使 $a_{3,m} \neq 0$，须矩阵系数对应的行列式

$$Q(\omega, k) = |Q_{mn}| = 0 \tag{2-3-60}$$

它体现了 ω 和 k 的色散关系。

当不存在电子注时，$R_{2,m} = R_{3,m} = 0$，此时的色散特性即为“冷”色散特性。下面分别对正弦、三角形及矩形光栅的色散方程进行分析。

1. 正弦光栅

对于正弦光栅，假设其周期长度为 z_0，光栅深度为 $2h$，则其光栅表面函数可以表示为

$$x(z) = h\cos\frac{2\pi}{z_0}z \tag{2-3-61}$$

在展开为级数的时候，应该考虑到瑞利假设 $hK_0 < 0.448$，$K_0 = 2\pi/z_0$ 为光栅波数，将式 (2-3-61) 代入色散方程中的系数表达式可以得到

$$A_{mn} = \int_{-z_0/2}^{z_0/2}\exp\left\{\mathrm{i}\left[(k_m - k_n)z + \kappa_m' h\cos\left(\frac{2\pi}{z_0}z\right)\right]\right\}\mathrm{d}z \tag{2-3-62}$$

$$B_{mn} = \int_{-z_0/2}^{z_0/2}\exp\left\{\mathrm{i}\left[(k_m - k_n)z - \kappa_m' h\cos\left(\frac{2\pi}{z_0}z\right)\right]\right\}\mathrm{d}z \tag{2-3-63}$$

$$C_{mn}^1 = \frac{-\mathrm{i}\pi h}{z_0}\int_{-z_0/2}^{z_0/2}\exp\left\{\mathrm{i}\left[\left(k_m - k_n + \frac{2\pi}{z_0}\right)z + \kappa_m' h\cos\left(\frac{2\pi}{z_0}z\right)\right]\right\}\mathrm{d}z \quad (2\text{-}3\text{-}64)$$

$$C_{mn}^2 == \frac{\mathrm{i}\pi h}{z_0}\int_{-z_0/2}^{z_0/2}\exp\left\{\mathrm{i}\left[\left(k_m - k_n - \frac{2\pi}{z_0}\right)z + \kappa_m' h\cos\left(\frac{2\pi}{z_0}z\right)\right]\right\}\mathrm{d}z \quad (2\text{-}3\text{-}65)$$

$$D_{mn}^1 = \frac{-\mathrm{i}\pi h}{z_0}\int_{-z_0/2}^{z_0/2}\exp\left\{\mathrm{i}\left[\left(k_m - k_n + \frac{2\pi}{z_0}\right)z - \kappa_m' h\cos\left(\frac{2\pi}{z_0}z\right)\right]\right\}\mathrm{d}z \quad (2\text{-}3\text{-}66)$$

$$D_{mn}^2 = \frac{-\mathrm{i}\pi h}{z_0}\int_{-z_0/2}^{z_0/2}\exp\left\{\mathrm{i}\left[\left(k_m - k_n - \frac{2\pi}{z_0}\right)z - \kappa_m' h\cos\left(\frac{2\pi}{z_0}z\right)\right]\right\}\mathrm{d}z \quad (2\text{-}3\text{-}67)$$

将式 (2-3-62)~ 式 (2-3-67) 代入式 (2-3-60) 就可以求出色散方程。

2. 三角形光栅

三角形光栅 (图 2.3.2) 的函数表示为

$$x(z) = \begin{cases} -\tan\alpha\cdot z & \left(-\dfrac{z_0}{2} < z < 0\right) \\ 0 & (z = 0) \\ \tan\alpha\cdot z & \left(0 < z < \dfrac{z_0}{2}\right) \end{cases} \quad (2\text{-}3\text{-}68)$$

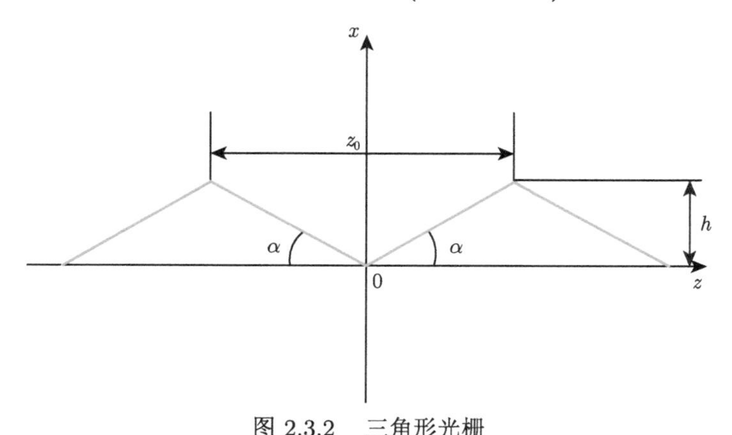

图 2.3.2　三角形光栅

将上述三角形光栅展开为级数的形式

$$x_0 = \frac{2}{z_0}\int_0^{z_0/2}\tan\alpha\cdot\xi\mathrm{d}\xi = \frac{z_0\tan\alpha}{4} \quad (2\text{-}3\text{-}69)$$

$$x_p = \frac{1}{z_0/2}\int_{-z_0/2}^{z_0/2}x(\xi)\cos\left(\frac{2\pi p}{z_0}\xi\right)\mathrm{d}\xi = \frac{z_0\tan\alpha}{(\pi p)^2}[(-1)^p - 1] \quad (2\text{-}3\text{-}70)$$

代入色散矩阵系数中可以得到

$$A_{mn}=\int_{-z_0/2}^{z_0/2}\exp\left\{\mathrm{i}\left[(k_m-k_n)z+\kappa'_m z_0\tan\alpha\right.\right.$$
$$\left.\left.\times\left(\frac{1}{4}+\sum_{p=1}^{\infty}\frac{1}{(\pi p)^2}[(-1)^p-1]\cos\left(\frac{2\pi p}{z_0}z\right)\right)\right]\right\}\mathrm{d}z \tag{2-3-71}$$

令 $p=2q+1, q=0,1,2,3,\cdots$，则表达式 (2-3-71) 可以表示为

$$A_{mn}=\int_{-z_0/2}^{z_0/2}\exp\left\{\mathrm{i}\left[(k_m-k_n)z+\kappa'_m z_0\tan\alpha\right.\right.$$
$$\left.\left.\times\left(\frac{1}{4}-\sum_{q=0}^{\infty}\frac{2}{[\pi(2q+1)]^2}\cos\left(\frac{2\pi(2q+1)}{z_0}z\right)\right)\right]\right\}\mathrm{d}z \tag{2-3-72}$$

同理可以得到系数 B_{mn}

$$B_{mn}=\int_{-z_0/2}^{z_0/2}\exp\left\{\mathrm{i}\left[(k_m-k_n)z-\kappa'_m z_0\tan\alpha\right.\right.$$
$$\left.\left.\times\left(\frac{1}{4}-\sum_{q=0}^{\infty}\frac{2}{[\pi(2q+1)]^2}\cos\left(\frac{2\pi(2q+1)}{z_0}z\right)\right)\right]\right\}\mathrm{d}z \tag{2-3-73}$$

$$C^1_{mn}=-\mathrm{i}\pi\tan\alpha\int_{-z_0/2}^{z_0/2}\left[\sum_{q=0}^{\infty}\frac{-2}{\pi^2(2q+1)}\exp\left(\frac{\mathrm{i}2\pi(2q+1)}{z_0}z\right)\right]$$
$$\times\exp\left\{\mathrm{i}(k_m-k_n)z+\mathrm{i}\kappa'_m z_0\tan\alpha\left[\frac{1}{4}-\sum_{q=0}^{\infty}\frac{2}{\pi^2(2q+1)^2}\cos\frac{2\pi(2q+1)}{z_0}z\right]\right\}\mathrm{d}z \tag{2-3-74}$$

$$C^2_{mn}=\mathrm{i}\pi\tan\alpha\int_{-z_0/2}^{z_0/2}\left[\sum_{q=0}^{\infty}\frac{-2}{\pi^2(2q+1)}\exp\left(-\frac{\mathrm{i}2\pi(2q+1)}{z_0}z\right)\right]$$
$$\times\exp\left\{\mathrm{i}(k_m-k_n)z+\mathrm{i}\kappa'_m z_0\tan\alpha\left[\frac{1}{4}-\sum_{q=0}^{\infty}\frac{2}{\pi^2(2q+1)^2}\cos\frac{2\pi(2q+1)}{z_0}z\right]\right\}\mathrm{d}z \tag{2-3-75}$$

$$D^1_{mn}=-\mathrm{i}\pi\tan\alpha\int_{-z_0/2}^{z_0/2}\left[\sum_{q=0}^{\infty}\frac{-2}{\pi^2(2q+1)}\exp\left(\frac{\mathrm{i}2\pi(2q+1)}{z_0}z\right)\right]$$

$$\times \exp\left\{\mathrm{i}(k_m - k_n)z - \mathrm{i}\kappa'_m z_0 \tan\alpha\left[\frac{1}{4} - \sum_{q=0}^{\infty}\frac{2}{\pi^2(2q+1)^2}\cos\frac{2\pi(2q+1)}{z_0}z\right]\right\}\mathrm{d}z \tag{2-3-76}$$

$$D_{mn}^2 = \mathrm{i}\pi\tan\alpha\int_{-z_0/2}^{z_0/2}\left[\sum_{q=0}^{\infty}\frac{-2}{\pi^2(2q+1)}\exp\left(-\frac{\mathrm{i}2\pi(2q+1)}{z_0}z\right)\right]$$
$$\times \exp\left\{\mathrm{i}(k_m - k_n)z - \mathrm{i}\kappa'_m z_0 \tan\alpha\left[\frac{1}{4} - \sum_{q=0}^{\infty}\frac{2}{\pi^2(2q+1)^2}\cos\frac{2\pi(2q+1)}{z_0}z\right]\right\}\mathrm{d}z \tag{2-3-77}$$

将表达式 (2-3-72)～ 式 (2-3-77) 代入色散矩阵的各个表达式，进行数值求解，就可以得到色散曲线。

3. 矩形光栅

矩形光栅如图 2.3.3 所示。

$$x(z) = \begin{cases} 0, & -\dfrac{z_0}{2} < z < -\dfrac{z_1}{2} \\ -h, & -\dfrac{z_1}{2} \leqslant z \leqslant \dfrac{z_1}{2} \\ 0, & \dfrac{z_1}{2} < z < \dfrac{z_0}{2} \end{cases} \tag{2-3-78}$$

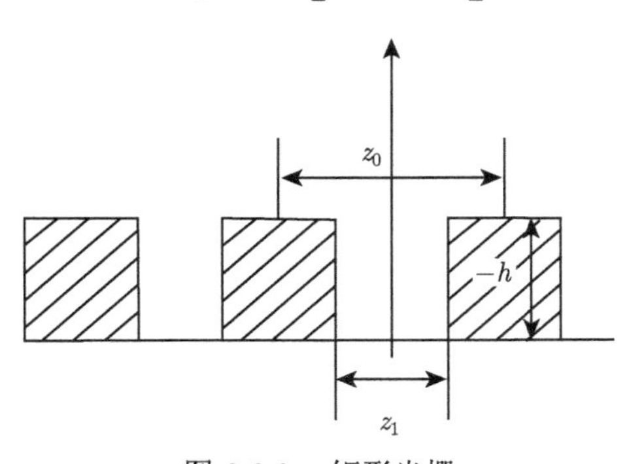

图 2.3.3　矩形光栅

将上式展开为傅里叶级数的形式

$$x_0 = \frac{1}{2\cdot z_0/2}\int_{-z_0/2}^{z_0/2} x(\xi)\mathrm{d}\xi = -\frac{hz_1}{z_0} \tag{2-3-79}$$

$$x_p = \frac{1}{z_0/2}\int_{-z_0/2}^{z_0/2} x(\xi)\cos\left(\frac{2\pi p}{z_0}z\right)\mathrm{d}\xi = \frac{-2h}{\pi p}\sin\frac{\pi p z_1}{z_0} \tag{2-3-80}$$

将式 (2-3-79)、式 (2-3-80) 代入矩阵系数中可以得到

$$A_{mn}=\int_{-z_0/2}^{z_0/2}\exp\left\{\mathrm{i}\left[(k_m-k_n)z-\kappa_m' h\left(\frac{z_1}{z_0}+\sum_{p=1}^{\infty}\frac{2}{\pi p}\sin\frac{\pi p z_1}{z_0}\cos\frac{2\pi p}{z_0}z\right)\right]\right\}\mathrm{d}z \tag{2-3-81}$$

$$B_{mn}=\int_{-z_0/2}^{z_0/2}\exp\left\{\mathrm{i}\left[(k_m-k_n)z+\kappa_m' h\left(\frac{z_1}{z_0}+\sum_{p=1}^{\infty}\frac{2}{\pi p}\sin\frac{\pi p z_1}{z_0}\cos\frac{2\pi p}{z_0}z\right)\right]\right\}\mathrm{d}z \tag{2-3-82}$$

$$\begin{aligned}C_{mn}^1=&\frac{\mathrm{i}2h}{z_0}\int_{-z_0/2}^{z_0/2}\left[\sum_{p=1}^{\infty}\sin\frac{\pi p z_1}{z_0}\exp\left(\mathrm{i}\frac{2\pi p}{z_0}z\right)\right]\\&\times\exp\left\{\mathrm{i}\left[(k_m-k_n)z-\kappa_m' h\left(\frac{z_1}{z_0}+\sum_{p=1}^{\infty}\frac{2}{\pi p}\sin\frac{\pi p z_1}{z_0}\cos\frac{2\pi p}{z_0}z\right)\right]\right\}\mathrm{d}z\end{aligned} \tag{2-3-83}$$

$$\begin{aligned}C_{mn}^2=&-\frac{\mathrm{i}2h}{z_0}\int_{-z_0/2}^{z_0/2}\left[\sum_{p=1}^{\infty}\sin\frac{\pi p z_1}{z_0}\exp\left(-\mathrm{i}\frac{2\pi p}{z_0}z\right)\right]\\&\times\exp\left\{\mathrm{i}\left[(k_m-k_n)z-\kappa_m' h\left(\frac{z_1}{z_0}+\sum_{p=1}^{\infty}\frac{2}{\pi p}\sin\frac{\pi p z_1}{z_0}\cos\frac{2\pi p}{z_0}z\right)\right]\right\}\mathrm{d}z\end{aligned} \tag{2-3-84}$$

$$\begin{aligned}D_{mn}^1=&\frac{\mathrm{i}2h}{z_0}\int_{-z_0/2}^{z_0/2}\left[\sum_{p=1}^{\infty}\sin\frac{\pi p z_1}{z_0}\exp\left(\mathrm{i}\frac{2\pi p}{z_0}z\right)\right]\\&\times\exp\left\{\mathrm{i}\left[(k_m-k_n)z+\kappa_m' h\left(\frac{z_1}{z_0}+\sum_{p=1}^{\infty}\frac{2}{\pi p}\sin\frac{\pi p z_1}{z_0}\cos\frac{2\pi p}{z_0}z\right)\right]\right\}\mathrm{d}z\end{aligned} \tag{2-3-85}$$

$$\begin{aligned}D_{mn}^2=&-\frac{\mathrm{i}2h}{z_0}\int_{-z_0/2}^{z_0/2}\left[\sum_{p=1}^{\infty}\sin\frac{\pi p z_1}{z_0}\exp\left(-\mathrm{i}\frac{2\pi p}{z_0}z\right)\right]\\&\times\exp\left\{\mathrm{i}\left[(k_m-k_n)z+\kappa_m' h\left(\frac{z_1}{z_0}+\sum_{p=1}^{\infty}\frac{2}{\pi p}\sin\frac{\pi p z_1}{z_0}\cos\frac{2\pi p}{z_0}z\right)\right]\right\}\mathrm{d}z\end{aligned} \tag{2-3-86}$$

讨论：

(1) 当没有电子注，即 $\omega_{\mathrm{p}}=0$ 时，$R_{3,m}=0$，这样色散矩阵就简化为

$$\sum_{m,n=-\infty}^{\infty}(k_m' A_{mn}+k_m C_{mm})a_{3,m}=0 \tag{2-3-87}$$

(2) 当存在电子注，即 $\omega_{\mathrm{p}} \neq 0$ 时，色散矩阵就是式 (2-3-60)，求解它就可以得到对应的色散方程。

2.4 任意形状深槽光栅的色散方程

2.4.1 理论模型

1. 场匹配法求解光栅结构的空间场方程

SP 辐射任意槽形的光栅结构如图 2.4.1 所示，d 代表槽口宽度，h 代表槽深度，L 代表一个光栅结构的周期长度，b 代表光栅表面到电子注下端距离，$2a$ 代表电子注厚度。假设该结构在 y 方向无限延伸，即 $\partial/\partial y=0$。分析光栅结构中电磁波的传播情况时，考虑电磁波的 TM 模，即 $H_z=0$。可将结构分为五个区：真空区 I $(x>2a+b)$，电子注区 II $(b\leqslant x\leqslant b+2a)$，真空区 III $(0\leqslant x<b)$，槽区 IV $(-h<x<0,0<z<d)$ 和光栅区 V $(-h<x<0,d<z<L)$。推导过程中，重点在于电子注区域 II 中场的表达，将电子注考虑成运动的等离子体，联合麦克斯韦方程组、流体力学方程和弗洛凯 (Floquet) 定理，写出磁场 H_y 满足的波动方程，再从波动方程出发，根据各区域场的边界条件写出场分量 H_y 的表达式，进而根据麦克斯韦方程组得到完整的电磁场描述。对于槽上方的场可以根据 2.3 节中的表示方法得到，为了便于后续色散方程的推导，重写如下。

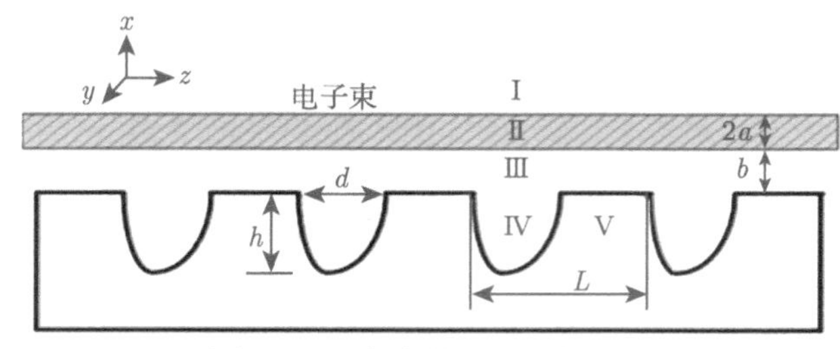

图 2.4.1 任意槽形的光栅结构

I 区 $(x>2a+b)$ 内，由于结构在 x 正向是开放的，场在该方向为行波态，因此场方程为

$$H_{y,1}=A_n\exp(\mathrm{i}\kappa_n x)\exp(\mathrm{i}\beta_n z) \tag{2-4-1}$$

$$E_{z,1}=-\frac{\kappa_n}{\omega\varepsilon_0}A_n\exp(\mathrm{i}\kappa_n x)\exp(\mathrm{i}\beta_n z) \tag{2-4-2}$$

其中，$\kappa_n=\sqrt{k_0^2-\beta_n^2}$ 是 x 方向的传播波常数。

II 区 $(b\leqslant x\leqslant b+2a)$ 是电子束所在区域，其中的电子束可以看成是运动的等离子体，用等效介电常量 $\chi_{2,n}$ 表达，区域中场可以写成

$$H_{y,2} = B_n[\exp(\mathrm{i}\kappa_{\mathrm{en}}x) + R_n \exp(-\mathrm{i}\kappa_{\mathrm{en}}x)] \exp(\mathrm{i}\beta_n z) \tag{2-4-3}$$

$$E_{z,2} = -\frac{\kappa_{\mathrm{en}}}{\omega\varepsilon_0\chi_2} B_n[\exp(\mathrm{i}\kappa_{\mathrm{en}}x) - R_n \exp(-\mathrm{i}\kappa_{\mathrm{en}}x)] \exp(\mathrm{i}\beta_n z) \tag{2-4-4}$$

Ⅲ 区 $(0 \leqslant x < b)$ 场表达式为

$$H_{y,3} = C_n[\exp(\mathrm{i}\kappa_n x) + T_n \exp(-\mathrm{i}\kappa_n x)] \exp(\mathrm{i}\beta_n z) \tag{2-4-5}$$

$$E_{z,3} = -\frac{\kappa_n}{\omega\varepsilon_0} C_n[\exp(\mathrm{i}\kappa_n x) - T_n \exp(-\mathrm{i}\kappa_n x)] \exp(\mathrm{i}\beta_n z) \tag{2-4-6}$$

其中，$\kappa_{\mathrm{en}} = \sqrt{\chi_{2,n}\left(k_0^2 - \beta_n^2\right)}$；$R_n, T_n$ 分别为在边界面 $x = b + 2a$ 和 $x = b$ 上的反射系数。

考虑到横向电磁场量的连续性条件，经过复杂的数学运算，推导方法同 2.3 节，从而得到反射系数 R_n, T_n 分别为

$$R_n = \frac{1 - \sqrt{\chi_2}}{1 + \sqrt{\chi_2}} \exp[\mathrm{i}2\sqrt{\chi_2}\kappa_n(b + 2a)] \tag{2-4-7}$$

$$T_n = \frac{(1 - \chi_2)\exp(\mathrm{i}2\kappa_n b)\left[\exp(\mathrm{i}4\kappa_n\sqrt{\chi_2}a) - 1\right]}{(1 + \sqrt{\chi_2})^2 - (1 - \sqrt{\chi_2})^2 \exp(\mathrm{i}4\kappa_n\sqrt{\chi_2}a)} \tag{2-4-8}$$

2. 用矩形阶梯近似求解任意槽内的场方程

Ⅳ 区是槽区，在 z 向由于金属栅的阻挡，槽区内的场在该方向为驻波态，但由于槽的轮廓不是矩形，不能直接给出其中的场表达式 (无法直接给出 z 方向上的传播常数)。因此，用 K 个矩形阶梯来代替任意槽形的边界 (图 2.4.2)，使其轮廓尽量逼近任意槽，x_k 和 d_k 分别为第 k 个阶梯底边到槽口的距离和阶梯的宽度，显然，$x_0 = 0, x_K = h$ (当边界不连续时，可将分层界面选在突变处)。当 K 取值足够大时，轮廓的逼近程度足够高。

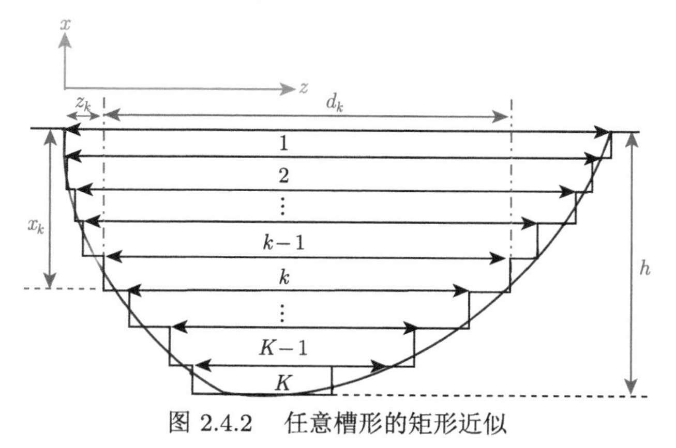

图 2.4.2 任意槽形的矩形近似

由于在边界 $z=z_k, z=z_k+d_k$ 处，$E_{y,4,k}|_{z=z_k,z=z_k+d_k}=0$，考虑槽区内的高次空间驻波项，将场表示为无限本征驻波函数的线性组合，则第 k 个阶梯内场表示为

$$H_{y,k,4}=\sum_{m=0}^{\infty}\left[D_{m,k}F\left(x\right)+Q_{m,k}G\left(x\right)\right]\cos\left[k_{z,m,k}(z-z_k)\right] \tag{2-4-9}$$

$$E_{z,k,4}=\frac{\mathrm{i}\tau_{m,k}}{\omega\varepsilon_0}\sum_{m=0}^{\infty}\left[D_{m,k}F'\left(x\right)+Q_{m,k}G'\left(x\right)\right]\cos\left[k_{z,m,k}(z-z_k)\right] \tag{2-4-10}$$

其中，$\tau_{m,k}, k_{z,m,k}$ 分别是第 m 次空间驻波在 x,z 方向的传播常数。

$$\tau_{m,k}=\sqrt{\left|k_0^2-k_{z,m,k}^2\right|}k_{z,m,k}=m\pi/d_k$$

对 $k_0^2-k_{z,m,k}^2$ 的值进行分类讨论如下：

(1) 当 $k_0^2-k_{z,m,k}^2>0$ 时，$\tau_{m,k}=\sqrt{k_0^2-k_{z,m,k}^2}$ 为实数，$F\left(x\right)=\sin\left(\tau_{m,k}x\right)$，$G\left(x\right)=\cos\left(\tau_{m,k}x\right)$；

(2) 当 $k_0^2-k_{z,m,k}^2<0$ 时，$\tau_{m,k}=\sqrt{k_{z,m,k}^2-k_0^2}$，$F\left(x\right)=\sinh\left(\tau_{m,k}x\right)$，$G\left(x\right)=\cosh\left(\tau_{m,k}x\right)$。

利用在界面 $x=0$ 处电场切向分量的连续性以及磁场切向分量在非金属界面的连续性：

$$H_{z,3}|_{x=0}=H_{z,1,4}|_{x=0},\quad 0<z<d \tag{2-4-11}$$

$$E_{z,3}|_{x=0}=\begin{cases}E_{z,1,4}|_{x=0}, & 0<z<d\\ 0, & d\leqslant z<L\end{cases} \tag{2-4-12}$$

将场表达式代入上式可得

$$\sum_{n=-\infty}^{\infty}C_n\left(1+T_n\right)\exp\left(\mathrm{i}\beta_n z\right)=\sum_{m=0}^{\infty}\left[D_{m,1}F\left(0\right)+Q_{m,1}G\left(0\right)\right]\cos\left(k_{z,m,1}z\right) \tag{2-4-13}$$

$$\begin{aligned}&-\sum_{n=-\infty}^{\infty}\frac{\kappa_n}{\omega\varepsilon_0}C_n\left(1-T_n\right)\exp\left(\mathrm{i}\beta_n z\right)\\&=\frac{\mathrm{i}\tau_{m,1}}{\omega\varepsilon_0}\sum_{m=0}^{\infty}\left[D_{m,1}F'\left(0\right)+Q_{m,1}G'\left(0\right)\right]\cos\left(k_{z,m,1}z\right)\end{aligned} \tag{2-4-14}$$

为了获得各区域间组合系数的关系，在式 (2-4-13) 两边乘以 $\cos(p\pi z/d)$ 并在 $0<z<d$ 范围内沿 z 向积分，而在式 (2-4-14) 两边乘以 $\exp(-\mathrm{i}\beta_s z)$ 并在 $0<z<L$ 范围内沿 z 向积分，利用下面两个结果：

$$W\left(\pm\beta_n,\frac{p\pi}{d}\right)=\int_0^d\cos\left(\frac{p\pi z}{d}\right)\exp(\pm\mathrm{i}\beta_n z)\mathrm{d}z$$
$$=\begin{cases}\pm\mathrm{i}\beta_n\dfrac{1-\exp(\pm\mathrm{i}\beta_n d)(-1)^p}{\beta_n^2-\left(\dfrac{p\pi}{d}\right)^2}, & \beta_n\neq\pm\dfrac{p\pi}{d}\\ \dfrac{(1+\delta_{p0})d}{2}, & \beta_n=\pm\dfrac{p\pi}{d}\end{cases} \tag{2-4-15}$$

$$\sum_{m=0}^{\infty}E_m\int_0^d\cos\left(\frac{m\pi z}{d}\right)\cos\left(\frac{p\pi z}{d}\right)\mathrm{d}z=E_p\frac{1+\delta_{p0}}{2}d \tag{2-4-16}$$

其中，

$$\delta_{p0}=\begin{cases}1, & p=0\\ 0, & p\neq 0\end{cases} \tag{2-4-17}$$

得到

$$\sum_{n=-\infty}^{\infty}C_n(1+T_n)W\left(\beta_n,\frac{p\pi}{d}\right)=\left[D_{p,1}F(0)+Q_{p,1}G(0)\right]\frac{1+\delta_{p0}}{2}d \tag{2-4-18}$$

$$-\kappa_s LC_s(1-T_s)=\mathrm{i}\sum_{m=0}^{\infty}\tau_{m,1}\left[D_{m,1}F'(0)+Q_{m,1}G'(0)\right]W\left(-\beta_s,\frac{m\pi}{d}\right) \tag{2-4-19}$$

将 $D_{m,1}$ 提出来：

$$\sum_{n=-\infty}^{\infty}C_n(1+T_n)W\left(\beta_n,\frac{p\pi}{d}\right)=D_{p,1}\left[F(0)+Q_{p,1}/\left(D_{p,1}G(0)\right)\right]\frac{1+\delta_{p0}}{2}d \tag{2-4-20}$$

$$-\kappa_s LC_s(1-T_s)=\mathrm{i}D_{m,1}\sum_{m=0}^{\infty}\tau_{m,1}\left[F'(0)+Q_{m,1}/\left(D_{m,1}G'(0)\right)\right]W\left(-\beta_s,\frac{m\pi}{d}\right) \tag{2-4-21}$$

两式相互代入

$$\sum_{n=-\infty}^{\infty}\left\{\delta_{ns}\kappa_s Ld(1-T_s)+\sum_{m=0}^{\infty}\mathrm{i}(1+T_n)W\left(\beta_n,\frac{m\pi}{d}\right)W\left(-\beta_s,\frac{m\pi}{d}\right)\right.$$

$$\times \frac{2\tau_{m,1}\left[F'(0)+Q_{m,1}/(D_{m,1}G'(0))\right]}{(1+\delta_{m0})\left[F(0)+Q_{m,1}/(D_{m,1}G(0))\right]}\Bigg\}C_n=0 \tag{2-4-22}$$

写成矩阵形式

$$[\boldsymbol{M}][\boldsymbol{C}]=\boldsymbol{0} \tag{2-4-23}$$

则得到热色散方程为

$$\det[\boldsymbol{M}]=0 \tag{2-4-24}$$

其中，

$$\boldsymbol{C}=(\cdots,c_{-n},\cdots,c_{-1},c_0,c_1,\cdots,c_n,\cdots)^{\mathrm{T}}$$

$$\boldsymbol{M}=\delta_{ns}\kappa_s Ld(1-T_s)+\mathrm{i}(1+T_n)\sum_{m=0}^{\infty}\frac{2}{(1+\delta_{m0})}P_m W\left(\beta_n,\frac{m\pi}{d}\right)W\left(-\beta_s,\frac{m\pi}{d}\right) \tag{2-4-25}$$

$$P_m=\frac{\tau_{m,1}\left[F'(0)+N_{(1)}G'(0)\right]}{\left[F(0)+N_{(1)}G(0)\right]} \tag{2-4-26}$$

$$N_{(1)}=Q_{m,1}/D_{m,1},\quad \delta_{ns}=\begin{cases}1, & s=n\\ 0, & s\neq n\end{cases} \tag{2-4-27}$$

当没有电子注时，热色散方程 (2-4-24) 中 $\chi_2=1,T_n=0$，则热色散方程退化为冷色散方程

$$\det\left\{\delta_{ns}\kappa_s Ld+\mathrm{i}\sum_{m=0}^{\infty}\frac{2}{(1+\delta_{m0})}P_m W\left(\beta_n,\frac{m\pi}{d}\right)W\left(-\beta_s,\frac{m\pi}{d}\right)\right\}=0 \tag{2-4-28}$$

3. 用导纳匹配法求递推公式

注意到色散方程式 (2-4-24) 和式 (2-4-28) 中含有未知量 $N_{(1)}=Q_{m,1}/D_{m,1}$，此时还不能得到任意槽形光栅结构的色散曲线。考虑到在 $x=-h$ 处有边界条件 $E_{z,K}|_{x=-h}=0$，由该边界条件得到

$$\tau_{m,K}\sum_{m=0}^{\infty}\left[D_{m,K}F'(-h)+Q_{m,K}G'(-h)\right]\cos\left[k_{z,m,K}(z-z_K)\right]=0 \tag{2-4-29}$$

求出

$$N_{(K)}=Q_{m,K}/D_{m,K}=-F'(-h)/G'(-h) \tag{2-4-30}$$

可由 $N_{(K)}$ 经过递推关系得到 $N_{(1)}$，从而进一步获得色散方程。具体推导过程如下所述。

为了得到每个矩形区域内场的幅值系数，需要两个连续阶梯交界面处导纳之间的连续关系 (图 2.4.3)。

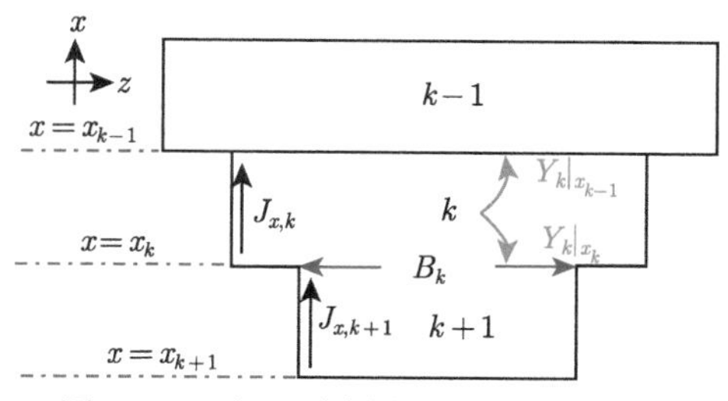

图 2.4.3 矩形阶梯交界面处导纳关系

定义第 k 阶梯场的第 m 次空间驻波在边界面 $x = x_{k-1}$ 处归一化导纳 $Y_k|_{x=x_{k-1}}$

$$Y_k|_{x=x_{k-1}} = \frac{\mathrm{j}\omega\mu_0\tau_{m,k}}{k_0^2} \cdot \left.\frac{H_{y,k,m}}{E_{z,k,m}}\right|_{x=x_{k-1}} = \frac{F(x_{k-1}) + N_{(k)}G(x_{k-1})}{F'(x_{k-1}) + N_{(k)}G'(x_{k-1})} \tag{2-4-31}$$

则求出

$$N_{(k)} = \frac{Y_k|_{x=x_{k-1}}F'(x_{k-1}) - F(x_{k-1})}{G(x_{k-1}) - Y_k|_{x=x_{k-1}}G'(x_{k-1})} \tag{2-4-32}$$

同理，第 k 阶梯场的第 m 次空间谐波在边界 $x = x_k$ 处归一化导纳 $Y_k|_{x=x_k}$

$$Y_k|_{x=x_k} = \frac{F(x_k) + N_{(k)}G(x_k)}{F'(x_k) + N_{(k)}G'(x_k)} \tag{2-4-33}$$

得

$$N_{(k)} = \frac{Y_k|_{x=x_k}F'(x_k) - F(x_k)}{G(x_k) - Y_k|_{x=x_k}G'(x_k)} \tag{2-4-34}$$

将式 (2-4-34) 代入式 (2-4-31)，化简得

$$Y_k|_{x=x_{k-1}} = \frac{Y_k|_{x=x_k} + X_{(x_{k-1},x_k)}}{Y_k|_{x=x_k} + U_{(x_{k-1},x_k)}}U_{(x_k,x_{k-1})} \tag{2-4-35}$$

其中，令

$$X_{(x,y)} = \frac{F(x)G(y) - F(y)G(x)}{F'(y)G(x) - F(x)G'(y)} \tag{2-4-36}$$

$$U_{(x,y)} = \frac{F'(x)G(y) - F(y)G'(x)}{F'(y)G'(x) - F'(x)G'(y)} \tag{2-4-37}$$

在阶梯交界面 $x = x_k$ 处，由于槽宽度的突变，此时不能直接使用场连续性条件，应该用电压和电流的连续性条件代替场匹配条件。写出第 k 阶梯内的第 m 次空间驻波的有效电压和导体表面单位长度电流，慢波系统中指定点的等效电压幅值可表示为

$$V_{z,k,m} = \left[\int_0^{\frac{\lambda_{m,k}}{4}} |E_{z,k,m}|_{\text{mag}} \sin(m\pi z/d_k)\,\mathrm{d}z\right]\Bigg|_{\lambda_{m,k}=\frac{2\pi}{(m\pi/d_k)}}$$

$$= \frac{\mathrm{i}\tau_{m,k}}{\omega\varepsilon_0} \cdot \frac{D_{m,k}F'(x) + Q_{m,k}G'(x)}{m\pi/d_k} \tag{2-4-38}$$

同理，

$$V_{z,k+1,m} = \frac{\mathrm{i}\tau_{m,k+1}}{\omega\varepsilon_0} \cdot \frac{D_{m,k+1}F'(x) + Q_{m,k}G'(x)}{m\pi/d_{k+1}} \tag{2-4-39}$$

导体表面单位长度电流为

$$\begin{cases} J_{x,k} = H_{y,k}|_{z=z_k} \\ J_{x,k+1} = H_{y,k+1}|_{z=z_{k+1}} \end{cases} \tag{2-4-40}$$

由交界面处电压和电流的关系，有

$$\begin{cases} V_{z,k} = V_{z,k+1} \\ J_{z,k} = J_{z,k+1} + B_{k,k+1} \cdot V_{z,k+1} \end{cases} \quad (x = x_k) \tag{2-4-41}$$

其中，

$$B_k = \mathrm{i}\omega C_k \tag{2-4-42}$$

C_k 是交界面 $x = x_k$ 处由阶梯跨度突变引入的不连续性电容，B_k 是对应的电纳。

$$C_k = \frac{\varepsilon_0}{2\pi}\left\{\frac{\partial^2+1}{\partial}\ln\frac{1+\partial}{1-\partial} - 2\ln\frac{4\partial}{1-\partial^2}\right\}, \quad \partial = \frac{\min(d_k, d_{k+1})}{\max(d_k, d_{k+1})} \tag{2-4-43}$$

C_k 的表达式成立的条件是 $\min(d_k, d_{k+1}) < 0.2\lambda$，这里 λ 为真空中的波长。定义第 m 次空间谐波在第 $k+1$ 阶梯的 $x = x_k$ 处的归一化横向导纳 $Y_{k+1}|_{x=x_k}$ 为

$$Y_{k+1}|_{x=x_k} = \frac{\mathrm{j}\omega\mu_0\tau_{m,k+1}}{k_0^2} \cdot \frac{J_{x,k+1}}{V_{z,k+1}/(m\pi/d_{k+1})}\Bigg|_{x=x_k}$$

$$= \frac{D_{m,k+1}F(x_k) + Q_{m,k+1}G(x_k)}{D_{m,k+1}F'(x_k) + Q_{m,k+1}G'(x_k)} \tag{2-4-44}$$

定义第 m 次空间谐波在第 k 阶梯的 $x=x_k$ 处的归一化横向导纳 $Y_k|_{x=x_k}$

$$Y_k|_{x=x_k}=\frac{\mathrm{j}\omega\mu_0\tau_{m,k}}{k_0^2}\cdot\left.\frac{J_{x,k}}{V_{z,k}/(m\pi/d_k)}\right|_{x=x_k}=\frac{D_{m,k}F(x_k)+Q_{m,k}G(x_k)}{D_{m,k}F'(x_k)+Q_{m,k}G'(x_k)} \tag{2-4-45}$$

联立式 (2-4-44) 和式 (2-4-45) 得到

$$\frac{Y_k|_{x=x_k}}{Y_{k+1}|_{x=x_k}}=\left.\frac{\dfrac{J_{x,k}}{V_{z,k}/d_k}}{\dfrac{J_{x,k+1}}{V_{z,k+1}/d_{k+1}}}\right|_{x=x_k}=\left(1+\frac{B_{k,k+1}\cdot V_{z,k+1}}{J_{x,k+1}}\right)\frac{d_k}{d_{k+1}} \tag{2-4-46}$$

化简为

$$Y_k|_{x=x_k}=Y_{k+1}|_{x=x_k}\frac{d_k}{d_{k+1}}+\frac{\mathrm{j}\omega\mu_0\tau_{m,k}}{k_0^2}\frac{d_k}{m\pi}B_{k,k+1}|_{x=x_k} \tag{2-4-47}$$

由式 (2-4-47) 可以推导出

$$Y_{k-1}|_{x=x_{k-1}}=Y_k|_{x=x_{k-1}}\frac{d_{k-1}}{d_k}+\frac{\mathrm{j}\omega\mu_0\tau_{m,k-1}}{k_0^2}\frac{d_{k-1}}{m\pi}B_{k-1,k}|_{x=x_{k-1}} \tag{2-4-48}$$

联立式 (2-4-33)~ 式 (2-4-35)、式 (2-4-48)，则有递推关系

$$N_{(k)}\Rightarrow Y_k|_{x=x_k}\Rightarrow Y_k|_{x=x_{k-1}}\Rightarrow Y_{k-1}|_{x=x_{k-1}}\Rightarrow N_{(k-1)} \tag{2-4-49}$$

所以，可以由 $N_{(k)}$ 经过递推关系得到 $N_{(1)}$。

4. 验证推导结果

(1) 矩形槽。

当任意槽为矩形时，即为较常见的矩形槽光栅结构，此时

$$d_1=d_2=\cdots=d_K=d,\quad B_1=B_2=\cdots=B_K=0 \tag{2-4-50}$$

$$N_{(1)}=N_{(2)}=\cdots=N_{(K)},\quad \tau_{m,k}=\tau_m=\sqrt{\left|k_0^2-(m\pi/d)^2\right|} \tag{2-4-51}$$

已知

$$N_{(K)}=Q_{m,K}/D_{m,K}=G(-h)/F(-h) \tag{2-4-52}$$

色散方程讨论：

$$P_m=\frac{\tau_{m,1}\left[F'(0)+N_{(1)}G'(0)\right]}{\left[F(0)+N_{(1)}G(0)\right]}=\frac{\tau_{m,1}}{N_{(1)}}=\tau_{m,1}\frac{F(-h)}{G(-h)} \tag{2-4-53}$$

其中，

$$\tau_{m,1}=\sqrt{\left|k_0^2-(m\pi/d)^2\right|} \tag{2-4-54}$$

将 $N_{(K)}$ 直接代入 P_m，再将 P_m 代入色散方程，则色散方程简化为

$$\det[\boldsymbol{M}]=0 \tag{2-4-55}$$

其中，

$$\begin{aligned}\boldsymbol{M}=&\,\delta_{ns}\kappa_s Ld(1-T_s)+\mathrm{i}(1+T_n)\\&\times\sum_{m=0}^{\infty}\frac{2\tau_m}{(1+\delta_{m0})}\frac{F(-h)}{G(-h)}W\left(\beta_n,\frac{m\pi}{d}\right)W\left(-\beta_s,\frac{m\pi}{d}\right)\end{aligned} \tag{2-4-56}$$

(2) 椭圆槽。

已知任意槽形光栅结构的色散方程式 (2-4-25) 以及式 (2-4-27)，式 (2-4-27) 中的 $N_{(1)}$ 是由 $N_{(K)}$ 经过递推关系得到的，不同形状槽色散方程的不同，就是体现在递推关系的不同。下面以椭圆槽为例，详细讨论这个推导过程。

为了计算方便，可以将槽内矩形阶梯取相同高度，如图 2.4.4 所示，则 $x_k=\dfrac{k}{K}\times(-h)$，根据椭圆方程 $\dfrac{(z-d/2)^2}{(d/2)^2}+\dfrac{x^2}{h^2}=1$，$z=\pm\dfrac{d}{2}\sqrt{1-\dfrac{x^2}{h^2}}+\dfrac{d}{2}$，可得第 k 个阶梯的宽度为

$$d_k=d\sqrt{1-\frac{x_k^2}{h^2}} \tag{2-4-57}$$

则可求出

$$\tau_{m,k}=\sqrt{\left|k_0^2-(m\pi/d_k)^2\right|} \tag{2-4-58}$$

$$\frac{d_{K-1}}{d_K}=\sqrt{\frac{1-\left(\dfrac{k-1}{K}\right)^2}{1-\left(\dfrac{k}{K}\right)^2}} \tag{2-4-59}$$

由递推关系式 (2-4-49)，将初始条件式 (2-4-30) 代入式 (2-4-31)

$$Y_K\big|_{x=x_{K-1}}=-\cot\left(\tau_{m,K}\frac{h}{K}\right) \tag{2-4-60}$$

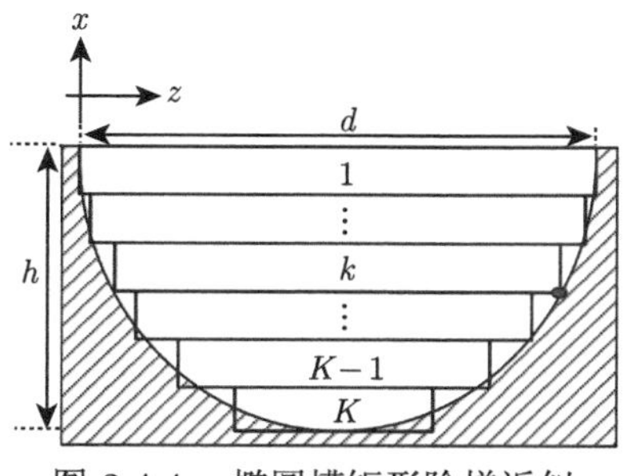

图 2.4.4 椭圆槽矩形阶梯近似

将式 (2-4-60) 代入式 (2-4-48)，得

$$Y_{K-1}|_{x=x_{K-1}} = Y_K|_{x=x_{K-1}} \sqrt{\frac{1-\left(\dfrac{k-1}{K}\right)^2}{1-\left(\dfrac{k}{K}\right)^2}}$$

$$= -\cot\left(\tau_{m,K}\frac{h}{K}\right)\sqrt{\frac{1-\left(\dfrac{k-1}{K}\right)^2}{1-\left(\dfrac{k}{K}\right)^2}} \tag{2-4-61}$$

将式 (2-4-61) 代入式 (2-4-35)，得

$$Y_{K-1}|_{x=x_{K-2}} = \frac{Y_{K-1}|_{x=x_{K-1}} + \tan\left(\dfrac{1}{K}h\right)}{Y_K|_{x=x_{K-1}} - \cot\left(\dfrac{1}{K}h\right)}\cot\left(\frac{1}{K}h\right) \tag{2-4-62}$$

将式 (2-4-62) 代入式 (2-4-32) 得

$$N_{(K-1)} = \frac{Y_{K-1}|_{x=x_{K-2}} F'(x_{K-1}) - F(x_{K-1})}{G(x_{K-1}) - Y_K|_{x=x_{K-1}} G'(x_{K-1})} \tag{2-4-63}$$

重复式 (2-4-60)∼ 式 (2-4-63) 的过程，最后可求出 $N_{(1)}$，将其代入式 (2-4-25)，可得椭圆槽光栅色散方程为

$$\boldsymbol{M} = \delta_{ns}\kappa_s Ld(1-T_s)+\mathrm{i}(1+T_n)\sum_{m=0}^{\infty}\frac{2}{(1+\delta_{m0})}\frac{\tau_{m,1}}{N_{(1)}}W\left(\beta_n,\frac{m\pi}{d}\right)W\left(-\beta_s,\frac{m\pi}{d}\right) \tag{2-4-64}$$

2.4.2 色散特性分析

用 MATLAB 数值求解椭圆槽光栅冷色散方程 (2-4-28)，并讨论槽内划分的矩形阶梯个数 K 以及求和项数 N (空间谐波数) 对色散曲线的影响 (图 2.4.5 和图 2.4.6)。

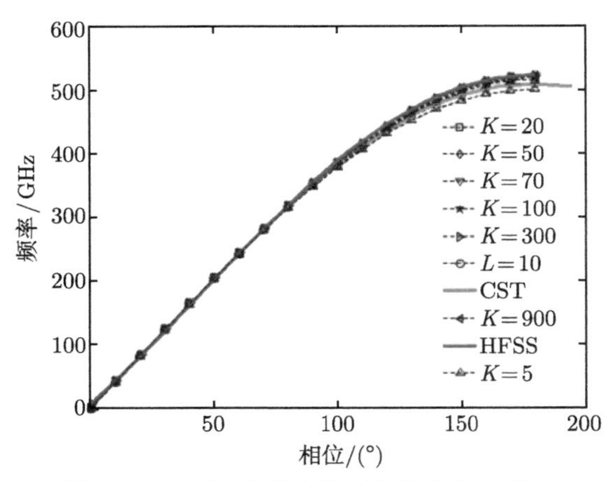

图 2.4.5　矩形阶梯个数对色散特性的影响

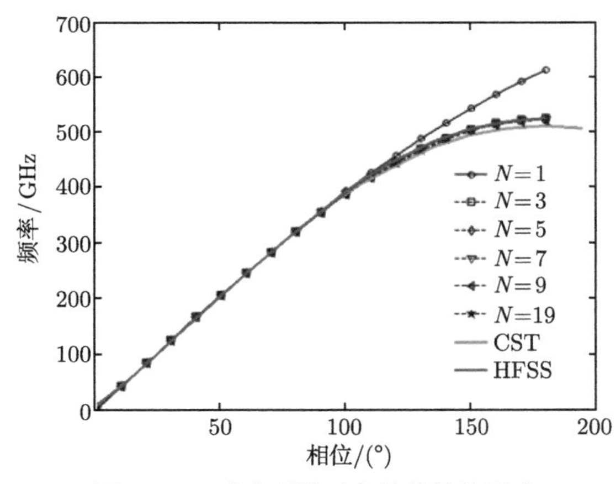

图 2.4.6　求和项数对色散特性的影响

从图 2.4.5 和图 2.4.6 可以看出，当槽内矩形 $K \geqslant 50$ 时，色散频率改变很小，曲线收敛；当求和项数 $N \geqslant 7$ 时，色散频率改变很小，曲线收敛。

虽然取过大的矩形个数和求和项数可以获得更精确的结果，但是会增大计算量，占用计算机内存。基于以上讨论，取 $K = 50, N = 7$，此时色散曲线已经收敛，下面将讨论不同槽形状对色散频率和波相位的影响 (图 2.4.7~ 图 2.4.9)。以三角形槽、余弦槽、椭圆槽和矩形槽为例。

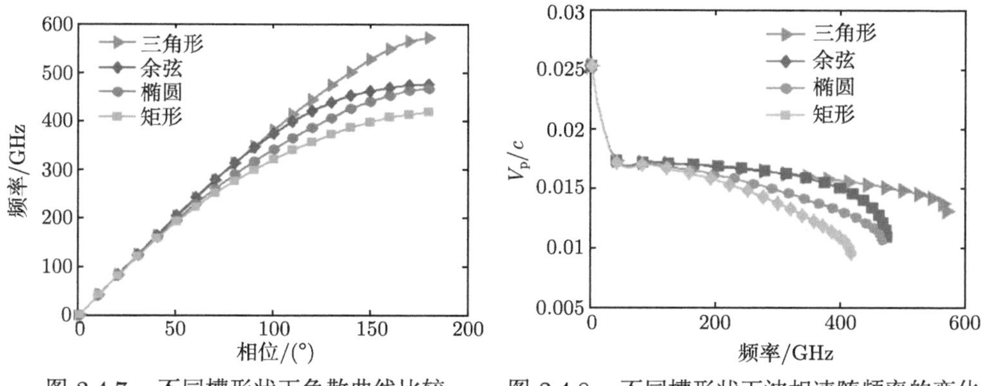

图 2.4.7 不同槽形状下色散曲线比较

图 2.4.8 不同槽形状下波相速随频率的变化

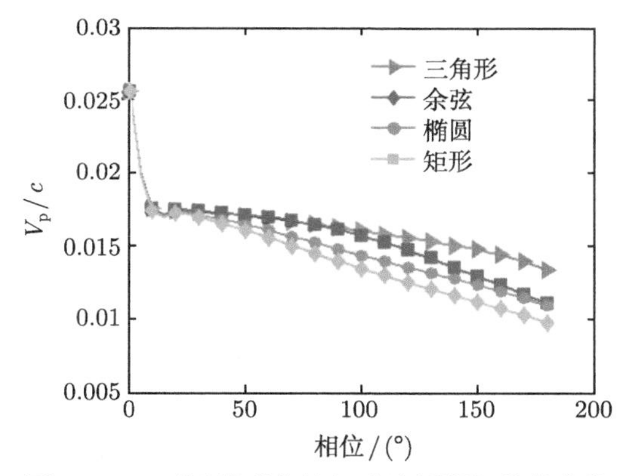

图 2.4.9 不同槽形状波相速随周期相移的变化

从图 2.4.7 可以看出，相同相移下，本征频率按照三角形槽、余弦槽、椭圆槽和矩形槽的顺序降低。在相移较小时，本征频率基本相同，但在相移较大时，几种槽形状的本征频率有较明显的差别。

从图 2.4.8 可以看出，相同频率下，三角形槽波的相速最大，其次是余弦槽、椭圆槽和矩形槽。在色散曲线所示图中的频率范围内，随着频率的增大，波的相速有所下降。在较宽的频率范围内，三角形槽的相速变化最小，即结构具有比较弱的色散，可以使结构中的电磁场在较宽的频率范围内有效地与电子发生相互作用。

从图 2.4.9 可以看出，相同周期相移下，三角形槽波的相速最大，其次是余弦槽、椭圆槽和矩形槽。随着相移的增大，波的相速有所下降，但三角形槽的相速变化最小，其次是余弦槽、椭圆槽和矩形槽。这说明三角形槽光栅结构具有比较弱的色散。

2.5　双电子注太赫兹史密斯–珀塞尔辐射

为了改善 SP 系统注–波互作用特性，提高器件增长率和辐射功率，提出了双电子注的注–波互作用系统。在该系统中，通过双电子注的相互作用产生双流不稳定性，从而有利于提高 SP 器件的输出功率，降低起振电流，减少器件饱和时间。

2.5.1　物理模型

假设两束密度均匀、速度分别为 V_1 和 V_2 的混合双电子注在无限大的引导磁场作用下沿着光栅的 x 方向运动，电子注的厚度为 $2b$，电子注中心距离光栅表面为 a。光栅周期为 D、槽宽为 d、槽深为 h，光栅在 z 方向均匀无变化，其模型如图 2.5.1 所示，假设条件同 2.4 节。

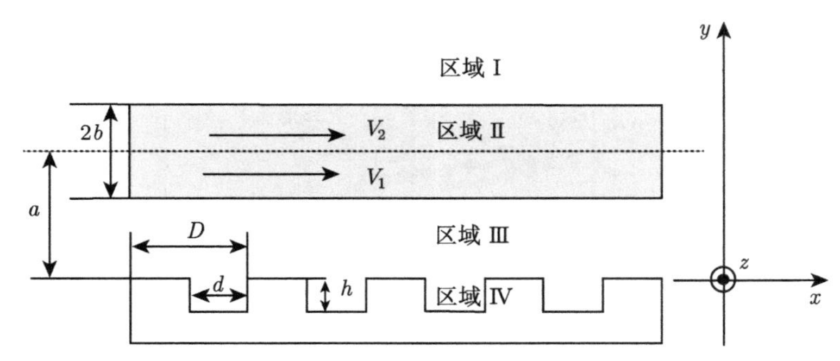

图 2.5.1　混合双电子注作用平板矩形光栅的物理模型

对于双电子注，它遵从麦克斯韦方程、泊松方程以及电流的连续性方程：

$$\nabla \times \boldsymbol{E} + \mu_0 \frac{\partial \boldsymbol{H}}{\partial t} = 0 \tag{2-5-1}$$

$$\nabla \times \boldsymbol{H} - \varepsilon_0 \frac{\partial \boldsymbol{E}}{\partial t} = \sum_{i=1}^{2} -e(n_i \delta v_i + \delta n_i v_i)\boldsymbol{e}_x \tag{2-5-2}$$

$$\left(\frac{\partial}{\partial t} + v_i \frac{\partial}{\partial x}\right)\delta v_i = -\frac{e}{\gamma_i^3 m_0} E_x \tag{2-5-3}$$

$$\left(\frac{\partial}{\partial t} + v_i \frac{\partial}{\partial x}\right)\delta n_i = -n_i \frac{\partial}{\partial x}\delta v_i \tag{2-5-4}$$

式中，$i = 1$，2 分别表示电子注 1 和 2；$\gamma_i = (1-\beta_i^2)^{-1/2}$、$\beta = v_i c$ 和 c 分别表示相对论质量因子、电子注的相对运动速度和真空中的光速；e、m_0、n_i、δn_i、

v_i、δv_i 分别表示电子电荷、电子质量、电子注平衡密度、扰动密度、电子注平衡速度和扰动速度。由于主要考虑电子注纵向运动引起的群聚，所以在这里仅考虑 TM 模式，它的磁场分量在 x 方向消失。

假设各个变量具有如下的形式 [13]：

$$f(x,y)=\sum_{n=-\infty}^{\infty}f_n(y)\exp[\mathrm{j}(k_nx-\omega t)] \tag{2-5-5}$$

式中，$k_n=k_0+2\pi n/D$ 为纵向波数，这里 k_0 表示真空中的波数；ω 是角频率；$n=0,\pm1,\pm2,\cdots$ 是整数，并且表示空间谐波的次数。

从而从式 (2-5-3) 可以得到电子注的扰动速度为

$$\delta v_i=\frac{eE_x}{\mathrm{j}\gamma_i^3m_0(\omega-k_nv_{i0})} \tag{2-5-6}$$

将式 (2-5-6) 代入式 (2-5-4) 可以求得

$$\delta n_i=-\frac{\mathrm{j}n_0e}{\gamma_i^3m_0(\omega-k_nv_{i0})^2}\frac{\partial E_x}{\partial x} \tag{2-5-7}$$

将式 (2-5-6)、式 (2-5-7) 结合起来可以得到电子注扰动密度表达式

$$J_i=-e(n_0\delta v_{i1}+\delta n_{i1}v_{i0})=\frac{\mathrm{j}\omega n_0e^2E_{xn}}{\gamma^3m_0(\omega-k_nv_{i0})^2} \tag{2-5-8}$$

将式 (2-5-8) 代入式 (2-5-2)，联立式 (2-5-1) 可以得到 n 阶谐波横向磁场 $H_{z,l,n}$ 所满足的波动方程

$$\left[\frac{\partial^2}{\partial y^2}+\varepsilon_{l,n}\left(\frac{\omega^2}{c^2}-k_n^2\right)\right]H_{z,l,n}(y)=0 \tag{2-5-9}$$

式中，$l=1$，2，3 分别表示 I，Ⅱ 和 Ⅲ 区；而 $\varepsilon_{l,n}$ 是介质函数，表示如下：

$$\varepsilon_{2,n}=1-\sum_{i=1}^{2}\frac{\omega_{\mathrm{p}i}^2}{\gamma_i^3(\omega-k_nv_{i0})^2},\quad \varepsilon_{1,n}=\varepsilon_{3,n}=1, \tag{2-5-10}$$

从波动方程 (2-5-9) 可以得到与横向磁场 $H_{z,l,n}$ 相关的两个电场分量，表示如下：

$$E_{y,l,n}=-\frac{\mathrm{j}}{\omega\varepsilon_0}\frac{\partial H_{z,l,n}(y)}{\partial x} \tag{2-5-11}$$

$$E_{x,l,n}=\frac{\mathrm{j}}{\omega\varepsilon_0\varepsilon_{l,n}}\frac{\partial H_{z,l,n}(y)}{\partial y} \tag{2-5-12}$$

为了得到注–波互作用的色散方程，除了考虑电子注所满足的波动方程外，还需借助光栅上面的场与光栅槽内的场在边界上的匹配条件才能得到色散方程，所以下面讨论光栅上面的场及槽内的场。

2.5.2　光栅各个区域的场

为了研究问题的方便，将注–波互作用区分成如下四个区域：

$$\begin{cases} a+b<y, & \text{I 区} \\ a-b\leqslant y\leqslant a+b, & \text{II 区} \\ 0\leqslant y<a-b, & \text{III 区} \\ -h<y<0, & \text{IV 区} \end{cases} \tag{2-5-13}$$

下面考虑边界条件，在 $y=a\pm b$ 边界上切向电场、横向磁场连续，在理想的光栅表面切向电场为零，因此边界条件可以表示如下：

$$H_{z,1,n}(a+b,x)-H_{z,2,n}(a+b,x)=0 \tag{2-5-14}$$

$$\frac{\partial}{\partial y}H_{z,1,n}(y)-\frac{1}{\varepsilon_{2,n}}\frac{\partial}{\partial y}H_{z,2,n}(y)|_{y=a+b}=0 \tag{2-5-15}$$

$$H_{z,3,n}(a-b)-H_{z,2,n}(a-b)=0 \tag{2-5-16}$$

$$\frac{\partial}{\partial y}H_{z,3,n}(y)-\frac{1}{\varepsilon_{2,n}}\frac{\partial}{\partial y}H_{z,2,n}(y)|_{y=a-b}=0 \tag{2-5-17}$$

求解 I、III 区域中的均匀波动方程，II 区域中的非均匀波动方程，可以得到各区域中各次空间谐波的场表示如下：

$$H_{z,1,n}=a_{1,n}\exp(\mathrm{j}\beta_n y) \tag{2-5-18}$$

$$H_{z,2,n}=a_{2,n}[\exp(\mathrm{j}\sqrt{\varepsilon_{2,n}}\beta_n y)+R_{2,n}\exp(-\mathrm{j}\sqrt{\varepsilon_{2,n}}\beta_n y)] \tag{2-5-19}$$

$$H_{z,3,n}=a_{3,n}[\exp(\mathrm{j}\beta_n y)+R_{3,n}\exp(-\mathrm{j}\beta_n y)] \tag{2-5-20}$$

其中，横向波数

$$\beta_n=\left[\left(\frac{\omega}{c}\right)^2-k_n^2\right]^{1/2} \tag{2-5-21}$$

系数 $a_{l,n}$ 是空间谐波场的系数；而 $R_{2,n}, R_{3,n}$ 分别表示在电子注的交界面 $y=a\pm b$ 的反射系数，它们都满足交界处的边界条件。将边界条件式 (2-5-14)～ 式 (2-5-17)

及场的分布函数式 (2-5-18)~ 式 (2-5-20) 联立，求解得到场的系数 $R_{2,n}$，$R_{3,n}$，$a_{1,n}$ 和 $a_{2,n}$

$$R_{2,n}=\frac{1-\sqrt{\varepsilon_{2,n}}}{1+\sqrt{\varepsilon_{2,n}}}\exp[2\mathrm{j}\sqrt{\varepsilon_{2,n}}\beta_n(a+b)] \tag{2-5-22}$$

$$R_{3,n}=\frac{(1-\varepsilon_{2,n})\exp[2\mathrm{j}\beta_n(a-b)]}{(1+\varepsilon_{2,n})+2\mathrm{i}\sqrt{\alpha_n}\cot(2\beta_n\sqrt{\alpha_n}b)} \tag{2-5-23}$$

$$a_{1,n}=\frac{2}{1+\sqrt{\varepsilon_{2,n}}}\exp[-\mathrm{j}(1-\sqrt{\varepsilon_{2,n}})\beta_n(a+b)]a_{2,n} \tag{2-5-24}$$

$$a_{2,n}=\frac{\exp[\mathrm{j}\beta_n(a-b)-\mathrm{j}\sqrt{\varepsilon_{2,n}}\beta_n(a+b)]}{2\cot(2\sqrt{\varepsilon_{2,n}}\beta_n b)-\mathrm{j}(1/\sqrt{\varepsilon_{2,n}}+\sqrt{\varepsilon_{2,n}})}a_{3,n} \tag{2-5-25}$$

通过表达式 (2-5-22)~ 式 (2-5-25) 就可以把光栅上面的场表示出来。为了得到色散方程，还需考虑光栅槽内的场。

对于光栅槽内的场，仅考虑横电磁 (transverse electromagnetic，TEM) 波，可以用傅里叶级数的形式表示 [14]

$$E_x=\sum_{m=0}^{\infty}\bar{E}_m\frac{\sinh[k''_m(y+h)]}{\cosh(k''_m h)}\cos\left(\frac{m\pi}{d}x\right) \tag{2-5-26}$$

$$H_z=\sum_{m=0}^{\infty}\bar{H}_m\frac{\cosh[k''_m(y+h)]}{\sinh(k''_m h)}\cos\left(\frac{m\pi}{d}x\right) \tag{2-5-27}$$

这里，$k''_m=[(m\pi/d)^2-(\omega/c)^2]^{1/2}$；$h$ 是槽的深度；应用安培定理，得到

$$\bar{H}_m=(-\mathrm{j}\varepsilon_0\omega/k''_m)\tanh(k''_m h)\bar{E}_m \tag{2-5-28}$$

通过光栅槽内的场与槽上面的场在边界的场匹配，就可以得到色散方程。

2.5.3 色散方程

为了得到色散方程，需要光栅表面的电场和磁场在槽的边界 $y=0, 0\leqslant x\leqslant d$ 连续；而在光栅的表面电场的切向分量为零，即 $y=0, d\leqslant x\leqslant D$ 或者 $mD+d\leqslant x\leqslant(m+1)D$，则联合光栅上面 Ⅲ 区的场，可以得到光栅表面交界处的场方程

$$\sum_{n=-\infty}^{\infty}a_{3,n}(1+R_{3,n})\exp(\mathrm{j}k_n x)=\sum_{m=0}^{\infty}\bar{E}_m\frac{-\mathrm{j}\omega\varepsilon_0}{k''_m}\cos\left(\frac{m\pi}{d}x\right)\quad(0\leqslant x\leqslant d) \tag{2-5-29}$$

$$\sum_{n=-\infty}^{\infty}a_{3,n}(1-R_{3,n})\frac{-\beta_n}{\omega\varepsilon_0}\exp(\mathrm{j}k_n x)$$

$$
= \begin{cases} \sum_{m=0}^{\infty} \bar{E}_m \tanh(k''_m h) \cos\left(\dfrac{m\pi}{d}x\right) & (0 \leqslant x < d) \\ 0 & (d \leqslant x \leqslant D) \end{cases} \tag{2-5-30}
$$

在式 (2-5-29) 两边同时乘以 $\cos(p\pi x/d)$，其中 p 是整数，并且在 $(0,d)$ 上积分可以得到

$$
\bar{E}_p = \sum_{n=-\infty}^{\infty} a_{3,n}\bar{T}_{np} \tag{2-5-31}
$$

其中，$\bar{T}_{np} = \dfrac{2k''_p}{-d(1+\delta_{p0})\omega\varepsilon_0}\dfrac{(1+R_{3,n})k_n d^2[1-(-1)^p\exp(\mathrm{j}k_n d)]}{k_n^2 d^2-(p\pi)^2}$，这里 δ_{p0} 是克罗内克 (Kroncker) 函数，$\delta_{p0} = \begin{cases} 1, & p=0 \\ 0, & \text{其他} \end{cases}$。

类似地，在式 (2-5-30) 两边同时乘以 $\exp[-\mathrm{j}(k+2\pi p/D)x]$，并且在 $(0,D)$ 上积分可以得到

$$
a_{3,p} = \sum_{m=0}^{\infty} \bar{E}_m \bar{R}_{mp} \tag{2-5-32}
$$

其中，$\bar{R}_{mp} = \dfrac{\omega\varepsilon_0 \tanh(k''_m h)}{\beta_p D(1-R_{3,p})} \cdot \dfrac{\mathrm{j}k_p d^2[1-(-1)^m\exp(-\mathrm{j}k_p d)]}{k_p^2 d^2-(m\pi)^2}$。

将式 (2-5-31) 及式 (2-5-32) 中的 p 分别用 m，n 代替，得到

$$
\bar{E}_m = \sum_{n=-\infty}^{\infty}\sum_{m=0}^{\infty} \bar{E}_m \bar{R}_{mn}\bar{T}_{nm} \tag{2-5-33}
$$

这是一个无穷大的方程组，当其等于零时，就可以得到关于 k_0 的本征方程。假设除 $\bar{E}_0 \neq 0$ 外，其余的 $\bar{E}_m = 0$，得到

$$
\bar{E}_0 = \sum_{n=-\infty}^{\infty} \bar{E}_0 \bar{R}_{0n}\bar{T}_{n0} \tag{2-5-34}
$$

或者

$$
1 - \sum_{n=-\infty}^{\infty} \bar{R}_{0n}\bar{T}_{n0} = 0 \tag{2-5-35}
$$

方程 (2-5-35) 就是关于 $\omega(k_0)$ 的色散方程。将 $\bar{R}_{0n}$ 和 $\bar{T}_{n0}$ 代入方程 (2-5-35) 得到双电子注平板开放矩形光栅系统的色散方程

$$\frac{D}{d(\omega/c)}\cot\left(\frac{\omega}{c}h\right)+\sum_{n=-\infty}^{\infty}\frac{1}{\mathrm{j}\beta_n}\frac{1+R_{3,n}}{1-R_{3,n}}\left[\frac{\sin(k_n d/2)}{k_n d/2}\right]^2=0 \tag{2-5-36}$$

应当指出，当双电子注电压相同时，色散方程 (2-5-36) 与参考文献 [15] 中方程 (2-5-23) 相同。

当不存在电子注时，$R_{3,n}=0$，则色散方程 (2-5-36) 就转化为

$$\frac{D}{d(\omega/c)}\cot\left(\frac{\omega}{c}h\right)+\sum_{n=-\infty}^{\infty}\frac{1}{\mathrm{j}\beta_n}\left[\frac{\sin(k_n d/2)}{k_n d/2}\right]^2=0 \tag{2-5-37}$$

与参考文献 [16] 的表达式 (2-5-6) 相同，其特性已经在该文献中讨论。

2.5.4 太赫兹波段双电子注史密斯–珀塞尔器件的色散特性

本小节对太赫兹波段双电子注平板光栅 SP 器件的色散特性进行数值分析，电子注的基本特征与理论分析相同，即混合双电子注分别以速度 V_1 和 V_2 在无限大的磁场下沿着平板矩形光栅的 x 方向运动。

根据色散方程 (2-5-37) 得到太赫兹波段平板矩形光栅的色散曲线，如图 2.5.2 所示。图中的光栅参数为周期 $D=0.2\text{mm}$、槽宽 $d=0.1\text{mm}$、槽深 $h=0.1\text{mm}$，通过理论计算和粒子模拟得到的色散曲线分别如图中实线 (—) 和方框 (□) 所示。结果表明，采用粒子模拟软件得到的色散曲线与理论上得到的色散曲线基本一致。图中电压为 40kV 的电子注线为参考线，它与光栅色散曲线的交点频率为注–波互作用的工作频率，其值为 391.5GHz。

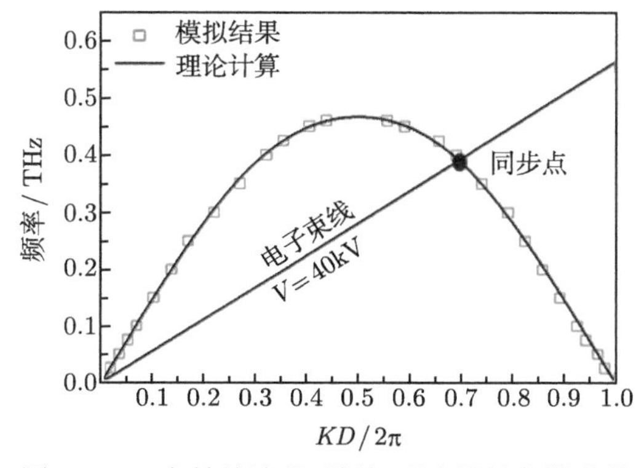

图 2.5.2 太赫兹波段平板矩形光栅的色散曲线

由于双流不稳定性的作用，双电子注增长率曲线与单电子注会有明显不同。在同步区域，由于双注不稳定性，增长率得到较大的提高，而在同步区域之外的增长率是由双流不稳定性产生的，产生这个现象的原因在毫米波段已经讨论了 [17]。

图 2.5.3 表示增长率最大值与双电子注电压比之间的关系，此时主电子注电流 $I_1 = 900\text{A/m}$，扰动电子注电流 $I_2 = 100\text{A/m}$。从图中可以看出，当电压比为 $v_\text{r} = 1.03$ 时，增长率最大值达到峰值，它相对于单电子注系统的增长率最大值有明显的提高，说明在最佳电压比下产生很强的双流不稳定性，导致增长率最大值提高。

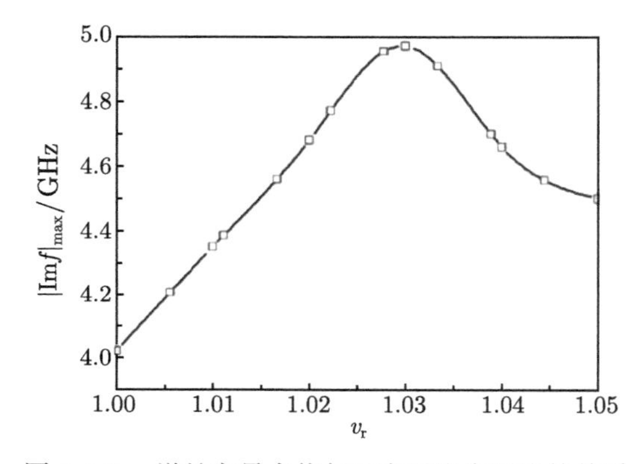

图 2.5.3　增长率最大值与双电子注电压比的关系

2.5.5　太赫兹波段双电子注史密斯–珀塞尔辐射特性

在进行太赫兹波段双电子注 SP 辐射特性分析之前，首先探讨双电子注之间的间隔对双流不稳定性特性的影响。

1. 平行于平面金属板运动的双电子注中粒子动量的相空间分布

为了探讨双电子注之间的间隔对双流不稳定性的影响 [18]，假定两个具有一定速度差的双电子注平行于平面金属板运动，即光栅槽深 $h = 0$ 情况。在不加任何激励信号的条件下，观察粒子动量在相空间的变化情况，如图 2.5.4 所示，其中图 2.5.4(a) 和 (b) 中双电子注之间的距离 Δb 分别为 140μm 和 15μm。由于没有外加信号，因而在这种系统中电子注得到调制的距离要比光栅系统长；而在光栅系统中，由于表面慢波的作用，电子注得到调制的距离相对要短些。从图中可以看出，图 2.5.4(b) 中双电子注相互之间发生了较强的速度调制，而图 2.5.4(a) 中速度调制相对要弱些，说明两个比较靠近的电子注由于空间电荷波相互耦合发生了较强的双流不稳定性。因而，可以推测当两束电子注完全混合时，它们之间发生的双流不稳定性是最强的。在后面的模拟中，采用两束比较靠近的电子束模型近似代替混合双电子注模型，此时双电子注之间的距离为 15μm。

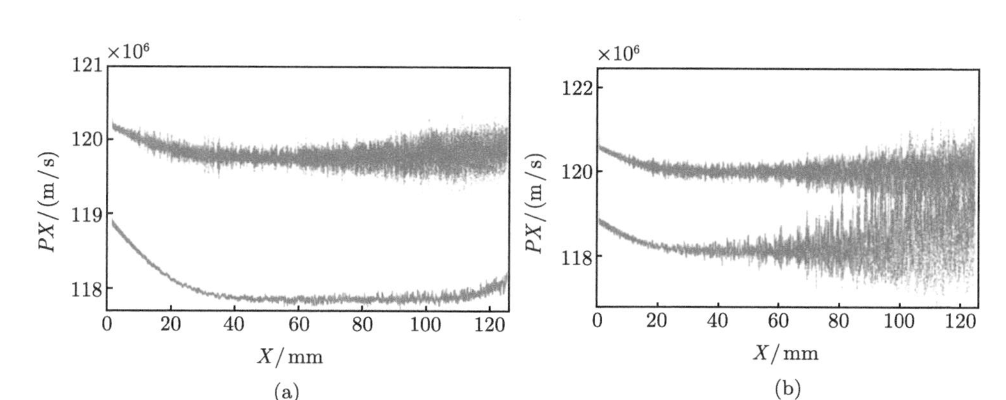

图 2.5.4 双电子注间不同间隔的粒子动量的相空间分布：(a) $\Delta b = 140\mu\text{m}$；(b) $\Delta b = 15\mu\text{m}$

2. 太赫兹波段双电子注 SP 辐射的粒子模拟

在毫米波段，采用粒子模拟证实了双电子注可以改善 SP 辐射的性能，而在太赫兹波段，主要分析利用双流不稳定性的机制提高相干 SP 辐射功率、减少饱和时间以及降低起振电流的机理。

太赫兹波段双电子注 SP 辐射器件的模拟结构参数如表 2.5.1 所示，相对于毫米波波段的光栅结构而言，光栅的结构参数发生明显变化，周期从 2mm 变到 0.2mm，槽宽和槽深从 1mm 变到 0.1mm。可见，若要产生更高的辐射频率，则对光栅结构的加工精度提出了更高的要求，这是亚毫米波器件面临的挑战。在该模拟中，为了缩短起振时间，观察到更多的物理现象，选择了更高密度的电子注。

表 2.5.1 太赫兹波段双电子注 SP 辐射器件的模拟结构参数

模拟参数	单电子注	双电子注
光栅周期	$D = 0.2\text{mm}$	$D = 0.2\text{mm}$
光栅槽宽	$d = 0.1\text{mm}$	$d = 0.1\text{mm}$
光栅槽深	$h = 0.1\text{mm}$	$h = 0.1\text{mm}$
单电子注电压	$V = 40.0\text{kV}$	$V = 40.0\text{kV}$
主电子注电压 (V_1)	—	$V/V_1 = 1.0$
扰动电子注电压 (V_2)	—	$V/V_2 = 1.0\sim1.06$
电子注电流	$I = 1000\text{A/m}$	—
主电子注电流	—	$I_1 = 900\text{A/m}$
扰动电子注电流	—	$I_2 = 100\text{A/m}$
电子注厚度	$2b = 0.04\text{mm}$	—
主电子注厚度	—	$2b_1 = 0.02\text{mm}$
扰动电子注厚度	—	$2b_2 = 0.02\text{mm}$
注–栅之间的距离	$h_0 = 0.02\text{mm}$	$h_0 = 0.02\text{mm}$
引导磁场	$B_z = 4\text{T}$	$B_z = 4\text{T}$

为了探索双电子注产生双流不稳定性的最佳条件，研究了辐射功率与双电子注电压比之间的关系。为此，在辐射空间设置一条观察功率线，通过功率的快速傅里叶变换 (FFT)，分析凋落波和 SP 辐射波的功率谱幅值，得到最佳电压比。观察到的功率谱如图 2.5.5 所示，图 (a) 和 (b) 为凋落波的功率谱，而图 (c) 和 (d) 是 SP 辐射波的功率谱。由于功率谱的频率是场的频率的 2 倍，所以可以由功率谱的频率得到场的频率。图中功率谱的幅值表明，无论是 SP 辐射功率谱还是凋落波的功率谱，双电子注情况都比单电子注情况要大。为了寻求最佳的双电子注电压比，模拟过程中电压比系数从 1.0 变到 1.06，得到的结果如图 2.5.6 所示。图示表明，在电压比为 1.03 的位置，得到双电子注的功率谱是单电子注条件下的 2 倍，这就说明利用双电子注可以有效地提高辐射功率，同时也表明此处的双流不稳定性最强。由于凋落波可以从光栅两端以任意角度辐射出去，而 SP 辐射波只沿固定角度辐射，因而观察到的凋落波功率谱幅值比 SP 辐射波的功率谱幅值大。

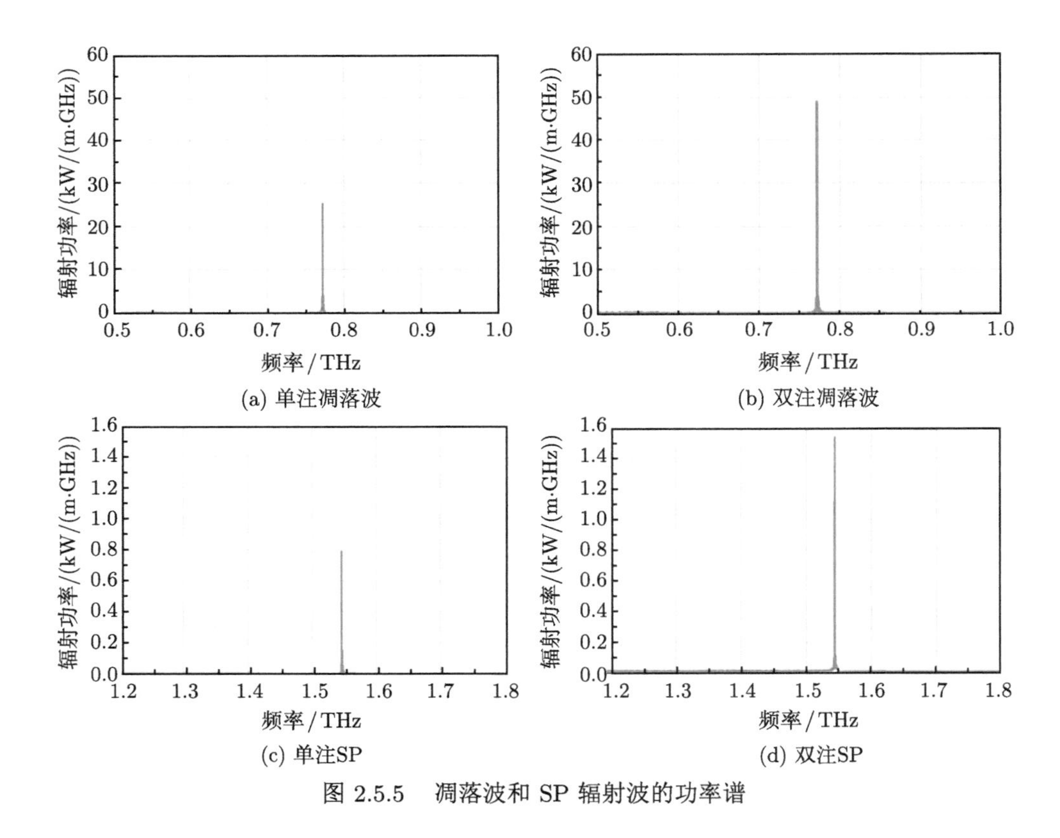

(a) 单注凋落波　(b) 双注凋落波

(c) 单注SP　(d) 双注SP

图 2.5.5　凋落波和 SP 辐射波的功率谱

为了探索双电子注提高 SP 辐射的机理，对电子注纵向电场与时间的变化规律进行了分析。在光栅表面与电子注下表面的中间位置设置一条线，观察电场随时间的变化规律，如图 2.5.7 所示。明显地，双电子注系统纵向电场的幅值比单电子注系统的大。在注–波互作用的光栅系统中，单电子注的群聚主要是由光栅的表面慢波与电子注的互作用而产生的，而双电子注系统中，电子注不仅要与表面慢波作用，同时也受到双流不稳定性的影响。

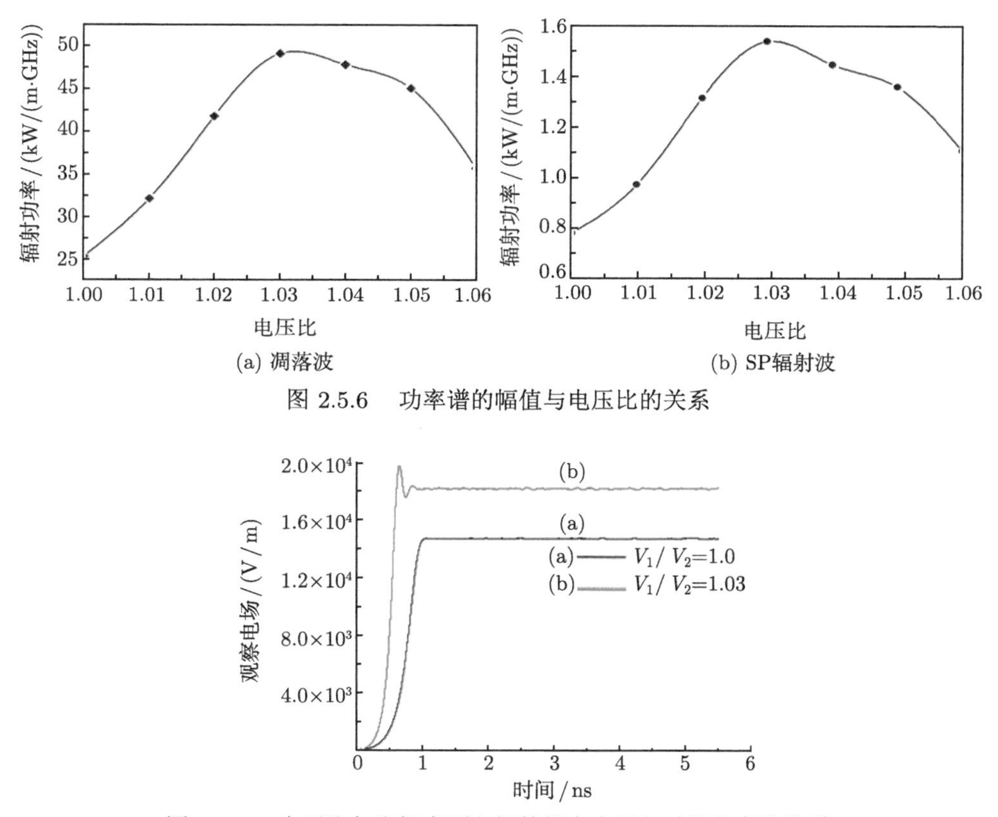

图 2.5.6 功率谱的幅值与电压比的关系

图 2.5.7 电子注与光栅表面之间的纵向电场与时间的变化关系

图 2.5.8(a)、(b) 分别表示 4.702ns 时单电子注和双电子注 SP 器件中粒子动量在相空间的分布。明显地，在图 2.5.8(b) 中双电子注之间发生了双流不稳定性，速度受到调制的幅度比单电子注的大，这就使得双电子注系统的辐射比单注系统要强。

图 2.5.9(a)、(b) 分别给出单电子注和双电子注 SP 器件中辐射场 B_z 分量随时间的变化规律，观察位置距离光栅中心 3.5mm，单注角度为 46°，双注角度为 52°。明显地，双电子注辐射场的幅值比单电子注的大；磁场分量的饱和时间从单电子注下的 1.1ns 缩短到双电子注的 0.6ns，说明在双电子注系统中波的增长幅度比单电子注大，这与前面线性理论分析得到的结论基本一致。这个现象是由双电

子注产生双流不稳定性引起的。

图 2.5.10 是图 2.5.9 对应的 FFT 谱，图中 (1) 表示凋落波对应的频率，(2) 表示凋落波的二次谐波，同时它也是 SP 器件的一阶辐射所对应的频率，比较图 2.5.10(a) 和 (b)，发现双电子注系统中的辐射场比单电子注系统中的辐射场要强。

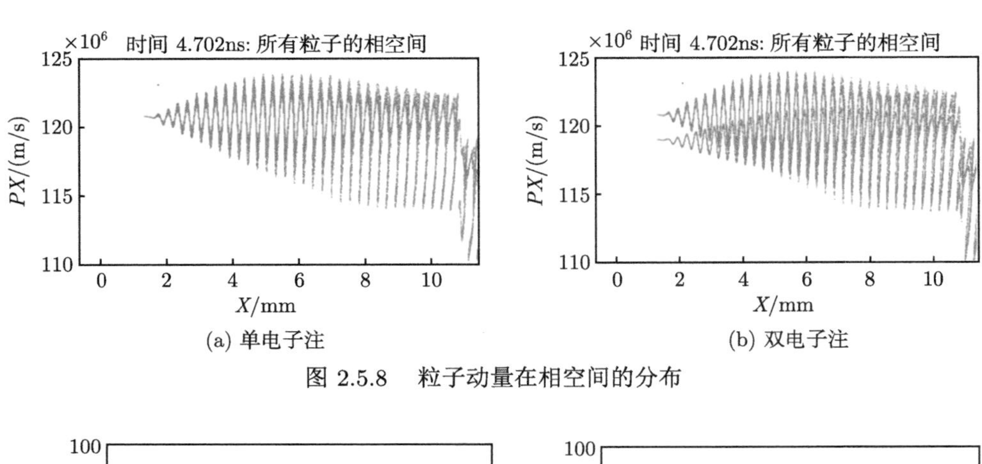

(a) 单电子注 (b) 双电子注

图 2.5.8 粒子动量在相空间的分布

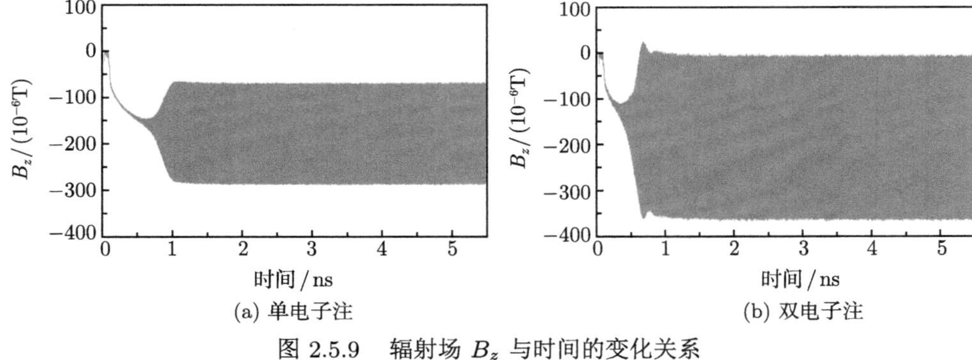

(a) 单电子注 (b) 双电子注

图 2.5.9 辐射场 B_z 与时间的变化关系

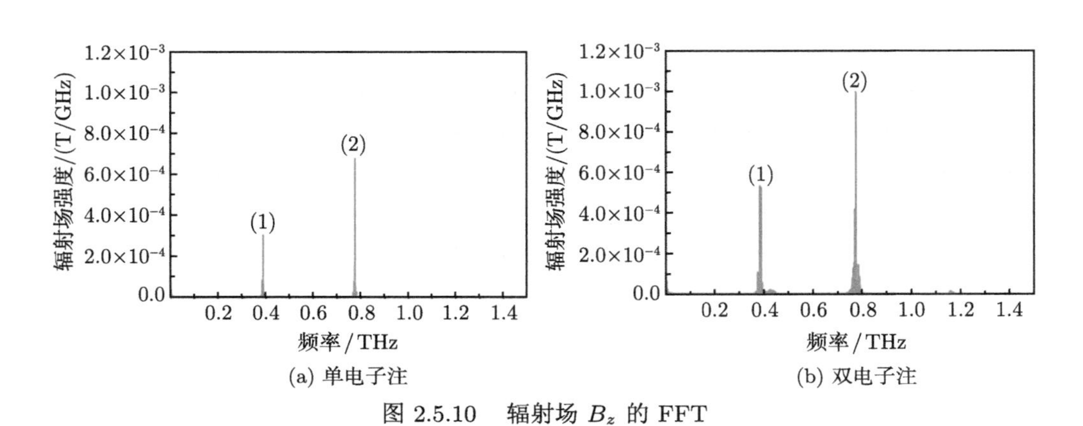

(a) 单电子注 (b) 双电子注

图 2.5.10 辐射场 B_z 的 FFT

图 2.5.11 表示辐射空间磁场分量 B_z 和 B_y 在辐射区域的等势图。图 2.5.11(a) 和 (c) 是辐射空间 B_z 分量的等势图，说明凋落波的场可以从光栅两端辐射出去，图中存在一个辐射比较强的区域，是凋落波的谐波与 SP 辐射波形成的相干辐射区域。图 2.5.11(b) 和 (d) 是辐射空间 B_y 分量的等势图，明显地，单、双电子注 SP 器件都在特定的角度方向存在很强的相干辐射区域。

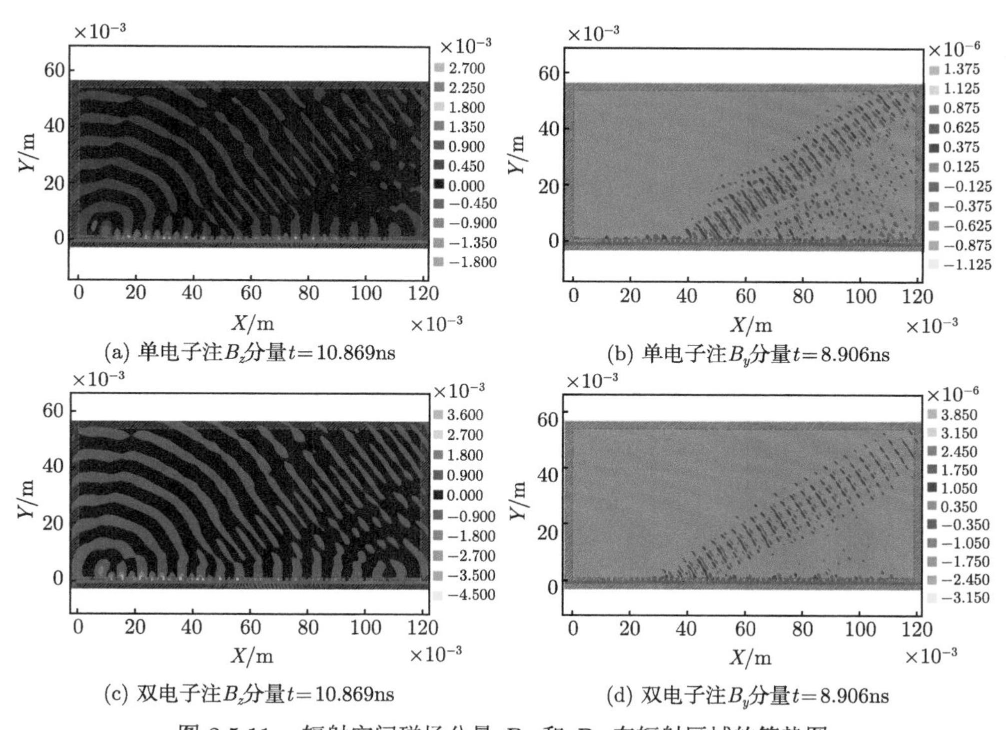

图 2.5.11　辐射空间磁场分量 B_z 和 B_y 在辐射区域的等势图

在图 2.5.11 的基础上，采用与毫米波段 SP 辐射场类似的处理方法，以光栅中心为圆心、3.5mm 为半径、每 2° 设置一个观察点，得到 $B_z(t)$ 分量随时间的变化，取其 FFT 的幅值，得到 $B_z(t)$-FFT 中凋落波二次谐波的幅值与角度的关系如图 2.5.12 所示。结果表明，双电子注场的幅值约为单电子注最大幅值的 1.5 倍。表 2.5.2 给出了粒子模拟得到的场最大幅值对应角度与理论预期结果的比较。从表可以看出，凋落波的频率为 387.5GHz，而 SP 的一阶辐射频率在角度为 42.1° 时为 775.0GHz，这就说明凋落波的二次谐波的频率与 SP 的一阶辐射频率是一致的。在单电子注粒子模拟中，发现在角度为 46° 的方向辐射最强。在双电子注 SP 器件中，理论上得到的频率为 769.4GHz，对应的角度为 43.2°，在粒子模拟中，得到角度在 52° 的方向最强。粒子模拟得到的频率和角度与理论上计算的偏差，这主要是由双电子注的速度差、空间电荷效应和光栅有限长度引起的。

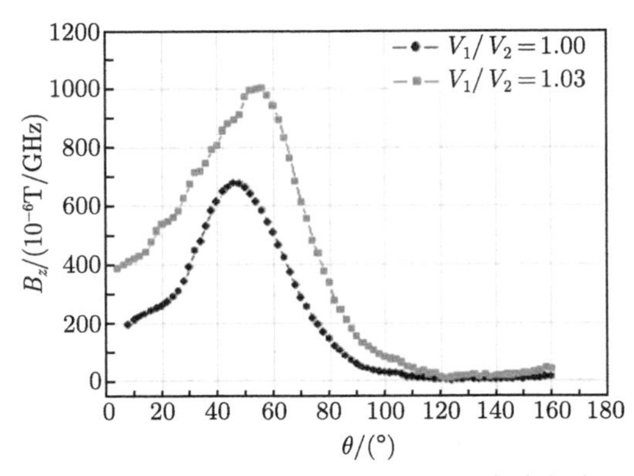

图 2.5.12 $B_z(t)$-FFT 的二次谐波幅值与角度的变化关系

表 2.5.2 理论上的辐射频率和对应角度与粒子模拟结果的比较

	序号	单电子注				双电子注			
		理论		仿真		理论		仿真	
		f/GHz	$\theta/(°)$	f/GHz	$\theta/(°)$	f/GHz	$\theta/(°)$	f/GHz	$\theta/(°)$
凋落波	—	387.5	—	386.9	—	384.7	—	382.6	—
SP 辐射波	1	775.0	42.1	773.8	46	769.4	43.2	765.2	52

图 2.5.13 表示 SP 辐射功率的 FFT 谱的最大值与电流之间的关系。图中的点表示粒子模拟的结果，而实线是通过 $y = Ax^{\alpha}$ 拟合得到的。图示说明，当电流低于临界值时，产生 SP 的辐射功率比较低，并且双电子注和单电子注的结果基本一致，产生的辐射是电子的自发辐射。当驱动电流大于临界值之后，由于电子发生群聚，产生的是相干 SP 辐射，辐射功率比自发辐射功率高出 2~3 个数量级。在相干辐射区域，双电子注系统的 SP 辐射功率 ($\alpha = 36.84$ 和 $\alpha = 3.08$) 明显地要比单电子注系统的辐射功率 ($\alpha = 35.02$ 和 $\alpha = 2.46$) 大，并且双电子注的临界

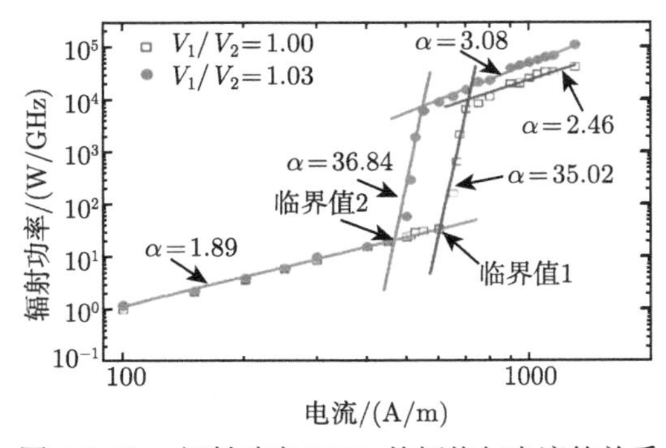

图 2.5.13 辐射功率 FFT 的幅值与电流的关系

电流比单电子注低。图 2.5.13 说明了采用双电子注不仅可以提高 SP 的相干辐射功率，同时可以降低 SP 辐射从自发辐射到相干辐射的临界电流。

2.6 介质加载史密斯–珀塞尔光栅的二维理论

为了提高注–波互作用特性，一方面改善电子注特性，如 2.5 节双电子注的 SP 器件，利用双电子注的不稳定性提高注–波作用效率；另一方面，通过改善高频结构特性，提出介质加载的金属光栅慢波结构，增强表面场强，提高注–波互作用效率。本节先利用本征模法和单模近似法 (SMAM) 得到介质加载金属光栅周期结构"热"色散方程，并首次发展二阶增长率，同时分析结构参数和电子注参数变化时色散特性和增长率特性的变化，利用粒子模拟方法分析场特性。

2.6.1 二维物理模型与色散方程的推导

介质加载复合光栅是在金属矩形光栅基础上提出的一种新型周期结构，在金属矩形光栅槽中填充相对介电常量为 ε 的介质，以此来研究当电子束贴近光栅上表面通过时复合光栅的辐射特性。二维结构如图 2.6.1 所示，图中光栅的周期长度为 L、槽宽度为 d、槽深度为 h、光栅在 y 方向均匀无变化，可认为系统在 y 方向无限伸展，忽略 y 方向的边缘效应，场分量不再是 y 的函数，即 $\partial/\partial y=0$。电子束距离光栅表面距离为 b，电子注厚度为 $2a$，密度均匀分布。以光栅上表面为坐标零点取直角坐标系，此结构具有周期性，因此取 z 为 0~ L 作为一个周期进行研究。对于注–波互作用的区域分布，与前面分布类似，即沿 x 轴将研究区域分为 Ⅰ$(x>2a+b)$ 自由空间，Ⅱ$(b\leqslant x\leqslant b+2a)$ 电子束所在区域，Ⅲ$(0\leqslant x<b)$ 电子注与光栅之间区域，Ⅳ$(-h\leqslant x<0,0<z<d)$ 介质填充区域 (图中网格部分) 与 Ⅴ$(-h\leqslant x<0,\ d<z<L)$ 金属栅五个部分，研究各个区域内的场。场对时间的依赖关系为 $\exp(-\mathrm{i}\omega t)$，本栅状系统中只研究具有纵向场分量的 TM 波。

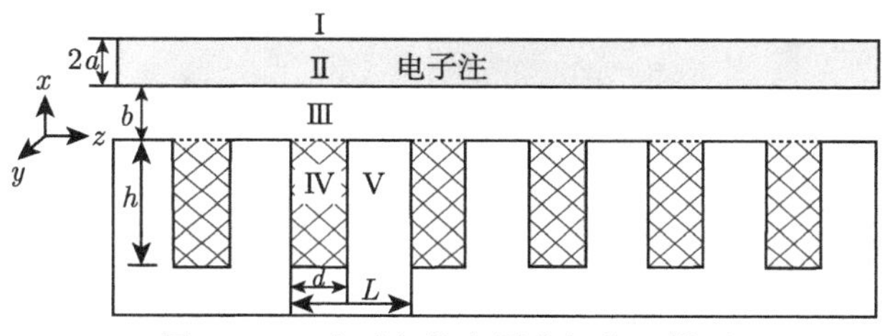

图 2.6.1 介质加载金属光栅物理模型

2.6.2 介质加载光栅的二维色散方程

对色散方程的求解，可以采用 2.4 节的本征函数法，得到色散方程。本节分别采用本征函数法和单模近似法进行求解。

1. 本征函数法

按照如图 2.6.1 所示五个区域的划分，分别由亥姆霍兹方程写出各区场方程，对于 I 区 ($x > 2a + b$)、II 区 ($b \leqslant x \leqslant b + 2a$)、III 区 ($0 \leqslant x < b$) 场表达式，可以参照 2.5.2 节中的场区方程给出。

IV 区在光栅槽区内，整个区域被相对介电常量为 ε 的介质填充，其中的场可以通过傅里叶展开表示为无限驻波之和的形式；V 区为金属光栅，其中的电场为零，由边界条件 $E_z|_{x=-h} = 0, E_x|_{z=0,d} = 0$ 得场表达式为

$$H_{y,4} = \sum_{m=0}^{\infty} D_m \cosh\left[V_m(x+h)\right] \cosh\left(\frac{m\pi}{d}z\right) \tag{2-6-1}$$

$$E_{z,4} = \begin{cases} \dfrac{\mathrm{i}V_m}{\omega\varepsilon_0\varepsilon} \displaystyle\sum_{m=0}^{\infty} D_m \sinh[V_m(x+h)] \cos\left(\frac{m\pi}{d}z\right), & 0 \leqslant z \leqslant d \\ 0, & d \leqslant z \leqslant L \end{cases} \tag{2-6-2}$$

其中，$V_m = \sqrt{(m\pi/d)^2 - (\omega/c)^2\varepsilon}$ 为 x 方向的传播常数，D_m 是场幅值系数。

考虑到横向电磁场量的连续性条件，经过复杂的数学运算，反射系数 R_n, T_n 可以求出

$$R_n = \frac{1-\sqrt{\chi_2}}{1+\sqrt{\chi_2}} \exp[\mathrm{i}2\sqrt{\chi_2}\beta_n(b+2a)] \tag{2-6-3}$$

$$T_n = \frac{(1-\chi_2)\exp(\mathrm{i}2\beta_n b)\left[\exp(\mathrm{i}4\beta_n\sqrt{\chi_2}a) - 1\right]}{(1+\sqrt{\chi_2})^2 - (1-\sqrt{\chi_2})^2\exp(\mathrm{i}4\beta_n\sqrt{\chi_2}a)} \tag{2-6-4}$$

在式 (2-6-1) 两边同乘以 $\cos(p\pi z/d)$ 并对 z 从 0 到 d 积分，这里 p 为整数，化简得

$$D_p = \sum_{n=-\infty}^{\infty} C_n F_{np} \tag{2-6-5}$$

其中，

$$F_{np} = \frac{(1+T_n)}{\cosh(V_p h)\dfrac{1+\delta_{p0}}{2}} \frac{-\mathrm{i}k_n d[1-(-1)^p\exp(\mathrm{i}k_n d)]}{k_n^2 d^2 - p^2\pi^2} \tag{2-6-6}$$

$$\delta_{p0} = \begin{cases} 1, & p = 0 \\ 0, & p \neq 0 \end{cases} \tag{2-6-7}$$

在式 (2-6-2) 两边同乘以 $\exp(-\mathrm{i}k_i z)$ 并对 z 从 0 到 L 积分，$k_i = k_0 + 2\pi i/L$，这里 i 为整数，得

$$C_i = \sum_{m=0}^{\infty} D_m Q_{mi} \tag{2-6-8}$$

其中，

$$Q_{mi}=\frac{V_m\sinh(V_m h)}{\varepsilon\kappa_i(1-T_i)L}\frac{k_i d^2[1-(-1)^m\exp(-\mathrm{i}k_i d)]}{k_i^2d^2-m^2\pi^2} \tag{2-6-9}$$

由式 (2-6-5) 和式 (2-6-8) 得

$$\sum_{i=-\infty}^{\infty}\sum_{n=-\infty}^{\infty}\left(\delta_{ni}-\sum_{m=0}^{\infty}F_{nm}Q_{mi}\right)C_n=0 \tag{2-6-10}$$

其中，

$$F_{nm}Q_{mi}=-\mathrm{i}k_nk_id^3\frac{V_m\tanh(V_mh)(1+T_n)}{\varepsilon\beta_iL\dfrac{1+\delta_{m0}}{2}(1-T_i)}\times\frac{[1-(-1)^m\exp(\mathrm{i}k_nd)]}{k_n^2d^2-m^2\pi^2}\frac{[1-(-1)^m\exp(-\mathrm{i}k_id)]}{k_i^2d^2-m^2\pi^2} \tag{2-6-11}$$

式 (2-6-10) 用矩阵形式可表示为

$$(\boldsymbol{I}-\boldsymbol{FQ})\boldsymbol{C}=0 \tag{2-6-12}$$

其中，$\boldsymbol{C}=(\cdots,c_{-n},\cdots,c_{-1},c_0,c_1,\cdots,c_n,\cdots)^{\mathrm{T}}$，若 $\boldsymbol{C}$ 要有非零解，则式 (2-6-18) 系数矩阵行列式的值必须为零，即

$$\det\{\boldsymbol{I}-\boldsymbol{FQ}\}=0 \tag{2-6-13}$$

考虑 $m=0$，无电子注时，式 (2-6-13) 化简为

$$1+\mathrm{i}\frac{V_0\tanh(V_0h)d}{\varepsilon\kappa_iL}\mathrm{sinc}\left(\frac{k_nd}{2}\right)\mathrm{sinc}\left(\frac{k_id}{2}\right)\exp\left(\mathrm{i}\frac{k_n-k_i}{2}d\right)=0 \tag{2-6-14}$$

式 (2-6-14) 即为当式 (2-6-13) 考虑电子注情况下介质加载光栅结构的“热”色散方程，式 (2-6-14) 是不考虑电子注时光栅的“冷”色散方程。对于没有介质加载的情况，即 $\varepsilon=1$ 时，式 (2-6-19) 自动退化为金属光栅的情况，结果与文献 [19] 中的一致。

2. 单模近似法

由于介质加载复合光栅结构的几何周期小于真空中 TEM 模的波长，且电磁场量对 z 的依赖可以忽略，因此对光栅槽内场型的处理可采用单模近似法 (SMAM)[20−23]，即仅考虑槽内场区的最低模式。在此情况下，槽中的场是均匀的，槽中只存在 TEM

的驻波。这种方法能够较好地分析慢波结构的特性，同时还能大大降低理论推导的复杂度，即场区 Ⅳ 内的场型可以近似地由式 (2-6-1) 和式 (2-6-2) 最低模式表示

$$H_{y,4} = D_0 \cosh[V_0(x+h)] \tag{2-6-15}$$

$$E_{z,4} = \begin{cases} \dfrac{\mathrm{i}V_0}{\omega\varepsilon_0\varepsilon} D_0 \sinh[V_0(x+h)], & 0 \leqslant z \leqslant d \\ 0, & d \leqslant z \leqslant L \end{cases} \tag{2-6-16}$$

边界条件 $x=0$ 处，

$$C_n(1+T_n)\exp(\mathrm{i}k_n z) = D_0 \cosh(V_0 h) \tag{2-6-17}$$

$$-\frac{\beta_n}{\omega\varepsilon_0} C_n(1-T_n)\exp(\mathrm{i}k_n z) = \begin{cases} \dfrac{\mathrm{i}V_0}{\omega\varepsilon_0\varepsilon} D_0 \sinh(V_0 h), & 0 \leqslant z \leqslant d \\ 0, & d \leqslant z \leqslant L \end{cases} \tag{2-6-18}$$

经过复杂的数学计算，得单模近似的“热”色散方程为

$$P(\omega, k_n, \chi_n) = \frac{V_0 \sinh(V_0 h) d}{\varepsilon L} \sum_{n=-\infty}^{\infty} \frac{(1+T_n)}{\kappa_n(1-T_n)} \sin\mathrm{c}^2\left(\frac{k_n d}{2}\right) - \mathrm{i}\cosh(V_0 h) = 0 \tag{2-6-19}$$

当电子注密度趋于零，即 $T_n \to 0$ 时，上式化简为

$$\frac{V_0 \sinh(V_0 h) d}{\varepsilon L} \sum_{n=-\infty}^{\infty} \frac{1}{\kappa_n} \sin\mathrm{c}^2\left(\frac{k_n d}{2}\right) - \mathrm{i}\cosh(V_0 h) = 0 \tag{2-6-20}$$

2.6.3 增长率求解

1. 一阶线性增长率

当工作频率一定时，求解超越方程 (2-6-19) 即可获得系统的复传播常数。然而，超越方程的求解过程非常烦琐，其解析解也较难确定。因此，使用泰勒级数将色散方程 (2-6-19) 在 $\chi_2 = 1$ 和同步点 $(\omega_{\mathrm{res}}, k_{\mathrm{res}})$ 处展开，取到一阶线性项

$$P(\omega, k_n, \chi_2) = P(\omega, k_n, \chi_2)|_{(\omega_{\mathrm{res}}, k_{\mathrm{res}}, \chi_2=1)} + (k_n - k_{\mathrm{res}}) \left.\frac{\partial P(\omega, k_n, \chi_2=1)}{\partial k_n}\right|_{(\omega_{\mathrm{res}}, k_{\mathrm{res}})} + (\chi_2 - 1) \left.\frac{\partial P(\omega, k_n, \chi_2)}{\partial \chi_2}\right|_{(\omega_{\mathrm{res}}, k_{\mathrm{res}}, \chi_2=1)} \tag{2-6-21}$$

在同步点附近，注–波互作用产生不稳定性增长，利用注–波同步条件，令 $\omega_{\mathrm{res}} = v_0 k_{\mathrm{res}}$，则 χ_2 化简为

$$\chi_2 + \frac{\omega_{\mathrm{p}}^2}{v_0^2\gamma^2\left(k_{\mathrm{res}} - k_n\right)^2} - 1 = 0 \tag{2-6-22}$$

代入式 (2-6-21)，令 $k_n - k_{\mathrm{res}} = \delta k$，化简得

$$\delta k^3 \left.\frac{\partial P(\omega, k_n, \chi_2 = 1)}{\partial k_n}\right|_{(\omega_{\mathrm{res}}, k_{\mathrm{res}})} - \frac{\omega_{\mathrm{p}}^2}{v_0^2\gamma^2} \left.\frac{\partial P(\omega, k_n, \chi_2)}{\partial \chi_2}\right|_{(\omega_{\mathrm{res}}, k_{\mathrm{res}}, \chi_2 = 1)} = 0 \tag{2-6-23}$$

方程 (2-6-23) 中的两个偏微分可分别表示为式 (2-6-24) 和式 (2-6-25)，即

$$\begin{aligned}&\left.\frac{\partial P(\omega, k_n, \chi_2)}{\partial \chi_2}\right|_{(\omega_{\mathrm{res}}, k_{\mathrm{res}}, \chi_2 = 1)} \\ &= \frac{V_0 \sinh(V_0 h) d}{\varepsilon L} \sum_{n=-\infty}^{\infty} \frac{-\exp\left(2\mathrm{i}\beta_n b\right)\left[\exp\left(4\mathrm{i}\beta_n a\right) - 1\right]}{2\beta_n} D_1\end{aligned} \tag{2-6-24}$$

$$\left.\frac{\partial P(\omega, k_n, \chi_2 = 1)}{\partial k_n}\right|_{(\omega_{\mathrm{res}}, k_{\mathrm{res}})} = \frac{V_0 \sinh(V_0 h) d}{\varepsilon L} \left(\sum_{n=-\infty}^{\infty} \frac{k_n}{\beta_n^3} D_1 + \frac{D_2}{\beta_n}\right) \tag{2-6-25}$$

其中，$D_1 = \mathrm{sinc}^2\left(\frac{k_n d}{2}\right)$，$D_2 = 2\mathrm{sinc}\left(\frac{k_n d}{2}\right) \frac{k_n d \cos\left(\frac{k_n d}{2}\right) - 2\sin\left(\frac{k_n d}{2}\right)}{d k_n^2}$。

求解关于 δk 的方程 (2-6-23)，找出有负虚部的根，此根的虚部可用来表征互作用系统的一阶增长率。

2. 二阶增长率

在已有求增长率的文献中，都只研究取到泰勒级数展开后一阶线性项的情况，显然，这只是色散方程 (2-6-19) 的近似解。为了更准确地求解色散方程，从而在同步点处得到较准确的 k_n，这里研究将色散方程 (2-6-19) 在 $\chi_2 = 1$ 和同步点 $(\omega_{\mathrm{res}}, k_{\mathrm{res}})$ 处泰勒展开后，取到二阶导数项的情况。

$$\begin{aligned}P(\omega, k_n, \chi_2) = {} & P(\omega, k_n, \chi_2)|_{(\omega_{\mathrm{res}}, k_{\mathrm{res}}, \chi_2 = 1)} + \delta k \left.\frac{\partial P(\omega, k_n, \chi_2 = 1)}{\partial k_n}\right|_{(\omega_{\mathrm{res}}, k_{\mathrm{res}})} \\ & + (\chi_2 - 1) \left.\frac{\partial P(\omega, k_n, \chi_2)}{\partial \chi_2}\right|_{(\omega_{\mathrm{res}}, k_{\mathrm{res}}, \chi_2 = 1)} \\ & + \frac{1}{2}(\chi_2 - 1)^2 \left.\frac{\partial^2 P(\omega, k_n, \chi_2)}{\partial \chi_2^2}\right|_{(\omega_{\mathrm{res}}, k_{\mathrm{res}}, \chi_2 = 1)}\end{aligned}$$

$$+\frac{1}{2}\delta k^2 \left.\frac{\partial^2 P(\omega,k_n,\chi_2=1)}{\partial k_n^2}\right|_{(\omega_{\mathrm{res}},k_{\mathrm{res}})}$$
$$+(\chi_2-1)\delta k \left.\frac{\partial^2 P(\omega,k_n,\chi_2)}{\partial\chi_2\partial k_n}\right|_{(\omega_{\mathrm{res}},k_{\mathrm{res}},\chi_2=1)} \tag{2-6-26}$$

在同步点附近，注–波互作用会产生一个不稳定性增长，利用注–波同步条件，令 $\omega_{\mathrm{res}}=v_0k_{\mathrm{res}}$，将式 (2-6-22) 代入上式化简得

$$\delta k^6 \left.\frac{\partial G}{\partial k_n}\right|_{(\omega_{\mathrm{res}},k_{\mathrm{res}})}+2\delta k^5\, G|_{(\omega_{\mathrm{res}},k_{\mathrm{res}})}-\frac{\omega_{\mathrm{p}}^2}{v_0^2\gamma^2}\delta k^3 \left.\frac{\partial F}{\partial k_n}\right|_{(\omega_{\mathrm{res}},k_{\mathrm{res}},\chi_2=1)}$$
$$-2\frac{\omega_{\mathrm{p}}^2}{v_0^2\gamma^2}\delta k^2\, F|_{(\omega_{\mathrm{res}},k_{\mathrm{res}},\chi_2=1)}+\frac{\omega_{\mathrm{p}}^4}{v_0^4\gamma^4}\left.\frac{\partial F}{\partial\chi_2}\right|_{(\omega_{\mathrm{res}},k_{\mathrm{res}},\chi_2=1)}=0 \tag{2-6-27}$$

式中，偏微分方程表示如下：

$$G=\frac{\partial P(\omega,k_n,\chi_2=1)}{\partial k_n}=\sum_{n=-\infty}^{\infty}\frac{\beta_nD_2+D_1\dfrac{k_n}{\kappa_n}}{\beta_n^2} \tag{2-6-28}$$

$$\frac{\partial G}{\partial k_n}=\sum_{n=-\infty}^{\infty}\frac{\left(\beta_n^2D_3+D_1\dfrac{k_n^2}{\beta_n^2}+D_1\right)-2\left(\beta_nD_2+D_1\dfrac{k_n}{\beta_n}\right)}{\beta_n^3} \tag{2-6-29}$$

$$F=\frac{\partial P(\omega,k_n,\chi_2)}{\partial\chi_2}=\sum_{n=-\infty}^{\infty}\frac{D_1}{\beta_n}\frac{\partial F_1}{\partial\chi_2} \tag{2-6-30}$$

$$\frac{\partial F}{\partial\chi_2}=\sum_{n=-\infty}^{\infty}\frac{D_1}{\beta_n}\frac{\partial^2F_1}{\partial\chi_2^2} \tag{2-6-31}$$

$$\frac{\partial F}{\partial k_n}=\sum_{n=-\infty}^{\infty}\frac{D_1}{\kappa_n}\frac{\partial^2F_1}{\partial\chi_2\partial k_n}+G\frac{\partial F_1}{\partial\chi_2} \tag{2-6-32}$$

其中，

$$D_3=2\left(\frac{k_nd\cos\left(\dfrac{k_nd}{2}\right)-2\sin\dfrac{k_nd}{2}}{dk_n^2}\right)^2$$

$$+2\mathrm{sinc}\left(\frac{k_n d}{2}\right)\frac{8\sin\left(\frac{k_n d}{2}\right)-d^2k_n^2\sin\left(\frac{k_n d}{2}\right)-4k_n d\cos\left(\frac{k_n d}{2}\right)}{2k_n^3 d}$$

$$\frac{\partial F_1}{\partial \chi_2}=\frac{-\exp(\mathrm{i}2\beta_n b)\left[\exp(\mathrm{i}4\beta_n\sqrt{\chi_2}a)-1\right]}{2}$$

$$\frac{\partial^2 F_1}{\partial \chi_2^2}=\frac{\begin{array}{c}2\exp(\mathrm{i}2\beta_n b)[\exp(\mathrm{i}4\beta_n a)-1]-8\mathrm{i}\beta_n a\exp[\mathrm{i}2\beta_n(b++2a)]\\+\exp(\mathrm{i}4\beta_n b)[\exp(\mathrm{i}4\beta_n a)-1]^2\end{array}}{4}$$

$$\frac{\partial^2 F_1}{\partial \chi_2\partial k_n}=\frac{-k_n}{\beta_n}\frac{\mathrm{i}2b\exp(\mathrm{i}2\beta_n b)-\mathrm{i}\,(2b+4a)\exp\left[\mathrm{i}\,(b+2a)\cdot 2\beta_n\right]}{2}$$

式 (2-6-27) 是关于相位常数 k_n 的一元六次方程，当给定频率 f 时，可求得互作用系统的 z 方向复传播常数 k_n，得到六个复数根，k_n 的负虚部即表征注–波互作用系统的二阶增长率。由于泰勒级数展开取到了二次偏导项，所以由式 (2-6-27) 求出的二阶增长率比由式 (2-6-23) 求出的一阶增长率更能精确地表示增长率特性。

2.6.4　介质加载光栅的色散特性分析

1. 色散曲线

将本征函数和单模近似两种方法求得的色散方程用数值程序画出色散曲线并比较，为了验证以上理论推导的正确性，利用 CST 粒子模拟软件对该结构进行二维模拟比较判断。相关数值计算参数如表 2.6.1 所示。

表 2.6.1　数值计算参数

参数	数值
光栅周期/mm	0.2
槽宽度/mm	0.1
槽深度/mm	0.1
电子束中心距光栅表面距离/mm	0.034
电子束电压/kV	40
电子束电流/A	0.48
引导磁场/T	2

图 2.6.2 为在表 2.6.1 参数情况下，当取不同的介电常量时，用数值计算式 (2-6-13) 所得的介质加载金属光栅色散曲线。由图 2.6.2 可见，与纯金属光栅相比，介质加载金属光栅色散曲线较为平坦，且随着介质介电常量的增大，色散曲线逐渐变缓，有利于介质加载金属光栅工作于单模状态。图 2.6.3 为在表 2.6.1

参数情况下，当取不同的介电常量时，用数值计算本征函数法推导的色散曲线式 (2-6-13) 和单模近似法得到的色散方程 (2-6-19) 两者所得色散曲线的比较。由图 2.6.3 可见，与本征函数计算方法相比，单模近似方法不仅简单，而且计算得到的点几乎都在本征函数计算得到的曲线上，两种方法得到的结果一致，说明单模近似方法计算结果是有效的。这为以后计算光栅结构较复杂的色散曲线提供了快捷简便的方法。

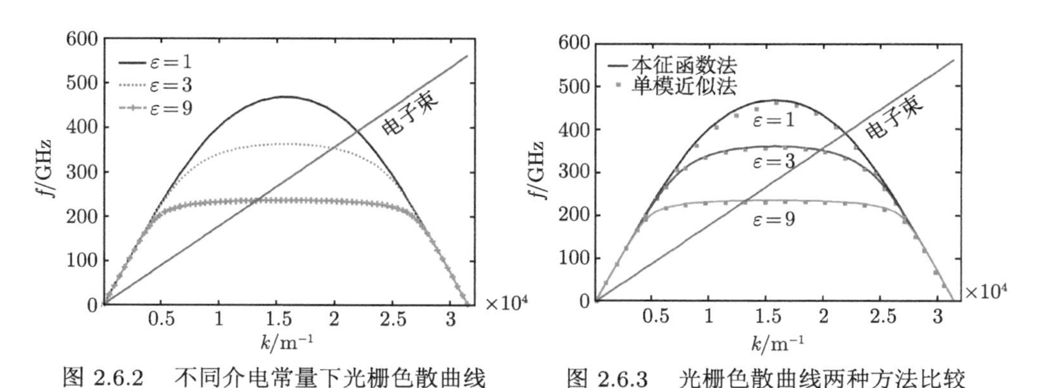

图 2.6.2　不同介电常量下光栅色散曲线　　　图 2.6.3　光栅色散曲线两种方法比较

图 2.6.4 为在表 2.6.1 参数情况下，当取不同的介电常量时，用数值计算式 (2-6-13) 和用软件 MAGIC 二维仿真两者得到的色散曲线的比较。图 2.6.4 表明理论公式得到的色散曲线与软件 MAGIC 模拟得到的点基本在同一条曲线上，最大频率差不超过 1%，即色散方程数值计算与模拟结果吻合良好，从而证明之前获得色散方程的理论和方法是正确的。

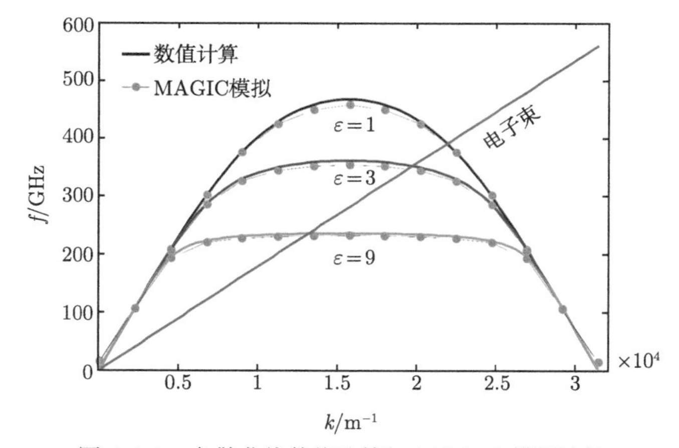

图 2.6.4　色散曲线数值计算与 MAGIC 模拟比较

为了进一步研究光栅结构参数对色散特性的影响，分析了不同槽宽度和深度下色散特性的变化，见图 2.6.5。

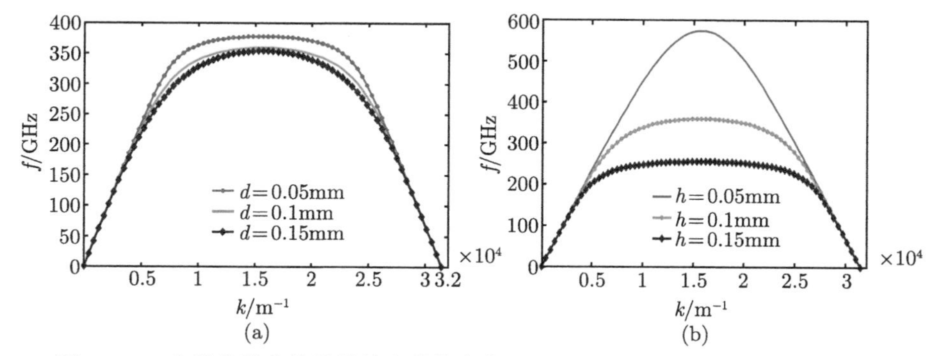

图 2.6.5　光栅色散曲线随结构参数的变化：(a) 随 d 的变化；(b) 随 h 的变化

图 2.6.5 为在表 2.6.1 参数情况下，当取介质相对介电常量为 3 不变，分别改变光栅槽宽度 d 和深度 h 时，用 MATLAB 数值计算式 (2-6-13) 得到的介质加载金属光栅色散曲线。从图 2.6.5 可以看到，其他参数不变的情况下，槽的间距变大，色散曲线变平缓且向低频移动；光栅槽的深度加深，色散曲线变缓，平坦度提高且向低频移动。

2. 一阶与二阶增长率数值计算与比较分析

当介质相对介电常量 $\varepsilon=3$ 时，由图 2.6.2 得到注–波互作用点为 $(k_{\mathrm{res}},\omega_{\mathrm{res}})=(1.96\times10^4,700\pi\times10^9)$。电子束电压、电流和位置参数的变化将对介质加载金属光栅的注–波互作用产生重要的影响。将一阶增长率公式 (2-6-23) 和二阶增长率公式 (2-6-27) 中的无限求和做截取，用数值计算两个方程，即可画出增长率图。

图 2.6.6 为在表 2.6.1 参数情况下，当介电常量取 3 保持不变，改变电子束电压、电子束电流、电子束厚度以及注–栅分隔距离时，用 MATLAB 数值计算式 (2-6-23) 和式 (2-6-27) 得到的注–波互作用一阶增长率和二阶增长率。

图 2.6.6(a) 表明无论是一阶还是二阶增长率，在注–波互作用频率点下，都存在某一最佳电子束电压，此时，注–波互作用增长率达到最大值；一阶曲线只能反映增长率变化的大致趋势，而二阶曲线则可以比较精确地反映增长率具体值的变化；比较两条曲线可知，相同电压下，一阶和二阶增长率的值有所差别，分析时考虑二阶增长率更加准确。

图 2.6.6(b) 表明一阶和二阶增长率都随着电子束电流的增大而增大，因为随着电流的增大，参与注–波互作用的电子的数目增加，使得注–波互作用增强了；但在实际情况下，电流过大将会导致空间电荷效应更加明显，从而影响电子注的传输质量。比较两条曲线可知，二阶增长率随电流的变化比一阶增长率敏感，且在

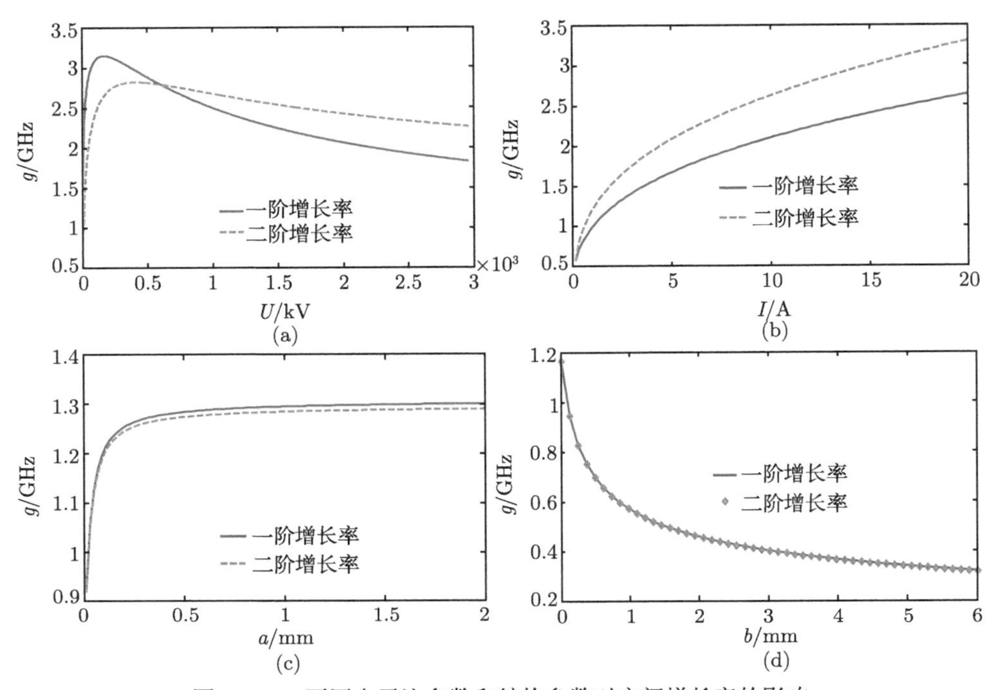

图 2.6.6　不同电子注参数和结构参数对空间增长率的影响

(a) 电子束电压影响 ($f = 350\text{GHz}$, $J = 2 \times 10^4\text{A/cm}^2$, $a = 0.012\text{mm}$, $b = 0.034\text{mm}$); (b) 电子束电流影响 ($f = 350\text{GHz}$, $U = 40\text{kV}$, $a = 0.012\text{mm}$, $b = 0.034\text{mm}$); (c) 电子束厚度影响 ($f = 350\text{GHz}$, $U = 40\text{kV}$, $I = 0.48\text{A}$, $b = 0.034\text{mm}$); (d) 注–栅分隔距离影响 ($f = 350\text{GHz}$, $U = 40\text{kV}$, $I = 0.48\text{A}$, $a = 0.012\text{mm}$)

相同电流下，一阶增长率小于二阶增长率，因此只考虑由一阶展开项得到的一阶增长率显然存在误差。

图 2.6.6(c) 说明电子束厚度增大时，增长率增大，但是这种增大不是无限制的，当电子束厚度达到某一数值时，增长率曲线不再上升而是达到饱和。这是因为表面波主要集中在矩形光栅的表面，电子束越接近光栅表面，电子束与表面波的互作用程度就越强烈，因而增长率越高。但是，由于轴向电场 E_z 在 x 方向呈指数衰减，随着电子束厚度的继续增大，增加的电子所处的轴向电场 E_z 已经趋于 0，不再发生注–波互作用，同时，电子束厚度的增加要求电子束的质量更高，有更小的速度零散，以免有过多的电子被光栅吸收。同时，由于二阶增长率曲线在一阶增长率曲线下方，因此说明相同电子束厚度下，一阶展开算出的值比二阶展开略微偏大，但两者差别非常小。

图 2.6.6(d) 说明增长率随注–栅分隔距离的增大而减小，这是因为轴向电场 E_z 是表面波，在栅表面时场强最强，表面波幅值最大，远离栅表面后，场强呈指数衰减，所以随着注–栅分隔距离的增大，注–波互作用减弱，增长率减小。同时可以看出，两条曲线一致性良好，说明相同注–栅分隔距离下两种增长率差别很小。

综上所述，当电子束电压、电流变化时，二阶增长率比一阶增长率可以更准确地描述增长率的变化情况；当电子束厚度、离栅距离变化时，两种增长率变化曲线差别很小。

2.6.5 介质填充周期光栅的史密斯–珀塞尔辐射模拟分析

为了分析介质填充周期光栅的 SP 辐射特性，这里建立如图 2.6.7 所示的模拟结构，发射电子的阴极位于光栅左端，光栅高度 h、周期长度 L，槽宽为 $L-d$，电子束基本参数如前面的理论计算。

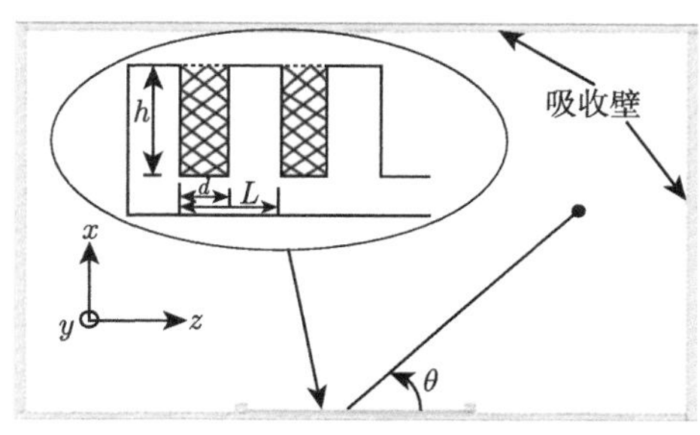

图 2.6.7 介质光栅的模拟结构

通过连续电子注产生的电磁波辐射如图 2.6.8 所示，相邻两个月牙之间的间隔代表波长。可以看出，后向波的波长比前向波的波长长，相应的辐射频率随观察角度而变化，可以判断该辐射是 SP 辐射。

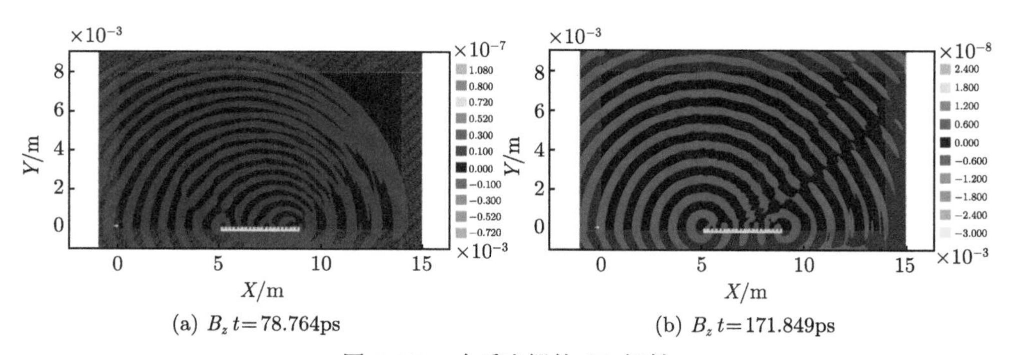

(a) B_z t=78.764ps (b) B_z t=171.849ps

图 2.6.8 介质光栅的 SP 辐射

以周期电子束团为例，分析介质加载周期光栅的优势。电子束团的基本特性如图 2.6.9 所示。

对于单个电子束团采用矩形分布，时间长度为 0.1ps，电子速度 $v=1.1\times10^8$m/s，电子束长度为 0.011mm，小于 SP 辐射波长，电流为 0.48A，电量为 0.048pC。周期电子束团重复频率为 250GHz，程序中用正弦函数表示。程序用正弦函数表示，如图 2.6.10 所示。

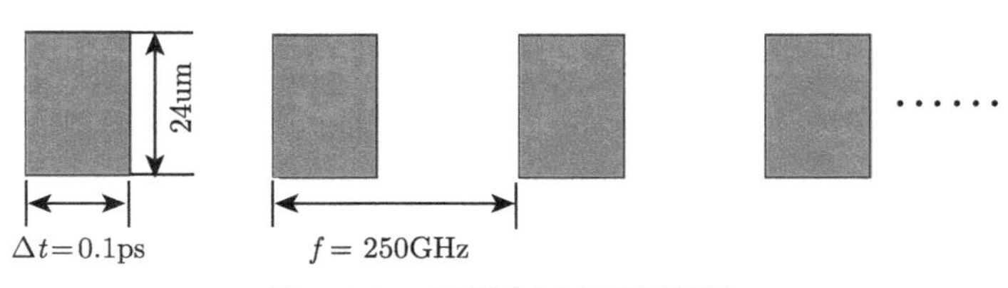

图 2.6.9　周期电子束团的特性

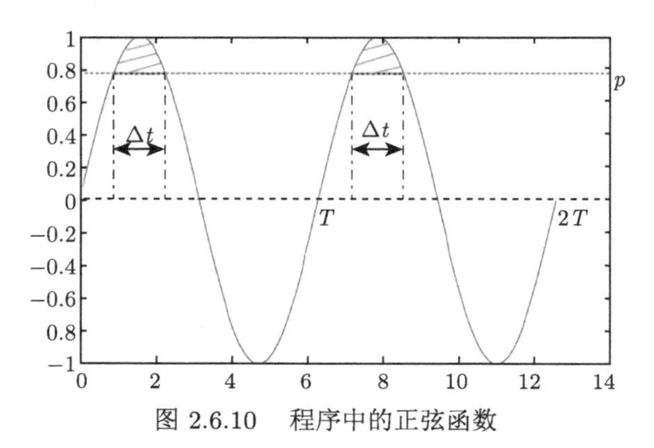

图 2.6.10　程序中的正弦函数

其中，常数 $p=\sin\left[\omega\left(T/4-\Delta t/2\right)\right]$，在 MAGIC 中电子发射的占空比函数为 theta$[\sin(\omega t)-p]$，其中 $\omega=2\pi f$。周期电子束团在金属结构中产生的 SP 辐射如图 2.6.11 所示，结果表明在 50° 和 110° 两个方向上有强烈的定向辐射，说明此情况下 SP 辐射变为了相干辐射。

同样，与金属光栅结构类似，周期电子束团在介质加载光栅中产生的 SP 辐射如图 2.6.12 所示。在 50° 和 110° 两个方向上出现定向辐射，且 110° 方向的辐射比 50° 强烈。50° 方向的辐射强度很弱，只剩下 110° 方向的辐射。该结果表明采用介质光栅，有利于优化 SP 辐射特性，提高其方向性。

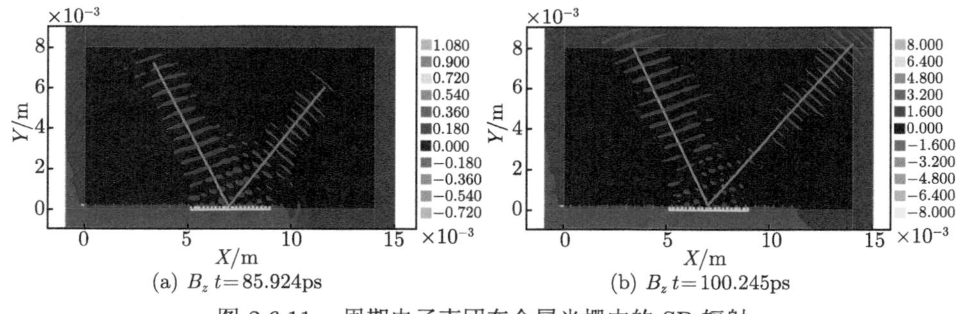

(a) B_z t=85.924ps　　(b) B_z t=100.245ps

图 2.6.11　周期电子束团在金属光栅中的 SP 辐射

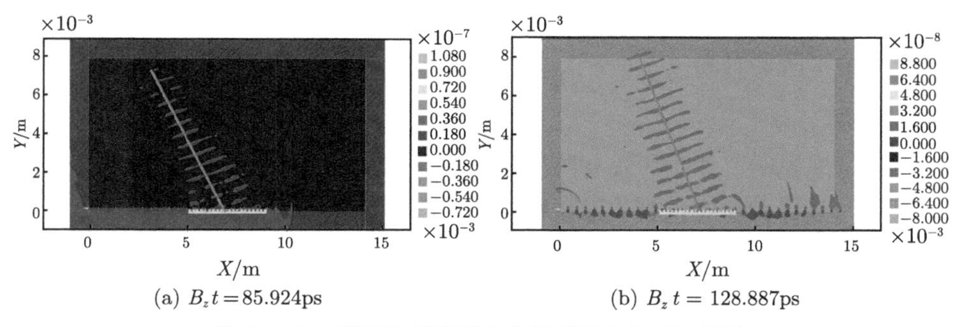

(a) $B_z\,t=85.924$ps (b) $B_z\,t=128.887$ps

图 2.6.12 周期电子束团在介质光栅中的 SP 辐射

从幅度可以看出，辐射强度最大的两个方向是 110°，对应 500GHz；以及 50°，对应 750GHz，辐射集中在电子束团重复频率的二次和三次谐波上，结果如图 2.6.13 所示。

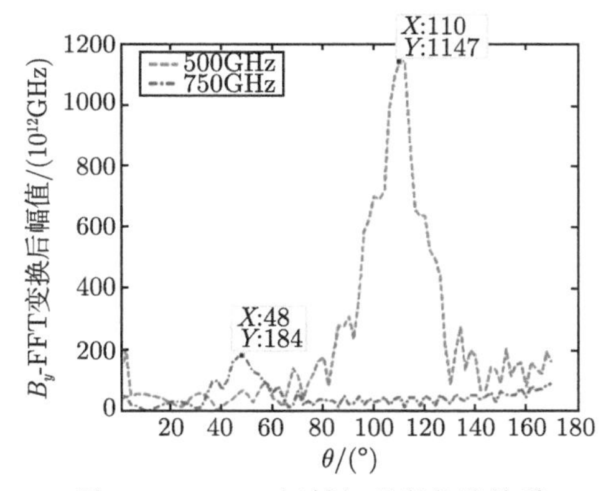

图 2.6.13 SP 辐射与观察角的关系

图 2.6.14 表示金属与介质光栅系统中起振电流的关系。结果表明，通过采用

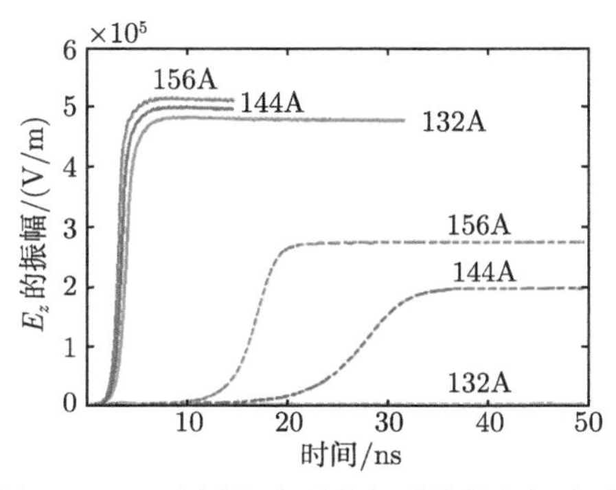

图 2.6.14 金属与介质光栅系统的起振电流

介质加载开放光栅系统，有利于降低 SP 辐射的起振电流。这里选择较大电流是为了减少模拟所需时间。

2.6.6 小结

研究结果表明，介质加载金属光栅的色散曲线较为平坦，有利于光栅工作于单模状态；且随着介质相对介电常量、槽宽度以及深度的增大，色散曲线变缓且向低频移动，中间段也变平坦。进一步数值计算表明，当电子束电压、电流变化时，二阶增长率比一阶增长率可以更准确地描述增长率的变化情况；当电子束厚度、离栅距离变化时，两种增长率变化曲线差别很小。另一方面，采用介质有利于降低起振电流，同时减少起振时间。通过该方式，有利于优化 SP 辐射。加载介质之后，上截止频率下降，不利于高频工作，其二色散曲线平坦，工作频率稳定性好，但是不利于调谐。

2.7 介质加载史密斯–珀塞尔光栅的三维理论

结合 2.6 节的分析，本节讨论三维情况下介质加载复合光栅慢波结构的色散特性和增长率特性。从色散特性和增长率特性两个方面对比分析了三维理论与二维理论 [23] 的不同。

2.7.1 三维物理模型与色散方程

三维介质加载复合光栅是在金属矩形光栅基础上提出的一种新型周期结构，在金属矩形光栅的槽中填充相对介电常量为 ε 的介质，以此来研究当电子束贴近光栅上表面通过时此结构的辐射特性。三维结构图和截面图分别如图 2.7.1 和图 2.7.2 所示，图中光栅的周期长度为 L、槽宽度为 d、槽深度为 h、光栅在 y 方向厚度为 s、电子束距离光栅表面距离为 b、电子注厚度为 $2a$，密度均匀分布。以光栅上表面为坐标零点取直角坐标系，此结构具有周期性，因此取 z 方向的 $0 \sim L$ 作为一个周期进行研究，沿 x 轴将研究区域分为 I~V 五个部分。

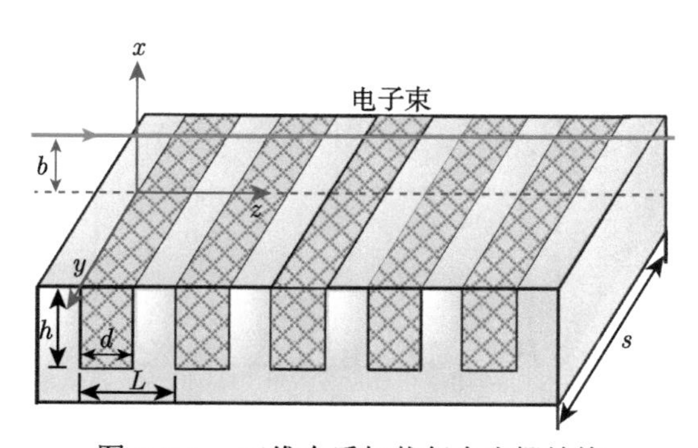

图 2.7.1 三维介质加载复合光栅结构

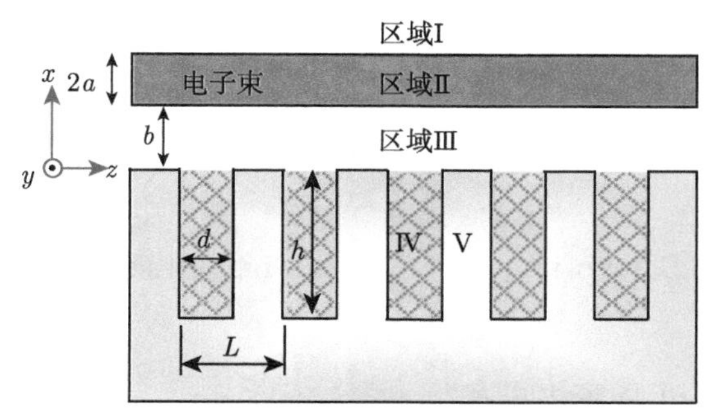

图 2.7.2 介质加载复合光栅截面图

由弗洛凯定理，相距整数周期的两点电磁波分量只相差一个与距离相关的传播函数

$$\boldsymbol{H}(x,y,z)=\sum_{n=-\infty}^{\infty}\boldsymbol{H}_n(x,y)\exp[\mathrm{i}(k_nz-\omega t)] \tag{2-7-1}$$

其中，$k_n=k_0+2\pi n/L$，$k_0=\phi/L$，$n=0,\pm1,\pm2,\cdots,k_n$ 是第 n 次空间谐波在 z 方向上的传播常数，k_0 是基波即零次空间谐波的传播常数，ϕ 是在一个周期内的基波相移，相对于二维理论而言，三维理论增加了 y 方向场的边界条件。

联立麦克斯韦方程组，化简得到齐次亥姆霍兹方程

$$\frac{\partial^2H_{y,l}}{\partial x^2}+[\chi_{l,n}(k^2-k_n^2)-k_y^2]H_{y,l}=0 \tag{2-7-2}$$

$$E_{z,l}=\frac{-\mathrm{i}\omega\mu_0}{k^2-k_y^2}\frac{\partial}{\partial x}H_{y,l} \tag{2-7-3}$$

其中，$l=1,2,3$，$\chi_1=\chi_3=1,\chi_2=1-\omega_{\mathrm{p}}^2/[\gamma^3(\omega-k_nv_0)^2]$ 是电子束等效相对介电常量，$\omega_{\mathrm{p}}=\sqrt{e^2n_0/(m_0\varepsilon_0)}$ 是等离子体角频率，$\omega-k_nv_0$ 是第 n 次空间谐波的多普勒频移；$k=\omega/c$ 代表真空中波数；$k_y=l_ypi/s$ 为 y 方向波数，这里 l_y 为整数。

按照如图 2.7.2 所示五个区域的划分，分别由式 (2-7-2) 和式 (2-7-3) 写出各区的场方程。

I 区 $(x>2a+b)$ 内场方程为

$$H_{y,1,n}(x,y)=A_n\exp(\mathrm{i}\beta_nx)\sin\left[k_y\left(y+\frac{s}{2}\right)\right]\exp(\mathrm{i}k_nz) \tag{2-7-4}$$

$$E_{z,1}=\frac{\omega\mu_0\kappa_n}{k^2-k_y^2}A_n\exp(\mathrm{i}\beta_nx)\sin\left[k_y\left(y+\frac{s}{2}\right)\right]\exp(\mathrm{i}k_nz) \tag{2-7-5}$$

Ⅱ 区 $(b \leqslant x \leqslant b+2a)$ 是电子束所在区域，区域中场可以写成

$$H_{y,2,n}(x)=B_n[\exp(\mathrm{i}\beta_{\mathrm{en}}x)+R_n\exp(-\mathrm{i}\beta_{\mathrm{en}}x)]\sin\left[k_y\left(y+\frac{s}{2}\right)\right]\exp(\mathrm{i}k_nz) \quad (2\text{-}7\text{-}6)$$

$$E_{z,2}=\frac{\omega\mu_0\beta_{\mathrm{en}}}{\chi_{2,n}k^2-k_y^2}B_n[\exp(\mathrm{i}\beta_{\mathrm{en}}x)-R_n\exp(-\mathrm{i}\beta_{\mathrm{en}}x)]\sin\left[k_y\left(y+\frac{s}{2}\right)\right]\exp(\mathrm{i}k_nz) \quad (2\text{-}7\text{-}7)$$

Ⅲ 区 $(0 \leqslant x < b)$ 场表达式为

$$H_{y,3,n}(x)=C_n[\exp(\mathrm{i}\beta_nx)+T_n\exp(-\mathrm{i}\beta_nx)]\sin\left[k_y\left(y+\frac{s}{2}\right)\right]\exp(\mathrm{i}k_nz) \quad (2\text{-}7\text{-}8)$$

$$E_{z,3}=\frac{\omega\mu_0\beta_n}{k^2-k_y^2}C_n[\exp(\mathrm{i}\beta_nx)-T_n\exp(-\mathrm{i}\beta_nx)]\sin\left[k_y\left(y+\frac{s}{2}\right)\right]\exp(\mathrm{i}k_nz) \quad (2\text{-}7\text{-}9)$$

其中，$\beta_n=\sqrt{k^2-k_n^2-k_y^2}$，$\beta_{\mathrm{en}}=\sqrt{\dfrac{\chi_{2,n}k^2-k_y^2}{k^2-k_y^2}(k^2-k_n^2-k_y^2)}$ 定义分别为沿 x 方向的传播波常数；R_n, T_n 分别为在边界面 $x=b+2a$ 和 $x=b$ 的反射系数，A_n、B_n 和 C_n 是场幅值系数。

Ⅳ 区在光栅槽区内，整个区域被相对介电常量为 ε 的介质填充，其中的场可以通过傅里叶展开表示为无限驻波之和的形式。V 区为金属光栅，其中的电场为零，由边界条件 $E_z|_{x=-h}=0, E_x|_{z=0,d}=0$ 得场方程为

$$H_{y,4}=\sum_{m=0}^{\infty}D_mG\left[\tau_m(x+h)\right]\sin\left[k_y\left(y+\frac{s}{2}\right)\right]\cos\left(\frac{m\pi}{d}z\right) \quad (2\text{-}7\text{-}10)$$

$$E_{z,4}=\begin{cases}\dfrac{-\mathrm{i}\omega\mu_0V_m}{\varepsilon k^2-k_y^2}\displaystyle\sum_{m=0}^{\infty}D_mG'\left[\tau_m(x+h)\right] & \\ \cdot\sin\left[k_y\left(y+\dfrac{s}{2}\right)\right]\cos\left(\dfrac{m\pi}{d}z\right), & 0\leqslant z\leqslant d \\ 0, & d\leqslant z\leqslant L\end{cases} \quad (2\text{-}7\text{-}11)$$

其中，当 $\varepsilon k^2-(m\pi/d)^2-k_y^2>0$ 时，$\tau_m=\sqrt{\varepsilon k^2-(m\pi/d)^2-k_y^2}$，$G(\tau_mx)=\cos(\tau_mx)$，$G'(\tau_mx)=-\sin(\tau_mx)$；当 $\varepsilon k^2-(m\pi/d)^2-k_y^2<0$ 时，$\tau_m=\sqrt{(m\pi/d)^2+k_y^2-\varepsilon k^2}$，$G(\tau_mx)=\cosh(\tau_mx)$，$G'(\tau_mx)=-\sinh(\tau_mx)$，$D_m$ 是场幅值系数。

考虑电磁场的连续性条件，经过复杂的数学运算，反射系数 R_n, T_n 可以求出

$$R_n = \frac{\beta_{\text{en}}(k^2 - k_y^2) - \beta_n(\chi_{2,n}k^2 - k_y^2)}{\beta_{\text{en}}(k^2 - k_y^2) + \beta_n(\chi_{2,n}k^2 - k_y^2)} \exp[\mathrm{i}2\beta_{\text{en}}(b + 2a)] \tag{2-7-12}$$

$$T_n = \frac{X - Y}{X + Y} \exp(2\mathrm{i}\beta_n b) \tag{2-7-13}$$

$$X = \beta_n(\chi_{2,n}k^2 - k_y^2)\left\{\exp(\mathrm{i}\beta_{\text{en}}b) + K\exp[\mathrm{i}\beta_{\text{en}}(b + 4a)]\right\} \tag{2-7-14}$$

$$Y = \beta_{\text{en}}(k^2 - k_y^2)\left\{\exp(\mathrm{i}\beta_{\text{en}}b) - K\exp[\mathrm{i}\beta_{\text{en}}(b + 4a)]\right\} \tag{2-7-15}$$

$$K = \frac{\beta_{\text{en}}(k^2 - k_y^2) - \beta_n(\chi_{2,n}k^2 - k_y^2)}{\beta_{\text{en}}(k^2 - k_y^2) + \beta_n(\chi_{2,n}k^2 - k_y^2)} \tag{2-7-16}$$

由交界面 $x = 0$ 上电场和磁场的连续性条件有

$$C_n\left(1 + T_n\right)\exp(\mathrm{i}k_n z) = \sum_{m=0}^{\infty} D_m G\left(\tau_m h\right)\cos\left(\frac{m\pi}{d}z\right) \tag{2-7-17}$$

$$\begin{aligned}&\frac{\omega\mu_0\kappa_n}{k^2 - k_y^2}C_n\left(1 - T_n\right)\exp(\mathrm{i}k_n z)\\ &= \begin{cases}\dfrac{-\mathrm{i}\omega\mu_0\tau_m}{\varepsilon k^2 - k_y^2}\displaystyle\sum_{m=0}^{\infty} D_m G'\left(\tau_m h\right)\cos\left(\frac{m\pi}{d}z\right), & 0 \leqslant z \leqslant d\\ 0, & d \leqslant z \leqslant L\end{cases}\end{aligned} \tag{2-7-18}$$

在式 (2-7-17) 两边同乘以 $\cos(p\pi z/d)$ 并对 z 从 0 到 d 积分，这里 p 为整数，化简得

$$D_p = \sum_{n=-\infty}^{\infty} C_n F_{np} \tag{2-7-19}$$

其中，

$$\delta_{p0} = \begin{cases}1, & p = 0\\ 0, & p \neq 0\end{cases} \tag{2-7-20}$$

$$F_{np} = \frac{2(1 + T_n)}{G\left(\tau_p h\right)\left(1 + \delta_{p0}\right)}\frac{-\mathrm{i}k_n d[1 - (-1)^p\exp(\mathrm{i}k_n d)]}{k_n^2 d^2 - p^2\pi^2} \tag{2-7-21}$$

在式 (2-7-18) 两边同乘以 $\exp(-\mathrm{i}k_i z)$ 并对 z 从 0 到 L 积分，$k_i = k_0 + 2\pi i/L$，这里 i 为整数，得

$$C_i = \sum_{m=0}^{\infty} D_m Q_{mi} \tag{2-7-22}$$

其中，

$$Q_{mi}=\frac{\tau_m G'(\tau_m h)}{\beta_i(1-T_i)L}\frac{k^2-k_y^2}{\varepsilon k^2-k_y^2}\frac{k_i d^2[1-(-1)^m\exp(-\mathrm{i}k_i d)]}{k_i^2 d^2-m^2\pi^2} \tag{2-7-23}$$

由式 (2-7-19) 和式 (2-7-22) 得

$$\sum_{i=-\infty}^{\infty}\sum_{n=-\infty}^{\infty}\left(\delta_{ni}-\sum_{m=0}^{\infty}F_{nm}Q_{mi}\right)C_n=0 \tag{2-7-24}$$

其中，

$$\begin{aligned}F_{nm}Q_{mi}=&\frac{2(1+T_n)\tau_m}{\beta_i(1-T_i)L(1+\delta_{m0})}\frac{G'(\tau_m h)}{G(\tau_m h)}\frac{k^2-k_y^2}{\varepsilon k^2-k_y^2}\\&\times\frac{-\mathrm{i}k_n d[1-(-1)^m\exp(\mathrm{i}k_n d)]}{k_n^2 d^2-m^2\pi^2}\frac{k_i d^2[1-(-1)^m\exp(-\mathrm{i}k_i d)]}{k_i^2 d^2-m^2\pi^2}\end{aligned} \tag{2-7-25}$$

式 (2-7-24) 用矩阵形式可表示为

$$(\boldsymbol{I}-\boldsymbol{FQ})\boldsymbol{C}=0 \tag{2-7-26}$$

其中，$\boldsymbol{C}=(\cdots,c_{-n},\cdots,c_{-1},c_0,c_1,\cdots,c_n,\cdots)^{\mathrm{T}}$，若 $\boldsymbol{C}$ 要有非零解，则式 (2-7-26) 系数矩阵行列式的值必须为零。

$$\det\{\boldsymbol{I}-\boldsymbol{FQ}\}=0 \tag{2-7-27}$$

考虑 $m=0$，无电子注时，上式化简为

$$\det\left(\delta_{ni}+\frac{\mathrm{i}\tau_0 d}{\beta_i L}\frac{G'(\tau_0 h)}{G(\tau_0 h)}\frac{k^2-k_y^2}{\varepsilon k^2-k_y^2}\mathrm{sinc}\left(\frac{k_n d}{2}\right)\mathrm{sinc}\left(\frac{k_i d}{2}\right)\exp\left[\mathrm{i}\frac{(k_n-k_i)d}{2}\right]\right)=0 \tag{2-7-28}$$

式 (2-7-27) 即为当电子注平行介质加载复合光栅结构飞过时的色散方程。对于没有介质加载的二维情况，即 $\varepsilon=1$ 时，式 (2-7-27) 自动退化为金属光栅的情况。

2.7.2　三维情况下一阶与二阶增长率的比较

1. 三维结构一阶增长率

对于三维结构增长率的求解，仍然采用 2.6 节中同步点泰勒级数展开的方法，得到色散方程 (2-7-27) 在 $\chi_2=1$ 和同步点 $(\omega_{\mathrm{res}},k_{\mathrm{res}})$ 处展开的一阶线性项。

$$P(\omega,k_n,\chi_2)=P(\omega,k_n,\chi_2)|_{(\omega_{\mathrm{res}},k_{\mathrm{res}},\chi_2=1)}+(k_n-k_{\mathrm{res}})\left.\frac{\partial P(\omega,k_n,\chi_2=1)}{\partial k_n}\right|_{(\omega_{\mathrm{res}},k_{\mathrm{res}})}$$

$$+(\chi_2-1)\left.\frac{\partial P(\omega,k_n,\chi_2)}{\partial\chi_2}\right|_{(\omega_{\rm res},k_{\rm res},\chi_2=1)} \tag{2-7-29}$$

在同步点附近，注–波互作用产生一个不稳定性增长，利用注–波同步条件，令 $\omega_{\rm res}=v_0k_{\rm res}$，则 χ_2 化简为

$$\chi_2+\frac{\omega_{\rm p}^2}{v_0^2\gamma^2\left(k_{\rm res}-k_n\right)^2}-1=0 \tag{2-7-30}$$

代入式 (2-7-29)，令 $k_n-k_{\rm res}=\delta k$，化简得

$$\delta k^3\left.\frac{\partial P(\omega,k_n,\chi_2=1)}{\partial k_n}\right|_{(\omega_{\rm res},k_{\rm res})}-\frac{\omega_{\rm p}^2}{v_0^2\gamma^2}\left.\frac{\partial P(\omega,k_n,\chi_2)}{\partial\chi_2}\right|_{(\omega_{\rm res},k_{\rm res},\chi_2=1)}=0 \tag{2-7-31}$$

方程 (2-7-31) 中的两个偏微分可分别表示为式 (2-7-32) 和式 (2-7-33)，即

$$\left.\frac{\partial P(\omega,k_n,\chi_n)}{\partial\chi_{2,n}}\right|_{(\omega_{\rm res},k_{\rm res},\chi_{2,n}=1)}=D\sum_{n=-\infty}^{\infty}\frac{A_1}{\beta_n}\frac{\exp({\rm i}2b\beta_n)-\exp[{\rm i}\beta_n(2b+4a)]}{2} \tag{2-7-32}$$

$$\left.\frac{\partial P(\omega,k_n,\chi_n=1)}{\partial k_n}\right|_{(\omega_{\rm res},k_{\rm res})}=D\left(\sum_{n=-\infty}^{\infty}\frac{k_n}{\beta_n^3}A_1+\frac{A_2}{\kappa_n}\right) \tag{2-7-33}$$

其中，

$$D=\frac{\tau_0 d}{L}\frac{G'\left(\tau_0 h\right)}{G\left(\tau_0 h\right)}\frac{k^2-k_y^2}{\varepsilon k^2-k_y^2} \tag{2-7-34}$$

$$A_1={\rm sinc}^2\left(\frac{k_n d}{2}\right) \tag{2-7-35}$$

$$A_2=4{\rm sinc}\left(\frac{k_n d}{2}\right)\frac{\dfrac{k_n d}{2}\cos\left(\dfrac{k_n d}{2}\right)-\sin\left(\dfrac{k_n d}{2}\right)}{dk_n^2} \tag{2-7-36}$$

求解关于 δk 的方程 (2-7-31)，找出有负虚部的根，此根的虚部可用来表征互作用系统的一阶增长率。

2. 三维结构二阶增长率

类似地，在三维结构对二阶增长率进行求解，将色散方程 (2-7-27) 在 $\chi_2=1$ 和同步点 $(\omega_{\rm res},k_{\rm res})$ 处作泰勒展开后，取到二阶导数项的情况。

$$P(\omega,k_n,\chi_2)=P(\omega,k_n,\chi_2)|_{(\omega_{\rm res},k_{\rm res},\chi_2=1)}+\delta k\left.\frac{\partial P(\omega,k_n,\chi_2=1)}{\partial k_n}\right|_{(\omega_{\rm res},k_{\rm res})}$$

$$+(\chi_2-1)\left.\frac{\partial P(\omega,k_n,\chi_2)}{\partial\chi_2}\right|_{(\omega_{\rm res},k_{\rm res},\chi_2=1)}$$
$$+\frac{1}{2}(\chi_2-1)^2\left.\frac{\partial^2 P(\omega,k_n,\chi_2)}{\partial\chi_2^2}\right|_{(\omega_{\rm res},k_{\rm res},\chi_2=1)}$$
$$+\frac{1}{2}\delta k^2\left.\frac{\partial^2 P(\omega,k_n,\chi_2=1)}{\partial k_n^2}\right|_{(\omega_{\rm res},k_{\rm res})}$$
$$+(\chi_2-1)\delta k\left.\frac{\partial^2 P(\omega,k_n,\chi_2)}{\partial\chi_2\partial k_n}\right|_{(\omega_{\rm res},k_{\rm res},\chi_2=1)} \tag{2-7-37}$$

在同步点附近，利用注–波同步条件，令 $\omega_{\rm res}=v_0k_{\rm res}$，将式 (2-7-31) 代入上式化简得

$$\delta k^6\left.\frac{\partial G}{\partial k_n}\right|_{(\omega_{\rm res},k_{\rm res})}+2\delta k^5\left.G\right|_{(\omega_{\rm res},k_{\rm res})}-\frac{\omega_{\rm p}^2}{v_0^2\gamma^2}\delta k^3\left.\frac{\partial F}{\partial k_n}\right|_{(\omega_{\rm res},k_{\rm res},\chi_2=1)}$$
$$-2\frac{\omega_{\rm p}^2}{v_0^2\gamma^2}\delta k^2\left.F\right|_{(\omega_{\rm res},k_{\rm res},\chi_2=1)}+\frac{\omega_{\rm p}^4}{v_0^4\gamma^4}\left.\frac{\partial F}{\partial\chi_2}\right|_{(\omega_{\rm res},k_{\rm res},\chi_2=1)}=0 \tag{2-7-38}$$

式中，偏微分方程表示如下：

$$G=\frac{\partial P(\omega,k_n,\chi_2=1)}{\partial k_n}=D\left(\sum_{n=-\infty}^{\infty}\frac{k_n}{\beta_n^3}A_1+\frac{A_2}{\beta_n}\right) \tag{2-7-39}$$

$$\frac{\partial G}{\partial k_n}=\frac{\partial^2 P(\omega,k_n,\chi_2=1)}{\partial k_n^2}=D\left(\sum_{n=-\infty}^{\infty}\frac{\kappa_n^2+3k_n^2}{\beta_n^5}A_1+\frac{2k_n}{\beta_n^3}A_2+\frac{A_3}{\beta_n}\right) \tag{2-7-40}$$

$$F=\frac{\partial P(\omega,k_n,\chi_n)}{\partial\chi_{2,n}}=D\sum_{n=-\infty}^{\infty}\frac{A_1}{\beta_n}\frac{\exp({\rm i}2b\beta_n)-\exp[{\rm i}2\beta_n(b+2a)]}{2} \tag{2-7-41}$$

$$\frac{\partial F}{\partial\chi_{2,n}}=\frac{\partial^2 P(\omega,k_n,\chi_n)}{\partial\chi_{2,n}^2}=D\frac{A_1}{\kappa_n}(Q_1+Q_2+Q_3) \tag{2-7-42}$$

$$\frac{\partial F}{\partial k_n}=G\frac{\exp({\rm i}2b\beta_n)-\exp[{\rm i}\beta_n(2b+4a)]}{2}$$
$$-\frac{k_nA_1}{\kappa_n^2}\left\{\frac{{\rm i}2b\exp({\rm i}2b\beta_n)-{\rm i}(2b+4a)\exp[{\rm i}2\beta_n(b+2a)]}{2}\right\} \tag{2-7-43}$$

其中，

$$A_3=2B_2^2+2B_2B_3 \tag{2-7-44}$$

$$B_2 = \frac{\beta_n d \cos\left(\dfrac{k_n d}{2}\right) - 2\sin\left(\dfrac{k_n d}{2}\right)}{k_n^2 d} \tag{2-7-45}$$

$$B_3 = \frac{8\sin\left(\dfrac{k_n d}{2}\right) - d^2 k_n^2 \sin\left(\dfrac{k_n d}{2}\right) - 4k_n d\cos\left(\dfrac{k_n d}{2}\right)}{2k_n^3 d} \tag{2-7-46}$$

$$Q_1 = \frac{k^4(1+\mathrm{i}b\beta_n/2)}{(k^2-k_y^2)^2}\exp(2\mathrm{i}\beta_n b)\left[\exp(\mathrm{i}\beta_n 4a)-1\right] \tag{2-7-47}$$

$$Q_2 = \mathrm{i}\frac{\beta_n k^4}{2(k^2-k_y^2)^2}\exp(2\mathrm{i}\beta_n b)\left[b+(b+4a)\exp(4\mathrm{i}\beta_n a)\right] \tag{2-7-48}$$

$$Q_3 = \frac{k^4}{4(k^2-k_y^2)^2}\exp(4\mathrm{i}\beta_n b)\left[\exp(4\mathrm{i}\beta_n a)-1\right]^2 \tag{2-7-49}$$

式 (2-7-38) 是关于相位常数 k_n 的一元六次方程，当给定频率 f 时，可求得互作用系统的 z 方向复传播常数 k_n，得到六个复数根，k_n 的负虚部即表征注–波互作用系统的二阶增长率。由于泰勒级数展开取到了二次偏导项，所以由式 (2-7-38) 求出的二阶增长率比由式 (2-7-31) 求出的一阶增长率更能精确表示增长率特性。

2.7.3 介质加载光栅的色散特性分析

1. 色散曲线

将本征函数法求得的色散方程用 MATLAB 画出色散曲线，为了验证以上理论推导的正确性，利用软件 CST 对该结构进行三维模拟。相关数值计算参数如表 2.7.1 所示。

表 2.7.1 数值计算参数

参数	数值
光栅周期/mm	0.2
光栅厚度/mm	1
槽宽度/mm	0.1
槽深度/mm	0.1
电子束电压/kV	40
电子束电流/A	0.48
引导磁场/T	2

图 2.7.3 为在表 2.7.1 参数情况下，当取不同的介电常量时，用 MATLAB 数值计算式 (2-7-31) 所得的三维介质加载光栅色散曲线与二维情况下的比较。由图 2.7.3 可见，与纯金属光栅相比，介质加载光栅色散曲线较为平坦且随着介质

介电常量的增大，色散曲线逐渐变缓，说明介质加载光栅能有效增强色散。比较三维和二维色散曲线可知，相较于二维情况，三维曲线整体上移，注–波互作用点处频率增大。三维慢波结构呈现出波导特征，起始频率点代表的是波导模式的截止频率点，见图 2.7.4。

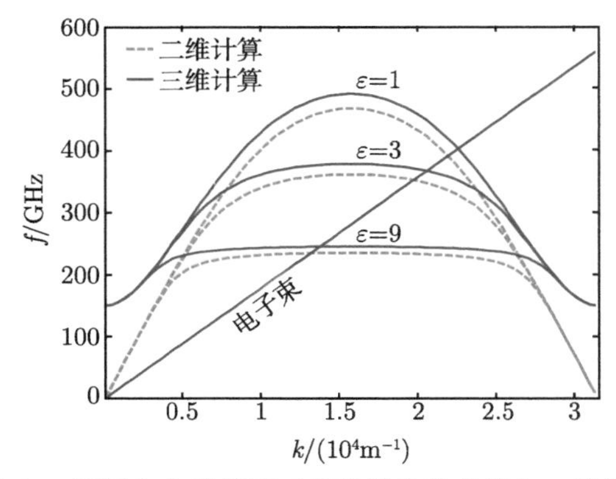

图 2.7.3　不同介电常量下三维光栅色散曲线与二维的比较

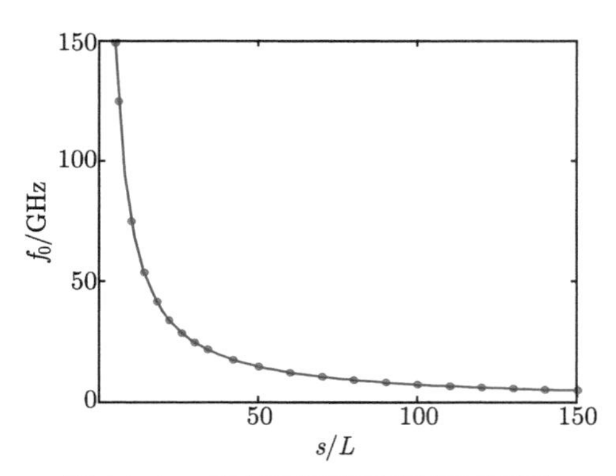

图 2.7.4　起始频率随光栅厚度的变化

图 2.7.5 表明理论公式得到的色散曲线与 CST 模拟得到的点一致性良好，最大频率差不超过 1%，即色散方程数值计算与模拟结果一致，从而证明色散方程的推导是正确的。

为了进一步研究光栅结构参数对色散特性的影响，研究了不同槽宽度、槽深度和三维光栅厚度下色散曲线的变化，见图 2.7.5 (介质相对介电常量取 3)。

图 2.7.6 为在表 2.7.1 参数情况下，当取介电常量为 3 不变，改变光栅槽宽度 d、槽深度 h 和三维光栅厚度 s 时，数值计算得到的三维光栅色散曲线。从图 2.7.6 可以看到，其他参数不变的情况下，槽间距变大，色散曲线变平缓且向低频移动；光栅槽深度加深，色散曲线变缓，且向低频区移动；在二维情况下，忽

略光栅厚度对色散的影响，起始频率被认为是零，从图 2.7.6(c) 可以看到，三维介质加载光栅由于考虑了光栅厚度增大，色散曲线向低频区移动且起始频率从一个不为零的值逐渐降低。

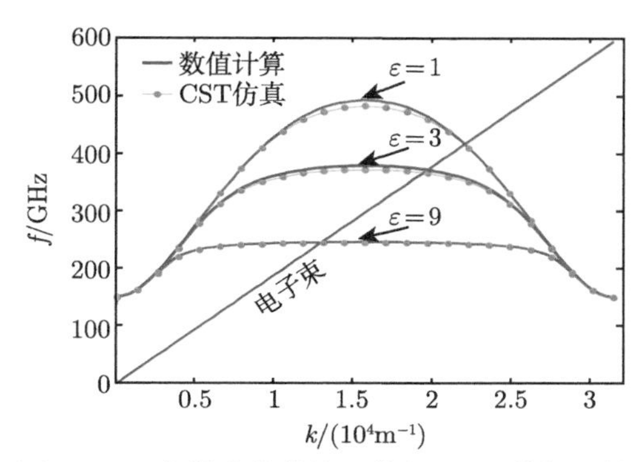

图 2.7.5 色散曲线数值计算与 CST 模拟比较

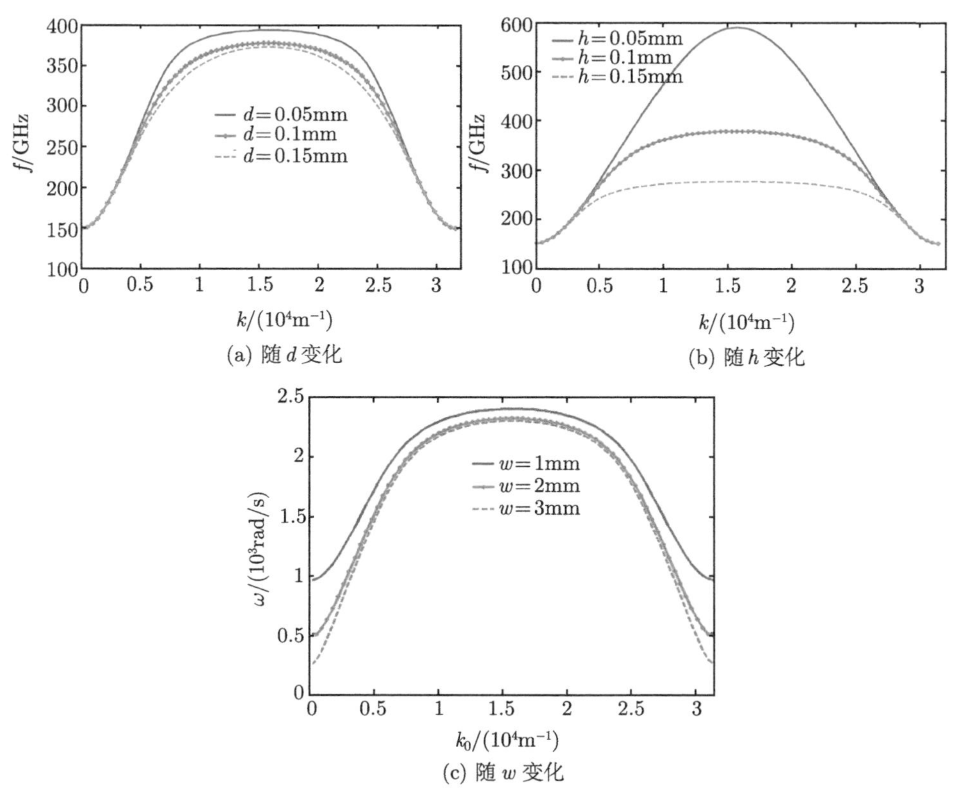

(a) 随 d 变化

(b) 随 h 变化

(c) 随 w 变化

图 2.7.6 三维光栅色散曲线随结构参数的变化

2. 一阶与二阶增长率数值计算与比较分析

当介质相对介电常量 $\varepsilon = 3$ 时，由图 2.7.3 得到注–波互作用点为 $(k_{\mathrm{res}}, \omega_{\mathrm{res}}) = (2.05 \times 10^4, 732\pi \times 10^9)$。电子束电压、电流和位置参数的变化将对介质加载光栅的注–波互作用产生重要的影响。将一阶增长率公式 (2-7-31) 和二阶增长率公式 (2-7-38) 中的无限求和做截取，用 MATLAB 数值求解两个方程，即可画出增长率图。图 2.7.7 和图 2.7.8 分别给出了不同光栅厚度、电子束电压、电流、注–栅分隔距离和电子束厚度对一阶和二阶增长率的影响并与二维情况下相应的一阶和二阶增长率作对比。

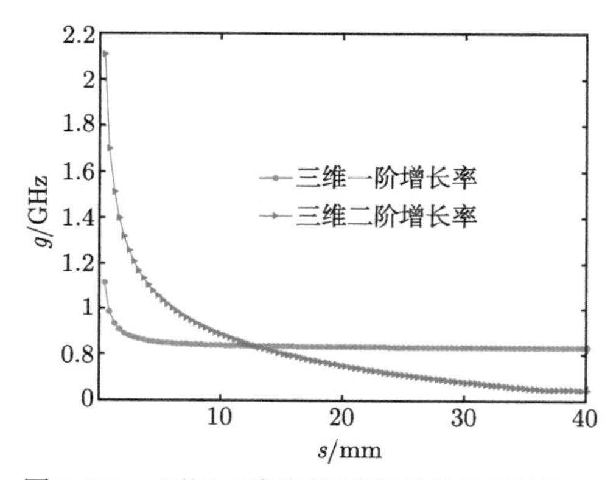

图 2.7.7 不同三维光栅厚度对增长率的影响

三维介质加载光栅的厚度对增长率的影响如图 2.7.7 所示。比较一阶和二阶增长率曲线可知，随着光栅厚度的增大，增长率减小，减小的趋势越来越缓慢。当厚度大于 5mm 时，一阶增长率达到稳定值，二阶增长率先随光栅厚度增大而迅速减小，然后减小趋势变得缓慢。

在表 2.7.1 参数情况下，介电常量取 3 保持不变，改变电子束电压、电子束电流、电子束厚度以及注–栅分隔距离，用 MATLAB 数值计算式 (2-7-31) 和式 (2-7-38) 得到三维光栅结构的一阶增长率和二阶增长率，并与文献求解的二维情况进行对比，结果如图 2.7.8 所示。

图 2.7.8(a) 表明无论是三维还是二维情况，一阶和二阶曲线都存在某一最佳电子束电压，此时，注–波互作用增长率达到最大值。比较三维和二维曲线可知，两种情况下求解的一阶增长率相差不大且对应的最佳电压一致，但是三维理论计算出的二阶增长率比二维情况下大很多，说明电压对增长率的影响在三维情况和二维情况下有很大不同。

图 2.7.8(b) 表明三维理论下一阶和二阶增长率的变化趋势与二维情况一致，都随着电子束电流增大而增大，因为随着电流的增大，参与注–波互作用的电子数

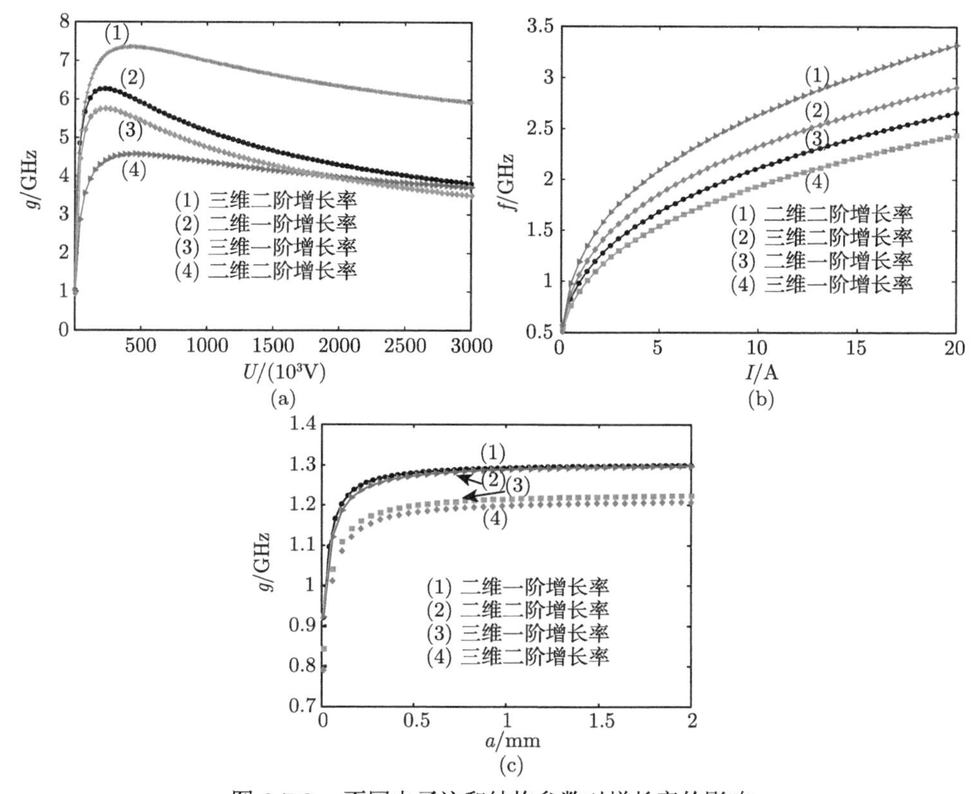

图 2.7.8　不同电子注和结构参数对增长率的影响

(a) 电子束电压影响 (f = 366GHz, $J = 2\times10^4$A/cm^2, a = 0.012mm, b = 0.034mm, s = 1mm); (b) 电子束电流影响 (f = 366GHz, U = 40kV, a = 0.012mm, b = 0.034mm, s = 1mm); (c) 电子束厚度影响 (f = 366GHz, U = 40kV, I = 0.48A, b = 0.034mm, s = 1mm)

目增加，使得注–波互作用增强。比较四条曲线可知，相同电流下三维理论计算出的一阶和二阶增长率比二维情况小，相应的差值随电流的增大而增大。

图 2.7.8(c) 说明三维理论下，当电子束厚度增大时，增长率先增大，然后保持不变，达到饱和，这与二维情况下变化规律一致。因为表面波主要集中在矩形光栅的表面，电子束越接近光栅表面，电子束与表面波的互作用程度就越强烈，因而增长率越高。但是，由于轴向电场 E_z 在 x 方向呈指数衰减，随着电子束厚度的继续增大，增加的电子所处的轴向电场 E_z 已经趋于 0，不再发生注–波互作用。比较三维和二维曲线可知，四条曲线饱和点对应的电子束厚度基本一致，三维理论计算下的两种增长率都比二维情况下的小，两种理论下一阶和二阶增长率的差值不超过 1%。

2.7.4　小结

结果表明，三维介质加载复合光栅可以有效增强光栅的色散，且随介质相对介电常量、槽宽度以及深度的增大，色散曲线变缓且向低频移动。与二维情况相比，三维结构色散曲线的起始频率不再是零，而是受光栅厚度的制约且随光栅厚度的增大而减小。进一步数值计算表明，三维情况下一阶和二阶增长率随电子注参数的变化趋势与二维情况基本吻合，但是相同参数下两种情况增长率的具体值有很大差别，因此对三维情况下 SP 理论进行了分析。本研究结果对发展新型慢波结构，探究太赫兹相干辐射的注–波互作用特性有一定的参考价值。

2.8　太赫兹史密斯–珀塞尔实验系统设计

2.8.1　简介

史密斯–珀塞尔 (SP) 器件是一种宽频谱辐射源，在产生毫米波、太赫兹及红外区域电磁波等方面具有重要前景。在太赫兹 SP 辐射源中，主要难点是产生高亮度的电子注及实现高效率辐射的光栅结构，而对于太赫兹波的测量 (功率和频率) 则采用光栅谱仪或者 Martin-Puplett (M-P) 干涉仪等方式进行。

近年来在 SP 实验方面，产生高亮度电子注的电子枪得到了大力发展，推动了 SP 实验的发展，主要包括扫描电子显微镜中的电子枪、光阴极电子枪及大电流密度热阴极电子枪；在进行互作用的高频结构方面，高精度微纳加工技术的发展，使得微小尺寸的高频结构得以制备，这方面的因素推动了太赫兹 SP 辐射源的发展，主要以达特茅斯学院的 SP 超辐射为代表，开启了当代 SP 辐射研究的新阶段。

本节主要以光阴极微波电子枪的加速器技术，设计太赫兹 SP 辐射的实验系统。

2.8.2　太赫兹波频率测量 M-P 干涉仪

由于太赫兹波的频率高、频带宽，因此采用常规方法难以实现频率的测量，根据 SP 辐射波的特点，采用 M-P 干涉仪进行测量，其原理图如图 2.8.1 所示，基本过程如下所述。

太赫兹波 1 沿水平方向，经过偏振器 1 反射后电场成为水平方向的线偏振光：

$$E_i = E_0(\omega)\sin(\omega t - \varphi) \tag{2-8-1}$$

由于两列波的初始相位信息相同，因此在分析干涉效应中，可以选择 $\varphi = 0$。而光线 1 经过偏振器 P_1 时垂直方向的光线会透射过去，在测量过程中没有考虑。在光线 1 经过分析器 P_2 后，由于其金属丝方向为垂直放置，因此可以无障碍地通过，其极化方向及相位信息没有发生任何改变。假设 $\boldsymbol{u}_h$，$\boldsymbol{u}_v$ 分别为水平方向

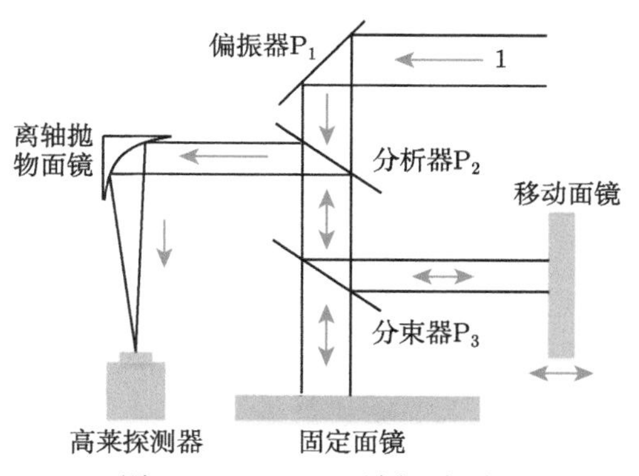

图 2.8.1 M-P 干涉仪原理图

及垂直方向的单位矢量，$\boldsymbol{k}$ 为波矢沿着波的传播方向，这样 $\boldsymbol{u}_h \times \boldsymbol{k} \times \boldsymbol{u}_v$ 构成右手螺旋坐标系。在分束器 P_3 上，入射波电场分解为透射波电场 (E_{t}) 及反射波电场 (E_{r})，可以分别表示为

$$E_{\mathrm{t}} = \frac{E_0(\omega)}{\sqrt{2}} \sin(\omega t) \frac{u_h + u_v}{\sqrt{2}} \tag{2-8-2}$$

$$E_{\mathrm{r}} = \frac{E_0(\omega)}{\sqrt{2}} \sin(\omega t) \frac{u_h - u_v}{\sqrt{2}} \tag{2-8-3}$$

经过平面镜之后，偏振态不变，但是有 180° 的相移，因此经过 P_3 产生的反射场继续反射，而透射的波继续透射，则经过两个平面铝镜之后可以得到光程差，假设两铝镜距离 P_3 的中心分别为 Δx_1 及 Δx_2，则

$$E'_{\mathrm{t}} = -\frac{E_0(\omega)}{\sqrt{2}} \sin\left(\omega t - 2\omega\frac{\Delta x_1}{c}\right) \frac{u_h + u_v}{\sqrt{2}} \tag{2-8-4}$$

$$E'_{\mathrm{r}} = -\frac{E_0(\omega)}{\sqrt{2}} \sin\left(\omega t - 2\omega\frac{\Delta x_2}{c}\right) \frac{u_h - u_v}{\sqrt{2}} \tag{2-8-5}$$

到达分析器 P_2 之前的电场为

$$\begin{aligned}
E_{\mathrm{total}} &= E'_{\mathrm{t}} + E'_{\mathrm{r}} \\
&= -\frac{E_0(\omega)}{\sqrt{2}} \left[\sin\left(\omega t - 2\omega\frac{\Delta x_1}{c}\right)\frac{u_h + u_v}{\sqrt{2}} + \sin\left(\omega t - 2\omega\frac{\Delta x_2}{c}\right)\frac{u_h - u_v}{\sqrt{2}}\right] \\
&= -E_0(\omega)\left\{u_h \sin\left(\omega t - \omega\frac{\Delta x_1}{c} - \omega\frac{\Delta x_2}{c}\right)\cos\left(\omega\frac{\Delta x_1}{c} - \omega\frac{\Delta x_2}{c}\right)\right. \\
&\quad \left. - u_v \cos\left(\omega t - \omega\frac{\Delta x_1}{c} - \omega\frac{\Delta x_2}{c}\right)\sin\left(\omega\frac{\Delta x_1}{c} - \omega\frac{\Delta x_2}{c}\right)\right\}
\end{aligned} \tag{2-8-6}$$

对于探测器而言，它探测的不是电场强度，而是一个时间信号的平均值，因此取一个周期内的平均得到

$$U_{h,v}(t) \propto \lim_{T\to\infty} \frac{1}{2T}\int_{-T}^{T} (E_{\text{total}}u_{h,v})^2 \mathrm{d}t \tag{2-8-7}$$

通过积分之后得到

$$U_h \propto \frac{E_0^2(\omega)}{2}\cos^2\left(\omega\frac{\Delta x_1}{c} - \omega\frac{\Delta x_2}{c}\right) \tag{2-8-8}$$

$$U_v \propto \frac{E_0^2(\omega)}{2}\sin^2\left(\omega\frac{\Delta x_1}{c} - \omega\frac{\Delta x_2}{c}\right) \tag{2-8-9}$$

在合成束到达 P_2 后，由于极化丝是竖直方向的，因此只有垂直方向的波能够被反射并且到达抛物面最终到达探测器。因此在一定的带宽范围内，可以得到辐射功率与光程差的关系曲线称为自相关曲线 (autocorrelation curve)，可以表示为

$$U_v(\delta) = \frac{1}{2}\int_0^{2}(\omega)\sin^2\left(\frac{\omega\delta}{2c}\right)\mathrm{d}\omega \tag{2-8-10}$$

其中，$\delta = 2(\Delta x_1 - \Delta x_2)$ 为光程差。将式 (2-8-10) 表示为

$$U_v(\delta) = \frac{1}{4}\int_0^{2}(\omega)\mathrm{d}\omega - \frac{1}{4}\int_0^{\infty} E_0^2(\omega)\cos\left(\frac{\omega}{c}\delta\right)\mathrm{d}\omega \tag{2-8-11}$$

从 (2-8-11) 可以看出，式中第一项为基准项，不随着光程差的变化而变化。通过测量的自相关曲线的傅里叶变换，就可以得到信号的频谱。

2.8.3 实验参数

本部分 SP 实验的高频系统主要采用周期性矩形光栅，通过对光栅系统的优化设计，一般周期数在 30~50 个周期，合适的光栅系统长度，可以得到最优的辐射功率，但是如果过长，会使超短电子束团的群聚性变差，光栅系统损耗增加，辐射的能量反而会降低。实验系统中光栅和超短电子注基本参数如表 2.8.1 所示。

表 2.8.1 PIC 模拟参数

参数	参数值 (三角形)
光栅周期 d	1.0mm
光栅深度 h	0.1~0.2mm
光栅周期数 N	30~50
电子束团能量	15~40MeV
束团长度 σ	0.1~3ps
束团电荷量	0.5nC
束团重复频率	0.2~0.5THz

2.8.4 实验装置

对于实验装置，采取的基本结构跟 CTR 实验基本类似，图 2.8.2(a) 表示太赫兹波段 SP 辐射的功率测试方案。利用光阴极 RF 电子枪产生的高亮度超短电

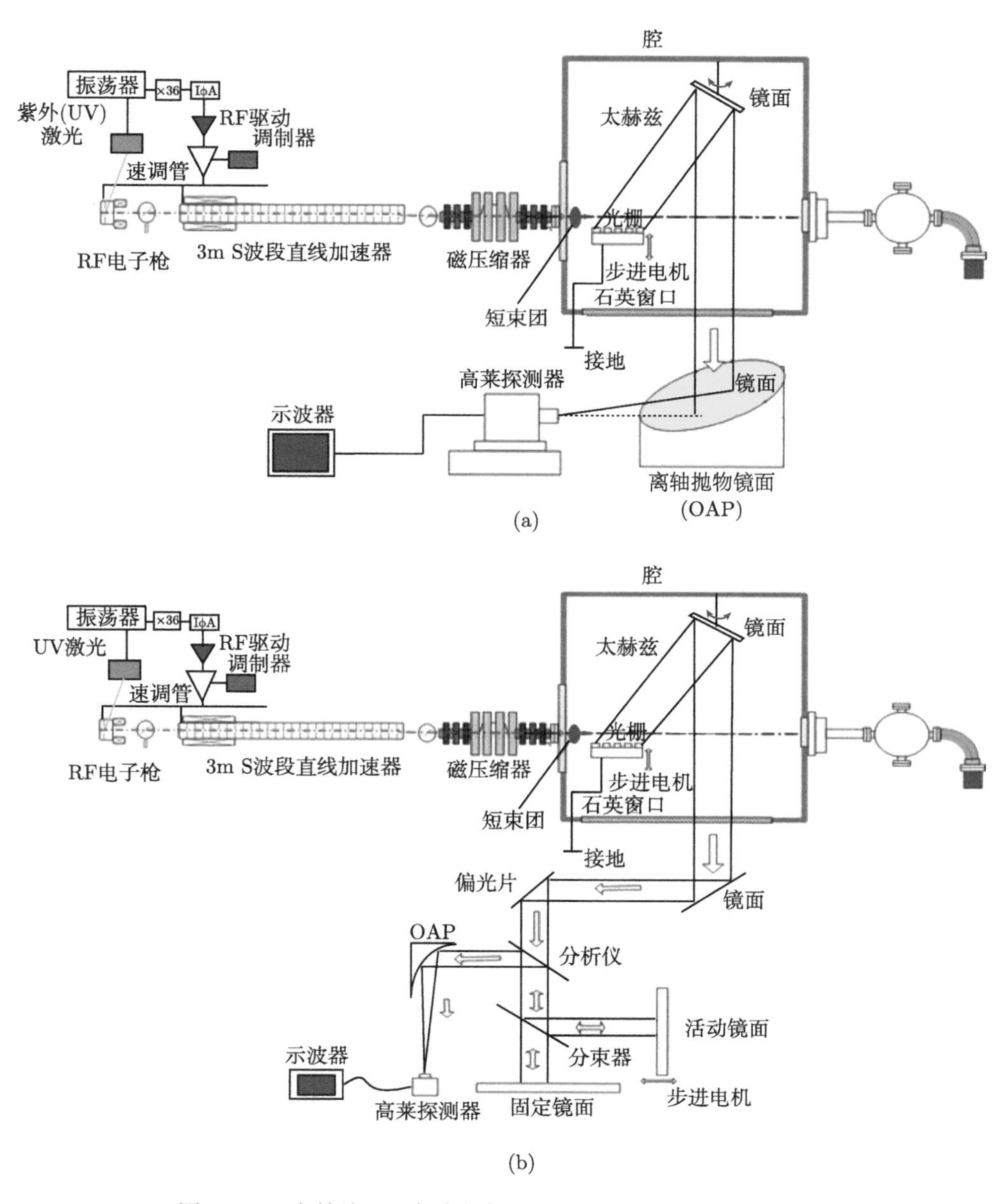

图 2.8.2 太赫兹 SP 实验方案：(a) 测试功率；(b) 测试频率

子束，经过 3m 长行波加速管的加速，其能量达到几十兆电子伏。在这个传输的过程中，电子束团长度由于空间电荷效应力而膨胀，因此利用磁压器对电子束团长度进行压缩，达到亚皮秒量级，然后通过四极透镜对发射度进行补偿，通过光栅表面与其相互作用产生太赫兹辐射。由于产生的太赫兹辐射与角度有关，因此为了将太赫兹波引出，利用旋转面镜将其反射出真空窗。该窗口采用单晶石英材料，相对于其他窗口材料，它具有衰减小、易于加工的特点，节省实验成本。在此基础上，利用抛物面镜聚焦，采用高莱探测器进行测量。

对频率的测量主要是通过搭建 M-P 干涉仪，测试方案如图 2.8.2(b) 所示。

参 考 文 献

[1] Cherenkov P A. Visible emission of clean liquids by action of γ radiation[C]. Dokl. Akad. Nauk. SSSR, 1934, 2(8): 451-454.

[2] Landau L D, Bell J S, Kearsley M J, et al. Electrodynamics of Continuous Media[M]. Amsterdam: Elsevier, 2013.

[3] Luo C, Ibanescu M, Johnson S G, et al. Cerenkov radiation in photonic crystals[J]. Science, 2003, 299(5605): 368-371.

[4] Smith S J, Purcell E M. Visible light from localized surface charges moving across a grating[J]. Physical Review, 1953, 92(4): 1069.

[5] Gover A. Superradiant and stimulated-superradiant emission in prebunched electron-beam radiators. I. Formulation[J]. Physical Review Special Topics-Accelerators and Beams, 2005, 8(3): 030701.

[6] Gover A, Dyunin E, Lurie Y, et al. Superradiant and stimulated-superradiant emission in prebunched electron-beam radiators. Ⅱ. Radiation enhancement schemes[J]. Physical Review Special Topics-Accelerators and Beams, 2005, 8(3): 030702.

[7] Korbly S E, Kesar A S, Sirigiri J R, et al. Observation of frequency-locked coherent terahertz Smith-Purcell radiation[J]. Physical Review Letters, 2005, 94(5): 054803.

[8] 史宗君, 杨梓强, 梁正. 预群聚电子束团辐射特性 [J]. 中国激光, 2007, 34(8): 1081-1085.

[9] 田君. 周期电子束团 Smith-Purcell 辐射的研究 [D]. 成都: 电子科技大学, 2007.

[10] van den Berg P M. Diffraction theory of a reflection grating[J]. Appl. Sci. Res., 1971, 24: 261-293.

[11] 刘文鑫. 基于高亮度超短电子束的太赫兹相干渡越辐射 Smith-Purcell 辐射源的研究 [D]. 北京: 清华大学, 2010.

[12] Rayleigh L. On the dynamical theory of gratings[J]. Proceedings of the Royal Society of London. Series A, Containing Papers of a Mathematical and Physical Character, 1907, 79(532): 399-416.

[13] Freund H P, Abu-Elfadl T M. Linearized field theory of a SP traveling wave tube[J]. IEEE Trans. Plasma Science, 2004, 32(3): 1015-1027.

[14] Andrews H L, Brau C A. Gain of a SP free-electron laser[J]. Phys. Rev. ST. Accel. Beams, 2004, 7(7): 070701-1-070701-7.

[15] Mehrany K, Rashidian B. Dispersion and gain investigation of a Cerenkov grating amplifier[J]. IEEE Transactions on Electron Devices, 2003, 50(6): 1562-1565.

[16] Liu C S, Tripathi V K. Stimulated coherent Smith-Purcell radiation from a metallic grating[J]. IEEE Journal of Quantum Electronics, 1999, 35(10): 1386-1389.

[17] 刘文鑫. 双电子注毫米波及亚毫米波辐射源的研究 [D]. 成都: 电子科技大学, 2007.

[18] Liu W X, Yang Z Q, Liang Z, et al. Enhancement of terahertz SP radiation by two electron beams[J]. Nuclear Instruments and Methods in Physics Research A, 2007, 580(1): 15521-1558.

[19] 刘文鑫, 杨梓强, 梁正, 等. 平板开放光栅中史密斯–帕塞尔超辐射机理研究 [J]. 红外与毫米波学报, 2008, 2: 152-156.

[20] McVey B D, Basten M A, Booske J H, et al. Analysis of rectangular waveguide-gratings for amplifier applications[J]. IEEE Transactions on Microwave Theory and Techniques, 1994, 42(6): 995-1003.

[21] Joe J, Louis L J, Scharer J E, et al. Experimental and theoretical investigations of a rectangular grating structure for low-voltage traveling wave tube amplifiers[J]. Physics of Plasmas, 1997, 4(7): 2707-2715.

[22] Joe J, Scharer J, Booske J, et al. Wave dispersion and growth analysis of low-voltage grating Crenkov amplifiers[J]. Physics of Plasmas, 1994, 1(1): 176-188.

[23] 曹苗苗, 刘文鑫, 王勇, 等. 介质加载复合光栅结构的色散特性分析 [J]. 物理学报, 2014, 63(2): 024101.

第 3 章　超短电子束团的太赫兹辐射源

3.1　引　　言

渡越辐射 (transition radiation，TR) 是指运动的带电粒子穿越两种不同电介质分界面时产生的一种电磁波辐射。它是由苏联物理学家 Ginzburg 和 Frank 于 20 世纪 40 年代最先提出的 [1,2]，并且在实验中观察了该种现象，它在带电粒子束诊断、太赫兹辐射产生等方面得到了广泛的应用。一方面，当运动的带电粒子能量处于极端相对论情况时，产生的 TR 具有较好的方向性和偏振性，因而它可用于加速器领域的电子束诊断。另一方面，由于高能电子加速器技术的迅猛发展，可以获得单一能量、空间发散度很小的高能电子束，使产生 TR 波的强度及光束质量得到较大程度的提高，从而使 TR 发展成为一种频率可调的高强度 X 射线源以及波长更长的太赫兹辐射源 [3]。

近年来，由于光阴极微波电子枪技术的突破，利用相干渡越辐射 (coherent transition radiation，CTR) 发展高功率、可调的太赫兹辐射源成为 TR 研究的一个重要分支 [4,5]。当电子束团长度远小于辐射波长时，其产生的辐射是相干辐射，辐射能量与束团内电子数的平方 N^2 呈线性关系；反之产生的辐射是非相干辐射，其辐射能量与 N 呈线性关系。因此，为了实现相干辐射，优化并获得超短电子束团是研制 CTR 太赫兹辐射源的关键，另一方面，高性能的辐射体也是 CTR 太赫兹源的关键部件，其材料、表面粗糙度及形状等特性对太赫兹辐射强度具有直接的影响。

本章介绍 CTR 太赫兹源的基本特性，包括电子束团和辐射体的影响。在理论分析的基础上，可发展基于超短电子束团的太赫兹源，获得高功率和宽频谱的太赫兹辐射。

3.2　相干渡越辐射的基本原理

3.2.1　基本理论

假设电子的速度为 v，与介质的法线方向成角度 ψ，电子从真空区域穿过介电常量为 ε 的介质 (如图 3.2.1 所示，作为理论模型，假设辐射体为无穷大)，在真空和介质区域分别产生库仑场 $\boldsymbol{E}^{\mathrm{e}}$ 和辐射场 $\boldsymbol{E}^{\mathrm{r}}$，其总场可以表示为 [1]

$$\boldsymbol{E}^{\text{total}} = \boldsymbol{E}^{\mathrm{e}} + \boldsymbol{E}^{\mathrm{r}} \tag{3-2-1}$$

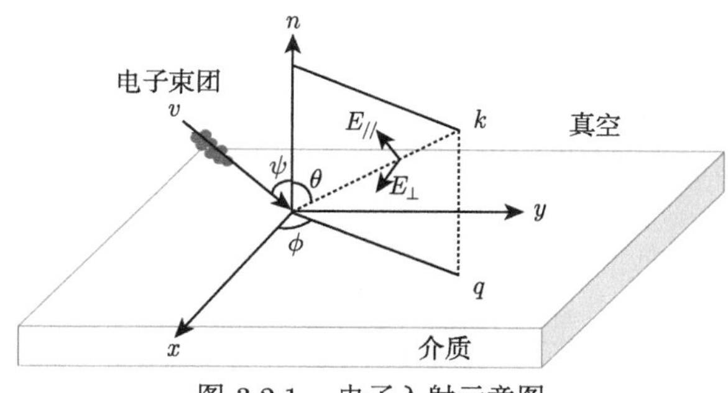

图 3.2.1 电子入射示意图

在真空区域存在有源电荷粒子的条件下，麦克斯韦方程组可以表示为

$$\nabla \cdot \boldsymbol{H} = 0, \quad \nabla \times \boldsymbol{E} + \frac{1}{c}\frac{\partial \boldsymbol{H}}{\partial t} = 0 \tag{3-2-2}$$

$$\nabla \cdot \varepsilon \boldsymbol{E} = 4\pi\rho, \quad \nabla \times \boldsymbol{H} - \frac{1}{c}\frac{\partial \varepsilon \boldsymbol{E}}{\partial t} = \frac{4\pi}{c}\boldsymbol{J} \tag{3-2-3}$$

在上述表达式中，电荷密度和电流密度可以分别表示为

$$\rho = \rho(r,t) \tag{3-2-4}$$

$$\boldsymbol{J} = \boldsymbol{J}(r,t) \tag{3-2-5}$$

与此同时，引入归一化的矢势和标势，其定义分别为

$$\boldsymbol{H} = \nabla \times \boldsymbol{A} \tag{3-2-6}$$

$$\boldsymbol{E} = -\frac{1}{c}\frac{\partial \boldsymbol{A}}{\partial t} - \nabla\phi \tag{3-2-7}$$

利用洛伦兹规范

$$\nabla \cdot \boldsymbol{A} + \frac{1}{c}\frac{\partial \varepsilon\phi}{\partial t} = 0 \tag{3-2-8}$$

将式 (3-2-4) $\sim$ 式 (3-2-8) 代入式 (3-2-3)，得到有源的波动方程如下：

$$\nabla^2 \boldsymbol{A} - \frac{\varepsilon}{c^2}\frac{\partial^2 \boldsymbol{A}}{\partial^2 t} = -\frac{4\pi}{c}\boldsymbol{J}(r,t) \tag{3-2-9}$$

$$\nabla^2\phi - \frac{\varepsilon}{c^2}\frac{\partial^2\phi}{\partial^2 t} = -\frac{4\pi}{\varepsilon}\rho(x,t) \tag{3-2-10}$$

为了得到统一的电流源形式，引入归一化电流密度 $|\boldsymbol{J}(r,\omega)| = \left|\int_{-\infty}^{\infty}\boldsymbol{J}(r,t)\cdot\exp(\mathrm{i}\omega t)\mathrm{d}t\right|/|ev|$，通过归一化的电流密度表达式，可以讨论电流源为单电子、单束团及周期性电子束团等形式。利用傅里叶变换，通过波动方程式 (3-2-9) 和式 (3-2-10)，得到标势和矢势的如下形式：

$$\phi_k = \frac{4\pi e}{\varepsilon}\frac{1}{k^2-\varepsilon\omega^2/c^2}|\boldsymbol{J}(r,\omega)|\exp(\mathrm{i}\omega t) \tag{3-2-11}$$

$$\boldsymbol{A}_k = \frac{4\pi e}{c}\frac{\boldsymbol{v}}{k^2-\varepsilon\omega^2/c^2}|\boldsymbol{J}(r,\omega)|\exp(\mathrm{i}\omega t) \tag{3-2-12}$$

在法平面内，波数 $\boldsymbol{k}$ 可分解为

$$\boldsymbol{k} = \boldsymbol{q} + k_z\boldsymbol{z} \tag{3-2-13}$$

利用表达式 (3-2-13)，可将电子的速度和角频率分解为

$$\boldsymbol{v} = v(\sin\psi\boldsymbol{x} + \cos\psi\boldsymbol{z}) \tag{3-2-14}$$

$$\omega = \boldsymbol{k}\cdot\boldsymbol{v} = vq\sin\psi\cos\varphi + k_z v\cos\psi \tag{3-2-15}$$

联合式 (3-2-13) ~ 式 (3-2-15)，得到波数在 z 向的分量：

$$k_z = \frac{1}{v\cos\psi}(\omega - vq\sin\psi\cos\varphi) \tag{3-2-16}$$

利用变换关系 $\beta = v/c$ 及 $\kappa = qc/\omega$ ，得到标势和矢势的表达式：

$$\phi_{\omega q} = \frac{4\pi e}{\varepsilon}\frac{1}{q^2 + \dfrac{\omega^2}{(v\cos\psi)^2}(1-\beta\kappa\sin\psi\cos\varphi)^2 - \varepsilon\omega^2/c^2}|\boldsymbol{J}(r,\omega)|\exp(\mathrm{i}\omega t) \tag{3-2-17}$$

$$A_{\omega q} = \frac{4\pi e}{c}\frac{v}{q^2 + \dfrac{\omega^2}{(v\cos\psi)^2}(1-\beta\kappa\sin\psi\cos\varphi)^2 - \varepsilon\omega^2/c^2}|\boldsymbol{J}(r,\omega)|\exp(\mathrm{i}\omega t) \tag{3-2-18}$$

另外，通过表达式 (3-2-7) 可以得到运动电荷的辐射场表达式：

$$E^{\mathrm{e}}_{\omega q} = \mathrm{i}\left(\frac{\omega\varepsilon}{c^2}\boldsymbol{v} - \boldsymbol{k}\right)\phi_{\omega q} \tag{3-2-19}$$

为了求解方便，将运动电荷产生的辐射场分解为平行分量和垂直分量。在矢量 $\boldsymbol{n}$ 与 $\boldsymbol{k}$ 构成的平面内，电场在平行方向的分量可以表示为

$$\left(E_{\omega q}^{\mathrm{r}}\right)_z = \mathrm{i}a\exp\left(\pm \mathrm{i}k_z z\right) \tag{3-2-20}$$

这里，$k_z = \sqrt{\varepsilon\omega^2/c^2 - q^2}$。另一方面，电场的垂直分量通过 $\nabla\cdot\boldsymbol{D} = 0$, i.e., $\varepsilon\left(q \pm k_z n\right)\cdot E_{\omega q} = 0$ 可以确定，得到垂直分量表达式：

$$E_{\omega q}^{\mathrm{r}} = \mathrm{i}a\left(n \mp \frac{q}{q^2}\sqrt{\frac{\varepsilon\omega^2}{c^2} - q^2}\right)\exp\left(\pm \mathrm{i}k_z z\right) \tag{3-2-21}$$

这里，a 是一个未知数，“$\mp$” 中的 “$-$” 和 “$+$” 分别表示 z 的负向和正向。由式 (3-2-19)，库仑场可以表示为

$$\boldsymbol{E}_{\omega q}^{\mathrm{e}} = \mathrm{i}\left[\frac{\omega\varepsilon}{c^2}\left(v_z\boldsymbol{z} + v_q\boldsymbol{q}\right) - \boldsymbol{k}\right]\phi_k \tag{3-2-22}$$

在交界面上，切向的电场 $q\cdot\boldsymbol{E}_{\omega q}$ 和法向电位移 $\varepsilon_n\cdot\boldsymbol{E}_{\omega q}$ 连续。切向电场连续可表示为

$$\begin{aligned}&\frac{4\pi e}{\varepsilon}\frac{\omega/c}{q^2 + \dfrac{\omega^2}{v^2\cos^2\psi}(1-\beta\kappa\sin\psi\cos\varphi)^2 - \varepsilon\dfrac{\omega^2}{c^2}}|\boldsymbol{J}(r,\omega)| - a_2\frac{\sqrt{\varepsilon-\kappa^2}}{\kappa^2}\\ =&4\pi e\frac{\omega/c}{q^2 + \dfrac{\omega^2}{v^2\cos^2\psi}(1-\beta\kappa\sin\psi\cos\varphi)^2 - \dfrac{\omega^2}{c^2}}|\boldsymbol{J}(r,\omega)| - a_1\frac{\sqrt{1-\kappa^2}}{\kappa^2}\end{aligned} \tag{3-2-23}$$

这里，a_1 和 a_2 分别是前向和反向系数。类似地，法向电位移连续可以表示为

$$\begin{aligned}&\frac{4\pi e}{\varepsilon}\frac{\dfrac{\varepsilon\omega}{c^2}v\cos\psi - \dfrac{\omega}{v\cos\psi}(1-\beta\kappa\sin\psi\cos\varphi)}{q^2 + \dfrac{\omega^2}{v^2\cos^2\psi}(1-\beta\kappa\sin\psi\cos\varphi)^2 - \varepsilon\dfrac{\omega^2}{c^2}}|\boldsymbol{J}(r,\omega)| + \varepsilon a_2\\ =&4\pi e\frac{\dfrac{\omega}{c^2}v\cos\psi - \dfrac{\omega}{v\cos\psi}(1-\beta\kappa\sin\psi\cos\varphi)}{q^2 + \dfrac{\omega^2}{v^2\cos^2\psi}(1-\beta\kappa\sin\psi\cos\varphi)^2 - \dfrac{\omega^2}{c^2}}|\boldsymbol{J}(r,\omega)| + a_1\end{aligned} \tag{3-2-24}$$

通过表达式 (3-2-23) 和式 (3-2-24)，得到前向系数 a_1 的表达式：

$$a_1 = \frac{4\pi eB_c(\varepsilon-1)\left[\kappa^2\left(1-S_c+Q_1B_c-B_c^2\right) - S_cQ_1B_c\right]\cdot|\boldsymbol{J}(r,\omega)|}{\omega\left[\left(1-S_c\right)^2 - \beta^2 + \beta^2\kappa^2\right]\left[\left(1-S_c\right)+Q_1B_c\right]\left[Q_1+\varepsilon\sqrt{1-\kappa^2}\right]} \tag{3-2-25}$$

这里，$Q_1=\sqrt{\varepsilon-\kappa^2}$，$S_c=\beta\kappa\sin\psi\cos\varphi$，$B_c=\beta\cos\psi$。

为了计算电荷粒子从介质面向真空方向辐射 (这里考虑反向辐射) 的能量，假设观察点位置相对运动电荷的位置足够远，这样可以很好地区分辐射场与运动电荷本身产生的场，辐射能量表达式为

$$W=\frac{1}{4\pi}\int\mathrm{d}x\mathrm{d}y\int_{-\infty}^{\infty}\boldsymbol{E}^2\mathrm{d}z \tag{3-2-26}$$

上式中的电场表示为

$$\boldsymbol{E}=\int\boldsymbol{E}_{\omega q}(r,\omega)\exp[\mathrm{i}(q\cdot r-\omega t)]\mathrm{d}\omega\mathrm{d}^2q/(2\pi)^3 \tag{3-2-27}$$

利用表达式 (3-2-27)，得到电场的平方表达式：

$$E^2=\int E_{\omega q}\cdot E_{\omega q}^*(r,\omega)\exp\left[\mathrm{i}\left((q-q')\cdot r-(\omega-\omega')\,t\right)\right]\mathrm{d}\omega\mathrm{d}\omega'\mathrm{d}^2q\mathrm{d}^2q'/(2\pi)^6 \tag{3-2-28}$$

利用函数 $(2\pi)^2\delta\,(q-q')$，并且在 d^2q' 上积分可以得到

$$W=\frac{1}{4\pi}\int_{-\infty}^{\infty}\mathrm{d}r\int E_{\omega q}(r,\omega)E_{\omega q}^*(r,\omega)\exp\left[-\mathrm{i}\,(\omega-\omega')\,t\right]\mathrm{d}\omega\mathrm{d}\omega'\mathrm{d}^2q/(2\pi)^4 \tag{3-2-29}$$

与此同时，对 ω 和 ω' 在 $-\infty$ 到 ∞ 积分，消除第二项从而得到能量的表达式：

$$W=\int_0^{\infty}\int|a_1(\omega,q)|^2\sqrt{1-\frac{c^2q^2}{\omega^2}}\frac{\omega^2}{cq^2}\mathrm{d}\omega\mathrm{d}^2q/(2\pi)^4 \tag{3-2-30}$$

这里要特别注意的是，对 $\mathrm{d}^2q/(2\pi)^4$ 进行积分是在 $q^2<\omega^2/c^2$ 的条件下，也就是 k_z 是实数, 它代表的是传输波，反之，代表的是倏逝波。利用 $q=\omega\sin\theta/c$ 以及对 $\mathrm{d}^2q=(\omega^2/c^2)\sin\theta\mathrm{d}\theta\mathrm{d}\varphi$ 积分，可以得到平行方向辐射的总能量：

$$\begin{aligned}W_{//}&=\frac{1}{c(2\pi)^4}\int_0^{\infty}\mathrm{d}\omega\int_0^{2\pi}\mathrm{d}\varphi\int_0^{\pi/2}|a_1(\omega,q)|^2\frac{\cos^2\theta}{\sin\theta}\mathrm{d}\theta\\&=\frac{1}{c(2\pi)^4}\int_0^{\infty}\mathrm{d}\omega\int_0^{2\pi}\mathrm{d}\varphi\int_0^{\pi/2}\sin\theta\mathrm{d}\theta\frac{\mathrm{d}^2W_{//}}{\mathrm{d}\Omega\mathrm{d}\omega}(\omega,\psi,\theta,\varphi)\end{aligned} \tag{3-2-31}$$

式中，$\dfrac{\mathrm{d}^2W_{//}}{\mathrm{d}\Omega\mathrm{d}\omega}(\omega,\psi,\theta,\varphi)$ 表示平行方向电场的能量，其大小与辐射频率、电子入射

的角度等因素有关，对比表达式 (3-2-25)，可以得到平行方向辐射能量的表达式：

$$\begin{aligned}&\frac{\mathrm{d}^2W_{//}}{\mathrm{d}\Omega\mathrm{d}\omega}(\omega,\psi,\theta,\varphi)\\&=\frac{1}{(2\pi)^4c}\cdot\frac{\cos^2\theta}{\sin^2\theta}\cdot|a_1(\omega,\psi,\theta,\varphi)|^2\\&=\frac{e^2}{\pi^2c}\cdot\frac{1}{\sin^2\theta}\cdot\frac{\beta^2\cos^2\theta\cos^2\psi|\varepsilon-1|^2\cdot|\boldsymbol{J}(r,\omega)|^2}{[(1-\beta\sin\theta\sin\psi\cos\varphi)^2-\beta^2\cos^2\psi\cos^2\theta]^2}\\&\quad\times\left[\sin^2\theta\left(1-\beta\sin\theta\sin\psi\cos\varphi+\beta\sqrt{\varepsilon-\sin^2\theta}\cos\psi-\beta^2\cos^2\psi\right)\right.\\&\quad-\beta^2\sin\theta\sin\psi\cos\varphi\sqrt{\varepsilon-\sin^2\theta}\cos\psi\Big/\left(\left(1-\beta\sin\theta\sin\psi\cos\varphi\right.\right.\\&\quad\left.\left.\left.+\beta\sqrt{\varepsilon-\sin^2\theta}\cos\psi\right)\left(\sqrt{\varepsilon-\sin^2\theta}+\varepsilon\cos\theta\right)\right)\right]^2\end{aligned}\tag{3-2-32}$$

类似地，垂直方向电场 $E_\perp$ 可以通过求解水平方向的磁场得到，从而垂直方向的辐射能量可以表示为

$$\begin{aligned}&\frac{\mathrm{d}^2W_\perp}{\mathrm{d}\Omega\mathrm{d}\omega}(\omega,\psi,\theta,\varphi)\\&=\frac{e^2}{\pi^2c}\cdot\frac{\beta^6\sin^2\psi\cos^2\theta\sin^4\psi\sin^2\varphi|\varepsilon-1|^2\cdot|\boldsymbol{J}(r,\omega)|^2}{[(1-\beta\sin\theta\sin\psi\cos\varphi)^2-\beta^2\cos^2\psi\cos^2\theta]^2}\\&\quad\times\left[\frac{1}{\left(1-\beta\sin\theta\sin\psi\cos\varphi+\beta\sqrt{\varepsilon-\sin^2\theta}\cos\psi\right)\left(\sqrt{\varepsilon-\sin^2\theta}+\cos\theta\right)}\right]^2\end{aligned}\tag{3-2-33}$$

从式 (3-2-32) 和式 (3-2-33) 可以得到运动电荷在介质交界处向后辐射总能量表达式为

$$\frac{\mathrm{d}^2W}{\mathrm{d}\Omega\mathrm{d}\omega}=\left(\frac{\mathrm{d}^2W'_\perp}{\mathrm{d}\Omega\mathrm{d}\omega}+\frac{\mathrm{d}^2W'_{//}}{\mathrm{d}\Omega\mathrm{d}\omega}\right)|\boldsymbol{J}(r,\omega)|\tag{3-2-34}$$

式中，

$$\begin{aligned}\frac{\mathrm{d}^2W'_{//}}{\mathrm{d}\Omega\mathrm{d}\omega}(\omega,\psi,\theta,\varphi)=&\frac{e^2}{\pi^2c}\cdot\frac{1}{\sin^2\theta}\cdot\frac{\beta^2\cos^2\theta\cos^2\psi|\varepsilon-1|^2}{A^2}\\&\times\left[\frac{\sin^2\theta\,(1-\beta D+\beta C-\beta^2\cos^2\psi)-\beta^2DC}{B}\right]^2\end{aligned}$$

$$\frac{\mathrm{d}^2W_\perp}{\mathrm{d}\Omega\mathrm{d}\omega}(\omega,\psi,\theta,\varphi)=\frac{e^2}{\pi^2c}\cdot\frac{\beta^6\sin^2\psi\cos^2\theta\sin^4\psi\sin^2\varphi|\varepsilon-1|^2}{A^2}\cdot\frac{1}{B^2}$$

其中，

$$A = (1 - \beta \sin\theta \sin\psi \cos\varphi)^2 - \beta^2 \cos^2\psi \cos^2\theta$$

$$B = \left(1 - \beta \sin\theta \sin\psi \cos\varphi + \beta\sqrt{\varepsilon - \sin^2\theta}\cos\psi\right)\left(\sqrt{\varepsilon - \sin^2\theta} + \varepsilon\cos\theta\right)$$

$$C = \sqrt{\varepsilon - \sin^2\theta}\cos\psi$$

$$D = \sin\theta \sin\psi \cos\varphi$$

这里，c 是真空中的光速，另外 $\dfrac{\mathrm{d}^2 W_{//}}{\mathrm{d}\Omega \mathrm{d}\omega}$ 和 $\dfrac{\mathrm{d}^2 W_{\perp}}{\mathrm{d}\Omega \mathrm{d}\omega}$ 分别表示水平、垂直方向的辐射能量。更为明显的是，通过引入的归一化电流密度，可以讨论各种不同种电流源产生渡越辐射的能量特征。下面对单电子、超短电子束团及周期性超短电子束团产生渡越辐射的特征进行详细的分析。

3.2.2　渡越辐射的太赫兹能量

1. 单电子渡越辐射特征

首先假设电流源由单电子组成，根据文献 [6] 的描述，其电流密度可以表示为

$$\boldsymbol{J}(r,t) = e\boldsymbol{v}\delta(r - vt) \tag{3-2-35}$$

利用式 (3-2-35) 的 FFT，归一化的电流密度表示为

$$|\boldsymbol{J}(r,\omega)| = \left|\int_{-\infty}^{\infty} \boldsymbol{J}(r,t)\exp(\mathrm{i}\omega t)\mathrm{d}t\right| / |ev| \tag{3-2-36}$$

联合式 (3-2-35) ~ 式 (3-2-36)，得到归一化的电流源 $|\boldsymbol{J}(r,\omega)| = 1$。另一方面，运动电子穿过的材料为良导体 ($\varepsilon \to \infty$)，从而得到单电子产生渡越辐射的能量在水平及垂直方向的表达式 [7]：

$$\frac{\mathrm{d}^2 W_{//}}{\mathrm{d}\Omega \mathrm{d}\omega}(\omega,\psi,\theta,\varphi) = \frac{e^2\beta^2}{\pi^2 c} \cdot \frac{\cos^2\psi(\sin\theta - \beta\sin\psi\cos\varphi)^2}{\left[(1 - \beta\sin\theta\sin\psi\cos\varphi)^2 - \beta^2\cos^2\psi\cos^2\theta\right]^2} \tag{3-2-37}$$

$$\frac{\mathrm{d}^2 W_{\perp}}{\mathrm{d}\Omega \mathrm{d}\omega}(\omega,\psi,\theta,\varphi) = \frac{e^2\beta^2}{\pi^2 c} \cdot \frac{\cos^2\psi\left(\beta^2\sin\psi\cos\theta\sin\varphi\right)^2}{\left[(1 - \beta\sin\theta\sin\psi\cos\varphi)^2 - \beta^2\cos^2\psi\cos^2\theta\right]^2} \tag{3-2-38}$$

假设电子入射角度 0°，此时能量的表达式 (3-2-37) 及式 (3-2-38) 简化为 [8]

$$\frac{\mathrm{d}^2 W}{\mathrm{d}\Omega \mathrm{d}\omega}(\omega,\psi,\theta,\varphi) = \frac{e^2\beta^2}{\pi^2 c} \cdot \frac{\sin^2\theta}{\left(1 - \beta^2\cos^2\theta\right)^2} \tag{3-2-39}$$

表达式 (3-2-39) 是单电子渡越辐射能量的表达式，其与 φ 无关，适用于远场辐射，而电子在近场及辐射体为有限大小时产生的渡越辐射将在后续中讨论。

2. 单束团的相干渡越辐射特性

根据辐射理论，当电子束团长度比辐射波长小或者与辐射波长可相比拟时，产生的辐射是相干辐射，其强度与束团内电子数的平方 N^2 成正比；反之，当电子束团长度大于辐射波长时，产生的辐射为非相干辐射，其强度与束团内电子数 N 成正比。在后续讨论中，主要关注超短电子束团产生的相干辐射。假设电子束团的电流密度可表示为

$$\boldsymbol{J}(r,t)=e\boldsymbol{v}\sum_{i=1}^{N_{\mathrm{b}}}f\left(r-r_0\right) \tag{3-2-40}$$

式中，$f(r)$ 是脉冲束团的形状并且满足 $\int_{-\infty}^{\infty}f\left(r-r_0\right)\mathrm{d}r=1$；$r_0$ 是束团中心。利用快速傅里叶变换 (FFT)，其电流源的表达式可以表示为

$$|\boldsymbol{J}(r,\omega)|=ev\int_{-\infty}^{\infty}\sum_{i=1}^{N}f\left(r-r_0\right)\exp(\mathrm{i}\omega t)\mathrm{d}t=evNM_{\mathrm{b}}\exp\left(\mathrm{i}\omega t_0\right) \tag{3-2-41}$$

式中，$M_{\mathrm{b}}(\omega)$ 是束团形状因子，利用束团形状函数 $f(r)$，形状因子可以表示为

$$M_{\mathrm{b}}(\omega)=\int_{-\infty}^{\infty}f(r)\exp(\mathrm{i}\omega t)\mathrm{d}t \tag{3-2-42}$$

从表达式 (3-2-41)、式 (3-2-42)，得到单电子束团的归一化电流密度函数为

$$|\boldsymbol{J}(r,\omega)|=|J(r,\omega)|/|ev|=NM_{\mathrm{b}} \tag{3-2-43}$$

将式 (3-2-43) 代入式 (3-2-32) 和式 (3-2-33)，单电子束团的能量分布表示为

$$\frac{\mathrm{d}^2W}{\mathrm{d}\Omega\mathrm{d}\omega}=\left(\frac{\mathrm{d}^2W_{\perp}}{\mathrm{d}\Omega\mathrm{d}\omega}+\frac{\mathrm{d}^2W_{//}}{\mathrm{d}\Omega\mathrm{d}\omega}\right)(NM_{\mathrm{b}})^2 \tag{3-2-44}$$

从表达式 (3-2-44) 可以看出，电子束团的辐射能量是正比于 $(NM_{\mathrm{b}})^2$ 的，与束团形状密切相关。假设束团的形状分布为高斯分布，高斯分布函数为 $f(z)=\exp\left(-z^2/(2\sigma_z^2)\right)/\left(\sqrt{2\pi}\sigma_z\right)$，利用表达式 (3-2-42)，高斯脉冲束团的形状因子可以表示为 [9]

$$M_{\mathrm{b}}\left(\omega,\sigma_z\right)=\exp\left(-\frac{1}{2}\frac{\omega^2}{c^2}\sigma_z^2\right) \tag{3-2-45}$$

式中，σ_z 是高斯脉冲的标准宽度。类似地，假设矩形束团具有分布函数 $\mathrm{Re}\,ct(z/l)$，其函数形式为

$$\mathrm{Re}\,ct(z/l)=\begin{cases}1, & -l/2\leqslant z\leqslant l/2\\ 0, & |z|>l/2\end{cases} \tag{3-2-46}$$

这里，l 是矩形束团长度，利用 FFT，形状因子为

$$M_{\mathrm{b}}(\omega, l)=\frac{\sin(\omega l/(2c))}{\omega l/(2c)} \tag{3-2-47}$$

从表达式 (3-2-45) 和式 (3-2-47) 可以看出，当辐射信号的角频率 ω 趋近于 0 时，形状因子的最大值为 1，然而 0 频率不是器件的工作频率。在计算中，可以假设脉冲束团的形状 $f(z)=\delta(z)$，从而可以使得辐射功率或者能量达到最大值。

3. 周期性电子束团产生的相干渡越辐射

假设周期性电子束团由 N_m 个均匀排列、重复频率为 ω_{b} 的电子束团组成，它们具有相同的脉冲形状 $f(r-r_{0j})$ $(j=1,\cdots,N_m)$，每个束团内部有 $N_{\mathrm{b}j}=N_{\mathrm{b}}$，则周期性电流源可表示为 [9,10]

$$\boldsymbol{J}(r,t)=e\boldsymbol{v}\sum_{j=0}^{N_m-1}\sum_{n=1}^{N_{\mathrm{b}j}} f(r-r_{0j})\delta(r-vt) \tag{3-2-48}$$

式中，$t=t_0+j\cdot 2\pi/\omega_{\mathrm{b}}$，$r_{0j}$ 是第 j 个束团粒子的中心。利用周期性电流源公式 (3-2-48) 的 FFT，从而得到周期性电流源的表达式：

$$\begin{aligned}\boldsymbol{J}(r,\omega)&=e\boldsymbol{v}\sum_{j=0}^{N_m-1}\sum_{n=1}^{N_{\mathrm{b}j}}\int f\left(r-r_{0j}\right)\delta(r-vt)\exp(\mathrm{i}\omega t)\mathrm{d}t\\&=e\boldsymbol{v}NM_M(\omega)M_{\mathrm{b}}(\omega)\exp\left(\mathrm{i}\omega t_0\right)\end{aligned} \tag{3-2-49}$$

式中，$N=N_mN_{\mathrm{b}}$，周期性束团形状因子 $M_M(\omega)$ 表示为

$$M_M(\omega)=\exp\left[-\mathrm{i}\pi\left(N_m-1\right)\omega/\omega_{\mathrm{b}}\right]\cdot\frac{\sin\left(N_m\pi\omega/\omega_{\mathrm{b}}\right)}{N_m\sin\left(\pi\omega/\omega_{\mathrm{b}}\right)} \tag{3-2-50}$$

对单个电子束团而言，其束团因子 $M_{\mathrm{b}}(\omega)$ 表示为

$$M_{\mathrm{b}}(\omega)=\int_{-\pi/\omega_{\mathrm{b}}}^{\pi/\omega_{\mathrm{b}}} f(r)\exp(\mathrm{i}\omega t)\mathrm{d}t \tag{3-2-51}$$

从公式 (3-2-49)，周期性电子束团的归一化电流表示为

$$|\boldsymbol{J}(r,\omega)|=|J(r,\omega)|/|ev|=NM_{\mathrm{b}}M_M \tag{3-2-52}$$

利用归一化电流密度，得到周期性电子束团的辐射能量表达式：

$$\frac{\mathrm{d}^2W}{\mathrm{d}\Omega\mathrm{d}\omega}=\left(\frac{\mathrm{d}^2W_{//}}{\mathrm{d}\Omega\mathrm{d}\omega}+\frac{\mathrm{d}^2W_{\perp}}{\mathrm{d}\Omega\mathrm{d}\omega}\right)\left(NM_{\mathrm{b}}M_M\right)^2 \tag{3-2-53}$$

比较周期性电子束团辐射能量公式 (3-2-53) 与单电子束团辐射能量公式 (3-2-44) 可以看出，两者最为明显的区别是形状因子 M_M，因为其峰值可以等于“1”，并且在谐波频率 $n\omega_\mathrm{b}$ 处其辐射信号的带宽为 N_b^{-1}，相对于非相干辐射而言，周期性电子束团辐射信号的幅值提高了 N_b。另一方面，可以产生周期性的信号频率为 $\omega=\omega_\mathrm{b}/n$，这意味着利用周期性脉冲电子束团，可以得到窄带高功率的太赫兹辐射，调整周期性脉冲电子束团的频率间隔，可以实现辐射信号的可调。

3.2.3 渡越辐射的太赫兹波辐射特征

在数值计算中，分析 3 种电流源：单电子、单电子束团和周期性电子束团，首先分析单电子与良导体产生的渡越辐射特征 [11]。

1. 单电子渡越辐射特征

从表达式 (3-2-39) 可以看出，当单电子垂直入射到介质上面时，产生的渡越辐射仅与辐射角度有关。图 3.2.2 表示单电子垂直入射时能量的三维分布及在平面上的投影图。图示表明，辐射强度是关于观察角 θ 对称的。在 $\theta=0°$ 处，其辐射强度为零，主要是由径向极化电流产生的。

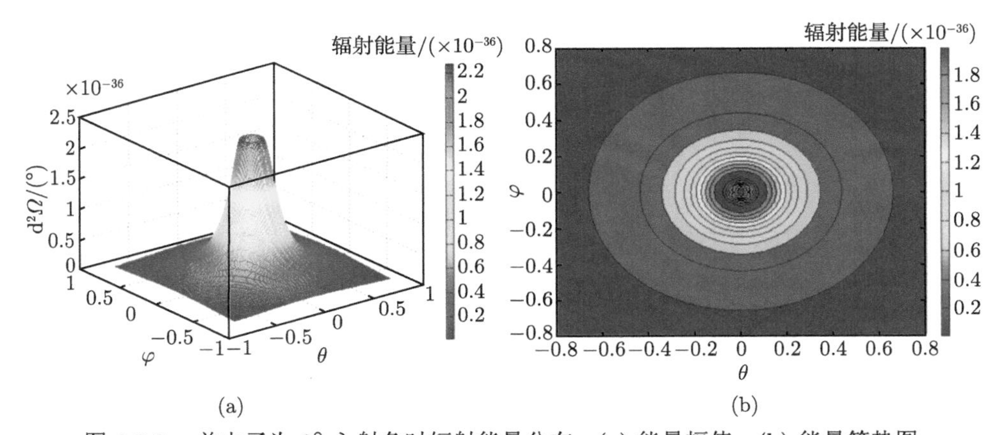

图 3.2.2 单电子为 0° 入射角时辐射能量分布：(a) 能量幅值；(b) 能量等势图

图 3.2.3 表示单电子以 $\psi=45°$ 入射到辐射材料上，通过表达式 (3-2-34)、式 (3-2-37) 和式 (3-2-38) 得到单电子斜入射到介质材料上的能量分布图。从图 3.2.3 可以看出，当单电子斜入射时，辐射能量相对于观察角而言，呈不对称分布。产生这种不对称的原因主要是电子斜入射时，在介质与真空的交界面上，产生的极化电流是不对称的，从而导致辐射能量的不对称。由于可以更好地得到电子的辐射能量，因此这种斜入射的方式被广泛用于电子束团的长度诊断及产生太赫兹等实验中。

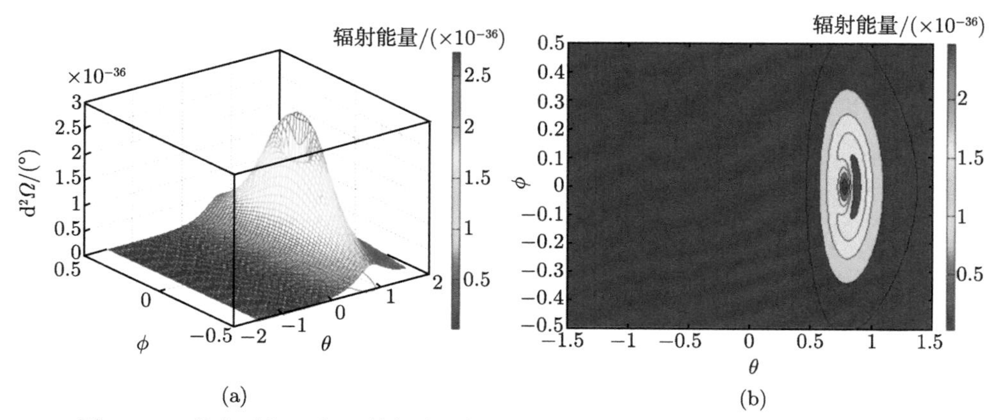

图 3.2.3 单电子为 45° 入射角时辐射能量分布：(a) 能量幅值；(b) 能量等势图

图 3.2.4 表示单电子在不同入射角时，辐射能量与观察角的关系。从图可以看出，当入射角 $\psi=0°$ 时 (相对于法线方向)，辐射能量相对于观察角呈对称分布；当入射角大于 0° 时，辐射能量明显地呈不对称分布，并且随着入射角度的增大，不对称分布特征更为明显。

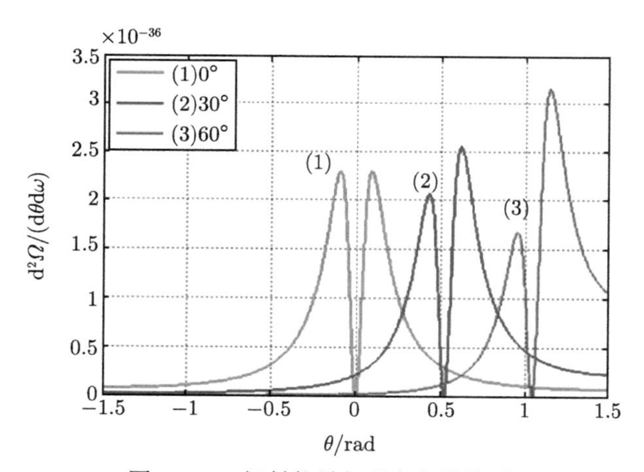

图 3.2.4 辐射能量与观察角的关系

图 3.2.5 表示辐射能量与观察角及介电常量的三维分布图。图示表明，辐射能量与介电常量有关，当介质为良导体时，产生的辐射能量最强。主要原因是当辐射体为良导体时，系统的损耗最小。

2. 单电子束团 CTR 的辐射特征

太赫兹的相干渡越辐射 (CTR) 实验一般是在光阴极微波电子枪的实验平台上完成的。本章的实验是在清华大学加速器实验室完成的，超短电子束团是通过

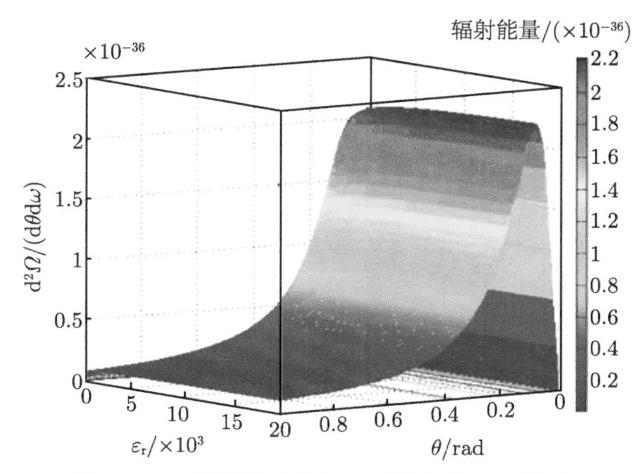

图 3.2.5 辐射能量分布与观察角及介电常量

光阴极微波电子枪产生的，该系统由 1.6 腔频率为 2856MHz 的微波电子枪、飞秒激光系统及 RF 加速系统组成。激光系统通过脉冲整形，可以产生高斯、矩形及平顶形状的脉冲，从而产生不同形状的电子束团。

图 3.2.6 和图 3.2.7 分别表示高斯、矩形脉冲电子束团的形状及其形状因子。从图中可以看出，高斯脉冲的形状因子幅度比矩形脉冲的大。从这一角度说明，采用高斯脉冲束团有利于提高 CTR 强度。

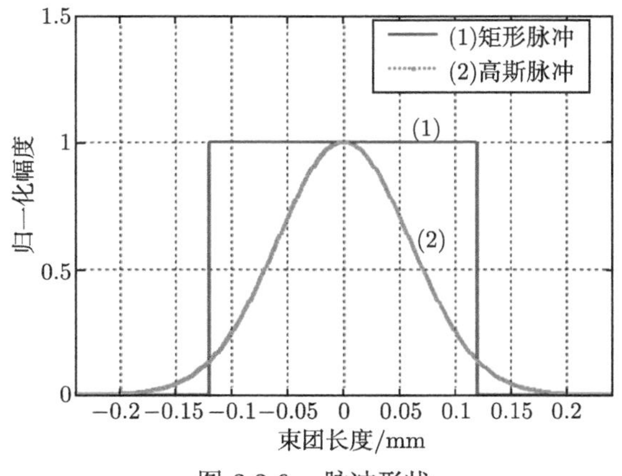

图 3.2.6 脉冲形状

图 3.2.8 表示固定频率为 0.5THz、具有不同形状因子的电子束团产生 CTR 能量特征。图 3.2.8 (a) 和 (b) 分别表示入射角度为 0° 和 45° 时的能量特征。从图可以看出，在 0° 时，能量关于观察角是对称分布的，而在斜入射时，能量是不

对称分布的。另一方面，在相同束团长度的条件下，δ 函数状的辐射能量最大，这是一个理想的情况，在实际中很难办到；因此在实验中，常常将电子束团压缩成高斯脉冲状。

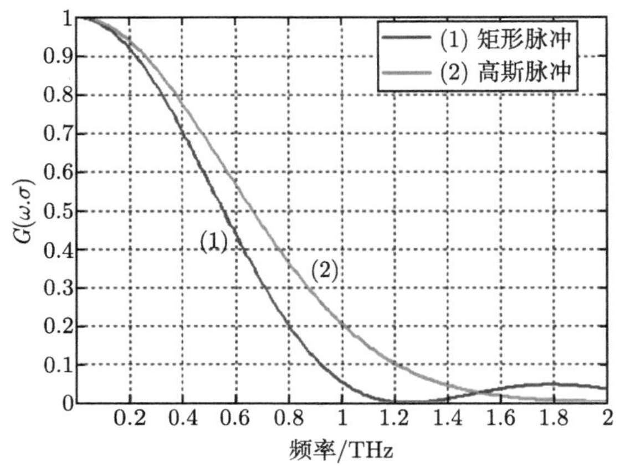

图 3.2.7　形状因子

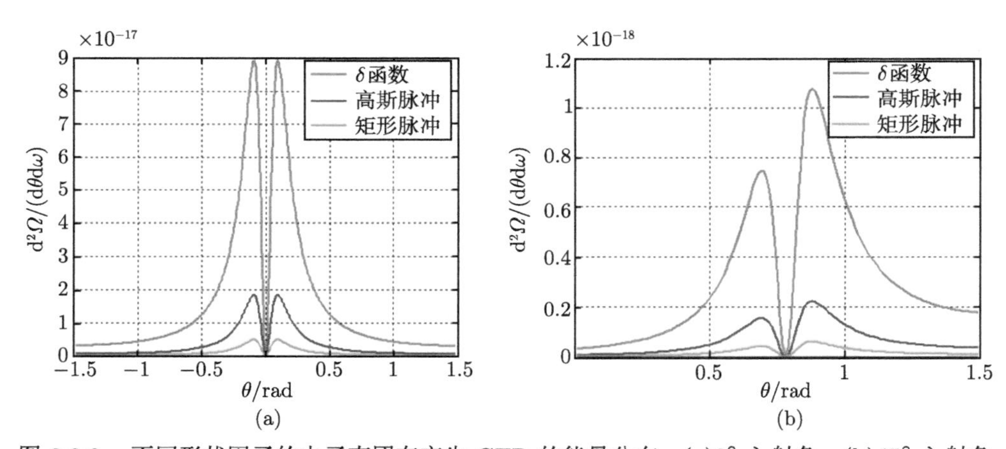

图 3.2.8　不同形状因子的电子束团在产生 CTR 的能量分布：(a)0° 入射角；(b)45° 入射角

图 3.2.9 表示高斯电子束团以 0° 入射到介质板时，辐射能量与频率及观察角的三维分布图。图示表明辐射能量是关于观察角对称的，能量幅值随着频率的升高而降低，因此在后续的研究中，为了获得高能量的太赫兹波辐射，集中研究低频段的太赫兹波辐射。

在考虑电子束团形状因子的条件下，对能量分布公式 (3-2-53) 在立体角度 $\mathrm{d}\Omega=2\pi\sin\theta\mathrm{d}\theta$ 积分，得到不同长度高斯脉冲的 CTR 辐射能量分布与辐射频率的关系 (图 3.2.10)。图示表明在电荷量相同的情况下，短电子束团的辐射能量明显大于长电子束团的，因此，获取超短电子束团对产生高能量的太赫兹辐射波是至关重要的。在这一部分，假设束团的电荷量为 1.0nC，在辐射频率可以达到 3.0THz 的条件下，其辐射能量为 113.6μJ；如果考虑电子束团的重复频率为 10Hz，可得到其辐射功率为 1.13MW。

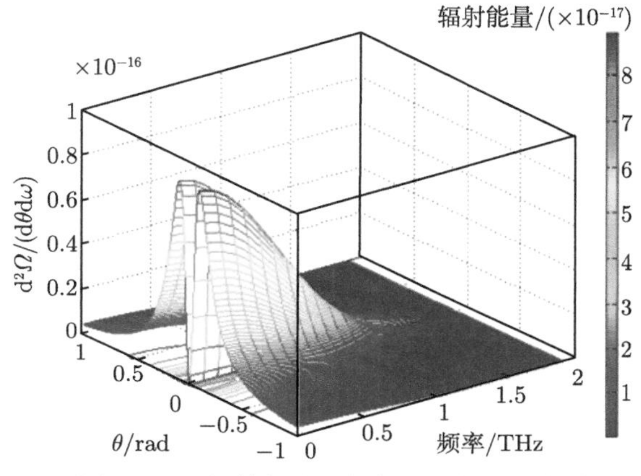

图 3.2.9 辐射能量与频率及观察角的关系

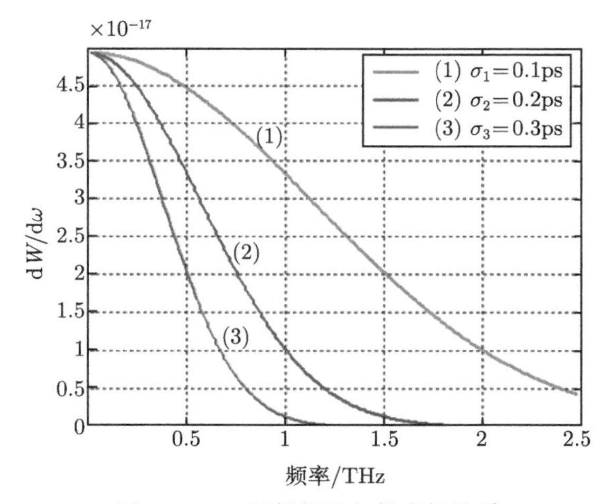

图 3.2.10 辐射能量与频率的关系

3. 周期性电子束团

由于激光技术及其相关科学的发展，飞秒激光系统可以产生约 10fs 的短脉冲，通过脉冲整形可以将其调制成周期性的脉冲串，例如通过法布里–珀罗 (F-P) 干涉仪、四波混频、双折射晶体及电光调制的方法，实现脉冲整形 [12–16]。在实验平台上，主要是通过 α-硼酸钡 (α-BBO) 晶体序列产生周期性的脉冲串，利用其驱动光阴极微波系统从而产生周期性的电子束团。

图 3.2.11(a) 和 (b) 分别表示标准长度为 0.2ps 的高斯脉冲及长度为 0.024mm 的矩形脉冲，这里主要取周期束团为 4 个脉冲。根据周期性束团的形状因子 $|M_M(\omega)|$，得到宏脉冲 (束团) 形状因子，如图 3.2.12 所示。图示表明，在谐波频率 $f=nf_0$ 处，形状因子最大幅值为 1。

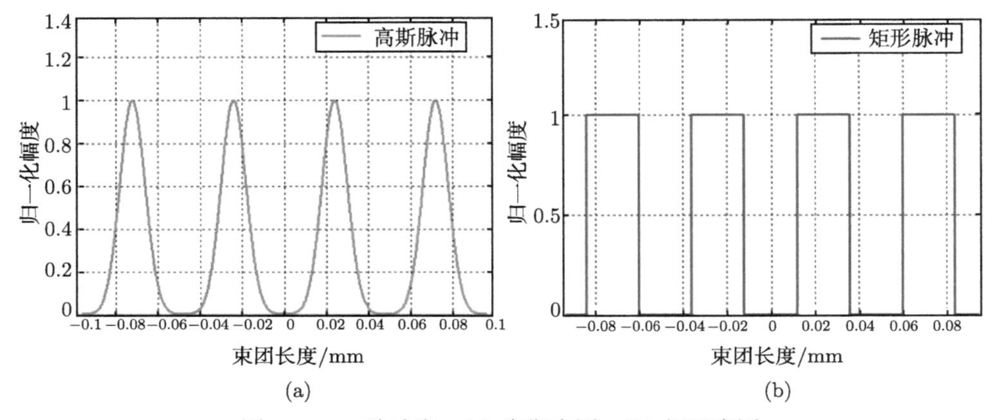

图 3.2.11　脉冲串：(a) 高斯束团；(b) 矩形束团

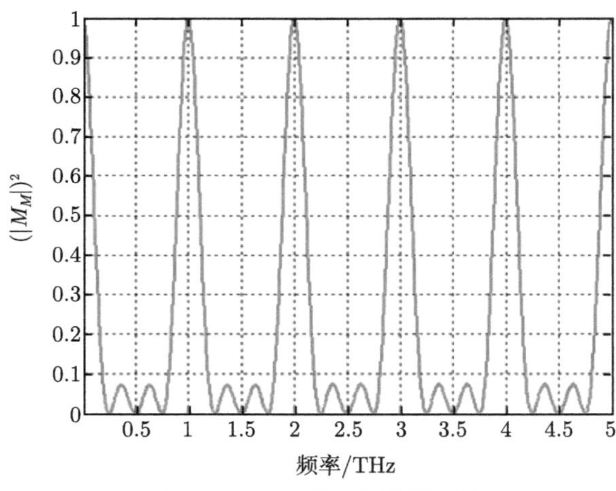

图 3.2.12　宏脉冲的形状因子

图 3.2.13 是根据式 (3-2-50) 和式 (3-2-51) 得到的形状因子，它表示单个电子束团在周期性脉冲串中的形状因子。这里考虑电子束团在纵向为高斯分布，束团的重复频率为 1.0THz，积分可以得到脉冲串的辐射能量为 487.4μJ。结果表明，采

用周期性的脉冲串，可以显著提高 CTR 的辐射能量，与此同时，可以调节 CTR 的辐射频率。

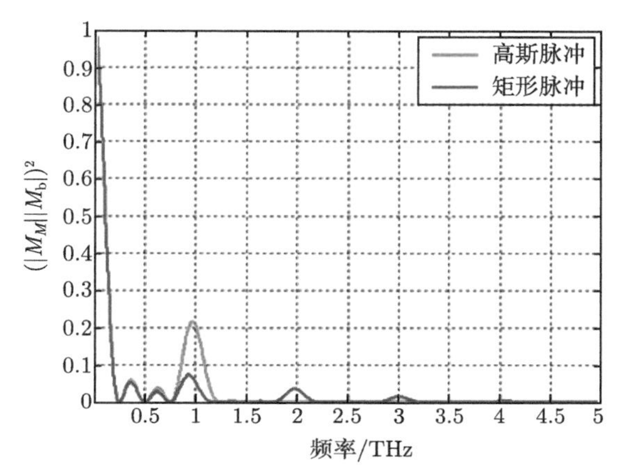

图 3.2.13 高斯脉冲串及矩形脉冲串的形状因子

3.3 有限尺寸束靶相干渡越的太赫兹波辐射

在 3.2 节中产生的渡越辐射是在观察点无限远、带电荷的粒子与无限大尺寸束靶相互作用的条件下进行的分析。但是在实际中，电荷粒子在纵向、横向都有一定的尺寸，束靶的尺寸及观察点的距离是有限的，本节主要讨论电荷粒子与有限尺寸束靶产生太赫兹辐射 [17]。

3.3.1 有限尺寸束靶的物理模型

这一部分的研究思路是，先假设束靶是有限尺寸，分析其大小对辐射特征的影响，然后进一步考虑电子束团的有限尺寸因素。

假设辐射体是一个半径为 a 的圆盘，并且电荷粒子在圆盘面上均匀分布，与角度 ϕ 的分布无关 (图 3.3.1)。在柱坐标系中，

$$\nabla \cdot \boldsymbol{E} = \frac{1}{r}\frac{\partial(rE_r)}{\partial r} + \frac{\partial(E_z)}{\partial z} = \rho/\varepsilon_0 \tag{3-3-1}$$

以及麦克斯韦方程组的第三和第四个方程：

$$\nabla \times \boldsymbol{E} + \frac{1}{c}\frac{\partial \boldsymbol{H}}{\partial t} = 0, \quad \nabla \times \boldsymbol{H} - \frac{1}{c}\frac{\partial \boldsymbol{E}}{\partial t} = \frac{4\pi}{c}\boldsymbol{J} \tag{3-3-2}$$

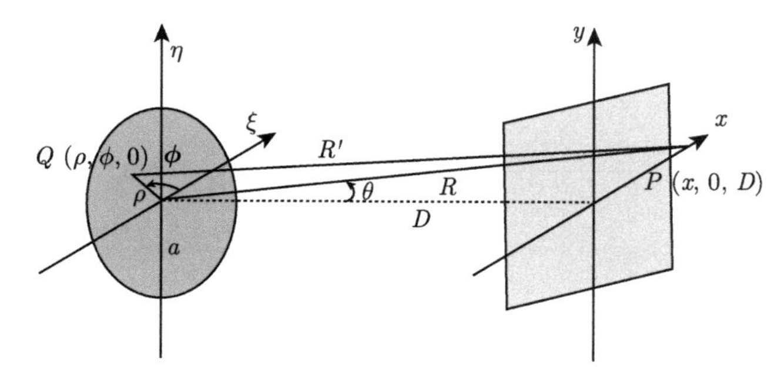

图 3.3.1　有限大小圆盘产生 CTR 的示意图

在柱坐标系中，

$$\frac{\partial E_r}{\partial z}-\frac{\partial E_z}{\partial r}=-\frac{1}{c}\frac{\partial H_\phi}{\partial t} \tag{3-3-3}$$

$$-\frac{\partial H_\phi}{\partial z}=\frac{1}{c}\frac{\partial E_r}{\partial t} \tag{3-3-4}$$

$$\frac{1}{r}\frac{\partial(rH_\phi)}{\partial r}=\frac{4\pi}{c}j_z+\frac{1}{c}\frac{\partial E_z}{\partial t} \tag{3-3-5}$$

利用波数与角频率的关系 $k=\omega/(\beta c)$，将式 (3-3-5) 变换为

$$\frac{1}{r}\frac{\partial\left(r\,\widetilde{E}_r\right)}{\partial r}+\mathrm{i}k\,\widetilde{E}_z=\tilde{\rho} \tag{3-3-6}$$

$$\mathrm{i}k\,\widetilde{E}_r-\frac{\partial\left(\widetilde{E}_z\right)}{\partial r}=\mathrm{i}k\beta\,\widetilde{H}_\phi \tag{3-3-7}$$

$$-\mathrm{i}k\,\widetilde{H}_\phi=-\mathrm{i}k\beta\,\widetilde{E}_r \tag{3-3-8}$$

$$\frac{1}{r}\frac{\partial\left(r\,\widetilde{E}_r\right)}{\partial r}+\mathrm{i}k\,\widetilde{E}_z=\tilde{\rho} \tag{3-3-9}$$

加上麦克斯韦方程组的第二和第三个方程，得到纵向电场与横向电场的关系为

$$\frac{\partial\,\widetilde{E}_z}{\partial r}=\frac{\mathrm{i}k}{\gamma^2}\,\widetilde{E}_r \tag{3-3-10}$$

将式 (3-3-10) 代入式 (3-3-1) 可得到

$$\frac{\partial^2\tilde{E}_z}{\partial r^2}+\frac{1}{r}\frac{\partial\tilde{E}_z}{\partial r}-\frac{k^2}{\gamma^2}\tilde{E}_z=\frac{\mathrm{i}k\tilde{\rho}}{\gamma^2} \tag{3-3-11}$$

联立式 (3-3-10)、式 (3-3-11) 可解得纵向场与横向场的表达式

$$\tilde{E}_z(r,k)=\frac{-\mathrm{i}qk}{\pi\beta\gamma^2 c}\mathrm{K}_0\left(\frac{k}{\gamma}r\right) \tag{3-3-12}$$

$$\tilde{E}_r(r,k)=\frac{qk}{\pi\beta\gamma^2 c}\mathrm{K}_1\left(\frac{k}{\gamma}r\right) \tag{3-3-13}$$

假设在平面上 $P(x,0,D)$ 处有面积元 $\rho\mathrm{d}\rho\mathrm{d}\phi$，在 P 点的电场可通过 TR 积分得到

$$E_x(P,\omega)=-\frac{\mathrm{i}k}{2\pi}\int_0^a\int_0^{2\pi}\tilde{E}_r(\rho,\omega)\cos\phi\frac{\exp(\mathrm{i}kR')}{R'}\mathrm{d}\phi\mathrm{d}\rho \tag{3-3-14}$$

下面分两种情况讨论电场的分布情况，即远场区域和近场区域。

1. 远场区域

当束靶尺寸为有限大小时，观察点的距离拓展为

$$R'=\sqrt{D^2+(x-\rho\cos\phi)^2+(\rho\sin\phi)^2}\approx R-\frac{x\rho\cos\phi}{R}+\frac{\rho^2}{2R} \tag{3-3-15}$$

其中，

$$R=\sqrt{D^2+x^2} \tag{3-3-16}$$

在远场中，通常考虑到第二项，在近场中，通常考虑到第三项。利用式 (3-3-14) ~ 式 (3-3-16)，可以得到

$$\frac{\exp(\mathrm{i}kR')}{R'}\approx\frac{\exp(\mathrm{i}kR)}{R}\exp(-\mathrm{i}k\rho\sin\theta\cos\phi) \tag{3-3-17}$$

上式中，利用表达式 $\sin\theta=x/R$ 和表达式 (3-3-17)，可以将式 (3-3-14) 重新写为

$$E_x(P,\omega)=-\frac{\mathrm{i}k}{2\pi}\frac{\exp(\mathrm{i}kR)}{R}\int_0^a\int_0^{2\pi}\tilde{E}_r(\rho,\omega)\cos\phi\exp(-\mathrm{i}k\rho\sin\theta\cos\phi)\mathrm{d}\phi\mathrm{d}\rho \tag{3-3-18}$$

$$\begin{aligned}E_x(P,\omega)=&-\frac{\mathrm{i}ek^2}{(\pi)^{3/2}\beta^2\gamma c}\frac{\exp(\mathrm{i}kR)}{R}\int_0^a\int_0^{2\pi}\mathrm{K}_1\left(\frac{k\rho}{\beta\gamma}\right)\\&\times\cos\phi\exp(-\mathrm{i}k\rho\sin\theta\cos\phi)\mathrm{d}\phi\mathrm{d}\rho\end{aligned} \tag{3-3-19}$$

将上式分部积分可以得到

$$\int_0^{2\pi}\cos\phi\exp(-\mathrm{i}k\rho\sin\theta\cos\phi)\mathrm{d}\phi=-\mathrm{i}2\pi\mathrm{J}_1(k\rho\sin\theta) \tag{3-3-20}$$

在整个半径上积分可以得到

$$\begin{aligned}\int_0^a \mathrm{J}_1(k\rho\sin\theta)\mathrm{K}_1\left(\frac{k\rho}{\beta\gamma}\right)\rho\mathrm{d}\rho &= \frac{\beta^3\gamma^3\sin\theta}{k^2\left(1+\beta^2\gamma^2\sin^2\theta\right)}[1-T(\theta,k)] \\ &= \frac{\beta^3\gamma\sin\theta\cdot\dfrac{1}{1-\beta^2}}{k^2\left(1+\beta^2\cdot\dfrac{1}{1-\beta^2}\sin^2\theta\right)}[1-T(\theta,k)] \\ &= \frac{\beta^3\gamma\sin\theta}{k^2\left(1-\beta^2\cdot\cos^2\theta\right)}[1-T(\theta,k)]\end{aligned} \tag{3-3-21}$$

在上式中利用了 $\gamma^2=1/\left(1-\beta^2\right)$，在式 (3-3-21) 中 $T(\theta,k)$ 的表达式为

$$T(\theta,k)=\frac{ka}{\beta\gamma}\cdot\mathrm{J}_0(ka\sin\theta)\mathrm{K}_1\left(\frac{ka}{\beta\gamma}\right)+\frac{ka}{\beta^2\gamma^2\sin\theta}\cdot\mathrm{J}_1(ka\sin\theta)\mathrm{K}_0\left(\frac{ka}{\beta\gamma}\right) \tag{3-3-22}$$

利用式 (3-3-21)，整个电场的 FFT 表达式可以表示为

$$E_x(P,\omega)=\frac{\exp(\mathrm{i}kR)}{R}\frac{q}{\pi c}\frac{\beta\sin\theta}{\left(1-\beta^2\cdot\cos^2\theta\right)}[1-T(\theta,\omega)] \tag{3-3-23}$$

单电子的辐射能谱为

$$\frac{\mathrm{d}W}{\mathrm{d}\omega}=c|\tilde{E}(\omega)|^2 \tag{3-3-24}$$

进而在一个立体角 $\mathrm{d}S=R^2\mathrm{d}\Omega$ 内进行积分可以得到

$$\frac{\mathrm{d}^2W}{\mathrm{d}\omega\mathrm{d}\Omega}=\frac{e^2}{\pi^2c}\cdot\frac{\beta^2\sin^2\theta}{(1-\beta^2\cos^2\theta)^2}[1-T(\theta,\omega)]^2 \tag{3-3-25}$$

其中，

$$T(\theta,\omega)=\frac{\omega a}{c\beta\gamma}\cdot\mathrm{J}_0\left(\frac{\omega}{c}a\sin\theta\right)\mathrm{K}_1\left(\frac{\omega a}{c\beta\gamma}\right)+\frac{\omega a}{c\beta^2\gamma^2\sin\theta}\cdot\mathrm{J}_1\left(\frac{\omega}{c}a\sin\theta\right)\mathrm{K}_0\left(\frac{\omega a}{c\beta\gamma}\right) \tag{3-3-26}$$

当束靶尺寸为无限大时，上式中有关贝塞尔函数项可以表示为

$$\lim_{a\to\infty}a\cdot\mathrm{J}_0\left(\frac{\omega}{c}a\sin\theta\right)\mathrm{K}_1\left(\frac{\omega a}{c\beta\gamma}\right)=0 \tag{3-3-27}$$

$$\lim_{a\to\infty}a\cdot\mathrm{J}_1\left(\frac{\omega}{c}a\sin\theta\right)\mathrm{K}_0\left(\frac{\omega a}{c\beta\gamma}\right)=0 \tag{3-3-28}$$

这时单电子能量辐射公式简化为

$$\frac{\mathrm{d}^2 W}{\mathrm{d}\omega \mathrm{d}\Omega}=\frac{e^2}{\pi^2 c}\cdot\frac{\beta^2\sin^2\theta}{(1-\beta^2\cos^2\theta)^2} \tag{3-3-29}$$

这时公式 (3-3-29) 与前面束靶为无穷大时得出的公式是一致的。

2. 近场区域

从表达式 (3-3-15) 可知

$$R'=\sqrt{D^2+(x-\rho\cos\phi)^2+(\rho\sin\phi)^2}\approx R-\frac{x\rho\cos\phi}{R}+\frac{\rho^2}{2R} \tag{3-3-30}$$

在远场情况下，通常只考虑第二项，而在近场情况下，则考虑到第三项。这里考虑近场，则有 ρ 的二阶项的电场表示为

$$\tilde{E}_x(P,\omega)\propto\int_0^a\left[\int_a^{2\pi}\mathrm{K}_1\left(\frac{k\rho}{\beta\gamma}\right)\cos\phi\exp(-\mathrm{i}k\sin\theta\cos\phi)\exp\left(\mathrm{i}k\frac{\rho^2}{2R}\right)\mathrm{d}\phi\right]\rho\mathrm{d}\rho \tag{3-3-31}$$

采用上述积分方法，可以得到电场积分表达式

$$\frac{\mathrm{d}^2 W^{(2)}}{\mathrm{d}\omega \mathrm{d}\Omega}\propto\left|\int_0^a \mathrm{J}_1(k\rho\sin\theta)\mathrm{K}_1\left(\frac{k\rho}{\beta\gamma}\right)\exp\left(\mathrm{i}k\frac{\rho^2}{2R}\right)\rho\mathrm{d}\rho\right|^2 \tag{3-3-32}$$

通过式 (3-3-32) 的数值求解可以得到近场的分布特征。当观察点位于无限远处时，$\rho^2/(2R)\to 0$，上式中 $\exp\left(\mathrm{i}k\rho^2/(2R)\right)\to 1$，则式 (3-3-32) 可以简化为

$$\frac{\mathrm{d}^2 W}{\mathrm{d}\omega \mathrm{d}\Omega}\propto\left|\int_0^a \mathrm{J}_1(k\rho\sin\theta)\mathrm{K}_1\left(\frac{k\rho}{\beta\gamma}\right)\rho\mathrm{d}\rho\right|^2 \tag{3-3-33}$$

公式 (3-3-33) 中积分项就是远场情况下得到的。

在电子束团尺寸为有限大小时，考虑束团形状因子

$$\frac{\mathrm{d}^2 W_{\mathrm{conh}}}{\mathrm{d}\omega \mathrm{d}\Omega}=\frac{\mathrm{d}^2 W}{\mathrm{d}\omega \mathrm{d}\Omega}\cdot N^2|F(\omega)|^2 \tag{3-3-34}$$

式中，$|F(\omega)|^2$ 为形状因子，根据束团特点，它可以表示为

$$F(\omega)=F_L(\omega)\cdot F_\perp(\omega) \tag{3-3-35}$$

其中，$F_L(\omega)$ 表示束团纵向形状因子，而 $F_\perp(\omega)$ 表示束团横向形状因子。利用公式 (3-3-34) 就可以讨论束团形状因子、束靶尺寸大小及观察距离对 CTR 辐射特性的影响。

3.3.2　有限尺寸束靶产生 CTR 的辐射特征

1. 单电子辐射场及能量在远场中的分布特征

1) 辐射场的分布特征

当单电子垂直入射到半径为 a 的束靶上时，在位置为 D 的平面上产生的电场由表达式 (3-3-23) 可以求出。根据公式 (3-3-24) 得到信号辐射频率及观察角与束靶尺寸 $T(\theta,\omega)$ 之间的关系，如图 3.3.2 所示。图示结果表明在固定尺寸下，束靶大小对低频影响比较大，而对高频部分影响很小。

图 3.3.3 表示信号频率及束靶半径与束靶尺寸之间的关系。从图可以看出，在辐射频率低，例如频率低于 200GHz，而束靶半径小于 5mm 的情况下，束靶有限尺寸对辐射场的影响比较明显，当其尺寸大于 10mm 之后，对辐射场的影响相对较弱。

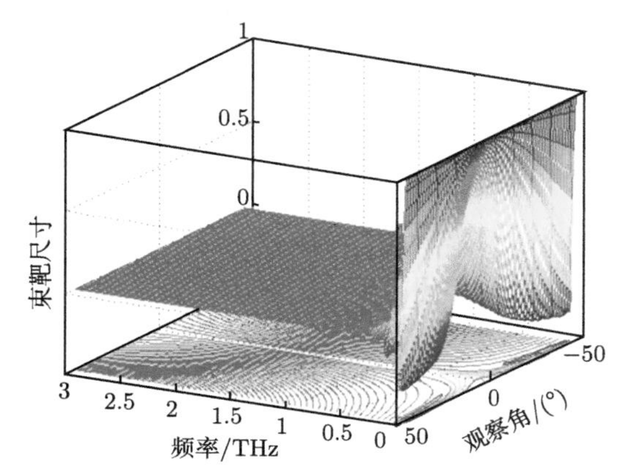

图 3.3.2　频率及观察角与束靶尺寸的关系

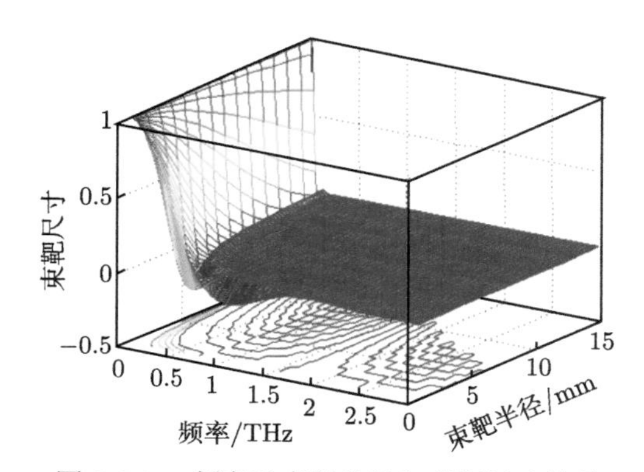

图 3.3.3　频率及束靶半径与束靶尺寸关系

选取尺寸半径 a=10mm、观察点的距离为 190.5mm 时，并且假设辐射的电磁波中心频率为 300GHz，得到束靶尺寸因子与观察角之间的变化关系，如图 3.3.4

所示。从图可以看出，这时 $T(\theta,\omega)<0.005$，可以认为选取束靶的尺寸对辐射场的影响可以忽略。图 3.3.5 表示在上述参数下，不同观察角下束靶尺寸因子与频率的关系。该图表明，在频率高于 200GHz 时，尺寸大小对辐射场的影响很弱。

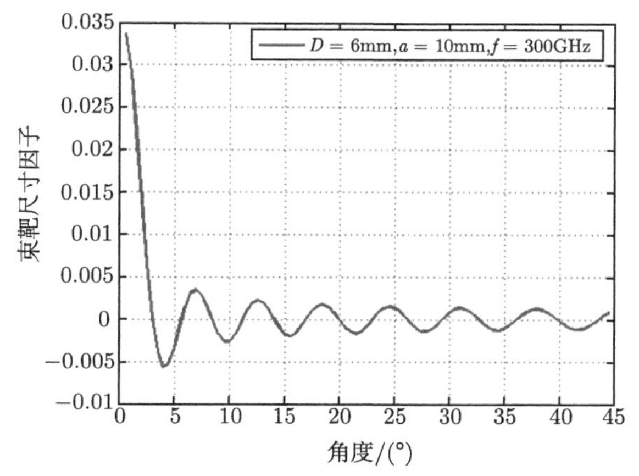

图 3.3.4　束靶尺寸因子与观察角度的关系

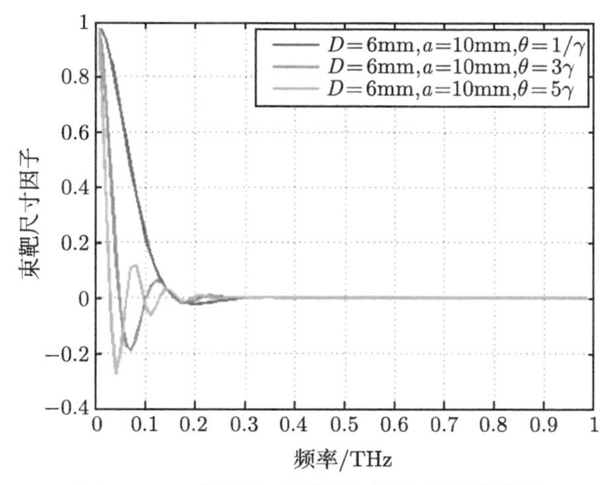

图 3.3.5　束靶尺寸因子与辐射频率的关系

根据公式 (3-3-23) 得到观察点电场强度与观察角及频率的关系，如图 3.3.6 所示。图示表明，在角度 θ 方向具有很好的对称性。在低频方向，电场强度是随着频率的升高而增强的，而高频方向，频率对电场的影响可以忽略。因为从公式知道，在高频时，频率项主要体现在束靶形状因子中，而 $T(\theta,\omega)<0.005$，因此电场幅度在高频时变化很小，几乎保持为常数。在观察屏上，各个观察点的磁场在 $P(x,0,D)$ 处可以表示为

$$B_y(\theta,\omega) = E_x(\theta,\omega)/c \tag{3-3-36}$$

相对应地，各个观察点总的电场由各个频率的分量叠加得到，其场可表示为

$$E_x(\theta) = \int_0^{\infty} E_x(\theta,\omega)\mathrm{d}\omega \tag{3-3-37}$$

将表达式 (3-3-36) 代入式 (3-3-37) 得到单电子辐射场与角度的变化关系式

$$B_y(\theta) = \frac{1}{c}\int_0^{\infty} E_x(\theta,\omega)\mathrm{d}\omega \tag{3-3-38}$$

根据表达式 (3-3-38)，计算得到不同能量单电子辐射磁场强度与观察角度 θ 的关系，如图 3.3.7 所示。图示说明随着电子能量的增加，辐射强度逐渐增大，而强度最大值所对应的角度减小，说明在高能辐射时，其辐射的方向性更强。

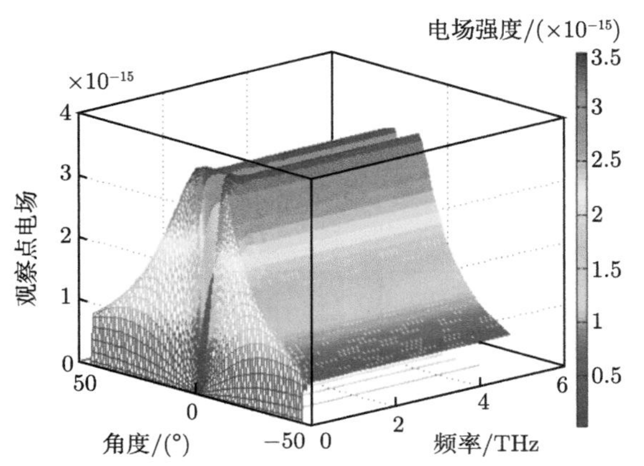

图 3.3.6　观察点电场与频率及角度的关系

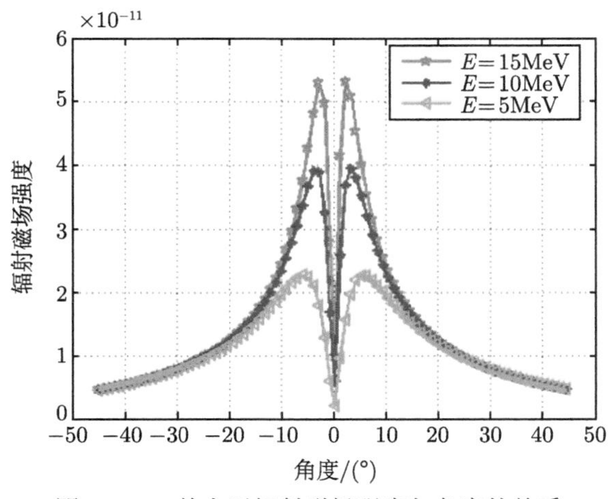

图 3.3.7　单电子辐射磁场强度与角度的关系

2) 辐射能量在远场中的分布特征

图 3.3.8 给出了远场辐射磁场强度与束靶半径及观察角度之间的关系。从图中可以看出，随着束靶半径的增大，能量的方向性越好，这有利于在束团长度测量中的应用。随着束靶半径的增大，辐射强度最大值对应的观察角变小，在 $a > \gamma\lambda$ 的条件下，其辐射能量对应的最大值在 $1/\gamma$ 处。

图 3.3.9 给出了在相同束靶半径的条件下，远场辐射磁场强度与观察角度及观察点距离之间的关系。从图可以看出，随着观察点距离的增大，辐射处的能量显著地减少。

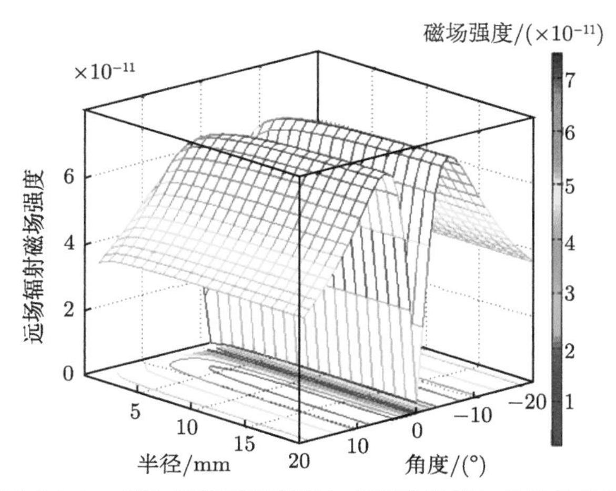

图 3.3.8 远场辐射磁场强度与束靶半径及与角度的关系

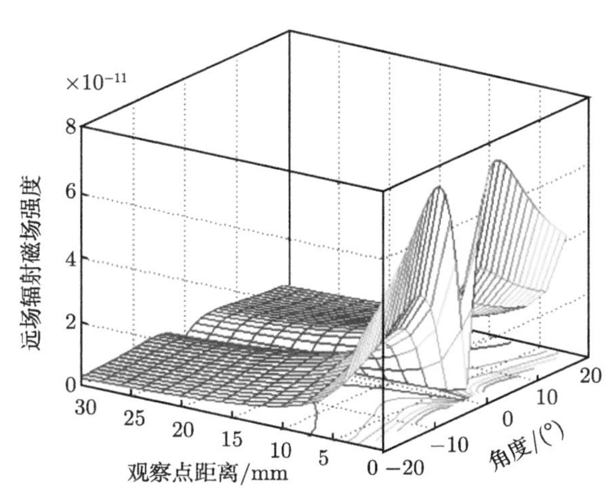

图 3.3.9 远场辐射磁场强度与观察点距离及角度的关系

图 3.3.10 表示单电子在远场中辐射能量与频率及观察角之间的关系。从图中可以看出，在角度方向上，单电子的辐射能量具有很好的对称性；在频率方向上，在低频段，辐射能量随着频率的升高而增加，而在高频段，辐射能量几乎保持常数。

图 3.3.11 表示单电子渡越辐射产生的能量与观察角之间的关系。从图中可以看出，随着电子能量的增加，其辐射能量也在不断增加，与此同时，能量辐射的方向性也在增强，这与前面计算的电场及磁感应强度同能量增加的规律是一致的。

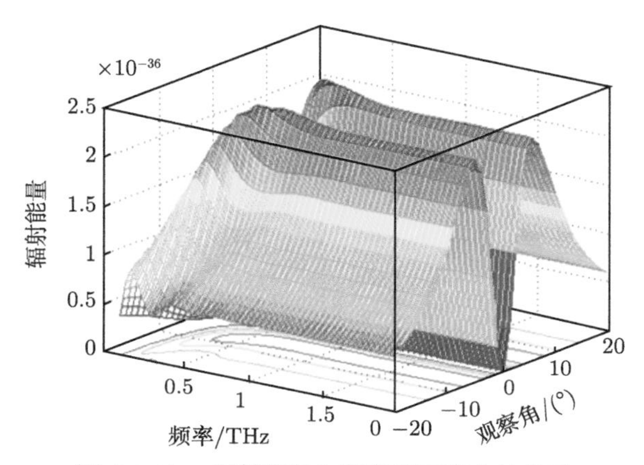

图 3.3.10　辐射能量与频率及观察角的关系

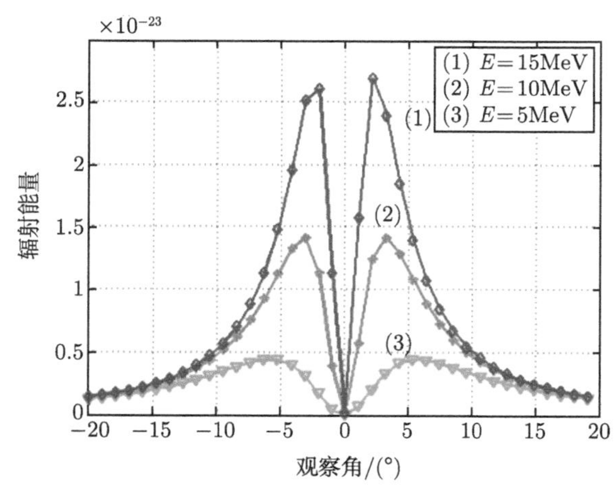

图 3.3.11　单电子辐射能量与观察角的关系

2. 单电子辐射场和能量在近场中的分布特征

前面分析了束靶在有限尺寸条件下，单电子产生渡越辐射的辐射特征。下面分析有限尺寸束靶、近场观察点的能量分布。图 3.3.12 是圆盘辐射在近场及远场分布与归一化角度关系的比较。选取电子束团的基本参数如表 3.3.1 所示，根据公式 (3-3-19)，得到观察点辐射能量与频率及角度的关系如图 3.3.13 所示。从图可以看出，能量分布在观察角度上具有很好的分布，而在频率方向上，在低频方向，辐射能量较强，随着频率的升高，其辐射能量逐渐减弱。图 3.3.14 给出了不同电荷量辐射能量与频率的关系，从图可以看出，辐射能量幅值与电荷量的平方呈线性关系。

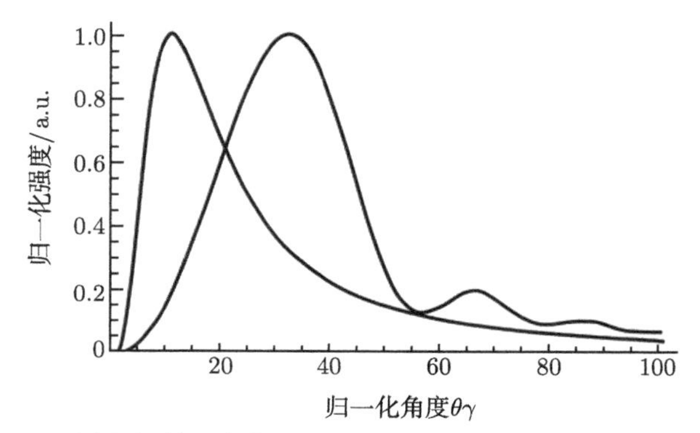

图 3.3.12 圆盘辐射强度在近场及远场分布与归一化角度关系的比较

表 3.3.1 计算电子束团产生 CTR 的基本参数

电子能量	5MeV
束靶半径	4mm
靶–屏距离	6mm
电荷量	120pC
束团长度 (rms)	0.15ps
束团横向半径	1mm

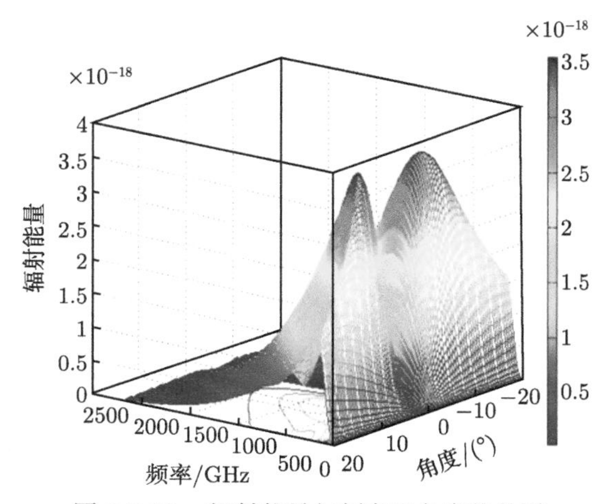

图 3.3.13 辐射能量与频率及角度的关系

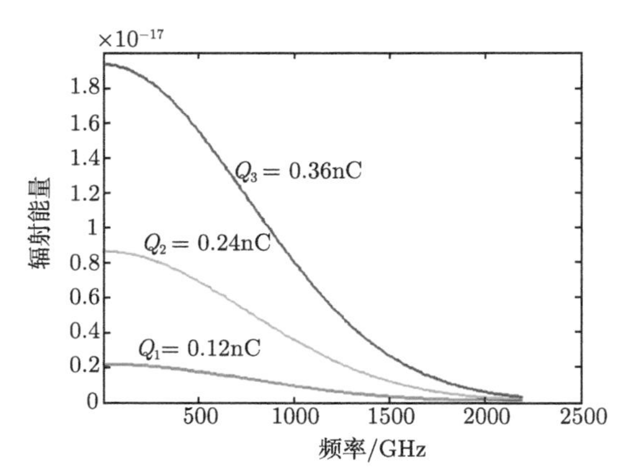

图 3.3.14 不同电荷量辐射能量与频率的关系

通过式 (3-3-25) 对不同电子束团长度能量谱进行了分析，结果如图 3.3.15 所示。从图中可以看出，束团长度越小，辐射能量谱幅值越大。在电荷量相同的情况下，对高斯和矩形均匀分布两种形状的电子束团能量谱进行了分析，结果如图 3.3.16

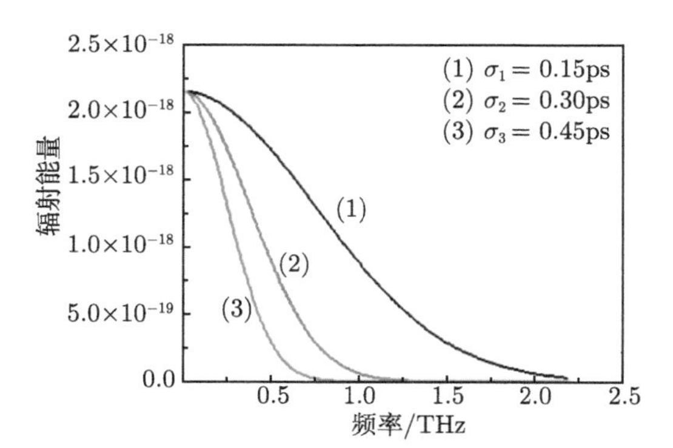

图 3.3.15 不同束团长度辐射能量与频率的关系

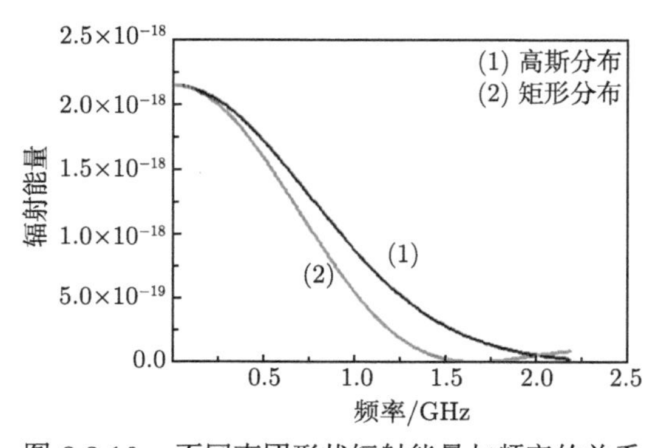

图 3.3.16 不同束团形状辐射能量与频率的关系

所示。图示表明高斯束团分布能量谱的幅值大于矩形束团分布的幅值，说明在实际中，应该尽量使电子束团的纵向分布呈高斯形状。根据表 3.3.1 的基本参数，假设电子束团的纵向为高斯分布，利用式 (3-3-25)，在 0~2THz 的范围内积分，可得到电子束团的辐射能量为 3.7μJ。

3.4 超短电子束团产生的太赫兹辐射

在 3.2 节和 3.3 节，对带电粒子 (单粒子、粒子团及粒子串) 与束靶 (有限尺寸与无限尺寸) 相互作用产生渡越辐射的特性进行了详细分析。基于渡越辐射产生太赫兹波的优越性，本节对超短电子束团产生渡越辐射的太赫兹源进行了分析，从电子束团参数设计、辐射体、输能窗以及结果分析方面进行阐述，对于本章中的太赫兹波探测方法，将在后续太赫兹波探测器中进行阐述。

3.4.1 加速后超短电子束团产生太赫兹辐射的理论分析

为了得到皮秒级的超短电子束团，在加速器领域通常有两种方法：其一是利用磁压缩器对加速后的电子束团进行压缩，得到亚皮秒量级的电子束团；另一种方法采用调节光阴极 RF 电子枪加速腔微波入射相位和加速管的微波入射相位，使得进入加速管的电子束团在微波不同入射相位下，得到的加速场强不同，从而使得首尾电子束团得到不同程度的加速，实现电子束团的压缩 [18]。

若希望产生较强的太赫兹波辐射，则要求光阴极 RF 电子枪产生的电子束团的长度在亚皮秒量级。在实际条件中，由于要求电子束团纵向长度小同时具有大电荷量，但大电荷密度的电子束团具有强的空间电荷力会使电子束团发散，导致束团长度在纵向和横向长度加大，因此如何兼顾电荷束团长度与电荷量的平衡，是光阴极微波电子枪产生超短电子束的难点。如果采用加速后的电子束团产生太赫兹辐射，则需要改变 RF 的初始相位，使束团得到有效压缩，从而有利于提高太赫兹辐射的性能。该方法有两处优势：第一是加速后电子束团的能量高，在 CTR 辐射机理中，产生的太赫兹波具有很好的方向性，辐射波的张角小，有利于收集；第二是利用加速后的电子束团，其能量高，产生太赫兹辐射的强度大。

假设电子束团长度为 0.3ps，束团能量为 15MeV，束团与束靶作用半径为 15mm，电荷量为 0.3nC，根据 CTR 辐射能量公式：

$$\frac{\mathrm{d}^2W}{\mathrm{d}\omega\mathrm{d}\Omega}=\left(\frac{\mathrm{d}^2W_{\perp}}{\mathrm{d}\Omega\mathrm{d}\omega}+\frac{\mathrm{d}^2W_{//}}{\mathrm{d}\Omega\mathrm{d}\omega}\right)(NM_{\mathrm{b}})^2 \tag{3-4-1}$$

式中，垂直方向和水平方向的辐射能量分别表示如下

$$\frac{\mathrm{d}^2W_{//}}{\mathrm{d}\Omega\mathrm{d}\omega}(\omega,\psi,\theta,\varphi) = \frac{e^2\beta^2}{\pi^2c}\cdot\frac{\cos^2\psi(\sin\theta-\beta\sin\psi\cos\varphi)^2}{[(1-\beta\sin\theta\sin\psi\cos\varphi)^2-\beta^2\cos^2\psi\cos^2\theta]^2} \quad (3\text{-}4\text{-}2)$$

$$\frac{\mathrm{d}^2W_{\perp}}{\mathrm{d}\Omega\mathrm{d}\omega}(\omega,\psi,\theta,\varphi) = \frac{e^2\beta^2}{\pi^2c}\cdot\frac{\cos^2\psi(\beta^2\sin\psi\cos\theta\sin\varphi)^2}{[(1-\beta\sin\theta\sin\psi\cos\varphi)^2-\beta^2\cos^2\psi\cos^2\theta]^2} \quad (3\text{-}4\text{-}3)$$

能量辐射公式 (3-4-1) 中，N 和 M_{b} 分别表示束团内电子个数和束团形状因子。当电子束团与有限尺寸大小束靶相互作用时，能量辐射公式 (3-4-1) 可以写成

$$\frac{\mathrm{d}^2W_{\mathrm{finite}}}{\mathrm{d}\Omega\mathrm{d}\omega} = \frac{\mathrm{d}^2W}{\mathrm{d}\omega\mathrm{d}\Omega}[1-T(\theta,\omega)]^2 = \left(\frac{\mathrm{d}^2W_{\perp}}{\mathrm{d}\Omega\mathrm{d}\omega}+\frac{\mathrm{d}^2W_{//}}{\mathrm{d}\Omega\mathrm{d}\omega}\right)(NM_{\mathrm{b}})^2\cdot[1-T(\theta,\omega)]^2 \quad (3\text{-}4\text{-}4)$$

当电子束团入射到束靶的夹角为 45° 时，太赫兹波从束靶辐射出来的分布情况如图 3.4.1 所示。从图中可以看出，太赫兹波的分布关于 θ 是不对称的。辐射太赫兹波的二维分布如图 3.4.2 所示。在实验测试中，选择束靶尺寸的半径为 15mm，束靶中心与离轴抛物面镜中心的距离为 190.5mm，也就是离轴抛物面镜的离轴焦距。式 (3-4-4) 表明：辐射因子与辐射波的工作频率及观察角都有关系。选择观察角相对辐射中心的夹角为 $3/\gamma$，得到束靶的形状因子与辐射频率的关系，如图 3.4.3 所示。在观察角度确定的情况下，形状因子在低频时，对辐射的影响比较明显；而在较高频率时，其影响较小。

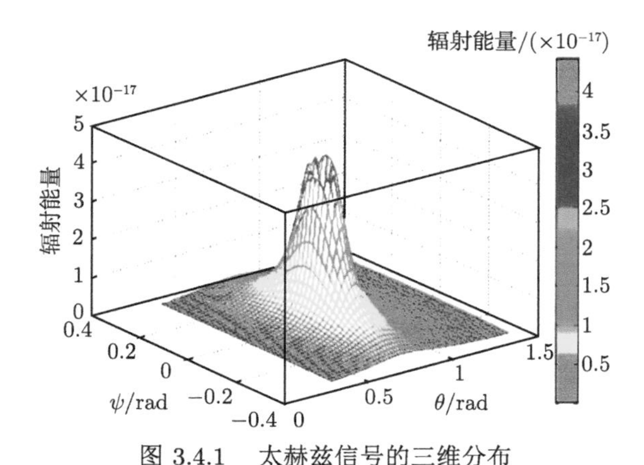

图 3.4.1 太赫兹信号的三维分布

该实验中，通常对辐射频率从 100GHz~2.0THz 进行积分，可以得到辐射能量为 4.31μJ，辐射角的范围为 $(\pi/4-3/\gamma)\to(\pi/4+3/\gamma)$，当考虑束靶尺寸大小对辐射能量的影响时，其辐射能量为 4.2μJ，从积分结果可以看出，束靶尺寸大小对辐射能量影响较小。

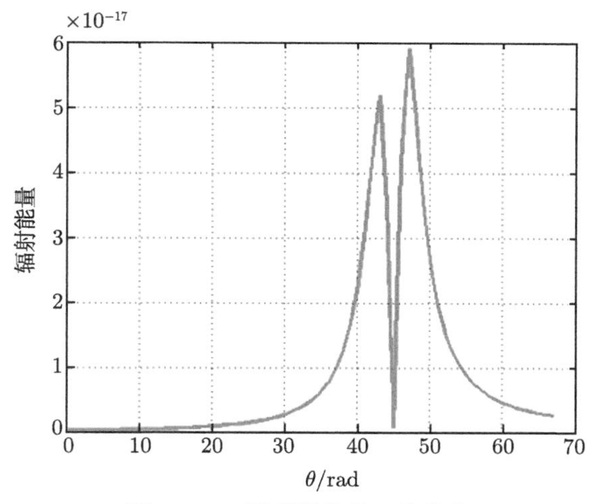

图 3.4.2 沿观察角的二维分布

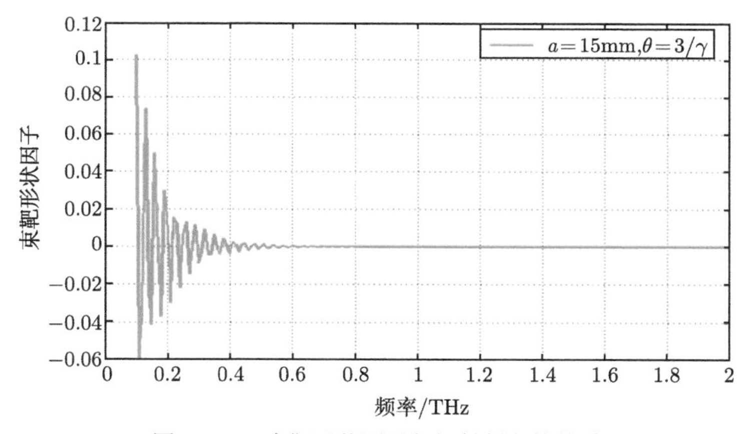

图 3.4.3 束靶形状因子与辐射频率的关系

3.4.2 加速后超短电子束团的动力学特性

1. 电子束团参数优化

在这一部分，主要分析光阴极 RF 电子枪中，微波入射相位对电子束团长度的影响，以及电子束团的初始长度、横向束斑大小及初始发射度对束团长度的影响，另一方面，在模拟中还考虑了空间电荷力对束团特性的影响。

图 3.4.4 表示电子束团在传输过程中，束团纵向长度的变化特性。图示说明，通过激光与光阴极电子枪产生的电子束团，在加速过程中，由于空间电荷力的影响，纵向束团长度显著地膨胀，在加速管的入口处达到最大值。束团进入加速管

之后，由于束团首尾的加速场强不同，因此得到加速能量不同，电子束团在纵向得到速度调制，导致束团长度由于密度调制而压缩，在加速管的出口处，其束团长度为 0.17ps。

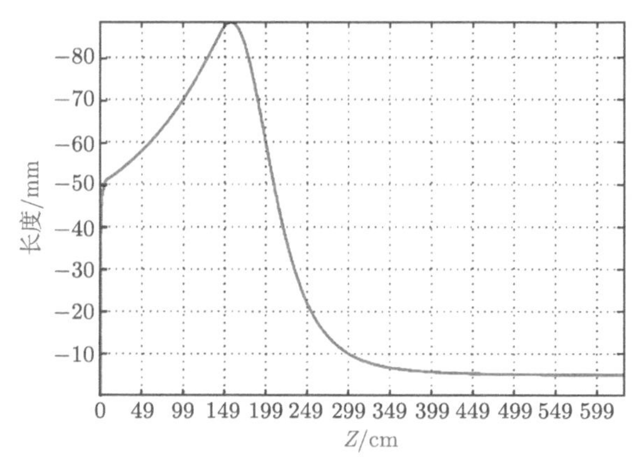

图 3.4.4 不同位置电子束团的纵向长度

图 3.4.5 表示电子束团横向尺寸与纵向位置的变化关系。从图中可以看出，电子束团进入加速管之后，束团在纵向得到了压缩，导致其横向尺寸膨胀。根据前面的理论分析，纵向束团长度对 CTR 辐射产生的影响比较明显，而电子束团的横向长度影响比较小。

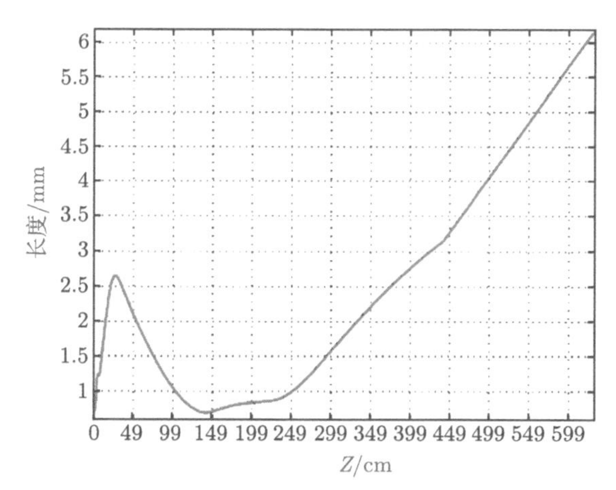

图 3.4.5 不同位置电子束团的横向长度

图 3.4.6 表示电子束团横向发射度的变化规律。图示说明，由于束团的压缩，横向发射度得到了较快的增长，而水平发射度在进入加速管之后得到了一定程度的降低。

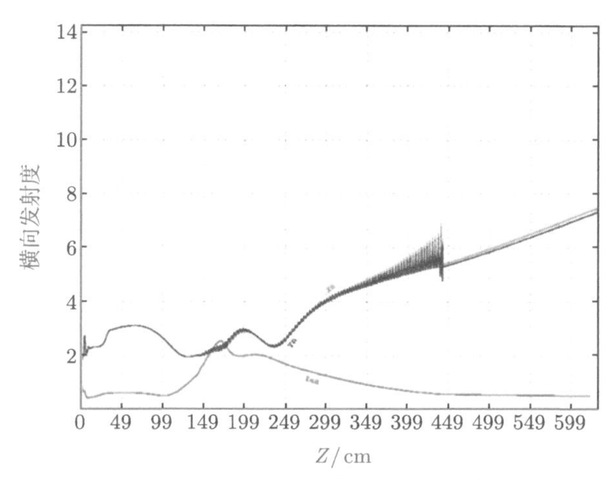

图 3.4.6 电子束团的横向发射度

图 3.4.7 表示电子束团能量的变化。从电子枪表面出来的电子束团其能量很低，束团在微波加速腔得到加速，微波加速腔的加速梯度最大值为 68MV/m，从加速腔出来的粒子能量为 3.1MeV。经过一段漂移之后，电子束团进入加速管进行加速。进入加速管的微波相位不同，电子束团得到的加速场强也不同。这里选择初始相位为 22°，电子束团进入加速管之后，先减速后加速，在出口处束团能量达到 15.5MeV。

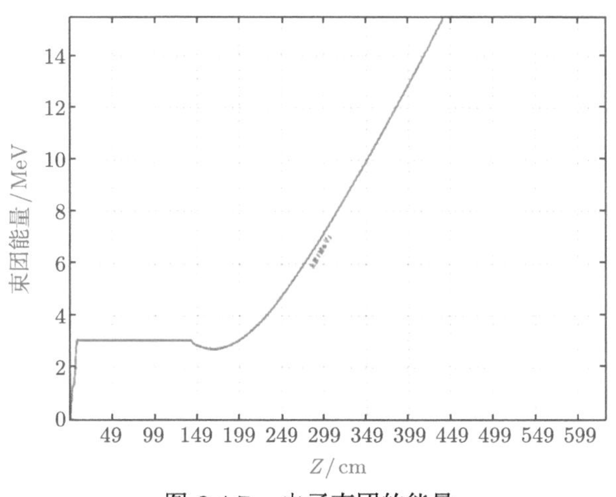

图 3.4.7 电子束团的能量

图 3.4.8 表示传输线上聚束磁场的分布。第一段聚束磁场主要在光阴极 RF 枪的出口端，用来对电子束团进行横向聚焦。

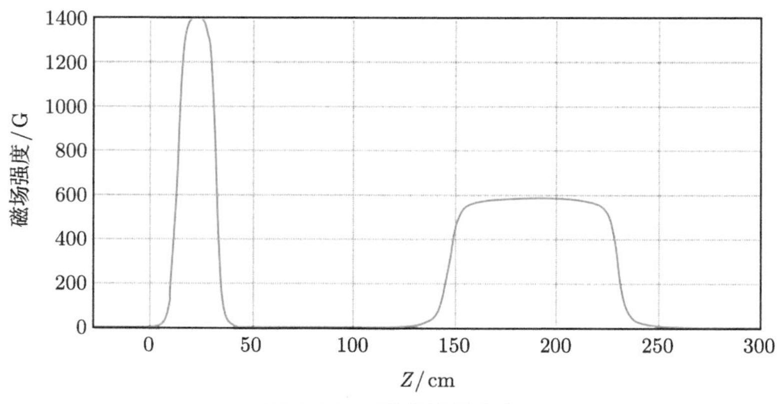

图 3.4.8　聚束磁场分布

为了得到最佳的电子束团长度，产生高功率的太赫兹辐射，这里改变加速管微波入射的初始相位，分析了不同初始相位条件下，束团长度、加速后的能量及束团的横向发射度的结果，如表 3.4.1 所示，它们与初始相位的关系如图 3.4.9 所示。从表 3.4.1 及图 3.4.9 可以看出，存在一个最佳的微波入射相位，当电子束团在微波入射相位为 22° 时，束团长度取得最小值为 0.17ps，此时束团的能量为 15.5MeV，横向发射度为 6.9mm·mrad。另一方面，电子束团长度最小值时，其获得的加速能量也是最小的，因为此时电子束团得到最大压缩，必然有很大一部分能量用于减速，导致加速的能量最小。在电子束团压缩比达到最大值时，横向的发射度也显著地增长，横向尺寸膨胀。

表 3.4.1　加速管微波入射相位与束团长度

初始相位/(°)	束团长度/ps	束团能量/MeV	横向发射度/(mm·mrad)
10	0.81	16.3	6.5
15	0.43	15.65	8.5
20	0.19	15.5	7.9
22	0.17	15.5	6.9
23	0.18	15.52	6.5
25	0.23	15.6	5.6
30	0.48	16.1	4.2
40	1.2	17.85	2.3
50	1.8	20.5	1.4
60	2.2	22.4	1.25

在上述情况下，改变加速管的微波相位，可以使电子束团在不同加速场强下得到加速。图 3.4.10 表示加速管在不同相位条件下，加速场强的变化规律。由图示可知，当电子束团进入加速管时，如果加速场强为正，电子束团运动方向与场强方向一致，则电子束团可以得到较好的加速；反之，电子束团进入加

速管时，电子束团的前端减速，而电子束团微波继续保持原有的运动速度，从而使电子束团的速度得到有效的调制，该调制将使电子束团的纵向长度得到压缩。

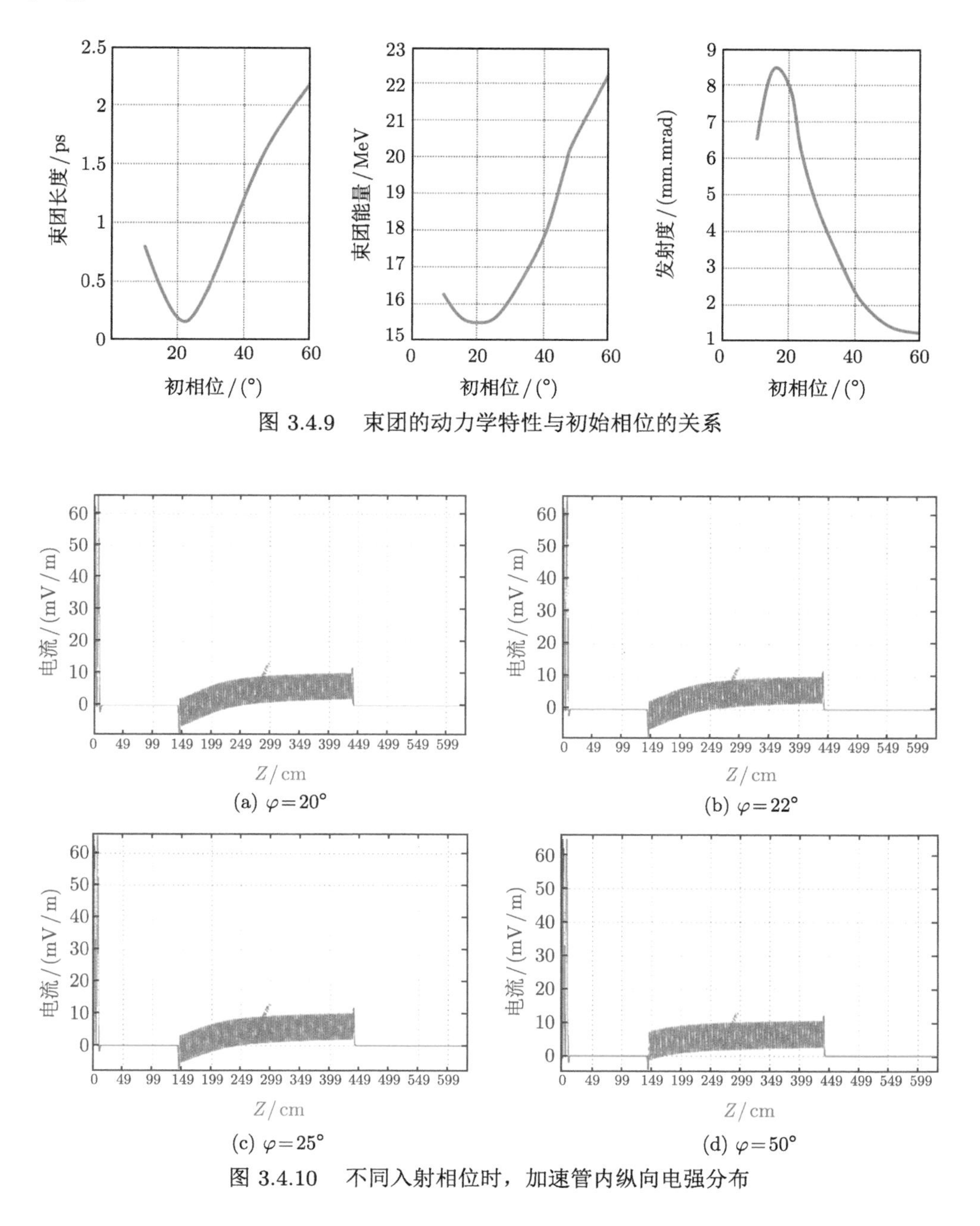

图 3.4.9 束团的动力学特性与初始相位的关系

图 3.4.10 不同入射相位时，加速管内纵向电强分布

在微波相位为 22° 时，可以得到较小束团长度，在这种参数下，可以进一步优化螺旋管的磁感应强度，使得电子束团的横向发射速度在加速段和压缩段基本上保持不变。表 3.4.2 及图 3.4.11 表示作用点电子束团长度、束团能量及横向发射度与螺旋管电流的关系。结果表明，改变螺旋管的电流，可以对束团长度和发射度进行调整，在螺旋管电流为 365A 时，得到的电子束团长度为 0.17ps，能量为 15.6MeV，横向发射度为 4.8mm·mrad。

表 3.4.2　加速电子束团长度、束团能量及横向发射度与螺旋管电流

螺旋管电流/A	束团长度/ps	束团能量/MeV	横向发射度/(mm·mrad)
165	0.24	15.6	5.6
265	0.21	15.6	4.1
365	0.17	15.55	4.8
465	0.17	15.5	6.9
565	0.19	15.5	8.6
656	0.18	15.5	9.1
756	0.18	15.6	9.8

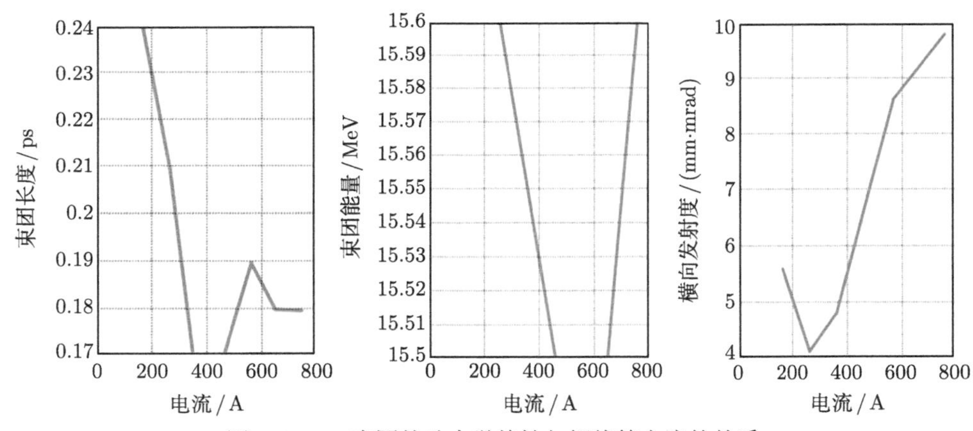

图 3.4.11　束团的动力学特性与螺线管电流的关系

上面利用进入加速管的微波相位对电子束的动力学特性进行了分析，下面分析光阴极 RF 电子枪微波的初始相位对电子束团特性的影响。通过改变 RF 相位，得到电子束团的能量、束团长度及束团横向发射度，如表 3.4.3 及图 3.4.12 所示。结果表明，当微波的初始相位小于 −160° 时，束团长度小于 0.3ps，而束团能量可以达到 15MeV 以上，横向发射度小于 10mm·mrad。

表 3.4.3 光阴极 RF 电子枪微波入射的相对位置初始相位

微波初始相位/(°)	束团长度/ps	束团能量/MeV	横向发射度/(mm·mrad)
−120	8.3	30.2	9.8
−130	4.7	24.6	13
−140	2.5	19.8	12.8
−150	1.1	17	7.35
−158	0.43	15.8	5.1
−160	0.3	15.7	5.5
−162	0.28	15.6	6.1
−168	0.18	15.4	7.2
−170	0.17	15.5	6.9
−172	0.18	15.4	6.7

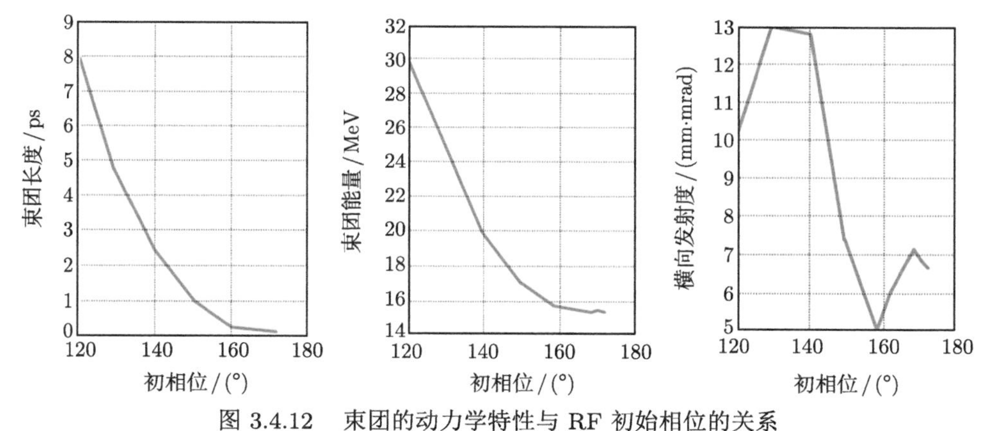

图 3.4.12 束团的动力学特性与 RF 初始相位的关系

经过上述的模拟优化，得到加速管及 RF 的基本参数如表 3.4.4 所示。

表 3.4.4 加速管及 RF 的基本参数

RF 相位	加速管初始相位	束团长度	能量
160° ~ 170°	15° ~ 25°	0.17~0.43ps	约 15MeV

2. 电子束团压缩前后的动力学特性

经过电子束团的优化，得到了产生超短电子束团的基本参数，下面对电子束团压缩前后的动力学特性进行详细分析。

图 3.4.13 表示电子束团的纵向和横向分布。图 3.4.13(a) 表示在加速管入口处电子束团的横向分布情况，从图中可以看出，经过 RF 枪加速的电子束团，在横向基本上是圆形；图 3.4.13(b) 表示经过加速后的电子束团横向分布，该图说明

加速后电子束团与加速前在形状上基本一致，但是加速后的电子束团横向尺寸显著增加，比较图 3.4.13(a) 和 (b) 知道，其横向尺寸增大了 3 倍。图 3.4.13(c) 和 (d) 表示加速前后电子束团的纵向分布。图示说明，电子束团在纵向是呈现高斯分布的，加速前束团长度约为 4mm，而经过行波加速管的加速和密度调制，在出口处的束团纵向长度为 0.3mm，其压缩比大于 10，可以说电子束团得到了较好的压缩。比较纵向与横向分布可以看出，在加速管入口处，横向尺寸小，纵向长度大，经过行波加速管的加速和调制，在出口处的电子束团长度得到减少，但是横向束斑显著地膨胀，发射度也是快速增长。

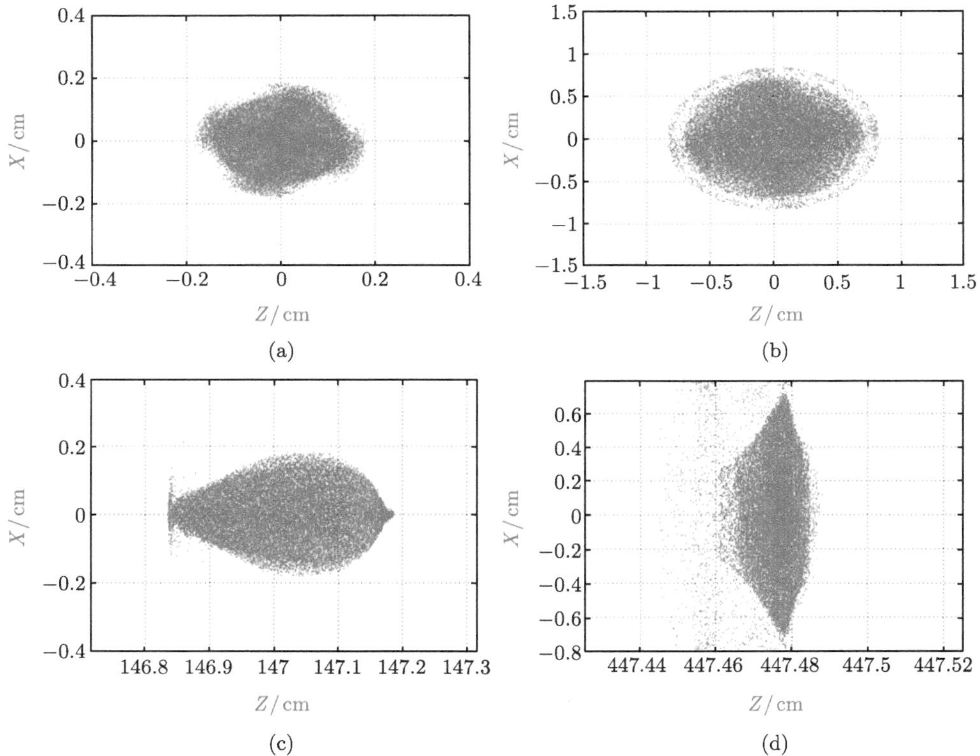

图 3.4.13 电子束团的粒子分布：(a) 入口处横向；(b) 加速后横向；(c) 入口处纵向；(d) 加速后纵向

图 3.4.14(a) 和 (b) 分别表示电子束团在加速管的入口处和出口处的纵向电流密度。图 3.4.14(a) 说明，在电子束团未压缩前，其纵向分布约为 4mm，形状上是高斯分布；压缩后，束团电流的纵向分布显著缩小，电流峰值显著增强，其强度约为压缩前的 5 倍。

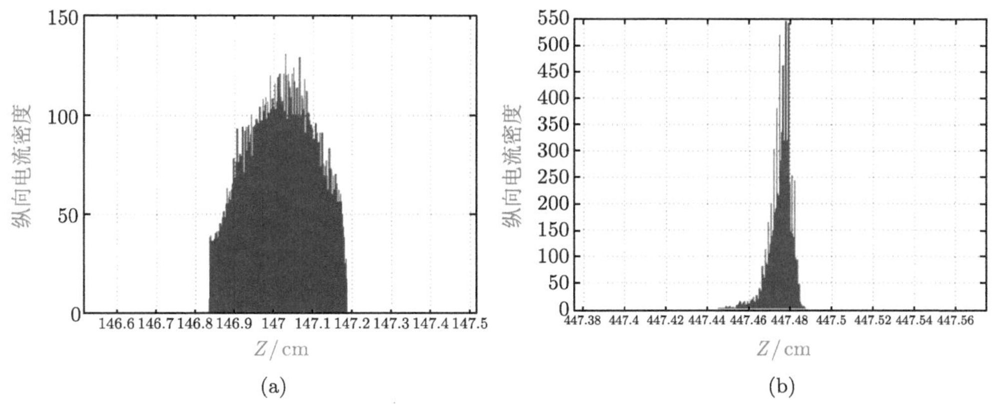

图 3.4.14 电子束团的纵向电流密度：(a) 入口处；(b) 出口处

图 3.4.15(a) 和 (b) 分别表示电子束团在加速管的入口处及出口处粒子的相

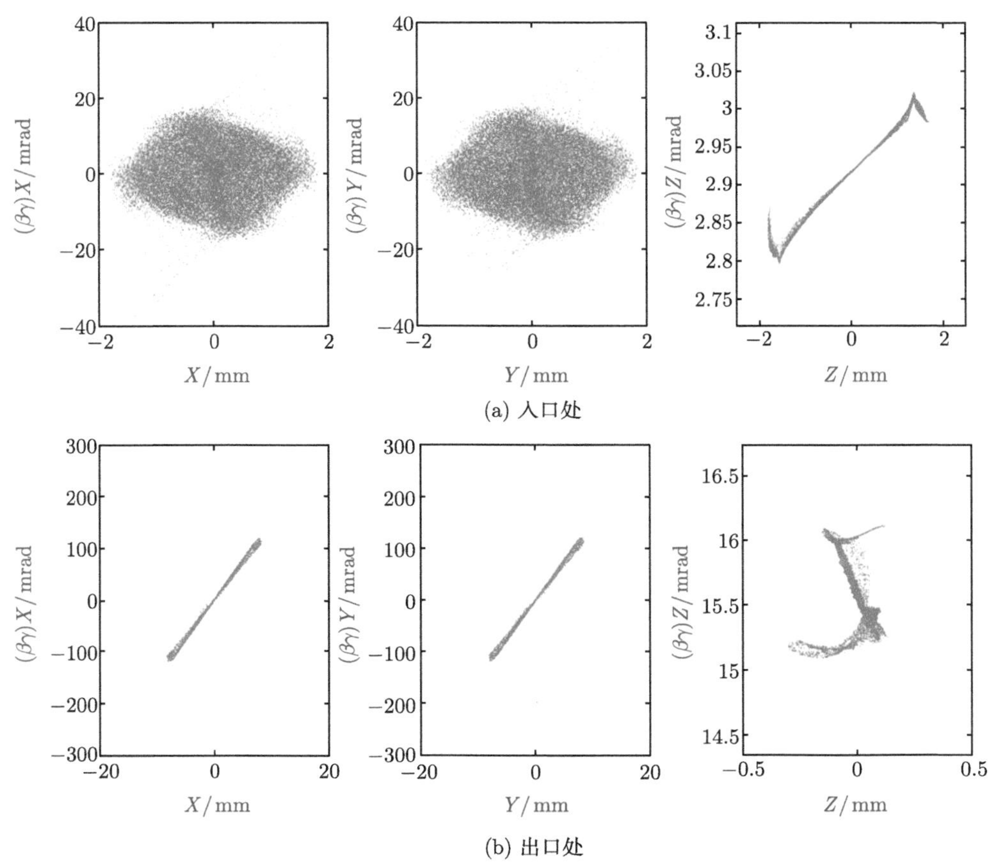

图 3.4.15 电子束团的粒子相空间分布：(a) 入口处；(b) 出口处

空间分布。在加速管的入口处，电子束团的横向束斑较小，电子束团的相空间不是理想的椭圆分布，而在加速后，电子束团的横向尺寸显著增加，但是粒子在相空间的分布呈现较为规则的椭圆分布。在动能相空间上，加速前，头部的粒子动能大，束团在纵向的分布较大；而在加速后，粒子在纵向分布集中，首尾能量差不多。

从以上粒子动力学特性分析可知，选择合适的参数，可以使电子束团在纵向得到压缩，粒子在相空间的分布得到改善，从而可以得到优化的电子束团。

3.4.3　超短电子束团产生 CTR 的太赫兹辐射

1. 实验装置

利用紫外激光与光阴极 RF 电子枪产生的超短电子束团与金属箔相互作用 [19]，形成太赫兹辐射的实验装置如图 3.4.16 所示。在该装置中，波长为 266.6nm 的激光经过三倍频达到 800nm，激光能量为 mJ 量级，光阴极 RF 电子枪的工作频率为 S 波段 2856MHz，微波腔中的加速梯度在 68MV/m 左右。从 RF 枪中出来的电子束团，经过 1.6Cell 的微波腔加速，最后得到的能量约为 3MeV。为了得到更高能量的电子束团，实验室加工定制了 S 波段的行波加速管，该管的最大加速梯度为 17MV/m，在本次实验中，采用的加速梯度为 10MV/m。

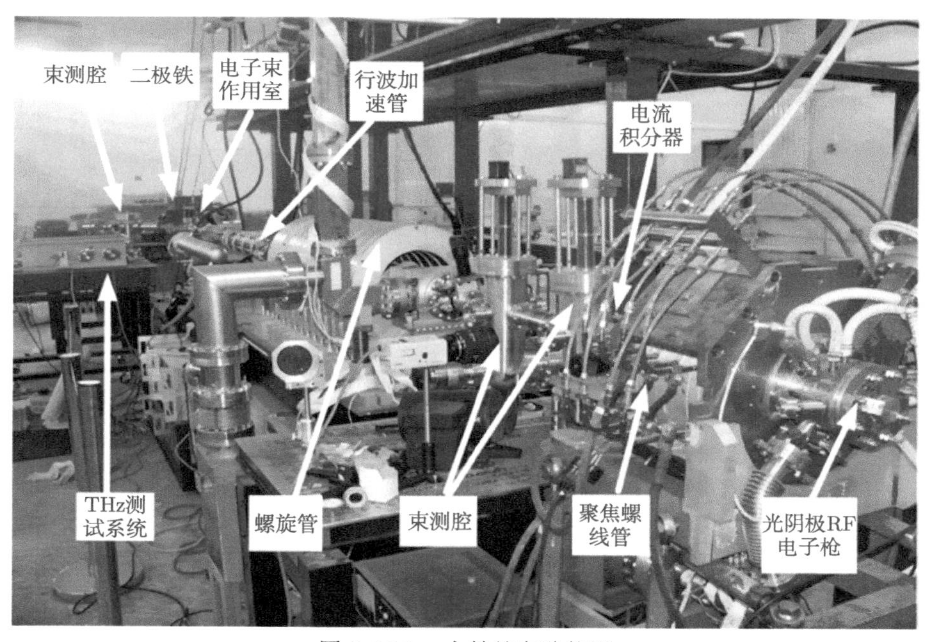

图 3.4.16　太赫兹实验装置

通过调节移相器，可以使输入加速管的微波具有不同的初始相位，从而可以使电子束团得到不同的加速场强，实现电子束团的加速和纵向压缩。从加速管出来的电子束团与金属箔相互作用，利用 CTR 辐射机理产生太赫兹辐射。实验中，太赫兹波的功率和频率采用 Martin-Puplett 干涉仪进行测量。对于电子束团的能量，采用二极铁进行测量，实验中测定电子束团的能量为 15MeV。该系统简化的实验装置图如图 3.4.17 所示。

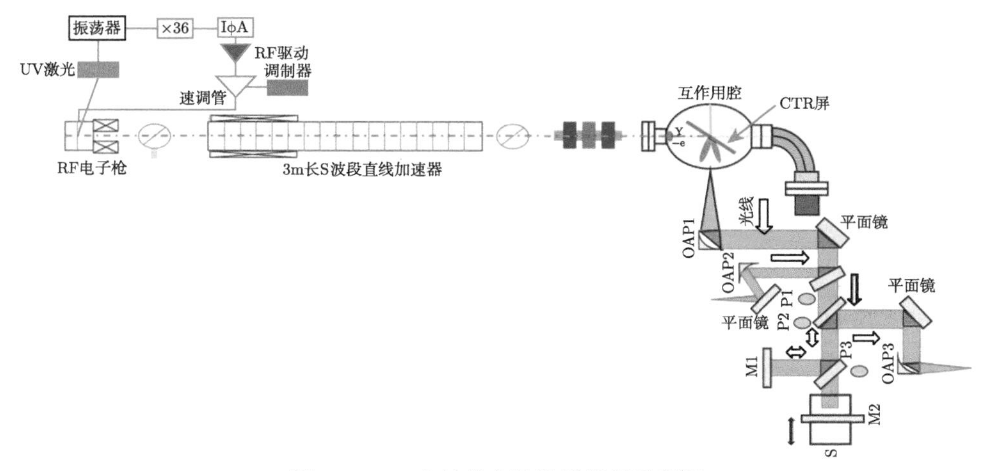

图 3.4.17 太赫兹实验装置原理示意图

2. 实验关键部位的研制

1) 太赫兹辐射窗

在实验中太赫兹辐射窗的透过率是能否测试到太赫兹信号的关键，太赫兹辐射窗的材料常用的有金刚石、单晶石英、熔融石英及蓝宝石等，它们对辐射波长、厚度都比较敏感。在清华大学密云太赫兹实验基地对单晶石英及蓝宝石等三种材料进行了透过率的测试，测试的基本装置示意图如图 3.4.18 所示 [20]。

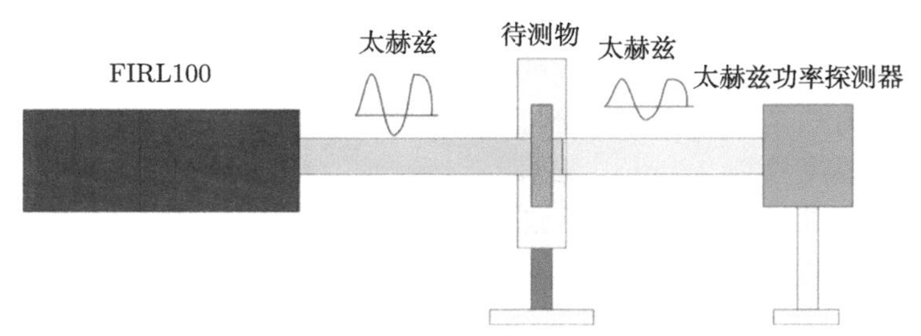

图 3.4.18 太赫兹辐射窗透过率测试

利用远红外激光器产生太赫兹辐射波，在激光器与待测材料之间利用太赫兹功率探测器测得功率为 P_1。然后移开探测器，让太赫兹波经过石英窗口，测试通过的太赫兹功率为 P_2，然后就可以知道该频率下辐射窗的透过率。太赫兹波通过待测材料得到的功率为 P_1，移去待测材料后得到的功率为 P_2，由此可以确定太赫兹波通过待测材料的透过率。

测试采用 FIRL100 产生波长为 118μm 的太赫兹波，测试结果如表 3.4.5 所示。通过测试发现，Z 向单晶石英垂直 Z 向旋转时，透过率有明显的变化，变化范围大约有 10mW。

从表 3.4.5 可以看出，单晶石英晶体具有很好的透过率，可以接近 80%，而在相同频率下，蓝宝石的透过率较低，不足 20%，因此在实验中，选择单晶石英窗作为输能窗材料，考虑到真空系统的压力，选择石英窗的厚度为 2.5mm。

表 3.4.5　太赫兹辐射透过率测试

材料	Z 向单晶石英 1	Z 向单晶石英 2	蓝宝石 1		蓝宝石 2	
厚度/mm	1.5	2.5	1		2	
太赫兹经过材料前功率/mW	119	118	123	122	126	126
太赫兹经过材料后功率/mW	90	85	28	27.5	21	21.5

在选择好辐射材料及石英窗的厚度之后，如何将石英窗加工成真空辐射窗，成为 CTR-THz 源的又一个关键问题。如果石英窗密封不好，导致束流线上的真空度不够，就会直接影响电子束团系统，而且一旦石英窗真空破裂，将导致整个束线崩溃，因此在石英窗安装到束线之前，必须进行离线实验。

采用了两种方法进行石英窗的密封。第一种方法是采用焊接方法，将石英焊接到不锈钢法兰上面。先将不锈钢法兰和石英窗进行预处理，分别加热到 650°C，然后把它们再放入真空炉中进行焊接，结果发现，随着温度的升高，单晶石英在法兰中沿着一个方向开裂，最初认为是石英窗边缘与法兰接触不好造成的，由于受力不均导致石英窗破裂，后来重新进行了加工和打磨，重复同样的工艺，石英窗还是出现破裂。分析主要的原因是石英在某一方向上的抗压能力较差，导致其破裂，因此采用焊接的方法就无法进行下去。

另外一种方法是直接将石英窗与不锈钢法兰密封，中间用铟丝作为垫圈。由于石英玻璃的厚度只有 2.5mm，很容易因受力不均而开裂，所以又重新加工了一个聚四氟乙烯磨具，用来挤压石英玻璃。为了防止真空压力导致其致命性的破坏，之后利用机械泵进行了抽真空，发现在真空度达到 10^{-4} 时，该石英还能继续工作，而束线上的真空在 10^{-6} 的数量级，两者相差不大，因此可以将该石英窗安装到束线上进行实验。

2) 辐射体

在该太赫兹源中，设计加工了两种材料的辐射体，一种是钛箔，另一种是铝箔。钛箔的厚度分别为 50μm 和 100μm，如图 3.4.19 所示。

(a) d=0.1mm

(b) d=0.05mm

图 3.4.19 钛箔辐射体

在加工钛箔辐射体的基础上，又重新设计了铝箔材料的辐射体，其束靶半径为 15mm，厚度为 1mm，考虑这种厚度的铝箔不好直接机械加工，分两步进行，首先进行粗加工，然后将铝箔粘在衬底上，进行细加工，最后如图 3.4.20 所示。

图 3.4.20 铝箔辐射体

3. 实验结果

1) 太赫兹辐射波的功率测试

太赫兹信号的功率主要是利用 Golay Cell 进行测量的。该探测器是利用气体吸热膨胀效应，通过一个传感器将气体膨胀时导致的薄膜曲率变化转化为反射的光信号的位置变化，并最终测量辐射功率。一般工作波长范围为 1μm ~10mm，信号的持续时间为 20ms 左右，信号幅度响应与信号的调制频率有关，在本实验中所用 Golay Cell 的响应曲线如图 3.4.21 所示，一般探测范围 $>0.1\text{nW}$。

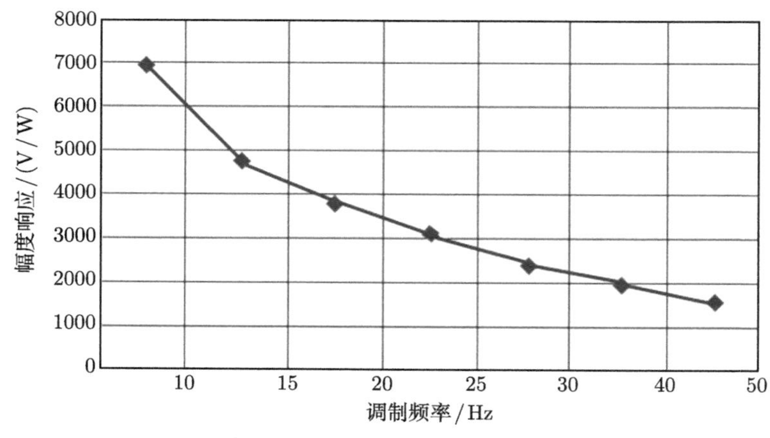

图 3.4.21　Golay Cell 响应曲线

由于信号的调制频率为 10Hz，所以在实验中选取的响应参数为 60mV/μW，假设信号幅值为 $f(t)$，脉冲信号的持续时间为 t，则该信号的辐射能量为 $E=\int_0^t (f(t)/60)\mathrm{d}t\,(\mu\text{J})$，与此同时，假设信号的脉冲长度 (通常由电子束长度决定) 为 T，则信号峰值功率为

$$P=E/T \tag{3-4-5}$$

图 3.4.22 表示同时测试到功率及频率曲线，其中蓝色信号表示采用 Golay Cell 探测太赫兹信号，黄色表示采用 Golay Cell 测量光程为零处信号频率的波形，其中图 3.4.23 是太赫兹功率信号波形。通过蓝色功率曲线的积分计算，得到的辐射能量为 0.024μJ，脉冲长度为 1.4ps，考虑石英窗的衰减为 20%，以及光路的特点 (频率端口处到的信号幅度为出口处 1/4，不考虑空气对太赫兹的损耗)，系统的辐射功率为

$$\frac{0.024\times 10^6\times 4}{(1-0.2)\times 1.4}=85.6(\text{kW}) \tag{3-4-6}$$

如果考虑大气对太赫兹的衰减为 50%，该信号的峰值功率将大于 100kW。该太赫兹波功率是在图 3.4.24 的电荷量条件下测试的。从图中可以看出，此时电荷量约为 245pC。

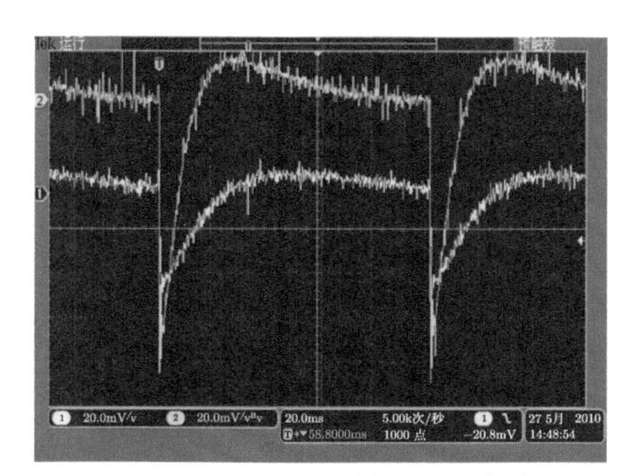

图 3.4.22　测试信号的功率及频率

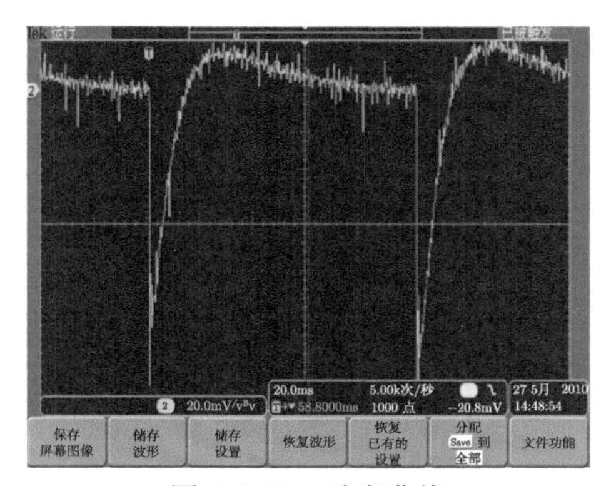

图 3.4.23　功率曲线

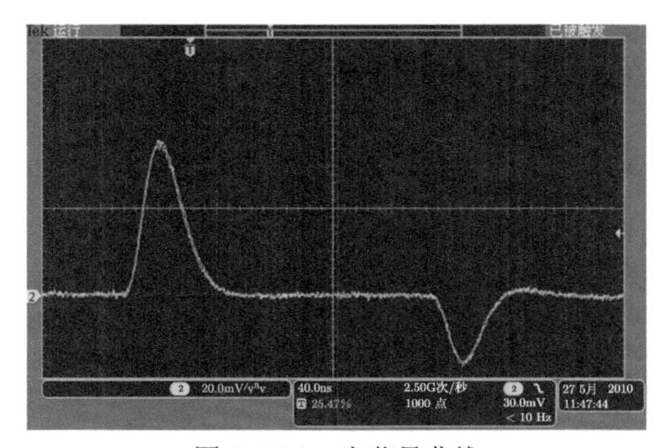

图 3.4.24　电荷量曲线

2) 太赫兹波频率测试

图 3.4.22 表示调节步进电机，改变两臂的光程差的波形，图示是光程为零处

时，频率信号的波形 (黄色)，该图说明 M-P 干涉仪在光程差为零的地方，太赫兹波发生了很好的干涉。图 3.4.25 表示通过改变步进电机移动的距离，得到太赫兹波的强度与光程差的关系曲线，即自相关曲线。从图可以看出，信号幅值的最大值达到 140mV，最小值约为 5mV。在自相关曲线上选取合适的基线，通过对图 3.4.22 进行 FFT 得到辐射波的频率如图 3.4.26 所示，得到太赫兹辐射波的频率范围为 0.1~1.5THz。在此基础上，通过单电子的辐射谱、束团形状因子的预估算，利用 K-K 重建方法，得到产生太赫兹辐射的束团形状如图 3.4.27 所示。图示表明，束团的均方根在 0.35ps。

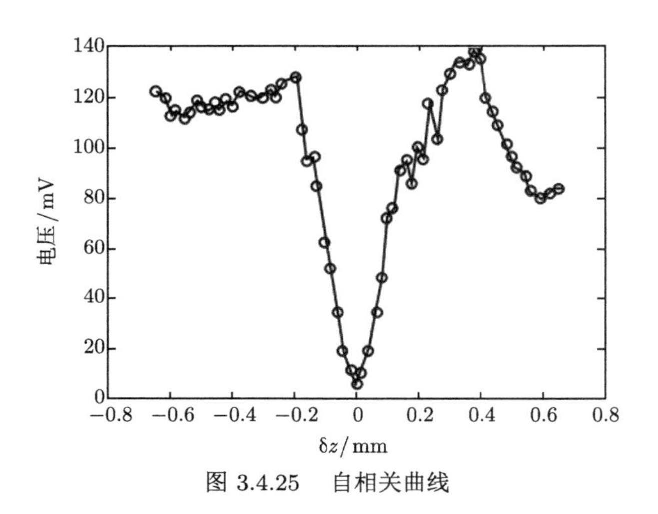

图 3.4.25　自相关曲线

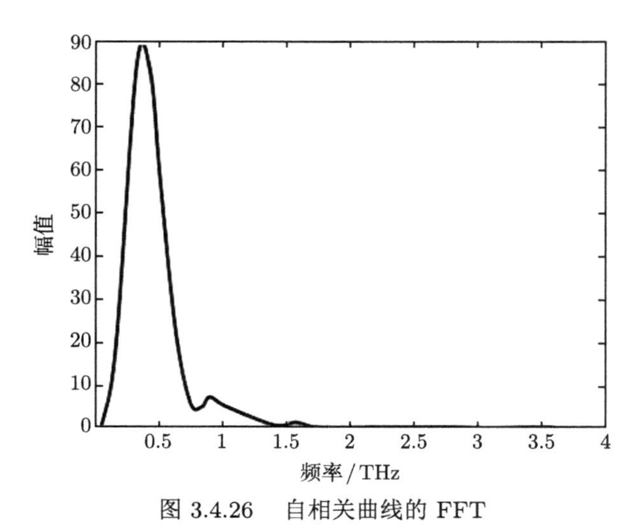

图 3.4.26　自相关曲线的 FFT

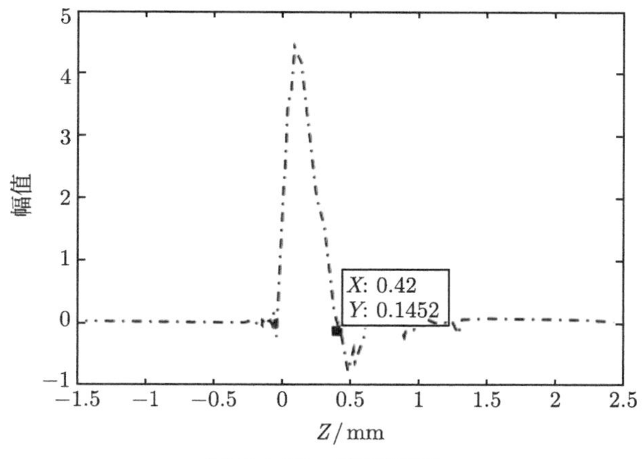

图 3.4.27 束团形状

3) 束团长度对太赫兹辐射能量的影响

通过对束团长度的模拟可以知道，入射加速管的微波相位对电子束团能量和长度有明显的影响。在该实验中，测试了进入加速管微波的相位对束团长度的影响，结果如表 3.4.6 所示。图 3.4.28 表示微波不同相对入射初始相位时的束团长度，这里假设改变的相位是相对辐射信号最强时的相位。

表 3.4.6 束团长度与初始相位的关系

序号	相对初始相位	束团长度/mm
1	$+2^\circ$	0.66
2	$+1^\circ$	0.44
3	0°	0.41
4	-1°	0.52
5	-2°	0.69

4) 电荷量对束团长度与太赫兹辐射能量的影响

研究发现，电荷量对束团长度及辐射功率都有较明显的影响。

图 3.4.29 表示不同电荷量下的频谱和束团长度。图 3.4.29(a)~(c), (d)~(f), (g)~(i) 分别表示电荷量约为 0.35nC，0.16nC 及 0.1nC 时的自相关曲线、频谱图及束团长度。由图中可以看出，电荷量越大，其基线值越大，说明辐射能量越高；另一方面，电荷量的变化对束团长度的影响不大，主要是小电荷量情况下，空间电荷效应较弱，导致对束团长度的影响不明显。辐射信号与电荷量的平方呈线性关系，因此电荷量的改变，使信号幅值发生显著的变化。

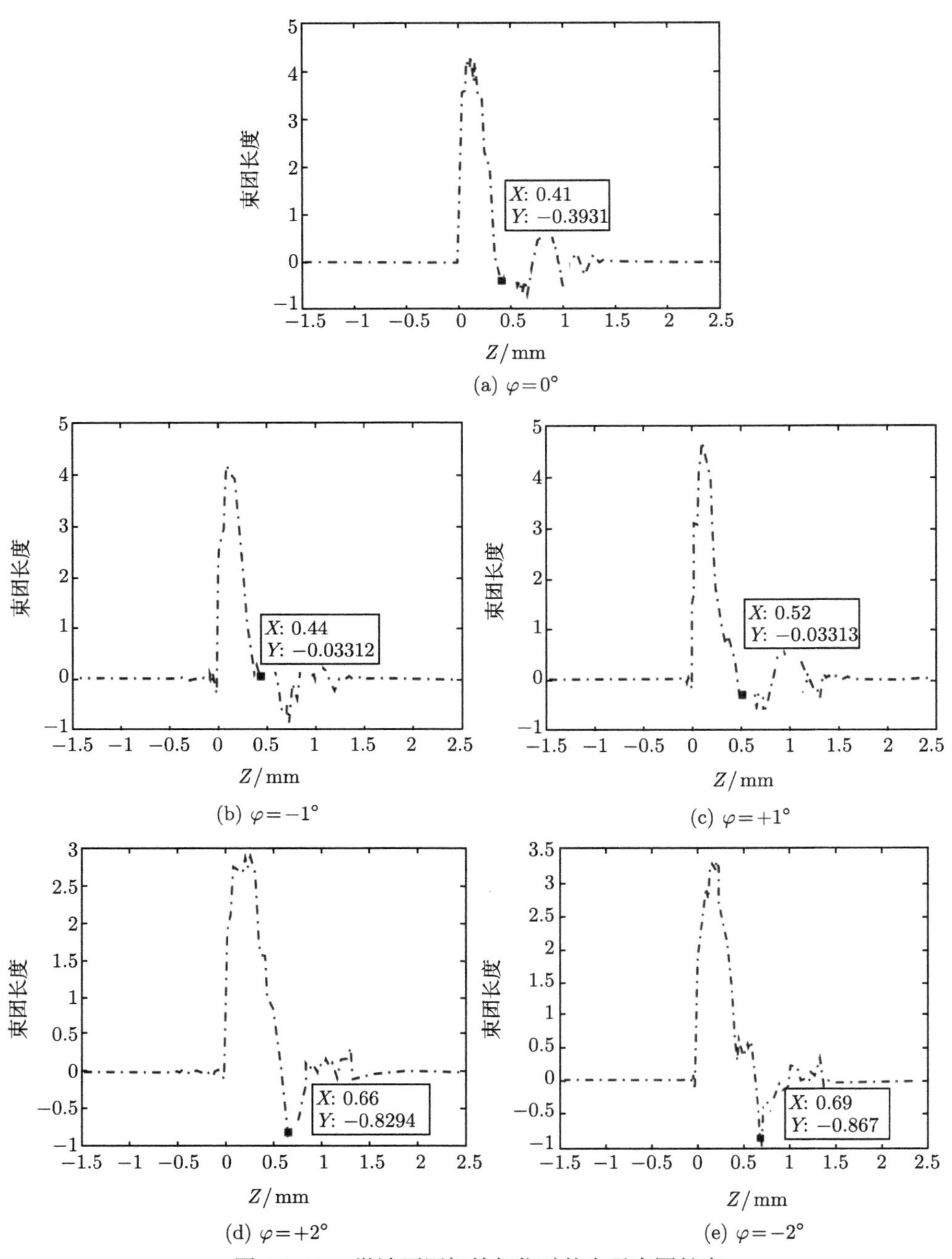

图 3.4.28　微波不同初始相位时的电子束团长度

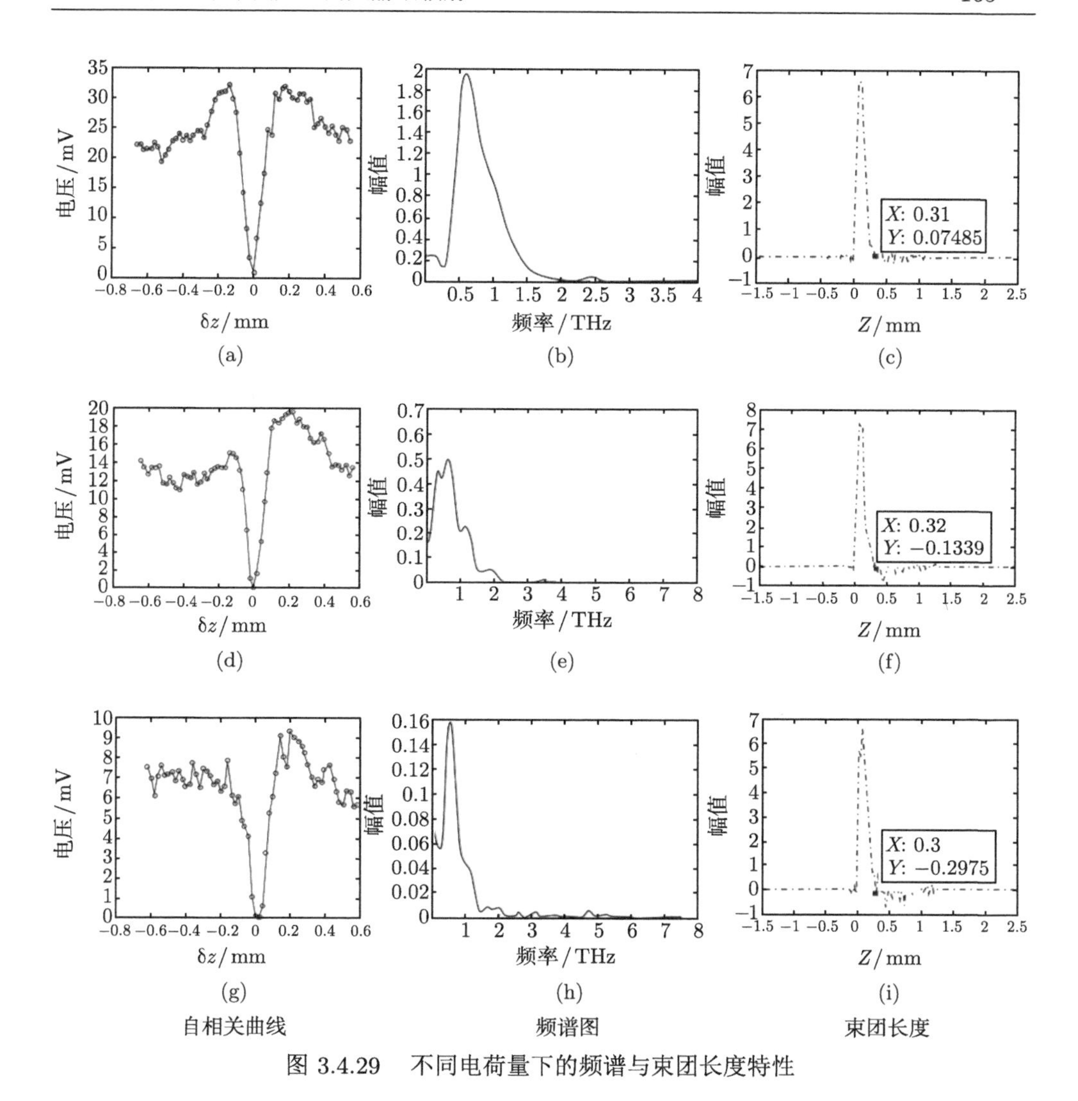

图 3.4.29 不同电荷量下的频谱与束团长度特性

4. 小结

本节对超短电子束团产生太赫兹辐射的特征进行了详细的理论分析、粒子模拟及实验研究。研究结果表明，选择合适的 RF 微波相位与激光脉冲的初始长度，可以获得理想的电子束团长度，使之产生高功率的太赫兹辐射。基于此，通过实验测试了微波初始相位对束团长度的影响，得到太赫兹信号的峰值功率为 85.6kW，辐射频率在 0.1~ 1.5THz 的太赫兹辐射波。

3.5 超短电子束团的太赫兹自由电子激光

3.5.1 简介

1. 自由电子激光简介

自由电子激光 (free-electron laser, FEL) 物理原理是利用通过周期性摆动磁场的高速电子束和光辐射场之间的相互作用，使电子的动能传递给光辐射而使其辐射强度增大。它的物理基础是运动的自由电子对电磁波的受激散射。由于电子不像在普通激光器中那样受原子的束缚，电子是“自由”的，故称为自由电子激光。

自由电子激光的基本概念可以追溯到 20 世纪 30 年代的卡皮查 (P. L. Kapitza) 和狄拉克 (P. A. M. Dirac) 发表的有关受激康普顿散射的论文 [21]，但一直没有得到重视。直到 1951 年，英国的科学家莫茨 (H. Motz) 在美国斯坦福大学首次设计了波荡器 [22,23]，并研究了相对论电子束通过波荡器时所产生的自发辐射。其测得的频谱和功率与经典电动力学单电子辐射公式的计算结果是一致的。1960 年，菲利浦斯 (R. M. Philips) 利用莫茨的研究成果研制出称为尤皮管 (Ubitron)[24] 的微波器件，按照现在的分类可将它列入弱相对论自由电子激光的范畴；他用 150keV 的电子束获得了波长为 10cm、功率达到 100kW 的强相干辐射，电子束动能转换为辐射能的效率达到 10%。由于当时激光刚刚问世，受激辐射的概念一般还局限在物质的原子内部，电子束质量还不很优良，所以早期的实验工作都不理想，未能取得较好的结果。但是这些工作为以后的自由电子激光的发展奠定了基础。

1971 年左右，斯坦福大学的博士生梅迪 (J. M. J. Madey) 开始研究被首次命名的“自由电子激光”，提出了相对论电子束在周期性静磁感应作用下，电子周期性横向运动有可能与光场发生相互作用，使光场得到受激放大的效果 [25]。1976 年，伊莱亚斯 (L. R. Elias) 等首次利用斯坦福大学的超导直线加速器完成了自由电子激光放大实验 [26]。电子束能量为 24MeV，电流强度为 74mA，在 0.24T 的螺旋波荡器感应场作用下，与同步输入的 10.6μm 激光发生相互作用，得到 7% 的激光增益。1977 年，Deacon 等以振荡器工作方式进行了类似的实验 [27]，但电子束能量较高，束流更大 (I=26A, E=43MeV), 在激光波长为 3.4μm 时获得了 7kW 的峰值输出功率，能量转换效率为 0.01%。此时，T. C. Marshall 等 [28] 用较强的泵浦场进行了 1～3mm 波段的自由电子激光放大器实验，成功地产生了数兆瓦功率。尽管这些早期原理性实验的功率和效率都是很低的，但是, 自由电子激光潜在的特点和优势，很快就受到科学家们的重视，有力地促进了世界范围内自由电子激光实验工作的开展。在早期实验工作进行的同时，各种理论研究工作也相继问世。

1983 年 3 月，美国总统里根提出了“战略防御倡议计划”(简称“SDI 计划”)。其中地基强激光武器部分，由于自由电子激光的一系列优点而被作为主要候选者。因此从 1985 年以后，自由电子激光的发展明显受到 SDI 计划的影响和推动, 世界各国出现了自由电子激光的研究热潮。法、俄、英、德、中、日、荷兰等国家纷纷开展了这方面的工作 [29]。自由电子激光作为激光家族的新成员，从其问世开始就以独有的特点引起了人们的重视，在通信、雷达、等离子体加热、激光光谱学等民用和军事应用领域都有诱人的应用前景 [30]。

2. 自由电子激光特点

自由电子激光除普通激光的单色性、方向性、相干性、高亮度外，还具有以下的特性 [31]。

(1) 频率可调、调谐范围宽。

自由电子激光是单色的相干光，波长可以随电子束能量的变化而变化，而加速器输出的电子束能量可以方便地在相当大的范围内改变，自由电子激光的频谱可以从远红外跨越到硬 X 射线，而绝大多数激光器只能在固定的波长下工作。

(2) 光束质量好。

激光与非相干光相比，它的特点是方向性、单色性和相干性好。而衡量这些特点的一个重要的综合参数就是光束亮度。方向性、单色性越好，亮度也就越高。一般自由电子激光不存在工作物质温度升高而引起的谱线增宽等现象，同时光束发散角可以接近衍射极限。因而自由电子激光的亮度比一般激光要高得多。光束质量高为自由电子激光的应用提供了极好的条件。

(3) 激光功率高。

普通激光器在高功率下运行时会由于热效应而使工作介质损坏，自由电子激光的工作介质为真空中运动的自由电子，不存在热效应问题，因此功率可以很高，峰值功率可达 GW 量级，平均功率可到几十千瓦甚至兆瓦量级。例如，美国劳伦斯 · 利弗莫尔国家实验室于 1986 年在 ELF 装置上获得了 1GW 的峰值激光功率，最高曾达到 1.7GW 的峰值功率，电子束的能量转化成激光的效率达到了 43%。

(4) 激光效率高。

自由电子与快波–平面波相互作用，将电子的横向能量转变成电磁波能量，是纵向群聚横向换能，效率高。另一方面，与原子激光不同，电子束和激光之间的相互作用没有产生其他的能量耗散过程，除了转换为激光的能量外，其余的仍然保存在电子束中。尽管在摇摆器内一次相互作用过程中，电子束能量转换为激光的效率不高，但是从摇摆器出来的电子束能量可以回收，从而可以达到提高效率的目的。

自由电子激光具有上述普通激光无法比拟的优点，因此它具有广阔的应用前景。自由电子激光除了在军事领域中具有重要的应用价值外，在激光聚变、生物医学、材料科学、等离子体科学、光化学、激光光谱等领域都具有潜在的应用前景。例如，在研究材料和生物聚合物的振动弛豫动力学时，原子激光只能研究振动频率与其对应的材料，自由电子激光由于频率可调，研究的材料不受限制；在化学工程中，选择恰当的光子能量可以有选择地打碎分子中的特殊化学键，以生成新分子，这也只有自由电子激光才能做到；由于自由电子激光的高平均功率，它可以将周期表中广阔的元素合成新材料；由于自由电子激光足够窄的线宽和较高的功率，它的投影石版印刷和全息照相的清晰度比任何其他激光都高。因此，自由电子激光美好的应用前景决定了它势必得到很大的发展。

3.5.2 基本原理

自由电子激光装置的原理如图 3.5.1 所示，它由电子束注入器 (电子加速器)、摇摆磁铁和光学谐振腔 (主要是两个反射镜) 三部分组成。摇摆磁铁由很多组磁铁构成，相邻两组磁铁的磁场方向是上下交替变化的，磁场变化的空间周期用 λ_w 表示。由电子加速器注入摇摆磁场区的电子向 z 方向前进，并在洛伦兹力的作用下，在 x-y 平面内左右往复摆动，当电子在磁场区域内做圆弧形运动时，由于有向心加速度，就会沿轨道的切线方向辐射出电磁波，其张角为 $1/\gamma$，

$$\gamma = 1/\sqrt{1-\beta^2} \tag{3-5-1}$$

γ 实际上是以电子的静止能量作单位来量度电子能量的。在一定条件下由各点 (如图 3.5.2 中的 A，B 附近) 向 z 方向发射的电磁波可以具有相同的相位 (即为相干光)，并能从电子束得到能量使电磁波的能量增加 (受激放大)。由全反射镜和半反射透镜组成的谐振腔则使一部分电磁辐射往返运动，受到反复放大，并从半反射透镜输出。它的产生过程主要包括三个部分：相干、受激放大、群聚。下面分别叙述这三个过程。

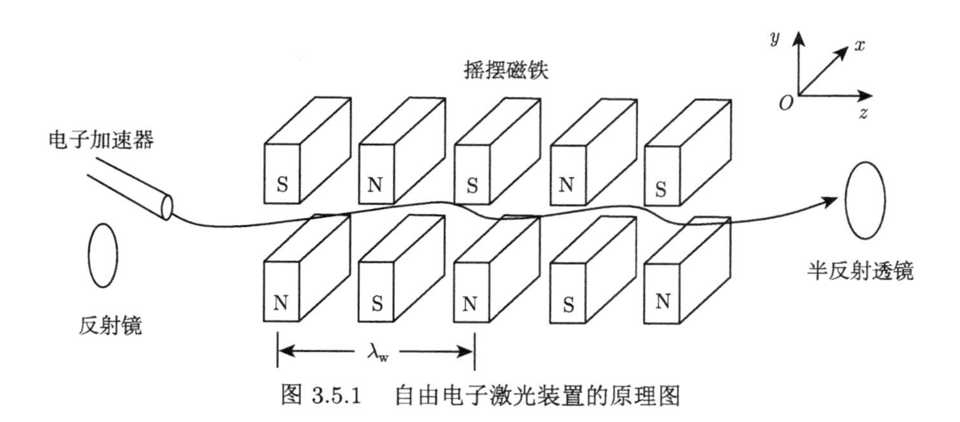

图 3.5.1 自由电子激光装置的原理图

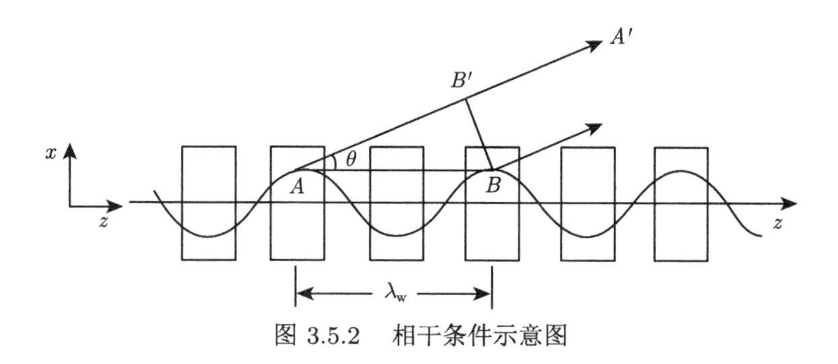

图 3.5.2 相干条件示意图

1. 相干

图 3.5.2 中 A、B 为相距一个磁场周期 λ_w 的相应两点，电子先后经过这两点时都会辐射出电磁波，设其波长为 λ_s。由于电子在 A、B 两点的运动情况完全相同，因此在这两点刚发出的电磁波应具有相同的相位 δ。当电子从 A 点运动到 B 点开始辐射时，A 点发出的光已传到 A'，设 $\overline{BB'}$ 垂直于 $\overline{AA'}$，A、B 两点发出的光要相干，就要 B' 点的光和 B 点刚发出的光具有相同的相位 δ，即要 $\overline{A'B'}=n\lambda_s(n=1,2,3,\cdots)$，设电子沿 z 方向的速度为 v_z，则有

$$\overline{A'B'}=\overline{AA'}-\overline{AB'}=\frac{\lambda_w}{v_z}c-\lambda_w\cos\theta=n\lambda_s \tag{3-5-2}$$

如果电磁波向 z 方向发射，$\theta=0$，则实现相干的条件为

$$\frac{\lambda_w}{v_z}=\frac{n\lambda_s+\lambda_w}{c} \tag{3-5-3}$$

公式 (3-5-3) 是一个电子或电子团在不同位置处发出的光 (向 z 方向) 实现相干的条件，它不能保证不同的电子 (团) 发出的光也是相干的，如果摇摆磁场中的电子聚集为一个个的电子团，它所在 z 方向的间隔都等于 λ_s，则它们向 z 方向发出的光就都是相干的了。

2. 受激放大

自由电子激光中的受激放大是指沿 z 方向传播的光辐射和前方的电子相互作用，使电子的动能减少，光能增加。电子环形运动时产生的光辐射是偏振的，沿 z 方向传播的光的电矢量 E 应在电子轨道平面内沿 x 方向振动，E 的表达式可写为

$$\boldsymbol{E}=E\cos\left(\frac{2\pi}{\lambda_s}z-\omega_s t+\varphi_0\right)\boldsymbol{i}_x \tag{3-5-4}$$

摇摆电子具有 x 方向的分速度，若光的电场正好使电子减速，则电子能量减少，光辐射的能量增加。根据能量守恒定律，单位时间内电场对电子所做的功应

与电子能量变化有关：

$$\begin{cases} -e\boldsymbol{v}\cdot\boldsymbol{E}=\dfrac{\mathrm{d}mc^2}{\mathrm{d}t} \\ m=m_0\gamma \end{cases} \tag{3-5-5}$$

若 $\boldsymbol{v}\cdot\boldsymbol{E}$ 对时间积分的效果大于零，则电子束能量减少，辐射场受激。当电子和光辐射向 z 方向运动时，光辐射的电矢量沿 x 方向来回振动，每半个波长改变一次方向；电子速度 v 的 x 方向则每当电子前进 $\lambda_{\mathrm{w}}/2$ 时也改变一次。为了保持 $\boldsymbol{v}\cdot\boldsymbol{E}>0$，当电子沿 z 方向穿过 $\lambda_{\mathrm{w}}/2$ 距离时，光辐射应比电子多走 $\lambda_{\mathrm{s}}/2$ 的距离 (或者多走 $\lambda_{\mathrm{s}}/2$ 的奇数倍的距离)(图 3.5.3)，即要

$$\frac{\lambda_{\mathrm{w}}/2}{v_z}=\frac{\lambda_{\mathrm{w}}/2+(2k+1)\lambda_{\mathrm{s}}/2}{c},\quad k=0,1,2,\cdots \tag{3-5-6}$$

若令 $n=2k+1=1,3,5,\cdots$，则得

$$\frac{\lambda_{\mathrm{w}}}{v_z}=\frac{\lambda_{\mathrm{w}}+n\lambda_{\mathrm{s}}}{c} \tag{3-5-7}$$

这就是实现受激放大的条件。

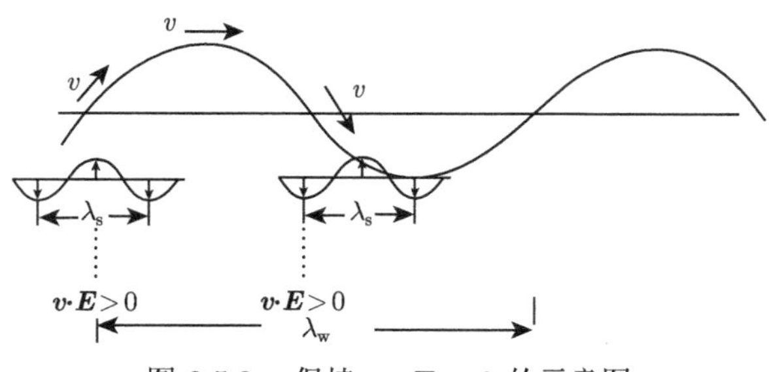

图 3.5.3　保持 $\boldsymbol{v}\cdot\boldsymbol{E}>0$ 的示意图

实现受激放大的条件式 (3-5-7) 和实现相干的条件式 (3-5-3) 是一致的，但要使两者都能实现，式 (3-5-3) 中的 n 只能取奇数 $1,3,5,\cdots$。实际上，由于高能电子速度非常接近光速，且电子的摇摆并不像图中画的那样剧烈，因此上两式可取 $n=1$。在满足受激放大的条件下，适当调节两个反射镜的距离可使电磁辐射来回振荡，反复地受到放大而产生很强的激光。由电子在摇摆磁场中的运动轨迹和实现受激及相干的条件 (取 $n=1$) 可得

$$\lambda_{\mathrm{s}}=\frac{\lambda_{\mathrm{w}}(1+\alpha_{\mathrm{w}}^2)}{2\gamma^2} \tag{3-5-8}$$

$$\alpha_{\mathrm{w}}=\frac{e\lambda_{\mathrm{w}}B_{\mathrm{w}}}{2\pi m_0c}=0.93B_{\mathrm{w}}\lambda_{\mathrm{w}} \tag{3-5-9}$$

式中，B_{w} 为摇摆磁场的强度，单位为 T；λ_{w} 的单位为 m。

自由电子激光的波长 λ_{s} 和电子能量 γ 有关，改变电子的能量就可得到不同的波长。例如，通常 $\lambda_{\mathrm{w}} \approx 3\mathrm{cm}$，$\alpha_{\mathrm{w}} \approx 1.0$，当电子束能量为 100MeV 时，$\lambda_{\mathrm{s}} \approx 1.0\mu\mathrm{m}$。式 (3-5-7) 也是对一个电子 (或电子团) 得出的，实际上由加速器注入摇摆磁场的电子在 λ_{s} 的范围内是连续分布的。因为即使注入的电子是脉冲化的，脉冲的持续时间为 10^{-10}s, 一个脉冲的电子的空间宽度也为 3cm，要比 λ_{s} 大得多，当它们与辐射场作用时必然会有能量的损失，有的得到能量，这样辐射场就不可能受激。但如果这些电子能在一个波长 λ_{s} 的范围内聚集成团，而且各团在 z 方向的间距为一个波长 λ_{s}，则当式 (3-5-7) 满足时，各个电子团就都能将能量交给辐射场而令其受激，这就是下面要讨论的电子群聚问题。

3. 群聚

电子的群聚是摇摆场和辐射场综合作用的结果，如图 3.5.4 所示。

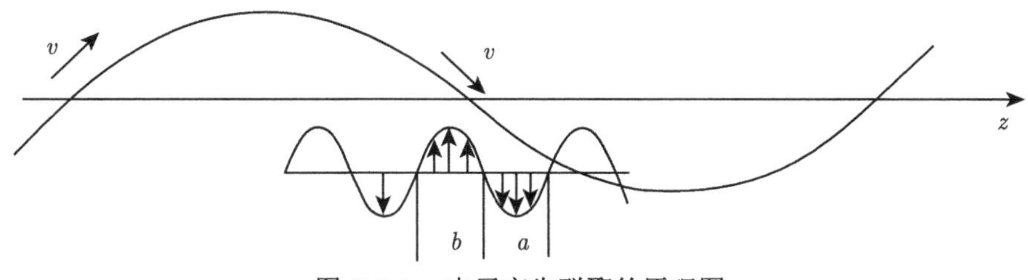

图 3.5.4 电子产生群聚的原理图

摇摆磁场使电子有了沿 x 方向的分速度，在光波的 a 区，光波的电矢量 $\boldsymbol{E}$ 的方向向下，它使电子向下运动的速度减少，同时，光波的磁矢量 $\boldsymbol{B}$ 在 a 区是垂直纸面向内的，电子由于 v_x 的存在而受到的洛伦兹力为 $\boldsymbol{f} = -ev_x\boldsymbol{i}_x \times \boldsymbol{B}$，$f$ 方向是向左的，它使电子减速。光波的 b 区的情况正好相反，电矢量 $\boldsymbol{E}$ 和磁矢量 $\boldsymbol{B}$ 对电子的作用都是使其加速，这样电子就会向 a 和 b 的中部群聚。当然，下一个波长范围的情况与此相同，结果使原来均匀分布的电子沿 z 方向 (纵向群聚) 就会群聚为一个个的电子团，两电子团中心在 z 方向的间距为 λ_{s}，群聚电子将横向动能转换为电磁辐射，它们在 z 方向放出的辐射是彼此相干的，在进一步向前运动中满足了表达式 (3-5-7)，辐射场就受激了。

3.5.3 自由电子激光的线性理论

1. 基本方程

自由电子激光的基本特征是电子在摇摆场和辐射场的耦合作用下经历轴向群聚的过程，物理模型可以表述为：一个任意强度的相对论电子束进入一个静止的螺旋极化摇摆场，并在其中传输。这种耦合作用可以通过导出的色散关系对自由电子激光的互作用原理进行全面的描述。这一部分，主要讨论自由电子激光的线性理论。

讨论在一维的理想情况下，无限大的空间、电子束、摇摆场、辐射场以及空间电荷波都只考虑其沿着 z 轴方向的空间变化。螺旋型极化的静止周期性摇摆场具有如下的形式：

$$\boldsymbol{B}_{\mathrm{w}}(z)=B_{\mathrm{w}}[\cos(k_{\mathrm{w}}z)\boldsymbol{e}_x+\sin(k_{\mathrm{w}}z)\boldsymbol{e}_y] \tag{3-5-10}$$

式中，B_{w} 是常量；$k_{\mathrm{w}}=2\pi/\lambda_{\mathrm{w}}$，这里 λ_{w} 是摇摆场的波长。此摇摆场的矢势为

$$\boldsymbol{A}_{\mathrm{w}}=A_{\mathrm{w}}[\exp(\mathrm{i}k_0z)\hat{\boldsymbol{e}}_-+\exp(-\mathrm{i}k_0z)\hat{\boldsymbol{e}}_+] \tag{3-5-11}$$

式中，$\boldsymbol{A}_{\mathrm{w}}=\boldsymbol{B}_{\mathrm{w}}/k_{\mathrm{w}}$，$\hat{e}_{\pm}=(\hat{e}_x\pm\mathrm{i}\hat{e}_y)/2$。轴上的电流在式 (3-5-11) 摇摆场和辐射场中产生的一个驱动电流，这个驱动电流激励起更强的辐射场，该辐射场可以用它的矢势 $\boldsymbol{A}(z,t)$ 表示，它满足下述方程：

$$\left(\frac{\partial^2}{\partial z^2}-\frac{1}{c^2}\frac{\partial^2}{\partial t^2}\right)A_{\mathrm{s}}=-\frac{4\pi}{c}FJ_{\perp} \tag{3-5-12}$$

式中，$J_{\perp}$ 是有质动力势所产生的横向驱动电流；$F=\sigma_{\mathrm{b}}/\sigma_{\mathrm{R}}$，$F$ 是与辐射场相关的填充因子，这里 σ_{b}、σ_{R} 分别是电子束的横向截面和辐射截面。激励的辐射场可用与式 (3-5-11) 所表示的摇摆场相似的形式描述：

$$\boldsymbol{A}_{\mathrm{s}}(z,t)=A_{\mathrm{s}}\left\{\exp[\mathrm{i}\varphi(z,t)]\hat{\boldsymbol{e}}_++\exp[-\mathrm{i}\varphi(z,t)]\hat{\boldsymbol{e}}_-\right\} \tag{3-5-13}$$

式中，A_{s} 是振幅；$\varphi(z,t)=kz-\omega t$ 是相位，这里 k 是复波数，ω 是频率。摇摆场所引起的横向驱动电流为

$$J_{\perp}(z,t)=-|e|(\delta nv_{\mathrm{w}}-n_0v_{\mathrm{R}})+\text{非共振项} \tag{3-5-14}$$

式中，δn 是扰动束流密度，v_{w} 是由摇摆场引起的横向速度，n_0 是背景束密度，v_{R} 是由辐射场引起的横向速度。v_{w}、v_{R} 可以从粒子所满足的相对论力学方程得到

$$\frac{\mathrm{d}\boldsymbol{P}}{\mathrm{d}t}=-|e|\left(\boldsymbol{E}+\frac{\boldsymbol{P}\times\boldsymbol{B}}{\gamma m_0c}\right) \tag{3-5-15}$$

式中，$P=\gamma m_0v$，$\gamma=1/\sqrt{1-\beta^2}$，$\beta=v/c$，$\gamma$ 是相对论因子；电场 $\boldsymbol{E}$ 和磁场 $\boldsymbol{B}$ 分别满足下述方程：

$$\boldsymbol{E}(z,t)=-\frac{\partial\varPhi}{\partial z}\hat{e}_z-\frac{1}{c}\frac{\partial\boldsymbol{A}_{\mathrm{s}}}{\partial t} \tag{3-5-16a}$$

$$\boldsymbol{B}(z,t)=\frac{\partial}{\partial z}[\hat{e}_z\times(\boldsymbol{A}_{\rm w}+\boldsymbol{A}_{\rm s})] \tag{3-5-16b}$$

式中，$\varPhi$ 是与扰动密度相关的空间电荷势。δn 可由下式给出：

$$\frac{\partial^2\varPhi}{\partial t^2}=4\pi|e|\delta n \tag{3-5-16c}$$

注意，式 (3-5-16c) 应该包含与空间电荷场有关的填充因子。假设空间电荷迅速地与电子束分离，比如辐射波长小于电子束半径时，填充因子设为 1，横向动量守恒表达式为

$$\gamma m_0 v-|e|(A_{\rm s}+A_{\rm w})/c=\text{常数} \tag{3-5-17}$$

由表达式 (3-5-15) 及式 (3-5-17) 可得

$$\begin{cases} v_{\rm w}=\dfrac{|e|A_{\rm w}}{\gamma_0 m_0 c}\\ v_{\rm R}=\dfrac{|e|A_{\rm s}}{\gamma_0 m_0 c}\end{cases} \tag{3-5-18}$$

注意到，由于 $|A_{\rm w}|\gg|A_{\rm s}|$, 可以用 γ_0 代替 γ 得

$$\gamma_0=\gamma_z\left[1+\left(\frac{|e|A_{\rm w}}{m_0c^2}\right)^2\right]^{1/2},\quad \gamma_z=\left(1-\frac{v_{z0}^2}{c^2}\right)^{-1/2} \tag{3-5-19}$$

将表达式 (3-5-14) 和式 (3-5-18) 代入表达式 (3-5-12) 中，可得

$$\left(\frac{\partial^2}{\partial z^2}-\frac{1}{c^2}\frac{\partial^2}{\partial t^2}-F\frac{\omega_{\rm p}^2}{\gamma_0c^2}\right)A_{\rm s}=\frac{4\pi|e|^2\delta n}{\gamma_0 m_0 c^2}FA_{\rm w} \tag{3-5-20}$$

式中，$\omega_{\rm p}=\left(4\pi|e|^2n_0/m_0\gamma_0\right)^{1/2}$ 表示的是束等离子体角频率。从表达式 (3-5-20) 可以看出，辐射场 A 是由摇摆场 $A_{\rm w}$ 和扰动束流密度 δn 激励产生的。扰动密度是自洽决定的。根据电荷守恒定律，扰动密度可由下式给出：

$$\frac{\partial\delta n}{\partial t}=\frac{1}{|e|}\frac{\partial\delta J_z}{\partial z} \tag{3-5-21}$$

式中，δJ_z 是轴向扰动束流，具体形式由下式给出：

$$\delta J_z(z,t)=-|e|(n_0\delta v_z+\delta n v_{z0}) \tag{3-5-22}$$

在表达式 (3-5-22) 中，δv_z 和 δv_{z0} 分别是轴向的扰动速度和未扰动速度。由表达式 (3-5-21) 和式 (3-5-22) 可以得到扰动密度的表达式：

$$\frac{\mathrm{d}\delta n}{\mathrm{d}t} = -n_0\frac{\partial \delta v_z}{\partial z} \tag{3-5-23}$$

对表达式 (3-5-15) 取轴向分量，并考虑到关系式 $\mathrm{d}\gamma/\mathrm{d}t = -|e|(\boldsymbol{v}\cdot\boldsymbol{E})/(m_0c^2)$，可以得到

$$\frac{\mathrm{d}v_z}{\mathrm{d}t} = -\frac{|e|}{\gamma m_0}\left[-\frac{\partial \Phi}{\partial z} + \frac{(\boldsymbol{v}\times\boldsymbol{B})\cdot\widehat{e_z}}{c} - \frac{v_z(\boldsymbol{v}\cdot\boldsymbol{E})}{c^2}\right] \tag{3-5-24}$$

将表达式 (3-5-24) 进行线性化处理，其在辐射场中只保留第一项：

$$\frac{\mathrm{d}\delta v_z}{\mathrm{d}t} = -\frac{|e|}{\gamma m_0}\left[\gamma_z^{-2}\frac{\partial \Phi(z,t)}{\partial z} + \left(\frac{\partial}{\partial z} + \frac{v_{z0}}{c^2}\frac{\partial}{\partial t}\right)\Phi_{\mathrm{pond}}(z,t)\right] \tag{3-5-25}$$

在表达式 (3-5-25) 中，在空间电荷场 γ_z^{-2} 相对论收缩来自式 (3-5-24) 的 $\partial\Phi/\partial z$ 和 $-(v_z/c)^2\,\partial\Phi/\partial z$ 项的合并，这里 $\gamma_z = \left(1 - v_z^2/c^2\right)^{-1/2}$。相对论因子 γ_0 和 γ_z 用下式相关联：

$$\gamma_0 = \gamma_z\left[1 + \left(\frac{|e|A_{\mathrm{w}}}{m_0c^2}\right)^2\right]^{1/2} \tag{3-5-26}$$

由 $\boldsymbol{v}\times\boldsymbol{B}/c$ 和 $v_{z0}\left(\boldsymbol{v}_\perp\cdot\boldsymbol{E}_\perp\right)/c^2$ 引起的轴向力可以用称为有质动力势 Φ_{pond} 来表示：

$$\Phi_{\mathrm{pond}}(z,t) = \frac{-|e|\boldsymbol{A}_{\mathrm{w}}\cdot\boldsymbol{A}_{\mathrm{s}}}{\gamma_0 m_0c^2} = \frac{-|e|A_{\mathrm{w}}A_{\mathrm{s}}}{2\gamma_0 m_0c^2}\exp\left\{\mathrm{i}[(k+k_{\mathrm{w}})z - \omega t]\right\} + \mathrm{c.c} \tag{3-5-27}$$

在式 (3-5-26) 中，可以看到束流的速度，因而其密度是由有质动力波和空间电荷波决定的，有质动力波与摇摆场和辐射场的振幅成正比。取式 (3-5-23) 两边的迁移时间导数，并利用表达式 (3-5-26) 可得

$$\frac{\mathrm{d}^2\delta n}{\mathrm{d}t^2} = -\frac{|e|}{\gamma m_0}\left[\frac{1}{\gamma_z^2}\frac{\partial^2\Phi(z,t)}{\partial z^2} + \frac{\partial}{\partial z}\left(\frac{\partial}{\partial z} + \frac{v_{z0}}{c^2}\frac{\partial}{\partial t}\right)\Phi_{\mathrm{pond}}(z,t)\right] \tag{3-5-28}$$

将表达式 (3-5-16c) 代入式 (3-5-28) 中，并考虑 $\partial^2\Phi/\partial z^2 = 4\pi|e|\delta n$ 可以得到

$$\frac{\mathrm{d}^2\delta n}{\mathrm{d}t^2} + \frac{\omega_{\mathrm{p}}^2}{\gamma_0\gamma_z^2}\delta n = -\frac{|e|n_0}{\gamma_0 m_0}\frac{\partial}{\partial z}\left(\frac{\partial}{\partial z} + \frac{v_{z0}}{c^2}\frac{\partial}{\partial t}\right)\Phi_{\mathrm{pond}}(z,t) \tag{3-5-29}$$

表达式 (3-5-29) 表明，扰动电荷密度是由有质动力势决定的。表达式 (3-5-20)、式 (3-5-27) 和式 (3-5-29) 形成一套关于辐射场与扰动电荷密度的自洽方程组。束扰动密度是有质动力势决定的，而有质动力势又与辐射场成比例，辐射场又是由有质动力势与摇摆场决定的，这套自洽的方程组在适当的条件下可以导致辐射增益。

2. 自由电子激光色散关系

有质动力势的相位是 $(k+k_{\mathrm{w}})z-\omega t$，从表达式 (3-5-21) 可以看出，在时间渐近极限时下扰动密度应该有类似的关系。因此可以设

$$\delta n(z,t)=\delta\widetilde{n}(k,\omega)\exp\{\mathrm{i}[(k+k_{\mathrm{w}})z-\omega t]\}+\mathrm{c.c} \tag{3-5-30}$$

代入表达式 (3-5-30) 和式 (3-5-27)，式 (3-5-29) 可整理为

$$\left\{[(\omega-v_{z0}(k+k_{\mathrm{w}})]^2-\frac{\omega_{\mathrm{p}}^2}{\gamma_0\gamma_z^2}\right\}\delta\widetilde{n}=-\frac{\omega_{\mathrm{p}}^2A_{\mathrm{s}}A_{\mathrm{w}}}{8\pi\gamma_0^2m_{\mathrm{e}}c^2}(k+k_{\mathrm{w}})\left(k+k_{\mathrm{w}}-\frac{\omega v_{z0}}{\gamma_0c^2}\right) \tag{3-5-31}$$

将表达式 (3-5-11) 和式 (3-5-13) 中的 $A_{\mathrm{w}}(z)$、$A(z,t)$ 以及表达式 (3-5-22) 代入式 (3-5-20) 得

$$\left(k^2-\frac{\omega^2}{c^2}+F\frac{\omega_{\mathrm{p}}^2}{\gamma_0c^2}\right)A_{\mathrm{s}}=-\frac{4\pi|e|^2}{\gamma_0m_0c^2}\delta\widetilde{n}FA_{\mathrm{w}} \tag{3-5-32}$$

由式 (3-5-20) 和式 (3-5-32) 联立消去 $\delta\widetilde{n}$ 和 A，并假定 $k\approx(1+\beta_z)\gamma_z^2k_{\mathrm{w}}\gg k_{\mathrm{w}}$，$\omega\approx kc$。

$$(k+k_{\mathrm{w}})\left(k+k_{\mathrm{w}}-\frac{v_{z0}\omega}{c^2}\right)\approx 2kk_{\mathrm{w}} \tag{3-5-33}$$

则可得到色散方程：

$$\left(\omega^2-c^2k^2-\frac{F\omega_{\mathrm{p}}^2}{\gamma_0}\right)\left\{[\omega-v_{z0}(k+k_{\mathrm{w}})]^2-\frac{\omega_{\mathrm{p}}^2}{\gamma_0\gamma_z^2}\right\}=F\frac{\omega_{\mathrm{p}}^2}{\gamma_0^3}a_{\mathrm{w}}^2c^2kk_{\mathrm{w}} \tag{3-5-34}$$

上式中使用了等式 $\dfrac{|e|A_{\mathrm{w}}}{\gamma_0m_0c^2}=\dfrac{a_{\mathrm{w}}}{\gamma_0}$，它是电子摇摆速度的无量纲振幅。上式的第一项，反映了非耦合的电磁模式，而第二项反映了两个非耦合的束空间电荷波模式，有一个等效的波数 $k+k_{\mathrm{w}}$。在摇摆场的作用下，电磁模式与空间电荷波模式相互耦合。因为关心的是向前传播的光场，所以可从表达式 (3-5-34) 近似地得到电磁模：

$$\omega^2-c^2k^2-\frac{F\omega_{\mathrm{p}}^2}{\gamma_0}\approx 2\omega\left[\omega-\left(c^2k^2+\frac{F\omega_{\mathrm{p}}^2}{\gamma_0}\right)^{1/2}\right] \tag{3-5-35}$$

把表达式 (3-5-35) 代入式 (3-5-34)，则可得自由电子激光的色散关系：

$$\left[k-\left(\frac{\omega^2}{c^2}-\frac{F\omega_{\mathrm{p}}^2}{\gamma_0 c^2}\right)^{1/2}\right]\left[\left(k+k_{\mathrm{w}}-\frac{\omega}{v_{z0}}\right)^2-\frac{\omega_{\mathrm{p}}^2}{v_{z0}^2\gamma_0\gamma_z^2}\right]=-\alpha^2 \tag{3-5-36}$$

其中，α^2 是耦合系数，

$$\alpha^2=F\left(\frac{\omega_{\mathrm{b}}^2/c^2}{4\gamma_0^3}\right)\frac{a_{\mathrm{w}}^2}{\beta_{z0}^2}k_{\mathrm{w}} \tag{3-5-37}$$

表达式 (3-5-36) 可以改写为如下形式：

$$(k-k_{\mathrm{em}})(k-k_-)(k-k_+)=-\alpha^2 \tag{3-5-38}$$

其中，k_{em} 是电磁模的波数，

$$k_{\mathrm{em}}=\frac{1}{c}\left(\omega^2-\frac{F\omega_{\mathrm{p}}^2}{\gamma_0}\right)^{1/2} \tag{3-5-39}$$

而 k_+, k_- 分别是正能束空间电荷模和负能束空间电荷模的波数：

$$k_\pm=\frac{1}{v_{z0}}\left(\omega-k_{\mathrm{w}}v_{z0}\mp\frac{\omega_{\mathrm{b}}}{\gamma_z\sqrt{\gamma_0}}\right) \tag{3-5-40}$$

这样就可以把自由电子激光分成两个工作区，分别称为高增益康普顿区和高增益拉曼区。

3. 高增益康普顿区域

在高增益的康普顿区域中，有质动力势导致的作用电子上的力远大于空间电荷效应作用电子上的力。这个区也称为摇摆场感应场区或弱电子束区，这时的色散关系 (3-5-36) 变为

$$(k-k_{\mathrm{em}})\left[k-\left(\frac{\omega}{v_{z0}}-k_{\mathrm{w}}\right)\right]^2=-\alpha^2 \tag{3-5-41}$$

上式中略去了由自洽标势得到的空间电荷项 $\omega_{\mathrm{p}}/\left(v_{z0}\gamma_z\sqrt{\gamma_0}\right)$。从上式可以清楚地看出，康普顿区中的自由电子激光包括了电磁模式与有质动力波的耦合。当 $k_{\mathrm{em}}=\left(\omega-k_{\mathrm{w}}v_{z0}\right)/v_{z0}$ 时，可以得到最大的空间增长率，对 $\omega\approx kc$ 和 $v_{z0}/c\approx 1$ 作近似，可以求出色散方程 k 的虚数部分为 $-\mathrm{i}\Gamma$ 的解，这个解就是高增益康普顿的指数增长系数：

$$\Gamma=\frac{\sqrt{3}}{2}F^{1/3}\left(\frac{a_{\mathrm{w}}^2\omega_{\mathrm{p}}^2k_{\mathrm{w}}}{2\gamma_0^3c^2}\right)^{1/3} \tag{3-5-42}$$

色散关系式 (3-5-41) 忽略了空间电荷项，这就意味着摇摆器的磁感应振幅与束密度之间的下列不等式成立：

$$\beta_{\mathrm{w}}=\frac{v_{\mathrm{w}}}{c}\gg\beta_c\equiv F^{-1/2}\left(\frac{\omega_{\mathrm{b}}c^2}{v_{z0}^2\gamma_0^{1/2}\gamma_z^3k_{\mathrm{w}}}\right)^{1/2} \tag{3-5-43}$$

相应的最大增长率的频率 $\omega=(1+\beta_{z0})\gamma_{z0}^2v_{z0}k_{\mathrm{w}}\approx2\gamma_z^2ck_{\mathrm{w}}$，这里在与 ω 相比时略去了 $\omega_{\mathrm{p}}/\sqrt{\gamma_0}$。

4. 高增益拉曼区域

拉曼区包含了向前传播的电磁场与负能束的空间电荷模的相互耦合，在该区域里等离子体的频率非常高，因而电磁波同两个束波 (负能量模和正能量模) 之间的耦合可以分开来独立加以考虑。

描述负能量波和电磁波相互作用的色散关系在表达式 (3-5-36) 中已经得到。这里，正能束模在耦合中的作用很弱，因此在表达式 (3-5-36) 中 $k-k_+$ 可以用 $k_--k_+=2\omega_{\mathrm{p}}/\left(\gamma_zv_{z0}\gamma_0^{1/2}\right)$ 来代替，结果是

$$(k-k_{\mathrm{em}})(k-k_-)=-\frac{\alpha^2\gamma_z\gamma_0^{1/2}v_{z0}}{2\omega_{\mathrm{p}}} \tag{3-5-44}$$

$k_{\mathrm{em}}=k_-$ 时拉曼区具有最大增长率，

$$\mathit{\Gamma}=\beta_{\mathrm{w}}F^{1/2}\left(\omega_{\mathrm{p}}\gamma_z\frac{k_{\mathrm{w}}}{4\sqrt{\gamma_0c}}\right)^{1/2} \tag{3-5-45}$$

如果下列不等式成立：

$$\beta_{\mathrm{w}}\ll\beta_{\mathrm{c}} \tag{3-5-46}$$

那么表示正能束波的耦合确实很弱，可以用 k_--k_+ 来替换 $k-k_+$。注意到表达式 (3-5-46) 与式 (3-5-43) 相比其不等式的符号是相反的。由此可以看出，β_{c} 是康普顿区和拉曼区的一个临界值。区分拉曼区和康普顿区的另一个等价方法是通过定义临界束等离子体密度：

$$\omega_{\mathrm{p,c}}=F\left(\frac{v_{z0}}{c}\right)^2\frac{\alpha_{\mathrm{w}}^2\gamma_z^3v_{z0}k_{\mathrm{w}}}{2\gamma_0^{5/2}} \tag{3-5-47}$$

如果 $\omega_{\mathrm{p}}\gg\omega_{\mathrm{p,c}}$，则自由电子激光工作在拉曼区；反之 $\omega_{\mathrm{p}}\ll\omega_{\mathrm{p,c}}$，自由电子激光工作在高增益康普顿区。

5. 低增益的康普顿区

在低增益的康普顿区中，自洽空间电荷势起的作用很小，但它也不同于高增益康普顿区。色散关系式 (3-5-34)，是对密度扰动项 δn 采用傅里叶变换得到的。这种方法要求在时间渐近的条件下才能得到色散方程，也就是说与初始条件无关。低增益康普顿区正是要考虑初始条件的影响。因此必须对式 (3-5-20) 和式 (3-5-16) 进行拉普拉斯变换。在这个区域中，考虑了空间电荷影响后的增益由下式给出：

$$G(z)=-\frac{\omega_{\mathrm{p}}^{2}\alpha_{\mathrm{w}}^{2}}{8\gamma_{0}^{3}c^{2}}Fk_{\mathrm{w}}z^{3}\frac{\partial}{\partial\theta}\left[\left(1+k_{\mathrm{p}}^{2}z^{2}\frac{\partial^{2}}{\partial\theta^{2}}\right)\left(\frac{\sin\theta}{\theta}\right)\right]^{2} \tag{3-5-48}$$

其中，$k_{\mathrm{p}}=\dfrac{\omega_{\mathrm{p}}}{\gamma_{z0}c}(24\gamma_{0})^{1/2}$，$\Delta k=k+k_{\mathrm{w}}-\omega/v_{z0}$，$\theta=\Delta k_{z}/2$ 是相位失谐量。如果略去空间电荷效应，$k_{\mathrm{b}}^{2}z^{2}\ll1$，则式 (3-5-48) 就简化为一般的小信号增益公式。由于 $\theta=1.3$ 时，函数 $\partial\left(\sin^{2}\theta/\theta^{2}\right)/\partial\theta$ 具有 -0.54 的极小值，因此最大增益由下式给出：

$$G(z)_{\max}\approx\left(\frac{\alpha_{\mathrm{w}}^{2}\omega_{\mathrm{b}}^{2}}{\gamma_{0}^{3}}\right)Fk_{\mathrm{w}}z^{3} \tag{3-5-49}$$

其中，$z=2.6/\Delta k=2.6/\left(k+k_{\mathrm{w}}-\omega/v_{z0}\right)$ 是最大增益的位置。

本节从自由电子激光的产生过程、线性理论两个方面阐述了自由电子激光的基本原理。从相干、受激放大和群聚三个方面描述了自由电子激光的产生过程，通过对这三个过程的分析，可以清楚地了解自由电子激光的基本原理。利用线性理论，得到注–波互作用的自由电子激光色散方程，通过色散方程可以更深入地理解摇摆场与辐射场的耦合过程，从而进一步理解自由电子激光的物理机理；另一方面，通过临界值的简单定义，可以知道自由电子激光的工作区域，这样有利于分析自由电子激光的工作特征。

3.5.4 太赫兹自由电子激光

自由电子激光具有高效率、频率可调、光束质量好等优点，是产生高功率太赫兹源的最佳选择之一 [26]。自由电子激光利用空间周期性磁场与相对论电子束相互作用，将高能电子束的动能转换为电磁辐射 [27]。为获得高增益太赫兹辐射，进入波荡器的电子束必须满足自由电子激光的性能要求，包括低发射度、低能散度和高峰值流强等。根据自由电子激光辐射机理，加速管出口处电子束品质越高，波荡器中产生的太赫兹辐射波品质和出光效率也越高。因此，对 THz-FEL 源电子直线加速器段进行束流调节与品质监测，是产生高增益太赫兹辐射波的必要条件。

大多数自由电子激光是由射频直线加速器驱动的，通常可产生数皮秒长度的电子束团。对于使用射频直线加速器产生预群聚电子束团的 THz-FEL(图 3.5.5)，当预群聚电子束团长度 l_b 小于摇摆器波长 λ_w 时，相位相关的波包可以产生相干辐射 (超辐射 (SR)[32])，辐射强度与电子数的平方有关；反之，则产生非相干辐射，见图 3.5.6。随着超高功率激光技术和光电阴极微波电子枪的发展，利用超短电子束产生太赫兹辐射，已成为产生宽频带高功率太赫兹辐射的重要方式之一 [33−37]。

世界上有许多超辐射实验正在进行或计划中，代表性的超辐射装置有 [32]：俄罗斯新西伯利亚 (Novosibirsk) 自由电子激光装置、德国 FDR-ELBE 自由电子激光装置、荷兰 FOM 基础能源研究所的 FELIX 装置，以及美国杰斐逊实验室、德国 HZDR、日本国立自然科学研究院的 FEL 装置，国内主要有中国科学技术大学合肥同步辐射装置，以及中国工程物理研究院和清华大学的 THz-FEL 装置。前三个太赫兹自由电子激光装置已经在第 1 章介绍了，这里主要介绍后续 5 个 THz-FEL 装置。

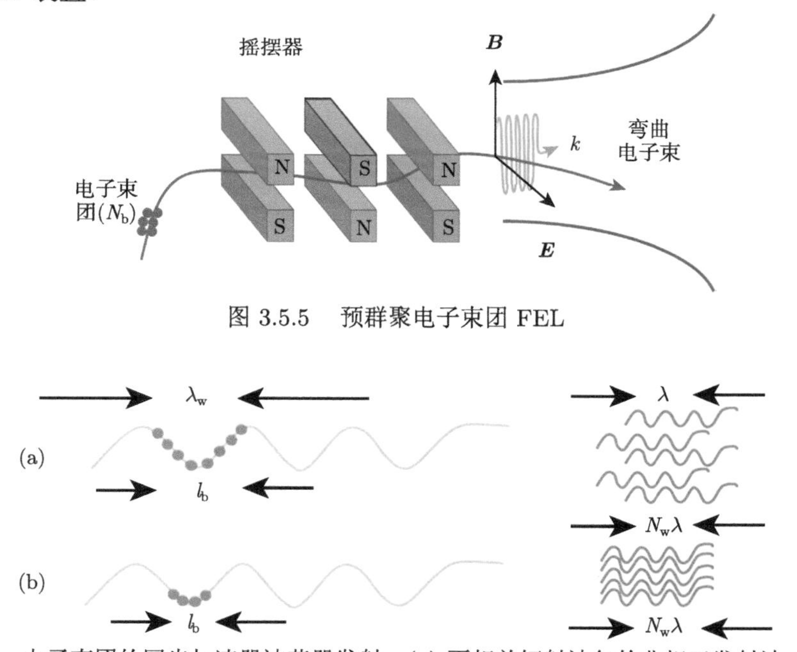

图 3.5.5 预群聚电子束团 FEL

图 3.5.6 电子束团的同步加速器波荡器发射：(a) 不相关辐射波包的非相干发射波 (FEL 自发发射)；(b) 相位相关波包的相干发射波 (超辐射发射)

美国杰斐逊实验室 (Jefferson Lab，或称 JLab)，主要的研究装置是连续电子束加速器装置 (CEBAF)，如图 3.5.7 所示。它由一个极化电子源和一对长 1400m 的超导高频直线加速器组成。两个超导直线加速器由含有两个导向磁铁的弧形段将彼此连接起来。当电子束连续运行 5 个轨道后，其能量最高达到 6GeV。JLab 在 2002 年利用预群聚单电子束团实现了宽频谱的太赫兹波辐射，其输出功率在 20W[37]，如图 3.5.8 所示。在该实验中，证实了辐射功率从自发辐射强度 ($\propto N$)

到超辐射产生的功率大幅度提升的过程 $(\propto N^2)$。在这个实验中，用 JLab 能量回收直线加速器 (ERL) 进行的太赫兹波功率测试，太赫兹辐射是由束流长度为 0.5ps 的连续电子束微束流产生的，其重复频率是 75MHz。通过系列升级，2004 年底，JLab 获得了平均功率 10kW 的太赫兹波功率。JLab 率先开发利用电子束开展核物理研究的超导技术，现在也服务于利用光进行科学研究：生物、医学、化学、环境科学、材料科学、凝聚态物理和纳米技术。

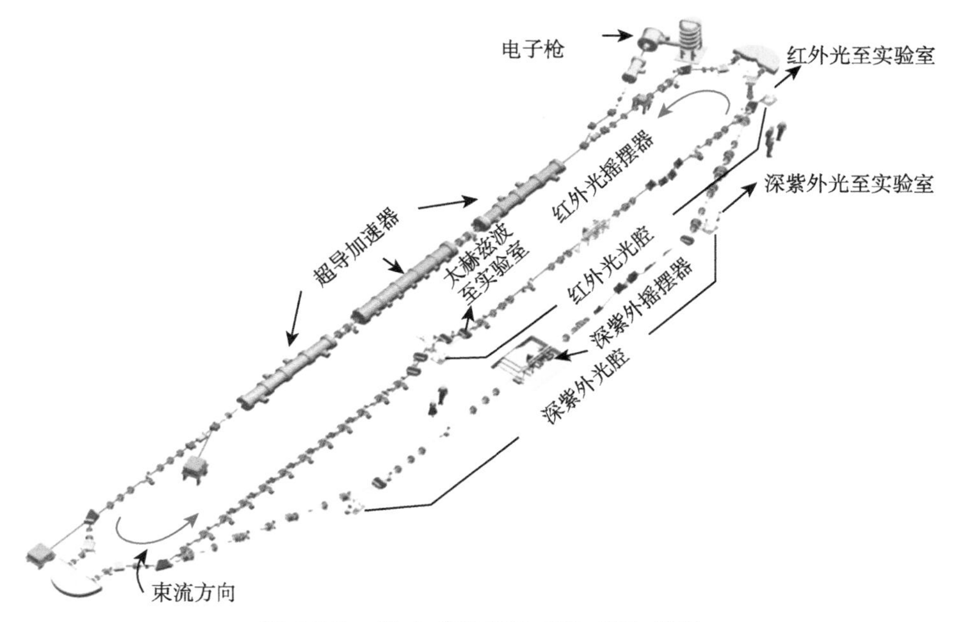

图 3.5.7　JLab 实验室的 THz-FEL 装置

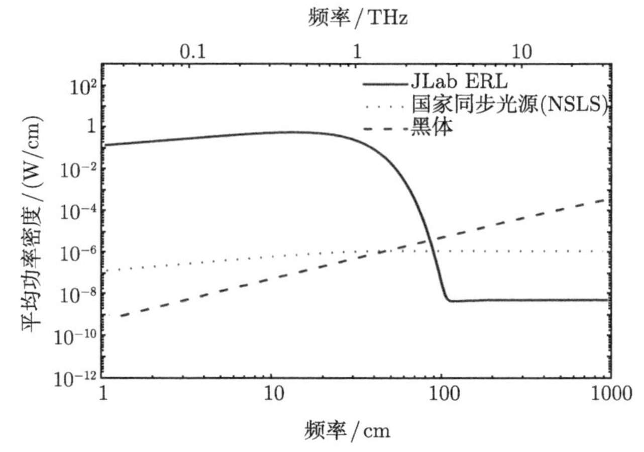

图 3.5.8　JLab 的多个单数束团产生的超辐射平均功率

如图 3.5.9 所示为位于德国亥姆霍兹–德累斯顿–罗森多夫研究中心 (HZDR) 的自由电子激光器 FELBE 设施 [38]，利用超导射频直线加速器将光阴极微波电子枪产生的电子束加速到相对论的能量，并且利用磁压缩到皮秒级长度实现超短电子束团产生超辐射的太赫兹波，该光源以高达 MHz 的准连续波重复频率产生强场太赫兹脉冲，功率超过了最先进的激光光源的 2 个数量级 [39]。

日本国立自然科学研究院 [40] 在 2008 年开展了脉冲穿在波荡器中产生窄带太赫兹相干辐射实验，如图 3.5.10 所示。这里 UVISOR-Ⅱ 储存环的相对较长脉冲在波荡器内通过太赫兹调制激光束进行周期性调制，并在弯曲磁铁处发射窄带超辐射。

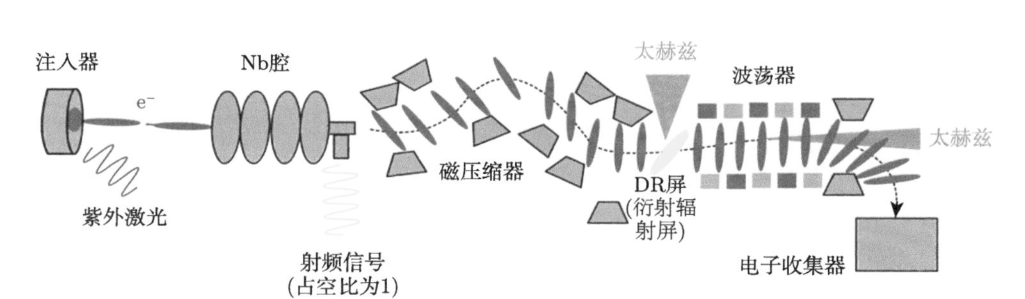

图 3.5.9 高重复率加速器驱动的太赫兹源原理图

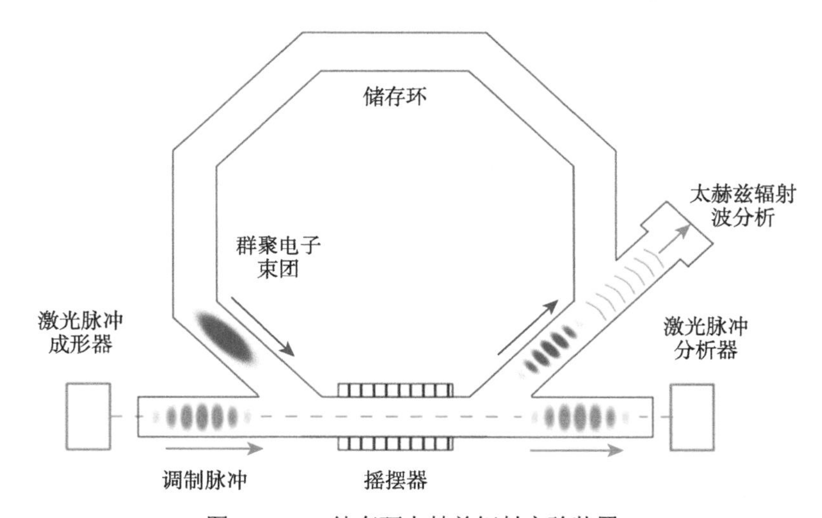

图 3.5.10 储存环太赫兹辐射实验装置

中国工程物理研究院研制的 THz-FEL 装置 [41] 于 2005 年 3 月首次出光，中心波长 115μm，谱宽 1%。但是由于电子电流低和设备的不稳定性，自由电子激光无法达到饱和。针对高功率 THz-FEL 装置 [42]，如图 3.5.11 所示，结合自由电子激光振荡器的实际情况，对实验出现的具体问题 (如最初的不能出光饱和到 1～2THz 无法出光的问题) 进行了分析和改进优化，最终使实验输出频率成功覆盖到 0.7～4.2THz 的范围内获得了饱和输出，输出功率最高达到 50W[43]。

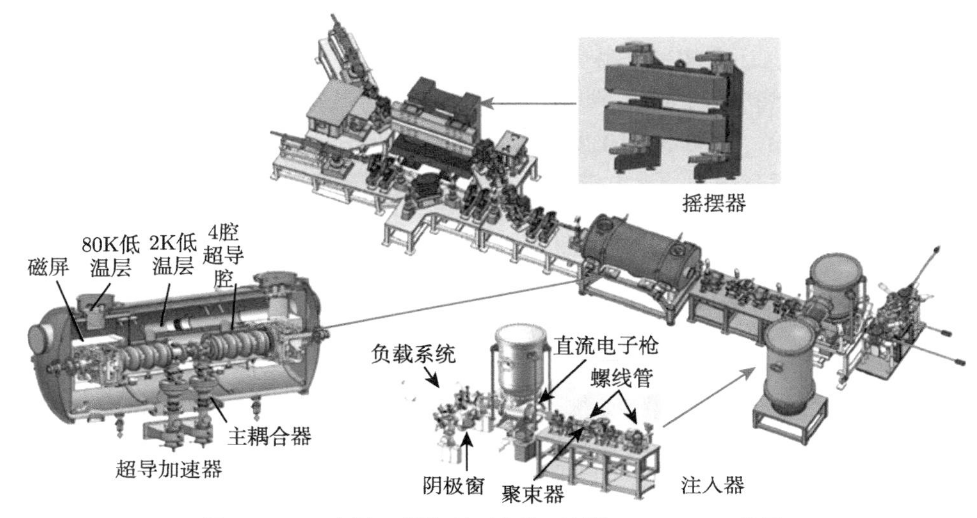

图 3.5.11 中国工程物理研究院研制的 THz-FEL 装置

清华大学最近演示了周期束聚有限脉冲序列的太赫兹超辐射 [44]，如图 3.5.12 所示。该方案利用钛蓝宝石激光系统中的双折射波型硼酸钡 (BBO) 晶体序列进行激光叠加，然后用磁弯管铁压缩电子脉冲，使其进入永磁体作用下的辐射器，产生的窄带辐射在 0.4 ~ 10THz 的范围内可调谐。

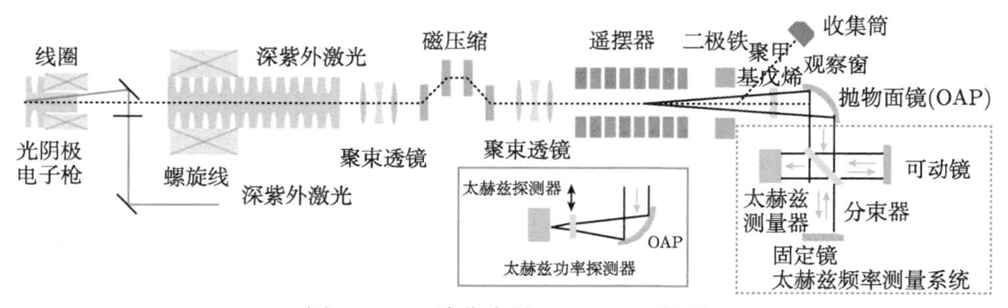

图 3.5.12 清华大学 THz-FEL 装置

3.5.5 太赫兹自由电子激光的应用

1. 在物理方面的应用

原子核工程是自由电子激光器应用最有前途的领域之一。自由电子激光器具有高功率、宽可调光谱范围以及准连续运转等特点，可应用于物质提纯、受控核聚变、同位素分离、等离子体加热和质谱分析等。Nagai 等在皮秒太赫兹自由电子激光脉冲辐照下对糖进行了飞行时间质谱分析，并首次用太赫兹脉冲对固体中的解除吸附分子进行了表征 [45]。Bhattacharyya 等用自由电子激光共振太赫兹激发研究了 GaAs 量子阱中基本重空穴激子的 1s 和 2p 能级之间的跃迁，然后散射到 2s 态 [46]。

2. 在化学方面的应用

自由电子激光器可以进行各种化学分析与测量，诱导结晶、生产高纯硅晶体满足计算机生产的需要，包括量子处理和光刻可更多地借助短波自由电子激光器。日本 Okano 等报道利用强太赫兹波对聚乳酸诱导结晶，适度的 THz-FEL 辐照会导致聚乳酸 (poly lactic acid，PLA) 薄膜中的 α 相结晶，结果表明：THz-FEL 是一种很有前途的控制聚合物材料形貌和结构的方法 [47]。

自由电子激光器可用于原子、分子的基础研究。光化学可依赖工作在紫外到远紫外区的自由电子激光器。自由电子激光的可调谐性和超短脉冲特性，使得探索化学反应过程、生化过程的动态过程成为可能，这对物质的结构和性能研究、生成新物质的研究有重大意义，例如，利用高功率太赫兹开展电子材料的太赫兹动力学特性研究，在太赫兹波辐照下获得 n-GaSb 晶体的电子能量弛豫特性 [48]。

3. 在军事方面的应用

在军事上，自由电子激光器可以成为强激光武器，是反洲际导弹的激光武器的主要潜在手段之一。在亚毫米波段，自由电子激光器是唯一有效的强相干信号源，在毫米波激光雷达、反隐形军事目标和激光致盲等研究中具有不可替代的重要应用价值。

2010 年，波音公司获得了建造自由电子激光武器的合同，美国海军的目标是实现兆瓦级激光能量自由电子激光武器，服役于舰载定向能武器系统，主要用于拦截弹道导弹、固定翼飞机、无人机和低轨卫星，实现对敌方目标的高精度打击。2011 年 2 月，美国海军的自由电子激光样机能量已达到 200kW，它在 1s 内能够穿透厚 6m 左右的钢板 [49]。

参考文献

[1] Ginzburg V L, Frank I M. Radiation of a uniformly moving electron crossing a boundary between two media[J]. JETP, 1946, 16: 15.

[2] Ter-Mikaelian M L, Osborne L S. High Energy Electromagnetic Processes in Condensed Media[M]. New York: AIP Publishing, 1973: 69-71.

[3] Ginzburg V L. Transition radiation and transition scattering[J]. Physica Scripta, 1982, 1982(T2A): 182.

[4] Edwards T J, Walsh D, Spurr M B, et al. Compact source of continuously and widely-tunable terahertz radiation[J]. Optics Express, 2006, 14(4): 1582-1589.

[5] Janke C, Bolivar P H, Bartels A, et al. Inversionless amplification of coherent terahertz radiation[J]. Physical Review B, 2003, 67(15): 155206.

[6] Shkvarunets A G, Fiorito R B. Vector electromagnetic theory of transition and diffraction radiation with application to the measurement of longitudinal bunch size[J]. Physical Review Special Topics-Accelerators and Beams, 2008, 11(1): 012801.

[7] Ginzburg V L, Tsytovich V N. Transition radiation and transition scattering-some questions regarding the theory[J]. Physica Scripta, 1982: 182.

[8] Chao A W, Tigner M. Handbook of Accelerator Physics and Engineering[M]. Singapore: World Scientific, 2013.

[9] Gover A. Superradiant and stimulated-superradiant emission in prebunched electron-beam radiators. I. Formulation[J]. Physical Review Special Topics-Accelerators and Beams, 2005, 8(3): 030701.

[10] Liu W, Tang C, Huang W. Characteristics of terahertz coherent transition radiation generated from picosecond ultrashort electron bunches[J]. Chinese Physics B, 2010, 19(6): 062902-1-062902-10.

[11] Liu W X, Huang W H, Du Y C, et al. Terahertz coherent transition radiation based on an ultrashort electron bunching beam[J]. Chinese Physics B, 2011, 20(7): 0704011-0704017.

[12] Neumann J G, O'shea P G, Demske D, et al. Electron beam modulation using a laser-driven photocathode [M]//Free Electron Lasers 2002. Amsterdam: Elsevier, 2003: 498-501.

[13] Robinson T, O'Keeffe K, Landreman M, et al. Simple technique for generating trains of ultrashort pulses[J]. Optics Letters, 2007, 32(15): 2203-2205.

[14] Inoue T, Hiroishi J, Yagi T, et al. Generation of in-phase pulse train from optical beat signal[J]. Optics Letters, 2007, 32(11): 1596-1598.

[15] Bates H E, Alfano R R, Schiller N. Picosecond pulse stacking in calcite[J]. Applied Optics, 1979, 18(7): 947-949.

[16] Radzewicz C, La Grone M J, Krasinski J S. Passive pulse shaping of femtosecond pulses using birefringent dispersive media[J]. Applied Physics Letters, 1996, 69(2): 272-274.

[17] Casalbuoni S, Schmidt B, Schmüser P, et al. Far-infrared transition and diffraction radiation [J]. Tesla Report, 2005, 15(41): 2012.

[18] Krainov V P, Smirnov M B. Cluster beams in the super-intense femtosecond laser pulse[J]. Physics Reports, 2002, 370(3): 237-331.

[19] 刘文鑫. 基于高亮度超短电子束的太赫兹相干渡越辐射及 Smith-Purcell 辐射源的研究 [R]. 清华大学博士后研究报告, 2010.

[20] Liu W X, Wu D, Wang Y X, et al. Terahertz frequency measurement of far infrared laser with an improvement of Martin-Puplett interferometer[J]. Nuclear Instruments and Methods in Physics Research A, 2010, (614): 313-318.

[21] Kapitza P L, Dirac P A M. The reflection of electrons from standing light waves[J]. Mathematical Proceedings of the Cambridge Philosophical Society, 1933,29(2):297-300.

[22] Motz H. Applications of the radiation from fast electron beams[J]. Journal of Applied Physics, 1951, 22(5): 527-535.

[23] Motz H, Thon W, Whitehurst R N. Experiments on radiation by fast electron beams[J]. Journal of Applied Physics, 1953, 24(7): 826-833.

[24] Phillips R M. The ubitron, a high-power traveling-wave tube based on a periodic beam interaction in unloaded waveguide[J]. IRE Transactions on Electron Devices, 1960, 7(4): 231-241.

[25] Madey J M J. Stimulated emission of bremsstrahlung in a periodic magnetic field[J]. Journal of Applied Physics, 1971, 42(5): 1906-1913.

[26] Elias L R, Fairbank W M, Madey J M J, et al. Observation of stimulated emission of radiation by relativistic electrons in a spatially periodic transverse magnetic field[J]. Physical Review Letters, 1976, 36(13): 717.

[27] Deacon D A G, Elias L R, Madey J M J, et al. First operation of a free-electron laser[J]. Physical Review Letters, 1977, 38(16): 892.

[28] Marshall T C, Talmadge S, Efthimion P. High-power millimeter radiation from an intense relativistic electron-beam device[J]. Applied Physics Letters, 1977, 31(5): 320-322.

[29] 熊永前,秦斌,冯光耀,等.基于自由电子激光的小型太赫兹源初步设计 [J]. Chinese Physics C, 2008, 32(增刊 I): 301-303.

[30] 耿会平. 软 X 射线自由电子激光设计及相关物理研究 [D]. 合肥: 中国科学技术大学, 2010.

[31] 惠钟锡, 杨震华. 自由电子激光 [M]. 北京: 国防工业出版社，1997.

[32] Gover A, Ianconescu R, Friedman A, et al. Superradiant and stimulated-superradiant emission of bunched electron beams[J]. American Physical Society, 2019, 91(3): 35.

[33] Huang Y C. Laser beat-wave bunched beam for compact superradiance sources[J]. International Journal of Modern Physics B, 2007, 21(03n04): 287-299.

[34] Liu S, Huang Y C. Generation of pre-bunched electron beams in photocathode RF gun for THz-FEL superradiation[J]. Nuclear Instruments and Methods in Physics Research Section A: Accelerators, Spectrometers, Detectors and Associated Equipment, 2011, 637(1): S172-S176.

[35] Arbel M, Abramovich A, Eichenbaum A L, et al. Superradiant and stimulated superradiant emission in a prebunched beam free-electron maser[J]. Physical Review Letters, 2001, 86(12): 2561.

[36] Green B, Kovalev S, Asgekar V, et al. High-field high-repetition-rate sources for the coherent THz control of matter[J]. Scientific Reports, 2016, 6: 22256.

[37] Benson S V, Boyce J R, Douglas D R, et al. The VUV/IR/THz free electron laser program at Jefferson Lab. Nuclear Instruments and Methods in Physics Research A, 2011, 649: 9-11.

[38] Gabriel F, Gippner P, Grosse E, et al. The rossendorf radiation source ELBE and its FEL projects[J]. Nucl. Instrum. Methods Phys. Res. B, 2000, 161: 1143.

[39] Nasse M J, Schuh M, Naknaimueang S, et al. FLUTE: A versatile linac-based THz source[J]. Review of Scientific Instruments, 2013, 84(2): 022705.
[40] Bielawski S, Evain C, Hara T, et al. Tunable narrowband terahertz emission from mastered laser–electron beam interaction[J]. Nature Phys., 2008, 4: 390-393.
[41] Yang X F, Li M, Li W H, et al. FEL-THz facility driven by a photo-cathode injector[J]. Information & Electronic Engineering, 2011, 9(3): 361-364.
[42] Zhou K, Li P, Zhou Z, et al. Status and upgrade plan of CAEP THz-FEL facility[J]. High Power Laser and Particle Beams, 2022, 34: 104013.
[43] 窦玉焕, 束小建, 吴岱, 等. 中物院 1～4.2THz FEL 装置波导谐振腔优化设计 [J]. 强激光与粒子束, 2022, 34: 031013.
[44] Su X, Wang D, Tian Q, et al. Widely tunable narrow-band coherent terahertz radiation from an undulator at THU[J]. Journal of Instrumentation, 2018, 13(1): C01020.
[45] Nagai M, Matsubara E, Ashida M, et al. Mass spectrometry for the organic solids using an intense THz free electron laser pulse[C]. 2018 43rd International Conference on Infrared, Millimeter, and Terahertz Waves (IRMMW-THz), 2018: 1-2.
[46] Bhattacharyya J, Zybell S, Winnerl S, et al. THz free-electron laser spectroscopy of magnetoexcitons in semiconductor quantum wells[C]. 2013 38th International Conference on Infrared, Millimeter, and Terahertz Waves (IRMMW-THz), 2013: 1.
[47] Okano M, Wang Y W, Hiratg J, et al. Intense-terahertz-wave-induced crystallization in poly(lactic) acid with terahertz free electron laser[C]. 2021 46th International Conference on Infrared, Millimeter and Terahertz Waves (IRMMW-THz), 2021: 1-2.
[48] Wang C, Xu W, Mei H Y, et al. Picosecond terahertz pump–probe realized from Chinese terahertz free-electron laser[J]. Chin. Phys. B, 2020, 29(8): 084101.
[49] 陈军燕，卢慧玲，杨春才. 美军海上激光武器发展研究 [J]. 飞航导弹，2014, (11)：67-72.

第 4 章　太赫兹折叠波导行波管

4.1　引　　言

行波管 [1](traveling wave tube，TWT) 属于线性注器件中的主要类型之一，按照其高频电路结构，主要有宽频带螺旋线和大功率耦合腔两种结构。该高频结构在微波段得到了大力发展，并且得到了广泛应用，促进了微波器件的发展。在高频段，传统螺旋线和耦合腔慢波电路受到了极大限制，但是变形耦合腔高频慢波电路得到广泛应用，即折叠波导高频结构，本章重点对折叠波导行波管慢波电路进行分析。

4.1.1　行波管发展历史

电子注与周围的高频电路有可能产生的行波相互作用是由 Haeff[2] 于 1936 年发现的。Haeff 描述了在具有行波管特征的探测器或者振荡器中使用电子束偏转管，但是他并没有提及对行进中的高频信号会有放大作用。

1939 年，Posthumus[3] 首先提出并研制出腔型磁控管振荡器，他认为这一器件的工作原理就是与电子的平均速度相当的高频行波旋转的横向分量与电子的相互作用。这种相互作用的结果是将电子能量转化为高频波的放大。

1940 年 5 月，Lindenblad[4] 首先推出了一个类似于螺旋线的行波管放大器。他第一次提出了电子注与在螺旋线上的高频波同步互作用能够在螺旋线上产生放大作用。他在 390MHz 载波频率处得到了 30MHz 以上的放大带宽。除此之外，Lindenblad 还介绍了如何利用螺旋波导作为慢波电路。他认为有必要将螺旋导体置于管壳内，围绕在电子注的周围。

在 Lindenblad 开展这种真空电子器件研究的同时，英国 Kompfner 认识到磁控管的基波放大原理可以用来对高频信号进行放大 [5]，并在 1943 年研制出了世界上第一只 S 波段行波管，图 4.1.1 是螺旋线放大器实验样管。在工作频率为 3.3GHz，工作电压为 1.83kV，电流为 0.18mA 时，得到增益为 6dB，噪声系数为 14dB。改进后增益为 11.5dB，噪声系数为 11dB。它的宽带和低噪声特性立即受到了广泛关注，许多人为其实用化做出了不懈的努力。

1947 年，美国物理学家皮尔斯 (J. R. Pierce) 发展了行波管小信号理论 [6]，在他的文章中指出，在行波管中部加一个集中衰减器对正向波的影响很小，而对反射波有很强的衰减，有效地抑制了正反馈，提高了行波管的稳定性，可以得到所需的增益，这为行波管的应用开辟了道路。

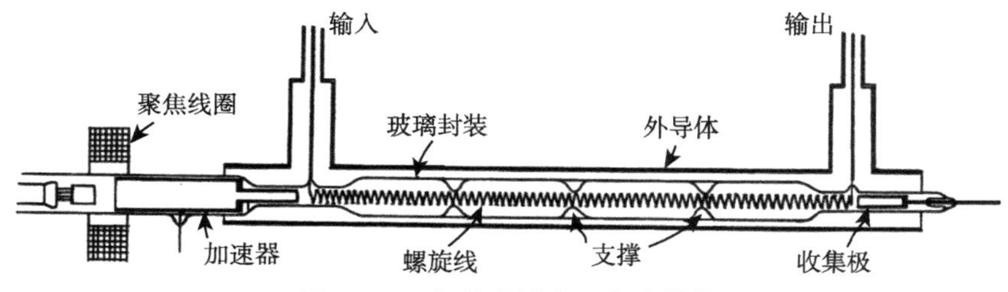

图 4.1.1　螺旋线放大器实验样管

1948 年，Chu 和 Jackson 发展螺旋线行波管的场论，详细地分析了电子注在螺旋线慢波电路中的传输和放大条件。1949 年，皮尔斯发展行波管的电路理论，并且对几种慢波结构的电路特性进行了详细比较。与此同时，Field 对螺旋线、同轴盘荷波导、盘荷波导、螺旋波导的增益和带宽特性进行了较为详细的分析。特别是在 1950 年，皮尔斯发表了其著作《行波管》，该书奠定了行波管的理论基础，为后续行波管的发展提供了理论依据。

随着行波管应用领域的不断深入，人们深化研究了行波管带宽、增益、效率等电特性，以及相关的副特性如交调、互调、相位稳定性、带宽内功率平坦性等，推动了行波管理论的不断丰富和发展。现代行波管已成为雷达、电子对抗、中继通信、卫星通信、电视直播卫星、导航、遥感、遥控、遥测等电子设备的重要微波电子器件。

采用折叠波导高频结构发展太赫兹频段真空电子器件，是目前太赫兹器件最活跃的研究方向，无论在理论上还是在器件研制方面都取得了重要进展，实现了太赫兹信号功率输出。Booske 对折叠波导给予了极高的评价，他认为目前在太赫兹频段真正实用的慢波电路主要是折叠波导高频结构 [7]。

1979 年，斯坦福大学的 Kar 最先研究并报道了折叠波导慢波结构，并采用该结构成功研制了返波管。诺思罗普・格鲁曼 (Northrop Grumman, NG) 公司于 1987 年采用折叠波导发展 40~50GHz 行波管，输出功率达到了 300W[8]；在此基础上，2007 年成功加工了基于折叠波导电路的太赫兹真空器件 [9]，工作频率 0.6~0.675THz，射频输出功率 16mW；2012 年，该公司又着手研制 0.85THz 的折叠波导放大器 [10]，工作带宽 14GHz，输出功率 141mW，增益为 26.5dB。

2014 年，美国海军研究实验室研制出 220GHz 折叠波导行波放大器 [11]，实现了带宽大于 15GHz、峰值功率大于 60W 的信号输出；在器件测试过程中，采用了扩展互作用速调管/扩展互作用振荡器 (EIK/EIO) 作为器件的驱动源，激励功率 7.8~10W 量级；测试结果表明，输出信号虽然具有 5~15GHz 的带宽，但其增益只有 7.7dB。采用折叠波导高频结构作为注–波互作用电路的行波放大器，器件具有宽频带特性，并且降低了高频结构的研制难度，推动真空电子器件向高频率发展，但是注–波互作用的耦合阻抗相对较小，导致输出功率偏低。在高频结构满足宽频带和易于加工的前提下，探索新的机理以实现器件的大功率输出是十分必要的，对促进其在宽频带雷达、保密通信及反恐成像等方面的广泛应用具有十分重要的意义。

在利用均匀折叠波导发展放大器的同时，为了提高器件的输出功率和拓展频带宽度，人们也在对高频系统及电子注系统进行不断改善。美国海军研究实验室也开展了 Ka、W 波段级联行波放大器的原理性研究，如图 4.1.2 所示，旨在为后续发展高功率和宽频带太赫兹源奠定基础。图 4.1.3 是该行波级联结构的功率输出特性，结果表明通过该级联结构不仅将输出功率提高了 4 倍而且增加了工作带宽，该研究成果连续四年 (2010~2013 年) 在国际真空电子学会议上进行了报道 [12]。

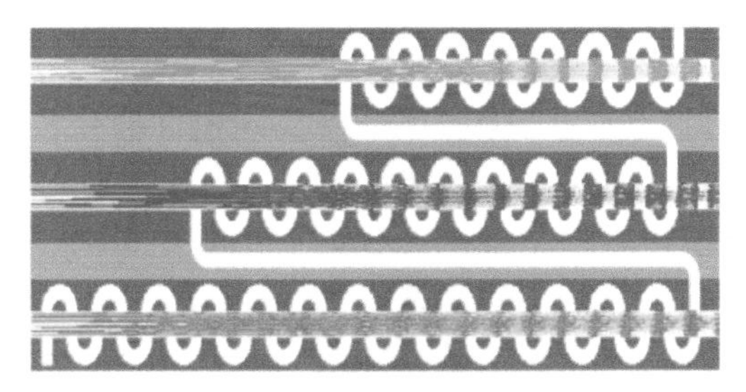

图 4.1.2 级联电路

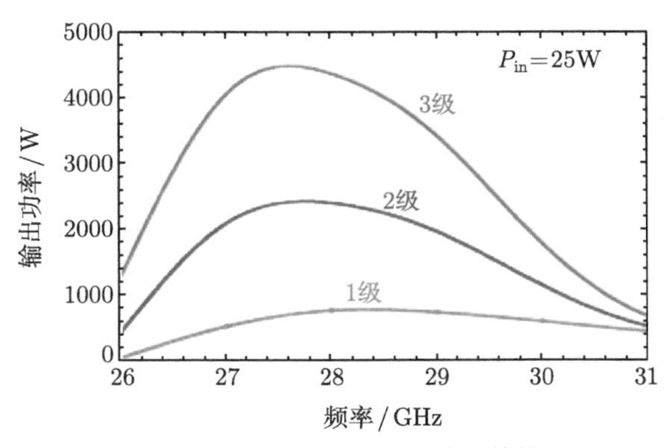

图 4.1.3 每一级的功率输出特性

美国 DARPA 于 2007 年左右实施了高频集成微波电真空器件计划，研制高功率、宽频带、紧凑的 0.22THz 的辐射源是该计划的重要研究内容。NG 公司在前期研究基础上，开展了 220GHz 放大器的研究。该器件高频结构是利用微细加工技术制作的 5 注折叠波导慢波结构，如图 4.1.4 所示 [13]，基于五个线性排列的圆形电子注通道，每个电子注通道通过各自的折叠波导慢波结构。测试结果表明：工作电压在 19~20kV，电流发射达到 277mA。在 214GHz 获得了峰值功率为 55.5W，增益为 28.5dB，测得带宽约为 5GHz，电子的流通率为 59%，静态工作降压收集极效率可能达到 94%，因此，高功率放大器效率可以达到 2.3%。

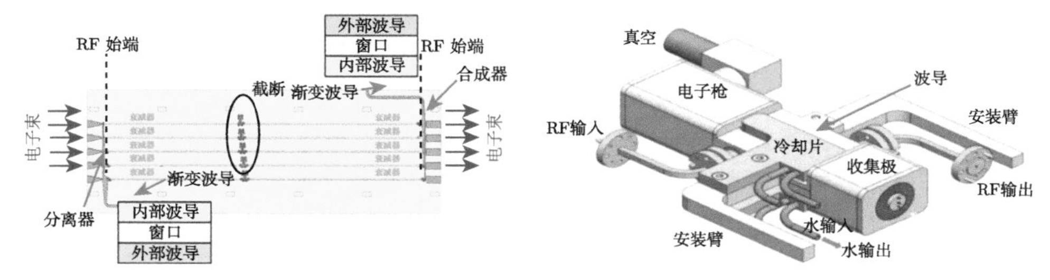

图 4.1.4　5 注合成的级联慢波电路

从太赫兹行波管研究动态可以看出，采用级联高频结构的慢波电路已经成为真空电子学太赫兹辐射源一个新的发展方向，多注阴极和多注折叠波高高频电路，如图 4.1.5 所示。通过该级联折叠波导结构，实现器件信号多级放大提高增益，达到高功率输出的目标。另外可以采用传统工艺与现代紫外光刻、微电铸和微光刻工艺 (UV-LIGA) 技术相结合，发展成为一个集成化的真空电子学太赫兹源，使之具有高功率、高增益、宽频带和小型化等特性，NG 公司采用 UV-LIGA 技术制造的 0.22THz 折叠波导行波管，如图 4.1.6 所示。因此，开展多重级联高频结构的太赫兹波放大链研究是一件十分有意义的创新性工作，该研究将会加速推进太赫兹源在雷达、通信等领域的广泛应用。

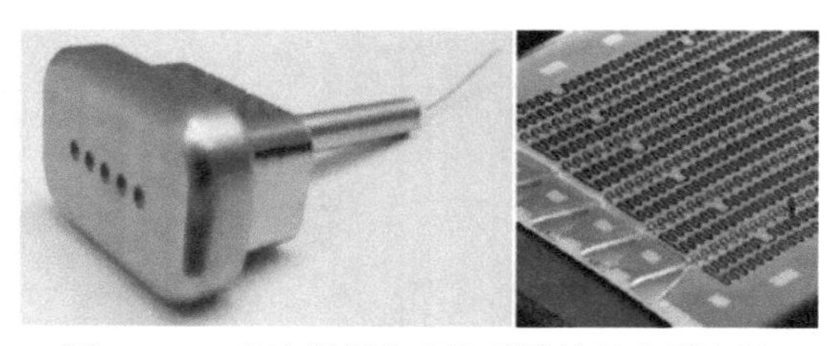

图 4.1.5　多注阴极和多注折叠波导高频电路

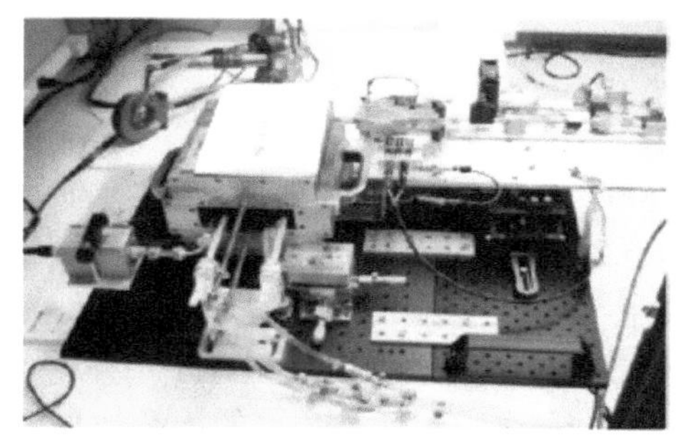

图 4.1.6　NG 公司 0.22THz 折叠波导行波管

随着应用系统对大功率太赫兹真空电子放大器的需求，带状注行波管开始被研究。美国加利福尼亚大学戴维斯分校在 2018 年 6 月报道研制了输出功率大于 100W，信号频率为 220GHz 的带状注行波管，是当前输出功率最大的 G 波段行波管 [14]。

4.1.2 行波管工作原理

行波管放大器是指通过沿慢波系统行进的电磁波与调制的电子注发生能量交换，使高频信号得以放大的真空电子器件。基本工作原理如下所述 [15]。

电子枪产生电子注，并将电子加速到一定的速度；电子聚焦系统维持电子注以一定的截面形状通过高频慢波系统；高频慢波系统的作用是降低电磁波的相速度，达到与电子运动速度同步，电子注与行进的电磁波相互作用沿着整个慢波电路连续进行，这是行波管与速调管在原理上的根本区别；输能系统是电磁信号的入口和出口；收集极则用来收集通过高频慢波系统、经过能量交换后的电子，从而提高整管的效率。高频慢波系统中常使用集中衰减器，其作用是防止电磁波沿着高频慢波系统反馈形成自激振荡。其基本结构如下所述。

行波管基本结构主要包括电子枪、RF 输入、聚焦磁场、集中衰减器、慢波线、RF 输出、收集极等，如图 4.1.7 所示。

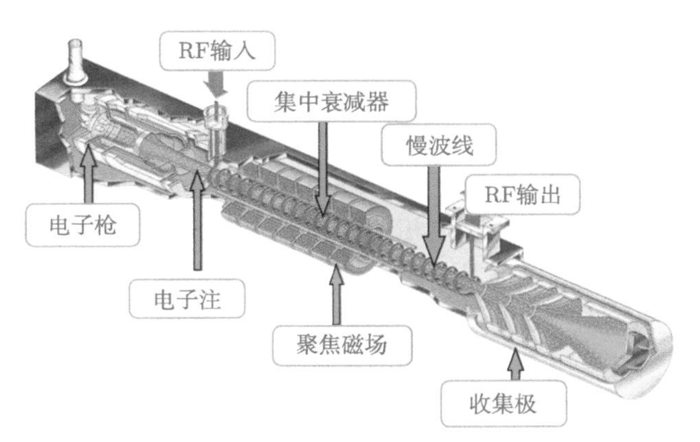

图 4.1.7 行波管结构示意图

1. 电子枪

电子枪的主要作用是利用阴极产生电子注。行波管常用的电子枪有皮尔斯平行流枪、皮尔斯会聚枪、高导流系数电子枪、阳控电子枪、栅控电子枪、无截获栅控电子枪、低噪声电子枪等。

以脉冲方式工作的行波管可以采用控制阴极电压的方法来实现对电子注的调制，称为阴控。阴控需要配备大功率调制器，设备笨重、复杂，而且功耗大。用附加调制阳极对电子注进行控制，称为阳控。阳控所需脉冲电压也比较高。在阴极与阳极之间装一个控制栅便构成栅控电子枪。在这种情况下，仅用较低的脉冲电压即可对电子注进行控制，因而能减小调制器体积、重量和功耗。

在栅控电子枪中，控制栅约截获电子注电流的 10%。当行波管电子注功率较大时，控制栅耗散功率增大，致使栅极温度升高、栅极电子发射增加、栅网变形甚至烧毁。为了解决这个问题，可以采用无截获栅控电子枪。无截获栅控电子枪是在控制栅与阴极之间设置阴影栅，阴影栅与阴极同电势，结构上与控制栅精确对准，从而使控制栅的截获电流下降到总电流的千分之一以下。采用无截获栅控电子枪不仅能提高栅控行波管的平均功率容量，而且能降低调制器的功率。

2. 聚焦系统

聚焦系统使电子注保持所需形状，保证电子注顺利穿过慢波电路并与电磁场发生有效的相互作用，最后由收集极接收电子注。行波管中常用的聚焦方法是均匀永磁聚焦、周期永磁聚焦和均匀电磁聚焦等。

3. 慢波电路

电子注的直流速度取决于行波管的工作电压。为了使电子注同电磁场产生有效的相互作用，电磁场的相速应略低于上述电子注的直流速度。因此，行波管中电磁场的相速应显著低于自由空间中电磁波传播速度。慢波电路就是减小电磁场相速的装置。

在选定的工作模式下，慢波电路主要的特性和参量有色散特性、耦合阻抗等。色散特性表示在慢波电路中传播的电磁场的相速随频率变化的关系。用于宽频带行波管的慢波电路，在频带宽度内相速随频率的变化应尽量小，即色散较弱。这样才能在整个频带宽度内保证电子注与电磁场相速之间的同步。耦合阻抗是表示电子注与电磁场相互作用强弱的一个参量。耦合阻抗的量值越大，电磁场与电子注的耦合越强，电子注与电磁场之间的能量交换越充分。此外，在实际应用和生产中还要求慢波电路机械强度高、散热性能好、结构简单、易于加工。

4. 能量耦合器

能量耦合器由输入输出结构组成。待放大的电磁波信号经输入能量耦合器进入慢波电路，并沿慢波电路行进，在慢波电路的末端实现信号的耦合输出。在该结构中，输出输入窗结构和渐变耦合部件是其研制的关键。

5. 集中衰减器

输入、输出能量耦合器与慢波电路之间和慢波电路各部分之间，都应有良好的阻抗匹配。若阻抗匹配不佳，则会造成电磁波反射，反射波引起反馈，会导致行波管内出现寄生振荡。为避免振荡，需在慢波电路的一定位置上设置集中衰减器。集中衰减器由损耗涂层或损耗陶瓷片构成。在集中衰减器处，反射波被吸收，可达到消除反馈抑制振荡的目的。虽然在集中衰减器中工作模式的电磁场同样也受到衰减，但电子注内已形成的密度调制将在下一段电路中重新建立起电磁场。

6. 收集极

电子注在完成同电磁场的相互作用后从慢波电路射出，最后打在收集极上。为了提高行波管的总效率，通常采用降压收集极。

4.1.3 主要参量

行波管的输出参数和工作特性如输出功率、效率、幅值特性、振荡的抑制等，都必须通过大信号非线性理论进行数值计算才能得到，但也可以根据小信号理论得到一些定量或定性的初步概念。

1. 增益

行波管的增益定义为

$$G = 10\lg\left(P_{\text{out}}/P_{\text{in}}\right) \tag{4-1-1}$$

式中，P_{out} 为行波管输出功率，P_{in} 为行波管输入功率。实际上由于测试条件不同，同一个行波管的增益可以得到完全不同的结果。经常遇到的增益有以下几种。

(1) 小信号增益，又称线性增益，指输出功率小于饱和功率时的增益。一般输出功率比饱和输出功率至少低 10dB 以上，但也不可过低，以免噪声功率引起误差。

(2) 额定功率增益，指在规定的输出功率 (一般是技术条件规定的输出功率) 时的增益。

(3) 饱和增益，指输出功率达到饱和时的增益。由于在饱和点附近输入输出功率曲线非常平缓，因此饱和点很难精确确定，从而造成饱和增益测量很不精确。

2. 效率

行波管中有两个常用的效率定义：一是电子效率，是指行波管输出功率与电子注功率之比；二是总效率，是指行波管输出功率与各电极电压电流积的总和之比。

为了提高电子效率，首先要提高行波管的皮尔斯增益参量 C。因为在一定的范围里电子与电磁波的互作用效率是正比于 C，为此要提高慢波结构的耦合阻抗，以及采用尽可能低的慢波结构电压和大的注电流，要尽可能地降低慢波结构的损耗以免电子交出来的能量还没输出就被慢波结构消耗掉了。

在行波管研制中，为了提高器件的整管电子效率，通常最有效的方法是采用多级降压收集极，其级数在 3~4 级，级数太多研制难度大，在提高器件效率方面也不是太明显。

3. 带宽

信号频谱图可以观察到信号所包含的频率成分，最高频率与最低频率之差即该信号所拥有的频率范围，定义为该信号的带宽。信号的频率变化范围越大，信号的带宽就越宽。

4. 输出功率

输出功率是行波管的一个基本特性，包括连续波输出功率和脉冲输出功率。由于行波管是一个宽带器件，特别是当带宽达到倍频程时，在输出功率中会包含一部分谐波功率。

4.2　行波管互作用方程

在行波管中，电子注与慢波系统上的电磁波相互作用，产生能量交换，当行波相速与电子注运动速度同步时，这一相互作用最为有效。在该过程中，电子在行波场的作用下速度调制是伴随着进行的，而不是像速调管那样，先是速度调制，然后转变为密度调制。

为了分析行波管中注–波互作用的物理过程，采用等效电路模型和场论模型进行分析 [16]。

4.2.1　电路理论

假设纵向传输的电场由多个模式的场叠加而成，在 z 向纵向电场可以表示为

$$\vec{E} = q\sum_{n} \vec{E}_n \exp\left(\varGamma_n z\right) \tag{4-2-1}$$

式中，$\vec{E}_n$、$\varGamma_n$ 分别为传输系统第 n 次模式的电场和传播常数；E 是沿传播方向作用在电子束上的电场，部分电场由向左传播的波产生，可以表示为

$$\overleftarrow{E} = q\sum_{n} \overleftarrow{E}_n \exp\left(-\varGamma_n z\right) \tag{4-2-2}$$

在 z=0 的平面，第 n 次模式向右方向的复功率流 $\vec{P}_n$ 可以表示为

$$\vec{P}_n = \vec{E}_n \vec{E}_n^* \psi_n / 2 \tag{4-2-3}$$

式中，ψ_n 是当电子束位置的纵向场处于单位峰值时第 n 次模式下功率的两倍。类似地，从左边传导到 $z=0$ 平面的功率可以表示为

$$\overleftarrow{P}_n = \overleftarrow{E}_n \overleftarrow{E}_n^* \psi_n/2 \tag{4-2-4}$$

在传输面 $z=0$ 上，电场是连续的，其值可以表示为

$$\overleftarrow{E}_n = \vec{E}_n \tag{4-2-5}$$

因而第 n 次模式电流元产生的总传输功率可以表示为

$$\vec{P}_n = -I^* l \vec{E}_n/2 \tag{4-2-6}$$

$$\overleftarrow{P}_n = -I^* l \overleftarrow{E}_n/2 \tag{4-2-7}$$

式中，I 和 l 分别表示复电流和电流元长度，传输过程中产生的半功率流可以表示为

$$\vec{P}_n = -I^* l \vec{E}_n/4 \tag{4-2-8}$$

$$\overleftarrow{P}_n = -I^* l \overleftarrow{E}_n/4 \tag{4-2-9}$$

从式 (4-2-3)、式 (4-2-8) 以及式 (4-2-4)、式 (4-2-9) 可以得到

$$\vec{E}_n = -\frac{Il}{2\psi_n^*} \tag{4-2-10}$$

$$\overleftarrow{E}_n = -\frac{Il}{2\psi_n^*} \tag{4-2-11}$$

假设在传输 z 向的距离为 ζ，从左边到 z 平面，则 $\zeta < z$；反之，$\zeta > z$。从左边到传输面 z，定义

$$\mathrm{d}\vec{E} = -I(\zeta)\sum_n \frac{\exp\left[-\Gamma_n(z-\zeta)\right]\mathrm{d}\zeta}{2\psi_n^*} \tag{4-2-12}$$

类似地，从右边传输到 z 的电场可以表示为

$$\mathrm{d}\overleftarrow{E} = -I(\zeta)\sum_n \frac{\exp\left[\Gamma_n(z-\zeta)\right]\mathrm{d}\zeta}{2\psi_n^*} \tag{4-2-13}$$

从式 (4-2-12) 知道，在传输方向上的总电场可以表示为

$$\vec{E} = -\frac{I}{2}\sum_n \frac{\exp\left(-\Gamma_n z\right)}{\psi_n^*}\int_{-\infty}^{z}\exp\left[-\left(\Gamma-\Gamma_n\right)\zeta\right]\mathrm{d}\zeta \tag{4-2-14}$$

式中，Γ 是传输常数，如果 $\mathrm{Re}\,(\Gamma-\Gamma_n)<0$，则式 (4-2-14) 可以表示为

$$\vec{E}=-\frac{I}{2}\exp(-\Gamma z)\sum_n\frac{1}{\psi_n^*\,(\Gamma-\Gamma_n)} \tag{4-2-15}$$

在 $-z$ 方向，电场可以表示为

$$\overleftarrow{E}=-\frac{I}{2}\sum_n\frac{\exp\,(\Gamma_n z)}{\psi_n^*}\int_z^{\infty}\exp\,[(\Gamma+\Gamma_n)\,\delta]\,\mathrm{d}\delta \tag{4-2-16}$$

如果 $\mathrm{Re}\,(\Gamma+\Gamma_n)>0$，则

$$\overleftarrow{E}=-\frac{I}{2}\exp(-\Gamma z)\sum_n\frac{1}{\psi_n^*\,(\Gamma+\Gamma_n)} \tag{4-2-17}$$

将式 (4-2-11) 和式 (4-2-12) 加起来得到

$$\overleftarrow{E}=-I\exp(-\Gamma z)\sum_n\frac{\Gamma_n}{\psi_n^*\,(\Gamma^2-\Gamma_n^2)} \tag{4-2-18}$$

其场可以表示为

$$E=q\sum_n\frac{\Gamma_n}{\psi_n^*\,(\Gamma^2-\Gamma_n^2)} \tag{4-2-19}$$

与电场幅度、ψ_n 相关的功率流可以表示为

$$P_n=\psi_n\times EE^*/2 \tag{4-2-20}$$

除了零阶模外，其他模式可以看成是常数，并且满足

$$-\Gamma=-\mathrm{j}\beta+\delta \tag{4-2-21}$$

式中，j 是虚数单位；β 是与直流电子束速度相关的相位常数；δ 为传播常数增量，在式 (4-2-21) 中 β 是实数并且满足 $|\delta|\ll\beta$，这样 Γ 接近一个纯虚数。因此可以得到

$$\frac{\Gamma_n}{\psi_n^*\,(\Gamma^2-\Gamma_n^2)}=\frac{-\mathrm{j}}{m_1\beta} \tag{4-2-22}$$

式中，m_1 表示所有截止模式影响的导纳，利用式 (4-2-22)，总电场可表示为

$$E=q\left[\frac{\Gamma_0}{\psi_0^*\,(\Gamma^2-\Gamma_0^2)}+\frac{\mathrm{j}}{m_1\beta}\right] \tag{4-2-23}$$

4.2.2 电子学理论

假设 z 方向的变量具有 $\exp(-\Gamma z)$ 的形式，并且使

$$\beta = \omega/u_0 \tag{4-2-24}$$

式中，u_0, ω 分别是平均速度和角频率。z 方向的动力学方程则可以表示

$$\mathrm{d}v/\mathrm{d}t = (\partial v/\partial z)u_0 + \partial v/\partial t = -\eta E \tag{4-2-25}$$

$$v = \frac{-\eta E/u_0}{-\Gamma + \mathrm{j}\beta} \tag{4-2-26}$$

式中，η 是电子的荷质比。从电荷守恒的角度，得到

$$\partial q/\partial z = -\partial \rho/\partial t \tag{4-2-27}$$

$$\Gamma = \mathrm{j}\omega\rho/q \tag{4-2-28}$$

式中，q 为电流一阶交流电荷。在线性理论中，一阶扰动电荷可以表示为

$$q = \rho u_0 + v\rho_0 \tag{4-2-29}$$

式中，ρ 是一阶交流线性电荷密度，ρ_0 为直流线电荷密度，u_0 为直流电流速度，v 为一阶电流速度。从式 (4-2-29) 得到扰动电荷密度

$$\rho = (q - v\rho_0)/u_0 \tag{4-2-30}$$

在直流状态，电荷密度 ρ_0 与电流强度 I_0 可以表示为

$$\rho_0 = I_0/u_0 \tag{4-2-31}$$

由式 (4-2-24) ~ 式 (4-2-31)，考虑到加速电压 V_0，得到

$$q = \frac{\mathrm{j}\beta I_0 E}{2V_0(-\Gamma + \mathrm{j}\beta)^2} \tag{4-2-32}$$

4.2.3 特征方程

在自洽方程中，就是将电子学方程和线路方程联合求解，得到表征行波管的特征方程

$$\left[\frac{\Gamma_0}{\psi_0^*\left(\Gamma^2 - \Gamma_0^2\right)} + \frac{\mathrm{j}}{m_1\beta}\right] \times \frac{\mathrm{j}\beta I_0}{2V_0(-\Gamma + \mathrm{j}\beta)^2} = 1 \tag{4-2-33}$$

在皮尔斯理论中，忽略截止模影响，m_1 是一个比较大的数，$\mathrm{j}/(m_1\beta) \approx 0$，则式 (4-2-33) 可以简化为

$$\Gamma^2 - \Gamma_0^2 = \frac{\mathrm{j}\Gamma_0\beta I_0}{2V_0\psi_0^*(-\Gamma+\mathrm{j}\beta)^2} \tag{4-2-34}$$

引入皮尔斯参量 C，式 (4-2-34) 可以表示为

$$\Gamma^2 - \Gamma_0^2 = \frac{\mathrm{j}2\Gamma_0\beta^3C^3}{(-\Gamma+\mathrm{j}\beta)^2} \tag{4-2-35}$$

在式 (4-2-35) 中，参量 C 为

$$C^3 = \frac{I_0}{4V_0\psi_0^*\beta^2} \tag{4-2-36}$$

与此同时，在皮尔斯理论中，引入耦合阻抗 K_c，

$$K_\mathrm{c} = \frac{1}{\beta^2\psi_0^*} = \frac{EE^*}{2\beta^2P_0^*} \tag{4-2-37}$$

得到皮尔斯参量与耦合阻抗相关的表达式

$$C^3 = \frac{K_\mathrm{c}I_0}{4V_0} \tag{4-2-38}$$

4.2.4　忽略截止模的纵向场求解

在忽略空间电荷效应情况下，得到式 (4-2-34)，该方程仅表示电子纵向运动特性。假设直流电子的运动速度为 u_0，可以得到

$$-\Gamma_0 = -\mathrm{j}\beta \tag{4-2-39}$$

并且假设

$$-\Gamma = -\mathrm{j}\beta + \delta \tag{4-2-40}$$

将式 (4-2-39) 和式 (4-2-40) 与式 (4-2-35) 将结合，并且忽略 4 次方的高阶项，得到

$$\delta^3 + \mathrm{j}\beta^3C^3 = 0 \tag{4-2-41}$$

求解方程 (4-2-41) 得到方程的三个根如下：

$$\delta_1 = \left(\frac{\sqrt{3}}{2} - \mathrm{j}\frac{1}{2}\right)\beta C \tag{4-2-42}$$

$$\delta_2=\left(-\frac{\sqrt{3}}{2}-\mathrm{j}\frac{1}{2}\right)\beta C \tag{4-2-43}$$

$$\delta_3=\mathrm{j}\beta C \tag{4-2-44}$$

方程 (4-2-41) 的三个根中，第一个根表示增长波，因为其实部为正，波的幅度随着传输距离的增加而增长；第二个根表示衰减波，因其实部为负，波的幅度随着传输距离的增加而减少；第三个根表示传输波，其运动速度比电子注的速度快。

由于方程 (4-2-41) 是一个关于 δ 的四次方程，必然还存在另外一个波，因此可以假设

$$-\Gamma=\mathrm{j}\beta+\delta \tag{4-2-45}$$

得到近似解

$$\delta_4=-\mathrm{j}\beta C^3/4 \tag{4-2-46}$$

这是一个向左方向的传播波。在一般情况下，$C\ll 1$ 导致 $|\delta_4|\ll|\delta_1|$，这就充分说明反向波与电子流的相互作用程度远小于行波与电子流的相互作用。

在得到传播常数的基础上，为了进一步研究行波管中上述各波的特点，必须计算各个波的幅值特性。在计算中，假设各个波无反射。从式 (4-2-26)、式 (4-2-32) 和式 (4-2-41) 得到前向波的特性

$$v_m=\frac{-\eta E_m}{u_0\delta_m} \tag{4-2-47}$$

$$q_m=\frac{\mathrm{j}\beta I_0E_m}{2V_0\delta_m^2} \tag{4-2-48}$$

式中，v_m，q_m 分别表示相应于各波的交变速度分量和电子注交变电流，并且考虑到 $u_0^2=2\eta V_0$ 以及在器件的入口处 $q=0$，从而得到

$$\sum_{n=1}^{3}\frac{E_n}{\delta_n^2}=0 \tag{4-2-49}$$

$$\sum_{n=1}^{3}\frac{E_n}{\delta_n}=\frac{ME}{\mathrm{j}\beta} \tag{4-2-50}$$

这里，M 表示传输系统输入端的电子调制系数或间隙系数，E 表示沿传播方向作用在电子束上的电场。在行波管输入端，电场强度幅值满足

$$\sum_{n=1}^{3}E_n=E_0 \tag{4-2-51}$$

联立式 (4-2-49) ~ 式 (4-2-51) 得到

$$E_1 = E\frac{1+\mathrm{j}M\left(\delta_2+\delta_3\right)/\beta}{\left(1-\delta_2/\delta_1\right)\left(1-\delta_3/\delta_1\right)} \tag{4-2-52}$$

从式 (4-2-42)、式 (4-2-44) 很容易得到

$$E_1 = E_2 = E_3 = E/3 \tag{4-2-53}$$

即在输入端口，三个波的幅值相同。

在实际系统中，衰减波将很快被衰减掉，而等幅波也将由实际线路中的损耗而被衰减掉，因此在该系统中仅仅存在增幅波，即

$$|E_1| = \frac{1}{3}E\exp\left(\frac{\sqrt{3}}{2}\beta CL\right) \tag{4-2-54}$$

由式 (4-2-54) 可以得到行波管的增益公式

$$G = 10\lg\left|\frac{E_1}{E}\right|^2 = (A+BCN) = -9.54+47.3CN \tag{4-2-55}$$

在式 (4-2-55) 中，

$$A = 20\lg\frac{1}{3} = -9.54 \tag{4-2-56}$$

$$B = 20\lg\left[\exp(\sqrt{3}\pi)\right] = 47.3 \tag{4-2-57}$$

$$N = \frac{\beta L}{2\pi} \tag{4-2-58}$$

这里，L 为互作用区长度，N 为电子穿过传输系统所需的高频结构周期数。

通过参量 C 和 G 就可以选取行波管基本参数，利用电路理论、电子学方程形成特征方程，进行自洽的线性和非线性理论分析，获取行波管的主要特性。

4.3 太赫兹折叠波导行波管线性理论

4.3.1 简介

折叠波导慢波电路是一种全金属结构周期性加载波导，一般采用电场面弯曲波导构成，沿轴线方向按一定周期排列成蛇形线结构，如图 4.3.1 所示。折叠波导高频结构具有耦合腔的特性，不仅在加工方面容易实现，而且在宽频带工作方面

具有独特的优势，因此，开展折叠波导高频结构的行波管研究，对提高工作性能、促进太赫兹功率源的广泛应用具有重要意义。

折叠波导慢波电路在高频段具有以下几个方面的优点 [17,18]：①全金属结构，散热能力强，结构整体性好，坚固；② 色散较平坦、频带宽，选择合适的波导尺寸、中心频率及截止频率，其冷带宽能够达到 36%；③ 高频传输损耗小；④ 耦合匹配容易；⑤ 与微机电系统 (MEMS) 技术兼容。在毫米波和太赫兹频段，慢波结构的尺寸变得非常微小，与 MEMS 的兼容可以使折叠波导电路实现低成本、可靠、精确、高重复性的加工。由于折叠波导具有上述优点，因而它在毫米波特别是太赫兹波段的真空电子器件中得到了广泛的应用。

粒子束

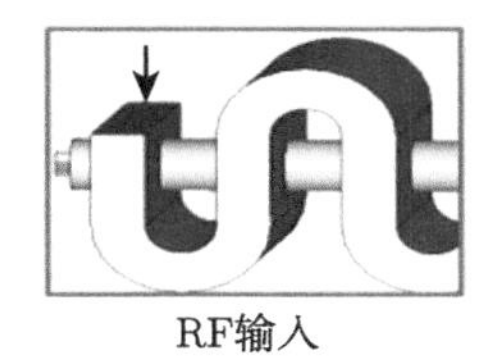

RF输入

慢波结构

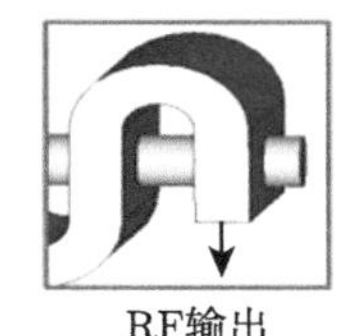

RF输出

图 4.3.1 折叠波导高频结构

4.3.2 折叠波导简单电路

当前分析的折叠波导，通常是由矩形波导沿 E 面弯曲而成的结构，如图 4.3.2 所示。各结构参数：a 为矩形波导宽边，b 为矩形波导窄边，p 为折叠波导的半周期长度，h 为直波导高度，L 为半周期内曲折波导路径长度，r_{c} 为电子注通道半径。

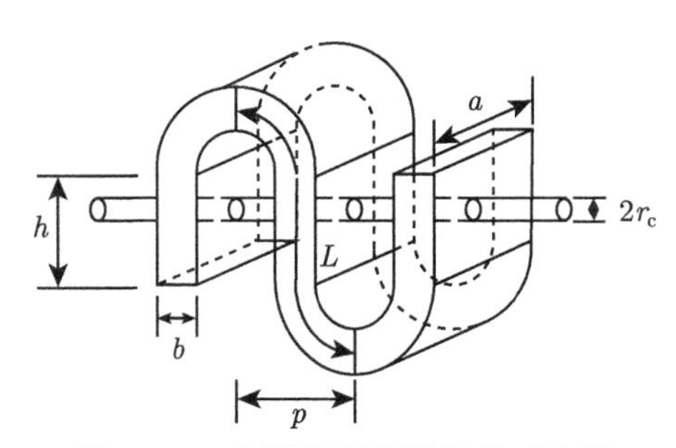

图 4.3.2 折叠波导慢波结构示意图

在实际情况中，电磁波沿折叠波导的弯曲路径传输，电子沿电子注通道轴向传输，如图 4.3.3 所示。假定在折叠波导中传输基模 TE_{10} 模，传输常数为 β，并在传输过程中模式保持良好。在电子注传输方向即 z 轴观察，在一个互作用周期内电磁波的轴向相移为 θ。对于该轴向相移，由两部分组成：一是由实际传输距离 L 造成的相位改变；二是由电子注方向观察到的波导弯曲造成的相移 [19]。

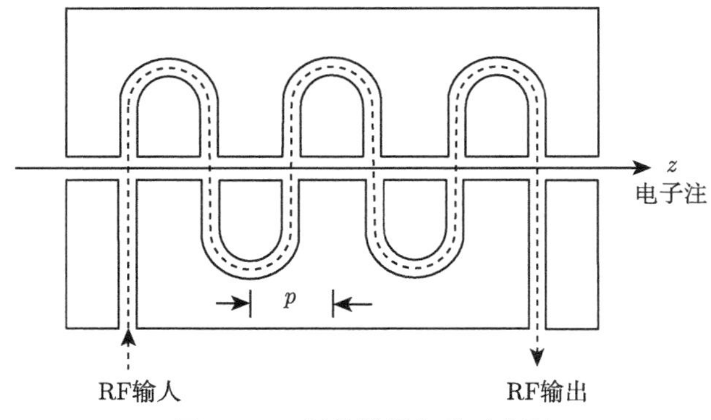

图 4.3.3　折叠波导相移示意图

对于由实际传输距离造成的相位改变，当电磁波波长为 λ 时，相位常数可以表示为

$$\beta = \left(\frac{2\pi}{\lambda}\right)\sqrt{1-(\lambda/\lambda_{\mathrm{c}})^2} \tag{4-3-1}$$

式中，λ_{c} 表示波导的截止波长，在一个互作用周期 $2p$ 内，当电磁波传输距离为 L 时，对应相移为

$$\beta L = \left(\frac{2\pi L}{\lambda}\right)\sqrt{1-(\lambda/\lambda_{\mathrm{c}})^2} \tag{4-3-2}$$

轴向相移的第二部分由波导弯曲造成，当电磁波经过一个互作用周期 $2p$ 后，其电场分量会发生反向，产生 π 的附加相移。因此，从电子注方向来看，经过一个互作用周期 $2p$ 后，第 n 次空间谐波的轴向相移为

$$\beta_n p = \beta L + \Delta\theta = \left(\frac{2\pi L}{\lambda}\right)\sqrt{1-(\lambda/\lambda_{\mathrm{c}})^2} + (2n+1)\pi, \quad n = 0, \pm1, \pm2, \cdots \tag{4-3-3}$$

各空间谐波的相速 $v_{\mathrm{p}n}$ 和群速 $v_{\mathrm{g}n}$ 分别为

$$v_{\mathrm{p}n} = \frac{\omega}{\beta_n} = \frac{c}{\dfrac{L}{p}\sqrt{1-(\lambda/\lambda_{\mathrm{c}})^2} + \dfrac{(2n+1)\lambda}{2p}} \tag{4-3-4}$$

$$v_{\mathrm{g}n} = \frac{\mathrm{d}\omega}{\mathrm{d}\beta_n} = \frac{cp\sqrt{1-(\lambda/\lambda_{\mathrm{c}})^2}}{L} \tag{4-3-5}$$

在行波管中，耦合阻抗 K_n 的定义式为 [20]

$$K_n = \frac{|E_{zn}|^2}{2\beta_n^2 P_{\mathrm{w}}} \tag{4-3-6}$$

其中，E_{zn} 为电子流所在位置处 n 次空间谐波的电场纵向分量，β_n 为 n 次空间谐波的相位常数，P_{w} 为波导中传输的总功率流。

在折叠波导慢波结构中，轴向场是周期分布的，根据弗洛凯定理，当折叠波导中传输基模 TE_{10} 时，n 次空间谐波的电场幅值可以表示为

$$|E_{zn}| = \frac{1}{p}\left|\int_{-b/2}^{b/2} \boldsymbol{E}(z)\exp(-\mathrm{j}\beta_n z)\,\mathrm{d}z\right| = |E_0|\,\frac{b}{p}\frac{\sin(\beta_n b/2)}{\beta_n b/2} \tag{4-3-7}$$

式中，假定间隙的宽度很小，故在间隙中场大体上是均匀分布的；E_0 为电场在纵向分量的幅值。波导中通过的总功率流 $P_{\mathrm{TE}_{10}}$ 即为 TE_{10} 模的传输功率，其可以表示为

$$\begin{aligned} P_{\mathrm{TE}_{10}} &= \frac{1}{2}\mathrm{Re}\int_{x=0}^{a}\int_{y=0}^{b}(\boldsymbol{E}\times\boldsymbol{H}^*)\cdot\boldsymbol{z}\mathrm{d}x\mathrm{d}y = \frac{1}{2}\mathrm{Re}\int_{x=0}^{a}\int_{y=0}^{b}E_y H_x^*\mathrm{d}x\mathrm{d}y \\ &= \frac{1}{2Z_{\mathrm{TE}_{10}}}{E_0}^2\int_{x=0}^{a}\int_{y=0}^{b}\sin^2(\pi x/a)\mathrm{d}x\mathrm{d}y = \frac{ab{E_0}^2}{4Z_{\mathrm{TE}_{10}}} \end{aligned} \tag{4-3-8}$$

$$Z_{\mathrm{TE}_{10}} = \frac{k\eta}{\beta_{\mathrm{wg}}} = \frac{\eta}{\sqrt{1-(\lambda/\lambda_{\mathrm{c}})^2}} \tag{4-3-9}$$

其中，$Z_{\mathrm{TE}_{10}}$ 为波阻抗；η 为介质的固有阻抗，自由空间中 $\eta_0 = 376.7\Omega$。

第 n 次空间谐波的相位常数为

$$\beta_n = \frac{2\pi L}{\lambda p}\sqrt{1-(\lambda/\lambda_{\mathrm{c}})^2} + \frac{(2n+1)\pi}{p} \tag{4-3-10}$$

根据上述关系，将轴向电场分量计算公式 (4-3-7)、矩形波导 TE_{10} 模功率计算公式 (4-3-8)，代入耦合阻抗定义式 (4-3-6) 中，即可获得第 n 次空间谐波的耦合阻抗

$$K_n = \frac{\eta}{\sqrt{1-\omega_{\mathrm{c}}^2/\omega^2}}\frac{2b}{a}\left[\frac{1}{\beta_n p}\frac{\sin(\beta_n b/2)}{\beta_n b/2}\right]^2 \tag{4-3-11}$$

在上述分析过程中，并没有考虑电子注通道。在实际情况中，由于电子注通道的存在，会对耦合阻抗产生影响。在考虑电子注通道影响后，第 n 次空间谐波

修正后的耦合阻抗为 [21]

$$K_{cn} = \frac{K_n}{\mathrm{I}_0^2(\tau r_{\mathrm{c}})} \tag{4-3-12}$$

其中，$\tau^2 = \beta_0^2 - k^2$，I_0 为零阶修正贝塞尔函数，r_{c} 为电子注通道半径。通常，在折叠波导中能够与电子注有效互作用的是第 0 次空间谐波，故由上式得到第 0 次空间谐波的耦合阻抗为

$$K_{\mathrm{c}0} = \frac{K_0}{\mathrm{I}_0^2(\tau r_{\mathrm{c}})} \tag{4-3-13}$$

4.3.3　折叠波导等效电路

对于折叠波导慢波结构的色散特性，常见的计算方法有简化理论、等效电路法以及场匹配法三种。对于简化理论，即上述介绍的理论方法，假定慢波结构中传输基模 TE_{10} 模，在不考虑折叠波导的弯曲以及电子注通道时，通过计算轴向相位常数，可以得出慢波结构的色散特性。场匹配法利用边界上的场匹配性质，得到关于场幅值与相移的一组方程，然后计算出不同频率对应的相移，得到色散特性。等效电路法将折叠波导每一部分均等效成独立的传输单元，然后使级联传输矩阵与单周期折叠波导传输矩阵相等，从而确定出慢波结构的色散特性 [22,23]。由于场匹配法考虑的因素过多，因此本节介绍利用等效电路法计算折叠波导慢波结构的色散特性。

等效电路法将折叠波导各个部分分别用不同等效模型表示，每部分都有相应的传输矩阵，总传输矩阵是各部分传输矩阵的乘积，通过求解总传输矩阵即可得到折叠波导慢波结构相移与频率的关系 [24,25]。对于折叠波导慢波结构，其等效模型如图 4.3.4 所示。图中 A 是波导的弯曲部分，B 和 B' 是弯曲部分和直波导的连接部分，C 是直波导部分，D 是电子注部分。

考虑一个互作用周期 p 内，将折叠波导视为传输线，有

$$\begin{aligned} V(z_0+p) &= V(z_0)\cos\theta + \mathrm{j}ZI(z_0)\sin\theta \\ I(z_0+p) &= I(z_0)\cos\theta + \mathrm{j}YV(z_0)\sin\theta \end{aligned} \tag{4-3-14}$$

矩阵形式为

$$\begin{bmatrix} V_1 \\ I_1 \end{bmatrix} = [\boldsymbol{F}] \begin{bmatrix} V_2 \\ I_2 \end{bmatrix}, \quad [\boldsymbol{F}] = \begin{bmatrix} \cos\theta & \mathrm{j}Z\sin\theta \\ \mathrm{j}Y\sin\theta & \cos\theta \end{bmatrix} \tag{4-3-15}$$

其中，V_1 是输出端口电压，I_1 是输出端口电流，V_2 是输入端口电压，I_2 是输入端口电流，θ 是一个互作用周期内的相移，Z 和 Y 分别为电路的阻抗和导纳。

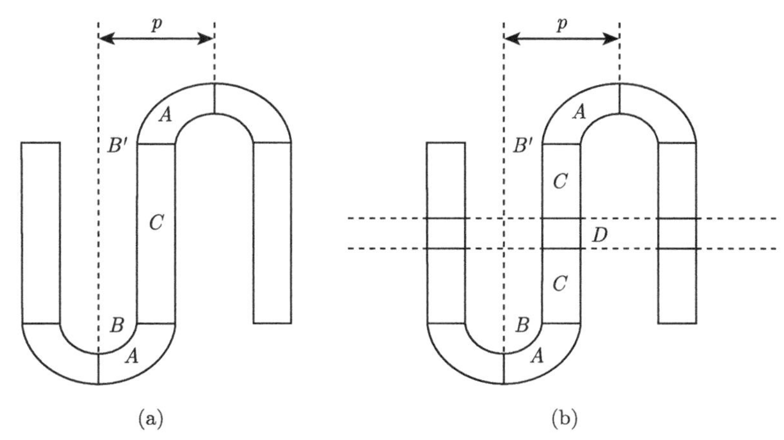

图 4.3.4 折叠波导等效模型：(a) 不考虑电子注通道；(b) 考虑电子注通道

折叠波导的各部分均可等效为不同的传输线，当不考虑电子注通道影响时，如图 4.3.4(a) 所示，其等效模型如图 4.3.5 所示。弯曲波导 A 可以看成长为 $l_1/2$、特性阻抗为 Z_1 的均匀传输线；直波导 C 可以看成长为 l_0、特性阻抗为 Z_0 的均匀传输线；对于弯曲部分与直波导交界 B 和 B' 段，可用一个等效电抗 X_1 来表示。

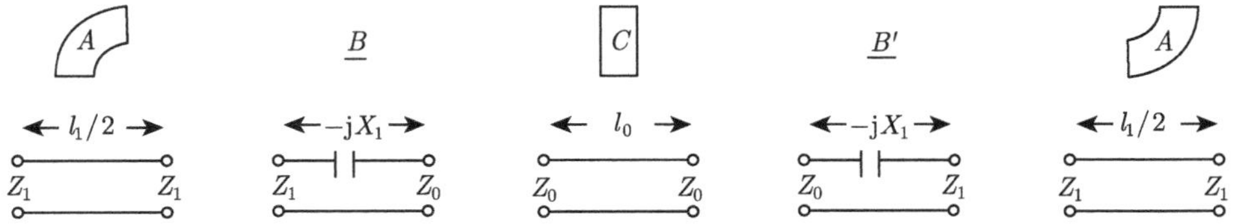

图 4.3.5 折叠波导各部分等效电路

图中各部分参数关系为 [25]

$$Z_0 = \frac{2b}{a}\frac{\eta_0}{\sqrt{1-(\lambda/\lambda_{\rm c})^2}} \tag{4-3-16}$$

$$\frac{Z_1}{Z_0} = 1+\frac{1}{12}\left(\frac{b}{R}\right)^2\left[\frac{1}{2}-\frac{1}{5}\left(\frac{2\pi b}{\lambda_{\rm g}}\right)^2\right] \tag{4-3-17}$$

$$\frac{X_1}{Z_0} = \frac{32}{\pi^7}\left(\frac{2\pi b}{\lambda_{\rm g}}\right)^3\left(\frac{b}{R}\right)^2\sum_{n=1,3,\cdots}^{\infty}\frac{1}{n^7}\sqrt{1-\left(\frac{2b}{n\lambda_{\rm g}}\right)^2} \tag{4-3-18}$$

其中，λ 为自由空间的波长，$\lambda_{\rm c}$ 为 $\rm TE_{10}$ 模截止波长，$\lambda_{\rm g}$ 为折叠波导直波导部分

导波波长，

$$\lambda_{\mathrm{g}}=\frac{\lambda}{\sqrt{1-(\lambda/\lambda_{\mathrm{c}})^{2}}}\tag{4-3-19}$$

折叠波导弯曲部分的导波波长 λ'_{g} 为

$$\xi\approx1-\frac{1}{12}\left(\frac{b}{R}\right)^{2}\left[-\frac{1}{2}+\frac{1}{5}\left(\frac{2\pi b}{\lambda_{\mathrm{g}}}\right)^{2}\right]\cdots\tag{4-3-20}$$

$$\lambda'_{\mathrm{g}}=\lambda_{\mathrm{g}}\xi\tag{4-3-21}$$

各传输矩阵为

$$\boldsymbol{A}=\begin{bmatrix}\cos\left(k_1l_1/2\right) & \mathrm{j}Z_1\sin\left(k_1l_1/2\right)\\ \mathrm{j}\dfrac{1}{Z_1}\sin\left(k_1l_1/2\right) & \cos\left(k_1l_1/2\right)\end{bmatrix}\tag{4-3-22}$$

$$\boldsymbol{B}'=\boldsymbol{B}=\begin{bmatrix}1 & -\mathrm{j}X_1\\ 0 & 1\end{bmatrix}\tag{4-3-23}$$

$$\boldsymbol{C}=\begin{bmatrix}\cos\left(k_0l_0\right) & \mathrm{j}Z_0\sin\left(k_0l_0\right)\\ \mathrm{j}\dfrac{1}{Z_0}\sin\left(k_0l_0\right) & \cos\left(k_0l_0\right)\end{bmatrix}\tag{4-3-24}$$

其中，k_0 和 k_1 分别为直波导和弯曲波导中的相位常数，可通过直波导中波长 λ_{g} 和弯曲波导中波长 λ'_{g} 求得 [26]。

等效传输矩阵表示为各部分传输矩阵的乘积：

$$\boldsymbol{F}=\boldsymbol{ABCB'A}\tag{4-3-25}$$

将各部分传输矩阵代入式 (4-3-24)，可以得到

$$\begin{aligned}\cos\theta=&\cos\left(k_1l_1\right)\cos\left(k_0l_0\right)-\frac{1}{2}\left(\frac{Z_0}{Z_1}+\frac{Z_1}{Z_0}\right)\sin\left(k_1l_1\right)\sin\left(k_0l_0\right)\\&+\frac{X_1}{Z_0}\cos\left(k_1l_1\right)\sin\left(k_0l_0\right)+\frac{X_1}{Z_1}\sin\left(k_1l_1\right)\cos\left(k_0l_0\right)\\&+\frac{1}{2}\frac{X_1^2}{Z_0Z_1}\sin\left(k_1l_1\right)\sin\left(k_0l_0\right)\\=&M_1+M_2\left(\frac{X_1}{Z_0}\right)+M_3\left(\frac{X_1}{Z_0}\right)^2\end{aligned}\tag{4-3-26}$$

其中，

$$M_1 = \cos(k_1 l_1)\cos(k_0 l_0) - \frac{1}{2}\left(\frac{Z_0}{Z_1} + \frac{Z_1}{Z_0}\right)\sin(k_1 l_1)\sin(k_0 l_0)$$

$$M_2 = \cos(k_1 l_1)\sin(k_0 l_0) + \frac{Z_0}{Z_1}\sin(k_1 l_1)\cos(k_0 l_0)$$

$$M_3 = \frac{1}{2}\frac{Z_0}{Z_1}\sin(k_1 l_1)\sin(k_0 l_0)$$

在考虑电子注通道时，如图 4.3.4(b) 所示，有两种等效模型。一种是将电子注通道看成直波导上的小孔，假设横向电磁波和电子注通道不发生直接耦合，可以简单地将圆形电子注通道模拟为串联阻抗 X_2，如图 4.3.6 所示。阻抗取值如下：

$$\frac{X_2}{Z_0} = \frac{1}{4\pi^2}k_0 b\left(\frac{D}{a}\right)^3\left(\frac{a}{b}\right)^2 \tag{4-3-27}$$

其中，$D = 2r_c$，为电子注通道直径。

此时电子注部分等效矩阵为

$$\boldsymbol{D}_x = \begin{bmatrix} 1 & -\mathrm{j}X_2 \\ 0 & 1 \end{bmatrix} \tag{4-3-28}$$

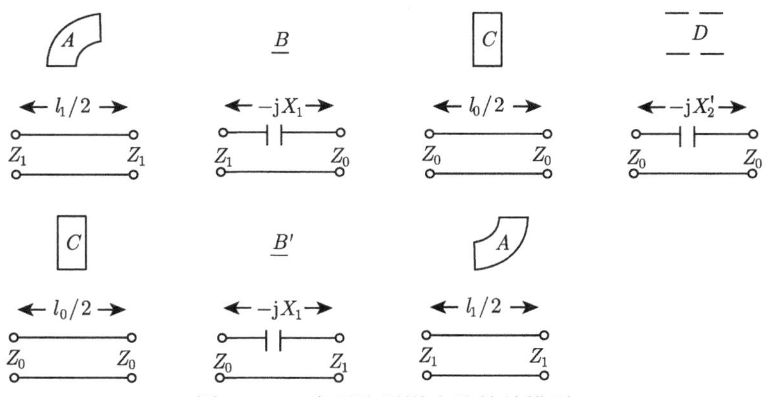

图 4.3.6 电子注通道小孔等效模型

对于考虑电子注通道的折叠波导慢波结构等效电路模型，弯曲波导 A、直波导与弯曲波导连接处 B、B' 均保持不变，由于直波导部分 C 被电子注通道切为两部分，故每段的等效传输线长度为 $l_0/2$。此时，复合矩阵还应该包括电子注部分的传输矩阵，即

$$\boldsymbol{F} = \boldsymbol{A}\boldsymbol{B}\boldsymbol{C}\boldsymbol{D}_x\boldsymbol{C}\boldsymbol{B}'\boldsymbol{A} \tag{4-3-29}$$

经过计算得

$$\cos\theta = M_1 + M_2\frac{X_1}{Z_0} + M_4\frac{X_2}{Z_0} + M_5\frac{X_1}{Z_0}\frac{X_2}{Z_0} + \left(M_3 + M_6\frac{X_2}{Z_0}\right)\left(\frac{X_1}{Z_0}\right)^2 \quad (4\text{-}3\text{-}30)$$

其中，

$$\begin{aligned} M_4 =& -\frac{1}{2}\sin(k_0l_0)\cos(k_1l_1) - \frac{1}{4}\left(\frac{Z_0}{Z_1}+\frac{Z_1}{Z_0}\right)\cos(k_0l_0)\sin(k_1l_1) \\ &+\frac{1}{4}\left(\frac{Z_1}{Z_0}-\frac{Z_0}{Z_1}\right)\sin(k_1l_1) \\ M_5 =& -\frac{1}{2}\left\{[1-\cos(k_0l_0)]\cos(k_1l_1)+\frac{Z_0}{Z_1}\sin(k_0l_0)\sin(k_1l_1)\right\} \\ M_6 =& -\frac{1}{4}\frac{Z_0}{Z_1}[1-\cos(k_0l_0)]\sin(k_1l_1) \end{aligned}$$

另一种电子注等效模型是将电子注通道看成一个圆波导，引入导纳 B_a 和 B_b，进而形成等效电路，如图 4.3.7 所示，其参数取值如下 [27]：

$$\begin{aligned} \frac{B_a}{Y_0} &= \frac{\dfrac{2\pi p}{\lambda_g ab}\left(\dfrac{\lambda_g}{\lambda}\right)}{1-\dfrac{4\pi p}{\lambda^2 b}} \\ \frac{B_b}{Y_0} &= \frac{\lambda_g ab}{4\pi}\left[\frac{1}{M}-\left(\frac{\pi}{a^2b}+\frac{7.74}{2\pi r^3}\right)\right] \end{aligned} \quad (4\text{-}3\text{-}31)$$

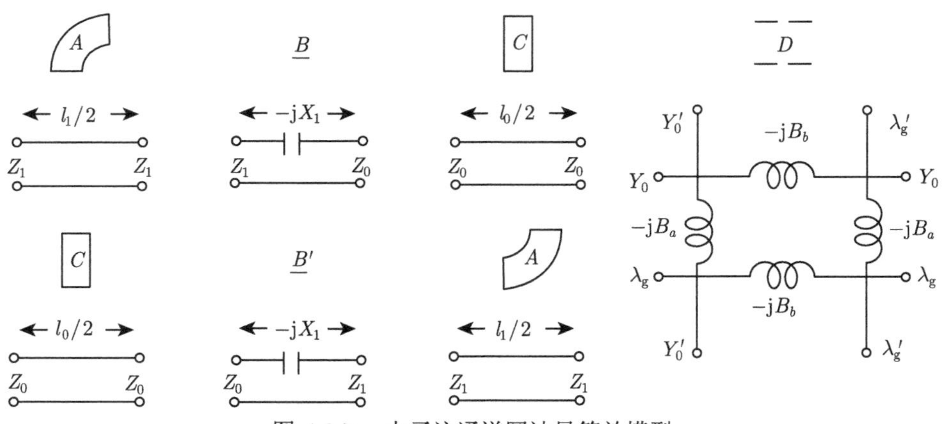

图 4.3.7　电子注通道圆波导等效模型

其中，$M=r^3/6$，$p=r^3/12$。此时等效矩阵为

$$\boldsymbol{D}_B=\begin{bmatrix} 1+\dfrac{2B_a}{B_b} & \dfrac{2\mathrm{j}}{B_b} \\ -\mathrm{j}2B_a-\mathrm{j}2\dfrac{B_a^2}{B_b} & 1+\dfrac{2B_a}{B_b} \end{bmatrix} \tag{4-3-32}$$

在圆波导模型下，复合矩阵为

$$\boldsymbol{F}=\boldsymbol{ABCD_BCB'A} \tag{4-3-33}$$

4.3.4 折叠波导高频特性理论计算

根据上述对色散特性的分析，即可得到折叠波导慢波结构相位与频率变化，即色散特性的理论计算值，为了得到折叠波导轴向有效相速与频率的关系，需要经过以下推导。

在考虑空间谐波时，从电子注观察到的慢波结构在一个互作用周期内的相移为

$$\Delta\phi_{z,m}=(\Delta\phi+\pi)+2m\pi \tag{4-3-34}$$

$$\Delta\phi=\beta p \tag{4-3-35}$$

$$\Delta\phi_{z,m}=\beta_{z,m}p \tag{4-3-36}$$

其中，$\Delta\phi$ 为折叠波导半周期内的相移，β 为轴向相位常数，$\beta_{z,m}$ 为电子观察到的 m 次空间谐波轴向有效波数。

$$\beta=\omega/v_{z,\text{ wave}} \tag{4-3-37}$$

$$\beta_{z,m}=\omega/v_{\text{ph},m} \tag{4-3-38}$$

式中，$v_{z,\text{wave}}$ 是波的轴向传播速度，$v_{\text{ph},m}$ 是电子在波前观察到的波的轴向传播速度。由上述关系，有

$$\beta_{z,m}p=(\beta p+\pi)+2m\pi \tag{4-3-39}$$

当只考虑前向基波分量时，$m=0$，有

$$\beta_z p=\beta p+\pi \tag{4-3-40}$$

利用 $\theta=\beta p$，得

$$v_{\text{ph}}=\frac{\omega}{\beta_z}=\frac{2\pi fp}{\theta+\pi} \tag{4-3-41}$$

其中，β_z 为 $m=0$ 时轴向相位常数，v_{ph} 为 $m=0$ 时折叠波导中电子注在波前观察到的波的轴向有效相速 [48]。根据上式，即可得到波导中相速与频率的关系曲线。

选取单电子注折叠波导慢波结构参数如表 4.3.1 所示，根据上述介绍的理论计算方法，得到波导中基模 (TE_{10} 模) 的色散特性，如图 4.3.8 所示。

表 4.3.1　单电子注折叠波导慢波结构参数

参数	几何尺寸/mm	参数	几何尺寸/mm
波导宽边 a	0.78	波导窄边 b	0.15
直波导高度 h	0.24	电子注通道半径 r_{c}	0.04
半周期长度 p	0.30		

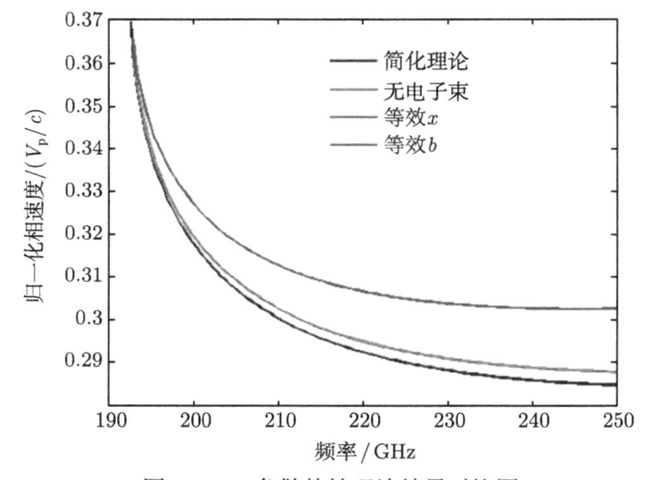

图 4.3.8　色散特性理论结果对比图

图 4.3.8 为简化理论、不考虑电子注通道、考虑电子注通道时等效 x 以及等效 b 模型这四种理论分析方法下的色散特性对比图。由该图知，简化理论与不考虑电子注通道时结果差别较小；等效 x 与等效 b 模型的归一化曲线几乎重合，两者结果差异很小，但不考虑电子注通道与考虑电子注通道时结果差别较大。在太赫兹波段当波导中存在电子注通道时，对色散特性的影响较大。

接着利用耦合阻抗理论公式，计算得到耦合阻抗的理论值。折叠波导参数如表 4.3.1 所示，代入公式得到耦合阻抗随频率变化曲线如图 4.3.9 所示。

图 4.3.9 为电子注通道不同位置处耦合阻抗的理论值，$r=0$ 为电子注通道中心位置，$r=r_{\mathrm{c}}$ 为电子注通道边缘位置。由图知，在 $r=0$ 和 $r=r_{\mathrm{c}}/2$ 处，耦合阻抗相差不大，在电子注通道边缘位置 $r=r_{\mathrm{c}}$ 处，耦合阻抗值最大。

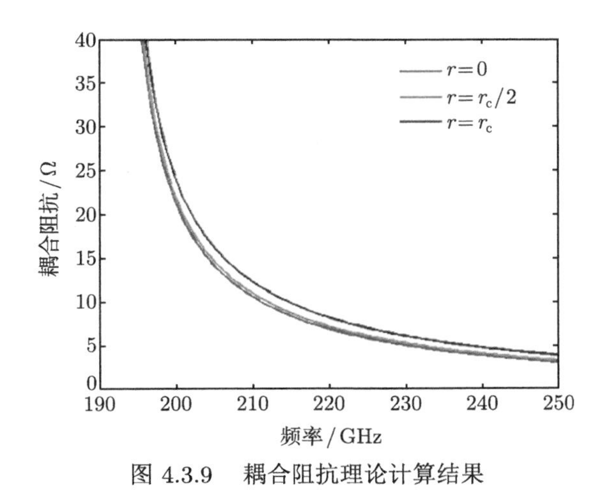

图 4.3.9 耦合阻抗理论计算结果

4.4 太赫兹折叠波导行波管非线性理论

4.4.1 简介

伴随着行波管的发明和发展，各种分析行波管注–波互作用的理论也得到了极大的发展。在行波管诞生之初，由皮尔斯提出的小信号理论就在行波管的实用化过程中产生了重大推动作用。注–波互作用理论为行波管的结构优化和性能提高做出了积极的贡献，是行波管发展过程中非常关键的理论组成部分。行波管的许多重要参数指标，如工作频率、带宽、输出功率、增益以及注–波互作用效率等，都可以采用相应的注–波互作用理论进行模拟和优化。行波管的注–波互作用理论总体上是由线性理论 (即小信号理论) 向非线性理论 (即大信号理论) 发展的，本节重点阐述非线性理论 [28]。

类似于螺旋线行波管与耦合腔行波管，折叠波导行波管的设计采用小信号理论、大信号理论来计算其注–波互作用。但是，折叠波导注–波互作用模型比螺旋线和耦合腔更复杂。螺旋线行波管在整个慢波结构上都存在注–波互作用，可以等效为传输线电路进行计算，而折叠波导只在互作用间隙处存在互作用。折叠波导与耦合腔结构不同，因而互作用模型也不同。

国内外对折叠波导注–波互作用的非线性理论进行了一些研究 [29−36]，取得了一些成果。Chernin 等首先采用一维频域仿真软件 CHRISTNE，采用集总电路模型 Curnow 对耦合腔慢波结构进行注–波互作用计算。Vlasov 等发展了耦合腔行波管的二维互作用模型 TESLA-CC。Chernin 等将折叠波导的传输线电路模型应用于 CHRISTNE 和 TESLA-CC 软件中，设计了 G 波段折叠波导行波管。Vlasov 等对比了 G 波段折叠波导行波管的 CHRISTNE、TESLA-FW 以及实验测试结果。这些理论模型采用等效电路来表示折叠波导慢波结构，将电子注电流注入电路模型，可以得到单个腔体矩阵。这种等效电路模型计算注–波互作用的难点在于求解等效电路的模型参量，使其与折叠波导慢波结构准确对应起来。而且，改变了结构参数进行互作用计算时，需要重新求解模型参量使其色散、耦合阻抗与实际折叠波导吻合，这需要花费很多计算时间。

电子科技大学发展了一种折叠波导行波管的大信号理论。该模型将电子束根据相位离散为具有不同初始相位的宏粒子，计算每一电子束通道与电磁波通道相重合处电磁波对宏粒子的调制作用和能量交换，从而得到线路波的增长。该模型需要仿真软件计算耦合阻抗，代入能量交换的表达式。类似地，电子科技大学也研究了行波管注–波互作用的通用理论，通过高频软件计算出轴向电场和磁场，代入非线性理论进行计算，运用该理论对折叠波导行波管进行了计算。以上两种方法在计算不同结构参数对应的注–波互作用时，都需要软件重新计算耦合阻抗或是高频电场，不利于折叠波导行波管的快速设计和优化。

中国科学院空天信息创新研究院提出了一种快速、准确计算折叠波导行波管注–波互作用的方法 [28]。将折叠波导中高频电场表示为一系列空间谐波之和，电子注采用一维电荷圆盘模型。将间隙处的高频电场表示为解析表达式，与 CST 软件计算的高频电场进行了比较。并且该模型考虑了返波和相对论的影响。该模型数值计算结果和三维粒子模拟 CHIPIC 的计算结果比较吻合。

4.4.2　折叠波导行波放大器的非线性理论

1. 基本假设及物理模型的建立

考虑在折叠波导中电子注与电磁波相互作用，用间隙电压来表征波导中电磁场的大小，如图 4.4.1 所示。图 4.4.2 表示折叠波导中的一个互作用单元，代表折叠波导的第 k 个互作用间隙，电子注通道半径和电子注半径大小分别为 r_{c} 和 r_{b}，一个互作用周期的轴向长度为 p，矩形波导的横截面的宽边和窄边分别为 a 和 b。

在该模型中，一个时间周期内电子注被划分为 N_{d} 个具有相同电荷和长度的电子圆盘，只在轴向电场的作用下沿着轴向运动。这里的电场为高频电场和空间电荷场之和，高频电场大小由间隙上的电压表示。所有的场都假定为时间的周期函数。在图 4.4.2 中，$V_{\mathrm{FG}(k)}$ 和 $V_{\mathrm{BG}(k)}$ 分别表示第 k 个互作用间隙处的前向波电压和返向波电压。$V_{\mathrm{F}(k)}$ 和 $V_{\mathrm{B}(k)}$ 分别表示第 k 个间隙互作用前的前向波电压和返向波电压。$\Delta V_{\mathrm{F}(k)}$ 和 $\Delta V_{\mathrm{B}(k)}$ 分别表示第 k 个间隙处前向波电压和返向波电压的变化量。

假定整个折叠波导行波管包含 N_k 个互作用周期，将每一个互作用周期划分为 N_z 步。互作用过程由输入高频信号进行初始化，高频信号沿着慢波结构向前传播。在互作用间隙处、互作用前后，间隙电压会改变。间隙电压的变化可以通过求解每个电子圆盘在间隙中每一步的能量变化来计算。间隙电压的改变又会反过来影响互作用过程。因此，需要反复计算，求解稳态解，使其收敛。

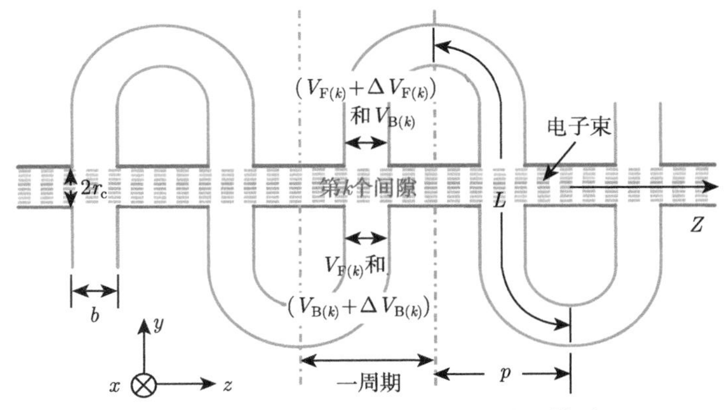

图 4.4.1 折叠波导行波放大器的物理模型

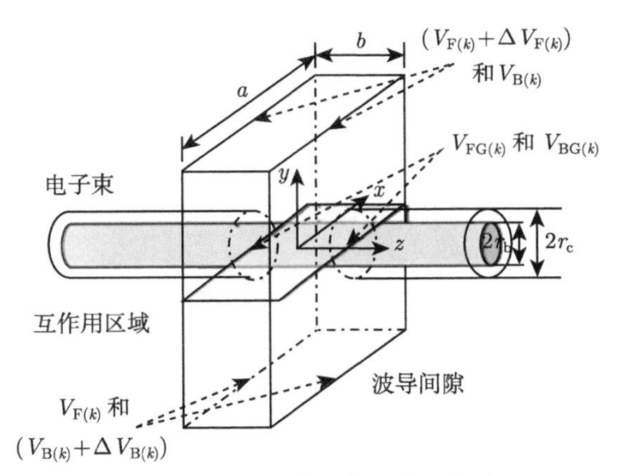

图 4.4.2 折叠波导的互作用间隙

2. 高频场方程求解

在该非线性注–波互作用模型中，考虑了空间电荷场和返波场的影响，将各个间隙处的注–波互作用用表达式描述，能够准确地计算折叠波导行波管中互作用过程。这里，一个重要的问题在于准确和快捷地求解电子注通道内间隙处的高频电场，因为高频场的计算直接影响了互作用计算的准确性。本节将对通道内的高频场表达式进行具体推导。

高频场功率从一个周期传向下一个周期，主要是通过折叠波导慢波结构，而不是电子注通道。因此，要精确计算电子的运动轨迹，就需要准确求解通道间隙处的高频电场。图 4.4.3 给出了从 CST 软件导出的折叠波导行波管电子注通道内的轴向电场。可以看出，高频电场在每个间隙中心处都有一个峰值，这是由通道和间隙形状决定的。

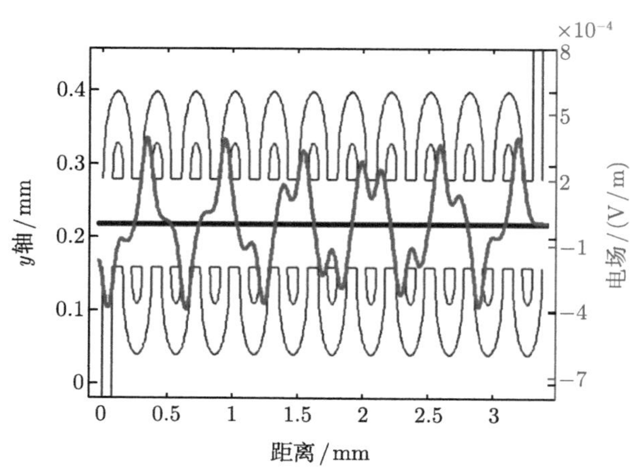

图 4.4.3 电子注通道中心轴向电场 (CST 仿真计算)

只考虑单个互作用周期，如图 4.4.3 所示。电子注通道边缘 $(r=r_{\mathrm{c}})$ 高频电场表示为

$$\hat{E}_z\left(r_{\mathrm{c}},z,t\right)=E_0 f(z)\exp(\mathrm{i}wt) \tag{4-4-1}$$

其中，w 是角频率，E_0 是常数。

函数 $f(z)$ 可以表示为对空间谐波的傅里叶积分，写成如下形式：

$$f(z)=\int_{-\infty}^{\infty} g(\beta)\exp(-\mathrm{i}\beta z)\mathrm{d}\beta \tag{4-4-2}$$

其中，由傅里叶逆变换得到 $g(\beta)=\int_{-\infty}^{\infty} f(z)\exp(\mathrm{i}\beta z)\mathrm{d}z$。这里，$\beta$ 是相位常数。

依据周期慢波结构的弗洛凯定理，可以得到轴向电场表达式

$$\hat{E}_z\left(r_{\mathrm{c}},z,t\right)=\hat{E}\left(r_{\mathrm{c}},z\right)\exp\left(-\mathrm{i}\beta_0 z\right)\exp(\mathrm{i}wt) \tag{4-4-3}$$

其中，β_0 为慢波结构中基模的相位常数。

将式子 $\hat{E}\left(r_{\mathrm{c}},z\right)\exp\left(-\mathrm{i}\beta_0 z\right)$ 展开为傅里叶级数

$$\begin{aligned}E_0 f(z)=\hat{E}\left(r_{\mathrm{c}},z\right)\exp\left(-\mathrm{i}\beta_0 z\right)&=\sum_{m=-\infty}^{\infty} E_m\left(r_{\mathrm{c}}\right)\exp\left\{-\mathrm{i}\left[\beta_0+(2m\pi/p)\right]\right\}\\&=\sum_{m=-\infty}^{\infty} E_m\left(r_{\mathrm{c}}\right)\exp\left(-\mathrm{i}\beta_m z\right)\end{aligned} \tag{4-4-4}$$

这里，$\beta_m=\beta_0+(2m\pi/p)\,(m=0,\pm1,\pm2,\cdots,N_m)$，是空间谐波的个数。

函数 $f(z)$ 可以选为 $\cosh(\xi z)$。其中的因子 ξ 的选择与场形状有关，应尽量使计算的高频场与实际通道边缘 $(r=r_{\mathrm{c}})$ 的场近似。可以看出，当 $\xi=0$ 时，就得到了特例 $E_0f(z)=E_0$。

将式 (4-4-4) 两端同乘以 $\exp(\mathrm{i}2\zeta\pi z/p)$，将 $\hat{E}\,(r_{\mathrm{c}},z)\exp(-\mathrm{i}\beta_0 z)$ 代入 $E_0f(z)$，然后在周期长度上积分，从 $z=-p/2$ 到 $z=p/2$。由函数的正交性可知，除了当 $\zeta=m$ 时，其他项都为零。并且注意到场只存在于间隙中，即 z 在 $-b/2$ 与 $b/2$ 之间。令 $l_{\mathrm{c}}=b/2$，可以得到

$$
\begin{aligned}
E_m&=\frac{E_0}{p}\int_{-l_{\mathrm{c}}}^{l_{\mathrm{c}}}\cosh(\xi z)\exp\left(\mathrm{i}\beta_m z\right)\mathrm{d}z\\
&=\frac{E_0}{p}\frac{2\left[\xi\sinh\left(\xi l_{\mathrm{c}}\right)\cos\left(\beta_m l_{\mathrm{c}}\right)+\beta_m\cosh\left(\xi l_{\mathrm{c}}\right)\sin\left(\beta_m l_{\mathrm{c}}\right)\right]}{\xi^2+\beta_m^2}
\end{aligned}
\tag{4-4-5}
$$

将式 (4-4-5) 代入式 (4-4-4)，电子注通道内半径为 r 处的高频电场可以写作

$$
\begin{aligned}
\hat{E}_{\mathrm{rf}}(r,z,t)&=\exp(\mathrm{i}\omega t)\sum_{m=-\infty}^{\infty}E_m\frac{\mathrm{I}_0\left(\gamma_m r\right)}{\mathrm{I}_0\left(\gamma_m r_{\mathrm{c}}\right)}\exp\left(-\mathrm{i}\beta_m z\right)\\
&=\frac{E_0}{p}\sum_{n=-\infty}^{\infty}\frac{\mathrm{I}_0\left(\gamma_m r\right)}{\mathrm{I}_0\left(\gamma_m r_{\mathrm{c}}\right)}C_m\exp\left[\mathrm{i}\left(\omega t-\beta_m z\right)\right]
\end{aligned}
\tag{4-4-6}
$$

其中，$\gamma_m=\sqrt{\beta_m^2-\omega^2/c^2}$，因此 C_m 可以写作

$$
C_m=\frac{2}{\xi^2+\beta_m^2}\left[\xi\sinh\left(\xi l_{\mathrm{c}}\right)\cos\left(\beta_m l_{\mathrm{c}}\right)+\beta_m\cosh\left(\xi l_{\mathrm{c}}\right)\sin\left(\beta_m l_{\mathrm{c}}\right)\right]\tag{4-4-7}
$$

将高频场在间隙处积分，可以得到间隙电压的表达式

$$
V_{\mathrm{gap}}=\int_{-l_{\mathrm{c}}}^{l_{\mathrm{c}}}E_0\cosh(\xi z)\mathrm{d}z=2\frac{E_0}{\xi}\sinh\left(\xi l_{\mathrm{c}}\right)\tag{4-4-8}
$$

因此，常数 E_0 可以表示为

$$
E_0=\frac{\xi V_{\mathrm{gap}}}{2\sinh\left(\xi l_{\mathrm{c}}\right)}\tag{4-4-9}
$$

将式 (4-4-9) 代入式 (4-4-6)，对半径 r_{b} 和厚度 l_{d} 的电荷圆盘进行积分。可以得到

通道内平均电场的时域表达式如下：

$$E_{\mathrm{rf,gap}}(r,z,t)=\frac{\xi}{p\sinh\left(\xi l_{\mathrm{c}}\right)}\sum_{n=-\infty}^{\infty}\frac{C_m\mathrm{I}_1\left(\gamma_m r_{\mathrm{b}}\right)}{\gamma_m r_{\mathrm{b}}\mathrm{I}_0\left(\gamma_m r_{\mathrm{c}}\right)}\cdot\frac{\sin\left(\beta_m l_{\mathrm{d}}/2\right)}{\left(\beta_m l_{\mathrm{d}}/2\right)}\cdot\mathrm{Re}\left\{V_{\mathrm{gap}}\cdot\exp\left[\mathrm{i}\left(\omega t-\beta_m z\right)\right]\right\} \tag{4-4-10}$$

式 (4-4-10) 描述了 $-p/2$ 到 $p/2$ 之间的间隙场分布。图 4.4.4 给出了单个周期的轴向电场幅度分布。可以看出，当空间谐波数 $N_m \geqslant 3$ 时，曲线已经收敛。因此，在接下来的注–波互作用计算中，取 $N_m = 3$。

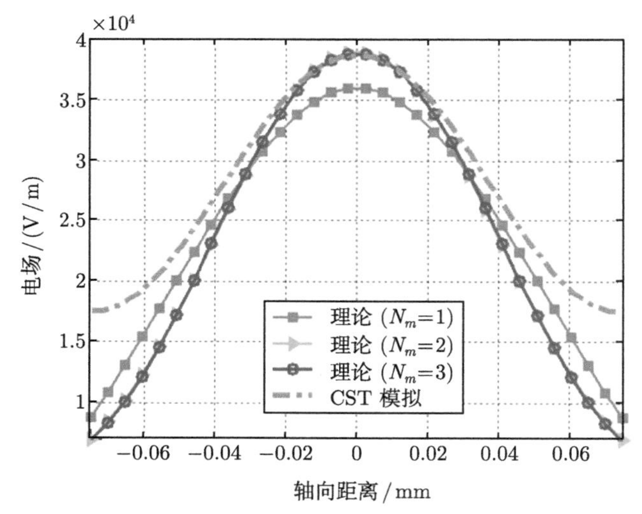

图 4.4.4　单个周期的轴向电场幅度分布 (与 CST 计算进行比较)

对于整个周期系统，考虑返向波的影响，第 k 个周期的轴向电场可以写作

$$E_{\mathrm{rf},j,n,k}=\mathrm{Re}\left\{\left[\hat{V}_{\mathrm{FG}(k)}\cdot Q_{n,k}+\hat{V}_{\mathrm{BG}(k)}\cdot Q_{n,k}^{*}\right]\cdot\exp\left(\mathrm{i}\omega t_{j,n,k}\right)\right\} \tag{4-4-11}$$

式 (4-4-11) 表示第 j 个电荷圆盘在第 k 个互作用周期的第 n 步处电场。其中，电压 $\hat{V}_{\mathrm{FG}(k)}$ 和 $\hat{V}_{\mathrm{BG}(k)}$ 都是复数。相邻间隙之间的电压满足以下关系：

$$\hat{V}_{\mathrm{FG}(k)}=\hat{V}_{\mathrm{FG}(k-1)}\cdot\exp\left(\mathrm{i}\beta_0 p\right) \tag{4-4-12}$$

$$\hat{V}_{\mathrm{BG}(k)}=\hat{V}_{\mathrm{BG}(k-1)}\cdot\exp\left(-\mathrm{i}\beta_0 p\right) \tag{4-4-13}$$

式中，$Q^*_{n,k}$ 是 $Q_{n,k}$ 的共轭复数。$Q_{n,k}$ 可以写作

$$
\begin{aligned}
Q_{n,k} = & \frac{\xi}{p\sinh(\xi l_{\mathrm{c}})}\sum_{n=-\infty}^{\infty}\frac{C_m \mathrm{I}_1(\gamma_m r_{\mathrm{b}})}{\gamma_m r_{\mathrm{b}} \mathrm{I}_0(\gamma_m r_{\mathrm{c}})}\cdot\frac{\sin(\beta_m l_{\mathrm{d}}/2)}{(\beta_m l_{\mathrm{d}}/2)} \\
& \cdot\exp(-\mathrm{i}\beta_m z)\cdot\exp[-\mathrm{i}\beta_0(k-1)p]
\end{aligned}
\tag{4-4-14}
$$

这里，$-p/2 < z < p/2$。

图 4.4.5 给出了通道内的轴向电场幅度在多个周期中的分布，同时在 CST 中进行了冷腔仿真模拟，将同一时刻的电场进行了比较。理论计算曲线与仿真曲线基本重合。

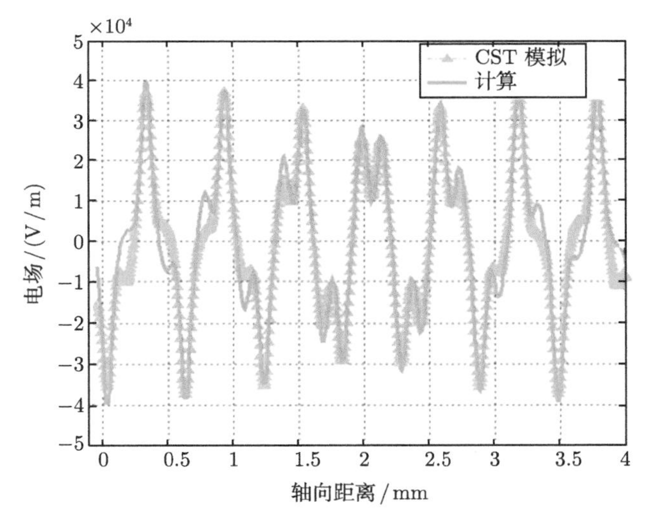

图 4.4.5 多个周期的轴向电场幅度分布 (与 CST 计算进行比较)

4.4.3 空间电荷场求解

空间电荷场随两个电荷圆盘之间的距离 z_{d} 变化而变化。应用格林函数求解离散的电荷圆盘模型。根据参考文献，两个电荷圆盘之间的空间电荷场可以表示为以下形式。

对于 $|z_{\mathrm{d}}| > l_{\mathrm{d}}$，空间电荷场可以写作

$$
E_{\mathrm{sc}} = \frac{4r_{\mathrm{c}}^2\,\mathrm{sgn}(z_{\mathrm{d}})}{(l'_{\mathrm{d}})^2 r_{\mathrm{b}}^2\pi\varepsilon_0}\sum_{m=1}^{\infty}\frac{[\mathrm{J}_1(u_m r_{\mathrm{b}}/r_{\mathrm{c}})]^2}{u_m^4[\mathrm{J}_1(u_m)]^2}\cdot\left[\cosh\left(\frac{u_m l'_{\mathrm{d}}}{r_{\mathrm{c}}}\right)-1\right]\cdot\exp\left(-\frac{u_m|z'_{\mathrm{d}}|}{r_{\mathrm{c}}}\right)
\tag{4-4-15}
$$

对于 $|z_{\rm d}| > l_{\rm d}$，空间电荷场可以写作

$$E_{\rm sc} = \frac{4r_{\rm c}^2 \operatorname{sgn}(z_{\rm d})}{(l_{\rm d}')^2 r_{\rm b}^2 \pi \varepsilon_0} \sum_{m=1}^{\infty} \frac{[{\rm J}_1(u_m r_{\rm b}/r_{\rm c})]^2}{u_m^4 [{\rm J}_1(u_m)]^2} \cdot \left[1 - \exp\left(-\frac{u_m |z_{\rm d}'|}{r_{\rm c}}\right)\right] - \exp\left(-\frac{u_m l_{\rm d}'}{r_{\rm c}}\right) \cdot \sinh\left(u_m \frac{|z_{\rm d}'|}{r_{\rm c}}\right) \tag{4-4-16}$$

其中，u_m 是零阶贝塞尔函数的第 m 个解，${\rm J}_1$ 是一阶贝塞尔函数，ε_0 是真空中的介电常量，$l_{\rm d}'$ 和 $z_{\rm d}'$ 分别为修正后的电荷圆盘厚度和长度。

$$l_{\rm d}' = l_{\rm d}/\sqrt{1-(v_0/c)^2} \tag{4-4-17}$$

$$z' = z/\sqrt{1-(v_0/c)^2} \tag{4-4-18}$$

式中，v_0 是直流电子的速度，c 是真空中的光速。

图 4.4.6 给出了空间电荷场随距离变化的曲线。当 $|z_{\rm d}| < l_{\rm d}$ 时，空间电荷场有一个峰值；当 $|z_{\rm d}| > l_{\rm d}$ 时，空间电荷场逐渐趋近于 0。

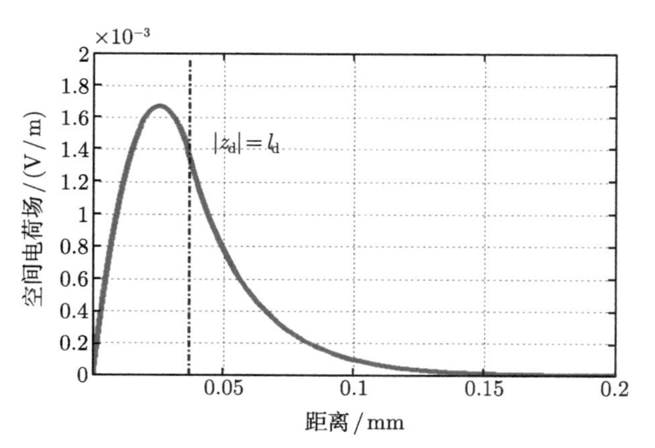

图 4.4.6　两个电荷圆盘之间的空间电荷场

4.4.4　电子运动方程

假定高频电场在单个步长 d_z 中的大小没有发生变化，因此，在单个步长，电荷圆盘的加速度也不变。考虑相对论效应，第 n 步电荷圆盘的加速度可以写作

$$a_n = -(E_{{\rm sc},n} + E_{{\rm rf},n}) \cdot \eta \cdot (1 - v_n^2/c^2)^{3/2} \tag{4-4-19}$$

其中，$\eta = e/m_{\rm e}$ 是电子的荷质比, 电荷量 $q_{\rm d} = I_0/(f \cdot N_{\rm d})$, 电荷圆盘质量 $m_{\rm d} = q_{\rm d} m_{\rm e}/e$，电荷圆盘厚度 $l_{\rm d} = \lambda/N_{\rm d}$。这里 $m_{\rm e}$ 和 e 分别是单个电子的质量和电荷量，f 和 λ 分别为高频信号的频率和波长。

进一步可以得到第 $n+1$ 步的电子速度和第 n 步的时间步长

$$v_{n+1} = v_n + a_n {\rm d}t_n \tag{4-4-20}$$

$${\rm d}t_n = {\rm d}z/\left[\left(v_{n+1} + v_n\right)/2\right] \tag{4-4-21}$$

将式 (4-4-19) 和式 (4-4-21) 代入式 (4-4-20)，可以得到

$$v_{n+1} = \sqrt{v_n^2 + 2a_n {\rm d}z} \tag{4-4-22}$$

式 (4-4-22) 可以变形为电子相位的关系式。第 n 步的电荷圆盘的相位可以写作 $\varphi_n = \omega t_n$。然后得到

$$\varphi_{n+1} = \varphi_n + \omega {\rm d}t_n \tag{4-4-23}$$

可以计算出相对于直流电子的相对电子相位，如式 (4-4-24)。这里 θ_n 代表在以直流电荷运动速度移动的运动坐标系的电荷相对相位：

$$\theta_n = \varphi_n - \frac{\omega_0}{v_0} z_n \tag{4-4-24}$$

4.4.5 电子对波的反作用

注–波互作用的计算包含两个部分：电子受到场的影响而运动；场受到电子的反作用。在本部分，依据能量守恒定律，推导电子对波的反作用。

在第 k 个间隙处的第 n 步，电场对 j 个电荷圆盘做的功可以写作

$${\rm d}W_{j,n,k} = q_{\rm d} E_{j,n,k} {\rm d}z \tag{4-4-25}$$

将式 (4-4-11) 代入式 (4-4-25)，可以得到

$${\rm d}W_{j,n,k} = \frac{I_0}{f N_{\rm d}} {\rm Re}\left\{\left[\hat{V}_{{\rm FG}(k)} \cdot Q_{n,k} + \hat{V}_{{\rm BG}(k)} \cdot Q_{n,k}^*\right] \cdot \exp\left({\rm i}\omega t_{j,n,k}\right)\right\} {\rm d}z \tag{4-4-26}$$

对式 (4-4-26) 分别在 0 到 2π 的相位空间，和 $-p/2$ 到 $p/2$ 的互作用周期长度上进行积分，可以得到电子在第 k 个间隙处释放的能量

$$P_{{\rm b},k} = \frac{I_0}{2\pi} \int_{-p/2}^{-p/2} {\rm Re}\left\{\left[\hat{V}_{{\rm FG}(k)} \cdot Q_{n,k} + \hat{V}_{{\rm BG}(k)} \cdot Q_{n,k}^*\right] \cdot \int_0^{2\pi} \exp\left({\rm i}\omega t_{j,n,k}\right) {\rm d}\varphi_0\right\} {\rm d}z \tag{4-4-27}$$

依据互作用前后电压的变化值，容易计算出高频场增加的功率

$$\begin{aligned}P_{\mathrm{f},k} &= \frac{1}{2Z_{\mathrm{c}}}\left[\left(\hat{V}_{\mathrm{F}(k)}+\Delta\hat{V}_{\mathrm{F}(k)}\right)^2-\hat{V}_{\mathrm{F}(k)}^2+\left(\hat{V}_{\mathrm{B}(k)}+\Delta\hat{V}_{\mathrm{B}(k)}\right)^2-\hat{V}_{\mathrm{B}(k)}^2\right]\\&=\frac{1}{Z_{\mathrm{c}}}\mathrm{Re}\left[\left(\hat{V}_{\mathrm{F}(k)}+\Delta\hat{V}_{\mathrm{F}(k)}/2\right)\Delta\hat{V}_{\mathrm{F}(k)}^{*}+\left(\hat{V}_{\mathrm{B}(k)}+\Delta\hat{V}_{\mathrm{B}(k)}/2\right)\Delta\hat{V}_{\mathrm{B}(k)}^{*}\right]\end{aligned} \tag{4-4-28}$$

其中，Z_{c} 是矩形波导中 TE_{10} 模的特性阻抗。

令式 (4-4-28) 与式 (4-4-27) 相等，利用前向波与返向波的正交性，可以得到前向波电压关系式

$$\begin{aligned}&\frac{1}{Z_{\mathrm{c}}}\mathrm{Re}\left[\left(\hat{V}_{\mathrm{F}(k)}+\Delta\hat{V}_{\mathrm{F}(k)}/2\right)\right]\Delta\hat{V}_{\mathrm{F}(k)}^{*}\\=&\frac{I_0}{2\pi}\mathrm{Re}\int_{-p/2}^{p/2}\left\{\hat{V}_{\mathrm{FG}(k)}\cdot Q_{n,k}\cdot\left[\int_0^{2\pi}\exp\left(\mathrm{i}\varphi_{0,n,k}\right)\mathrm{d}\varphi_0\right]\right\}\mathrm{d}z\end{aligned} \tag{4-4-29}$$

类似地，可以得到返向波电压的关系式。这里，对间隙电压采用一阶近似，$\hat{V}_{\mathrm{FG}(k)}$ 可以表示为 $\hat{V}_{\mathrm{FG}(k)}=\hat{V}_{\mathrm{F}(k)}+\Delta\hat{V}_{\mathrm{F}(k)}/2$。将 $\hat{V}_{\mathrm{FG}(k)}$ 代入式 (4-4-29)，容易得到

$$\Delta\hat{V}_{\mathrm{F}(k)}=\frac{I_0Z_{\mathrm{c}}}{2\pi}\int_{-p/2}^{p/2}Q_{n,k}^{*}\cdot\left[\int_0^{2\pi}\exp\left(-\mathrm{i}\varphi_{0,n,k}\right)\mathrm{d}\varphi_0\right]\mathrm{d}z \tag{4-4-30}$$

对于返向波，同样可以得到

$$\Delta\hat{V}_{\mathrm{B}(k)}=\frac{I_0Z_{\mathrm{c}}}{2\pi}\int_{-p/2}^{p/2}Q_{n,k}\cdot\left[\int_0^{2\pi}\exp\left(\mathrm{i}\varphi_{0,n,k}\right)\mathrm{d}\varphi_0\right]\mathrm{d}z \tag{4-4-31}$$

4.4.6 初始化条件

因为在本模型中，采用的是电压和电流代入计算，所以首先应将输入功率先转化为电压信号。在第一个周期入射的初始电压为 $V_{\mathrm{F}(1)}=\sqrt{2P_{\mathrm{in}}Z_{\mathrm{c}}}$，在第一个间隙处的间隙电压也被初始化为 $V_{\mathrm{FG}(1)}=\sqrt{2P_{\mathrm{in}}Z_{\mathrm{c}}}$。

在互作用开始时，电荷圆盘具有不同的初始相位。将电子相位从 0 到 2π 均匀划分。电子的初始发射时间也从 0 到 T 均匀划分，时间步长为 $T/(N_{\mathrm{d}}-1)$，其中 $T=1/f$。依据发射时间，可以由 ωt 计算初始相位。考虑相对论效应后，电子初始速度应为

$$v_0=c\sqrt{1-\frac{1}{\left[1+q_{\mathrm{d}}V_0/\left(m_{\mathrm{d}}c^2\right)\right]^2}} \tag{4-4-32}$$

将各个电荷圆盘的初始速度设为 $v_{j,1,1} = v_0\,(j = 1, 2, \cdots, N_\mathrm{d})$。单个电荷圆盘的动能为

$$P_{\mathrm{beam},j} = m_\mathrm{d}c^2\left(1/\sqrt{1 - v_0^2/c^2} - 1\right) \tag{4-4-33}$$

4.4.7　理论与仿真结果的对比

在本部分，应用该互作用模型对 340GHz 折叠波导行波管进行分析。主要的结构参数如表 4.4.1 所示。图 4.4.7 给出了相关参数计算的色散曲线，应用简化理论、等效电路和 CST 软件模拟进行比较。从图中的比较可以看出，两种理论方法都比较精确，与软件模拟结果比较吻合。这里，采用简化理论来求解相位常数 β_0。

表 4.4.1　340GHz 折叠波导行波管的结构参数

参数	大小
半周期长度 p	0.17mm
波导宽边尺寸 a	0.54mm
波导窄边尺寸 b	0.08mm
直波导高度 h	0.20mm
电子注通道半径 r_c	0.09mm
电子注半径 r_b	0.07mm
电子注电压 V_0	15.4kV
电子注电流 I_0	70mA

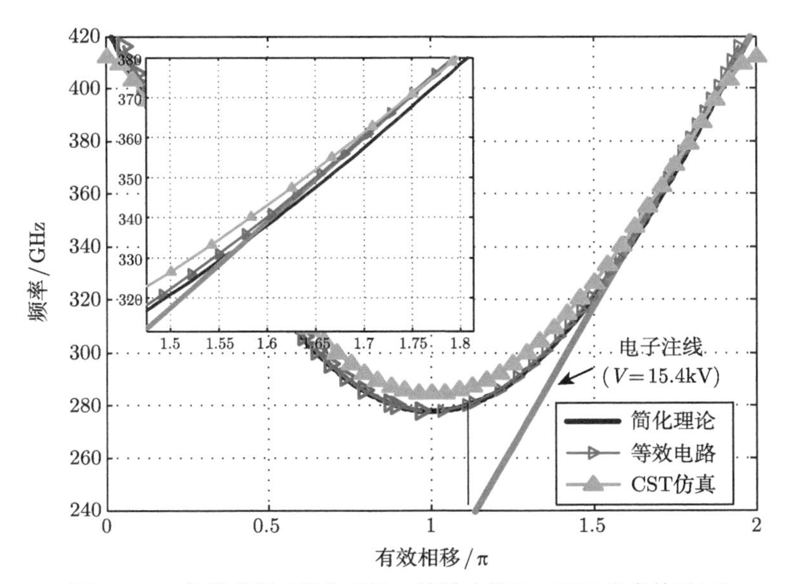

图 4.4.7　色散曲线 (简化理论、等效电路与 CST 仿真的对比)

将表 4.4.1 中的参数代入该互作用模型。式 (4-4-19) ~ 式 (4-4-23) 描述了场

推动电子运动的过程，而式 (4-4-30) 和式 (4-4-31) 表示了电子对场的反作用，需要反复计算求解稳态的解。因此反复迭代计算，直至功率达到稳定。这里需要注意，迭代的过程应包括前向波的迭代和返向波的迭代。

图 4.4.8~ 图 4.4.11 给出了计算结果。图 4.4.8 为归一化电子速度。可以看出，大部分电子交出了能量使电磁波被放大。图 4.4.9 为相对电子相位。可以看出，相对电子相位随轴向距离变化剧烈。在 15mm 处，电子出现明显群聚。

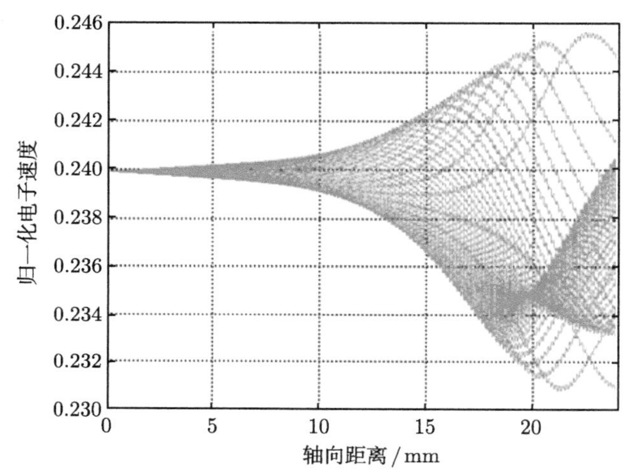

图 4.4.8　归一化电子速度随距离变化关系

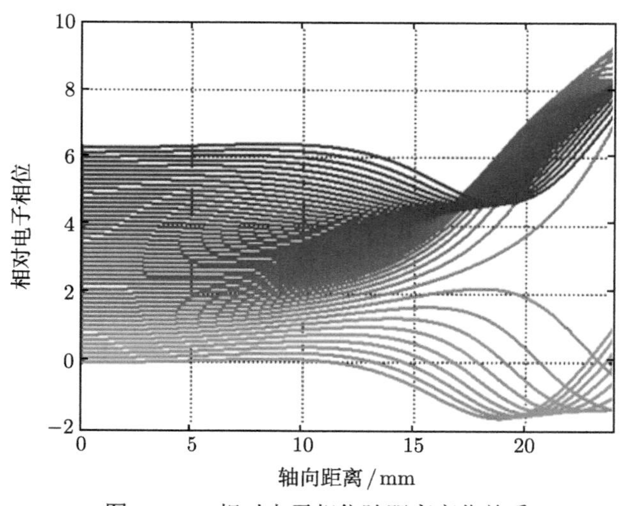

图 4.4.9　相对电子相位随距离变化关系

图 4.4.10 给出了功率流随互作用周期数目变化关系。在考虑返波情况下，当

输入功率为 35mW 时，在第 116 个互作用周期处获得最大功率 36W。在不考虑返波情况下，同样的输入功率下，在第 121 个互作用周期处获得最大功率 36W。可以看出，考虑返波后，饱和输出功率变化不大，但是饱和长度缩短，饱和长度的相对误差为 5%。

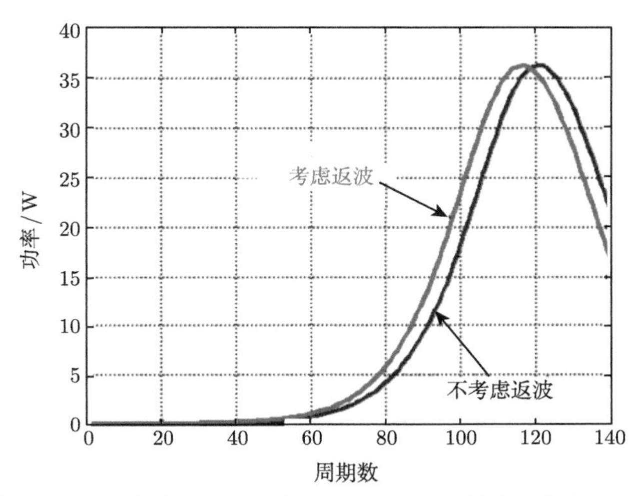

图 4.4.10 功率随互作用周期数目变化关系 (对比了考虑返波和没有考虑返波两种情况)

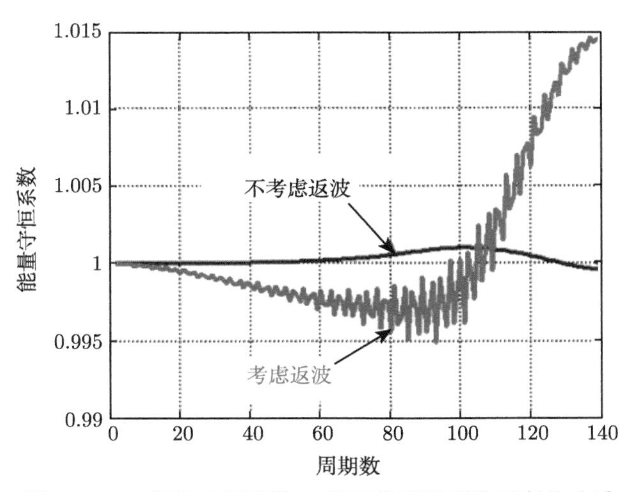

图 4.4.11 能量守恒系数 α 随互作用周期数目变化关系

为了验证该模型中的能量守恒，定义能量守恒系数 α 如下：

$$\alpha = \left(P_{\mathrm{F}(k)} - P_{\mathrm{F}(0)} + P_{\mathrm{B}(0)} - P_{\mathrm{B}(k)} + P_{\mathrm{beam}(k)}\right) / P_0 \tag{4-4-34}$$

其中，$P_{\mathrm{F}(k)}$ 和 $P_{\mathrm{B}(k)}$ 分别是第 k 个周期的前向波功率和返向波功率，$P_{\mathrm{F}(0)}$ 和 $P_{\mathrm{B}(0)}$ 分别是在第 1 个周期入射的前向波功率和返向波功率，$P_{\mathrm{beam}(k)}$ 是第 k 个周期的电子注能量，P_0 是直流电子注功率。如果能量守恒，则系数 α 应非常接近于 1。

图 4.4.11 给出了能量守恒系数的计算结果。只考虑前向波时，能量守恒系数在整个互作用段都比较贴近于 1。考虑了返波后，系数 α 只在前 50 个周期趋近于 1，但是在 50 个周期后，误差变大。这是返波迭代造成的，给计算造成了误差。没有考虑返波时，计算其输出功率只花了 7s。但是考虑返波后，同样的计算机 CPU(中央处理器) 计算花了 109s。

为了进一步验证该理论模型的准确度，将理论计算结果与 CHIPIC 软件计算结果进行对比。首先在 CHIPIC 粒子模拟软件中，建立折叠波导行波管的三维注–波互作用模型。运用粒子模拟仿真，容易计算得到输出功率、增益、效率以及电子运动轨迹。

为了与理论模型对照，在 CHIPIC 模拟中采用相同的参数，如表 4.4.1 所示。将互作用周期数设为 121，可以得到电子群聚图，如图 4.4.12 所示。可以看出，在行波管末端，电子明显群聚。

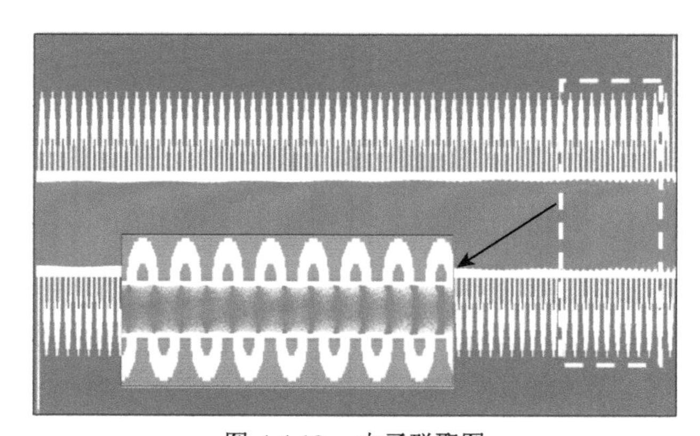

图 4.4.12　电子群聚图

图 4.4.13 给出了功率流随轴向距离变化的关系，对理论计算结果与 CHIPIC 仿真结果进行了对比。这里，理论计算没有考虑返波的影响。可以看出，理论计算值比仿真的结果要高一些，理论计算的功率在每一个点上都比仿真值要高，这是由于理论模型的耦合阻抗更高。

为了提高理论模型的精确度，应当适当减小模型的耦合阻抗。适当增大电子注通道的半径，可以减小耦合阻抗。因此将式 (4-4-14) 中的孔半径 r_{c} 修正为 $r_{\mathrm{c}}' = kr_{\mathrm{c}}$，其中 k 为修正系数。从图 4.4.14 可以看出，当修正系数 k 取 1.06 时，理论结果与仿真结果基本吻合。当 k 取 1.06 时，r_c' 为 0.0954mm。

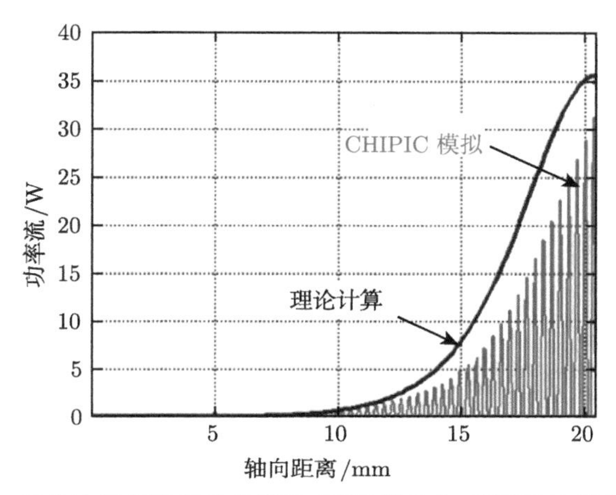

图 4.4.13 折叠波导行波管的功率流 (理论结果与 CHIPIC 模拟结果对比)

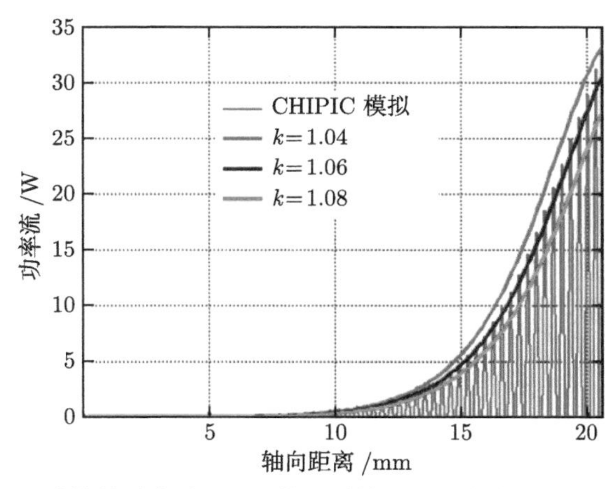

图 4.4.14 折叠波导行波管的功率流 (不同修正系数时，理论结果与 CHIPIC 模拟结果对比)

图 4.4.15 和图 4.4.16 给出了理论模型与 CHIPIC 粒子模拟计算的输出功率对比。图 4.4.15 给出了输出功率随电子注电压变化的关系。在粒子模拟中，电子注通道半径取 0.09mm。从图 4.4.15 可以看出，理论模型计算在 15.6kV 处取得最大输出功率 48W。CHIPIC 仿真结果在 15.5kV 取得最大功率 33W。当电子注通道半径取修正值 0.0954mm 时，得到了优化后的理论计算值。可以看出，优化后的理论计算值更加贴近于仿真值。此时，理论计算和软件仿真都在 15.5kV 取得最大输出功率。理论预测功率的相对误差在 3dB 带宽内小于 15%。

图 4.4.16 给出了输出功率随互作用周期数目变化的关系。电子注电压为 15.5kV，仿真结果在第 140 个周期处取得饱和输出功率 45W。当 r_c 取 0.09mm 时，

理论计算结果在第 120 个周期处取得饱和输出功率 42W；当 r_c 取修正值 0.0954mm 时，理论计算结果在第 130 个周期处取得饱和输出功率 42W，更加贴近于仿真计算结果。采用修正值 r_c' 代入计算，理论预测的饱和长度的相对误差小于 8%。

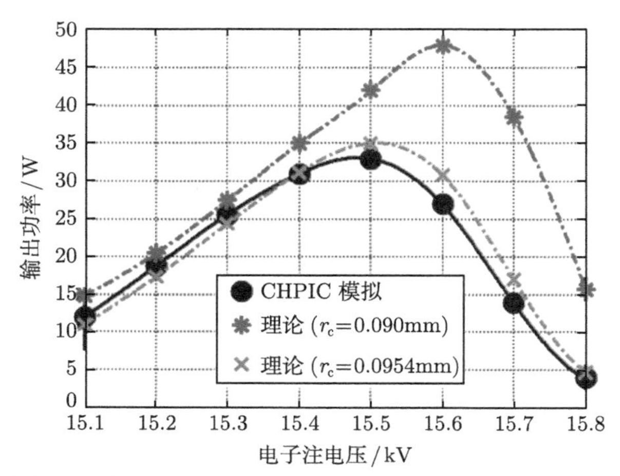

图 4.4.15　输出功率随电子注电压变化关系 (理论结果与 CHIPIC 模拟结果对比)

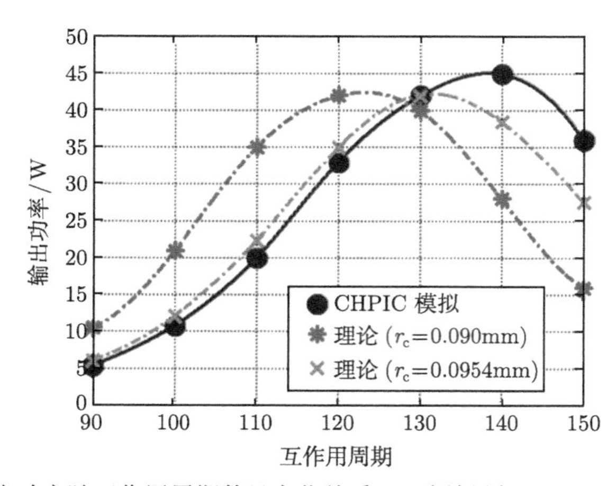

图 4.4.16　输出功率随互作用周期数目变化关系 (理论结果与 CHIPIC 模拟结果对比)

4.5　双电子注折叠波导行波管线性理论

4.5.1　简介

目前对折叠波导行波管的研究主要集中在如何在毫米波、太赫兹波段获得较大输出功率。采用新型折叠波导慢波结构，如槽加载、脊加载的折叠波导，可以增大耦合阻抗，提高互作用效率，但是会引入反射，激励杂模引起振荡，并且加工和实现比较困难。采用多段式级联结构，可以缩短单段慢波线长度，获得较大输出功率，但是互作用效率不高，功率增长有限。采用功率合成的形式，也能得到更高的输出功率，但是在毫米波、太赫兹波段，功率合成的效率也较低。在折叠波导中加载双电子注可以提高输出功率，同时缩短慢波线长度，降低对阴极电流密度的要求。

为了有效地增大器件的输出功率，提高注–波互作用效率，中国科学院电子学研究所在折叠波导行波管中引入双电子注，对 220GHz 双注折叠波导行波管的注–波互作用进行了研究。首先研究了双注折叠波导行波管的小信号理论。然后研究了双注折叠波导行波管的 S 参数，分析了结构参数对其的影响。采用 CST 软件求解了双注折叠波导中场的分布，分别对 TE_{10} 模和 TE_{20} 模双注折叠波导行波管进行了理论分析和粒子模拟，分析了输出功率随电压、频率以及双注间距变化的关系。

4.5.2 双注折叠波导行波管的小信号理论

本节主要对双注折叠波导行波管注–波互作用的线性理论进行研究。采用 Neil 等所提出的流体模型来研究电子注。在电子注通道内通过初始速度为 $v_0\boldsymbol{e}_z$ 的轴对称电子注。在冷色散特性研究的基础上，联立求解线性化的电子运动方程、连续性方程和麦克斯韦方程组，可以得到“热”色散方程。对该“热”色散方程进行数值求解，可以得到双注折叠波导行波管的小信号增益。

电磁波沿折叠波导传输，在互作用间隙与电子注发生相互作用，如图 4.5.1 所示。假设电磁波在折叠波导中传输模式保持很好，即以 TE_{10} 模传输。并且，电子注在足够强的磁场聚焦情况下，沿通道向前传输，不考虑横向速度。电子注经过波导间隙时，受到高频场作用，会发生速度调制，从而产生密度调制。注–波互作用的过程包含两个方面，一是场对电子注的作用，二是电子注对场的影响。对

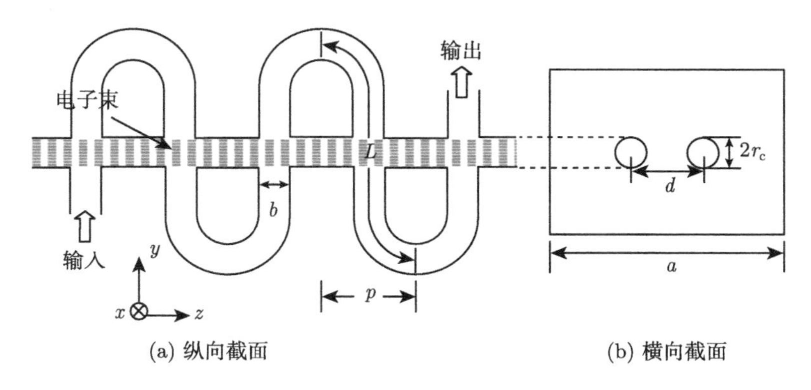

(a) 纵向截面　　(b) 横向截面

图 4.5.1 双电子子注折叠波导行波管模型

于第一个方面，可以使用电子运动方程和电流连续性方程来描述。在小信号条件下，通常进行以下假设：

(1) 高频场与电子注之间只有微弱的耦合，相互作用不是很强烈，电子注经调制所产生的交变电流密度 J_{1z}、交变电荷密度 ρ_1 和交变速度分量 v_{1z} 都远小于对应的直流分量 (直流电流密度 J_{0z}、直流电荷密度 ρ_0、直流速度 v_{0z})；

(2) 电子注半径小，因此在电子注横截面内，轴向高频电场是均匀的；

(3) 存在很强的聚焦磁场，电子只有轴向运动，没有横向运动；

(4) 电子速度比光速小得多，故不考虑相对论效应；

(5) 不考虑空间电荷效应。

线性化交变电流可以写为

$$J_{1z} = \rho_0 v_1 + \rho_1 v_0 \tag{4-5-1}$$

依据电流连续性方程可以得到

$$-\mathrm{j}\beta_n J_{1z} = -\mathrm{j}\omega\rho_1 \tag{4-5-2}$$

联立可以得到

$$J_{1z} = \frac{\omega\rho_0 v_{1z}}{\omega - \beta_n v_{0z}} \tag{4-5-3}$$

作为流体元的电子与电磁场的关系由电磁流体运动方程确定，可以得到

$$v_{1z} = \mathrm{j}\frac{e}{m} \cdot \frac{E_z}{\omega - \beta_n v_{0z}} \tag{4-5-4}$$

注–波互作用的第二个方面是群聚产生的交变电流作为激励源，使高频场发生改变，这是电子注对高频场的互作用，由麦克斯韦方程组可以得到

$$\left(\frac{\omega^2}{c^2} - \frac{\omega_{\mathrm{c}}^2}{c^2} - \beta_{\mathrm{wg}}^2\right)\boldsymbol{H} = -\nabla \times (\boldsymbol{J}_1 + \boldsymbol{J}_2) \tag{4-5-5}$$

这里，$\boldsymbol{J}_1$ 和 $\boldsymbol{J}_2$ 分别是电子注 1 和电子注 2 的源电流密度，c 是真空中的光速，ω_{c} 是基模的截止角频率。

对方程进一步分解，得到

$$\left(\frac{\omega^2}{c^2} - \frac{\omega_{\mathrm{c}}^2}{c^2} - \beta_{\mathrm{wg}}^2\right)\boldsymbol{H}_x = -\boldsymbol{e}_x\frac{\partial J_{1z,1}}{\partial y} - \boldsymbol{e}_x\frac{\partial J_{1z,2}}{\partial y} \tag{4-5-6}$$

折叠波导中轴向的相位常数 β 可以写作

$$\beta = \frac{\beta_{\mathrm{wg}} L}{p} \tag{4-5-7}$$

代入方程中，并且在方程两边同时叉乘 $\boldsymbol{E}_z^*$，并对波导横截面进行积分，得到

$$\begin{aligned}&\left[\left(\frac{\omega^2}{c^2}-\frac{\omega_c^2}{c^2}\right)\left(\frac{L}{p}\right)^2-\beta^2\right]\cdot(-2P_w)\\&=-\mathrm{j}\beta\frac{L}{p}\int_{Se1}J_{1z,1}E_{z1}^*\mathrm{d}S-\mathrm{j}\beta\frac{L}{p}\int_{Se2}J_{1z,2}E_{z2}^*\mathrm{d}S\end{aligned}\tag{4-5-8}$$

假定在波导内传输的是 TE_{10} 模，可以写出 TE_{10} 模的场表达式

$$E_z=E_0\sin(k_c x)\exp[\mathrm{j}(\omega t-\beta_{wg}y)],\quad 0<x<a\tag{4-5-9}$$

电子注 1 和电子注 2 所在位置的轴向电场大小分别为

$$E_{z1}=E_0\sin(k_c x_1)\exp[\mathrm{j}(\omega t-\beta_{wg}y)]\tag{4-5-10}$$

$$E_{z2}=E_0\sin(k_c x_2)\exp[\mathrm{j}(\omega t-\beta_{wg}y)]\tag{4-5-11}$$

其中，$x_1=(a-d)/2$，$x_2=(a+d)/2$，$k_c=\pi/a$。

TE_{10} 模的传输功率为

$$\begin{aligned}P_w&=\frac{1}{2}\mathrm{Re}\int_0^a\int_0^b(\boldsymbol{E}_z\times\boldsymbol{H}_x^*)\cdot\boldsymbol{e}_y\mathrm{d}x\mathrm{d}z\\&=\frac{ab}{4Z_{\mathrm{TE}_{10}}}E_0^2=\frac{ab\beta_{wg}}{4\omega\mu_0}E_0^2\end{aligned}\tag{4-5-12}$$

把轴向电场在间隙处进行傅里叶级数展开，即一系列空间谐波的叠加：

$$E_z=\sum_{n=-\infty}^{\infty}A_n I_0(k_c r)\exp[\mathrm{j}(\omega t-\beta_n y)]\tag{4-5-13}$$

其中，$A_{1n}=E_0\dfrac{b}{p}G_n\dfrac{\sin(k_c x_1)}{I_0(k_c r_c)}$ 和 $A_{2n}=E_0\dfrac{b}{p}G_n\dfrac{\sin(k_c x_2)}{I_0(k_c r_c)}$ 分别对应于电子注 1 和电子注 2 中电场幅度，$G_n=\dfrac{\sin(\beta_n b/2)}{\beta_n b/2}$ 为间隙因子。

由此可以得到双注的轴向交变电流密度分别为

$$J_{1z,1}=\sum_{n=-\infty}^{\infty}\frac{\mathrm{j}\omega\varepsilon_0\omega_p^2A_{1n}}{(\omega-\beta_n v_{0z})^2}\exp[\mathrm{j}(\omega t-\beta_n y)]\tag{4-5-14}$$

$$J_{1z,2}=\sum_{n=-\infty}^{\infty}\frac{\mathrm{j}\omega\varepsilon_0\omega_p^2A_{2n}}{(\omega-\beta_n v_{0z})^2}\exp[\mathrm{j}(\omega t-\beta_n y)]\tag{4-5-15}$$

其中，$\omega_{\mathrm{p}}^2=\dfrac{e\rho_0}{m\varepsilon_0}$ 表示等离子体振荡频率。下面取第 n 次空间谐波分量，代入上面的公式计算，得到

$$\left[\left(\frac{\omega^2}{c^2}-\frac{\omega_{\mathrm{c}}^2}{c^2}\right)\left(\frac{L}{p}\right)^2-\beta^2\right](\omega-\beta_n v_{0z})^2$$
$$=-\frac{\omega\varepsilon_0\omega_{\mathrm{p}}^2\beta}{2P_{\mathrm{w}}}\left(\frac{b}{p}\right)^2\left(\frac{L}{p}\right)E_0^2G_n^2C_{\mathrm{e}}\left[\sin^2(k_{\mathrm{c}}x_1)+\sin^2(k_{\mathrm{c}}x_2)\right] \tag{4-5-16}$$

进一步化简，得到

$$\left[\left(\frac{\omega^2}{c^2}-\frac{\omega_{\mathrm{c}}^2}{c^2}\right)\left(\frac{L}{p}\right)^2-\beta^2\right](\omega-\beta_n v_{0z})^2$$
$$=-\frac{2\omega^2\omega_{\mathrm{p}}^2}{c^2p^2}\left(\frac{b}{a}\right)\left(\frac{L}{p}\right)^2G_n^2C_{\mathrm{e}}\left[\sin^2(k_{\mathrm{c}}x_1)+\sin^2(k_{\mathrm{c}}x_2)\right] \tag{4-5-17}$$

其中，$C_{\mathrm{e}}=\displaystyle\int_{Se}I_0(k_{\mathrm{c}}r)/I_0(k_{\mathrm{c}}r_{\mathrm{c}})\,\mathrm{d}S=2\pi\int_0^{r_{\mathrm{c}}}\frac{I_0(k_{\mathrm{c}}r)}{I_0(k_{\mathrm{c}}r_{\mathrm{c}})}r\mathrm{d}r$。

加入电子注扰动后，相位常数变为

$$\beta=\beta^0-\delta\beta \tag{4-5-18}$$

其中，β^0 是未扰动的相位常数。

同样，可以得到第 n 次空间谐波的相位常数为

$$\beta_n=\beta_n^{(0)}+\delta\beta=\frac{L}{p}\sqrt{\frac{\omega^2-\omega_{\mathrm{c}}^2}{c^2}}+\frac{(2n+1)\pi}{p}+\delta\beta \tag{4-5-19}$$

代入上面的方程，可以得到“热”色散方程：

$$\delta\bar{\beta}\left(1+\frac{\delta\bar{\beta}}{2\bar{\beta}^0}\right)\left(\varDelta_n+\delta\bar{\beta}\right)^2-C^3=0 \tag{4-5-20}$$

其中，$\delta\bar{\beta}=\delta\beta/k_{\mathrm{c}}$，$\bar{\beta}^0=\beta^0/k_{\mathrm{c}}$，$\bar{\omega}=\omega/\omega_{\mathrm{c}}$，调谐系数 $\varDelta_n=\dfrac{\bar{\omega}}{\xi}-\bar{\beta}^0-\dfrac{(2n+1)\pi}{pk_{\mathrm{c}}}$，$\xi=v_{0z}/c$。耦合系数可表示为

$$C^3=\frac{\omega^2\omega_{\mathrm{p}}^2}{c^2p^2v_{0z}^2\beta^0k_{\mathrm{c}}^3}\left(\frac{b}{a}\right)\left(\frac{L}{p}\right)^2G_n^2C_{\mathrm{e}}\left[\sin^2(k_{\mathrm{c}}x_1)+\sin^2(k_{\mathrm{c}}x_2)\right] \tag{4-5-21}$$

给定电子注参数和慢波结构尺寸时，双注折叠波导慢波结构单周期小信号增益可以写为

$$G(\text{dB/周期}) = 8.686\,\text{Im}(\beta L) \tag{4-5-22}$$

可以采用式 (4-5-23) 来计算行波管的 3dB 带宽

$$g_{\min} = (1 - 3/G_{\text{t}})\,g_{\max} \tag{4-5-23}$$

其中，g 为单周期的增益；G_{t} 是行波管的整体增益量，此处设定为 30dB。

下面采用线性理论分析结构尺寸和电子注参数对小信号增益的影响。双注折叠波导慢波结构的尺寸参数选取如下：a=0.54mm，b=0.08mm，p=0.17mm，h=0.20mm，r_{c}=0.08mm，r_{b}=0.06mm，d=0.20mm。得到计算结果如图 4.5.2 所示。

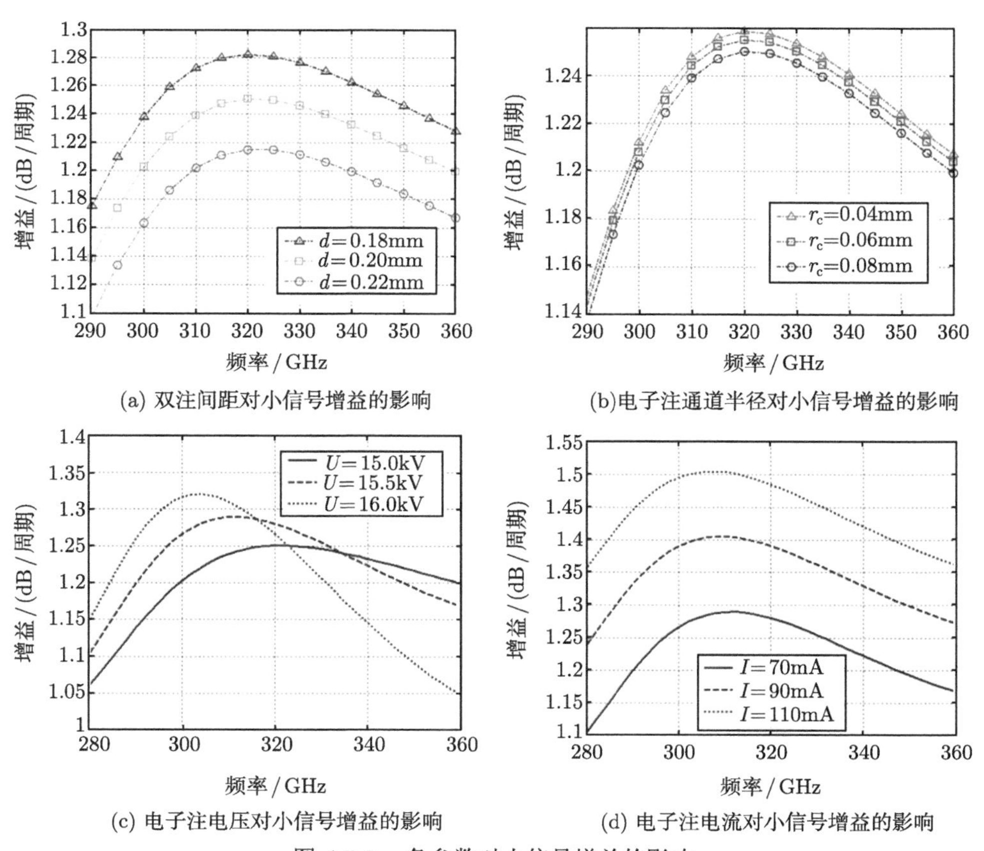

(a) 双注间距对小信号增益的影响

(b)电子注通道半径对小信号增益的影响

(c) 电子注电压对小信号增益的影响

(d) 电子注电流对小信号增益的影响

图 4.5.2 各参数对小信号增益的影响

图 4.5.2(a) 给出了双注间距 d 对小信号增益的影响。图中三条曲线对应的双注间距分别为 0.18mm，0.20mm 和 0.22mm，增益峰值分别为 1.28dB/周期，

1.25dB/周期和 1.21dB/周期，增益带宽都在 36.56% 左右。随着双注间距变大，增益降低，但增益带宽变化不大。为了获得更高的增益，应尽量减小双注间距。

图 4.5.2(b) 给出了电子注通道半径对小信号增益的影响，分析时保持电子注填充比 ($\delta = r_{\mathrm{b}}/r_{\mathrm{c}}$) 不变。图中三条曲线对应的电子注通道半径分别为 0.04mm，0.06mm 和 0.08mm，增益峰值分别为 1.259dB/周期，1.255dB/周期和 1.250dB/周期，增益带宽也都在 35.56% 左右。可以看出电子注通道半径对增益影响不大。随着通道半径的增大，增益略有减小，增益带宽基本不变。但是，小信号理论没有考虑随着电子注通道半径增大，通道内场强分布不均匀，以及通道半径增大对色散的影响。在设计时，电子注通道半径应取较小的值以提高增益。

图 4.5.2(c) 为电子注电压对小信号增益的影响。图中三条曲线对应的电子注电压分别为 15.0kV，15.5kV 和 16.0kV，增益峰值分别为 1.25dB/周期，1.29dB/周期和 1.32dB/周期，增益带宽分别为 35.84%，25.16% 和 16.3%。可以看出，电子注电压增大时，增益峰值随之增大，中心频率点向低频端移动。因为电子注速度和动能随电压的增大而增大，在满足同步的条件下，高频场通过注–波互作用能获得更多能量。但是随着电子注速度的增大，满足同步条件的频带范围变窄，行波管带宽变小。

图 4.5.2(d) 为电子注电流对小信号增益的影响。图中三条曲线对应的电子注电流分别为 70mA，90mA 和 110mA，增益峰值分别为 1.29dB/周期，1.41dB/周期和 1.51dB/周期，增益带宽分别为 25.23%，26.26% 和 27.34%。可以看出，电子注电流越大，增益越高，带宽略有增大。在实际设计时，要考虑电子的流通率以及阴极电流发射密度。

4.5.3 双注折叠波导行波管的传输特性

由于折叠波导的弯曲部分和电子注通道的影响，波导中传输的信号产生了反射。如果反射信号过强，就会引起行波管的振荡，导致工作不稳定，甚至无法实现放大。

折叠波导行波放大器不同于振荡器，要求具有较好的 S 参数传输性能。尤其是在太赫兹波段，减少传输过程中的反射和损耗，是提高功率的重要手段。而折叠波导中直波导高度越高，造成信号反射越强，因此在折叠波导行波放大器中要求直波导段长度尽可能小。纵向加载双注要求直波导高度比较高，所以在折叠波导行波管中加载双电子注，采用横向加载的形式。

折叠波导中一般传输的是主模 TE_{10} 模，轴向电场在波导宽边中心位置处最强，加载横向双电子注后，双电子注所在位置并非电场最强处，互作用效率可能会降低。若在双注折叠波导中传输 TE_{20} 模，则合理设置双注的位置，可以使双注的电场最强，互作用效率提高，而且工作在高次模式，波导尺寸增大，利于加工和实现。本节对双注折叠波导行波管工作于 TE_{10} 模和 TE_{20} 模两种情况分别进行了分析。

图 4.5.3 为双注折叠波导行波管的模型，双电子注相互平行，垂直于波导宽边，电子注通道中心间距为 d。对于工作在 TE_{10} 模和 TE_{20} 模的两种情形，双注折叠波导慢波结构的参数选取不同。设定工作频率为 220GHz，可以计算出 TE_{10} 模折叠波导行波管的结构参数：a=0.83mm，b=0.12mm，p=0.24mm，h=0.20mm，r_c=0.06mm，d=0.16mm。对于 TE_{10} 模双注折叠波导行波管，要求双注尽可能靠近 TE_{10} 模场强最大处，即波导宽边中心位置，因此双注间距较小。通过 CST 微波工作室仿真计算，得到结果如图 4.5.4 所示。图 4.5.4 给出了不同电子注通道半径时 TE_{10} 模的 S_{11} 参数。通道半径取 0.06mm 时，在频带范围 200～280GHz 内，反射都在 −25dB 以下。通道半径取 0.08mm 时，在相同频带范围内，反射在 −20dB 左右。可以看出，电子注通道半径增大时，双注折叠波导反射增大。通过将单注与双注折叠波导的传输特性进行对比，可以看出双注折叠波导的反射要高于单注。

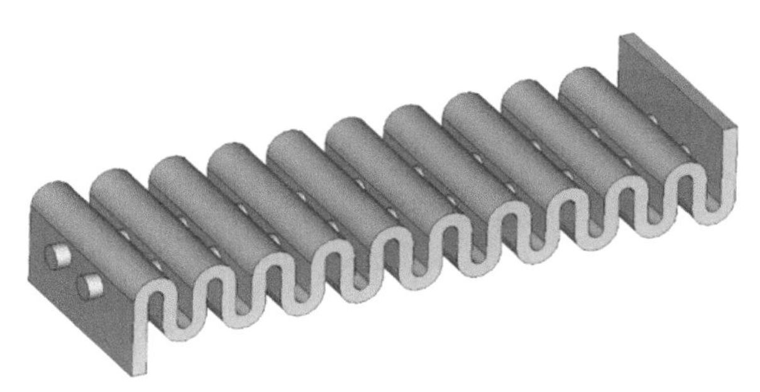

图 4.5.3　双注折叠波导行波管模型

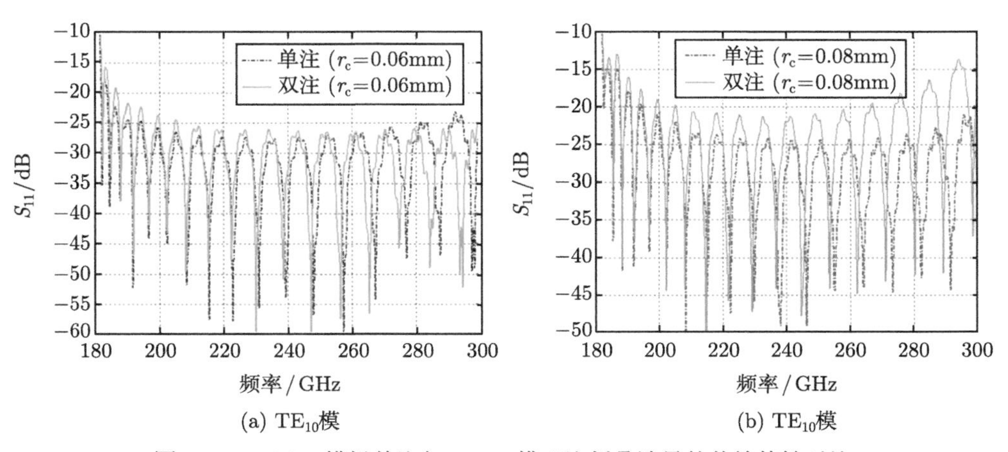

(a) TE_{10}模　　(b) TE_{10}模

图 4.5.4　CST 模拟单注与 TE_{10} 模双注折叠波导的传输特性对比

对于工作于 TE_{20} 模的双注折叠波导，要求双注尽可能位于 TE_{20} 模场强最大处，即波导宽边的 1/4 和 3/4 位置处。理论计算的 TE_{20} 模的截止频率是 TE_{10} 模的 2 倍，其波导宽边为 TE_{10} 模波导宽边的一半，可以得到 TE_{20} 模折叠波导行波管的结构参数：a=1.66mm，b=0.12mm，p=0.24mm，h=0.20mm，r_c=0.06mm，d=0.83mm。图 4.5.5 给出了 TE_{20} 模双注折叠波导传输特性的 CST 模拟结果。工作在 TE_{20} 模时，波导内同时存在着 TE_{10} 模。因此在计算传输特性时，也计算了 TE_{10} 模 (即模式 1) 的 S 参数，如图 4.5.5(a) 所示。可以看出 TE_{10} 模的反射随着频率的升高而增大。TE_{10} 模在比较宽的频带范围内 (105~230GHz)，反射都在 -20dB 以下。图 4.5.5(b) 给出了 TE_{20} 模 (即模式 2) 的 S 参数。TE_{20} 模下截止频率在 180GHz 处，在通带范围 180~280GHz 内，反射也基本在 -20dB 以下；随着频率的升高反射增大不明显。

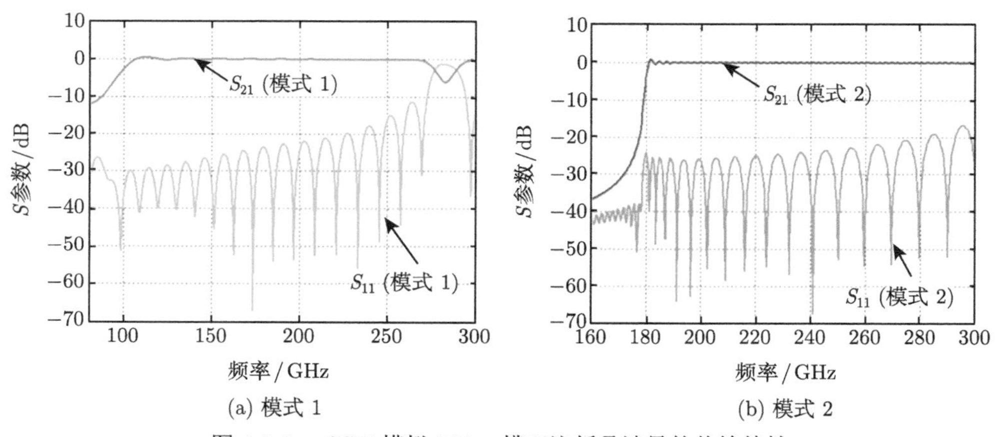

(a) 模式 1　　(b) 模式 2

图 4.5.5　CST 模拟 TE_{20} 模双注折叠波导的传输特性

图 4.5.6 给出了电子注通道半径对两种工作模式的双注折叠波导传输特性的影响。可以看出，相比之下，电子注通道半径对 TE_{10} 模双注折叠波导的传输特性影响更大。当电子注通道半径增大时，TE_{10} 模双注折叠波导的反射会明显增大，在各个频点处 S_{11} 曲线会整体上移如图 4.5.6(a) 所示；而对于 TE_{20} 模双注折叠波导，电子注通道对反射的影响较小，如图 4.5.6(b) 所示。当电子注通道半径增大时，在低频段，反射会增大；在高频段，反射会减小。这是因为当双注折叠波导工作在 TE_{10} 模时，两个电子注通道会靠得比较近，电子注通道相对于整个波导截面占据了很大的面积，通道的存在截断了波导壁上的电流，对传输特性的影响很大。而当双注折叠波导工作 TE_{20} 模时，通道间距较远，电子注通道相对于整个波导截面来说比较小，因此对传输特性影响较小。

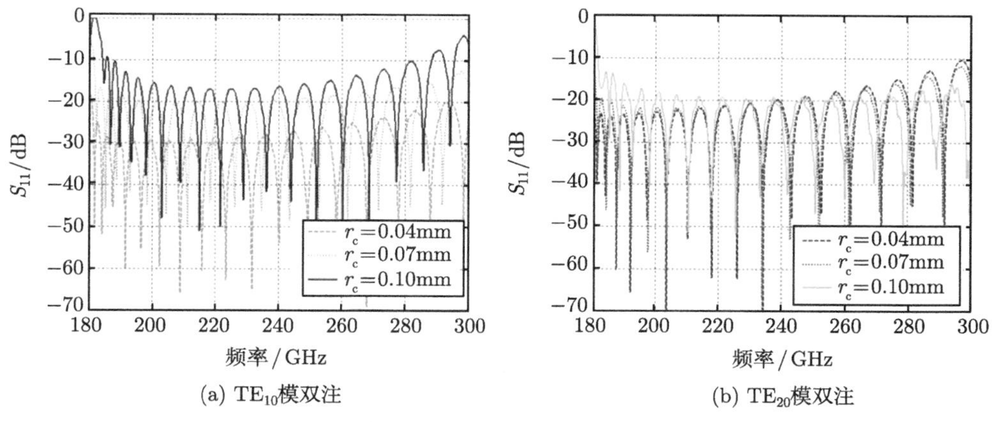

(a) TE_{10}模双注 (b) TE_{20}模双注

图 4.5.6 不同电子注通道半径对传输特性的影响

4.5.4 双注折叠波导的模式与电场研究

电子注所在位置的轴向电场强弱决定了互作用的强度，本节对双注折叠波导的模式和电场进行分析。对于工作在 TE_{10} 模时，各类文献对色散特性和场分布的研究已经很多了。本节重点对工作在 TE_{20} 模的双注折叠波导的色散和场分布进行研究。

图 4.5.7 给出了 TE_{20} 模双注折叠波导的色散曲线的 CST 计算结果。当电子注电压取 15.7kV 时，在较宽的频带范围 200~244GHz 内，电子注与 TE_{20} 模都能够同步，有效进行注–波互作用。可以看出 TE_{20} 模双注折叠波导具有很宽的冷带宽。

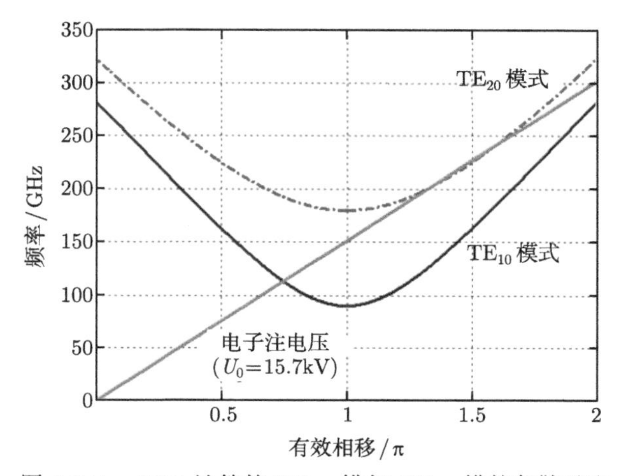

图 4.5.7 CST 计算的 TE_{10} 模与 TE_{20} 模的色散对比

图 4.5.8 和图 4.5.9 分别给出了双注折叠波导中 TE_{10} 模和 TE_{20} 模的轴向电场分布和 xy 平面上的矢量分布。可以看出，双注位置处在 TE_{10} 模的边缘处，场

强较弱。但是在波导中传输 TE_{20} 模时，双注刚好处在 TE_{10} 模轴向电场场强最强的地方。因此注–波互作用时，电子注主要与 TE_{20} 模发生互作用，而与 TE_{10} 模的互作用较弱，能够有效地抑制 TE_{10} 模的产生。

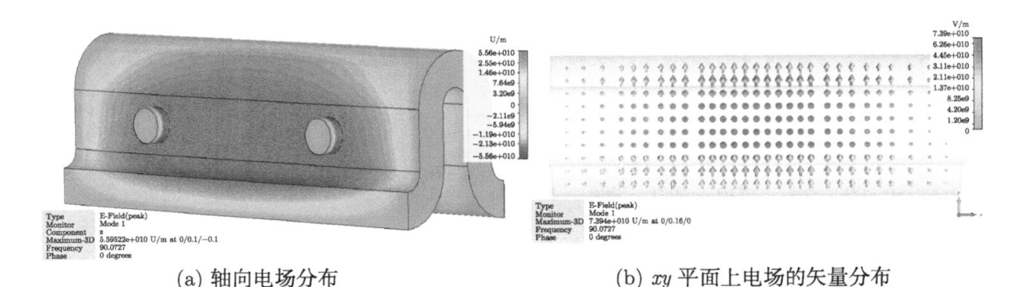

(a) 轴向电场分布　　(b) xy 平面上电场的矢量分布

图 4.5.8　双注折叠波导中 TE_{10} 模

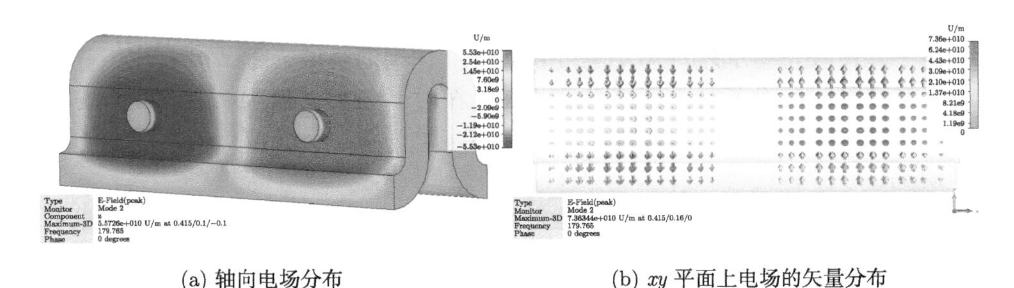

(a) 轴向电场分布　　(b) xy 平面上电场的矢量分布

图 4.5.9　双注折叠波导中 TE_{20} 模

图 4.5.10 是双注折叠波导中轴向电场随 x 轴变化情况。图 4.5.10(a) 对比

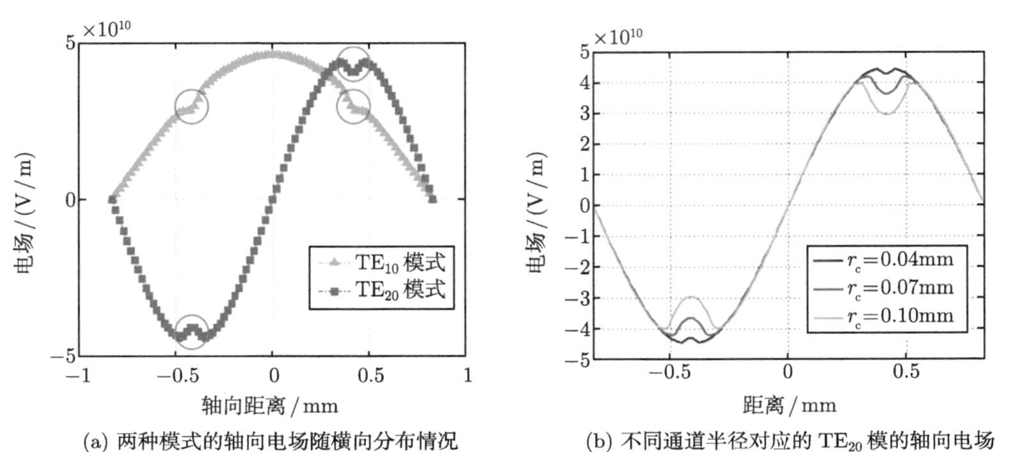

(a) 两种模式的轴向电场随横向分布情况　　(b) 不同通道半径对应的 TE_{20} 模的轴向电场

图 4.5.10　轴向电场随 x 轴变化的情况

了两种模式的轴向电场分布。可以看出，双电子注在 TE_{10} 模下受到的电场大小相等，方向相同。而在 TE_{20} 模下，双电子注受到的电场大小相等，方向相反。图 4.5.10(a) 红色圆圈标注了电子注通道所在位置的电场。可以看到，受到电子注通道的影响，电场线发生弯曲。对于 TE_{20} 模，电场在通道边缘处场强最强，在通道中心场强最弱。因此 TE_{20} 模的轴向电场分布曲线在通道中心向内弯曲。图 4.5.10(b) 比较了不同电子注通道半径对应的 TE_{20} 模轴向电场分布。结果表明，通道半径越大，电场曲线凹陷越多，电子注通道内的场强越弱。

4.5.5 TE_{10} 模双注折叠波导行波放大器的注–波互作用模拟

本节分析折叠波导中传输的 TE_{10} 模与电子注的相互作用,采用 CHIPIC 粒子模拟软件对其注–波互作用过程进行模拟。在 CHIPIC 软件中建立模型如图 4.5.11 所示。在折叠波导行波管中，慢波线过长会引起反射，而引入截断可以有效抑制反射。因此在图 4.5.11 的模型中，采用两段式折叠波导结构，中间加载截断。选取结构参数如表 4.5.1 所示，使双注折叠波导工作在 340GHz。第一段周期数取 20，第二段周期数取 30，截断部分周期数为 1。输入功率 45mW，频率 340GHz，得到仿真结果如图 4.5.12～图 4.5.14 所示。

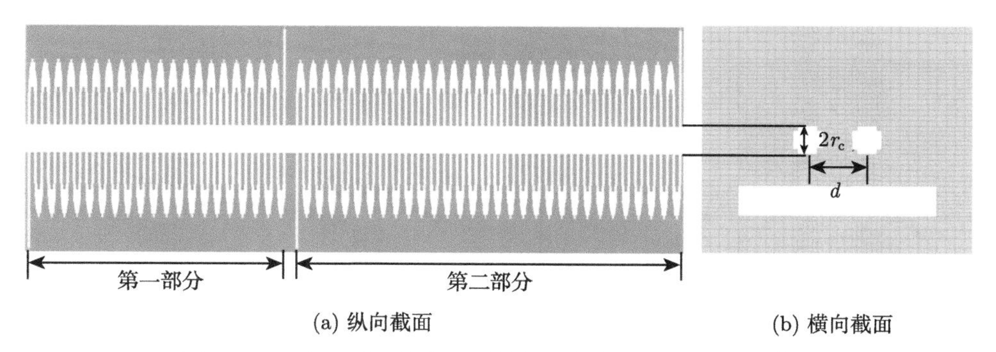

(a) 纵向截面　　(b) 横向截面

图 4.5.11　加截断双注折叠波导行波放大器的 CHIPIC 模型

表 4.5.1　340GHz 基模双注折叠波导行波放大器结构参数

参数	几何尺寸/mm
半周期长度 p	0.17
波导宽边尺寸 a	0.54
波导窄边尺寸 b	0.08
直波导高度 h	0.20
电子注通道半径 r_c	0.04
电子注半径 r_b	0.03
双注通道中心间距 d	0.02

图 4.5.12 给出了 5ns 时，功率随轴向距离的分布情况。在输出端取得输出功

率 68W，可以看出电磁波反射较小，功率随轴向分布稳定。图 4.5.13 给出了输出端口的功率和频谱分析。从图 4.5.13(a) 可以看到，输出功率随时间变化稳定，而且端口反射较小。图 4.5.13(b) 为输出功率的频谱分析。输出功率频谱峰值在 680GHz 处。输出信号的频率为 340GHz，频谱较纯，杂模的影响较小。

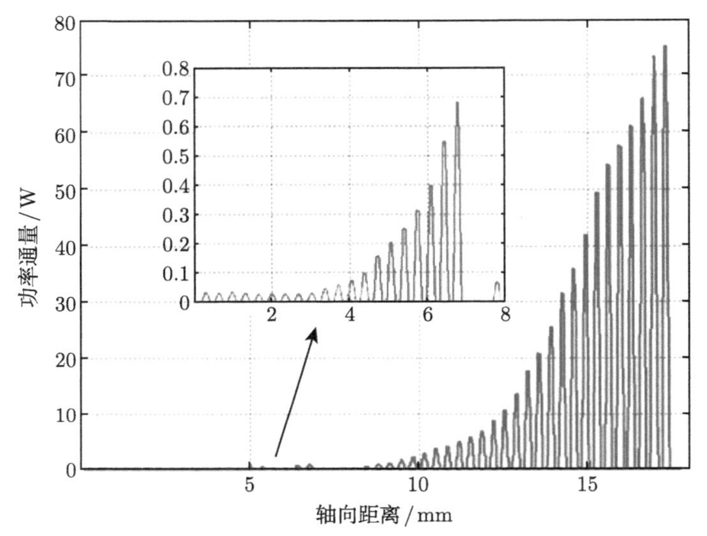

图 4.5.12　电磁波功率随轴向距离的分布情况

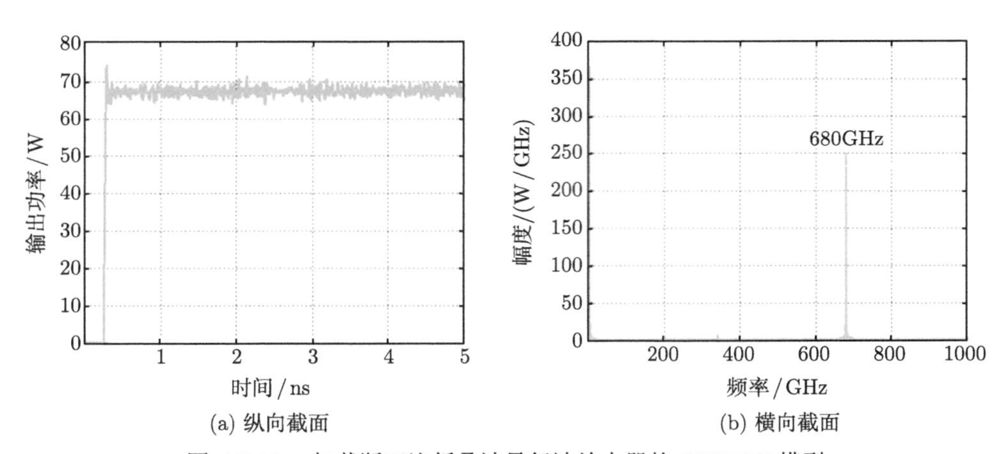

(a) 纵向截面　(b) 横向截面

图 4.5.13　加截断双注折叠波导行波放大器的 CHIPIC 模型

图 4.5.14 给出了输出功率随频率变化的曲线。可以看出，TE_{10} 模双注折叠波导行波管在 355GHz 处取得最大输出功率 76W，增益 32.3dB。在 325GHz 处取得输出功率 45W，增益 30dB。在 375GHz 处取得输出功率 50W，增益 30.5dB。

TE_{10} 模双注折叠波导行波管的 3dB 带宽可达 50GHz。可以看出 TE_{10} 模双注折叠波导行波管具有很宽的互作用频带，且在频带内获得较高的增益。但是这类双注折叠波导行波管的双注间距也不能取太大，否则容易激励起 TE_{20} 模和其他高次模式。同时，电子注通道半径不能取太大，否则不利于加工和制造。

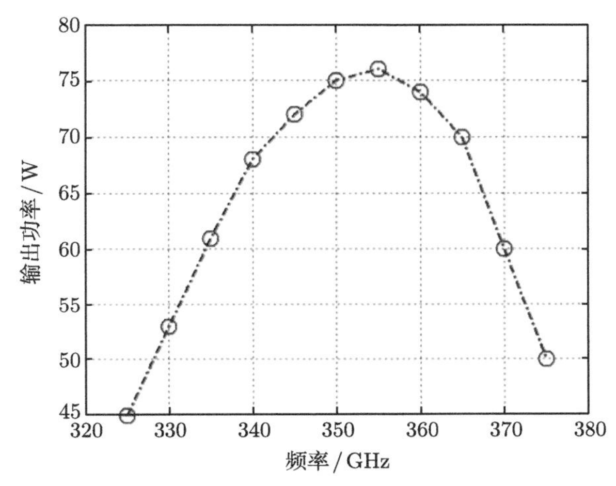

图 4.5.14 输出功率随频率的变化

4.5.6 TE_{20} 模双注折叠波导行波放大器的注–波互作用模拟

相比于 TE_{10} 模双注折叠波导，在折叠波导中传输 TE_{20} 模时，双注可以位于场强最强处，互作用效率会提高。而且 TE_{20} 模双注折叠波导的波导宽边更宽，电子注通道半径可以取更大值，利于加工和实现。本节就对工作于 TE_{20} 模的双注折叠波导行波管的注–波互作用进行研究。

因为工作在高次模式，采用 CHIPIC 粒子软件只能对总的输出功率进行计算，不能分析各个模式的输出功率以及反射功率。所以本节采用 CST 粒子工作室对 TE_{20} 模双注折叠波导行波管的注–波互作用过程进行模拟。首先建立模型，如图 4.5.15 所示。因为工作在 TE_{20} 模，端口反射和波导内部反射会比工作在 TE_{10} 模时更强。所以，需要抑制波导内 TE_{20} 模的反射，来达到稳定的输出功率。电子科技大学的宫玉彬等采取的措施是在慢波线中间加入衰减段来抑制反射。但是之前的研究发现，双注折叠波导工作在高次模式时输出功率不稳定，单段电路放大增益超过 11dB 时，就会引起振荡，这是由于激励起了 TE_{10} 模和其他边带模式。因此需要设置多段式慢波结构来抑制反射。采用加衰减段的形式，也会造成慢波线过长。因此本节采用加载多个截断的新思路来抑制反射。如图 4.5.15 的模型中，采用了四段式慢波结构，中间包含三个截断。四段慢波电路的周期数分别为 12，12，12，16。截断位置取 1 个周期，大大缩短了互作用长度。

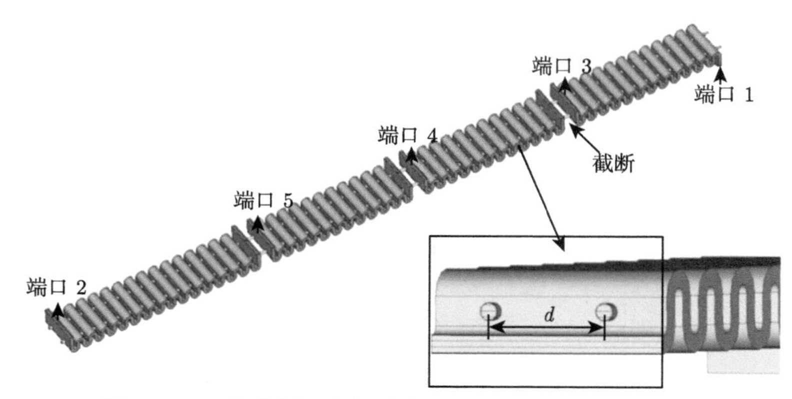

图 4.5.15　加截断双注折叠波导行波放大器的 CST 建模

在仿真中，双注结构参数选取如表 4.5.2 所示。单个电子注电流设为 100mA，电子注电压设为 15.7kV，输入信号为 90mW 的 205GHz 正弦波连续信号。得到计算结果如图 4.5.16 和图 4.5.17 所示。

表 4.5.2　220GHz TE_{20} 模双注折叠波导行波放大器结构参数

参数	几何尺寸/mm
半周期长度 p	0.24
波导宽边尺寸 a	1.66
波导窄边尺寸 b	0.12
直波导高度 h	0.20
电子注通道半径 r_c	0.06
电子注半径 r_b	0.04
双注通道中心间距 d	0.83

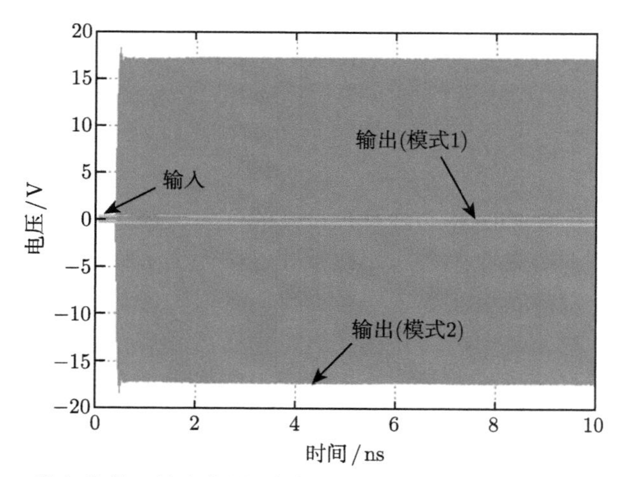

图 4.5.16　输入信号、输出信号 (包括 TE_{10} 模和 TE_{20} 模) 随时间变化情况

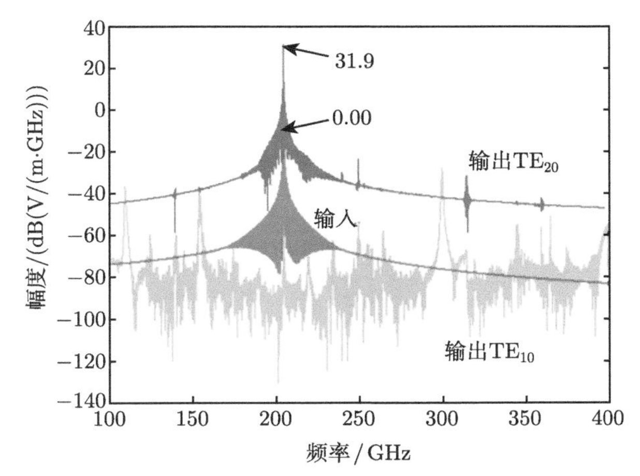

图 4.5.17 输入信号、输出信号 (包括 TE_{10} 模和 TE_{20} 模) 频谱图

图 4.5.17 给出了输入信号、输出的电压信号随时间变化情况。可以看出，经过 52 周期的慢波结构的放大，输入功率由 90mW 放大到 148W。输出功率到了第 10ns 依然很稳定，反射功率在毫瓦量级，TE_{10} 模的输出功率被抑制。

图 4.5.17 给出了输入、输出信号的频谱图。对输入、输出信号做了归一化处理，以输入信号在 205GHz 处的幅度为 0dB。可以看出，输出的 TE_{20} 模信号在 205GHz 处取得了 31.9dB 的增益。TE_{20} 模输出的信号在其他频点处增益都很低，抑制杂模的产生。同时 TE_{10} 模输出的信号都低于 −40dB，因为在 TE_{20} 模双注折叠波导行波管中，电子注与 TE_{10} 模仅发生微弱的互作用。

图 4.5.18 为第 10ns 时靠近输出端口处的电子轨迹图。可以看出，电子在末端有明显的群聚。经过充分的注–波互作用，电子交出能量后，形成了电子束团。图 4.5.19 给出了第 10ns 时波导内的电场模式分布。图 4.5.19(a) 为波导中横向截面上的轴向电场分布，可以看出，在圆形的电子注通道位置处，电场很强，而且方向相反，与 TE_{20} 模电场分布一致，波导内主要传输的模式为 TE_{20} 模。在输出端口处，如图 4.5.19(b) 所示，模式 2 的电场分布与 TE_{20} 模一致，可见输出信号主要为 TE_{20} 模。

选取固定参数：电子注电压 15.7kV，频率 220GHz，输入功率 90mW。变化一组参数，保持其他参数不变，进行参数扫描，得到输出功率随电子注电压、频率以及输入功率变化的关系，如图 4.5.20 ～ 图 4.5.22 所示。图 4.5.20 为输出功率随电子注电压变化的关系。在 15.8kV 处取得最大输出功率 61.6W，增益为 28.4dB。图 4.5.21 为输出功率随频率变化关系。在 200GHz 处取得 162W 的输出功率，增益为 32.6dB。在 190GHz 处增益为 29.0dB，在 215GHz 处增益为 29.6dB，3dB 增益带宽可达 25GHz。图 4.5.22 为输出功率随输入功率变化的关系。可以看出输出功率随输入功率增大而增大，呈线性增长关系，可以取得很大的输出功率。

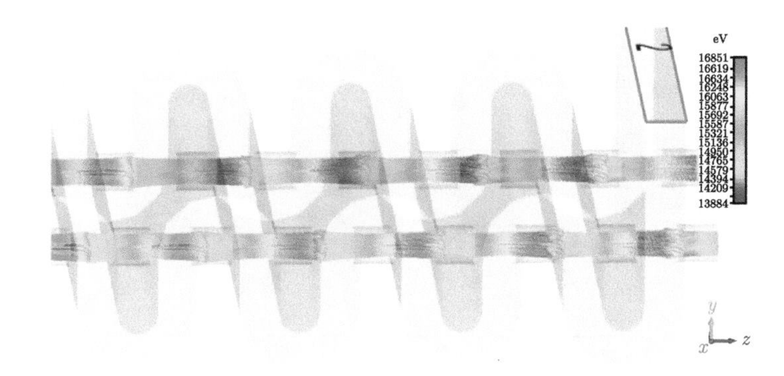

图 4.5.18　第 10ns 时双注的电子轨迹图

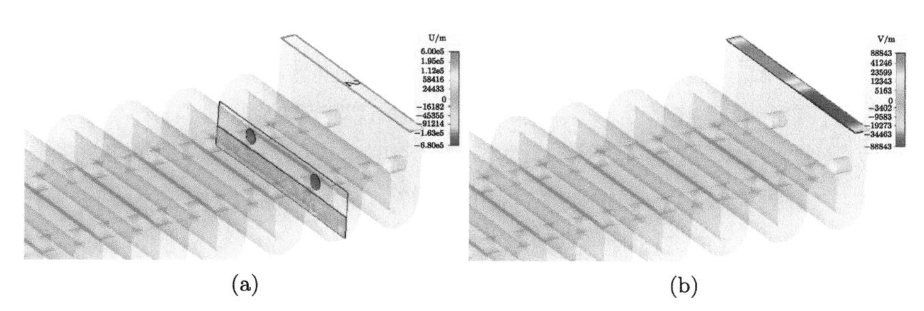

图 4.5.19　第 10ns 时的电场模式：(a) 临近输出端的截面；(b) 输出端口处

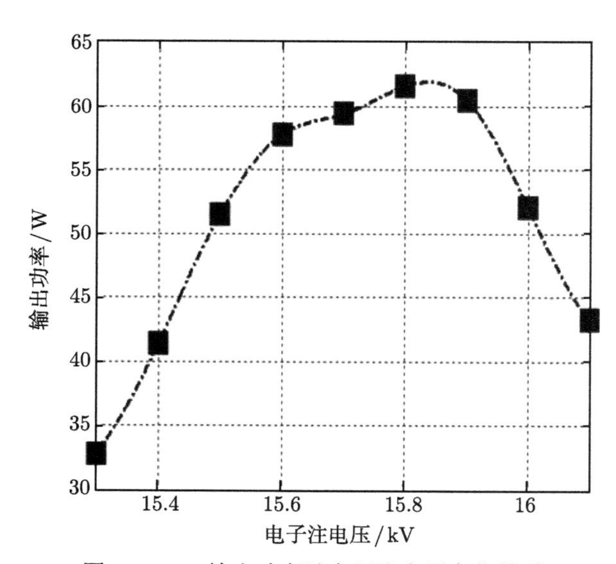

图 4.5.20　输出功率随电子注电压变化关系

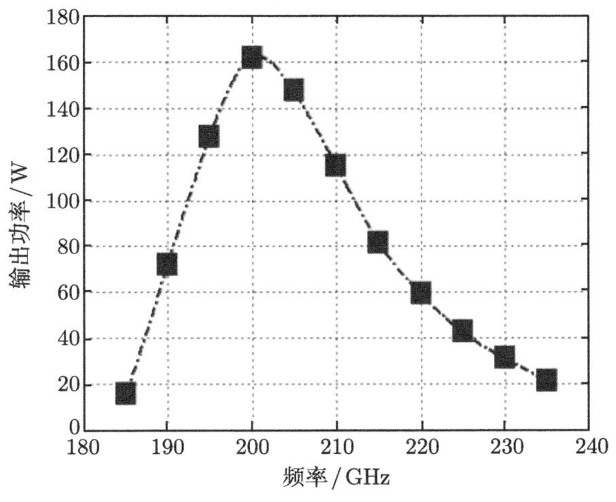

图 4.5.21 输出功率随频率变化关系

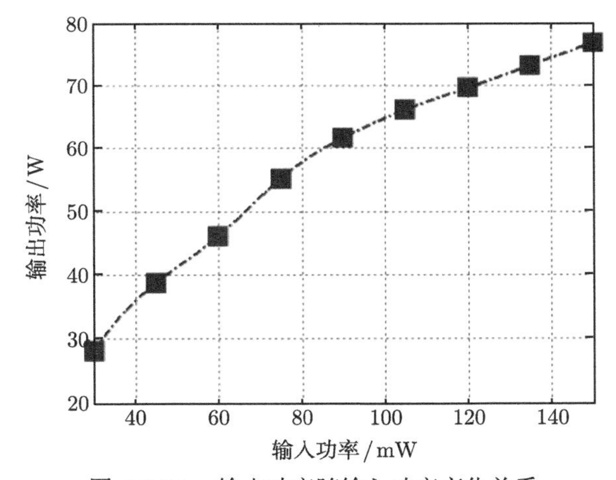

图 4.5.22 输出功率随输入功率变化关系

4.5.7 级联 TE_{20} 模双注折叠波导行波放大器的注–波互作用模拟

在折叠波导中加载双电子注可以提高其输出功率，缩短慢波线的纵向互作用长度。还有另一种方法也能达到提高输出功率、缩短互作用长度的目的，就是级联折叠波导行波管。采用级联结构，延长了互作用长度获得较大输出功率，同时缩短了单段慢波线的长度，利于磁场设计和加工制造。本节综合以上两种方法，提出了一种新型的慢波结构，在级联折叠波导行波管中引入双电子注，进一步提高输出功率。本节采用 CST 粒子模拟软件对级联 TE_{20} 模双注折叠波导行波管进行了模拟研究。

在 CST 软件中建立级联双注折叠波导慢波结构的模型，如图 4.5.23 所示。该模型分为两部分，下面为第一部分，上面为第二部分。在第一部分的输入端口输入的信号，经过第一部分初步放大后，进入上面的第二部分继续被放大。第一部分只是初步放大，不需要很长的结构。但在第二部分的折叠波导中传输 TE_{20} 模，同样需要引入截断来抑制反射。在上面的部分采用四段式结构，中间加载三个截断。下面部分周期数为 10，上面部分的四段慢波结构周期数分别为 12，12，12，16。选取结构参数如表 4.5.2 所示，进行粒子模拟，得到结果如图 4.4.24 ～ 图 4.4.26 所示。

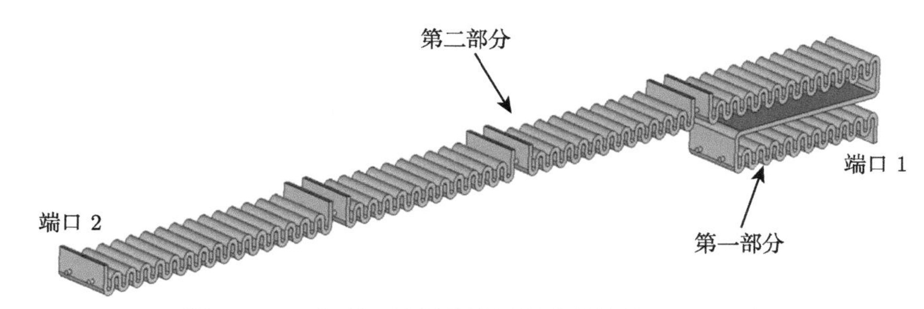

图 4.5.23　级联双注折叠波导慢波结构的 CST 建模

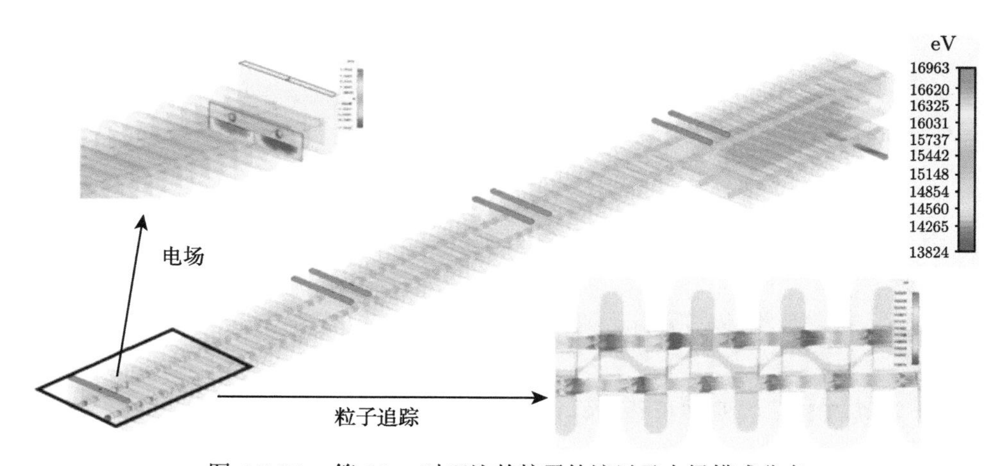

图 4.5.24　第 10ns 时双注的粒子轨迹以及电场模式分布

图 4.5.24 给出了第 10ns 时双注的粒子轨迹和电场模式分布。可以看出，双电子注在输出端口末端有很好的群聚。在靠近输出端口的折叠波导横截面上，电场分布为 TE_{20} 模。图 4.5.25 给出了输入、输出信号随时间变化情况。TE_{20} 模输出功率为 161.8W，而且输出功率随时间变化稳定，TE_{10} 模被很好地抑制。图 4.5.26 给出了输入、输出信号的频谱。同样对输入、输出信号做了归一化处理，可以看出输

出的 TE_{20} 模信号在 205GHz 处取得了 35.3dB 的增益，在其他频点处增益很低。

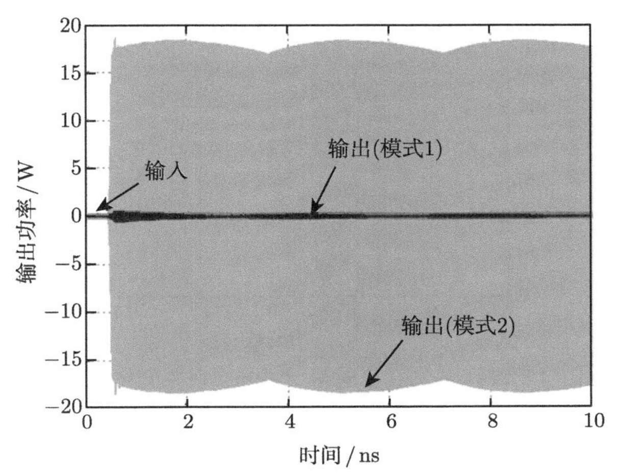

图 4.5.25 输入信号、输出信号 (包括 TE_{10} 模和 TE_{20} 模) 随时间变化情况

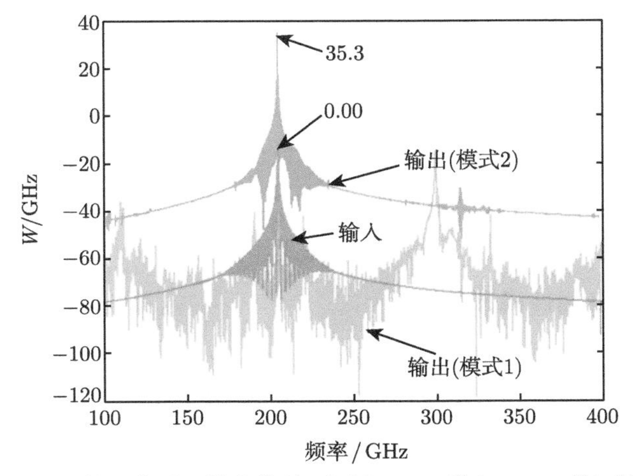

图 4.5.26 输入信号、输出信号 (包括 TE_{10} 模和 TE_{20} 模) 频谱图

图 4.5.27 给出了输出功率随第一部分周期数变化的关系。级联结构的第一部分对波进行初步的放大，其周期数目决定了进入第二部分慢波线的功率大小，对最后的输出功率有重要的影响。从图 4.5.27 可以看出，第一部分周期数过多或过少都会减小输出功率。当第一部分周期数目取 10 时，得到最大输出功率 161.82W。通过以上比较，可以看出采用级联双注折叠波导慢波结构，可以进一步提高输出功率。更加重要的是，本节提供了一种思路，在太赫兹频段采用级联双注的结构来获取更大输出功率，为高功率太赫兹源设计和制造做参考。

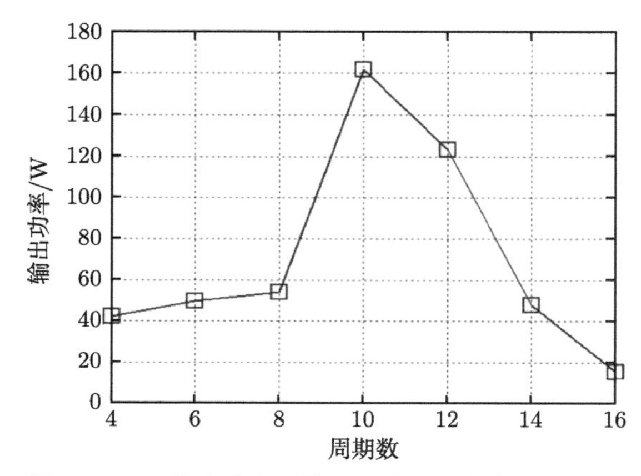

图 4.5.27　输出功率随第一部分周期数变化的关系

4.6　双注折叠波导行波管注–波互作用非线性理论

本节将在单注折叠波导行波管非线性理论的基础上，开展双注折叠波导行波管非线性理论研究。在 4.5 节仿真模拟中，分别对工作在基模和 TE_{20} 模的双注折叠波导行波管进行了线性分析。采用基模工作时，单模工作比较稳定，反射较小。但是双注间距应尽可能小，让双注靠近 TE_{10} 模场强最强位置处。采用 TE_{20} 模工作时，该模式的场分布在 x 方向呈现两个峰值。使双注位于两个峰值处，不仅可以降低高频结构的难度，而且可以提高互作用效率和功率容量。本节主要就对这两种行波管的注–波互作用进行非线性理论计算 [37]。

4.6.1　基本假设及物理模型的建立

考虑在折叠波导的波导宽边水平加载双电子注与电磁波相互作用，双注折叠波导慢波结构模型如图 4.6.1 所示。依据波导中传输的模式设置电子注的间距。如果波导中传输 TE_{10} 模，则应使电子注间距尽可能小，使电子位于轴向电场位置最大处。如果波导中传输 TE_{20} 模，则应尽可能设置两个电子注在 TE_{20} 模场强最大位置处。图中 d 表示两电子注通道中心的间距。

在折叠波导中，电磁波沿着弯曲波导路径传播，注–波互作用主要发生在波导间隙处。图 4.6.2 给出了双注折叠波导慢波结构的互作用间隙示意图。双注折叠波导中的注–波互作用比单注折叠波导要更加复杂。在双注折叠波导中，电磁场不仅会传输 TE_{10} 模也会传输高次模式 TE_{20} 模，双注所在位置的电场与双注间距和场模式有关。空间电荷场不仅存在单个电子注内部，双注之间也会受到空间电荷场的影响 [38−41]。

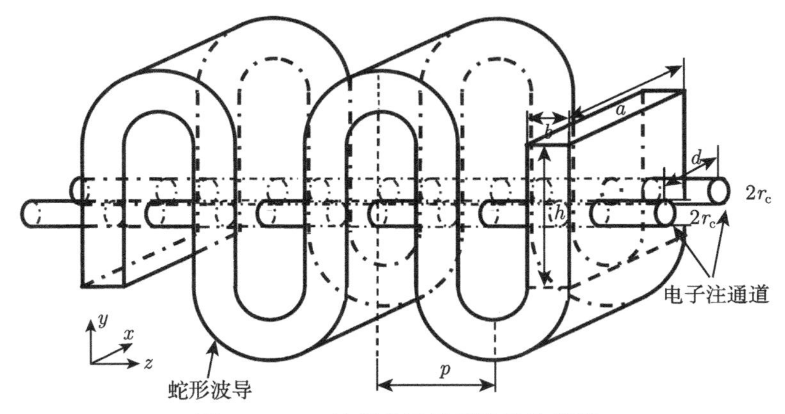

图 4.6.1 双注折叠波导慢波结构模型

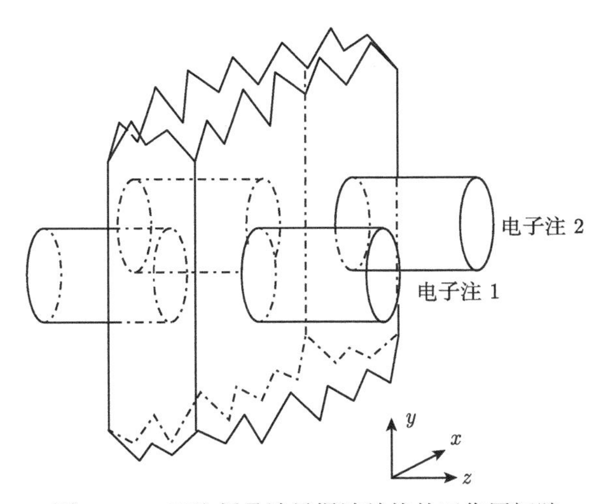

图 4.6.2 双注折叠波导慢波结构的互作用间隙

4.6.2 高频场方程求解

依据单注部分的推导，双注的平均高频电场可以写作

$$E_{\mathrm{rf,gap}}(z,t) = \frac{\xi}{p\sinh(\xi l_{\mathrm{c}})}\sum_{m=-\infty}^{\infty}\frac{C_m \mathrm{I}_1(\gamma_m r_{\mathrm{b}})}{\gamma_m r_{\mathrm{b}}\mathrm{I}_0(\gamma_m r_{\mathrm{c}})}\cdot\frac{\sin(\beta_m l_{\mathrm{d}}/2)}{(\beta_m l_{\mathrm{d}}/2)} \cdot \mathrm{Re}\left\{V_{\mathrm{gap}}\cdot\exp\left[\mathrm{i}\left(wt-\beta_m z\right)\right]\right\} \tag{4-6-1}$$

其中，

$$C_m = \frac{2}{\xi^2+\beta_m^2}\left[\xi\sinh(\xi l_{\mathrm{c}})\cos(\beta_m l_{\mathrm{c}}) + \beta_m\cosh(\xi l_{\mathrm{c}})\sin(\beta_m l_{\mathrm{c}})\right] \tag{4-6-2}$$

当传输 TE_{20} 模时，可以写出双电子注所在位置处的高频电场如下：

$$E_{\mathrm{rf1,gap}}(z,t)=\frac{\xi}{p\sinh(\xi l_{\mathrm{c}})}\sum_{m=-\infty}^{\infty}\frac{C_m\mathrm{I}_1(\gamma_m r_{\mathrm{b}})}{\gamma_m r_{\mathrm{b}}\mathrm{I}_0(\gamma_m r_{\mathrm{c}})}\cdot\frac{\sin(\beta_m l_{\mathrm{d}}/2)}{(\beta_m l_{\mathrm{d}}/2)}\cdot\mathrm{Re}\left\{V_{\mathrm{gap}}\cdot\exp\left[\mathrm{i}(wt-\beta_m z)\right]\right\}\cdot\sin\left(\frac{2\pi x_1}{a}\right)\tag{4-6-3}$$

$$E_{\mathrm{rf2,gap}}(z,t)=\frac{\xi}{p\sinh(\xi l_{\mathrm{c}})}\sum_{m=-\infty}^{\infty}\frac{C_m\mathrm{I}_1(\gamma_m r_{\mathrm{b}})}{\gamma_m r_{\mathrm{b}}\mathrm{I}_0(\gamma_m r_{\mathrm{c}})}\cdot\frac{\sin(\beta_m l_{\mathrm{d}}/2)}{(\beta_m l_{\mathrm{d}}/2)}\cdot\mathrm{Re}\left\{V_{\mathrm{gap}}\cdot\exp\left[\mathrm{i}(wt-\beta_m z)\right]\right\}\cdot\sin\left(\frac{2\pi x_2}{a}\right)\tag{4-6-4}$$

其中，$x_1=d/2$，$x_2=-d/2$。如果传输的是 TE_{20} 模，应将 $\sin(2\pi x_1/a)$ 和 $\sin(2\pi x_2/a)$ 分别替换为 $\cos(\pi x_1/a)$ 和 $\cos(\pi x_2/a)$。

在整个周期慢波结构中，考虑返向波的影响后，第 k 个周期的轴向电场可以写作

$$E_{\mathrm{rf1},j,n,k}=\mathrm{Re}\left\{\left[\hat{V}_{\mathrm{FG}(k)}\cdot Q_{n,k}+\hat{V}_{\mathrm{BG}(k)}\cdot Q_{n,k}^{*}\right]\cdot\exp\left(\mathrm{i}\omega t_{1,j,n,k}\right)\right\}\tag{4-6-5}$$

$$E_{\mathrm{rf2},j,n,k}=\mathrm{Re}\left\{\left[\hat{V}_{\mathrm{FG}(k)}\cdot R_{n,k}+\hat{V}_{\mathrm{BG}(k)}\cdot R_{n,k}^{*}\right]\cdot\exp\left(\mathrm{i}\omega t_{2,j,n,k}\right)\right\}\tag{4-6-6}$$

式 (4-6-5) 和式 (4-6-6) 分别表示电子注 1 和电子注 2 的第 j 个电荷圆盘在第 k 个互作用周期的第 n 步处的电场。其中，电压 $\hat{V}_{\mathrm{FG}(k)}$ 和 $\hat{V}_{\mathrm{BG}(k)}$ 都是复数。相邻间隙之间电压满足以下关系：

$$\hat{V}_{\mathrm{FG}(k)}=\hat{V}_{\mathrm{FG}(k-1)}\cdot\exp(-\mathrm{i}\beta_0 p)\tag{4-6-7}$$

$$\hat{V}_{\mathrm{BG}(k)}=\hat{V}_{\mathrm{BG}(k+1)}\cdot\exp(-\mathrm{i}\beta_0 p)\tag{4-6-8}$$

式中，$Q_{n,k}^{*}$ 是 $Q_{n,k}$ 的共轭复数。$Q_{n,k}$ 可以写作

$$Q_{n,k}=\frac{\xi}{p\sinh(\xi l)}\sum_{m=-\infty}^{\infty}\frac{C_m\mathrm{I}_1(\gamma_m r_{\mathrm{b}})}{\gamma_m r_{\mathrm{b}}\mathrm{I}_0(\gamma_m r_{\mathrm{c}})}\cdot\frac{\sin(\beta_m l_{\mathrm{d}}/2)}{(\beta_m l_{\mathrm{d}}/2)}\cdot\exp(-\mathrm{i}\beta_m z)\cdot\sin\left(\frac{2\pi x_1}{a}\right)\tag{4-6-9}$$

$$R_{n,k}=\frac{\xi}{p\sinh(\xi l)}\sum_{m=-\infty}^{\infty}\frac{C_m\mathrm{I}_1(\gamma_m r_{\mathrm{b}})}{\gamma_m r_{\mathrm{b}}\mathrm{I}_0(\gamma_m r_{\mathrm{c}})}\cdot\frac{\sin(\beta_m l_{\mathrm{d}}/2)}{(\beta_m l_{\mathrm{d}}/2)}\cdot\exp(-\mathrm{i}\beta_m z)\cdot\sin\left(\frac{2\pi x_2}{a}\right)\tag{4-6-10}$$

这里，$-p/2 < z < p/2$。

4.6.3 空间电荷场求解

双注的电流密度可以分别表示为

$$\boldsymbol{J}_1(z,t) = \sum_j q_j \boldsymbol{v}_{1,j}(t)\delta\left[z - z_{1,j}(t)\right] \tag{4-6-11}$$

$$\boldsymbol{J}_2(z,t) = \sum_j q_j \boldsymbol{v}_{2,j}(t)\delta\left[z - z_{2,j}(t)\right] \tag{4-6-12}$$

由于 $\boldsymbol{J} = \rho\boldsymbol{v}$，则电荷密度可以表示为

$$\rho_1(z,t) = \sum_j q_{1,j}\delta\left[z - z_{1,j}(t)\right] \tag{4-6-13}$$

$$\rho_2(z,t) = \sum_j q_{2,j}\delta\left[z - z_{2,j}(t)\right] \tag{4-6-14}$$

其中，$q_{1,j}$ 和 $q_{2,j}$ 分别表示电子注 1 和电子注 2 的第 j 个宏粒子的电荷；$\boldsymbol{v}_{1,j}(t)$ 和 $\boldsymbol{v}_{2,j}(t)$ 分别表示电子注 1 和电子注 2 的第 j 个宏粒子在时刻 t 时的速度；$z_{1,j}(t)$ 和 $z_{2,j}(t)$ 分别表示电子注 1 和电子注 2 的第 j 个宏粒子在时刻 t 时所处的轴向位置。

又因为电流密度和电荷密度都可以表示为

$$\boldsymbol{J}_1(z,t) = \sum_{n=-\infty}^{\infty} \boldsymbol{J}_{1,n} \exp\left[\mathrm{i}n\left(k_\mathrm{e}z - \omega t\right)\right] = \sum_{n=-\infty}^{\infty} \boldsymbol{J}_{1,n} \exp\left(\mathrm{i}n\psi_1\right) \tag{4-6-15}$$

$$\rho_1(z,t) = \sum_{n=-\infty}^{\infty} \rho_{1,n} \exp\left[\mathrm{i}n\left(k_\mathrm{e}z - \omega t\right)\right] = \sum_{n=-\infty}^{\infty} \rho_{1,n} \exp\left(\mathrm{i}n\psi_1\right) \tag{4-6-16}$$

分别对式 (4-6-15) 和式 (4-6-16) 作傅里叶分析，则有

$$\boldsymbol{J}_{1,n} = \sum_j \frac{q_{1,j}}{T}\frac{\boldsymbol{v}_{1,j}(t)}{v_{1,j}} \exp\left(-\mathrm{i}n\psi_{1,j}\right) \tag{4-6-17}$$

$$\rho_{1,n} = \sum_j \frac{q_{1,j}}{T}\frac{1}{v_{1,j}} \exp\left(-\mathrm{i}n\psi_{1,j}\right) \tag{4-6-18}$$

其中，T 为一个时间周期，$\psi_{1,j} = k_{\mathrm{e}1,j}z - \omega t$。电子注 2 也具有类似的表达式。

由有源麦克斯韦方程组，可以得到有源亥姆霍兹 (Helmholtz) 方程为

$$\left(\nabla_\perp^2 + \frac{\omega^2}{c^2} - k_\mathrm{e}^2\right)\boldsymbol{E}_\mathrm{sc} = -\frac{4\pi\mathrm{i}}{c}\left(\frac{\omega}{c}\boldsymbol{J} + \mathrm{i}c\nabla\rho\right) \tag{4-6-19}$$

空间电荷场可以表示为

$$E_{\mathrm{sc}}(z)=\sum_{n=-\infty}^{\infty}E_{\mathrm{sc},n}\exp(\mathrm{i}n\psi) \tag{4-6-20}$$

对于平行双电子注，如果双注间距较大，则单个电子注的空间电荷波只对该电子注起主要作用，对另一个电子注的影响比较小。单个电子注的第 n 次空间电荷谐波的纵向场分量可以写作

$$\left(\nabla_{\perp}^2+\frac{\omega^2}{c^2}-k_{\mathrm{e}}^2\right)E_{\mathrm{sc},1,n,z}=-\frac{4\pi\mathrm{i}}{c}\left(\frac{\omega}{c}J_{1,n,z}-ck_{\mathrm{e}}\rho_{1,n}\right) \tag{4-6-21}$$

将式 (4-6-17) 和式 (4-6-18) 代入式 (4-6-21)，化简可得

$$\left(\nabla_{\perp}^2+\frac{\omega^2}{c^2}-k_{\mathrm{e}}^2\right)E_{\mathrm{sc},1,n,z}=-\frac{4\pi\mathrm{i}}{c}\sum_{j=1}^{N}\frac{q_{1,j}}{T}\left(k_0-\frac{c}{v_{1,z,j}}k_{\mathrm{e}}\right)\exp\left(-\mathrm{i}n\psi_{1,j}\right) \tag{4-6-22}$$

如果双电子注距离较近，因为考虑的是一维空间电荷模型，则双电子注的第 n 次空间电荷谐波的纵向场分量可以写作

$$\left(\nabla_{\perp}^2+\frac{\omega^2}{c^2}-k_{\mathrm{e}}^2\right)E_{\mathrm{sc},n,z}=-\frac{4\pi\mathrm{i}}{c}\left[\frac{\omega}{c}\left(J_{1,n,z}+J_{2,n,z}\right)-ck\left(\rho_{1,n}+\rho_{2,n}\right)\right] \tag{4-6-23}$$

依据叠加原理，可以知道

$$E_{\mathrm{sc},n,z}=E_{\mathrm{sc},1,n,z}+E_{\mathrm{sc},2,n,z} \tag{4-6-24}$$

求解式 (4-6-23) 可以得到空间电荷谐波的轴向电场。

4.6.4 电子运动方程

假定高频电场在单个步长 dz 中的大小没有发生变化，考虑相对论效应，在第 n 步处两个电子注中电荷圆盘的加速度可以分别写作

$$a_{1,n}=-\left(E_{\mathrm{sc},1,n}+E_{\mathrm{rf},1,n}\right)\cdot\eta\cdot\left[1-v_{1,n}^2/c^2\right]^{3/2} \tag{4-6-25}$$

$$a_{2,n}=-\left(E_{\mathrm{sc},2,n}+E_{\mathrm{rf},2,n}\right)\cdot\eta\cdot\left[1-v_{2,n}^2/c^2\right]^{3/2} \tag{4-6-26}$$

其中，$\eta=e/m_{\mathrm{e}}$ 是电子的荷质比；电荷量 $q_{\mathrm{d}}=I_0/\left(f\cdot N_{\mathrm{d}}\right)$；电荷圆盘质量 $m_{\mathrm{d}}=q_{\mathrm{d}}m_{\mathrm{e}}/e$；电荷圆盘厚度 $l_{\mathrm{d}}=\lambda/N_{\mathrm{d}}$。这里，$m_{\mathrm{e}}$ 和 e 分别是单个电子的质量和电荷量，f 和 λ 分别为高频信号的频率和波长。

容易得到，电子注 1 中，第 $n+1$ 步的电子速度和第 n 步的时间步长分别为

$$v_{1,n+1}=v_{1,n}+a_{1,n}\,\mathrm{d}t_{1,n} \tag{4-6-27}$$

$$\mathrm{d}t_{1,n}=\mathrm{d}z/\left[\left(v_{1,n+1}+v_{1,n}\right)/2\right] \tag{4-6-28}$$

通过化简，可以得到

$$v_{1,n+1}=\sqrt{v_{1,n}^2+2a_{1,n}\mathrm{d}z} \tag{4-6-29}$$

电子注 1 中，第 n 步的电荷圆盘的相位可以写作 $\varphi_{1,n}=\omega t_{1,n}$。然后得到

$$\varphi_{1,n+1}=\varphi_{1,n}+\omega\mathrm{d}t_{1,n} \tag{4-6-30}$$

与单注类似，可以计算出相对于直流电子的相对电子相位

$$\theta_{1,n}=\varphi_{1,n}-\frac{\omega_0}{v_0}z_n \tag{4-6-31}$$

对于电子注 2，可以写出类似的表达式。

4.6.5 电子对波的反作用

电子受到场的影响而运动，场也会受到电子的反作用。在本部分，依据能量守恒定律，推导电子对波的反作用。由于是双电子注参与互作用，因此两个电子注都会对波产生反作用。

在第 k 个间隙处的第 n 步，电场对两个电子注中第 j 个电荷圆盘做的功可以分别写作

$$\mathrm{d}W_{1,j,n,k}=q_{\mathrm{d}1}E_{1,j,n,k}\mathrm{d}z \tag{4-6-32}$$

$$\mathrm{d}W_{2,j,n,k}=q_{\mathrm{d}2}E_{2,j,n,k}\mathrm{d}z \tag{4-6-33}$$

将高频电场表达式代入以上两式中，可以得到电场对电子注 1 和电子注 2 的第 j 个电荷圆盘所做的功：

$$\mathrm{d}W_{1,j,n,k}=\frac{I_0}{fN_\mathrm{d}}\mathrm{Re}\left\{\left[\hat{V}_{\mathrm{FG}(k)}\cdot Q_{n,k}+\hat{V}_{\mathrm{BG}(k)}\cdot Q_{n,k}^*\right]\cdot\exp\left(\mathrm{i}\omega t_{j,n,k}\right)\right\}\mathrm{d}z \tag{4-6-34}$$

$$\mathrm{d}W_{2,j,n,k}=\frac{I_0}{fN_\mathrm{d}}\mathrm{Re}\left\{\left[\hat{V}_{\mathrm{FG}(k)}\cdot R_{n,k}+\hat{V}_{\mathrm{BG}(k)}\cdot R_{n,k}^*\right]\cdot\exp\left(\mathrm{i}\omega t_{j,n,k}\right)\right\}\mathrm{d}z \tag{4-6-35}$$

对式 (4-6-34) 和式 (4-6-35) 分别在 0 到 2π 的相位空间，以及 $-p/2$ 到 $p/2$ 的互作用周期长度上进行积分，可以分别得到电子注 1 和电子注 2 在第 k 个间隙处释放的能量：

$$P_{\mathrm{b1},k}=\frac{I_0}{2\pi}\int_{-p/2}^{p/2}\mathrm{Re}\left\{\left[\hat{V}_{\mathrm{FG}(k)}\cdot Q_{n,k}+\hat{V}_{\mathrm{BG}(k)}\cdot Q_{n,k}^{*}\right]\right.$$
$$\left.\cdot\left[\int_0^{2\pi}\exp\left(\mathrm{i}\varphi_{1,0,n,k}\right)\mathrm{d}\varphi_{1,0}\right]\right\}\mathrm{d}z \tag{4-6-36}$$

$$P_{\mathrm{b2},k}=\frac{I_0}{2\pi}\int_{-p/2}^{p/2}\mathrm{Re}\left\{\left[\hat{V}_{\mathrm{FG}(k)}\cdot R_{n,k}+\hat{V}_{\mathrm{BG}(k)}\cdot R_{n,k}^{*}\right]\right.$$
$$\left.\cdot\left[\int_0^{2\pi}\exp\left(\mathrm{i}\varphi_{2,0,n,k}\right)\mathrm{d}\varphi_{2,0}\right]\right\}\mathrm{d}z \tag{4-6-37}$$

依据互作用前后电压的变化值，容易计算出高频场增加的功率

$$\begin{aligned}P_{\mathrm{f},k}&=\frac{1}{2Z_{\mathrm{c}}}\left[\left(\hat{V}_{\mathrm{F}(k)}+\Delta\hat{V}_{\mathrm{F}(k)}\right)^2-\hat{V}_{\mathrm{F}(k)}^2+\left(\hat{V}_{\mathrm{B}(k)}+\Delta\hat{V}_{\mathrm{B}(k)}\right)^2-\hat{V}_{\mathrm{B}(k)}^2\right]\\&=\frac{1}{Z_{\mathrm{c}}}\mathrm{Re}\left[\left(\hat{V}_{\mathrm{F}(k)}+\Delta\hat{V}_{\mathrm{F}(k)}/2\right)\Delta V_{\mathrm{F}(k)}^{*}+\left(\hat{V}_{\mathrm{B}(k)}+\Delta\hat{V}_{\mathrm{B}(k)}/2\right)\Delta V_{\mathrm{B}(k)}^{*}\right]\end{aligned} \tag{4-6-38}$$

因为假定波导内传输了 TE_{20} 模，这里的 Z_{c} 是矩形波导中 TE_{20} 模的特性阻抗。

令式 (4-6-36) 与式 (4-6-37) 之和同式 (4-6-38) 相等，利用前向波与返向波的正交性，可以得到前向波电压的关系式

$$\begin{aligned}&\frac{1}{Z_{\mathrm{c}}}\mathrm{Re}\left[\left(\hat{V}_{\mathrm{F}(k)}+\Delta\hat{V}_{\mathrm{F}(k)}/2\right)\Delta V_{\mathrm{F}(k)}^{*}\right]\\&=\frac{I_0}{2\pi}\mathrm{Re}\int_{-p/2}^{p/2}\left\{\hat{V}_{\mathrm{FG}(k)}\cdot Q_{n,k}\left[\int_0^{2\pi}\exp\left(\mathrm{i}\varphi_{1,0,n,k}\right)\mathrm{d}\varphi_{1,0}\right]\right\}\mathrm{d}z\\&\quad+\frac{I_0}{2\pi}\mathrm{Re}\int_{-p/2}^{p/2}\left\{\hat{V}_{\mathrm{FG}(k)}\cdot R_{n,k}\left[\int_0^{2\pi}\exp\left(\mathrm{i}\varphi_{2,0,n,k}\right)\mathrm{d}\varphi_{2,0}\right]\right\}\mathrm{d}z\end{aligned} \tag{4-6-39}$$

类似地，可以得到返向波电压的关系式。这里，对间隙电压采用一阶近似，$\hat{V}_{\mathrm{FG}(k)}$ 可以表示为 $\hat{V}_{\mathrm{FG}(k)}=\hat{V}_{\mathrm{F}(k)}+\Delta\hat{V}_{\mathrm{F}(k)}/2$。将 $\hat{V}_{\mathrm{FG}(k)}$ 代入式 (4-6-39)，容易得到

$$\Delta\hat{V}_{\mathrm{F}(k)} = \frac{I_0 Z_{\mathrm{c}}}{2\pi}\int_{-p/2}^{p/2} Q_{n,k}^{*}\cdot\left[\int_0^{2\pi}\exp\left(-\mathrm{i}\varphi_{1,0,n,k}\right)\mathrm{d}\varphi_0\right]\mathrm{d}z + \frac{I_0 Z_{\mathrm{c}}}{2\pi}\int_{-p/2}^{p/2} R_{n,k}^{*}\cdot\left[\int_0^{2\pi}\exp\left(-\mathrm{i}\varphi_{2,0,n,k}\right)\mathrm{d}\varphi_0\right]\mathrm{d}z \tag{4-6-40}$$

对于返向波，同样可以得到

$$\Delta\hat{V}_{\mathrm{B}(k)} = \frac{I_0 Z_{\mathrm{c}}}{2\pi}\int_{-p/2}^{p/2} Q_{n,k}\cdot\left[\int_0^{2\pi}\exp\left(\mathrm{i}\varphi_{1,0,n,k}\right)\mathrm{d}\varphi_{1,0}\right]\mathrm{d}z + \frac{I_0 Z_{\mathrm{c}}}{2\pi}\int_{-p/2}^{p/2} R_{n,k}\cdot\left[\int_0^{2\pi}\exp\left(\mathrm{i}\varphi_{2,0,n,k}\right)\mathrm{d}\varphi_{2,0}\right]\mathrm{d}z \tag{4-6-41}$$

4.6.6 初始化条件

在第一个周期入射的初始电压为 $V_{\mathrm{F}(1)} = \sqrt{2P_{\mathrm{in}}Z_{\mathrm{c}}}$。在第一个间隙处的间隙电压也被初始化为 $V_{\mathrm{FG}(1)} = \sqrt{2P_{\mathrm{in}}Z_{\mathrm{c}}}$。在互作用开始时，电荷圆盘具有不同的初始相位。对两个电子注分别处理，将电子注 1 和电子注 2 的相位从 0 到 2π 均匀划分。电子的初始发射时间也从 0 到 T 均匀划分，两个电子注同时发射，时间步长为 $T/(N_{\mathrm{d}}-1)$，其中 $T=1/f$。依据发射时间，可以由 ωt 计算初始相位。考虑相对论效应后，电子的初始速度应为

$$v_0 = c\sqrt{1-\frac{1}{\left[1+q_{\mathrm{d}}V_0/\left(m_{\mathrm{d}}c^2\right)\right]^2}} \tag{4-6-42}$$

将电子注 1 和电子注 2 的各个电荷圆盘的初始速度分别设为 $v_{j,1,1}=v_0$ 和 $v_{j,2,1}=v_0\,(j=1,2,\cdots,N_{\mathrm{d}})$。单个电荷圆盘的动能为

$$P_{\mathrm{beam},j} = m_{\mathrm{d}}c^2\left(1/\sqrt{1-v_0^2/c^2}-1\right) \tag{4-6-43}$$

4.6.7 理论与仿真结果的对比

为了对双注折叠波导行波管注–波互作用的非线性理论进行验证，下面将软件模拟结果与理论计算结果进行比较。

1. TE_{10} 模双注折叠波导行波管

首先对工作于 TE_{10} 模的双注折叠波导行波管进行计算。选取结构参数如表 4.5.1 所示，在理论计算中采用 TE_{10} 模。式 (4-6-25)~式 (4-6-31) 描述的是电子运动过程，式 (4-6-40) 和式 (4-6-41) 描述了双电子注对波的反作用。反复迭代计算，获得稳态解。

对单段式双注折叠波导行波管进行计算，周期数为 50，单个电子注电流 70mA，双注的中心间距为 0.08mm，输入功率 35mW。图 4.6.3 和图 4.6.4 给出了计算结果。图 4.6.3 为不同电子注电压对应的功率流。可以看出，当电子注电压取 15.5kV 时，输出功率达到 100W，增益达到 33.4dB。

为了验证理论模型中的能量守恒，定义能量守恒系数 α 如下：

$$\alpha=\left(P_{\mathrm{F}(k)}-P_{\mathrm{F}(0)}+P_{\mathrm{B}(0)}-P_{\mathrm{B}(k)}+P_{\mathrm{beam1}(k)}+P_{\mathrm{beam2}(k)}\right)/P_0 \tag{4-6-44}$$

其中，$P_{\mathrm{F}(k)}$ 和 $P_{\mathrm{B}(k)}$ 分别是第 k 个周期的前向波功率和返向波功率，$P_{\mathrm{F}(0)}$ 和 $P_{\mathrm{B}(0)}$ 分别是在第 1 个周期入射的前向波功率和返向波功率，$P_{\mathrm{beam1}(k)}$ 和 $P_{\mathrm{beam2}(k)}$ 分别是电子注 1 和电子注 2 在第 k 个周期的电子注能量，P_0 是直流电子注总功率。

图 4.6.4 给出了能量守恒系数的计算结果。在考虑返波后，能量守恒系数在前 50 个周期趋近于 1，但是在 50 个周期后，误差变大，这是返波迭代造成的。

为了验证理论计算的准确度，这里将理论与 CHIPIC 软件两者的计算结果进行对比。在 CHIPIC 粒子模拟软件中，建立单段双注折叠波导行波管三维注–波互作用模型，如图 4.6.5 所示。

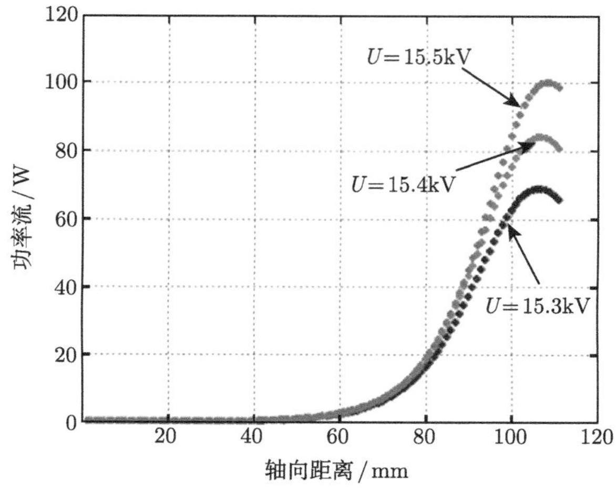

图 4.6.3　不同电压下，功率随互作用距离的变化关系

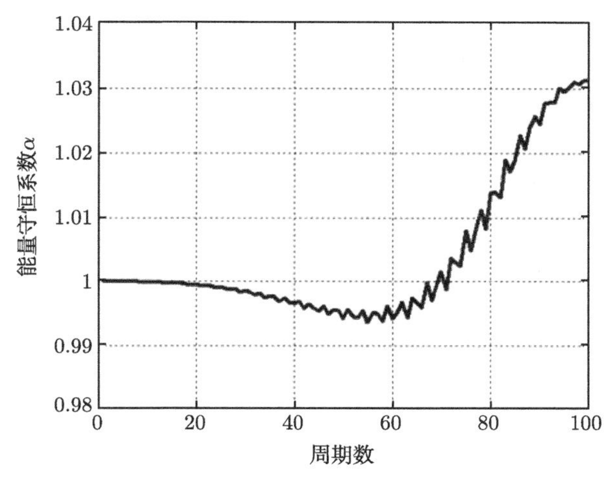

图 4.6.4 能量守恒系数 α 随互作用周期数目变化关系

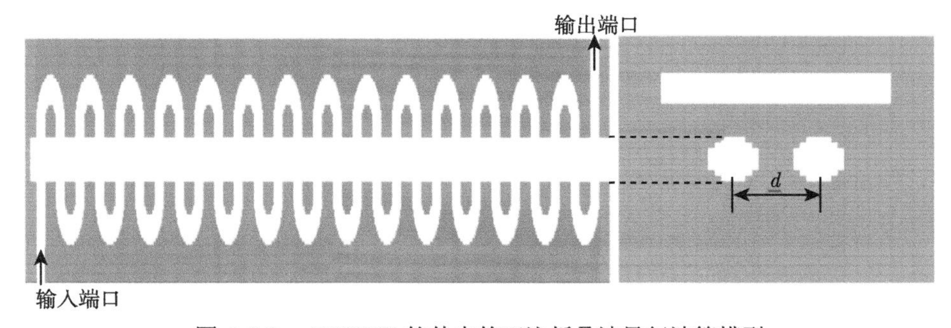

图 4.6.5 CHIPIC 软件中的双注折叠波导行波管模型

图 4.6.6 给出了功率流随轴向距离变化的关系，对理论计算结果与仿真结果进行了对比。这里，理论计算没有考虑返波的影响。在前面单注非线性理论的计算中，加入了修正因子，对理论计算的耦合阻抗过大进行了修正。在单注情况下，取 $\kappa = 1.06$ 时，理论与仿真结果比较吻合。在双注情况下，因为两个电子注都参与了互作用，$\kappa = 1.06$ 依然得到比仿真结果偏大的输出功率。在 $\kappa = 1.12$ 时，理论计算结果与仿真结果基本一致。

图 4.6.7 和图 4.6.8 给出了理论模型与 CHIPIC 粒子模拟计算的输出功率对比。图 4.6.7 给出了输出功率随电子注电压变化的关系。在粒子模拟中，双电子注的通道半径均为 0.06mm。从图 4.6.7 可以看出，CHIPIC 仿真结果在 15.5kV 取得最大功率 74W。当 κ 取 1.12 时，理论模型计算在 15.6kV 处取得最大输出功率 89W。而且随电压变化时，理论计算的输出功率在各个电压点都比仿真模拟值要高。当 κ 取 1.16 时，发现仿真结果的曲线与理论计算的输出功率曲线基本重合。

此时，理论模型计算在 15.5kV 处取得最大功率 72.5W。可以看出，κ 取 1.16 时的结果为最佳，可以用来预测双注折叠波导行波管的输出功率。理论预测输出功率的相对误差在整个电压范围内小于 12%。

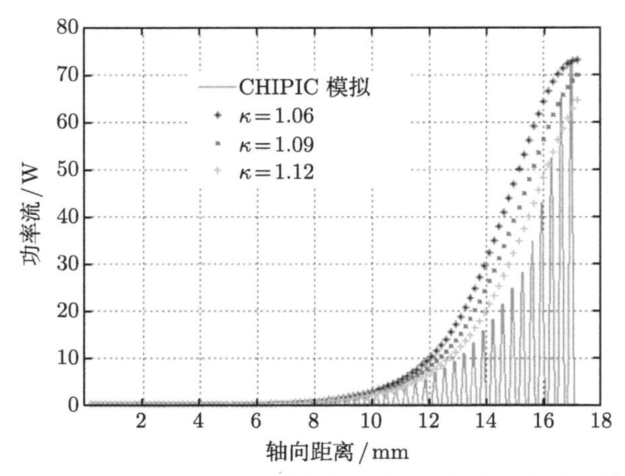

图 4.6.6　双注折叠波导行波管的功率流随轴向距离变化情况

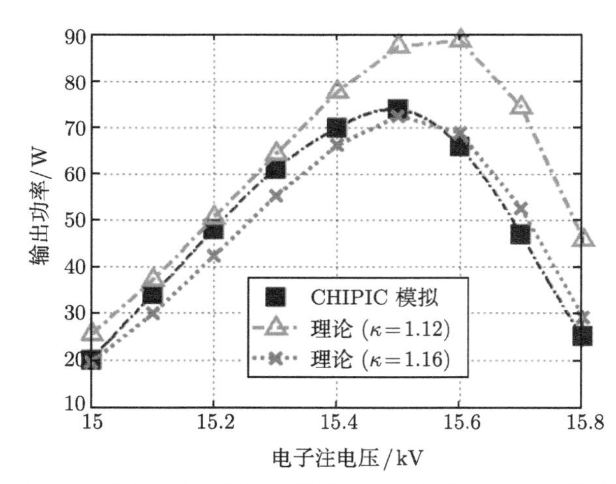

图 4.6.7　输出功率随电子注电压变化关系 (理论结果与 CHIPIC 模拟结果对比)

图 4.6.8 给出了输出功率随频率变化的关系。电子注电压为 15.5kV，周期数目为 50。仿真结果在 330GHz 处获得 90W 的最大输出功率。当 κ 取 1.12 时，理论计算结果在 330GHz 处获得 106.3W 的最大输出功率，在其他各个频点处的输出功率也明显高于仿真计算结果。当 κ 取 1.16 时，理论计算的输出功率曲线在低频段更加贴近于仿真结果，但在高频段要低于仿真结果。此时，在 330GHz 处获得最大输出功率 93W，最大输出功率点与仿真结果一致。在中心频点附近，理

论预测功率的相对误差在 10% 以内。在更高频段，CHIPIC 仿真的输出功率不稳定，与理论结果误差较大。

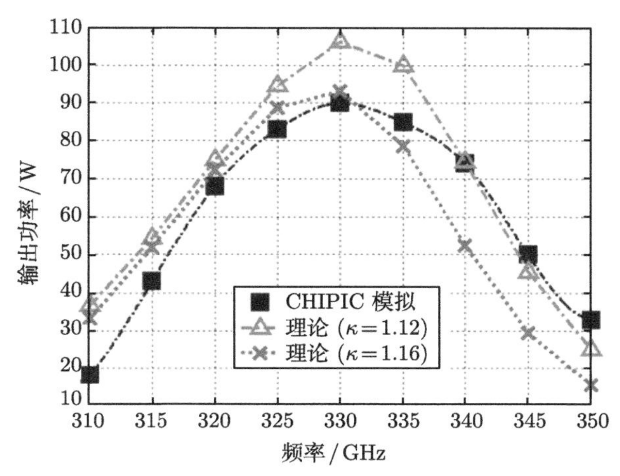

图 4.6.8 输出功率随频率变化关系 (理论结果与 CHIPIC 模拟结果对比)

图 4.6.9 和图 4.6.10 是一组具体参数的运算结果。电子注电压为 15.5kV，电子注电流为 70mA，频率为 340GHz，周期数为 50。图 4.6.9 给出了输出功率随轴向变化情况，理论预测曲线与仿真结果基本重合。图 4.6.10 比较了理论计算和仿真模拟的归一化电子速度，可以发现，两者具有相同的变化趋势，且变化的轮廓基本重合。

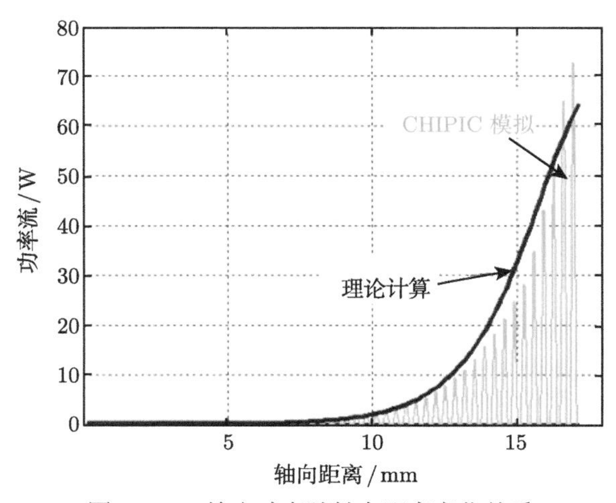

图 4.6.9 输出功率随轴向距离变化关系

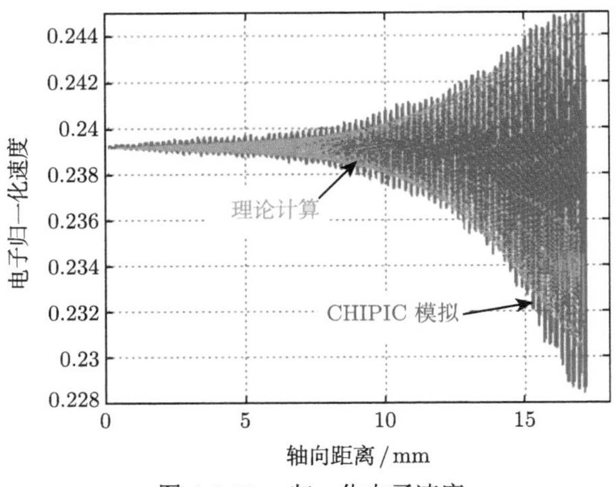

图 4.6.10　归一化电子速度

2. TE_{20} 模双注折叠波导行波管

下面对工作在 TE_{20} 模的双注折叠波导行波管进行计算。因为工作在高次模式，所以需要用 CST 软件进行粒子模拟。采用 4.5.15 节中加载截断的四段式双注折叠波导行波管模型，如图 4.6.11 所示。从图 4.6.11 可以看出，在高次模式工作时，波导宽边扩展到了两倍，两个电子注应处于 TE_{20} 模场强最大位置，双注间距较大。因为工作在 TE_{20} 模，反射比 TE_{10} 模更大，因此需要加入多个截断。在该模型中，采用四段式结构，端口 1 为输入端口，端口 2 为输出端口；中间也有多个端口，端口 3、端口 4 和端口 5 为中间截断部分的输出端口。

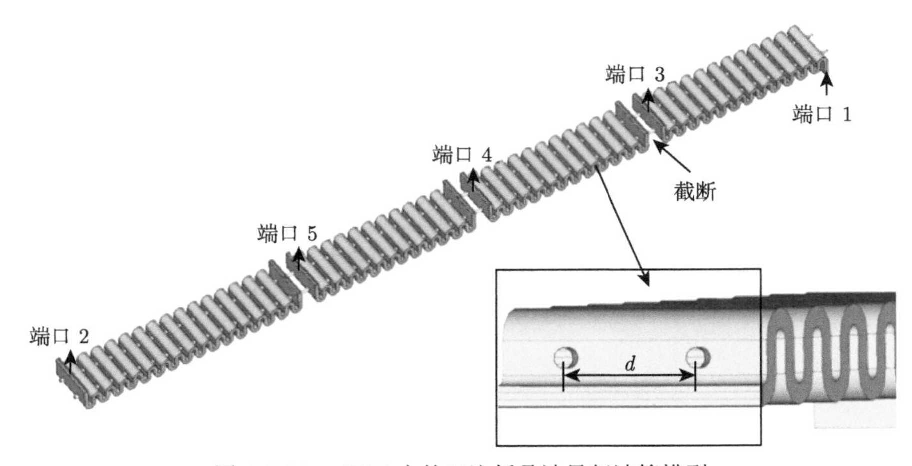

图 4.6.11　CST 中的双注折叠波导行波管模型

理论计算时，与传输 TE_{10} 模情况类似，将高频电场设置为 TE_{20} 模，求解电子运动方程和电子对波的反作用，反复迭代计算使结果收敛，得到稳态解。中间加载截断，截断部分只有电子注通道存在，因此间隙电压设为 0。其余部分的求解和不加截断处相同。

对加载截断的双注折叠波导行波管进行计算，四段的周期数分别为 12，12，12，16。结构参数的选取如表 4.5.2 所示。电子注电压 15.6kV，单个电子注电流 100mA，双注中心间距 0.83mm，输入功率 90mW。图 4.6.12 和图 4.6.13 给出了理论计算结果与软件仿真结果的比较。图 4.6.12 给出了输出功率流随轴向距离的变化，对比了理论计算与 CST 软件仿真结果。图中 CST 计算了各个端口的输出功率，比较发现理论与仿真结果基本一致。

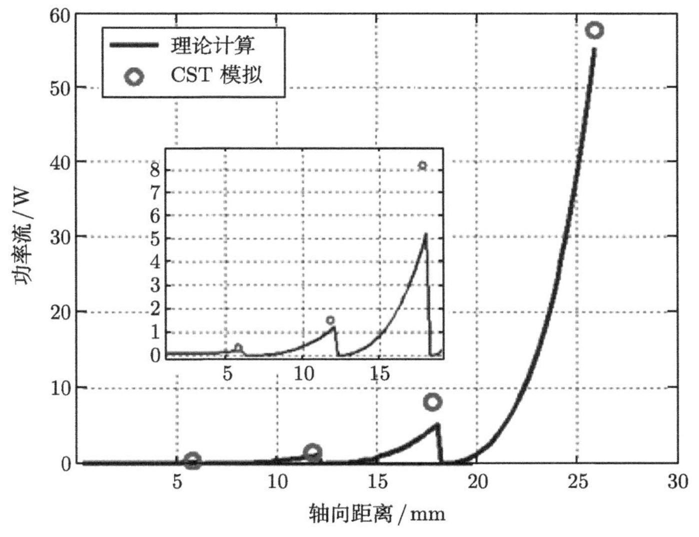

图 4.6.12 功率流随轴向距离变化情况

图 4.6.13 给出了输出功率随频率变化关系。此时电子注电压取 15.6kV，扫描频率得到图 4.6.13 的关系。可以发现理论与仿真得到的输出功率曲线基本吻合。CST 仿真结果在 200GHz 处得到最大输出功率 162W，理论计算结果在 200GHz 处得到最大输出功率 144.1W，理论计算相对误差为 11.05%。

上面对 CST 计算的 TE_{20} 模加截断双注折叠波导行波管注–波互作用进行了分析。可以看出，理论与仿真得到的输出曲线基本相同，但是输出功率相差比较大。这是由于非线性理论采用简化理论计算色散，理论计算色散与 CST 计算得到的色散有所差别，这就导致了非线性理论与 CST 仿真结果的误差较大。要优化改进结果，就需要提高色散计算的准确度。

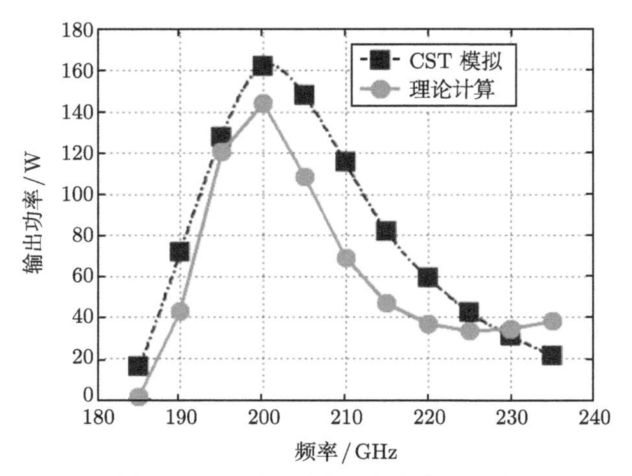

图 4.6.13　输出功率随频率变化关系

4.7　相速渐变折叠波导行波管

4.7.1　相速渐变折叠波导的理论分析

在太赫兹源发展的过程中，高功率、低损耗、小型化是其重要发展趋势。折叠波导作为一种重要的慢波结构，目前正处于快速发展中。在行波管放大器中，电磁波在注–波互作用过程中通过捕获电子的能量使信号放大。随着电子注的能量逐步转化为电磁波的能量，电子失去能量，其速度便会逐渐降低，注–波之间的同步互作用的效率也随之降低。因此，有必要通过有效的方法来保持波与电子运动的一致性，以实现更高的互作用效率 [42,43]。

为了提高注–波互作用效率并且实现更高的输出功率，有两种方法：提高电子的速度，或降低波的轴向相速。若是提高电子的速度，需要用到电压跳变，这在工程中很难实现。若是降低波的轴向相速，则需要在高频结构上做一些变化。本文中讨论利用改变折叠波导的结构来降低波在轴向上的相速。图 4.7.1 为折叠波导的结构参数示意图，a 为波导宽边的长度，b 为波导窄边的长度，p 为半周期长度，r 为电子束通道的半径，h 为直波导的长度。

对矩形波导而言，其相位常数为 [44]

$$\beta_{\mathrm{wg}} = \frac{2\pi}{\lambda}\sqrt{\varepsilon_{\mathrm{r}}\mu_{\mathrm{r}} - \left(\frac{\lambda}{\lambda_{\mathrm{c}}}\right)^2} \tag{4-7-1}$$

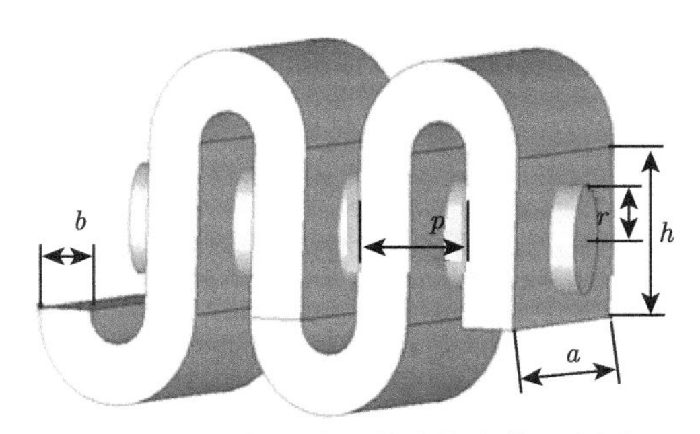

图 4.7.1 折叠波导的结构参数示意图

经过一段路程 L 后，其相移为

$$\beta_{\mathrm{wg}}L=\frac{2\pi L}{\lambda}\sqrt{\varepsilon_{\mathrm{r}}\mu_{\mathrm{r}}-\left(\frac{\lambda}{\lambda_{\mathrm{c}}}\right)^2} \tag{4-7-2}$$

其中，L 为电磁波经过折叠波导一个周期内所传播的距离，折叠波导的半周期为 p。相邻间隙会带来 π 的相位跳变，因此半周期的相移为

$$\beta_0 p=\beta_{\mathrm{wg}}L+\pi=\frac{2\pi L}{\lambda}\sqrt{\varepsilon_{\mathrm{r}}\mu_{\mathrm{r}}-\left(\frac{\lambda}{\lambda_{\mathrm{c}}}\right)^2}+\pi \tag{4-7-3}$$

式中，β_0 为折叠波导的相位常数，ε_{r}、μ_{r} 分别为波传播的介质的相对介电常量和磁导率。对 n 次空间谐波而言，有

$$\beta_n p=\beta_0 p+2\pi n=\frac{2\pi L}{\lambda}\sqrt{\varepsilon_{\mathrm{r}}\mu_{\mathrm{r}}-\left(\frac{\lambda}{\lambda_{\mathrm{c}}}\right)^2}+(2n+1)\pi \tag{4-7-4}$$

若不考虑折叠波导弯曲部分和电子注通道的影响，则波的轴向相速可表示为

$$v_{\mathrm{p}n}=\frac{\omega}{\beta_n}=\frac{2\pi c/\lambda}{\beta_n}=\frac{c}{\dfrac{L}{p}\sqrt{\varepsilon_{\mathrm{r}}\mu_{\mathrm{r}}-\left(\dfrac{\lambda}{\lambda_{\mathrm{c}}}\right)^2}+\dfrac{(2n+1)\lambda}{2p}} \tag{4-7-5}$$

对于前向基波分量，即 n=0，所以上式简化为

$$v_{\mathrm{p}n}=\frac{c}{\dfrac{L}{p}\sqrt{\varepsilon_{\mathrm{r}}\mu_{\mathrm{r}}-\left(\dfrac{\lambda}{\lambda_{\mathrm{c}}}\right)^2}+\dfrac{\lambda}{2p}} \tag{4-7-6}$$

由上式可以看出，增加波传播的路径 L 以及增加传播介质的介电常量都可降低相速。又由于波传播的路径 $L=\pi\cdot p+2H$，所以降低相速只能改变 H 的长度。

4.7.2　直波导相速渐变折叠波导的设计

在 4.7.1 节中，可以知道增加折叠波导中直波导的长度来实现降低波的轴向相速的方法。在设计过程中要考虑的问题是，如何增加直波导的长度值以及其确定的位置。增加直波导长度的方式有两种：一种是阶梯式增加；另一种是连续增加，即每个周期直波导长度都在增加。

1. 阶梯渐变型折叠波导高频结构的设计

第一种渐变波导的形式，即从波导中某一位置起将直波导的长度从 H_0 增加至 H_1，形成一个台阶，以降低波相速，继续保持高效率注–波互作用。随着注–波互作用的进行，还可以继续增加直波导长度，形成新台阶。图 4.7.2 为阶梯型渐变折叠波导渐变方式示意图 [45]。

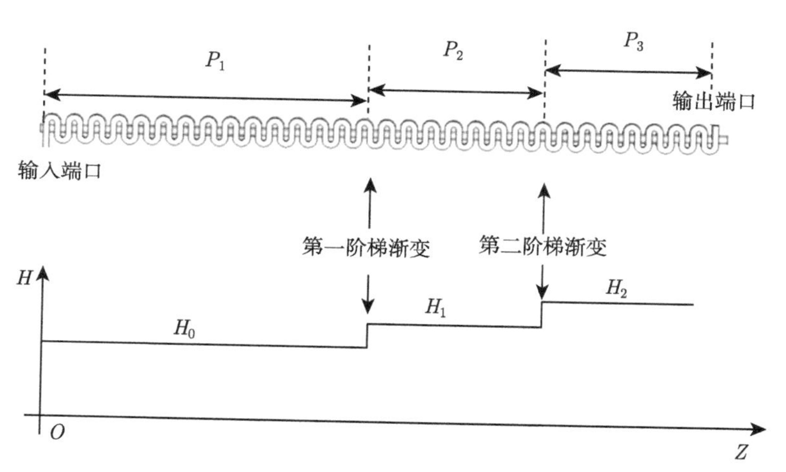

图 4.7.2　阶梯型渐变折叠波导渐变示意图

图 4.7.2 中，H_0，H_1，H_2 分别为第一阶、第二阶、第三阶梯折叠波导直波导长度；P_1，P_2，P_3 分别为第一阶、第二阶、第三阶周期数。折叠波导各个参数如表 4.7.1 所示，H_0 是无渐变时直波导长度。表中 N 为折叠波导高频结构的周期数。在优化仿真参数中，电压为 14.2kV，阴极电流为 66mA，磁场为 0.5T，电子注通道为 0.1mm，电子注通道半径与电子注半径之比为 0.8，输入功率为 27mW。

表 4.7.1　折叠波导参数表

参数	值	参数	值
a	0.82mm	p	0.24mm
b	0.12mm	r	0.10mm
H_0	0.27mm	N	50

首先讨论两阶式渐变波导，即从折叠波导的第 P_1 个周期开始，将该位置后部的所有周期的直波导长度从 H_0 变为 H_1 第二个台阶。考虑到渐变的引入应该是从电子失去能量开始的，而电子在注–波互作用开始时减速的电子和加速的电子差不多，由图 4.7.3 可以看出，在高频结构的后半段减速的电子多于速度增加的电子，电子整体才开始失去能量。因此，第二个台阶的引入位置设计在折叠波导的中部，由此处开始引入渐变。

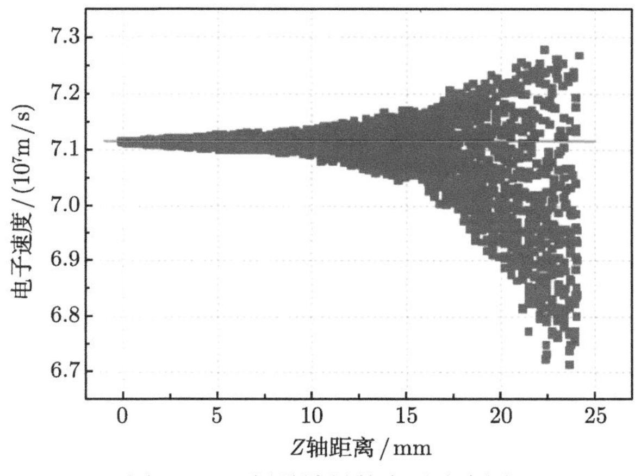

图 4.7.3 折叠波导的电子速度图

选择第 20 个周期开始引入渐变，将 H_0 变为 H_1，H_1 取值分别为 0.275mm、0.28mm、0.285mm、0.29mm。图 4.7.4 为 H_1 为不同值时的输出功率，当直波导长度从第 20 个周期后开始逐渐增加时，输出功率得到明显改善。当 H_1=0.28mm

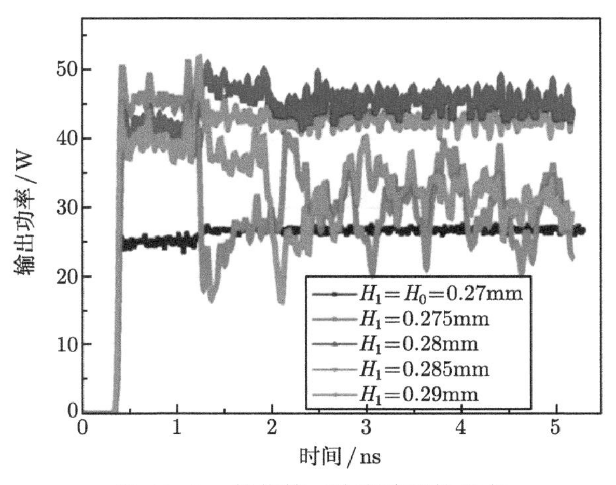

图 4.7.4 优化第二阶直波导的长度

时，注–波达到了最大程度的同步时，互作用程度最高，提高了行波放大器互作用效率，输出功率提高了 77%。图中信息进一步表明，H_1 过大会导致波在轴向上的相速度相对于电子速度太小，也不能达到同步。此外，H_1 过大还会带来较大的反射。因此，当 H_1 大于 0.28mm 时，注–波互作用程度变低，输出功率明显下降。

理论分析表明：电子的速度是随着能量的交换逐步降低的，在轴向上获取波相速降低的初始位置是值得讨论的问题。优化 P_1 位置，得到图 4.7.5(a)，结果表明，从第 15 个周期处开始引入渐变，输出功率都得到了很大的改善，随着引入位置的推后，输出功率更优化了，直到引入位置在第 24 个周期以后，输出功率开始降低。即表明，在此位置以后引入 H_1=0.28mm 的渐变已经迟了，电子的能量交出太多，速度降低太大，波的相速的降低还不够匹配电子的速度。在 24 个周期附近进一步细化参数扫描，可以得到如图 4.7.5(b) 所示的结果。当周期数为 25 时，相速渐变对输出功率的改善大大降低，但 P_1=25 个周期的输出功率较不加渐变的结构而言，仍然提高了不少，约 37W。

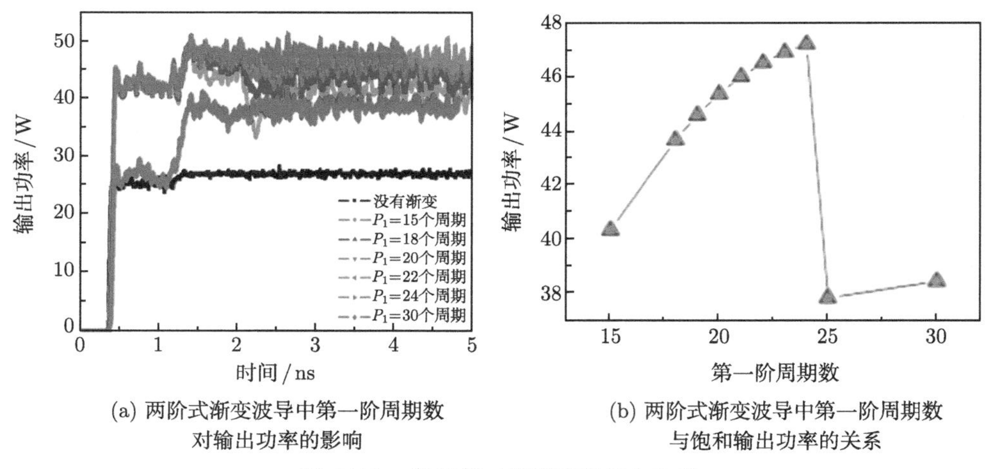

(a) 两阶式渐变波导中第一阶周期数对输出功率的影响

(b) 两阶式渐变波导中第一阶周期数与饱和输出功率的关系

图 4.7.5　优化第二阶渐变的引入位置

由以上两组优化结果总结可以看出：直波导渐变在高频结构的中部引入最合适。两阶式渐变波导从第 24 个周期处将直波导长度增至 0.28mm 时，输出功率最大。随着注–波互作用的进行，电子还会继续交出能量，同步条件还会被破坏，需要继续降低波的相速来保持同步。因此，可以考虑在第二阶渐变的基础上继续引入第三阶渐变。

优化引入位置 P_2 和直波导变化 H_2。如图 4.7.6(a) 所示，从第 40 个周期处开始改变直波导的长度，从 H_1 变为 H_2，H_2 从 0.28mm 变到 0.3mm。可以看出，此时，第三阶的渐变对输出功率仍然有改善但并不是很明显，因为渐变的引入是由引入的位置和引入的渐变程度共同决定的。尤其是当 H_2=0.285mm 时，渐变量太小，导致波的轴向相速和电子速度未达到一致性，因此，输出功率骤然下降，并且出现很大的波动，但仍然比没有添加渐变时的输出功率大。图 4.7.6(b) 是 H_2 与饱和输出功率的关系曲线。可以看到，当 H_2=0.295mm 时，输出功率最大，说明该值是第三阶渐变的最优渐变量。优化其引入位置，如图 4.7.7(a) 所示，当第二阶的周期数 P_2 依次为 12，14，16，18，20 时，此时的输出功率达到 60W，又有了明显的改善。图 4.7.7(b) 为 P_2 与对应的饱和输出功率的关系曲线。当 P_2=14 时，输出功率最大，当 P_2=12，14，16 时，输出功率的差别很小，都比较稳定。至此，可以得出结论，阶梯渐变波导对注–波互作用效率的改善更大。

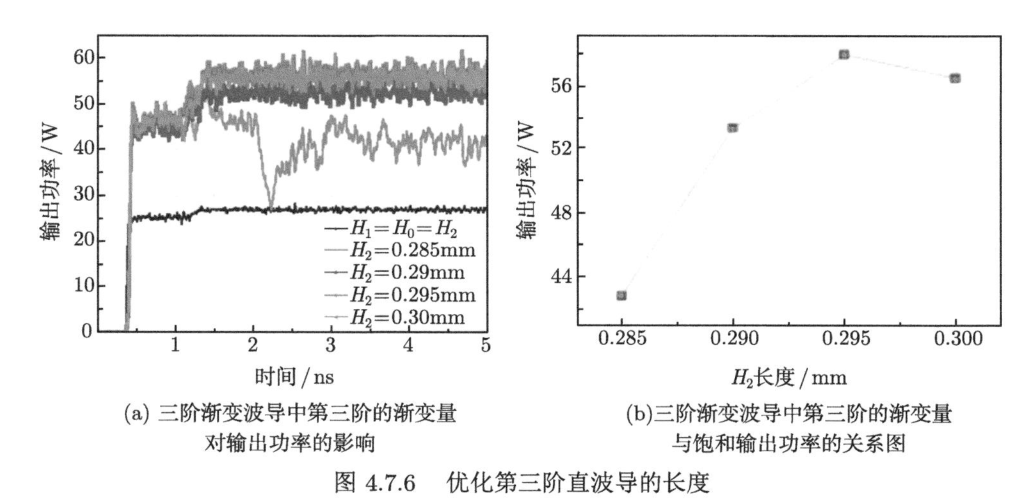

(a) 三阶渐变波导中第三阶的渐变量对输出功率的影响

(b)三阶渐变波导中第三阶的渐变量与饱和输出功率的关系图

图 4.7.6 优化第三阶直波导的长度

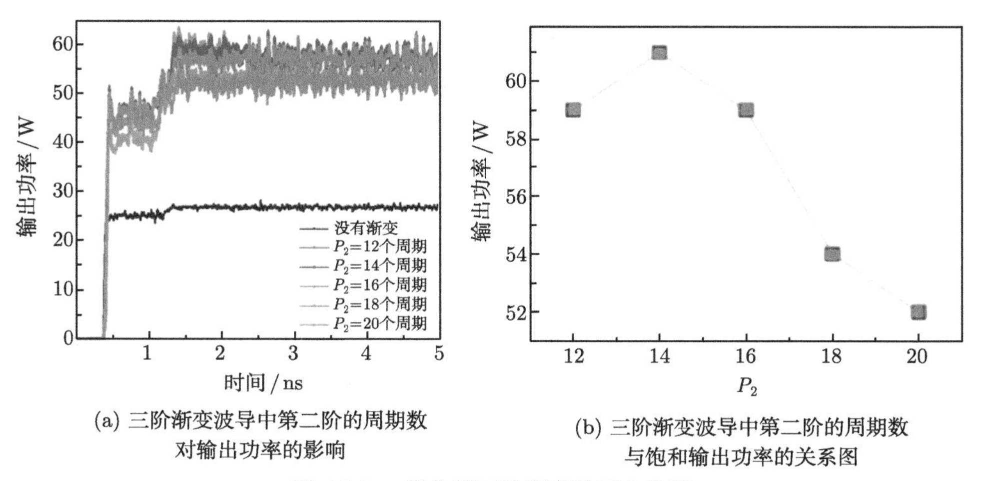

(a) 三阶渐变波导中第二阶的周期数对输出功率的影响

(b) 三阶渐变波导中第二阶的周期数与饱和输出功率的关系图

图 4.7.7 优化第三阶渐变的引入位置

综上分析，应从能量交换的位置处引入波导渐变。从理论上讲，渐变所导致的波相速降低只要能跟随电子速度变化，即可改善注–波互作用，从而提高输出功率。电子交出能量的过程是连续的，在每一段互作用长度上，电子都在交出能量，如果要做到最佳的注–波同步，那么波的相速降低也应该是一个连续的过程。

由图 4.7.7 可以看出，三阶式渐变波导对输出功率改善更大，每一个台阶中渐变的引入都改善了注–波互作用效率，但是电子的能量还在继续损失，渐变也应该继续引入。所以，四阶式渐变波导，甚至更多阶梯渐变的引入都是合理的。但是，对于给定的注–波互作用长度而言，渐变的引入越多，所引起的反射也就越大。对于折叠波导本身，它是一个曲折的矩形波导，电磁波沿着曲线传播，反射也是影响输出功率稳定的重要因素。引入渐变后，在每一个台阶处，直波导长度都在增加，其反射就更不能忽略了。所以，渐变的引入，到了某一个程度以后肯定会因为带来的反射大于对速度匹配的补偿，从而对输出功率并无多大改善。

为了探究这一理论，这里继续为折叠波导添加渐变，即四段式渐变波导。模拟中互作用计算长度为 50 个周期。由于互作用长度一定，所以优化 P_3 即优化 P_4。图 4.7.8 为添加第四个渐变台阶后输出功率的情况，由图可见，优化 P_3 所得到的输出功率较三阶式渐变波导而言并没有更大的改观，输出功率反而减小了。而当 P_3=4、6 时，输出功率反而不稳定，出现很大的反射。这些数据说明，此时的渐变非常不合适。

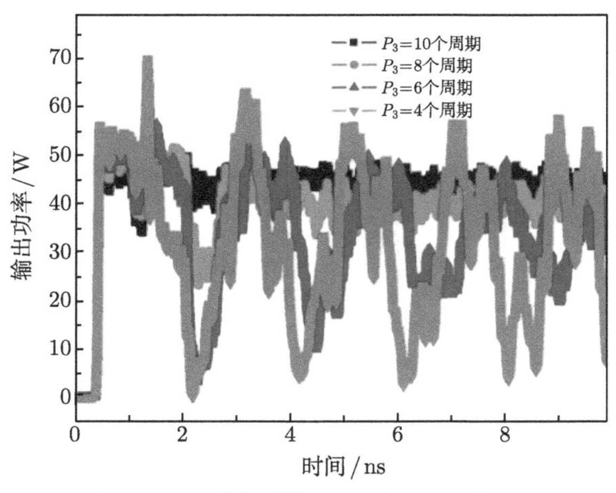

图 4.7.8　优化第四个台阶的引入位置

渐变的引入除了引入位置，还要考虑引入渐变量的大小。因此，再优化 H_3 的大小。其他的参数按照前面得到的最优参数，如表 4.7.2 所示。优化后得到其输出功率如图 4.7.9 所示。由图可见，H_3 的改变对输出功率并无多大改善，曲线几乎重合。因此通常情况下采用二阶或者三阶相速渐变。

表 4.7.2 阶梯渐变折叠波导结构各阶梯的参数

参数	值	参数	值
H_0	0.27mm	P_1	24 个周期
H_1	0.28mm	P_2	14 个周期
H_2	0.295mm	P_3	10 个周期
H_3	0.325mm	P_4	2 个周期

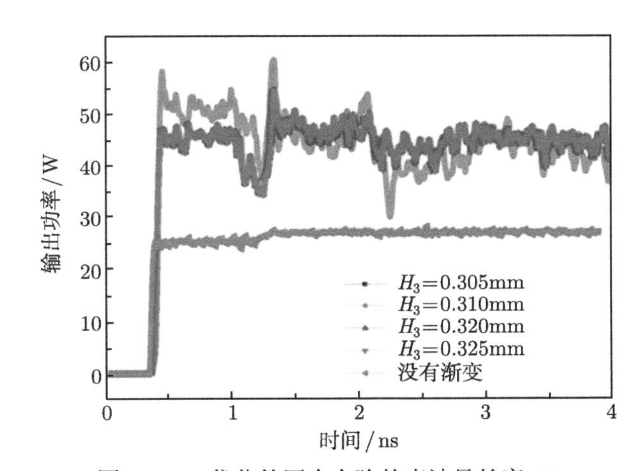

图 4.7.9 优化第四个台阶的直波导长度 H_3

对于 50 个周期的折叠波导高频结构而言，引入阶梯式渐变以提高其注–波互作用效率的方法是可行的。这种渐变的引入将其输出功率从 27W 提高至 60W，提高了约 120%。然而，阶梯渐变的引入在改善注–波互作用效率的同时，由于其结构的变化，还引入了很大的反射。在阶梯渐变达到四阶时，渐变带来的反射超过了所带来的互作用效率提高，输出功率出现不稳定。由此可见，一般采用三阶式阶梯渐变结构是最优选择。

2. 连续渐变型折叠波导高频结构的设计

由阶梯型渐变折叠波导的仿真结果可以得出，渐变的引入应该从电子失去能量开始，渐变的引入位置不同，需要降低相速的程度也就不同。实际上电子和波进行互作用的过程中，电子失去能量是在每个互作用间隙处发生的。该过程类似一个连续的过程。所以，一个连续的渐变结构更能满足长期的注–波同步，这就要求每一段互作用长度都做结构上的微小的改变。因此，设计一种连续渐变的折叠波导，其每个周期的直波导长度都在上一周期的直波导长度基础上有微小的增加。

与阶梯渐变类似，需要考虑的问题包括渐变引入的位置与大小，基本原则是渐变的引入应该是从电子失去能量开始，而电子在注–波互作用开始时减速的电子和加速的电子差不多。首先从第 33 个周期处开始引入渐变，每个周期比上一个周期的直波导长度增加 Δl，如图 4.7.10 所示。

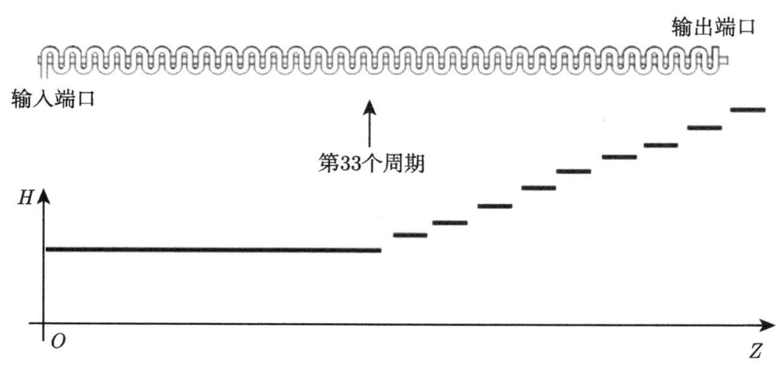

图 4.7.10　连续渐变折叠波导结构示意图

图 4.7.11 为 Δl 的取值从 0.5~2μm 时，结构的输出功率。由图可以看出，直波导长度增加量选择在 0.5~0.9μm 时，输出功率非常稳定，最大提高了 60%。而当 Δl 进一步变大时，虽然输出功率有了更大的提高，但信号变得不太稳定了，这是由结构变化导致的反射引起的。

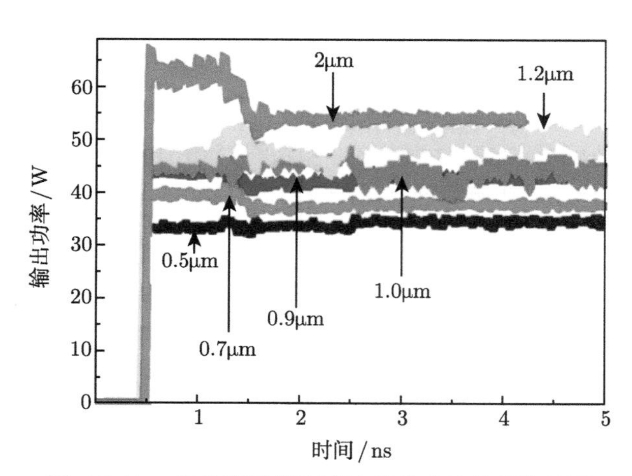

图 4.7.11　优化连续渐变直波导的直波导变化长度

再者，考虑不同渐变的引入位置，选择输出功率较稳定的结构，即 Δl 为 0.5μm 和 0.7μm 的渐变结构。从不同的位置引入渐变，结果表明在图 4.7.12 中，当 Δl=0.5μm 时，从第 20 个周期处开始引入渐变输出功率最大。渐变引入位置从第 15 个周期优化到第 33 个周期，随着位置的增加，输出功率先变大后变小。

同理，再优化 Δl=0.7μm 的情况，两者的变化趋势相同，只是峰值出现后移，这是由于经历了更长的互作用长度才需要较大程度的渐变来实施最佳的补偿。由此可以得出，渐变得越大，引入的位置越靠后，即渐变的引入程度与电子失去的能量成正比。遵循这个规律才能得到比较好的补偿。

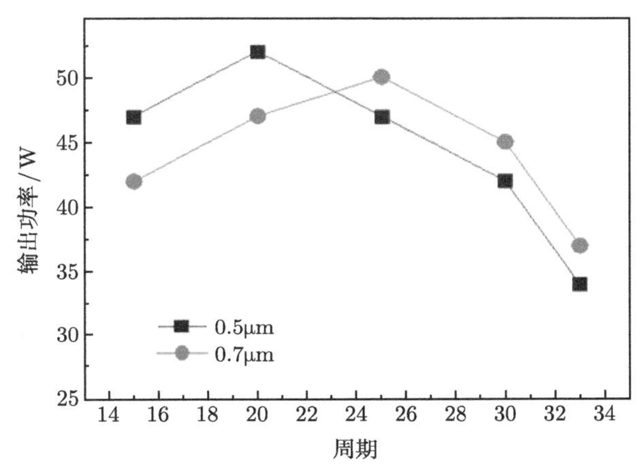

图 4.7.12 优化连续渐变直波导的渐变引入位置

由图 4.7.11 和图 4.7.12 可以看出，阶梯渐变折叠波导和连续渐变折叠波导高频结构都可以提高注–波互作用效率，提高输出功率。这两种方式一种是集总式补偿，另一种是分散性补偿。都是通过增加直波导的长度，增加波的传播路径降低其轴向相速，从而提高注–波互作用效率。

4.7.3 介质加载渐变折叠波导的设计方法

在本节开头已经讨论了两种降低相速的方法，第二种方法是在波导中填充介质，改变波传播的媒介，即为波的传播设置阻碍，自然就降低了其相速。但是加载介质存在两个问题，一个是增加反射，二是存在介质损耗，为了提高功率，需要对介质加载方法和优化设计进行分析。介质加载的渐变折叠波导设计与直波导长度渐变的折叠波导类似，首先要考虑介质加载的位置与加载材料，其次考虑多级加载的效果。其结构图如图 4.7.13 所示 [46]。

图 4.7.13 是四种折叠波导，A 型为没有加载介质的折叠波导，即波在真空中传播；B 型为一部分真空，另外部分加载了一种介质的折叠波导；C 型为全部填充介质的折叠波导；D 型为一部分真空波导，另外部分加载了两种介质的折叠波导。对于一个 A 型或 C 型折叠波导，波的传播条件为真空或者介质，传播条件单一。两种折叠波导的等效电路模型是一样的。但若是 B 型或者 D 型折叠波导，其结构不再是单一的周期性结构，而是部分周期性结构。当传播条件从真空变为

介质时，或者从一种介质传播到另一种介质时，在两种介质的交界面处会引起波的反射，这对电路的色散有一定的影响。因此，若是要讨论介质加载折叠波导的各个特性，就必须要研究其结构的特殊性所带来的影响。

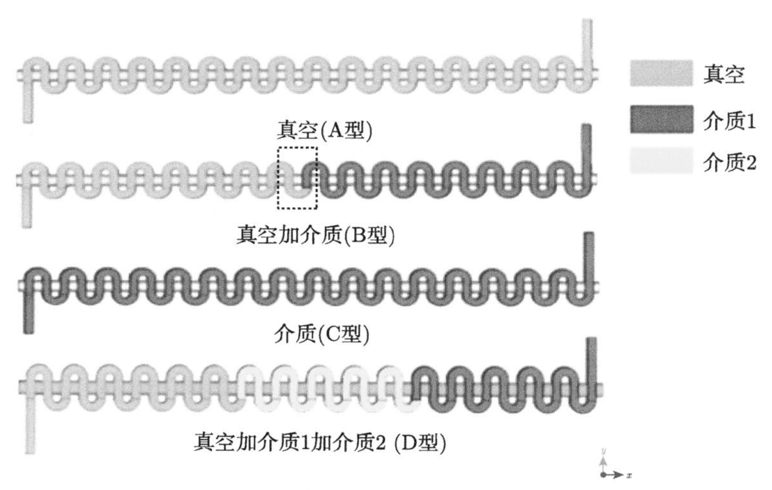

图 4.7.13 介质加载渐变折叠波导结构图

1. 等效电路分析

介质加载的折叠波导也可以用类似的处理方法，只是有其特殊性。以 B 型波导为例，波的传播介质有两种，在介质交界面处需要特殊处理。因此，取介质交界面附近的一个周期 (包含半个真空周期和半个介质周期)，可将其视为传输线，波导的这个交接处的周期可以划分为图 4.7.14 中的 11 个部分。对于交界面 D_{d}，可以按照两种不同的矩形波导通过椭圆孔耦合来处理，交界面即可等效为图 4.7.15 所示电路 [51,52]。

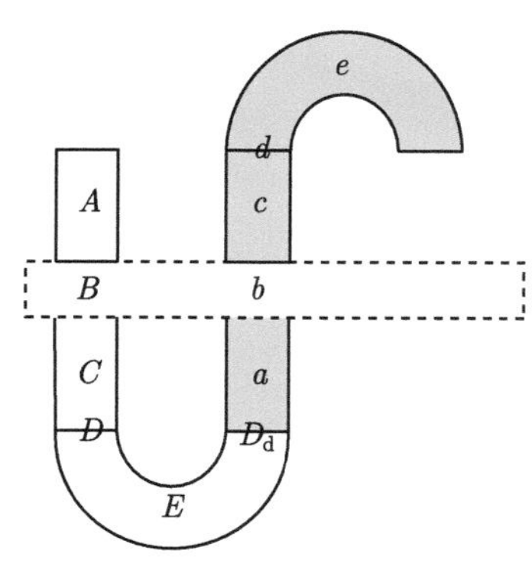

图 4.7.14 两种介质填充的折叠波导的交界面

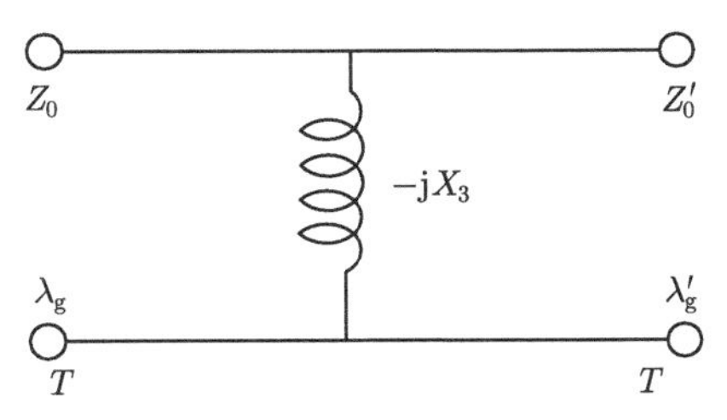

图 4.7.15 交界面 D_d 的等效电路

在参考面处有

$$\frac{X_3}{Z_0}=\frac{\lambda_g ab}{4\pi}\left(\frac{1}{M}-\frac{4\pi}{a^2b}\right) \tag{4-7-7}$$

$$\frac{Z_0'}{Z_0}=\frac{\lambda_g}{\lambda_g'} \tag{4-7-8}$$

其中，$M\approx\dfrac{a^3\pi}{24}\dfrac{1}{\ln(4a/b)-1}$，$\lambda_g,\lambda_g'$ 分别为真空和介质波导的波导波长。图 4.7.16 为考虑到图 4.7.15 所示的过渡段波导的等效电路。

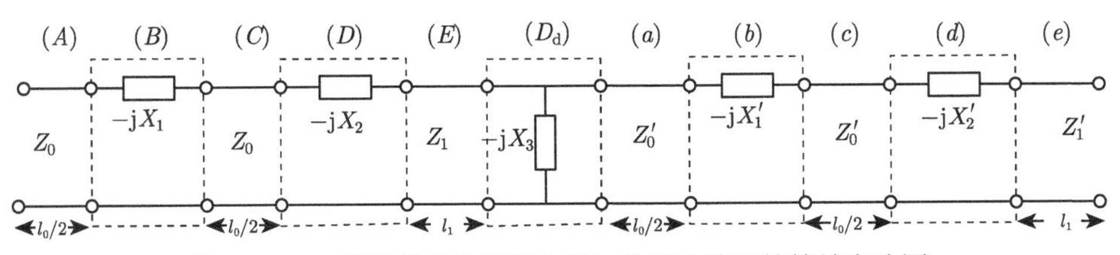

图 4.7.16 真空折叠波导和介质加载折叠波导的等效电路图

2. 色散特性与模拟

若波从一种介质传播到另一种介质，按照图 4.7.16 等效电路模型来分析其色散特性。图 4.7.17 为折叠波导模型的基本参数，用等效电路法研究其色散特性应分为三部分，即真空部分波导、交界处、介质部分波导。假设整个折叠波导的真空部分有 n_1 个周期，介质部分有 n_2 个周期。首先将两种传播介质交界处的一个周期视为传输线，则其传输矩阵可表示为

$$\boldsymbol{F}=\begin{bmatrix}\cos\theta & jZ\sin\theta\\ j\dfrac{1}{Z}\sin\theta & \cos\theta\end{bmatrix}=\boldsymbol{ABCDED_{\mathrm{d}}abcde} \tag{4-7-9}$$

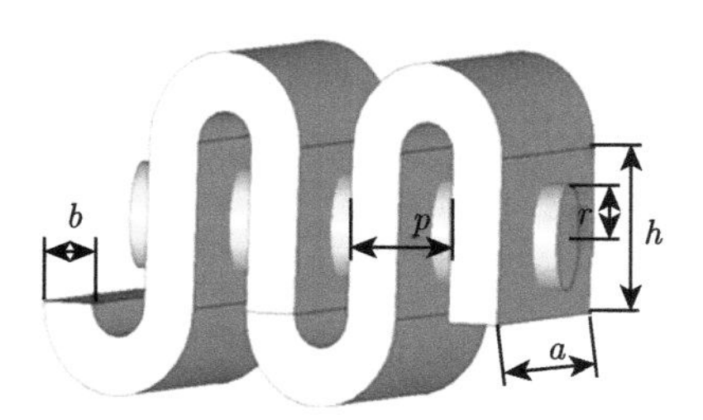

图 4.7.17　折叠波导的结构参数示意图

其中，$\boldsymbol{D}_{\mathrm{d}}$ 部分的传输矩阵为

$$[\boldsymbol{D}_{\mathrm{d}}]=\begin{bmatrix}1 & 0\\ -1/(\mathrm{j}X_3) & 1\end{bmatrix} \tag{4-7-10}$$

可以得到交界处的相位变化与频率的关系为

$$\cos\theta=R_1R_2+R_3R_4 \tag{4-7-11}$$

其中，

$$\begin{aligned}R_1=&\left(1-\frac{X_2}{X_3}+\frac{Z_0}{X_3}\right)\cos(k_0l_0)\cos(k_1l_1)\\&+\left(\frac{1}{2}\frac{X_1}{Z_0}-\frac{X_1X_2}{2X_3Z_0}\right)\cos(k_1l_1)\sin(k_0l_0)\\&+\left(\frac{Z_1}{X_3}+\frac{X_2}{Z_1}-\frac{Z_0}{Z_1}\right)\cos(k_0l_0)\sin(k_1l_1)\\&+\left(\frac{X_1X_2}{2Z_1Z_0}+\frac{X_1Z_1}{2X_3Z_0}\right)\sin(k_0l_0)\sin(k_1l_1)\\&+\frac{X_1}{Z_1}\cos^2\left(\frac{k_0l_0}{2}\right)\sin(k_1l_1)+\frac{X_1}{X_3}\cos^2\left(\frac{k_0l_0}{2}\right)\cos(k_1l_1)\end{aligned}$$

$$\begin{aligned}R_2=&\cos(k_0'l_0)\cos(k_1'l_1)+\frac{1}{2}\frac{X_1'}{Z_0'}\cos(k_1'l_1)\\&\cdot\sin(k_0'l_0)+\left(\frac{X_2'}{Z_1'}-\frac{Z_0'}{Z_1'}\right)\cos(k_0'l_0)\sin(k_1'l_1)\\&+\frac{X_1'X_2'}{2Z_1'Z_0'}\sin(k_0'l_0)\sin(k_1'l_1)+\frac{X_1'}{Z_1'}\cos^2\left(\frac{k_0'l_0}{2}\right)\sin(k_1'l_1)\end{aligned}$$

$$R_3 = (Z_0 - X_2 + X_1)\cos(k_0 l_0)\cos(k_1 l_1) + \frac{X_1 X_2}{2Z_0}\cos(k_1 l_1)\sin(k_0 l_0) - Z_1\cos(k_0 l_0)\sin(k_1 l_1) - \frac{X_1 Z_1}{2Z_0}\sin(k_0 l_0)\sin(k_1 l_1)$$

$$R_4 = \frac{1}{Z_0'}\sin(k_0' l_0)\cos(k_1' l_1) + \frac{1}{Z_0'}\sin(k_1' l_1)\cos(k_0' l_0) + \left(\frac{1}{Z_1'}\frac{X_2'}{Z_0'} + \frac{1}{2Z_1'}\frac{X_1'}{Z_0'}\right)\sin(k_0' l_0)\sin(k_1' l_1) + \frac{X_1'}{Z_0'^2}\sin^2\left(\frac{k_0' l_0}{2}\right)\cos(k_1' l_1) + \frac{1}{Z_1'}\frac{X_1'}{Z_0'}\frac{X_2'}{Z_0'}\sin^2\left(\frac{k_0' l_0}{2}\right)\sin(k_1' l_1)$$

式中，k_0、k_1 分别为真空中直波导和弯曲波导的相位常数，k_0'、k_1' 则分别为介质中的直波导和弯曲波导的相位常数，l_0、l_1 分别为一个直波导的长度以及一个弯曲波导的长度。图 4.7.17 中的结构电场方向改变两次，每一次改变会产生额外的相移 π。因此，若只考虑前向基波时，在交界面处所产生的相位改变量为θ。再加上 n_1 个真空的折叠波导产生的相移，以及 n_2 个填充介质的折叠波导产生的相移。叠加这三部分相移，再计算其相速。由此可以得到色散曲线如图 4.7.18 所示。

结果表明：无论是加载部分介质，或者是全部加载介质，其相速都明显降低。说明介质的加入使波的传播条件发生改变，降低了波速。

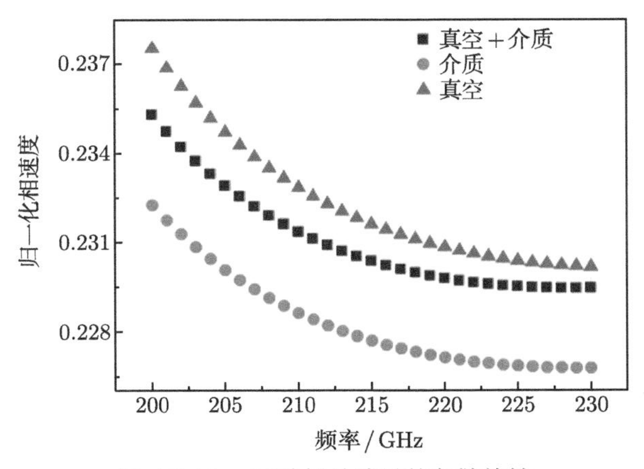

图 4.7.18 三种折叠波导的色散特性

所有数值仿真计算的最终目的都是为了让折叠波导行波放大器能够获得更大的功率输出，获得更高的增益。折叠波导的结构参数如表 4.7.1 所示。用介质加载的方法降低相速，最主要的问题是加载的位置和加载的材料。增加直波导的长度和加载介质可以改善注–波互作用的效率，如图 4.7.19 所示。如何衡量在渐变波导中注–波互作用的效率确实提高了，需要分析电子的能量变化。是否有更多的电子交出了能量是衡量的重点。在粒子仿真中，将电子的速度图导出，图 4.7.20 所示为四种不同类型的渐变波导的电子速度图。由图可以看出，引入渐变后的折叠波导高频结构中，速度降低的电子更多了。这是注–波互作用效率提高的有效证明。互作用效率最高的是介质加载的渐变波导，其次是三段式直波导渐变波导，再者是两段式的直波导渐变波导。

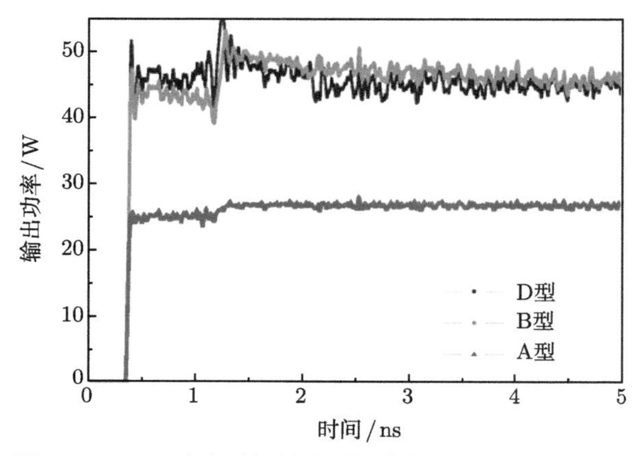

图 4.7.19　两种介质加载类型的渐变波导的输出功率图

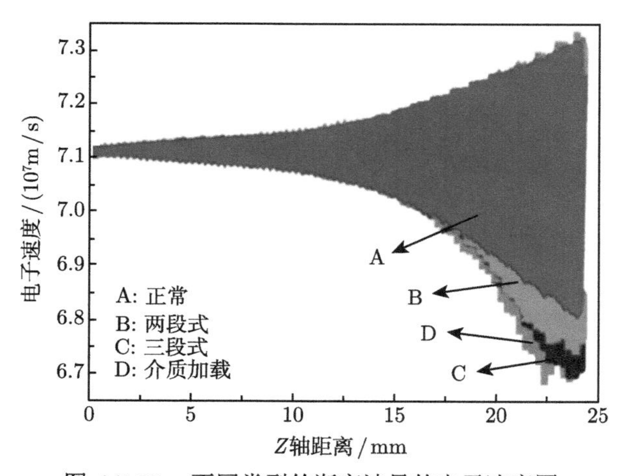

图 4.7.20　不同类型的渐变波导的电子速度图

由以上分析可以看出，介质加载的渐变波导对于降低波的轴向相速也是非常有效的，电子与波的相互作用得到了很大提高，输出功率较无渐变的结构而言，提高了 80%。这对实际设计非常有意义。

4.8 返波激励行波放大的级联折叠波导管

近年来太赫兹源的发展很快，而基于真空电子器件的太赫兹源由于大功率等优点而获得了广泛的关注。为了获得大功率的太赫兹信号，通常会用小功率固态源作为输入信号，在经过了行波放大器以后，就可以得到高功率的信号。人们提出一种新型的级联折叠波导高频结构 [47]，该结构由一个折叠波导返波振荡器 (folded waveguide backward wave oscillator，FW-BWO) 与一个折叠波导行波放大器 (folded waveguide traveling-wave tube amplifier，FW-TWT) 级联，由 FW-BWO 产生太赫兹信号，再将信号作为下一级放大器的输入信号。该结构的优点在于：① 结构自身产生信号源，不需要外接太赫兹信号激励源；② 作为放大器的输入信号不能过大，信号稳定即可，因此，整个器件结构对 FW-BWO 的要求不高，易于制造；③ 对放大器而言，由于输入信号较大，所以电子注互作用长度就大大缩短，对器件的小型化和集成化是很有益的 [53]。

4.8.1 FW-BWO 激励的 FW-TWT 放大器的设计

1. 色散特性分析

对于返波激励行波的级联结构，首先要从理论上证明其可行性。由于在折叠波导电路中 TE_{10} 模式是传输主模，所以这里用 TE_{10} 模假设法，即将折叠波导高频结构中高频场与电子注的互作用模型简化为电子注与矩形波导中 TE_{10} 模式波的相互作用模型。当电子注经过波导间隙处时，正好处于高频场中，会被减速或者加速，从而进行能量交换。此外，在折叠波导中，每经过一个 E 面弯曲波导，就会产生一个相位跳变 π。再考虑 n 次空间谐波，则每个周期的相移为

$$\varphi = (\beta p + \pi) + 2n\pi \tag{4-8-1}$$

其中，β 为轴向相位常数，p 为折叠波导的周期 [48]。又

$$\beta = \omega / v_z \tag{4-8-2}$$

式中，v_z 为波在轴向的传播速度。若不考虑折叠波导弯曲部分和电子注通道的影响，则波轴向相速可表示为

$$v_z = \frac{\omega}{\beta} = \frac{c}{\dfrac{L}{p}\sqrt{1-\left(\dfrac{\lambda}{\lambda_c}\right)^2}+\dfrac{\lambda}{2p}} = \frac{p}{L}\frac{c}{\sqrt{1-\left(\dfrac{\omega_c}{\omega}\right)^2}+\dfrac{\pi c}{\omega L}} \tag{4-8-3}$$

式中，$\omega_c = \pi c/a$，进一步化简，可以得到 ω 和 β 的关系 [49−53]

$$\beta = \frac{L\sqrt{\omega^2-\omega_c^2}+\pi c}{pc} = \frac{L\sqrt{(2\pi f)^2-(\pi c/a)^2}+\pi c}{pc} \tag{4-8-4}$$

式 (4-8-4) 即为折叠波导的色散方程，根据上式可以画出如图 4.8.1 所示的色散曲线。图 4.8.1(a) 为 FW-TWT 的色散曲线，电压为 14.2kV 时，其工作频带为 200 ~ 272GHz，工作在行波段；图 4.8.1(b) 为 FW-BWO 的色散曲线，电压为 22kV 时，工作频点为 216GHz，工作在返波段。由此可以看出，FW-BWO 是可以激励 FW-TWT 的。此外，还可以通过调节 FW-BWO 的工作电压，来实现不同的工作频点。只要频点落在 FW-TWT 的工作频带内，激励就可以实现。两部分的结构参数如表 4.8.1 所示。

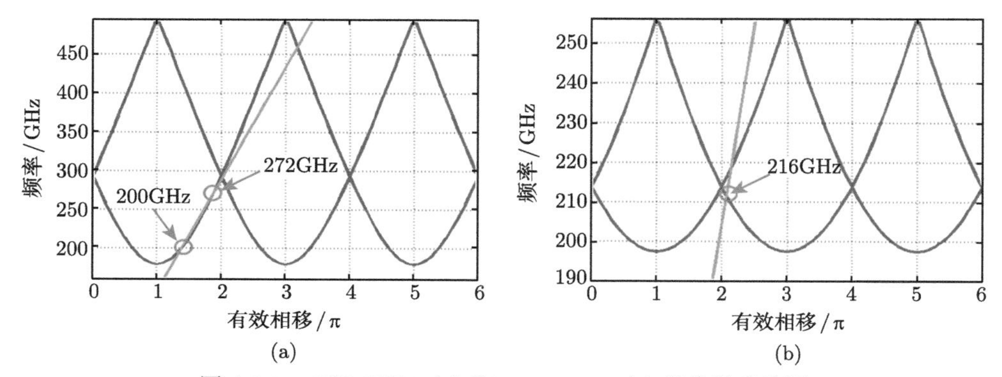

图 4.8.1 FW-TWT (a) 和 FW-BWO (b) 的色散曲线图

表 4.8.1 振荡器和放大器的结构参数

参数	FW-BWO	FW-TWT
a	0.76mm	0.82mm
b	0.2mm	0.12mm
p	0.4mm	0.24mm
h	1.2mm	0.27mm
r	0.2mm	0.1mm
r_b	0.16mm	0.08mm
U	22kV	14.2kV
I	0.1A	0.066A

2. 级联结构中的 FW-TWT 设计

级联高频结构中，放大器部分的设计需要考虑的问题是，当其输入信号较大时，结构应当如何调整。因此，首先考察对于单个放大器而言，对于不同的输入信号在不同的互作用长度下所得到的输出信号。

对该结构模拟表明，当输入信号为 20W，互作用周期数为 50 时，粒子出现了明显的群聚，粒子群聚最好的部分是在结构中部。在 FW-BWO 激励 FW-TWT 的级联结构中，FW-TWT 的输入信号为 FW-BWO 的输出信号，该信号至少为几十瓦，所以 FW-TWT 的周期数不应该过多。由于 FW-BWO 与 FW-TWT 级联以后，结构整体还会出现由级联带来的反射，这会影响 FW-TWT 的工作，因此，结构中暂时先将 FW-TWT 的周期数设置为 20，在后面的优化过程中再进行周期数的优化。

4.8.2 粒子模拟研究

首先，考虑 FW-BWO 部分，其周期数为 10，按照表 4.8.1 的结构参数可以得到 58W 的输出功率，且功率非常稳定，如图 4.8.2 所示。将输出信号稳定的 FW-BWO 加入过渡波导部分和放大器部分。放大器的结构参数如表 4.8.1 所示。为了避免 FW-BWO 输出信号激起放大器的噪声，随之形成新的振荡，因此，利用衰减材料先减弱放大器输入信号，结构设计如图 4.8.3(a) 所示，端口 1 为 FW-BWO 振荡的输出信号，端口 2 为放大器的输入信号，端口 3 为放大器放大后的信号。其次，放大器的周期数设为 20 个周期，这是由于输入信号较大，不需要太长的互作用长度，20 个周期的放大器长度与 10 个周期的 FW-BWO 长度接近，整个高频结构的轴向长度小于 1cm。这个设计符合器件小型化、集成化的发展趋势。

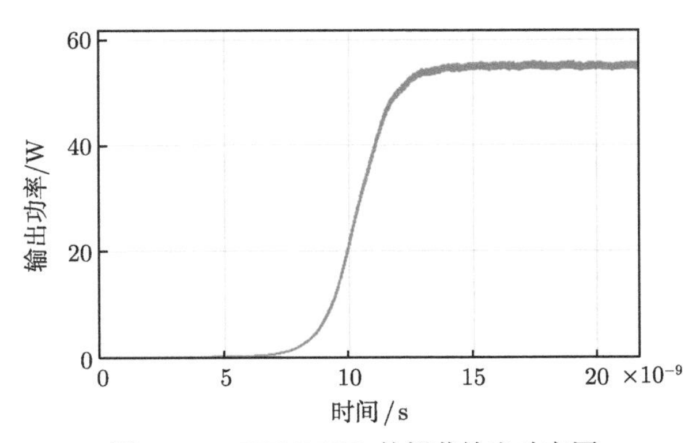

图 4.8.2 FW-BWO 的振荡输出功率图

衰减材料的形状和高度对衰减效果的影响很大。图 4.8.3 为衰减材料为三棱柱的情况，图 4.8.3(a) 为结构图，衰减材料将波导封闭；图 4.8.3(b) 为端口 2 处的功率图；图 4.8.3(c) 为端口 2 处的频谱图。图 4.8.4 为衰减材料为长方体的情况，图 4.8.4(a) 为结构图，衰减材料高 $b/2$，没有将波导封闭；图 4.8.4(b) 为端口 2 处的功率图；图 4.8.4(c) 为端口 2 处的频谱图。这里选取的衰减材料主要是氧化铍陶瓷。

分别对以上两种结构进行粒子仿真计算，结果表明：当衰减材料将波导完全封闭时，则放大器中的信号会出现振荡，图 4.8.3(b) 和图 4.8.4(b) 对比可知，当衰减材料将波导口完全封闭时，端口 2 处有振荡信号。再从图 4.8.3(c) 和图 4.8.4(c) 中可以看出，振荡产生了新的频点 2。频点 1 是设计的频点 (216GHz)，而多出的频点 2(约为 244GHz) 则是在衰减材料封闭波导时，放大器部分形成振荡而产生的信号。由此可见，图 4.8.4 的衰减材料涂覆方式更适合设计要求，所以以下的优化过程会选择该结构作进一步讨论。

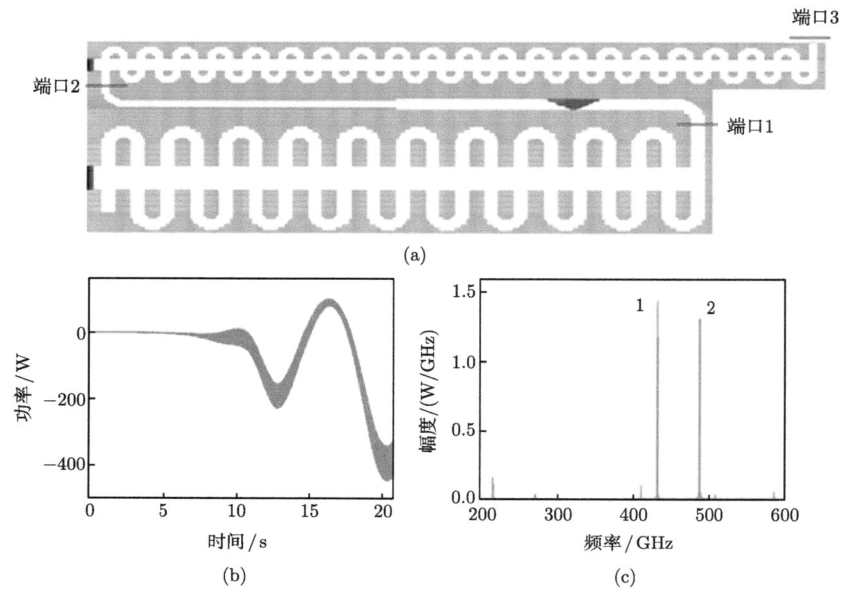

图 4.8.3　衰减材料为三棱柱时的结构图 (a) 以及端口 2 的功率图 (b) 和频谱图 (c)

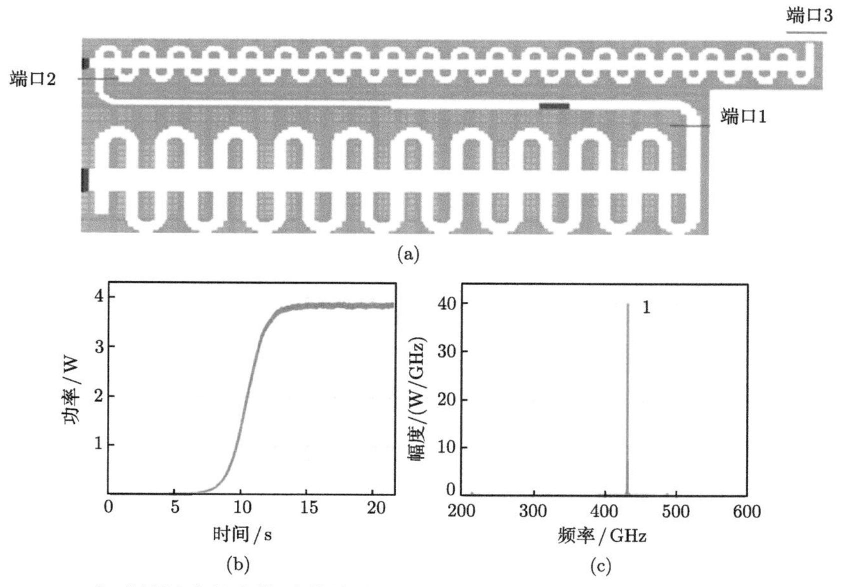

图 4.8.4　衰减材料为长方体时的结构图 (a) 以及端口 2 的功率图 (b) 和频谱图 (c)

综上得出，衰减材料不能将波导完全封闭，图 4.8.5 是衰减材料为长方体时结构中粒子群聚图以及电子能量图，由图可以看出，振荡器部分和放大器部分粒子群聚都非常好，说明注–波互作用效率很高。

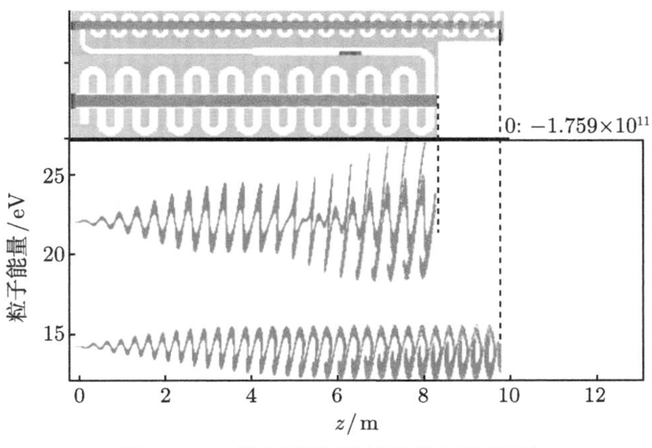

图 4.8.5 粒子群聚图以及粒子能量图

4.9 太赫兹空间行波管

4.9.1 简介

空间行波管放大器是用于卫星通信系统的微波放大组件，它能把微弱的电磁信号放大，以增强通信质量、增加通信距离。太赫兹波通信具有瞬时带宽宽、系统结构小、重量轻、波束方向性好和保密性能高等特点，在分布式星群、天基信息港、低轨卫星星座、低轨遥感接入等领域具有非常重要的应用前景。星间太赫兹通信速率相比于星间微波通信具有显著优势，可达到与星间激光通信相比拟的传输速率，同时在天线跟瞄速率与精度、受卫星平台振动影响方面有显著优势，并且可以实现灵活的多用户接入与组网。其中，高效率太赫兹波段空间行波管放大器因其高可靠、高效率等特点，是星间链路太赫兹通信的关键组件之一。

4.9.2 基本结构

空间行波管放大器是星载转发器和星载太赫兹发射机的关键部件，其主要作用是放大太赫兹波功率。太赫兹波段空间行波管放大器作为宽带节点卫星太赫兹信号系统发射机，是太赫兹放大链路的关键组成部分。

太赫兹波段行波管放大器主要包括太赫兹波段行波管和 EPC(electronic power control) 电源两个部分，其中太赫兹波段行波管主要是对太赫兹波段信号进行功率放大，EPC 负责给行波管供电和向综合接口单元上报各类遥测参数，如

图 4.9.1 所示。空间行波管由电子枪、高频系统和多级降压收集极组成，电子枪产生高能电子，在高频系统中电子与电磁波相互作用交换能量，使输入的电磁波信号得到放大，作用后的电子由降压收集极回收能量。EPC 提供与行波管相匹配的各极工作电压，EPC 的工作状态受地面指令信号的控制，同时给出行波管关键工作参量 (螺流) 以及行波管工作状态的遥测信息，还对行波管及母线电源起到保护作用。

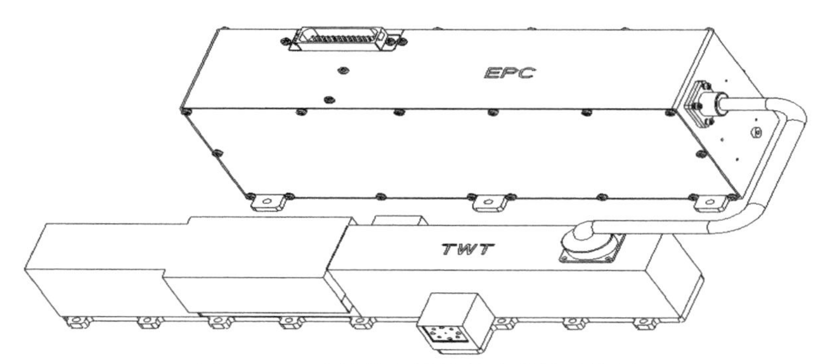

图 4.9.1 太赫兹行波管放大器外形简图

图 4.9.2 是一支太赫兹行波管的结构示意图，其主要由五个部分组成，分别是电子枪、周期永磁聚焦系统、折叠波导慢波结构、输入输出装置和多级降压收集极。

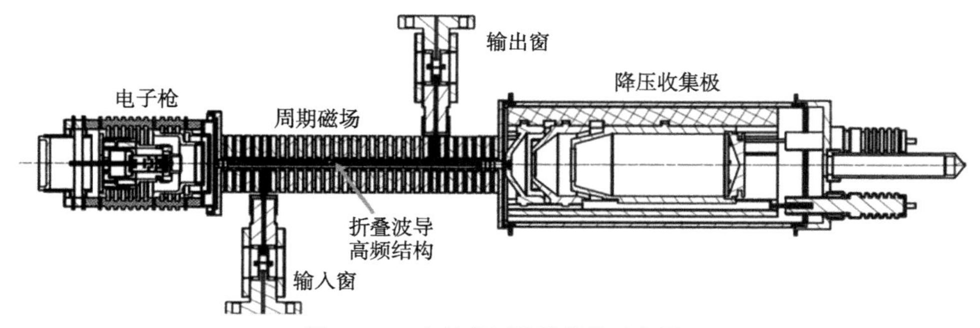

图 4.9.2 太赫兹行波管结构示意图

行波管采用金属陶瓷结构，主要结构包括：输入输出采用 WR4.3 标准波导、高频互作用采用折叠波导慢波电路、电子枪采用阳控电子枪、多级降压收集极和周期永磁聚焦系统。

4.9.3 太赫兹行波管理论设计

行波管的设计主要包括电子枪、周期永磁聚焦系统、慢波系统、输能窗及降压收集极等 5 个部分，具体设计如下。

1. 电子枪

电子枪是行波管放大器的重要部件之一，主要由热子组件、阴极、聚焦极和阳极等组成。其功能是通过加热热子使阴极达到满足热发射要求的温度，设计各电极的结构、相对位置和电极电势，产生和形成一定形状的电子注，将电源的能量转换成电子注的动能，并实现对电子注的控制。高质量的电子注是实现高性能行波管的关键。轴对称收敛型电子枪由于其结构简单、零部件加工和装配难度低等优点，在 O 型微波管中应用最为广泛，因此可采用该类型电子枪。电子枪设计主要有以下两个方面：第一，长寿命阴极的设计；第二，电子枪 (真空内外) 的高压绝缘和打火问题。阴极发射出的电子注具有符合整管要求的导流系数、适宜的注腰半径和射程，以及良好的层流性，具体如下所述。

1) 长寿命阴极材料选取

在行波管中，电子注是产生和放大微波功率的介质，而电子注是由阴极发射电子形成的，因此阴极占据重要地位，是该器件的心脏部件。高性能、长寿命器件的实现与高性能阴极密切相关。

钡钨阴极是一种储备式阴极，在阴极内部储备有足够的活性物质，在阴极工作期间，可以不断地向阴极表面提供钡原子，以补充因蒸发、中毒或离子轰击等引起的钡原子的损失，从而使阴极保持稳定的发射能力。钡钨阴极具有强而稳定的发射能力，特别是寿命长，耐离子轰击和抗中毒能力强，而且在结构上有良好的机械强度、耐冲击、抗震动；并且可以加工成多种形状，尺寸精确，表面光洁。基于上述考虑，采用钡钨阴极作为电子枪的发射阴极。

前文提到可采用轴对称收敛型电子枪，因此阴极结构采用圆柱形球面发射阴极。对于单注行波管，可通过加大阴极底部半径的方式，提高电子枪的面压缩比来降低阴极的发射电流密度，但这将导致电子注层流性和阴极表面发射电流密度的均匀性变差，另外热子加热功率和发射物质蒸散量也会增加，从而影响电子枪和整管的可靠性；但若阴极底部半径太小，则必将导致阴极表面电流发射密度过大，从而缩短阴极的工作寿命。因此应选择合适的阴极发射电流密度，同时兼顾阴极寿命和电子注聚焦质量等因素，由 PIC 模拟计算得到，电子漂移通道的半径为 0.1mm，阴极发射电流为 25mA。基于以上参数，阴极底部直径可选取 1mm，此时阴极表面电流发射密度为 $3.1\mathrm{A/cm^2}$，图 4.9.3 为已装配完成的圆柱形球面钡钨阴极热子组件图。

2) 电子枪的仿真设计

电子枪采用双阳极结构，其结构示意图如图 4.9.4 所示。其中聚焦极的作用是限制电子注的形状，增加或减少阴极发射电子的能力，其电势接近或等于阴极电势。第一阳极电压 V_1 为 15.1kV，第二阳极电压 V_2 为 15.2kV，在第一阳极和第二阳极之间形成离子阱，防止电子回轰阴极，缩短电子枪的工作寿命。管体电压即工作电压 V_0 为 15kV，根据公式 $P = I/V_0^{1.5}$ 计算得到导流系数为 0.013μP。

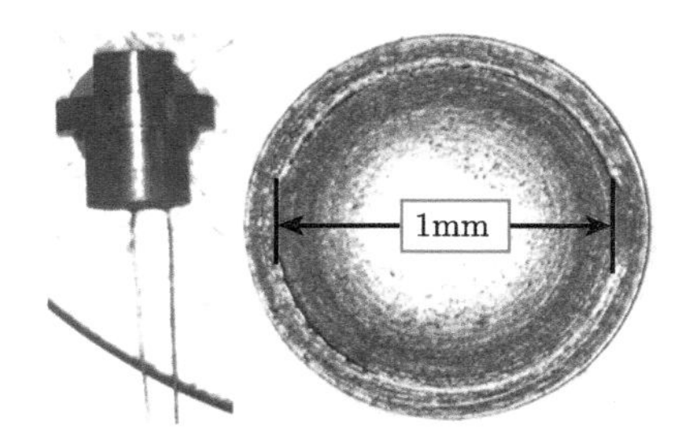

图 4.9.3　圆柱形球面钡钨阴极热子组件图

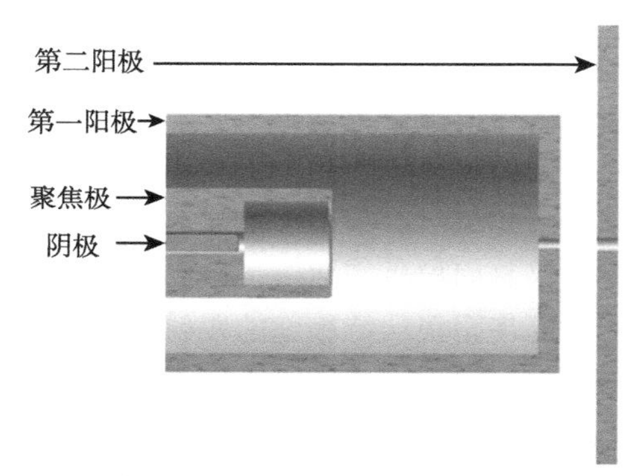

图 4.9.4　双阳极电子结构示意图

在电子枪仿真计算中，将电子枪区域的网格尺寸设为 0.02mm；在电子枪内部，聚焦极和阳极之间的最短距离为 3mm，而两极间的电压差为 15.1kV，因此电子枪内部的场强远小于真空环境下的击穿场强，同时将聚焦极内外圆的边缘设计为圆角，从而杜绝行波管在热测和工作时，可能出现的电子枪内部打火情况。而在电子枪外部，各电极之间采用波纹瓷焊接，确保电极耐压大于 20kV。图 4.9.5 为电子枪区域内的电场等势线分布图。

电子注的层流性表示电子轨迹交叉与否或交叉的严重程度。层流性好的电子注在聚焦时可用较低的磁场值达到较高的流通率，同时高频场引起电子注的散焦截获也小。反之，层流性差的电子注会使流通率和效率降低，高频散焦截获增大，导致器件无法在连续波状态下工作。从图 4.9.6 的电子注轨迹可知，该电子枪所产生的电子注具有很好的层流性，没有电子束轨迹交叉现象出现，注腰位置为 14mm，注腰半径 a 为 0.048mm，阴极发射电流 I 为 25mA，注腰处的电流密度 i 为 345A/cm^2。

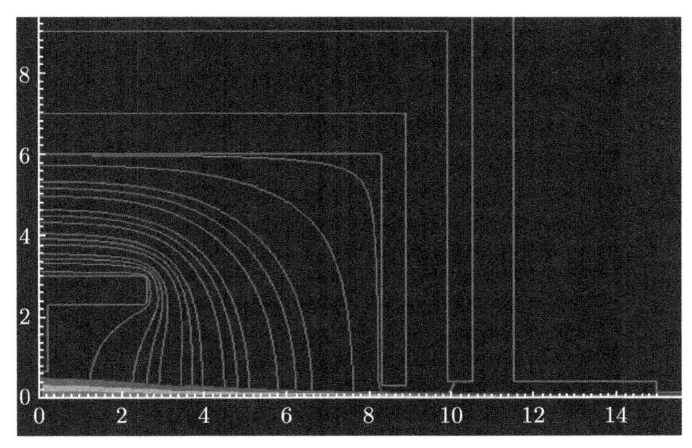

图 4.9.5 电子枪区域内电场等势线分布

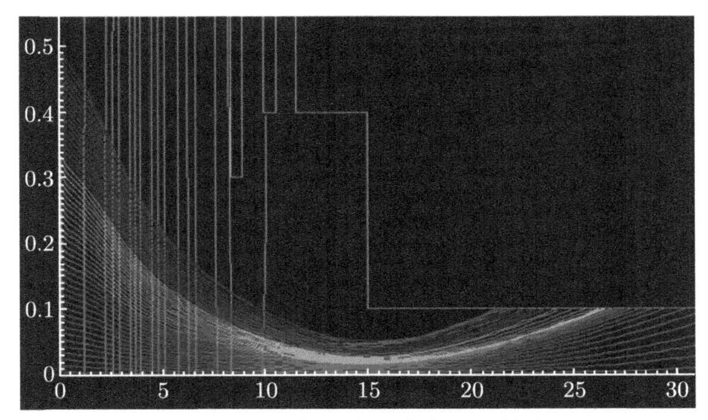

图 4.9.6 电子枪区域电子注轨迹

2. 周期永磁聚焦系统

在行波管互作用区，电子注通过一个细长的慢波系统，与慢波系统中的行波场进行注–波互作用，将电子注能量转换为需要的电磁波能量，从而放大高频信号。由于空间电荷效应，传输电子注会慢慢发散，致使很多电子打到高频结构上，导致其发热，降低能量转换的效率，严重时甚至将损毁高频结构。因此，必须在互作用区段加上聚焦系统，通过外加磁场使电子注扩散的空间电荷力加上电子注旋转产生的离心力，刚好与使电子注聚焦的磁力之间达到平衡，从而防止电子注发散。

考虑到该行波管的漂移通道长径比很大，故采用周期永磁 (PPM) 聚焦方式，该聚焦系统具有以下特点：①体积小、重量轻；②本身不消耗功率；③杂散磁场小；④具有包装式结构，使用方便。周期永磁聚焦系统设计的主要任务是根据整管对重量、体积以及使用温度和环境方面的限制要求，同时考虑与电子枪组件、高频组件以及输能组件的焊接装配方面的工艺要求，确定周期永磁聚焦系统的磁环、极靴的磁性材料和几何尺寸，得到合适的磁场峰值和周期，使电子注流通率高、波动小、层流性好。

对于均匀磁场而言，聚焦从完全磁屏蔽阴极射出的电子注所需的布里渊磁感应强度 B_{B} 可由表达式 (4-9-1) 求得为 2470G($1\mathrm{G}=10^{-4}\mathrm{T}$)：

$$B_{\mathrm{B}}=1472\frac{\sqrt{i}}{V_0^{0.25}}(\mathrm{G}) \tag{4-9-1}$$

对于周期磁场而言，聚焦从完全磁屏蔽阴极射出的电子注所需要的峰值磁感应强度 B_{P} 与 B_{B} 之间的关系为：$B_{\mathrm{P}}=\sqrt{2}B_{\mathrm{B}}$。但由于电子枪像差、热速度和装配误差等因素，实际所需周期磁感应强度峰值 B_{P} 比 $\sqrt{2}B_{\mathrm{B}}$ 要大，因此，实际所需的磁感应峰值为 4940G：

$$B_{\mathrm{P}}=2\sqrt{2}B_{\mathrm{B}}(\mathrm{G}) \tag{4-9-2}$$

电子注的等离子体波长 $\lambda_{\mathrm{P}}=14.8\mathrm{mm}$，可由式 (4-9-3) 得到

$$\lambda_{\mathrm{P}}=7.98\times25.4\times10^{-3}\frac{V_0^{0.75}}{\sqrt{i}}(\mathrm{mm}) \tag{4-9-3}$$

当周期永磁聚焦系统的周期长度 $L=4.8\mathrm{mm}$ 时，电子注的刚性系数为 3.08，其值大于 3：

$$\text{刚度系数}=\frac{\lambda_{\mathrm{P}}}{L} \tag{4-9-4}$$

说明采用该周期长度的聚焦磁场来对电子注聚焦时，所产生的脉动已经足够小。

采用电磁仿真软件 E-gun 对周期永磁聚焦系统进行模拟设计，对极靴和磁环位置进行局部网格加密，设置网格尺寸为 0.1mm，其中磁环充磁方向为轴向充磁，材料采用性能优良的低温度系数的钐钴 17 磁钢，如图 4.9.7 所示。聚焦系统各部件的结构设计参数如表 4.9.1 所示。

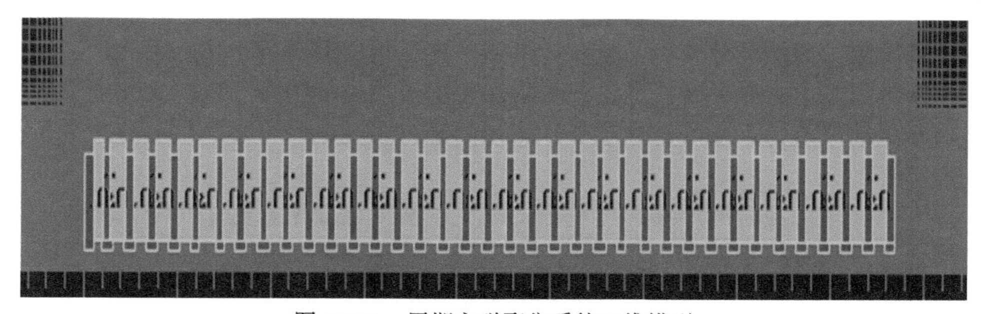

图 4.9.7　周期永磁聚焦系统二维模型

表 4.9.1 周期永磁聚焦系统设计参数

聚焦系统的周期长度	4.8mm
聚焦系统的峰值磁感应强度	5000G
聚焦系统的首峰值磁感应强度	3200G
磁环厚度	1.6mm
磁环外半径	9mm
磁环材料	钐钴 17

周期聚焦磁场轴线上纵向磁感应强度 B_z 分布情况如图 4.9.8 所示，系统中间磁环感应强度峰值为 5000G，各峰值间的最大误差小于 6%。为了使电子注在周期磁场约束下束腰半径和脉动较小，电子束注入过渡区时，B_z 须为余弦分布曲线，采用等效面积法处理，通过将周期磁系统的第一个磁环减薄的方法来降低第一个峰的磁感应强度，将聚焦系统的首个峰值磁感应强度设计为 3200G，同时调节聚焦系统与阴极的轴向距离，最终达到电子注与聚焦系统匹配的目的。图 4.9.9 所示为设计完成的周期永磁聚焦系统约束下的电子注运动轨迹，从图中可以看出电子注脉较小，没有交叉情况出现，填充比约为 55%。

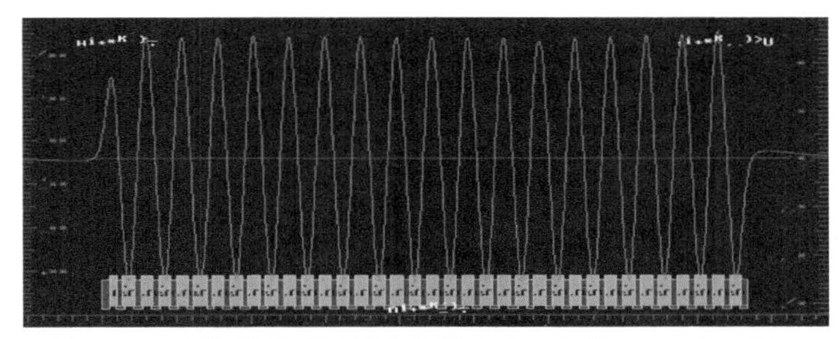

图 4.9.8 周期聚焦磁场轴线上纵向磁感应强度 B_z 分布情况

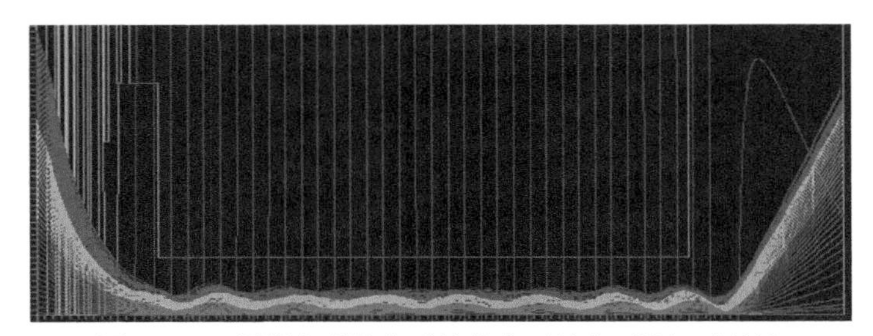

图 4.9.9 周期永磁聚焦系统约束下的电子注运动轨迹

3. 慢波系统

折叠波导慢波系统是实现注–波互作用的核心部件，可采用高速铣和钎焊等工艺完成慢波系统的成型。

在行波管中，慢波系统的基本作用是提供一个相位传播速度略低于电子运动速度并且具有足够强的轴向电场的高频电磁波，高频场与电子注相互作用，使高频信号得到放大。慢波结构的形状和尺寸确定了高频场的分布和传播速度，从而决定了电子注与波的互作用效果。增益是行波管的一个主要高频参量。增益有两种：一种是小信号增益 $G_{\rm ss}$；另一种是饱和增益 $G_{\rm sat}$。根据皮尔斯提出的行波管小信号理论，小信号增益可按下式计算：

$$G_{\rm ss}=BCN+A+A_1 \tag{4-9-5}$$

式中，A 表示初始损耗，是输入高频信号用于对电子注进行调制在行波管中建立起工作的波动过程所必须付出的功率损耗，一般 $A=-7\sim-8{\rm dB}$。A_1 表示集中衰减器所引起的增益下降，它与集中衰减器的衰减量、位置、渐变情况等因素有关。一般情况下 A_1 近似取为 $-6\sim-7{\rm dB}$。B 是增益因子，C 增益参量，N 为轴向长度的波长数，BCN 与小信号增益计算有着密切的关系，可由式 (4-9-6) 表示：

$$BCN=54.6\frac{CX_1}{1+Cb}N_{\rm g} \tag{4-9-6}$$

其中，X_1 是增幅波的增长系数，是行波管各有关参量的函数，由行波管小信号方程增幅波根 δ_1 的实部确定。

表达式 (4-9-7) 表示小信号方程：

$$\begin{aligned}&\delta^4+{\rm j}\frac{2}{c}\delta^3+\left\{\left[\frac{2b}{c}+b^2-d^2+\frac{4Q_c}{(1-c\sqrt{Qc})^2}\right]-{\rm j}2d\left(b+\frac{1}{c}\right)\right\}\delta^2+{\rm j}\frac{8Q_c}{(1-c\sqrt{Q_c})^2c}\delta\\&+\left[1+2bc+3b^2c^2+b^3c^3+b\frac{4Q_c}{(1-c\sqrt{Q_c})^2}+\frac{c}{2}\left(b^2-d^2\right)\frac{4Q_c}{(1-c\sqrt{Q_c})^2}\right.\\&\left.-{\rm j}d\frac{4Q_c}{(1-c\sqrt{Q_c})^2}(1+bc)-{\rm j}cd\left(1+bc+b^2c^2\right)\right]=0\end{aligned} \tag{4-9-7}$$

式中，δ 表示所求电子注对波动传输常数的扰动，其实数部分即为 X_1 的值；$b=\dfrac{1}{c}\left(\dfrac{u_0}{u_\varphi}-1\right)$ 为速度参数，这里 u_0 为电子速度，u_φ 为行波相速；$Q_c=\dfrac{1}{4c^2}\left(\dfrac{\omega_q/\omega}{1+\omega_q/\omega}\right)^2$ 为空间电荷参量，这里 ω_q 是有效等离子体角频率，ω 为信号角频率。

方程式 (4-9-7) 对于不同的 b、c、Q_c、d 有四种不同的表达形式，分别代表螺线上存在的四种不同的波，即增幅波、减幅波、等幅波和反射波，增幅波 δ_1 的实部即为增益参数 X_1。对于不同的 b、c、Q_c、d 参量，存在最大的 X_1，所以在设计计算时，将利用增益参数图，以求达到较佳的 X_1。

单周期折叠波导高频结构的示意图如图 4.9.10 所示。结构几何参数包括折叠波导宽边 a、窄边 b、直波导高度 h、半周期长度 p 以及电子通道半径 r。折叠波导的高频特性包括色散关系以及耦合阻抗，如图 4.9.11 所示。其中，色散关系中红色实线为电子速度线，电子速度线与色散曲线的基波线处于近似相切位置，表示慢波相速度与电子速度接近，这种条件下电子可以与高频场进行能量交换，经过电子速度调制与密度调制所产生的电子束团落在减速电场当中动能减小，转化为高频电场能量从而实现信号放大。色散特性基波曲线形状、截止频率位置以及耦合阻抗大小完全由单周期折叠波导的几何尺寸确定，通过高频特性分析可以初步确定这 4 项参数的取值。

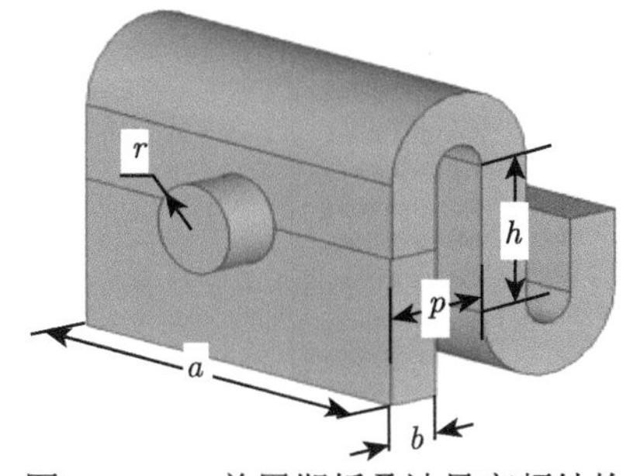

图 4.9.10 单周期折叠波导高频结构示意图

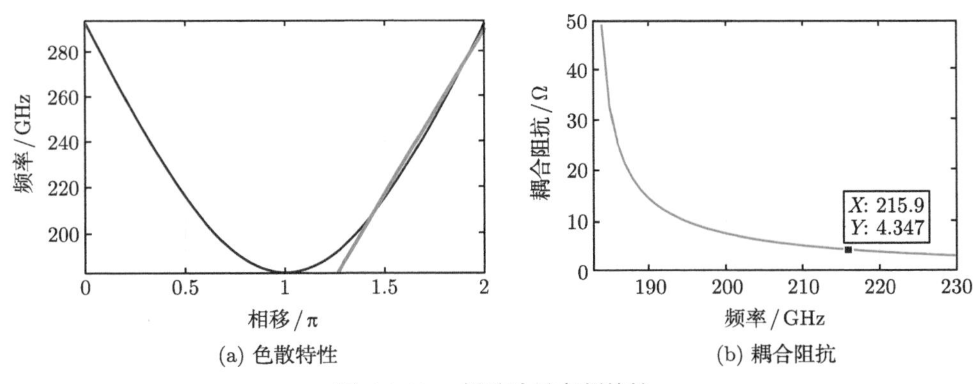

(a) 色散特性　(b) 耦合阻抗

图 4.9.11 折叠波导高频特性

通过 CST 模拟冷腔折叠波导的 S 参数如图 4.9.12 所示，从图中看出，冷腔的通带范围是 $190 \sim 295$GHz，器件所要求的频段在通带区间当中。

根据高频特性进行了注–波互作用特性分析，所确定的电子注电压在 $14.5 \sim 15$kV。为了抑制行波管的自激振荡功率，在高频电路中插入由氧化铍构成的衰减陶瓷结构，如图 4.9.13 所示。

为保证足够高的整管增益，通过 CST 粒子模拟对周期数进行了优化，则第一段周期数设计为 50，第二段周期数为 80 时，粒子模拟所得到的输出功率最大，在中心频点 215GHz 处达到 10.3W，粒子模拟结果如图 4.9.14 所示。

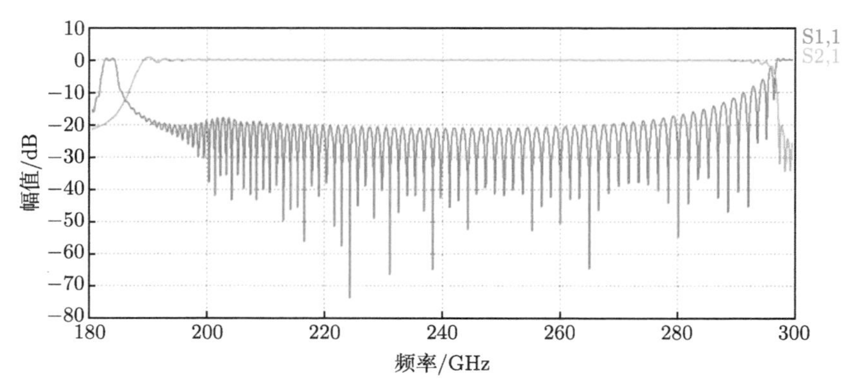

图 4.9.12　冷腔折叠波导的 S 参数示意图

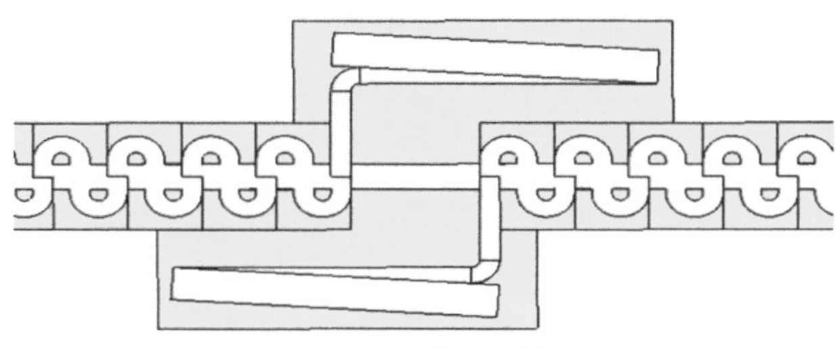

图 4.9.13　氧化铍衰减陶瓷结构

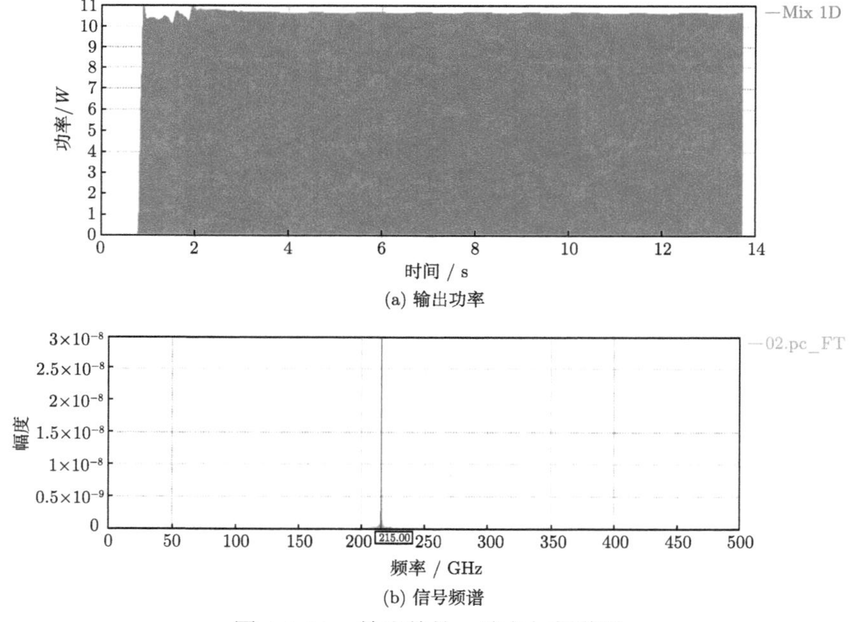

图 4.9.14　输出特性：功率与频谱图

为了保证放大器的带宽，改变激励信号频率进行模拟，得到 210 ~ 220GHz 频带范围内放大器的输出功率图。从图 4.9.15 可以看出，频带内最高功率点集中在 214 ~ 216GHz 范围内，最高功率达到 10.5W。10GHz 频带边缘功率在 8W 左右，符合放大器工作带宽需求。

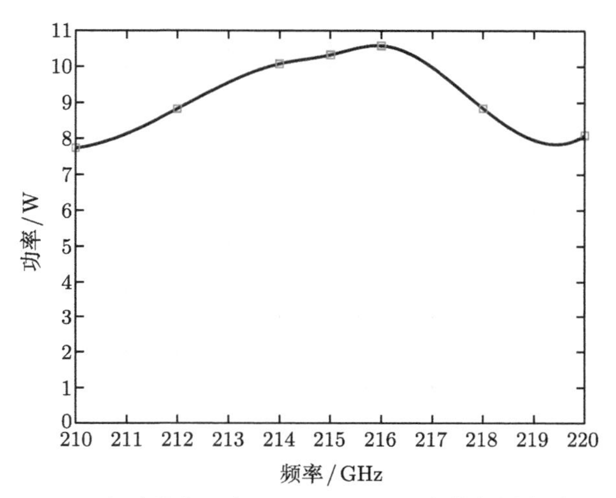

图 4.9.15 行波放大器在 210 ~ 220GHz 频带范围内输出功率

4. 输能窗

输能窗包括输能窗和输入窗，为了便于太赫兹行波管制备，可采用盒型窗作为信号的输入输出部件，其结构如图 4.9.16 所示。

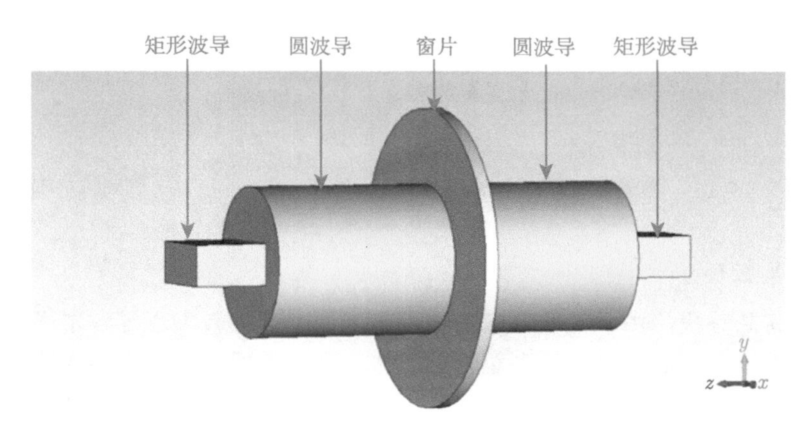

图 4.9.16 盒型输能窗

考虑到窗片金属化难易程度，输能窗片采用蓝宝石材料。由于工作频率高，结构尺寸小，则较小的尺寸偏差将对输能窗的驻波比 (VSWR) 产生较大的影响。因此在窗制备过程中，要严格控制输能窗结构部件的结构尺寸。

在焊接方法上，由于结构尺寸小，首先采用扩散焊完成传输波导焊接，在此基础上，再进行二次加工，完成圆波导加工。

图 4.9.17 表示输能窗 VSWR 的计算结果，在频带范围 210 ~ 220GHz，VSWR 小于 1.05，符合设计要求。图 4.9.18 表示输能窗纵向电场分布，从图中可以看出，在窗片处纵向电场值最小。

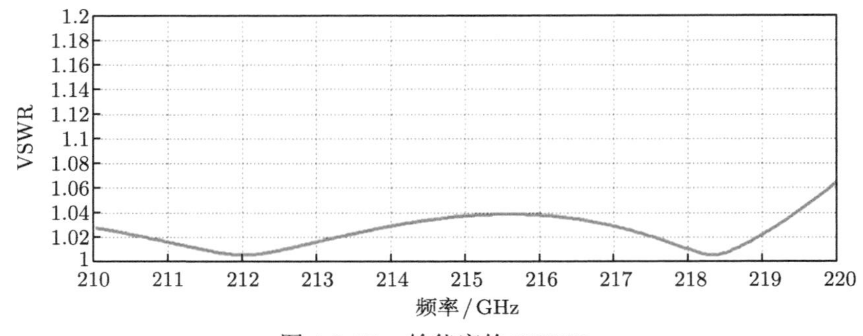

图 4.9.17　输能窗的 VSWR

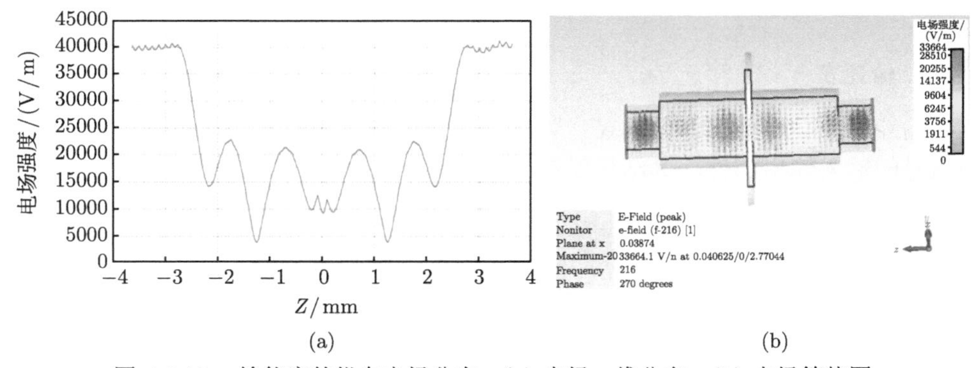

图 4.9.18　输能窗的纵向电场分布：(a) 电场一维分布；(b) 电场等势图

5. 收集极部分

在太赫兹频段，由于趋肤效应的作用，表面损耗比较大，导致电子注高频结构的互作用效率较低，为了提高整管的工作效率，需要设计具有多级降压能力的收集极，以降低电源功率和热耗。220GHz 空间行波管的高频电子效率在 5% 以下，此外，毫米波行波管的工作电压一般较高，该管型设计电压大于 15kV，对小尺寸的收集极结构的电极耐压设计和工艺实现带来困难。因此选择三级降压收集极，既保证了足够的回收效率，又有利于配套电源研制。

图 4.9.19 是互作用后的电子能谱，大部分电子释放能量速度降低，小部分电子获取能量速度升高，采用三级降压分级回收能量。图 4.9.20 为三级降压收集极，图 4.9.21 为采用微波管模拟器套装 (MTSS) 设计的三级降压收集极模型及网格划分。

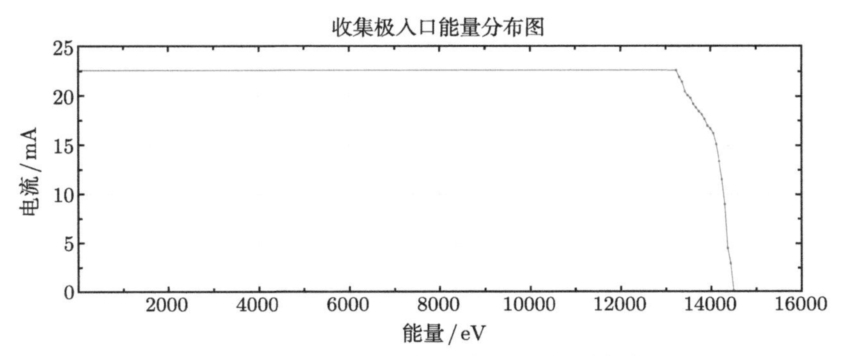

图 4.9.19 电子能谱 (收集极回收分析图)

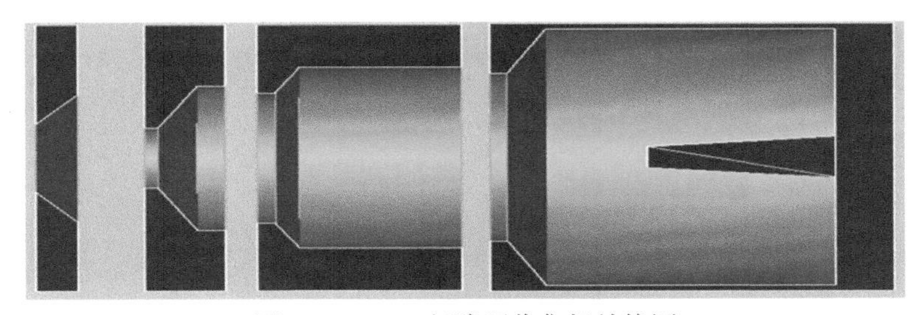

图 4.9.20 三级降压收集极结构图

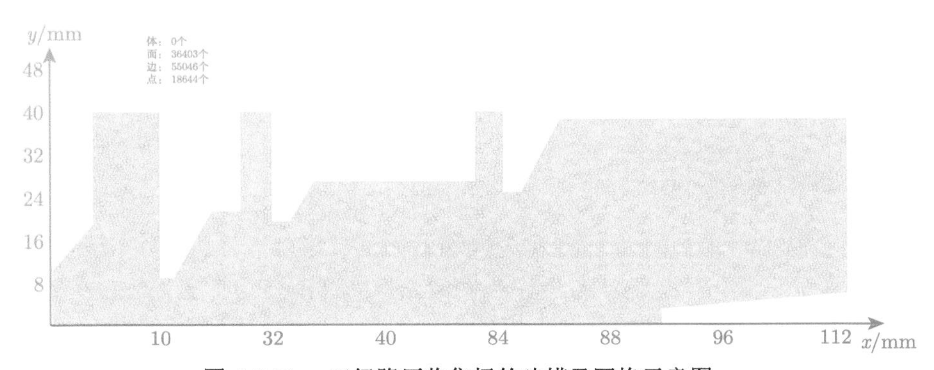

图 4.9.21 三级降压收集极的建模及网格示意图

图 4.9.22 是采用 MTSS 设计的三级降压收集极的电势分布图，模拟电极对电场分布的影响，结果表明收集极内部电场分布均匀，不存在电场尖点，打火风

险小。

图 4.9.23 是采用 MTSS 设计的三级降压收集极的回收示意图，模拟得到不考虑二次电子和尾端磁场的影响时，收集极回收效率接近 90%，返流为 0mA，大部分电子软着陆在收集极上，收敛结果非常好。

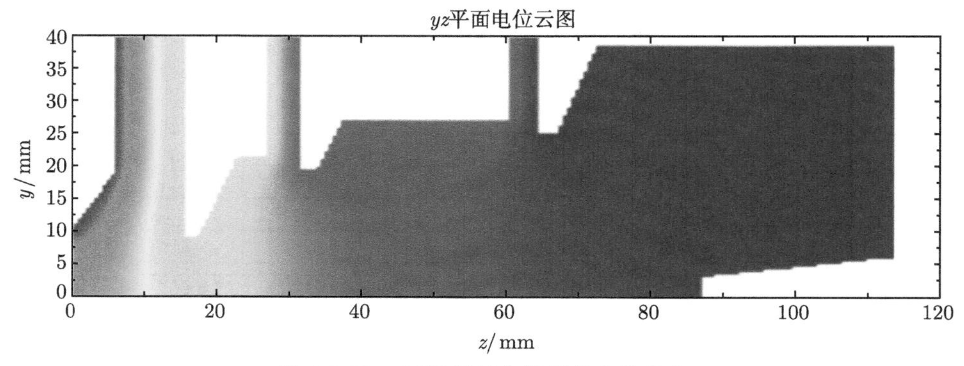

图 4.9.22　三级降压收集极的电位分布

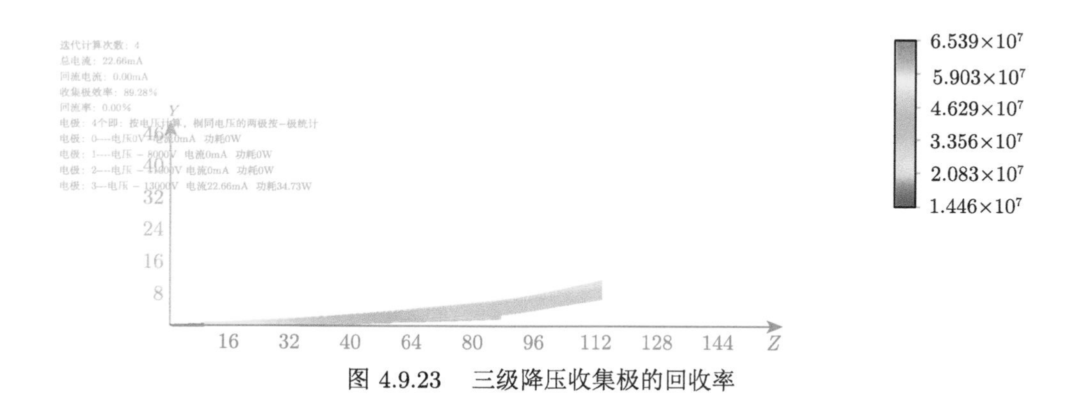

图 4.9.23　三级降压收集极的回收率

4.9.4　空间行波管制造工艺

太赫兹行波管的处理流程涉及金属零件加工、零件表面处理、金属零件 (部分部件) 真空除气、陶瓷金属化、金属–陶瓷封接、高频结构制备、衰减器制备、阴极组件制备、电子枪组件制备、收集极组件制备、磁钢测配及整管装配等多项工艺，行波管整管装配之后还要经过整管真空排气、整管冷测、整管热测、整管包装、环境试验 (如振动试验、高低温试验) 等多道工序。完成所有工序最终才生产出电性能、可靠性、寿命等技术指标符合要求的太赫兹行波管。太赫兹行波管制造中涉及的工序多，制造工艺难度较大，各工序之间串行、并行相互交织。每道工序都有专门的工艺操作人员、专用的设备、不同的材料及制备方法、专用的技术操作规范和特定的环境等条件要求。

行波管的电子枪组件、高频组件和收集极组件三大组件，各个组件结构的设计既要满足行波管带宽、工作频率、功率、增益等要求，也要满足使用环境下的机械可靠性要求；行波管的近两百个零件、五十种材料在特定环境下可持久可靠地工作，这对行波管零件从选材到结构设计，以及组 (部) 件的结构装配精度等都提出了较高的要求。行波管工艺制造过程涉及多种工艺，主要工艺如下所述。

(1) 原材料处理，包括原材料退火、时效老化处理等；

(2) 零件加工，如车、铣、磨、抛、切割、旋压、冲压、绕制等，涉及多种不同类型的加工技术；

(3) 零部件表面处理，包括化学清洗、电镀、离子清洗、真空覆膜等；

(4) 焊接工艺，包括陶瓷–金属封接、高频感应钎焊、高能束焊 (激光焊、电子束焊)、氩弧焊、电阻焊等；

(5) 精密装配与测量，包括电子枪装配与测量、高频组件装配与测量；

(6) 真空工艺，包括真空钎焊、真空检漏、真空镀膜、真空除气、真空排气等；

(7) 阴极热子工艺，包括阴极基体制备、热阴极专用工艺 (浸盐、覆膜)、热子制备技术等。

4.9.5 太赫兹行波管结构设计

行波管的结构设计指行波管工艺结构设计，工艺结构设计是行波管设计过程中重要的一环，它必须与整管方案的考虑和电参数的设计紧密地结合在一起。一般来讲，整管工艺结构设计应该解决的基本问题是：合理地选用材料；进行零、部件及整管的结构设计；研究确定零件和整管的加工工艺；设计相应的装卡具；试验必要的特殊工艺；以求完成制管任务。

在保证行波管的电参数、选择合适的材料保证结构强度和刚度的基础上，设计合适的结构，以轻量化为目标，同时兼顾结构的工艺性、零部件加工的经济性。

结构方案具体如图 4.9.24 所示，主要结构设计与工艺要求如下所述。

1. 电子枪部分

电子枪采用陶瓷–金属封接结构，主要工艺方法包括陶瓷金属化、高温钎焊、电阻焊、激光焊等，如图 4.9.25 所示，主要工艺与结构组成如表 4.9.2 所示。

电子枪工艺要求如下所述。

(1) 选用膨胀系数相接近的金属和陶瓷。为减小封接应力，需选择适配的封接材料，陶瓷与金属之间的膨胀系数差应小于 15%。陶瓷材料建议采用 95-Al_2O_3 材料，金属材料建议采用可伐合金 (4J33)。

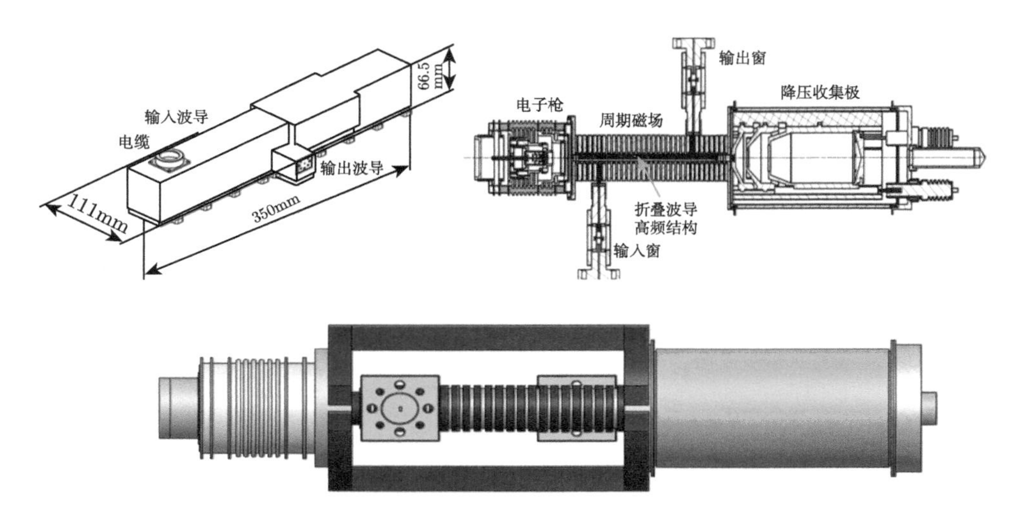

图 4.9.24　行波管结构图

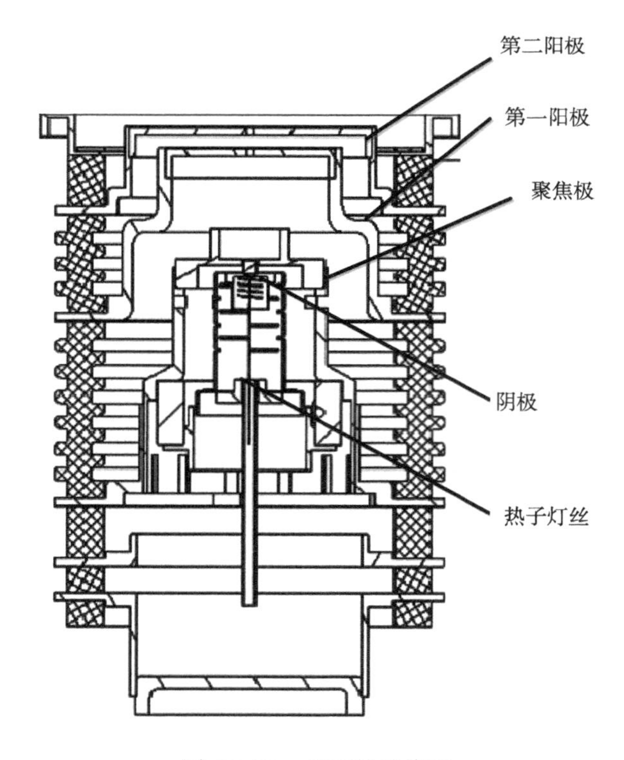

图 4.9.25　电子枪结构图

表 4.9.2 空间行波管电子枪结构组成及工艺方法

	结构组成	工艺内容描述
电子枪壳	结构形式	陶瓷–金属结构 (端封、夹封)
	材料	95%Al_2O_3 陶瓷、可伐合金 (4J33)、Ag-Cu 合金焊料
	工艺方法	高温 Mo-Mn 法金属化；高温钎焊封接 (不锈钢模具)
阴极组件	结构组成	工艺内容描述
	阴极类型	M 型阴极
	主要材料	W、Os、Ta、Mo、W-Re、Mo-Ru、Mo-Re 等
	工艺方法	高温钎焊、电阻焊、激光焊等

(2) 电子枪内部阴极支撑件、控制极等零件建议采用 Mo 等难熔金属材料加工，阴极区附近的焊接应采用电阻焊、激光焊等工艺。电子枪外围区域可采用钎焊工艺，但应优先选用 Cu、Au-Cu、Au-Ni、Ni-Au-Cu 等高熔点、低蒸气压钎料。

(3) 各极之间绝缘电阻满足要求 (阳极–控制极，阳极–阴极之间绝缘电阻大于 5000MΩ)。

(4) 真空密封性检测：漏率小于 $2 \times 10^{-9}\text{Pa} \cdot \text{m}^3/\text{s}$。

2. 慢波系统

慢波组件在适当的配合公差下，通过冷弹压和热挤压相结合的方式，使折叠波导和管壳之间接触良好，成为一体，确保慢波组件的力学可靠性和散热能力。极靴的同心度由机加工保证。慢波组件包括折叠波导、磁钢、散热片及复合管壳等部分，采用折叠波导和钎焊等工艺装配而成，如图 4.9.26 所示。其主要工艺和结构组成见表 4.9.3。

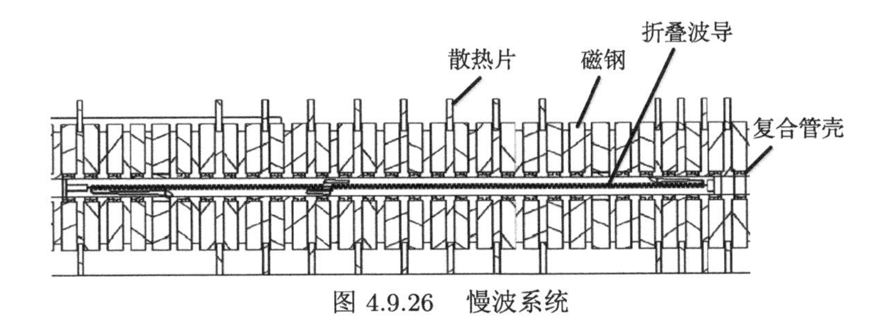

图 4.9.26 慢波系统

3. 输能系统

输能窗采用金属–陶瓷化结构，采用高致密蓝宝石窗片确保真空密封性、力学条件以及匹配性能，为了保证力学特性及降低工艺难度，本项目采用盒型窗，波导口是 WR4.3，法兰为 UG-387，如图 4.9.27 所示。其主要工艺和结构组成见表 4.9.3。

表 4.9.3　高频系统结构组成及工艺方法

	结构组成	工艺内容描述
慢波结构	结构形式	折叠波导复合管结构
	材料	Tu1、Fe、莫奈尔 (Monel) 合金
	工艺方法	表面薄膜沉积 (CVD)；冷压装配法
高频耦合装置 (输能窗)	结构组成	工艺内容描述
	结构形式	平封结构
	材料	蓝宝石、瓷封可伐合金 (4J33)、纯银焊料
	工艺方法	高温钎焊

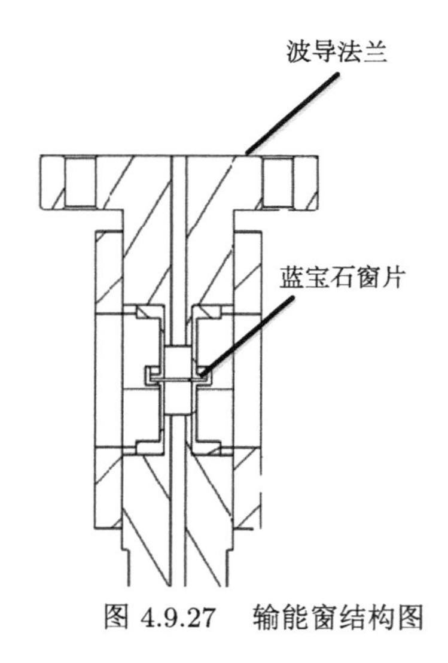

图 4.9.27　输能窗结构图

输能窗工艺要求如下所述。

(1) 输能部分采用平封金属陶瓷封接结构。使用可伐与蓝宝石进行封接。漏率检测小于 $2 \times 10^{-9}\mathrm{Pa \cdot m^3/s}$。

(2) 高频组件中采用折叠波导与复合管壳结构，提高强度。输能窗采用高致密蓝宝石窗片，确保真空密封性、力学条件以及匹配性能。

(3) 组件制备采用挤压工艺，降低接触热阻，改善散热性能。

4. 收集极

本产品采用三级降压收集极，收集极陶瓷采用 95-Al_2O_3 陶瓷，电极由高导热无氧铜加工而成，两者之间采用 Au-Cu 钎料焊接。这种结构的特点是机械强度好，气密性能好，并在力学、振动、冲击等试验中得到了检验。收集极的高压引线连接处采用硅橡胶灌封，灌封后能确保耐压绝缘。收集极外筒采用高导无氧铜或蒙乃尔材料加工，收集极外套筒与收集极电极的装配采用热挤压或焊接工艺。各组件的距离用零件自身定位或用模具定位，如图 4.9.28 所示。

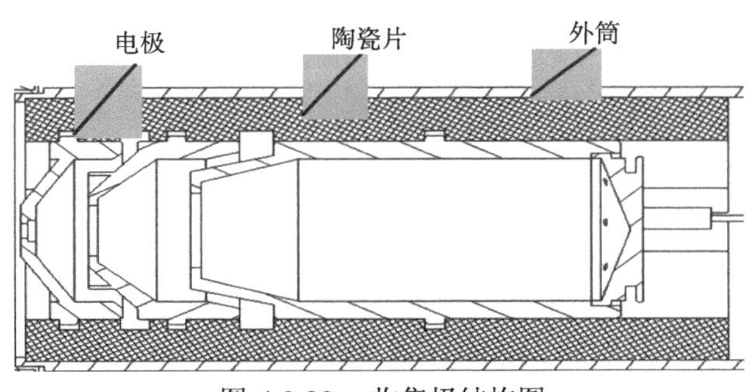

图 4.9.28 收集极结构图

收集极工艺要求如下所述。

(1) 收集极陶瓷金属化区域严格按照设计图纸操作，非金属化区域无可见污染物。

(2) 结构精度检测符合设计要求。

(3) 对收集极组件进行摇晃检测，应无异响发出。

(4) 各极之间绝缘电阻满足要求 (各极–外筒之间大于 5000MΩ，各极之间大于 2500MΩ)。

(5) 漏率小于 $2 \times 10^{-9}\mathrm{Pa}\cdot\mathrm{m}^3/\mathrm{s}$。

4.9.6 太赫兹空间行波管热分析

根据行波管热特性，电子枪部分热耗为 5W，高频部分热耗为 40W，收集极部分的热耗为 45W。热耗功率分布如图 4.9.29 所示，将行波管的热功耗分布施加在底板相应的位置，底板材料选用铝 2A12，其热物理性能数据如表 4.9.4 所示。

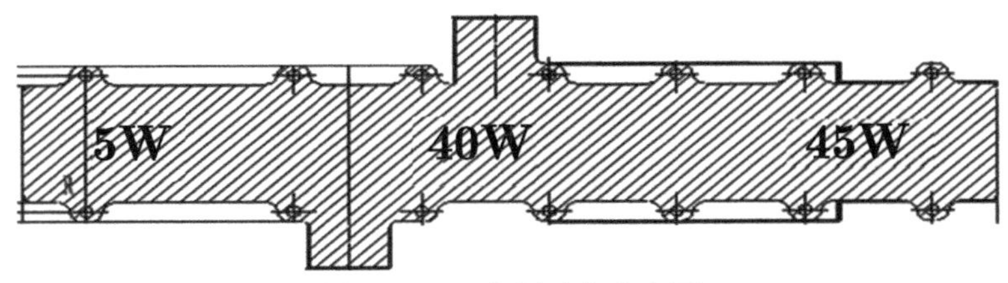

图 4.9.29 热耗功率分布图

表 4.9.4　材料热物理性质

序号	材料名称	密度/(kg/m³)	热导率/(W/(m·℃))	比热容/(J/(Kg·℃))
1	铝 2A12	2780	121	920
2	黄铜 H62	8430	108	387
3	无氧铜	8900	385	390
4	可伐	8250	12.6	440
5	BeO 陶瓷	3044	270	1046

1. 动态高温环境温度 65℃

设置整管的环境温度为 65℃，动态情况下，电子枪阴极表面温度为 1008℃。高频部分取靠近收集极处的一段 (10mm)，在动态情况下，高频功耗为 40W，将高频功率转换为热生成加到折叠高频上；收集极的第一电极、第二电极、第三电极功率分别为 5.4W、11W、28.6W，共 45W，图 4.9.30 为有限元分析得到的整管温度分布。

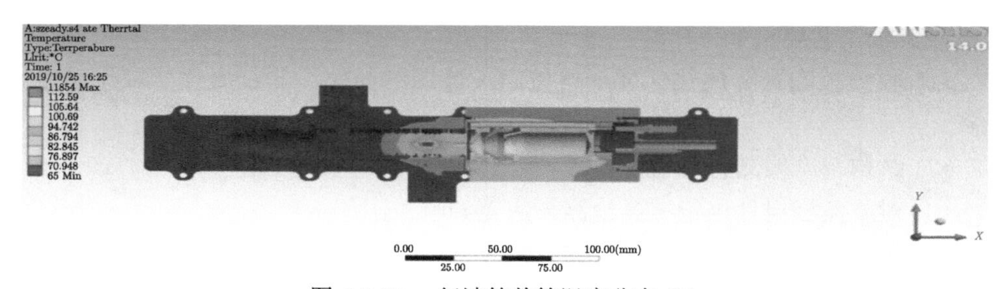

图 4.9.30　行波管整管温度分布 (1)

2. 动态低温环境温度 −35℃

设置整管的环境温度为 −35℃，动态情况下，电子枪阴极表面温度为 1008℃。高频部分取靠近收集极处的一段 (10mm)，在动态情况下，高频功耗为 40W，将高频的功率转换为热生成加到折叠波导上；收集极的第一电极、第二电极、第三电极功率分别为 5.4W、11W、28.6W，共 45W。图 4.9.31 有限元分析得到的整管温度分布。

3. 静态高温环境 65℃

设置整管的环境温度为 65℃，静态情况下，电子枪阴极表面温度为 1008℃，收集极的第一电极、第二电极、第三电极功率分别为 2W、4W、39W，共 45W，采用 ANSYS 分析结果如图 4.9.32 所示，热量主要集中在第三级。

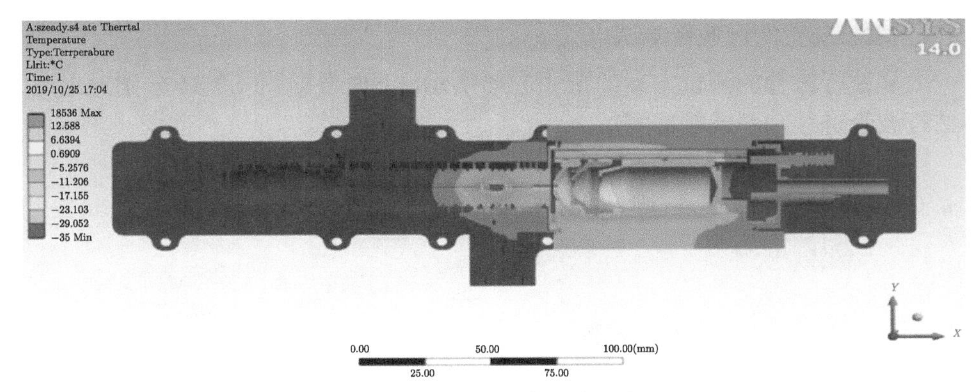

图 4.9.31 行波管整管温度分布 (2)

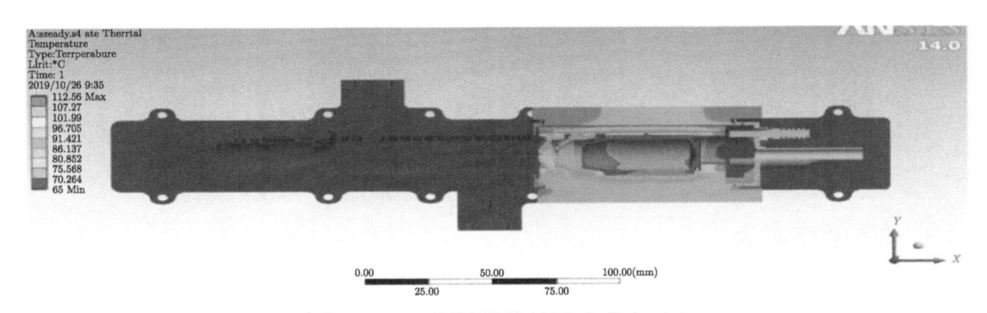

图 4.9.32 行波管整管温度分布 (3)

4. 静态低温环境 −35℃

设置整管的环境温度为 −35℃，静态情况下，电子枪阴极表面温度为 1008℃，收集极的第一电极、第二电极、第三电极功率分别为 2W、4W、39W，共 45W。采用 ANSYS 分析的结果如图 4.9.33 所示，热量主要集中在第三级。

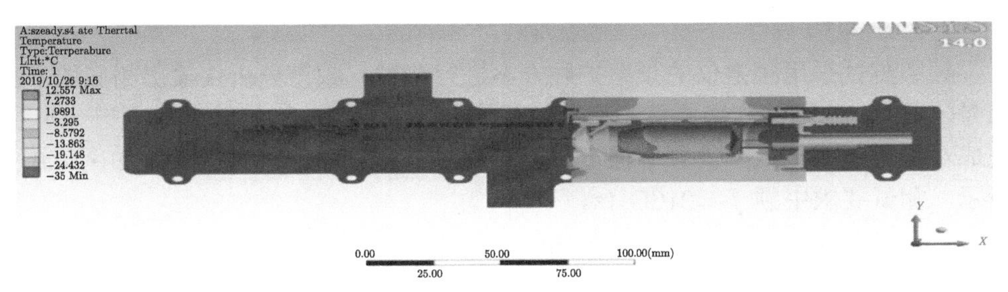

图 4.9.33 行波管整管温度分布 (4)

4.9.7 太赫兹空间行波管测试

太赫兹行波管的测试方案如图 4.9.34 所示，下面根据图 4.9.34 分别对上述太赫兹行波管进行功率或频率测试。

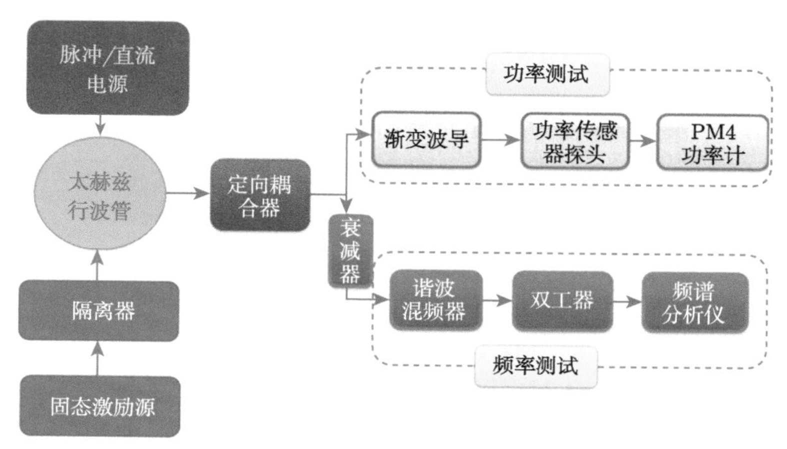

图 4.9.34 太赫兹 TWT 测试框图

1. 输入功率测试

信号源输出一个信号 (RF) 至放大链 (AMC) 中放大和产生倍频信号，通过前端的隔离器后，在功率计上可以直接读出功率，该功率即为输入功率。通过功率计可以直接读出太赫兹功率模块的输入功率。

2. 输出功率测试

从功率计 PM4 读出功率 P_0，该功率计测定平均功率或者连续波功率，在考虑定向耦合器及传感器衰减的情况下衰减倍数为 A(dB)，得到输出功率：$P_{\text{out}} = P_0 \times 10^{A/10}$。

当行波管加到工作电压时，对行波管加激励，在工作点进行功率测试。

3. 频率测试

频率测试采用频谱仪的频率扩展方案进行测试。频谱分析仪输出相应的本振信号，其 N 次谐波与输入信号进行混频产生一个中频 f_0 信号进入频谱分析仪，完成对信号频率测试，其频率值可以直接从频谱仪上读取。测试系统如图 4.9.34 所示。测试要求中频 f_0=216GHz。

4. 测试结果

通过对行波管磁场调试和参数优化，测试空间行波管的输出功率为 8.9W，信号频率从 213.5 ~ 217GHz。如图 4.9.35 所示，图 4.9.36 为 214.8GHz 时的频谱图。

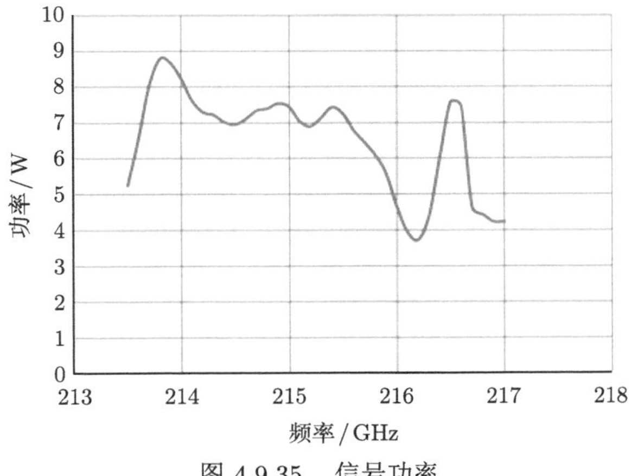

图 4.9.35 信号功率

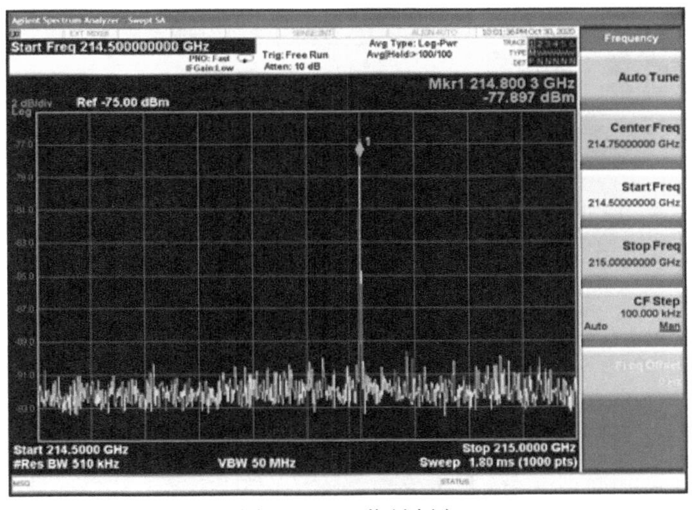

图 4.9.36 信号频率

4.9.8 级联太赫兹行波管测试

级联太赫兹行波管可以同时实现高功率、高增益和宽带宽，前级行波管 (TWT1) 的输出用作后级行波管 (TWT2) 的输入。换句话说，应用了两个放大级，使得 TWT2 的驱动功率将被显著增强并且自由调节。TWT2 的输出功率和注–波互作用效率将得到提高。级联太赫兹行波管原理图如 4.9.37 所示。对太赫兹行波管进行测试，测试系统与测试现场分别如图 4.9.38 和图 4.9.39 所示 [54]。

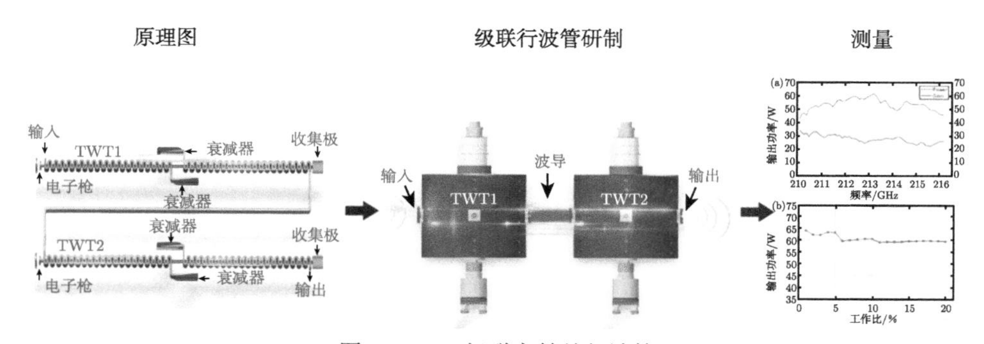

图 4.9.37　级联太赫兹行波管

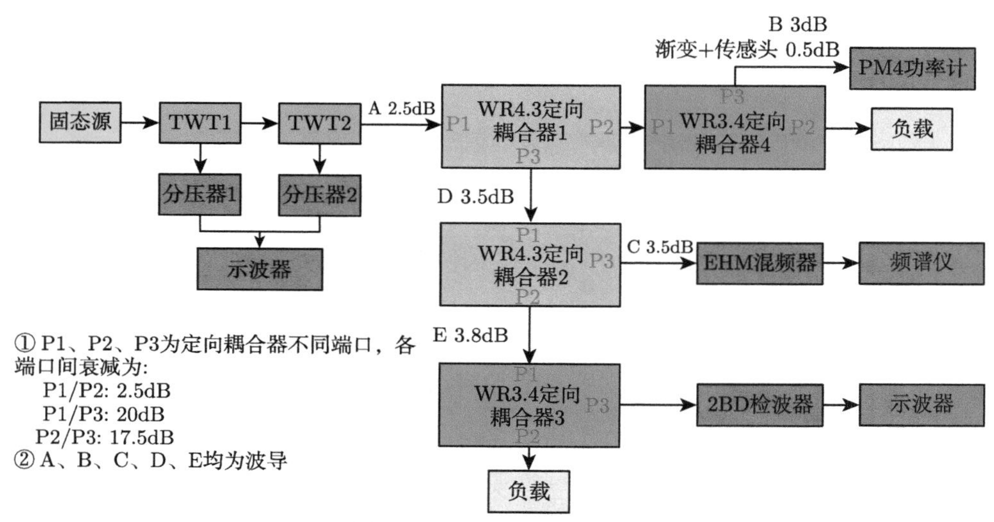

图 4.9.38　测试系统结构图

图 4.9.39　测试现场

测试过程中，示波器波形与频谱仪波形如图 4.9.40 所示，图 4.9.40(a) 为示波器波形，可以看出，TWT1 电压和 TWT2 电压匹配良好，并且输入和输出的波形也较为吻合。图 4.9.40(b) 为频谱仪波形，从图中可以看出，在特定频点处，频谱很纯净，没有杂波存在，并且输出信号与输入信号的频率完全匹配。

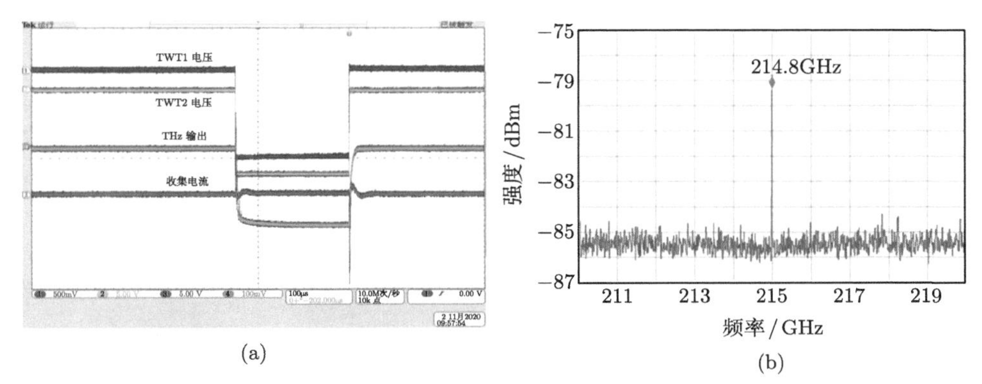

(a) (b)

图 4.9.40 测试结果：(a) 示波器波形；(b) 频谱仪波形

最终的测试结果如图 4.9.41 所示。总而言之，研制高功率宽带的太赫兹行波管，当电压为 17kV，电流为 71mA 时，在 0.22THz 左右的频率下获得 60W 的峰值功率和 12W 的平均功率。增益约为 30dB，带宽将近 6GHz。这种新开发的太赫兹行波管将在远程雷达和通信系统中具有广阔的应用前景。

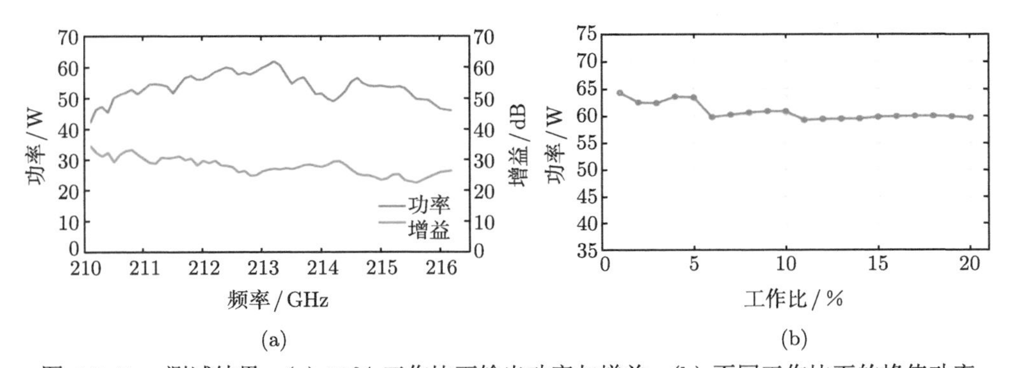

(a) (b)

图 4.9.41 测试结果：(a) 10% 工作比下输出功率与增益；(b) 不同工作比下的峰值功率

参 考 文 献

[1] Wathen R L . The traveling wave tube—A record of its early history[J]. Journal of the Franklin Institute, 1954, 258(6): 429-442.

[2] Haeff A V. Device for and method of controlling high frequency currents: US Patent 2064469[P]. 1936-12-15.

[3] Posthumus K, von Lcga. Oscillator of the magnetron type: US Patent 2161087[P]. 1939-6-6.

[4] Lindenblad N E. Amplifier: US Patent 2224915[P]. 1940-12-17.

[5] Kompfner R. The traveling-wave tube as amplifier at microwaves[J]. Proceedings of the IRE, 1947, 35(2): 124-127.

[6] Pierce J R. Theory of the beam-type traveling-wave tube[J]. Proceedings of the IRE, 1947, 35(2): 111-123.

[7] Booske J H, Dobbs R J, Joye C D, et al. Vacuum electronic high power terahertz sources[J]. IEEE Transactions on Terahertz Science and Technology, 2011, 1(1): 54-75.

[8] Dohler G, Gagne D, Gallagher D, et al. Serpentine waveguide TWT[C]. 1987 International Electron Devices Meeting, IEEE, 1987: 485-488.

[9] Tucek J, Kreischer K, Gallagher D, et al. Development and operation of a 650GHz folded waveguide source[C]. 2007 IEEE International Vacuum Electronics Conference, IEEE, 2007: 1-2.

[10] Basten M A, Tucek J C, Gallagher D A, et al. A 0.85THz vacuum-based power amplifier[C]. IVEC 2012, IEEE, 2012: 39-40.

[11] Joye C D, Cook A M, Calame J P, et al. Demonstration of a high power, wideband 220-GHz traveling wave amplifier fabricated by UV-LIGA[J]. IEEE Transactions on Electron Devices, 2014, 61(6): 1672-1678.

[12] Mineo M, Paoloni C, Durand A J. Design procedure for THz cascade backward wave amplifiers[C]. IVEC 2012, IEEE, 2012: 235-236.

[13] Tucek J C, Basten M A, Gallagher D A, et al. 220 GHz power amplifier development at Northrop Grumman[C]. IVEC 2012, IEEE, 2012: 554.

[14] Field M , Kimura T , Atkinson J , et al. Development of a 100-W 200-GHz High Bandwidth mm-Wave Amplifier[J]. IEEE Transactions on Electron Devices, 2018: 1-7.

[15] Gilmour A S. Principles of Traveling Wave Tube[M]. Boston: Artech House, 1994.

[16] Pierce J R. Theory of the beam-type traveling-wave tube[J]. Proceedings of the IRE, 1947, 35(2): 111-123.

[17] 冯进军, 蔡军, 胡银富, 等. 折叠波导慢波结构太赫兹真空器件研究 [J]. 中国电子科学研究院学报, 2009, 3: 249-254.

[18] 吴振华, 张开春, 刘盛纲. 折叠波导结构的 THz 振荡辐射源研究 [J]. 电子学报, 2009, 37(12): 2677.

[19] 蔡军. W 波段折叠波导慢波结构的研究 [D]. 济南: 山东大学, 2006.

[20] 杨祥林，张兆镗，张祖舜. 微波器件原理 [M]. 北京：电子工业出版社，1994: 114.

[21] Booske J H, Converse M C, Kory C L, et al. Accurate parametric modeling of folded waveguide circuits for millimeter-wave traveling wave tubes[J]. IEEE Transactions on Electron Devices, 2005, 52(5): 685-694.

[22] 李科，刘文鑫，王勇，等. 太赫兹双电子注折叠波导色散特性的精确等效电路分析 [C]. 中国电子学会真空学分会第十九届学术年会，2013.

[23] 高鹏鹏，张兆传，刘文鑫. G 波段双注折叠波导行波管的注–波互作用特性研究 [C]. 2017 年全国微波毫米波会议论文集，2017.

[24] 刘顺康，周彩玉，包正强. 折叠波导慢波电路的传输特性 [J]. 真空电子技术，2002, 4: 39-43.

[25] Marcuvitz N. Waveguide Handbook[M]. Stevenage: Peregrinus，1986.

[26] Liu S. Study of propagating characteristics for folded waveguide TWT in millimeter wave[J]. International Journal of Infrared and Millimeter Waves, 2000, 21(4): 655-660.

[27] Sumathy M, Vinoy K J, Datta S K. Analysis of rectangular folded-waveguide millimeter-wave slow-wave structures using conformal transformations[J]. Journal of Infrared, Millimeter, and Terahertz Waves, 2009, 30(3): 294-301.

[28] Li K , Liu W , Wang Y , et al. A nonlinear analysis of the terahertz serpentine waveguide traveling-wave amplifier[J]. Physics of Plasmas, 2015, 22(4): 2164.

[29] 殷海荣, 徐进, 岳玲娜, 等. 一种折叠波导行波管大信号互作用理论 [J]. 物理学报, 2012, 61(24): 244106-1-244106-6.

[30] Chernin D, Antonsen T M, Vlasov A N, et al. 1-D large signal model of folded-waveguide traveling wave tubes[J]. IEEE Trans. on Electron Devices, 2014, 61(6): 1699-1706.

[31] Uhm H S. A self-consistent theory of the folded waveguide klystron[J]. Physics of Plasma, 1998, 5(12): 4411-4422.

[32] Rowe J E. N-beam nonlinear traveling-wave amplifier analysis[J]. IEEE Trans. on Electron Devices, 1961, 8(4): 279-283.

[33] Yan W Z, Hu Y L, Bai C J, et al. A one-dimensional large signal simulation of folded waveguide TWTs[C]. IEEE International Vacuum Electronics Conference, 2014: 481-482.

[34] Vlasov A N. A computationally efficient two-dimensional model of the beam-wave interaction in a coupled-cavity TWT[J]. IEEE Trans. on Plasma Science, 2012, 4(6): 1575-1589.

[35] Bai C J, Li J Q, Hu Y L, et al. Calculation of beam-wave interaction of coupled-cavity TWT using equivalent circuit model[J]. Acta Phys. Sin., 2012, 61(17): 178401.

[36] 彭维峰. 行波管注波互作用时域理论与通用非线性模拟技术研究 [D]. 成都: 电子科技大学, 2013.

[37] Liu W, Li K, Gao P, et al. Nonlinear theory for beam-wave interactions of two electron beams with higher order TE_{20} mode in serpentine waveguide traveling wave amplifier[J]. Physics of Plasmas, 2018, 25(12): 123106-1-123106-9.

[38] 邓仕, 许睿, 黄震. 行波管一维非线性单频注波互作用理论与计算机模拟 [J]. 重庆工学院学报, 2007, 21(8): 54-58.

[39] 胡玉禄. 行波管注波互作用基础理论与 CAD 技术研究 [D]. 成都: 电子科技大学, 2011.

[40] 都培伟. 双间隙输出腔速调管的注波互作用程序设计 [D]. 成都: 电子科技大学, 2009.

[41] 李文君, 许州, 林郁正, 等. 耦合腔行波管大信号注波互作用研究与设计 [J]. 电子与信息学报, 2007, 29(7): 1769-1771.

[42] Roitman A, Berry D, Hyttinen M, et al. Sub-millimeter waves from a compact, low voltage extended interaction klystron[C]. 2007 Joint 32nd International Conference on

Infrared and Millimeter Waves and the 15th International Conference on Terahertz Electronics, IEEE, 2007: 892-894.

[43] Ha H J, Jung S S, Park G S. Theoretical study for folded waveguide traveling wave tube[J]. International Journal of Infrared and Millimeter Waves, 1998, 19(9): 1229-1245.

[44] Basten M, Tucek J, Gallagher D, et al. A multiple electron beam array for a 220GHz amplifier[C]. Vacuum Electronics Conference, 2009, IVEC'09, IEEE International, 2009: 110-111.

[45] Hu Y, Feng J, Cai J, et al. Development of W-band CW TWT amplifier[C]. IVEC 2012, IEEE, 2012: 295-296.

[46] 刘冬, 刘文鑫, 王勇, 等. 相速渐变折叠波导的研究 [J]. 真空科学与技术学报, 2016,(3): 6.

[47] 刘冬, 刘文鑫, 王勇, 等. 返波激励的级联折叠波导行波放大器 [J]. 红外与毫米波学报, 2016, 35(4): 7.

[48] 程兆华. THz 器件中的折叠波导线路传输特性的研究 [D]. 成都：电子科技大学，2006.

[49] 刘顺康, 周彩玉, 包正强. 折叠波导慢波电路的传输特性 [J]. 真空电子技术, 2002,(4): 39-43.

[50] Banerji J, Davies A R, Devereux R W J, et al. Transmission characteristics of folded waveguide structures [C]. Conference on Lasers and Electro-Optics, Optical Society of America, 1988.

[51] Roitman A, Berry D, Hyttinen M, et al. Sub-millimeter waves from a compact, low voltage extended interaction klystron[C]. 2007 Joint 32nd International Conference on Infrared and Millimeter Waves and the 15th International Conference on Terahertz Electronics, IEEE, 2007: 892-894.

[52] Booske J H, Converse M C, Kory C L, et al. Accurate parametric modeling of folded waveguide circuits for millimeter-wave traveling wave tubes[J]. IEEE Transactions on Electron Devices, 2005, 52(5): 685-694.

[53] Perring D, Phillips G, Carter R G. A submillimetre wave extended interaction oscillator with novel broadband mechanical tuning[C]. International Technical Digest on Electron Devices, IEEE, 1990: 897-900.

[54] Liu W X, Zhang Z Q, Liu W H, et al. Demonstration of a high-power and wide-bandwidth G-band traveling wave tube with cascade amplification[J]. IEEE Electron Device Letters, 2021, 42(4): 593-596.

第 5 章　太赫兹返波管

5.1　引　　言

返波是指相速与群速方向相反的慢电磁波。利用返波与电子注相互作用，从而形成高频自激振荡的器件即返波管振荡器 (backward wave oscillator, BWO)。

一个器件要实现自激振荡的条件是在器件的输出端与输入端之间存在反馈，通过反馈回路将输出的小部分能量反馈到输入端作为输入信号，从而维持振荡继续进行下去。返波管没有外部的反馈回路，而是利用器件内部的反馈来实现自激振荡。因此，必须首先了解返波管内部的反馈机制。其实不难发现，在传统行波管内部，除了慢波线可以是电磁波的一条传输路线外，电子注本身也是一条传输线，这是因为受到高频场作用后的电子注会形成速度调制并转而成为密度调制，这种密度调制表现为空间电荷的不均匀分布，由于这种不均匀分布出现了空间电荷力，其结果引起电子注的波动过程，成为空间电荷波。可以证明，空间电荷波的相速度接近于电子注的速度，而其群速度等于电子注速度，而且相速度与群速度总是同方向的，也就是说它总是正色散的 [1]。

这样一来，既然在电子注中的空间电荷波能量 (群速) 的传播方向只能是电子注的运动方向，那么为了实现自激振荡需要一个反馈回路时，就只能要求在慢波线上的电磁波的能量必须在与电子注运动相反的方向上传播。但是另一方面，为了实现电子注与高频行波场的有效相互作用，以便电子注将能量交给高频场使之放大，行波管理论说明，应要求电子注与行波场相速同步。可见，自激振荡的实现对在慢波线上传播的高频行波提出了这样的要求：为了与电子注同步以交换能量，其相速应与电子注运动方向相同；而为了形成反馈电路以产生能量反馈实现自激，其能量传播方向即群速方向又必须与电子注运动方向相反，这一要求就意味着慢波线必须具有负色散特性，也就是在它上面传输的慢波必须是返波，这样的行波管振荡器就称为返波管。

5.1.1　返波管发展历史

返波管出现于第二次世界大战之后，有着长达半个多世纪的历史。此后，随着各国的深入研究，相继推出了各种返波管，包括相对论返波管、折叠波导返波管、光栅结构返波管以及光子晶体返波管等 [2-7]。

1953 年，Kompfner 和 Williams[8] 在行波管中发现了反向行波场分量可以激励瞬态振荡在返波模式，通常称作“Millman”，器件互作用功率从电子枪端输出，而工作频率取决于束流电压。实验证实，“Millman”激励的振荡可以观察到一次和二次空间谐波模式，测试结果表明一次谐波可以产生更大的功率。研究表明，在一定的条件下可以激励振荡以及返波增益。

1954 年，Heffner[9] 在行波管电路中发现反向相速和群速的返波能够激励窄带增益，对于低电流管子，可以认为是高增益、高 Q 值、电压可调滤波器 [3]；当电流增加时，管子进入振荡状态，随之其频率随着电压的变化而变化。并且发展了考虑空间电荷效应的起振电流理论，为返波管的分析带来了极大的便利。

级联返波管的基本模型和原理图模型如图 5.1.1 和图 5.1.2 所示。1955 年，

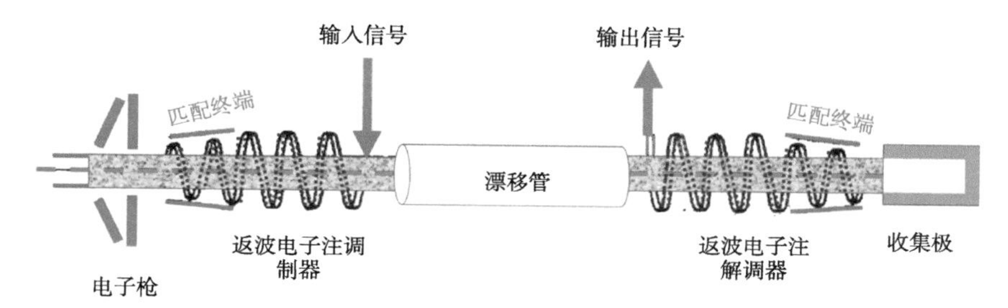

图 5.1.1　级联返波管的基本模型

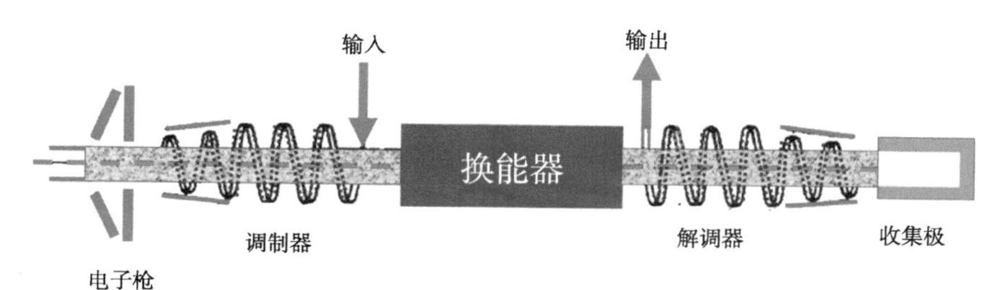

(a) 一般配置，其中调制器和解调器部分由任意结构或空间电荷波换能器分隔

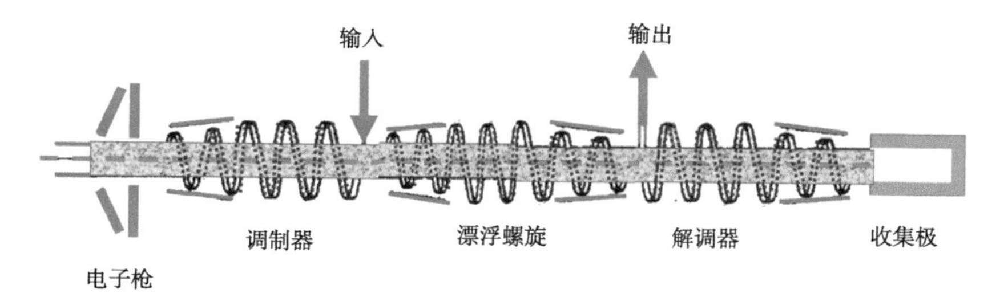

(b) 一种漂浮螺旋放大器，其中心部分由两端端接的电路组成。螺旋可以用任何周期电路代替

图 5.1.2　级联反向波放大器的原理图模型

Johnson[10] 将行波管理论进行了修正，发展了返波管理论 [4]，主要包括起振电流和考虑电路损耗及空间电荷效应的工作频率计算方式。该理论在实验中进一步进行证实。同一年，Currie 和 Whinnery[11] 发明了两段式级联返波管，在该器件中第一部分利用小信号调制电子注，第二段产生放大返波信号并且在第二段段首实现输出。器件的工作频率可以通过电子注电压来调节。该器件的物理基本特性类似于行波管放大器，但是相对于相同增益类型的行波管，具有较少的信号噪声。

1958 年，Gewartowski[12] 研制了带状注折叠波导返波管振荡器 [6]，在该结构中发展了大信号理论，分析了空间电荷效应对起振电流特性的影响。

前述返波管，主要分析返波管纵向特性对起振电流及工作频率特性的影响，在实际器件中，返波管电子注横向运动特性对起振电流和工作频率也有重要影响，因此，Chang 分析了电子注横向特性对器件特性的影响。研究表明，在电子注横向运动影响下，互作用阻抗将降低注–波互作用效率和影响功率的提高。

1963 年，Haddad 和 Bevensee[13] 提出了渐变高频结构，采用模式耦合理论分析该结构下的起振电流。结果表明在强空间电荷条件下，比较弱的渐变电路，电子注与快空间电荷波的起振条件可以忽略。通过 WKBJ (Wentzel-Kramers-Brillouin-Jeffeys) 方法，可以求解得到起振电流。跟行波管类似，1964 年，Haddad 和 Bevensee 也研究了相速渐变返波管的起振电流，研究结果表明，弱相速渐变条件和电压梯度变化情况下的起振电流比均匀情况下的电流要小，后续研究表明，利用该方式可以实现前向波放大器中的返波抑制。与此同时，Haddad 和 Bevensee[13] 也研究相速渐变情况下的效率，结果表明采用该方式有利于提高器件效率。

返波管起振条件是返波管研究的重要方向，1970 年，Grow 和 Gunderson[14] 研究了强损耗及强空间电荷效应情况的返波管电路起振电流，结果表明，该条件下可以阻止返波管起振。

在 21 世纪初期，电磁频谱资源竞争加剧，太赫兹波作为电磁波谱的重要频段得到了广泛关注。返波管作为重要的真空电子器件，也得到了快速发展。1999 年，俄罗斯科学院应用物理研究所 (IAP)Tretyakov 等 [15] 研制了 180～375GHz 的返波管，并且通过固态倍频方式实现 1500GHz 的信号输出 [9]。俄罗斯 ISTOK 研制了大量返波管，主要采用带状注阴极与光栅相互作用产生太赫兹波辐射，目前研制的返波管振荡器工作频率达到了 1THz，输出功率几十毫瓦。美国 Microtech 公司也研制了低功率返波管，该类器件在成像系统中得到了应用。

在国内中国科学院电子学研究所、电子科技大学及中国电子科技有限集团公司第十二研究所也开展了太赫兹返波管的研究 [16,17]，频率重点集中在 340GHz[16]。

5.1.2 返波管工作原理

利用返波形成器件内部的反馈，从而实现自激振荡，这就是返波管的基本工作原理。而且这种反馈是内在的、必然存在的。在返波管中，电子注从电子枪端向收集极端运动，与慢波同步发生相互作用，不断把能量交给慢波线上的行波场，使场得到增长；慢波线上的行波是返波，其能量则由收集极端向电子枪端传输，同时又不断调制电子注，实质上也就是不断将一部分能量反馈给电子注，使电子注的交变分量不断增强，从而在慢波线上激励起更强的行波场。电子注不仅起到能量供给者的作用，同时还起着反馈回路中一环的作用；而慢波线作为电磁波的传输系统，则是反馈回路的另一环。

本章首先对返波管的工作方程进行简单介绍，分析空间电荷和电路损耗对起振电流和频率的影响。在此基础上，对嵌入式矩形栅和折叠波导高频结构的太赫兹波段返波管进行阐述，最后介绍 0.5THz 的返波管设计。

5.2 返波管互作用方程

返波振荡器的结构非常简单，它类似于传统的行波放大器，由电子束和传输线组成，这些电子束和传输线在振荡频率的许多周期内相互作用，如图 5.2.1 所示 [18]。与传统行波管的主要区别在于，电路能够传播相位和群速度方向相反的波，即“返波”，这种波可以通过周期结构 (如折线或螺旋线) 传播。

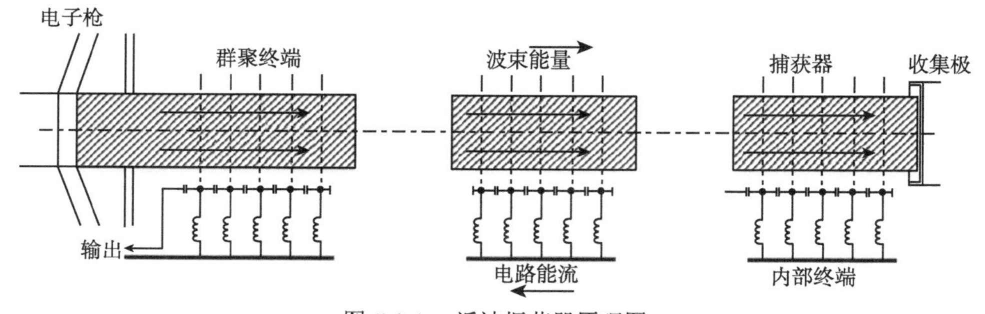

图 5.2.1 返波振荡器原理图

通过图 5.2.1 可以理解返波管的基本原理。返波管主要分成群聚段、能量交换段及电子注收集段。在群聚段，电子注在慢波结构作用下产生群聚，群聚后的电子注与电磁波在能量交换段进行换能，电子注将能量交给电磁波，放大的电磁波在电子枪端输出，互作用后的电子注由高频结构终端进入收集极。

本节主要讨论返波的互作用方程，包括电子学方程、特征方程以及起振电流等特性 [9]。

5.2.1 电子学方程

在给定电路上的任意场，确定在电路附近的电流产生交流电流的形式，假设电流不会反作用于电路。

从力学方程出发，

$$\frac{\mathrm{d}u}{\mathrm{d}t}=\frac{e}{m}E_{总} \tag{5-2-1}$$

式中，u 表示电子总速度，e 表示电子电量，m 表示电子质量。电子速度变化率取决于电场总的特性，在空间电荷场存在的情况下，它包含两个部分：第一部分是激励电场 E，它存在于电路上；另一部分是空间电荷场 E_{sc}，是由相邻的电子产生的。在该条件下，假设各个变量具有 $\mathrm{e}^{\mathrm{j}\omega t}$ 的形式，这样式 (5-2-1) 可以改写成

$$\frac{\mathrm{d}u}{\mathrm{d}t}=\frac{\partial v}{\partial t}+u_0\frac{\partial v}{\partial z}=\mathrm{j}\omega v+u_0\frac{\partial v}{\partial z}=\frac{e}{m}(E+E_{\mathrm{sc}}) \tag{5-2-2}$$

其中，总速度 u 已被分为直流 u_0 和交流项 v：

$$u=u_0+v \tag{5-2-3}$$

根据连续性方程：

$$\frac{\partial i}{\partial t}=-\frac{\partial \rho}{\partial t}=-\mathrm{j}\omega\rho \tag{5-2-4}$$

式中，ρ 是交流电荷密度。ρ_0 是直流电荷密度，电流的小信号定义为

$$i=\rho u_0+v\rho_0 \tag{5-2-5}$$

将式 (5-2-2) 展开，并用频域表示：

$$\frac{\partial^2 i}{\partial z^2}+2\mathrm{j}\beta_{\mathrm{e}}\frac{\partial i}{\partial z}-\beta_{\mathrm{e}}^2 i=\frac{\mathrm{j}\omega e\rho_0}{mu_0^2}(E+E_{\mathrm{sc}}) \tag{5-2-6}$$

式中，β_{e} 是电子传播常数，ω 是场的角频率，通常定义为

$$\beta_{\mathrm{e}}=\frac{\omega}{u_0} \tag{5-2-7}$$

通过泊松方程，可以得到时域变化的空间电荷场，在一维条件下表示为

$$\frac{\partial E_{\mathrm{sc}}}{\partial z}=\frac{\rho}{\varepsilon} \tag{5-2-8}$$

由连续性方程 (5-2-4)，假设电流交流分量为零，式 (5-2-8) 可以表示为

$$E_{\mathrm{sc}}=-\frac{i}{\mathrm{j}\omega\varepsilon} \tag{5-2-9}$$

将式 (5-2-9) 代入式 (5-2-6)，得到电路场 E 引起感应电流的最终微分方程：

$$\frac{\partial^2 i}{\partial z^2}+2\mathrm{j}\beta_{\mathrm{e}}\frac{\partial i}{\partial z}-(\beta_{\mathrm{e}}^2-h^2)i=\frac{\mathrm{j}\omega e\rho_0}{mu_0^2}E \tag{5-2-10}$$

式中，h 是等离子体波数，可以表示为

$$h^2=\frac{e\rho_0}{m\varepsilon u_0^2} \tag{5-2-11}$$

考虑电子注有限尺寸和电路相邻金属壁的影响，可以很精确地用有效等离子体波数代替式 (5-2-10) 中的 h，该有效等离子波数是通过考虑漂移管内的束而获得的，漂移管具有与实际使用的电路相同或类似的配置。

5.2.2 电路方程

假设在传输系统上施加一个电流 $i(\zeta)\mathrm{d}\zeta$ 的小元素，该传输系统支持具有相反符号的群速度和相速度的单波。电流元素将在电路上感应两个波，一个向左传播，一个向右传播。由于电路是对称的，则

$$\mathrm{d}\vec{E}=\mathrm{d}\overleftarrow{E} \tag{5-2-12}$$

从电流元件流出的功率为

$$\mathrm{d}P=-\frac{i^*(\zeta)\mathrm{d}\zeta\mathrm{d}E}{2} \tag{5-2-13}$$

因此，由于该功率的一半左右流动，则

$$\mathrm{d}\overleftarrow{P}=-\frac{i^*(\zeta)\mathrm{d}\zeta\mathrm{d}\overleftarrow{E}}{4} \tag{5-2-14}$$

$$\mathrm{d}\vec{P}=-\frac{i^*(\zeta)\mathrm{d}\zeta\mathrm{d}\vec{E}}{4} \tag{5-2-15}$$

流经横向平面的电路功率可以写为

$$\vec{P}=\frac{EE^*\psi}{2} \tag{5-2-16}$$

$$\overleftarrow{P}=\frac{EE^*\psi}{2} \tag{5-2-17}$$

其中，ψ 是单位峰值场在一个方向上穿过平面的峰值功率的两倍。

$$\mathrm{d}\vec{E}=-\frac{i(\zeta)\mathrm{d}\zeta}{2\psi^*} \tag{5-2-18}$$

$$d\overleftarrow{E} = -\frac{i(\zeta)d\zeta}{2\psi^*} \tag{5-2-19}$$

为了计算 z 点处的合成感应场，必须将来自 z 右侧能量向左侧流动的当前元素的所有贡献和来自 z 左侧能量向右侧流动的元素的贡献相加。然后，总场将是外加场和感应场之和。因此，对于相速度和群速度相反的情况，即假设从左到右携带能量的波随时间变化 $e^{j\omega t+j\beta z}$，从右到左携带能量的波随时间变化 $e^{j\omega t-j\beta z}$：

$$E(z) = E_0 e^{-j\beta z} - \frac{1}{2\psi^*}\left[e^{j\beta z}\int_0^z i(\zeta)e^{-j\beta z}d\zeta + e^{-j\beta z}\int_z^L i(\zeta)e^{j\beta z}d\zeta\right] \tag{5-2-20}$$

该表达式给出了由于外加电场和相邻交流传导电流密度的影响而在电路上任何点处的场。由于直接使用此定积分表达式的困难，因此将对其进行两次距离微分，以获得二阶微分方程：

$$\frac{\partial^2 E(z)}{\partial z^2} + \beta^2 E(z) = -\frac{j\beta}{\psi^*}i(z) \tag{5-2-21}$$

这个问题的解将涉及两个任意常数，其可以使用上述积分关系来评估。

5.2.3 注–波互作用方程

联立求解两个微分方程式 (5-2-10) 和式 (5-2-21)，得到注–波互作用方程的注–波互作用特性。

$$\frac{\partial^2 i}{\partial z^2} + 2j\beta_e\frac{\partial i}{\partial z} - (\beta_e^2 - h^2)i = \frac{j\omega e\rho_0}{mu_0^2}E \tag{5-2-22}$$

$$\frac{\partial^2 E(z)}{\partial z^2} + \beta^2 E(z) = -\frac{j\beta}{\psi^*}i(z) \tag{5-2-23}$$

对公式 (5-2-22) 和式 (5-2-23) 利用拉普拉斯变换可以得到

$$\Im(\Gamma) = \int_0^\infty i(z)e^{-\Gamma z}dz \tag{5-2-24}$$

$$\mathcal{E}(\Gamma) = \int_0^\infty E(z)e^{-\Gamma z}dz \tag{5-2-25}$$

利用式 (5-2-24) 和式 (5-2-25)，对式 (5-2-22) 和式 (5-2-23) 进行变换得到

$$[\Gamma^2 + 2j\beta_e - (\beta_e^2 - h^2)]\Im = j\frac{\omega e\rho_0}{mu_0^2}\mathcal{E} \tag{5-2-26}$$

$$(\Gamma^2 + \beta^2)\mathcal{E} - \Gamma E(0) - E'(0) = -j\frac{\beta}{\psi^*}\mathfrak{J} \tag{5-2-27}$$

通过求解 $\mathcal{E}$，得到

$$\mathcal{E}=\frac{[(\Gamma+\mathrm{j}\beta_\mathrm{e})^2+h^2][\Gamma E(0)+E'(0)]}{[(\Gamma+\mathrm{j}\beta_\mathrm{e})^2+h^2](\Gamma^2+\beta^2)-K} \tag{5-2-28}$$

式 (5-2-28) 中，

$$K=\frac{I_0}{4V_0}\frac{E^2}{\beta^2 P}\beta^3\beta_\mathrm{e}=2C^3\beta^3\beta_\mathrm{e} \tag{5-2-29}$$

考虑式 (5-2-28) 分母中的 Γ_n 及其逆变换，得到

$$E(z)=E(0)\left[(\Gamma_1-\mathrm{j}\beta)k_1\mathrm{e}^{\Gamma_1 z}+(\Gamma_2-\mathrm{j}\beta)k_2\mathrm{e}^{\Gamma_2 z}+(\Gamma_3-\mathrm{j}\beta)k_3\mathrm{e}^{\Gamma_3 z}+(\Gamma_4-\mathrm{j}\beta)k_4\mathrm{e}^{\Gamma_4 z}\right] \tag{5-2-30}$$

在式 (5-2-30) 中，

$$\left.\begin{aligned}
k_1&=\frac{(\Gamma_1-\mathrm{j}\beta_\mathrm{e})^2+h^2}{(\Gamma_1-\Gamma_2)(\Gamma_1-\Gamma_3)(\Gamma_1-\Gamma_4)}\\
k_2&=\frac{(\Gamma_2-\mathrm{j}\beta_\mathrm{e})^2+h^2}{(\Gamma_2-\Gamma_1)(\Gamma_2-\Gamma_3)(\Gamma_2-\Gamma_4)}\\
k_3&=\frac{(\Gamma_3-\mathrm{j}\beta_\mathrm{e})^2+h^2}{(\Gamma_3-\Gamma_1)(\Gamma_3-\Gamma_2)(\Gamma_3-\Gamma_4)}\\
k_4&=\frac{(\Gamma_4-\mathrm{j}\beta_\mathrm{e})^2+h^2}{(\Gamma_4-\Gamma_1)(\Gamma_4-\Gamma_2)(\Gamma_4-\Gamma_3)}
\end{aligned}\right\} \tag{5-2-31}$$

和

$$[(\Gamma_n+\mathrm{j}\beta_\mathrm{e})^2+h^2](\Gamma_n^2+\beta^2)=K \tag{5-2-32}$$

为了获得场分布，对初始点电场 $E(0)$ 进行计算，通过式 (5-2-27) 和式 (5-2-30) 得到 $i(z)$，并且根据积分式 (5-2-26)，得到电场表达式：

$$\begin{aligned}
E(0)=E_0-\frac{KE(0)}{2\mathrm{j}\beta}\Bigg[&\frac{(\Gamma_1-\mathrm{j}\beta)[1-\mathrm{e}^{(\Gamma_1+\mathrm{j}\beta)L}]}{(\Gamma_1-\Gamma_2)(\Gamma_1-\Gamma_3)(\Gamma_1-\Gamma_4)(\Gamma_1+\mathrm{j}\beta)}\\
&+\frac{(\Gamma_2-\mathrm{j}\beta)[1-\mathrm{e}^{(\Gamma_2+\mathrm{j}\beta)L}]}{(\Gamma_2-\Gamma_1)(\Gamma_2-\Gamma_3)(\Gamma_2-\Gamma_4)(\Gamma_2+\mathrm{j}\beta)}\\
&+\frac{(\Gamma_3-\mathrm{j}\beta)[1-\mathrm{e}^{(\Gamma_3+\mathrm{j}\beta)L}]}{(\Gamma_3-\Gamma_1)(\Gamma_3-\Gamma_2)(\Gamma_3-\Gamma_4)(\Gamma_3+\mathrm{j}\beta)}\\
&+\frac{(\Gamma_4-\mathrm{j}\beta)[1-\mathrm{e}^{(\Gamma_4+\mathrm{j}\beta)L}]}{(\Gamma_4-\Gamma_1)(\Gamma_4-\Gamma_2)(\Gamma_4-\Gamma_3)(\Gamma_4+\mathrm{j}\beta)}\Bigg]
\end{aligned} \tag{5-2-33}$$

其中，L 是电路长度。

在此，假设

$$\left.\begin{aligned}\varGamma_{1,2,3}L&=-\mathrm{j}\beta L+\mathrm{j}\eta_{1,2,3}\\ \varGamma_{4}L&=\mathrm{j}\beta L+\mathrm{j}\eta_{14}\end{aligned}\right\}\tag{5-2-34}$$

在通常工作条件下，

$$K\ll\beta_{\mathrm{e}}^{2}\beta^{2}\tag{5-2-35}$$

并且有

$$\eta_{n}\ll\beta\tag{5-2-36}$$

$$\eta_{4}\ll\eta_{1,2,3}\tag{5-2-37}$$

在这样的环境下，行波分量 $\mathrm{e}^{\varGamma_4 z}$ 是可以忽略的。对式 (5-2-31) 和式 (5-2-32) 进行代数运算，得到电路场的最终表达式：

$$E(z)=\frac{\dfrac{\eta_3-\eta_2}{\eta_1}\mathrm{e}^{\mathrm{j}\eta_1(z/L)}+\dfrac{\eta_1-\eta_3}{\eta_2}\mathrm{e}^{\mathrm{j}\eta_2(z/L)}+\dfrac{\eta_2-\eta_1}{\eta_3}\mathrm{e}^{\mathrm{j}\eta_3(z/L)}}{\dfrac{\eta_3-\eta_2}{\eta_1}\mathrm{e}^{\mathrm{j}\eta_1}+\dfrac{\eta_1-\eta_3}{\eta_2}\mathrm{e}^{\mathrm{j}\eta_2}+\dfrac{\eta_2-\eta_1}{\eta_3}\mathrm{e}^{\mathrm{j}\eta_3}}E_0\mathrm{e}^{-\mathrm{j}\beta z}\tag{5-2-38}$$

从式 (5-2-29) 和式 (5-2-32) 得到 $\eta's$ 的根：

$$\eta^3+2\theta\eta^2+(\theta^2-H^2)\eta+(2\pi CN)^3=0\tag{5-2-39}$$

同时将 θ,H 定义为

$$\left.\begin{aligned}\theta&=(\beta_{\mathrm{e}}-\beta)L\\ H&=hL\end{aligned}\right\}\tag{5-2-40}$$

在 $z=L$ 处，是管子的入口处，电场等于这个应用场。

式 (5-2-30) 显示了四个波的存在，其传播常数由式 (5-2-32) 的四个解给出。在这一点上，有趣的是，注意到式 (5-2-32) 的根与通常的正向波根方程仅在参数 K 的符号上不同。在这里，皮尔斯参数表示为

$$C^3=\frac{I_0}{8V_0}\frac{E^2}{\beta^2P}\tag{5-2-41}$$

与前向波的情况一样，发现其中一个波的激发程度可以忽略不计，不考虑该波可得到式 (5-2-38) 的场表达式。

5.2.4 起振条件

返波管起振的条件是式 (5-2-38) 的分母为零，

$$\frac{\eta_3-\eta_2}{\eta_1}\mathrm{e}^{\mathrm{j}\eta_1}+\frac{\eta_1-\eta_3}{\eta_2}\mathrm{e}^{\mathrm{j}\eta_2}+\frac{\eta_2-\eta_1}{\eta_3}\mathrm{e}^{\mathrm{j}\eta_3}=0 \tag{5-2-42}$$

式中，η_1,η_2,η_3 是式 (5-2-39) 的根。

在通常情况下，β 和 θ 是复数，表示这个电路系统冷特性是衰减的，因为反向波能流对应前向波相位增长，当损耗存在的时候，冷电路的波具有 $\mathrm{e}^{(-\mathrm{j}\beta'+\alpha)z}$，$\beta$ 将采用 $\beta'+\mathrm{j}\alpha$ 代替。

如果电路是无耗的，就可以忽略衰减。在返波管中，不会像行波管中那样有意放置衰减器件用来阻止电路产生的振荡，因此这种无耗假设能够准确地描述这种现象。

假设电路是无耗的，则式 (5-2-39) 的根都是实数，假设其中的一个根为 η_1，并且将根 η_2 和 η_3 用 η_1、θ 和 H 来表示：

$$\eta_2=-\theta-\frac{\eta_1}{2}+\mathrm{j}\frac{1}{2}\sqrt{4\theta\eta_1+3\eta^2-4H^2} \tag{5-2-43}$$

$$\eta_3=-\theta-\frac{\eta_1}{2}-\mathrm{j}\frac{1}{2}\sqrt{4\theta\eta_1+3\eta^2-4H^2} \tag{5-2-44}$$

将起振电流条件 (5-2-42) 的实部和虚部等效为零，得到

$$\left.\begin{aligned}&\cos\left(\theta+\frac{3\eta_1}{2}\right)\frac{2\eta_1(\theta+\eta_1)}{(\theta+\eta_1)^2-H^2}\cdot\cosh\sqrt{\theta\eta_1+\frac{3}{4}\eta_1^2-H^2}=0\\&\sin\left(\theta+\frac{3\eta_1}{2}\right)+\frac{\theta(\theta+\eta_1)+H^2}{(\theta+\eta_1)^2-H^2}\cdot\frac{\eta_1}{\theta\eta_1+\frac{3}{4}\eta_1^2-H^2}-\sinh\sqrt{\theta\eta_1+\frac{3}{4}\eta_1^2-H^2}=0\end{aligned}\right\} \tag{5-2-45}$$

通过定性集中反馈考虑，可以预测这些方程的多个根，如表 5.2.1 所示，实际上，在没有空间电荷的情况下，它们的值与关系式预测值完全一致：

$$(\beta-\beta_\mathrm{e})L=(2n+1)\pi \tag{5-2-46}$$

表 5.2.1 不考虑空间电荷和无耗情况下返波管 4 个振荡点的起振条件

n	$(\beta-\beta_\mathrm{e})L$	CN
0	3.003	0.314
1	9.860	0.588
2	16.388	0.762
3	21.403	1.046

选取启动振荡条件的形式，$(\beta-\beta_{\rm e})L$ 和 CN 应该是一个常数，表示对于给定的波束速度，存在一个频率和电流值，该值首先允许在没有任何外加场的情况下电路上存在有限场。当电子速度改变时，为了保持 $(\beta-\beta_{\rm e})L$ 是常数，频率也随之改变，通过这种方式实现电子调谐。

在返波管中，振荡电场振幅由非线性效应确定，它通过大信号分析精确确定。需要强调的是，振荡水平不会达到饱和，而只是达到增量传播常数满足式 (5-2-45) 给出振荡条件的水平。正是这种机制允许管即使以相同频率振荡也能给出信号增益。

在返波管中，它以某个其他频率以相当大的振幅振荡时，其较高振荡条件的准确性是难以准确计算的，这种大信号振荡将改变新振荡点可能存在的增量传播常数，从而改变连续振荡点的起始电流和频率。

5.2.5 考虑空间电荷效应的起振条件

前面得到的起振参数是不考虑空间效应和无耗情况下的起振条件，但是在实际情况下，损耗是不可避免的并且是不可以忽略的。在考虑空间电荷情况下，起振条件可以通过式 (5-2-45) 得到，其中的空间电荷参数 H，是有效等离子体波长数，它与皮尔斯空间电荷参数 QC 相关，可以通过下列表达式给出：

$$QC=\left(\frac{H}{4\pi CN}\right)^2 \tag{5-2-47}$$

图 5.2.2 和图 5.2.3 显示出了当 H 增加时在没有损耗的情况下，前两个振荡点的开始振荡条件的变化。这些曲线是通过求解启动振荡方程 (5-2-45) 得到的，值得注意的是，对于大于 2 的 H，振荡条件使得所有三个波沿波导传播，幅度不变，既没有增长也没有衰减。

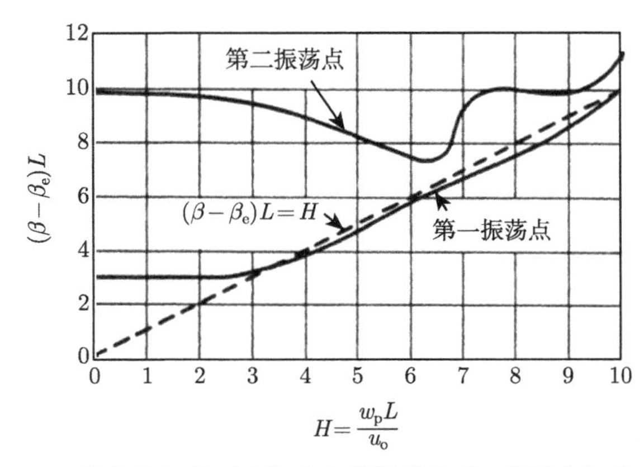

图 5.2.2 $(\beta-\beta_{\rm e})L$ 的变化与前两个振荡点的振荡条件 (假设空间电荷电路损耗为零)

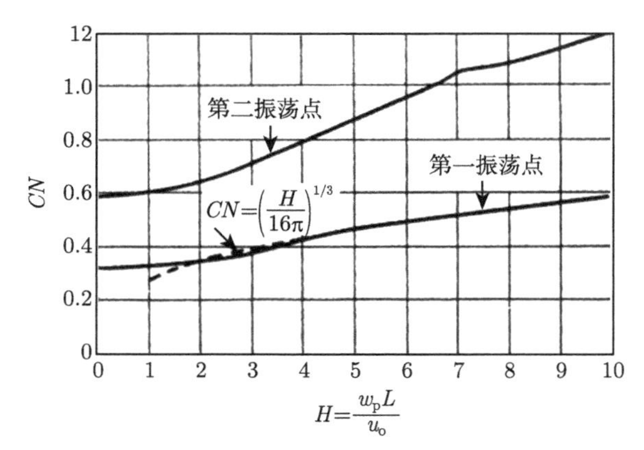

图 5.2.3　CN 的变化与前两个振荡点的振荡条件 (假设空间电荷电路损耗为零)

在振荡条件中，获得场和电流的变化形式对于了解返波管的振荡特性具有重要意义，式 (5-2-38) 中得到了电路场的表达式。结合微分式 (5-2-22)，可以获得电流的表达式：

$$i(z)=\mathrm{j}\frac{2\psi^*}{L}\left[\frac{(\eta_2-\eta_3)\mathrm{e}^{\mathrm{j}\eta_1(z/L)}+(\eta_1-\eta_3)\mathrm{e}^{\mathrm{j}\eta_2(z/L)}+(\eta_2-\eta_1)\mathrm{e}^{\mathrm{j}\eta_3(z/L)}}{\frac{\eta_3-\eta_2}{\eta_1}\mathrm{e}^{\mathrm{j}\eta_1}+\frac{\eta_1-\eta_3}{\eta_2}\mathrm{e}^{\mathrm{j}\eta_2}+\frac{\eta_2-\eta_1}{\eta_3}\mathrm{e}^{\mathrm{j}\eta_3}}\right]E_0\mathrm{e}^{-\mathrm{j}\beta z} \tag{5-2-48}$$

下面对互作用电路在强空间电荷和损耗情况下的起振电流进行讨论。

(1) 强空间电荷效应和零损耗：

$$CN_{\mathrm{st}}\approx\sqrt[4]{4QC} \tag{5-2-49}$$

(2) 大损耗电路和零空间电荷效应。

当返波管互作用电路的损耗变得很大，同时不考虑空间效应时，起振长度 L_{db} 可表示为

$$L_{db}=54.6CN \tag{5-2-50}$$

在该条件下，起振参量可以写成

$$CN_{\mathrm{st}}=0.0112L_{db}\left(1+\frac{1013}{L_{db}^2}\right) \tag{5-2-51}$$

当损耗长度 L_{db} 变得很大时，起振条件 CN_{st} 将进一步简化为

$$CN_{\mathrm{st}}=0.0112L_{db} \tag{5-2-52}$$

(3) 大损耗及强空间电荷效应。

在一般情况下，返波管计算中需同时考虑损耗长度空间电荷参量，结合上述两种情况，得到的起振参量为

$$CN_{\mathrm{st}} = 0.0178(QC)^{1/4} L_{db} \left(1 + \frac{1013}{L_{db}^2}\right) \tag{5-2-53}$$

利用式 (5-2-53) 可以深入讨论分析电路损耗长度及考虑空间电荷情况下的起振电流特性。

5.2.6　振荡水平以下的特征

在前面的讨论中得到了场与距离的函数，忽略第四个波的影响，得到

$$E(z) = \frac{E_0}{G}\left(g_1 \mathrm{e}^{\Gamma_1 z} + g_2 \mathrm{e}^{\Gamma_2 z} + g_3 \mathrm{e}^{\Gamma_3 z}\right) \tag{5-2-54}$$

式中，E_0 是应用场；G，g_1，g_2 和 g_3 分别是应用传输常数的增量传播常数。因此，工作参数包括电子束电流、电子束的速度、频率、阻抗和长度。选取 $z=0$ 和管子出口的电场，得到增益表达式：

$$\text{功率增益比} = \left(\frac{g}{G}\right)^2 \tag{5-2-55}$$

在 G 接近于 0 的时候，器件进入振荡模式。在振荡点周围的高增益区域中，增益表达式 G 的分母是操作参数的快速变化函数，而分子 G 几乎恒定。因此，可以在振荡或 $G=0$ 点周围对其分母应用泰勒展开，并确定增益随电流变化的形式。该过程表明，对于一阶近似：

$$\text{功率增益比} = \left(\frac{k}{I_0 - I_{\mathrm{s}}}\right)^2 \tag{5-2-56}$$

其中，I_{s} 是起始振荡电流。该表达式表示观察到的高于起始振荡电流的增益。

5.3　平板矩形光栅太赫兹返波管

慢波结构是电子注与高频场进行能量交换的场所，是真空电子器件的核心部件之一。为了保证电子注与慢波系统上的电磁波有效地互作用，则需要满足两个条件：第一，电子注速度与波的相速同步；第二，在电子流速度方向 (一般在纵向) 上，波场必须有纵向分量，而且此纵向分量在电子流通过的地方越强越好。第一个条件由表征波的相速与频率 (或波长) 关系的色散特性来确定；第二个条件则

通过波的纵向阻抗或电子流与波的耦合阻抗来表征。此外，衰减常数也是重要的参量之一。慢波系统的这些特性对器件的功率、效率与频带等特性都有很大的作用。本节主要针对平板矩形光栅慢波系统的高频特性进行分析。

5.3.1 物理模型

平板矩形栅的基本结构如图 5.3.1(a) 所示，其关键结构尺寸大小如图 5.3.1(b) 所示。

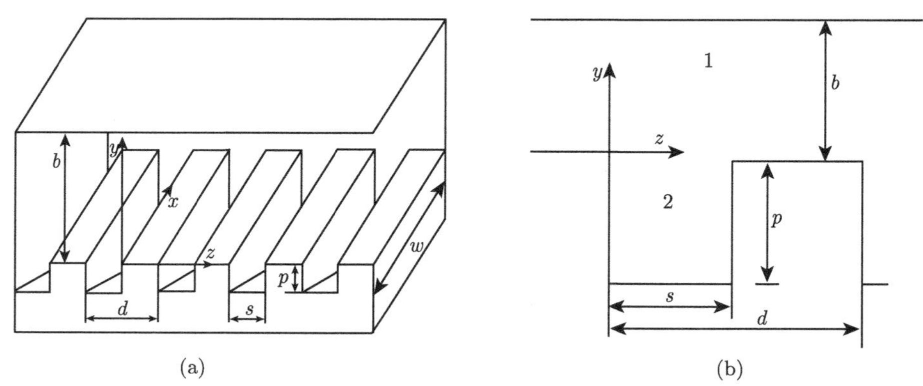

图 5.3.1 平板矩形栅的基本结构

5.3.2 平板矩形波导光栅的“冷”色散方程

图 5.3.1 的平板矩形波导光栅中电磁场分布在 1、2 两个区域，1 区中电磁场分布展开成傅里叶形式为

$$H_x^1(y,z)=\sum_{n=-\infty}^{\infty}a_n\cosh[v_n(b-y)]\exp(\mathrm{i}k_nz) \tag{5-3-1}$$

$$E_y^1(y,z)=\frac{-\omega\mu_0}{v_x^2}\sum_{n=-\infty}^{\infty}a_nk_n\cosh[v_n(b-y)]\exp(\mathrm{i}k_nz) \tag{5-3-2}$$

$$E_z^1(y,z)=\frac{\mathrm{i}\omega\mu_0}{v_x^2}\sum_{n=-\infty}^{\infty}a_nk_n\sinh[v_n(b-y)]\exp(\mathrm{i}k_nz) \tag{5-3-3}$$

其中，$k_n=k_z+2\pi n/d, v_n^2=k_n^2-v_x^2$。

2 区槽中假设只存在 TEM 驻波，其形式为

$$H_x^2(y)=b_0\cos[v_x(p+y)] \tag{5-3-4}$$

$$E_z^2(y)=\frac{\mathrm{i}\omega\mu_0}{v}b_0\sin[v_x(p+y)] \tag{5-3-5}$$

在两个区域的交界面上，由电场的切向连续性条件可得

$$E_z^1(0,z)=\begin{cases}E_z^2(0,z), & 0\leqslant z\leqslant s\\ 0, & s<z<d\end{cases} \tag{5-3-6}$$

由磁场连续性条件可得

$$H_x^1(0,z)=b_0\cos(v_x p),\quad 0\leqslant z\leqslant s \tag{5-3-7}$$

经过化解则可以得到色散方程的形式为

$$\begin{aligned}v_0 d\tanh(v_0 b)=&\,v_x d\tan(v_x p)\frac{s}{d}\sqrt{2}\\ &\cdot\left[\sin\mathrm{c}^2(k_z s/2)+v_0 d\tanh(v_0 b)\sum_{n\neq 0}^{\infty}\frac{\sin\mathrm{c}^2(k_n s/2)}{v_n d\tanh(v_n b)}\right]\end{aligned} \tag{5-3-8}$$

其中，$v_0^2=k_z^2+k_x^2-k_0^2$，式 (5-3-8) 称为“冷”光栅方程，通过该方程可以分析参数对色散特性的影响。

5.3.3 单电子注嵌入矩形光栅返波管注–波互作用分析

为了改善矩形光栅返波管高频特性和提高注–波互作用效率，提出一种单电子注嵌入矩形栅慢波结构。在该慢波结构中，电子注浸入开孔的矩形栅里面，可以充分利用栅端面纵向电场实现电子注的充分群聚，从而有效地提高注–波互作用效率。

本小节主要对单注开孔矩形栅的色散特性和注–波互作用进行分析，利用场匹配方法，获得单注开孔矩形栅的“冷”色散方程和“热”色散方程，分析色散特性、耦合阻抗的变换特性，并与普通矩形栅色散特性和耦合阻抗比较。

1.“冷”色散方程

单电子注嵌入矩形光栅的示意图如图 5.3.2 所示，光栅周期为 d，矩形波导宽为 w，高为 b，槽深为 p，槽宽为 s；为了提高耦合阻抗，在栅中部表面开一个方形孔，将矩形电子注部分嵌入开孔，开孔宽度为 u，孔高为 q。如图 5.3.3 所示，为了便于求解色散方程，将一个慢波周期分为四个区域:

1 区：$0<x<b,\quad 0<z<d$;

2 区：$-p<x<0,\quad 0<z<s$;

3 区：$-q<x<0,\quad -\dfrac{u}{2}<y<\dfrac{u}{2},\quad s<z<d$;

4 区：$-q<x<0,\quad -\dfrac{u}{2}<y<\dfrac{u}{2},\quad 0<z<s$。

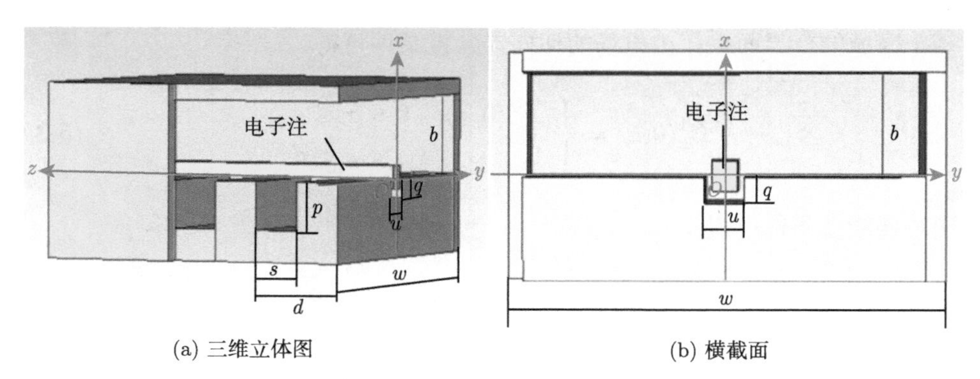

(a) 三维立体图　　　　(b) 横截面

图 5.3.2　矩形栅结构示意图

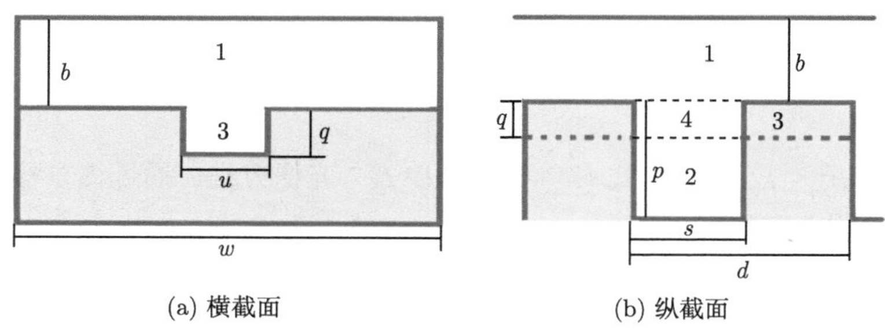

(a) 横截面　　　　(b) 纵截面

图 5.3.3　矩形栅慢波周期分区示意图

1) 各分区的场特性

矩形栅慢波结构的传输模式为 TE_y 模 [19]，该模在 y 方向没有电场分量，慢波场对时间关系为 $\exp(\mathrm{j}\omega t)$，波导中慢波相位变化为 $\exp[\mathrm{j}(\omega t-k_z z)]$。对于 TE_y 模，利用麦克斯韦方程组，可以得到磁场在 y 方向的分量，从而导出其他的电磁场分量。

关于 H_y 分量的波动方程可表示为 [20]

$$\nabla^2 H_y(x,y,z)+k_0^2 H_y(x,y,z)=0 \tag{5-3-9}$$

进一步地，可写为

$$\left(\frac{\partial^2}{\partial x^2}+\frac{\partial^2}{\partial y^2}+\frac{\partial^2}{\partial z^2}+k_0^2\right)H_y(x,y,z)=0 \tag{5-3-10}$$

其中，$k_0=\omega/c$ 为自由空间波数。

设定 y 和 z 方向具有依赖关系，式 (5-3-10) 可写为

$$\frac{\mathrm{d}^2 H_y(x)}{\mathrm{d}x^2}+k_0^2 H_y(x)-k_y^2 H_y(x)-k_z^2 H_y(x)=0 \tag{5-3-11}$$

其中，k_y, k_z 为在 y 和 z 方向上的波数。

在边界 $y=-w/2$ 与 $y=w/2$ 上，$E_x=E_y=0$，分离变量 y，可得

$$H_y(x,y,z)=H_{yl}(x,z)\cos(k_y y) \tag{5-3-12}$$

其中，

$$k_y=\frac{l\pi}{w},\quad l=1,2,3,\cdots \tag{5-3-13}$$

电磁场其他分量和 H_y 具有如下关系 [21]：

$$\begin{aligned}E_x&=\frac{\mathrm{i}\omega\mu_0}{k_0^2-k_y^2}\frac{\partial H_y}{\partial z},\quad E_z=-\frac{\mathrm{i}\omega\mu_0}{k_0^2-k_y^2}\frac{\partial H_y}{\partial x}\\H_x&=\frac{1}{k_0^2-k_y^2}\frac{\partial^2 H_y}{\partial x\partial y},\quad H_z=\frac{1}{k_0^2-k_y^2}\frac{\partial^2 H_y}{\partial z\partial y}\end{aligned} \tag{5-3-14}$$

在 1 区，也就是传输区 $\left(0<x<b,-\dfrac{w}{2}<y<\dfrac{w}{2},0<z<d\right)$，电磁场的分布沿 z 方向呈现出周期性变化，根据弗洛凯定理，将磁场 y 分量展开为 [22]

$$H_y^1(x,y,z)=\sum_{t=-\infty}^{+\infty}f_t(x)\cos(k_y y)\mathrm{e}^{-\mathrm{j}k_t z} \tag{5-3-15}$$

其中，$k_t=k_z^1+2\pi t/d$；$f_t(x)$ 满足如下方程 [21]：

$$\frac{\mathrm{d}^2 f_t(x)}{\mathrm{d}x^2}+k_0^2 f_t(x)-k_t^2 f_t(x)-k_y^2 f_t(x)=0 \tag{5-3-16}$$

令 $(v_t)^2=k_t^2-k_0^2+k_y^2$，则

$$\frac{\mathrm{d}^2 f_t(x)}{\mathrm{d}x^2}-v_t^2 f_t(x)=0 \tag{5-3-17}$$

解得 $f_t(x)=A_t^1\sinh(v_t x)+B_t^1\cosh(v_t x), v_t^2>0$。

在慢波系统中慢波和快波是同时存在的，此处只考虑周期结构中的慢波：

$$H_y^1(x,y,z)=\sum_{t=-\infty}^{+\infty}\{A_t^1\sinh[v_t(b-x)]+B_t^1\cosh[v_t(b-x)]\}\cos(k_y y)\mathrm{e}^{-\mathrm{j}k_t z} \tag{5-3-18}$$

由式 (5-3-14) 得

$$E_x^1(x,y,z)=\sum_{t=-\infty}^{+\infty}\frac{\omega\mu_0 k_n}{k_0^2-k_y^2}\{A_t^1\sinh[v_t(b-x)]+B_t^1\cosh[v_t(b-x)]\}\cos(k_y y)\mathrm{e}^{-\mathrm{j}k_t z} \tag{5-3-19}$$

$$E_z^1(x,y,z)=-\sum_{t=-\infty}^{+\infty}\frac{\mathrm{j}\omega\mu_0 v_t}{k_0^2-k_y^2}\{-A_t^1\cosh[v_t(b-x)]-B_t^1\sinh[v_t(b-x)]\}\cos(k_y y)\mathrm{e}^{-\mathrm{j}k_t z} \tag{5-3-20}$$

$$H_x^1(x,y,z)=\sum_{t=-\infty}^{+\infty}\frac{k_y v_n}{k_0^2-k_y^2}\{A_t^1\cosh[v_t(b-x)]+B_t^1\sinh[v_t(b-x)]\}\sin(k_y y)\mathrm{e}^{-\mathrm{j}k_t z} \tag{5-3-21}$$

$$H_z^1(x,y,z)=-\sum_{t=-\infty}^{+\infty}\frac{-\mathrm{j}k_t k_y}{k_0^2-k_y^2}\{A_t^1\sinh[v_t(b-x)]+B_t^1\cosh[v_t(b-x)]\}\sin(k_y y)\mathrm{e}^{-\mathrm{j}k_t z} \tag{5-3-22}$$

根据边界条件可得 $x=b$ 处的电场 z 分量：

$$E_z^1(b,y,z)=0 \tag{5-3-23}$$

代入式 (5-3-18) 可得 $A_t=0$。

则所有分量可写为

$$H_y^1(x,y,z)=\sum_{t=-\infty}^{+\infty}B_t^1\cosh[v_t(b-x)]\cos(k_y y)\mathrm{e}^{-\mathrm{j}k_t z} \tag{5-3-24}$$

$$E_x^1(x,y,z)=\sum_{t=-\infty}^{+\infty}\frac{\omega\mu_0 k_n}{k_0^2-k_y^2}B_t^1\cosh[v_t(b-x)]\cos(k_y y)\mathrm{e}^{-\mathrm{j}k_t z} \tag{5-3-25}$$

$$E_z^1(x,y,z)=\sum_{t=-\infty}^{+\infty}\frac{\mathrm{j}\omega\mu_0 v_t}{k_0^2-k_y^2}B_t^1\sinh[v_t(b-x)]\cos(k_y y)\mathrm{e}^{-\mathrm{j}k_t z} \tag{5-3-26}$$

$$H_x^1(x,y,z)=\sum_{t=-\infty}^{+\infty}\frac{k_y v_t}{k_0^2-k_y^2}B_t^1\sinh[v_t(b-x)]\sin(k_y y)\mathrm{e}^{-\mathrm{j}k_t z} \tag{5-3-27}$$

$$H_z^1(x,y,z)=\sum_{t=-\infty}^{+\infty}\frac{\mathrm{j}k_t k_y}{k_0^2-k_y^2}B_t^1\cosh[v_t(b-x)]\sin(k_y y)\mathrm{e}^{-\mathrm{j}k_t z} \tag{5-3-28}$$

在 2 区 $\left(-p<x<0,-\dfrac{w}{2}<y<\dfrac{w}{2},0<z<s\right)$，场表示为无穷本征驻波的叠加 [23]：

$$\begin{aligned}H_y^2(x,y,z)=&\sum_{m=0}^{+\infty}\{A_m\sinh[V_m(x+p)]+B_m\cosh[V_m(x+p)]\}\\&\cdot\cos(k_y y)[C_m\sin(k_z z)+D_m\cos(k_z z)]\end{aligned} \tag{5-3-29}$$

其中，$(V_m)^2 = (k_z)^2 - k_0^2 + k_y^2$，由式 (5-3-14) 得

$$E_x^2(x,y,z) = \sum_{m=0}^{+\infty} \frac{\mathrm{j}\omega\mu_0 k_z}{k_0^2 - k_y^2} \{A_m \sinh[V_m(x+p)] + B_m \cosh[V_m(x+p)]\} \cdot \cos(k_y y)[C_m \sin(k_z z) - D_m \cos(k_z z)] \tag{5-3-30}$$

$$E_z^2(x,y,z) = -\sum_{m=0}^{+\infty} \frac{\mathrm{j}\omega\mu_0 v_m}{k_0^2 - k_y^2} \{A_m \cosh[V_m(x+p)] + B_m \sinh[V_m(x+p)]\} \cdot \cos(k_y y)[C_m \sin(k_z z) + D_m \cos(k_z z)] \tag{5-3-31}$$

根据边界条件 $E_z^2(-p,y,z) = 0$，可得 $A_m = 0$；同理，由 $E_x^2(x,y,0) = 0$，可得 $C_m = 0$。

又 $E_x^2(x,y,s) = 0$，可得 $k_z = \dfrac{m\pi}{s} = k_m, m = 0,1,2,\cdots$，则相关分量可以写为

$$\begin{aligned} H_y^2(x,y,z) &= \sum_{m=0}^{+\infty} B_m \cosh[V_m(x+p)] \cos(k_y y) D_m \cos(k_m z) \\ &= \sum_{m=0}^{+\infty} B'_m \cosh[V_m(x+p)] \cos(k_y y) \cos(k_m z) \end{aligned} \tag{5-3-32}$$

$$E_x^2(x,y,z) = -\sum_{m=0}^{+\infty} \frac{\mathrm{j}\omega\mu_0 k_m}{k_0^2 - k_y^2} B'_m \cosh[V_m(x+p)] \cos(k_y y) \sin(k_m z) \tag{5-3-33}$$

$$E_z^2(x,y,z) = -\sum_{m=0}^{+\infty} \frac{\mathrm{j}\omega\mu_0 V_m}{k_0^2 - k_y^2} B'_m \sinh[V_m(x+p)] \cos(k_y y) \cos(k_m z) \tag{5-3-34}$$

在 3 区 $\left(-q < x < 0, -\dfrac{u}{2} < y < -\dfrac{u}{2}, s < z < d\right)$，场沿 z 方向呈现周期性变化，沿 y 方向是正弦叠加，则在 $x = -q$ 处，有

$$E_z^3(-q,y,z) = 0 \tag{5-3-35}$$

则电场 z 分量可表示为

$$E_z^3(x,y,z) = -\sum_{l'=1}^{+\infty} \sum_{t=-\infty}^{+\infty} \frac{\mathrm{j}\omega\mu_0 v_t^3}{k_0^2 - \left(\dfrac{l'\pi}{u}\right)^2} B_t^3 \sinh[v_t^3(x+q)] \cos(k_{y3} y) \mathrm{e}^{-\mathrm{j}k_t z} \tag{5-3-36}$$

根据式 (5-3-14)，得到其他分量如下：

$$H_y^3(x,y,z)=\sum_{l'=1}^{+\infty}\sum_{t=-\infty}^{+\infty}B_t^3\cosh[v_t^3(x+q)]\cos(k_{y3}y)\mathrm{e}^{-\mathrm{j}k_tz} \tag{5-3-37}$$

$$E_x^3(x,y,z)=\sum_{l'=1}^{+\infty}\sum_{t=-\infty}^{+\infty}\frac{\omega\mu_0k_t}{k_0^2-\left(\dfrac{l'\pi}{u}\right)^2}B_t^3\cosh[v_t^3(x+q)]\cos(k_{y3}y)\mathrm{e}^{-\mathrm{j}k_tz} \tag{5-3-38}$$

其中，

$$k_{y3}=\frac{l'\pi}{u},\quad l'=1,2,3,\cdots \tag{5-3-39}$$

$$(v_t^3)^2=(k_t)^2-k_0^2+k_{y3}^2 \tag{5-3-40}$$

在 4 区 $\left(-q<x<0,-\dfrac{u}{2}<y<-\dfrac{u}{2},0<z<s\right)$，假设 4 区与 1 区的场具有相同分布形式：

$$E_z^4(x,y,z)=\sum_{t=-\infty}^{+\infty}\frac{\mathrm{j}\omega\mu_0v_t}{k_0^2-k_y^2}B_t^4\sinh[v_t(b-x)]\cos(k_yy)\mathrm{e}^{-\mathrm{j}k_tz} \tag{5-3-41}$$

$$H_y^4(x,y,z)=\sum_{t=-\infty}^{+\infty}B_t^4\cosh[v_t(b-x)]\cos(k_yy)\mathrm{e}^{-\mathrm{j}k_tz} \tag{5-3-42}$$

$$E_x^4(x,y,z)=\sum_{t=-\infty}^{+\infty}\frac{\omega\mu_0k_t}{k_0^2-k_y^2}B_t^4\cosh[v_t(b-x)]\cos(k_yy)\mathrm{e}^{-\mathrm{j}k_tz} \tag{5-3-43}$$

2) 边界连续性条件

在 $x=0$ 处，由切向电场连续性条件可得

$$E_z^1(0,y,z)=\begin{cases}E_z^2(0,y,z), & 0\leqslant z\leqslant s, \quad -\dfrac{w}{2}<y<-\dfrac{u}{2},\quad \dfrac{u}{2}<y<\dfrac{w}{2}\\ 0, & s<z<d, \quad -\dfrac{w}{2}<y<-\dfrac{u}{2},\quad \dfrac{u}{2}<y<\dfrac{w}{2}\\ E_z^3(0,y,z), & s<z<d,\quad -\dfrac{u}{2}<y<\dfrac{u}{2}\end{cases}$$

$$E_z^4(-q,y,z)=E_z^2(-q,y,z),\quad 0\leqslant z\leqslant s,\quad -\frac{u}{2}<y<\frac{u}{2} \tag{5-3-44}$$

将式 (5-3-24)、式 (5-3-34)、式 (5-3-36) 和式 (5-3-41) 代入式 (5-3-44)，两边同乘 $\mathrm{e}^{\mathrm{j}k_n z}$，然后对 y 求 $-w/2$ 到 $w/2$ 的积分，以及对 z 求 0 到 d 的积分，利用本征函数正交性得到

$$
\begin{aligned}
& v_n B_n^1 \sinh(v_n b) \sin\left(\frac{l\pi}{2}\right) d \\
= & -\sum_{t=-\infty}^{+\infty} \sum_{l'=0}^{+\infty} \frac{(-1)^{l'} v_t^3 (k_0^2 - k_y^2)}{k_0^2 - \dfrac{(2l'+1)^2\pi^2}{u^2}} \frac{l}{(2l'+1)} \frac{u}{w} B_t^3 \sinh(v_t^3 q) A(k_n, k_t) \\
& - \sum_{m=0}^{+\infty} V_m B'_m \left\{ \sinh(V_m p) \left[\sin\left(\frac{l\pi}{2}\right) - \sin\left(\frac{l\pi u}{2w}\right) \right] \right. \\
& \left. + \sin\left(\frac{l\pi u}{2w}\right) \sinh[V_m(p-q)] \right\} R(k_n, k_m, s) \\
& + \sum_{t=0}^{+\infty} v_t B_t^1 \sinh(v_t b) \sin\left(\frac{l\pi u}{2w}\right) \int_0^s \mathrm{e}^{\mathrm{j}\frac{2\pi(n-t)}{d} z} \mathrm{d}z \\
& - \sum_{t=0}^{+\infty} v_t B_t^4 \sinh[v_t(b+q)] \sin\left(\frac{l\pi u}{2w}\right) \int_0^s \mathrm{e}^{\mathrm{j}\frac{2\pi(n-t)}{d} z} \mathrm{d}z
\end{aligned} \tag{5-3-45}
$$

其中，$R(k_n, k_m, s) = \int_0^s \cos(k_m z) \mathrm{e}^{\mathrm{j}k_n z} \mathrm{d}z$，$A(k_n, k_t) = \int_s^d \mathrm{e}^{\mathrm{j}(k_n - k_t)z} \mathrm{d}z = \int_s^d \mathrm{e}^{\mathrm{j}\frac{2\pi(n-t)}{d} z} \mathrm{d}z$，即

$$
R(k_n, k_m, s) = \begin{cases} \mathrm{j}k_n \dfrac{1-(-1)^m \mathrm{e}^{\mathrm{j}k_n s}}{(k_n)^2 - (k_m)^2}, & k_n \neq \pm k_m \\ \dfrac{s}{2}(1+\delta_{m0}), & k_n = \pm k_m \end{cases} \tag{5-3-46}
$$

$$
\delta_{m0} = \begin{cases} 1, & m = 0 \\ 0, & m \neq 0 \end{cases} \tag{5-3-47}
$$

在 $0 < z < s$ 区域，由磁场的连续性可得

$$
\begin{cases} H_y^1(0, y, z) = H_y^2(0, y, z), & 0 < z < s, \quad -\dfrac{w}{2} < y < -\dfrac{u}{2}, \quad -\dfrac{w}{2} < y < -\dfrac{u}{2} \\ H_y^4(-q, y, z) = H_y^2(-q, y, z), & 0 < z < s, \quad -\dfrac{u}{2} < y < \dfrac{u}{2} \end{cases} \tag{5-3-48}
$$

将相关磁场分量代入式 (5-3-48)，两边同时乘 $\cos(k_q z)$，然后对 z 槽区部分

求积分，利用本征函数正交性得到

$$
\begin{aligned}
&B'_m\left\{\cosh(V_m p)\left[\sin\left(\frac{l\pi}{2}\right)-\sin\left(\frac{l\pi u}{2w}\right)\right]\right.\\
&\left.+\cosh[V_m(p-q)]\sin\left(\frac{l\pi u}{2w}\right)\right\}(1+\delta_{m0})\frac{s}{2}\\
=&\sum_{t=-\infty}^{+\infty}B_t^1\cosh(v_t b)\left[\sin\left(\frac{l\pi}{2}\right)-\sin\left(\frac{l\pi u}{2w}\right)\right]R(-k_t,k_m,s)\\
&+\sum_{t=-\infty}^{+\infty}B_t^4\cosh[v_t(b+q)]\sin\left(\frac{l\pi u}{2w}\right)R(-k_t,k_m,s)
\end{aligned}
\tag{5-3-49}
$$

在 $s<z<d$ 区域，由磁场的连续性可得

$$
H_y^1(0,y,z)=H_y^3(0,y,z),\quad s<z<d,\quad -\frac{u}{2}<y<\frac{u}{2} \tag{5-3-50}
$$

将磁场分量代入式 (5-3-50)，两边同乘 $\mathrm{e}^{\mathrm{j}k_q z}$，然后对 y 求 $-u/2$ 到 $u/2$ 的积分，对 z 求 0 到 s 的积分，得

$$
B_t^3=B_t^1\frac{w}{lu}\frac{\cosh(v_t b)}{\displaystyle\sum_{l''=0}^{+\infty}\frac{(-1)^{l''}}{(2l''+1)}\cosh(v_t^3 q)}\sin\left(\frac{l\pi u}{2w}\right) \tag{5-3-51}
$$

由于区域 4 和区域 3 在 y 方向上场的分布不同，因此在 $z=s$ 处，电磁场的分布非常复杂，在这里假设 3 区和 4 区通过的功率流相等，在两个区域交界面两侧功率流大小相等，则有

$$
\int_{-\frac{u}{2}}^{\frac{u}{2}}\int_{-q}^{0}E_x^3(x,y)\cdot H_y^{3*}(x,y)\mathrm{d}x\mathrm{d}y=\int_{-\frac{u}{2}}^{\frac{u}{2}}\int_{-q}^{0}E_x^4(x,y)\cdot H_y^{4*}(x,y)\mathrm{d}x\mathrm{d}y \tag{5-3-52}
$$

为了简化分析，假定在交界面 $z=s,-\dfrac{u}{2}<y<\dfrac{u}{2},-q<x<0$ 处，电场是处处连续的，即

$$
E_x^3(x,y)=E_x^4(x,y) \tag{5-3-53}
$$

则式 (5-3-50) 变为

$$
\int_{-\frac{u}{2}}^{\frac{u}{2}}\int_{-q}^{0}H_y^{3*}(x,y)\mathrm{d}x\mathrm{d}y=\int_{-\frac{u}{2}}^{\frac{u}{2}}\int_{-q}^{0}H_y^{4*}(x,y)\mathrm{d}x\mathrm{d}y \tag{5-3-54}
$$

将相关场分量代入式 (5-3-54)，解得

$$B_t^4 = B_t^3 \sum_{l''=0}^{+\infty} \frac{(-1)^{l''}}{(2l''+1)} \frac{l}{\sin\left(\frac{l\pi u}{2w}\right)} \frac{u}{w} \frac{v_t}{v_t^3} \frac{\sinh(v_t^3 q)}{\sinh[v_t(b+q)] - \sinh(v_t b)} B_t^3$$

$$= B_t^1 \frac{\cosh(v_t b)}{\cosh(v_t^3 q)} \frac{v_t}{v_t^3} \frac{\sinh(v_t^3 q)}{\sinh[v_t(b+q)] - \sinh(v_t b)} \tag{5-3-55}$$

3) “冷” 色散方程

将式 (5-3-49)、式 (5-3-51) 和式 (5-3-55) 代入式 (5-3-45)，消去 B'_m, B_t^3, B_t^4，则有关系式：

$$v_n B_n^1 \sinh(v_n b) \sin\left(\frac{l\pi}{2}\right) d$$

$$= \sum_{t=-\infty}^{+\infty} B_t^1 v_t \sin\left(\frac{l\pi u}{2w}\right) \sinh(v_t b) \int_0^s \mathrm{e}^{\mathrm{j}\frac{2\pi(n-t)}{d}z} \mathrm{d}z$$

$$- \sum_{t=-\infty}^{+\infty} B_t^1 \left\{ \cosh(v_t b) \left[\sin\left(\frac{l\pi}{2}\right) - \sin\left(\frac{l\pi u}{2w}\right)\right]\right.$$

$$\left. + \frac{v_t}{v_t^3} CD_t \frac{\cosh[v_t(b+q)]}{\sinh[v_t(b+q)] - \sinh(v_t b)} \right\}$$

$$\times \sum_{m=0}^{+\infty} V_m CS_m \frac{R(k_n, k_m, s) R(-k_t, k_m, s)}{(1+\delta_{m0})} \frac{2}{s}$$

$$- \sum_{t=-\infty}^{+\infty} \sum_{l''=0}^{+\infty} \frac{4(k_0^2 - k_y^2)}{\pi(2l''+1)} \frac{(-1)^{l''} v_t^3}{k_0^2 - \frac{(2l''+1)^2\pi^2}{u^2}} B_t^1 CD_t A(k_n, k_t)$$

$$- \sum_{t=-\infty}^{+\infty} B_t^1 \frac{(v_t)^2}{v_t^3} CD_t \frac{\sinh[v_t(b+q)]}{\sinh[v_t(b+q)] - \sinh(v_t b)} \int_0^s \mathrm{e}^{\mathrm{j}\frac{2\pi(n-t)}{d}z} \mathrm{d}z \tag{5-3-56}$$

式 (5-3-36) 即为 “冷” 色散方程，其中，

$$CD_t = \frac{\cosh(v_t b)}{\cosh(v_t^3 q)} \sin\left(\frac{l\pi u}{2w}\right) \sinh(v_t^3 q) \tag{5-3-57}$$

$$CS_m = \frac{\sinh(V_m p)\left[\sin\left(\frac{l\pi}{2}\right) - \sin\left(\frac{l\pi u}{2w}\right)\right] + \sinh[V_m(p-q)] \sin\left(\frac{l\pi u}{2w}\right)}{\cosh(V_m p)\left[\sin\left(\frac{l\pi}{2}\right) - \sin\left(\frac{l\pi u}{2w}\right)\right] + \cosh[V_m(p-q)] \sin\left(\frac{l\pi u}{2w}\right)} \tag{5-3-58}$$

当开孔宽度 u 趋近于 0 或开孔深度 q 趋近于 0 时，$CD_t = 0$，$CS_m = \tan(V_m p)$，代入式 (5-3-56)，整理可得

$$B_n^1 v_n \sinh(v_n b) d = -\sum_{t=-\infty}^{+\infty} B_t^1 \cosh(v_t b) \sum_{m=0}^{+\infty} V_m \tanh(V_m p) \frac{2}{s} \frac{R(-k_t, k_m, s) R(k_n, k_m, s)}{(1+\delta_{m0})} \tag{5-3-59}$$

式 (5-3-59) 即为未开孔平面金属光栅冷色散方程，其结果与参考文献 [21] 一致。

令

$$\begin{aligned} X_{n,t} = &-\left\{\cosh(v_t b)\left[\sin\left(\frac{l\pi}{2}\right) - \sin\left(\frac{l\pi u}{2w}\right)\right] \right.\\ &\left. + \frac{v_t}{v_t^3} CD_t \frac{\cosh[v_t(b+q)]}{\sinh[v_t(b+q)] - \sinh(v_t b)}\right\} \\ &\times \sum_{m=0}^{+\infty} V_m CS_m \frac{R(k_n, k_m, s) R(-k_t, k_m, s)}{(1+\delta_{m0})} \frac{2}{s} \\ &+ v_t \sin\left(\frac{l\pi u}{2w}\right) \sinh(v_t b) \int_0^s \mathrm{e}^{\mathrm{j}\frac{2\pi(n-t)}{d} z} \mathrm{d}z \\ &- \sum_{t=-\infty}^{+\infty} \sum_{l''=0}^{+\infty} \frac{4(k_0^2 - k_y^2)}{\pi(2l''+1)} \frac{(-1)^{l''} v_t^3}{k_0^2 - \dfrac{(2l''+1)^2 \pi^2}{u^2}} CD_t A(k_n, k_t) \\ &- \frac{(v_t)^2}{v_t^3} CD_t \frac{\sinh[v_t(b+q)]}{\sinh[v_t(b+q)] - \sinh(v_t b)} \int_0^s \mathrm{e}^{\mathrm{j}\frac{2\pi(n-t)}{d} z} \mathrm{d}z \end{aligned} \tag{5-3-60}$$

$$Y_n = v_n \sinh(v_n b) \sin\left(\frac{l\pi}{2}\right) d \tag{5-3-61}$$

则开孔矩形栅慢波结构的“冷”色散方程可写为

$$|X_{n,t} - \delta_{nt} Y_n| = 0, \quad n, t \in Z \tag{5-3-62}$$

式 (5-3-62) 为线性方程组，对于给定的波数 k_z，求解其系数组成的行列式，就可得到相应的频率 ω，分别求解不同的波数对应的频率，即可得到开孔矩形栅的色散关系。

2. 耦合阻抗

描述慢波结构的高频特性主要有两个：一个是色散特性；另一个是耦合阻抗。耦合阻抗直观准确地表示电场对电子注互作用的强弱程度，耦合阻抗越高，则相互作用越强。

设在该慢波结构中，相位系数为 β，通过系统的总功率流为 P，电场沿 z 方向分量为 E_{zm}，根据皮尔斯的定义，慢波系统的耦合阻抗可表示为 [21]

$$K=\frac{E_{zm}^2}{2\beta^2 P} \tag{5-3-63}$$

由于电子注区域场强不是处处相等的，因此在实际计算中取平均耦合阻抗。对于第 t 次空间谐波，设纵向相位系数为 k_t，沿 z 方向电场分量 E_{zt} 以及电场分量的共轭 E_{zt}^*，则有 [24]

$$\overline{K_t}=\frac{\overline{E_{zt}E_{zt}^*}}{2k_t^2 P} \tag{5-3-64}$$

在 $x=-c$ 处引入厚度为 $a+c$ 的矩形电子注，宽为 L，电子注嵌入开孔深度为 c，则有

$$\overline{E_{zt}E_{zt}^*}=\frac{\int_{-\frac{L}{2}}^{\frac{L}{2}}\mathrm{d}y\int_0^a E_{z,t}^1(x,y)E_{z,t}^{1*}(x,y)\mathrm{d}x+\int_{-\frac{L}{2}}^{\frac{L}{2}}\mathrm{d}y\int_{-c}^0 E_{z,t}^3(x,y)E_{z,t}^{3*}(x,y)\mathrm{d}x}{(a+c)L} \tag{5-3-65}$$

其中，

$$\begin{aligned}&\int_{-\frac{L}{2}}^{\frac{L}{2}}\mathrm{d}y\int_0^a E_{z,t}^1(x,y)E_{z,t}^{1*}(x,y)\mathrm{d}x\\&=\left(\frac{\omega\mu_0 v_t}{k_0^2-k_y^2}\right)^2\left|B_t^1\right|^2\left[\frac{w}{2l\pi}\sin\left(\frac{l\pi L}{w}\right)+\frac{L}{2}\right]\left\{\frac{\sinh(2v_t b)-\sinh[2v_t(b-a)]}{4v_t}-\frac{a}{2}\right\}\end{aligned} \tag{5-3-66}$$

$$\begin{aligned}&\int_{-\frac{L}{2}}^{\frac{L}{2}}\mathrm{d}y\int_{-c}^0 E_{z,t}^3(x,y)E_{z,t}^{3*}(x,y)\mathrm{d}x\\&=\sum_{l'=1}^{+\infty}\left(\frac{\omega\mu_0 v_t^3}{k_0^2-k_{y3}^2}\right)^2\left|B_t^3\right|^2\left[\frac{u}{2l'\pi}\sin\left(\frac{l'\pi L}{u}\right)+\frac{L}{2}\right]\left\{\frac{\sinh(2v_t^3 q)-\sinh[2v_t^3(q-c)]}{4v_t^3}-\frac{c}{2}\right\}\\&=\sum_{l'=1}^{+\infty}\left(\frac{\omega\mu_0 v_t^3}{k_0^2-k_{y3}^2}\right)^2\frac{16w^2}{l^2\pi^2u^2}\sin^2\left(\frac{l\pi u}{2w}\right)\frac{\cosh^2(v_t b)}{\cosh^2(v_t^3 q)}\left|B_t^1\right|^2\left[\frac{u}{2l'\pi}\sin\left(\frac{l'\pi L}{u}\right)+\frac{L}{2}\right]\\&\quad\cdot\left\{\frac{\sinh(2v_t^3 q)-\sinh[2v_t^3(q-c)]}{4v_t^3}-\frac{c}{2}\right\}\end{aligned} \tag{5-3-67}$$

慢波结构的总功率 P 可以展开为

$$P=\sum_{t=-\infty}^{+\infty}P_t^1+\sum_{m=0}^{\infty}P_m^2+\sum_{t=-\infty}^{+\infty}P_t^3 \tag{5-3-68}$$

式中，P_t^1,P_t^3 分别是 1 区和 3 区第 t 次空间谐波的功率，可以通过坡印亭矢量计算：

$$P_t^1=\frac{1}{2}\int_0^b\int_{-\frac{w}{2}}^{\frac{w}{2}}E_x^1\cdot H_y^{1*}\mathrm{d}x\mathrm{d}y=\frac{1}{4}\frac{\omega\mu_0k_tw}{k_0^2-k_y^2}\left|B_t^1\right|^2\left(\frac{\sinh(2v_tb)}{4v_t}+\frac{b}{2}\right) \tag{5-3-69}$$

$$\begin{aligned}P_t^3&=\frac{1}{2}\int_{-2q}^{0}\int_{-\frac{u}{2}}^{\frac{u}{2}}E_x^3\cdot H_y^{3*}\mathrm{d}x\mathrm{d}y=\frac{1}{4}\frac{\omega\mu_0k_tu}{k_0^2-k_{y3}^2}\left|B_t^3\right|^2\left(\frac{\sinh(2v_t^3q)}{4v_t^3}+\frac{q}{2}\right)\\&=\left|B_t^1\right|^2\frac{w^2}{4ul^2}\frac{\omega\mu_0k_t}{(k_0^2-k_{y3}^2)}\frac{\cosh^2(v_tb)}{\left[\sum\limits_{l''=0}^{+\infty}\frac{(-1)^{l''}}{(2l''+1)}\cosh(v_t^3q)\right]^2}\\&\quad\cdot\sin^2\left(\frac{l\pi u}{2w}\right)\left(\frac{\sinh(2v_t^3q)}{4v_t^3}+\frac{q}{2}\right)\end{aligned} \tag{5-3-70}$$

槽区平均功率 P_m^2 由下式给出：

$$P_m^2=v_{\mathrm{g}}\frac{W_m^2}{d} \tag{5-3-71}$$

其中，v_{g} 为波的群速；W_m^2 由下式给出：

$$W_m^2=\frac{1}{2}\iiint\limits_V\left(\frac{1}{2}\mu_0\boldsymbol{H}_m^2\cdot\boldsymbol{H}_m^{2\,*}+\frac{1}{2}\varepsilon_0\boldsymbol{E}_m^2\cdot\boldsymbol{E}_m^{2\,*}\right)\mathrm{d}V=\frac{1}{2}\iiint\limits_V(\varepsilon_0\boldsymbol{E}_m^2\cdot\boldsymbol{E}_m^{2\,*})\mathrm{d}V \tag{5-3-72}$$

空间谐波在槽内群速为零没有功率流。将式 (5-3-65)~式 (5-3-71) 代入式 (5-3-64) 中，得到单注开孔矩形栅耦合阻抗

$$\overline{K_t}=\frac{Q_t^1+Q_t^2}{2k_t^2(a+c)L} \tag{5-3-73}$$

其中，

$$Q_t^1=\frac{\omega\mu_0v_t^2}{(k_0^2-k_y^2)^2}\left[\frac{w}{2l\pi}\sin\left(\frac{l\pi L}{w}\right)+\frac{L}{2}\right]\left\{\frac{\sinh(2v_tb)-\sinh[2v_t(b-a)]}{4v_t}-\frac{a}{2}\right\} \tag{5-3-74}$$

$$Q_t^2=\sum_{l'=1}^{+\infty}\frac{\omega\mu_0(v_t^3)^2}{(k_0^2-k_{y3}^2)^2}\frac{16w^2}{l^2\pi^2u^2}\sin^2\left(\frac{l\pi u}{2w}\right)\frac{\cosh^2(v_tb)}{\cosh^2(v_t^3q)}\left[\frac{u}{2l'\pi}\sin\left(\frac{l'\pi L}{u}\right)+\frac{L}{2}\right]$$
$$\cdot\left\{\frac{\sinh(2v_t^3q)-\sinh[2v_t^3(q-c)]}{4v_t^3}-\frac{c}{2}\right\}\tag{5-3-75}$$

$$S_t^1=\frac{1}{4}\frac{k_tw}{k_0^2-k_y^2}\left[\frac{\sinh(2v_tb)}{4v_t}+\frac{b}{2}\right]\tag{5-3-76}$$

$$S_t^2=\frac{w^2}{4ul^2}\frac{k_t}{(k_0^2-k_{y3}^2)}\frac{\cosh^2(v_tb)}{\left[\sum\limits_{l''=0}^{+\infty}\frac{(-1)^{(l''+1)}}{(2l''+1)}\cosh(v_t^3q)\right]^2}\sin^2\left(\frac{l\pi u}{2w}\right)\left[\frac{\sinh(2v_t^3q)}{4v_t^3}+\frac{q}{2}\right]\tag{5-3-77}$$

3. “热”色散方程

如图 5.3.4 所示，将矩形电子注部分嵌入开孔中，矩形波导高度 b、宽度 w、开孔宽度 u、开孔深度 q、栅周期 d、槽深 p 和槽宽 s 都保持常量。在开孔中半嵌入一个厚度为 $a+c$ 的矩形电子注，嵌入开孔中的深度为 c，高于栅表面的高度为 a，电子注的宽为 L，电流密度为 $\boldsymbol{J}$。为了方便计算，假定电子速度为 z 方向，在 x 方向和 y 方向均没有分量。并假设在 $z=0$ 处，电子的速度均为 V_0。设开孔不会对传输区的场沿 y 方向的分布造成较大影响，将槽区近似为驻波场，将矩形栅分为 7 个区域。

1 区，即传输区：$0<x<b,\quad -\dfrac{w}{2}<y<\dfrac{w}{2},\quad 0<z<d$。

2 区，即槽区：$-p<x<0,\quad -\dfrac{w}{2}<y<\dfrac{w}{2},\quad 0<z<s$。

3 区：$-q<x<0,\quad -\dfrac{u}{2}<y<\dfrac{u}{2},\quad s<z<d$。

4 区：$-q<x<0,\quad -\dfrac{u}{2}<y<\dfrac{u}{2},\quad 0<z<s$。

5 区：$0<x<a,\quad -\dfrac{L}{2}<y<\dfrac{L}{2},\quad 0<z<d$。

6 区：$-c<x<0,\quad -\dfrac{L}{2}<y<\dfrac{L}{2},\quad s<z<d$。

7 区：$0<x<a,\quad -\dfrac{L}{2}<y<\dfrac{L}{2},\quad 0<z<s$。

假设粒子之间没有碰撞效应，场对电子的作用过程用电子运动方程表示为

$$\frac{\partial\boldsymbol{p}_b}{\partial t}+\boldsymbol{v}_b\cdot\nabla\boldsymbol{p}_b=-e(\boldsymbol{E}+\boldsymbol{v}_b\times\boldsymbol{B}/c)\tag{5-3-78}$$

除此之外，连续性方程为

$$\frac{\partial n_{\mathrm{e}}}{\partial t}+\nabla\cdot\boldsymbol{J}_{\mathrm{e}}=0 \tag{5-3-79}$$

其中，$\boldsymbol{E}$ 和 $\boldsymbol{B}$ 分别表示电场和磁感应强度；c 为真空中光速；电子动量 $\boldsymbol{p}_b=m_{\mathrm{e}}\gamma_b\boldsymbol{v}_b$，考虑到相对论因子 $\gamma_b=\sqrt{1-v_b^2/c^2}$，$\boldsymbol{v}_b$ 为电子速度，其大小与电子注电压有关，m_{e} 为电子静质量；n_{e} 为电子数密度；$\boldsymbol{J}_{\mathrm{e}}$ 为电子注电流密度；$-e$ 为单电子电荷。

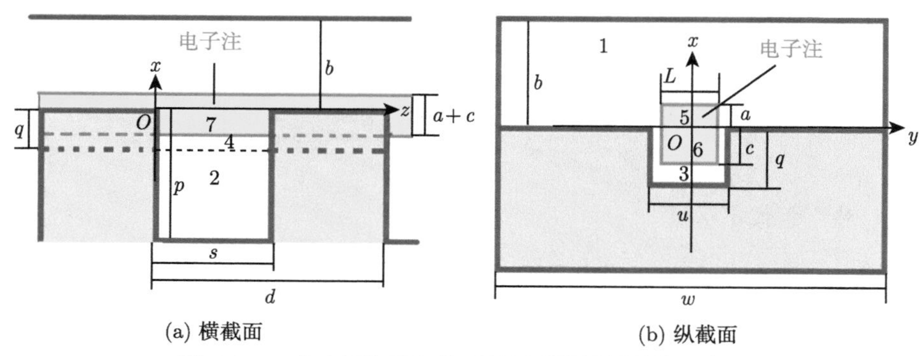

(a) 横截面　　　　(b) 纵截面

图 5.3.4　单电子注嵌入的开孔矩形栅波导结构示意图

电子对场的作用通过麦克斯韦方程组来表示：

$$\begin{cases}\nabla\times\boldsymbol{E}=-\dfrac{\partial\boldsymbol{B}}{\partial t}\\ \nabla\times\boldsymbol{H}=\boldsymbol{J}+\dfrac{\partial\boldsymbol{D}}{\partial t}\\ \nabla\cdot\boldsymbol{D}=\rho\\ \nabla\cdot\boldsymbol{B}=0\end{cases} \tag{5-3-80}$$

其中，ρ 是电荷密度。

较之冷光栅各区场特性，电子驱动下的各区场表达式如下所述。

(1) 1 区，即传输区 $\left(0<x<b,-\dfrac{w}{2}<y<\dfrac{w}{2},0<z<d\right)$ 的场：

$$H_y^1(x,y,z)=\sum_{t=-\infty}^{+\infty}B_t^1\cosh[v_t(b-x)]\cos(k_y y)\mathrm{e}^{-\mathrm{j}k_t z} \tag{5-3-81}$$

$$E_z^1(x,y,z)=\sum_{t=-\infty}^{+\infty}\frac{\mathrm{j}\omega\mu_0 v_n}{k_0^2-k_y^2}B_t^1\sinh[v_t(b-x)]\cos(k_y y)\mathrm{e}^{-\mathrm{j}k_t z} \tag{5-3-82}$$

(2) 5 区 $\left(0<x<a,-\dfrac{L}{2}<y<\dfrac{L}{2},0<z<d\right)$ 的场：

$$H_y^5(x,y,z)=\sum_{t=-\infty}^{+\infty}[A_t^5\sinh(v_t x)+B_t^5\cosh(v_t x)]\cos(k_y y)\mathrm{e}^{-\mathrm{j}k_t z} \tag{5-3-83}$$

$$E_z^5(x,y,z)=-\sum_{t=-\infty}^{+\infty}\frac{\mathrm{j}\omega\mu_0 v_n}{k_0^2-k_y^2}[A_t^5\cosh(v_t x)+B_t^5\sinh(v_t x)]\cos(k_y y)\mathrm{e}^{-\mathrm{j}k_t z} \tag{5-3-84}$$

该区域充满了电子注，因此 x 方向传播常数 v_t 受到影响，需改写为 v_{at}，设电子注电压为 U_b，电子的速度 $v_0=\sqrt{2eU_b/m_\mathrm{e}}$，电流密度大小为 J，则电荷密度为 $\rho_0=J/v_0$，则

$$(v_{at})^2=\frac{(k_0^2\varepsilon_\mathrm{et}-k_y^2)}{k_0^2-k_y^2}(v_t)^2 \tag{5-3-85}$$

其中，$\varepsilon_\mathrm{et}=1-\omega_\mathrm{pe}^2/(\omega-k_t v_0)^2$，这里 $\omega_\mathrm{pe}=\sqrt{\rho_0 e/\varepsilon_0 m_\mathrm{e}}$，$\varepsilon_0$ 为真空介电常量。

所以，

$$H_y^5(x,y,z)=\sum_{t=-\infty}^{+\infty}[A_t^5\sinh(v_{at}x)+B_t^5\cosh(v_{at}x)]\cos(k_y y)\mathrm{e}^{-\mathrm{j}k_t z} \tag{5-3-86}$$

$$E_z^5(x,y,z)=-\sum_{t=-\infty}^{+\infty}\frac{\mathrm{j}\omega\mu_0 v_{at}}{k_0^2\varepsilon_\mathrm{et}-k_y^2}[A_t^5\cosh(v_{at}x)+B_t^5\sinh(v_{at}x)]\cos(k_y y)\mathrm{e}^{-\mathrm{j}k_t z} \tag{5-3-87}$$

同理可得 7 区 $\left(0<x<a,-\dfrac{L}{2}<y<\dfrac{L}{2},0<z<s\right)$ 的场分量：

$$H_y^7(x,y,z)=\sum_{t=-\infty}^{+\infty}[A_t^7\sinh(v_{at}x)+B_t^7\cosh(v_{at}x)]\cos(k_y y)\mathrm{e}^{-\mathrm{j}k_t z} \tag{5-3-88}$$

$$E_z^7(x,y,z)=-\sum_{t=-\infty}^{+\infty}\frac{\mathrm{j}\omega\mu_0 v_{at}}{k_0^2\varepsilon_\mathrm{et}-k_y^2}[A_t^7\cosh(v_{at}x)+B_t^7\sinh(v_{at}x)]\cos(k_y y)\mathrm{e}^{-\mathrm{j}k_t z} \tag{5-3-89}$$

(3) 6 区 $\left(-c<x<0,-\dfrac{L}{2}<y<\dfrac{L}{2},s<z<d\right)$ 的场：

$$H_y^6(x,y,z)=\sum_{l'=1}^{+\infty}\sum_{t=-\infty}^{+\infty}[A_t^6\sinh(v_t^3 x)+B_t^6\cosh(v_t^3 x)]\cos\left(\frac{l'\pi}{u}y\right)\mathrm{e}^{-\mathrm{j}k_t z} \tag{5-3-90}$$

$$E_z^6(x,y,z)$$
$$=-\sum_{l'=1}^{+\infty}\sum_{t=-\infty}^{+\infty}\frac{\mathrm{j}\omega\mu_0 v_t^3}{k_0^2-\left(\dfrac{l'\pi}{u}\right)^2}[A_t^6\cosh(v_t^3x)+B_t^6\sinh(v_t^3x)]\cos\left(\frac{l'\pi}{u}y\right)\mathrm{e}^{-\mathrm{j}k_tz} \tag{5-3-91}$$

该区域也同样地需要将 x 方向的传播常数 v_t 进行修改，得到修改后的 x 方向传播常数 v_{ct} 为

$$(v_{ct})^2=\frac{k_0^2\varepsilon_{\mathrm{et}}-(l'\pi/u)^2}{k_0^2-(l'\pi/u)^2}(v_t^3)^2,\quad l'=1,2,3,\cdots \tag{5-3-92}$$

所以，

$$H_y^6(x,y,z)=\sum_{l'=1}^{+\infty}\sum_{t=-\infty}^{+\infty}[A_t^3\sinh(v_{ct}x)+B_t^3\cosh(v_{ct}x)]\cos\left(\frac{l'\pi}{u}y\right)\mathrm{e}^{-\mathrm{j}k_tz} \tag{5-3-93}$$

$$E_z^6(x,y,z)$$
$$=-\sum_{l'=1}^{+\infty}\sum_{t=-\infty}^{+\infty}\frac{\mathrm{j}\omega\mu_0 v_{at}}{k_0^2\varepsilon_{\mathrm{et}}-\left(\dfrac{l'\pi}{u}\right)^2}[A_t^3\cosh(v_{ct}x)+B_t^3\sinh(v_{ct}x)]\cos\left(\frac{l'\pi}{u}y\right)\mathrm{e}^{-\mathrm{j}k_tz} \tag{5-3-94}$$

(4) 3 区 $\left(-q<x<0,-\dfrac{u}{2}<y<\dfrac{u}{2},s<z<d\right)$ 的场：

$$H_y^3(x,y,z)=\sum_{l'=1}^{+\infty}\sum_{t=-\infty}^{+\infty}B_t^3\cosh[v_t^3(x+q)]\cos\left(\frac{l'\pi}{u}y\right)\mathrm{e}^{-\mathrm{j}k_tz} \tag{5-3-95}$$

$$E_z^3(x,y,z)=-\sum_{l'=1}^{+\infty}\sum_{t=-\infty}^{+\infty}\frac{\mathrm{j}\omega\mu_0 v_t^3}{k_0^2-\left(\dfrac{l'\pi}{u}\right)^2}B_t^3\sinh[v_t^3(x+q)]\cos\left(\frac{l'\pi}{u}y\right)\mathrm{e}^{-\mathrm{j}k_tz} \tag{5-3-96}$$

(5) 4 区 $\left(-q<x<0,-\dfrac{u}{2}<y<\dfrac{u}{2},0<z<s\right)$ 的场：

$$H_y^4(x,y,z)=\sum_{t=-\infty}^{+\infty}B_t^4\cosh[v_t(b-x)]\cos(k_yy)\mathrm{e}^{-\mathrm{j}k_tz} \tag{5-3-97}$$

$$E_z^4(x,y,z)=\sum_{t=-\infty}^{+\infty}\frac{\mathrm{j}\omega\mu_0 v_t}{k_0^2-k_y^2}B_t^4\sinh[v_t(b-x)]\cos(k_y y)\mathrm{e}^{-\mathrm{j}k_t z} \tag{5-3-98}$$

(6) 2 区，即槽区 $(-p<x<0,0<y<w,0<z<s)$ 的场：

$$H_y^2(x,y,z)=\sum_{m=0}^{+\infty}B_m\cosh[v_m(x+p)]\cos(k_y y)\cos(k_m z) \tag{5-3-99}$$

$$E_z^2(x,y,z)=-\sum_{m=0}^{+\infty}\frac{\mathrm{j}\omega\mu_0 v_m}{k_0^2-k_y^2}B_m\sinh[v_m(x+p)]\cos(k_y y)\cos(k_m z) \tag{5-3-100}$$

将 1~4 区沿 z 方向的电场分量代入式 (5-3-99) 和式 (5-3-100)，对于每一个等式，两端乘以 $\mathrm{e}^{\mathrm{j}k_n z}$，并对场分量所在区域分别进行积分，积分后两式相加，得到关系式：

$$\begin{aligned}
&v_n B_n^1\sinh(v_n b)\sin\left(\frac{l\pi}{2}\right)d\\
=&\sum_{t=-\infty}^{+\infty}v_t B_t^1\sinh(v_t b)\sin\left(\frac{l\pi u}{2w}\right)\int_0^s \mathrm{e}^{\mathrm{j}\frac{2\pi(n-t)}{d}z}\mathrm{d}z\\
&-\sum_{m=0}^{+\infty}v_m B_m'\left\{\sinh(v_m p)\left[\sin\left(\frac{l\pi}{2}\right)-\sin\left(\frac{l\pi u}{2w}\right)\right]\right.\\
&\left.+\sin\left(\frac{l\pi u}{2w}\right)\sinh[v_m(p-q)]\right\}R(k_n,k_m,s)\\
&-\sum_{l''=0}^{+\infty}\sum_{t=-\infty}^{+\infty}\frac{(-1)^{l''}v_t^3(k_0^2-k_y^2)}{k_0^2-\dfrac{(2l''+1)^2\pi^2}{u^2}}\frac{l}{2l''+1}B_t^1 C_t^1\sinh(v_t^3 q)A(k_n,k_t)\\
&-\sum_{t=-\infty}^{+\infty}v_t B_t^1 C_t^1\frac{D_t^3}{D_t^4}\sinh[v_t(b+q)]\sin\left(\frac{l\pi u}{2w}\right)\int_0^s \mathrm{e}^{\mathrm{j}\frac{2\pi(n-t)}{d}z}\mathrm{d}z
\end{aligned} \tag{5-3-101}$$

将式 (5-3-98) 代入式 (5-3-101)，消去 B_m，得

$$\begin{aligned}
&v_n B_n^1\sinh(v_n b)\sin\left(\frac{l\pi}{2}\right)d\\
=&-\sum_{t=-\infty}^{+\infty}B_t^1\left\{\cosh(v_t b)\left[\sin\left(\frac{l\pi}{2}\right)-\sin\left(\frac{l\pi u}{2w}\right)\right]\right.\\
&\left.+C_t^1\frac{D_t^3}{D_t^4}\cosh[v_t(b+q)]\sin\left(\frac{l\pi u}{2w}\right)\right\}
\end{aligned}$$

$$
\begin{aligned}
&\times \sum_{m=0}^{+\infty} V_m C S_m \frac{2}{s} \frac{R(k_n,k_m,s)R(-k_t,k_m,s)}{(1+\delta_{m0})} \\
&- \sum_{t=-\infty}^{+\infty} v_t B_t^1 C_t^1 \frac{D_t^3}{D_t^4} \sinh[v_t(b+q)] \sin\left(\frac{l\pi u}{2w}\right) \int_0^s \mathrm{e}^{\mathrm{j}\frac{2\pi(n-t)}{d}z} \mathrm{d}z \\
&- \sum_{l'=0}^{+\infty} \sum_{t=-\infty}^{+\infty} \frac{(-1)^{l'} v_t^3 (k_0^2 - k_y^2)}{k_0^2 - \dfrac{(2l''+1)^2\pi^2}{u^2}} \frac{l}{2l''+1} B_t^1 C_t^1 \sinh(v_t^3 q) A(k_n,k_t) \\
&+ \sum_{t=-\infty}^{+\infty} v_t B_t^1 \sinh(v_t b) \sin\left(\frac{l\pi u}{2w}\right) \int_0^s \mathrm{e}^{\mathrm{j}\frac{2\pi(n-t)}{d}z} \mathrm{d}z
\end{aligned} \tag{5-3-102}
$$

要使式 (5-3-102) 获得有意义的解，则必须满足

$$
\left|X'_{n,t} - \delta_{nt} Y_n\right| = 0, \quad n,t \in Z \tag{5-3-103}
$$

其中，

$$
\begin{aligned}
X'_{n,t} = &-\left\{\cosh(v_t b)\left[\sin\left(\frac{l\pi}{2}\right) - \sin\left(\frac{l\pi u}{2w}\right)\right]\right. \\
&\left. + C_t^1 \frac{D_t^3}{D_t^4} \cosh[v_t(b+q)] \sin\left(\frac{l\pi u}{2w}\right)\right\} \\
&\times \sum_{m=0}^{+\infty} V_m C S_m \frac{2}{s} \frac{R(k_n,k_m,s)R(-k_t,k_m,s)}{(1+\delta_{m0})} \\
&+ v_t B_t^1 \sinh(v_t b) \sin\left(\frac{l\pi u}{2w}\right) \int_0^s \mathrm{e}^{\mathrm{j}\frac{2\pi(n-t)}{d}z} \mathrm{d}z \\
&- v_t B_t^1 C_t^1 \frac{D_t^3}{D_t^4} \sinh[v_t(b+q)] \sin\left(\frac{l\pi u}{2w}\right) \int_0^s \mathrm{e}^{\mathrm{j}\frac{2\pi(n-t)}{d}z} \mathrm{d}z \\
&- \sum_{l''=0}^{+\infty} \frac{v_t^3 (k_0^2 - k_y^2)}{k_0^2 - \dfrac{(2l''+1)^2\pi^2}{u^2}} \frac{(-1)^{l''} l}{2l''+1} C_t^1 \sinh(v_t^3 q) A(k_n,k_t)
\end{aligned} \tag{5-3-104}
$$

单电子注嵌入矩形栅结构的“热”色散方程即为式 (5-3-103)。为了验证“热”色散方程的正确性，进行如下推导。

当矩形电子注的宽度 L 趋近于 0 时，

$$C_t^1=\frac{\cosh(v_t b)\sin\left(\frac{l\pi u}{2w}\right)}{\sum\limits_{l''=0}^{+\infty}\frac{(-1)^{l''}l}{(2l''+1)}\cosh(v_t^3 q)} \tag{5-3-105}$$

$$D_t^4=\frac{\sinh[v_t(b+q)]-\sinh(v_t b)}{v_t}\sin\left(\frac{l\pi u}{2w}\right) \tag{5-3-106}$$

$$D_t^3=\sum_{l''=0}^{+\infty}\frac{(-1)^{l''}l}{(2l''+1)}\frac{\sinh(v_t^3 q)}{v_t^3} \tag{5-3-107}$$

将式 (5-3-105)~ 式 (5-3-107) 代入式 (5-3-104) 得

$$\begin{aligned}X'_{n,t}=&-\left\{\cosh(v_t b)\left[\sin\left(\frac{l\pi}{2}\right)-\sin\left(\frac{l\pi u}{2w}\right)\right]\right.\\&\left.+\frac{v_t}{v_t^3}CD_t\frac{\cosh[v_t(b+q)]}{\sinh[v_t(b+q)]-\sinh(v_t b)}\right\}\\&\times\sum_{m=0}^{+\infty}V_m CS_m\frac{R(k_n,k_m,s)R(-k_t,k_m,s)}{(1+\delta_{m0})}\frac{2}{s}\\&+v_t\sin\left(\frac{l\pi u}{2w}\right)\sinh(v_t b)\int_0^s \mathrm{e}^{\mathrm{j}\frac{2\pi(n-t)}{d}z}\mathrm{d}z\\&-\sum_{t=-\infty}^{+\infty}\sum_{l''=0}^{+\infty}\frac{4(k_0^2-k_y^2)}{\pi(2l''+1)}\frac{(-1)^{l''}v_t^3}{k_0^2-\frac{(2l''+1)^2\pi^2}{u^2}}CD_t A(k_n,k_t)\\&-\frac{(v_t)^2}{v_t^3}CD_t\frac{\sinh[v_t(b+q)]}{\sinh[v_t(b+q)]-\sinh(v_t b)}\int_0^s \mathrm{e}^{\mathrm{j}\frac{2\pi(n-t)}{d}z}\mathrm{d}z\end{aligned} \tag{5-3-108}$$

将式 (5-3-108) 代入“热”色散方程 (5-3-103)，变为“冷”色散方程 (5-3-56)。

4. 0.5THz 单注返波管嵌入矩形栅设计

1) 光栅基本参数

单电子注嵌入矩形栅返波管中心频率在 500GHz、电压 25kV，取相移 1.5π，由 $\varphi=\beta_z d=2\pi fd/V_\mathrm{p}=1.5\pi$ 确定周期长度 $d\approx140\mu\mathrm{m}$，槽宽 s 取 d 的 0.5 倍，使中心频率远离下截止频率，根据矩形波导下截止频率 $f_\mathrm{c}=c/(2w)$，取波导宽度为 450μm，波导高度 b 为 300μm，根据现有加工条件和矩形栅参数，确定开孔宽度 u 为 120μm、开孔深度 q 为 50μm，使电子注高度的 1/2 嵌入开孔中，由于浅槽具有较宽通带，因此槽深度 p 取为 110μm。

将色散方程 (5-3-101) 无限求和，取 -3 到 3 次谐波分量，求解线性方程组，如图 5.3.5 所示，可以看到理论计算得到的色散曲线和仿真曲线吻合得很好，图中的交点是返波管工作点，在该处电子注与 -1 次空间谐波同步并且相互作用，交点处电子注相速 $V_\mathrm{p} > 0$，电磁波切向点群速度 $\mathrm{d}\omega/\mathrm{d}k < 0$，说明电磁波能量传输方向与电子注运动方向相反，这就是返波管的工作机制。

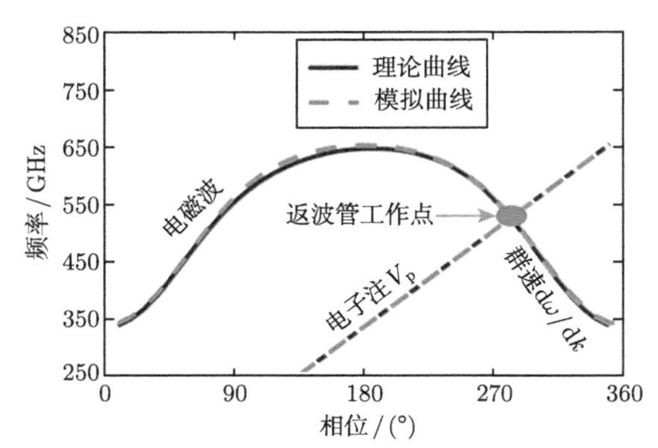

图 5.3.5 开孔矩形栅色散曲线理论和仿真结果对比

2) 耦合阻抗

耦合阻抗是反映嵌入矩形栅中场与电子注互作用强弱程度的一个参数，也是慢波结构性能优劣的判据。根据色散方程 (5-3-56) 和平均耦合阻抗式 (5-3-73)，计算了电子注区域 -1 次谐波平均耦合阻抗，并与 HFSS 仿真计算的平均耦合阻抗进行对比，如图 5.3.6 所示，两者吻合较好。图 5.3.7 分析了结构参数孔宽、孔深、电子注相对位置及槽深对耦合阻抗的影响。开孔宽度 u 增大，耦合阻抗减小，开孔深度 q 增大耦合阻抗降低，槽深 p 增加，耦合阻抗增加。图 5.3.7 (d) 中 δ 表

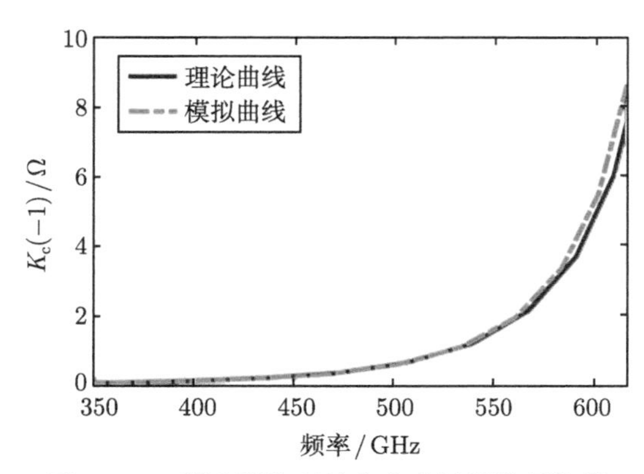

图 5.3.6 耦合阻抗理论和仿真计算结果比较

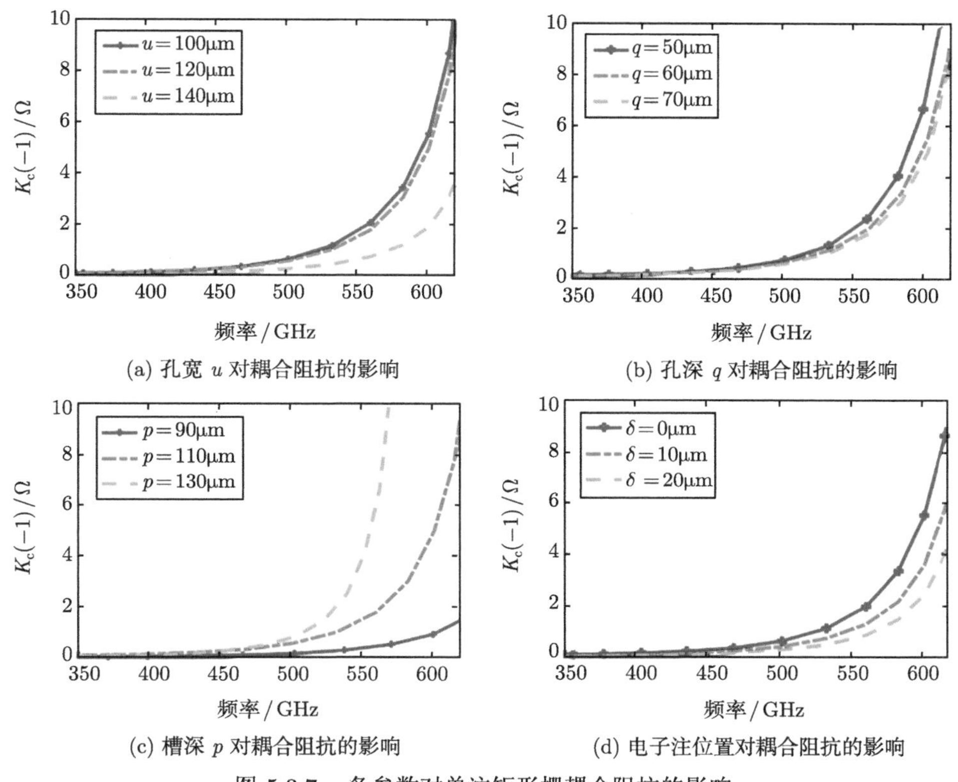

(a) 孔宽 u 对耦合阻抗的影响

(b) 孔深 q 对耦合阻抗的影响

(c) 槽深 p 对耦合阻抗的影响

(d) 电子注位置对耦合阻抗的影响

图 5.3.7 各参数对单注矩形栅耦合阻抗的影响

示电子注中心位置相对于光栅表面的高度，也是电子注嵌入深度的参量。当电子注中心向上移动时，即电子注嵌入深度越小，耦合阻抗也越小。

为了说明电子注嵌入式矩形栅高频特性的优点，图 5.3.8 比较了开孔结构和普通平面单栅结构色散和耦合阻抗。结果表明：开孔结构矩形栅具有更高的上截

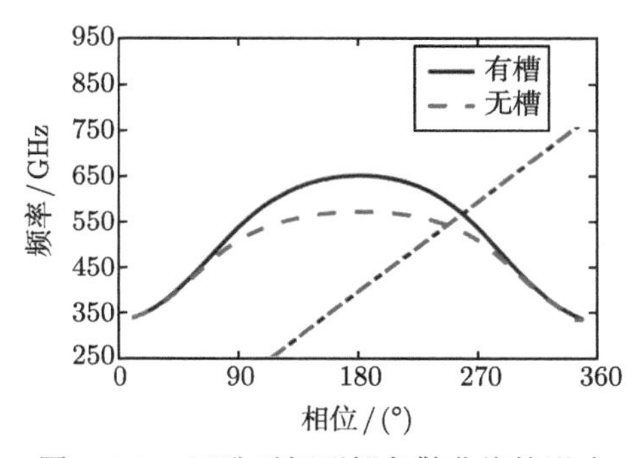

图 5.3.8 开孔对矩形栅色散曲线的影响

止频率和更宽通带，结构参数相同时，相同电压电子注驱动开孔结构具有更高的工作频率。在相同相移下，开孔结构的频率大于无孔矩形栅结构的频率。图 5.3.9 表明，开孔结构的耦合阻抗明显高于普通单栅慢波结构的耦合阻抗，注–波互作用也会更强。

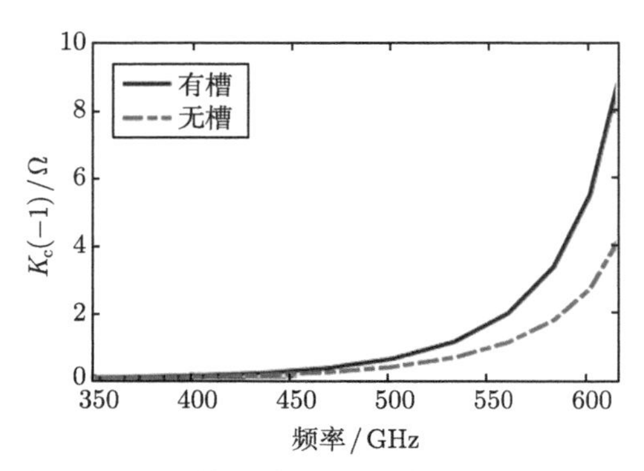

图 5.3.9 开孔矩形栅和普通单栅耦合阻抗比较

3) 注-波互作用分析与结构优化

根据确定的 500GHz 返波管的高频结构参数，利用 CST-PS 进行 PIC 仿真计算。注电流设为 40mA，电子注宽度为 100μm，厚度为 60μm，沿 z 方向设置 0.7T 的均匀磁场，电压设为 25kV，则电子注功率为 1000W。研究不同周期数、电子注位置及电流等参数对输出的影响。

图 5.3.10 给出了周期数在 60~100 时的输出特性，当周期数小于 60 时，慢波结构无法起振；当周期数大于 100 时，输出功率时大时小，出现过群聚，无法获得稳定输出，故只给出了 60~100 周期数的输出情况。图 5.3.10(b) 给出了样条曲线拟合下的输出随周期数的变化，周期数增加输出功率减小，从图 5.3.10 可以看出，周期数为 70~80 时，输出功率变化不大。综合分析起振时间和慢波结构长度，选择周期数为 80，起振时间 7.5ns，输出功率为 18.9W。电子注电流对输出功率的影响如图 5.3.11 所示，工作电流从 20mA 上升到 80mA 时，输出功率从 8.9W 增加到 34.1W，输出功率随着电流的增加而线性增长。

图 5.3.12 表示中心位置到栅表面的相对高度对输出特性的影响。发现电子注中心位置到栅表面的相对高度 δ 为 -10μm 时，输出功率最大，此时的输出功率有 19.8W。

根据仿真结果，电子注电压选择 25kV，电流为 40mA，纵向磁场为 0.7T，其他结构参数由表 5.3.1 给出，利用 CST 进行 PIC 仿真计算。图 5.3.13 给出 10ns 时电子注相空间图和动量分布图，可以看出，在慢波结构后半段减速的电子远多

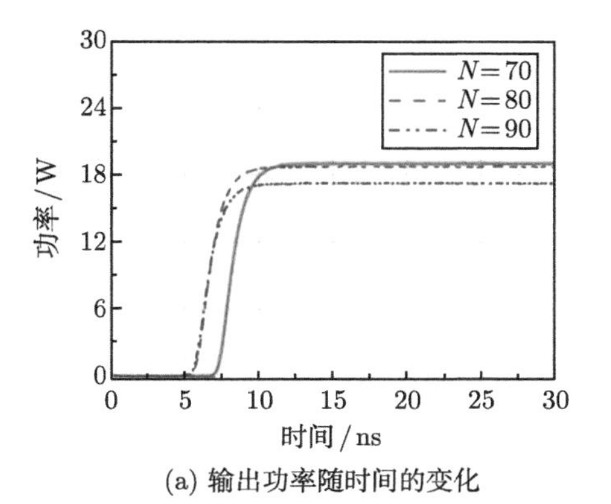

(a) 输出功率随时间的变化

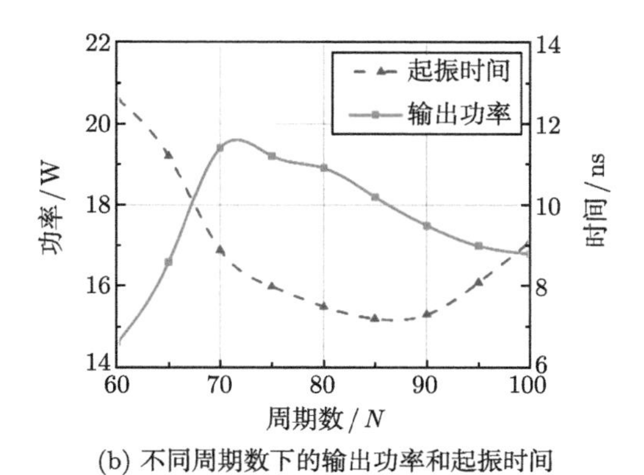

(b) 不同周期数下的输出功率和起振时间

图 5.3.10 周期数对返波管输出参数的影响

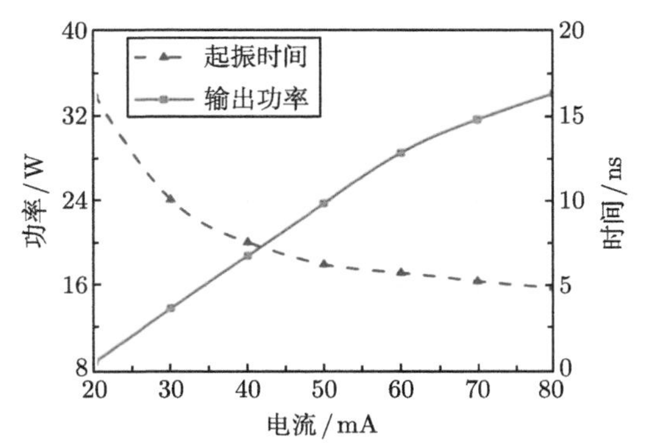

图 5.3.11 电子注电流对返波管输出参数的影响

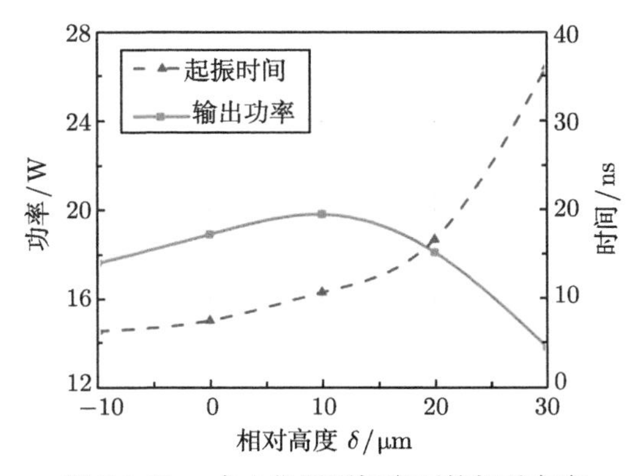

图 5.3.12 中心位置到栅表面的相对高度

于被加速的电子，电子注能量转移给了电磁波。仿真得到的输出如图 5.3.14 所示，可以看到 9ns 后，输出非常稳定，输出功率为 18.9W。对输出功率进行 FFT，可以得到输出功率频谱如图 5.3.15 所示，可以看到输出频谱很纯，峰值功率对应的频率为 510.4GHz。

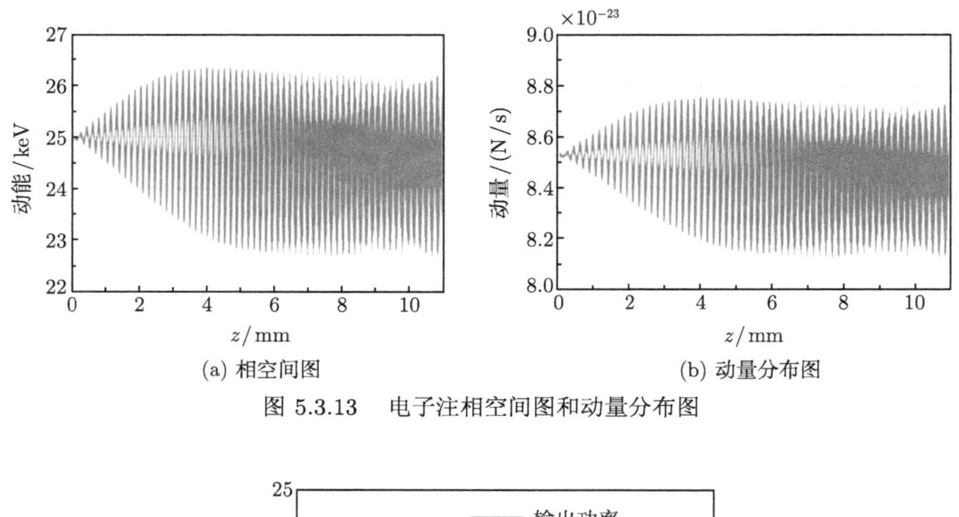

(a) 相空间图　　(b) 动量分布图

图 5.3.13　电子注相空间图和动量分布图

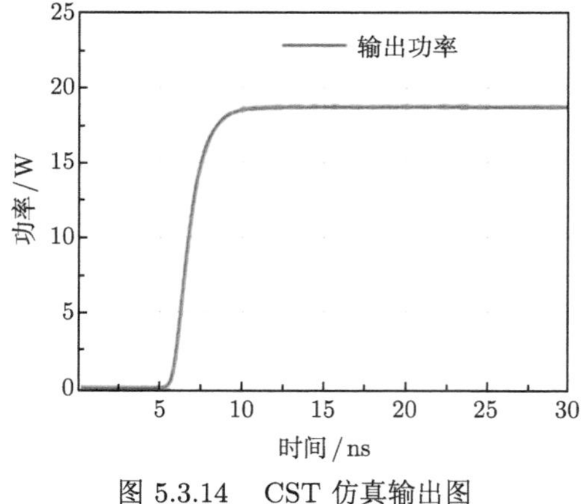

图 5.3.14　CST 仿真输出图

工作频率可调谐是太赫兹返波管最重要的特性之一，保持电流与结构参数不变，得到不同电压下的电子调谐特性。如图 5.3.16 所示，当工作电压从 21kV 上升至 26kV 时，工作频率也从 490GHz 上升到 515GHz，输出功率和电子效率先增大后减小，在频率 505GHz 附近输出功率最大，输出功率接近 20W，电子效率最大为 2%，如图 5.3.17 所示。

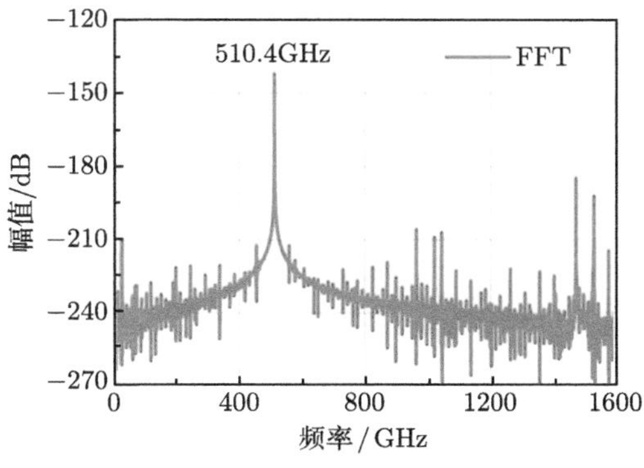

图 5.3.15 输出功率频谱图

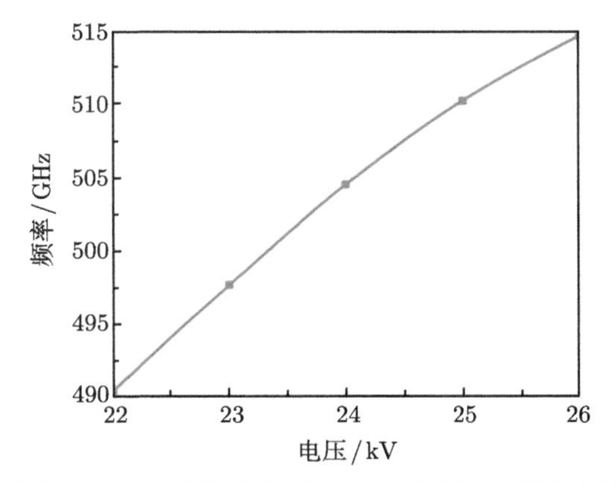

图 5.3.16 电子调谐特性——工作电压与频率关系

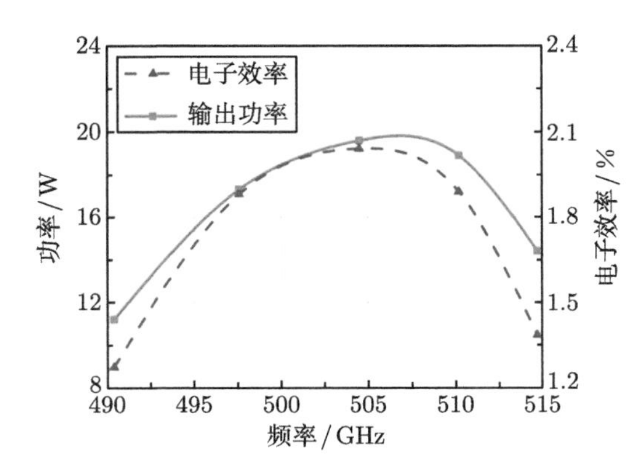

图 5.3.17 电子调谐特性——输出功率与工作频率关系

根据优化的仿真结果，优化后的 500GHz 返波管振荡器单注矩形栅结构参数如表 5.3.1 所示。

表 5.3.1　优化后的单注矩形栅结构参数

参数名称	参数值
矩形栅周期长度 d	140μm
槽宽度 s	70μm
槽深度 p	110μm
矩形栅宽 w	450μm
波导高度 b	300μm
开孔宽度 u	120μm
开孔深度 q	50μm
周期数 N	80
电压	25kV
电流	40mA
纵向磁场	0.7T
工作频率	大于 500GHz
输出功率	19.8W

5.3.4　嵌入式圆形双电子注矩形栅的太赫兹返波管

圆形电子注具有传输稳定、工艺成熟的优点。因此，在很多慢波系统中，常采用圆形电子注放大太赫兹信号。为此，对圆形双电子注嵌入矩形栅慢波结构的注–波互作用也进行了研究，相关模型如图 5.3.18 所示，电子注和慢波结构参数由表 5.3.2 给出，通过粒子模拟仿真，分析周期数、电流及电子注相对位置对输出功率的影响，并得到其电子调谐范围。

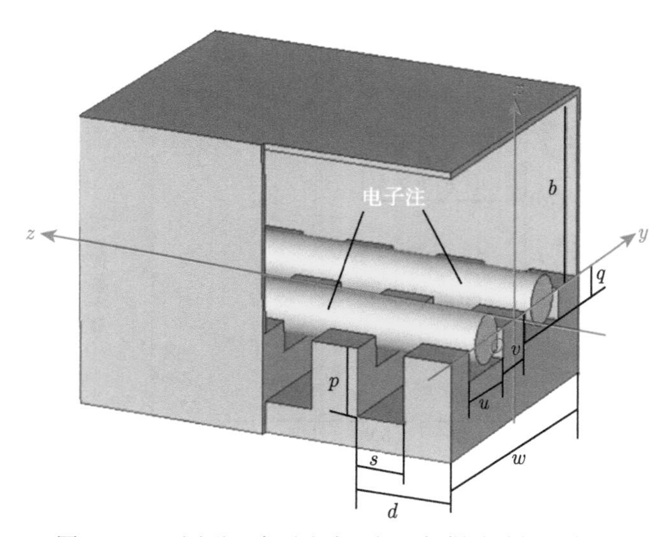

图 5.3.18　圆形双电子注嵌入矩形栅慢波结构示意图

表 5.3.2 圆形双电子注嵌入矩形栅结构参数

参数名称	参数值
矩形栅周期长度 d	140μm
槽宽度 s	70μm
槽深度 p	110μm
矩形栅宽 w	450μm
波导高度 b	300μm
开孔宽度 u	120μm
开孔深度 q	60μm
周期数 N	80
孔间距 v	40μm
电子注半径 r	50μm
纵向磁场 B_z	0.7T
电子注电压 U	24kV
电子注电流 I	40mA

在保持输出稳定的情况下，得到周期数为 60~100 时对输出功率的影响，如图 5.3.19 所示，输出功率在周期数 80 附近取得最大值，为了取得较好输出功率，选择周期数 80，输出功率 33.1W。

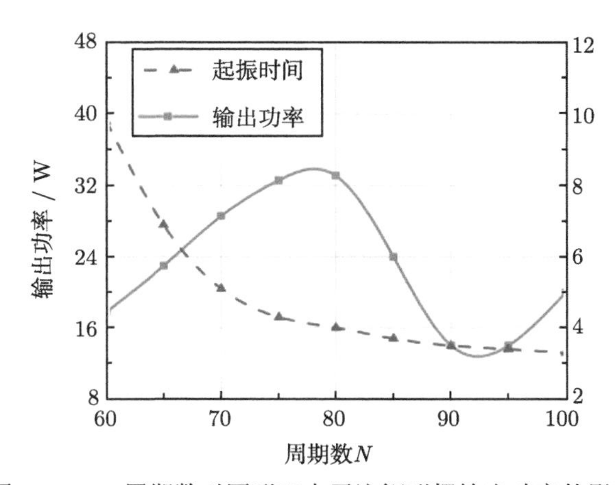

图 5.3.19 周期数对圆形双电子注矩形栅输出功率的影响

电子注电流对输出功率的影响如图 5.3.20 所示，当电子注电流为 10~40mA 时，输出功率随着电流线性增长，当注电流大于 40mA 后，输出功率的增长变缓，随着电流的增大，起振时间也变短了，越来越容易起振。

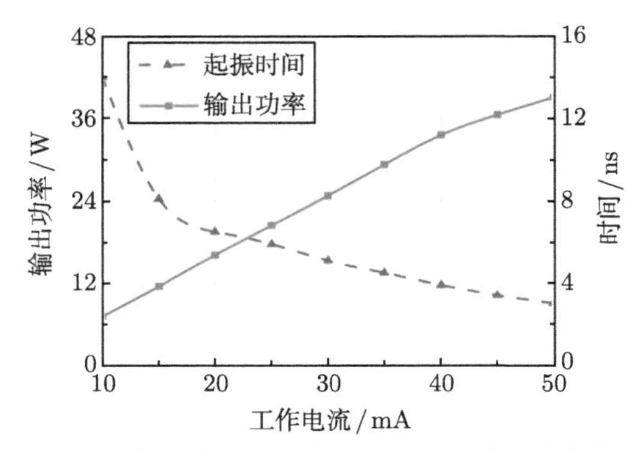

图 5.3.20　电流对圆形双电子注矩形栅输出功率的影响

图 5.3.21 显示了电子注位置变化对圆形双电子注矩形返波管输出的影响。δ 代表电子注中心与栅表面的相对高度，δ 越大，表示电子注嵌入开孔深度越浅，起振时间越长，输出功率也随之变小。

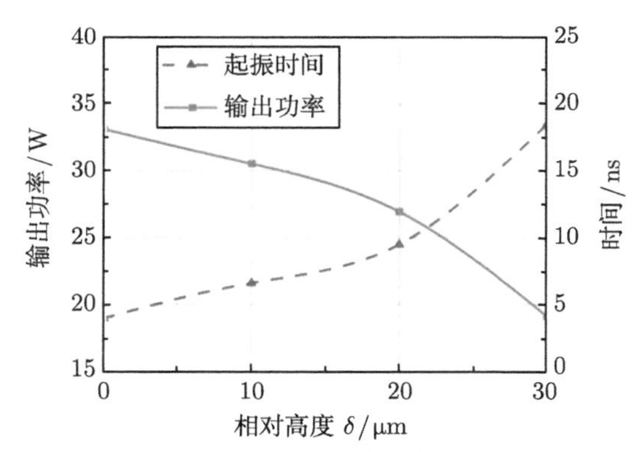

图 5.3.21　电子注相对高度对输出功率的影响

图 5.3.22 给出了圆形双电子注矩形栅返波管的电子调谐范围和调谐特性，可以看出，当电压从 20kV 上升到 26kV 时，工作频率从 484GHz 上升到 515GHz，在此范围内输出功率在 16W 以上，返波管电子效率大于 1%，具有较宽的电子调谐范围。

考虑到内表面粗糙度所带来的损耗，为了提高输出功率，设计了两段式圆形双电子注矩形栅慢波结构，设置导体电导率为 1.9×10^7S/m，经过注-波互作用仿真和结构优化，确定了第一段周期数和第二段周期数均为 60，漂移段长度为 2.5 个周期。在注电压 24kV、电流 40mA 的条件下，得到的输出功率如图 5.3.23 所示，在加入漂移段后，输出功率达到 28.9W。对输出功率进行 FFT，如图 5.3.24

所示，工作频率为 500.3GHz。

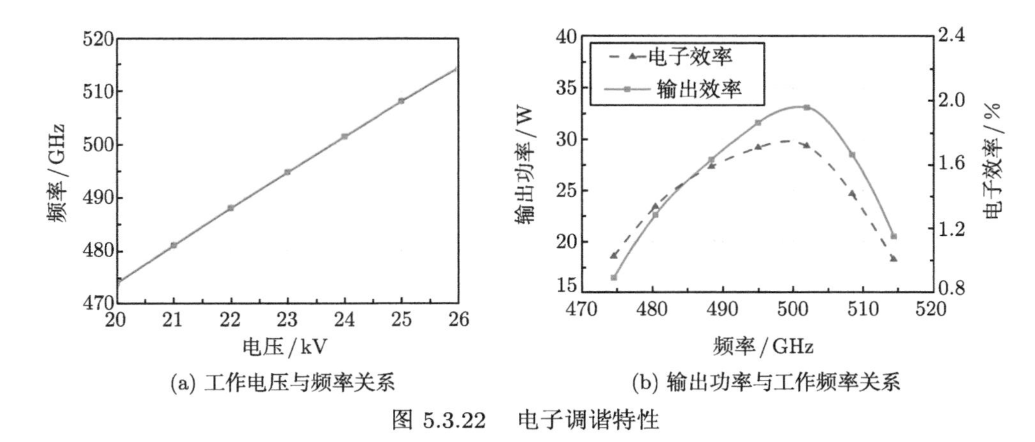

(a) 工作电压与频率关系　　(b) 输出功率与工作频率关系

图 5.3.22　电子调谐特性

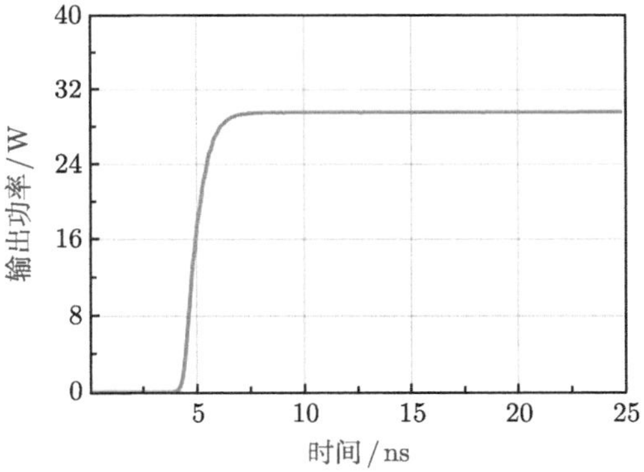

图 5.3.23　两段式圆形双电子注矩形栅返波管输出功率

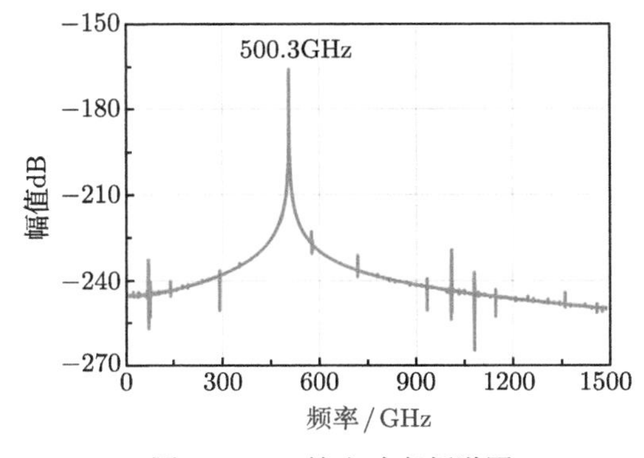

图 5.3.24　输出功率频谱图

5.4 单电子注折叠波导太赫兹返波管

在太赫兹辐射源中，折叠波导高频结构可以实现较高的输出功率，具有较大的电子调谐带宽、良好的力热性能、结构紧凑等优点，并且可以与微细加工技术兼容，是毫米波与太赫兹高频结构研究的重点，本节分析单电子注折叠波导返波管振荡器的工作特性。

对折叠波导色散特性的研究已经有比较成熟的理论。波导内传输 TE_{10} 模，依据弯曲波导的路径求解折叠波导的等效传输常数，以下称其为简化理论。Dohler 最早对简化理论进行了阐述。此外，折叠波导电路可以等效为传输线，通过计算级联传输矩阵来计算单周期折叠波导的相移，然后得到等效传输常数。美国威斯康星大学的 John H. Booske[15] 等对毫米波折叠波导慢波结构的等效电路进行了深入研究。在国内，东南大学 [16]、电子科技大学、中国科学院电子学研究所及中国电子科技集团有限公司第十二研究所等单位采用等效电路理论和场匹配方法对折叠波导慢波结构色散特性进行了研究，获得了新型折叠波导的色散曲线。

折叠波导的注–波互作用主要发生在互作用间隙处，传输 TE_{10} 模，容易得到间隙处电场和电磁波功率的表达式，通过耦合阻抗的定义式就可以计算出折叠波导中耦合阻抗的大小。采用高频软件也可以计算折叠波导内的电磁场大小，运用积分求解波导内传输的功率，通过后处理计算出耦合阻抗。

5.4.1 折叠波导高频结构的色散特性

在第 4 章中，介绍了折叠波导的行波特性，本章重点探究折叠波导作为返波管的返波特性，几何结构参数如图 5.4.1 所示，可以由式 (5-4-1) 给出折叠波导的基本色散关系：

$$v_{\mathrm{ph}} = \frac{\omega}{\beta_{z,m}} \tag{5-4-1}$$

式中，v_{ph} 是电子观察到波的轴向有效传播速度，ω 为波的角频率，$\beta_{z,m}$ 为第 m

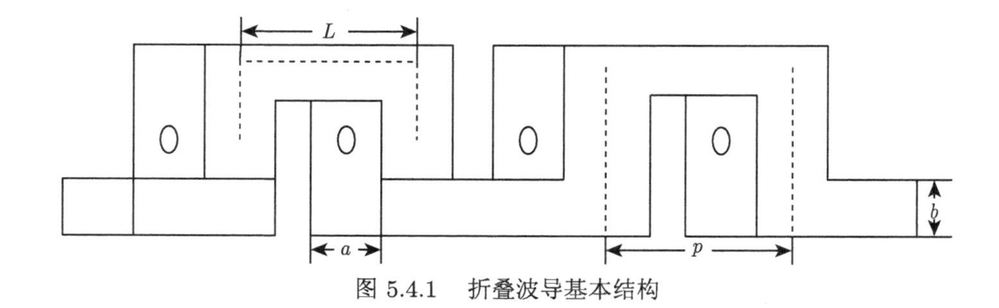

图 5.4.1 折叠波导基本结构

次空间谐波的相位常数：

$$\beta_{z,m} = \Delta\phi_{z,m}/p \tag{5-4-2}$$

其中，p 为周期长度，$\Delta\phi_{z,m}$ 为电子注观察到电路每个周期 m 次空间谐波的相移：

$$\Delta\phi_{z,m} = \Delta\phi + \pi + 2m\pi \tag{5-4-3}$$

这里，$\Delta\phi$ 为折叠波导每个周期的相位变化，$\Delta\phi = \beta_0 p$，式中 β_0 为轴向相位常数，

$$\beta_0 = \omega/v_0 \tag{5-4-4}$$

这里，v_0 为波的轴向传播的速度 (c 是光速，L 为一个周期内的波导长度)。

设定折叠波导电路中传输的主模为 TE_{10} 模，波导的截止频率为

$$\omega_{\mathrm{c}} = \pi c/a \tag{5-4-5}$$

式中 a 为波导的宽边长度。

将式 (5-4-3) 和式 (5-4-4) 代入式 (5-4-1)，则式 (5-4-1) 可以表示为

$$v_{\mathrm{ph},m} = \frac{p}{L}\frac{c}{\sqrt{1-(\omega_{\mathrm{c}}/\omega)^2} + \pi c/(\omega L) + 2\pi mc/(\omega L)} \tag{5-4-6}$$

进一步处理式 (5-4-6) 可以得到 ω 与 β 的关系，

$$\beta_{z,m} = \frac{L\sqrt{\omega^2-\omega_{\mathrm{c}}^2} + (1+2m)\pi c}{pc} \tag{5-4-7}$$

这个色散方程 (5-4-7) 不包含折叠部分和电子通道对波速的影响，可以使用等效电路法或场论较为复杂的方法得到更加精确的色散方程，尽管式 (5-4-6) 较为简单，但仍然可以得到可靠的色散关系。

5.4.2 折叠波导太赫兹返波振荡器的输出特性

在太赫兹辐射源器件中，色散特性和耦合阻抗是衡量器件性能优劣的两个重要指标。太赫兹返波管的输出特性直接关系到其辐射功率。为此需要对折叠波导太赫兹返波振荡器的输出特性进行研究。

从慢波结构基本理论可知，m 次空间谐波有效纵向耦合阻抗为

$$K_{z,m} = \frac{|E_{z,m}|^2}{2\beta_{z,m}^2 P} \tag{5-4-8}$$

式中，$E_{z,m}$ 为电子注通过的位置上的纵向电场幅值，P 为通过慢波系统的功率流：

$$P = W v_{\mathrm{g}} \tag{5-4-9}$$

其中，W 为慢波线上单位长度的储能，v_g 为群速。降低慢波系统中的储能或降低电磁波群速，可以提高耦合阻抗，同时相速与群速之间是有联系的，可以表示为

$$v_\mathrm{g}=\frac{\mathrm{d}\omega}{\mathrm{d}\beta}=\frac{v_\mathrm{p}}{1-\dfrac{\omega}{v_\mathrm{p}}\dfrac{\mathrm{d}v_\mathrm{p}}{\mathrm{d}\omega}} \tag{5-4-10}$$

式 (5-4-10) 可以反映出，具有强色散慢波系统的耦合阻抗较高，但是色散越强烈，电子流能与之近似同步的频率范围就越窄，即频带越窄。

折叠波导耦合阻抗可以用式 (5-4-11) 来表示

$$K_{z,m}=K_{\mathrm{TE}_{10}}\frac{1}{(\beta_{z,n}p)^2}\left[\frac{\sin\left(\dfrac{\beta_{i,n}b}{2}\right)}{\dfrac{\beta_{z,m}b}{2}}\right]^2\frac{\mathrm{I}_0^2(k_m r)}{\mathrm{I}_0^2(k_m R)} \tag{5-4-11}$$

$$K_{\mathrm{TE}_{10}}=\frac{b}{a}\frac{\eta_0}{\sqrt{1-\omega_\mathrm{c}^2/\omega^2}} \tag{5-4-12}$$

$$k_m^2=\beta_{z,m}^2+(\omega/c)^2 \tag{5-4-13}$$

其中，b 为波导的窄边长度，自由空间波阻抗 $\eta_0\approx 377\Omega$，$K_{\mathrm{TE}_{10}}$ 为 TE_{10} 模的特性阻抗，I_0 为修正贝塞尔函数。

采用三维粒子模拟软件进行模拟计算，通过对周期数、电压和电流进行优化，找到相应的最佳数值。图 5.4.2 所示为输出功率随电子注电压变化的曲线图，当电压为 20.6kV 时，输出功率达到峰值。

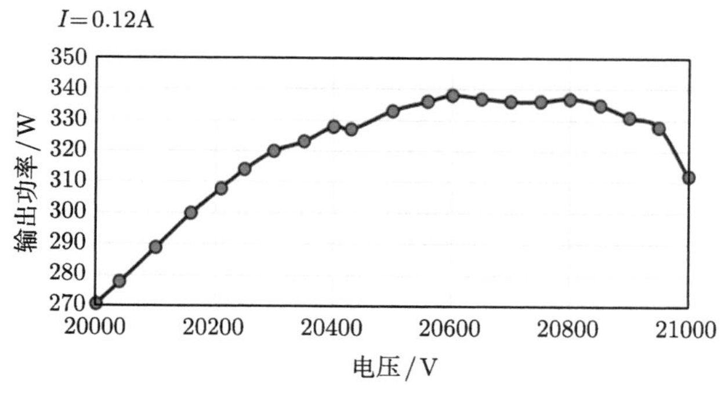

图 5.4.2　输出功率随电子注电压变化曲线图

图 5.4.3 为输出功率随周期数 N 的变化曲线图。由图 5.4.3 可知，周期数 (即互作用长度) 会影响到输出微波的功率，周期过少，Q 值低，则互作用强度不够；

周期过多，则互作用过长，会发生过群聚。当周期数为 20 时，输出功率达到最大。另外，电流对输出功率也有一定的影响，一方面，输入电流过小，电子注不会起振；另一方面，要考虑实际实验当中的阴极发射能力。

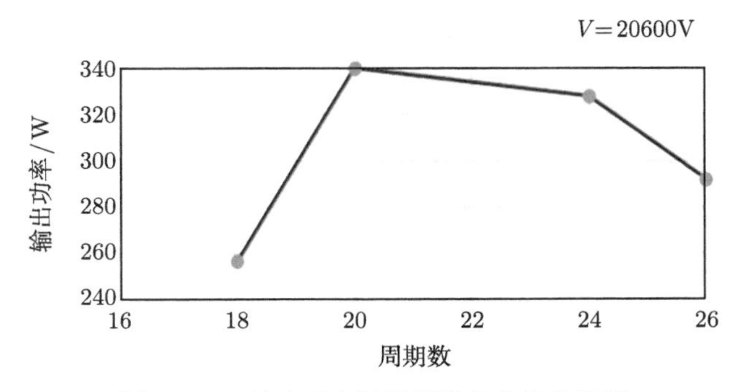

图 5.4.3 输出功率随周期数的变化曲线图

5.5 双电子注折叠波导太赫兹返波管

5.5.1 简介

在太赫兹波段，器件尺寸在微米量级。因为加工技术有限，波导材料加工时的表面粗糙度可以与铜的趋肤深度相比拟。电磁信号在波导中传输时，信号衰减严重，需要考虑粗糙度的影响。因此，提高太赫兹返波管的输出功率，拓展太赫兹技术的应用领域，是太赫兹源研究的重要方向。

在折叠波导慢波结构中加载双电子注，可以提高输出功率，降低单个电子注的电流发射密度。研究这一新型折叠波导慢波结构对实现大功率、高效率、宽频带的太赫兹源有重要意义。但是，加载两个电子注通道带来高频特性的改变。尤其在太赫兹频段，电子注通道的位置和大小对色散特性影响很大。为了合理选取双注折叠波导慢波结构的工作点，有必要对其高频特性进行研究。色散特性和耦合阻抗是高频特性中最重要的两个参数，直接决定了带宽和互作用的强度。本节在单注的基础上，采用等效电路法和场匹配法两种方法重点对双注折叠波导慢波结构的色散特性进行了分析，利用高频仿真软件分析了各个参数对其色散特性的影响 [25]。

5.5.2 双注折叠波导慢波结构的色散特性

简化理论、等效电路法和场匹配法是三种常用的计算折叠波导色散的方法。简化理论中，假定波导中传输 TE_{10} 模，不考虑反射、波导弯曲以及电子注通道的影响，计算出轴向有效相位速度，从而可以简单得到折叠波导的色散曲线。但是，本文研究的折叠波导工作于太赫兹频段，电子注通道对色散影响很大，尤其是对于双电子注折叠波导。因此，本节重点采用等效电路法和场匹配法对双注折叠波导的色散特性进行分析 [25]。

1. 简化理论

双注折叠波导慢波结构示意图如图 5.5.1 所示。矩形波导宽边为 a，窄边为 b，电子注通道半径为 r_c，折叠波导的一个互作用周期为 p，一个周期内沿着弯曲波导的路径长为 L。假定在折叠波导中传输基模 TE_{10} 模，不考虑弯曲部分的反射以及电子注通道的影响，电磁波沿着弯曲路径传输过程中模式保持不变。

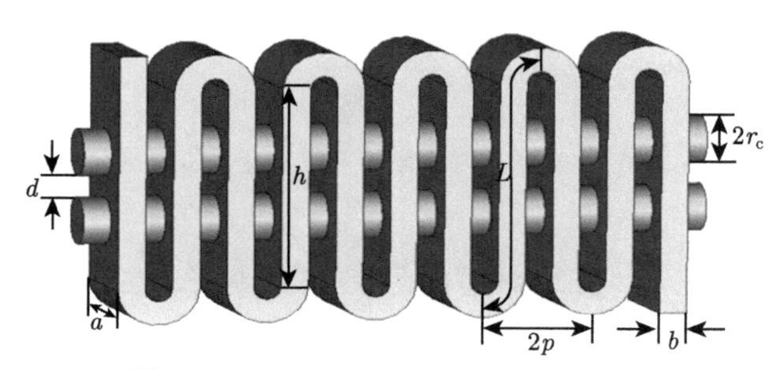

图 5.5.1　双注折叠波导慢波结构示意图

电磁波每个周期的相移是

$$\Delta\phi = \beta_{\mathrm{wg}} L = \sqrt{\left(\frac{2\pi}{\lambda}\right)^2 - \left(\frac{2\pi}{\lambda_{\mathrm{c}}}\right)^2} L = \frac{2\pi f L}{c}\sqrt{1-\left(\frac{f_{\mathrm{c}}}{f}\right)^2} \tag{5-5-1}$$

其中，β_{wg} 是矩形波导中 TE_{10} 模的传播常数，f_c 是 TE_{10} 模的截止频率，λ 是波长，f 是频率，c 是真空中的光速。

由于波导 E 面弯曲，从电子注方向看去，波的电场分量每经过一个周期就会反向一次。因此从电子注方向看来，第 n 次空间谐波的一个周期内有效相移是

$$\Delta\phi_n = \Delta\phi + \pi + 2n\pi, \quad n = 0, \pm 1, \pm 2, \cdots \tag{5-5-2}$$

第 n 次空间谐波的相位常数为

$$\beta_n = \frac{2\pi f L}{cp}\sqrt{1-\left(\frac{f_{\mathrm{c}}}{f}\right)^2} + \frac{(2n+1)\pi}{p} \tag{5-5-3}$$

能与电子注有效相互作用的是第 0 次空间谐波，所以通常感兴趣的是第 0 次前向

基波分量。由 $v_\mathrm{p}=w/\beta_0$ 可得轴向的相速，

$$\frac{c}{v_\mathrm{p}}=\frac{L}{p}\sqrt{1-\frac{\lambda^2}{\lambda_\mathrm{c}^2}}+\frac{\lambda}{2p} \tag{5-5-4}$$

可以看出，轴向相速是随波长发生变化的，令 $\mathrm{d}(c/v_\mathrm{p})/\mathrm{d}\lambda=0$，得

$$\lambda_0=\frac{\lambda_\mathrm{c}^2}{\sqrt{\lambda_\mathrm{c}^2+4L^2}},\quad \left.\frac{c}{v_\mathrm{p}}\right|_{\max}=\frac{\lambda_\mathrm{c}^2}{2p\lambda_0} \tag{5-5-5}$$

当 $\lambda=\lambda_0$ 时，c/v_p 可取得极大值，则 v_p 可取得极小值 v_0。

由此可以得到

$$\frac{v_0}{v_\mathrm{p}}=\sqrt{\left[1-\left(\frac{f_\mathrm{c}}{f_0}\right)^2\cdot\left(\frac{f_0}{f}\right)^2\right]\left[1-\left(\frac{f_\mathrm{c}}{f_0}\right)^2\right]}+\left(\frac{f_\mathrm{c}}{f_0}\right)^2\cdot\frac{f_0}{f} \tag{5-5-6}$$

如图 5.5.2 所示，曲线在最小值附近最为平坦。因此在设计折叠波导电路时，为了使慢波电路色散特性更平坦，应将工作频带设计在 f_0 附近。

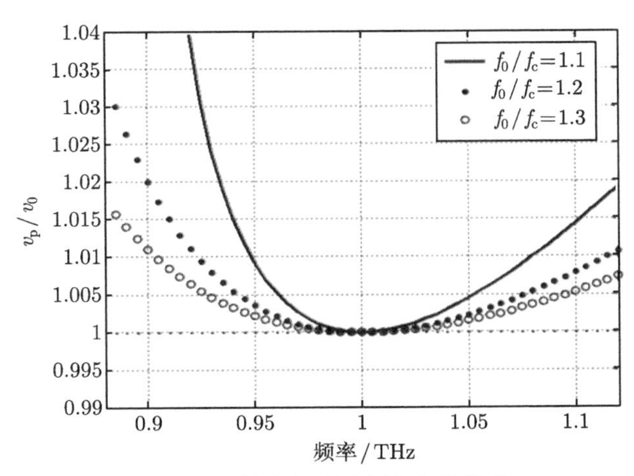

图 5.5.2 轴向相速随频率变化关系

2. 等效电路法

对于工作在太赫兹波段的折叠波导，结构尺寸很小，电子注通道相对于整个结构来说已经不可忽略，有必要考虑其影响。用等效电路的方法可以方便地考虑电子注通道和波导弯曲部分的影响。

首先，对图 5.5.3 所示的双注折叠波导建立对应的等效电路模型，如图 5.5.4 所示。其中 A 表示 U 形弯曲部分，B 表示弯曲波导与直波导连接部分，C 表示直波导，D 表示电子注通道，E 表示两电子注间的直波导。这里，每一部分可等效为独立的传输单元。然后令级联传输矩阵和单周期折叠波导传输矩阵相等，通过求解级联矩阵可以确定折叠波导慢波结构的色散特性。

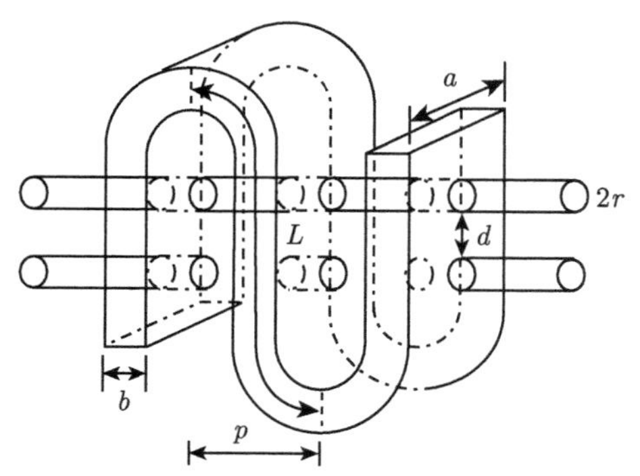

图 5.5.3　双注折叠波导结构模型

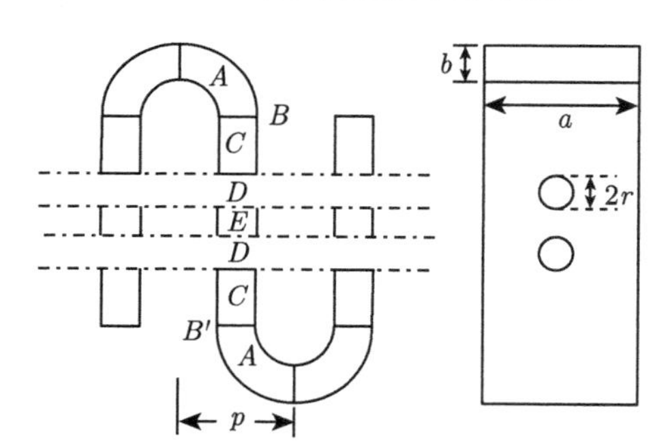

图 5.5.4　双注折叠波导的等效电路模型

假定波导中传输主模 TE_{10} 模。弯曲波导 A 可以等效为一段长为 l_1，特性阻抗为 Z_1 的均匀传输线。直波导 C 和 E 可以分别等效为一段长为 l_0 和 l_2，特性阻抗均为 Z_0 的传输线。直波导与弯曲波导的连接处 B 可以用一个等效电抗 X_1 来表示。图 5.5.5 为双注折叠波导各个部分的等效电路。

图 5.5.5 中各个元件的值为

$$\frac{Z_1}{Z_0}=1+\frac{1}{12}\left(\frac{b}{R}\right)^2\left[\frac{1}{2}-\frac{1}{5}\left(\frac{2\pi b}{\lambda_{\rm g}}\right)^2\right] \tag{5-5-7}$$

$$\frac{X_1}{Z_0}=\frac{32}{\pi^7}\left(\frac{2\pi b}{\lambda_{\rm g}}\right)\left(\frac{b}{R}\right)^2\sum_{n=1,3,\cdots}^{\infty}\frac{1}{n^7}\sqrt{1-\left(\frac{2b}{n\lambda_{\rm g}}\right)^2} \tag{5-5-8}$$

$$\frac{X_2}{Z_0} = \frac{8}{32\pi^2} k_0 b \left(\frac{a}{b}\right)^2 \left(\frac{2r}{a}\right)^3 \tag{5-5-9}$$

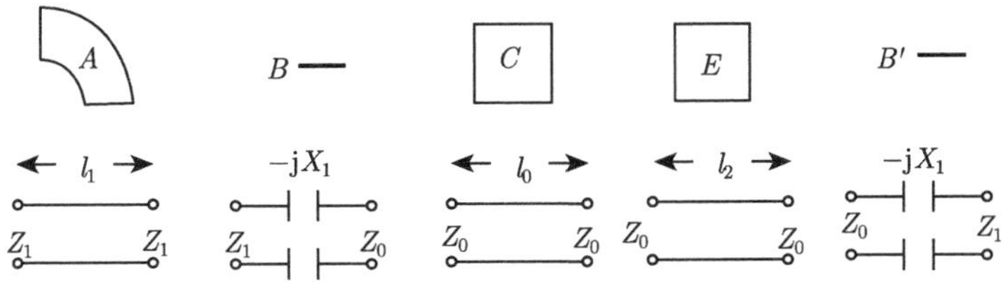

图 5.5.5 双注折叠波导各个部分的等效电路

矩形波导特性阻抗 Z_0 取

$$Z_0 = \frac{2b}{a} Z_{\mathrm{TE}_{10}} = \frac{2b}{a} \frac{\eta_0}{\sqrt{1-(\lambda/\lambda_{\mathrm{c}})^2}} \tag{5-5-10}$$

则各单元的转移矩阵为

$$\boldsymbol{A} = \begin{bmatrix} \cos(k_1 l_1) & \mathrm{j}Z_1 \sin(k_1 l_1) \\ \mathrm{j}\dfrac{1}{Z_1}\sin(k_1 l_1) & \cos(k_1 l_1) \end{bmatrix} \tag{5-5-11}$$

$$\boldsymbol{B} = \boldsymbol{B}' = \begin{bmatrix} 1 & -\mathrm{j}X_1 \\ 0 & 1 \end{bmatrix} \tag{5-5-12}$$

$$\boldsymbol{C} = \begin{bmatrix} \cos(k_0 l_0) & \mathrm{j}Z_0 \sin(k_0 l_0) \\ \mathrm{j}\dfrac{1}{Z_0}\sin(k_0 l_0) & \cos(k_0 l_0) \end{bmatrix} \tag{5-5-13}$$

$$\boldsymbol{E} = \begin{bmatrix} \cos(k_0 l_2) & \mathrm{j}Z_0 \sin(k_0 l_2) \\ \mathrm{j}\dfrac{1}{Z_0}\sin(k_0 l_2) & \cos(k_0 l_2) \end{bmatrix} \tag{5-5-14}$$

其中，k_0 和 k_1 分别是直波导和弯曲波导中的相位常数，可分别通过直波导波长 λ_{g} 和弯曲波导波长 λ'_{g} 求出。

$$\lambda_{\mathrm{g}} = \lambda \Big/ \sqrt{1-\left(\frac{\lambda}{\lambda_{\mathrm{c}}}\right)^2} \tag{5-5-15}$$

$$\lambda'_{\mathrm{g}} = \lambda_{\mathrm{g}} \left\{ 1 + \frac{1}{12}\left(\frac{b}{R}\right)^2 \left[\frac{1}{2} - \frac{1}{5}\left(\frac{2\pi b}{\lambda_{\mathrm{g}}}\right)^2\right] \right\} \tag{5-5-16}$$

对于电子注通道，有两种等效模型：一种是将通道视为直波导上开的小孔，如图 5.5.6 所示。假定横向波不直接通过电子注耦合，而将电子注孔当作直波导中心的并联阻抗 X_2，称为小孔等效模型 (简称 X 模型)；另一种则是将电子注通道看作一个圆波导正交插入直波导，引入导纳 B_a 和 B_b，称为圆波导等效模型 (简称 B 模型)，如图 5.5.7 所示。

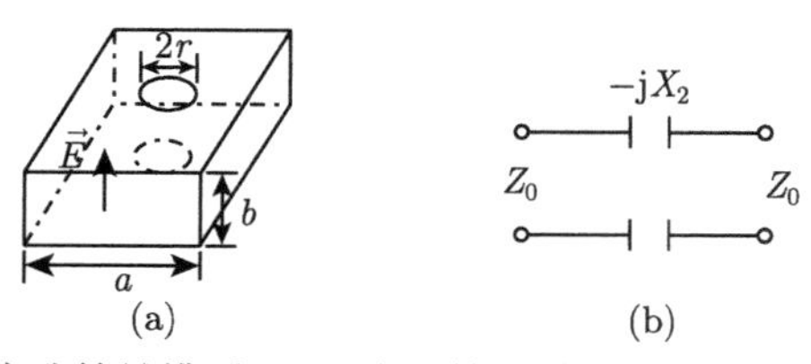

图 5.5.6　小孔等效模型：(a) 小孔等效模型示意图；(b) 等效电路

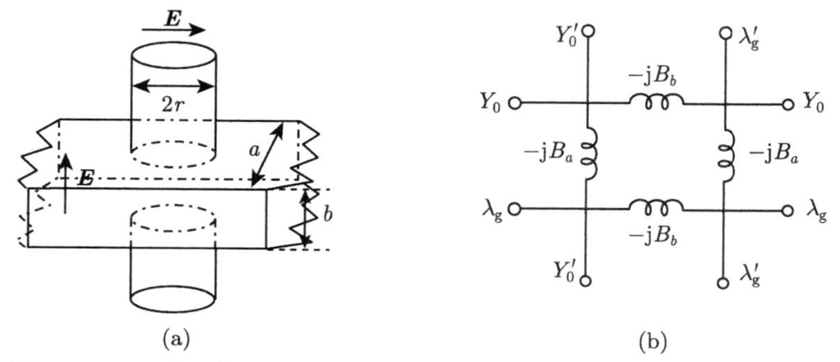

图 5.5.7　圆波导等效模型：(a) 圆波导等效模型示意图；(b) 等效电路

这里，X_2，B_a 和 B_b 的取值分别为

$$\frac{X_2}{Z_0}=\frac{8}{32\pi^2}k_0 b\left(\frac{a}{b}\right)^2\left(\frac{2r}{a}\right)^3 \tag{5-5-17}$$

$$\frac{B_a}{Y_0}=\frac{\dfrac{2\pi P}{\lambda_g ab}\left(\dfrac{\lambda_g}{\lambda}\right)^2}{1-\dfrac{4\pi P}{\lambda^2 b}} \tag{5-5-18}$$

$$\frac{B_b}{Y_0}=\frac{\lambda_g ab}{4\pi}\left[\frac{1}{M}-\left(\frac{\pi}{a^2 b}+\frac{7.74}{2\pi r^3}\right)\right] \tag{5-5-19}$$

其中，$M=r^3/6$，$P=r^3/12$。

由此可以写出两种等效模型的 D 转移矩阵

$$\boldsymbol{D}_X = \begin{bmatrix} 1 & -\mathrm{j}X_2 \\ 0 & 1 \end{bmatrix} \tag{5-5-20}$$

$$\boldsymbol{D}_B = \begin{bmatrix} 1+\dfrac{2B_a}{B_b} & \dfrac{2\mathrm{j}}{B_b} \\ -\mathrm{j}2B_a-\mathrm{j}2\dfrac{B_a^2}{B_b} & 1+\dfrac{2B_a}{B_b} \end{bmatrix} \tag{5-5-21}$$

现考虑一个互作用周期 p 内的色散情况，将折叠波导视为传输线，则有

$$V(z_0+p) = V(z_0)\cos\theta + \mathrm{j}ZI(z_0)\sin\theta \tag{5-5-22}$$

$$I(z_0+p) = I(z_0)\cos\theta + \mathrm{j}YV(z_0)\sin\theta \tag{5-5-23}$$

表述为矩阵形式：

$$\begin{bmatrix} V_1 \\ I_1 \end{bmatrix} = [\boldsymbol{F}]\begin{bmatrix} V_2 \\ I_2 \end{bmatrix}, \quad [\boldsymbol{F}] = \begin{bmatrix} \cos\theta & \mathrm{j}Z\sin\theta \\ \mathrm{j}Y\sin\theta & \cos\theta \end{bmatrix} \tag{5-5-24}$$

其中，V_1 为输出端电压，I_1 为输出端电流，V_2 为输入端电压，I_2 为输入端电流，θ 为一个互作用周期 p 的相移，Y, Z 分别为折叠波导的导纳和阻抗。

对于双电子注折叠波导，等效传输矩阵可以写作

$$[\boldsymbol{F}] = [\boldsymbol{A}][\boldsymbol{B}][\boldsymbol{C}][\boldsymbol{D}][\boldsymbol{E}][\boldsymbol{D}][\boldsymbol{C}][\boldsymbol{B}][\boldsymbol{A}] \tag{5-5-25}$$

选取参数，使折叠波导工作在 G 波段。选取 $a = 0.74\mathrm{mm}$，$b = 0.18\mathrm{mm}$，$p = 0.35\mathrm{mm}$，$h = 1.20\mathrm{mm}$。根据式 (5-5-24) 和式 (5-5-25) 可以得到两种等效模型下的色散曲线。为了能准确比较双注折叠波导色散特性，本节引入了 CST 和 HFSS 两种高频仿真软件的计算结果，与以上两种等效电路模型进行比较，结果如图 5.5.8 所示。

从图 5.5.8 可以看出，在不同电子注通道半径下，等效电路模型计算色散的精度不同。在电子注通道半径较小时，两种等效电路模型计算的色散曲线基本重合。但是当电子注通道半径较大时，如图 5.5.8(a) 所示，B 模型的下截止频率比 X 模型要高，其上截止频率比 X 模型要低，计算的整个频带宽度比 X 模型要小。

通过等效电路模型计算结果与 CST、HFSS 软件计算结果的比较，从图 5.5.8 (b)~(d) 可以看出，在电子注通道半径较小时 ($r_\mathrm{c} = 0.04\mathrm{mm}$)，两种等效电路模型计算结果与软件仿真结果基本一致。在电子注通道半径较大时 ($r_\mathrm{c} = 0.12\mathrm{mm}$)，两种等效电路模型计算结果与软件仿真结果相差很大。在电子注通道半径较大时，理论计算的下截止频率偏低，上截止频率偏高。可以看出，电子注通道的存在，尤

其是在太赫兹波段的双电子注，对色散特性的影响很大。等效电路模型，在电子注通道半径较小时具有很高的精确度，但是在电子注通道半径较大时缺乏精确度，这是因为等效电路模型没有考虑到电子注通道对截止频率的影响。

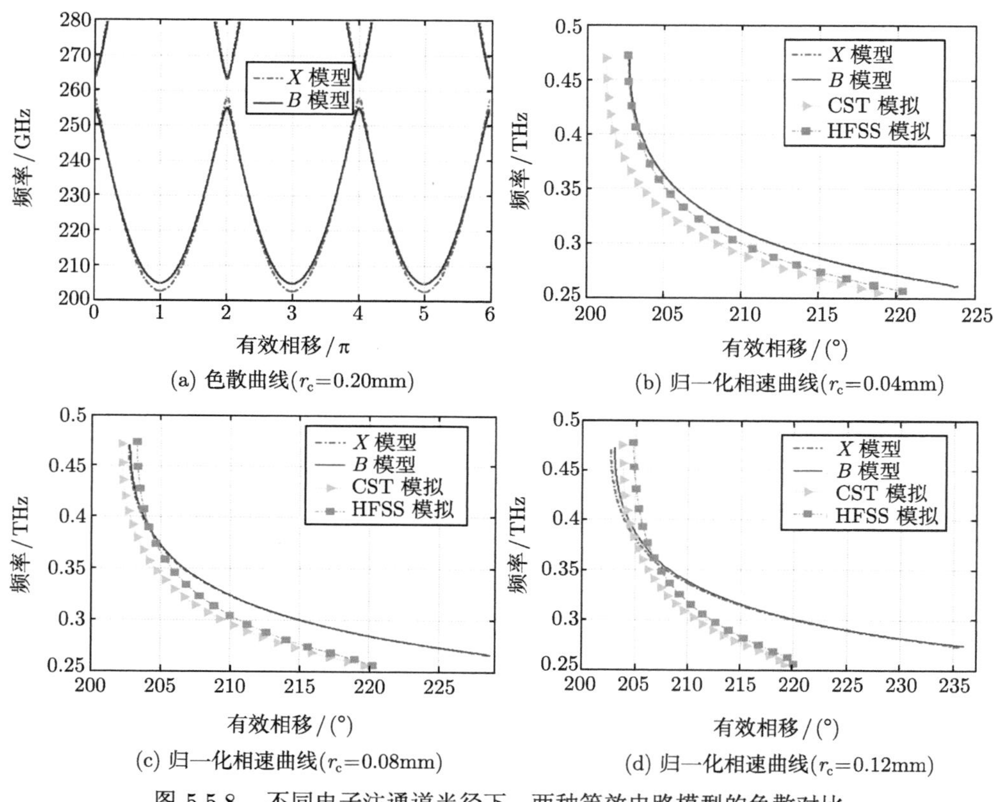

(a) 色散曲线(r_c=0.20mm) (b) 归一化相速曲线(r_c=0.04mm)

(c) 归一化相速曲线(r_c=0.08mm) (d) 归一化相速曲线(r_c=0.12mm)

图 5.5.8 不同电子注通道半径下，两种等效电路模型的色散对比

3. 场匹配法

场匹配法是一种常用的求解色散方程的方法。在本节，采用场匹配法来求解双注折叠波导慢波结构的色散。通过边界上的场匹配，可以获得关于场幅度和相移的一组方程，由此求得不同频率对应的相移。为了简化场匹配求解，首先建立双注折叠波导的场匹配物理模型，如图 5.5.9 所示。该模型考虑了电子注和弯曲波导的影响。在模型中，电子注直径为 D，双注之间的间距为 d，整个直波导部分高为 h，弯曲波导的中心半径为 R。

选取一个互作用周期的折叠波导为研究对象，可以将研究区域划分为七个区域。其中区域 I 和区域 VII 为弯曲波导，由四分之一个圆环组成。区域 II，区域

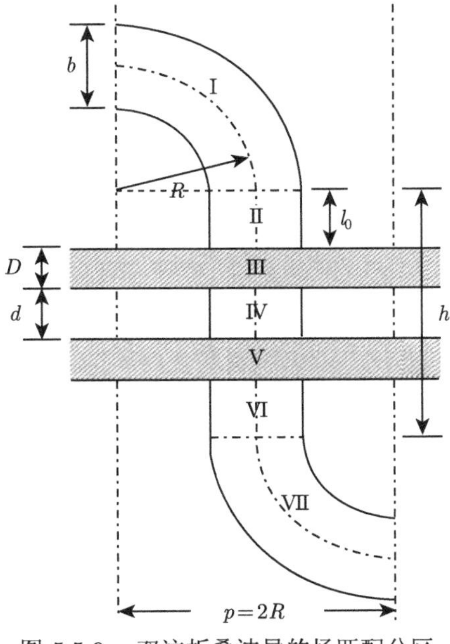

图 5.5.9 双注折叠波导的场匹配分区

Ⅳ 和区域 Ⅵ 为直波导，不含电子注。区域 Ⅲ 和区域 V 为电子注通道所在区域。在模型中，圆形截面的电子注通道被等效为截止的矩形波导。

因为各个区域形状不同，所以在每个区域分别建立对应的坐标系，如图 5.5.10 所示。在直波导中，场满足麦克斯韦方程。在如图 5.5.10 所示的笛卡儿坐标系中，场满足的波动方程可以写作

$$\left[\frac{\partial^2}{\partial x^2}+\frac{\partial^2}{\partial y^2}+\varepsilon_{\mathrm{e},\alpha}\left(\frac{\omega^2}{c^2}-k_z^2\right)\right]\cdot\psi(x,y,z)=0 \tag{5-5-26}$$

式中，$\alpha=$ Ⅱ，Ⅲ，Ⅳ，V，Ⅵ 表示五个区域，ω 是角频率，c 是真空中的光速，$\varepsilon_{\mathrm{e},\alpha}$ 是相对介电常量：

$$\begin{cases}\varepsilon_{\mathrm{e},\alpha}=1-\dfrac{\omega_{\mathrm{pe}}^2}{\gamma^2\left(\omega-k_y v_0\right)^2}, & \alpha=\text{Ⅲ},\text{V} \quad (5\text{-}5\text{-}27)\\ \varepsilon_{\mathrm{e},\alpha}=1, & \alpha=\text{Ⅱ},\text{Ⅳ},\text{Ⅵ} \quad (5\text{-}5\text{-}28)\end{cases}$$

这里，k_z 是纵向传播常数，k_y 是 y 方向的传播常数。

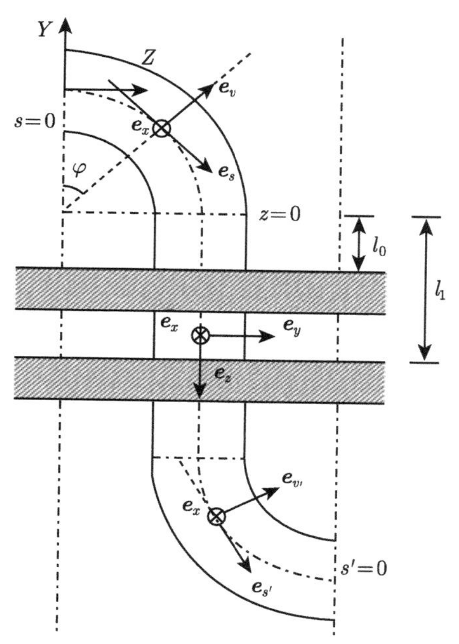

图 5.5.10　双注折叠波导的各部分坐标系

E 面弯曲的矩形波导在 x 方向是连续的，在 y 方向不连续。假定在直波导中传输主模 TE_{10} 模。TE_{10} 模的电场只有 E_y 分量，且沿 x 方向按 $\sin(\pi x/a)$ 分布。因此由于弯曲波导的不连续性，在 TE_{10} 模的激励下会激励出电场只有 E_y 分量且呈 $\sin(\pi x/a)$ 分布的那些波形，即 TE_{1n} 模和 TM_{1n} 模。如果利用普通的横电模和横磁模求解，就需要考虑四种互作用：TM 模与 TM 模的耦合，TM 模与 TE 模的耦合，TE 模与 TM 模的耦合，TE 模与 TE 模的耦合。求解过程会非常复杂。因此引入一种特殊模式，即 LSE_{1n} 模。它的零次模式 (LSE_{10} 模) 恰好是 TE_{10} 模，而 LSE_{1n} 模则是 TM_{1n} 模及 TE_{1n} 模的叠加，并且这种模式 x 方向电场为 0，故在伽辽金 (Galerkin) 变换时 y 方向的磁场不需要考虑，可使计算大大简化。LSE_{1n} 模横向电磁场表达式为

$$E_y = \sin\left(\frac{\pi}{a}x\right)\cos\left[\frac{n\pi}{b}\left(y+\frac{b}{2}\right)\right] \tag{5-5-29}$$

$$H_x = -\frac{k^2-(\pi/a)^2}{w\mu\beta_n}\sin\left(\frac{\pi}{a}x\right)\cos\left[\frac{n\pi}{b}\left(y+\frac{b}{2}\right)\right] \tag{5-5-30}$$

这里，$\beta_n = \sqrt{k^2-\left(\frac{\pi}{a}\right)^2-\left(\frac{n\pi}{b}\right)^2}$ 为 LSE_{1n} 模的传播常数。

可以令

$$\phi_n(y)=\sqrt{\frac{\epsilon_n}{b}}\cos\left[\frac{n\pi}{b}\left(y+\frac{b}{2}\right)\right] \tag{5-5-31}$$

$$Y_n=\frac{k^2-(\pi/a)^2}{w\mu\beta_n} \tag{5-5-32}$$

其中，$\epsilon_n=\begin{cases}1, & n=0\\ 2, & n\neq 0\end{cases}$。

区域 II 内的 LSE_{1n} 模的表达式为

$$E_y^{\mathrm{II}}=\sum_n\left[A_n^{\mathrm{II}}\exp\left(-\mathrm{j}k_{zn}^{\mathrm{II}}z\right)+B_n^{\mathrm{II}}\exp\left(\mathrm{j}k_{zn}^{\mathrm{II}}z\right)\right]\sqrt{Z_n^{\mathrm{II}}}\phi_n(y) \tag{5-5-33}$$

$$H_x^{\mathrm{II}}=\sum_n\left[-A_n^{\mathrm{II}}\exp\left(-\mathrm{j}k_{zn}^{\mathrm{II}}z\right)+B_n^{\mathrm{II}}\exp\left(\mathrm{j}k_{zn}^{\mathrm{II}}z\right)\right]\sqrt{Y_n^{\mathrm{II}}}\phi_n(y) \tag{5-5-34}$$

区域 III，电子注通道所在区域，场表达式可以写作

$$E_y^{\mathrm{III}}=\sum_n\left\{A_n^{\mathrm{III}}\exp\left[-\mathrm{j}k_{zn}^{\mathrm{III}}\left(z-l_0\right)\right]+B_n^{\mathrm{III}}\exp\left[\mathrm{j}k_{zn}^{\mathrm{III}}\left(z-l_0\right)\right]\right\}\sqrt{Z_n^{\mathrm{III}}}\phi_n(y) \tag{5-5-35}$$

$$H_x^{\mathrm{III}}=\sum_n\left\{-A_n^{\mathrm{III}}\exp\left[-\mathrm{j}k_{zn}^{\mathrm{III}}\left(z-l_0\right)\right]+B_n^{\mathrm{III}}\exp\left[\mathrm{j}k_{zn}^{\mathrm{III}}\left(z-l_0\right)\right]\right\}\sqrt{Y_n^{\mathrm{III}}}\phi_n(y) \tag{5-5-36}$$

区域 VI 内，场表达式可以写作

$$\begin{aligned}E_y^{\mathrm{IV}}=&\sum_n\left\{A_n^{\mathrm{IV}}\exp\left[-\mathrm{j}k_{zn}^{\mathrm{IV}}\left(z-l_0-D\right)\right]\right.\\&\left.+B_n^{\mathrm{IV}}\exp\left[\mathrm{j}k_{zn}^{\mathrm{IV}}\left(z-l_0-D\right)\right]\right\}\sqrt{Z_n^{\mathrm{IV}}}\phi_n(y)\end{aligned} \tag{5-5-37}$$

$$\begin{aligned}H_x^{\mathrm{IV}}=&\sum_n\left\{-A_n^{\mathrm{IV}}\exp\left[-\mathrm{j}k_{zn}^{\mathrm{IV}}\left(z-l_0-D\right)\right]\right.\\&\left.+B_n^{\mathrm{IV}}\exp\left[\mathrm{j}k_{zn}^{\mathrm{IV}}\left(z-l_0-D\right)\right]\right\}\sqrt{Y_n^{\mathrm{IV}}}\phi_n(y)\end{aligned} \tag{5-5-38}$$

区域 V 内，也为电子注通道，场表达式可以写为

$$E_y^{\mathrm{V}}=\sum_n\left\{A_n^{\mathrm{V}}\exp\left[-\mathrm{j}k_{zn}^{\mathrm{V}}\left(z-l_1\right)\right]+B_n^{\mathrm{V}}\exp\left[\mathrm{j}k_{zn}^{\mathrm{V}}\left(z-l_1\right)\right]\right\}\sqrt{Z_n^{\mathrm{V}}}\phi_n(y) \tag{5-5-39}$$

$$H_x^{\mathrm{V}}=\sum_n\left\{A_n^{\mathrm{V}}\exp\left[-\mathrm{j}k_{zn}^{\mathrm{V}}\left(z-l_1\right)\right]+B_n^{\mathrm{V}}\exp\left[\mathrm{j}k_{zn}^{\mathrm{V}}\left(z-l_1\right)\right]\right\}\sqrt{Y_n^{\mathrm{V}}}\phi_n(y)\tag{5-5-40}$$

和区域 II 类似，区域 VI 内的场可以写成

$$\begin{aligned}E_y^{\mathrm{VI}}=\sum_n&\left\{A_n^{\mathrm{VI}}\exp\left[-\mathrm{j}k_{zn}^{\mathrm{VI}}\left(z-l_1-D\right)\right]\right.\\&\left.+B_n^{\mathrm{VI}}\exp\left[\mathrm{j}k_{zn}^{\mathrm{VI}}\left(z-l_1-D\right)\right]\right\}\sqrt{Z_n^{\mathrm{VI}}}\phi_n(y)\end{aligned}\tag{5-5-41}$$

$$\begin{aligned}H_x^{\mathrm{VI}}=\sum_n&\left\{-A_n^{\mathrm{VI}}\exp\left[-\mathrm{j}k_{zn}^{\mathrm{VI}}\left(z-l_1-D\right)\right]\right.\\&\left.+B_n^{\mathrm{VI}}\exp\left[\mathrm{j}k_{zn}^{\mathrm{VI}}\left(z-l_1-D\right)\right]\right\}\sqrt{Y_n^{\mathrm{VI}}}\phi_n(y)\end{aligned}\tag{5-5-42}$$

在区域 II、区域 IV 和区域 VI 内，LSE_{1n} 模的传播常数可以写作

$$k_{yn}^{\alpha}=\frac{n\pi}{b}\tag{5-5-43}$$

$$k_{zn}^{\alpha}=\sqrt{k^2-k_x^2-\left(k_{yn}^{\alpha}\right)^2},\quad \alpha=\mathrm{II},\mathrm{IV},\mathrm{VI}\tag{5-5-44}$$

在电子注通道所在区域，区域 III 和区域 V 内，电子注可以视为运动的等离子体，它的特殊性体现在等效介电常量 ε_{e}。在该区域的传播常数可表示为

$$k_{yn}^{\alpha}=\frac{n\pi}{b}\tag{5-5-45}$$

$$k_{zn}^{\alpha}=\sqrt{\frac{k^2\varepsilon_{\mathrm{e}}-k_x^2}{k^2-k_x^2}\left[k^2-k_x^2-\left(k_{yn}^{\alpha}\right)^2\right]},\quad \alpha=\ \mathrm{III},\mathrm{V}\tag{5-5-46}$$

这里的等效介电常量为

$$\varepsilon_{\mathrm{e}}=1-\frac{\omega_{\mathrm{pe}}^2}{\gamma^2\left(\omega-k_{yn}^{\alpha}v_0\right)^2},\quad \alpha=\mathrm{III},\mathrm{V}\tag{5-5-47}$$

其中，$\omega_{\mathrm{pe}}^2=\rho_0 e/\left(\gamma\varepsilon_0 m_{\mathrm{e}}\right)$ 是等离子体频率的平方，$\gamma=1/\sqrt{1-\left(v_0/c\right)^2}$ 是相对论因子，v_0 是电子速度，c 是真空中的光速，ρ_0 是电荷密度，m_{e} 是单个电子质量。

各个区域中的波导纳 Y_n^{α} 可以表示为

$$Y_n^{\alpha}=\frac{k^2-k_x^2}{\omega\mu k_{zn}^{\alpha}},\quad \alpha=\ \mathrm{II},\mathrm{III},\mathrm{IV},\mathrm{V},\mathrm{VI}\tag{5-5-48}$$

然后再对弯曲波导内的电磁场进行求解。在弯曲部分区域 I 和区域 VII 中，场也满足麦克斯韦方程，但是在不同的坐标系下，如图 5.5.10 所示。波动方程可以写作

$$(\nabla^2+\omega^2\mu\varepsilon)\cdot\psi(x,v,s)=0 \tag{5-5-49}$$

在弯曲波导内建立随切向变化的坐标系 $(x,v,s=R\varphi)$，它与笛卡儿直角坐标系 (X,Y,Z) 存在以下关系：

$$\begin{cases} X=x \\ Y=R\cdot\left[-1+\left(1+\dfrac{v}{R}\right)\cdot\cos\left(\dfrac{s}{R}\right)\right] \\ Z=R\cdot\left(1+\dfrac{v}{R}\right)\cdot\sin\left(\dfrac{s}{R}\right) \end{cases} \tag{5-5-50}$$

单位向量之间的关系为

$$\begin{cases} \boldsymbol{e}_x=\boldsymbol{e}_X \\ \boldsymbol{e}_v=\cos\varphi\boldsymbol{e}_Y+\sin\varphi\boldsymbol{e}_Z \\ \boldsymbol{e}_s=-\sin\varphi\boldsymbol{e}_Y+\cos\varphi\boldsymbol{e}_Z \end{cases} \tag{5-5-51}$$

依据上面关系推得

$$\begin{aligned}\nabla f(x,v,s)&=\frac{\partial f}{\partial X}\boldsymbol{e}_X+\frac{\partial f}{\partial Y}\boldsymbol{e}_Y+\frac{\partial f}{\partial Z}\boldsymbol{e}_Z\\&=\frac{\partial f}{\partial x}\boldsymbol{e}_x+\frac{\partial f}{\partial v}\boldsymbol{e}_v+\frac{1}{1+\dfrac{v}{R}}\frac{\partial f}{\partial s}\boldsymbol{e}_s\end{aligned} \tag{5-5-52}$$

$$\begin{aligned}\nabla\cdot\boldsymbol{A}(x,v,s)&=\frac{\partial A_X}{\partial X}+\frac{\partial A_Y}{\partial Y}+\frac{\partial A_Z}{\partial Z}\\&=\frac{1}{1+\dfrac{v}{R}}\cdot\left\{\frac{\partial}{\partial x}\left[A_x\left(1+\frac{v}{R}\right)\right]+\frac{\partial}{\partial v}\left[A_v\left(1+\frac{v}{R}\right)\right]+\frac{\partial A_s}{\partial s}\right\}\end{aligned} \tag{5-5-53}$$

$$\nabla\times\boldsymbol{A}(x,v,s)=\frac{1}{1+\dfrac{v}{R}}\cdot\begin{vmatrix}\boldsymbol{e}_x & \boldsymbol{e}_v & \boldsymbol{e}_s\\ \dfrac{\partial}{\partial x} & \dfrac{\partial}{\partial v} & \dfrac{\partial}{\partial s}\\ A_x & A_v & \left(1+\dfrac{v}{R}\right)\cdot A_s\end{vmatrix} \tag{5-5-54}$$

于是有

$$\nabla^2 f=\frac{\partial^2 f}{\partial x^2}+\frac{\partial^2 f}{\partial v^2}+\frac{1}{R+v}\frac{\partial f}{\partial v}+\frac{1}{\left(1+\dfrac{v}{R}\right)^2}\frac{\partial^2 f}{\partial s^2} \tag{5-5-55}$$

将式 (5-5-55) 代入式 (5-5-49)，可以得到

$$\left(u^2\frac{\partial^2}{\partial x^2}+u^2\frac{\partial^2}{\partial v^2}+u\frac{\partial}{\partial v}+R^2\frac{\partial^2}{\partial s^2}+u^2\omega^2\mu\varepsilon\right)\psi(x,v,s)=0 \tag{5-5-56}$$

这里，$u=v+R$。

采用分离变量法求解此方程，设弯曲波导部分传播常数为 $\tilde{\beta}$，则有

$$\psi(x,v,s)=g(x)\cdot f(v)\cdot\exp\left(\pm \mathrm{j}\tilde{\beta}s\right) \tag{5-5-57}$$

由于 E 面弯曲的矩形波导，在 x 方向连续。因此，

$$g(x)=\sin\left(\frac{\pi}{a}x\right) \tag{5-5-58}$$

分离变量得

$$\left\{u\frac{\mathrm{d}}{\mathrm{d}v}\left(u\frac{\mathrm{d}}{\mathrm{d}v}\right)+u^2\left[w^2\mu\varepsilon-\left(\frac{\pi}{a}\right)^2\right]\right\}\cdot f(v)=(R^2\tilde{\beta}^2)\cdot f(v) \tag{5-5-59}$$

等式两边同除以 Ru，得到

$$Lf=\frac{1}{R}\left[\frac{\mathrm{d}}{\mathrm{d}y}\left(u\frac{\mathrm{d}}{\mathrm{d}y}\right)+\xi^2u\right]f=\tilde{\beta}^2\cdot\frac{R}{u}\cdot f=\tilde{\beta}^2\cdot Mf \tag{5-5-60}$$

其中，$\xi^2=w^2\mu\varepsilon-\left(\dfrac{\pi}{a}\right)^2$，该方程有离散的特征根 $\lambda_n=\tilde{\beta}_n^2$ 和对应的特征函数 $f_n(v)$。

将 f 用一组基函数的线性组合表示成

$$f=\sum_i d_ig_i,\quad i=0,1,2,\cdots \tag{5-5-61}$$

则有

$$\sum_i d_iLg_i=\lambda\sum_i d_iMg_i \tag{5-5-62}$$

选取一组试验函数 $t_0,t_1,t_2,\cdots$，通过上式和每个 t_j 进行内积。这里采用伽辽金法，即选择试验函数为 $t_j=g_j$，为使后面的计算简化，这里取 $g_j=\phi_j$，则

$$\phi_j(v)=\cos\left[\frac{\mathrm{j}\pi}{b}\left(v+\frac{b}{2}\right)\right] \tag{5-5-63}$$

将式 (5-5-62) 两端同时乘以试验函数 $t_j(v)$，在波导窄边上积分得到

$$\sum_i d_i \langle t_j, Lg_i\rangle = \lambda \sum_i d_i \langle t_j, Mg_i\rangle \tag{5-5-64}$$

其中，$\langle \varPhi_i, \varPhi_j\rangle$ 代表对函数 $\varPhi_i$ 和函数 $\varPhi_j$ 求内积。

可以将上式写作矩阵形式的本征值方程：

$$[\boldsymbol{l}_{ji}]\,[\boldsymbol{d}_i] = \lambda\,[\boldsymbol{m}_{ji}]\,[\boldsymbol{d}_i] \tag{5-5-65}$$

式中，

$$[\boldsymbol{l}_{ji}] = \begin{bmatrix} \langle t_0, Lg_0\rangle & \langle t_0, Lg_1\rangle & \cdots \\ \langle t_1, Lg_0\rangle & \langle t_1, Lg_1\rangle & \cdots \\ \cdots & \cdots & \cdots \end{bmatrix} \tag{5-5-66}$$

$$[\boldsymbol{d}_i] = \begin{bmatrix} d_0 \\ d_1 \\ \vdots \end{bmatrix} \tag{5-5-67}$$

$$[\boldsymbol{m}_{ij}] = \begin{bmatrix} \langle t_0, Mg_0\rangle & \langle t_0, Mg_1\rangle & \cdots \\ \langle t_1, Mg_0\rangle & \langle t_1, Mg_1\rangle & \cdots \\ \cdots & \cdots & \cdots \end{bmatrix} \tag{5-5-68}$$

仅当 $\det|l-\lambda m| = 0$ 时，方程有非零解。该行列式是包含 λ 的一个多项式，其根为 $\lambda_1, \lambda_2, \lambda_3, \cdots$，这些根就是矩阵方程的本征值。取无限项进行计算时，获得的解就是真实解。实际计算时取有限项，其解逼近于真实解。相应地 $\boldsymbol{d}_k$ 是矩阵方程的本征向量，并且是下述本征函数的系数：

$$f_k = \boldsymbol{g}_k \boldsymbol{d}_k \tag{5-5-69}$$

这里，$\boldsymbol{g}_k = \begin{pmatrix} g_1^{(k)} & g_2^{(k)} & g_3^{(k)} \cdots \end{pmatrix}$，$f_k$ 就是对应于 λ_k 的本征函数。

由于

$$\begin{aligned} l_{ji} &= \frac{1}{R}\int_{-\frac{b}{2}}^{\frac{b}{2}} \left[\frac{\mathrm{d}}{\mathrm{d}v}\left(u\frac{\mathrm{d}}{\mathrm{d}v}\phi_i\right)\phi_j + \xi^2 u\phi_i\phi_j\right]\mathrm{d}v \\ &= \frac{1}{R}\int_{-\frac{b}{2}}^{\frac{b}{2}} \left(-u\frac{\mathrm{d}\phi_i}{\mathrm{d}v}\frac{\mathrm{d}\phi_j}{\mathrm{d}v} + \xi^2 u\phi_i\phi_j\right)\mathrm{d}v \end{aligned} \tag{5-5-70}$$

故可令

$$P_{ji} = \int_{-\frac{b}{2}}^{\frac{b}{2}} \frac{u}{R}\phi_i\phi_j \mathrm{d}v$$
$$= \delta_{ij}\frac{b}{\epsilon_i} + (1-\delta_{ij}) \cdot \frac{1}{R}\frac{b^2}{2\pi^2} \cdot \left[\frac{(-1)^{i-j}-1}{(i-j)^2} + \frac{(-1)^{i+j}-1}{(i+j)^2}\right] \tag{5-5-71}$$

$$S_{ji} = \int_{-\frac{b}{2}}^{\frac{b}{2}} \frac{u}{R}\frac{\mathrm{d}\phi_i}{\mathrm{d}v}\frac{\mathrm{d}\phi_j}{\mathrm{d}v}\mathrm{d}v$$
$$= ij\left(\frac{\pi}{b}\right)^2 \left\{\delta_{ij}\frac{b}{\epsilon_i} + (1-\delta_{ij})\frac{1}{R}\frac{b^2}{2\pi^2} \cdot \left[\frac{(-1)^{i-j}-1}{(i-j)^2} - \frac{(-1)^{i+j}-1}{(i+j)^2}\right]\right\} \tag{5-5-72}$$

$$Q_{ji} = \int_{-\frac{b}{2}}^{\frac{b}{2}} \frac{R}{u}\phi_i\phi_j \mathrm{d}y$$
$$= \int_{-\frac{b}{2}}^{\frac{b}{2}} \frac{R}{R+v}\cos\left[\frac{\mathrm{i}\pi}{b}\left(v+\frac{b}{2}\right)\right]\cos\left[\frac{\mathrm{j}\pi}{b}\left(v+\frac{b}{2}\right)\right]\mathrm{d}v \tag{5-5-73}$$

方程 (5-5-64) 可以写作

$$\sum_{i=1}^{N}\left(\xi^2 P_{ji} - S_{ji}\right)d_i^k = \lambda_k \sum_{i=1}^{N} Q_{ji}d_i^k, \quad j = 0, 1, 2, \cdots, N \tag{5-5-74}$$

简化为矩阵形式:

$$(\xi^2 \boldsymbol{P} - \boldsymbol{S})\boldsymbol{d} = \lambda \boldsymbol{Q}\boldsymbol{d} \tag{5-5-75}$$

矩阵中 ξ^2 一项包含 w，因此对于每一个 w，都可以求出对应的 $\tilde{\beta}_n$ 和 $\boldsymbol{d}_n$。然后可以得到弯曲波导区域本征函数:

$$\psi(x, v, s) = \sin\left(\frac{\pi}{a}x\right) \cdot f(v) \cdot \exp\left(\pm \mathrm{j}\tilde{\beta}s\right) \tag{5-5-76}$$

分别将 f_n 和 f_m 代入方程 (5-5-59)，得到

$$u^2\frac{\mathrm{d}^2 f_n}{\mathrm{d}v^2} + u\frac{\mathrm{d}f_n}{\mathrm{d}v} + u^2\xi^2 f_n - R^2\tilde{\beta}_k^2 f_n = 0 \tag{5-5-77}$$

$$u^2\frac{\mathrm{d}^2 f_m}{\mathrm{d}v^2} + u\frac{\mathrm{d}f_m}{\mathrm{d}v} + u^2\xi^2 f_m - R^2\tilde{\beta}_m^2 f_m = 0 \tag{5-5-78}$$

由式 (5-5-77)$\times\dfrac{f_m}{u}-$ 式 (5-5-78)$\times\dfrac{f_n}{u}$ 得

$$\frac{\mathrm{d}}{\mathrm{d}v}\left[u\left(\frac{\mathrm{d}f_n}{\mathrm{d}v}f_m-\frac{\mathrm{d}f_m}{\mathrm{d}v}f_n\right)\right]=\frac{1}{u}R^2\left(\tilde{\beta}_n^2-\tilde{\beta}_m^2\right)f_n\cdot f_m \tag{5-5-79}$$

可知，当 $n\neq m$ 时

$$\int_{-\frac{b}{2}}^{\frac{b}{2}}\frac{R}{u}\cdot f_n(v)\cdot f_m(v)\mathrm{d}v=0 \tag{5-5-80}$$

可以令

$$\int_{-\frac{b}{2}}^{\frac{b}{2}}\frac{R}{u}\cdot f_m(v)\cdot f_m(v)\mathrm{d}v=W_m \tag{5-5-81}$$

因为假定传输的是 LSE_{1n} 模，所有场分量都包含有 $\sin(\pi x/a)$ 分量，因此在场匹配中可以忽略这一项。下面写出区域 I 中场的表达式：

$$E_v^{\mathrm{I}}=\sum_n\left[C_n\exp\left(-\mathrm{j}\tilde{\beta}_n s\right)+D_n\exp\left(\mathrm{j}\tilde{\beta}_n s\right)\right]\sqrt{\tilde{Z}_n}f_n(v) \tag{5-5-82}$$

$$H_x^{\mathrm{I}}=\sum_n\left[-C_n\exp\left(-\mathrm{j}\tilde{\beta}_n s\right)+D_n\left(\mathrm{j}\tilde{\beta}_n s\right)\right]\sqrt{\tilde{Y}_n}\frac{R}{u}f_n(v) \tag{5-5-83}$$

其中，波导纳 $\tilde{Y}_n=\left(k^2-k_x^2\right)/\left(w\mu\tilde{\beta}_n\right)$，这里 k 是自由空间中的传播常数，$k_x=\pi/a$。

依据弗洛凯周期定理，区域 VII 中的场可以写作

$$E_{v'}^{\mathrm{VII}}=\sum_n\left[C_n\exp\left(-\mathrm{j}\tilde{\beta}_n s'\right)+D_n\exp\left(\mathrm{j}\tilde{\beta}_n s'\right)\right]\sqrt{\tilde{Z}_n}f_n(v')\exp\left(-\mathrm{j}\varphi\right) \tag{5-5-84}$$

$$H_x^{\mathrm{VII}}=\sum_n\left[-C_n\exp\left(-\mathrm{j}\tilde{\beta}_n s'\right)+D_n\exp\left(\mathrm{j}\tilde{\beta}_n s'\right)\right]\sqrt{\tilde{Y}_n}\frac{R}{u}f_n(v')\exp\left(-\mathrm{j}\varphi\right) \tag{5-5-85}$$

根据各个区域的场在边界上的匹配条件，写出以下匹配方程：

$$E_v^{\mathrm{I}}\big|_{s=l}=E_y^{\mathrm{II}}\big|_{z=0},\quad E_y^{\mathrm{VI}}\big|_{z=h}=E_{v'}^{\mathrm{VII}}\big|_{s'=-l} \tag{5-5-86}$$

$$E_y^{\mathrm{II}}\big|_{z=l_0}=E_y^{\mathrm{III}}\big|_{z=l_0},\quad H_x^{\mathrm{II}}\big|_{z=l_0}=H_x^{\mathrm{III}}\big|_{z=l_0} \tag{5-5-87}$$

$$E_y^{\mathrm{III}}\big|_{z=l_0+D}=E_y^{\mathrm{IV}}\big|_{z=l_0+D},\quad H_x^{\mathrm{III}}\big|_{z=l_0+D}=H_x^{\mathrm{IV}}\big|_{z=l_0+D} \tag{5-5-88}$$

$$E_y^{\mathrm{IV}}\big|_{z=l_1}=E_y^{\mathrm{V}}\big|_{z=l_1},\quad H_x^{\mathrm{IV}}\big|_{z=l_1}=H_x^{\mathrm{V}}\big|_{z=l_1}\tag{5-5-89}$$

$$E_y^{\mathrm{V}}\big|_{z=l_1+D}=E_y^{\mathrm{VI}}\big|_{z=l_1+D},\quad H_x^{\mathrm{V}}\big|_{z=l_1+D}=H_x^{\mathrm{VI}}\big|_{z=l_1+D}\tag{5-5-90}$$

$$H_x^{\mathrm{I}}\big|_{s=l}=H_x^{\mathrm{II}}\big|_{z=0},\quad H_x^{\mathrm{VI}}\big|_{z=h}=H_x^{\mathrm{VII}}\big|_{s'=-l}\tag{5-5-91}$$

这里，$l=2\pi R/4=\pi R/2$。

根据 $z=0$ 和 $z=h$ 处的电场连续条件，如式 (5-5-86) 所示，可以得到

$$\begin{aligned}&\sum_n\left[C_n\exp\left(-\mathrm{j}\tilde{\beta}_nl\right)+D_n\exp\left(\mathrm{j}\tilde{\beta}_nl\right)\right]\sqrt{\tilde{Z}_n}f_n(v)\\&=\sum_n\left(A_n^{\mathrm{II}}+B_n^{\mathrm{II}}\right)\sqrt{Z_n^{\mathrm{II}}}\phi_n(v)\end{aligned}\tag{5-5-92}$$

$$\begin{aligned}&\sum_n\left[A_n^{\mathrm{VI}}\exp\left(-\mathrm{j}k_{zn}^{\mathrm{VI}}l_0\right)+B_n^{\mathrm{VI}}\exp\left(\mathrm{j}k_{zn}^{\mathrm{VI}}l_0\right)\right]\sqrt{Z_n^{\mathrm{VI}}}\phi_n(v)\\&=\sum_n\left[C_n\exp\left(-\mathrm{j}\tilde{\beta}_nl\right)+D_n\exp\left(\mathrm{j}\tilde{\beta}_nl\right)\right]\sqrt{\tilde{Z}_n}f_n(v)\exp\left(-\mathrm{j}\varphi\right)\end{aligned}\tag{5-5-93}$$

为了简化方程，令 $k_{zn}^{\mathrm{II}}=k_{zn}^{\mathrm{VI}}=\beta_n,Z_n^{\mathrm{II}}=Z_n^{\mathrm{VI}}=Z_n,Y_n^{\mathrm{II}}=Y_n^{\mathrm{VI}}=Y_n$。在式 (5-5-92) 和式 (5-5-93) 两端同乘以 $(R/u)f_m$，在波导窄边积分，可以得到以下式子

$$\left[C_m\exp\left(-\mathrm{j}\tilde{\beta}_ml\right)+D_m\exp\left(\mathrm{j}\tilde{\beta}_ml\right)\right]\sqrt{\tilde{Z}_m}W_m=\sum_n\left(A_n^{\mathrm{II}}+B_n^{\mathrm{II}}\right)\sqrt{Z_n}M_{mn}\tag{5-5-94}$$

$$\begin{aligned}&\left[C_m\exp\left(-\mathrm{j}\tilde{\beta}_ml\right)+D_m\left(\mathrm{j}\tilde{\beta}_ml\right)\right]\sqrt{\tilde{Z}_m}W_m\exp\left(-\mathrm{j}\varphi\right)\\&=\sum_n\left[A_n^{\mathrm{VI}}\exp\left(-\mathrm{j}\beta_nl_0\right)+B_n^{\mathrm{VI}}\exp\left(\mathrm{j}\beta_nl_0\right)\right]\sqrt{Z_n}M_{mn}\end{aligned}\tag{5-5-95}$$

根据 $z=0$ 和 $z=h$ 处的磁场连续条件，如式 (5-5-91) 所示，可以得到

$$\sum_n\left[-C_n\exp\left(-\mathrm{j}\tilde{\beta}_nl\right)+D_n\exp\left(\mathrm{j}\tilde{\beta}_nl\right)\right]\sqrt{\tilde{Y}_n}\frac{R}{u}f_n(v)=\sum_n\left(-A_n^{\mathrm{II}}+B_n^{\mathrm{II}}\right)\sqrt{Y_n}\phi_n(v)\tag{5-5-96}$$

$$\begin{aligned}&\sum_n\left[-A_n^{\mathrm{VI}}\exp\left(-\mathrm{j}\beta_nl_0\right)+B_n^{\mathrm{VI}}\exp\left(\mathrm{j}\beta_nl_0\right)\right]\sqrt{Y_n}\phi_n(v)\\&=\sum_n\left[-C_n\exp\left(\mathrm{j}\tilde{\beta}_nl\right)+D_n\exp\left(-\mathrm{j}\tilde{\beta}_nl\right)\right]\sqrt{\tilde{Y}_n}\frac{R}{u}f_n(v)\exp\left(-\mathrm{j}\varphi\right)\end{aligned}\tag{5-5-97}$$

将式 (5-5-96) 和式 (5-5-97) 两端同乘以 ϕ_m，再对波导窄边积分，可以得到

$$\sum_n \left[-C_n \exp\left(-\mathrm{j}\tilde{\beta}_n l\right) + D_n \exp\left(\mathrm{j}\tilde{\beta}_n l\right)\right] \sqrt{\tilde{Y}_n} M_{nm} = \left(-A_m^{\mathrm{II}} + B_m^{\mathrm{II}}\right) \sqrt{Y_m} \frac{b}{\epsilon_m} \tag{5-5-98}$$

$$\begin{aligned}&\sum_n \left[-C_n \exp\left(\mathrm{j}\tilde{\beta}_n l\right) + D_n \exp\left(-\mathrm{j}\tilde{\beta}_n l\right)\right] \sqrt{\tilde{Y}_n} M_{nm} \exp(-\mathrm{j}\varphi) \\ &= \left[-A_m^{\mathrm{VI}} \exp(-\mathrm{j}\beta_m l_0) + B_m^{\mathrm{VI}} \exp(\mathrm{j}\beta_m l_0)\right] \sqrt{Y_m} \frac{b}{\epsilon_m}\end{aligned} \tag{5-5-99}$$

对于 $z = l_0$ 处的场连续性条件，如式 (5-5-87) 所示，可以得到以下式子

$$\begin{aligned}&\sum_n \left[A_n^{\mathrm{II}} \exp\left(-\mathrm{j}k_{zn}^{\mathrm{II}} l_0\right) + B_n^{\mathrm{II}} \exp\left(\mathrm{j}k_{zn}^{\mathrm{II}} l_0\right)\right] \sqrt{Z_n^{\mathrm{II}}} \phi_n(y) \\ &= \sum_n \left(A_n^{\mathrm{III}} + B_n^{\mathrm{III}}\right) \sqrt{Z_n^{\mathrm{III}}} \phi_n(y)\end{aligned} \tag{5-5-100}$$

$$\begin{aligned}&\sum_n \left[-A_n^{\mathrm{II}} \exp\left(-\mathrm{j}k_{zn}^{\mathrm{II}} l_0\right) + B_n^{\mathrm{II}} \exp\left(\mathrm{j}k_{zn}^{\mathrm{II}} l_0\right)\right] \sqrt{Y_n^{\mathrm{II}}} \phi_n(y) \\ &= \sum_n \left(-A_n^{\mathrm{III}} + B_n^{\mathrm{III}}\right) \sqrt{Y_n^{\mathrm{III}}} \phi_n(y)\end{aligned} \tag{5-5-101}$$

由此可以得到 A_n^{III}，B_n^{III} 和 A_n^{II}，B_n^{II} 之间的线性关系，由以下矩阵表示：

$$\begin{aligned}&\begin{bmatrix} A_n^{\mathrm{III}} \\ B_n^{\mathrm{III}} \end{bmatrix} \\ &= \frac{1}{2}\begin{bmatrix} \left(\sqrt{\frac{Y_n^{\mathrm{III}}}{Y_n^{\mathrm{II}}}} + \sqrt{\frac{Y_n^{\mathrm{II}}}{Y_n^{\mathrm{III}}}}\right) \exp\left(-\mathrm{j}k_{zn}^{\mathrm{II}} l_0\right) & \left(\sqrt{\frac{Y_n^{\mathrm{III}}}{Y_n^{\mathrm{II}}}} - \sqrt{\frac{Y_n^{\mathrm{II}}}{Y_n^{\mathrm{III}}}}\right) \exp\left(\mathrm{j}k_{zn}^{\mathrm{II}} l_0\right) \\ \left(\sqrt{\frac{Y_n^{\mathrm{III}}}{Y_n^{\mathrm{II}}}} - \sqrt{\frac{Y_n^{\mathrm{II}}}{Y_n^{\mathrm{III}}}}\right) \exp\left(-\mathrm{j}k_{zn}^{\mathrm{II}} l_0\right) & \left(\sqrt{\frac{Y_n^{\mathrm{III}}}{Y_n^{\mathrm{II}}}} + \sqrt{\frac{Y_n^{\mathrm{II}}}{Y_n^{\mathrm{III}}}}\right) \exp\left(\mathrm{j}k_{zn}^{\mathrm{II}} l_0\right) \end{bmatrix} \\ &\cdot \begin{bmatrix} A_n^{\mathrm{II}} \\ B_n^{\mathrm{II}} \end{bmatrix} = T_{1n} \begin{bmatrix} A_n^{\mathrm{II}} \\ B_n^{\mathrm{II}} \end{bmatrix}\end{aligned} \tag{5-5-102}$$

对式 (5-5-88)~ 式 (5-5-90) 进行处理，可以得到类似的矩阵方程：

$$\begin{bmatrix} A_n^{\mathrm{IV}} \\ B_n^{\mathrm{IV}} \end{bmatrix}$$

$$
=\frac{1}{2}\begin{bmatrix}\left(\sqrt{\frac{Y_n^{\mathrm{IV}}}{Y_n^{\mathrm{III}}}}+\sqrt{\frac{Y_n^{\mathrm{III}}}{Y_n^{\mathrm{IV}}}}\right)\exp\left(-\mathrm{j}k_{zn}^{\mathrm{III}}D\right) & \left(\sqrt{\frac{Y_n^{\mathrm{IV}}}{Y_n^{\mathrm{III}}}}-\sqrt{\frac{Y_n^{\mathrm{III}}}{Y_n^{\mathrm{IV}}}}\right)\exp\left(\mathrm{j}k_{zn}^{\mathrm{III}}D\right) \\ \left(\sqrt{\frac{Y_n^{\mathrm{IV}}}{Y_n^{\mathrm{III}}}}-\sqrt{\frac{Y_n^{\mathrm{III}}}{Y_n^{\mathrm{IV}}}}\right)\exp\left(-\mathrm{j}k_{zn}^{\mathrm{III}}D\right) & \left(\sqrt{\frac{Y_n^{\mathrm{IV}}}{Y_n^{\mathrm{III}}}}+\sqrt{\frac{Y_n^{\mathrm{III}}}{Y_n^{\mathrm{IV}}}}\right)\exp\left(\mathrm{j}k_{zn}^{\mathrm{III}}D\right)\end{bmatrix}
$$

$$
\cdot\begin{bmatrix}A_n^{\mathrm{III}}\\ B_n^{\mathrm{III}}\end{bmatrix}=T_{2n}\begin{bmatrix}A_n^{\mathrm{III}}\\ B_n^{\mathrm{III}}\end{bmatrix}\tag{5-5-103}
$$

$$
\begin{bmatrix}A_n^{\mathrm{V}}\\ B_n^{\mathrm{V}}\end{bmatrix}
$$

$$
=\frac{1}{2}\begin{bmatrix}\left(\sqrt{\frac{Y_n^{\mathrm{V}}}{Y_n^{\mathrm{IV}}}}+\sqrt{\frac{Y_n^{\mathrm{IV}}}{Y_n^{\mathrm{V}}}}\right)\exp\left(-\mathrm{j}k_{zn}^{\mathrm{IV}}d\right) & \left(\sqrt{\frac{Y_n^{\mathrm{V}}}{Y_n^{\mathrm{IV}}}}-\sqrt{\frac{Y_n^{\mathrm{IV}}}{Y_n^{\mathrm{V}}}}\right)\exp\left(\mathrm{j}k_{zn}^{\mathrm{IV}}d\right) \\ \left(\sqrt{\frac{Y_n^{\mathrm{V}}}{Y_n^{\mathrm{IV}}}}-\sqrt{\frac{Y_n^{\mathrm{IV}}}{Y_n^{\mathrm{V}}}}\right)\exp\left(-\mathrm{j}k_{zn}^{\mathrm{IV}}d\right) & \left(\sqrt{\frac{Y_n^{\mathrm{V}}}{Y_n^{\mathrm{IV}}}}+\sqrt{\frac{Y_n^{\mathrm{IV}}}{Y_n^{\mathrm{V}}}}\right)\exp\left(\mathrm{j}k_{zn}^{\mathrm{II}}d\right)\end{bmatrix}
$$

$$
\cdot\begin{bmatrix}A_n^{\mathrm{IV}}\\ B_n^{\mathrm{IV}}\end{bmatrix}=T_{3n}\begin{bmatrix}A_n^{\mathrm{IV}}\\ B_n^{\mathrm{IV}}\end{bmatrix}\tag{5-5-104}
$$

$$
\begin{bmatrix}A_n^{\mathrm{VI}}\\ B_n^{\mathrm{VI}}\end{bmatrix}
$$

$$
=\frac{1}{2}\begin{bmatrix}\left(\sqrt{\frac{Y_n^{\mathrm{VI}}}{Y_n^{\mathrm{V}}}}+\sqrt{\frac{Y_n^{\mathrm{V}}}{Y_n^{\mathrm{VI}}}}\right)\exp\left(-\mathrm{j}k_{zn}^{\mathrm{V}}D\right) & \left(\sqrt{\frac{Y_n^{\mathrm{VI}}}{Y_n^{\mathrm{V}}}}-\sqrt{\frac{Y_n^{\mathrm{V}}}{Y_n^{\mathrm{VI}}}}\right)\exp\left(\mathrm{j}k_{zn}^{\mathrm{V}}D\right) \\ \left(\sqrt{\frac{Y_n^{\mathrm{VI}}}{Y_n^{\mathrm{V}}}}-\sqrt{\frac{Y_n^{\mathrm{V}}}{Y_n^{\mathrm{VI}}}}\right)\exp\left(-\mathrm{j}k_{zn}^{\mathrm{V}}D\right) & \left(\sqrt{\frac{Y_n^{\mathrm{VI}}}{Y_n^{\mathrm{V}}}}+\sqrt{\frac{Y_n^{\mathrm{V}}}{Y_n^{\mathrm{VI}}}}\right)\exp\left(\mathrm{j}k_{zn}^{\mathrm{V}}D\right)\end{bmatrix}
$$

$$
\cdot\begin{bmatrix}A_n^{\mathrm{V}}\\ B_n^{\mathrm{V}}\end{bmatrix}=T_{4n}\begin{bmatrix}A_n^{\mathrm{V}}\\ B_n^{\mathrm{V}}\end{bmatrix}\tag{5-5-105}
$$

进一步可以得到 A_n^{VI}，B_n^{VI} 和 A_n^{II}，B_n^{II} 的关系，由以下矩阵表示：

$$
\begin{bmatrix}A_n^{\mathrm{VI}}\\ B_n^{\mathrm{VI}}\end{bmatrix}=T_{4n}T_{3n}T_{2n}T_{1n}\begin{bmatrix}A_n^{\mathrm{II}}\\ B_n^{\mathrm{II}}\end{bmatrix}=T_n\begin{bmatrix}A_n^{\mathrm{II}}\\ B_n^{\mathrm{II}}\end{bmatrix}\tag{5-5-106}
$$

因此，可以得到

$$\begin{cases} A_n^{\mathrm{VI}} = T_{11n} A_n^{\mathrm{II}} + T_{12n} B_n^{\mathrm{II}} \\ B_n^{\mathrm{VI}} = T_{21n} A_n^{\mathrm{II}} + T_{22n} B_n^{\mathrm{II}} \end{cases} \tag{5-5-107}$$

将式 (5-5-107) 代入式 (5-5-94) 和式 (5-5-95) 得到以下两个式子

$$\begin{aligned} C_m = & \sum_n \sqrt{Z_n} \sqrt{\tilde{Y}_m} M_{mn} \left\{ \exp\left(-\mathrm{j}\tilde{\beta}_m l\right) - \left[T_{11n} \exp\left(-\mathrm{j}\beta_n l_0\right) + T_{21n} \exp\left(\mathrm{j}\beta_n l_0\right)\right] \right. \\ & \left. \cdot \exp\left(\mathrm{j}\varphi + \mathrm{j}\tilde{\beta}_m l\right) \right\} / \left[\exp\left(-\mathrm{j}2\tilde{\beta}_m l\right) - \exp\left(\mathrm{j}2\tilde{\beta}_m l\right)\right] W_m A_n^{\mathrm{II}} \\ & + \sum_n \sqrt{Z_n} \sqrt{\tilde{Y}_m} M_{mn} \left\{ \exp\left(-\mathrm{j}\tilde{\beta}_m l\right) - \left[T_{12n} \exp\left(-\mathrm{j}\beta_n l_0\right) + T_{22n} \exp\left(\mathrm{j}\beta_n l_0\right)\right] \right. \\ & \left. \cdot \exp\left(\mathrm{j}\varphi + \mathrm{j}\tilde{\beta}_m l\right) \right\} / \left[\exp\left(-\mathrm{j}2\tilde{\beta}_m l\right) - \exp\left(\mathrm{j}2\tilde{\beta}_m l\right)\right] W_m B_n^{\mathrm{II}} \end{aligned} \tag{5-5-108}$$

$$\begin{aligned} D_m = & \sum_n \sqrt{Z_n} \sqrt{\tilde{Y}_m} M_{mn} \left\{ \exp\left(\mathrm{j}\tilde{\beta}_m l\right) - \left[T_{11n} \exp\left(-\mathrm{j}\beta_n l_0\right) + T_{21n} \exp\left(\mathrm{j}\beta_n l_0\right)\right] \right. \\ & \left. \cdot \exp\left(\mathrm{j}\varphi - \mathrm{j}\tilde{\beta}_m l\right) \right\} / \left[\exp\left(\mathrm{j}2\tilde{\beta}_m l\right) - \exp\left(-\mathrm{j}2\tilde{\beta}_m l\right)\right] W_m A_n^{\mathrm{II}} \\ & + \sum_n \sqrt{Z_n} \sqrt{\tilde{Y}_m} M_{mn} \left\{ \exp\left(\mathrm{j}\tilde{\beta}_m l\right) - \left[T_{12n} \exp\left(-\mathrm{j}\beta_n l_0\right) + T_{22n} \exp\left(\mathrm{j}\beta_n l_0\right)\right] \right. \\ & \left. \cdot \exp\left(\mathrm{j}\varphi - \mathrm{j}\tilde{\beta}_m l\right) \right\} / \left[\exp\left(\mathrm{j}2\tilde{\beta}_m l\right) - \exp\left(-\mathrm{j}2\tilde{\beta}_m l\right)\right] W_m B_n^{\mathrm{II}} \end{aligned} \tag{5-5-109}$$

最后，将式 (5-5-108) 和式 (5-5-109) 代入式 (5-5-98) 和式 (5-5-99)，得到一组方程，如下所示

$$\begin{aligned} & \sum_n A_n^{\mathrm{II}} \left\{ \delta_{ns} \sqrt{Y_s} \frac{b}{\epsilon_s} + \sum_m \sqrt{Z_n} \widetilde{Y}_m M_{mn} M_{ms} \left[\frac{\cos\left(2\tilde{\beta}_m l\right) - 2E_n \exp\left(\mathrm{j}\varphi\right)}{G_m} \right] \right\} \\ & + \sum_n B_n^{\mathrm{II}} \left\{ -\delta_{ns} \sqrt{Y_s} \frac{b}{\epsilon_s} + \sum_m \sqrt{Z_n} \widetilde{Y}_m M_{mn} M_{ms} \left[\frac{\cos\left(2\tilde{\beta}_m l\right) - 2F_n \exp\left(\mathrm{j}\varphi\right)}{G_m} \right] \right\} = 0 \end{aligned} \tag{5-5-110}$$

$$\sum_n A_n^{\mathrm{II}} \left\{ \delta_{ns} \sqrt{Y_s} \frac{b}{\epsilon_s} I_s + \sum_m \sqrt{Z_n} \widetilde{Y}_m M_{mn} M_{ms} \right.$$

$$
\cdot \exp(-\mathrm{j}\varphi)\left[\frac{2-E_n\cos\left(2\tilde{\beta}_m l\right)\exp(\mathrm{j}\varphi)}{G_m}\right]\Bigg\}
$$

$$
+\sum_n B_n^{\mathrm{II}}\left\{\delta_{ns}\sqrt{Y_s}\frac{b}{\epsilon_s}J_s+\sum_m\sqrt{Z_n}\widetilde{Y}_m M_{mn}M_{ms}\right. \tag{5-5-111}
$$

$$
\left.\cdot \exp(-\mathrm{j}\varphi)\left[\frac{2-F_n\cos\left(2\tilde{\beta}_m l\right)\exp(\mathrm{j}\varphi)}{G_m}\right]\right\}=0
$$

其中，

$$
E_n = T_{11n}\exp(-\mathrm{j}\beta_n l_0)+T_{21n}\exp(\mathrm{j}\beta_n l_0) \tag{5-5-112}
$$

$$
F_n = T_{12n}\exp(-\mathrm{j}\beta_n l_0)+T_{22n}\exp(\mathrm{j}\beta_n l_0) \tag{5-5-113}
$$

$$
I_s = T_{11s}\exp(-\mathrm{j}\beta_s l_0)-T_{21s}\exp(\mathrm{j}\beta_s l_0) \tag{5-5-114}
$$

$$
J_s = T_{12s}\exp(-\mathrm{j}\beta_s l_0)-T_{22s}\exp(\mathrm{j}\beta_s l_0) \tag{5-5-115}
$$

$$
G_m = [\exp(\mathrm{j}2\beta_m l)-\exp(-\mathrm{j}2\beta_m l)]\,W_m \tag{5-5-116}
$$

方程含两组未知数 A_n^{II}、B_n^{II}，将 n 从 0 取到 N，即有 $2(N+1)$ 个方程，$2(N+1)$ 个未知数，可以联立求解。方程满足非零解的条件是行列式为 0。当折叠波导的结构参数确定后，行列式中只包含两个未知数，一个是频率 f，一个是周期性相移 φ。因此，依据行列式为 0，给定一个 φ 值就能找到一个 f 值与之对应。在一定的范围内，取一些固定间隔的 φ 值，就可以得到一系列的 f 值，然后对这些点进行拟合，就得到了色散曲线。

为了与等效电路法对比，选取和前面相同的参数：取 $a=0.74\text{mm}$，$b=0.18\text{mm}$，$p=0.35\text{mm}$，$h=1.20\text{mm}$，$r_{\mathrm{c}}=0.08\text{mm}$，$d=0.44\text{mm}$。代入场匹配法计算公式，得到计算结果如图 5.5.11 所示。

从图 5.5.11(a) 可以看出，在相同结构参数下，场匹配法计算得到的色散曲线与 CST 仿真计算的色散曲线更加吻合，两条曲线基本重合在一起。等效电路法计算的上截止频率偏高，而场匹配法计算的上截止频率与软件仿真结果基本一致。可见，对于双注折叠波导慢波结构，场匹配法比等效电路法具有更高的精确度。

图 5.5.11(b)~(d) 给出了不同的直波导高度 h 对应的归一化相速曲线，对比了场匹配法、等效电路法和 CST 软件仿真结果。可以看出，直波导高度 h 取不同值时，场匹配法与 CST 结果都比较吻合；当 h 取 0.80mm 和 1.40mm 时，等效电路计算结果与软件仿真结果相差比较远。h 取 1.20mm 时，等效电路计算结

果与软件仿真结果比较接近。可以看出，在直波导高度不同时，场匹配法也具有比等效电路法更高的精确度。

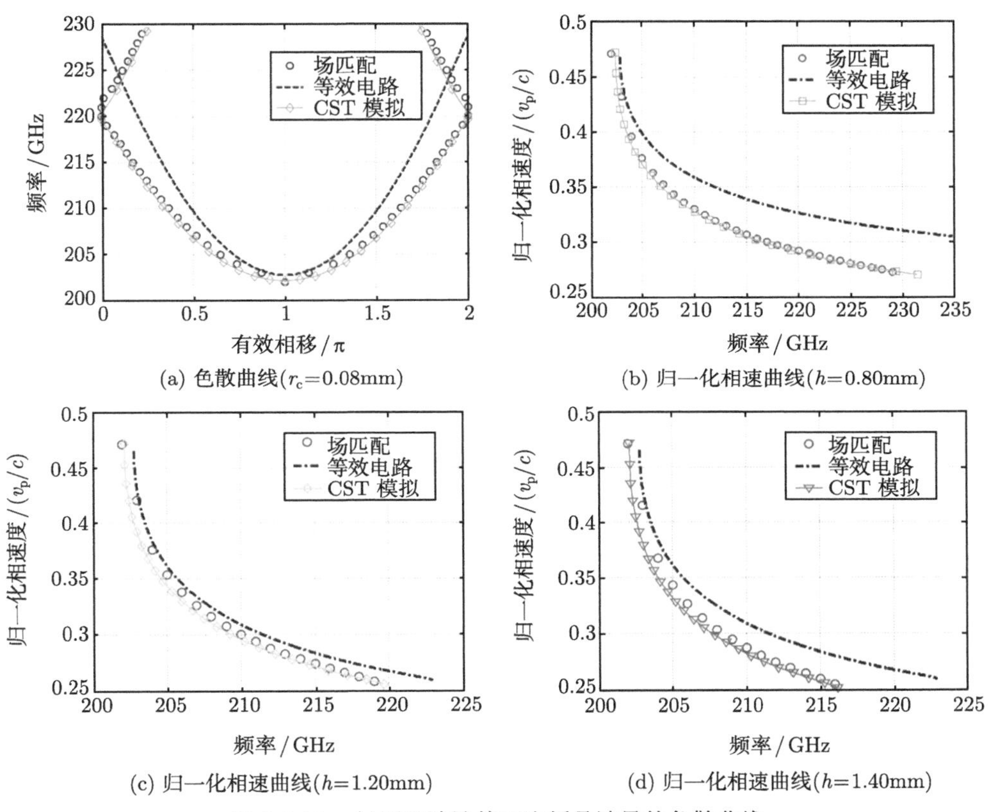

(a) 色散曲线(r_c=0.08mm) (b) 归一化相速曲线(h=0.80mm)

(c) 归一化相速曲线(h=1.20mm) (d) 归一化相速曲线(h=1.40mm)

图 5.5.11 场匹配法计算双注折叠波导的色散曲线

4. 各参数对色散特性的影响

为了选取适当的参数使双注折叠波导工作在 G 波段，下面分析各个参数对双注折叠波导慢波结构色散的影响。将初始参数设为 $a=0.74$mm，$b=0.18$mm，$p=0.35$mm，$h=1.20$mm，$r_c=0.08$mm，$d=0.44$mm。为了对双注折叠波导慢波结构的色散特性进行分析，在保持其他参数不变的情况下，改变高频结构的某一个几何参数，采用 CST 高频仿真软件进行仿真，得到的色散特性随各结构参数变化的关系，如图 5.5.12 所示。

图 5.5.12 是 CST 仿真计算的结果，给出了各结构参数对双注折叠波导色散的影响。图 5.5.12 (a) 和 (b) 给出了波导宽边 a 对双注折叠波导色散的影响。由于截止频率 $f_c=c/(2a)$，因此当 a 增大时，截止频率降低，工作频带向低频端

移动；同时，归一化相速明显减小，色散曲线变得平坦。波导窄边 b 对色散的影响就相对要小，当 b 增大时，下截止频率向下移动，色散变平坦，如图 5.5.12 (c) 和 (d) 所示。但是，折叠波导中的注–波互作用主要发生在间隙处，间隙电压一定时，间隙宽度决定了场强大小。因此，波导窄边 b 对耦合阻抗影响大。选取

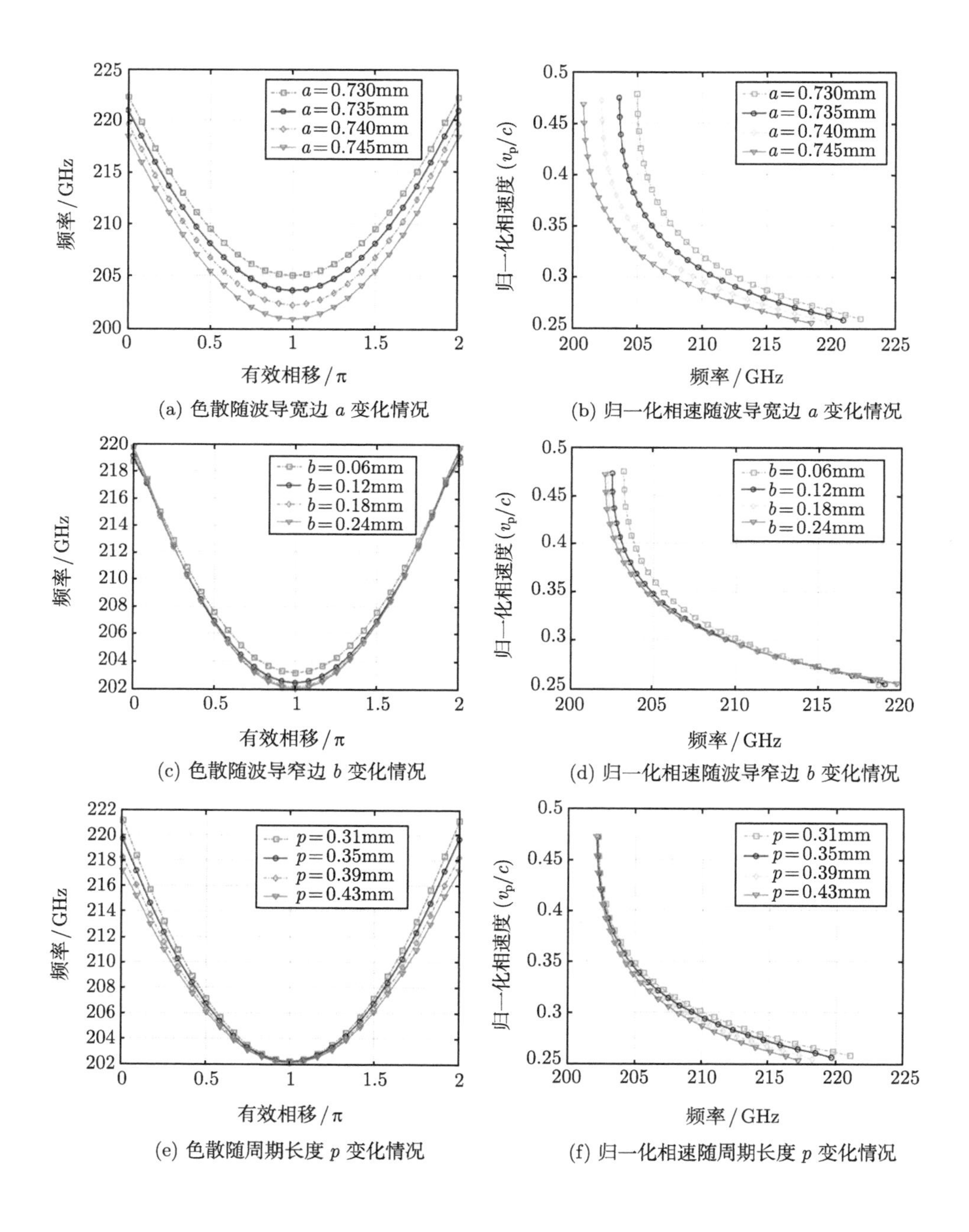

(a) 色散随波导宽边 a 变化情况　　(b) 归一化相速随波导宽边 a 变化情况

(c) 色散随波导窄边 b 变化情况　　(d) 归一化相速随波导窄边 b 变化情况

(e) 色散随周期长度 p 变化情况　　(f) 归一化相速随周期长度 p 变化情况

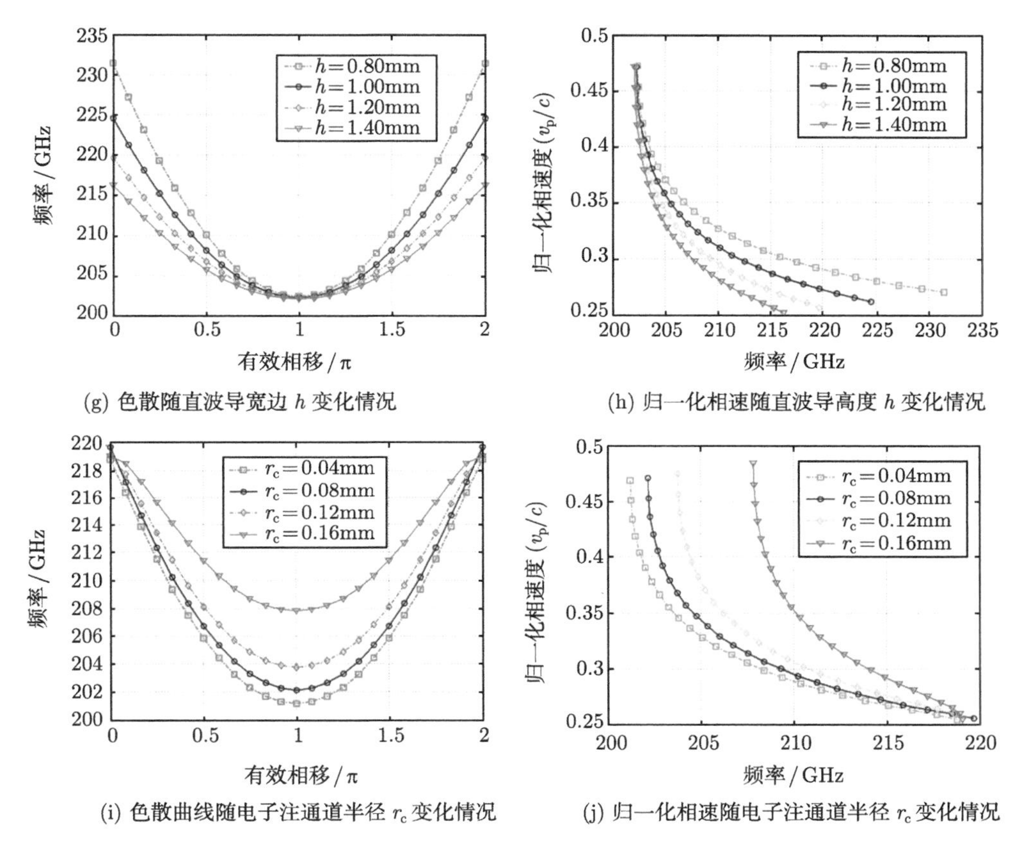

(g) 色散随直波导宽边 h 变化情况

(h) 归一化相速随直波导高度 h 变化情况

(i) 色散曲线随电子注通道半径 r_c 变化情况

(j) 归一化相速随电子注通道半径 r_c 变化情况

图 5.5.12 各结构参数对双注折叠波导色散的影响

参数时也要合理设计 b 的大小。周期长度 p 直接作用于相位常数的求解，对相速有直接的影响。当 p 减小时，下截止频率不变，上截止频率升高，频带变宽，色散变平坦，如图 5.5.12 (e) 和 (f) 所示。当 h 增大时，下截止频率不变，上截止频率降低，频带变窄，相速减小；h 越小时，色散越平坦，如图 5.5.12 (g) 和 (h) 所示。但是考虑工作在太赫兹频段，双注折叠波导的直波导高度 h 不能太小，h 必须大于 $4r_c + d$。在太赫兹频段，电子注通道的存在对整体色散影响很大，主要是对下截止频率有直接的影响，如图 5.5.12 (i) 和 (j) 所示。电子注通道半径越大，下截止频率越高，频带变窄，相速增大。因为电子注通道的影响，在设计太赫兹波段结构参数时，必须考虑截止频率升高对色散的影响。

5.5.3 双注折叠波导慢波结构的耦合阻抗

周期系统中，各空间谐波的相速不同，因此具有一定速度的荷电粒子，只能同其中一个空间谐波同步，从而发生持续的相互作用，但作用以后得到放大的则是慢波系统中的总场，而不仅是这一个空间谐波。为了满足周期系统的边界条件，各个空间谐波振幅之间的比例是固定的。单一空间谐波的增大或减小不能满足边界条件。

假设在折叠波导中传输 TE_{10} 模，n 次空间谐波的电场幅值可以写为

$$E_{zn}=\frac{1}{p}\int_{-\frac{b}{2}}^{\frac{b}{2}}E_z(z)\exp\left(\mathrm{j}\beta_n z\right)\mathrm{d}z=E_0\frac{2\sin\left(\beta_n b/2\right)}{\beta_n p} \tag{5-5-117}$$

其中，因为间隙很小，可认为 z 向电场幅值基本不变，E_0 为电场 z 分量的幅值。

折叠波导中的传输功率等于 TE_{10} 模的传输功率：

$$P_{\mathrm{w}}=\frac{ab}{4\eta_0}E_0^2\sqrt{1-\omega_{\mathrm{c}}^2/\omega^2} \tag{5-5-118}$$

这里，η_0 是自由空间中的波阻抗。

n 次空间谐波的相位常数

$$\beta_n=\frac{L}{cp}\sqrt{\omega^2-\omega_{\mathrm{c}}^2}+\frac{(2n+1)\pi}{p} \tag{5-5-119}$$

再按照耦合阻抗的定义式，可以得到折叠波导中耦合阻抗表达式：

$$K_n=\frac{8\eta_0\sin^2\left(\beta_n b/2\right)}{\beta_n^4p^2ab\sqrt{1-\omega_{\mathrm{c}}^2/\omega^2}} \tag{5-5-120}$$

通常，在折叠波导中与电子注有效互作用的是 0 次空间谐波。如果进一步考虑电子注通道对耦合阻抗的影响，可以得到在半径为 r 处的 0 次空间谐波耦合阻抗：

$$K_{\mathrm{c}0}=K_0\frac{\mathrm{I}_0^2(\tau r)}{\mathrm{I}_0^2(\tau r_{\mathrm{c}})} \tag{5-5-121}$$

其中，$\tau^2=\beta_0^2-k^2$，I_0 为零阶变态贝塞尔函数，r_{c} 为电子注通道半径。

图 5.5.13 给出了不同结构参数下双注折叠波导耦合阻抗的理论计算结果。图 5.5.13 (a) 为不同间隙宽度对应的耦合阻抗，可以看出耦合阻抗存在最优的间隙宽度值。当 b 取 0.15mm 时，耦合阻抗可以取得最大值。不同频率下，耦合阻抗的大小不同，但随间隙宽度 b 变化的趋势是相同的。适当选取 b 的大小可以增大耦合阻抗。图 5.5.13 (b) 为电子注通道内不同半径位置处对应的耦合阻抗。$r=0$ 为电子注通道中心位置处，$r=r_{\mathrm{c}}$ 为电子注通道边缘位置处。可以看出边缘位置处，耦合阻抗最大，中心位置处耦合阻抗最小。

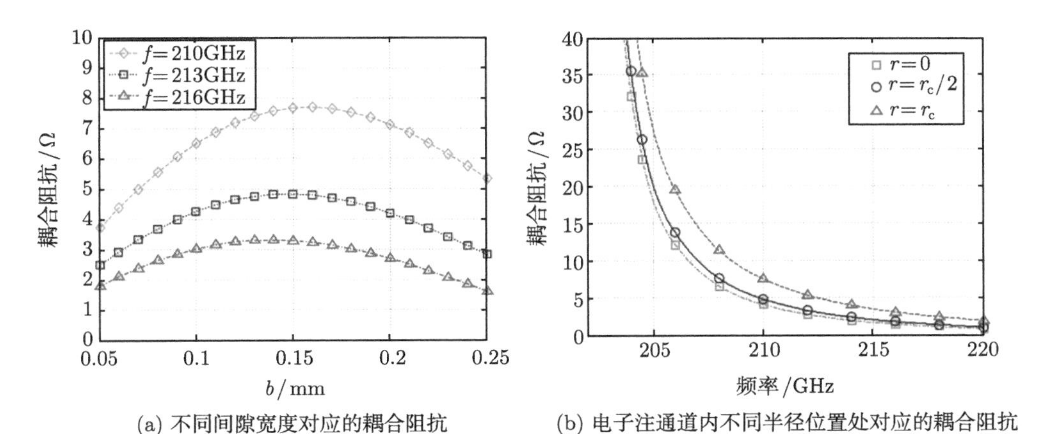

(a) 不同间隙宽度对应的耦合阻抗　　(b) 电子注通道内不同半径位置处对应的耦合阻抗

图 5.5.13　双注折叠波导的耦合阻抗理论计算

通过 HFSS 和 CST 软件的后处理模块也能求出耦合阻抗，本征模求解器可以扫描不同相移下的中心轴线电场，然后依据式 (5-5-123) 可以求出 0 次空间谐波的电场幅度：

$$E_{z0} = \frac{1}{p}\left\{\int_0^p \left[\mathrm{Re}\left(E_z\right)\cos\left(\beta_0 z\right) - \mathrm{Im}\left(E_z\right)\sin\left(\beta_0 z\right)\right]\right.$$
$$\left. + \mathrm{i}\int_0^p \left[\mathrm{Re}\left(E_z\right)\cos\left(\beta_0 z\right) - \mathrm{Im}\left(E_z\right)\sin\left(\beta_0 z\right)\right]\right\} \tag{5-5-122}$$

图 5.5.14 给出了双注折叠波导耦合阻抗的 HFSS 计算结果。图 5.5.14 (a) 是相同结构参数下单注与双注折叠波导耦合阻抗的对比。可以看出，双注的下截止频率也要高于单注，在同一频点处双注的耦合阻抗也比单注要高。图 5.5.14 (b) 是不同电子通道半径下，理论计算结果与 HFSS 仿真计算结果的比较。可以看出，在电子注通道半径较小 ($r_c = 0.04$mm) 时，理论计算与软件仿真结果基本一致。但是，当电子注通道半径较大 ($r_c = 0.12$mm) 时，理论计算与软件仿真结果相差较大。这是因为理论计算时，并未考虑电子注通道半径对截止频率的影响，因此电子注通道半径较大时，理论计算耦合阻抗的精确度较差。图 5.5.14 (c) 是不同间隙宽度 b 对应的耦合阻抗。因为 b 对色散有影响，所以低频段截止频率不同，但在高频段耦合阻抗曲线基本重合。图 5.5.14 (d) 是不同双注间距 d 对应的耦合阻抗，可以看出双注间距对耦合阻抗影响很小，耦合阻抗基本不变。

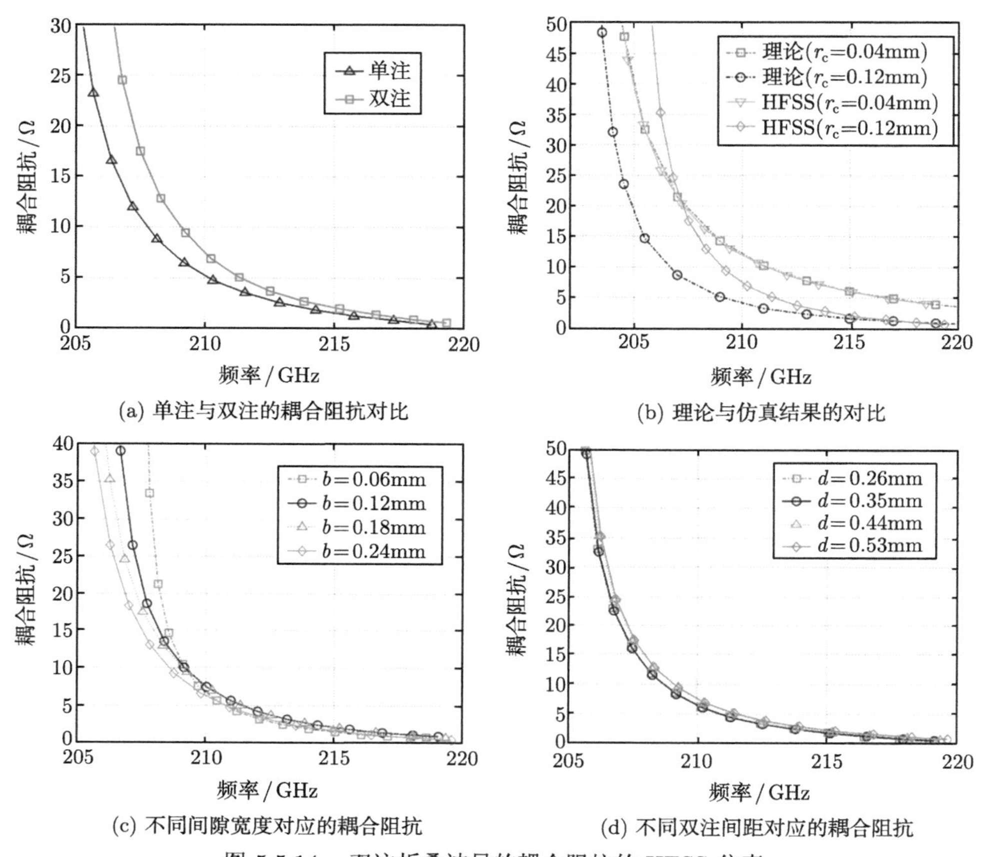

(a) 单注与双注的耦合阻抗对比　(b) 理论与仿真结果的对比

(c) 不同间隙宽度对应的耦合阻抗　(d) 不同双注间距对应的耦合阻抗

图 5.5.14　双注折叠波导的耦合阻抗的 HFSS 仿真

5.5.4　双注折叠波导慢波结构的损耗

损耗是慢波结构的重要参量之一，与色散特性和耦合阻抗一起决定了慢波电路的性能。在大信号计算中，为了准确计算行波管的效率也必须要考虑电路的分布损耗。在慢波结构中，损耗通常来自于两个方面：① 金属的有限电导率产生的导体损耗；② 加载介质材料产生的介质损耗。对于全金属的折叠波导慢波结构而言，其电路的分布损耗只来自于导体损耗，这也使得折叠波导电路的损耗远低于螺旋线。然而，在亚毫米波段及太赫兹波段，由于趋肤效应加剧以及加工精度的限制，随着频率的升高导体损耗会大幅增加。因此，损耗是决定太赫兹折叠波导器件工作性能的重要因素。

电磁波在折叠波导中传播时，由于趋肤效应，在导体表面薄层中存在电磁场和电流，表面电流密度可以表示为

$$\boldsymbol{J}(\boldsymbol{x},t)=\sigma\boldsymbol{E}_0(\boldsymbol{x})\exp\left[\mathrm{j}(\omega t-\boldsymbol{k}\cdot\boldsymbol{x})\right] \tag{5-5-123}$$

式中，σ 为波导材料电导率，$\boldsymbol{E}_0(\boldsymbol{x})$ 为电场强度，ω 为角频率，$\boldsymbol{x}$ 为位置矢量。

电流分布于金属表面的趋肤厚度内的薄层中，电流损耗会造成电磁信号的传输损耗。在太赫兹频段，随着频率升高，器件的尺寸在 μm 量级。而实际现有的微加工技术有限，波导材料加工时的表面粗糙度可以与铜材料的趋肤深度相比拟，电磁信号在折叠波导中传播时，信号衰减非常严重，则需要研究加工粗糙度对信号传输损耗的影响。在计算由金属电导率引起的电磁信号传输损耗时，如果考虑加工粗糙度，理论上通常将表面粗糙度代入电导率，以对金属材料电导率进行修正，采用修正等效后的电导率来仿真电磁信号的传输损耗。一般情况下，电导率的修正公式为 [30]

$$\sigma_{\mathrm{c}} = \sigma / k^2 \tag{5-5-124}$$

其中，

$$k = 1 + \exp\left[-1.6\left(d/\left(2h\right)\right)\right] \tag{5-5-125}$$

式中，σ_{c} 为修正后的电导率，σ 为波导材料电导率，k 为修正系数，d 为趋肤深度，h 为表面粗糙度。

为了印证理论模型的精确度，还采用电磁场高频仿真软件 HFSS 计算了折叠波导慢波结构的导体损耗。模拟方法采用的是准周期边界法。在 HFSS 仿真软件中建立一个单周期电路模型，如图 5.5.15 所示。模型材料为铜，内部为真空区域。通过设置周期性边界条件，对于一个指定的轴向相移 $\Delta\varphi$ 可以得到一个相应的本征频率 f_{en}。

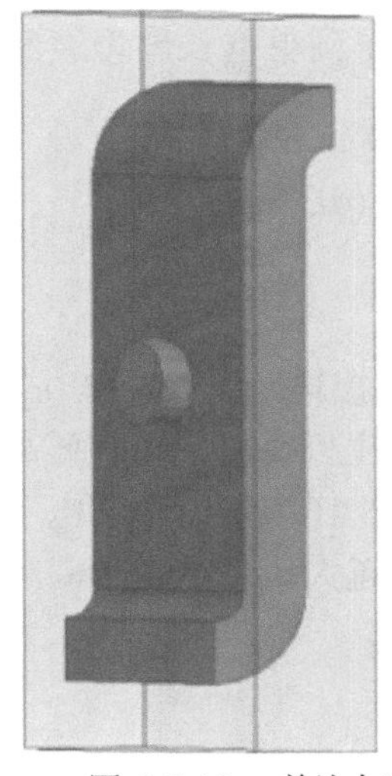

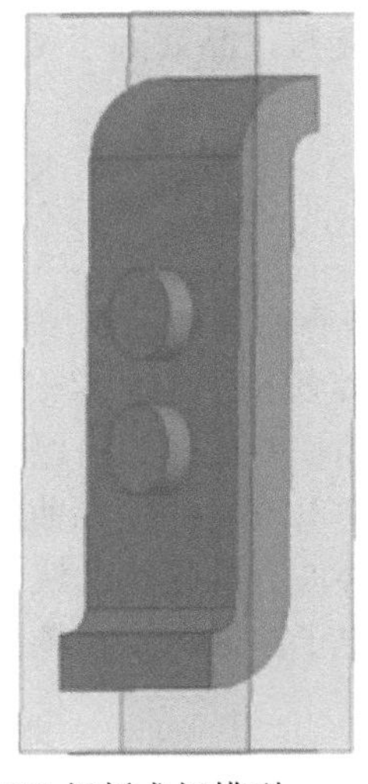

图 5.5.15 单注与双注折叠波导的 HFSS 损耗求解模型

衰减系数 (dB/m) 的定义为 α，则传输功率的大小正比于衰减因子的平方，即 $P(z)=P_{\mathrm{wg}}\exp(-2\alpha z)$。传输功率的减少量 $-(\mathrm{d}P/\mathrm{d}z)=2\alpha P_{\mathrm{wg}}$，即单位长度上减少的传输功率 P_{L}，由此可以得到衰减常数

$$\alpha=\frac{P_{\mathrm{L}}}{2P_{\mathrm{wg}}}(\mathrm{Np/m})=8.686\frac{P_{\mathrm{L}}}{2P_{\mathrm{wg}}}(\mathrm{dB/m}) \tag{5-5-126}$$

其中，P_{L} 是单位长度减少的传输功率，P_{wg} 是系统中传输的功率流，它们都可以在计算完成后由 HFSS 后处理模块得到。

对于设置了铜为边界的折叠波导，电磁波在折叠波导中传播会引起衰减。在确定边界的谐振腔结构中，功率损耗 P_{L} 与谐振腔固有的品质因子 Q 具有以下关系：

$$P_{\mathrm{L}}=(2\pi f\times W)/Q \tag{5-5-127}$$

其中，$W=\dfrac{\mu}{2}\displaystyle\int_V \boldsymbol{H}^*\cdot\boldsymbol{H}\mathrm{d}V=\dfrac{\varepsilon}{2}\displaystyle\int_V \boldsymbol{E}^*\cdot\boldsymbol{E}\mathrm{d}V$ 是谐振腔的体积储能。

在本征模求解算法中，单周期慢波结构在给定周期端面相位差和金属边界时可以视为一等效谐振腔。因此，求解衰减常数变成求解谐振腔品质因子 Q 的问题。在 HFSS 中，谐振腔的品质因子

$$Q=\frac{1}{2}\frac{\mathrm{Re}(f)}{\mathrm{Im}(f)} \tag{5-5-128}$$

对于无耗材料，本征频率为实数，品质因子 Q 为无穷大。对于有耗金属，本征频率为复数，品质因子 Q 为有限值。可以得到单位长度慢波结构的损耗常数为

$$\alpha=\frac{8.686\times 2\pi\mathrm{Im}(f)W}{p\times P_{\mathrm{wg}}}\quad(\mathrm{dB/m}) \tag{5-5-129}$$

其中，p 为折叠波导的轴向周期长度。

图 5.5.16 给出了 HFSS 计算的双注折叠波导损耗。图 5.5.16 (a) 为单注与双注折叠波导的损耗比较。可以看出在低频端，双注折叠波导损耗要高于单注。在高频端，单注与双注的损耗曲线基本重合。图 5.5.16 (b) 为不同电子注通道半径下，双注折叠波导的损耗曲线。电子注通道半径越大，下截止频率越高。因此相同频点处，电子注通道半径越大，损耗越大。

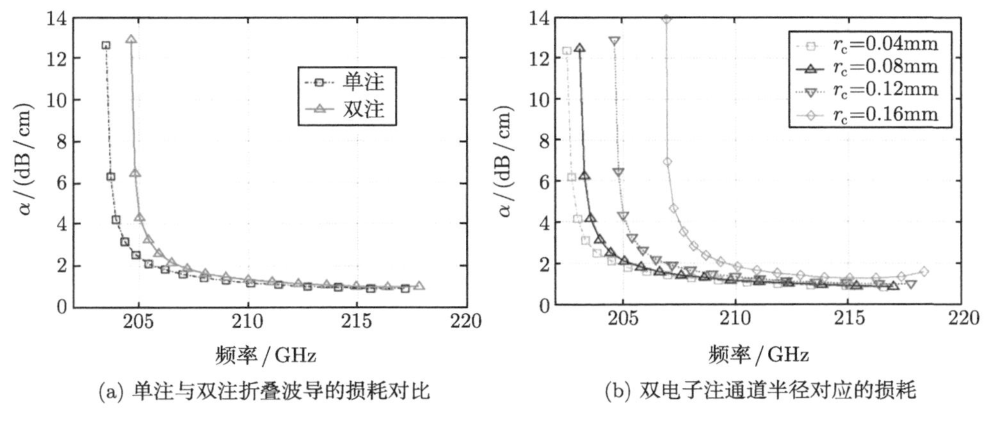

(a) 单注与双注折叠波导的损耗对比
(b) 双电子注通道半径对应的损耗

图 5.5.16 双注折叠波导的损耗

5.6 太赫兹返波管设计

太赫兹返波管的设计主要包括电子枪、聚焦磁场、高频系统、输出结构、收集极五个部分。电子光学系统包括电子枪、聚焦磁场和收集极三个部分，是真空电子器件的重要组成部分，实现电子注的产生、传输和收集等功能，下面是 0.5THz 光栅结构返波管基本设计。

5.6.1 电子枪设计

采用皮尔斯枪结构设计 0.5THz 返波管的电子枪 [33]，其结构主要是阴极、聚束极和阳极三个部分，如图 5.6.1 所示。由于电子注通道小，同时为了实现高功率输出，需要较长的高频互作用区，即电子注通道长。另一方面，由于阴极结构尺寸大，使电子注能够进入束流通道，导致太赫兹器件的压缩比大。因此高压缩大长径比电子光学系统的设计是太赫兹器件的难点也是重点。为了降低电子枪和高频结构的装配难度，阴极结构采用工艺最成熟的圆柱形球面阴极，其材料选择工作寿命长、发射性能稳定的钡钨阴极。管体工作时，阴极周围温度很高，聚束极可能会膨胀和蒸散，聚束极选择高温钼，阳极材料采用无氧铜。

图 5.6.2 是 0.5THz 返波管的周期性光栅高频结构示意图，其中电子注电压 V 为 23kV，阴极发射电流 I 为 100mA，聚焦磁感强度 B 为 0.95T。另外高频结构总长度 $L = 26$mm，光栅齿高度 $H = 0.11$mm，而电子束流通道半径应小于光栅齿高度，从而将电子束流通道直径 R 设计为 0.2mm，因此发射电子的阴极面不能太大，否则过大的电子束压缩比会增加电子枪和永磁聚焦系统的难度。另外阴极直径不能太小，小阴极必然导致阴极表面电流发射密度过大，从而减少阴极的使用寿命，同时阴极以及相关组件的工艺难度也会随之提高。采用 E-gun 软件

对工作在 0.5THz 返波管的电子枪进行了仿真计算，最终采用发射面曲率半径为 3.2mm，直径为 1mm 的阴极。

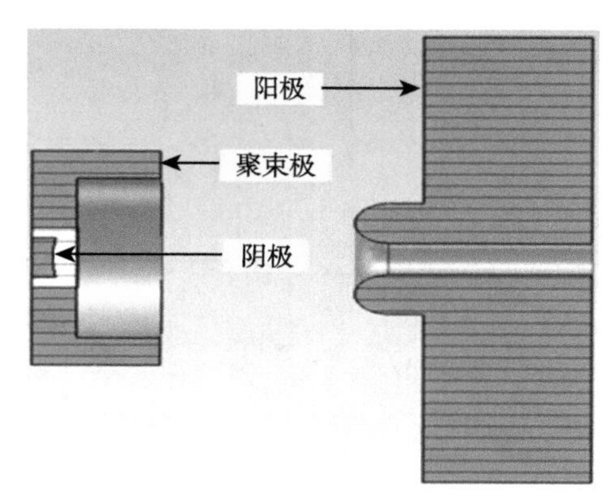

图 5.6.1　电子枪结构示意图

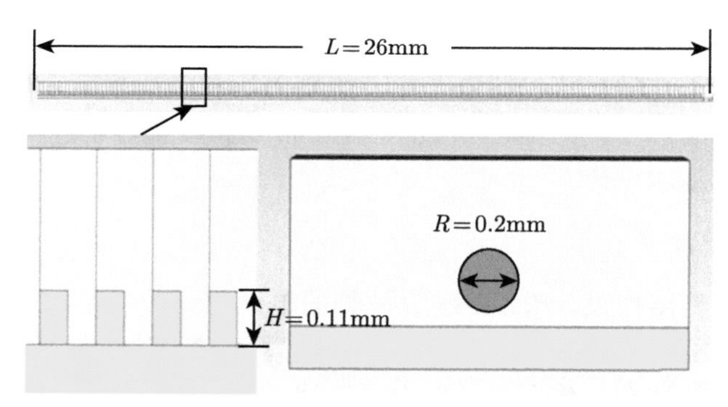

图 5.6.2　周期性光栅高频结构

当工作电压 V 为 23kV 时，阴极发射电流 I 为 105mA，根据公式

$$P = I/V^{3/2} \tag{5-6-1}$$

得到导流系数 P 约为 0.03μP。图 5.6.3 为阴极发射的电子束在无磁场约束下的运动轨迹，可看出电子束腰半径 a 约为电子通道半径 r 的 85%，电子束压缩比小于 35，阴极面电流发射密度为 13.4A/cm^2，同时电子束无交叉情况，层流性很好。另外阴极和阳极的轴向和径向距离分别为 2.9mm 和 4.86mm，而工作电压为 23kV，因此电子枪内的场强远小于真空环境下的击穿场强 [34−36]，电子枪耐压情况良好。为了改善阴极发射电子的能力，提高束流通过率，将电子枪设计为聚束极控制方式。

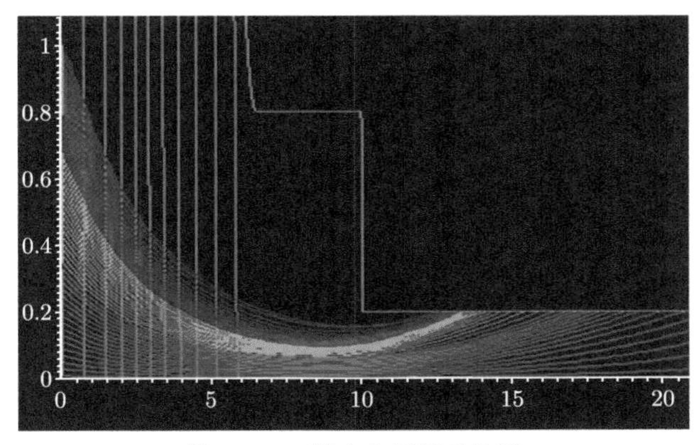

图 5.6.3 静电电子运动轨迹

5.6.2 永磁聚焦系统设计

由于太赫兹返波管互作用距离短，以及布里渊磁场和峰值强度大，因此根据聚焦磁场的特点，这里采用均匀永磁聚焦系统。布里渊磁场 B_{B} 可根据静电电子轨迹束腰半径 a 确定，其值为 [37]

$$B_{\mathrm{B}} = 0.83 \times 10^{-3} \frac{\sqrt{I}}{aV^{0.25}} \tag{5-6-2}$$

其中，I 是阴极发射电流；V 是工作电压，得到布里渊磁场 B_{B} 为 2570G。为了减小电子注波动，聚焦方式采用浸没流聚焦，均匀区磁感强度设计为布里渊磁场大小的 3.5~4 倍，即均匀区磁感强度 B 应为 0.9~1.03T。图 5.6.4 所示为采用 Superfish 软件模拟得到的磁场结构以及矢量图，主要由极靴、外磁屏和磁钢三部分构成，极靴和外磁屏的材料均为纯铁 DT8，磁钢采用径向充磁，材料选择矫顽力较大的钕铁硼 M48，均匀区磁场 B 为 9400G。

电子枪区磁场与电子束的匹配情况直接影响到高频互作用区电子束的运动轨迹，因此将阴极面的磁场设计为最佳阴极面磁场 B_{K}，根据式 (5-6-3) 和式 (5-6-4) 求得 [38]。

$$B_{\mathrm{K}} = \frac{\sqrt{K}B_{\mathrm{B}}}{\sqrt{1-K}}\left(\frac{a}{r_{\mathrm{K}}}\right)^2 \tag{5-6-3}$$

$$K = 1 - \left(\frac{B_{\mathrm{B}}}{B}\right)^2 \tag{5-6-4}$$

其中，K 为阴极参量，r_{K} 为阴极半径，计算后得到 $B_{\mathrm{K}} = 262\mathrm{G}$。软件模拟出的阴极面磁场为 250G，约等于理论计算结果，相对误差小于 5%。中心轴线上磁场

B 的分布曲线如图 5.6.5 所示，分别采用 Superfish 和 E-gun 软件模拟永磁聚焦磁场结构，得到磁感应强度 B 在轴上的分布，可以看出这两条曲线吻合良好。

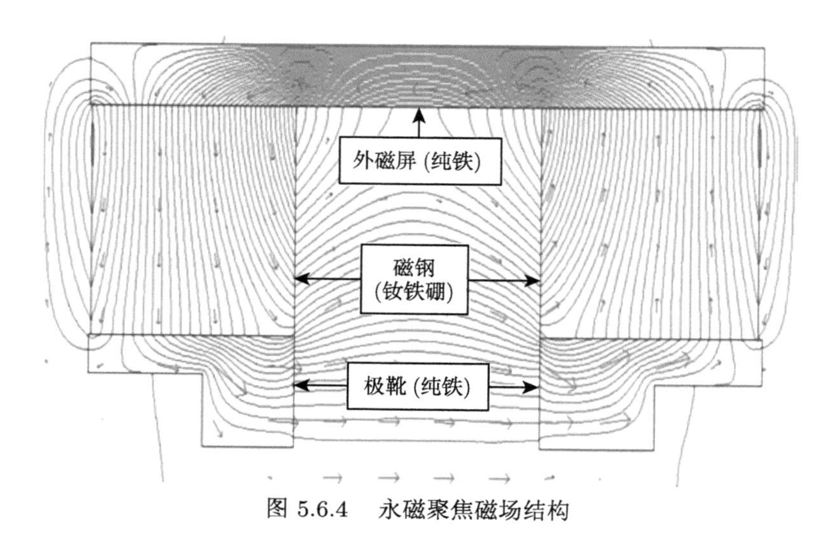

图 5.6.4 永磁聚焦磁场结构

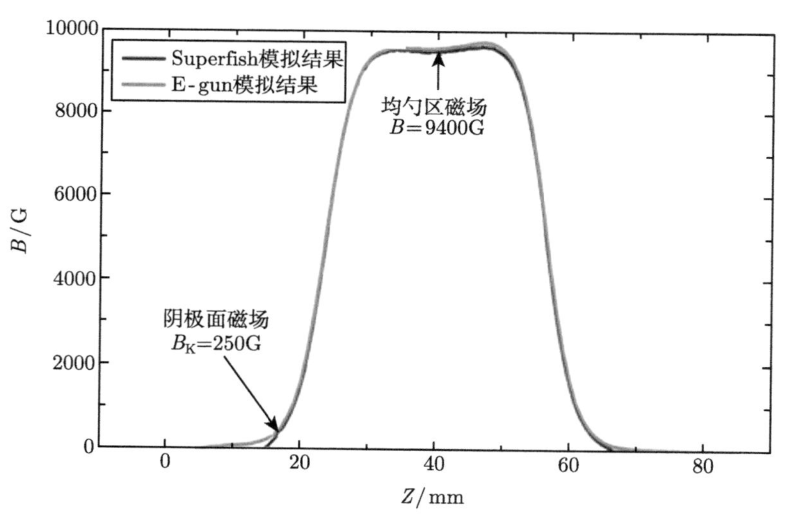

图 5.6.5 中心轴线上磁场 B 的分布曲线

由于电子枪区磁场与该区域电子束的匹配情况影响到高频互作用区的电子束运动轨迹，因此可采用外加铁环的方式改变阴极面磁场 $B_{\mathrm{K}}(\mathrm{G})$ 的强度，调节电子枪区磁场和该区域电子束的匹配情况，从而达到改变电子束填充比的目的。一般来说调节铁环厚度越大，阴极面的磁场越大。最终根据样管热测时束流通过率和输出信号大小来确定调节铁环的厚度 d。均匀永磁聚焦磁场的三维剖面和工程图如图 5.6.6 所示。

图 5.6.7 所示为最终优化得到的电子束在均匀永磁聚焦磁场下的轨迹，从图中可看出电子束层流性很好，无交叉情况且波动较小，填充比约为 75%，但由于样管实际工作时电子注受到高频扰动，因此当样管工作时电子注填充比会大于 75%。

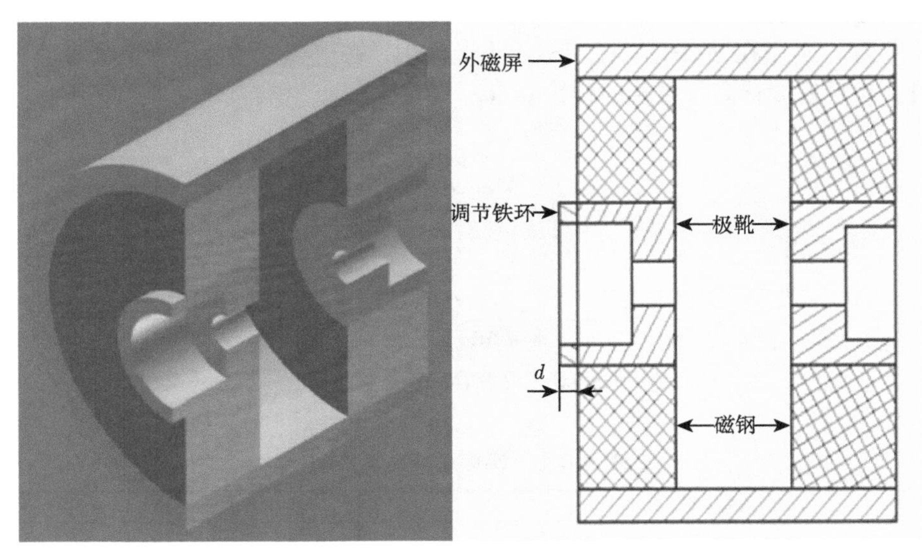

图 5.6.6 永磁聚焦磁场的三维剖面图和工程图

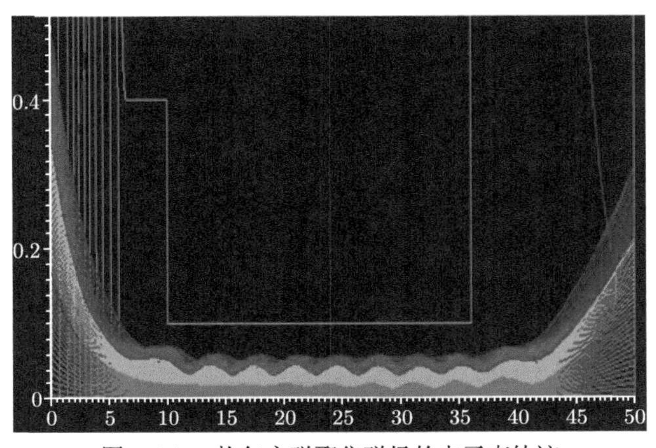

图 5.6.7 均匀永磁聚焦磁场的电子束轨迹

5.6.3 高频系统

返波管高频系统结构示意图如图 5.6.8 所示，主要参数列于表 5.6.1，周期结构包括开孔矩形栅慢波结构和漂移段，由于盒形输能窗的窗片直径较大，为了不对电子注通道造成影响，采用渐变结构输出。左端的渐变由于高度太高，导致整个系统的 $|S_{11}|$ 在工作频率附近高达 10dB，为了降低反射，在这里将左端的渐变和过渡用圆弧段连接起来，得到的仿真结果如图 5.6.9 所示，在 490~515GHz 频率范围内，$|S_{11}|$ 在 20dB 左右，$|S_{21}|$ 小于 4dB，在电子调谐范围内，具有较小的反射，满足返波管高频系统的传输要求。

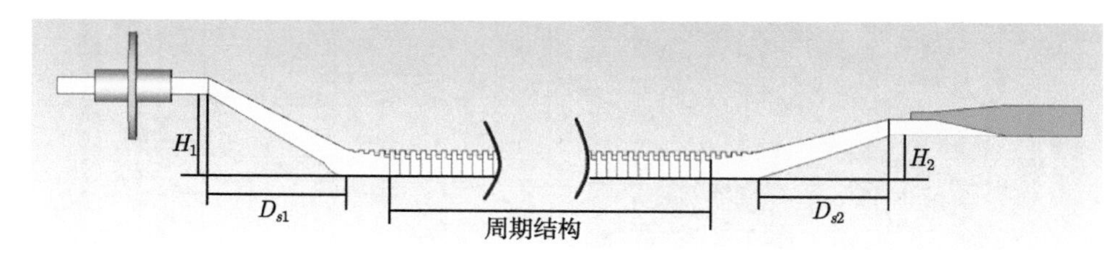

图 5.6.8　返波管高频系统结构

表 5.6.1　高频系统主要参数

结构参数	参数值/mm
H_1	1.2
D_{s1}	1.8
H_2	0.5
D_{s2}	1.6

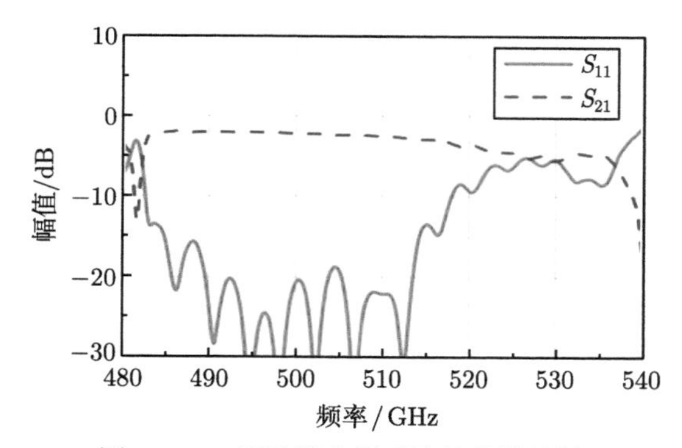

图 5.6.9　返波管高频系统的传输特性

5.6.4 输能窗设计

输能窗采用蓝宝石窗片的盒型窗结构，需确保中心频率 510GHz 处具有较低损耗，驻波比 1.2 以下频带宽度至少 10GHz。经过反复优化计算出盒型窗参数，如表 5.6.2 所示。

表 5.6.2 盒型窗主要参数

矩形波导 WR-2	$a = 0.508\text{mm}$，$b = 0.254\text{mm}$
窗片半径	$r_1 = 1.22\text{mm}$
窗片厚度	$t = 0.10\text{mm}$
圆波导半径	$r_2 = 0.48\text{mm}$
圆波导长度	$l_1 = 0.70\text{mm}$
渐变段长度	$l_2 = 0.32\text{mm}$

盒型窗传输特性如图 5.6.10 所示。

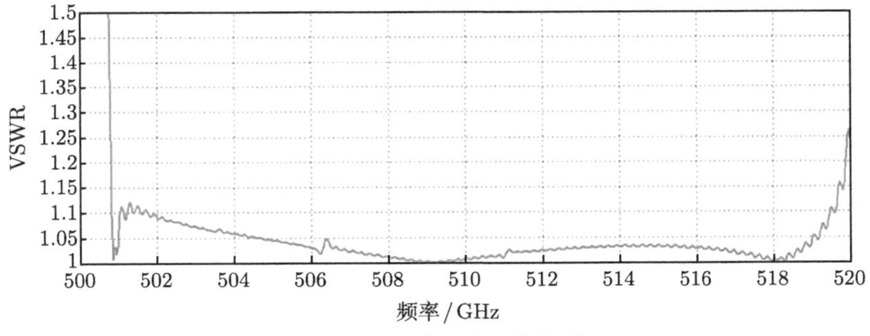

图 5.6.10 盒型窗传输特性

从图 5.6.10 看出，在 502~519GHz 频率范围内，驻波比在 1.1 以下，带宽超过 15GHz，在中心频率 510GHz 时达到 1.02。窗片表面以及其他区域的电场分布如图 5.6.11 所示，从图中看出窗片表面存在 TM_{11} 模分量。

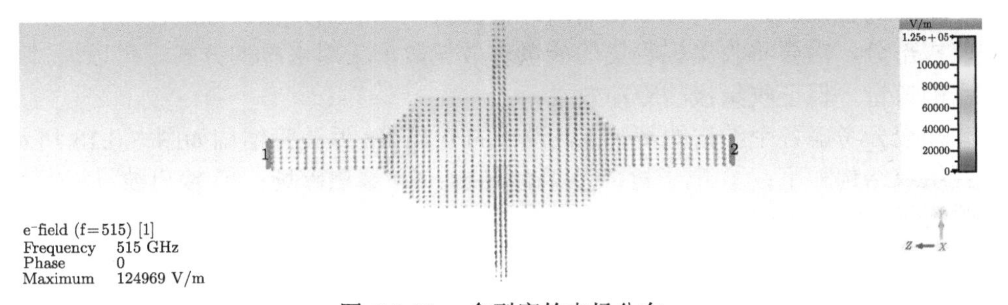

图 5.6.11 盒型窗的电场分布

5.6.5　收集极

由于 0.5THz 返波管高频结构损耗大，采用的工作电流大，收集热耗散高，因此采用水冷收集极方式完成热量的耗散，其结构如下。图 5.6.12(a) 是水冷收集极结构图；图 5.6.12(b) 是水流分布情况；图 5.6.12(c) 表示外加水冷之后，收集极温度分布特性。图示结果表明，在该水流速度下，收集极入口处的温度在 150℃左右，如果加大水流速度，该部分温度还将降低，因此采用该水冷方法可以实现收集极的冷却。

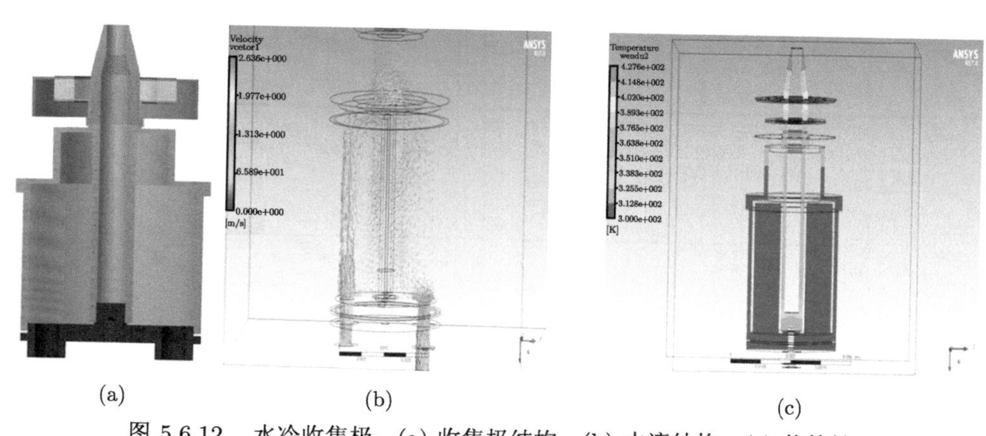

(a)　(b)　(c)

图 5.6.12　水冷收集极：(a) 收集极结构；(b) 水流结构；(c) 热特性

5.6.6　0.5THz 返波管整管结构

在整管设计过程中，要充分考虑太赫兹器件能够实现的工程性，电子枪阴极负载必须在合理范围内，兼顾寿命与互作用特性；在高结构设计方面，要充分考虑微纳工艺与传统工艺的兼容性，能够进行钎焊、扩散焊等；在输能窗部分，要考虑窗装配的难易程度与密封性，同时需要考虑兼顾窗的输出特性，选择透过率高的材料；在聚焦磁场部分，重点考虑阴极与高频结构之间的过渡区，实现磁场与电子聚焦的匹配性，在高频互作用区，需要实现电子束传输良好的匹配特性；在收集极部分，需要将收集极收集的能量有效耗散，采用水冷的方式，可以通过调节水的流量，保证收集极的冷却效果。

在充分考虑各个结构的基础上，设计的 0.5THz 返波管结构如图 5.6.13 所示，主要组成结构如下：① 电子枪；② 高频结构；③ 聚焦磁场；④ 输出波导；⑤ 水冷收集极。

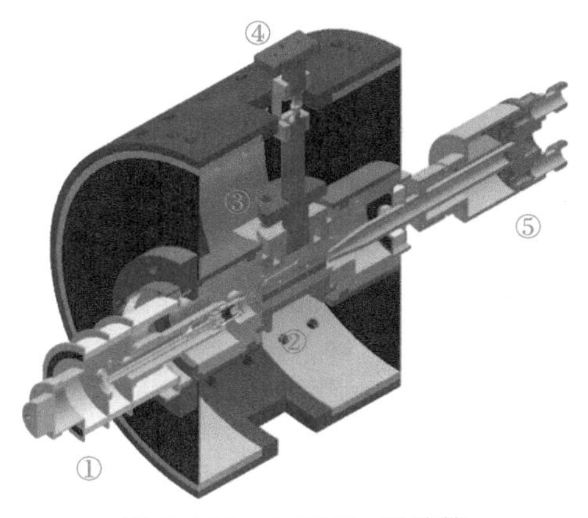

图 5.6.13　0.5THz 返波管

5.7 小　　结

本章对返波管的基本原理及互作用方程进行了描述，并且对起振电流参量进行了分析。在此基础上，对基于平板光栅的双电子注返波管、折叠波导单注和双注返波管，以及太赫兹相对论返波管进行了研究。该过程中发现，要提高器件的输出功率、降低起振电流，提高互作用电路的光洁度、降低损耗是有效途径，而提高光洁度主要依赖微细加工工艺，相关工艺将在后续章节进行介绍。

参 考 文 献

[1] 王文祥. 真空电子器件 [M]. 北京：国防工业出版社，2012.

[2] Wang Y, Chen Z G, Lei Y A. Simulation of 0.14THz relativistic backward-wave oscillator filled with plasma. Acta Phys. Sin., 2013, 62(12): 125204.

[3] Ovideo Vela G A. Terahertz backward wave oscillator circuits[D]. Salt Lake City：The University of Utah, 2010.

[4] 王光强, 王建国, 李小泽, 等. 0.14THz 高功率太赫兹脉冲的频率测量 [J]. 物理学报, 2010, 59(12): 8459-8464.

[5] Chen Z G, Wang J G, Wang G Q, et al. A 0.14THz coaxial surface wave oscillator[J]. Acta Phys. Sin., 2014, 63(11): 110703.

[6] Cai J C, Hu L L, Ma G W, et al. Theoretical models for designing a 220-GHz folded waveguide backward wave oscillator[J]. Chinese Physics B, 2015, 24(6): 060701.

[7] Poole B R, Harris J R. Photonic crystal-based high-power backward wave oscillator[J]. IEEE Transactions on Plasma Science, 2017, 46(1): 1-8.

[8] Kompfner R, Williams N T. Backward-wave tubes[J]. Proceedings of the IRE, 1953, 41(11): 1602-1611.

[9] Heffner H. Analysis of the backward-wave traveling-wave tube[J]. Proceedings of the IRE, 1954, 42(6): 930-937.

[10] Johnson H R. Backward-wave oscillators[J]. Proceedings of the IRE, 1955, 43(6): 684-697.

[11] Currie M R, Whinnery J R. The cascade backward-wave amplifier: a high-gain voltage-tuned filter for microwaves[J]. Proceedings of the IRE, 1955, 43(11): 1617-1631.

[12] Gewartowski J W. Velocity and current distributions in the spent beam of the backward-wave oscillator[J]. IRE Transactions on Electron Devices, 1958, 5(4): 215-222.

[13] Haddad G I, Bevensee R M. Start-oscillation conditions of tapered backward-wave oscillators[J]. IEEE Transactions on Electron Devices, 1963, 10(6): 389-393.

[14] Grow R W, Gunderson D R. Starting conditions for backward-wave oscillators with large loss and large space charge[J]. IEEE Transactions on Electron Devices, 1970, 17(12): 1032-1039.

[15] Tretyakov M Y, Volokhov S A, Golubyatnikov G Y, et al. Compact tunable radiation source at 180～1500GHz frequency range[J]. International Journal of Infrared and Millimeter Waves, 1999, 20(8): 1443-1451.

[16] Zhang K C, Qi Z K, Yang Z L. A novel multi-pin rectangular waveguide slow-wave structure based backward wave amplifier at 340GHz[J]. Chinese Physics B, 2015, 24(7): 079402.

[17] Liu W, Yang Z, Liang Z, et al. Terahertz radiation from dual-grating driven by two electron beams[J]. Japanese Journal of Applied Physics, 2007, 46(4R): 1745.

[18] Johnson H R . Backward-wave oscillators[J]. Proceedings of the IRE, 1955, 43(6): 684-697.

[19] McVey B D, Basten M A, Booske J H, et al. Analysis of rectangular waveguide-gratings for amplifier applications[J]. IEEE Transactions on Microwave Theory and Techniques, 1994, 42(6): 995-1003.

[20] 王冠军. 矩形栅波导慢波系统的研究 [D]. 成都：电子科技大学, 2005.

[21] 张克潜, 李德杰. 微波与光电子学中的电磁理论 [M]. 北京: 电子工业出版社, 1994.

[22] Collin R E. Foundation of Microwave Engineering[M]. New York: McGraw Hill, 1966.

[23] Zaginaylov G I, Hirata A, Ueda T, et al. Full-wave modal analysis of the rectangular waveguide grating[J]. IEEE Trans. On Plasma Science, 2000, 28(3): 614-620.

[24] 刘盛纲. 微波电子学导论 [M]. 成都: 电子科技大学出版社, 1983.

[25] Kosai H, Garate E P, Fisher A. Plasma-filled dielectric Cherenkov maser[J]. IEEE Transactions on Plasma Science, 1990, 18(6): 1002-1007.

[26] Freund H P, Abu-Elfadl T M. Linearized field theory of a Smith-Purcell traveling wave tube[J]. IEEE Transactions on Plasma Science, 2004, 32(3): 1015-1027.

[27] Donohue J T, Gardelle J. Simulation of Smith-Purcell terahertz radiation using a particle-in-cell code[J]. Physical Review Special Topics-Accelerators and Beams, 2006, 9(6): 060701.

[28] Booske J H, Converse M C, Kory C L, et al. Accurate parametric modeling of folded

waveguide circuits for millimeter-wave traveling wave tubes[J]. IEEE Transactions on Electron Devices, 2005, 52(5): 685-694.

[29] 刘顺康, 周彩玉, 包正强. 折叠波导慢波电路的传输特性 [J]. 真空电子技术, 2002(4): 39-43.

[30] 王文祥. 微波工程技术 [M]. 北京：国防工业出版社, 2014.

[31] Li K, Liu W, Wang Y, et al. Dispersion characteristics of two-beam folded waveguide for terahertz radiation[J]. IEEE Transactions on Electron Devices, 2013, 60(12): 4252-4257.

[32] 李科. 基于折叠波导慢波结构的双电子注太赫兹辐射源研究 [D]. 北京: 中国科学院大学, 2016.

[33] 赵超, 刘文鑫, 王勇, 等. 0.5THz 返波管电子光学系统设计 [J]. 深圳大学学报：理工版, 2019, 36(2): 5.

[34] Vlieks A E. Breakdown phenomena in high-power klystrons [J]. IEEE Transactions on Electrical Insulation, 1989, 24(6): 1023-1028.

[35] Fukuda S, Hayashi K, Maeda S, et al. Performance of a high-power klystron using a BI cathode in the KEK electron linac [J]. Applied Surface Science, 1999, 146(1-4): 84-88.

[36] Lee T G, Konrad G T, Okazaki Y, et al. The design and performance of a 150-MW klystron at S-band[J]. IEEE Transactions on Plasma Science, 1985, 13(6): 545-552.

[37] Gilmour A S. 速调管、行波管、磁控管、正交场放大器和回旋管 [M]. 丁耀根, 张兆传, 王勇, 等译. 北京：国防工业出版社，2012.

[38] 丁耀根. 大功率速调管的理论与计算模拟 [M]. 北京：国防工业出版社，2008: 174-176.

第 6 章　太赫兹扩展互作用速调管

6.1　引　　言

6.1.1　太赫兹扩展互作用速调管简介

速调管是通过电子注与高频场的相互作用，将电子注能量转换成微波能量的一种真空电子器件，具有高功率、高效率和高增益等特点，是正负电子对撞机、散裂中子源和同步辐射光源等大科学工程以及国防领域超远程雷达等电子系统的核心器件 [1,2]，主要由电子枪、高频系统、输入/输出系统、聚焦系统和收集极等部分组成 [2,3]。

扩展互作用速调管 (extended interaction klystron，EIK) 是一类特殊的速调管，是 1957 年由 M. Chodorow 等提出，兼具速调管和行波管的优点，具有高增益、高效率和大带宽的特点。在 EIK 慢波系统中，常用方法是将一段慢波结构 [4,5] 如耦合腔链、梯形线、梳齿形线等慢波线在两端适当位置短路，从而构成速调管谐振系统，相当于在速调管中每个谐振腔又由若干相互耦合的小腔构成，电子注不再只是与一个高频隙缝内的高频场相互作用，而是与多个隙缝上的场发生作用，从而提升互作用效率和增加频带宽度。图 6.1.1 是多间隙腔 EIK 的慢波结构示意图。

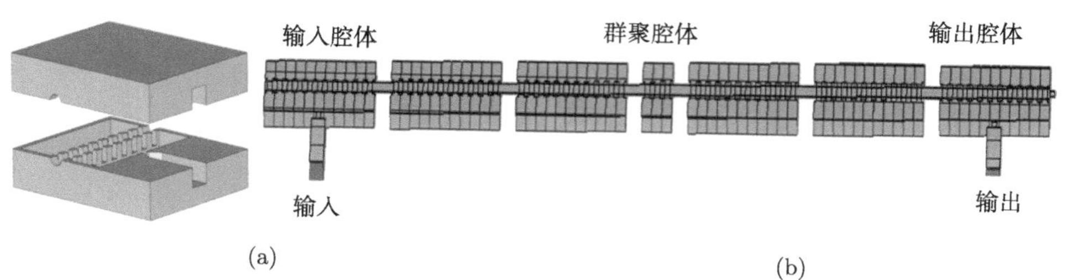

图 6.1.1　EIK 结构示意图：(a) 单腔体结构图；(b) EIK 结构图

为了提升 EIK 的输出功率，拓展频带宽带，研究者提出了多种慢波结构，促进了微波毫米波 EIK 的发展与应用。在太赫兹频段，由于腔体表面损耗大，互作用效率低，提高输出特性是太赫兹 EIK 研究的重要工作之一，由此发展出多种太赫兹 EIK 慢波结构，如图 6.1.2 所示。为了解决带宽窄的问题，文献 [6] 提出了多模高频结构，用以提高器件的频带宽度，使之相对带宽达到了 2.5%；文献 [7] 提出了重叠模的 EIK 高频结构，采用该方法在 G 波段实现了 EIK 的 3dB 带宽 1.32GHz，并且输出功率和效率也得到了大幅度提升，输出功率达到了 870W，效率和增益分别达到了 18.4%和 46.4dB。文献 [8] 提出了一种行驻波结构，通过该方式增益大幅度增加了 42%。为了提高器件的输出功率，文献 [9] 提出了预群聚的注–波互作用结构，将 340GHz 的 EIK 输出功率提高到 100W 量级。文献 [10] 提出了同轴耦合腔高频结构的 EIK，在工作电压 20kV、电流 0.1A 时，获得 −3dB 带宽 200MHz、输出功率 312W，采用该结构的输出功率得到较大提升。

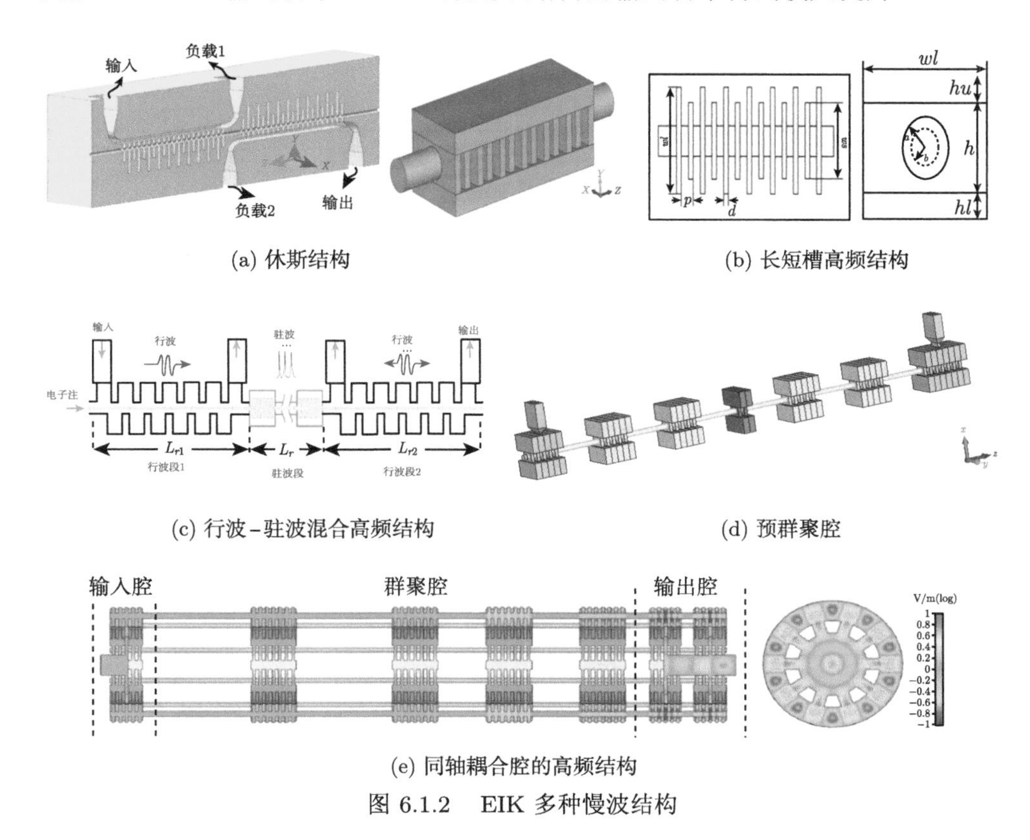

(a) 休斯结构 (b) 长短槽高频结构

(c) 行波–驻波混合高频结构 (d) 预群聚腔

(e) 同轴耦合腔的高频结构

图 6.1.2 EIK 多种慢波结构

6.1.2 太赫兹互作用速调管发展现状

1. 国外 EIK 研究现状

自 20 世纪 70 年代开始，CPI 加拿大分公司等单位开始研制和生产应用于通信、雷达等领域的多种类型 EIK[11]，研制了工作频率从 17~280GHz 的系列器件，最高脉冲功率达 4.5kW。表 6.1.1 和表 6.1.2 分别为 Ka、W 和 G 波段脉冲和连续波 EIK 的主要性能指标，可以看出，Ka 波段 EIK 的脉冲功率为 3kW、连续波功率为 1.2kW；W 波段 EIK 的脉冲功率为 3kW、连续波功率为 250W；G 波段 EIK 的脉冲功率为 400W、连续波功率 50W。

表 6.1.1 Ka、W 和 G 波段脉冲 EIK 的主要性能指标

工作频段	Ka	W	G
峰值功率/W	100~3000	500~3000	50~400
平均功率/W	50~400	50~400	5~50
带宽/GHz	0.05~0.3	0.1~2	0.2~2
效率/%	24~40	24~35	1
脉冲宽度/μs	0.1~1	0.14~100	0.1~100
电子注电压/kV	<18	<18	<18
质量/kg	6~15	5~7	3~5
寿命/a	5~10	3~5	2~3

表 6.1.2 Ka、W 和 G 波段连续波 EIK 的主要性能指标

工作频段	Ka	W	G
功率/W	1200	250	10~50
带宽/MHz	100~500	100~500	100~500
效率/%	30	15	0.5
电子注电压/kV	<12	<12	<12
质量/kg	6~15	5~7	3~5
寿命/a	5~10	1~3	2~3

经过多年技术沉淀，CPI 公司研制的产品在军用以及民用领域得到广泛的应用，覆盖了 18~280GHz 的频率范围，根据 CPI 公司网站介绍，其技术指标如表 6.1.3 所示 [12]。

表 6.1.3 CPI EIK 技术指标

谐振频率/GHz	脉冲功率/W	平均功率/W	约 1dB 带宽/MHz
30	3500	1000	500
95	3000	400	800(约 3dB)
140	400	50	200
183	50	10	—
220	100	6	200
263	30	0.3	—

自 20 世纪 90 年代开始，CPI 加拿大分公司研发空间应用 EIK[12]。空间应用对 EIK 的要求主要是高功率、高效率、长寿命、小体积和低重量。采用高压缩比电子枪、覆膜浸渍阴极，当阴极发射电流密度为 $10A/cm^2$ 时，EIK 寿命可达 2700h，满足在空间应用 2~5 年的工作要求。CPI 加拿大分公司发展了 X 和 Ku 波段 EIK，用于寒带水文高分辨率观测站的双频段、双极化合成孔径雷达，工作

频率分别为 17.25GHz 和 9.6GHz，要求峰值功率 4.5kW、工作比 25%、效率 49%。该公司发展的 Ka 波段 EIK，其工作频率 35.5GHz、脉冲功率 1~3kW，用于水平面高度的精密测量，也可以用于 Ka 波段雷达干涉仪，主要任务是测量全球雨量分布，主要型号是 JIMO(木星冰月轨道器) 地貌测量雷达。Ka 波段空间 EIK 用于合成孔径雷达，测量内陆水体、主要河流的高度，中等尺度海洋地貌，要求工作频率 35.75GHz、带宽 210MHz、峰值功率 1500W。该公司发展的 W 波段 EIK，用于云卫星任务的云成像雷达和 EarthCARE 任务的具有多普勒功能的云雷达。上述任务要求 W 波段 EIK 的峰值功率 1.7kW、效率大于 30%、连续工作 2 年。CPI 加拿大分公司发展的用于卫星通信的 Ka 波段 EIK[13−16]，其工作频率范围 27~31GHz、输出连续波功率 300~1000W、带宽 300~1000MHz。

美国 CPI 公司研制了 W 波段宽带 EIK，其工作频率 95GHz、脉冲输出功率 1 kW、3dB 带宽达 2.25GHz[17]，同时发展了用于核磁共振谱仪的动态核极化的 G 波段 EIK[18]，主要类型为：频率 187GHz、连续波功率 5W 的 EIK；频率 264GHz、脉冲功率 20W 的 EIK。该公司正在发展频率 264GHz、脉冲功率 50W 的 EIK[19]。

在美国 DARPA 计划的推动下，美国 CPI 公司、美国海军研究实验室 (NRL) 等单位开展太赫兹 EIK 的研究 [20,22]，该计划的研究目标如表 6.1.4 所示 [21]。在该计划支持下，CPI 公司研制了 0.67THz、0.85THz、1.03THz 的 EIK。

表 6.1.4 “太赫兹电子计划”要求高功率放大器研究目标

参数	阶段 1	阶段 2	阶段 3
频率/THz	0.67	0.85	1.03
功率/dBm	27	25	21
增益/dB	23	23	21
效率/%	0.75	0.50	0.20
带宽/GHz	15	15	15

美国海军研究实验室主要进行带状注 EIK 研究，由于带状电子束的传输存在极大的困难, 会出现电子注扭结、撕裂的 Diocotron 不稳定现象。所以，虽然早在 2007 年就在国际真空电子学会议 (IVEC) 上报告了 94GHz 的带状注 EIK 计算结果 [22]，但直到 2014 年才成功研制出整管并实现功率输出，所研制的 94GHz 带状注 EIK 采用三腔体设计，每个腔 5 个间隙，在工作点电子注电压 19.5kV, 电流 3.3A。带状注电子束通道尺寸 5.5mm×0.4mm, 电子束截面 4.0mm×0.32mm，产生最大功率达到 7.7kW，带宽 150MHz。

美国海军研究实验室也参与 DARPA 太赫兹电子学计划中，研制了 0.67THz EIK，在工作电流为 100mA、电压 20kV 时，磁感强度为 1.0T，峰值功率达到

0.5W，增益为 23dB，带宽超过 15GHz[23]。未来将继续开展 0.85THz、1.03THz 的研究工作 [24]。

2. 国内 EIK 研究现状

近年来，中国科学院电子学研究所、中国电子科技集团有限公司第十二研究所、电子科技大学和北京航空航天大学等单位在 EIK 方面开展了大量的研究工作。

中国科学院电子学研究所研制了国内首支 X 波段带状注 EIK，在电压 123kV、电流 70A 时，输出功率 2.8MW，3dB 带宽 30MHz，增益达到 35.96dB，效率 32.52%[25]。在 2011 年，对 Ku 波段 EIK 进行了设计仿真，在工作电压 30kV 和电流 8.5 时，峰值输出功率达到 58kW，3dB 带宽为 306MHz，增益为 39dB，效率为 23%[26]。在 2014 年又开展了 Ka 波段 EIK 研究，在工作电压 9kV 和电流 0.15A 的条件下，平均输出功率 355W，3dB 带宽 410MHz，增益 32.5dB，效率 26%[27]。2015 年，中国科学院电子学研究所设计了 W 波段 EIK，模拟表明，在工作电压 19kV 和电流 0.6A 时，在中心频率 94.52GHz 处获得最大 1.8kW 输出功率，增益和电子效率分别为 47.7dB 和 19.4%，3dB 带宽 210MHz[28]。2018 年 3 月研制出了国内首支 W 波段带状注分布作用速调管，在 94.77GHz 处最大输出功率 2.5kW，输出功率 2kW 以上带宽 180MHz，1kW 以上带宽 310MHz，输出功率稳定无振荡。通过突破小尺寸高精度零部件加工与焊接装配、大功率散热等多项关键技术，研制出脉冲输出功率 3kW、瞬时带宽 1GHz、工作比 10%效率的 W 波段分布作用速调管。2021 年研制了 G 波段分布作用速调管，脉冲功率突破了 100W，带宽大于 150MHz、工作比 5%，效率 3%，增益 30dB。

2015 年，电子科技大学研制了 W 波段 EIK，测试结果表明在 17kV 电压和 0.28A 电流下，在 94.95GHz 可以获得 374W 的平均输出功率，效率为 7.86%，增益达到 40.9dB，带宽为 150MHz[29]。2018 年，又设计了工作在低电压下的 W 波段 EIK，工作电压为 5kV、电流为 0.2A 时在工作频率 94.5GHz 处可以获得 67W 输出功率，增益为 41.3dB，效率为 6.7%。2017 年，西安交通大学设计了 TM_{31} 模的 0.34THz 高次模 EIK，在工作电压 15kV 和电流 0.3A 时，在工作频率 342.2GHz 处获得 60W 功率、增益 43dB、带宽 300MHz、效率为 1.33%[30]。

2016 年，中国电子科技有限集团公司第十二研究所研制了 Ka 波段 EIK，在工作电压 26kV 和电流 2.2A 条件下，在 50MHz 带宽内输出功率大于 15kW，效率大于 15%，增益大于 45dB[31]。2018 年报道了最新研制的 W 波段长短槽 EIK，在工作电压 20kV 和电流 1.5A 工作条件下，脉冲输出功率大于 15kW、3dB 带宽大于 1GHz、最大增益达到 50dB。

此外，北京航空航天大学等对 EIK 进行数值模拟研究，在 G 波段长短槽结构中获得了进展，在 16.5kV 下优化后可将峰值输出功率提高到 570W[32]。

太赫兹 EIK 的发展趋势是微型化、高功率和宽频带，满足在高分辨成像雷达及未来星载空间通信中的应用。

6.2 太赫兹扩展互作用速调管的设计方法

6.2.1 传统速调管的基本原理

速调管 [33] 中最重要的过程是实现速度调制和密度调制，因此从理论角度分析这一物理过程。在理想单间隙谐振腔的情况下，间隙中交变电压产生的交变电场与电子注方向一致，通常间隙处交变电场的表达式为

$$E(z,t)=E_0 f(z)\mathrm{e}^{\mathrm{j}\omega t} \tag{6-2-1}$$

式中，E_0 为互作用间隙处产生交变电场的平均值；$f(z)$ 为该电场的分布函数，并且该电场是随角频率 ω 变化的时谐场。

互作用间隙处的交变电压为

$$V(z,t)=V(z)\mathrm{e}^{\mathrm{j}\omega t}=\left[\int_{a_1}^{a_2} E_0 f(z)\mathrm{d}z\right]\mathrm{e}^{\mathrm{j}\omega t} \tag{6-2-2}$$

式中，a_1，a_2 为间隙两端对应坐标，$V(z)$ 为交变场产生的电压幅值。电子通过互作用间隙的运动方程可表示为

$$\frac{\mathrm{d}v}{\mathrm{d}t}=\frac{q}{m}E_0 f(z)\mathrm{e}^{\mathrm{j}\omega t} \tag{6-2-3}$$

式中，q 为电子电荷量，ω 是场角频率。将上式化简并在间隙两端积分可得

$$v^2-v_0^2=\frac{2q}{m}E_0\int_{a_1}^{a_2} f(z)\mathrm{e}^{\mathrm{j}\omega t}\mathrm{d}z \tag{6-2-4}$$

电子由左至右通过互作用间隙的时间，理想情况下等于电子的直流渡越时间，电子渡越时间 t 与经过的距离 z 的关系可表示为 $v_0 t = z$。引入电子传播常数 $\beta_{\mathrm{e}}=\omega/v_0$，则式 (6-2-4) 可改写为

$$v^2-v_0^2=\frac{2q}{m}E_0\int_{a_1}^{a_2} f(z)\mathrm{e}^{\mathrm{j}\beta_{\mathrm{e}} z}\mathrm{d}z \tag{6-2-5}$$

可定义互作用间隙的耦合系数为 M，有

$$M=\int_{\alpha_1}^{\alpha_2} f(z)\mathrm{e}^{\mathrm{j}\beta_{\mathrm{e}} z}\mathrm{d}z\Big/\int_{\alpha_1}^{\alpha_2} f(z)\mathrm{d}z \tag{6-2-6}$$

现设一个互作用间隙处电场电压幅值为 V_{m} 且间隙宽度对场分布近乎无影响的理想间隙，从而间隙处电压表达式可设为

$$V(t)=V_{\mathrm{m}}\sin\omega t \tag{6-2-7}$$

假设电子通过一处间隙所用时间为 t_0，其开始时间为 t_1，结束时间为 t_2。间隙长度为 p, 则有 $t_0=p/v_0$。通过这一间隙后电磁波相位的变化称为直流渡越角 θ_{p}，设其表示为

$$\theta_{\mathrm{p}}=\omega t_0=\omega\left(t_2-t_1\right)=\omega d/v_0 \tag{6-2-8}$$

则在 t_0 时间内，该间隙内的平均电压为

$$\begin{aligned}\bar{V}&=\frac{1}{t_0}\int_{t_1}^{t_2}V(t)\sin\omega t_0\mathrm{d}t\\&=V_{\mathrm{m}}\left(\sin\frac{\theta_{\mathrm{p}}}{2}\Big/\frac{\theta_{\mathrm{p}}}{2}\right)\sin\left(\omega t_1+\frac{\theta_{\mathrm{p}}}{2}\right)\end{aligned} \tag{6-2-9}$$

则电子经过该间隙后的速度为

$$\begin{aligned}v_{\mathrm{d}}&=\left\{\frac{2e}{m}V_0\left[1+\frac{v_{\mathrm{m}}}{v_0}\frac{\sin\left(\theta_{\mathrm{p}}/2\right)}{\theta_{\mathrm{p}}/2}\sin\left(\omega t_1+\frac{\theta_{\mathrm{p}}}{2}\right)\right]\right\}^{1/2}\\&\approx v_0\left[1+\frac{v_{\mathrm{m}}}{2v_0}M\sin\left(\omega t_1+\frac{\theta_{\mathrm{p}}}{2}\right)\right]\end{aligned} \tag{6-2-10}$$

其中，M 为耦合系数，其值为

$$M=\frac{\sin\left(\theta_{\mathrm{p}}/2\right)}{\theta_{\mathrm{p}}/2} \tag{6-2-11}$$

该式是式 (6-2-6) 去积分号并假设 $f(z)=1$，即高频场是均匀的理想场，代入后化简结果相同。因此，电子经过一个间隙后获得的能量可表示为

$$w=\frac{1}{2}mv_{\mathrm{d}}^2\approx\frac{1}{2}mv_0^2\left[1+M\frac{V_{\mathrm{m}}}{V_0}\sin\left(\omega t_1+\frac{\theta_{\mathrm{p}}}{2}\right)\right]=eV_0+eMV_{\mathrm{m}}\sin\left(\omega t_1+\frac{\theta_{\mathrm{p}}}{2}\right) \tag{6-2-12}$$

式 (6-2-12) 说明，电子注在进入高频结构时间隙间产生的作用电压不仅与该间隙处谐振腔产生的电压有关，还与电子束与腔体耦合产生的电压有关。在实际速调管中，互作用间隙受实际高频结构影响，其宽度并不能忽略，间隙形状通常也会有差别。而且互作用间隙通常连接电子注自由漂移段的端口，与谐振腔外壁一起构成重入式谐振腔。在此情形下，互作用间隙处的高频场将不再是均匀的理

想场，此时耦合系数的求解就相对复杂，要根据谐振腔实际边界条件和漂移段的形状等共同确定。

下面分析传统速调管在漂移段的运动及能量变化状态，即速调管漂移群聚理论。假设在传统速调管中两个互作用间隙之间的距离为 l，电子通过前一互作用间隙后的速度由式 (6-2-10) 决定。v_0 是进入间隙的初始速度，v_m 是经过间隙后的速度，自由漂移段内无电场影响，因此电子会保持速度 v_d 向前运动，假设电子离开前一互作用间隙时的时间为 t_1，经过距离 l 后到达第二互作用间隙的时间为 t_2，暂时忽略渡越角的影响，那么可求出

$$t_2 = t_1 + \frac{l}{v_{t_1}} = t_1 + \frac{l}{v_0\left(1 + \dfrac{v_\mathrm{m}}{2v_0} M \sin\omega t_1\right)} \tag{6-2-13}$$

将 v_{t_1} 使用泰勒展开并忽略其中的高次项，可得

$$t_2 \approx t_1 + \frac{l}{v_0}\left(1 - \frac{v_\mathrm{m}}{2v_0}\sin\omega t_1\right) \tag{6-2-14}$$

上式左右同时乘上 ω，并考虑初始渡越角的影响，则上式可变为

$$\omega t_2 = \omega t_1 + \theta_0 - X\sin\omega t_1 \tag{6-2-15}$$

式中，θ_0 为渡越角，X 为群聚参量，其表达式为

$$X = \frac{\omega l V_\mathrm{m}}{2v_0 V_0} \tag{6-2-16}$$

根据式 (6-2-16) 可以看出 [2]，当群聚参量 $0 < X < 1$ 时，表明在一定时间内进入漂移段 l 的电子数目和离开漂移段的电子数目不再相同，有的电子通过该漂移段的时间更短，而有的却更长，从而电子在该段内变得更加稀疏或集中。

当群聚参量 $X = 1$ 时，在某一时刻出发的电子将赶上之前出发的电子，并且因为每个电子初始速度本就不同，在漂移段内走过的距离也会呈周期性的变化。最终它们会在某一个时间点同时达到漂移段内的某处，从而形成了最为明显的电子群聚现象。

从传统速调管的速度调制理论及漂移群聚理论可以看出，两者是相辅相成的，速度调制充分才会实现高效群聚。反过来，漂移群聚段长度得当，使进入谐振腔的电子束激发出合适的交变电场，才能进一步加强对电子束的调制。

6.2.2　扩展互作用速调管基本原理

扩展互作用速调管的慢波电路是将常规速调管谐振腔两端短路，每个谐振腔又由若干相互耦合的小腔构成，电子注不再只是与一个高频隙缝内的高频场相互作用，而是与多个隙缝上的场发生作用，构成扩展互作用速调管的慢波电路，电子注通过速度调制和密度调制，实现小信号的放大。在该高频系统中，重点是谐振腔频率和特征阻抗 Rs/Q，通常情况由 3~5 个间隙组成分布互作用速调管的谐振腔 Rs/Q 值可达 400Ω 左右，EIK 的效率、带宽等都与 Rs/Q 直接相关，提高 Rs/Q 值，可以提高 EIK 的效率和拓展带宽。本小节利用场匹配法获得确定谐振频率的方法，利用小信号理论研究耦合系数与电子电导。

1. 谐振频率

在如图 6.2.1 所示的扩展互作用电路中 [43]，未考虑注通道所带来的影响，$c_{\rm L}$、$c_{\rm h}$ 和 $c_{\rm w}$ 分别表示为耦合腔长度、高度和宽度，$g_{\rm h}$ 是间隙高度，a 表示间隙宽度，$2b$ 和 p 分别表示耦合腔的间隙尺寸和周期。

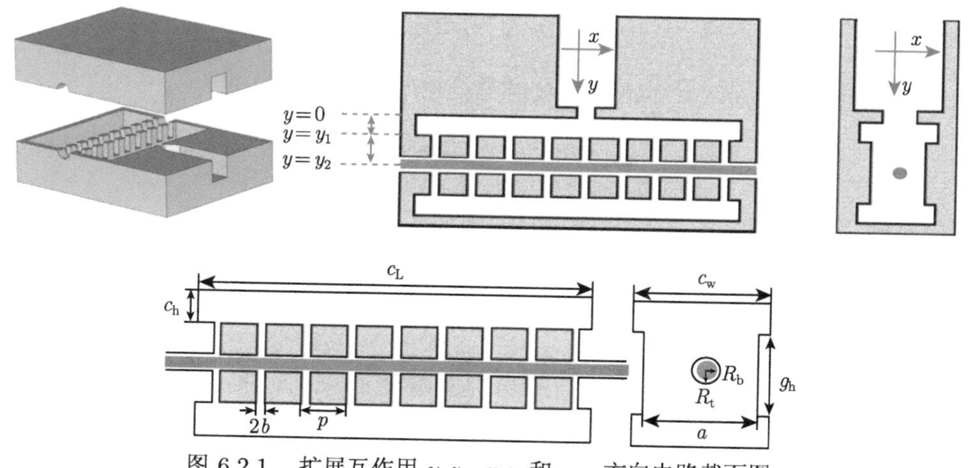

图 6.2.1　扩展互作用 y-z、x-y 和 y-z 方向电路截面图

假设间隙电场垂直于间隙的两个极板，在这种假设下 E_x 为零，E_y、E_z 与 H_x 满足关系：

$$\begin{aligned}\frac{\partial^2 E_y}{\partial x^2}+k^2E_y=-{\rm j}\omega\mu_0\frac{\partial H_x}{\partial z}\\ \frac{\partial^2 Ez}{\partial x^2}+k^2E_z=-{\rm j}\omega\mu_0\frac{\partial H_x}{\partial y}\end{aligned}\tag{6-2-17}$$

$$\frac{\partial^2 H_x}{\partial x^2}+\frac{\partial^2 H_x}{\partial y^2}+\frac{\partial^2 H_x}{\partial z^2}+k^2H_x=0\tag{6-2-18}$$

式中，k 为波数；μ_0 为磁导率，在 $y=y_1$ 面上满足如下边界条件：

$$[E_z]_{y=y_1}=\begin{cases}E_0\cos\dfrac{\pi x}{a}\cos\left(\dfrac{2p-1}{2N}n'\pi\right)\dfrac{2p-1}{2N}l, & p=1,2,\cdots,N,\quad n'=1,2,\cdots\\ -b\leqslant z\leqslant\dfrac{2p-1}{2N}l+b, & \\ 0, & \text{其他}\end{cases}\tag{6-2-19}$$

式中，p 表示间隙编号；N 表示间隙数量；n' 表示 z 向电场经过零点的次数，对于 2π 模是 0 次，而对于 $\pi/(N-1)$ 模则是 1 次，以此类推。据此可以得出各个模式电场分布。由式 (6-2-17)~ 式 (6-2-19) 得，在 $0\leqslant y\leqslant y_1$ 范围内 (即上耦合腔中) 电磁场分布如下:

$$\begin{cases}H_x=\displaystyle\sum_{n=0}^{\infty}C_{0n}\cos\frac{\pi x}{a}\cosh\left(\gamma_{0n}\gamma\right)\cos\frac{n\pi z}{l}\\ E_z=\mathrm{j}\omega\mu_0\displaystyle\sum_{n=0}^{\infty}C_{0n}\cos\frac{\pi x}{a}\frac{\gamma_{0n}\sinh\left(\gamma_{0n}\gamma\right)}{k^2-(\pi/a)^2}\cos\frac{n\pi z}{l}\end{cases}\tag{6-2-20}$$

其中，

$$\gamma_{0n}^2=\left(\frac{\pi}{a}\right)^2+\left(\frac{n\pi}{l}\right)^2-k^2\tag{6-2-21}$$

$$C_{0n}=\begin{cases}\dfrac{(-1)^rE_0}{\mathrm{j}\omega\mu_0}\dfrac{1+\delta_{n'0}}{1+\delta_{n0}}\dfrac{2Nb}{l}\dfrac{\sin(n\pi b/l)}{n\pi b/l}\dfrac{k^2-(\pi/a)^2}{\gamma_{0n}\sinh\left(\gamma_{0n}\gamma_1\right)}, & \\ & n=(2rN+n')\geqslant 0,\quad r=0,1,2,\cdots\\ 0, & \text{其他}\end{cases}\tag{6-2-22}$$

$$\delta_{ij}=\begin{cases}1, & i=j\\ 0, & \text{其他}\end{cases}\tag{6-2-23}$$

式 (6-2-21) 中，x 方向对应的系数为 1，即电场变化 1 次；z 方向对应的系数为 n，即电场变化 n 次。由于 $y=y_2$ 面为扩展互作用电路的对称面，故在式 (6-2-20) 中用 $\sinh[\gamma_{0n}(y-y_2)]$ 替换 $\cosh(\gamma_{0n}y)$，用 $\cosh[\gamma_{0n}(y-y_2)]$ 替换 $\sinh\left(\gamma_{0n}y\right)$。

第 p 个间隙到耦合腔的输入导纳为

$$Y_{cp}=\mathrm{j}Y_0\sum_{n=(2rN\pm n')\geqslant 0}^{\infty}\frac{1+\delta_{n'0}}{1+\delta_{n0}}\left(\frac{\sin n\pi b/l}{n\pi b/l}\right)^2\frac{1}{\gamma_{0n}}\coth\left(\gamma_{0n}\gamma_1\right)\tag{6-2-24}$$

其中，

$$Y_0 = \frac{Na}{2l}\sqrt{\frac{\varepsilon_0}{\mu_0}}\sqrt{\frac{k^2-(\pi/a)^2}{k}} \tag{6-2-25}$$

这里，Y_0 表示单个周期所对应的耦合腔特征导纳，间隙可以看作宽边为 a、窄边为 $2b$、长为 y_2-y_1 的矩形波导结构，当传播模式为基模 TE_{10} 时，其特征导纳 Y_{s0} 与波导波长 λ_g 分别为

$$Y_{s0} = \frac{a}{4b}\sqrt{\frac{\varepsilon_0}{\mu_0}}\sqrt{\frac{k^2-(\pi/a)^2}{k}} \tag{6-2-26}$$

$$\lambda_g = \frac{2\pi}{\sqrt{k^2-(\pi/a)^2}} \tag{6-2-27}$$

对应于第 p 个间隙，耦合腔与光栅的导纳满足如下导纳匹配条件：

$$Y_{cp} + jY_{s0}\sqrt{k^2-(\pi/a)^2}\,(y_2-y_1) = 0 \tag{6-2-28}$$

上式为第 p 个间隙的导纳匹配条件，如果其中一个间隙满足导纳匹配条件，那么其他间隙也是满足。由 2π 模的单模工作条件以及 2π 模的电场分布特性，联合式 (6-2-28) 得

$$-jY_0\cot(2\pi y_1/\lambda_g) + Y_f + Y_s = 0 \tag{6-2-29}$$

式中，

$$\left.\begin{aligned} Y_0 &= \frac{Na}{2l}\sqrt{\frac{\varepsilon_0}{\mu_0}}\frac{\sqrt{k^2-(\pi/a)^2}}{k} \\ Y_f &= j\omega C_f + \frac{1}{j\omega L_f} \\ Y_s &= j\omega C_s + \frac{1}{j\omega L_s} \end{aligned}\right\} \tag{6-2-30}$$

$$\left.\begin{aligned} C_f &= \varepsilon_0\frac{a}{2}\frac{4b}{l/N}\sum_{r=1}^{\infty}\frac{\sin^2(2rN\pi b/l)}{(2rN\pi b/l)^2}, \quad L_f = \frac{\varepsilon_0\mu_0}{C_f}\left(\frac{a}{\pi}\right)^2 \\ C_s &= \varepsilon_0\frac{a}{2}\frac{y_2-y_1}{2b}, \quad L_s = \frac{\varepsilon_0\mu_0}{C_s}\left(\frac{a}{\pi}\right)^2 \end{aligned}\right\} \tag{6-2-31}$$

式 (6-2-29) 中，Y_0 为单个周期所对应的耦合腔的特征导纳，Y_f 为间隙两个极板边缘场所对应的导纳，Y_s 为间隙的导纳。由式 (6-2-29) 可以计算 2π 模的谐振频率。

2. 耦合系数与电子电导

图 6.2.2 为谐振腔间隙和漂移空间示意图，假设只有一个间隙，间隙上存在按正弦变化的交变电压，电子穿越间隙后，速度获得变化进入漂移段。首先描述电子进入谐振腔间隙时，在高频场作用下产生速度调制的情形。在非相对论情形下，假定进入有栅间隙的电子速度为 v_0，由动能定理 (6-2-32) 求得

$$\frac{1}{2}mv_0^2 = eV_0 \tag{6-2-32}$$

式中，m 是电子质量，V_0 是电子注电压。假设间隙上存在按正弦变化的交变电压，如

$$V_1 = \hat{V}_1 \sin \omega t \tag{6-2-33}$$

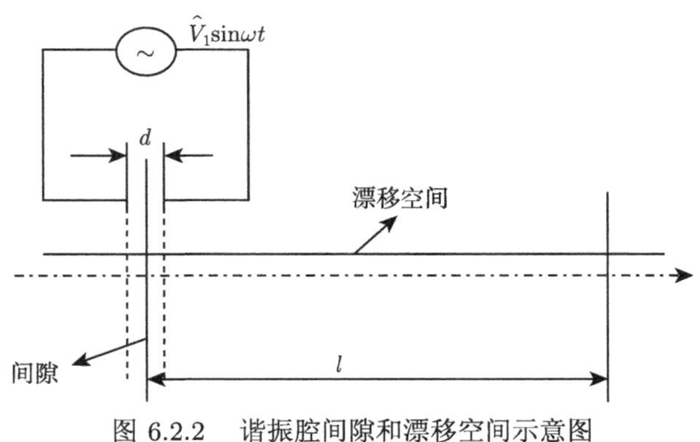

图 6.2.2 谐振腔间隙和漂移空间示意图

当间隙无限窄时，可忽略电子穿过间隙的渡越时间，由能量守恒定律可知，电子穿过间隙后速度变化为

$$\frac{1}{2}mv^2 - \frac{1}{2}mv_0^2 = e\hat{V}_1 \sin \omega t \tag{6-2-34}$$

考虑小信号情形：加在间隙上的调制电压幅值 $\hat{V}_1$ 远小于电子注电压 V_0，即 $\hat{V}_1/V_0 \ll 1$。由式 (6-2-34)，电子速度为

$$v = v_0 \left(1 + \frac{1}{2}\frac{\hat{V}_1}{V_0} \sin \omega t - \frac{1}{8}\left(\frac{\hat{V}_1}{V_0}\right)^2 \sin^2 \omega t + \cdots\right) \tag{6-2-35}$$

引入电压调制系数 $\alpha = \hat{V}_1/V_0$，在小信号条件下，可忽略式 (6-2-35) 中 $\hat{V}_1/V_0$ 的高次项，得到电子速度表达式如下：

$$v=v_0\left(1+\frac{1}{2}\alpha\sin\omega t\right) \tag{6-2-36}$$

式 (6-2-36) 表示电子注穿过间隙后受到了速度调制。

由式 (6-2-11) 耦合系数 M 可知其值总小于 1，因此穿过有限长度间隙时，电子受到的调制电压为 $M\hat{V}$，其小于实际加在间隙的电压。因此，耦合系数的物理意义为电子所受到的调制电压与实际加在间隙上的调制电压之比。由于有限长度间隙，电子所受到的调制电压比实际加在间隙上的调制电压延迟一个相位 $\theta_{\mathrm{d}}/2$。定义电子注传播常数 $\beta_{\mathrm{e}}=\omega/v_0$，无栅间隙的耦合系数 M 可表达为

$$M\left(\beta_{\mathrm{e}}\right)=\frac{\displaystyle\int_{-\infty}^{\infty}f(z)\mathrm{e}^{\mathrm{j}\beta_{\mathrm{e}}z}\mathrm{d}z}{\displaystyle\int_{-\infty}^{\infty}f(z)\mathrm{d}z} \tag{6-2-37}$$

由式 (6-2-37) 和间隙场分布函数 $f(z)$，可求得耦合系数 M 。若将 $f(z)$ 用傅里叶级数展开，则

$$f(z)=\int_{-\infty}^{\infty}g\left(\beta_{\mathrm{e}}\right)\mathrm{e}^{-\mathrm{j}\beta_{\mathrm{e}}z}\mathrm{d}z \tag{6-2-38}$$

其象函数为

$$g\left(\beta_{\mathrm{e}}\right)=\frac{1}{2\pi}\int_{-\infty}^{\infty}f(z)\mathrm{e}^{\mathrm{j}\beta_{\mathrm{e}}^{z}}\mathrm{d}z \tag{6-2-39}$$

耦合系数 M 可用电场傅里叶变换表示，得

$$M\left(\beta_{\mathrm{e}}\right)=\frac{2\pi}{V_1}g\left(\beta_{\mathrm{e}}\right) \tag{6-2-40}$$

下面从空间电荷波理论出发，分析电子注与谐振结构中高频电场的相互作用，可求得考虑空间电荷效应时的电子负载。对于有限长度谐振腔间隙，空间电荷场和高频电场同时存在，由连续性方程、麦克斯韦方程和电子运动方程，采用动电压 V_{k} 及空间电荷波的波阻抗 Z_0 的概念，可求得群聚电流 i 和有关动电压 V_{k} 的联立方程组，则

$$\left(\mathrm{j}\beta_{\mathrm{e}}+\frac{\partial}{\partial z}\right)V_{\mathrm{k}}=\mathrm{j}\beta_{\mathrm{q}}Z_0 i+E_{\mathrm{c}} \tag{6-2-41}$$

$$\left(\mathrm{j}\beta_{\mathrm{e}}+\frac{\partial}{\partial z}\right)i=\mathrm{j}\beta_{\mathrm{q}}\frac{1}{Z_0}V_{\mathrm{k}} \tag{6-2-42}$$

式中，$Z_0=\dfrac{2V_0}{I_0}\dfrac{\beta_{\mathrm{q}}}{\beta_{\mathrm{e}}}$。以上公式将具体的间隙电场与电子运动联系起来，可得到耦合系数和电子注负载的表达式。

对式 (6-2-42) 求微分，并代入式 (6-2-41)，求得电流二次微分方程，即

$$\frac{\mathrm{d}^2 i}{\mathrm{d}z^2}+2\mathrm{j}\beta_{\mathrm{e}}\frac{\mathrm{d}i}{\mathrm{d}z}-\left(\beta_{\mathrm{e}}^2-\beta_{\mathrm{q}}^2\right)i=\mathrm{j}\beta_{\mathrm{q}}\frac{1}{Z_0}E_{\mathrm{c}} \tag{6-2-43}$$

采用拉普拉斯变换，将初始条件 $i(0)=0$ 和 $\frac{\mathrm{d}i}{\mathrm{d}z}(0)=0$ 代入式 (6-2-43) 得

$$i(z)=\mathrm{j}\frac{1}{Z_0}\int_0^z E_{\mathrm{c}}(\xi)\mathrm{e}^{-\mathrm{j}\beta_{\mathrm{e}}^{(z-\xi)}}\sin\beta_{\mathrm{q}}(z-\xi)\mathrm{d}\xi \tag{6-2-44}$$

由式 (6-2-44) 可知，在高频场和空间电荷场的作用下电子注交变电流随 z 变化规律。用复指数函数代替正弦函数，可得到快、慢空间电荷波的群聚电流，进而求得快、慢空间电荷波的耦合系数。

慢空间电荷波的耦合系数为

$$M_{+}\left(\beta_{\mathrm{e}}+\beta_{\mathrm{q}}\right)=\frac{1}{V_1}\int_{-\frac{d}{2}}^{\frac{d}{2}}E_{\mathrm{c}}(\xi)\mathrm{e}^{-\mathrm{j}(\beta_{\mathrm{e}}+\beta_{\mathrm{q}})\xi}\mathrm{d}\xi \tag{6-2-45}$$

快空间电荷波的耦合系数为

$$M_{-}\left(\beta_{\mathrm{e}}-\beta_{\mathrm{q}}\right)=\frac{1}{V_1}\int_{-\frac{d}{2}}^{\frac{d}{2}}E_{\mathrm{c}}(\xi)\mathrm{e}^{-\mathrm{j}(\beta_{\mathrm{e}}-\beta_{\mathrm{q}})\xi}\mathrm{d}\xi \tag{6-2-46}$$

对于单间隙腔体而言，电场分布由式 (6-2-47) 表达：

$$E_z=\hat{E}_z(z)\mathrm{e}^{\mathrm{j}\omega t}=E_{\mathrm{m}}f(z)\mathrm{e}^{\mathrm{j}\omega t} \tag{6-2-47}$$

式中，

$$E_{\mathrm{m}}=\frac{\displaystyle\int_{-\infty}^{+\infty}\hat{E}_z(z)\mathrm{d}z}{d}=\frac{|\hat{V}|}{d}$$

即间隙电场幅值的平均值。

有功功率由式 (6-2-48) 表达：

$$P_{\mathrm{r}}=\frac{1}{8Z_0}\frac{|\hat{V}|^2}{d^2}\int_{-\infty}^{+\infty}\int_{-\infty}^{+\infty}f\left(z_2\right)f^*\left(z_1\right)\left[\mathrm{e}^{\mathrm{j}[(\beta_{\mathrm{e}}-\beta_{\mathrm{q}})(z_2-z_1)]}-\mathrm{e}^{\mathrm{j}[(\beta_{\mathrm{e}}+\beta_{\mathrm{q}})(z_2-z_1)]}\right]\mathrm{d}z_1\mathrm{d}z_2 \tag{6-2-48}$$

由耦合系数表达式 (6-2-40)，可得

$$M^2(x)=\frac{4\pi^2}{d^2}g(x)g^*(x)=\frac{1}{d^2}\int_{-\infty}^{+\infty}f^*\left(z_1\right)f\left(z_2\right)\mathrm{e}^{\mathrm{j}x(z_2-z_1)}\mathrm{d}z_1\mathrm{d}z_2 \tag{6-2-49}$$

将式 (6-2-49) 代入式 (6-2-48)，可得

$$P_{\mathrm{r}}=\frac{1}{8Z_0}|\hat{V}|^2\left[M^2\left(\beta_{\mathrm{e}}-\beta_{\mathrm{q}}\right)-M^2\left(\beta_{\mathrm{e}}+\beta_{\mathrm{q}}\right)\right] \tag{6-2-50}$$

由电子注电导定义可得

$$g_{\mathrm{e}}=\frac{G_{\mathrm{e}}}{G_0}=\frac{1}{8}\frac{\beta_{\mathrm{e}}}{\beta_{\mathrm{q}}}\left[M^2\left(\beta_{\mathrm{e}}-\beta_{\mathrm{q}}\right)-M^2\left(\beta_{\mathrm{e}}+\beta_{\mathrm{q}}\right)\right] \tag{6-2-51}$$

式 (6-2-45)~ 式 (6-2-51) 中，$E_{\mathrm{c}}(\xi)$ 为沿电子注运动方向间隙内的纵向高频电场分布，d 为纵向间隙宽度，β_{e} 和 β_{q} 分别为直流电子注和衰减等离子体传播常数，$M_{-}(\beta_{\mathrm{e}}+\beta_{\mathrm{q}})$ 和 $M_{+}(\beta_{\mathrm{e}}+\beta_{\mathrm{q}})$ 分别为快、慢空间电荷波的耦合系数。式 (6-2-51) 为单间隙情况下得到的电子注负载电导表达式，此式不仅可以用来确定电子注加载特性，还可以用来检测电路稳定性，其同样适用于 EIK 的设计和稳定性判定。g_{e} 负值意味“无反射极的速调管”不稳定性 [34]。在这种情况下除非电路有足够的负载或足够的损耗，否则电子注和电路之间的能量交换将使得净能量流向电路，然后电路会产生过高的场 (即振荡)，g_{e} 表示电子注将能量转换给电路的能力，g_{e} 负值达到峰值表示振荡模式较大，可能从电子注吸收能量而开始振荡 [34,35]。

6.2.3 太赫兹扩展互作用速调管高频系统设计

太赫兹 EIK 的设计主要包括 5 个部分：电子枪、高频互作用系统、能量耦合系统、聚焦磁场和收集极，其中高频互作用系统是整个器件设计的核心与关键，在本章，重点关注高频互作用系统的设计，其他 4 个部分的设计过程与行波管、返波管类似，这里不再赘述。图 6.2.3 为 EIK 高频系统的设计方案。

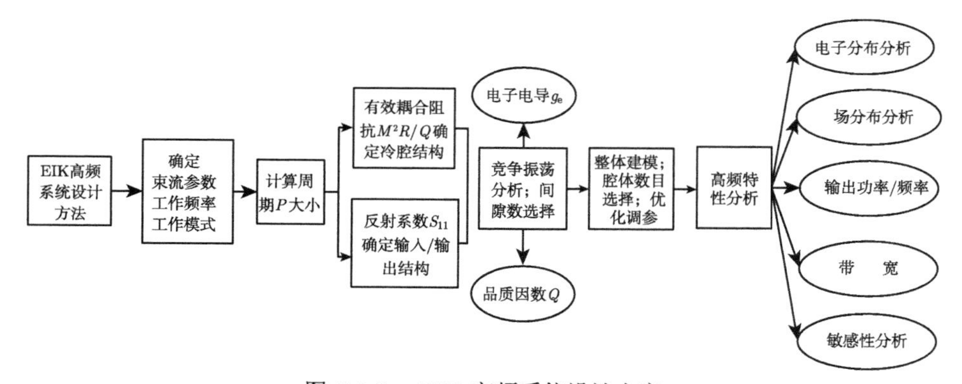

图 6.2.3 EIK 高频系统设计方案

在进行设计之前，首先要确定器件的工作频率和工作模式，从而确定采取的基本结构及其参数，通过粒子模拟和数值计算相结合的方式进行优化设计。

1. 0.34THz 的 TM_{11} 模式 EIK 设计方法 [9]

1) $TM_{11} \to 2\pi$ 模式分析

本设计中，采用圆形电子注与 EIK 高频电路进行互作用，图 6.2.4 是 CST 中所设计的单腔互作用结构的原理图，w_c 和 w_r 分别表示间隙宽度和耦合腔宽度；h_c 和 h_r 分别表示间隙高度和耦合腔高度；d 和 p 分别表示耦合腔的间隙和宽度。

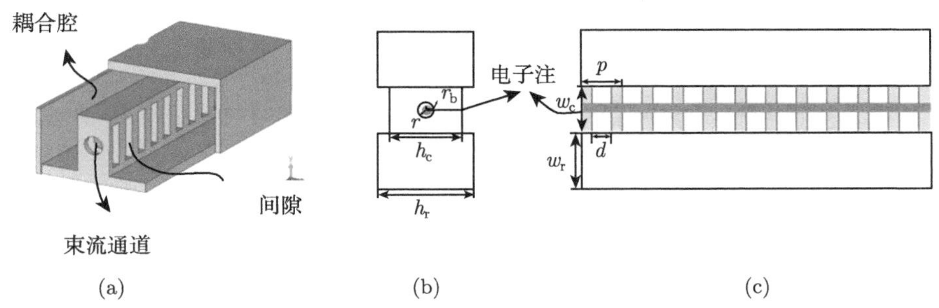

图 6.2.4 单腔互作用结构原理图：(a) 三维剖面图；(b) x-y 横截面；(c) y-z 横截面

慢波结构中波相速度与电子束速度的同步特性影响 EIK 的输出功率以及稳定性，波的相速度由电路周期和工作模式决定，在工作模式 $TM_{11} \to 2\pi$ 时特性阻抗最高，因此采用 $TM_{11} \to 2\pi$ 模式为工作模式，该模式下输入腔 S_{11} 如图 6.2.5 所示。

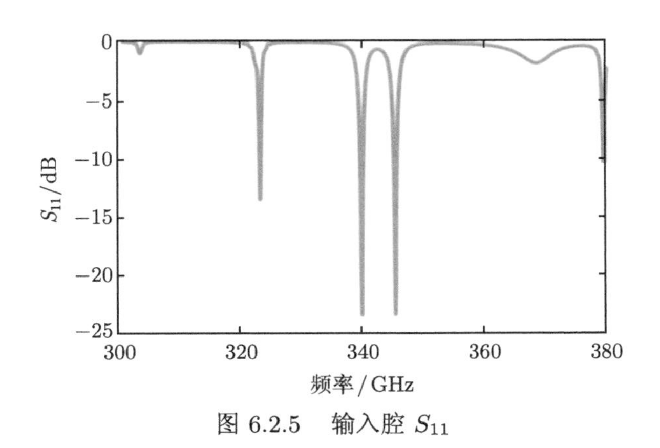

图 6.2.5 输入腔 S_{11}

图 6.2.6(a) 给出了慢波结构的色散特性，电子束线与高频结构的色散曲线的交点为 2π，选取该点为工作点，通过该色散特性曲线反映工作模式与电子束之间的同步关系；图 6.2.6 (b) 反映聚束腔工作在 $TM_{11} \to 2\pi$ 的 E_z 分布。

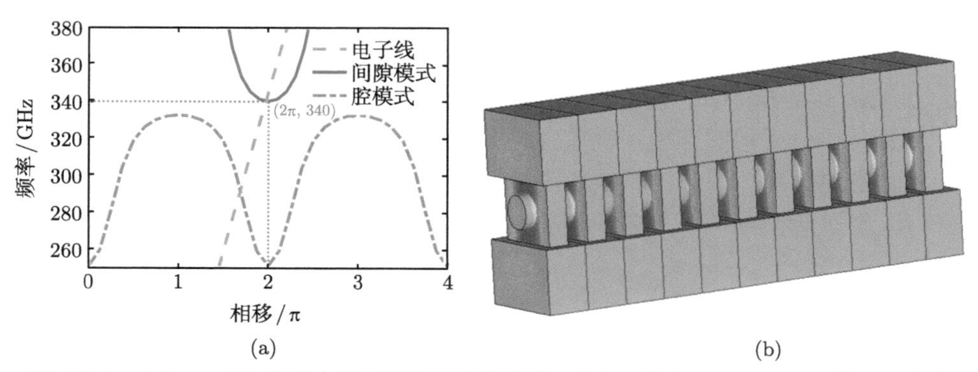

图 6.2.6　(a) 22.4kV 束流电压下谐振腔色散曲线；(b) 工作在 $TM_{11}\rightarrow 2\pi$ 的 E_z 分布

2) 互作用周期计算

在获取工作模式基础上，需要设计工作在 340GHz 的 EIK 互作用电路，束流参数如表 6.2.1 所示，束流电压 22.4kV、电流 0.2A、通道半径 0.1mm。$TM_{11}\rightarrow 2\pi$ 模式电路的周期 p 由下式给出：

$$p=\frac{m\pi v_0}{2\pi f} \tag{6-2-52}$$

$$v_0=c\sqrt{1-\frac{1}{(1+U/511)^2}} \tag{6-2-53}$$

其中，m 等于 1 和 2 时分别表示工作模式为 π 和 2π 模；U 为工作电压，单位为 kV；c 和 f 分别为光速和中心频率。根据式 (6-2-51)，频率 340GHz 附近电压为 22.4kV，周期 $p=0.25$mm。

表 6.2.1　束流参数

参数	值
中心频率	340GHz
电压	22.4kV
电流	0.2A
电子束半径	0.06mm
通道半径	0.1mm

3) 参差调谐，扩展带宽

在 EIK 中，周期 p 大小会影响谐振频率、耦合阻抗及电子效率。如图 6.2.7 (a) 所示，当间隙宽度 w_c 减小时，谐振频率和特性阻抗略有增加，谐振频率和特性阻抗显著变化；如图 6.2.7(b) 所示，在不同周期 p、相同工作电压下，耦合系数特性变化显著。因此，不同腔体的谐振频率通过调整 w_c 实现参差调谐，拓展带宽。表 6.2.2 为参差调谐参数。

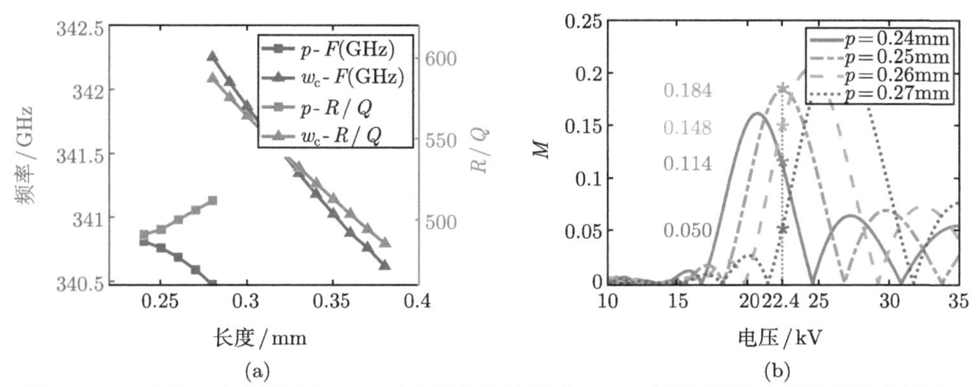

图 6.2.7 周期 p 与间隙宽边 w_c 对高频特性的影响：(a) 对谐振频率和耦合阻抗的影响；(b) 周期 p 对互作用系数的影响

表 6.2.2 参差调谐参数

腔体名称	w_c/mm	谐振频率/GHz
输入腔	0.32	339.9
聚束腔 I	0.37	340.8
聚束腔 II	0.35	341.0
聚束腔 III	0.33	341.3
聚束腔 IV	0.31	341.7
聚束腔 V	0.29	342.1
S 输出腔	0.26	340.9

4) 间隙数选择——振荡分析

EIK 具有高阻抗特性，很容易产生振荡，为了防止工作模式在腔体中产生自激振荡，选取归一化电子电导进行分析。图 6.2.8 表示间隙个数对归一化电子电导以及高频特性的影响，归一化电子电导为正时，代表高频场将能量交给电子；当电子电导为负时，可能产生振荡。如图 6.2.8(a) 所示在 22.4kV 的束流电压下，间隙数为 11 时电子电导为正，且如图 6.2.8(b) 所示有效特性阻抗也最大。经过权衡利弊，选取间隙数为 11 的互作用腔体结构。

图 6.2.9 表示通过优化后的输入/输出腔和聚束腔的归一化电子电导及有效特性阻抗，结果表明：为了防止工作模式自振荡，各腔体的归一化电导必须为正，而在设计的束流电压下，各个腔体的有效特性阻抗均达到了最大值。

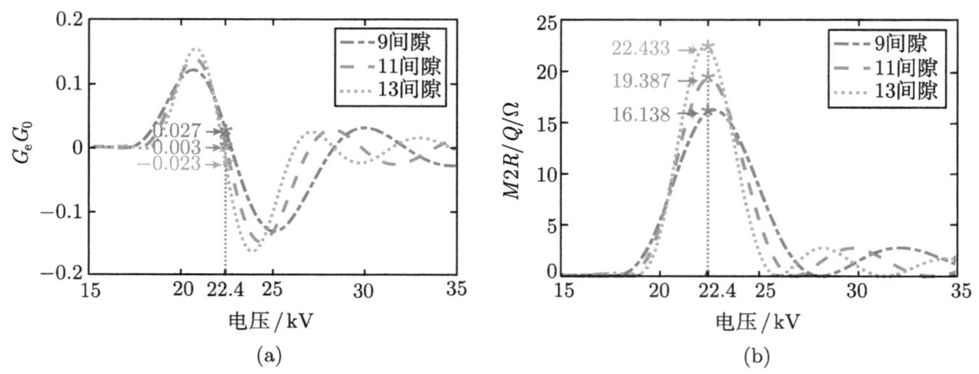

图 6.2.8　间隙数对归一化电子电导以及高频特性的影响：(a) 对归一化电子电导的影响；(b) 对有效特性阻抗的影响

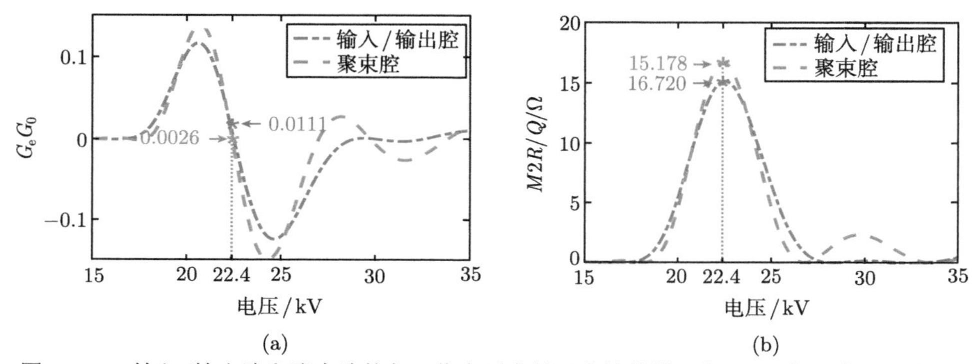

图 6.2.9　输入/输出腔和聚束腔的归一化电子电导及有效特性阻抗：(a) 归一化电子电导；(b) 有效特性阻抗

5) “预群聚” 设计

该 EIK 腔体使用 11 间隙，周期数均为 0.25mm，包括一个输入腔、一个输出腔和聚束腔。电子受到 0.6T 轴上均匀磁场约束，腔体材料是无氧铜，在工作频率 340GHz 下，铜有效电导率为 1.7×10^7s/m[36]，下面分析其电子群聚特性。

在 EIK 聚束腔中间增加一个远小于其他腔体间隙数的腔体，该腔体称为 “预群聚” 腔体。与常规 EIK 模型对比如图 6.2.10 所示，图 (a) 为 6 腔 EIK 结构图，图 (b) 为 7 腔 EIK 结构图，图 (c) 为优化后预群聚腔 EIK 结构图。

图 6.2.11 表示三个 EIK 高频结构的输出功率，其中 6 腔和 7 腔 EIK 输出功率幅度分别为 108.1W 和 111.8W，电子效率分别为 2.41%和 2.49%; 预群聚腔结构 EIK 的输出功率和电子效率分别达到 138.3W 和 3.09%，大于 6 腔和 7 腔。结果表明，采用该方法，EIK 电子效率显著地提高，这主要是由于采用该预群聚结构，电子束团得到群聚，相干性增强，从而使得电子效率提高，辐射功率增加。

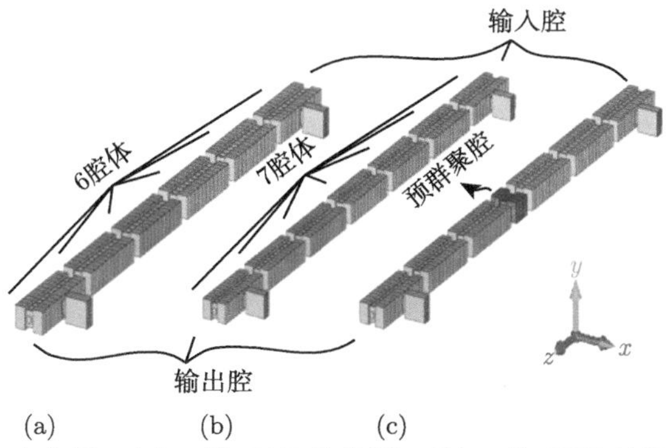

图 6.2.10 EIK x-z 方向图：(a) 6 腔 EIK 结构图；(b) 7 腔 EIK 结构图和 (c) 优化后预群聚腔 EIK

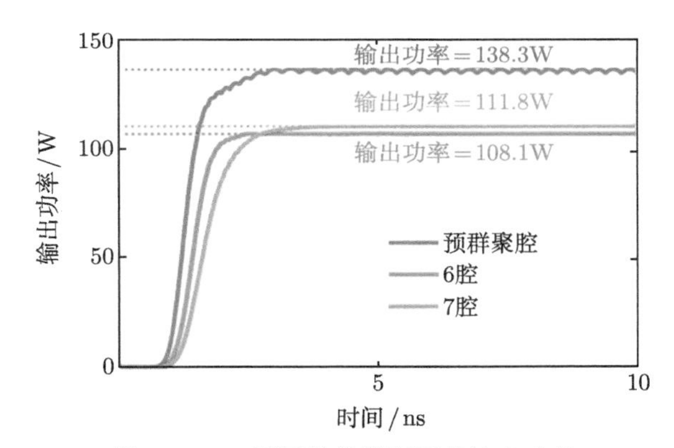

图 6.2.11 不同腔体情况下的输出功率

图 6.2.12 表示“预群聚”EIK 中的“预群聚”腔体的间隙数目与位置对输出功

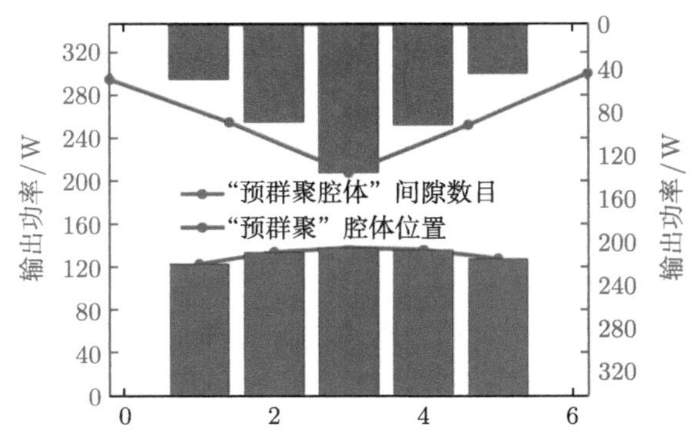

图 6.2.12 “预群聚”腔体不同间隙数目、位置的输出功率

率的影响，结果表明，当间隙数目为 3 时，预群聚腔体作为第三聚束腔时输出功率最高。

6) 电子群聚特性

为了深入了解预群聚腔提高器件输出功率的特性，对预群聚腔中电子群聚特性进行分析。在高频结构的输出端口设置投影面，得到出口处电子束三维投影图如图 6.2.13(a)~(c) 所示。

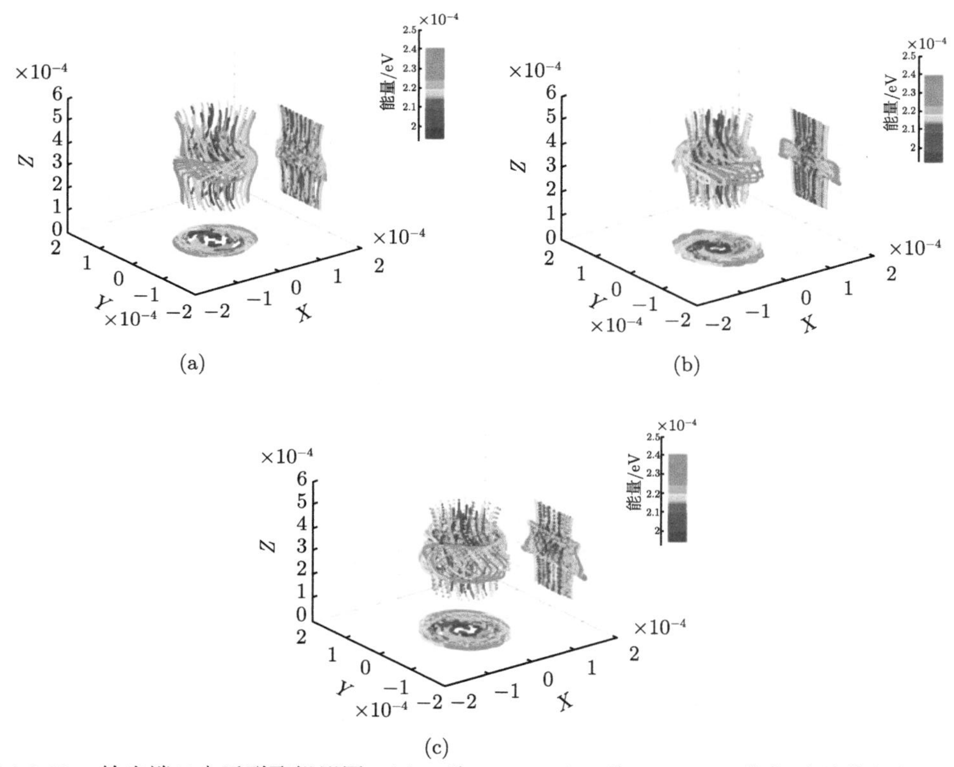

图 6.2.13　输出端口电子群聚投影图：(a) 6 腔 EIK；(b) 7 腔 EIK；(c) 优化后预群聚腔 EIK

显然，采用预群聚腔的电子聚束性能最好。通过对预群聚腔内电子聚束特性的分析，可以看出其纵向长度和横截面比其他 EIK 电子聚束更显著，电子分布更密集，能量更集中。

图 6.2.14 展示出了相空间中粒子动能的分布和平均能量损失，显然，预群聚腔体中大多数减速电子位于较低的电势，对各个电子能量进行统计平均，结果表明在预群聚腔体的平均能量损失为 231.8eV，比其他腔中的能量损失更大，说明该腔失能较多。

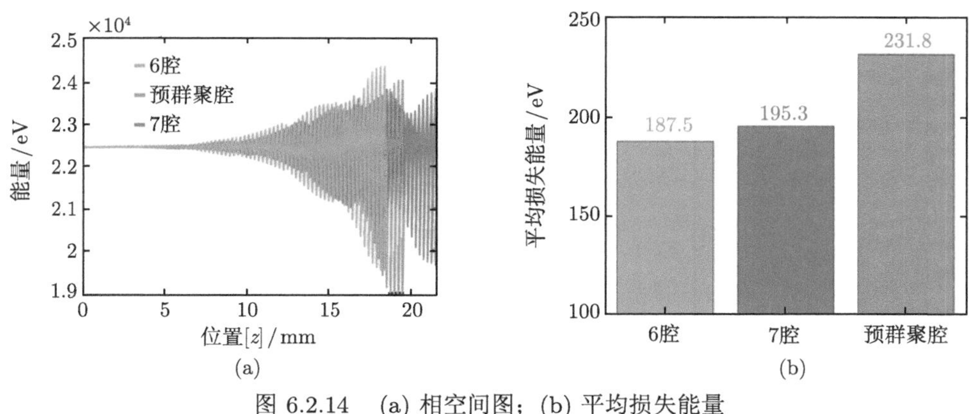

图 6.2.14 (a) 相空间图；(b) 平均损失能量

7) 场分布特性

在预群聚腔中，为了分析群聚特性，对高频结构中的场分布进行探究，结果如图 6.2.15 所示，三种高频结构 EIK 的纵向电场在 z 方向上增加。6 腔和 7 腔的电场幅度小于预群聚腔中的电场幅度，说明在该结构中场强大，导致电子群聚强，从而使得输出功率大。

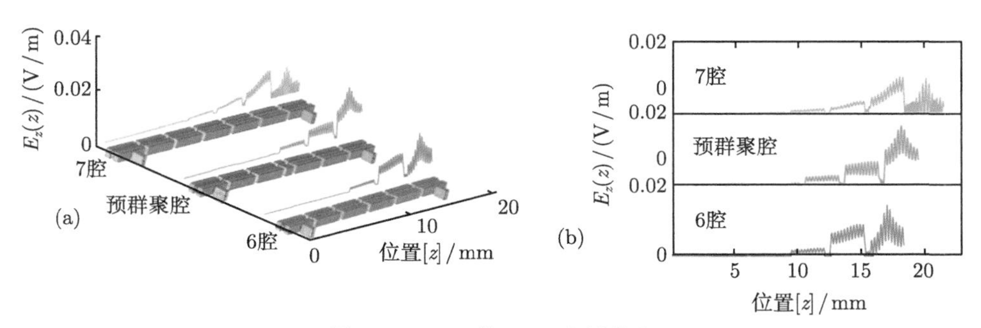

图 6.2.15 3 种 EIK 电场分布

8) 输出特性

在设计的束流参数下，输出腔稳定信号输出和纯频谱如图 6.2.16 所示。当输入频率为 339.7GHz、输入功率为 15mW 时，输出功率为 138.3W，输出中心频率为 339.7GHz，相应的增益和效率分别为 39.6dB 和 3.1%。图 6.2.17(a) 表示出中心带宽为 500MHz，图 6.2.17(b) 描述了输入功率和输出性能之间的关系，当输入功率为 15mW 时，输出功率达到饱和。

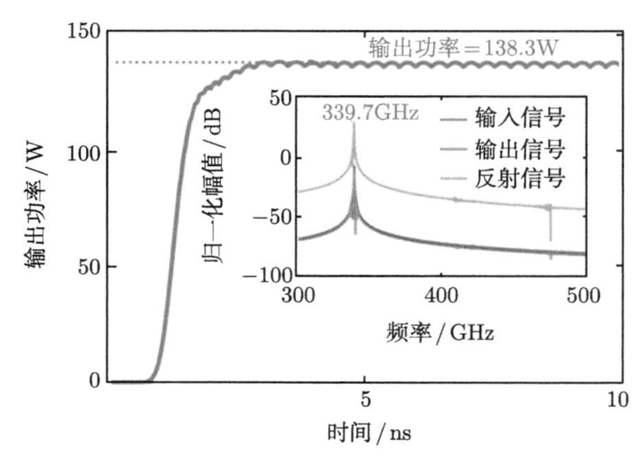

图 6.2.16　EIK 的输出信号和中心频率

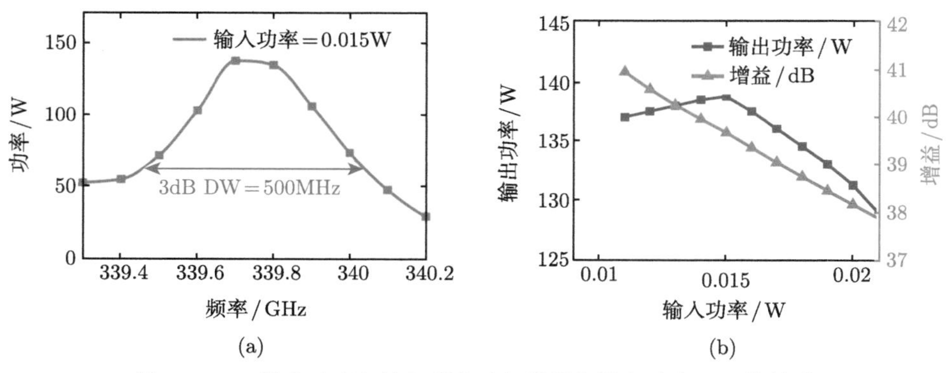

图 6.2.17　输出功率与输入频率 (a) 增益与输入功率 (b) 的关系

经过上述的优化设计，得到 340GHz 基模工作的 EIK 基本特性，如表 6.2.3 所示。

表 6.2.3　340GHz EIK 的输出特性

参数	值
中心频率	340GHz
电压	22.4kV
电流	0.2A
输出功率	138.3W
增益	39.6dB
效率	3.1%
带宽	500MHz
电子束半径	0.06mm
通道半径	0.1mm

2. 0.34THz TM_{31} 模式 EIK 设计方法

在前面 EIK 设计中，主要考虑基模工作时结构参数，在工作频率为 340GHz 时，结构尺寸较小，加工难度大。为此，选取高次模作为工作模式，对于高次模高频结构 EIK 的设计方法，具体步骤如下所述。

1) 互作用周期计算

所采用的高频电路为梯形结构，由于其制造简单和热稳定性好，通常用于高频 EIK。具有 5 个间隙的冷腔如图 6.2.18 所示，图中结构参数与基本结构的参数意义相同。

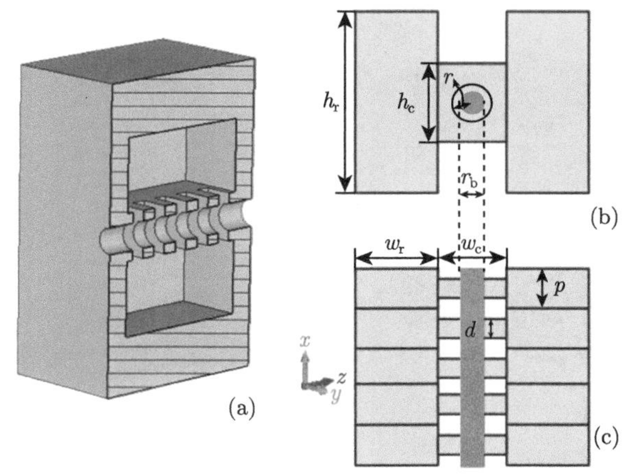

图 6.2.18 单腔结构原理图：(a) 三维剖面；(b) x-y 横截面；(c) y-z 横截面

EIK 电子注参数如表 6.2.4 所示，电子注填充比为 0.6，通过 0.6T 磁场约束。

表 6.2.4 束流参数

参数	值
电压	24kV
电流	0.217A
电子束半径	0.07mm
通道半径	0.12mm
中心频率	340GHz

通常 2π 模式 EIK 的特性阻抗 R/Q 值较高，可补偿高频率欧姆损耗，有助于实现高电子效率。周期由式 (6-2-52)、式 (6-2-53) 计算确定为 0.25mm。

2) TM_{31} 与 TM_{11} 模式场分布比较

随着频率上升到太赫兹频段，器件尺寸以微米为单位变化，电路加工与制造难度将大大提升。为了打破 EIK 在太赫兹波段的尺寸限制，发展高阶 TM_{31} 模式工作的 EIK，在同样的频率下与基模 TM_{11} 模式相比，腔体的尺寸可以获得提升。

如图 6.2.19 所示，根据轴向电场分布模式，可分为基模 TM_{11} 与高次模 TM_{31} 模式。图 6.2.19(a) 为基模 TM_{11}，图 6.2.19(b) 为高阶 TM_{31}；图 6.2.20 为两种模式 x 方向 E_z 的电场能量分布，TM_{31} 模式两侧存在的电场导致中心场能量的减小，因此 TM_{31} 模式中心互作用区域的最大场强小于 TM_{11} 模。

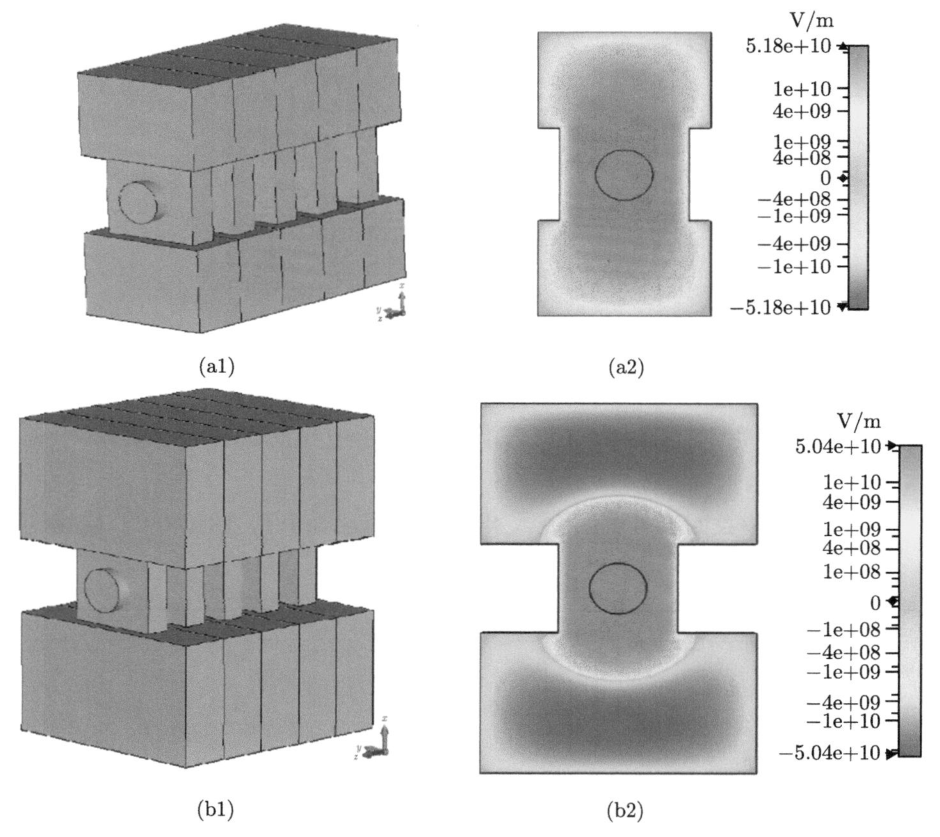

图 6.2.19　TM_{31} 与 TM_{11} 模式场分布：(a) 为 TM_{11} 模式；(b) 为 TM_{31} 模式

3) TM_{31} 与 TM_{11} 模式尺寸比较

表 6.2.5 列出了优化后 TM_{31} 与 TM_{11} 的结构尺寸以及特性参数，在互作用区，TM_{31} 模场强幅值小于 TM_{11}；但是在结构尺寸上，与 TM_{11} 模相比，TM_{31} 模

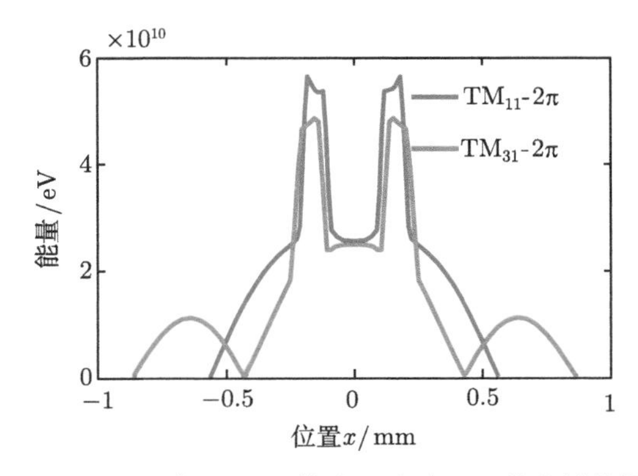

图 6.2.20 TM_{31} 与 TM_{11} 模式 x 方向 E_z 的电场能量分布

腔体尺寸大且 Q 值高，说明 TM_{31} 模谐振腔储能能力强且选频能力好。表 6.2.6 计算得，TM_{31} y-z 截面面积约为 TM_{11} 的 2.45 倍，与工作在 TM_{11} 模式下 G 波段的结构尺寸接近，结构尺寸被显著放大。

表 6.2.5 TM_{31} 与 TM_{11} 模式结构尺寸与特性

模式	间隙数	频率/GHz	W_c	W_r	H_c	H_r	M	R/Q	Q
TM_{31}	5	338.0	0.42	0.66	0.5	1.15	0.14	218.3	483
TM_{11}	5	340.3	0.37	0.38	0.45	0.6	0.18	227.3	375

表 6.2.6 TM_{31} 与 TM_{11} 模式长度比值

结构参数	TM_{31}/TM_{11} 长度比值
W_c	1.14
W_r	1.73
H_c	1.11
H_r	1.92

4) 间隙数目选择

TM_{31} 谐振模式之间间隔度很窄，过多间隙会更加缩短谐振模式频率的间隔度，加剧纵模的竞争，因此谐振腔的间隙数目不应过多，通常工作于高次模 EIK 采用的间隙数为 5。

5) 竞争分析——色散曲线

通过色散曲线判断相近谐振频率导致的竞争与自振荡的可能性，图 6.2.21 为 24kV 束流电压下谐振腔色散曲线，结果表明，24kV 的波束能量与 TM_{31}-2π 模式同步，工作频点为 338GHz，而相邻 11/5π 与 9/5π 模式均位于频率点 343GHz，工作模式和相邻模式之间的频率间隔较大，可以判定不会发生模式竞争。

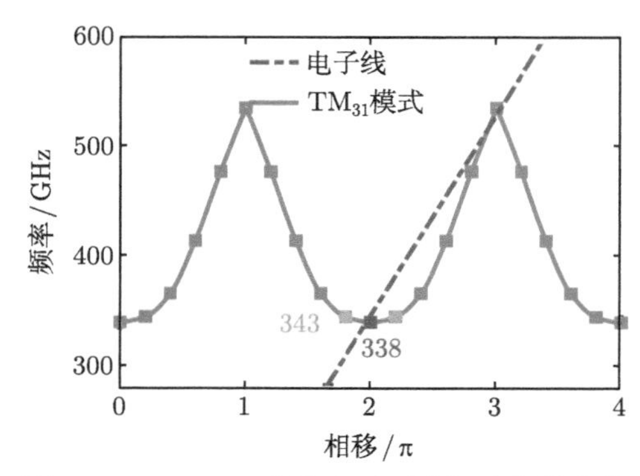

图 6.2.21　24kV 束流电压下谐振腔色散曲线

6) 输入/输出腔设计

如图 6.2.22 所示，输入腔结构采用 5 个间隙，输出腔采用 7 个间隙。为了实现高频互作用结构与输出波导的阻抗匹配，减小反射，在输入/输出端采用渐变结构。

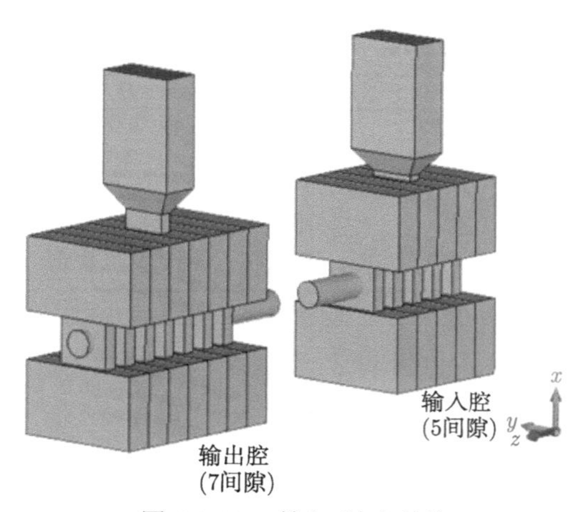

图 6.2.22　输入/输出结构

7) 竞争分析——品质因数

采用总品质因数 Q_{L} 判断是否能产生自激振荡，主要指的是系统中的净功率流。如果从电子传递到空腔的功率超过了电子、外部负载和空腔壁耗散的功率，则 Q 为负值，并导致自振荡。总品质因数 Q_{L} 表达式为

$$\frac{1}{Q_{\mathrm{L}}}=\frac{1}{Q_0}+\frac{1}{Q_{\mathrm{e}}}+\frac{1}{Q_{\mathrm{b}}} \tag{6-2-54}$$

式中，Q_0 为空载品质因数，是由腔壁引起的损耗对应的品质因数，定义为稳定谐

振条件下腔中存储的能量与一个周期内腔中功率损耗之间的比率。可从电磁模拟结果中提取，且始终为正。

Q_e 为外部品质因数，指在稳定谐振条件下腔体中存储的能量与在一个周期内具有完全匹配负载的输出功率之比。对于无负载中间腔，Q_e 为无穷大，对于输出腔，Q_e 为正。

Q_b 为电子束质量因子，描述了电子束和射频场之间的净功率交换电子注引起的损耗。当从电子束传输到空腔的功率小于损失的功率时，它为正，反之则为负。

在图 6.2.23 中，输入腔与中间腔的 Q_b 值为正而输出腔为负，表明高频场在输入腔以及聚束腔时能量传递给电子，在输出腔电子将能量以场形式传输出来。

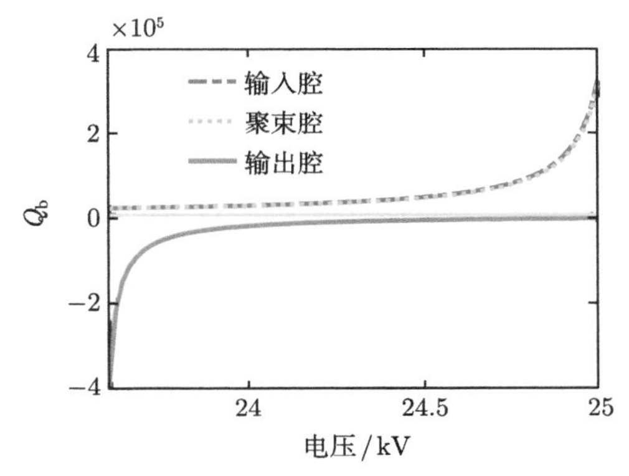

图 6.2.23 输入腔、聚束腔、输出腔电子束质量因子

在设计的 24kV 电子束流参数下，如图 6.2.24 所示 Q_L 均为正值，表明在优化下的束流参数下，不会出现振荡。并且图 6.2.25 表明输入/输出腔均有一个较低的反射系数。

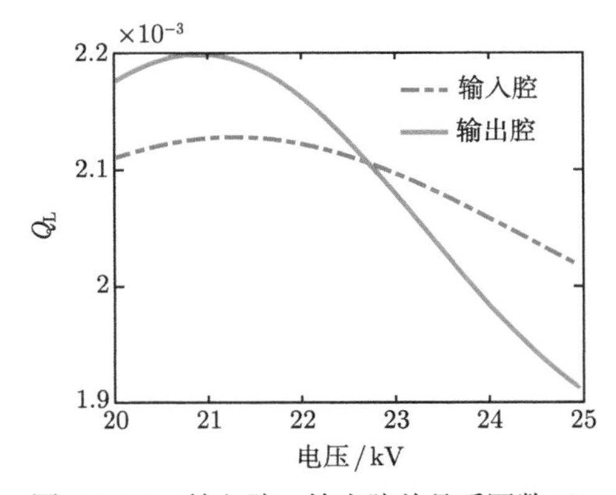

图 6.2.24 输入腔、输出腔总品质因数 Q_L

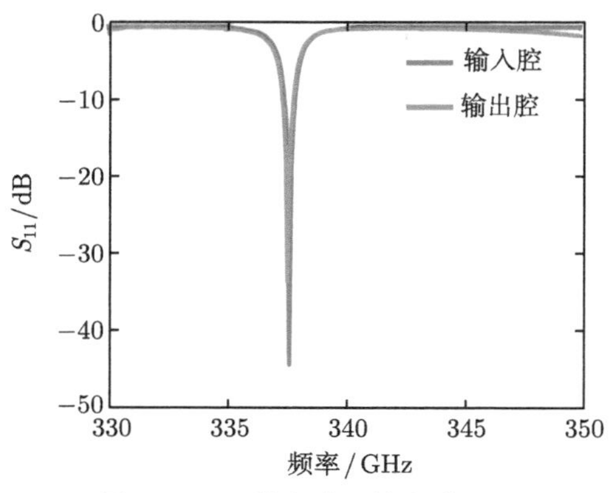

图 6.2.25　输入腔、输出腔 S_{11}

8) 电子群聚特性

图 6.2.26 为 TM_{31} 模式 EIK 模型图，是由六个腔组成，包括一个输入腔、一个输出腔和五个聚束腔，其中第三聚束腔为 2 间隙。电路总长度为 18.61mm。

图 6.2.27 是电子群聚及能量相空间图，表明电子和场之间存在较强的能量交换。结果表明，该高次模结构存在有效的互作用效果，能够使太赫兹信号获得放大。

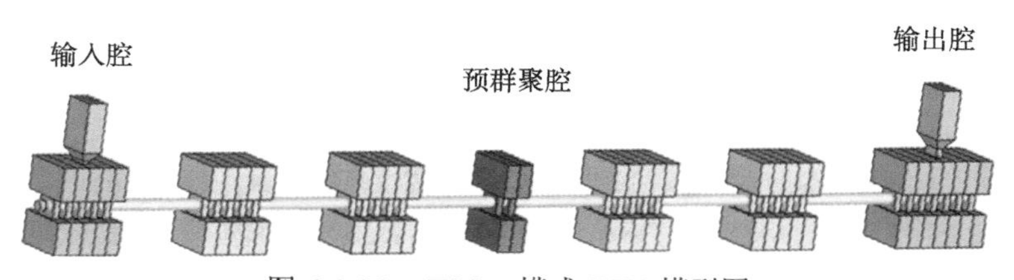

图 6.2.26　TM_{31} 模式 EIK 模型图

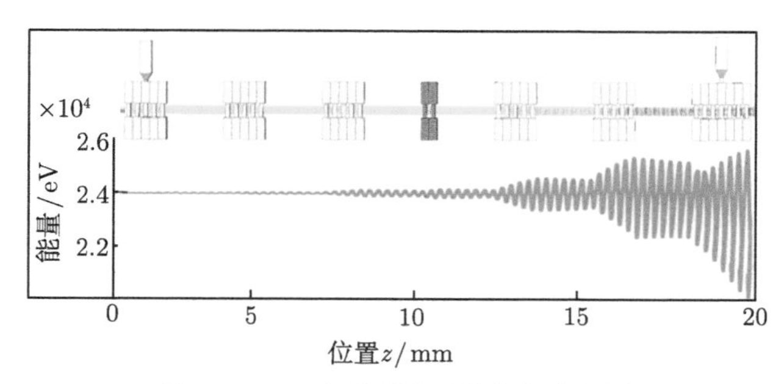

图 6.2.27　电子群聚及能量相空间图

9) 输出特性

TM_{31} 模式的稳定输出信号如图 6.2.28 所示。TM_{31} 模式的输入功率为 13mW，337.6GHz，输出功率为 113.4W。相应的增益与效率分别为 39.4dB, 2.17%。如图 6.2.29 所示，其 −3dB 带宽为 0.32GHz。

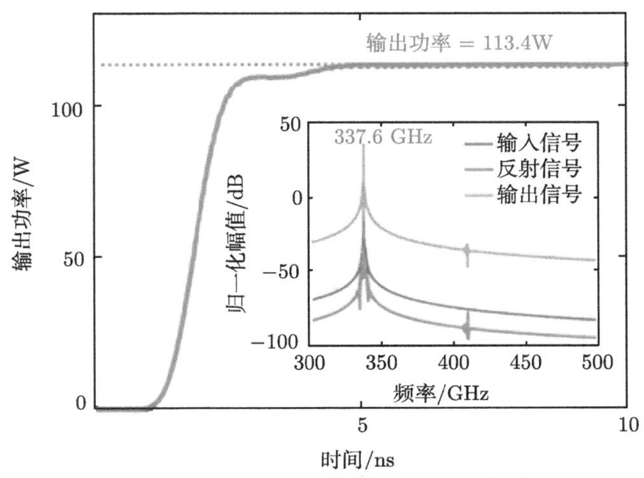

图 6.2.28 EIK 的输出信号和中心频率

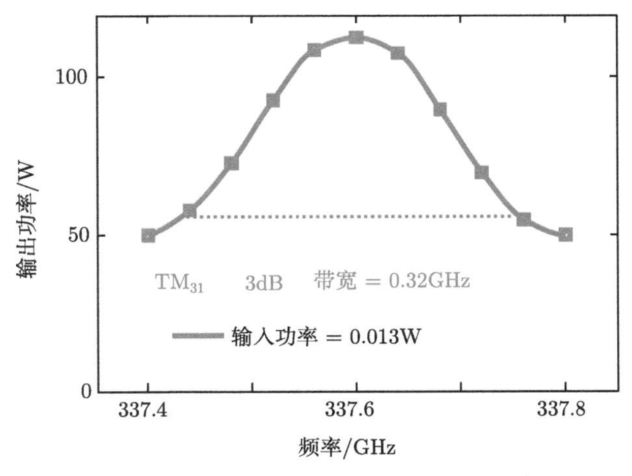

图 6.2.29 输出功率与输入频率的关系

经过数值计算和模拟优化得到高次模 TM_{31} 的 340GHz EIK 的模拟设计，如表 6.2.7 所示。

表 6.2.7　高次模 TM_{31} 的 340GHz EIK 的输出特性

参数	值
中心频率	337.6GHz
电压	24kV
电流	0.2A
输出功率	113.4W
增益	39.4dB
效率	2.17%
带宽	320MHz
电子束半径	0.06mm
通道半径	0.1mm

6.3　太赫兹扩展互作用速调管的应用

太赫兹 EIK 是一种结构紧凑、坚实耐用的大功率太赫兹器件，具有大功率、高效可靠、寿命长的特点，目前在空间探测、生物医学仪器、高分辨率成像等领域具有重要的应用前景，受到国际相关领域的重视。

6.3.1　空间应用

测云卫星可对地球的云层和浮质进行新型的三维观测，用于了解全球云层是怎样影响地球大气和全球变暖，获得有关云层全球分布和演化的新数据，解决云和浮质如何形成、发展，以及如何影响水资源供应、气候、空气质量的科研问题。太赫兹测云雷达相对于现有的微波测云雷达，具有更高的精度和灵敏度，波束集中，能更好地匹配星载激光雷达，目标信息的相关性高，反演冰水含量精度更高。

美国 NASA 成功发射了 CloudSat 测云卫星，是第一颗采用毫米波雷达进行全球云垂直廓线测量的卫星，搭载的 94GHz 云廓线雷达的灵敏度是现有气象雷达的 1000 倍，该雷达的信号源采用了 CPI 公司的 94GHz EIK(图 6.3.1)，从发射至今，稳定运行已达 10 年以上 [37]。欧洲空间局 (ESA) 研制的 EarthCARE(Earth Clouds, Aerosols and Radiation Explorer) 测云卫星，该卫星的云廓线雷达信号源采用的也是 CPI 公司的 94GHz EIK，为 CloudSat 卫星 EIK 源的改进型 [38]。

除此之外，还有 CPI 公司研发的 W 波段 EIK，其工作频率为 95 GHz，用于云卫星任务的云成像雷达和 EarthCARE 任务的具有多普勒功能的云雷达。

EIK 在其他航天器雷达上也有应用计划。例如，美国的木星冰月轨道器 (Jupiter Icy Moons Orbiter, JIMO) 计划和欧洲的全球降水测量项目 (European Global Precipitation Measurement, EGPM) 等。JIMO 主要任务是研制环绕木卫二、木卫三和木卫四飞行的飞行器，深入研究这些卫星冰冷表面下可能隐藏的巨大海洋的组成、历史和可能存在的生命情况；EGPM 项目的目的在于通过全球范围地表覆盖的高质量采样测量降水，提高对天气、地球气候变化和全球水循环的预测能力。JIMO 和 EGPM 计划采用 35GHz-EIK 为地形测绘雷达的信号源 [39]。

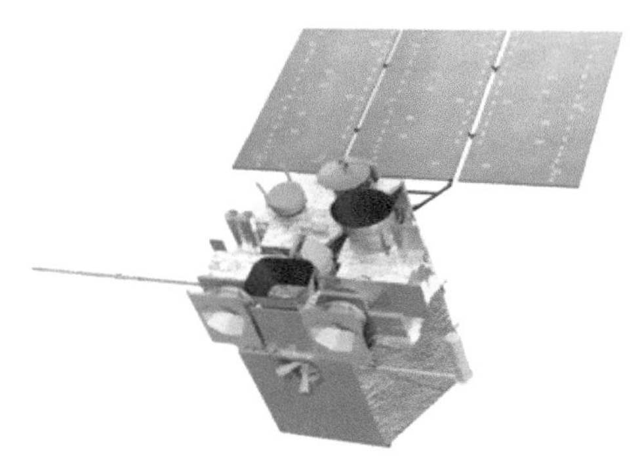

图 6.3.1 测云卫星

表 6.3.1 列出了 EIK 在空间探测中的应用项目，以及所采用的 EIK 参数和进展情况 [40]。

表 6.3.1 与 EIK 太赫兹应用相关的空间计划

任务名称	系统	EIK 参数	研究现状	单位
CloudSAT	云廓线雷达	94GHz/17kW	模型处于运行	NASA/JPL/CSA
EarthCARE	多普勒测云雷达	94GHz/1.7kW	飞行模型已移交	ESA/JAXA
ATOMS	主动大气探测器	183GHz/5W	工程管已移交 JPL	NASA/JPL

6.3.2 动态核极化–核磁共振谱仪

核磁共振 (NMR) 是一种应用非常广泛的波谱测量方法，但 NMR 所测量的活性核的核磁矩小和天然丰度低导致检测灵敏度差，从而限制了 NMR 的发展和应用。动态核极化 (DNP) 技术充分发挥了电子具有远大于原子核自旋极化强度的优势，通过采用太赫兹波照射待测样品，将电子的自旋极化传递转移给周围的核自旋，可将 NMR 的信号灵敏度提高几个数量级，而高场 NMR 的测试速度则可提高数千倍。

为提高灵敏度和充分激发固体样品，动态核极化谱仪需要毫米波及太赫兹频率、适量功率的信号源，EIK 提供了一种 DNP 选项，与回旋管相比，它具有较低的购买价格、运营成本、足迹和设备要求，同时保持了较高的 DNP 灵敏度和稳定性。EIK 能在几百吉赫兹频率产生较大功率，结构紧凑，易于集成到现有的核磁共振谱仪中。EIK 源具有一定的带宽，因而 DNP 谱仪无须扫描磁场，适用于所有通常的自由基。麻省理工学院研制的 DNP 系统主要采用回旋管作为太赫兹源，但是该系统具有体积庞大的特点，因此寻求体积小、重量轻 DNP 辐射源，是其重要研究方向。英国报道了其研制的采用 187GHz EIK 源的 DNP-NRM 系统；CPI 公司研制了用于检查肾脏的 DNP-NMR 的信号源，该源采用了 G 波段 EIK，工作频率 264GHz[41]，如图 6.3.2 所示。

CPI 公司研制了频率 187GHz 和频率 264GHz 的 EIK，主要用于核磁共振谱仪的动态核极化研究。

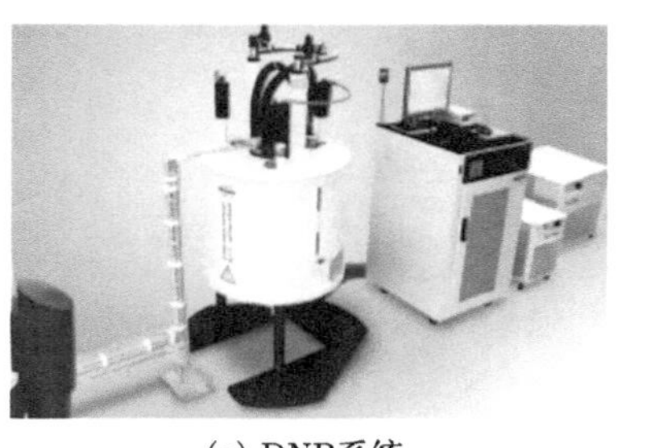

(a) DNP系统

(b) EIK

图 6.3.2 DNP 系统及 THz-EIK

6.3.3 主动拒止系统与反恐

毫米波主动拒止系统 (active denial system, ADS) 是 20 世纪 80 年代美军提出的一种新型非致命的定向能武器, 主要用于维稳、反恐行动、制暴、监狱控制及反劫持行动等安保警卫。EIK 源不需要回旋管的庞大超导磁场，极大降低了系统的体积和重量，可提高系统的机动性能。

6.3.4 EIK 在其他方面的应用

EIK 在卫星通信、深空探测、成像等方面同样具有应用需求。例如，CPI 公司研制出用于卫星通信的 Ka 波段 EIK，该放大器已用于美国全球广播系统的固定和移动发射装置。CPI 还研制了用于机场跑道碎片探测雷达的 W 波段 EIK，该管工作频率 94GHz，应用于太赫兹成像系统的 G 波段 EIK，该管频率为 218GHz[42]，如图 6.3.3 所示为测云雷达用的 EIK 放大器模块。

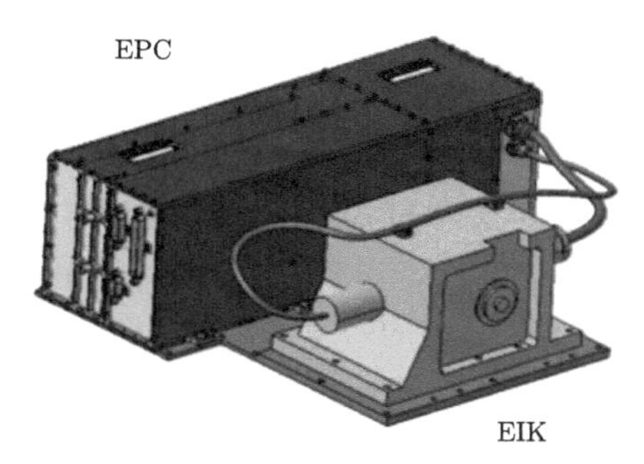

图 6.3.3 测云雷达用的 EIK 放大器模块

参 考 文 献

[1] 丁耀根. 大功率速调管的技术现状和最新进展 [J]. 真空电子技术, 2020, (1): 1-25.

[2] 丁耀根. 大功率速调管的设计制造和应用 [M]. 北京: 国防工业出版社, 2010: 133-145.

[3] 王憬. 基于梯形结构 THz 频段扩展互作用速调管研究 [D]. 成都: 电子科技大学, 2016: 11-19.

[4] 张开春. 太赫兹频段扩展互作用振荡器研究 [D]. 成都: 电子科技大学, 2009: 1-100.

[5] 吴振华. 扩展互作用谐振腔的分析 [J]. 强激光与粒子束, 2007, 19(3): 36-41.

[6] Chang Z, Shu G, Tian Y, et al. A broadband extended interaction klystron based on multimode operation[J]. IEEE Trans. On Electron Devices, 2022, 69(2): 802-807.

[7] Zhang F, Zhao Y Q, Ruan C J. A high-power and broadband G-band extended interaction klystron based on mode overlap[J]. IEEE Trans. On Electron Device, 2022, 69(8): 4611-4616.

[8] Shi N, Zhang C, Wang S, et al. A novel scheme for gain and power enhancement of THz TWTs by extended interaction cavities[J]. IEEE Transactions on Electron Devices, 2020, 67(2): 667-672.

[9] Zhang F Y, Liu W X, Jin Z H, et al. Design and simulation for 100 watts-class 340GHz extended interaction klystron[J]. IEEE Transactions on Electron Devices, 2022, 69(11): 6329-6335.

[10] Lin F M, Wu S, Xiao Y , et al. A 0.3THz multi-beam extended interaction klystron based on TM $_{10,1,0}$ mode coaxial coupled cavity[J]. IEEE Access, 2020, 8: 214383-214391.

[11] Steer B, Roitman A, Horoyski P, et al. High power millimeter-wave extended interaction klystrons for ground, airborne and space radars[C]. IEEE Radar Conference, 2009.

[12] Product introduction to the high power mmW amplifier[EB/OL]. https://www.cpii.com. [2024-2-26].

[13] Roitman A, Horoyski P, Dobbs R, et al. Space-borne EIK technology[C]. IEEE International Vacuum Electronics Conference, IEEE, 2014.

[14] Hyttinen M, Horoyski P, Roitman A. Ka-band extended interaction klystrons (EIKs) for satellite communication equipment[C]. IEEE, 2002.

[15] Dobbs R, Hyttinen M, Steer B. Rugged and efficient Ka-band extended interaction klystrons for satellite communication systems[C]. IEEE International Vacuum Electronics Conference, IEEE, 2007.

[16] Dobbs R, Hyttinen M, Roitman A. Current development programs for the satcom Ka-band EIK[C]. 2006 IEEE International Vacuum Electronics Conference held Jointly with 2006 IEEE International Vacuum Electron Sources, 2006.

[17] Horoyski P, Berry D, Steer B. A 2GHz bandwidth, high power W-band extended interaction klystron[C]. IEEE International Vacuum Electronics Conference, IEEE, 2007.

[18] Horoyski P, Roitman A, Dobbs R, et al. Compact sources of high RF power for DNP applications[C]. 2014 IEEE International Vacuum Electronics Conference (IVEC), 2014.

[19] Roitman A, Hyttinen M, Deng H, et al. Progress in power enhancement of sub-millimeter compact EIKs[C]. 2017 42nd International Conference on Infrared, Millimeter, and Terahertz Waves (IRMMW-THz), 2017.

[20] Dobbs R, Roitman A, Horoyski P, et al. Design and fabrication of terahertz Extended Interaction Klystrons[C]. International Conference on Infrared Millimeter & Terahertz Waves, IEEE, 2010.

[21] Dobbs R, Roitman A, Horoyski P, et al. 9.2: Fabrication techniques for a THz EIK[C]. 2010 IEEE International Vacuum Electronics Conference (IVEC), 2010: 181-182.

[22] Nguyen K T, Pershing D, Wright E L, et al. Sheet-beam 90GHz and 220GHz extend-interaction-klystron designs[C]. Vacuum Electronics Conference, 2007.

[23] Pasour J, Abe D, Nguyen K, et al. Multi-kW sheet beam amplifiers at Ka and W bands[C]. 2014 IEEE International Vacuum Electronics Conference (IVEC), 2014.

[24] Albrecht J D, Rosker M J, Wallace H B, et al. THz electronics projects at DARPA: transistors, TMICs, and amplifiers[C]. Microwave Symposium Digest, IEEE, 2010.

[25] Zhao D, Lu X, Liang Y, et al. Researches on an X-band sheet beam klystron[J]. IEEE Trans. On Electron Devices, 2014, 61(1): 151-158.

[26] 钟勇, 丁海兵, 王树忠, 等. Ku 波段扩展互作用速调管设计 [J]. 强激光与粒子束, 2011, 23(11): 4.

[27] 钟勇, 王勇, 张玉文. Ka 波段扩展互作用速调管的设计 [J]. 强激光与粒子束, 2014, 26(6): 6.

[28] 张长青, 阮存军, 王树忠, 等. 梯形结构高功率扩展互作用速调管 [J]. 红外与毫米波学报, 2015, 34(3): 307-313.

[29] Zeng Z, Lin Z, Li W, et al. Design and optimization of a W-band extended interaction klystron amplifier[C]. 2015 IEEE International Vacuum Electronics Conference (IVEC), IEEE, 2015.

[30] Wang D Y, Wang G Q, Wang J G, et al. A high-order mode extended interaction klystron at 0.34 THz [J]. Physics of Plasmas, 2017, 24(2): 1-8.

[31] 冯海平, 孙福江, 盛兴. Ka 波段 10kW 分布作用速调管的研究 [J]. 真空电子技术, 2016, (3): 4.

[32] Li R, Ruan C, Zhang H, et al. Improvement of output power in G-band EIK with optimized and tapering gap length[C]. 2018 IEEE International Vacuum Electronics Conference (IVEC), 2018: 185-186.

[33] 谢家麟，赵永翔. 速调管群聚理论 [M]. 北京: 科学出版社，1966.

[34] Caryotakis G. High power klystrons: theory and particle at the standford linear accelerator centerpart1[J]. IEEE, 2004: 839705.

[35] 黄雅婷. W 波段片状注 EIK 的高频结构及输能结构 [D]. 成都: 电子科技大学, 2014.

[36] Tang Y, et al. Transmission loss of oxygen-free copper and Fe-Ni-Co alloy terahertz wave-guide[J]. Information and Electronic Engineering, 2016, 14(6): 1-4.

[37] Rottman A, Berry D, Steer B. State-of-the-art W-band extended interaction klystron for the cloudsat program [J]. IEEE Trans. on Electron Devices, 2005, 52(5): 895-898.

[38] Amne Manning. Happy 10th Birthday, Cloudsat: Celebrating an Impressively Long

Mission [EB/OL]. http: //cloudsat. Atmos. Colostate. edu/home,20160427/2017-0640. [2024-2-26].

[39] Achattie R M. Millimeter Wave Products [R]. Productor Report of Communications & Power Industries LLC, 2015.

[40] Lefebvre A, Heliere A, Albinana A P. et al. EarthCARE mission, overview, implementation approach development status [C]. Earth Observing Missions and Sensors: Development, Implementation, and Characterization Ⅱ (Vol. 9881), NewDelhi, India: SPIE, 2016.

[41] Horoyski P, Roitman A, Dobbs R, et al. Compact sources of high RF power for DNP applications [C]. IEEE International Vacuum1 Electronics Conference, Monterey, USA: IEEE, 2014: 221-222.

[42] Gambarara M, Battisti A, Cantamessa M, et al. High power 94GHz amplifier for earthCARE mission Doppler radar[C]. EEE International Vacuum Electronics Conference, Rome, Italy: IEEE, 2009: 319-320.

[43] Liu W, Zhang F, Zhong J, et al. Design of 340GHz extended interaction klystron[C]. 2022 International Conference on Microwave and Millimeter Wave Technology (ICMMT), Harbin, China, 2022: 1-3.

第 7 章　太赫兹回旋管

7.1　引　　言

电子回旋谐振受激辐射机理首先是由澳大利亚天文学家特韦斯 (R. Q. Twiss) 在 1958 年提出的 [1]。与此同时，苏联学者卡帕洛夫 (A. V. Gaponov) 也独立地提出了考虑相对论效应的回旋电子注与电磁波相互作用的概念 [2]。1964 年，美国耶鲁大学 Hirshfield 在实验上完全证实了这一机理 [3]，为回旋管的发展奠定了坚实基础。目前，分析回旋器件的理论主要有：①线性理论，它是揭示电子回旋脉塞机理及电子注–波互作用物理过程的基础，线性理论的发展主要以动力学理论为主；②基于粒子追踪的频域单模自洽非线性理论；③时域多模自洽非线性理论。其中线性理论和频域单模自洽非线性理论是基于典型的腔体或者行波互作用电路结构，具有较强的针对性和抽象性，这两种方法的物理模型清晰，相对简单，但是不能分析时变的多模竞争过程。时域多模自洽非线性理论采用模式展开的方法描述复杂互作用电路结构中参与互作用的多个模式，能够在电子回旋系统中的时域内演示多模竞争的动态过程，为分析电子回旋系统中的多模竞争过程提供了有效的分析手段 [4]。由于太赫兹回旋管可以产生超大功率，可以应用于热核聚变、生物医学等领域，所以是目前太赫兹科学与技术发展的重点领域。

本章主要介绍太赫兹回旋管的分类、发展现状、基本原理及主要应用领域。

7.1.1　回旋管分类

在回旋管中，电磁波的相速度 v_{ph} 大于光速 c，通过相对论电子束的韧致辐射激发发射产生或放大相干电磁辐射，回旋管作为一种重要的相干辐射源，在军民领域具有广泛的应用，包括材料研究、生物医疗、毫米波雷达、等离子体聚变等。根据回旋管电子注–波互作用特点，主要分为以下四类。

1. 回旋行波放大器

等离子体波的不稳定性分为两类，第一类是川流不稳定性，第二类是绝对不稳定性。对于回旋行波放大器而言，它属于川流不稳定性，注–波互作用特性和色散特性分别如图 7.1.1(a) 和 (b) 所示，在该器件中，相速和群速为正，输入信号沿着电子注的传输方向不断放大。在稳态情况下，轴向波幅保持为常量。器件增

益 G 表示如下：

$$G = 10\lg(P_{\text{out}}/P_{\text{in}})\,(\text{dB}) \tag{7-1-1}$$

式中，P_{out}、P_{in} 分别表示回旋器件输出、输入功率。

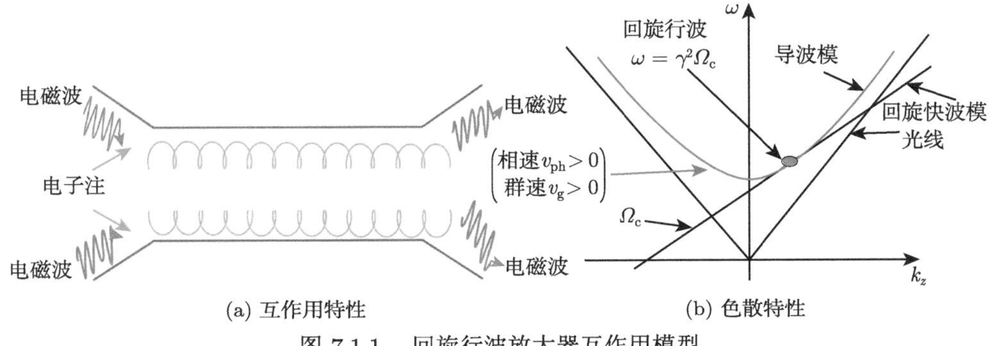

(a) 互作用特性　　(b) 色散特性

图 7.1.1　回旋行波放大器互作用模型

2. 回旋速调放大器

回旋速调管是一种窄带放大器，如图 7.1.2 所示，它与传统的速调管类似但有一定区别。类似之处在于，常规速调管主要采用增加腔体的办法来增加器件的增益，在第一腔输入能量，在第二腔输出信号，回旋速调管也是类似的群聚过程。主要区别在于，传统速调管的群聚过程是在轴向群聚，而回旋速调管的群聚过程是角向群聚。

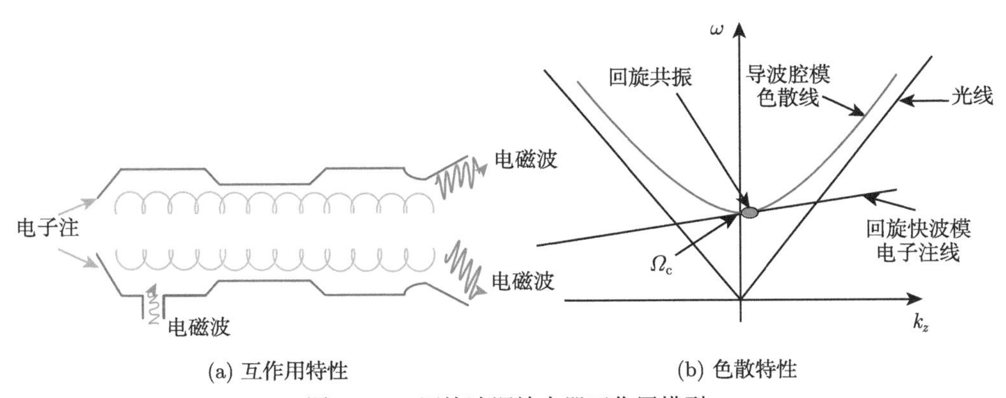

(a) 互作用特性　　(b) 色散特性

图 7.1.2　回旋速调放大器互作用模型

3. 回旋单腔振荡器

回旋单腔振荡器，主要采用单腔体作为互作用电路，如图 7.1.3(a) 所示。在单腔体互作用电路中，为了产生和建立持续的振荡，需要一个反馈电路。该器件主要是通过在互作用终端产生反射。前向波在终端反射形成反向波，反向波在终端反射再次形成前向波，如此反复，从而形成闭合回路。在该过程中，如果波获得能量大于损失能量，将会产生能量输出。

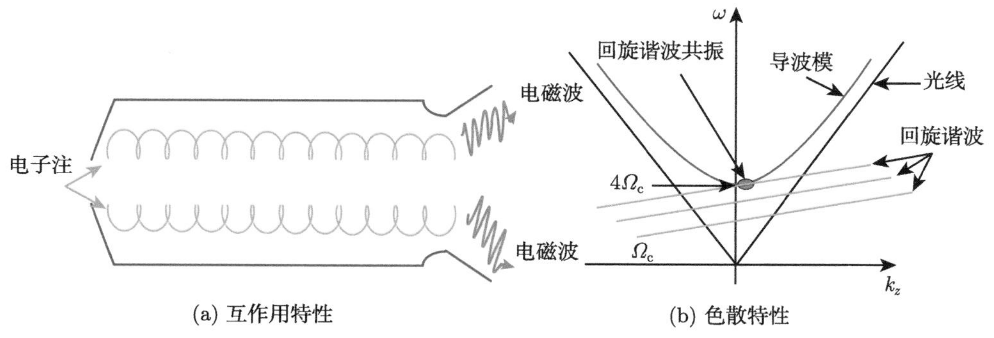

(a) 互作用特性 (b) 色散特性

图 7.1.3 回旋振荡器互作用模型

4. 回旋返波振荡器

与回旋行波管类似，回旋返波振荡器采用波导作为互作用电路，如图 7.1.4(a) 所示。通过色散图可以看出，工作点发生在群速为负、电子相速为正的交点处。在电子注与波相互作用的过程中，通过内部反馈建立振荡。回旋返波振荡器电子注电流必须超过起振电流，才能产生群聚，实现在群聚状态下电子注与电磁波相互作用，将电子注能量转变为波能量。由于回旋返波器件的工作频点在返波状态，因此可以通过调节工作电压实现频率可调，以及通过调节磁场实现频率可调。回旋振荡器是目前最为成熟、应用最为广泛的一类高功率毫米波及太赫兹回旋器件。

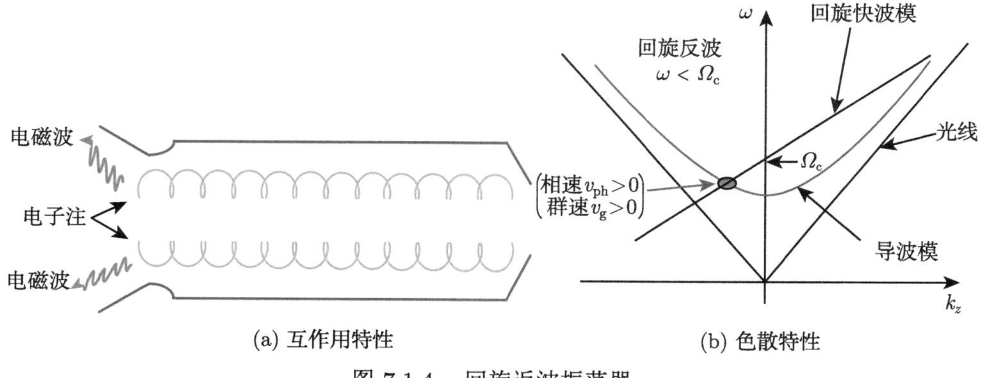

(a) 互作用特性 (b) 色散特性

图 7.1.4 回旋返波振荡器

7.1.2 太赫兹回旋管发展现状

回旋管可填补传统微波器件和光电子器件在太赫兹波段的缺口，能够产生高效率、高功率的电磁辐射，广泛应用在受控热核聚变、材料处理以及波谱分析等领域。目前国际上从事太赫兹回旋管的研究单位是麻省理工学院、欧洲回旋管联盟 (European Gyrotron Consortium，EGYC)、日本原子能研究开发机构 (Japan Atomic Energy Agency，JAEA) 与福井大学、俄罗斯科学院应用物理研究所等。回旋管示意图如图 7.1.5 所示，各研究单位研制的应用于 ITER 和 W7-X 的 MW 级圆柱形腔回旋管如图 7.1.6 所示。

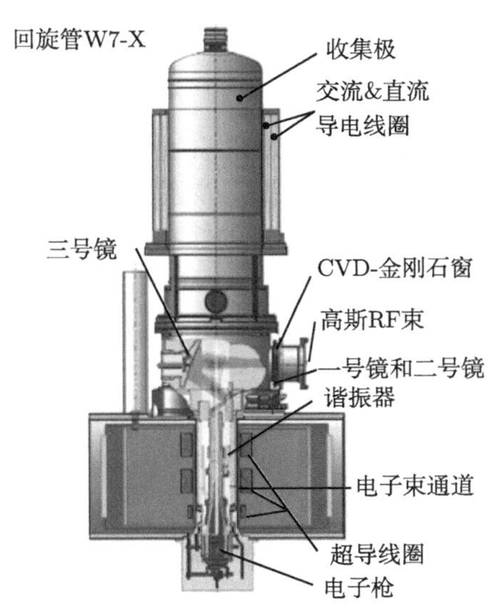

图 7.1.5　回旋管示意图 [37−39]

图 7.1.6　用于 ITER 和 W7-X 的 MW 级圆柱形腔回旋管

1992 年，美国麻省理工学院 (MIT) 率先将研制的 140GHz 回旋管用于动态核极化核磁共振实验，该回旋管工作在基波状态，连续波功率为 20W，脉冲功率为 200W[5]。MIT 研制的 250GHz 回旋管，输出功率大于 10W，该回旋管应用于 380MHz 1H 核磁共振波谱系统，1H 核增强达到 170[6]。MIT 研制的 330GHz 回旋管，输出功率为 2.5W, 应用于 500MHz 核磁共振波谱系统 [7]。MIT 研制的用作 700MHz 核磁共振波谱系统的 460GHz 二次谐波回旋管，输出功率为 16W[8]。2014 年，MIT 研制出用于 800MHz 核磁共振波谱系统的 527GHz 回旋管，输出功率为 9.3W[9]。

美国通信与电力公司 (CPI) 研制出四个频段的频率可调回旋管并量产，分别为 263GHz、395GHz、527GHz 和 593GHz。其中 263GHz 回旋管工作在基波状态，输出功率为 20 ~ 90W[10]；395GHz 回旋管工作模式为二次谐波，输出功率为 160W[11]；527GHz 回旋管输出功率大于 50W[12]；593GHz 回旋管输出功率为 50W[13]。它们分别应用于布鲁克 (Bruker) 公司 400MHz、600MHz、800MHz 和 900MHz 动态核极化–核磁共振波谱系统，该系统已经商用。

美国 Bridge 12 公司开展了两个频段的频率可调回旋管研究，分别是 198GHz 和 395GHz 回旋管，输出功率分别大于 5W 和 20W[14]。

CPI 公司研制的 140GHz 回旋管功率为 0.9MW，用于全超导托卡马克核聚变实验装置 (EAST) 托卡马克核聚变实验堆和 W7-X 仿星受控热核聚变装置 [15]。CPI 公司研制的工作在 110GHz /117.5GHz 的回旋管，功率为 1.28MW /1.7MW，应用于美国 DIII-D 托卡马克装置 [16]。

欧洲回旋管联盟 (EGYC) 与法国 Thales 公司研制的 170GHz 回旋管用于国际热核实验反应堆 (ITER) 计划，该回旋管产生的功率为 0.8MW[17]。法国 Thales 公司研制的回旋管工作在 84GHz/126GHz，功率分别为 0.9MW 和 1MW，用于瑞士的可变配置托卡马克 (TCV) 托卡马克装置 [18]。德国卡尔斯鲁厄理工学院 (KIT) 研制的 170GHz 用于 DEMO 计划，功率为 2MW[19]。日本国际原子能机构 (JAEA) 研制出 170GHz 的两种型号的回旋管，分别产生 1MW 功率与 1.2MW 功率，这两种型号的回旋管都用于 ITER 计划 [20,21]；研制了频率为 154GHz，功率为 1MW 的回旋管用于日本本国受控热核聚变装置 LHD[22]；研制了可工作在 110GHz、138GHz 以及 82GHz 三种频率的回旋管，在这三个频率点产生的功率均大于 1MW，该回旋管用于 JT-60SA 托卡马克反应堆 [23]。同时还与日本量子科学技术研究开发机构 (QST) 合作共同研发用于商用示范聚变堆 (DEMO 计划) 的回旋管，工作在四个频率点 203GHz/170GHz/137GHz/104GHz，功率大于 1MW[24]。

日本福井大学的远红外中心研制了频率为 389GHz 的回旋管，功率为 83kW，该回旋管用于集体汤姆孙散射 (CTS)[25]。日本福井大学远红外中心 Idehara 教授课题组也开展了动态核极化高场核磁共振系统的研究，研制出四种系列的连续波频率可调回旋管，其中系列 Ⅱ 用于日本大阪 (Osaka) 大学蛋白质研究所的亚毫米波波谱实验，频率范围为 110 ~ 400GHz，输出功率为 20 ~ 200W，磁感应强度为 8T；系列 Ⅵ 用于日本大阪大学蛋白质研究所 600MHz 动态核极化核磁共振实验中的蛋白质研究，频率为 393 ~ 396GHz，功率为 50 ~ 100W。福井大学 200MHz 动态核极化核磁共振实验中频率可调回旋管为福井大学 Ⅳ 系列回旋管，频率为 131 ~ 139GHz，输出功率范围为 5 ~ 60W。系列 Ⅶ 回旋管用于英国华威 (Warwick) 大学 300MHz 和 600MHz 动态核极化–核磁共振实验，研究聚合物的表面结构，工作在 203.7GHz 和 395.3GHz，输出功率分别为 200W 和 50W[26−28]。

俄罗斯科学院应用物理研究所与美国马里兰大学共同研制了应用于 CTS 的 670GHz 回旋管，该回旋管产生的功率为 210kW[29]。IAP 与 GYCOM 公司以及莫斯科 Kurchatov 研究所共同研制应用于 ITER 计划的 170GHz 回旋管，该回旋管产生的最大功率为 1.2MW[30]。同时，IAP 与 GYCOM 公司共同研究了应用于多个用途的多只回旋管，例如，应用于中国 EAST 托卡马克核聚变实验堆和韩国 KSTAR 核聚变装置的回旋管，该回旋管工作在 140GHz /105GHz 两个频率点，功率均为 1MW[31]；应用于 AUG 和 HL-2A 装置的 140GHz/105GHz 回旋管，功率分别为 0.85MW 和 0.95MW[32]；以及应用于 DEMO 计划的 249.74GHz 回旋管，功率为 330kW[33]。

俄罗斯科学院应用物理研究所利用其研制的 250GHz、输出功率为 250kW 的回旋管进行了局部气体放电实验，放电峰值电子密度高达 3×10^{17} 个电子每平方厘米 [34]。同时还利用输出功率为 1kW 的 263GHz 回旋管对气体击穿阈值进行了实验和理论研究，高斯波束束斑小于 3mm 时，功率密度达到 15kW/cm^2，达到的电场强度足以引发击穿，击穿压力范围为 10 ~ 300Torr($1\text{Torr}=1.33322\times10^2\text{Pa}$)[35]。

俄罗斯利用其研制的频率为 263GHz、输出功率为 1kW 的回旋管搭建了开发的纳米粉体生产系统，利用传输线将太赫兹波耦合到放置在蒸发冷凝装置内的目标材料上。生成的 ZnO 和 WO_3 颗粒的尺寸范围为 20 ~ 500nm[36]。高频回旋管振荡器的国际发展现状，如表 7.1.1 所示 [38,39]。

我国在回旋器件的相关研究领域也开展了大量的研究工作，并且取得了突破性进展。在回旋器件发展的早期阶段，刘盛纲院士提出的电子引导中心坐标系和未扰轨道积分方法对发展电子回旋脉塞 (ECM) 线性解析理论做出了卓越贡献 [40]，同时刘盛纲院士也是国际上 ECM 空间电荷效应方面研究的开拓者。此后中国科学院电子学研究所、电子科技大学、西南交通大学、四川大学等单位在回旋管的动力学理论、自洽非线性理论和光子带隙结构在高次谐波回旋管的应用等方面开展了大量的研究工作。

在回旋管的模拟计算方面，粒子模拟 (PIC) 方法是目前最重要的计算手段之一。近年来，电子科技大学和西安交通大学分别开发出具有自主知识产权的粒子模拟软件 CHIPIC[41] 和 UNIPIC[42]，其采用全三维的时域有限差分技术，对实际的电子注–波互作用系统的逼近程度最高，已开始应用于回旋管的模拟与设计工作。

表 7.1.1 高频回旋管振荡器的发展现状

研究机构	频率/GHz	模式		功率/MW	效率/%	脉冲长度/s
		腔	输出			
CPI, 帕洛阿尔托 (Palo Alto)	140	$TE_{02/03}$	TE_{03}	0.1	27	CW
	140	$TE_{15,2}$	$TE_{15,2}$	1.04	38	0.0005
	140.2	$TE_{28,7}$	TEM_{00}	0.92	35 (SDC)	0.003
KIT, Philips KIT, 卡尔斯旁厄 (Karlsruhe)	140.8 140.2	TE_{03} $TE_{10,4}$	TE_{03} $TE_{10,4}$	0.9, 0.12 0.69	33 (SDC) 26 28	1800 0.4 0.005
	140.2	$TE_{10,4}$	TEM_{00}	0.60	27	0.012
	140.5	$TE_{10,4}$	TEM_{00}	0.46	51 (SDC)	0.2
	140.1	$TE_{22,6}$	TEM_{00}	1.6	60 (SDC)	0.007
	162.3	$TE_{25.7}$	TEM_{00}	1.48	35	0.007
KIT, CRPP, THALES ED, CEA	139.8	$TE_{28,8}$	TEM_{00}	1.48, 1.0	50 (SDC) 50 (SDC)	0.007, 12
GYCOM-M (TORIY, IAP)	140	$TE_{22,6}$	TEM_{00}	0.96	36	1.2
GYCOM-N (SALUT, IAP) N, 诺夫哥罗德 (Novgorod)	140	$TE_{22,6}$	TEM_{00}	0.8	32	0.8
	140	$TE_{22,10}$	TEM_{00}	0.99	47 (SDC)	0.5
JAEA, TOSHIBA, Naka, Otawara	158.5 170	$TE_{24,7}$ $TE_{22,6}$	TEM_{00} TEM_{00}	0.5, 0.45	30, 19	0.7, 0.05
	170.1	$TE_{31,8}$	$TE_{31,8}$	1.15	29	0.0004
	170	$TE_{31,8}$	TEM_{00}	1.3	32	0.003
	170	$TE_{31,12}$	TEM_{00}	1.56	27	0.1
NIFS, TOSHIBA, Toki, Otawara	168	$TE_{31,8}$	TEM_{00}	0.52	19	1.0

总体上讲，国内在回旋管的理论研究和器件研制方面都取得了重大突破，缩小了与发达国家回旋管研制水平的差距。

7.2 太赫兹回旋管振荡器

7.2.1 简介

电子回旋脉塞 (ECM) 的起源可以追溯到 20 世纪 50 年代，德国 H. Kleinwachter 在 1950 年发表了一篇关于利用回旋电子束的旋转能量产生微波的文章 [43]，随后澳大利亚的 R. Q. Twiss[44]，德国的 J. Schneider[45]，俄罗斯的 A. Gaponov[46] 三名研究者开始从理论上探索 ECM 注-波互作用物理机理。回旋振荡加速器是第一个经历重大发展的 ECM 器件，是利用具有高横向动量 (速度比 $a = v_\perp/v_z > 1$)

的弱相对论电子束 ($E<100\text{keV}$，$\gamma<1.2$) 实现注–波横向换能的器件。

电子回旋脉塞器件中，电磁能量是由在外纵向磁场中旋转的相对论性电子辐射出来的。在这种情况下，有效频率 ω 对应于相对论电子回旋频率 $\omega_c = \Omega_o/\gamma$，$\Omega_o = eB_o/m_e$，$\gamma = 1\Big/\sqrt{1-(v/c)^2}$。其中 e 和 m_e 分别是电子的电荷和静止质量，γ 是相对论因子，B_o 是引导磁场。一组在强磁场中旋转的相对论性电子由于其旋转频率的相对论性质量依赖性而发生聚束，从而产生相干辐射。之所以会发生聚束，是因为电子在失去能量的同时，其相对质量会降低，因而会旋转得更快。

圆柱形谐振腔回旋管的结构示意图如图 7.2.1 所示 [46]，其中 1 为主磁体线圈，2 为电子枪励磁线圈，3 为电子枪，4 为谐振腔，5 为输出波导和输能窗，6 为收集极，7 为收集极磁线圈。

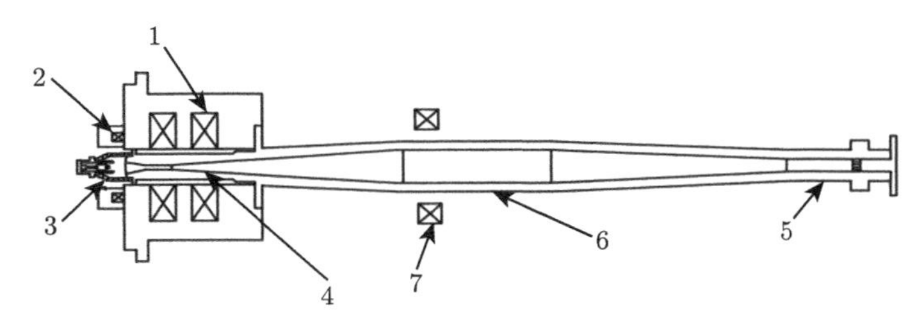

图 7.2.1 圆柱形谐振腔回旋管的结构示意图

大多数 ECM 器件的研究主要是关于常规的回旋振荡器的，采用开放的不规则圆波导作为互作用电路，电子在垂直磁场方向、接近基波和谐波频率附近产生辐射。目前长脉冲和连续波振荡器可以产生 $0.1\sim2.0\text{MW}$ 的功率，最高频率 1.3THz。该类器件已经成功用于热核聚变研究。基于对回旋振荡器的研究，该器件已经成为托卡马克加热的主要方法，控制磁场在 $1\sim3.6\text{T}$。当聚变装置工作在更高的磁场和等离子体密度时，就需要发展更高功率和频率的连续波回旋管。

7.2.2 回旋管振荡器基本原理

为深入了解在回旋管中电子与波相互作用产生的电磁辐射，必须对电子在回旋管中的静态运动有一个清晰的概念。在形式上可以引入空间电荷场的作用，但是由于回旋管工作电压很高，一般在数万伏以上，而且互相作用区的直流磁场很强，往往在数千高斯以上，而空间电荷效应的影响相对较小，因此可以忽略空间电荷场。另外，由于工作电压很高，电子能量大，因此相对论效应在电子回旋受激放射中，起到本质性的作用。下面对回旋振荡器的基本原理进行阐述 [47]。

1. 物理模型

假设静磁场 B_0 沿着 $+z$ 方向，有运动电子以速度 v 进入 $z=0$ 的相平面，如图 7.2.2(a) 所示，假定电子速度在轴向和横向都具有相同的速度分量。在速度相位空间的形式如图 7.2.2(b) 所示，它在速度空间的相位角对应电子在该位置的极化角 $\theta=\phi-\pi/2$。

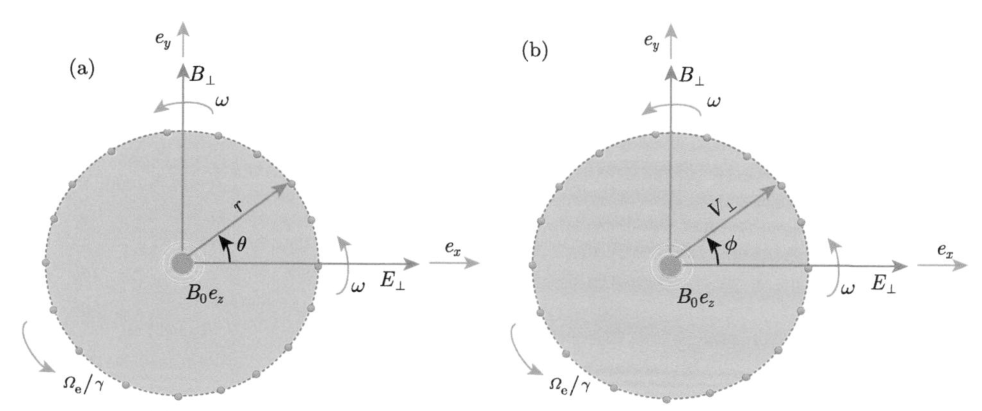

图 7.2.2　电子回旋互作用模型：(a) 实际空间；(b) 速度相位空间

在分析中，假设高频电场的幅值保持不变并且沿着 z 方向传播，其形式如表达式 (7-2-1) 所示，其中 E_0 是电场幅值，$\boldsymbol{e}_x,\boldsymbol{e}_y,\boldsymbol{e}_z$ 表示实验室坐标的单位矢量，ω 表示角频率。

$$\begin{cases}\boldsymbol{E}_\perp=E_0\left[\cos(\omega t-k_zz)\boldsymbol{e}_x+\sin(\omega t-k_zz)\boldsymbol{e}_y\right]\\ \boldsymbol{B}_\perp=\dfrac{k_zc}{\omega}\boldsymbol{e}_z\times\boldsymbol{E}_\perp=\dfrac{k_zc}{\omega}E_0\left[-\sin(\omega t-k_zz)\boldsymbol{e}_x+\cos(\omega t-k_zz)\boldsymbol{e}_y\right]\end{cases}\tag{7-2-1}$$

对于运动中的电子而言，所具有的动能为 $W=(\gamma-1)m_\mathrm{e}c^2$($\gamma$ 是相对论因子)，其动能的变化主要来自高频电场的垂直分量与速度分量的相互作用，可以表示为

$$\frac{\mathrm{d}W}{\mathrm{d}t}=-e\boldsymbol{v}_\perp\cdot\boldsymbol{E}_\perp\tag{7-2-2}$$

结合式 (7-2-1) 中的电场垂直分量与速度分量 $\boldsymbol{v}_\perp=v_\perp(\cos\phi\boldsymbol{e}_x+\sin\phi\boldsymbol{e}_y)$，得到动能的变化

$$\frac{\mathrm{d}W}{\mathrm{d}t}=-ev_\perp E_0\cos(\omega t-k_zz-\phi)\tag{7-2-3}$$

在电子运动过程中的回旋共振频率：

$$\frac{\mathrm{d}\phi}{\mathrm{d}t}\cong\frac{\Omega_\mathrm{e}}{\gamma}\tag{7-2-4}$$

电子在相空间与电磁波同步，将产生回旋共振

$$\frac{\mathrm{d}}{\mathrm{d}t}(\omega t - k_z z - \phi) \cong \omega - k_z v_z - \frac{\Omega_{\mathrm{e}}}{\gamma} \tag{7-2-5}$$

式中，Ω_{e} 是回旋共振角频率，在表达式 (7-2-3) 中，存在三个相位角 $(\omega t, k_z z, \phi)$，它决定回旋电子能量的变化，相位角主要取决于坐标 z 和 ϕ，为此定义一个新的变量 ϕ_{eff}

$$\phi_{\mathrm{eff}} = k_z z + \phi \tag{7-2-6}$$

结合表达式 (7-2-4) 和式 (7-2-6) 可以得到有效回旋共振频率

$$\Omega_{\mathrm{eff}} = k_z v_z + \frac{\Omega_{\mathrm{e}}}{\gamma} \tag{7-2-7}$$

在同步条件下，利用有效回旋角的频率电磁波的频率可以表示为

$$\omega = \Omega_{\mathrm{eff}} = k_z v_z + \frac{\Omega_{\mathrm{e}}}{\gamma} \tag{7-2-8}$$

2. 线性理论分析

1) 运动方程

在相对论情况下，电子的运动方程可以表示为

$$\frac{\mathrm{d}}{\mathrm{d}t}(\gamma m_{\mathrm{e}} \boldsymbol{v}) = -e\boldsymbol{E}_{\perp} - \frac{e}{c}\boldsymbol{v} \times (B_0 \boldsymbol{e}_z + \boldsymbol{B}_{\perp}) \tag{7-2-9}$$

电子的位置矢量表示为

$$\boldsymbol{x} = \int_0^t \boldsymbol{v}\mathrm{d}t + \boldsymbol{x}_0 \tag{7-2-10}$$

在表达式 (7-2-10) 中 $\boldsymbol{x}_0$ 是初始位置值。将动能变化方程利用 γ 表示为

$$\frac{\mathrm{d}\gamma}{\mathrm{d}t} = -\frac{eE_0 v_{\perp}}{m_{\mathrm{e}} c^2}\cos(\omega t - k_z z - \phi) \tag{7-2-11}$$

结合速度矢量 $v = v_{\perp}(\cos\phi \boldsymbol{e}_x + \sin\phi \boldsymbol{e}_y) + v_z \boldsymbol{e}_z$，并且利用 $\cos\phi\boldsymbol{e}_x + \sin\phi\boldsymbol{e}_y$，$-\sin\phi\boldsymbol{e}_x + \cos\phi\boldsymbol{e}_y$，$\boldsymbol{e}_z$，将式 (7-2-11) 高频电场和磁场的垂直分量进行分解，得到描述回旋电子运动的方程组如下：

$$\frac{\mathrm{d}}{\mathrm{d}t}v_{\perp} = -\frac{eE_0}{\gamma m_{\mathrm{e}}}\left(1 - \frac{v_{\perp}^2}{c^2} - \frac{k_z v_z}{\omega}\right)\cos(\omega t - k_z z - \phi) \tag{7-2-12}$$

$$\frac{\mathrm{d}}{\mathrm{d}t}\phi=\frac{\Omega_{\mathrm{e}}}{\gamma}-\frac{eE_0}{\gamma m_{\mathrm{e}}v_\perp}\left(1-\frac{k_zv_z}{\omega}\right)\sin(\omega t-k_zz-\phi) \tag{7-2-13}$$

$$\frac{\mathrm{d}}{\mathrm{d}t}v_z=-\frac{eE_0v_\perp}{\gamma m_{\mathrm{e}}}\left(\frac{k_z}{\omega}-\frac{v_z}{c^2}-\frac{k_zv_z}{\omega}\right)\cos(\omega t-k_zz-\phi) \tag{7-2-14}$$

表达式 (7-2-12) 主要是有关电子速度在垂直方向的运动特性；式 (7-2-13) 主要描述角向回旋运动，是由电子静磁场引起的；式 (7-2-14) 描述电子的角向群聚特性。

2) 线性求解

假设初始电场 $E_0=0$，利用回旋轨道电子的运动方程式 (7-2-12)～ 式 (7-2-14)，得到电子初始轨道参量：

$$\gamma=\gamma_0,\quad v=v_{\perp0},\quad \phi=(\Omega_{\mathrm{e}}/\gamma_0)t+\phi_0,\quad v_z=0,z=0 \tag{7-2-15}$$

将式 (7-2-15) 代入能量变化方程及回旋电子运动方程中，得到具有初始条件的能量变化及电子运动速度纵向和横向的变化特性方程如下：

$$\frac{\mathrm{d}\gamma}{\mathrm{d}t}=-\frac{eE_0v_{\perp0}}{m_{\mathrm{e}}c^2}\cos(\varepsilon t-\phi_0) \tag{7-2-16}$$

$$\frac{\mathrm{d}}{\mathrm{d}t}v_\perp=-\frac{eE_0}{\gamma_0m_{\mathrm{e}}}\left(1-\frac{v_{\perp0}^2}{c^2}\right)\cos(\varepsilon t-\phi_0) \tag{7-2-17}$$

$$\frac{\mathrm{d}}{\mathrm{d}t}v_z=-\frac{eE_0v_{\perp0}k_z}{\gamma_0m_{\mathrm{e}}\omega}\cos(\varepsilon t-\phi_0) \tag{7-2-18}$$

在表达式 (7-2-16)～式 (7-2-18) 中，

$$\varepsilon=\omega-\Omega_{\mathrm{e}}/\gamma_0 \tag{7-2-19}$$

表达式 (7-2-19) 是在 $v_{z0}=0$ 的特殊条件下，在一般情况下，

$$\varepsilon=\omega-k_zv_{z0}-\Omega_{\mathrm{e}}/\gamma_0 \tag{7-2-20}$$

从表达式 (7-2-20) 可以看出，ε 是一个与角频率相关的物理量，当电子与波完全同步时，$\varepsilon=0$。在一般情况下 ε 定义为失谐变量。将表达式 (7-2-16)～式 (7-2-18) 积分可以得到

$$\gamma=\gamma_0-\frac{eE_0v_{\perp0}}{m_{\mathrm{e}}c^2\varepsilon}[\sin(\varepsilon t-\phi_0)+\sin\phi_0] \tag{7-2-21}$$

$$v_\perp=v_{\perp0}-\frac{eE_0}{\gamma_0m_{\mathrm{e}}\varepsilon}\left(1-\frac{v_{\perp0}^2}{c^2}\right)[\sin(\varepsilon t-\phi_0)+\sin\phi_0] \tag{7-2-22}$$

$$v_z = -\frac{eE_0 v_{\perp 0} k_z}{\gamma_0 m_e \omega \varepsilon}[\sin(\varepsilon t - \phi_0) + \sin\phi_0] \tag{7-2-23}$$

对表达式 (7-2-23) 进一步积分可以得到

$$z = -\frac{eE_0 v_{\perp 0} k_z}{\gamma_0 m_e \omega}\left\{\frac{1}{\varepsilon^2}[\cos(\varepsilon t - \phi_0) - \sin\phi_0] - \frac{t}{\varepsilon}\sin\phi_0\right\} \tag{7-2-24}$$

在得到速度分量及位置分量的基础上，下面求解回旋相位角 ϕ。由表达式 (7-2-13) 及初始量，可以得到

$$\frac{\mathrm{d}}{\mathrm{d}t}\phi = \frac{\Omega_e}{\gamma}\left\{1 + \frac{eE_0 v_{\perp 0}}{\gamma m_e c^2 \varepsilon}[\sin(\varepsilon t - \phi_0) + \sin\phi_0]\right\} - \frac{eE_0}{\gamma m_e v_{\perp 0}}\sin(\varepsilon t - \phi_0) \tag{7-2-25}$$

对上式进一步积分得到回旋相位角

$$\begin{aligned}\phi =& \frac{\Omega_e}{\gamma}t + \phi_0 - \frac{eE_0 v_{\perp 0}\Omega_e}{\gamma_0^2 m_e c^2}\left\{\frac{1}{\varepsilon^2}[\cos(\varepsilon t - \phi_0) - \cos\phi_0] - \frac{t}{\varepsilon}\sin\phi_0\right\} \\ &+ \frac{eE_0}{\gamma m_e v_{\perp 0}\varepsilon}[\cos(\varepsilon t - \phi_0) - \cos\phi_0]\end{aligned} \tag{7-2-26}$$

通过表达式 (7-2-26) 可以得到回旋电子的有效相位角

$$\begin{aligned}\phi_{\text{eff}} =& \phi + k_z z = \frac{\Omega_e}{\gamma}t + \phi_0 - \frac{eE_0 v_{\perp 0}}{\gamma_0 m_e \omega}\left(\frac{\omega\Omega_e}{\gamma_0 c^2} - k_z^2\right) \\ &\times\left\{\frac{1}{\varepsilon^2}[\cos(\varepsilon t - \phi_0) - \cos\phi_0] - \frac{t}{\varepsilon}\sin\phi_0\right\} \\ &+ \frac{eE_0}{\gamma_0 m_e v_{\perp 0}\varepsilon}[\cos(\varepsilon t - \phi_0) - \cos\phi_0]\end{aligned} \tag{7-2-27}$$

利用回旋电子的有效相位角及速度垂直分量，对初始电场 E_0 进行泰勒展开，得到电子能量变化表达式如下：

$$\begin{aligned}\frac{\mathrm{d}}{\mathrm{d}t}\gamma =& \left[\frac{1}{2\varepsilon^2}\sin 2(\varepsilon t - \phi_0) - \frac{1}{\varepsilon^2}\sin(\varepsilon t - \phi_0)\cos\phi_0 - \frac{t}{\varepsilon}\sin(\varepsilon t - \phi_0)\sin\phi_0\right] \\ &\times\frac{e^2E_0^2 v_{\perp 0}^2}{\gamma_0 m_e^2 c^2 \omega}\left(\frac{\omega\Omega_e}{\gamma_0 c^2} - k_z^2\right) - \frac{e^2E_0^2}{\gamma_0 m_e^2 c^2 \varepsilon}\left[\frac{1}{2}\sin 2(\varepsilon t - \phi_0) - \sin(\varepsilon t - \phi_0)\cos\phi_0\right] \\ &- \frac{eE_0 v_{\perp 0}}{m_e c^2}\cos(\varepsilon t - \phi_0) + \frac{e^2E_0^2}{\gamma_0 m_e^2 c^2 \varepsilon}\left(1 - \frac{v_{\perp 0}^2}{c^2}\right) \\ &\times\left[\frac{1}{2}\sin 2(\varepsilon t - \phi_0) + \cos(\varepsilon t - \phi_0)\sin\phi_0\right]\end{aligned} \tag{7-2-28}$$

对式 (7-2-28) 在回旋相位角 2π 内进行积分，可以得到相对因子的平均变化量为

$$\left\langle \frac{\mathrm{d}}{\mathrm{d}t}\gamma \right\rangle_{\phi_0} = \frac{1}{2\pi}\int_0^{2\pi}\left(\frac{\mathrm{d}}{\mathrm{d}t}\gamma\right)\mathrm{d}\phi_0 = -\frac{e^2E_0^2v_{\perp 0}^2}{2\gamma_0 m_\mathrm{e}^2c^2\omega}\left(\frac{\omega\Omega_\mathrm{e}}{\gamma_0 c^2}-k_z^2\right)\times\left(\frac{\sin\varepsilon t}{\varepsilon^2}-\frac{t\cos\varepsilon t}{\varepsilon}\right) + \frac{e^2E_0^2}{\gamma_0 m_\mathrm{e}^2c^2}\left(1-\frac{v_{\perp 0}^2}{2c^2}\right)\frac{\sin\varepsilon t}{\varepsilon} \tag{7-2-29}$$

定义回旋电子器件的互作用效率为

$$\eta = \frac{-1}{\gamma_0-1}\int_0^t \left\langle \frac{\mathrm{d}}{\mathrm{d}t}\gamma \right\rangle_{\phi_0}\mathrm{d}t \tag{7-2-30}$$

结合表达式 (7-2-29) 和式 (7-2-30) 可得到互作用效率为

$$\eta_{\mathrm{lin}} = \frac{e^2E_0^2v_{\perp 0}^2}{\gamma_0(\gamma_0-1)m_\mathrm{e}^2c^2}\left[\frac{v_{\perp 0}^2}{\omega}\left(\frac{\omega^2}{c^2}-k_z^2\right)\times\left(\frac{2\sin^2\dfrac{\varepsilon t}{2}}{\varepsilon^2}-\frac{t\sin\varepsilon t}{2\varepsilon^2}\right) -2\left(1-\frac{v_{\perp 0}^2}{2c^2}\right)\frac{\sin^2\dfrac{\varepsilon t}{2}}{\varepsilon^2}\right] \tag{7-2-31}$$

在式 (7-2-31) 中第一项是通过电子运动方程得到的解，第二项是电子在回旋共振附近得到的。

$$\eta_{\mathrm{lin}} = \frac{\mathrm{e}^2E_0^2v_{\perp 0}^2}{\gamma_0(\gamma_0-1)m_\mathrm{e}^2c^2}\left[\frac{1}{24}\frac{v_{\perp 0}^2\varepsilon}{\omega}\left(\frac{\omega^2}{c^2}-k_z^2\right)t^4-2\left(1-\frac{v_{\perp 0}^2}{2c^2}\right)t^2\right],\quad |\varepsilon|t\ll 1 \tag{7-2-32}$$

从表达式 (7-2-31)、式 (7-2-32) 可知，ω^2/c^2 和 k_z^2 主要与角向群聚及轴向群聚相关，当 $\omega^2 \neq k_z^2c^2$ 时，在快波区域是角向群聚占优，而在慢波区域是轴向群聚占优；当这两种群聚效应相互抵消时，则不产生辐射，此时 $\omega^2/c^2 = k_z^2$。在下列条件下，将产生辐射与吸收。

$$\varepsilon(\omega^2/c^2-k_z^2)>0,\quad 辐射 \tag{7-2-33}$$

$$\varepsilon(\omega^2/c^2-k_z^2)<0,\quad 吸收 \tag{7-2-34}$$

3. 非线性互作用分析

在线性理论分析中，互作用效率是正比于 E_0^2 并且振荡幅度是无限增加的，这在实际中是不可能存在的，因为互作用效率在一定条件下就会趋于饱和，振荡辐

射的增加值也会趋于稳定，即在非线性互作用条件下，达到了效率饱和并且幅值趋于稳定。要定量地了解器件的互作用特性，必须对其非线性特性进行分析。

在非线性分析中，通常对参量进行归一化处理，得到无量纲参量。$\bar{t}=\omega t$, $\bar{v}=v/c$, $\bar{x}=x/\lambda$，$\bar{k}_z=k_z\lambda$，$\bar{\Omega}_{\mathrm{e}}=\Omega_{\mathrm{e}}/\omega$，$\bar{v}_{\mathrm{ph}}=\omega/(k_z c)$ 以及 $\bar{E}_0=E_0 e/(m_{\mathrm{e}}\omega c)$，在这些归一化的参量中，$\lambda=2\pi c/\omega$ 是自由空间波长。

$$\frac{\mathrm{d}}{\mathrm{d}\bar{t}}\bar{x}=\frac{\bar{v}}{2\pi} \tag{7-2-35}$$

$$\frac{\mathrm{d}}{\mathrm{d}\bar{t}}\bar{v}_{\perp}=-\frac{\bar{E}_0}{\gamma}\left(1-\bar{v}_{\perp}^2-\frac{\bar{v}_z}{\bar{v}_{\mathrm{ph}}}\right)\cos\left(\bar{t}-\frac{2\pi\bar{z}}{\bar{v}_{\mathrm{ph}}}-\phi\right) \tag{7-2-36}$$

$$\frac{\mathrm{d}}{\mathrm{d}\bar{t}}\phi=\frac{\bar{\Omega}_{\mathrm{e}}}{\gamma}-\frac{\bar{E}_0}{\gamma\bar{v}_{\perp}}\left(1-\frac{\bar{v}_z}{\bar{v}_{\mathrm{ph}}}\right)\sin\left(\bar{t}-\frac{2\pi\bar{z}}{\bar{v}_{\mathrm{ph}}}-\phi\right) \tag{7-2-37}$$

$$\frac{\mathrm{d}}{\mathrm{d}\bar{t}}\bar{v}_z=-\frac{\bar{E}_0\bar{v}_{\perp}}{\gamma}\left(\frac{1}{\bar{v}_{\mathrm{ph}}}-\bar{v}_z\right)\cos\left(\bar{t}-\frac{2\pi\bar{z}}{\bar{v}_{\mathrm{ph}}}-\phi\right) \tag{7-2-38}$$

通过对方程组式 (7-2-35)～式 (7-2-38) 的数值求解，就可以进行回旋电子与波相互作用的非线性分析，得到互作用效率、相位特性、动能变化特性及位置参量等物理量。在求解方程组之前，需要得到电子的初始能量 $\bar{\gamma}_0$，初始相速度 $\bar{v}_{\mathrm{ph}}$，静磁场 $\overline{\Omega}_{\mathrm{e}}$ 以及初始的高频电场 $\bar{E}_0$。

回旋电子的互作用效率主要取决于失谐参量、器件类型及工作参数，另一种提高器件工作效率的方法就是采用降压收集极。

4. 谐波互作用

在电子回旋脉塞器件中，由于工作频率越高，需要的引导磁场越强，所以为了降低对磁场系统的要求，通常采用谐波进行注–波互作用。圆柱波导中，TE 模式的角向电场分量写为

$$E_{\theta}=E_0\mathrm{J}_1(k_n r)\cos(\omega t-k_z z) \tag{7-2-39}$$

式中，J_1 表示一阶贝塞尔函数；$k_n=x_n/r_{\mathrm{w}}$，x_n 是 $\mathrm{J}_1(x)=0$ 的非零根，r_{w} 为波导半径；波的角频率由 $\omega=c\sqrt{(k_n^2+k_z^2)}$ 给出。确定瞬时相位角 ϕ、径向半径 r、导引中心位置 r_{c}、拉莫尔半径 r_{L} 、轴向速度 v_z 、横向速度 $v_{\perp}$，则回旋电子能量的变化可以表示为

$$\frac{\mathrm{d}}{\mathrm{d}t}\gamma=-\frac{eE_{\theta}v_{\perp}}{m_{\mathrm{e}}c^2}\cos\alpha=-\frac{eE_0 v_{\perp}}{m_{\mathrm{e}}c^2}\mathrm{J}_1(k_n r)\cos(\omega t-k_z z)\cos\alpha \tag{7-2-40}$$

其中，α 是电子速度垂直分量 $v_{\perp}$ 与 E_{θ} 方向的夹角。将电子的回旋半径 r 用回旋中心 r_{c}、拉莫尔半径 r_{L} 及 ϕ 表示为

$$r=\sqrt{r_{\mathrm{c}}^{2}+r_{\mathrm{L}}^{2}-2r_{\mathrm{c}}r_{\mathrm{L}}\cos\phi} \tag{7-2-41}$$

$$\cos\alpha=(r_{\mathrm{L}}-r_{\mathrm{c}}\cos\phi)/(r_{\mathrm{c}}^{2}+r_{\mathrm{L}}^{2}-2r_{\mathrm{c}}r_{\mathrm{L}}\cos\phi)^{1/2} \tag{7-2-42}$$

$$E_0\mathrm{J}_1(k_n r)\cos\alpha=-\frac{E_0}{k_n}\frac{\partial}{\partial r_{\mathrm{L}}}\mathrm{J}_0[k_n(r_{\mathrm{c}}^{2}+r_{\mathrm{L}}^{2}-2r_{\mathrm{c}}r_{\mathrm{L}}\cos\phi)^{1/2}] \tag{7-2-43}$$

并且将表达式 (7-2-43) 展开为无限次谐波之和，可以得到

$$E_0\mathrm{J}_1(k_n r)\cos\alpha=\sum_{s=0}^{\infty}E_{0s}\cos s\phi \tag{7-2-44}$$

在表达式 (7-2-44) 中，电场幅值 E_{0s} 可以通过下列积分得到

$$\begin{aligned}E_{0s}&=-\Gamma\frac{E_0}{k_n\pi}\frac{\partial}{\partial r_{\mathrm{L}}}\int_0^{\pi}\mathrm{J}_0[k_n(r_{\mathrm{c}}^{2}+r_{\mathrm{L}}^{2}-2r_{\mathrm{c}}r_{\mathrm{L}}\cos\phi)^{1/2}]\cos s\phi\mathrm{d}\phi\\&=-\Gamma E_0\mathrm{J}_s(k_n r_{\mathrm{c}})\mathrm{J}_s'(k_n r_{\mathrm{L}})\end{aligned} \tag{7-2-45}$$

在表达式 (7-2-45) 中，

$$\Gamma=\begin{cases}1, & s=0\\ 2, & s\neq 0\end{cases} \tag{7-2-46}$$

将电场的谐波分量 (7-2-44) 代入表达式 (7-2-40) 中，得到能量变化的表达式如下：

$$\begin{aligned}\frac{\mathrm{d}}{\mathrm{d}t}\gamma&=-\frac{ev_{\perp}}{m_{\mathrm{e}}c^2}\cos(\omega t-k_z z)\sum_{s=0}^{\infty}E_{0s}\cos s\phi\\&\cong-\frac{ev_{\perp}}{2m_{\mathrm{e}}c^2}\sum_{s=0}^{\infty}E_{0s}\cos(\omega t-k_z z-s\phi)\end{aligned} \tag{7-2-47}$$

在表达式 (7-2-47) 中忽略 $\cos(\omega t-k_z z+s\phi)$，因为该项与谐振分量无关。当满足式 (7-2-48) 条件时，电子与谐波将产生谐振：

$$\omega-k_z v_z\cong\frac{s\Omega_{\mathrm{e}}}{\gamma},\quad s>1 \tag{7-2-48}$$

从表达式 (7-2-48) 可以看出，利用电子注与谐波 $(s>1)$ 的相互作用，可以显著降低回旋器件的引导磁场。因此在高频率特别是在太赫兹频段，采用谐波与

回旋电子相互作用，是降低回旋磁场的有效途径，从而降低器件的研制成本。如图 7.2.3 为谐波互作用模型，采用该方法虽然可以降低引导磁场，但是谐波互作用的电子能量转换效率也会降低。因此在太赫兹频段，降低电子回旋器件的引导磁场以及提高器件的注–波互作用效率，是目前太赫兹回旋器件的重要研究方向。

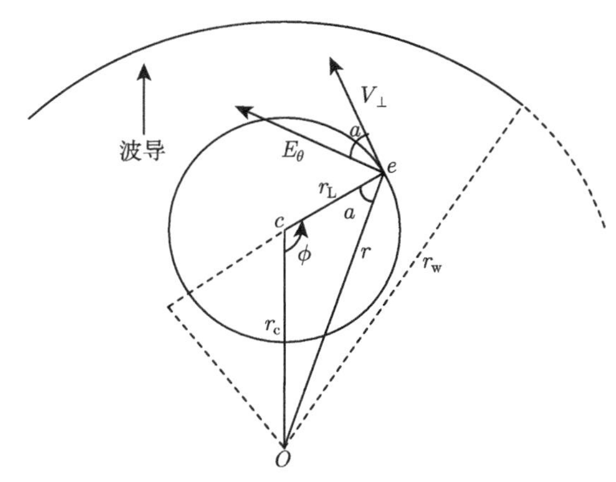

图 7.2.3 谐波互作用模型

5. 色散关系

线性弗拉索夫 (Vlasov) 方程及有源的电流场方程分别为

$$\frac{\partial}{\partial \mathrm{t}}f_1+\boldsymbol{v}\cdot\frac{\partial}{\partial \mathrm{t}}f_1-\frac{e}{c}\boldsymbol{v}\times\boldsymbol{B}_0\cdot\frac{\partial}{\partial p}f_1=e\left(\boldsymbol{E}_1+\frac{1}{c}\boldsymbol{v}\times\boldsymbol{B}_1\right)\cdot\frac{\partial}{\partial p}f_0 \qquad (7\text{-}2\text{-}49)$$

$$\nabla\times\nabla\times\boldsymbol{E}_1=-\frac{1}{c^2}\frac{\partial^2}{\partial t^2}\boldsymbol{E}_1-\frac{4\pi}{c^2}\frac{\partial}{\partial t}\boldsymbol{J}_1 \qquad (7\text{-}2\text{-}50)$$

表达式 (7-2-49)、式 (7-2-50) 中，$f_0, f_1, \boldsymbol{J}_1$ 分别表示归一化平衡态分布函数、扰动分布函数以及扰动电流，其中扰动电流

$$\boldsymbol{J}_1=-e\int f_1\boldsymbol{v}\mathrm{d}^3p \qquad (7\text{-}2\text{-}51)$$

求解线性弗拉索夫方程有两种方法：沿未扰轨道积分方法和积分变换方法。对于传播的电磁波而言，联合场 $\nabla\cdot\boldsymbol{E}=0$ 或者静态场 $\nabla\times\boldsymbol{E}=0$。在特殊情况下，考虑右旋极化电磁波

$$\boldsymbol{E}_1=\boldsymbol{E}_0(e_x+e_y)\exp(-\mathrm{i}\omega t+\mathrm{i}k_z z) \qquad (7\text{-}2\text{-}52)$$

$$\boldsymbol{B}_1=\frac{k_z c}{\omega}\boldsymbol{e}_z\times\boldsymbol{E}_1 \qquad (7\text{-}2\text{-}53)$$

联立求解式 (7-2-9)～式 (7-2-13) 可以得到

$$\omega^2-k_z^2c^2=-\pi\omega_{\rm pe}^2\int_0^{\infty}p_\perp{\rm d}p_\perp\int_{-\infty}^{\infty}{\rm d}p_z\times\frac{\left(\omega-\dfrac{k_zp_z}{\gamma m_{\rm e}}\right)p_\perp\dfrac{\partial f_0}{\partial p_\perp}+\dfrac{k_z}{\gamma m_{\rm e}}p_\perp^2\dfrac{\partial f_0}{\partial p_z}}{\gamma\omega-\dfrac{k_zp_z}{m_{\rm e}}-\Omega_{\rm e}} \tag{7-2-54}$$

其中，$\omega_{\rm pe}^2=4\pi n_0{\rm e}^2/m_{\rm e}$，$\Omega_{\rm e}=eB_0/(m_{\rm e}c)$，$\gamma=(1+p_\perp^2/(m_{\rm e}^2c^2)+p_z^2/(m_{\rm e}^2c^2))^{1/2}$。表达式 (7-2-54) 是在磁化等离子体中的特殊情况。对式中的 $p_z,p_\perp$ 进行积分得到

$$\begin{aligned}\omega^2-k_z^2c^2=&2\pi\omega_{\rm pe}^2\int_0^{\infty}p_\perp{\rm d}p_\perp\int_{-\infty}^{\infty}{\rm d}p_z\\&\times\frac{f_0}{\gamma}\left[\frac{\omega-\dfrac{k_zp_z}{\gamma m_{\rm e}}}{\omega-\dfrac{k_zp_z}{\gamma m_{\rm e}}-\dfrac{\Omega_{\rm e}}{\gamma}}-\frac{p_\perp^2(\omega^2-k_z^2c^2)}{2\gamma^2m_{\rm e}^2c^2\left(\omega-\dfrac{k_zp_z}{m_{\rm e}}-\dfrac{\Omega_{\rm e}}{\gamma}\right)^2}\right]\end{aligned} \tag{7-2-55}$$

在特殊情况下，假定平衡态分布函数：

$$f_0=\frac{1}{2\pi p_\perp}\delta(p_\perp-p_{\perp0})\delta(p_z) \tag{7-2-56}$$

在单能粒子状态的均匀分布条件下，考虑电子初速度为零，即

$$\boldsymbol{v}_z=0 \tag{7-2-57}$$

将表达式 (7-2-56) 和式 (7-2-57) 代入式 (7-2-55)，整理得到

$$\omega^2-k_z^2c^2=\frac{\omega_{\rm pe}^2}{\gamma_0}\left[\frac{\omega}{\omega-\Omega_{\rm e}/\gamma_0}+\frac{k_z^2v_{\perp0}^2(1-\omega^2/(k_z^2c^2))}{2(\omega-\Omega_{\rm e}/\gamma_0)^2}\right] \tag{7-2-58}$$

在表达式 (7-2-58) 中，$\gamma_0,v_{\perp0}$ 分别是 $\gamma,v_\perp$ 的初始值。在非相对论情况下，

$$\omega^2-k_z^2c^2=\omega_{\rm pe}^2\left[\frac{\omega}{\omega-\Omega_{\rm e}}+\frac{k_z^2v_{\perp0}^2}{2(\omega-\Omega_{\rm e})^2}\right] \tag{7-2-59}$$

当 $\omega_{\rm pe}=0$ 时，色散方程便化为 $\omega^2=c^2k_z^2$，即为在自由空间传播的平面电磁波。显然在一般情况下，无等离子体存在时，纵向磁场不会对平面电磁波有任何影响。

在通常情况下，求解色散方程主要在于得到 ω 与 k_z 的关系，即色散关系。在求解过程中，假定 $\omega=\omega_{\rm r}+{\rm i}\omega_{\rm i}$，其中 $\omega_{\rm r}$ 是角频率 ω 的实部，代表工作频率；而

ω_{i} 是 ω 的虚部，代表不稳定性增长，即增长率。在弱相对情况及稀薄等离子条件下，求解得到的色散曲线如图 7.2.4 所示，图 7.2.4(a) 和 (c) 右旋圆极化波中：$\omega/k_z > c$ 表示快波，$\omega/k_z < c$ 表示慢波。在满足回旋共振频率 $\omega \approx \Omega_{\mathrm{e}}/\gamma$ 时，将产生束–波不稳定性，通常用 ω_{i} 表示，图 7.2.4(b) 和 (d) 分别表示在相对论和非相对论情况下的不稳定性。

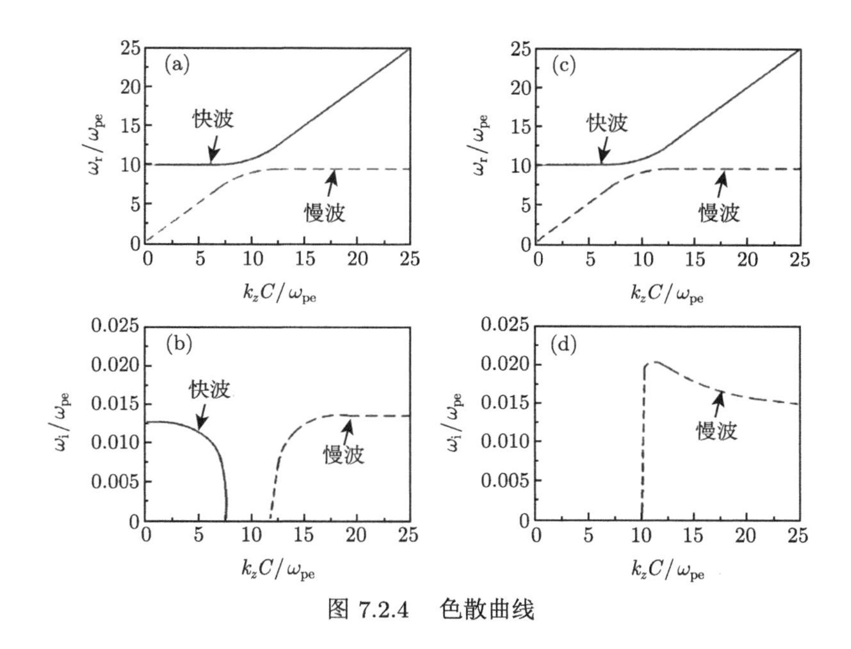

图 7.2.4　色散曲线

对于回旋振荡器中应用最多的轴对称谐振腔，在互作用腔内壁处的角向电场 $E_\phi = 0$，对于横向电场可以表示为电场的叠加

$$\boldsymbol{E}_\perp = \sum \boldsymbol{e}_\perp(R, \phi, z) W(z) \tag{7-2-60}$$

在表达式 (7-2-60) 中 $e_\perp$ 是根据标势 $\psi(R,\phi)$ 所得，$\psi(R,\phi)$ 可以表示为

$$\psi = C\mathrm{J}_m(x_{mp}R/R_{\mathrm{w}})\exp(-\mathrm{i}m\phi) \tag{7-2-61}$$

在“冷”状态下，谐振腔内部的横向电场可以表示为

$$\begin{cases} \boldsymbol{E}_r = \dfrac{\mathrm{i}m\boldsymbol{A}}{\rho}\mathrm{J}_m(\rho)\exp[\mathrm{i}(\omega t - m\phi)] \\ \boldsymbol{E}_\phi = \boldsymbol{A}\mathrm{J}'_m(\rho)\exp[\mathrm{i}(\omega t - m\phi)] \end{cases} \tag{7-2-62}$$

在表达式 (7-2-62) 中 $\rho = x_{mp}R/R_{\mathrm{w}}$，$\mathrm{J}'_m(x_{mp}) = 0$。在导引中心 $(R_{\mathrm{e}}, \phi_{\mathrm{e}})$ 并且以

r_{L} 为半径，则角向电场和轴向电场可以表示为

$$\left\{\begin{aligned}\boldsymbol{E}_r &= \mathrm{i}\boldsymbol{A}\exp(\mathrm{i}\omega t)\left.\sum_{n=-\infty}^{\infty}\mathrm{J}_{m-n}(\rho_0)\exp\left[-\mathrm{i}(m-n)\phi_0\right)\right]\frac{n\mathrm{J}_n(\rho_1)}{\rho_1}\exp(-\mathrm{i}n\phi)\\ \boldsymbol{E}_\phi &= \boldsymbol{A}\exp(\mathrm{i}\omega t)\left.\sum_{n=-\infty}^{\infty}\mathrm{J}_{m-n}(\rho_0)\exp\left[-\mathrm{i}(m-n)\phi_0\right)\right]\mathrm{J}_n'(\rho_1)\exp(-\mathrm{i}n\phi)\end{aligned}\right. \tag{7-2-63}$$

通过对上述基本原理的理解，可以进行回旋管注–波互作用系统的设计。

7.2.3　太赫兹回旋振荡器的设计

在回旋管中，电子源通常是通过磁控注入电子枪产生的，如图 7.2.5 所示，它产生的是环形电子注。为了提高注–波互作用效率，设计的电子枪发射的电子注速度垂直分量尽可能大，并且希望该方向的速度零散较小。磁控注入电子枪置于轴向对称磁场系统中，磁感应强度取决于压缩比。电子枪的设计通常采用设计软件进行，一般软件有 E-gun，Opera，CST 以及 Magic 等进行相关设计。

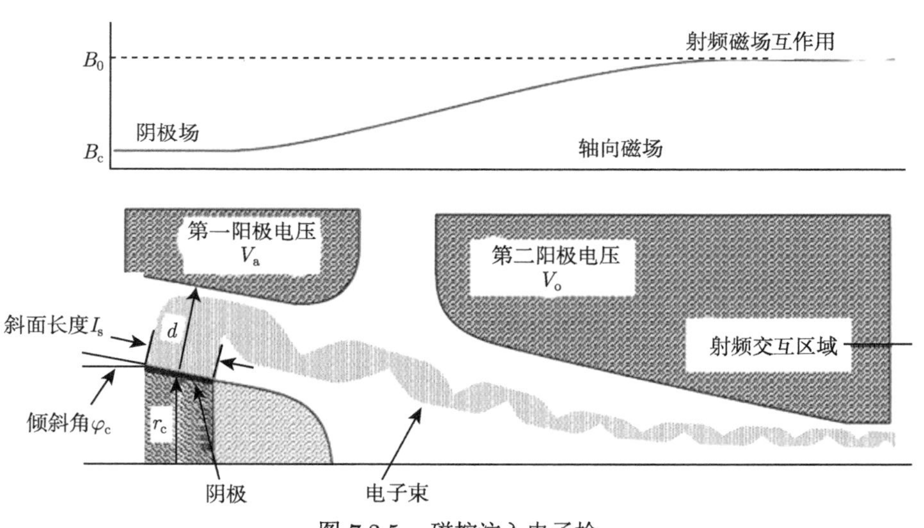

图 7.2.5　磁控注入电子枪

1. 电子枪初步设计

电子枪的设计主要包括以下几个重要参量。

(1) 电子能量 U_{b} 及相对论质量因子

$$\gamma_0 = 1 + \frac{U_{\mathrm{b}}}{511\mathrm{kV}} = \frac{1}{\sqrt{1-\beta_{\perp 0}^2-\beta_{z0}^2}} \tag{7-2-64}$$

(2) 电子注功率

$$P_{\text{beam}} = U_0 I_{\text{b}} \tag{7-2-65}$$

式中，U_0 和 I_{b} 分别表示电子注加速电压和电子注总电流。

(3) 电压降。由于空间电荷的作用，电子注沿腔壁方向将会产生一定的电压降，具体计算方式为

$$\Delta U_{\text{b}} = U_0 - U_{\text{b}} = \frac{60\Omega}{\beta_{z0}} \ln \frac{R_0}{R_{\text{e}}} \tag{7-2-66}$$

对于同轴腔体而言，插入内导体，其半径为 R_{i}，产生的电压降为

$$\Delta U_{\text{b}} = U_0 - U_{\text{b}} = \frac{60\Omega}{\beta_{z0}} \ln \frac{R_0}{R_{\text{e}}} \frac{\ln(R_{\text{e}}/R_{\text{i}})}{\ln(R_0/R_{\text{i}})} \tag{7-2-67}$$

式中，U_0 是加速电压；R_0 和 R_{e} 分别表示腔体半径以及导引中心的平均半径，其值大小由下式给出：

$$\begin{cases} R_0 = \dfrac{x_{m,q}\lambda}{2\pi} \\ R_{\text{e}} = \dfrac{x_{m\pm1,1}R_0}{x_{m,q}} = \dfrac{x_{m\pm1,1}\lambda}{2\pi} \end{cases} \tag{7-2-68}$$

式中，$x_{m,q}$ 是贝塞尔函数 $\text{J}'_m(x)$ 的第 q 次根，λ 是自由空间波长。

(4) 回旋角频率

$$\omega_{\text{c}} = \frac{eB_0}{m_{\text{e}}\gamma_0} \tag{7-2-69}$$

(5) 拉莫尔半径

$$r_{\text{L}0} = \frac{v_{\perp0}}{\omega_{\text{c}}} = 1.705\text{mm} \times \frac{\gamma_0 B_{\perp0}}{B(T)} \tag{7-2-70}$$

(6) 纵横速度比

$$\alpha = \frac{v_{\perp0}}{v_{z0}} \tag{7-2-71}$$

(7) 电子注厚度：在注–波互作用处，电子注厚度不能超过 $r_{\text{b}} = \lambda/8 + 2r_{\text{L}0}$。

(8) 压缩比

$$b = \frac{B_0}{B_{\text{c}}} \tag{7-2-72}$$

(9) 发射半径：根据 Busch 定理，阴极半径与电子注半径是相关的，并且满足

$$R_{\text{c}} = \sqrt{b}R_{\text{e}} \tag{7-2-73}$$

发射半径厚度可以估算为

$$\Delta R_{\text{c}} = \sqrt{b}\Delta R_{\text{e}} \tag{7-2-74}$$

(10) 发射长度：发射长度 l_s 由阴极几何结构以及发射电流密度所决定

$$I_b = (2\pi R_c l_s) J_c \tag{7-2-75}$$

其中，J_c 是发射电流密度。

(11) 阴极电场

$$\gamma_0 v_{\perp 0} = \sqrt{b}\gamma_c v_{\perp c} = \frac{\sqrt{b}E_c \cos\phi_c}{B_c} \tag{7-2-76}$$

其中，ϕ_c 是阴极倾斜角，得到阴极电场

$$E_c = \frac{B_0 \gamma_0 v_{\perp 0}}{b^{3/2}\cos\phi_c} \tag{7-2-77}$$

(12) 阴极与阳极之间距离

$$d = R_c \frac{r_{L0} D_f \mu}{\cos\phi_c} \tag{7-2-78}$$

式中，D_f 是阴极阳极间距因子，通常情况下 $D_f \geqslant 2$；$\mu = 1/\sqrt{(r_{g0}/r_{L0})^2 - 1}$，这里 r_{g0} 是高频场互作用处的导引半径。

(13) 电压降和电流限制：在回旋管中，对束流品质有重要影响的是空间电荷效应，环形电子注在传输过程中产生电压降

$$\Delta\phi_b = \frac{IZ_0}{2\pi\beta_z} \frac{B\Delta}{2R_e} \tag{7-2-79}$$

其中，Δ 是环形电子注的厚度，R_e 是电子注半径。在传输过程中，导致的能散是

$$\Delta\gamma_0 = \frac{\Delta\phi_b}{m_e c^2} \tag{7-2-80}$$

由于电压降的原因，必须考虑电流限制

$$I_L = \frac{(511\text{kV}/60\Omega) \cdot I_{\max}^2}{\ln(R_0/R_e)} \tag{7-2-81}$$

$$I_{\max}^* = \gamma_0 \left[1 - \left(1 - \beta_{z0}^2\right)^{1/3}\right]^{3/2} \tag{7-2-82}$$

2. 电子注半径和起振电流

在回旋管设计过程中，尽可能地使电子注与高频场充分耦合，从而实现高效率的注–波互作用。通常采用注–波耦合系数规范电子注半径的选择，其耦合系数定义为 $C_{BF} = C_{mp}^2 k_{mp}^2 \cdot \mathrm{J}_{m\pm s}^2(k_{mp}Re)$，并且满足下列条件

$$\mathrm{J}_{m\pm s}^{2}\left(k_{mp}Re\right)<\mathrm{J}_{m-s}^{2}\left(k_{mp}Re\right),\quad \text{平行波激励} \tag{7-2-83}$$

$$\mathrm{J}_{m\pm s}^{2}\left(k_{mp}Re\right)>\mathrm{J}_{m-s}^{2}\left(k_{mp}Re\right),\quad \text{反向波激励} \tag{7-2-84}$$

起振电流是关乎振荡器能否起振的一种重要物理量，定义如下：

$$I_{\text{start}}=\left(\frac{1}{U_{\text{c}}}\frac{\mathrm{d}\eta}{\mathrm{d}P_{\text{out}}}\bigg|_{P_{\text{out}}=0}\right)^{-1} \tag{7-2-85}$$

式中，U_{c} 是加速电压，$\mathrm{d}\eta/\mathrm{d}P_{\text{out}}$ 定义如下：

$$\frac{\mathrm{d}\eta}{\mathrm{d}P_{\text{out}}}=\frac{\mathrm{d}\eta}{\mathrm{d}F^{2}}\frac{1}{2}\frac{Q}{\omega\varepsilon_{0}}\left[\left(\frac{e}{m_{\text{e}}c^{2}}\right)\frac{k_{mp}C_{mp}G_{mp}}{\beta_{z0}}\right]^{2}\cdot\frac{1}{\int\left|\hat{f}\right|^{2}\mathrm{d}z} \tag{7-2-86}$$

对于任意次谐波的起振电流可以表示为

$$\frac{-1}{I_{\text{start}}}=\left(\frac{QZ_{0}e}{8\gamma_{0}m_{\text{e}}c^{2}}\right)\left(\frac{\pi}{\lambda}\int_{0}^{L}\left|\hat{f}\left(z\right)\right|^{2}\mathrm{d}z\right)^{-1}\cdot\left(\frac{k_{mp}C_{mp}G_{mp}}{\beta_{z0}\left(s-1\right)!}\right)^{2}$$

$$\cdot\left(\frac{ck_{mp}\gamma_{0}\beta_{\perp0}}{2\Omega_{0}}\right)^{2(s-1)}\cdot\left(s+\frac{1}{2}\frac{\omega\beta_{\perp0}^{2}}{v_{z0}}\frac{\partial}{\partial\Delta_{\text{s}}}\right)\cdot\left|\int_{0}^{L}\hat{f}\left(z\right)\mathrm{e}^{\mathrm{i}\Delta_{\text{s}}z}\mathrm{d}z\right| \tag{7-2-87}$$

式中，

$$\Delta_{\text{s}}z=\frac{\omega}{v_{z0}}\left(1-\frac{s\Omega_{0}\left(z\right)}{\omega\gamma_{0}}\right) \tag{7-2-88}$$

其中，s 表示谐波次数；$\hat{f}\left(z\right)$ 表示归一化场型，当为高斯场分布 $\hat{f}\left(z\right)=\exp[-(2z/L-1)^{2}]$ 时，得到

$$\left|\int_{0}^{L}\hat{f}\left(z\right)\mathrm{e}^{\mathrm{i}\Delta_{\text{s}}z}\mathrm{d}z\right|^{2}\approx\frac{L^{2}\pi}{4}\exp\left[-\frac{\left(\Delta_{\text{s}}L\right)^{2}}{8}\right] \tag{7-2-89}$$

3. 170GHz 回旋管设计实例

以 RF 输出功率 2MW、工作频率为 170GHz 的回旋管为例 [49−52]，简要介绍同轴回旋管设计和测试过程。因为同轴的存在实际上可以消除压降和限制电流的限制，并且通过对衍射质量因子的选择，可以减少模式竞争的问题。表 7.2.1 列出了同轴腔回旋管设计的主要参数。

4. 基本参数与结构描述

通过表 7.2.1 的设计参数对 2MW、170GHz 的同轴腔回旋管的设计如图 7.2.6 所示。其中，收集极处接地，通过放置一个陶瓷环使之与管体绝缘。

表 7.2.1　同轴腔回旋管设计参数

工作模式	$TE_{34,19}$
频率 f/GHz	170
RF 输出功率 P_{out}/MW	2
磁场 B_{cav}/T	6.87
加速电压 U_{acc}/kV	90
电子束电流 I_b/A	75
速度比 α	1.3
平均发射半径 R_{cath}/mm	约 60
发射极电流密度 j_e/(A/cm^2)	约 4.3
光束半径 R_b/mm	10.2
空腔半径 R_{cav}/mm	29.55
P_{out} 处峰值损失 (20°，理想铜)	0.96

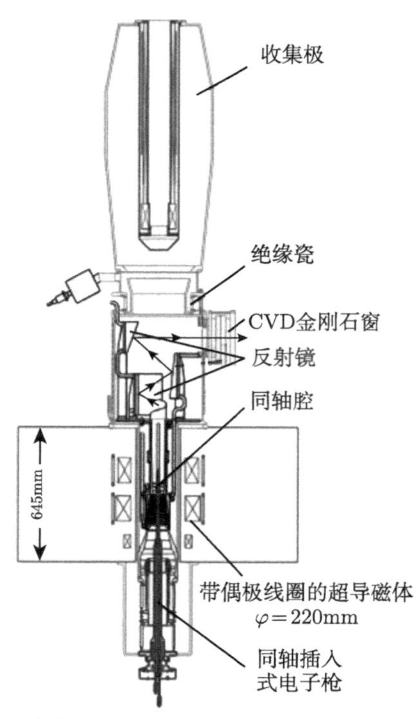

图 7.2.6　同轴腔回旋管整体设计

RF 脉冲长度通常为 1ms，重复频率为 1Hz。在束电流 $I_b = 84A$ 的情况下，最大射频输出功率达到 $P_{out} = 2.2MW$，效率输出为 28%。当射频输出功率 $P_{out} = 1.5MW$ 时，测试最大输出效率 30%(不使用降压收集极)。在使用单级降压收集极时，通过施加一个负延迟电压 $U_{coll} = -34kV$，整体效率从 30%提高到 48%。脉冲长度延长到大约 17ms，同轴插入的 I_{ins} 突然上升。实验研究和数值模拟表明，这种现象是由阴极与同轴插入件之间的彭宁 (Penning) 放电引起。通过修改几何结构，可以避免电子的捕获条件，从而可以排除由彭宁放电发生而导致的高压性能退化。在工作条件下，腔体周围的机械振动振幅小于 0.03mm。这个值与稳定的长脉冲运行的要求是兼容的。

5. 回旋管结构设计

1) 电子枪设计

电子枪的示意图如图 7.2.7 所示，在 $I_b = 75A$ 时，发射电流密度约为 $4.2A/cm^2$。

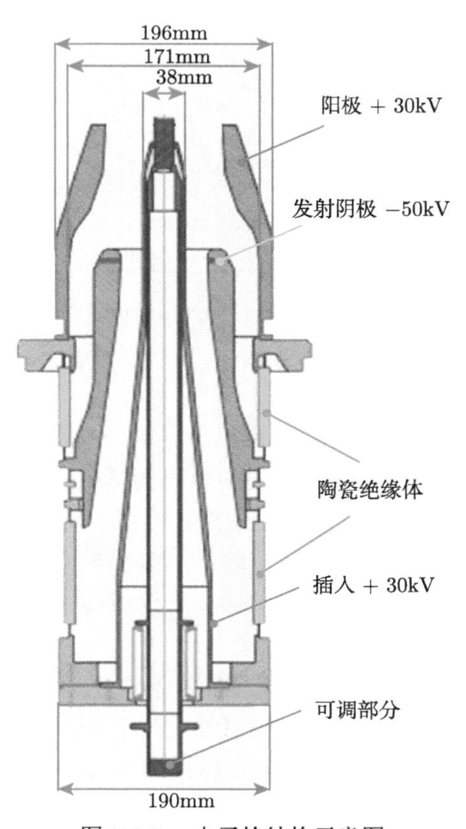

图 7.2.7 电子枪结构示意图

同轴插入件是水冷的，在运行条件下可以调整其位置。在设计阴极体的底部和插入件的几何结构时需要注意避免电子捕获。

在 $I_{\rm b}\approx 1{\rm A}/17{\rm A}$ 时，脉冲长度延长到 100ms/40ms，但没有显示枪内发生铅化放电的任何迹象。稳定运行，达到 $I_{\rm b}\approx 80{\rm A}, U_{\rm c}\approx 80{\rm kV}$。测量到电流低于束电流的 0.1%，与之前的实测结果一致。

2) 互作用电路设计

W7-X 回旋管同轴谐振腔的几何形状如图 7.2.8 所示。厚度为 1.85mm 的 CVD 金刚石窗用于传输 170GHz 的 2MW 微波功率，大约吸收 0.6kW 的功率，其正切损耗为 2×10^{-5} (目前的技术水平)，采用直径 $\geqslant$ 220mm 的超导磁体。

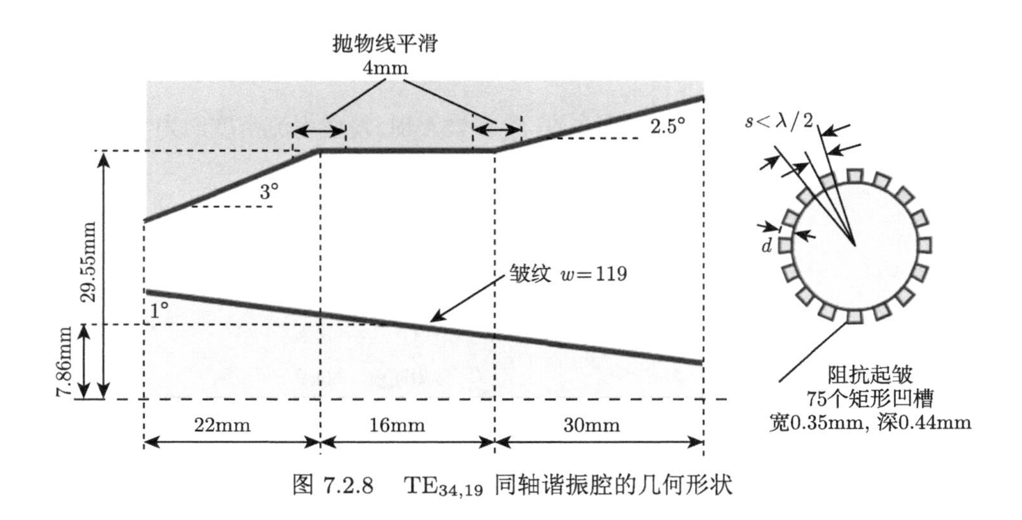

图 7.2.8　$\rm TE_{34,19}$ 同轴谐振腔的几何形状

3) 超导磁场设计

超导磁体的磁场分布和参数应符合以下条件：磁体将有一个直径为 220mm 的热钻孔，阴极位置与磁场最大值之间的距离为 380mm 左右。超导磁体由一对主线圈、一个抗压线圈和两个小枪线圈组成，可在一定范围内灵活调节枪区磁场。此外，铌钛技术可用于超导线圈。除了螺线管线圈外，超导磁体还将配备一组偶极子线圈，可用于在工作条件下对同轴插入进行对准。

4) 输出设计

图 7.2.9 为射频输出系统的原理图。主要由发射装置和三个反射镜组成，在该射频输出系统中，损耗相比光滑发射器值有所降低，并且损耗可以降低至 5%～ 6%。但是这个值所对应的微波损耗仍旧有 100kW 左右，所以需要通过有效方式降低杂散辐射的振幅，既可以通过镜盒内冷却良好的微波吸收表面，也可以通过有效的释放出口。除此之外，为了避免器件由杂散微波功率损耗产

生的过热，对于光束隧道和绝缘陶瓷散热性要有充分的考量。可以采用厚度为 $5\lambda/2 = 1.852\text{mm}$ 的单层 CVD 金刚石窗传输功率为 2MW 的微波，在窗口上会损失大约 880W 的功率。可以通过对 CVD 金刚石窗边缘进行水冷以消除热量负荷。

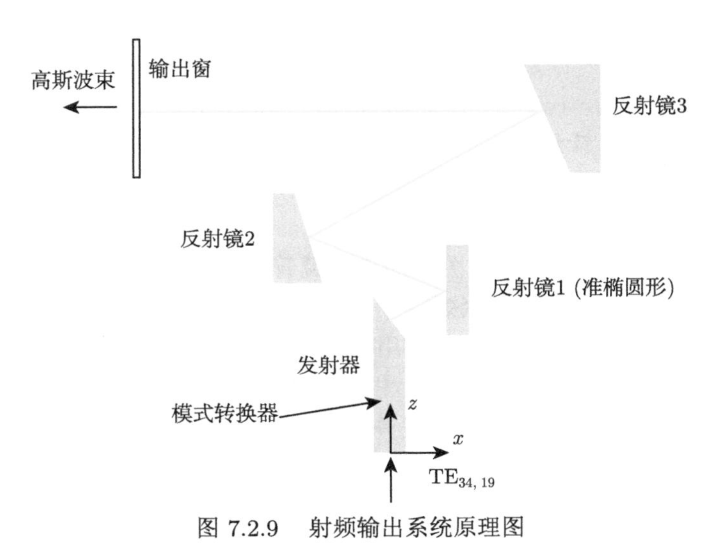

图 7.2.9 射频输出系统原理图

5) 收集极设计

当输出功率达到 $P_{\text{out}} = 2.2\text{MW}$ 时，效率输出为 28%。为了提高器件效率，可采用单级降压收集极，图 7.2.10 为降压收集极模型，在连续波运行时能够有效耗散 2.3MW 功率。对收集极表面的功率分布进行了改进，在内径 600mm 时可消耗功率达 3MW。

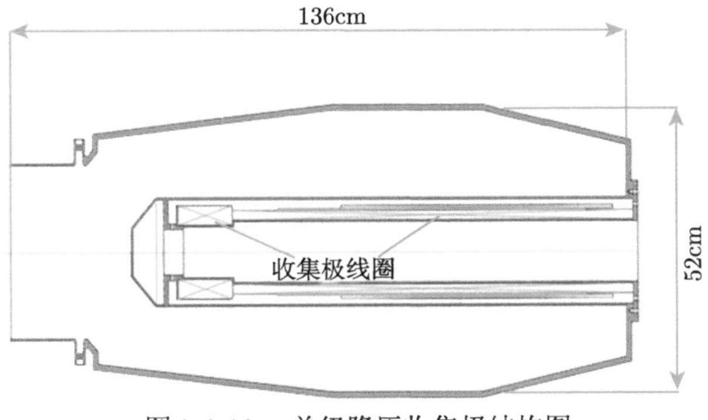

图 7.2.10 单级降压收集极结构图

7.3　太赫兹回旋管放大器

7.3.1　放大器基本原理

高功率毫米波及太赫兹源在电磁频谱对抗领域具有重要的价值，回旋管放大器 [53,54] 具有高功率和宽带特性，是一种具有重要应用前景的高功率电磁波源。目前回旋管放大器主要有回旋行波管 (gyro-TWT)、回旋速调管 (gyro-klystron) 和回旋行波速调管 (gyro-twystron) 三种类型，但国外在应用中基本以回旋速调管为主。回旋速调管功率大、效率和增益高、磁场装置紧凑，性能比较稳定，在高功率雷达、电子战系统以及下一代直线对撞机、高梯度加速器中都具有重要的应用前景。

图 7.3.1 为放大器结构示意图，回旋速调管以电子回旋谐振受激辐射为机理，同时又利用了速调管的多腔群聚效应。采用磁控注入式电子枪，电子注角向群聚和换能机制与回旋振荡管类似。互作用系统是由两个或者多个分离的谐振腔组成的，第一个腔输入微波信号，使电子注产生初始的角向群聚，接着穿过截止区继续群聚，之后进入输出腔通过注–波互作用换能，使电子注的横向能量转换成高频能量，然后通过输能窗输出被放大的微波信号。输出腔前可加中间谐振腔，以加强群聚、提高增益。

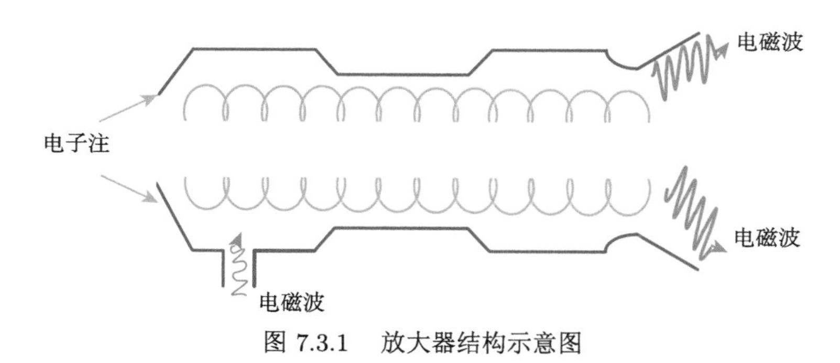

图 7.3.1　放大器结构示意图

7.3.2　回旋放大器的互作用电路分析

1. 电路方程 [53−55]

考虑一个半径为 r_{w} 的无损圆形波导，它以圆柱坐标系的 z 轴为对称轴。真空波导的圆极化 TE_{mn} 模式具有以下色散关系：

$$\omega^2 - k_z^2c^2 - k_{mn}^2c^2 = 0 \tag{7-3-1}$$

场分量

$$B_z = \hat{B}_z \mathrm{J}_m\left(k_{mn}r\right)\exp\left[-\mathrm{i}\left(\omega t - k_z z - m\theta\right)\right] \tag{7-3-2a}$$

$$B_r = \frac{\mathrm{i}k_z}{k_{mn}}\hat{B}_z \mathrm{J}'_m(k_{mn}r)\exp[-\mathrm{i}(\omega t - k_z z - m\theta)] \tag{7-3-2b}$$

$$B_\theta = \frac{-k_z m}{k_{mn}^2 cr}\hat{B}_z \mathrm{J}_m(k_{mn}r)\exp[-\mathrm{i}(\omega t - k_z z - m\theta)] \tag{7-3-2c}$$

$$E_r = \frac{-\omega m}{k_{mn}^2 cr}\hat{B}_z \mathrm{J}_m(k_{mn}r)\exp[-\mathrm{i}(\omega t - k_z z - m\theta)] \tag{7-3-2d}$$

$$E_\theta = \frac{-\mathrm{i}\omega}{k_{mn}c}\hat{B}_z \mathrm{J}'_m(k_{mn}r)\exp[-\mathrm{i}(\omega t - k_z z - m\theta)] \tag{7-3-2e}$$

其中，$\hat{B}_z$ 是一个复数；m 为整数；k_z 是传播常数；$k_{mn} = x_{mn}/r_\omega(z)$，这里 x_{mn} 是 $\mathrm{J}_m(x)$ 第 n 个根。

电路方程包括对表达式 (7-3-1) 的电子束和壁损耗。对于大多数实际感兴趣的情况，增加的条件与表达式 (7-3-1) 中的条件相比较小。因此，它们可以作为扰动单独添加到表达式 (7-3-1) 中。采用源电流 $\boldsymbol{J}$，麦克斯韦方程给出

$$\nabla^2 \boldsymbol{B} - \frac{1}{c^2}\frac{\partial^2}{\partial t^2}\boldsymbol{B} = -\frac{4\pi}{c}\nabla \times \boldsymbol{J} \tag{7-3-3}$$

其中，$\boldsymbol{B}$ 是波磁场。取表达式 (7-3-3) 中的 z 分量代替表达式 (7-3-2a) 中的 B_z，可以得到

$$\left(\frac{\omega^2}{c^2} - k_z^2 - k_{mn}^2\right)B_z = -\frac{4\pi}{c}\left[\frac{1}{r}\frac{\partial}{\partial r}(rJ_\theta) - \frac{\mathrm{i}m}{r}J_\mathrm{r}\right] \tag{7-3-4}$$

在表达式 (7-3-4) 的等式两端同时积分 $\int_0^{r_\mathrm{w}} r\mathrm{d}r\mathrm{J}_m(k_{mn}r)\int_0^{2\pi}\mathrm{d}\theta\exp(-\mathrm{i}m\theta)$ 可以得到

$$\begin{aligned}&\left(\frac{\omega^2}{c^2} - k_z^2 - k_{mn}^2\right)\hat{B}_z\exp[-\mathrm{i}(\omega t - k_z z)]\pi r_\mathrm{w}^2\mathrm{J}_m(x_{mn})\left(1 - \frac{m^2}{x_{mn}^2}\right)\\&= -\frac{4\pi}{c}\int_0^{2\pi}\mathrm{d}\theta\exp(-\mathrm{i}m\theta)\int_0^{r_\mathrm{w}}\mathrm{d}r\left[\mathrm{J}_m(k_{mn}r)\cdot\frac{\partial}{\partial r}(rJ_\theta) - \mathrm{i}m\mathrm{J}_m(k_{mn}r)J_r\right]\\&= -\frac{4\pi\mathrm{i}}{\omega}k_{mn}^2\int_0^{2\pi}\mathrm{d}\theta\exp(-\mathrm{i}m\theta)\int_0^{r_\mathrm{w}}r\mathrm{d}r\cdot\left[\frac{\mathrm{i}\omega}{k_{mn}c}\mathrm{J}'_m(k_{mn}r)J_\theta - \frac{m\omega}{k_{mn}^2 cr}\mathrm{J}_m(k_{mn}r)J_r\right]\end{aligned} \tag{7-3-5}$$

将表达式 (7-3-2d) 和式 (7-3-2e) 代入式 (7-3-5) 得到

$$\left(\frac{\omega^2}{c^2} - k_z^2 - k_{mn}^2\right)\hat{B}_z = -\frac{4\mathrm{i}k_{mn}^2}{\omega r_\mathrm{w}^2\hat{B}_z^* K_{mn}}\int_0^{r'_\mathrm{w}} r\mathrm{d}r\int_0^{2\pi}\mathrm{d}\theta J\cdot E^* \tag{7-3-6}$$

其中，$K_{mn}=\mathrm{J}_m^2(x_{mn})\left(1-m^2/x_{mn}^2\right)$。表达式 (7-3-6) 中重积分的实部给出了电子注的时间平均功率。现在可以通过表达式 (7-3-7) 的代换代入 k_{mn}^2 来减少势垒损失的影响：

$$k_{mn}^2 \to k_{mn}^2\left[1-(1+\mathrm{i})\left(1+\frac{m^2}{x_{mn}^2-m^2}\frac{\omega^2}{\omega_\mathrm{c}^2}\right)\frac{\delta}{r_\mathrm{w}}\right] \tag{7-3-7}$$

其中，$\omega_\mathrm{c}=k_{mn}C$ 为无损波导的截止频率。δ 是导电壁的趋肤深度 (不可渗透的 $\delta=1$)。表达式 (7-3-7) 对所有的波频率都是适用的，包括 $\omega=\omega_\mathrm{c}$。表达式 (7-3-6) 和式 (7-3-7) 构成回旋行波管的电路方程。

将式 (7-3-2) 代入式 (7-3-3) 的过程中，忽略电子注加载对空间结构、波场以及空间电荷效应的影响，当这影响是合理范围内的时候是可行的。电磁波的主要影响是通过表达式 (7-3-6) 传递一个小的额外的数值到 ω 和 k_z，如果对于 k_z 某些实数值，ω 具有正虚数部分，它代表对流不稳定性 (波放大) 或绝对不稳定性 (自振荡)。

2. 电子注动力学方程

电子注动力学方程由相对论弗拉索夫方程给出：

$$\frac{\partial}{\partial t}f+\boldsymbol{v}\cdot\frac{\partial}{\partial x}f-e\left[\boldsymbol{E}+\frac{1}{c}\boldsymbol{v}\times(B_0\boldsymbol{e}_z+\boldsymbol{B})\right]\cdot\frac{\partial}{\partial p}f=0 \tag{7-3-8}$$

其中，$B_0\boldsymbol{e}_z$ 是施加的均匀磁场；$\boldsymbol{E}$ 和 $\boldsymbol{B}$ 由表达式 (7-3-2) 给出；$f(x,p,t)$ 为电子注分布函数，令 $f(x,p,t)=f_0(x,p)+f_i(x,p,t)$，并做小信号假设：

$$\begin{cases} f_1 \ll f_0 \\ \boldsymbol{E},\boldsymbol{B} \ll \boldsymbol{B}_0 \end{cases} \tag{7-3-9}$$

从方程 (7-3-8) 得到了一个 0 次方程的平衡函数 f_0 和一个扰动的线性方程 f_1

$$\frac{\mathrm{d}}{\mathrm{d}t}f_0(x,p)=0 \tag{7-3-10}$$

$$\frac{\mathrm{d}}{\mathrm{d}t}f_1(x,p,t)=e\left(\boldsymbol{E}+\frac{1}{c}\boldsymbol{v}\times\boldsymbol{B}\right)\cdot\frac{\partial}{\partial p}f_0 \tag{7-3-11}$$

其中，

$$\frac{\mathrm{d}}{\mathrm{d}t}\equiv\frac{\partial}{\partial t}+\boldsymbol{v}\cdot\frac{\partial}{\partial x}-\frac{e}{c}\boldsymbol{v}\times B_0\boldsymbol{e}_z\cdot\frac{\partial}{\partial p} \tag{7-3-12}$$

表达式 (7-3-12) 给出了观测到的仅受磁场 B_0 影响的电子轨道的变化率。任何由运动常数构成的均匀磁场 B_{0z} 的平衡分布函数都可由表达式 (7-3-10) 给出。

这种运动常数是电子与磁场垂直与平行的动量 ($p_\perp$ 和 p_z) 和电子引导的径向位置 r 中心 (图 7.3.2 中的 B 点)。因此，f_0 可以写成

$$f_0 = f_0\left(r_{\rm c}, p_\perp, p_z\right) \tag{7-3-13}$$

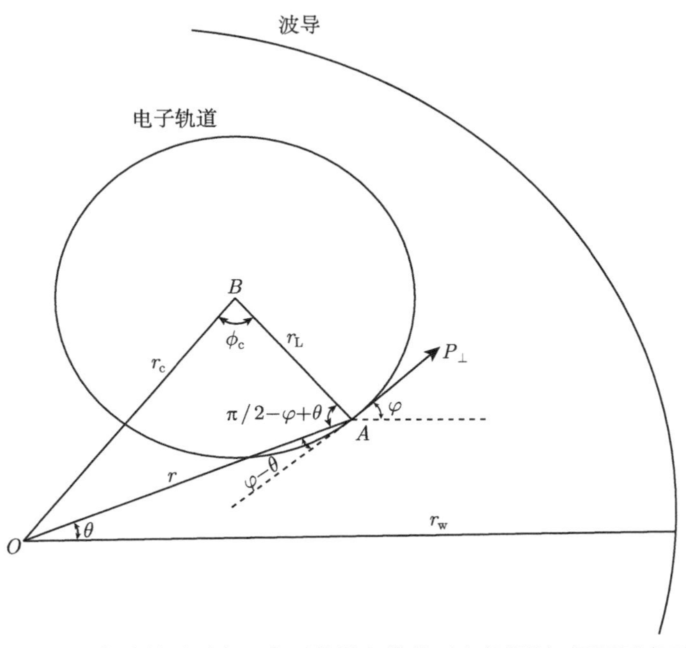

图 7.3.2 在波导平面上，电子轨道在横截面上的投影 (用圆圈表示)

由表达式 (7-3-13) 表示的 f_0 可以方便地将电子束空间和电子束速度扩散的影响结合到色散关系中。参考图 7.3.2 中三角形 OAB，可以用坐标 $x(r,\theta,z)$ 和 $p(p_\perp,\phi,p_z)$ 来表示 $r_{\rm c}$:

$$r_{\rm c} = \left[r^2 + r_{\rm L}^2 - 2rr_{\rm L}\sin(\phi-\theta)\right]^{1/2} \tag{7-3-14}$$

其中，$r_{\rm L}$ 是电子的拉莫尔半径:

$$r_{\rm L} = p_\perp/(m_{\rm e}\Omega_{\rm e}) \tag{7-3-15}$$

表达式 (7-3-15) 中的 $\Omega_{\rm e}$ 为静止质量电子回旋角频率:

$$\Omega_{\rm e} = eB_0/(m_{\rm e}c) \tag{7-3-16}$$

或者将表达式 (7-3-14) 写成

$$r_{\mathrm{c}}=\left(r_{\mathrm{L}}^{2}-2P_{\theta}/(m_{\mathrm{e}}\Omega_{\mathrm{e}})\right)^{1/2} \tag{7-3-17}$$

其中，$P_{\theta}=\gamma m_{\mathrm{e}}rv_{\theta}-\dfrac{1}{2}eB_{0}r^{2}/c$，$\gamma=\left[1+\left(p_{\perp}^{2}+p_{z}^{2}\right)/(m_{\mathrm{e}}^{2}c^{2})\right]^{1/2}$。

因为直流电流并没有向波中输入能量，所以可以忽略直流电流。扰动的电子束电流 J 可以由 f_1 给出：

$$\boldsymbol{J}=-e\int f_{1}\boldsymbol{v}\mathrm{d}^{3}p \tag{7-3-18}$$

因此，式 (7-3-6) 中的双重积分可以写成

$$\int_{0}^{r_{\mathrm{w}}}r\mathrm{d}r\int_{0}^{2\pi}\mathrm{d}\theta J\cdot E^{*}=-e\int_{0}^{r_{\mathrm{w}}}r\mathrm{d}r\int_{0}^{2\pi}\mathrm{d}\theta\int_{0}^{\infty}p_{\perp}\mathrm{d}p_{\perp}\int_{0}^{2\pi}\mathrm{d}\phi\int_{0}^{\infty}\mathrm{d}p_{z}f_{1}v\cdot E^{*} \tag{7-3-19}$$

表达式 (7-3-11) 中的 v 和 $\partial f_0/\partial p$ 可以表示如下：

$$v=p/(\gamma m_{\mathrm{e}})=\left(p_{\perp}e_{\perp}+p_{z}e_{z}\right)/(\gamma m_{\mathrm{e}}) \tag{7-3-20}$$

$$\frac{\partial f_{0}}{\partial p}=\frac{\partial f_{0}}{\partial p_{\perp}}\boldsymbol{e}_{\perp}+\frac{1}{p_{\perp}}\frac{\partial f_{0}}{\partial \phi}\boldsymbol{e}_{\phi}+\frac{\partial f_{0}}{\partial p_{z}}\boldsymbol{e}_{z} \tag{7-3-21}$$

式中，$\boldsymbol{e}_{\perp}=\cos(\phi-\theta)\,\boldsymbol{e}_{r}+\sin(\phi-\theta)\,\boldsymbol{e}_{\theta}$ 是一个单位向量；$\boldsymbol{p}_{\perp}$ 和 $\boldsymbol{e}_{\phi}=-\sin(\phi-\theta)\,\boldsymbol{e}_{r}+\cos(\phi-\theta)\,\boldsymbol{e}_{\theta}$ 分别是垂直于 $\boldsymbol{e}_{\perp}$ 和 $\boldsymbol{e}_{z}$ 的单位向量。将表达式 (7-3-20) 和式 (7-3-21) 代入表达式 (7-3-11)，可以得到

$$\begin{aligned}\frac{\mathrm{d}}{\mathrm{d}t}f_{1}=&e\Bigg\{E_{r}\cos(\phi-\theta)+E_{\theta}\sin(\phi-\theta)\\&+\frac{P_{z}}{\gamma m_{\mathrm{e}}c}\cdot\left[B_{r}\sin(\phi-\theta)-B_{\theta}\cos(\phi-\theta)\right]\Bigg\}\frac{\partial f_{0}}{\partial p_{\perp}}\\&+\frac{ep_{\perp}}{\gamma m_{\mathrm{e}}c}\left[B_{\theta}\cos(\phi-\theta)-B_{r}\sin(\phi-\theta)\right]\frac{\partial f_{0}}{\partial p_{z}}\\&+e\Bigg\{-E_{r}\sin(\phi-\theta)+E_{\theta}\cos(\phi-\theta)\\&+\frac{p_{z}}{\gamma m_{\mathrm{e}}c}\left[B_{\theta}\sin(\phi-\theta)+B_{r}\cos(\phi-\theta)\right]-B_{z}\frac{p_{z}}{\gamma m_{\mathrm{e}}c}\Bigg\}\frac{1}{p_{\perp}}\frac{\partial f_{0}}{\partial \phi}\end{aligned} \tag{7-3-22}$$

表达式 (7-3-22) 的右侧，是一个关于时间的复杂函数，现在将这个复杂函数简化成易于整合计算的形式。首先将表达式 (7-3-2d) 和表达式 (7-3-2e) 代入 E_r 和 E_θ

得到

$$
\begin{aligned}
&E_r\cos(\phi-\theta)+E_\theta\sin(\phi-\theta)\\
=&-\frac{\omega}{k_{mn}}\hat{B}_z\exp[-\mathrm{i}\,(\omega t-k_z z-m\theta)]\cdot\frac{m}{k_{mn}r}\mathrm{J}_m\,(k_{mn}r)\cos(\phi-\theta)\\
&+\mathrm{i}\mathrm{J}_m'\,(k_{mn}r)\sin(\phi-\theta)\\
=&-\frac{\omega}{2k_{mn}c}\hat{B}_z\exp[-\mathrm{i}\,(\omega t-k_z z-m\theta)]\cdot\{\mathrm{J}_{m+1}\,(k_{mn}r)\exp[-\mathrm{i}(m+1)(\phi-\theta)]\}
\end{aligned}
\tag{7-3-23}
$$

表达式 (7-3-23) 中使用了贝塞尔恒等式

$$
\mathrm{J}_m'(x)=\frac{1}{2}\left[\mathrm{J}_{m-1}(x)-\mathrm{J}_{m+1}(x)\right] \tag{7-3-24a}
$$

$$
\mathrm{J}_m(x)=\frac{x}{2m}\left[\mathrm{J}_{m-1}(x)+\mathrm{J}_{m+1}(x)\right] \tag{7-3-24b}
$$

应用贝塞尔函数求和定理 (图 7.3.3)

$$
\exp(\pm\mathrm{i}n\theta_1)\mathrm{J}_n\,(x_1)=\sum_{q=-\infty}^{\infty}\mathrm{J}_{n+q}\,(x_2)\,\mathrm{J}_q\,(x_3)\exp(\pm\mathrm{i}q\theta_2) \tag{7-3-25}
$$

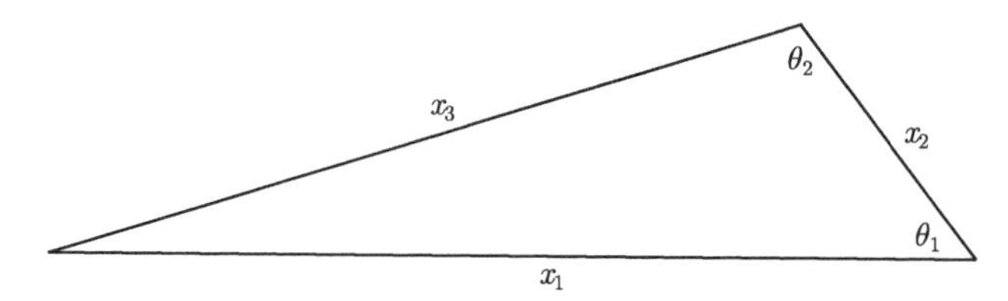

图 7.3.3 贝塞尔函数求和定理的变量几何表示

利用图 7.3.2 中的三角形 OAB 和表达式 (7-3-24)，可以得到

$$
\begin{aligned}
&E_r\cos(\phi-\theta)+E_\theta\sin(\phi-\theta)\\
=&-\mathrm{i}\frac{\omega}{k_{mn}c}\hat{B}_z\exp\left[-\mathrm{i}\left(\omega t-k_z z-m\phi+\frac{m}{2}\pi\right)\right]\\
&\cdot\sum_q\mathrm{J}_q\,(k_{mn}r_\mathrm{c})\,\mathrm{J}_{m+q}'\,(k_{mn}r_\mathrm{L})\exp(\mathrm{i}q\phi_\mathrm{c})
\end{aligned}
\tag{7-3-26}
$$

其中，ϕ_c 是电子回旋的相位角，在图 7.3.2 中可以被表示为

$$\phi_{\mathrm{c}}=\arctan^{-1}\frac{r\cos(\phi-\theta)}{r_{\mathrm{L}}-r\sin(\phi-\theta)} \tag{7-3-27}$$

于是得到

$$\sin\phi_{\mathrm{c}}=\frac{r\cos(\phi-\theta)}{r_{\mathrm{c}}} \tag{7-3-28}$$

$$\cos\phi_{\mathrm{c}}=\frac{r_{\mathrm{L}}-r\sin(\phi-\theta)}{r_{\mathrm{c}}} \tag{7-3-29}$$

同样道理，可以获得表达式 (7-3-22) 的其余分量

$$\begin{aligned}&B_r\sin(\phi-\theta)-B_\theta\cos(\phi-\theta)\\&=\mathrm{i}\frac{k_z}{k_{mn}}\hat{B}_z\exp\left[-\mathrm{i}\left(\omega t-k_z z-m\phi+\frac{1}{2}m\pi\right)\right]\cdot\sum_q \mathrm{J}_q\left(k_{mn}r_{\mathrm{c}}\right)\mathrm{J}'_{m+q}\left(k_{mn}r_{\mathrm{L}}\right)\exp(\mathrm{i}q\phi_{\mathrm{c}})\end{aligned} \tag{7-3-30}$$

$$\begin{aligned}&-E_r\sin(\phi-\theta)+E_\theta\cos(\phi-\theta)\\&=\frac{\omega}{k_{mn}c}\hat{B}_z\exp\left[-\mathrm{i}\left(\omega t-k_z z-m\phi+\frac{1}{2}m\pi\right)\right]\\&\quad\cdot\sum_q\frac{m+q}{k_{mn}r_{\mathrm{L}}}\mathrm{J}_q\left(k_{mn}r_{\mathrm{c}}\right)\mathrm{J}_{m+q}\left(k_{mn}r_{\mathrm{L}}\right)\exp(\mathrm{i}q\phi_{\mathrm{c}})\end{aligned} \tag{7-3-31}$$

$$\begin{aligned}&B_\theta\sin(\phi-\theta)+B_r\cos(\phi-\theta)\\&=-\frac{k_z}{k_{mn}}\hat{B}_z\exp\left[-\mathrm{i}\left(\omega t-k_z z-m\phi+\frac{1}{2}m\pi\right)\right]\\&\quad\cdot\sum_q\frac{m+q}{k_{mn}r_{\mathrm{L}}}\mathrm{J}_q\left(k_{mn}r_{\mathrm{c}}\right)\mathrm{J}_{m+q}\left(k_{mn}r_{\mathrm{L}}\right)\exp(\mathrm{i}q\phi_{\mathrm{c}})\end{aligned} \tag{7-3-32}$$

$$B_z=\hat{B}_z\exp\left[-\mathrm{i}\left(\omega t-k_z z-m\phi+\frac{1}{2}m\pi\right)\right]\cdot\sum_q \mathrm{J}_q\left(k_{mn}r_{\mathrm{c}}\right)\mathrm{J}_{m+q}\left(k_{mn}r_{\mathrm{L}}\right)\exp(\mathrm{i}q\phi_{\mathrm{c}}) \tag{7-3-33}$$

表达式 (7-3-22) 以 r，θ，z，$p_\perp$，ϕ，p_z 的坐标表示，如果将极坐标 r_{c} 和 θ_{c} 转换成在式 (7-3-14) 和式 (7-3-27) 中定义的引导中心坐标，代数方程将大大简化。表达式 (7-3-22) 中的波场已经用 r_{c} 和 θ_{c} 进行表示。为了完成式 (7-3-22) 的转换，必须将 f_0 视为 $r_{\mathrm{c}},p_\perp,p_z$ 的显函数而非 $p_\perp,\phi,p_z$ 的函数。这可以通过表达式 (7-3-14)、式 (7-3-15) 与式 (7-3-28) 通过以下方法实现：

$$\begin{aligned}
&\frac{\partial}{\partial p_\perp} f_0\left(p_\perp, \phi, p_z\right) \\
=&\frac{\partial}{\partial p_\perp} f_0\left(r_{\rm c}, p_\perp, p_z\right)+\frac{\partial r_{\rm c}}{\partial p_\perp} \frac{\partial}{\partial r_{\rm c}} f_0\left(r_{\rm c}, p_\perp, p_z\right) \\
=&\frac{\partial}{\partial p_\perp} f_0\left(r_{\rm c}, p_\perp, p_z\right)+\frac{r_{\rm L}-r \sin (\phi-\theta)}{m_{\rm e} \varOmega_{\rm e} r_{\rm c}} \cdot \frac{\partial}{\partial r_{\rm c}} f_0\left(r_{\rm c}, p_\perp, p_z\right) \\
=&\frac{\partial}{\partial p_\perp} f_0\left(r_{\rm c}, p_\perp, p_z\right)+\frac{1}{2 m_{\rm e} \varOmega_{\rm c}}\left(\exp \left({\rm i} \phi_{\rm c}\right)+\exp \left(-{\rm i} \phi_{\rm c}\right)\right) \cdot \frac{\partial}{\partial r_{\rm c}} f_0\left(r_{\rm c}, p_\perp, p_z\right)
\end{aligned} \tag{7-3-34}$$

$$\begin{aligned}
\frac{1}{p_\perp} \frac{\partial}{\partial \phi} f_0\left(p_\perp, \phi, p_z\right) &=\frac{1}{p_\perp} \frac{\partial r_{\rm c}}{\partial \phi} \frac{\partial}{\partial r_{\rm c}} f_0\left(r_{\rm c}, p_\perp, p_z\right) \\
&=-\frac{r r_{\rm L} \cos (\phi-\theta)}{p_\perp r_{\rm c}} \frac{\partial}{\partial r_{\rm c}} f_0\left(r_{\rm c}, p_\perp, p_z\right) \\
&=\frac{\rm i}{2 m_{\rm e} \varOmega_{\rm e}}\left[\exp \left({\rm i} \phi_{\rm c}\right)-\exp \left(-{\rm i} \phi_{\rm c}\right)\right] \frac{\partial}{\partial r_{\rm c}} f_0\left(r_{\rm c}, p_\perp, p_z\right)
\end{aligned} \tag{7-3-35}$$

将表达式 (7-3-26)、式 (7-3-30)～式 (7-3-33) 代入式 (7-3-22)，定义 $s=m+q$，并以 s 替换 q 的求和，利用式 (7-3-24)，可以得到

$$\frac{\rm d}{{\rm d}t} f_1=-{\rm i} \frac{e \hat{B}_z}{k_{mn} c} \sum_s F_s\left(r_{\rm c}, p_\perp, p_z\right) \cdot \exp \left\{-{\rm i}\left[\omega t-k_z z-m \phi-(s-m) \phi_{\rm c}+\frac{1}{2} m \pi\right]\right\} \tag{7-3-36}$$

$$\begin{aligned}
F_s\left(r_{\rm c}, p_\perp, p_z\right)=&{\rm J}_{s-m}\left(k_{mn} r_{\rm c}\right) {\rm J}_s'\left(k_{mn} r_{\rm L}\right)\left[\left(\omega-\frac{k_z p_z}{\gamma m_{\rm e}}\right) \frac{\partial f_0}{\partial p_\perp}+\frac{k_z p_\perp}{\gamma m_{\rm e}} \frac{\partial f_0}{\partial p_z}\right] \\
&-\frac{1}{m_{\rm e} \varOmega_{\rm e}}\left\{{\rm J}_{s-m}'\left(k_{mn} r_{\rm c}\right) {\rm J}_s\left(k_{mn} r_{\rm L}\right)\left(\omega-\frac{k_z p_z}{\gamma m_{\rm e}}\right)\right. \\
&-\frac{k_{mn} p_\perp}{2 \gamma m_{\rm e}} \cdot\left[{\rm J}_{s-m-1}\left(k_{mn} r_{\rm c}\right) {\rm J}_{s-1}\left(k_{mn} r_{\rm L}\right)\right. \\
&\left.\left.-{\rm J}_{s-m+1}\left(k_{mn} r_{\rm c}\right) {\rm J}_{s+1}\left(k_{mn} r_{\rm L}\right)\right]\right\} \frac{\partial f_0}{\partial r_{\rm c}}
\end{aligned} \tag{7-3-37}$$

在表达式 (7-3-37) 中，f_0 被视为 $r_{\rm c}, p_\perp, p_z$ 的显函数。由于表达式 (7-3-36) 中唯一与时间有关的部分出现在指数中，所以 f_1 可以被写成

$$f_1=-{\rm i} \frac{e \widehat{\boldsymbol{B}}_z}{k_{mn} c} \sum_s F_s\left(r_{\rm c}, p_\perp, p_z\right) \exp (-(1/2) {\rm i} m \pi)$$

$$\cdot \int_{-\infty}^{t} \mathrm{d}t' \exp\left\{-\mathrm{i}\left[\omega t' - k_z z\left(t'\right) \ -m\phi\left(t'\right) - (s-m)\phi_{\mathrm{c}}\left(t'\right)\right]\right\} \tag{7-3-38}$$

其中，积分将沿如下给出的未受扰动的电子轨道进行，称为未扰轨道法：

$$\begin{cases} z\left(t'\right) = z + v_z\left(t'-t\right) \\ \phi\left(t'\right) = \phi + \dfrac{\Omega_{\mathrm{e}}}{\gamma}\left(t'-t\right) \\ \phi_{\mathrm{c}}\left(t'\right) = \phi_{\mathrm{c}} + \dfrac{\Omega_{\mathrm{e}}}{\gamma}\left(t'-t\right) \end{cases} \tag{7-3-39}$$

经过对 t' 积分后，表达式 (7-3-38) 变换为

$$f_1 = \frac{e\hat{B}_z}{k_{mn}c}\sum_s F_s\left(r_{\mathrm{c}}, p_{\perp}, p_z\right) \cdot \frac{\exp\left\{-\mathrm{i}\left[\omega t - k_z z - m\phi - (s-m)\phi_{\mathrm{c}} + (1/2)m\pi\right]\right\}}{\omega - k_z v_z - s\Omega_{\mathrm{e}}/\gamma} \tag{7-3-40}$$

7.3.3　色散关系

回到表达式 (7-3-19)，可以写出

$$\begin{aligned} \boldsymbol{v} \cdot \boldsymbol{E}^* &= \frac{p_{\perp}}{\gamma m_{\mathrm{e}}}\left[E_r^* \cos(\phi-\theta) + E_\theta^* \sin(\phi-\theta)\right] \\ &= \mathrm{i}\frac{p_{\perp}\omega\hat{B}_2^*}{\gamma m_{\mathrm{e}} k_{mn} c}\sum_q \exp\left[\mathrm{i}\left(\omega t - k_z z - m\phi - q\phi_{\mathrm{c}} + \frac{1}{2}m\pi\right)\right] \\ &\quad \cdot \mathrm{J}_q\left(k_{mn}r_{\mathrm{c}}\right)\mathrm{J}'_{m+q}\left(k_{mn}r_{\mathrm{L}}\right) \end{aligned} \tag{7-3-41}$$

对于表达式 (7-3-26)，结合表达式 (7-3-14) 与式 (7-3-28)、式 (7-3-29)，表达式 (7-3-26) 可以写成

$$\int_0^{r_{\mathrm{w}}} r\mathrm{d}r \int_0^{2\pi} \mathrm{d}\phi = \int_0^{r_{\mathrm{c}}^{\max}} r_{\mathrm{c}}\mathrm{d}r_{\mathrm{c}} \int_0^{2\pi} \mathrm{d}\phi_{\mathrm{c}} \tag{7-3-42}$$

其中，$r_{\mathrm{c}}^{\max}$ 是使电子束电子不拦截势垒的最低的引导中心位置，即 $r_{\mathrm{c}} + r_{\mathrm{L}} < r_{\mathrm{w}}$。将式 (7-3-40)～ 式 (7-3-42) 代入式 (7-3-19) 的右边，注意到，只有 $q = s - m$ 项在 ϕ_{c} 积分中留下来，可以得到

$$\begin{aligned} &\int_0^{r_{\mathrm{w}}} r\mathrm{d}r \int_0^{2\pi} \mathrm{d}\theta J \cdot E^* \\ &= -\mathrm{i}\frac{4\pi^2 \mathrm{e}^2 \omega \left|B_z\right|^2}{m_{\mathrm{e}} k_{mn}^2 c^2} \int_0^{r_{\mathrm{c}}^{\max}} r_{\mathrm{c}}\mathrm{d}r_{\mathrm{c}} \cdot \int_0^{\infty} p_{\perp}\mathrm{d}p_{\perp} \int_{-\infty}^{\infty} \mathrm{d}p_z \end{aligned}$$

$$\cdot \sum_{s=-\infty}^{\infty} F_s\left(r_{\mathrm{c}}, p_{\perp}, p_z\right) \cdot \frac{p_{\perp} \mathrm{J}_{s-m}\left(k_{mn} r_{\mathrm{c}}\right) \mathrm{J}_s'\left(k_{mn} r_{\mathrm{L}}\right)}{\gamma\left(\omega-k_z v_z-s \Omega_{\mathrm{e}} / \gamma\right)}$$

$$=\mathrm{i} \frac{4 \pi^2 \mathrm{e}^2 \omega\left|B_z\right|^2}{m_{\mathrm{e}} k_{mn}^2 c^2} \int_0^{r_{\mathrm{c}}^{\max}} r_{\mathrm{c}} \mathrm{d} r_{\mathrm{c}} \int_0^{\infty} p_{\perp} \mathrm{d} p_{\perp} \int_{-\infty}^{\infty} \mathrm{d} p_z \frac{f_0}{\gamma}$$

$$\cdot \sum_{s=-\infty}^{\infty}\left[\frac{-\beta_{\perp}^2\left(\omega^2-k_z^2 c^2\right) H_{sm}\left(k_{mn} r_{\mathrm{c}}, k_{mn} r_{\mathrm{L}}\right)}{\left(\omega-k_z v_z-s \Omega_{\mathrm{e}} / \gamma\right)^2}\right.$$

$$\left.\cdot\left(\omega-k_z v_z\right) T_{sm}\left(k_{mn} r_{\mathrm{c}}, k_{mn} r_{\mathrm{L}}\right)+\frac{-k_{mn} v_{\perp} U_{sm}\left(k_{mn} r_{\mathrm{c}}, k_{mn} r_{\mathrm{L}}\right)}{\omega-k_z v_z-s \Omega_{\mathrm{e}} / \gamma}\right] \tag{7-3-43}$$

用表达式 (7-3-37) 代替最后一个等式，对于 F_s 中的一部分进行冗长积分整合

$$H_{sm}(x, y)=\mathrm{J}_{s-m}^2(x) \mathrm{J}_s'^2(y) \tag{7-3-44}$$

$$T_{sm}(x, y)=2 H_{sm}(x, y)+y \mathrm{J}_s'(y) \cdot\left\{2 J_{s-m}^2(x) \mathrm{J}_s''(y)-\mathrm{J}_s(y)\right.$$

$$\left.\cdot\left[\frac{1}{x} J_{x-m}(x) \mathrm{J}_{s-m}'(x)+\mathrm{J}_{s-m}'^2(x)+\mathrm{J}_{s-m}(x) \mathrm{J}_{s-m}'(x)\right]\right\} \tag{7-3-45}$$

$$U_{sm}(x, y)=-\frac{1}{2} y \mathrm{J}_s'(y)\left\{\mathrm{J}_{s-1}(y) \cdot\left[\mathrm{J}_{s-m-1}^2(x)-\mathrm{J}_{s-m}^2(x)\right]\right.$$

$$\left.+\mathrm{J}_{s+1}(y)\left[\mathrm{J}_{s-m+1}^2(x)-\mathrm{J}_{s-m}^2(x)\right]\right\} \tag{7-3-46}$$

为了得到色散关系式的最终表达式，用表达式 (7-3-43) 替换表达式 (7-3-6)，并用式 (7-3-7) 中的表达式代替式 (7-3-6) 中左侧的 k_{mn}^2，结果是

$$D\left(\omega, k_z\right)=\frac{\omega^2}{c^2}-k_z^2-k_{mn}^2\left[1-(1+\mathrm{i}) \cdot\left(1+\frac{m^2}{x_{mn}^2-m^2} \frac{\omega^2}{\omega_{\mathrm{c}}^2}\right) \frac{\delta}{r_{\mathrm{w}}}\right]$$

$$-\frac{16 \pi^2 \mathrm{e}^2}{m_{\mathrm{e}} c^2 r_{\mathrm{w}}^2 K_{mn} \gamma_0} \int_0^{\gamma_{\mathrm{w}}^{\max}} \gamma_{\mathrm{c}} \mathrm{d} r_{\mathrm{c}} \int_0^{\infty} p_{\perp} \mathrm{d} p_{\perp} \int_{-\infty}^{\infty} \mathrm{d} p_z \frac{f_0}{\gamma}$$

$$\cdot \sum_{s=-\infty}^{\infty}\left[\frac{-\beta_{\perp}^2\left(\omega^2-k_z^2 c^2\right) \cdot H_{sm}\left(k_{mn} r_{\mathrm{c}}, k_{mn} r_{\mathrm{L}}\right)}{\left(\omega-k_z v_z-s \Omega_{\mathrm{e}} / \gamma\right)^2}\right.$$

$$\left.+\frac{\left(\omega-k_z v_z\right) T_{sm}\left(k_{mn} r_{\mathrm{c}}, k_{mn} r_{\mathrm{L}}\right)-k_{mn} v_{\perp} U_{sm}\left(k_{mn} r_{\mathrm{c}}, k_{mn} r_{\mathrm{L}}\right)}{\omega-k_z v_z-s \Omega_{\mathrm{e}} / \gamma}\right]$$

$$=0 \tag{7-3-47}$$

作为表达式 (7-3-47) 的验证，观察到无损均匀截面和无限长度的波导在轴向移动的所有参考系中具有恒定的相对速度。这符合表达式 (7-3-47) 在极限 $\delta \to 0$ 的洛伦兹变换下是不变的。等式 (7-3-47) 也适用于潘尼放大器中电子引导中心的径向位移起主导作用的情况。

在这一点上，对现有的分析和以前的分析进行比较是非常有意义的。在一些回旋行波管和回旋单腔管的分析中，表达式 (7-3-22) 中的 $\partial f_0/\partial \phi$ 项被忽略了。这是一个对回旋振荡管的良好近似，但是不适用于潘尼管。关于回旋行波管的其他工作，回旋单腔管和回旋速调管已包含 $\partial f_0/\partial \phi$ 项。

对于可能在截止频率附近振荡的器件，必须在截止频率附近包含有效的损失项。对于扩展为零的导向中心项，有

$$f_0 = \frac{N_{\rm b}}{2\pi r_{\rm c0}}\delta\left(r_{\rm c} - r_{\rm c0}\right) g\left(p_\perp, p_z\right) \tag{7-3-48}$$

其中，$N_{\rm b}$ 是单位轴向长度的电子数，$g\left(p_\perp, p_z\right)$ 是根据 $\int_0^\infty 2\pi p_\perp {\rm d}p_\perp \int_{-\infty}^\infty {\rm d}p_z g(p_\perp, p_z) = 1$ 归一化的结果。

对于冷腔，有

$$g\left(p_\perp, p_z\right) = \frac{1}{2\pi p_{\perp 0}}\delta\left(p_\perp - p_{\perp 0}\right)\delta\left(p_z - p_{z0}\right) \tag{7-3-49}$$

对于具有高斯扩散的单能束电子平行速度，将 $g(p_t, p_z)$ 表示为

$$g\left(p_\perp, p_z\right) = A\delta\left(\gamma - \gamma_0\right)\exp\left[\frac{-\left(p_z, p_{z0}\right)^2}{2\left(\Delta p_z\right)^2}\right] \tag{7-3-50}$$

其中，A 是归一化常数，如果 $\Delta p_z < p_{z0}$，那么 Δp_z 大约是 p_z 与平均值的标准差。没有导向中心传播的冷电子束 p_{z0}，表达式 (7-3-43) 将变为

$$\begin{aligned} D\left(\omega, k_z\right) = & \frac{\omega^2}{c^2} - k_z^2 - k_{mn}^2\left[1 - (1+{\rm i})\cdot\left(1 + \frac{m^2}{x_{mn}^2 - m^2}\frac{\omega^2}{\omega_{\rm c}^2}\right)\frac{\delta}{r_{\rm w}}\right] \\ & - \frac{4N_{\rm b}{\rm e}^2}{m_{\rm e}c^2 r_{\rm w}^2 K_{mn}\gamma_0}\cdot\left[\frac{-\beta_{\perp 0}^2\left(\omega^2 - k_z^2c^2\right)\cdot H_{sm}\left(k_{mn}r_{\rm c0}, k_{mn}r_{\rm L0}\right)}{\left(\omega - k_z v_{z0} - s\Omega_{\rm e}/\gamma_0\right)^2}\right. \\ & \left. + \frac{\left(\omega - k_z v_{z0}\right)T_{sm}\left(k_{mn}r_{\rm c0}, k_{mn}r_{\rm L0}\right) - k_{mn}v_{\perp 0}U_{sm}\left(k_{mn}r_{\rm c0}, k_{mn}r_{\rm L0}\right)}{\omega - k_z v_{z0} - s\Omega_{\rm e}/\gamma_0}\right] \end{aligned} \tag{7-3-51}$$

其中，$\gamma_0 = \left[1 + \left(p_{\perp 0}^2 + p_{z0}^2\right)/\left(m_{\rm e}^2c^2\right)\right]^{1/2}$，$\beta_{\perp 0} = p_{\perp 0}/(\gamma_0 m_{\rm e}c)$，$r_{\rm L0} = p_{\perp 0}/(m_{\rm e}\Omega_{\rm e})$，$v_{z0} = p'_{z0}/(\gamma_0 m_{\rm e})$。

7.3.4 放大器中振荡抑制方法

在行波管放大器中，抑制反射振荡方式主要有截断器和分布损耗电路两种方式 [55−57]。反射振荡在行波结构中很常见，在常规行波管实际结构中，这种反馈回路可以通过截断器很容易消除。绝对不稳定性，相对于常规行波管，在回旋行波管中更为严重，与反射振荡根本性不同，因为与绝对不稳定性相关的返向波是由交流电子束电流内部产生的。通过设置截断衰减器，将慢波结构分成两段，利用电子束作用，使得两段进行耦合，形成内部电路，使得隔离的两段慢波结构形成一个有效的慢波结构。

同样地，具有分布壁损失的相互作用结构被证明在振荡方面是有效的。损耗分布在大部分线性相互作用区域，像截断器一样，切断了反射反馈回路的路径。然而，与截断器不同的是，分布损耗电路是线性放大阶段的一个组成部分。对于绝对不稳定的主要返向功率流，损耗段能够有效地吸收能量，有效抑制绝对不稳定性。

1. 截断器

防止振荡是放大器设计中一个重要考虑因素，特别是在高增益条件下。行波管通常采用截断器有效地抑制返波，从而切断了反馈路径，该路径是由输入/输出不匹配引起的全反射振荡的原因。然而，在一定情况下，严重反射仍可以触发单个截面的局部振荡。因此，每个部分的增益需要受到限制 (通常为 20dB)，通过叠加更多的部分来叠加增益。因为在前一节中获得的增益大部分保留在嵌入电子束的交流信号中，即使被放大的波被截断器完全吸收。当电子束进入下一个区域时，波很快就会恢复。因此，对于放大器而言，所有截面都是一个完整的相互作用结构。

为了抵消放大器中的绝对不稳定性，并防止反射振荡 [57]，采用两段分离的相互作用结构，如图 7.3.4(b) 所示。位于中间的截断器对冷回路有 30dB 的衰减，它显著地将 TE_{21} 振荡阈值提高，但是阈值仍然太低，无法在大功率束流下稳定运行。因此该方法依然无法完全解决严重的绝对不稳定性，这种不稳定性即使作为谐波加速，其不稳定性也会持续存在，因此还需要另一种解决方法。

2. 利用分布式衰减壁实现稳定

由于功率流离开 (而不是进入) 截断器，因此截断在阻止第一部分返波振荡方面可能不太有效。两个部分之间的弱耦合可以进一步降低振荡阈值。因此可以设想使用两部分相互作用结构，其壁损失沿第一部分的整个长度分布 (见图 7.3.4(c))。衰减壁和铜导体分别构成线性和非线性阶段。与截断器类似，衰减部分切断了反射反馈环路。与截断器相比，它也是一个放大阶段，分布式损耗仅在振幅较小的区域吸收放大波。然而，对于绝对不稳定的主要向后的功率流，它起到有效的能量汇聚的作用。

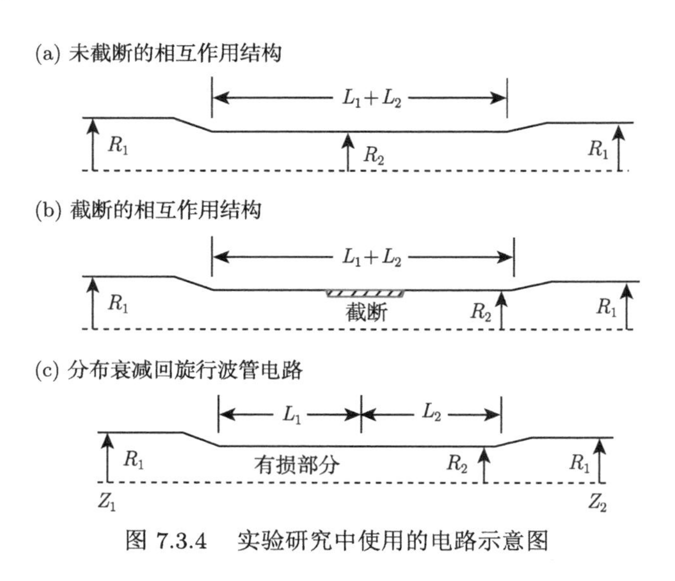

图 7.3.4　实验研究中使用的电路示意图

7.3.5　一种超高增益方案

作为线性放大器和振荡稳定器的衰减部分的成功试验表明了超高增益 [38,54,58,59] 操作方案的可行性。在该方案中，使衰减部分足够长以便提供所需的增益，同时将铜的部分约束到最小长度以增加绝对不稳定性的阈值。另一方面，观察到当 $I_b > 3A$ 时，TE_{11} 振荡需要更加注意稳定性问题。进一步理论研究表明，三种类型的振荡与分布损耗结构有关，如图 7.3.5(a) 和 (b) 所示。除了由输入/输出端的反射引起的全局振荡 (图 7.3.5(c)) 和 TE_{21} 的绝对不稳定性 (图 7.3.5(e)) 外，铜部分还易受局部振荡影响 (图 7.3.5(e) 和 (d))，这和回旋单腔管很相似。选择图 7.3.5 中的操作参数是为了突出振荡问题。在实践中，这些振荡可通过增加壁衰减或减小铜段长度来稳定。

7.3.6　谐波倍增放大

在多级放大器中，相邻级的射频场通过截止段 (如回旋速调管) 或截断段 (如截断的回旋行波管) 隔离。在级间消逝区，交流信号嵌入电子束中，在进入下一级时，驱动振荡或者发射放大波。在这种结构中，电子动力学的非线性可用于谐波倍增工作。在对小信号驱动波作用下电子束的线性分析中，忽略了更高阶项 (这些被忽略的项是在驱动频率下一阶扰动的乘法，如果保留，会产生低阶谐波分量)。在第一级，通过漂移空间聚束或前置放大等手段，随着束流嵌入交流信号的幅度的增大，谐波含量越来越丰富。如果将后续阶段的条件设置为有利于与束电流的特定谐波分量互作用，则会产生谐波倍增放大。

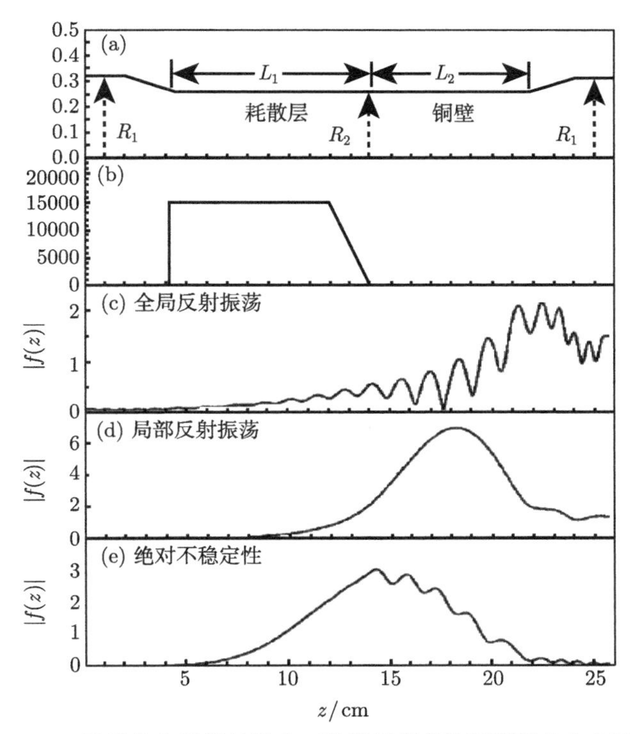

图 7.3.5 计算分布损耗结构中三种类型振荡的射频场分布 $|f(z)|$

(a) 和 (b) 为结构示意图；(c) TE_{11} 模式的全局反射振荡；(d) TE_{11} 模式的局部反射振荡；(e) TE_{21} 的绝对不稳定性。选择 (c)~(e) 中的工作参数以实现相应类型的振荡

7.3.7 小结

由绝对不稳定性引起的振荡是回旋行波管中遇到的最严重的问题。在理论和实验中已经研究了对流和绝对不稳定之间的矛盾，此外还分析了由电路反射引起的振荡。分布衰减器可以有效地抑制这两种类型的振荡。这些研究利用壁电阻率引起的热管增益减小仅为相同距离冷电路衰减的三分之一，证明了具有超高增益的稳定回旋行波管的可行性。

分布式衰减已经成为稳定传统行波管的一种常规技术。然而，在线性注–波互作用中，空间电荷场可能抑制衰减区中的低压射频场，导致电子群聚效果差和互作用效率降低。基于此原因，在行波管中更常使用短截断器。相比之下，在回旋加速互作用中可忽略空间聚束，这可以通过具有长衰减区的回旋行波管的有效运行得出。

研究表明，回旋行波管作为一种太赫兹功率放大器，具有其他器件无可比拟的功率、增益、效率和带宽 [60] 优点。

7.4 太赫兹回旋管的应用

7.4.1 简介

太赫兹回旋管能在高频段输出高稳定性的电磁辐射，已经成为毫米波和太赫兹频段最为重要的真空辐射源之一。近年来回旋管已在多个频段取得了巨大成果，如 110GHz 产生 1MW 的输出功率，在 170GHz 产生 2MW 的输出功率 [48–50,61]。鉴于太赫兹回旋管的优良特性，目前其已在多种场景下有着至关重要的作用，如在磁约束核聚变中、动态核极化–核磁共振、无损检测和军事应用中，尤其是在磁约束核聚变和动态核极化–核磁共振中，输出功率高且稳定的太赫兹回旋管是唯一的选择。

7.4.2 在磁约束核聚变中的应用

磁约束核聚变是一种高效、清洁、安全的能源，是解决人类能源问题的途径之一。目前，受控磁约束核聚变已在托卡马克装置中有了重大进展。国际热核聚变实验堆和中国新一代“人造太阳”HL-2M，如图 7.4.1 和图 7.4.2 所示。然而，在托卡马克装置中进行受控磁约束核聚变研究的前提条件是装置中的等离子体温度需要达到上亿度，且保持稳定运行 [51]。目前，国际上主要采用电子回旋共振加热 (electron cyclotron resonance heating, ECRH) 和电流驱动 (electron cyclotron current drive, ECCD) 两种手段来加热等离子体 [52]。其中，ECRH 的核心就是以回旋管为微波源，产生高功率、高稳定性的微波。

德国 W7-X stellarator 系统采用的主加热方式为 ECRH 技术 [61]，采用的技术方案是通过 10 个功率为 1MW 的 140GHz 太赫兹回旋管，为 ECRH 提供 10MW 的射频功率，用来对等离子体进行加热 [48,49,61]。中国的 EAST(Experimental Advanced Superconducting Tokamak) 系统采用的是两个 2MW，140GHz 太赫兹回旋管，提供总功率 4MW 的射频功率 [50]。中国的 CFETR(China Fusion Engineering Test Reactor) 计划采用多个太赫兹回旋管，用以产生总功率约为 100MW 的辅助加热功率 [62]。日本的 JT-60SA 系统计划采用多支 110GHz 的回旋管，组成总功率 7MW 的 ECRH 系统 [63]。

在 ITER(International Thermonuclear Experimental Reactor) 计划中，主要采用频率为 170GHz、总功率为 24MW 的太赫兹回旋共振加热技术作为等离子体主要辅助加热方式之一。其 170GHz 回旋管将由俄罗斯、欧盟和日本分别研制，3 个 127.5GHz 用于等离子体启动的回旋管将由印度研制 [64,65]。

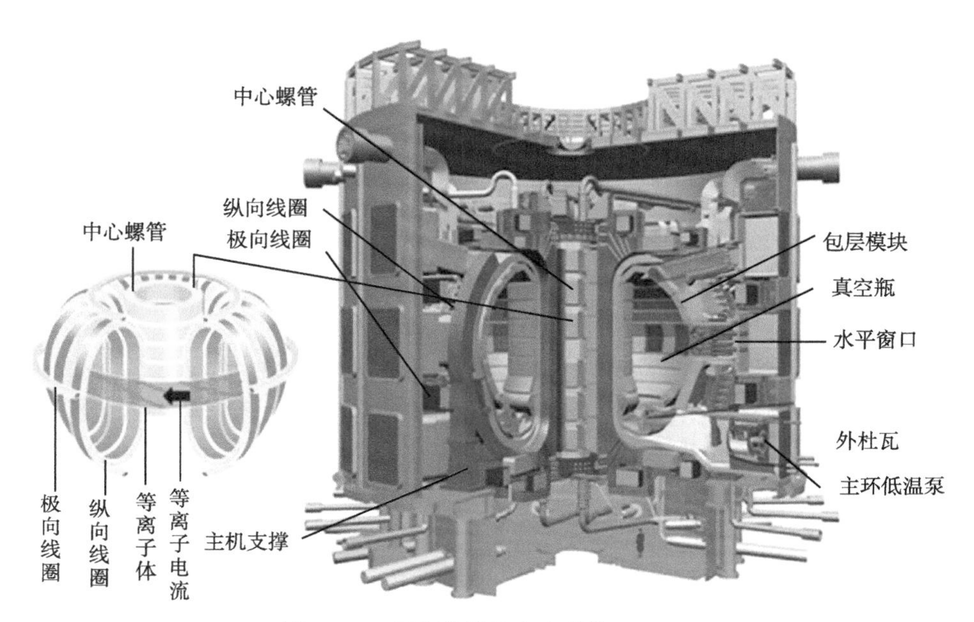

图 7.4.1 国际热核聚变实验堆 (ITER)

图 7.4.2 中国新一代 “人造太阳”HL-2M

7.4.3 在 DNP-NMR 中的应用

核磁共振 (nuclear magnetic resonance，NMR) 技术是一种在物理学、化学、生物学中有着广泛应用的检测技术。其基本原理是由于在强磁场中，某些元素的原子核和电子能量本身所具有的磁性，被分裂成两个或两个以上量子化的能级。当它们吸收适当频率的电磁辐射时，可在所产生的磁诱导能级之间发生跃迁，这种跃迁在磁场中会产生共振谱，可用于测定分子中某些原子的数目、类型和相对位置。然而，相比红外和紫外吸收光谱技术，NMR 的灵敏度较低，限制了 NMR 的应用 [66–68]。动态核极化–核磁共振 (dynamic nuclear polarization-nuclear magnetic resonance, DNP-NMR) 技术，通过用特定频率的电磁波照射原子核，实现原子核与电子的极化转移，从而可以大幅提高灵敏度 [68]。目前，DNP-NMR 所应用的频段已达到太赫兹波段，这就需要有稳定的太赫兹源，回旋管由于具有寿命长、输出功率高、功率稳定等特点，是 DNP-NMR 中的唯一选择。

在 DNP-NMR 整体系统 (如图 7.4.3 所示) 中 [69]，主要有以下部件：回旋振荡器 (微波源)、NMR 探头、传输线 (波纹波导)。回旋管：用于为 DNP-NMR 系统提供高功率、高稳定性的太赫兹源。回旋管产生的太赫兹源在末端通过模式变换器转换为高斯分布的电磁波束，通过准光传输线实现能量的高效率传输。在传输线末端，能量通过波纹波导耦合进 DNP-NMR 探针处的样品，实现增强 NMR 探测过程。探头：使用高频微波辐射的 DNP-NMR 进行研究需要样品转子的机械旋转以及在电子和拉莫尔频率上施加 B1 磁场能力。具体而言，探头激发核自旋并检测 NMR 信号。将 NMR 探头放在磁场的中心，然后将样品插入探头即可进行相关探索。传输线：传输线将回旋管与 NMR 探头连接在一起，通过圆形波纹状波导可将太赫兹波传输到样品。

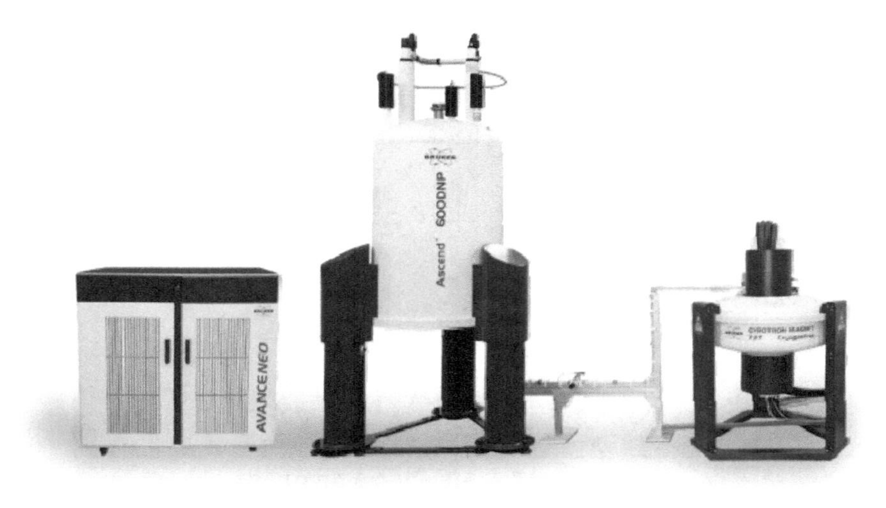

图 7.4.3　动态核极化核磁共振系统 (DNP-NMR)

EPR 探头有较大的品质因数值，从而可以利用低功率微波在拉莫尔频率附近产生强大的 B1 磁场。该探头除了包含用于控制样品温度的硬件之外，还包含射频线圈，可以在给定磁场中以特定于原子核的频率进行调节。

布鲁克 (Bruker) 公司的 DNP-NMR 波谱仪提供 LT MAS 和 1.9mm DNP MAS 两种探头，且均可用于较低温度的样品，可成功实现极化从电子到核自旋的转移。

国内外很多机构对应用于太赫兹波段 DNP-NMR 的回旋管进行了研究。国外主要有 CPI 公司、麻省理工学院、Bridge12 公司、日本福井大学等单位。国内主要由电子科技大学、中国电子科技集团有限公司第十二研究所等单位在 DNP-NMR 回旋管的理论研究方面进行了探索。

CPI 公司研制了中心频率 263GHz 的太赫兹回旋管，可以获得 75W 以上的连续波输出功率，成功应用于布鲁克公司的 400MHz DNP-NMR 系统 [70]。

麻省理工学院研制了中心频率 140GHz 的太赫兹回旋管，连续波输出功率为 14W，应用于 DNP-NMR 系统研究 [71]。同时，麻省理工学院还研制了 460GHz 太赫兹回旋管，可以得到 16W 的连续波输出功率，应用于 700MHz 的 DNP-NMR 实验中 [72]。

Bridge12 公司研制了基波 198GHz 回旋管，连续波输出功率大于 5W，应用于较低功率的 DNP-NMR 系统实验。同时，还研制了二次谐波 395GHz 回旋管，连续波输出功率大于 20W，应用于 600MHz 的 DNP-NMR 系统 [73]。

日本福井大学设计了在 393 ~ 396GHz 产生 50 ~ 100W 的太赫兹回旋管，应用于 600MHz 的 DNP-NMR 系统 [74]。同时设计了工作在 203GHz 的太赫兹回旋管，可以产生 200W 的输出功率，应用于 300MHz 的 DNP-NMR 系统 [75]。

表 7.4.1[76] 中给出的是各个研究机构研制的应用于 DNP-NMR 技术的太赫兹回旋管。

表 7.4.1 用于 DNP-NMR 系统的太赫兹回旋管实验研究进展

组织	频率/GHz	腔体模式	谐波次数	电压/kV	输出功率/W	电流/mA	DNP 波谱仪频率/MHz
MIT	140	$TE_{0,3}/1$	1	12.3	14	25	211
	250	$TE_{5,2}/1$	1	9.82	>10	137	380
	330	$TE_{-4,3}/2$	2	10.1	18	190	500
	460	$TE_{11,2}/2$	2	13	16	100	700
	527	$TE_{11,3}/2$	2	<15	>20	<190	800
CPI	263	$TE_{0,3}/1$	1	13.4	>75	70	400
	395	$TE_{10,3}/2$	2	14.3~15.8	5~57	160	600
	527	$TE_{15,3}/2$	2	18.4	40	180	800
	593	—	—	17.6~18.8	1~50	158~214	900
Bridge12	198	$TE_{4,2}/1$	1	2~3	>5	30	300
	395	$TE_{9,3}/2$	2	15	>20	200	600
福井大学	394.6	$TE_{0,6}/2$	2	12	10~50	250	600

7.4.4 在无损检测中的应用

太赫兹波具有良好透射性、相干性、低能量性、高效的波谱分辨能力等特点，对很多非极性材料和电介质材料具有较好的穿透力，在无损检测领域具有广泛的应用前景 [77]。很多物质，特别是生物大分子，其转动能级和振动能级都在太赫兹波段，且不同物质对太赫兹波具有不同的吸收特点，分析物质在太赫兹波段独特的信息，就可以对不同的物质进行鉴别与区分。利用太赫兹光谱和太赫兹成像技术，不仅可获取三维时空数据集，可以用于物体的形态辨别，而且还能够实现对物体的物理、化学性质分析和物体组成成分的鉴别，在航空材料检测、农作物种子检测、农药残留检测、食品安全检测等方面具有诱人的应用前景 [78−81]。

食品中异物的检测是食品生产质量安全的重要组成部分，太赫兹波可以探测到 X 射线和金属探测器检测不到的塑料碎片、昆虫等异物，可以有效弥补传统检测方式的空白。2018 年，日本名古屋工业大学和东京大学等报道了一种工作在 0.1THz 波段的太赫兹噪声源双偏振成像系统 [82]，空间分辨率优于 4mm，可以成功分辨出冷冻和非冷冻面包，检测到食物中混有的塑料、玻璃碎片、昆虫等异物。

与其他辐射源相比，太赫兹回旋管具有功率高、能量转换效率高、在空间模式产生良好的输出功率、能看穿非极性介质材料 (衣物、包装、食品等)、光子能量小等特点 [83]，具有很多不可替代的优势。因此，太赫兹回旋管作为无损检测的辐射源，非常适合于无损检测。特别是对于隐藏在食物中的软异物，X 射线很难实时检测到，且太赫兹波的光子能量很低，不会对生物组织造成光致电离，太赫兹回旋管用于无损检测具有很高的安全性。

传统的太赫兹主动成像技术普遍采用聚焦点束扫描对象，导致获取帧图像的扫描时间很长，缺乏高功率辐射源一直是实现这种潜在成像方式的障碍。因此，实际应用的理想系统需要具有卓越输出功率的辐射源以宽视场照亮整个检测区域，以覆盖宽广的检测空间，同时保持高于焦平面阵列检测水平的功率密度。为了获取更好的图像空间分辨率，太赫兹成像技术的频率越高越好，但是考虑到穿透力和分辨率的权衡，亚太赫兹信号是一种不错的选择。而回旋管可以在亚太赫兹区域具有良好的空间模式和优越的输出功率，可以实现太赫兹实时成像。2012 年，韩国电气研究院报道了一种可用于食品检测的亚太赫兹回旋管 [84]，有效克服了检测器的灵敏度限制和用于检测的环境材料的衰减，其检测装置如图 7.4.4 所示，检测样品为一块饼干以及隐藏的软金属异物，以每秒 48 帧的视频速率拍摄，可以明显检测到藏在饼干下面的软金属物，最常见的食品配料也有较高的衰减。同时，进一步增大回旋管功率，如图 7.4.5 所示，回旋管功率增加 60%以后，成像更加清晰。

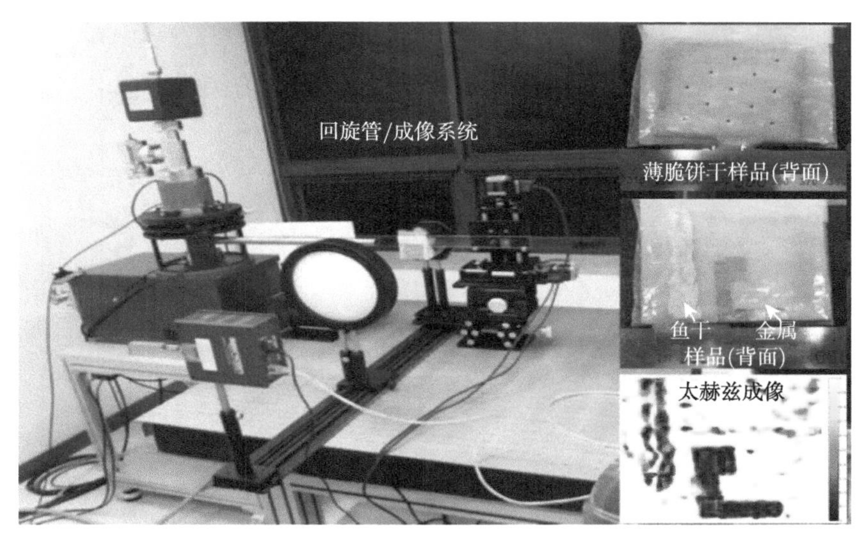

图 7.4.4 亚太赫兹回旋管实时成像系统和样品图像

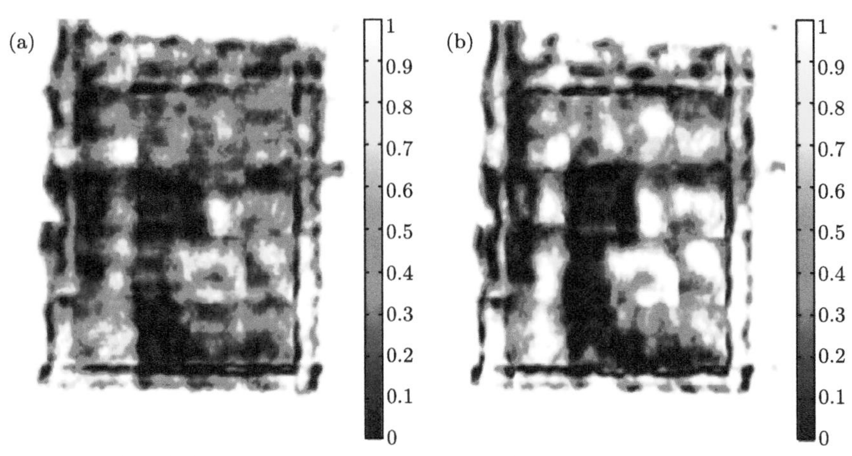

图 7.4.5 将食物样本和金属异物通过回旋管无损检测的结果图：(a) 测量结果图；(b) 将回旋管功率增加 60%后的测量结果

2014 年，韩国电子通信研究院报道了回旋管作为高功率源的太赫兹食品检测系统 [85]，系统装置示意图及实物图如图 7.4.6 所示。在回旋管中，0.2THz 是第一主模，0.4THz 是二次谐波。回旋管的输出功率在 0.2THz 时约为 100W，在 0.4THz 时约为 1W。通过透射成像的方式在 0.4THz 下获得了 0.8mm 的成像分辨率。为了快速成像，输出的太赫兹源被成形为线束并使用阵列检测器。两个反射镜用于反射成像系统。使用 0.4THz 太赫兹波扫描获得 0.8mm 分辨率。证明了快速太赫兹成像检测食品中异物的可行性。

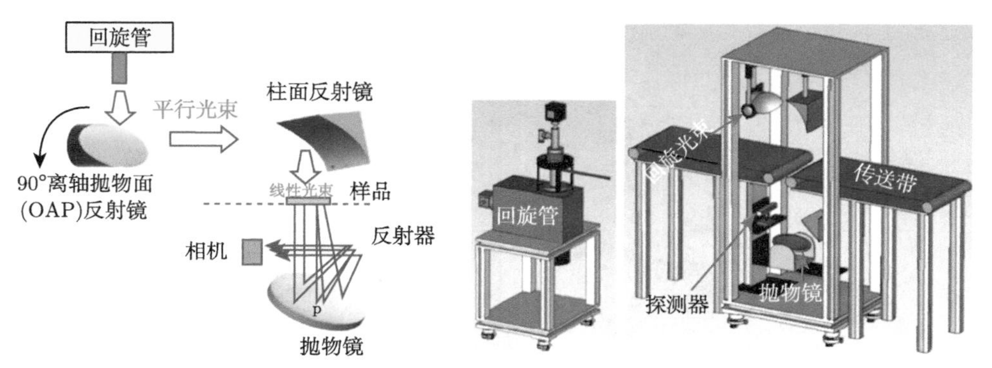

图 7.4.6　太赫兹回旋管食品检测装置实物图

7.4.5　在军事中的应用

回旋管在军事上也有着广泛的应用，由于其具有高功率、高稳定性等特点，是探测雷达、定向武器装备、毫米波通信系统的理想辐射源。

基于回旋管的探测雷达探测距离远、对目标分辨率高、抗干扰能力强，可用于深空探测、导弹防御系统中的预警等 [86]。如图 7.4.7 所示为回旋速调管应用于测云雷达。俄罗斯的 RUZA 雷达系统的峰值脉冲功率达到 1000kW，可在 420km 的探测距离内同时跟踪 30 个目标。其辐射源由两条相位相同的匹配放大链组成，每条链经过 4 级放大，前两级用行波管，后两级用峰值功率 500kW，平均功率 5kW 的 Ka 波段回旋管 [87]。美国海军研究实验室设计了 94GHz 的 WARLOC 雷达系统，该雷达系统装在两个拖车上，可以灵活移动到不同地点进行探测。其辐射源为两支 W 波段回旋速调管，峰值功率 100kW，平均功率 10kW[88]。

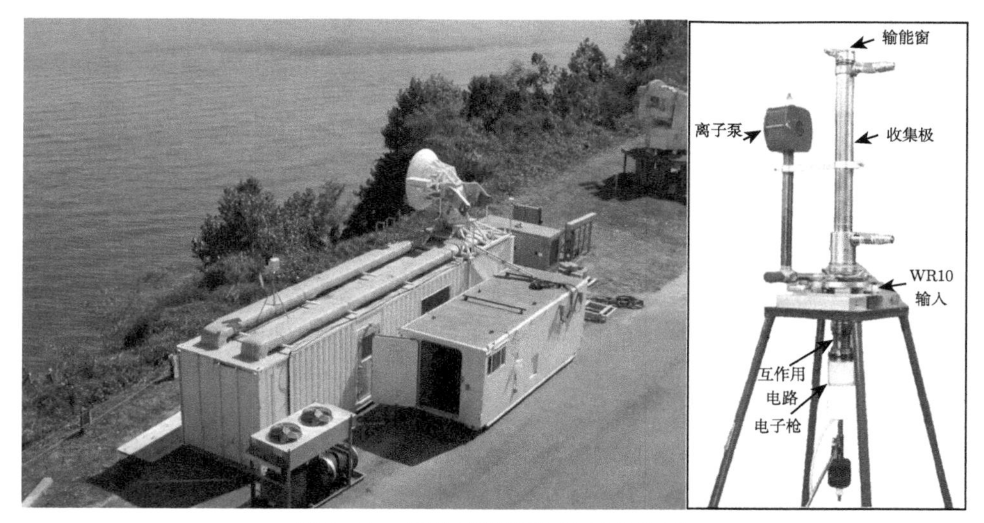

图 7.4.7　回旋速调管应用于测云雷达

主动拒止武器系统 (active denial system，ADS) 是一种利用高能电磁脉冲穿透人体皮肤时产生趋肤效应，使人体产生难以忍受的热疼痛感，进而使之失去战斗力的一种新型武器，这种武器可以作为非致命性武器来使用，在反恐、重要目标保卫等场景下有广泛的应用前景。美国雷神公司研制了一种 ADS，可以在 720m 的范围内进行非致命打击，其采用辐射源频率为 95GHz，输出功率大于 100kW 的回旋管 [89−91]。图 7.4.8 是美国 ADS 样机 [92]。

第一代ADS (1998)　　第二代ADS (2005)　　第三代ADS (2006)

图 7.4.8　美国 ADS 的第一、二、三代样机

参 考 文 献

[1] Twiss R Q. Radiation transfer and the possibility of negative absorption in radio astronomy[J]. Australian Journal of Physics, 1958, 11(4): 564-579.

[2] Gaponov A V. Interaction between electron fluxes and electroma- gnetic waves in waveguides[J]. IZV. VUZ., Radiofizika, 1959, 2: 450-462.

[3] Hirshfield J L, Wachtel J M. Electron cyclotron maser[J]. Physical Review Letters, 1964, 12(19): 533.

[4] Adam S F, Packard H. Microwave Theory and Applications[M]. Upper Saddle River: Prentice-Hall, 1969.

[5] Joye C D, Griffin R G, Hornstein M K, et al. Operational characteristics of a 14-W 140-GHz gyrotron for dynamic nuclear polarization[J]. IEEE Transactions on Plasma Science IEEE Nuclear & Plasma Sciences Society, 2006, 34(3): 518.

[6] Jawla S K, Ni Q Z, Barnes A, et al. Continuously tunable 250 GHz gyrotron with a double disk window for DNP-NMR spectroscopy[J]. Journal of Infrared Millimeter and Terahertz Waves, 2013, 34(1): 42-52.

[7] Torrezan A C, Shapiro M A, Sirigiri J R, et al. Operation of a tunable second-harmonic 330GHz CW gyrotron[C]. IEEE International Vacuum Electronics Conference (IVEC), Monterey, CA, 2010: 199-200.

[8] Hornstein M K, Bajaj V S, Griffin R G, et al. Continuous-wave operation of a 460-GHz second harmonic gyrotron oscillator[J]. IEEE Transactions on Plasma Science, 2006, 34(3): 524-533.

[9] Jawla S K, Guss W C, Shapiro M A, et al. Design and experimental results from a 527 GHz Gyrotron for DNP-NMR spectroscopy[C]. International Conference on Infrared, Millimeter, and Terahertz Waves (IRMMW-THz), Tucson, AZ, 2014: 1-2.

[10] Rosay M, Tometich L, Pawsey S, et al. Solid-state dynamic nuclear polarization at 263 GHz: spectrometer design and experimental results[J]. Physical Chemistry Chemical Physics, 2010, 12(22): 5850-5860.

[11] Blank M, Bochard P, Cauffman S, et al. High-frequency CW gyrotrons for NMR/DNP applications[C]. IEEE Vacuum Electronics Conference (IVEC), Monterey, CA, 2012: 327-328.

[12] Felch K, Blank M, Borchard P, et al. First tests of a 527GHz gyrotron for dynamic nuclear polarization[C]. International Vacuum Electronics Conference (IVEC), Paris, 2013: 1-2.

[13] Blank M, Borchard P, Cauffman S, et al. Demonstration of a 593GHz gyrotron for DNP[C]. International Conference on Infrared, Millimeter, and Terahertz Waves (IRMMW-THz), Nagoya, 2018: 1-2.

[14] Sirigiri J, Maly T, Tarricone L, et al. Compact gyrotron systems for dynamic nuclear polarization NMR spectroscopy[C]. IEEE Vacuum Electronics Conference (IVEC), Monterey, CA, 2012: 333-334.

[15] Cauffman S, Blank M, Borchard P, et al. Design and testing of a 900kW, 140GHz gyrotron[C]. International Conference on Infrared, Millimeter, and Terahertz Waves (IRMMW-THz), 2015: 1-2.

[16] Felch K, Blank M, Borchard P, et al. Recent tests on 117.5GHz and 170GHz gyrotrons[J]. EPJ Web of Conferences, 2015: 87.

[17] Pagonakis I G, Albajar F, Alberti S, et al. Status of the development of the EU 170GHz/1MW/CW gyrotron[J]. Fusion Engineering & Design, 2015: 96-97.

[18] Marchesin R, Albert S, Avramidis K A, et al. Manufacturing and test of the 1MW long-pulse 84/126GHz dual-frequency gyrotron for TCV [C]. 2019 International Vacuum Electronics Conference (IVEC), IEEE, 2019: 1-2.

[19] Ruess, S, Avramidis K A, Fuchs M, et al. KIT coaxial gyrotron development: from ITER toward DEMO[J]. International Journal of Microwave and Wireless Technologies, 2018, 10(5): 547-555.

[20] Oda Y, Ikeda R, Kajiwara K, et al. Development of 1st ITER gyrotron in QST [J]. Nuclear Fusion, 2019, 59(8): 086014-1-086014-7.

[21] Ikeda R, Kajiwara K, Oda Y, et al. High-power and long-pulse operation of $TE_{31,11}$ mode gyrotron[J]. Fusion Engineering and Design, 2015, 96-97: 482-487.

[22] Minami R, Imai T, Kariya T, et al. Results of ECH Power modulation experimenting high and ELM-like heat flux in GAMMA 10 tandem mirror[J]. Fusion Science & Technology, 2013, 63(1T): 298-300.

[23] Moriyama S, Sakamoto K, Kasugai A, et al. Progress of high power 170GHz gyrotron in JAEA[J]. Nuclear Fusion, 2009, 49: 085001.

[24] Sakamoto K, Ikeda R, Kariya T, et al. Study of high power and high frequency gyrotron for fusion reactor[C]. 2017 42nd International Conference on Infrared, Millimeter, and Terahertz Waves (IRMMW-THz), Cancun, 2017: 1-3.

[25] Saito T, Tarematsu Y, Yamaguchi Y, et al. Observation of dynamic interactions between fundamental and second-harmonic modes in a high-power sub-terahertz gyrotron operating in regimes of soft and hard self-excitation[J]. Physical Review Letters, 2012, 109(15): 155001-1-155001-5.

[26] Agusu L, Idehara T, Ogawa I, et al. Detailed consideration of experimental results of gyrotron FU CW Ⅱ developed as a radiation source for DNP-NMR spectroscopy[J]. International Journal of Infrared and Millimeter Waves, 2007, 28(7): 499-511.

[27] Idehara T, Ogawa I, Mori H, et al. A THz gyrotron FU CW Ⅲ with a 20T superconducting magnet[C]. International Conference on Infrared, Millimeter and Terahertz Waves (IRMMW-THz), Pasadena, CA, 2008: 1-2.

[28] Idehara T, Kosuga K, Agusu L, et al. Continuously frequency tunable high power sub-THz radiation source—gyrotron FU CW VI for 600MHz DNP-NMR spectroscopy [J]. Journal of Infrared Millimeter and Terahertz Waves, 2010, 31(7): 775-790.

[29] Glyavin M Y, Luchinin A G, Nusinovich G S, et al. A 670GHz gyrotron with record power and efficiency [J]. Appl. Phys. Lett., 2012, 101: 153503.

[30] Darbos C, Albajar F, Bonicelli T, et al. Status of the ITER electron cyclotron heating and current drive system[J]. J. Infrared Milli. Terahertz Waves, 2016, 37: 4-20.

[31] Litvak A, Sakamoto K, Thumn M, et al. Innovation on high-power long-pulse gyrotrons[J]. Plasma Physics and Controlled Fusion, 2011, 53(12): 124002.

[32] Wagner D, Stober J, Leuterer F, et al. Status, operation, and extension of the ECRH system at ASDEX upgrade[J]. J. Infrared Milli Terahz Waves, 2016, 37: 45-54.

[33] Chirkov A V, Denisov G G, Kulygin M L, et al. Use of Huygens' principle for analysis and synthesis of the fields in oversized waveguides[J]. Radiophys Quantum Electron, 2006, 49: 344-353.

[34] Shalashov A G, Vodopyanov A V, Abramov I S, et al. Observation of extreme ultraviolet light emission from an expanding plasma jet with multiply charged argon or xenon ions[J]. Applied Physics Letters, 2018, 113: 153502.

[35] Sidorov A V, Razin S V, Tsvetkov A I, et al. Gas breakdown by a focused beam of CW THz radiation[C]. Progress In Electromagnetics Research Symposium - Spring (PIERS), 2017: 2600-2602.

[36] Vodopyanov A V, Samokhin A V, Alexeev N V, et al. Application of the 263GHz/1kW gyrotron setup to produce a metal oxide nanopowder by the evaporation-condensation technique[J]. Vacuum, 2017, 145: 340-346.

[37] Alberti S, Avramidis K A, Bin W, et al. High-efficiency, long-pulse operation of MW-level dual-frequency gyrotron, 84/126GHz, for the TCV Tokamak[C]. 2019 44th International Conference on Infrared, Millimeter, and Terahertz Waves (IRMMW-THz). IEEE, 2019: 1-2.

[38] Dammertz G, Alberti S, Bariou D, et al. 140GHz high-power gyrotron development for the stellarator W7-X[J]. Fusion Engineering and Design, 2005, 74(1-4): 217-221.

[39] Jelonnek J, Albajar F, Alberti S, et al. From series production of gyrotrons for W7-X toward EU-1 MW gyrotrons for ITER[J]. IEEE Transactions on Plasma Science, 2014, 42(5): 1135-1144.

[40] 李文平, 张雅鑫, 刘盛纲, 等. 特殊三反射镜太赫兹波段准光腔回旋管的动力学理论 [J]. 物理学报, 2008, 57(5): 2875-2881.

[41] Di J, Zhu D J, Liu S G. Electromagnetic field algorithms of CHIPIC code[J]. 电子科技大学学报, 2005, 34(4): 485-488.

[42] Wang J, Zhang D, Liu C, et al. UNIPIC code for simulations of high power microwave devices[J]. Physics of Plasmas, 2009, 16(3): 033108.

[43] Kleinwächter H. Zur Wanderfeldröhre[J]. Elektrotechnik, 1950, 4: 245-246.

[44] Twiss R Q. Radiation transfer and the possibility of negative absorption in radio astronomy[J]. Australian Journal of Physics, 1958, 11(4): 564-579.

[45] Schneider J. Stimulated emission of radiation by relativistic electrons in a magnetic field[J]. Physical Review Letters, 1959, 2(12): 504.

[46] Temkin R J. THz gyrotrons and their applications[C]. 2014 39th International Conference on Infrared, Millimeter, and Terahertz waves (IRMMW-THz), Tucson, AZ, USA, 2014: 1-2.

[47] Kartikeyan M V, Borie E, Thumm M. Gyrotrons: High-Power Microwave and Millimeter Wave Technology[M]. Berlin: Springer Science & Business Media, 2013.

[48] Chu K R. The electron cyclotron maser[J]. Reviews of Modern Physics, 2004, 76(2): 489.

[49] Gantenbein G, kasparek W, Dammertz G, et al. Progress report on the ECRH transmission system at the stellarator W7-X[C]. 2005 Joint 30th International Conference on Infrared and Millimeter Waves and 13th International Conference on Terahertz Electronics, 2005: 427-428.

[50] Wang X J, Liu F K, Shan J F, et al. Status of ECRH project on EAST Tokamak[C]. AIP Conference Proceeding, 2014: 538-540.

[51] 冯进军, 张亦弛, 刘本田, 等. 用于磁约束核聚变电子回旋共振加热系统的兆瓦级回旋管 [J]. 微波学报, 2020, 36(1): 54-61.

[52] Erckmann V. Electron cyclotron resonance heating in the Wendelstein 7-A stellarator[J]. Plasma Physics & Controlled Fusion, 1986, 28(9A): 1277-1290.

[53] Chu K R, Lin A T. Gain and bandwidth of the gyro-TWT and CARM amplifiers[J]. IEEE transactions on Plasma Science, 1988, 16(2): 90-104.

[54] Chu K R, Chen H Y, Hung C L, et al. Theory and experiment of ultrahigh-gain gyrotron traveling wave amplifier[J]. IEEE Transactions on Plasma Science, 1999, 27(2): 391-404.

[55] Kao S H, Chiu C C, Chang P C, et al. Harmonic mode competition in a terahertz gyrotron backward-wave oscillator[J]. Physics of Plasmas, 2012, 19(10): 103103.

[56] Yeh Y S, Hung C L, Chang T H, et al. A study of a terahertz gyrotron traveling-wave amplifier[J]. Physics of Plasmas. 2017, 24(10): 103126.

[57] Chu K R, Barnett L R, Chen H Y, et al. Stabilizing of absolute instabilities in gyrotron traveling-wave amplifier[J]. Phys. Rev. Lett., 1995, 74: 1103-1106.

[58] Temkin R J. THz gyrotrons and their applications[C]. 2014 39th International Conference on Infrared, Millimeter, and Terahertz waves (IRMMW-THz), IEEE, 2014: 1-2.

[59] Nanni E A, Lewis S M, Shapiro M A, et al. A high gain photonic band gap gyrotron amplifier[C]. 2013 IEEE 14th International Vacuum Electronics Conference (IVEC), IEEE, 2013: 1-2.

[60] Han S T, Torrezan A C, Sirigiri J R, et al. Real-time, T-ray imaging using a subterahertz gyrotron[J]. Journal of the Korean Physical Society, 2012, 60(11): 1857-1861.

[61] Dammertz C, Erckmann V, Gantenbein G, et al. Progress in the 10MW ECRH system for the stellarator W7-X[C]. The 30th International Conference on Plasma Science, 2003(ICOPS 2003), 2003: 381-414.

[62] Song Y T, Wu S T, Li J G, et al. Concept design of CFETR Tokamak machine[C]. 2013 IEEE 25th Symposium on Fusion Engineering (SOFE), 2013: 1-6.

[63] Moriyama S, Kobayashi T, Isayama A. Development of linear motion antenna and 110 GHz gyrotron for 7MW electron cyclotron range of frequency system in JT-60SA tokamak[C]. 2009 34th International Conference on Infrared, Millimeter, and Terahertz Waves, 2009: 1-2.

[64] Jelonnek J, Gantenbein G, Hesch K, et al. From series production of gyrotrons for W7-X towards EU-1 MW gyrotrons for ITER[C]. 2013 Abstracts IEEE International Conference on Plasma Science (ICOPS), 2013.

[65] Ioannidis Z C, Rzesnicki T, Albajar F, et al. CW experiments with the EU 1mW, 170GHz industrial prorotype gyrotron for ITER at KIT[J]. IEEE Transactions on Electron Devices, 2017, 64(9): 3885-3892.

[66] Jawla S, Ni Q Z, Barnes A, et al. Continuously tunable 250GHz cyrotron with a double disk window for DNP-NMR spectroscopy[J]. Journal of Infrared Millimeter and Terahertz Waves, 2013, 34(1): 42-52.

[67] Nanni E A, Barnes A B, Griffin R G, et al. THz dynamic nuclear polarization NMR[J]. IEEE Transaction on Terahertz Science and Technology, 2011, 1(1): 145-163.

[68] 宋韬, 王维, 刘頔威, 等. 应用于动态核极化核磁共振的太赫兹回旋管 [J]. 中国激光, 2019, 46(6): 11-16.

[69] 曹毅超. 应用于动态核极化核磁共振波谱系统的高功率太赫兹传输线研究 [D]. 成都: 电子科技大学, 2020.

[70] Blank M, Borchard P, Cauffman S, et al. High-frequency CW gyrotrons for NMR/DNP application[C]. 2012 IEEE 13th International Vacuum Electronics Conference (IVEC), 2012: 327-328.

[71] Kim H, Nanni E A, Shapiro M A, et al. Experimental measurement of picosecond pulse amplification in a 140GHz Gyro-TWT[C]. 2010 IEEE International Vacuum Electronics

Conference (IVEC), 2010: 193-194.
[72] Torrezan A C, Han S T, Shapiro M A, et al. CW Operation of a Tunable 330/460GHz Gyrotron for Enhanced Nuclear Magnetic Resonance[C]. 2008 33rd International Conference on Infrared, Millimeter, and Terahertz Waves (IRMMW-THz), 2008: 1-2.
[73] Sirigiri J, Maly T, Tarricone L. Compact gyrotron systems for dynamic nuclear polarization NMR spectroscopy[C]. 2012 IEEE International Vacuum Electronics Conference (IVEC), 2012: 333-334.
[74] Sabchevski S P, Idehara T, Ishiyama S, et al. A dual-beam irradiation facility for a novel hybrid cancer therapy[J]. Journal of Infrared Millimeter and Terahertz Waves, 2013, 34: 71-87.
[75] Idehara T, Ogawa I, Mitsudo S, et al. High power THz technologies using gyrotrons as radiation sources[C]. International Conference on Infrared, Millimeter, & Terahertz Waves, 2009.
[76] 李志良，冯进军，蔡军. 太赫兹回旋管和动态核极化核磁共振的研究发展 [J]. 真空科学与技术学报，2015, 35(6): 744-751.
[77] Peters O, Schwerdtfeger M, Wietzke S, et al. Terahertz spectroscopy for rubber production testing[J]. Polymer Testing, 2013, 32(5): 932-936.
[78] Naftaly M, Vieweg N, Deninger A. Industrial applications of terahertz sensing: state of play[J]. Sensors, 2019, 19(19): 4203.
[79] Amenabar I, Lopez F, Mendikute A. In introductory review to THz non-destructive testing of composite mater[J]. Journal of Infrared, Millimeter, and Terahertz Waves, 2013, 34(2): 152-169.
[80] Ye D, Wang W, Huang J, et al. Nondestructive interface morphology characterization of thermal barrier coatings using terahertz time-domain spectroscopy[J]. Coatings, 2019, 9(2): 89.
[81] Xu Z P, Li L J, Ren J J, et al. Nondestructive testing of rubber materials based on the reflective terahertz time-domain spectroscopy[C]. 2017 International Topical Meeting on Microwave Photonics (MWP), 2017.
[82] Takehara, D, Endo T, Ishibashi M, et al. Dual-polarization imaging with real-time capability using a terahertz noise source for food inspection[C]. 2018 43rd International Conference on Infrared, Millimeter, and Terahertz Waves (IRMMW-THz), 2018.
[83] Mikhail G, Gregory D. Towards future THz band gyrotron development and applications: results, trends and aims[C]. 2019 International Vacuum Electronics Conference (IVEC), 2019.
[84] Han S, Park W K, Ahn Y, et al. Development of a compact sub-terahertz gyrotron and its application to T-ray real-time imaging for food inspection[C]. 2012 37th International Conference on Infrared, Millimeter, and Terahertz Waves, 2012.
[85] Lee W H, Lee W. Food inspection system using terahertz imaging[J]. Microwave and Optical Technology Letters, 2014, 56(5): 1211-1214.
[86] 王丽, 鄢然, 蒲友雷, 等. 高功率毫米波回旋器件的需求及发展 [J]. 真空电子技术, 2010,

(2): 21-26.

[87] 杨成惠, 郦能敬. 俄罗斯兆瓦级毫米波相控阵雷达 [J]. 雷达与电子战，2001, 000(1): 15-20.

[88] Linde G J, Ngo M T, Danly B G, et al. WARLOC: a high-power coherent 94 GHz radar[J]. IEEE Transactions on Aerospace and Electronic Systems, 2008, 44(3): 1102-1117.

[89] Neilson J M, Read M, Ives R L. Design and assembly of a permanent magnet gyrotron for active denial systems[C]. 2010 IEEE International Vacuum Electronics Conference (IVEC), 2010: 337-338.

[90] Singh U, Kumar N, Kumar A, et al. Towards the design of 100kW, 95GHz gyrotron for active denial system application[C]. 2013 IEEE 14th International Vacuum Electronics Conference (IVEC), 2013: 1-2.

[91] Chen Y, Meng C. Numerical Study of deposition of energy of active denial weapon in human skin[C]. 2012 Asia-Pacific Symposium on Electromagnetic Compatibility, 2012: 361-364.

[92] 顾玲, 李儒礼, 牛新建, 等. 主动拒止武器系统的概述 [J]. 真空电子技术，2013, (6): 99-103.

第 8 章　太赫兹真空电子器件阴极技术

8.1　太赫兹真空电子器件对阴极性能的要求

阴极电子源是真空电子器件的心脏，是其最关键的核心部件，其性能好坏直接影响真空器件的输出性能和寿命，进而影响到其使用的可靠性。因此，研究满足上述高平均功率和高峰值功率真空器件用的高性能新型强流电子束阴极技术，对于推动真空电子器件技术的发展具有十分重要的意义。随着太赫兹频段对电子束质量要求的进一步提高，对阴极的性能要求也越来越高，这主要表现在以下几方面。

(1) 电流密度要求尽可能高。输出电磁波的功率是从电子束获得的，要产生大功率电磁波就必须使用大功率的电子束。可以借助两种方法提高能够转化成电磁波功率的电子束功率，即提高电压或者提高电流。提高电压将会带来一系列棘手的问题，因此选择提高阴极的发射电流密度是一个很有效的方法。因此，寻求高发射的阴极是研制大功率高频率真空电子器件的前提条件。

(2) 阴极的蒸发量尽可能少，以避免其他电极被污染。蒸发出的绝缘物质会使其他导电电极表面发生充电现象，影响电场分布。蒸发出的导电物质如果沉积在绝缘体上则会引起漏电、打火，甚至高压击穿。如果是活性物质，则会引起其他电极产生不必要的电子发射，导致器件性能变坏，甚至不能正常工作。

(3) 具有合适的工作温度和合理的寿命。通常要求阴极的工作温度低于 1200℃，过高的工作温度除了会缩短阴极使用寿命，而且会使附近的电极温度升高，导致电极的几何结构、材料的强度、放气性能等一系列问题。因此在能保证阴极电流密度和其他性能充分发挥的前提下，尽可能降低阴极温度是必要的。

(4) 好的抗气体中毒和抗离子轰击性能。目前真空电子器件，虽然管内真空度较高，但是仍存在残余气体。如果阴极表面受到某些气体或者管内金属零部件焊料的蒸气作用发生中毒，发射性能就会遭到破坏。另外，管内残余气体电离后轰击阴极表面也会造成阴极的破坏，使阴极的发射性能变差。

除了上述基本要求外，还要求阴极的发射均匀性要好，以保证电子注具有较好的层流特性，这样有利于整管聚焦及电子注与高频场能量交换。目前虽然已有许多种不同发射机理的强流电子束源阴极相继问世，但是很难同时满足以上要求。因而，开发适用于大功率高频率真空电子器件用阴极是目前阴极研究领域的一项艰巨的任务。

8.2 高电流密度电子注可选用的阴极

阴极按照其电子获得额外能量和克服阻碍它们逸出力的方式可分为：热电子发射阴极、次级电子发射阴极、光电子发射阴极和场致电子发射阴极等。20 世纪 40 年代，真空电子技术的先驱者皮尔斯在论述电子枪的理论与设计时提出了理想阴极应具备的重要特征：

(1) 能够自由发射电子，无须任何诱导措施，例如加热，电子应能像在金属之间移动那样容易地离开阴极而进入真空；

(2) 发射能力强，可以无限制地提高电流密度；

(3) 经久耐用，可以连续恒定地发射电子；

(4) 均匀地发射电子，特别是在速度为零时仍能释放电子。

上述理想特征一直是阴极研究的追求目标。然而，实际的阴极不可能具备这些理想特性。自从皮尔斯列出这些阴极理想特性以来，经过研究者们不断地探索，阴极的性能已经有了巨大的进步。阴极的研究包括材料、制造技术、几何结构与发射机理几个方面。目前，已有许多种不同发射机理的强流电子束源阴极相继问世。但是，至今尚没有一种阴极能适合每种高功率高频率真空电子器件的要求，阴极的选择仍需根据不同真空电子器件的具体情况而定。表 8.2.1 总结列出了各类阴极的主要特点。

由表 8.2.1 可以看到，具有最大发射电流密度的是爆炸发射“冷”阴极，阴极区采用超高电场使电子逸出，无需热源，但其寿命极短，多为几万个脉冲。爆炸发射阴极在脉冲宽度内，束电流和电压波形变化剧烈，另外，爆炸式阴极会对管子造成污染；光电阴极的脉冲发射宽度小，且需要高亮度光源；LaB_6 阴极需要加热至极高温度，常需采用激光加热；排除上述阴极，具有大发射电流密度的场发射电子源和热阴极是高功率太赫兹真空器件可供选择的两类电子源。

太赫兹真空电子辐射系统要求电子源提供高的发射电流密度以及良好的电子束层流性。场发射阵列 (FEA) 在常压、常温下工作，不需要热源，实验室 FEA 的发射电流密度已经达到 (超过) $500A/cm^2$。然而场发射阵列由于其固有的限制，总发射电流和电流密度无法得到兼顾；另外，场发射电子源在亚毫米级尺度内的发射均匀性以及耐离子轰击差等问题，使其与实际应用还有一定的距离。

热电子发射阴极是传统真空电子工业中最常用的一种阴极，其制备工艺重复性和可靠性好。热阴极的发展经历了最初的纯金属阴极、原子膜阴极、氧化物阴极，到现在的扩散型阴极及其各类变种阴极，发射性能有了极大的改善，主要表现为阴极的发射电流密度得到极大提高。在众多的阴极及其热阴极材料中，以钨

表 8.2.1　不同类型阴极及其特性的参数比较 [1](实际情况因特定的操作环境而变化)

阴极类型	发射机理	产生电流密度	最大发射电流	寿命限制	真空要求	脉冲宽度/重复频率限制	需要的辅助系统
LaB_6	热电子发射	最大 $100A/cm^2$	几百安	低温与较好真空条件下为几千小时	可以工作在最高 10^{-3}Pa 下	无	加热至约 1500°C
储备式阴极	—	$\leqslant 30A/cm^2$	几百安	低温与较好真空条件下为几千小时	通常需要 $\leqslant 10^{-6}$Pa	—	加热至约 1050°C
氧化物阴极	—	最大 50～$100A/cm^2$	几千安	低温与较好真空条件下为几千小时	—	—	加热至约 950°C
含钪扩散阴极		最大 $400A/cm^2$	<100A	—	—	—	
场发射阵列阴极	场致发射	几千安$/cm^2$	几百毫安	非常好真空条件下为几千小时	对于较纯的阴极尖端阵列要求真空度 $\leqslant 10^{-3}$ Pa，对于较锐利尖端要求 10^{-6}Pa	无	分立发射与提取装置
光电阴极	光致发射	任意值；可以获得较宽时间与空间区域内的电子束团	—	几小时到几年不等	10^{-8} ～ 10^{-6}Pa	几个皮秒长度束团最大到几个微秒长束串	高亮度光源
天鹅绒阴极	爆炸发射	几千安$/cm^2$	几十千安	几千个脉冲	10^{-4} ～ 10^{-2}Pa	受气压变化相对于真空抽速的限制	—
碳纤维阴极	—	—	—	几万个脉冲	10^{-6} ～ 10^{-2}Pa	最大脉冲宽度受等离子体导致的二极管闭合限制	—
CaI 涂层碳纤维阴极	爆炸与光致发射	—		—	—	—	—
铁电体阴极	场致与爆炸发射	最高 $400A/cm^2$	几千安	最大 10^6 个脉冲	10^{-6} ～ 10^{-3}Pa		分立发射与提取装置

为基体，碱土金属钡为活性物质的扩散型阴极在当前各类真空电子器件中位居首选，应用广泛，并仍在不断地发展。目前扩散式 Ba-W 扩散阴极是中等规模行波管、速调管和中等功率磁控管的主要电子源，阴极电流密度通常为 2～$10A/cm^2$。然而，Ba-W 阴极虽然技术相对成熟，但无法满足未来大功率微波真空电子器件

发展对阴极大电流密度的要求。氧化物阴极虽然可以在低温下提供高的脉冲发射电流，但其结构脆弱，且由于涂层电阻及中间层电阻的存在，使之在连续波条件下的应用电流不超过 4A/cm^2。20 世纪 70 年代末期引入稀土元素钪 (Sc)，其对扩散阴极发射电流密度的明显改进，引起了广泛关注。在此后的二十多年中，世界各国相继发展了各种变体的含钪扩散阴极，使逸出功最终降低至 1.5~1.6eV，在获得同样电流密度时，比普通 Ba-W 扩散阴极的工作温度下降 300℃ 左右，大大地提高了电子发射体的性能。作为热阴极发展水平的最高代表，含钪扩散阴极是目前唯一有可能达到未来高功率真空电子器件所需电流密度要求的热阴极，被认为是下一代热阴极的主要代表 [2]。因此，将具有低温大发射优点的含钪扩散阴极应用在高功率太赫兹先进器件上，相对而言更具实际应用的可能。

8.3 含钪阴极研究发展历程

含钪扩散阴极根据制备方法不同分为：钪酸盐阴极、顶层钪系阴极和钪钨混合基阴极等。

8.3.1 钪酸盐阴极

钪酸盐阴极按照制备工艺不同可以分为：钨与钪酸盐混合压制型和在铝酸盐内添加 Sc_2O_3 制备的浸渍型两种。1967 年，A. I. Figner[3] 首次在铝酸盐里添加钪成分，制备出压制型钪酸盐阴极；该法是将物质的量比为 3∶2 的 BaO 和 Sc_2O_3 混合，在高温下合成 $3BaO{\cdot}2Sc_2O_3$，然后再与 W 粉混合、压制、烧结，制成阴极；该阴极在 1000℃$_b$ 时可支取 1.5~4A/cm^2 的零场电流。1977 年，van Oostrom 等 [4] 将 Sc_2O_3 加入 411 铝酸盐中，在高温下浸入 W 海绵体制成浸渍型钪酸盐阴极，该阴极在 1000℃$_b$ 时 $J_0 = 20\text{A/cm}^2$，支取 4A/cm^2 直流电子发射密度时，工作寿命达到 3000h。但是由于 $3BaO{\cdot}2Sc_2O_3$ 的熔点高，使得阴极的浸渍过程很困难。随后美国、荷兰相继对各种稀土钡盐进行研究，制成了复合钪酸盐阴极，降低了盐的熔点，制备出浸渍型钪酸盐阴极；该阴极的发射水平与前述压制型钪酸盐阴极一致。

王亦曼 [5] 研究发现，发射性能较好的浸渍型阴极经过离子轰击后，表面 Sc 含量明显下降，且不可恢复，造成发射电流密度的下降。钪酸盐阴极虽然具有比较好的电子发射性能，但是它的抗离子轰击能力和工艺重复性较差、发射不均匀，制约了钪酸盐阴极的实用化。

8.3.2 混合基含钪扩散型阴极

为了改善钪酸盐阴极被离子轰击后，表面上的钪不易补充的缺陷，1988 年，S. Yamamoto 等 [6] 在 W 中加入一定量 (质量分数 1%~16%) 的 Sc_2O_3，制成氧化钪和钨的混合多孔体，再在高温下浸渍含钪的铝酸盐，制备出钨和氧化钪混合基阴极。该阴极可以在 1030℃$_b$ 工作温度下提供 $J_0 = 35A/cm^2$ 的发射，但是并没能有效改善钪酸盐阴极发射不均匀与耐离子轰击性能。分析发现，阴极在 1600~1700℃ 浸渍过程中有 $Ba_3Sc_4O_9$ 生成，其可以将 Sc 束缚，对发射不起作用，同时研究中还指出，含钪阴极高发射是源于阴极表面形成的 Ba-Sc-O 单层。

Yamamoto 等 [7] 通过大量实验发现，适当的 (质量分数 2.5%~6.5%)Sc_2O_3 的引入可以获得更高的阴极发射。阴极激活过程中的部分氧化和化学反应对发射起促进作用，并且提出了自由 Sc 的来源 [7]。

8.3.3 “顶层” 型含钪扩散型阴极

“顶层” 含钪扩散型阴极又分为压制型和薄膜型两类。

1985 年，荷兰飞利浦 (Philips) 公司 [8] 在通常的多孔 W 基体上再压制一层含 Sc 化合物和 W 的混合物，在 1900℃ 高温下烧结后，整体浸入铝酸盐，获得 “顶层” 钪系阴极，在 1000℃$_b$ 时，发射电流达到 $100A/cm^2$，有效逸出功为 1.5eV。为了增强 Sc 的扩散迁移能力以提高阴极抗离子轰击性能，随后在工艺上又做了数次重大改进 [9,10]。压制型 “顶层” 含钪扩散阴极的主要问题是工艺过分复杂，因而难以实现实用化。随后又在 411 阴极 (一种扩散阴极类型) 基体上，用激光蒸发沉积 (LAD) 法沉积 Sc_2O_3-(W+Re) 合金薄膜的 “顶层” 钪系阴极 [11,12]。该项研究在对钡钨阴极的钪系阴极表面 Ba 的补充与损失进行了分析研究后认为，薄膜型 “顶层” 钪系阴极的应用具有良好的前景。

1986 年，日本日立 (Hitachi) 公司 [13] 在 “S” 型阴极的基础上，制备出薄膜型 “顶层” 阴极，该阴极的制作方法是在普通浸渍型阴极表面沉积一层含 Sc 的氧化物或化合物薄膜，如 W+Sc_2O_3、Sc_2O_3 和 W+$Sc_2W_3O_{12}$ 等。里查森 (Richardson) 逸出功降至 1.2eV，工艺重复性得到改善，阴极的激活时间缩短，应用在 CRT 上，寿命大于 16000h。

E. Uda 等 [14] 对系统充以混合了 10%Ar 的 O_2，以研究其发射性能和使用寿命，为防止 Sc_2O_3 层的减少，在钡钨阴极上溅射沉积不同厚度的 Sc_2O_3-W 薄膜。结果表明，当钡钨阴极表面沉积 2nm 的 Sc_2O_3/W 膜后，在 1300K 时，阴极的里查森逸出功为 1.2eV，J_0=$80A/cm^2$，当沉积薄膜厚度增加时，阴极电流密度降低。因为需要严格控制覆膜工艺，这将导致阴极制备过程的复杂化。实验结果还显示，在相同条件下与覆 Ir 膜的 “M” 型阴极相比，Sc_2O_3-W 薄膜阴极具有更好的发射性能，使用寿命也大大延长，工作 3000h 后，膜厚 2nm 的钪系阴极的电流密度依然是覆 Ir 膜的 “M” 型阴极的 4 倍。

中国电子科技集团有限公司第十二研究所王亦曼等 [15] 利用脉冲激光沉积技术 (PLD)，进行了 Sc_2O_3-W 薄膜的沉积实验研究。用该技术研制的薄膜型钪系阴极显示了优异的发射特性，在相同的电流密度下，其工作温度可比普通的 Ba-W 浸渍阴极低约 200℃$_b$，比覆 Os-Ru 合金 "M" 型阴极低约 100℃$_b$；在相同的工作条件下，此类阴极的稳定性相比浸渍型钪酸盐阴极有显著的提高。

日本东芝公司电子管部研制了溅射沉积 Sc_2O_3-W 薄膜型 "顶层" 钪系阴极，并研究了膜厚与发射电流密度及寿命的关系。研究表明，具有适当膜厚的阴极在 1020℃$_b$ 可提供 80A/cm^2 的零场发射。在二极管及 CRT 电子枪管内，1100℃$_b$ 工作温度下，加速寿命均超过 3000h。

俄罗斯 ISTOK 研究所比较了普通 Ba-W 阴极、"M" 型阴极和覆 C_2O_3/W 膜阴极中的 Ba 蒸发率，测得覆 Sc_2O_3/W 膜的阴极具有最低的蒸发率 [16]。

中国电子科技集团有限公司第十二研究所李季等采用直流溅射的方法制备出纳米复合钪钨薄膜阴极，在 1000℃$_b$ 发射电流密度为 150A/cm^2[17]。

虽然薄膜钪系阴极降低了逸出功，提高了阴极的发射性能，但是覆膜工艺繁杂，会带来一系列难以克服的问题。例如，覆膜阴极表面存在覆层剥落现象，这是沉积不均匀造成的应力集中而导致的。阴极工作状态下，由于覆层不断向基体内部渗透扩散，不能保证发射一致稳定 [18]。更重要的是薄膜的厚度对发射和寿命都有影响，膜层过厚，将使阴极发射性能降低，膜层过薄，会降低阴极寿命。因此，膜层的厚度必须要控制好 [19]。

"顶层" 型含钪扩散型阴极具有很好的发射性能，然而制备工艺复杂，对薄膜的厚度和薄膜中钪含量的要求十分苛刻，因此在实用化中遇到一定的困难。

8.3.4 氧化钪掺杂钨基亚微米结构含钪扩散阴极

将 Sc_2O_3 添加于多孔 W 基体，制成的阴极称为钪钨基扩散阴极。

1989 年，Taguchi 等 [7] 将 Sc_2O_3 与 W 粉混合制成多孔 W 基体，随后浸渍铝酸钡盐获得混合钪钨基扩散阴极。在 1030℃$_b$ 工作温度条件下，发射电流密度为 35A/cm^2。

1989 年，荷兰 Philips 公司开展了钪钨基体的研究 [20]，为实现钪和钨之间的均匀混合，将金属钪在真空中熔融，包覆于钨颗粒上，在氢气气氛下使 Sc 转变成 ScH_3，包覆了 ScH_3 的钨粉经破碎后压制成型。为避免 ScH_3 在高温烧结时的大量损耗，对部分 ScH_3 进行氧化处理，使 Sc 颗粒被氧化层包围，获得最终需要的氧化钪包覆的钨粉。用这种掺杂钨粉为基体制作的阴极，1030℃$_b$ 时的 J_0 达到 100A/cm^2，而且抗离子轰击性能得到了明显改善。虽然采用该方法获得了较理想的结果，但其工艺的复杂显然影响了阴极的重复性和实用性。

1997 年，van Slooten 等 [19] 采用机械混合法开展了钪钨基体阴极的研究，将 4μm 的 W 粉和 10μm 的 Sc_2O_3 粉末制成了 Sc-W 基体，并在钪钨基表面覆盖了一层铼。研究发现，在阴极表面覆铼使阴极抗离子轰击性能大大提高，经过几小时离子轰击后，阴极在 1000℃$_b$ 下的 J_0 仍可维持在 18A/cm^2，而未覆铼的阴极的 J_0 则降到 4A/cm^2。Van Slooten 等认为抗离子轰击性能的改善是因为加铼后对离子轰击起了屏蔽作用，增加了表面活性层的稳固性，保持了获得良好电子发射所需的 Ba-Sc-O 层。

北京工业大学在关于稀土氧化物–钼热电子发射体研究结果的启发下，利用液–固掺杂技术，并添加铼元素，获得氧化钪和铼均匀分布的混合钨粉，优化烧结工艺，制备出亚微米结构的混合基体 [21]。高温下浸入 411 铝酸盐得到新型含钪扩散阴极。该阴极经 1150℃$_b$ 高温激活后在 950℃$_b$ 时 J_0 达到 50A/cm^2，该项研究用掺杂技术代替机械混合，并将亚微米技术引入阴极的制备，为含钪扩散型阴极指出了一条很好的发展思路。

在此基础上，由北京工业大学和中国电子科技集团有限公司第十二研究所合作，继续进行工艺改进和性能研究，进一步用液–液掺杂代替液–固掺杂，制备出纳米氧化钪均匀分布的亚微米结构氧化钪掺杂扩散 (scandia doped dispenser, SDD) 阴极 [22]。这种阴极目前已经具备了良好的工艺重复性和稳定的电子发射能力，而且亚微米结构的氧化钪掺杂扩散阴极与传统的钪酸盐阴极相比，电子发射均匀性得到了很大提高。该阴极在 850℃$_b$ 的 J_{div} 达到 40A/cm^2 以上，显示出了优异的发射性能 [23−26]。

美国加利福尼亚大学 Davis 分校的 Luhmann 教授重复了北京工业大学和中国电子科技集团有限公司第十二研究所报道的钪钨基阴极工艺，其在 850℃$_b$ 的电流密度可达 30A/cm^2[27]，并成功应用于回旋管中。近年来，韩国首尔大学也采用相似的方法制备了钪钨基体 [28]。下面就对亚微米结构含钪阴极进行详细介绍。

8.4　亚微米结构含钪阴极

8.4.1　氧化钪掺杂钨基体

这里采用液–液掺杂结合氢气还原法制备氧化钪掺杂钨粉。图 8.4.1 为采用液液掺杂即溶胶凝胶方法获得的氧化钪掺杂钨粉的颗粒形貌。由图 8.4.1 可知，粉末主要由大小均匀的亚微米颗粒组成，颗粒呈准球形，同时在亚微米级颗粒表面和颗粒间还弥散分布着更为细小的絮状颗粒。对粉体的不同区域进行能谱分析，见图 8.4.1(b)。粉体的 X 射线衍射 (XRD) 结果表明，粉体中钪元素和 W 元素分别以氧化钪和单质钨的形式存在，注意到钪元素峰的强度大致相等，说明氧化钪均匀分布在钨颗粒的表面，相对于前言中介绍的 Hasker 等采用的制备氧化钪包覆钨粉的液液掺杂法，溶胶凝胶方法工艺简单，易于实现大规模生产。

对粉末进行粒度分析，见图 8.4.2，粉末粒度分布主要集中在 400~600nm 范围内，有利于亚微米结构海绵体的制备。

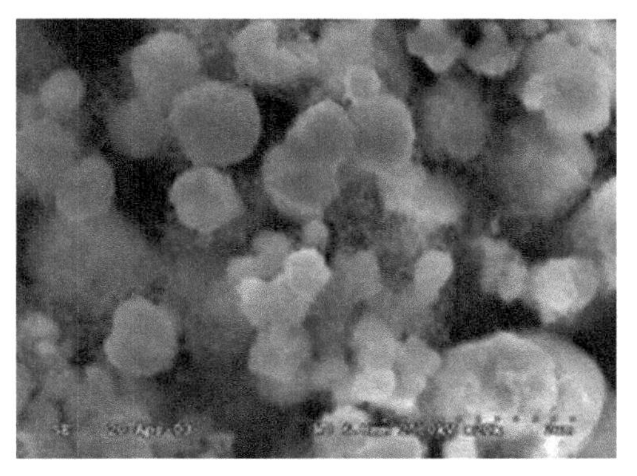

(a) 液–液掺杂法获得的粉末微观形貌

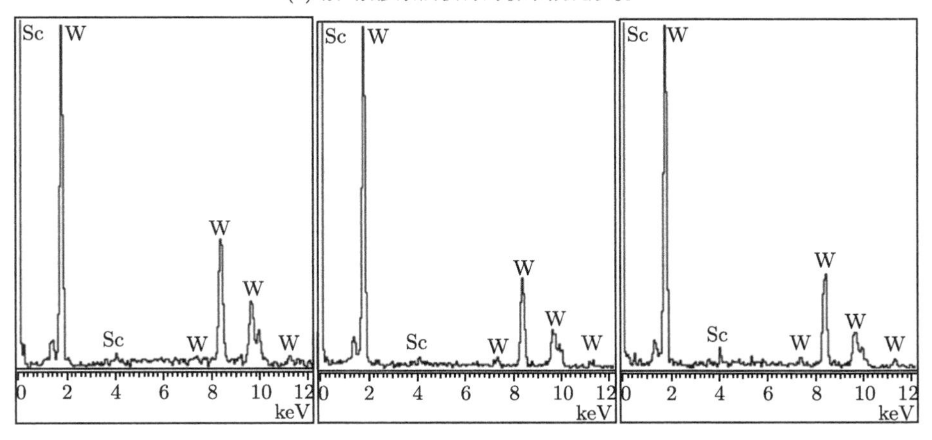

(b) 液–液掺杂法获得的粉末能谱结果

图 8.4.1 液–液掺杂法获得的粉末微观形貌和能谱结果

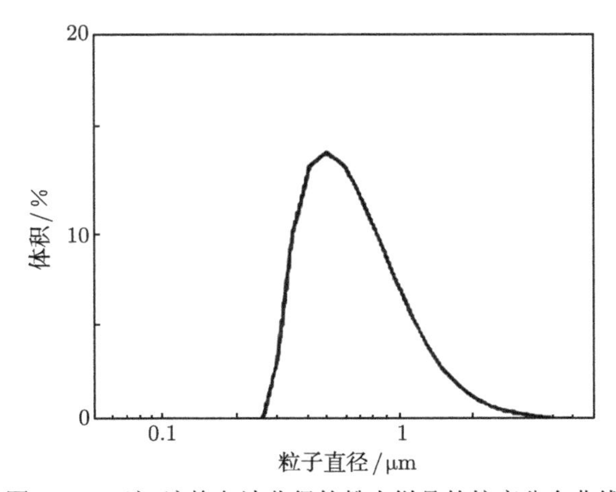

图 8.4.2 液–液掺杂法获得的粉末样品的粒度分布曲线

将粉末经过压制、烧结后获得烧结体。图 8.4.3 是烧结体的 X 射线衍射图。由图可见，未浸渍多孔基体主要由 Sc_2O_3 和 W 两相组成。

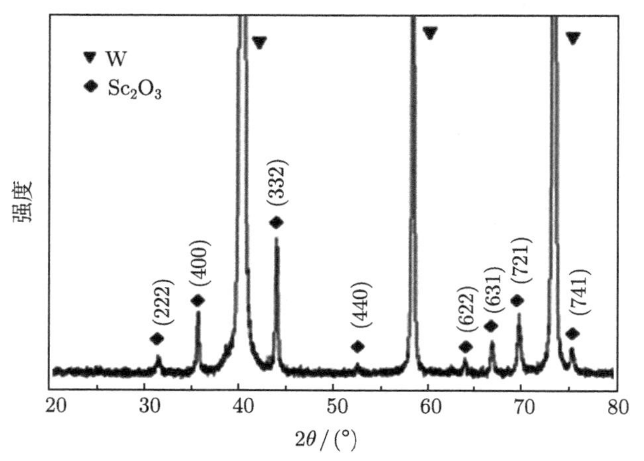

图 8.4.3　未浸渍 Sc_2O_3 掺杂钨基体的 XRD

利用 Hitachi S-3500N 扫描电子显微镜对掺杂钪钨烧结体以及阴极的微观形貌进行观察，并用 Oxford Inca 能谱分析仪进行能谱分析。烧结体的微观形貌被放大 35000 倍展示，如图 8.4.4 所示。由图可见，均匀的多孔基体是由彼此相连的大颗粒和许多分散在其周围、均匀分布的絮状小颗粒构成的，其中大颗粒的尺寸都小于 1μm。

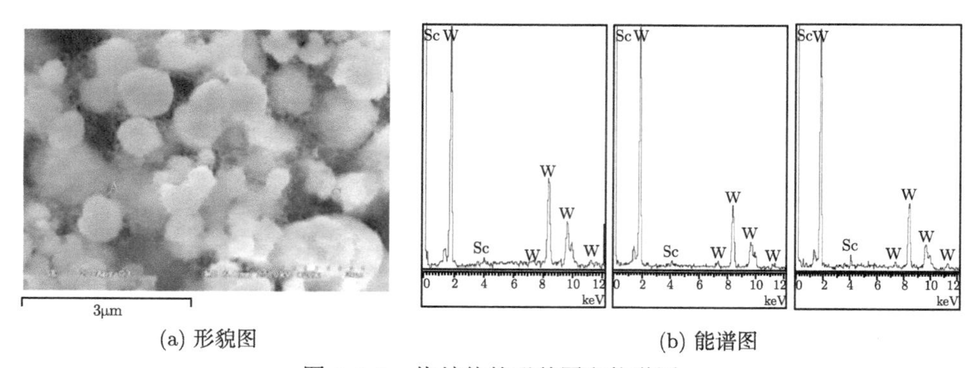

(a) 形貌图　　(b) 能谱图

图 8.4.4　烧结体的形貌图和能谱图

能谱仪 (energy dispersive spectrometer，EDS) 分析表明，大颗粒主要是钨元素，如图中 A 区域；钪的存在形式是圆形或絮状小颗粒，尺寸大约几个纳米，如图中 B、C 区域。这种细小的氧化钪颗粒和氧化钪部分包覆钨颗粒的结构有利于阴极的发射改善。这一结果表明采用液液掺杂技术能够更好地改善氧化钪的分布均匀性。

对烧结体进行了断口的形貌分析，烧结体的断口形貌如图 8.4.5 所示。可以清楚地看到，在烧结体的内部孔隙仍然存在，而且孔隙很多，孔的分布也十分均匀，这一结构十分有利于活性物质的扩散和补充。在烧结体内部，氧化钪仍然弥散分布于钨基体周围，同时，钨晶粒的尺寸仍然保持亚微米级。

图 8.4.5 基体的断口形貌图

8.4.2 基体表面特性

烧结体装入直径为 3mm、带有热子的钼筒中，在加热、激活和离子轰击条件下，用改造后的 PHI-550 俄歇电子能谱仪对烧结体进行原位表面分析。为了进行对比，将氧化钪和钨粉进行机械混合后压制烧结制备阴极基体。将上述两种基体加热直至 1250℃，并在加热的各个阶段进行“原位”表面分析。用 PHI MULTIPAK 软件对 Sc(344 eV)、O (512eV) 和 W(179 eV) 进行定量分析，该软件直接提供元素的灵敏因子。所选各元素的灵敏因子分别为 $S_{\mathrm{Sc}}=0.305$，$S_{\mathrm{O}}=0.258$，$S_{\mathrm{W}}=0.175$。为了获得接近工作状态下的表面特性，除特别说明外，所有俄歇分析均在样品温度 800℃ 下进行。用 PHI PC-EXPLORER 软件收集和处理谱图，进行离子轰击实验时，用 3keV 氩离子对 4mm×4mm 的样品表面进行轰击，结果如图 8.4.6 所示。由图 8.4.6(a) 可知，在 800～1250℃ 范围内，液–液混合的阴极基体，其表面 Sc、O 与 W 的原子浓度除有一些波动外，不会随温度有明显变化，基本维持在一定值。而对机械混合体而言，见图 8.4.6(b)，在加热过程中，当温度超过 1000℃ 后，Sc 浓度随着温度的升高而降低，W 浓度相应增大，高温下钪的蒸发加剧，到 1200℃ 时 Sc 的含量只有最初的一半甚至更低。

如前所述，Sc_2O_3 掺杂的烧结体中似薄膜的 Sc_2O_3 包覆于 W 表面，使 Sc_2O_3 与 W 的接触面积大，并与 W 产生了一定程度的作用，因此使 Sc 与 W 的结合力增大，因而蒸发能较高，不易从 W 表面蒸发。而机械混合体中 Sc_2O_3 与 W 以团块形式存在，两者的接触面积小，Sc_2O_3 与 W 之间不易发生作用，因此两者间结合力弱，Sc 的蒸发能低，因而 Sc 易从阴极表面蒸发。美国海军研究实验室的 A. Shih 在对 Sc、O 与 W 的互作用研究中指出，沉积于 W 上的单层 Sc_2O_3 膜解吸温度最高，而以块体状存在的 Sc_2O_3 与 W 的结合能最低，这与实验观察相似，所以与机械混合法制备的 Sc_2O_3-W 基阴极相比，在相同的温度下，Sc 的蒸发大大降低。此实验结果说明，若在同一蒸发率下工作，则液–固法制备的 Sc_2O_3-W 阴极，可以提高运用温度，从而增大发射，或者在同一温度下运用，可以大大降低蒸发，从而延长使用期限。

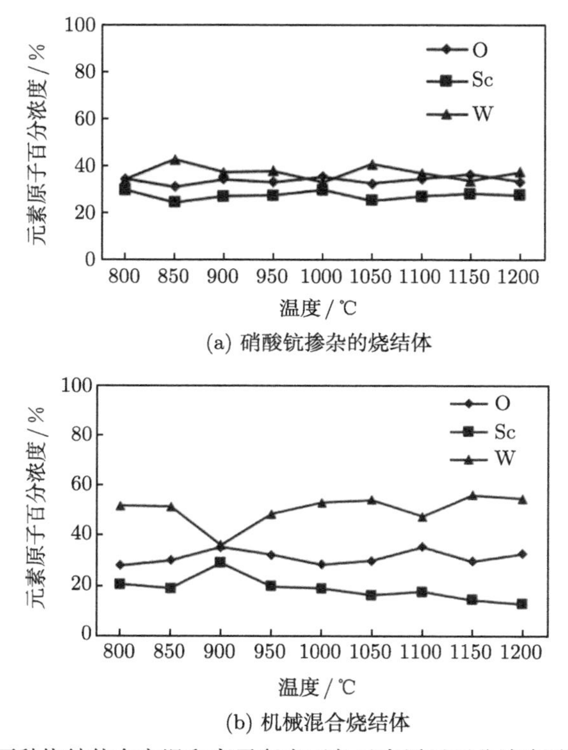

(a) 硝酸钪掺杂的烧结体

(b) 机械混合烧结体

图 8.4.6　两种烧结体在高温和离子轰击下各元素原子百分浓度随温度的变化

8.4.3　阴极发射盐

采用液相共沉淀法制备阴极发射盐，并与机械混合法制备发射盐进行对比。图 8.4.7(a) 和 (b) 分别为液相共沉淀法和机械混合法制备的 612 铝酸盐前驱粉末的 SEM 和 EDS 图。SEM 图中显示，液相共沉淀法制备的前驱粉末 (P1) 近似球形，粒度分布集中，而机械混合法制备的前驱粉末 (P2) 形状十分不规则，粒度大小不一；EDS 图谱显示，液相共沉淀法制备的前驱粉末中的三种主要元素的含量及分布十分均匀，而机械混合法制备的前驱粉末中 Ba 元素在谱图 1，Al 元素在谱图 2 中的衍射峰强度很弱，元素分布不均匀。因此，液相共沉淀法制备的铝酸盐前驱粉末粒度较均匀，元素分布较均匀，有利于后续烧结过程中反应的充分进行，更有利于提高铝酸盐的质量。

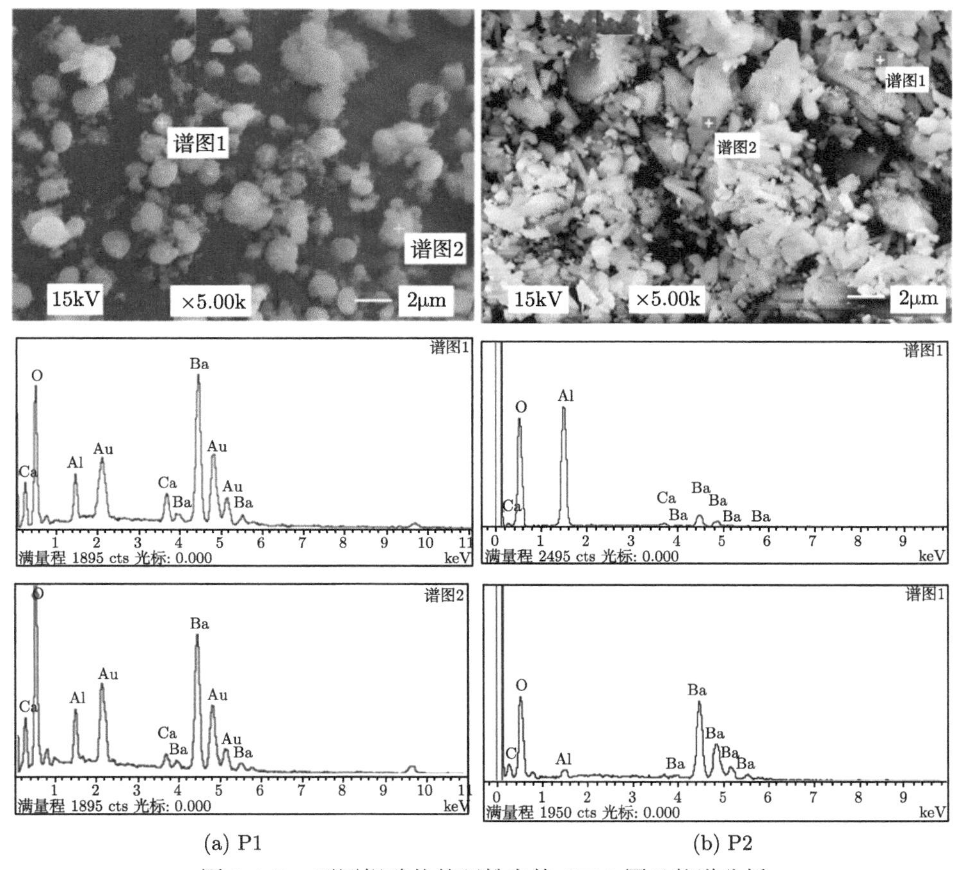

(a) P1　　(b) P2

图 8.4.7 不同铝酸盐前驱粉末的 SEM 图及能谱分析

使用激光粒度分析仪对不同方法制备的 612 铝酸盐前驱粉末进行粒度分析，结果见图 8.4.8。从中可以看到，液相共沉淀法制备的前驱粉末颗粒的粒径分布范围在 0.5 ~ 1.1μm，分布的范围较窄，$D(n,50)$ (nm) 值仅为 815nm。而机械混合法制备的粒径分布范围在 0.4 ~ 1.2μm，分布的范围较宽，$D(n,70)$ (nm) 值为 1138nm。所谓 $D(n,50)$，是指按照粉末的个数进行表征，对于整个粉体颗粒来说，其中 50%的颗粒都小于 $D(n,50)$ 这一尺寸。该方法是一种有效的衡量粒度较细的粉末的方法。液相共沉淀制备的这种前驱粉末的粒度分布，对于盐均匀分布于基体表面以及活性物质的释放是十分有利的。

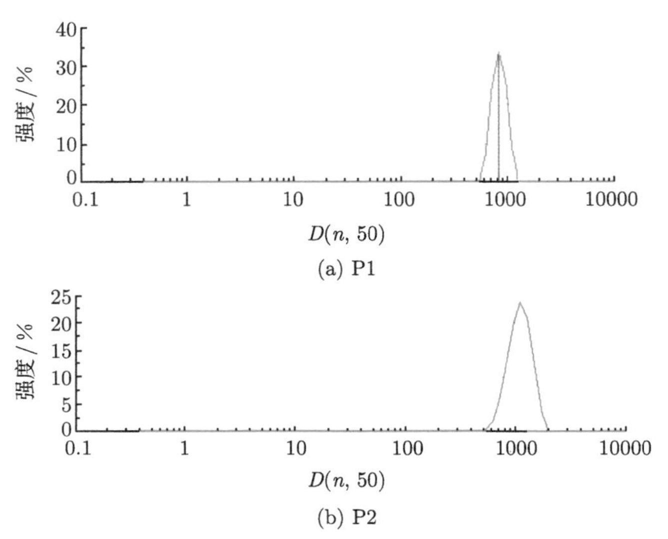

图 8.4.8　不同铝酸盐前驱粉末的激光粒度分析

液相共沉淀法制备的 612 铝酸盐的 XRD 见图 8.4.9(a)。经过高温烧结后，1300℃$_b$ 烧结的铝酸盐由具有发射活性的三钡盐 $Ba_3CaAl_2O_7$ 和非活性物质 $Ba_2Al_2O_4$ 组成。此过程的主要化学反应为

$$3BaO + CaO + Al_2O_4 \longrightarrow Ba_3CaAl_2O_7 \tag{8-4-1}$$

$$BaO + Al_2O_3 \longrightarrow BaAl_2O_4 \tag{8-4-2}$$

随着烧结温度的提高，$Ba_3Al_2O_4$ 消失，$Ba_3CaAl_2O_7$ 的衍射强度逐渐变弱，直至消失；当温度达到 1400℃$_b$ 时，$Ba_5CaAl_4O_{12}$ 的衍射峰开始出现，并且强度逐渐变强，说明五钡盐的结晶程度逐渐变高，含量逐渐增加。分析认为是 $Ba_3Al_2O_4$ 与 $Ba_3CaAl_2O_7$ 随着温度的升高，发生化学反应，生成产物 $Ba_5CaAl_4O_{12}$，即

$$Ba_3CaAl_2O_7 + Ba_3Al_2O_6 \longrightarrow Ba_5CaAl_4O_{12} + BaO \tag{8-4-3}$$

1500℃$_b$ 烧结后，$Ba_3CaAl_2O_7$ 和 $Ba_3Al_2O_6$ 会充分反应生成 $Ba_5CaAl_4O_{12}$，同时由于温度升高，$Ba_3CaAl_2O_7$ 会分解为 $CaAl_2O_4$：

$$J_{TL} = J_0 \exp(0.44E^{1/2}/T) \tag{8-4-4}$$

$$Ba_3CaAl_2O_7 \longrightarrow CaAl_2O_4 + 3BaO \tag{8-4-5}$$

此时铝酸盐中的主晶相为 $Ba_5CaAl_4O_{12}$，以及少量的没有发射能力的 $CaAl_2O_4$。

机械混合法制备的 612 铝酸盐的 XRD 见图 8.4.9(b)。由图可知，经 1300℃$_b$ 烧结后铝酸盐的主要成分为 $Ba_4Al_2O_7$ 和 $Ba_7Al_2O_{10}$，此过程的主要化学反应为

$$4BaO + Al_2O_3 \longrightarrow Ba_4Al_2O_7 \tag{8-4-6}$$

$$7BaO + Al_2O_3 \longrightarrow Ba_7Al_2O_{10} \tag{8-4-7}$$

烧结温度提高到 1400℃$_b$ 时，产物与 1300℃$_b$ 时相同。当烧结温度为 1500℃$_b$ 时，主要成分为 $CaAl_2O_4$、$Ba_4Al_2O_7$ 及 BaO，BaO 可能是由于烧结温度较高，导致 $Ba_7Al_2O_{10}$ 分解产生。

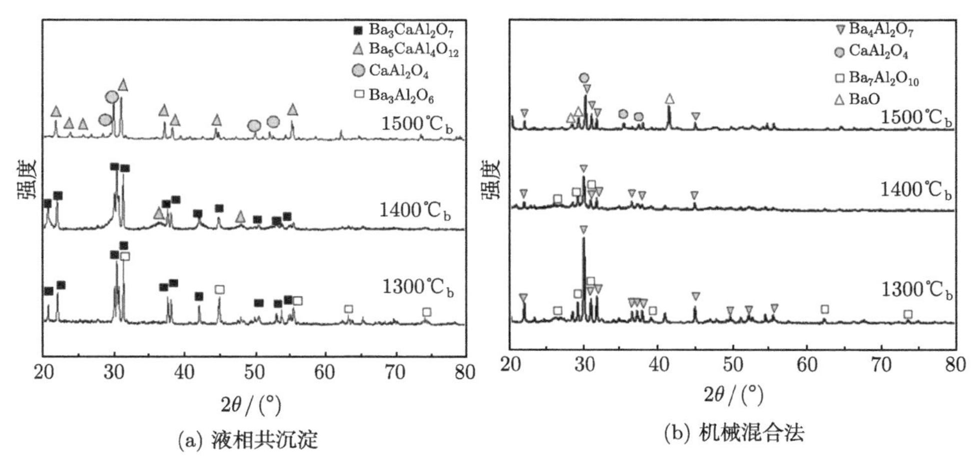

图 8.4.9 不同方法制备的 612 铝酸盐高温烧结后的 XRD 图谱

8.4.4 浸渍型含钪扩散阴极的表征

对于含 Sc 扩散阴极来说，在氢气气氛下把活性物质铝酸盐 (411 盐、612 盐) 加热到流变温度以上的某一个合适温度，将多孔 W 基体浸泡到这种铝酸盐溶液中，由于毛细吸附作用，铝酸盐会浸入烧结基体内，这一过程称为浸盐 (浸渍后的阴极分别称为 SDI-411，SDI-612 阴极)。浸盐的关键工艺参数是浸渍温度和保温时间。浸渍温度必须高于铝酸盐的流变温度，温度越高熔融盐的流动性越好，盐容易浸入基体内部。但是如果温度过高，铝酸盐和 W 之间的反应程度加剧，导致阴极内部活性物质过早地大量产生并挥发，从而影响阴极的寿命。保温时间过长也会发生反应。随着浸渍时间的延长，浸渍量逐渐增加，但是当浸渍时间过长时，浸渍量反而会下降，这是因为浸渍时间过长会导致基体收缩变大，孔隙变小，进而导致浸渍量变小。

图 8.4.10 为浸渍后阴极断面分析 (浸渍时间为 30s)。电子显微镜照片显示，浸渍时间为 1min 时，浸渍明显不足。浸渍时间为 1min 的阴极经过水洗、退火

后，由于浸渍量不足，仅为 2.5%，阴极断面分为三层 (图 8.4.10)，分别是水洗层 C、浸渍层 B、未浸渍层 A。阴极的中心位置未浸渍到盐，没有 Ba、Ca、Al 的元素分布，B 位置为浸渍到盐的部分有活性盐 Ba、Ca、Al 元素的存在。C 为水洗层，除了 W 基体外，仅有残存的 Ca 元素。结果显示，由于浸渍时间不足，导致浸渍量不足，应该延长浸渍时间。

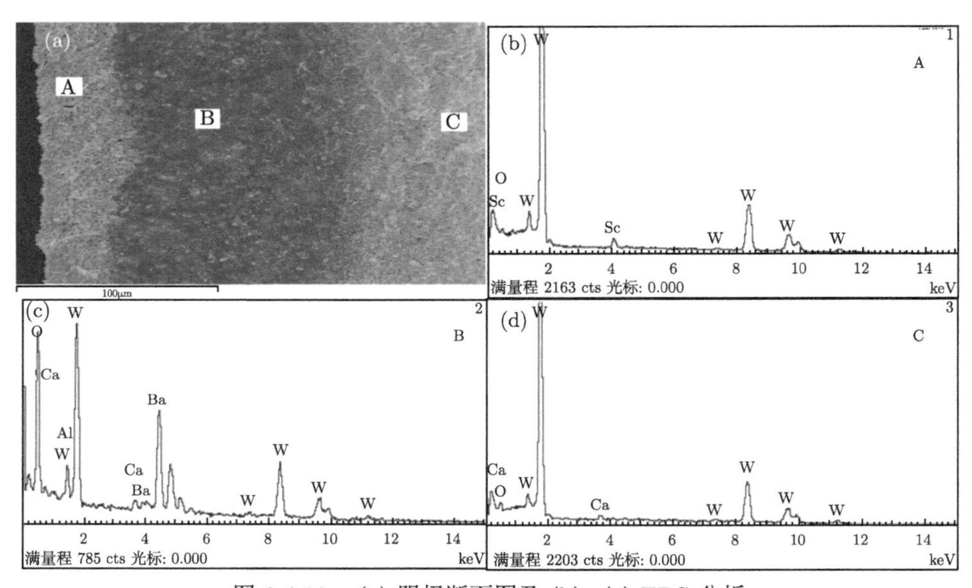

图 8.4.10　(a) 阴极断面图及 (b)～(c) EDS 分析

图 8.4.11 是浸渍时间为 90s 的阴极断面 SEM 及 EDS 分析图。图 8.4.11(a) 是阴极表面的 SEM 图，经过水洗后，阴极表面平整，颗粒约在亚微米尺度，表面孔道分布均匀，该结构有利于活性物质扩散到表面形成均匀发射层。图 8.4.11(b) 为阴极中心区域的断面图及能谱结果。结合 SEM 和 EDS 结果可知，*A* 点为 Sc-W 基体，*B* 点是活性盐，W 颗粒形成孔道结构良好的 W 骨架亚微米结构，颗粒之间是活性盐的富集区，Sc、Ba、Ca 等元素均匀分布。这种均匀分布的亚微米结构烧结体会有利于活性物质 Ba 和 Sc 在激活和工作期间的扩散和补充。对比图 8.4.4 中基体的 SEM 结果发现，阴极经过高温浸渍后，W 晶粒没有明显长大的趋势，并且颗粒更加圆滑，孔道形成较好的通孔结构，更加有利于活性盐的扩散和补充。

8.4.5　阴极脉冲特性

测试条件：系统真空度不低于 5×10^{-6}Pa，脉宽 5μs，重复频率 100Hz。

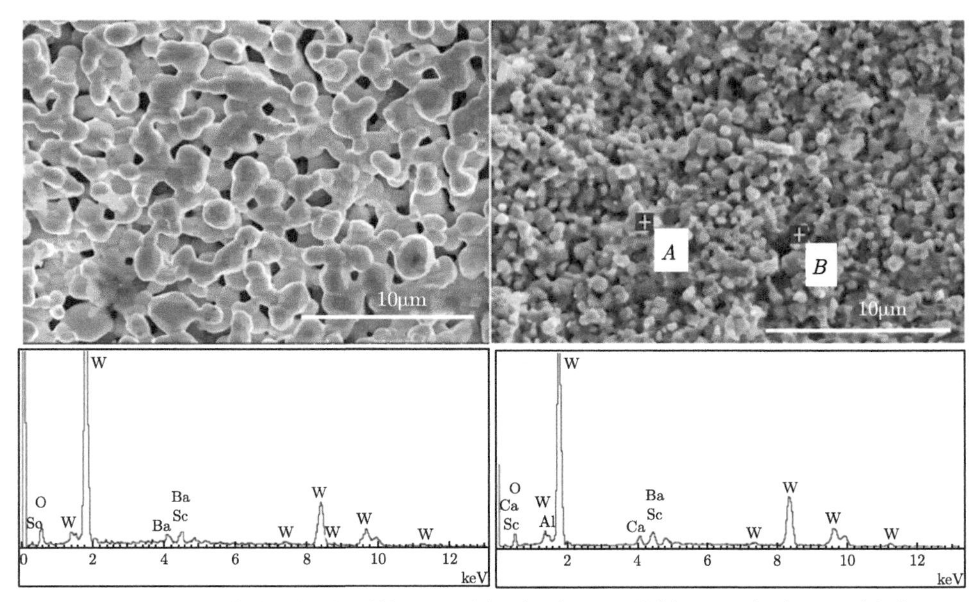

图 8.4.11　阴极表面和断面的 SEM 图及断面 EDS 分析：(a) 表面；(b) 断面

1. 伏安特性测试

图 8.4.12 为阴极在 1150℃$_b$ 经过充分激活后，在 700~900℃$_b$ 测试的伏安特性曲线。图中 J 为偏离空间电荷限制区的电流, 表征阴极发射能力。结果显示，随着阴极工作温度的提高，其 J_{div} 迅速增加，该阴极在 850℃$_b$ 时 J_{div} 已达 48.8A/cm^2，证明该种阴极具有低温大发射的特性；同时发射斜率不低于 1.4，该种阴极满足在大功率的线性注微波管中应用的要求。

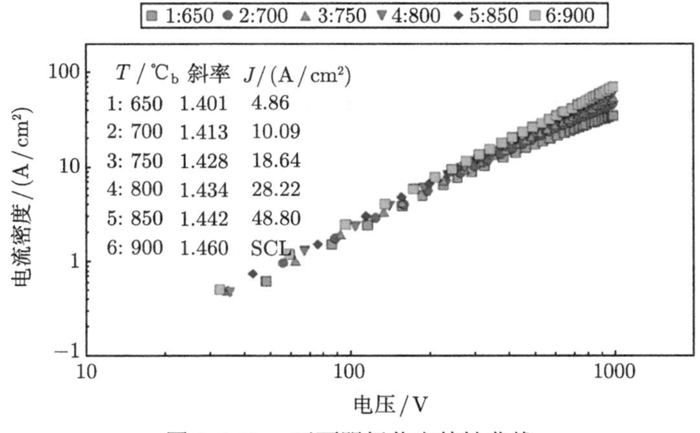

图 8.4.12　平面阴极伏安特性曲线

2. 欠热特性测试

图 8.4.13 是阴极在激活良好时的欠热特性，又称 Miram 曲线及逸出功分布图 (PWFD)。图 8.4.13(a) 是大电流密度下的发射情况，如图所示，阴极在激活良好时，JFSCL=50A/cm^2 曲线的膝点温度约 910℃$_b$，当 JFSCL 增加一倍时，曲线间隔约为 20℃$_b$。对低电流密度情况下阴极的欠热特性进行了测试，结果见图 8.4.13(b)。可以看到，JFSCL=6.11A/cm^2 曲线的膝点温度约为 850℃$_b$，JFSCL 增倍时的 Miram 曲线间隔为 20~25℃$_b$，结果与高电流密度发射情况相似。两图中空间电荷区发射电流密度下降的原因之一，是阴极从高温降至低温过程中，组件的热膨胀缩小，引起极间距的变化而使极间电场减小，从而使空间电荷区的发射电流密度也有所下降。另外，图 8.4.13(a) 中 Miram 曲线的膝点不如 8.4.13(b)

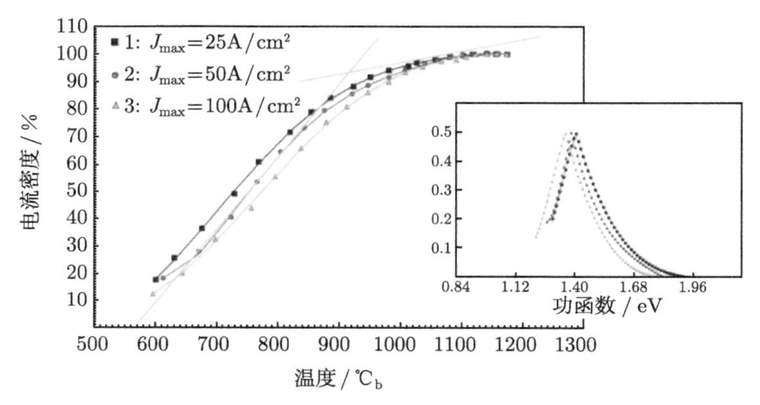

(a) 阴极高电流密度测试

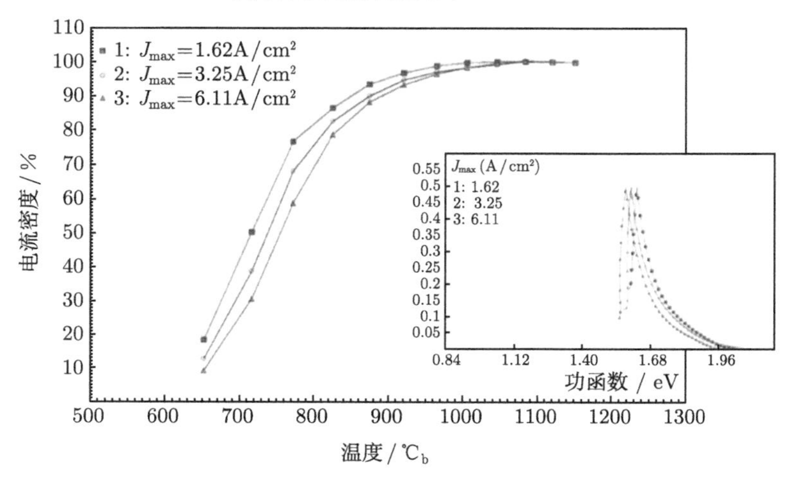

(b) 阴极低电流密度测试

图 8.4.13 阴极激活良好时的 Miram 曲线及 PWFD

中的明显，可能原因是阴极在大电流密度情况下，发射均匀性较低，电流密度较差，逸出功分布范围更宽，导致在同样的阳极电压下，逸出功低的部分仍处在空间电荷区，而逸出功高的部分已进入温度限制区，表现为空间电荷限制区和温度限制区之间的过渡区变宽。两种情况的 PWFD 可以证明这一点。

从两图中的 PWFD 可以看到，当电流密度 (电场强度) 增大时，实际逸出功峰值依次减小，表明电场强度会对逸出功的大小产生显著的影响。

3. 平面阴极在皮尔斯电子枪中的特性

为了测试阴极在实际工作的电子枪结构中的发射特性，将其装入特别设计的内置皮尔斯电子枪的玻璃外壳管内。该管由美国 E-Beam Inc. 公司设计制作。

图 8.4.14 是电子枪实物图。电子枪外观结构为玻璃管，阴极可以通过肉眼观察，便于阴极测试和温度测量。

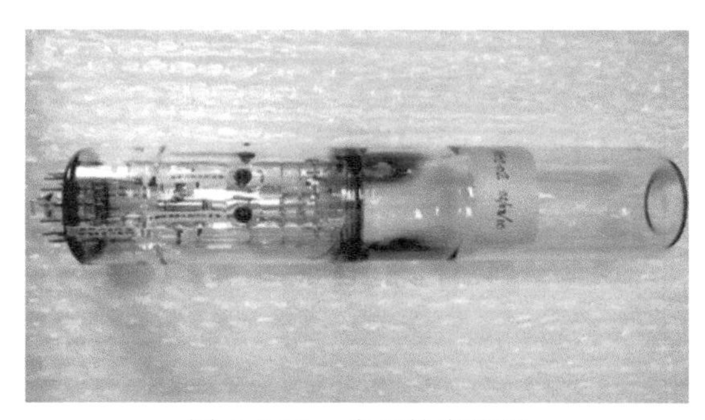

图 8.4.14 电子枪实物图

根据预期物理设计和计算机模拟，阳极与阴极极间距为 3.3mm，导流系数为 0.6μp。发射性能测量为脉冲高压测试，脉宽为 3μs，重复频率为 5Hz，测试阴极温度采用光学高温计测量。

图 8.4.15 为电子枪内阴极在 800~1000°C_b 伏安特性曲线。如图所示，当 950°C_b，阳极电压 30kV 时，发射电流均达到 100A/cm^2。同时当 950°C_b 和 1000°C_b 时，对应于 30kV 的电流密度基本保持不变，均为 100A/cm^2 左右，证明阴极已处于空间电荷限制区，也就是说在 950°C_b 以上，含 Sc 扩散阴极在电子枪内可以提供 100A/cm^2 的空间电荷限制电流。在 800~900°C_b 范围内，发射电流出现偏离点，其偏离点电流与平板二极管的测量结果相当。但发射电流更加规律，温度降低 50°C_b，偏离点电流密度约下降至二分之一。

图 8.4.16 为电子枪内阴极欠热特性测量曲线 (Miram curve)。$J_{\max}$=100A/cm^2 时曲线的膝点温度约为 900°C_b，$J_{\max}$=50A/cm^2 时曲线的膝点温度约为 850°C_b。测试结果表明，950~1000°C_b 为浸渍型含 Sc 扩散阴极在高电流密度工作条件下的工

作温度，与在动态真空系统中的研究吻合。

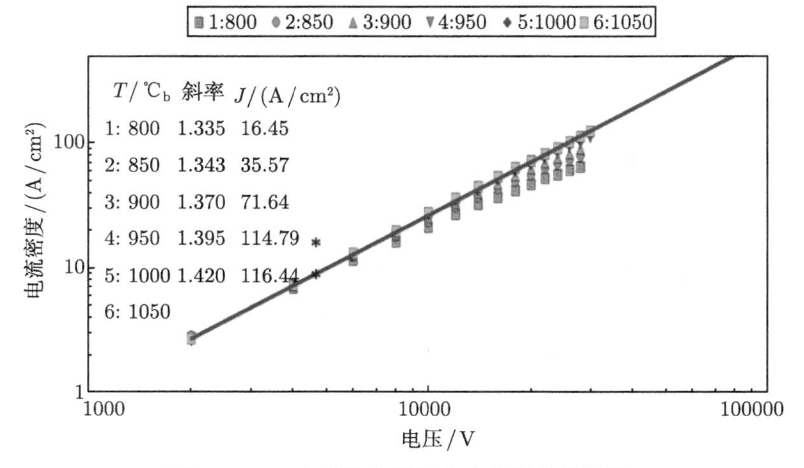

图 8.4.15 电子枪内阴极伏安特性曲线测量

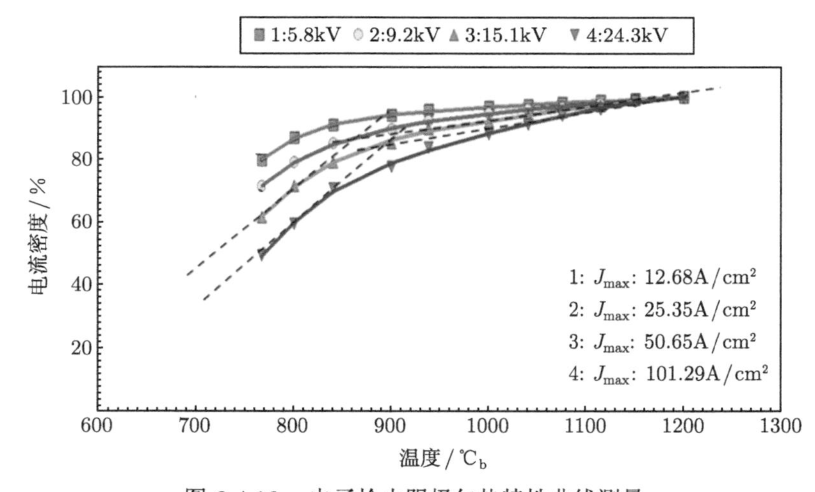

图 8.4.16 电子枪内阴极欠热特性曲线测量

4. Sc_2O_3 掺杂含 Sc 扩散阴极的直流发射性能

1) 发射性能

图 8.4.17(a) 是直流发射测试系统，阴极在做直流发射测试时，发射电流密度最高时一般超过数十安每平方厘米，依据阴极发射面积的不同，电子轰击阳极的功率能达到几百瓦甚至上千瓦，并且发射的电子集中在几毫米直径圆形区域内，高能量电子对阳极进行持续轰击，会导致一系列问题甚至阳极熔化。因此直流发射测试的阳极必须使用冷却装置，本实验中使用的是图 8.4.17(b) 所示的水冷铜阳

极，在直流发射测试时阳极使用冷却循环水进行冷却，以保证阳极处于常温。该系统也可用来进行直流寿命试验。电压电流值可以通过直流电源直接获取，数据处理方法同脉冲测试相同。

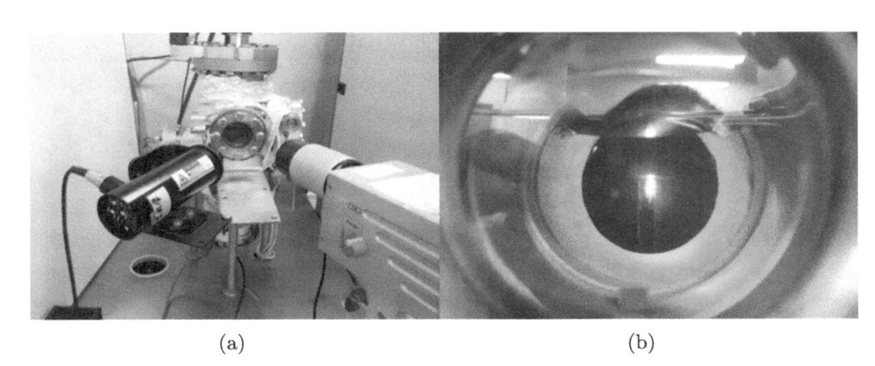

(a) (b)

图 8.4.17 (a) 直流发射测量系统；(b) 直流发射测试实时显示

为了降低直流测试时阳极的功率耗散，选用直径 1mm 的阴极进行直流性能评估。图 8.4.18(a) 显示的是不同温度下，经过电子冷却效应补偿的直流 $\lg J$-$\lg U_{\rm a}$ 双对数曲线。从图中可以看到，900°C$_{\rm b}$ 和 950°C$_{\rm b}$ 的直流空间电荷区电流密度分别达到 30A/cm^2 和 70A/cm^2 以上。图 8.4.18(b) 所示的是阴极在 850°C$_{\rm b}$ 下，未补偿温度和补偿温度的发射电流密度比较。经过补偿后，拟合曲线的斜率稍有升高，并且空间电荷区电流密度的偏离点值升高，两者相差将近 10A/cm^2，说明电子冷却对阴极发射能力的评估确有影响。

图 8.4.18(c) 是 850°C 时的直流和脉冲发射比较，经过温度补偿的直流的偏离点电流密度为 27.92A/cm^2，十分接近脉冲发射偏离点 38.06A/cm^2，且在直流发射出现偏离之前，脉冲与直流特性完全重合。

图 8.4.19 是阴极在激活良好时的直流 Miram 曲线。从图可知，阴极在激活良好时，空间电荷限制区电流密度 $J_{\rm FSCL}=50{\rm A/cm^2}$ 曲线的膝点温度约为 820°C$_{\rm b}$。$J_{\rm FSCL}=12.5{\rm A/cm^2}$ 曲线的膝点温度约为 800°C$_{\rm b}$。空间电荷区发射电流密度下降的原因之一，是阴极从高温降至低温过程中，组件的热膨胀缩小，引起极间距的变化而使极间电场减小，从而使空间电荷区的发射电流密度也有所下降。直流 Miram 曲线和相应的膝点温度同样表明，阴极具有优异的直流发射能力。

2) 直流发射寿命

应用在各类真空电子器件或装置中的阴极，都有相应的寿命要求。较长的工作寿命，可以保证器件工作的可靠性、降低更换器件的费用、减少备用件的费用等。目前先进的微波真空电子器件，要求阴极能在高达 100A/cm^2 以上的电流密度下提供 5000~10000h 的寿命。因此，阴极寿命的测试也是表征阴极性能的重要方面。前期对阴极在直流低电流条件下工作的寿命特性进行了研究和报道，在 $2A/cm^2$ 的连续负荷下，阴极保持 850℃$_b$，$30A/cm^2$ 脉冲电流密度的寿命已超过 10000h[29]。

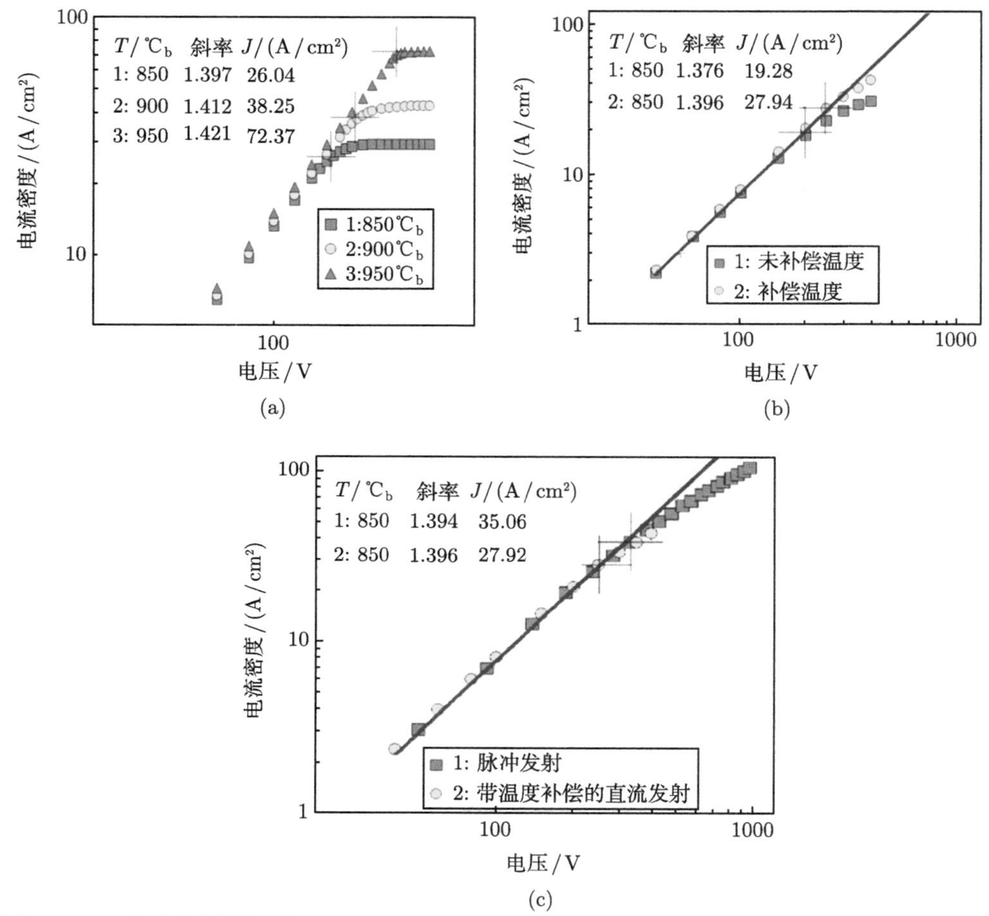

图 8.4.18 直流发射特性曲线：(a) 经过温度补偿后不同温度下直流发射曲线；(b) 870℃$_b$ 时温度补偿后和未补偿的直流发射曲线比较；(c) 870℃$_b$ 时的直流发射和脉冲发射比较

影响阴极寿命的因素主要取决于阴极自身的物理化学过程。例如，阴极工作过程中活性物质的化学反应、传输、扩散；活性物质在阴极表面的吸附与解吸附和蒸发过程等。这些过程都与阴极确定的工作温度有关，通常温度升高加速了上述过程，从而导致寿命降低 [30]。不同的阴极有不同的影响寿命的机制。对 Ba-W 阴极而言，Ba 的耗竭是影响阴极寿命的主要因素。对含 Sc 扩散阴极而言，由于发射现象的物理化学过程尚未被完全认知，因而其寿命机制也还在研究之中。

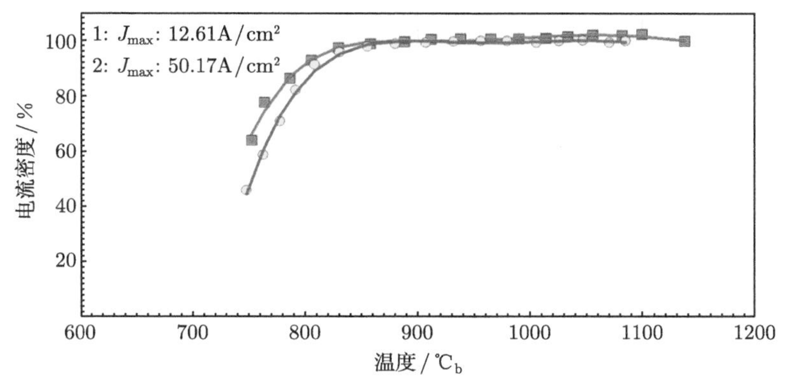

图 8.4.19 直流 Miram 特性曲线

除阴极自身的因素外，还有很多外界影响因素，如管内真空度、阳极电压等。管内真空度差，残余气体多，增大了阴极中毒的概率。阳极电压高，在电子轰击下出气就多。残余气体电离，除了会增加对阴极的毒害，也会加剧阴极表面受离子轰击的情况，造成阴极失效。

热阴极寿命的评价一般有两种方法 [31,32]：第一种是正常寿命试验又叫做常规寿命试验，一般将阴极寿命试验管在恒定阳极电压和温度下，支取一定的电流密度，在寿命台上进行寿命试验，在寿命试验过程中，定期用伏安特性法、降落法、噪声法等测量阴极发射和阴极活性变化，以判断阴极寿命是否终了及衰老速度等。常规寿命试验是经过实际考验的，在一定意义上是对阴极寿命的客观反映。

另一种就是加速寿命试验，它可以在较短的时间内对阴极寿命做出及时的评估，因而现在多被采用。由于阴极中与寿命有关联的物理化学过程都多与温度有密切关系，因此，阴极加速寿命试验中大都采用提高阴极温度来实现。

本书选用能真切反映阴极工作环境的常规测试方法，在皮尔斯电子枪管中，或在水冷阳极二极管系统中，持续施加脉冲或直流电压，在阴极 950℃$_b$ 的条件下连续支取大电流，进行寿命试验，这种方法可以准确地评价出阴极的寿命，为管子应用做出有用的参考。

为评估直流发射的稳定性，对测试后的阴极进行寿命试验。在开始寿命实验之初，测试了直流发射性能，寿命历程如图 8.4.20 所示。寿命初始电流密度设置 20A/cm^2，在保持极间距和极间加载电压及阴极温度不变的情况下，电流密度随寿命时间逐步增加，在约 300h 的时候达到 30A/cm^2，一直保持稳定。在 2200h 的时候，调节直流电压，使电流密度升至 35A/cm^2，随后电流缓升至 40A/cm^2 保持稳定至 3690h。由于循环水系统出问题被迫中断。图 8.4.21 是寿命开始之初和经过 1000h 后的 950℃$_b$ 直流发射 $\lg J$-$\lg U_a$ 曲线，对比两曲线可见，通过寿命的初始阶段的调整，阴极的直流发射性能继续改善，未经补偿的发射已可达到 66.5A/cm^2。对照寿命过程的表面分析结果，认为这可能得益于阴极在工作过程中，Ba-Sc-O 活性层的比例渐渐达到最优化。

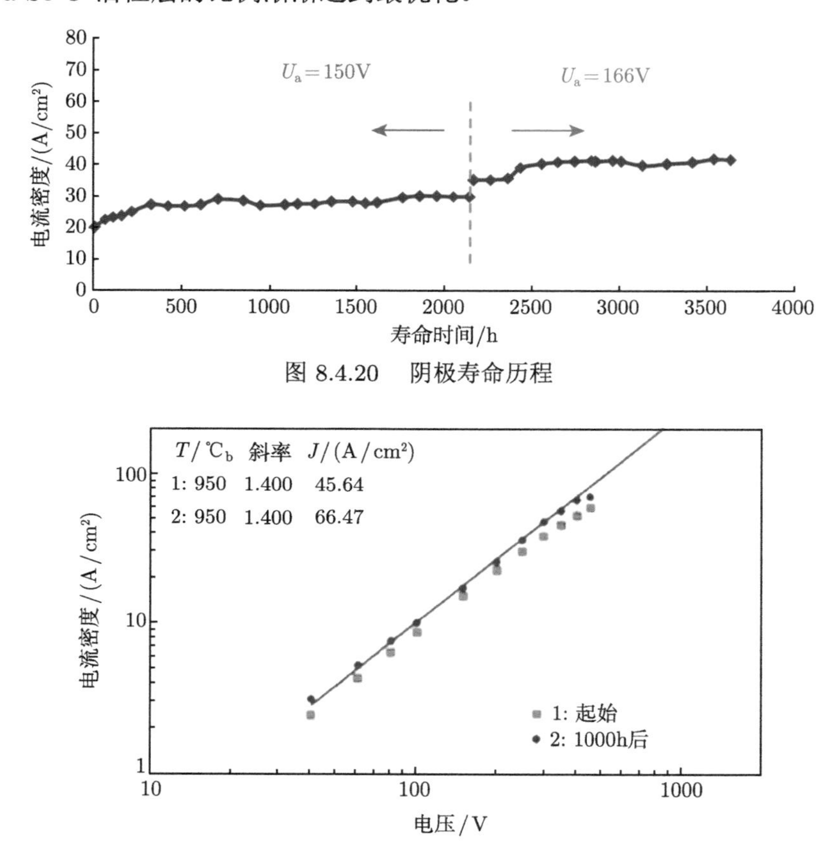

图 8.4.20　阴极寿命历程

图 8.4.21　寿命开始时和工作 1000h 后的未经温度补偿的直流发射曲线比较

8.5　电子束阴极

参照皮尔斯枪中为控制阴极电流而增加的阴影栅设计，在阴极表面加一个紧贴阴极、与其同电势的阴影栅，可以遮挡其覆盖处的电子发射，阴影栅与阴极在同样的高温下工作，设计如下矩形电子束阴极：在毫米级的圆形阴极表面制备矩形电子束成形结构，见图 8.5.1。其基本工作原理为，阴极基体提供发射面，其上制备一定性质的发射遮挡层，在此层中心为尺寸符合要求的矩形孔。当阴极加热到工作温度时，矩形孔处裸露的阴极面即发射电子，而遮挡层则抑制矩形以外阴极面的电子发射，但不影响发射区的电流密度与均匀性。可以通过镀膜和覆盖层的方式获得阴极的遮挡层。

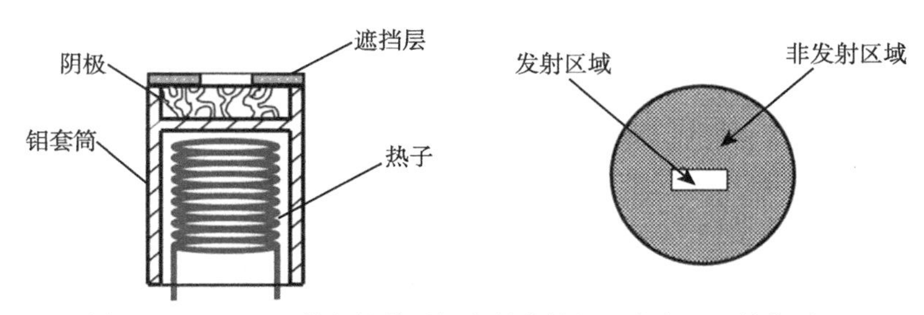

图 8.5.1 Sc_2O_3 掺杂扩散阴极为基底的矩形束电子源结构原理

8.5.1 镀膜刻蚀阴极的电子束分析

镀膜刻蚀阴极样品 F1 发射区的微观形貌，以及在 1150℃$_b$ 激活 2h 后，950℃$_b$ 时的电子束截面轮廓及电流密度分布如图 8.5.2 所示。图 8.5.2(a) 是刻

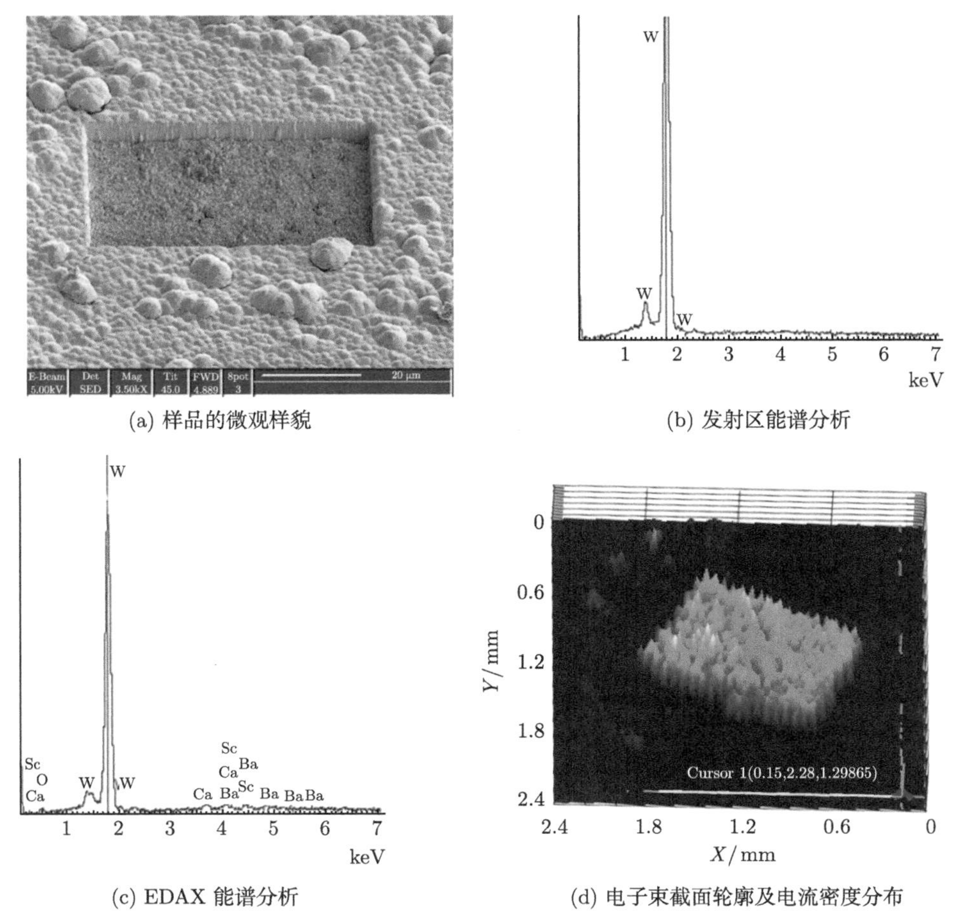

(a) 样品的微观样貌

(b) 发射区能谱分析

(c) EDAX 能谱分析

(d) 电子束截面轮廓及电流密度分布

图 8.5.2 样品 F1 的微观形貌和矩形束发射测试结果

蚀后阴极的 SEM 像，由图可见，F1 膜层致密均匀，与阴极面结合紧密，且刻蚀区深度均匀，形状整齐，膜薄约为 4μm。由图 8.5.2(b) 钨膜 EDAX 能谱可以看到，其上全部是 W，没有其他元素存在；而从图 8.5.2 (c) 中图谱 1 所示的阴极面的 EDAX 能谱图中可以看到，阴极面除了 W 以外还有明显的 Sc、Ba、Ca、O 等元素，说明镀膜与阴极界限分明。从图 8.5.2(d) 中可以看到，矩形发射面形成的电子束截面形状良好，从电流密度分布图上可以看到，由于膜很薄，所以该方法得到的电子源没有边缘电场集中的现象。矩形束的电流密度在整个发射面上分布都很均匀。但是在矩形区外的非发射区域出现了较低的发射，这是由于阴极表面钨膜在此处存在缺陷，基体中的活性物质扩散至钨膜上形成发射造成的。该缺陷可能的成因有多种，例如，高温下，膜与阴极的热膨胀不一致，致使膜产生裂纹；或者溅射镀膜时，由于基底阴极在此处结构变化，使形成的钨膜本身存在裂纹缺陷等。可以预计，随着时间的延长，活性物质扩散量增多，这种干扰性发射会越来越明显。若通过改进镀膜工艺改善钨膜的缺陷，则镀膜刻蚀法有望成为样品制备的可行方案。

上述实验结果表明，该制备方法可以实现矩形电子束的发射，但其成本较高，在镀膜及刻蚀加工效率没有大规模提高的情况下，此方法难以应用于规模生产。

8.5.2　微加工遮挡层阴极的电子束分析

图 8.5.3 为 600μm×600μm 样品 C1 的发射区形貌和激活 2h 后，950℃$_b$ 时电子束的截面轮廓和电流密度分布图。由图 8.5.3(a) 看到，采用微加工法制备的阴极组件遮挡层与阴极面接触较为紧密，发射区为阴极表面。由图 8.5.3(b) 电流密度分布结果可以看出，该样品发射的电子束的形状保持良好，与发射区吻合，发射区和非发射区边界清晰。在整个发射区内，电流密度平均保持在 50A/cm^2 以上，边缘稍有突起但不明显，电流密度分布也较为均匀。

图 8.5.4 为 800μm×200μm 样品 C2 的发射区形貌和激活 2h 后，950℃$_b$ 时电子束的截面轮廓和电流密度分布图。从图 8.5.4(a) 可以看到，经激光切割加工的矩形孔尺寸较为整齐，但切边较为粗糙。从图 8.5.4(b) 可以看到，Mo 覆盖层很好地阻挡了来自阴极非发射区的电子发射，电子束截面尺寸与异形束成形结构上矩形孔的尺寸吻合，但是由于切边不整齐，导致电子束截面形状不太规则。从图中可以看到，带状发射区的中心部位电流分布均匀，而边缘有电流密度的突增。对样品 C1 和 C2 的结构采用 EBS5.0 程序进行电场和电子轨迹进行模拟，结果见图 8.5.4(c)。通过比较表明，在成形结构厚度与边长的比值较大时 (YZ 短边方向)，带状区域的边缘产生电场集中影响更为明显，边缘的发射电流密度比中心区域高，增幅可达 40%，且此种结构的边缘发射增强效应无法避免。

(a) 发射区微观图像

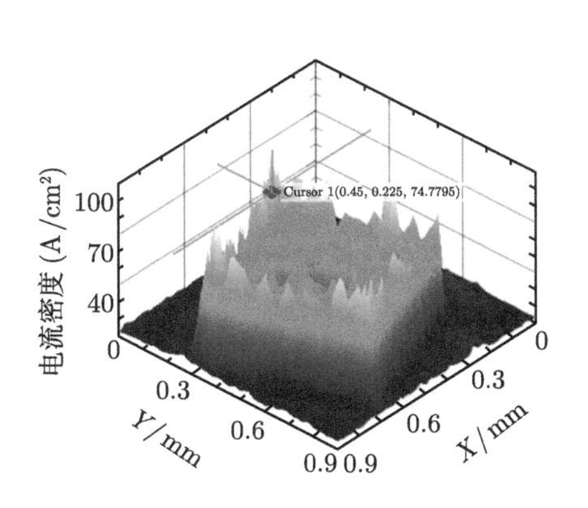

(b) 电子束截面轮廓及流密度分布

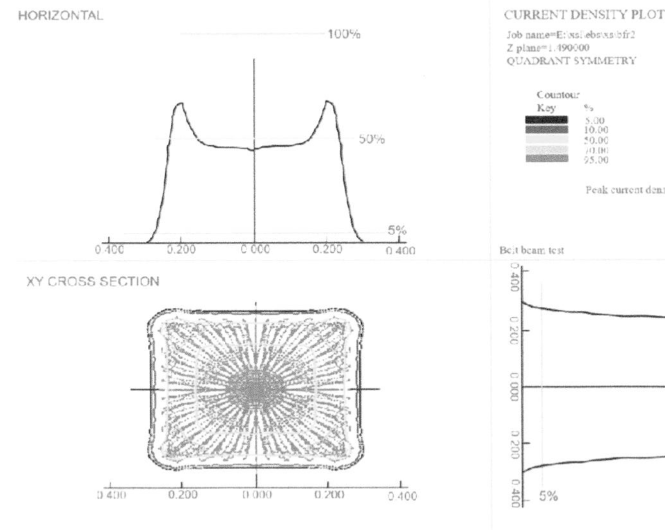

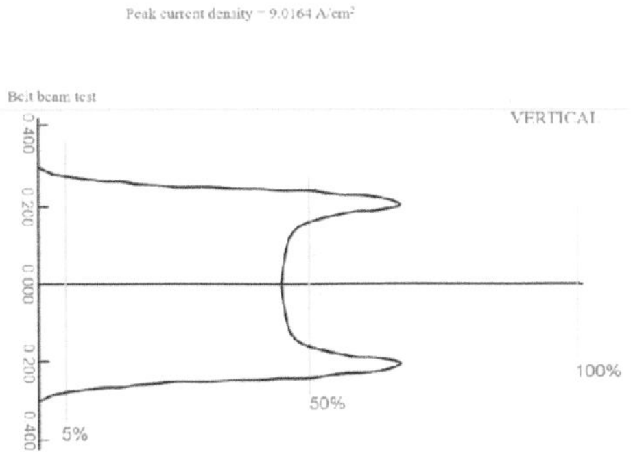

(c) 电流密度分布模拟

图 8.5.3　样品形貌及电子束发射测试结果以及发射区电流密度模拟结果

图 8.5.5 为改变锥角的样品 C3 经过 1150℃$_b$ 激活 2h 后的发射区形貌，以及 950℃$_b$ 时电子束的截面轮廓和电流密度分布图。由图 8.5.5(a) 可见，Mo 遮挡层切孔形状规则，切边整齐，与阴极面结合紧密。由图 8.5.5(b) 可见，样品 C3 遮挡层切孔壁经加工一定角度处理后，电子束截面形状规则，XZ 向上的边缘电流密度增强基本消除，电流密度达到 60A/cm^2，分布均匀；但电流密度在 YZ 方向上的分布仍不均匀。

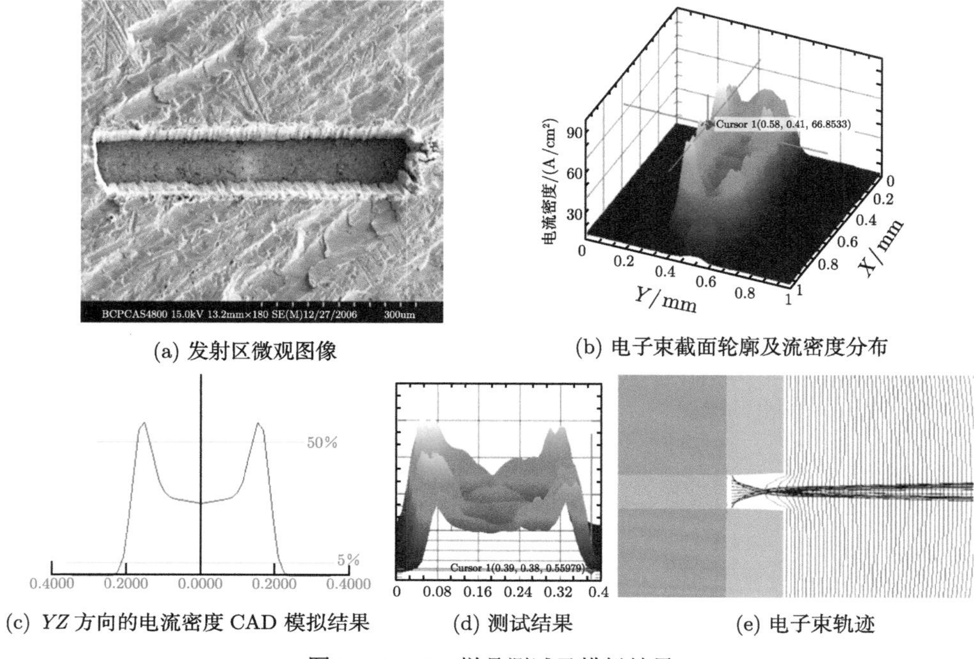

(a) 发射区微观图像 (b) 电子束截面轮廓及流密度分布

(c) YZ 方向的电流密度 CAD 模拟结果 (d) 测试结果 (e) 电子束轨迹

图 8.5.4 C2 样品测试及模拟结果

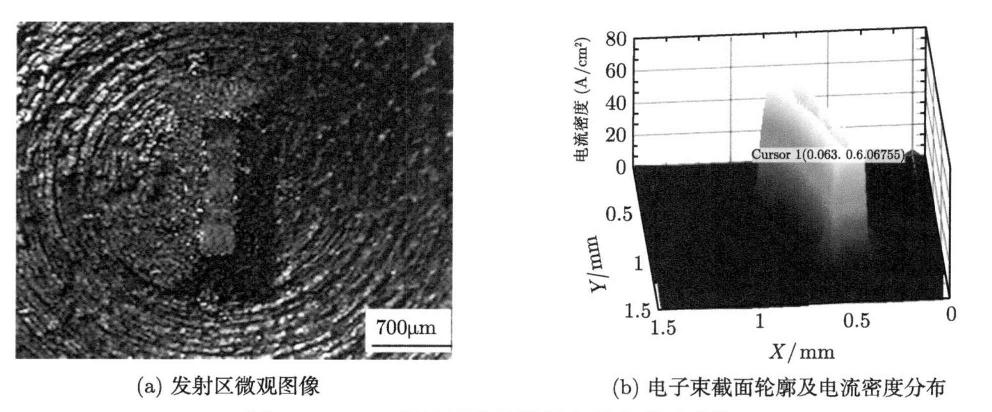

(a) 发射区微观图像 (b) 电子束截面轮廓及电流密度分布

图 8.5.5 C3 样品形貌及发射电子束截面形状

图 8.5.6 为样品 C3 经过 1150℃$_b$ 激活 2h 后的发射区形貌，950℃$_b$ 时电子束的截面轮廓和电流密度分布图，以及计算机辅助设计 (computer aided design, CAD) 模拟电流密度分布和电子束轨迹。由图 8.5.6(a) 可见，Mo 遮挡层切孔形状规则，切边整齐，与阴极面结合紧密。从图 8.5.6(b) 和 (d) 中看到，样品 C4 遮挡层开孔孔壁经加工皮尔斯角处理后，YZ 方向上的边缘电流密度增强得以消除，电子束截面形状非常规则，电流密度达到 60A/cm^2，分布比较均匀，与图 8.5.6(c)

的模拟结果一致。由图 8.5.6(e) 模拟结果可知，此电流密度分布情况下电子束是较为理想的层状电子束。

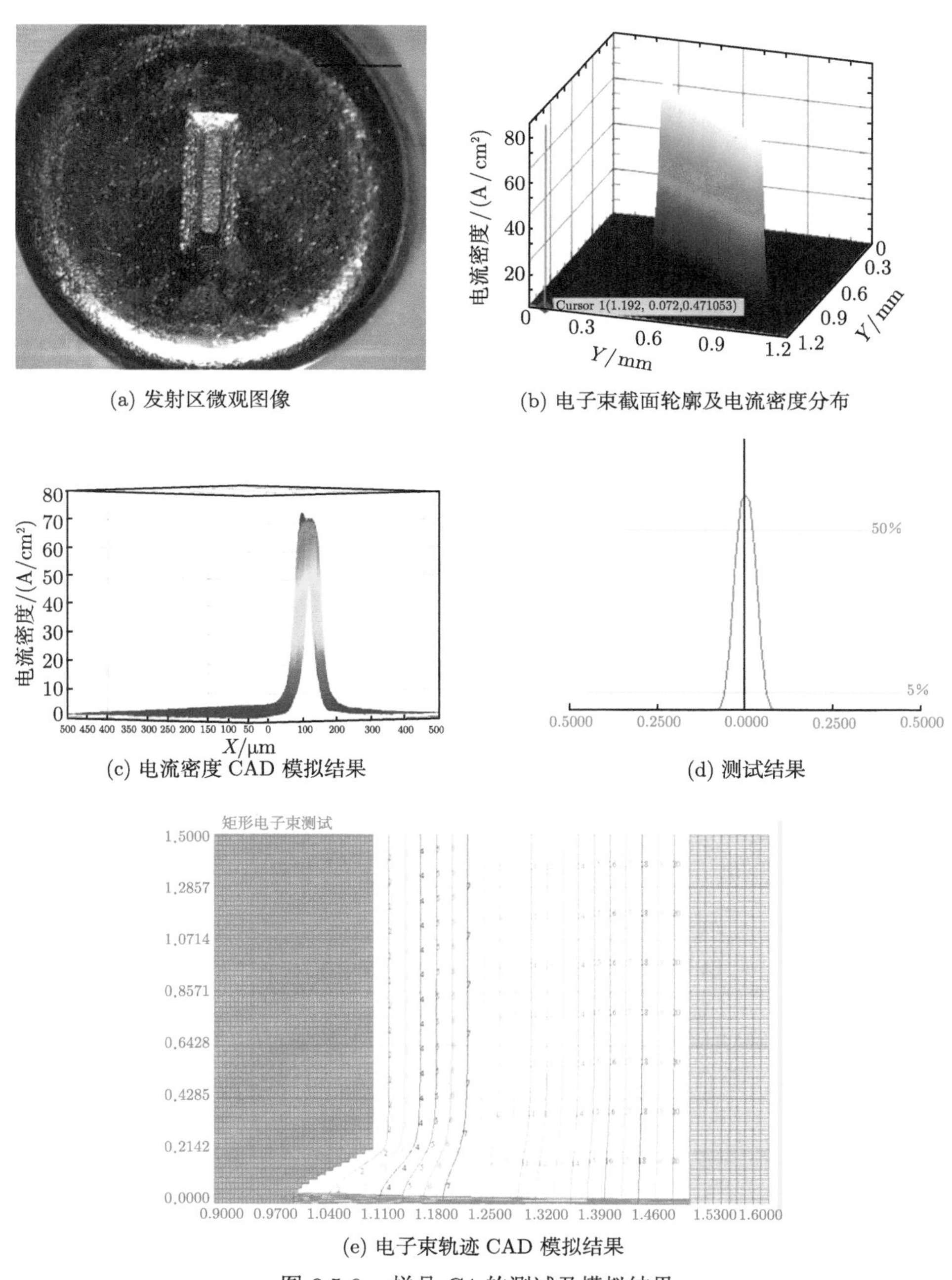

(a) 发射区微观图像

(b) 电子束截面轮廓及电流密度分布

(c) 电流密度 CAD 模拟结果

(d) 测试结果

(e) 电子束轨迹 CAD 模拟结果

图 8.5.6 样品 C4 的测试及模拟结果

综合上述实验结果可知，随着成形结构的厚度减薄 (图 8.5.2 与图 8.5.4) 或遮挡层切边制作角度 (图 8.5.4～图 8.5.6)，边缘电场的畸变都会得到改善。至于何种形状更适合器件的要求，将取决于器件的设计和工作需要。对于矩形尺寸较大 (如边长几百微米的正方形) 时，可采用具有垂直切边孔的厚遮挡层，电子束的质量可保持较好，加工成本低，(图 8.5.3)；而对于要求尺寸较小 (数十微米边长) 的矩形束时，则可采用具有皮尔斯角度切边的厚层作为电子束成形结构。

8.5.3　矩形电子束源的寿命

对样品 C3 和 C4 在工作过程中的电子束截面形状及电流密度进行测试。由图 8.5.7 可以看出，对于 C3 样品，阴极组件在工作的初期电子束截面形状整齐，电流密度达到 50A/cm^2，非发射区无电子发射，见图 8.5.7(a)。当阴极在 950℃持续工作 200h 后，电流密度有所下降，但仍高于 50A/cm^2；发射区电子束形状较为整齐，但非发射区出现电子发射，在 Mo 遮挡盖的四个角的斜边棱上发射尤为显著，导致整体电子束形状变差，见图 8.5.7(b)。由结果可见，0.3μm 的锆膜对钡扩散至矩形以外的非发射区引起发射起到了一定的抑制作用，但此作用仅可以维持约数十小时，之后锆膜逐渐失去作用。

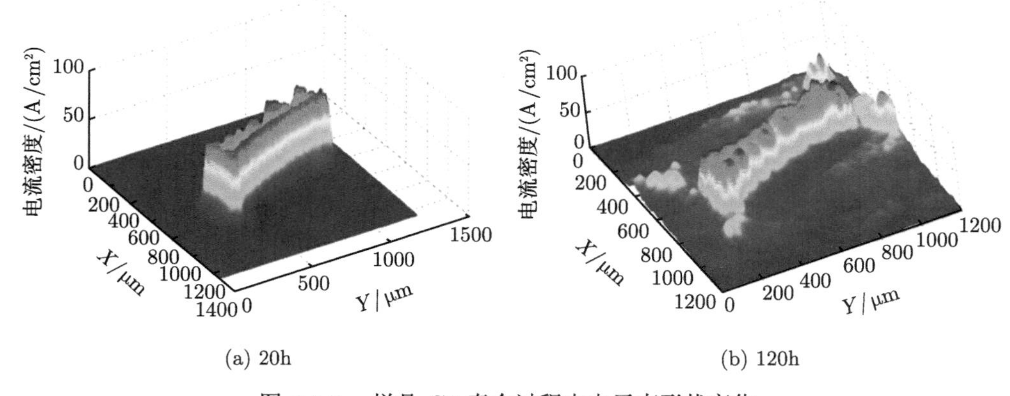

(a) 20h　　　　(b) 120h

图 8.5.7　样品 C3 寿命过程中电子束形状变化

样品 C4 锆膜的厚度增加到 2μm，工作过程中的电子束形状变化如图 8.5.8 所示。图 8.5.8(a) 中是工作初期 70h 的电子束情况，可以看到，电子束形状整齐；当阴极组件工作 500h 后，电子束形状仍完全保持完好，非发射区无任何发射，见图 8.5.8(b)。该电子源的此实验结果表明其可以基本满足实用化的要求。

图 8.5.9 是样品 C4 在 1000℃$_b$ 工作过程中电流密度的变化情况。图中显示，矩形电子束在 500h 工作过程中，发射区域内各处的电流密度有微小的涨落变化，这可能是由活性物质扩散补充动态进行引起的，也可能是测试条件的变化造成的。

在工作期间电子束平均电流密度始终维持在 50~60A/cm^2，表明阴极的大电流密度发射性能优良。

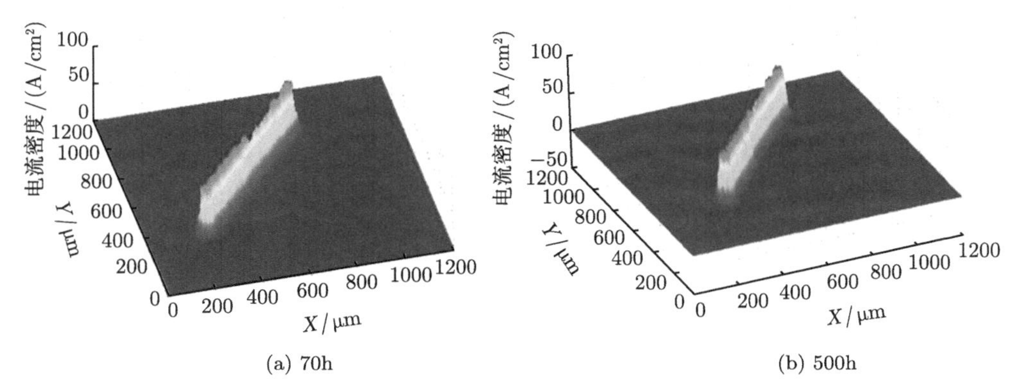

图 8.5.8 样品 C4 寿命过程中电子束截面形状变化

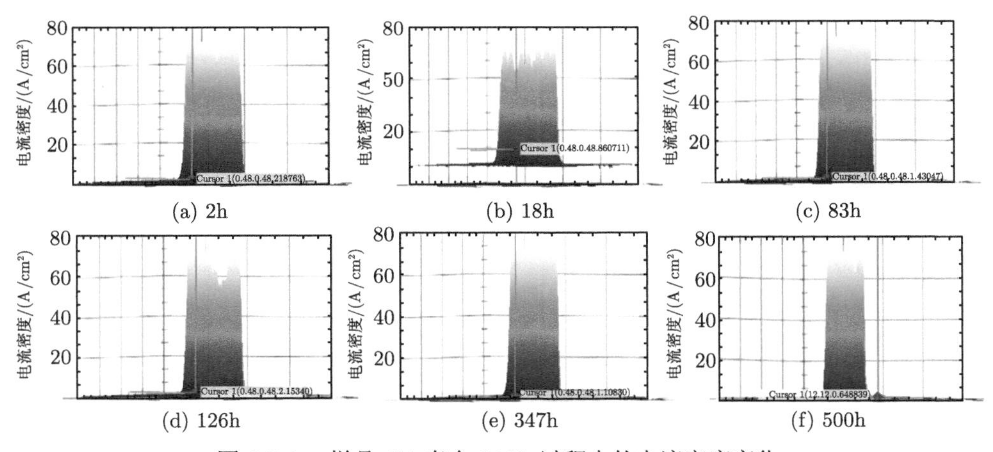

图 8.5.9 样品 C4 寿命 500h 过程中的电流密度变化

8.6 阴极的表面元素分析和发射机理

8.6.1 激活后阴极表面分析

多数研究者认为 [33,34]，对于含 Sc 扩散阴极而言，阴极表面 Ba、Sc 和 O 活性层是含 Sc 扩散阴极高发射的原因，表面活性物质 Ba、Sc 和 O 的成分状态及表面浓度都会对阴极的发射性能产生重大影响。为此，对阴极表面元素进行分析。

实验中采用美国 PHI 公司的 PHI550 多功能俄歇电子能谱仪进行表面分析。将阴极装入钼套筒的一端，再将钨丝热子装入钼套筒的另一端内，阴极热子和钼套筒焊接装配到俄歇电子能谱仪的专用加热样品台上，阴极的端面为待分析面。将加热样品台连同阴极通过机械手的操作放入俄歇电子能谱仪的真空腔室内，阴极在测试前先加热排气，保证真空度不低于 1×10^{-6}Pa。采用外置电源作为加热电源，使用光学高温计 WGG2-201 测量样品的温度。

在大气中，材料表面的吸附氧会对 O、Ba 和 Sc 元素分析造成影响，所以必须在高真空条件下进行分析。为了研究活性物质在阴极激活过程中向表面扩散的情况，需要模拟阴极的激活加热过程，样品要加热到 800~1150℃$_b$，在每一个测试温度下需要保温一定时间，保证阴极表面的成分达到平衡稳定。

阴极加热到待测温度后，保温 15min 达到成分平衡，然后将温度降到 700℃$_b$，阴极表面的原子状态得到“冷冻”保存，将阴极转到分析位测试取谱，电子枪高压为 3kV，电子束流为 1.0μA。

俄歇电子能谱分析灵敏度高，探测深度浅，非常适合做表面元素的定性和半定量分析。俄歇定量分析主要有纯元素标定法、成分相近的多元素标定法和相对灵敏度因子法。实验中采用相对灵敏度因子法，使用 PHI MULTIPAK 软件计算元素的含量。各元素选择的峰位和灵敏因子分别是 Sc(344eV)，$S_{\mathrm{Sc}}=0.305$；O(512eV)，$S_{\mathrm{O}}=0.258$； W(179eV)，$S_{\mathrm{W}}=0.175$。

将阴极加热到 800℃$_b$，保温 15min 后于 700℃$_b$ 测试取谱；然后每间隔 50℃$_b$ 逐步升温至 1150℃$_b$，在每个温度保温 15min 后测试取谱，采用相对灵敏度因子法，用 MULTIPAK 软件定量分析各元素的含量。

图 8.6.1 为阴极在 1150℃$_b$ 充分激活后阴极表面的俄歇能谱 (AES) 图。从图中可以看到，阴极经过激活后，在表面有明显的 W、Ba、Sc 和 O 的谱峰。这些元

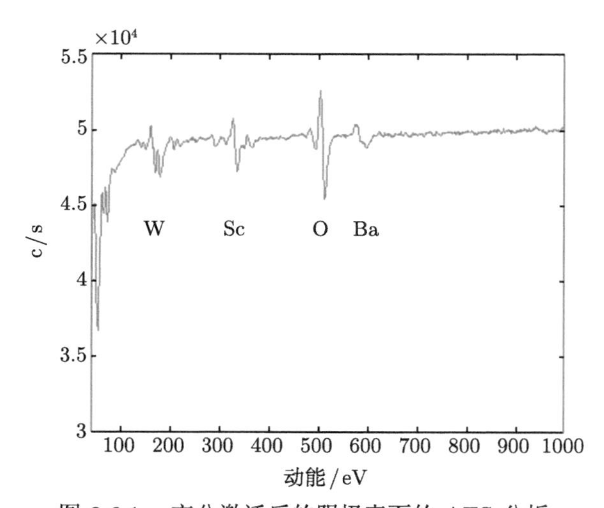

图 8.6.1　充分激活后的阴极表面的 AES 分析

素包含阴极表面原有的 Ba、Sc、O 原子以及从阴极内部扩散到阴极表面的元素，在激活充分的阴极表面富集，并且阴极表面形成含 Sc 扩散阴极所特有的 “Ba-Sc-O” 发射活性层，可以降低表面逸出功，使得阴极具有很高的热电子发射能力。

用 MULTIPAK 软件定量分析各元素的含量，将 Ba、Sc、O 和 W 的定量化结果列于表 8.6.1。

表 8.6.1 阴极的表面分析结果

加热温度/°C$_b$	O	Sc	Ba	W
900	34.18	8.43	36.74	20.65
950	34.48	9.75	36	19.76
1000	35.57	10.21	32.73	21.5
1050	32.5	10.94	34.12	22.44
1100	31.61	13.02	33.1	22.27
1150	33.85	18.29	28.69	19.17

通常认为 Ba、Sc 和 O 原子在阴极表面的含量有一个最优比例范围 $(1.6\sim1.9):1:(2.0\sim2.4)$。在这个范围内时阴极有较好的发射。为此将阴极表面 Ba、Sc 和 O 的含量比例通过计算列于表 8.6.2，如表所示，阴极表面的 Ba:Sc:O 比例在这个范围内，因此阴极具有好的发射性能。

表 8.6.2 不同阴极的偏离点电流密度以及阴极表面原子的构成

	$J_{\rm div}/({\rm A/cm^2})$ (850°C$_b$)	曲线斜率	Ba:Sc:O
阴极	47.06	1.462	1.6:1:2.0

8.6.2 阴极表面活性元素抗离子轰击能力研究

在阴极激活充分后，对阴极表面进行刻蚀以观察表面元素恢复情况，研究阴极表面活性元素的抗离子轰击能力。图 8.6.2 为阴极表面经过刻蚀后表面元素的原子比。阴极经过充分激活后表面 Ba、Sc 和 O 含量较高，离子刻蚀 10min 后，Ba、Sc 和 O 含量降到一个较低的水平，在 1150°C$_b$ 激活 20min 后表面元素含量上升，在激活 45min 后，表面元素含量增长更快且达到较稳定的水平。然后再次轰击阴极表面 10min，再经过 20min 和 45min 的激活过程发现，阴极表面活性元素又迅速上升至稳定状态。由图发现，阴极表面在两次离子轰击–激活的循环后，Sc 元素含量都基本恢复到同一水平，说明这种压制型阴极抗离子轰击能力较强。

将阴极经过离子轰击，并且在 1150°C$_b$ 激活 45min 后，将阴极从测试台中取出，装入电子发射测量仪中测其电子发射性能。图 8.6.3 所示为阴极在经过 4h 1150°C$_b$ 激活后测试的发射曲线，阴极在 800°C$_b$ 时直接偏离点为 16.59A/cm^2，850°C$_b$ 时直接偏离点为 31.33A/cm^2，斜率为 1.362。说明阴极在经过离子轰击后，仍然能够提供较大的电流密度，具有在实际工作中应用的潜力。

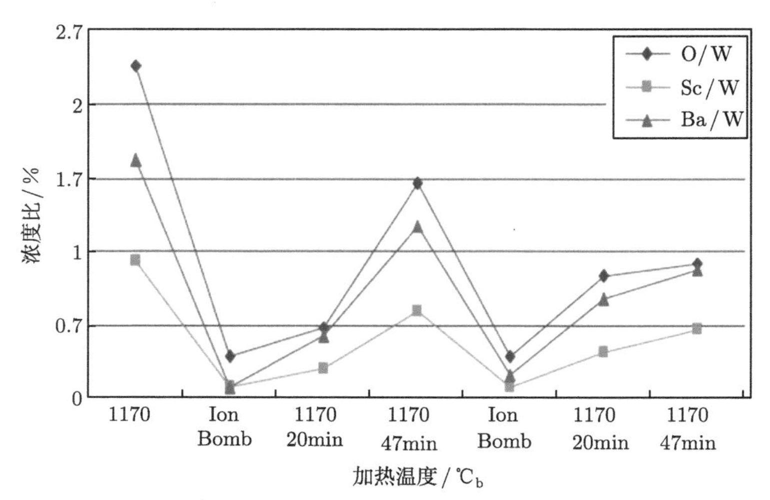

图 8.6.2　阴极在加热和离子刻蚀过程中表面原子浓度变化

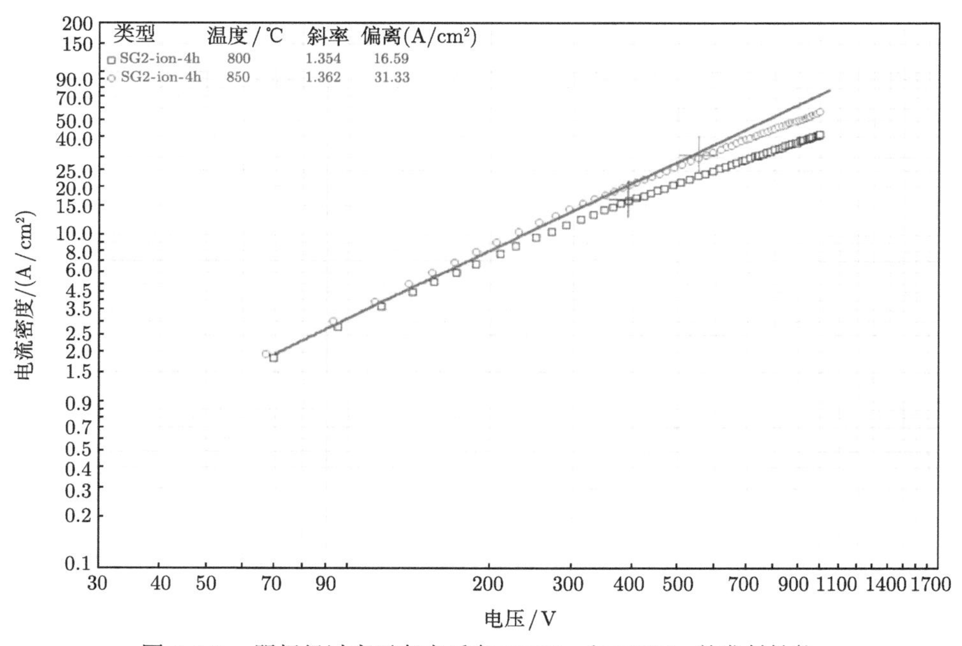

图 8.6.3　阴极经过离子轰击后在 800℃b 和 850℃b 的发射性能

8.6.3　阴极发射机理探讨

1. 阴极表面活性层厚度研究

8.6.2 节实验结果表明，经过激活后的阴极表面均匀覆盖着 Ba 和 Sc 元素，但从伏安特性曲线中注意到异常肖特基 (Schottky) 效应仍然存在，分析认为，异常肖特基现象不是由逸出功分布不均引起的。Raju 等 [35] 通过研究指出，含 Sc 扩散型阴极的发射机理是半导体模式，但其对阴极表面 Ba-Sc-O 活性层厚度的假设与许多研究结果不符。Shin 等 [36] 的研究显示，经过持续不断的激活，阴极表面 Ba、Sc 和 O 浓度不断上升，Shin 等认为其有可能在阴极表面产生聚集，形成相对较厚的活性层，该层可能是半导体。由此看出，活性层的厚度是关键参数，为此本节对优化激活后的 L1 阴极表面活性层厚度进行研究。

对经过优化激活的“M”型阴极和含 Sc 阴极进行离子刻蚀，随后采用俄歇电子能谱分析阴极表面元素浓度随刻蚀时间的变化，结果如图 8.6.4 所示。从图中可以看出，经过 200s 刻蚀后，“M”型阴极表面 Ba 和 O 基本消失。采用同样实验条件对含 Sc 阴极进行分析，在 200s 内，阴极表面 Ba、Sc 和 O 的浓度迅速下降，但不为零。刻蚀持续到 1000s 时，表面的 Ba 基本消失，Sc 和 O 浓度不为零。“M”型阴极表面是单原子层这已是公认的事实，通过比较阴极表面活性层抵御离子刻蚀时间的长短，可以看出阴极表面活性层不是单原子层，含 Sc 阴极活性层厚度比“M”型的厚数倍。

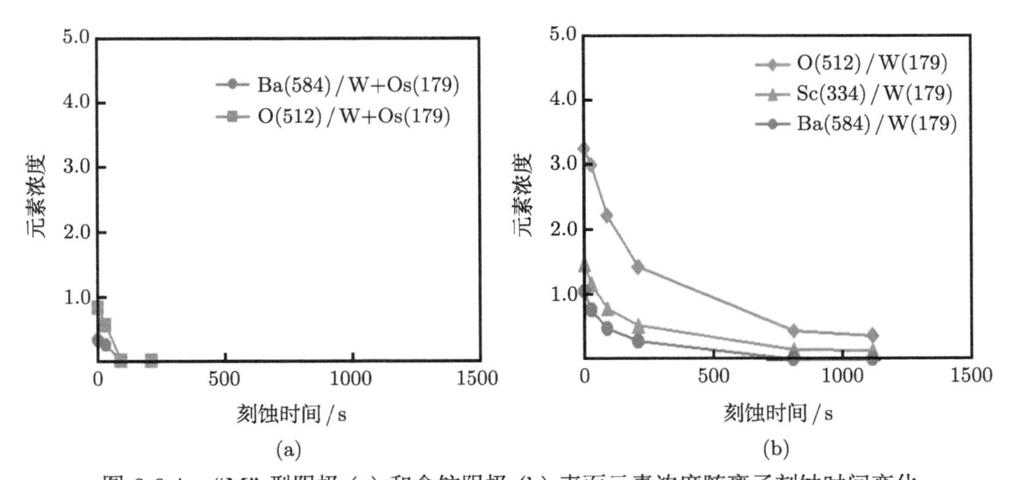

图 8.6.4 “M”型阴极 (a) 和含钪阴极 (b) 表面元素浓度随离子刻蚀时间变化

表 8.6.3 列出了不同类型阴极中不同原子的峰高比，结果显示：“M”型阴极表面的 Ba 和 O 含量，与“S”型阴极和单原子层特别类似，这进一步说明“M”型阴极表面是单原子层，与本研究结果相一致。而本研究中的含 Sc 阴极，其表面 Ba/W，Sc/W 和 O/W 值都远大于 S 型阴极和 M 型阴极，这说明阴极表面富含更多的 Ba、Sc 和 O，结合离子刻蚀实验结果，可以肯定阴极表面活性层不是单层。

表 8.6.3　不同类型阴极中各种原子的俄歇峰高比

不同类型阴极	俄歇峰高比		
	Ba/W	Sc/W	O/W
W 基体表面覆 0.68ML BaO	0.31		0.59
W 表面覆 0.50ML Ba (Moore-Allison 构型)	0.23		
典型 Ba-W 阴极	0.31		0.72
优化后 Ba-W 阴极	0.30		0.97
典型覆膜阴极	0.47		1.2
覆锇 (Os) 膜阴极	0.38		0.82
W 表面覆 1.00ML Sc		1.00	
W 表面覆 1.00ML Sc_2O_3		0.85	1.14
Sc_2O_3 掺杂扩散阴极	1.32	1.77	3.56

注：ML 为原子覆盖度单位。

2. 阴极表面微观结构

通过以上分析可知，激活后的阴极表面存在着较厚的活性层，本节尝试利用高分辨扫描电子显微镜 (HR-SEM) 对阴极表面进行观察。如图 8.6.5 所示，阴极表面并不平坦，构成海绵体骨架的 W 颗粒表面和边缘存在着大量不同晶面的生长台阶，在生长台阶底部有规律地分布着粒径在 20 ~ 30nm 的颗粒。因此，这些纳米颗粒，会引起场增强效应，进而促进发射。

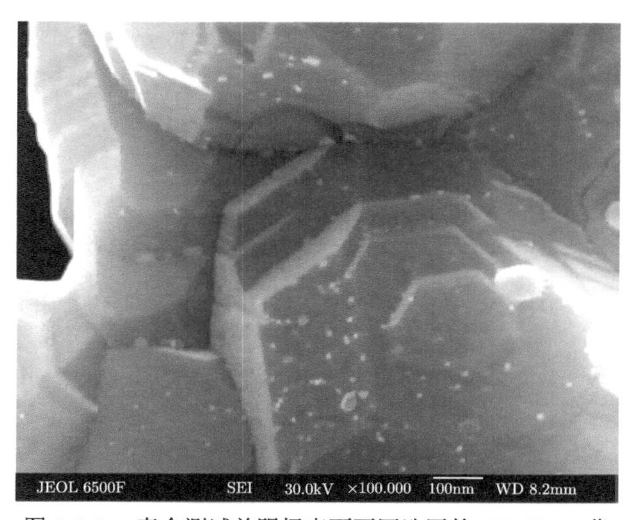

图 8.6.5　寿命测试前阴极表面不同选区的 HR-SEM 像

Uda 等 [14] 通过研究 Sc_2O_3 与 W 的扩散，发现 Sc_2O_3 在 1370K 时有效扩散系数为 $1.6\times10^{-18}cm^2/s$，据此计算，15min 内 Sc_2O_3 在 W 基体内扩散距离仅为 $10^{-7}\mu m$，显然，本研究中发现的这种快速扩散现象是无法用 Sc_2O_3 的扩散行为来解释的。文献 [14] 指出，自由 Sc(α-Sc) 在 1300K 时的自扩散系数为

$9.41\times10^{-13}cm^2/s$，是 Sc_2O_3 的 10^6 倍。结合以上阴极在激活过程中 Sc 含量迅速增加的实验结果，可认为 Sc 元素在激活期间是自由 Sc 的一种快速扩散。

从前面的扩散实验可以看出，Ba 在 800°C_b 已经扩散出来，随后变化缓慢，在 1000°C_b 后含量迅速增加，这说明 Sc 的扩散与 Ba 的大量出现可能存在某种联系。Sasaki 研究表明，Sc 的出现与 Ba 有一定的联系，认为阴极激活时自由 Ba 与 Sc 的化合物反应产生了自由 Sc。

Yamamoto 等 [7] 通过热力学计算提出自由 Sc 的扩散机理，如化学反应式 (8-6-1) 所示：

$$3Ba + Sc_2W_3O_{12} \longrightarrow 2Sc + 3BaWO_4 \tag{8-6-1}$$

这是目前为止唯一的关于生成自由 Sc 的方程式。

由以上 Sc 的扩散系数知，长程扩散将使得自由 Sc 重新“锁定”，与以前固–固掺杂或液–固掺杂方法制备的微米 W 骨架相比，液–液掺杂制备压制型阴极的亚微米级 W 海绵体扩散通道多，使自由 Sc 扩散能力增强。因此实现亚微米结构、在内部增大扩散路径、表面缩短扩散距离来实现钪扩散行为的改变，才是实现 Sc 在阴极表面均匀分布，进而获得优异的发射性能的最佳途径。

另外，如图 8.6.2 所示，在 8.6.2 节研究阴极内部活性物质向表面扩散过程时发现，阴极表面经过离子刻蚀后，表面元素降到了一个很低的水平，在 1150°C_b 激活 30min 后，表面元素很快恢复至原来水平，而且两次刻蚀后表面元素都差不多恢复到原来状态，充分说明压制型阴极在激活或工作状态时，表面的活性元素是从内部扩散至表面，内部活性元素有很强的扩散和迁移能力。van Oostrom 和 Augustus[4] 在研究压制型钪酸盐阴极时指出，阴极在超过 950°C_b 加热时，钪酸盐开始分解，Ba 开始从盐中向外扩散，Sc 和 O 基本保持不动，在激活充分后，Ba 在表面各处的分布基本相同，O 开始迁移，而 Sc 以 Sc_2O_3 的形式存在并且扩散速度极慢。可能发生的反应如式 (8-6-2) 所示：

$$Ba_3Sc_4O_9 \longrightarrow 2Sc_2O_3 + 3BaO \tag{8-6-2}$$

van Oostrom 和 Augustus 认为是盐类分解生成的 Sc_2O_3 促进了阴极的发射性能，而本研究认为可能是 Sc 以自由 Sc 的形式从阴极内部扩散至表面，而不是由表面活性盐类的分解来促进阴极的发射。

8.6.4 阴极发射性能变化

为了测试阴极在实际工作的皮尔斯电子枪结构中的发射特性，对其进行了装管测试，图 8.6.6 是电子枪测试实物图。设计物理阳极与阴极极间距为 3.3mm，导流系数为 0.6μp；测试脉冲电压脉宽为 20μs，重复频率为 20Hz。从图 8.6.7 可以看到，电流对电压响应良好，波形稳定。

图 8.6.6　电子枪测试实物图

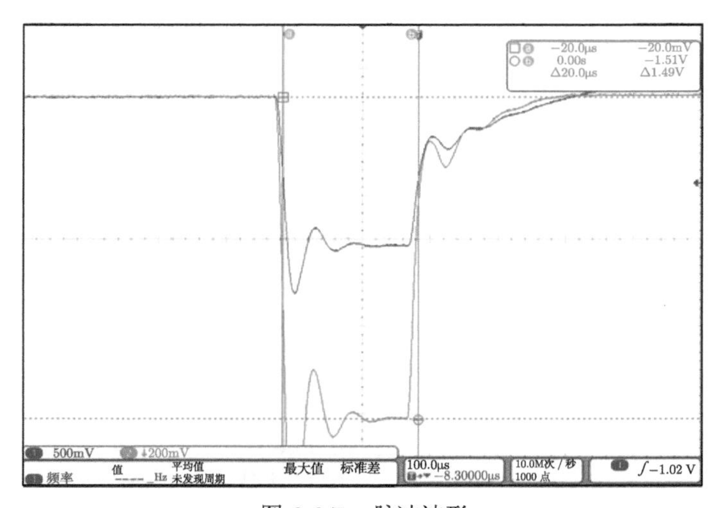

图 8.6.7　脉冲波形

图 8.6.8 是阴极在电子枪结构中实测 Miram 曲线。此测试结构消除了热膨胀效应和阳极效应，使阴极的发射性能完全地展现了出来。由结果可知，阴极在支取电流密度为 $50\mathrm{A/cm^2}$ 时工作的膝点明显，温度约为 $800℃_{\mathrm{b}}$，逸出功峰值约为 1.35eV，分布范围窄，表明阴极发射均匀，具有优异的电子发射能力。

图 8.6.9 是阴极寿命 726h 后，性能下降 ⩽10%时的 Miram 曲线及 PWFD。

由图看到，当 J_{FSCL} 增倍时，Miram 曲线间隔变宽，且整体向高温端移动，此时 $J_{\mathrm{FSCL}}=50\mathrm{A/cm^2}$ 的 Miram 曲线膝点温度约为 935℃$_\mathrm{b}$，表明阴极的发射能力有所下降。PWFD 较图 8.6.9(a) 分布变窄，峰值有所增大，且不同 J_{FSCL} 对应的 PWFD 峰值间距趋于变小。图 8.6.9(b) 是加速寿命实验后 1# 阴极的测试结果，结果展示了阴极随着寿命过程其发射性能发生变化的趋势：① Miram 曲线逐渐向高温移动，J_{FSCL} 增倍时 Miram 曲线间隔逐渐变宽，趋于 40℃$_\mathrm{b}$；② PWFD 变窄，峰值增大且趋于一致。

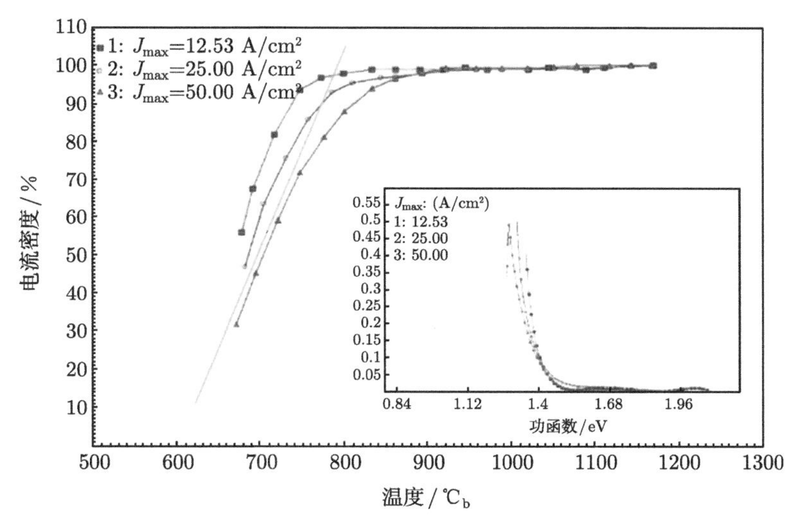

图 8.6.8 S7 阴极电子枪 Miram 曲线和 PWFD

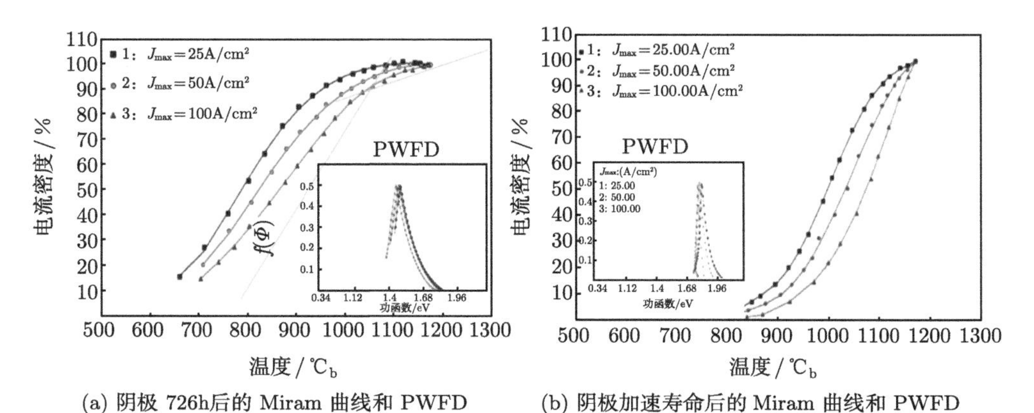

(a) 阴极 726h后的 Miram 曲线和 PWFD (b) 阴极加速寿命后的 Miram 曲线和 PWFD

图 8.6.9 寿命实验后 S7 阴极的 Miram 曲线和 PWFD

比较阴极在寿命前后的 Miram 曲线及 PWFD，发现 SDM-I 阴极在激活良好时的一些规律，即 J_{FSCL} 增倍的 Miram 曲线温度间隔较小；PWFD 峰值随电场增加而减小。当阴极经过一定寿命过程后，有趋向于符合薄膜型阴极曲线分布规律的趋势。寿命前后 Miram 曲线和 PWFD 分布规律的变化表明，SDM-I 阴极的发射机理在寿命过程中可能发生了从类似于半导体型到类似于薄膜型的转变。

8.6.5　寿命过程中阴极的表面活性层变化

1. 表面形貌变化

对阴极不同寿命时期阴极表面进行 HR-SEM 观察，图 8.6.10 是阴极不同寿命时期阴极表面的纳米粒子分布情况。图 8.6.10(b) 清晰地显示出，激活良好的阴极表面存在大量的直径 5~30nm 的粒子簇。然而，这种粒子簇在未激活之前的阴极表面并不存在，见图 8.6.10(a)。本研究的前期已经通过原位 AES 分析证明了阴极表面活性层是在激活过程中产生的，因此认为这些粒子是阴极在激活过程中与表面活性层同时形成的，是活性层的重要组成部分。值得注意的是图 8.6.10(c)，当阴极经过高温、高电流寿命实验后，纳米粒子随发射性能下降而趋于减少；图 8.6.10(d) 表明当阴极寿命终了时，纳米粒子基本消失，只有微小残留。可见这些粒子的存在与 SDM-I 阴极的发射性能存在密切的联系。

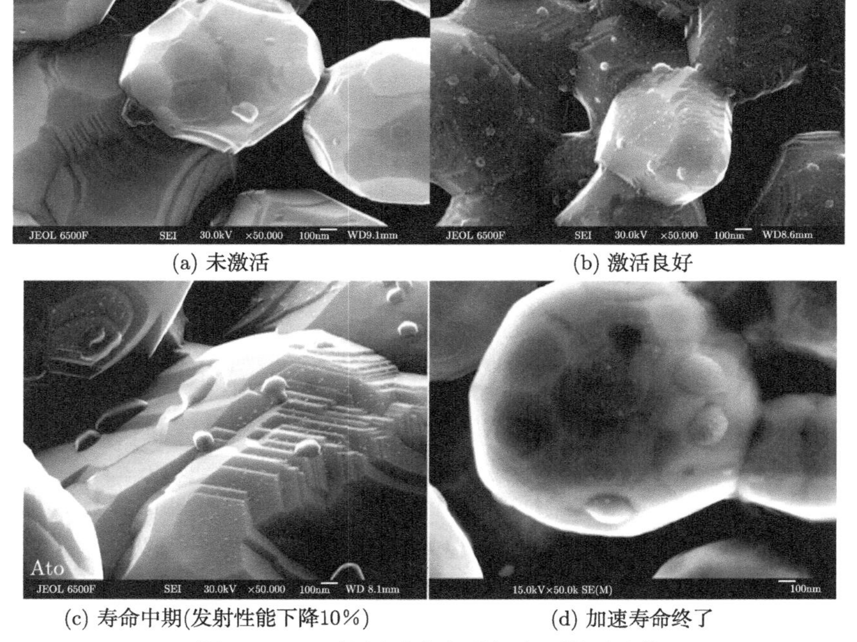

(a) 未激活　(b) 激活良好

(c) 寿命中期(发射性能下降10%)　(d) 加速寿命终了

图 8.6.10　不同寿命期间阴极表面微观形貌

目前的分析手段很难对其进行成分分析，主要是因为以下几个问题。

(1) 难以制得透射电子显微镜 (TEM) 试样。含 Sc 浸渍型阴极对污染极为敏感，在激活良好时，表面形成约 100nm 厚的 Ba-Sc-O 活性层，在大气及环境下极易被破坏。

(2) 难以通过高分辨 AES 分析其元素。高分辨 AES 的探测束斑直径最小可达 7nm，然而其二次像成像系统却无法达到如此精度，在放大 30000 倍时，已无法显示纳米粒子；另外电子束使样品发生轻微的荷电效应，足以使图像发生明显漂移，致使分析点偏离。

通过对比实验，间接地对其进行了分析，比较了激活后的 Ba-W 阴极以及 SDM-I 阴极的表面微观形貌，以分析 411 盐及 Sc 对纳米粒子产生所起到的作用。由图 8.6.11 (a) 可以看到，Ba-W 阴极经激活后并未产生纳米粒子；对图 8.6.11(a) 所示的面的 EDAX 能谱分析表明 (图 8.6.11(b))，其表面元素主要是 W，只有微弱的 Ba 峰可见。由此可见，表面的 W、Ba、O 元素的存在不是形成纳米粒子的充分条件，而 SDM-I 阴极表面 Sc 元素的存在是促使 W、Ba、Sc、O 元素形成纳米粒子的必要因素，纳米粒子是含 Sc 扩散阴极表面特有的。

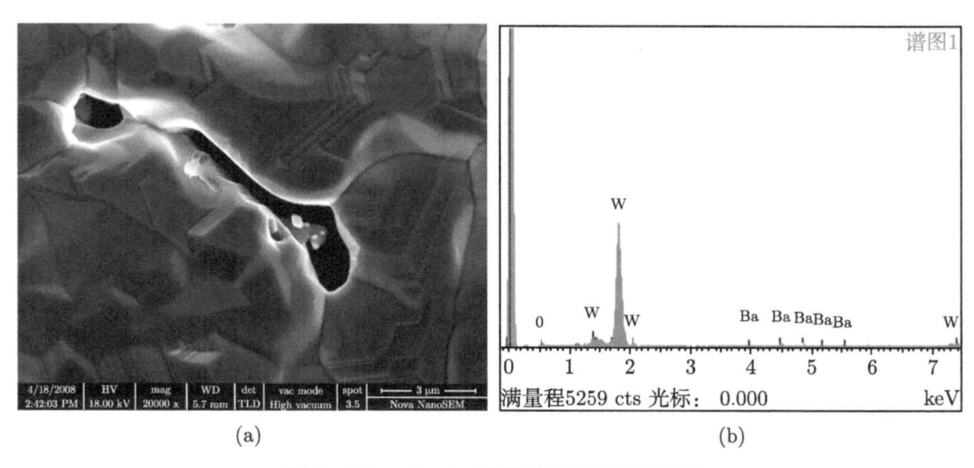

(a) (b)

图 8.6.11 Ba-W 阴极激活后阴极表面

2. *活性层厚度及成分变化*

为了研究阴极充分激活后发射良好时与经过一段时间寿命后发射下降时阴极表面性质发生的变化，对寿命前后阴极表面活性层进行了 AES 元素剖析研究。分别选取激活后和寿命试验后的阴极，采用 PHI 700 高分辨扫描俄歇分析仪对阴极表面若干点进行点元素深度剖析。实验过程如下：阴极样品在测试后，在惰性气体保护下转移至俄歇分析室，实验真空度优于 3.9×10^{-7} Pa。采用同轴电子枪和筒镜型能量分析器 (cylindrical mirror analyzer，CMA) 能量分析器对样品取谱，电子束能量为 10kV，能量分辨率为 1‰，入射角为 30°。采用扫描型 Ar^+ 枪进行刻蚀，用热氧化 SiO_2/Si 进行深度标定。

激活后发射良好与寿命后代表性的表面层厚情况分别如图 8.6.12、图 8.6.13 所示。作为对比，同时示出了激活后发射良好的 M 型阴极表面层厚度情况，见图 8.6.14。

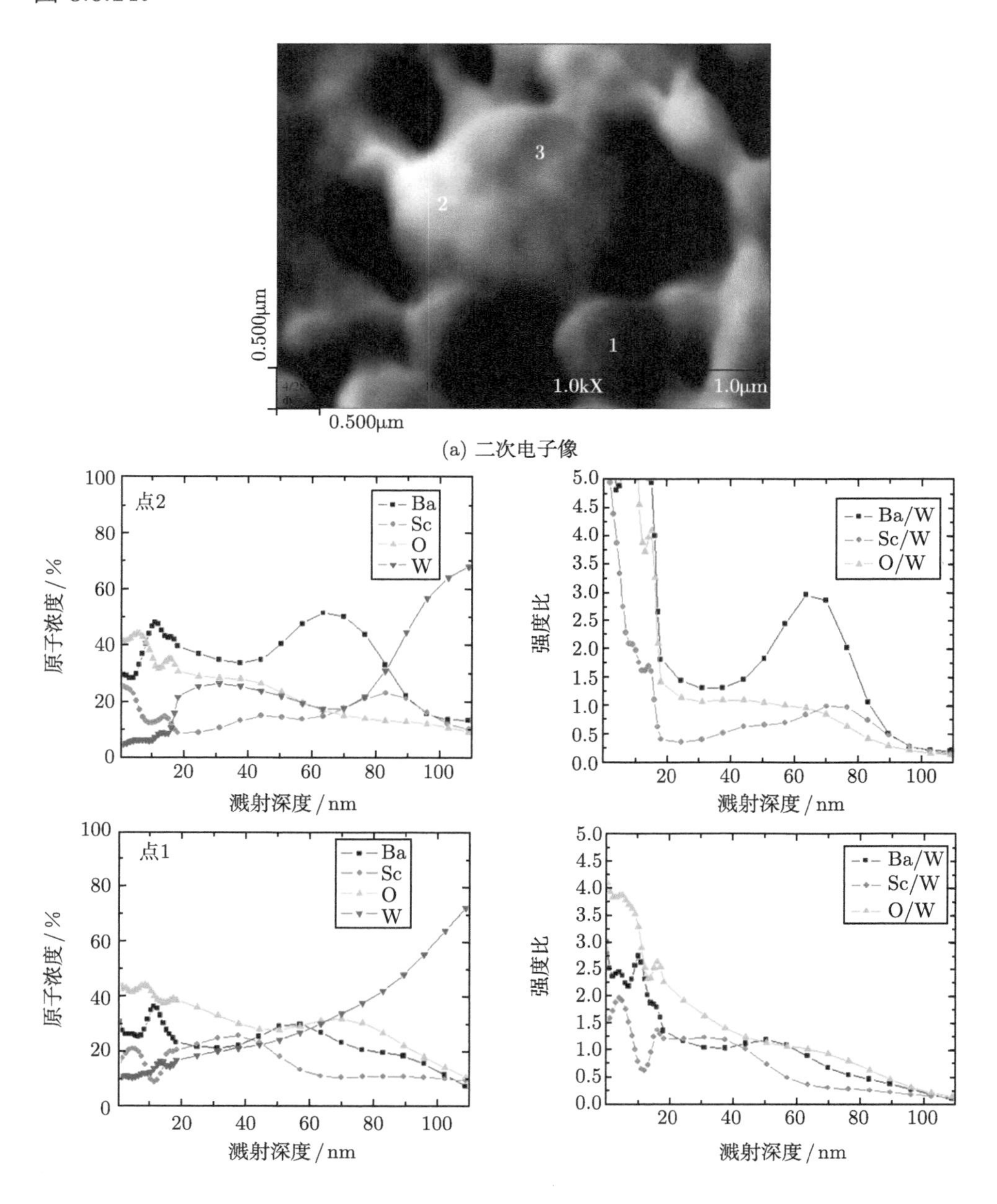

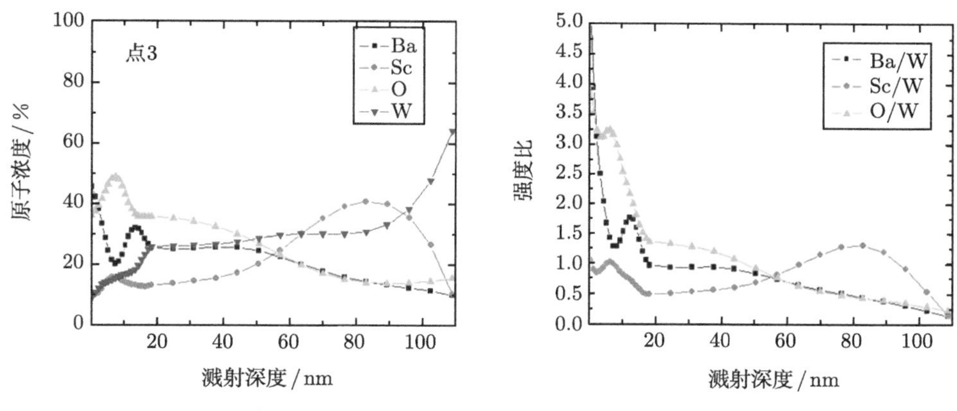

(b) 三点的层厚剖析，左为原子浓度图；右为相对 W 强度图

图 8.6.12 激活良好阴极的表面活性层厚度

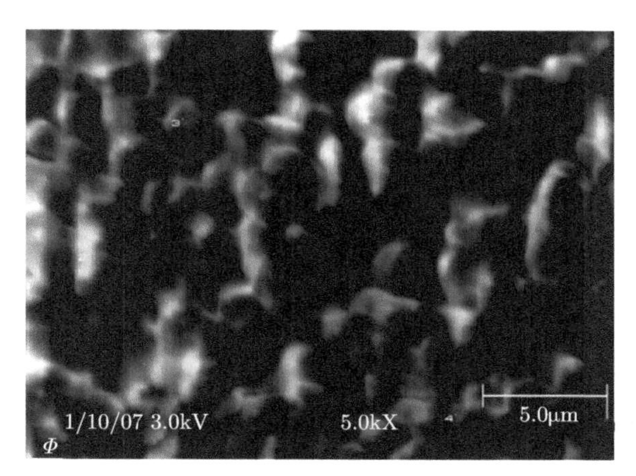

(a) 二次电子像

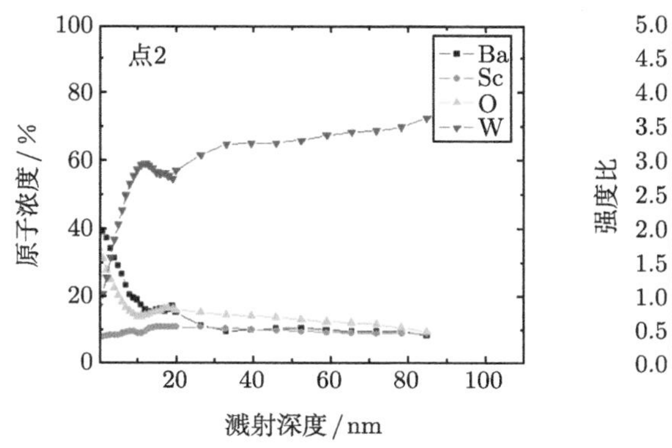

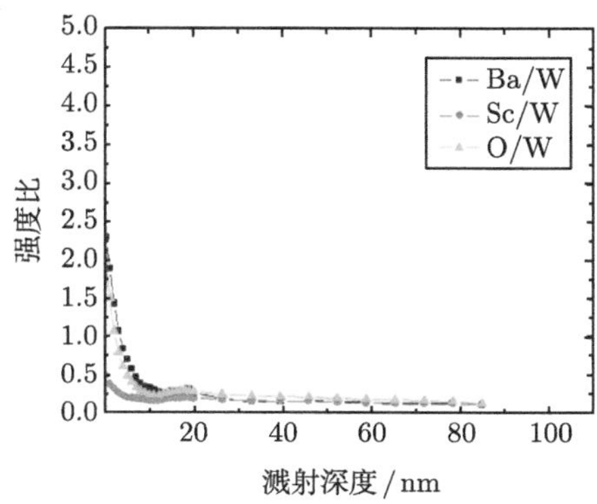

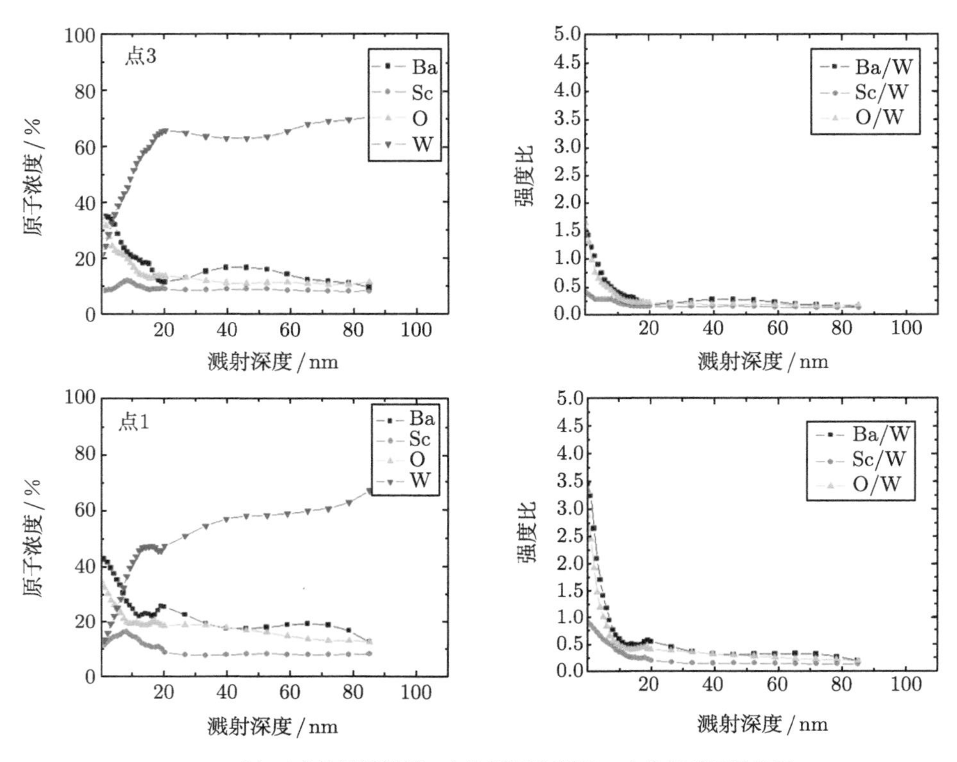

(b) 三点的层厚剖析，左为原子浓度图；右为相对W强度图

图 8.6.13　阴极加速寿命终了的表面活性层厚度

图 8.6.12 是激活后发射良好的阴极的表面活性层情况。由图 8.6.12 (b) 看到，激活好的阴极表面的 Ba-Sc-O 层厚度可达约 100nm，且 Ba∶Sc∶O 原子比例符合前期研究提出的 (1.6～2)∶1∶2.25 的最优比 [24]；而图 8.6.13 说明经过加速寿命试验后发射性能下降的阴极表面 Ba-Sc-O 层厚度减小到约 20nm，趋向于图 8.6.14 所示 M 型阴极的单原子层厚；但此时在 SDM-I 阴极 20nm 的高浓度活性层以下，Ba、O 的浓度仍高于 M 型阴极活性层下 Ba 浓度数倍，故阴极此时的发射性能仍维持在至少相当于 M 型阴极的水平。同时，阴极外表面 Ba、Sc、O 原子浓度比改变成约为 3.5∶1∶3.5，显著偏离最佳比例，且三者相对于 W 均下降，其中又以 Sc 的减少最为明显。

8.6.6　半导体模型修正的电子发射模型计算

上述实验现象表明，阴极激活良好时展现出不同于单原子膜阴极的一些特性，而寿命告终时展现出单原子膜阴极的性质。因此，利用不同的发射模型对 SDM-I 阴极进行分析。主要探讨外电场对半导体发射机理和纯金属热发射机理的影响。

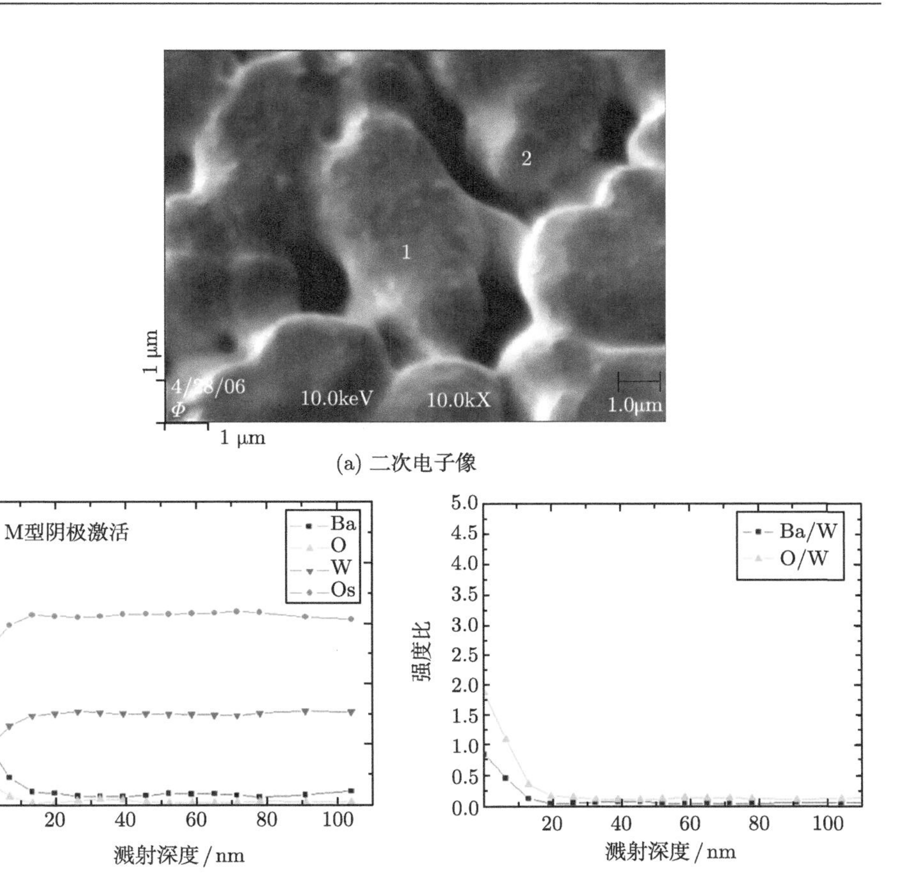

(a) 二次电子像

(b) 层厚剖析，左为原子浓度图；右为相对 W 强度图

图 8.6.14 激活良好覆 Os 膜 M 型阴极的表面活性层厚度

1. 纯金属模型的计算 Miram 曲线族

通常，纯金属的热电子发射可由 Richardson-Dushman 方程描述：

$$J_0 = A_0 T^2 \exp\left(\frac{-\phi}{KT}\right) \tag{8-6-3}$$

设理查森发射常数理论值 A_0=120A/(cm$^2\cdot$℃^{2}); 逸出功 $\varphi = 1.4$eV，绘制出 J-φ 曲线，选取 J_{FSCL}=100A/cm^2 等值将 J_{TL} 归一化到同一张 Miram 曲线图中，结果如图 8.6.15 所示。$1/2J_{\mathrm{FSCL}}$ 时，电流密度相差一倍，温度间隔约 40℃。薄膜型阴极的电子发射基本符合此种情形。

2. 考虑肖特基效应的计算 Miram 曲线族

考虑肖特基效应，则此时阴极发射电流密度表达为

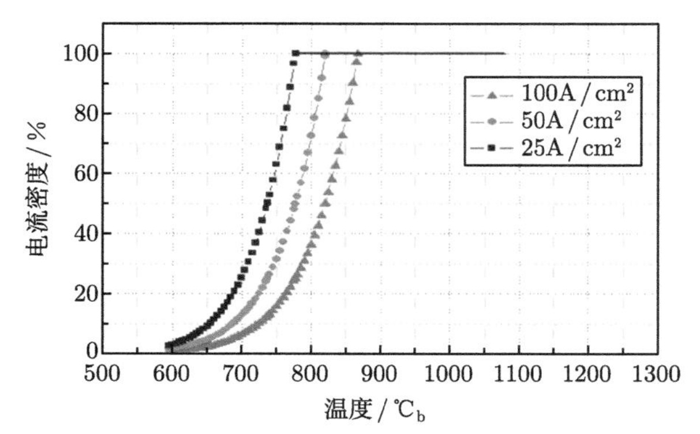

图 8.6.15 由 Richardson-Dushman 发射模型计算的 Miram 曲线

$$J_{\mathrm{TL}} = \mathrm{J}_0 \exp(0.44E^{1/2}/T) \tag{8-6-4}$$

图 8.6.16 是考虑到肖特基效应时理论 Miram 曲线，假设逸出功 $\varphi = 1.4\mathrm{eV}$，电场按照试验值及 Child-Langmuir 定律选取：当电流密度相差一倍时，电场相差为 $E_2 = 2^{-2/3}E_1$。取极间距 $d_{\text{C-A}} = 0.35\mathrm{mm}$，则 $E_1 = 40098\mathrm{V/cm}$；$E_2 = 25260\mathrm{V/cm}$；$E_3 = 15913\mathrm{V/cm}$。

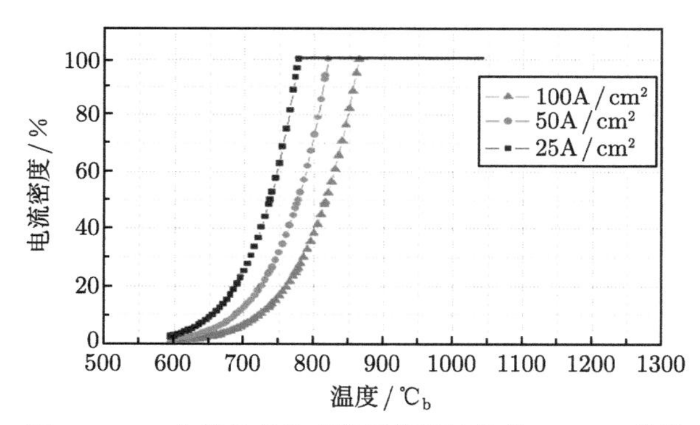

图 8.6.16 由肖特基效应修正模型计算的 Miram 曲线

由计算结果也可以看出，图 8.6.16 与图 8.6.15 非常接近。由此可知，肖特基效应对 Miram 曲线影响很小，故一般可以将其忽略。

通过图 8.6.15 和图 8.6.16 可知，按照纯金属以及考虑肖特基效应的热电子发射方程计算，当 Miram 曲线电流密度成倍时，温度间隔约为 40℃。这与测得的 S5 阴极寿命告终时的温度间隔相当。

3. 考虑外电场影响的计算 Miram 曲线族

假设阴极表面活性层具有半导体性质，由于半导体导带中的电子较少，在有外电场存在时，会在半导体与真空的界面处感生出表面电荷，形成一个空间电荷层，将使导带的近表面端下降，即外电场渗透入半导体表面，这就是半导体的电场渗透作用。在无外电场时，能级如图 8.6.17 (a) 所示。此时在涂层表面无空间电荷区。逸出功为 φ_0，半导体薄膜表面的电子发射符合金属的热发射模型。

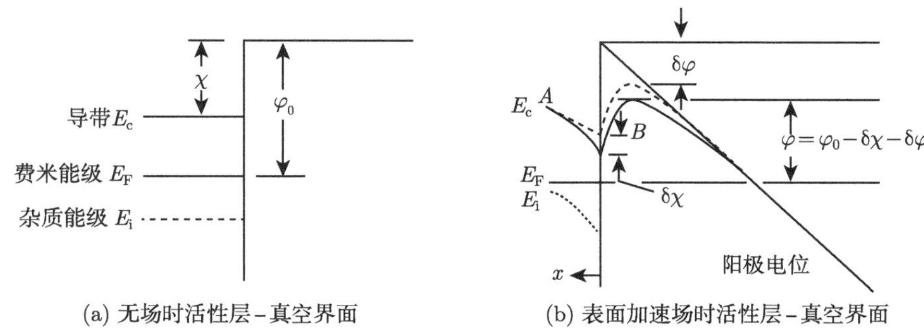

(a) 无场时活性层–真空界面　(b) 表面加速场时活性层–真空界面

图 8.6.17　活性层–真空界面处氧化层的能级

当阴极表面上发生外电场渗透作用时，图 8.6.17(b) 是电场为 E 和电流为 I 的外场存在时必要的修正能级图。图中 E_c 是活性层的导带底能级，E_i 为杂质能级，E_F 为活性层的费米能级，在空间电荷区发生弯曲，产生 $\delta\chi$，由肖特基效应引起的势垒下降为 $\delta\varphi$。在穿透的区域内，在平衡状态下，费米能级是常量，各处相同，此时阴极的逸出功 $\varphi=\varphi_0-\delta\chi-\delta\varphi$。

电场渗透深度 l 与半导体层内电子浓度 n_0 的平方根成反比，对于金属 $n_0\approx$ 1022cm^{-3}，电场穿透深度为 1~2 个原子层，即 $l\approx0.1$ nm；对于半导体 $n_0\approx$ 1014~1018cm^{-3}，则 $l\approx1000$~10 nm，当 $n_0\approx1015$cm^{-3} 时，$l\approx300$nm。但是，表面能态变化抵消外电场渗透，故 l 会小于此理论值。

参考 Wright 和 Woods[38] 对氧化物阴极半导体模型的推导，假设 SDM-I 阴极符合半导体模型。当外场 E 和电流 I 存在时，可对 $\delta\chi$ 的值做如下计算。在图 8.6.17 (b) 中，令半导体层中导带底 A 点势能 V 为 0，若温度为 T (K)，该处导带自由电子浓度为 n_0 (cm^{-3})，则必然同样有浓度为 n_0 的离子化施主中心。在空间电荷区 AB，每立方厘米内自由电子 (负电荷) 浓度为 $n_0\exp\left[-V'(x)/(\kappa T)\right]$，其中 $V'(x)$ 代表 x 处一个电子根据欧姆定律的势能偏离。若电流为 I (A/cm^2)，半导体层电导率为 $\sigma(\Omega^{-1}\cdot\text{cm}^{-1})$，则有

$$V'=V-eIx/\sigma \tag{8-6-5}$$

A 点处 $x=0$，B 点朝向为正。每立方厘米内离子化施主中心浓度为 $n_0\exp(V'/(\kappa T))$。因此，空间电荷区任意点的泊松方程为

$$\frac{\mathrm{d}^2V}{\mathrm{d}x^2}=\frac{4\pi n_0e^2}{K}[\exp(V'/(\kappa T))-\exp(-V'/(\kappa T))] \tag{8-6-6}$$

此式可写成 $\dfrac{\mathrm{d}^2V}{\mathrm{d}x^2}=\dfrac{4\pi n_0e^2}{K}\sinh\dfrac{V'}{\kappa T}$，其中 K 是半导体层相对介电常量，κ 是玻尔兹曼常量。由式 (8-6-5) 可得 $\mathrm{d}V'/\mathrm{d}x=\mathrm{d}V/\mathrm{d}x-eI/\sigma$ 和 $\mathrm{d}^2V'/\mathrm{d}x^2=\mathrm{d}^2V/\mathrm{d}x^2$；在 $x=0$ 处 $V'=0$，$\mathrm{d}V/\mathrm{d}x=eI/\sigma$, 因此 $\mathrm{d}V'/\mathrm{d}x=0$, 因此有

$$\frac{\mathrm{d}V'}{\mathrm{d}x}=\pm4\left(\frac{2\pi n_0\kappa Te^2}{K}\right)^{1/2}\sinh\frac{V'}{2\kappa T}\tag{8-6-7}$$

B 点的 V' 值即为 $\delta\chi$。如果只在表面的场强是 E，则

$$K\left(\frac{\mathrm{d}V}{\mathrm{d}x}\right)_B=eE\tag{8-6-8}$$

结合 $\mathrm{d}V'/\mathrm{d}x$ 有

$$K\left(\frac{\mathrm{d}V'}{\mathrm{d}x}\right)_B+\frac{KeI}{\sigma}=eE\tag{8-6-9}$$

将 $(\mathrm{d}V'/\mathrm{d}x)_B$ 代入表达式 (8-6-7)，可得

$$\frac{E}{K}-\frac{I}{\sigma}=-4\left(\frac{2\pi n_0\kappa T}{K}\right)^{1/2}\sinh\frac{\delta\chi}{2\kappa\pi}\tag{8-6-10}$$

由于 SDM-I 阴极的活性层很薄，不存在涂层电阻的问题，所以 I/σ 可以忽略，有

$$\frac{E}{K}=-4\left(\frac{2\pi n_0\kappa T}{K}\right)^{1/2}\sinh\frac{\delta\chi}{2\kappa\pi}\tag{8-6-11}$$

上式是自然单位制的库仑定律 $F=\dfrac{q_1q_2}{r^2}$，单位为 $4\pi\varepsilon_0$，这里 ε_0 为真空介电常量。返回到国际单位制，方程左边的 K 为 ε_r，这里 ε_r 为相对介电常量；右边的 K 为 $4\pi\varepsilon_0\varepsilon_\mathrm{r}$，因此可写成

$$\frac{E}{\varepsilon_\mathrm{r}}=-4\left(\frac{2\pi n_0\kappa T}{4\pi\varepsilon_\mathrm{r}\varepsilon_0}\right)^{1/2}\sinh\frac{\delta\chi}{2\kappa\pi}\tag{8-6-12}$$

其中，$\varepsilon=\dfrac{\varepsilon_\mathrm{r}}{4\pi\varepsilon_0}$。可求得逸出功的降低值 $\delta\chi$：

$$\delta\chi=-2\kappa T\,\mathrm{arcsin\,h}\frac{E}{4\left(2\varepsilon\pi n_0\kappa T\right)^{1/2}}\tag{8-6-13}$$

式中，κ 为玻尔兹曼常量，n_0 为半导体层内的自由电子浓度，T 为发射面的热力学温度，ε 为与半导体介电常量相关的常数。

采用 CGS(厘米–克–秒) 单位制与电子伏特，取 $\varepsilon_{\mathrm{r}}=10$，得 $\varepsilon=1.4\times10^{-6}e^2\cdot \mathrm{eV}^{-1}\cdot\mathrm{cm}^{-2}$

考虑肖特基效应而与电场渗透作用时的发射电流密度是温度与电场强度的函数：

$$J_{\mathrm{TL}}=J_0\cdot\exp\left(\frac{0.44E^{1/2}}{T}\right)\cdot\exp\left(\frac{-\delta\chi}{\kappa T}\right) \tag{8-6-14}$$

由肖特基效应引起的 Miram 曲线变化 $J=J_0\exp\left(0.44E^{1/2}/T\right)$ 很小，可忽略，从而得

$$J_{\mathrm{TL}}=J_0\cdot\exp\left(\frac{-\delta\chi}{\kappa T}\right)=A_0T^2\exp\left(\frac{-\varphi}{\kappa T}\right)\cdot\exp\left(\frac{-\delta\chi}{\kappa T}\right) \tag{8-6-15}$$

假设 S5 阴极符合上述半导体发射模型，根据表达式 (8-6-13) 进行计算，取 $T=1250\mathrm{K}$ 时，$n_0=10^{15}\mathrm{cm}^{-3}$。逸出功的降低值如表 8.6.4 所示。

根据表 8.6.4 计算 E_1=40098V/cm；E_2=25260V/cm；E_3=15913V/cm 时的逸出功并作对比，结果见表 8.6.5。

表 8.6.5 中理论逸出功值与实测 PWFD 的峰值，假设有电场作用时逸出功的计算值与逸出功实测值相当，根据计算阴极有效逸出功约为 1.40eV。

表 8.6.4 温度 1250K 时 $\delta\chi$ 的值

电场/(V/cm)	5000	10000	15913	20000	25260	30000	35000	40098
$\delta\chi$/eV	0.0080	0.0160	0.0255	0.0320	0.0403	0.0478	0.0556	0.0635

表 8.6.5 理论逸出功与实测逸出功峰值比较

电场/(V/cm)	测量电流密度/(A/cm^2)	逸出功实测值/eV	逸出功计算值/eV
40098	100	1.330	1.336
25260	50	1.358	1.360
15913	25	1.386	1.375
0	—	—	1.40

假设 φ=1.4eV，归一化 Miram 曲线族见图 8.6.18。由以上计算可知，由于电场对阴极的影响，导致阴极表面半导体层内逸出功降低。从图 8.6.18 可以看出，按照由半导体模型修正过的电子发射方程计算的阴极 Miram 理论曲线温度间隔，小于按照 Richardson-Dushman 方程的理论值温度间隔，此时温度间隔为 20 ~ 25℃，与实验测试的 SDM-I 阴极激活良好时 Miram 曲线的温度间隔相当。

由此理论，可以通过若干 J_{FSCL} 下所测得的 Miram 曲线来求得含 Sc 扩散阴极的有效逸出功。首先由表达式 (8-6-8) 计算出该电场下不同逸出功的 Miram

曲线簇，该逸出功分布曲线簇考虑了电场使阴极发射增强所引起的曲线移动。之后由实测曲线与之相交，由表达式 (8-6-3) 得出其逸出功分布曲线。理论上不同 J_{FSCL}(或电场) 所得到的有效逸出功分布曲线应该重合。

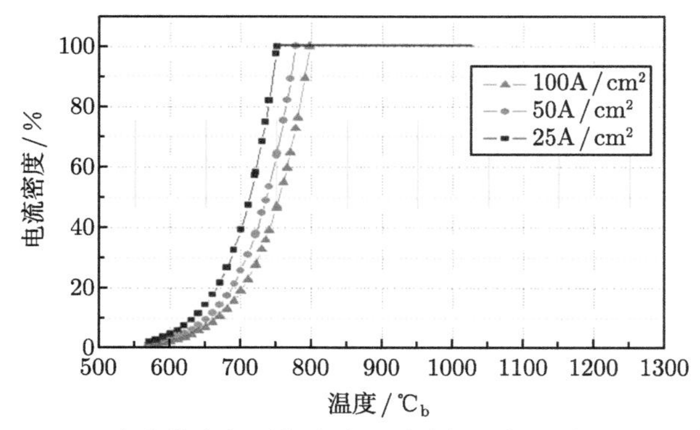

图 8.6.18　考虑外电场引起内逸出功降低后的理论 Miram 曲线

实验结果表明，含 Sc 扩散阴极这种发射特性的独特性源于其独特的表面结构。激活良好的阴极的欠热特性及 PWFD 基本符合半导体发射模型。寿命后，阴极的活性表层显著变薄，并且其上的粒子簇点也趋于消失，性质接近于薄膜型阴极表层。薄膜型阴极发射机理通常用偶极子理论加以解释。

阴极表面的活性复合层厚度大于薄膜型阴极的单原子层，但低于 Raju 等假定的半导体层。并且阴极表面存在着大量的活性物质微粒子，通过实验中在阴极表面观察到的活性层及粒子团簇变化，以及寿命前后 Miram 曲线和 PWFD 分布规律的变化现象，可以认为这些微粒子与电子发射相关。

通过理论计算，结合寿命试验结果，做出如下假设，即当阴极激活良好时，其优异的电子发射能力主要归因于：① 阴极表面形成约 100nm 厚的具有半导体性质的 Ba-Sc-O 活性层，此活性层在电场渗透作用下，导致阴极表面的内逸出功降低；② 活性层表面的纳米级颗粒在钨晶粒平坦的表面形成突起，引起颗粒周围局部电场产生集中而增强，促进具有高动能的热电子的发射，此时的电子发射机理为场增强热发射；③ Ba-Sc-O 活性层本身具有较低的逸出功。激活良好时，从内部扩散至表面的 Ba、Sc、O 活性元素相互配合，形成各类原子排布合适的发射层，在高温下，各种元素都在剧烈地运动，当配合的原子集团中某个电子的能量足够高时，便产生电子发射。另外，工作时阴极外表层发射出电子后带正电，所以整个活性层对基体而言产生了一个正电朝外的偶电场。这一电场使基体金属内的电子产生了加速向外运动的作用，促进电子向外表面的传递，增大了阴极的发射。上述是阴极具有 “非正常肖特基效应” 的本质原因。

当阴极寿命告终时，活性层的厚度减小，外电场渗透作用明显减弱，不足以使阴极表面内逸出功降低，并且表面的纳米粒子耗尽，局部场增强作用消失，因而此时的电子发射以具有较低逸出功 (至少相当于 M 型阴极逸出功值) 的活性表面单纯的热电子发射为主。

参考文献

[1] Barker R J, Schamiloglu E. 高功率微波源与技术 [M].《高功率微波源与技术》编译组, 译. 北京：清华大学出版社, 2005: 21-24.

[2] Li L, Wang J, Wang Y. Generation of high-current-density sheet electron beams[J]. IEEE Electron Dev. Lett., 2009, 30(3): 228-230.

[3] Figner A, Soloveichik A, Judinskaja I. Metal porous body having pores filled with barium scandate: US patent 3358178[P]. 1967.

[4] van Oostrom A, Augustus L. Activation and early life of a pressed barium scandate cathode[J]. Applied Surface Science, 1979, 2: 173-186.

[5] 王亦曼. 高电流密度热阴极的进展 [J]. 真空电子技术, 1994, 4: 8-13.

[6] Yamamoto S, Taguchi S, Aida T, et al, Electron emission properties and surface atom behavior of an impregnated cathode coated with Tungsten Thin Film containing Sc_2O_3[J]. Jpn. J. Appl. Phys., 1988, 28: 490-494.

[7] Yamamoto S, Watanabe I, Taguchi S, et al, Formation mechanism of a monoatomic order surface layer on a Sc-type impregnated[J]. Jpn. J. Appl. Phys., 1989, 28(3): 490-494.

[8] Hasker J, van Esdonk J, Crombeen J E. Properties and manufacture of top-layer scandate cathodes[J]. Appl. Surf. Sci., 1986, 26: 173-195.

[9] Hasker J, Crombeen J E, Dorst P A M. Comment on progress in scandate cathodes[J]. IEEE Trans. Electron Dev., 1989, 36(1): 215-219.

[10] Hasker J, Crombeen C. Scandium supply after ion bombardment on scandate cathodes[J]. IEEE Trans. Electron Dev., 1990, 37(12): 2589-2594.

[11] Gäertner G, Geittner P, Lydtin H, et al. Emission properties of top-layer scandate cathodes prepared by LAD[J]. Appl. Surf. Sci., 1997, 111: 11-17.

[12] Gärtner G, Geittner P, Raasch D. Low temperature and cold emission of scandate cathodes[J]. Appl. Surf. Sci., 2002, 201: 61-68.

[13] Yamamoto S, Taguchi S, Aida T. Study of metal film coating on Sc_2O_3 mixed matrix impregnated cathodes[J]. Appl. Surf. Sci., 1984, 17: 517.

[14] Uda E, Nakamura O, Matsumoto S. et al. Emission and characteristics of thin film top-layer scandate cathode and diffusion of Sc_2O_3 and W[J]. Appl. Surf. Sci., 1999, 146: 31-38.

[15] 王亦曼, 黄林, 吴永德. 钡钨阴极与钪系阴极的表面研究 [J]. 真空电子技术, 1992, 4: 9-13.

[16] Chubun N, Sudakova L. Technology and emission properties of dispenser cathode with controlled porosity[J]. Applied Surface Science, 1997, 111: 81-83.

[17] Wang P, Li J. Proceedings of IVeSC'2009[C]. Rome: IEEE, P-3, 2009.

[18] Loronin J. Modern disperser cathodes[J]. IEEE Proceedings 1: Solid State and Electron Devices, 1981, 128(1): 19-32.

[19] van Slooten U, Duine P. Scanning Auger measurements of activated and sputter cleaned Re-coated scandate cathodes[J]. Appl. Surf. Sci., 1997, 111: 24-29.

[20] Hasker J, Crombeen C. Scandium supply after ion bombardment on scandate cathodes[J]. IEEE Trans. Electron Dev., 1990, 37(12): 2589-2594.

[21] Wang J, Wang Y, Tao S. Scandia-doped tungsten bodies for Sc-type cathodes[J]. Appl. Surf. Sci., 2003, 215: 38-48.

[22] Yuan H, Gu X, Pan K, et al, Characteristics of scandate impregnated cathodes with sub-micron scandia doped matrices[J]. Appl. Surf. Sci., 2015, 251: 106-113.

[23] Wang J, Wang Y, Liu W, et al. Emission property of scandia and Re doped tungsten matrix dispenser cathode[J]. J. Alloy. & Comp., 2008, 479(1-2): 302-306.

[24] Wang Y, Wang J, Liu W, et al. Development of high current-density cathodes with scandia-doped tungsten powders[J]. IEEE Trans. Electron Dev., 2007, 54(5): 1061-1070.

[25] Wang J, Liu W, Li L. et al. A study of scandia-doped pressed cathodes[J]. IEEE Trans. Electron. Dev., 2009, 76(7): 799-804.

[26] Wang J, Liu W, Wang Y. et al. Sc_2O_3-W matrix impregnated cathode with spherical grains[J]. J. Phys. & Chem. Solid., 2008, 69 (8): 2103-2108.

[27] Zhao J, Gamzina D, Li N. et al. Scandate dispenser cathode fabrication for a high-aspect-ratio high-current-density sheet beam electron gun[J]. IEEE Trans. Electron Dev., 2012, 59(6): 1792-1798.

[28] Barik R K, Bera A, Tanwar A K. et al. A novel approach to synthesis of scandia-doped tungsten nano-particles for high-current-density cathode applications[J]. Inter. J. Refract. Met. & Hard Mater., 2013, 38: 60-66.

[29] 刘伟. 稀土难熔金属阴极材料微观结构与性能研究 [D]. 北京: 北京工业大学, 2005: 122.

[30] Nelson W B. Accelerated life testing step stress models and data analysis[J]. IEEE Transaction Reliability, 1980, 29(2): 103-108.

[31] Dieumegard D, Tonnerre J C. Life test performance of thermionic cathodes[J]. Appl. Surf. Sci., 1997, 111: 84-89.

[32] Triservices /NASA Cathode Life Test Facility Annual Report[R]. Joanuary 2001-March, 2002.

[33] Vlahos V, Booske J H, Morgan D. Ab initio investigation of barium-scandium-oxygen coatings on tungsten for electron emitting cathodes[J]. Phys. Rev. B., 2010, 81(5): 054207.

[34] Vaughn J M, Jamison K D, Kordesch M E. In situ emission microscopy of scandium/scandium-oxide and barium/barium-oxide thin films on tungsten[J]. IEEE Trans. Electron Dev., 2009, 56(5): 794-798.

[35] Raju R S, Malony C E. Characterization of an impregnated scandate cathode using semiconductor model[J]. IEEE Tran. on ED., 1994, 41: 2460-2467.

[36] Shih A, Yater J E, Hor C. Ba and BaO on W and on Sc_2O_3 coated W[J]. Appl. Surf. Sci., 2005, 242: 35-54.
[37] Wang J S, Liu W, Zhou M L, et al. Method of manufacturing a pressed scandate dispenser cathode[P]. US07722804B2, 2010.
[38] Wright D A, Woods J. The emission from oxide-coated cathodes in an accelerating field[J]. J. Proc. Phys. Soc., 1952, 65: 134-148.

第 9 章　太赫兹真空电子器件微高频系统制备技术

9.1　引　　言

在真空电子器件中，由于结构尺寸与工作频率的共渡性，频率越高，器件尺寸越小，特别是微细高频结构的工作频率逐渐上升到太赫兹频段，高频结构尺寸显现数量级的减少，从微波段的厘米结构尺寸上升到太赫兹频段的微米尺度，这对传统机械加工带来了极大的挑战。然而，近年来随着微机电系统 (micro electronic mechanical system，MEMS) 工艺的迅速发展，太赫兹波段高频结构的加工制备问题得以逐渐解决。

微细折叠波导、光栅等高频结构的制备，当工作频率高于 200GHz 时，对高频结构的表面粗糙度、尺寸精度等方面提出更高的要求，传统加工方式难以满足上述要求，需要用 MEMS 微细加工方法来制备。近年来已经实现的方法有：LIGA 技术，是德文 “lithographie”, “galvanoformung” 和 “abformung” 三个词的缩写，译为“光刻”；UV-LIGA 技术，是基于深紫外光源的 LIGA 技术；DRIE 技术是 “deep reactive ion etch” 的缩写，意为“深度反应离子刻蚀” 以及超精密电火花线切割加工 (ultra-fine WEDM) 技术。尤其是 DRIE 技术和 UV-LIGA 技术，其适用的频段已经覆盖了 1THz 到几十太赫兹及以上的结构尺寸 [1,2]。

本章主要介绍几种常见微纳加工技术及其在太赫兹真空电子器件微细高频结构制备中的应用。

9.2　太赫兹微结构制备方法简介

9.2.1　简介

在过去十几年中，微电子技术已发展到亚微米阶段，并正在向纳米阶段推进。在此期间，与微电子领域相关的微纳加工技术得到了飞速发展，如图形曝光 (光刻) 技术、材料刻蚀技术、薄膜生成技术、离子注入技术和黏结互连技术等。在这些加工技术中，图形曝光技术是微电子制造技术发展的主要推动者，正是由于曝光图形的分辨率和套刻精度的不断提高，促使了集成电路集成度的不断提高和制备成本的持续降低 [1]。但是，随着器件尺寸向 0.1μm 以下逼近，光学曝光技术将会面临严峻的挑战，例如，分辨率的提高使生产设备价格大幅攀升、超紫外光焦深缩短引起的材料吸收问题等，使光学曝光能否突破 0.1μm 成为业界普遍关注的问题 [2,3]。

本节主要介绍光学曝光技术、刻蚀技术、聚焦离子束和薄膜制造技术。

9.2.2 光学曝光技术

光学曝光 (optical lithography) 也称光刻，是指通过利用特定波长的光进行照射，将掩模版上的图形转移到光刻胶上的过程。光学曝光是一个复杂的物理化学过程，具有大面积、重复性好、易操作、低成本等优点，是半导体器件与大规模集成电路制造的核心步骤 [4,5]。

光学曝光技术最早用于半导体集成电路的微细加工。平面工艺与传统加工制造技术的根本不同之处在于晶体管集成电路的三维结构是从硅基片平面一层一层做上去的，而不是传统机械加工的直接三维成型。光学曝光能够将一系列平面二维图形投射到硅表面，并且可以做到精确的层与层之间的对准，这样就有可能制作非常复杂的集成电路。现代超大规模集成电路的全部制造过程会涉及 20~30 层的光学曝光工序。光学曝光的最小图形分辨率从 20 世纪 70 年代的 4~6μm 提高到了 20 世纪 80 年代的 1μm。当时人们预测光学曝光的极限分辨率为 0.5μm。之后就需要采用另外的曝光技术来替代光学曝光技术，例如电子束曝光或 X 射线曝光 [6]。但光学曝光技术本身不断地被改进，使得光学曝光技术不但突破了 0.5μm 的极限，并且进入了 100nm 以下的纳米加工领域。这一技术直到 40 余年后的今天仍然在大规模集成电路生产技术中占主导地位。目前的光学曝光技术已经能够制作出 22nm 的最小电路图形 [7]。32nm 的工艺已经进入了大批量生产时代。图 9.2.1 为用于集成电路制造的光刻工艺。如图 9.2.1(b) 所示，辐射穿过掩模的透明部分，使暴露的光阻剂不溶于显影液，从而使掩模图案直接转移到基片上。

1. 光学曝光系统的基本组成

光学曝光设备主要由光源系统、掩模版固定系统、样品台和控制系统组成。光源是曝光系统中最重要的组成部分，通常采用波长不同的单色光，主要有高压汞灯与准分子激光两种。高压汞灯是目前实验室最常用的曝光光源，包含有三条特征谱线，分别为 G 线 (436nm)、H 线 (405nm)、I 线 (365nm)，能达到的分辨率在 400nm 左右；目前比较先进的光学曝光系统中一般采用激光器来获得不同波长的光源。高性能激光器具有输出光波波长短、强度高、曝光时间短、谱线宽度窄、色差小、输出模式多、光路设计简单等特征。通常采用波长为 248nm、193nm 和 157nm 的准分子激光器作为光源，曝光精度可以达到 100nm 以下。

2. 光学曝光原理

光学曝光可基本划分为掩模对准式曝光与投影式曝光。掩模对准式曝光包括接触式曝光和临近式曝光；投影式曝光包括 1:1 投影和缩小投影 [8]，缩小投影曝光系统又称为重复步进投影曝光。图 9.2.2 为接触式曝光和临近式曝光示意图。

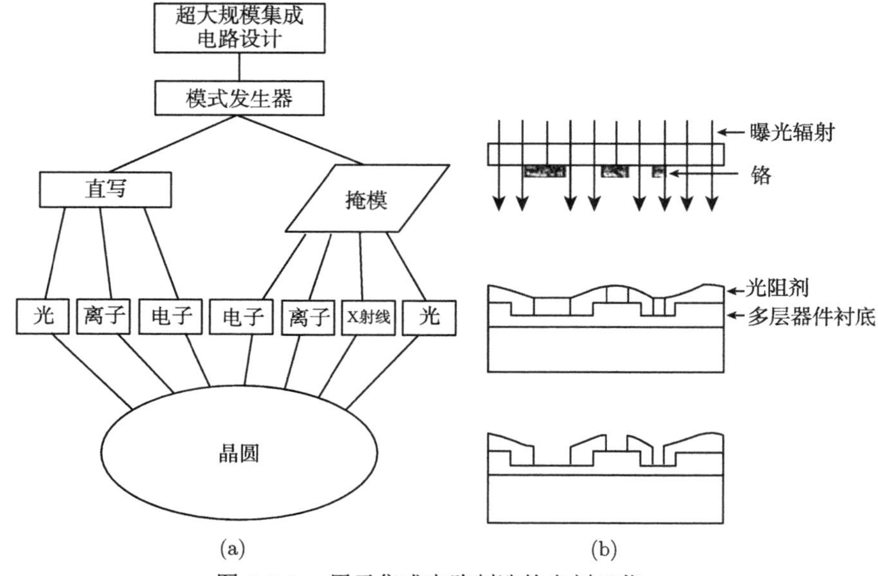

图 9.2.1 用于集成电路制造的光刻工艺

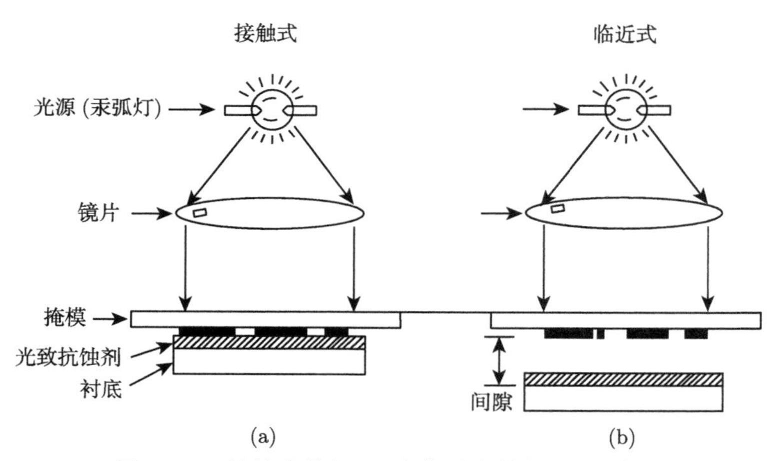

图 9.2.2 接触式曝光 (a) 和临近式曝光 (b) 示意图

3. 掩模对准式曝光

早期的集成电路制造采用的都是掩模对准式曝光机，该设备结构简单，易于操作。制备的图形具有较高的保真性和分辨率，但是需要衬底和掩模版之间进行直接接触，会缩短掩模版的寿命。接触式曝光可分为硬接触曝光和软接触曝光两类。硬接触曝光是指通过施加压力使得掩模版与光刻胶的表面完全接触，这种接触方式会加速掩模版的消耗。软接触在原理上与硬接触类似，只是可以通过调整压力的大小来进行实现，这样对掩模版的损伤也会较小。

不同于接触式曝光，临近式曝光在衬底和掩模版之间存在一定的间距 (几微米到几十微米之间)，这种不直接接触掩模版的曝光方式在很大程度上可以克服对掩模版的损伤，但是由于间隙的存在会影响光学成像的质量。同时由于衬底表面本身可能存在的不平整，会使得临近式曝光的光强分布产生较大的起伏，从而影响曝光图形的分辨率 [9]。

4. 投影式曝光

投影式曝光系统的基本参数包括分辨率 (曝光系统所能分辨和加工的最小线条尺寸)、焦深 (在投影光学系统可清晰成像的尺度范围)、视场、调制传递函数、关键尺寸、套刻与对准精度以及产率。前五个参数由曝光设备的光学系统决定，后两个参数则依赖于设备的机械设计。

把设计掩模图形制作到基片上需经过一整套复杂的涂胶、曝光、显影、刻蚀等工艺过程 (图 9.2.3)。这一过程大体可以分为 10 步 [10]。

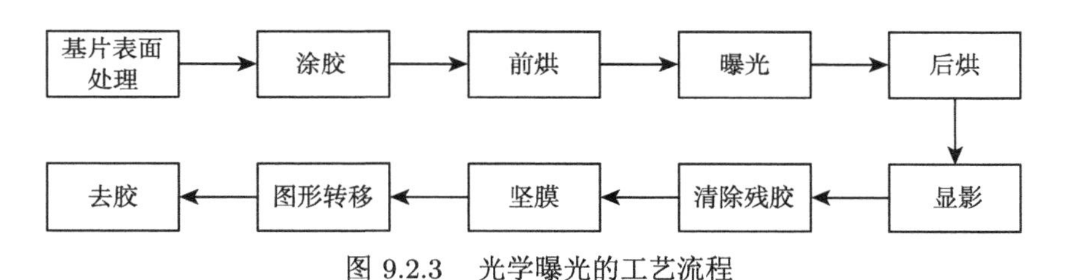

图 9.2.3 光学曝光的工艺流程

1) 基片表面处理

除了使用常规的化学表面清洗去除各种污迹以外，基片表面必须绝对干燥，以利于光刻胶的附着。通常清洗后的基片必须在 150~200℃ 的烘箱内烘烤 15~30min，以使基片表面彻底干燥。为了保证光刻胶在后续工艺中不会脱落。一般要涂覆一层化学增附剂。

2) 涂胶

基片涂胶又叫 “甩胶”，如图 9.2.4 所示。将干燥的基片置于匀胶台，光刻胶滴在基片的中央，然后通过高速旋转使胶均匀地 “甩” 到整个基片表面。胶的厚度可以通过旋转的速度控制。

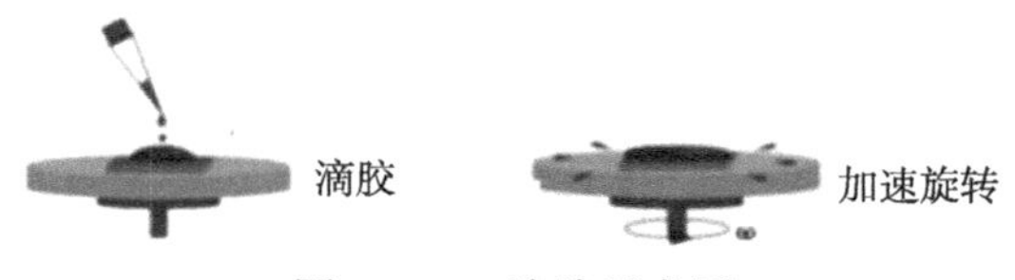

图 9.2.4 涂胶示意图

3) 前烘

前烘的目的是去除胶膜中残存的溶剂，使胶膜干燥，以增强胶膜与基片的黏附性和胶膜的耐磨性。前烘可在热板或烘箱中进行，前烘的温度和时间根据光刻胶的种类和胶膜厚度决定，常用工艺条件为烘箱中 (80℃) 干燥 10～15min 或者热板上 (100℃) 烘烤 1min。

4) 曝光

涂了光刻胶的基片可以放进光刻机进行曝光 (exposure)，如图 9.2.5 所示。如果不是第一次曝光则首先要找到基片表面的对准标记，与掩模上的标记对准。当一定波长的光线 (一般为紫外线) 通过掩模上的透光区照射到光刻胶上时，被辐射到的光刻胶就会发生相应的化学反应。对于掩模对准式曝光，在曝光前要选定适当的接触压力或掩模间隙。

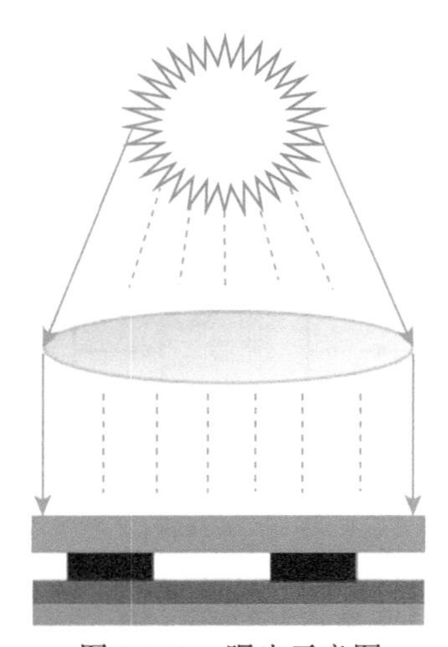

图 9.2.5　曝光示意图

5) 后烘

光线照射到光刻胶与基片的界面上会产生部分反射，反射光会使掩模版不透光区下的光刻胶进行曝光。反射光与入射光叠加会形成驻波，驻波会造成光刻胶边缘曝光，结果出现螺旋纹，如图 9.2.6 所示。后烘会部分清除驻波的影响，但需注意的是，后烘会导致胶中的光活性物质横向扩散，影响胶的图形质量。在涂胶前对基片表面先涂覆一层抗反射剂或涂胶后在胶表面施加抗反射剂，可以有效地防止驻波效应。

6) 显影

通常有三种显影方法：浸没法、喷淋法与搅拌法。将显影液全面地喷在光刻胶上或者将曝光后的样片浸没在显影液中几十秒钟，则正型光刻胶的曝光部分 (或者负型光刻胶中未曝光部分) 被溶解，从而形成了图形。显影液的浓度、温度和显影时间都会对显影后的图形产生一定的影响。

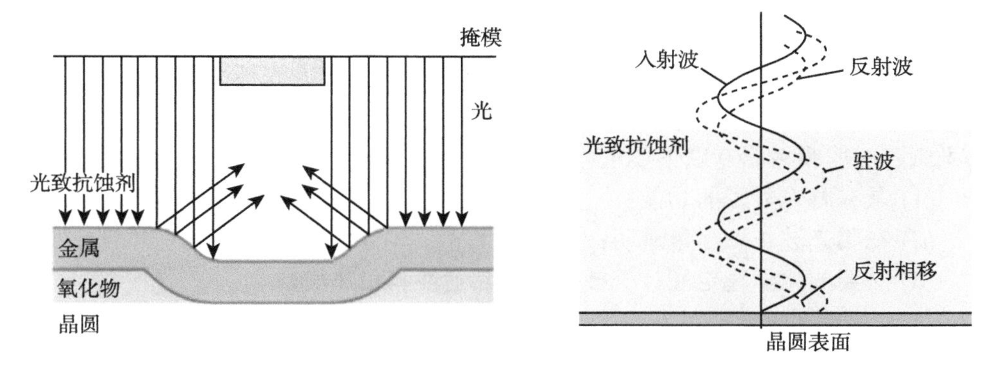

图 9.2.6 驻波效应示意图

7) 清除残胶

显影过后通常会在基片表面残留一层非常薄的胶层。虽然只有几纳米的厚度，但会妨碍下一步的图形转移，因此需要去除残胶。去残胶的过程是在显影后把基片放在等离子体刻蚀机中进行短时间的刻蚀，通常在氧气等离子体中刻蚀半分钟。

并非在所有情况下都要去残胶。因为在去残胶的过程中会使胶层的厚度减少并造成曝光图形精度的变化。

8) 坚膜

坚膜又叫硬烘烤。一般将显影后的基片通过加温烘烤使经显影软化、膨胀的胶膜坚固。坚膜使胶膜更牢固地黏附在基片表面，并可以增加胶层的抗刻蚀能力。坚膜并不是一道必需的工艺，坚膜通常会增加将来去胶的难度。

9) 图形转移

对光刻胶曝光的目的就是要把掩模设计图案转移到光刻胶下的各层材料上去。通过湿法刻蚀或者干法刻蚀的方法把经过曝光、显影后的光刻胶微图形中下层材料的裸露部分去掉，即在下层材料上重现与光刻胶相同的图形。

10) 去胶

图形转移加工后，光刻胶已完成使命，需要清除掉。去胶也有湿法与干法两种。湿法是用各种酸碱类溶液或有机溶液将胶层腐蚀掉，最普通的腐蚀溶剂是丙酮。干法则是用氧气等离子体刻蚀去胶。

5. 光刻胶的种类与特性

光刻胶是指一大类具有光敏化学作用的高分子聚合物材料，又叫作“抗蚀剂”，光刻胶的作用是作为抗刻蚀层保护硅片表面。光刻胶并不意味着仅对光辐射敏感，某些光刻胶对电子束、离子束或者 X 射线也敏感。光刻胶对大部分的可见光都敏感，对黄光不敏感，因此光刻胶通常储存于棕色瓶内，光刻过程通常也是在黄光室内进行。

光刻胶的组成如图 9.2.7 所示，其中成膜树脂是光刻胶的核心，它使胶具有抗刻蚀性能。溶剂使成膜树脂保持液体状态有利于涂覆。光活性物质控制成膜树脂对某一特定波长的感光度。添加剂用于控制胶的光吸收率或者溶解度等。对作为光刻胶的成膜树脂有以下要求：

(1) 具有曝光显影的功能；

(2) 在曝光波长下尽量透明；

(3) 必要的化学稳定性、机械强度、黏附性和耐热性。

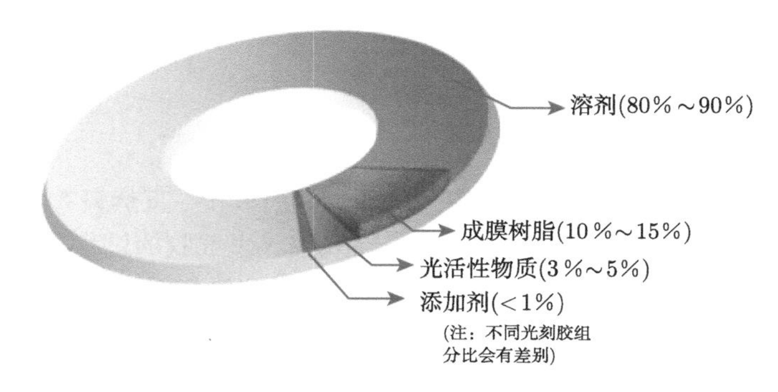

图 9.2.7 光刻胶的组成

对于评价光刻胶性能的好坏有以下一系列指标 [11]。

1) 灵敏度

灵敏度是衡量曝光速度的指标。光刻胶的灵敏度越高，所需要的曝光剂量 (单位 mJ/cm^2) 就越小。正负形光刻胶对灵敏度的定义是不同的。以正型光刻胶为例，灵敏度定义为光刻胶全部感光所需的最低曝光剂量。图 9.2.8 为光刻胶的显影曲线。

2) 对比度

对比度可以认为是光刻胶区分掩模版上亮区和暗区能力的衡量标准。光刻胶的对比度越大，曝光的线条边缘越陡。根据图 9.2.8 所示的显影曲线，正型胶和负型胶的对比度分别定义为

$$\gamma_{\mathrm{p}}=\left[\lg\left(\frac{D_{\mathrm{r}}}{D_{\mathrm{r}}^{\mathrm{o}}}\right)\right]^{-1} \tag{9-2-1}$$

$$\gamma_{\mathrm{n}}=\left[\lg\left(\frac{D_{\mathrm{g}}^{\mathrm{o}}}{D_{\mathrm{g}}^{\mathrm{i}}}\right)\right]^{-1} \tag{9-2-2}$$

其中，D_r^o、D_g^o 为各自的阈值剂量，D_r、D_g^i 为各自的灵敏度，γ_p、γ_n 为各自的对比度。显影曲线的斜率越大，光刻胶的对比度越高。对比度的大小直接影响了光刻胶的分辨力。

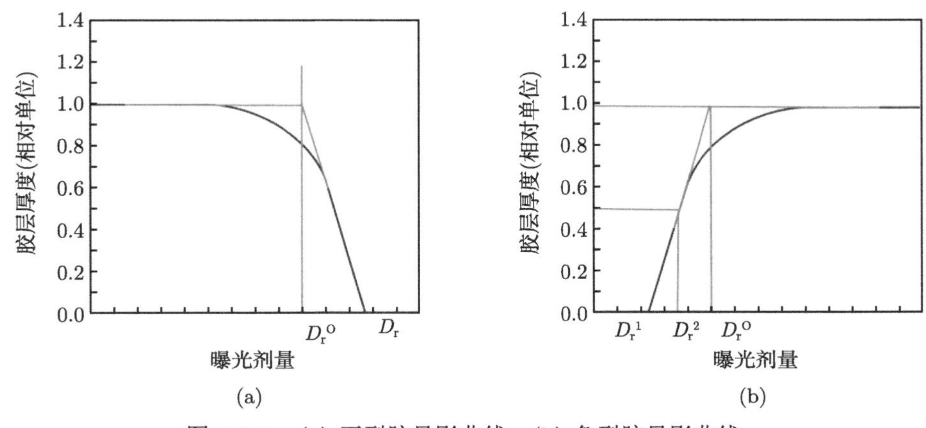

图 9.2.8 (a) 正型胶显影曲线；(b) 负型胶显影曲线

3) 抗刻蚀比

抗刻蚀比是以刻蚀胶的速率与刻蚀衬底材料的速率之比来表示的。如果光刻胶图形是用来做等离子体刻蚀掩模，就需要很高的抗刻蚀性。抗刻蚀比的高低决定了需要涂多厚的胶才能实现对衬底材料某一深度的刻蚀。

4) 分辨能力

光刻胶的分辨能力是一个非常有用的综合指标。影响分辨能力的因素主要有三个方面：① 曝光系统的分辨率；② 光刻胶的相对分子质量、分子平均分布、对比度与胶的厚度；③ 显影条件与前后烘烤温度。光刻胶的平均分子量越低，分子量分散性越小，则分辨率越高。

5) 曝光宽容度

如果光刻胶在偏离最佳曝光剂量的情况下，曝光图形的线宽变化较小，则说明光刻胶有较大的曝光宽容度。曝光宽容度大的胶受曝光能量浮动或不均匀的影响较小。

6) 工艺宽容度

前后烘烤的温度、显影液浓度与温度、显影时间等都会对最后的光刻胶图形产生影响。当这些条件偏离最佳工艺条件时，要求光刻胶性能的变化尽量小，即要有较大的工艺宽容度，这样有利于获得较高的成品率。

7) 热流动性

每一种胶都有一个玻璃化转换温度，超过这一温度，胶就会呈现熔融状态。已成型的胶热流动会使得显影后的图形变形，影响图形的质量和分辨率。

8) 膨胀效应

有些负型胶在显影过程中由于显影液分子进入胶的分子链，使得胶的体积增加，从而使胶的图形变形，称为膨胀现象。

9) 黏度

黏度用来衡量光刻胶的可流动性，黏度通常可以用胶中聚合物固体含量来控制。同一种胶根据浓度不同，可以有不同的黏度，从而决定了胶的不同涂覆厚度。即使是同一种胶，在时间久了之后，胶的黏度会增加。因此在同样甩胶条件下，可能会有完全不同涂覆厚度。

10) 保质期限

光刻胶中由于含有光敏物质，放置时间过久会失去光活性。此外，光刻胶中的溶剂也会随着时间挥发。光刻胶依据经光照后产生的物理化学变化，一般分为正型光刻胶和负型光刻胶两种。

正型光刻胶：受光或紫外线照射后的感光部分因吸光改变了本身的化学结构，即发生光分解反应，从而可以溶解于显影液中，未感光的部分显影后仍然留在基片表面，所产生的图案将会与掩模版上的图案相同。

负型光刻胶：曝光后未感光部分可溶于显影液中，而感光部分因吸收光引起聚合物链反应，即聚合物分子发生交联，变得难溶解于显影液中，从而留在基片表面，所产生的图案与掩模版上的相反。

正型光刻胶和负型光刻胶的性能比较如表 9.2.1 所示 [12,13]。相比于负型光刻胶，正型胶主要有以下优点：高分辨率，高对比度；多使用暗场掩模，减少了曝光图形的缺陷率，因为掩模大部分区域都是不透光的；使用水溶性显影液；去胶容易。

表 9.2.1　正型光刻胶和负型光刻胶的性能比较

光刻胶特性	比较结果	
	光刻胶类型	
	正型胶	负型胶
与基片的附着力	一般	好
灵敏度	较低	高
对比度	高	低
成本	较贵	较便宜
显影液	水溶性	有机溶剂
受环境中氧气的影响	无	有
最小可分辨图形尺寸	0.5μm 以下	2μm 左右
抗刻蚀比	高	低
遗留残胶现象	仅可能发生在小于 1μm 的图形	较普遍
覆盖基片表面台阶的能力	好	差
显影后膨胀	无	有
热稳定性	好	一般

9.2.3 刻蚀技术简介

刻蚀是利用化学或物理方法将未受光刻胶图形保护部分的材料从表面逐层清除，其主要目的是将光刻胶图形转移到功能材料表面，而在各种功能材料上形成微纳米图形结构。刻蚀主要分为湿法刻蚀和干法刻蚀 [8]。涉及使用液体化学药品或刻蚀剂去除基板材料的刻蚀工艺称为湿法刻蚀，具有设备简单、刻蚀率高、选择性高等优点。而不涉及使用液体化学药品或刻蚀剂，利用工艺气体与刻蚀材料之间的物理或者化学作用过程，同时通过真空泵将剥离的被刻蚀材料或者反应生产的易挥发产物带走，从而实现刻蚀的刻蚀工艺就称为干法刻蚀，优点是不需要进行危险酸碱等化学溶剂的操作，化学品消耗量相对较少，可以实现各向同性和各向异性的刻蚀，刻蚀掩模的图形复制性好，分辨率高，工艺清洁，工艺过程可控性好等。

1. 干法刻蚀主要参数

1) 刻蚀速率 r

刻蚀速率是每一单位时间的磨损量，例如可以指定为纳米每分钟 (nm/min) 或埃每秒 (Å/s)。

$$r = \Delta z/\Delta t \tag{9-2-3}$$

其中，Δz 为刻蚀去除的材料厚度，Δt 为刻蚀所用的时间。刻蚀速率通常正比于刻蚀剂的浓度，也与被刻蚀的图形的几何形状有关。刻蚀的面积越大，刻蚀速率就越慢，因为刻蚀所需要的刻蚀剂气体就越多，这被称为负载效应。

2) 各向异性度 f

$$f = 1 - r_{\mathrm{h}}/r_{\mathrm{v}} \tag{9-2-4}$$

其中，r_{h} 为水平刻蚀速率，r_{v} 为垂直刻蚀速率。

各向异性度代表在衬底材料上不同方向刻蚀速率之比。如果刻蚀在各个方向上速率是相同的，则刻蚀为各向同性的，$f \to 0$；如果刻蚀在一个方向上速率最大而在其他方向上速率最小，则刻蚀为各向异性的，$f \to 1$。因此，当需要只在垂直方向移除材料时，各向异性刻蚀是很重要的。当对各向异性刻蚀要求很高时，干法刻蚀可以采用物理去除或物理去除和化学反应两者结合的方法。

3) 选择比 S_{jk}

选择比指的是被刻蚀材料 j 和掩模材料 k 的刻蚀速率的比率。

$$S_{jk} = r_j/r_k \tag{9-2-5}$$

选择比要求越高越好，高选择比意味着只刻除想要刻去的那一部分材料，掩模材料本身损失很少，能够经受住长时间的刻蚀，有利于进行深刻蚀。

4) 刻蚀偏差 ΔW

刻蚀偏差是指线宽或关键尺寸的变化，通常由横向钻蚀引起，但也能由刻蚀剖面引起。当刻蚀中取出掩模层下过量的材料时，会引起被刻蚀材料的上表面向光刻胶边缘凹进去，这就是横向钻蚀。计算刻蚀偏差的公式如下：

$$\Delta W = W_{\mathrm{b}} - W_{\mathrm{a}} \tag{9-2-6}$$

其中，W_{b} 为刻蚀前光刻胶的线宽，W_{a} 为光刻胶去掉后被刻蚀材料的线宽。

5) 刻蚀均匀性

刻蚀均匀性和选择比有密切关系，因为非均匀刻蚀会产生额外的过刻蚀，保持刻蚀均匀性是保证制造性能一致性的关键。刻蚀的不均匀是因为刻蚀速率与刻蚀剖面、图形尺寸和宽度有关。因为刻蚀速率在刻蚀小窗口图形时较慢，甚至在具有高深宽比的小尺寸图形上刻蚀停止。这一现象被称为深宽比相关刻蚀 (ARDE)，也被称为微负载效应。为了提高均匀性，必须把材料表面的 ARDE 效应降到最小。

6) 刻蚀残留物

刻蚀残留物是刻蚀以后留在材料表面的刻蚀副产物，通常覆盖在腔体内壁或被刻蚀图形的底部。产生的原因有：被刻蚀膜层中的污染物、选择比不合适的化学刻蚀、腔体中的污染物、膜层中不均匀的杂质分布等。解决方法有：刻蚀完成后进行过刻蚀，有时采用湿法化学腐蚀去掉。

2. 干法刻蚀技术介绍

1) 离子束刻蚀

离子束刻蚀 (ion beam etching, IBE) 是一种纯物理溅射干法刻蚀。由于氩气是惰性气体，不会与样品材料表面发生化学反应，所以氩气是最通用的离子源气体。利用辉光放电，将氩气解离成带正电的离子，再利用自偏压将离子加速，氩离子以 1~3keV 的离子束的形式轰击到材料表面上，从而将被刻蚀物质原子击出。其物理溅射机理如图 9.2.9 所示，离子束刻蚀反应器如图 9.2.10 所示。

刻蚀过程是各向异性的，可以很好地控制刻蚀线宽，但是因为对于离子束而言，没有对不同材料层的区分，刻蚀选择比很低，并且会因轰击效应使得被刻蚀膜层表面产生损伤。由于刻蚀后的反应副产物多为非挥发性的，因此颗粒会沉积在晶圆壁或者腔壁上。由于过低的选择比和刻蚀速率，这种方法现在已经很少采用了。

2) 等离子刻蚀

等离子刻蚀 (plasma etching，PE) 是一种纯化学反应干法刻蚀，其优点是被刻蚀膜层不会被加速离子破坏。刻蚀过程主要是化学反应刻蚀，是各向同性刻蚀，因此这种方法用于去除整个膜层，例如清除牺牲层以及热氧化后的背面清洁。化学反应干法刻蚀的机理图与过程如图 9.2.11 和图 9.2.12 所示。

等离子体刻蚀基本上包括以下步骤：① 在等离子体中产生反应性物质；② 反应性物质扩散到被刻蚀材料的表面；③ 反应性物质在表面吸附；④ 反应性与被刻蚀材料之间发生化学反应，形成挥发性副产物；⑤ 副产物从表面解吸；⑥ 解吸的副产物扩散到气体中。

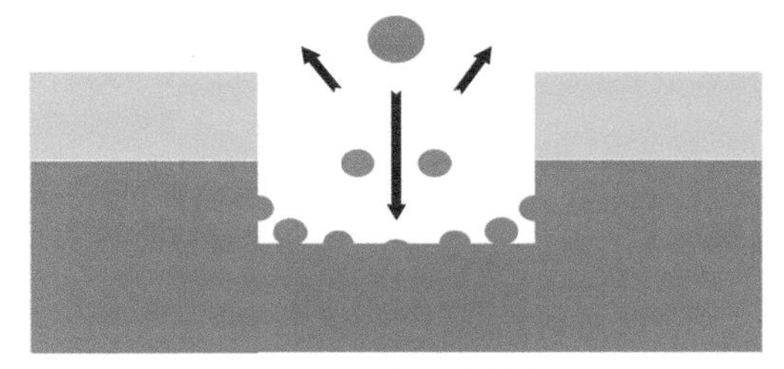

图 9.2.9 物理溅射机理

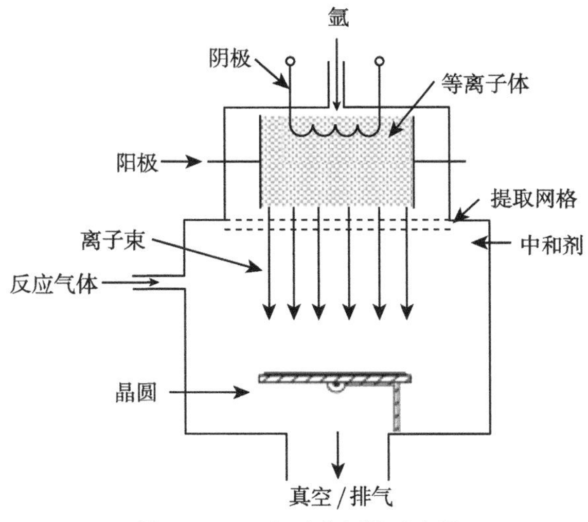

图 9.2.10 离子束刻蚀反应器

在采用化学反应的干法刻蚀中需要所使用的物质具有高的选择比，不得侵蚀被刻蚀材料及其下面的材料上方的掩模材料。通常，选择用于化学反应干法刻蚀的反应性物质，需要满足以下标准：① 对刻蚀被刻蚀层上的掩模材料具有高的选择比；② 对刻蚀被刻蚀层下面的材料有很高的选择比；③ 被去除材料的刻蚀速率高；④ 优异的刻蚀均匀性。化学反应干法刻蚀还需要一个安全、清洁和自动化的刻蚀过程。

3) 反应离子刻蚀

反应离子刻蚀 (reactive ion etching, RIE) 是一种物理溅射和化学反应相结合的干法刻蚀技术，利用由等离子体强化后的反应离子气体轰击目标材料，来达到刻蚀的目的，是当前应用最广泛的技术。反应离子刻蚀的基本原理是在很低的

压强下 (0.1~10Pa)，反应气体在射频电场的作用下辉光放电产生等离子体，通过等离子体的直流自偏压作用，使离子轰击阴极上的目标材料，并实现离子的物理轰击溅射和活性离子的化学反应，从而完成高精度的图形刻蚀 [14]。反应离子刻蚀的四个基本过程如图 9.2.13 所示。

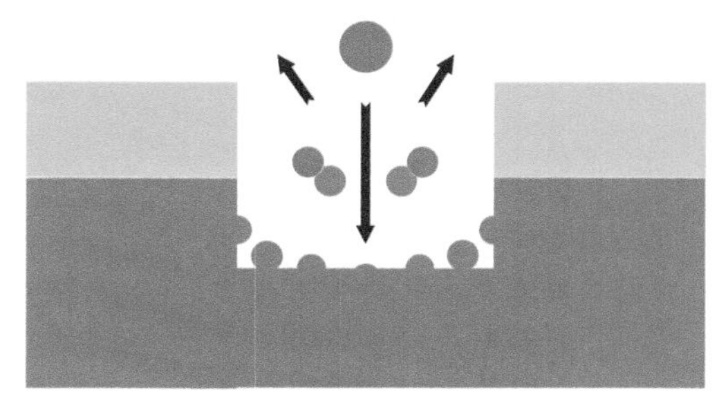

图 9.2.11　化学反应干法刻蚀机理图

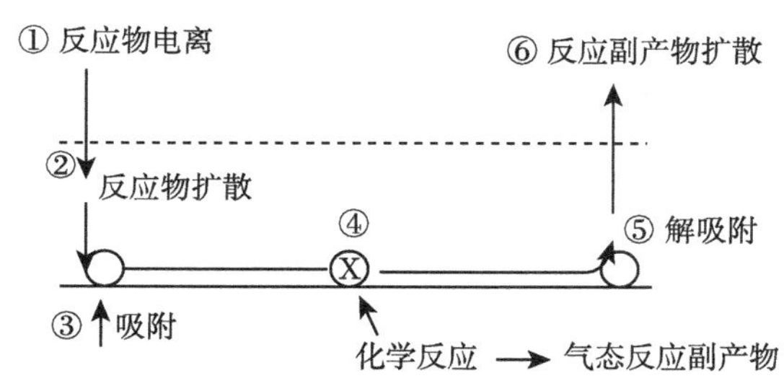

图 9.2.12　化学反应干法刻蚀过程

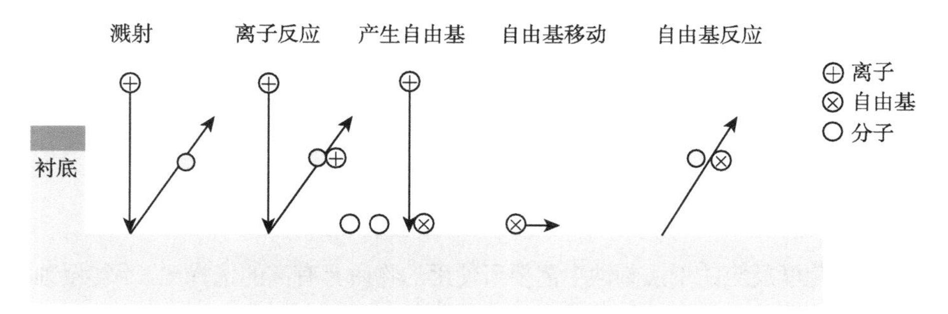

图 9.2.13　反应离子刻蚀的四个基本过程 [31]

4) 深反应离子刻蚀 (DRIE)

随着大规模集成电路技术和微机械技术的发展，越来越多的器件要求高深宽比的微细结构，DRIE 工艺可防止硅的横向蚀刻，从而在高蚀刻速率和高纵横比下形成高度各向异性的蚀刻剖面。

德国公司 Robert Bosch GmbH 于 1994 年提出了一种硅的各向异性等离子体刻蚀方法 [32]，即 Bosch 工艺。Bosch 工艺的具体过程如下所述：

(1) 提供衬底，在衬底上形成具有开口的掩模层。

(2) 进行刻蚀步骤：向刻蚀腔室中通入刻蚀气体 (比如 SF_6)，刻蚀气体被解离为等离子体，对所述半导体衬底进行刻蚀，形成刻蚀孔。

(3) 进行沉积步骤：向刻蚀腔室中通入沉积气体 (比如 C_4F_8)，沉积气体被解离为等离子体，在刻蚀孔的侧壁形成聚合物，所述聚合物在下一刻蚀步骤时保护已形成的刻蚀孔的侧壁不会被刻蚀到，从而保证整个 Bosch 刻蚀过程的各向异性。

(4) 重复上述刻蚀步骤和沉积步骤，直至在衬底中形成硅通孔。

具体工艺过程如图 9.2.14 所示。图 9.2.15 为利用 Bosch 工艺制作的 250μm 的孔。表 9.2.2 为典型的 Bosch 工艺参数。

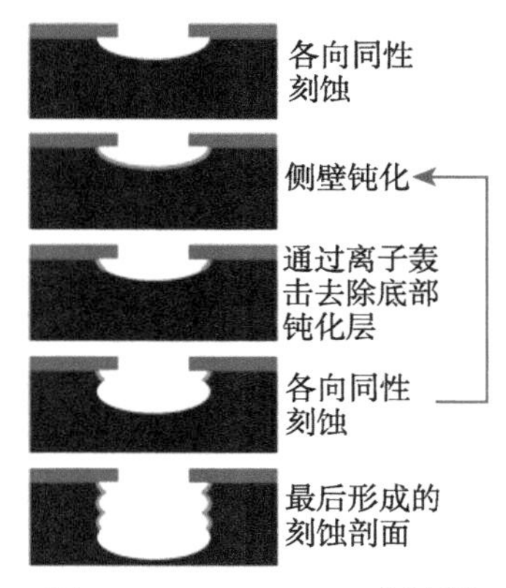

图 9.2.14 Bosch 工艺过程

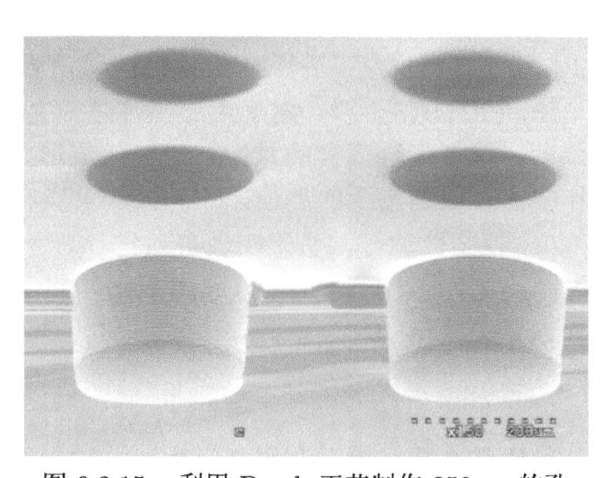

图 9.2.15 利用 Bosch 工艺制作 250μm 的孔

表 9.2.2 典型的 Bosch 工艺参数

工艺参数	钝化过程	刻蚀过程
C_4F_8	85 mL/ min	0 mL/ min
SF_6	0 mL/ min	130 mL/ min
射频功率 (样品基板)	0 W	12 W
射频功率 (感应线圈)	600 W	600 W
周期	7.0 s	9.0 s
延迟	0.5 s	0.5 s
刻蚀速率	—	1.5~3 μm/ min

9.2.4 聚焦离子束技术

1. 聚焦离子束技术简介

聚焦离子束 (FIB) 技术就是在电场及磁场的作用下，将离子束聚焦到亚微米甚至纳米量级，通过偏转系统和加速系统控制离子束，实现微细图形的检测分析和纳米结构的无掩模加工。FIB 技术经过不断发展，离子束已可以在几平方微米

到近 1mm^2 的区域内进行数字光栅扫描，可以实现：①通过微通道极或通道电子倍增器收集二次带电粒子来采集图像；②通过高能或化学增强溅射来去除不想要的材料；③淀积金属、碳或类电介质薄膜的亚微米图形。

FIB 技术已在掩模修复、电路修正、失效分析、透射电子显微镜 (TEM) 试样制作及三维结构直写等多方面获得应用。FIB 加工在微细加工和超精密加工中是一种最有前途的原子、分子加工单位的加工方法。其特点如下所述。

(1) 加工精度和表面质量高。离子束加工是靠微观力效应，被加工表面层不产生热量，不引起机械力和损伤。离子束斑直径可达 1m 以内，加工精度可达阿米 (am) 级。

(2) 加工材料广，可对各种材料进行加工，对脆性、半导体、高分子等材料均可加工。由于是在真空下进行加工，故适于加工易氧化的金属、合金和半导体材料等。

(3) 加工方法多样。离子束加工可进行去除、镀膜、注入等加工，利用这些加工原理出现了多种多样的具体方法，如成形、刻蚀、减薄、曝光等，在集成电路制作中占有极其重要的地位。

(4) 控制性能好，易于实现自动化。

(5) 应用范围广泛，可以选用不同的离子束的束斑直径和能量密度来达到不同加工要求。

2. 聚焦离子束加工技术的应用

FIB 的主要功能是溅射与沉积，这种溅射与沉积是在极其微小的尺度范围内进行的，这就使它在下述一些领域内具有其他任何加工手段都无法比拟的优势。

(1) 审查与修改集成电路芯片。高集成度集成电路芯片通常包含几百万甚至上亿个晶体管及其连线，设计如此复杂的系统难免会产生疏漏差错。电路设计一旦变成实际的芯片就无法再改变。运用 FIB 的溅射与沉积功能，则可以将某一处的连线断开，或将某一处原来不连接的部分连接起来。通过这种改变电路连线走向的方法可以查找诊断电路的错误，并可以直接在芯片上修正这些错误。现代聚焦离子束系统可以将集成电路设计版图与实际芯片电路图像 (扫描电子显微镜图像) 直接一一对照，修改的部位可以精确定位，保证了修改的准确性。

(2) 修复光学掩模缺陷。聚焦离子束的另一大应用是修复光学掩模上的缺陷。这些缺陷是在光学掩模制造过程中产生的。掩模缺陷主要有两大类：遮光缺陷与透光缺陷。这些缺陷在集成电路曝光过程中会转移到硅片上变成电路缺陷，最终导致集成电路失效。

(3) 制作 TEM 样品。无论是 TEM 还是扫描透射电子显微镜 (STEM) 都需要制作非常薄的样品，以使电子可以穿透样品，形成电子衍射图像。一般制作 TEM 样品的方法是对块状样品进行离子束削磨及手工研磨，非常耗时耗力，成功率很低，无法定位，所以上述方法只能分析大面积样品。FIB 技术的出现给 TEM 样品制作带来了极大的方便。与切割横截面的方法一样，制作 TEM 样品是利用 FIB 从前后两个方向溅射，最后在中间留下一个薄的区域作为 TEM 观察的样品。

(4) 三维微结构及微系统的制作。可以想象，FIB 像一把尖端只有数十纳米的手术刀。离子束在靶表面产生的二次电子成像具有数纳米的显微分辨能力，所以 FIB 系统相当于一个可以在高倍显微镜下操作的微加工台，它可以用来在任何一个部位溅射剥离或沉积材料进行微细加工，是任何其他一种微加工手段所无法做到的。

9.2.5 薄膜制造技术

光学薄膜可以采用物理气相沉积 (PVD) 和化学液相沉积 (CLD) 两种工艺来获得。CLD 工艺简单，制造成本低，但膜层厚度不能精确控制，膜层强度差，较难获得多层膜，废水废气对环境造成污染，已很少使用。

PVD 需要使用真空镀膜机，制造成本高，但膜层厚度能够精确控制，膜层强度好，目前已广泛使用。PVD 分为热蒸发、溅射、离子镀及离子辅助镀等。用物理方法制作薄膜，概括起来就是给制作薄膜的物质加上热能或动量，使它分解为原子、分子或少数几个原子、分子的集合体 (从广义来说，就是使其蒸发)，并使它们在其他位置重新结合或凝聚。

在这个过程中，如果大气与蒸发中的物质同时存在，那就会产生如下一些问题：

(1) 蒸发物质的直线前进受妨碍而形成雾状微粒，难以制得均匀平整的薄膜；

(2) 空气分子进入薄膜而形成杂质；

(3) 空气中的活性分子与薄膜形成化合物；

(4) 蒸发用的加热器及蒸发物质等与空气分子发生反应形成化合物，从而不能进行正常的蒸发等。

因此，必须把空气分子从制作薄膜的设备中排除出去，这个过程称为抽气。空气压力低于一个大气压的状态称为真空，而把产生真空的装置叫作真空泵，抽成真空的容器叫作真空室，把包括真空泵和真空室在内的设备叫作真空设备。制作薄膜最重要的装备是真空设备，它可分为两类：高真空设备和超高真空设备。两者真空度不同，这两种真空设备的抽气系统基本上是相同的，但所用的真空泵和真空阀不同，而且用于真空室和抽气系统的材料也不同。

9.3 太赫兹光栅高频结构制备

9.3.1 简介

太赫兹返波管光栅高频结构和交错双栅行波管高频结构可以采用先进的 X-LIGA 技术工艺完成，X-LIGA 技术是微金属结构制造的最为有效的方法之一，它的大高宽比和高的加工精度是任何其他 MEMS 微加工技术所无法相比的，在微金属结构制造中有着独特的优势所在，结构高度可以达几个毫米，结构侧壁光洁度可达几纳米。这些优势能够在行波管的金属结构制造中充分体现，从而提供一条完美的太赫兹微波通道结构，并会对行波管性能指标的实现奠定坚实的工艺基础。

由于 LIGA 技术制造出的光栅结构的深宽比较大，并且结构平滑，故这里采用 LIGA 技术对光栅结构进行加工。LIGA 技术是利用 X 射线对光刻胶进行曝光，然后通过显影、电铸等工艺最终可以得到金属的微结构。LIGA 技术工艺流程图如图 9.3.1 所示。

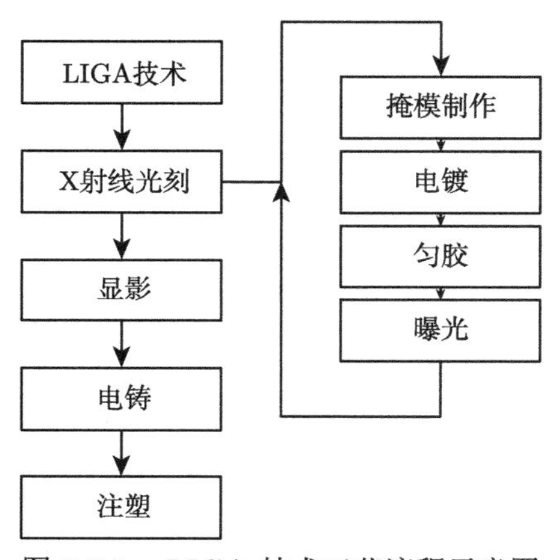

图 9.3.1 LIGA 技术工艺流程示意图

9.3.2 X-LIGA 工艺路线

工艺路线采用标准 LIGA 技术和结构表面金属化相结合工艺，分别实现行波管慢波结构和连接过渡结构。LIGA 技术的光刻胶为聚甲基丙烯酸甲酯 (polymethyl methacrylate，PMMA) 胶片，可以选用 PMMA 颗粒或粉末，通过热压机压制成所需要的厚度胶片，也可以选用厚度合适的 PMMA 现成胶片。热压温度取决于不同 PMMA 胶片的热特性，一般在 150~180℃，其根据工艺具体压合性能确定。

有了 PMMA 胶样品就可以进行 LIGA 技术工艺，工艺流程如图 9.3.2 所示。利用制备好的 LIGA 技术掩模进行同步辐射 X 射线曝光，X 射线感光下面相应的 PMMA 光刻胶，通过显影获得 PMMA 胶结构电铸模。为了获得行波管连接过渡结构，需要在相应结构表面进行金属镀膜，保证电铸过程中的导电性能。同时，工艺过程中需要将镂空金属掩模结构与行波管胶结构进行对准套刻固定，然后装夹在镀膜腔室内完成表面金属结构。由于电铸铜过程中必然存在应力，其随着厚度的增大而增大，因此这一应力的存在必然带来形状的变化，严重影响了行波管结构的平整性能。这个问题非常严重，致使无法实现相应结构要求。为了解决这一难题，人们提出了陪镀铜结构的创新工艺方法，在行波管铜结构的另一侧陪镀上铜结构，保证以金属丝网导电电极为基础在两侧同时电铸生长铜结构，实现无应力的电铸工艺过程。具体工艺过程就是，在行波管胶结构的另一侧金属丝网一面粘接一个陪镀有机玻璃外框，在金属丝网两侧同时电铸生长过程中限定电铸生长的范围。借助于光刻胶粘接的金属丝网导电电极进行铜的电铸，电铸采用过电铸措施。电铸铜完成后对表面进行外形尺寸的磨削，以及对陪镀铜结构和陪镀有机玻璃外框及金属丝网的去除，最后去除光刻胶和有机玻璃外框，获得了行波管铜微结构。

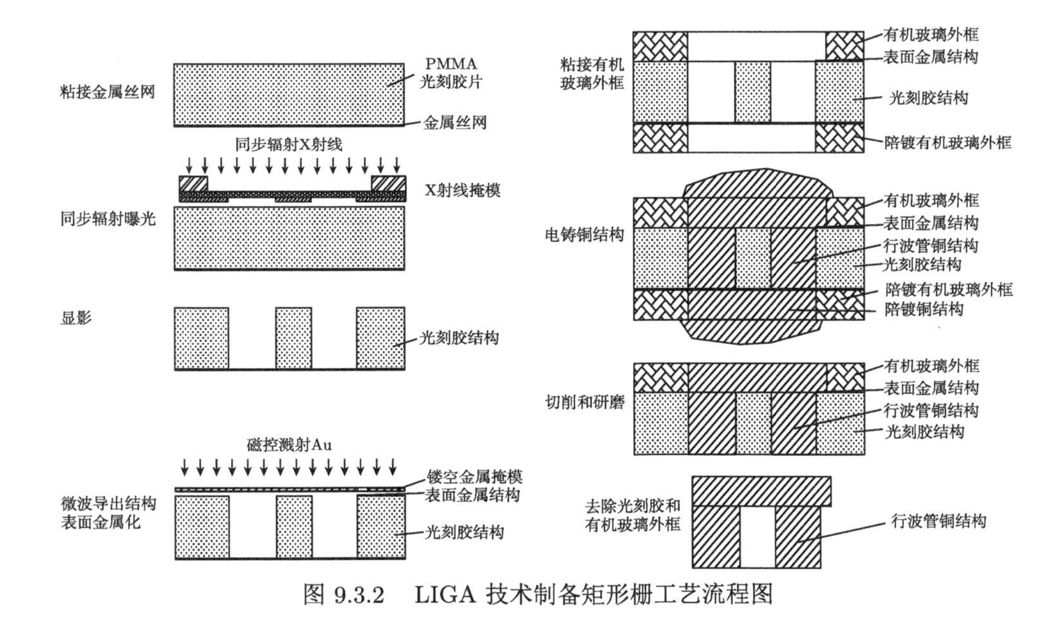

图 9.3.2 LIGA 技术制备矩形栅工艺流程图

在 LIGA 技术工艺之前必须先完成 X 射线的掩模制造，这是 LIGA 技术的前提保证，决定了行波管铜微结构的最重要尺寸精度的工艺环节。X 射线掩模与紫外光掩模有着完全不同的要求，包括 15μm 以上高度的金吸收体和 50μm 左右的聚酰亚胺支撑膜，金吸收体来吸收阻挡 X 射线通过，聚酰亚胺膜支撑金吸收体结构和透过 X 射线，这样就可完成微结构图形的 X 射线曝光转移。X 射线掩模制造工艺流程较多，如图 9.3.3 所示，包括涂制聚酰亚胺膜、蒸镀导电金属薄膜、SU-8 胶紫外光刻、电铸金、去胶、离子束刻蚀去金属导电膜、反向硅挖蚀等工艺环节，是重要的工艺任务内容。如图 9.3.4 所示为矩形栅 X 射线掩模照片。

深度 X 射线曝光需要利用 LIGA 技术实验站设备完成曝光及显影，同步辐射 X 射线光源由北京正负电子对撞机弯铁引出，对撞机同步辐射专用能量 2.5GeV，对撞模式能量 2.1GeV，深度 X 射线 LIGA 技术光刻在对撞机的两种工作模式下都能够使用，并且两种能量下的 X 射线深度光刻都能够达到 1μm 的深度。X 射线光刻需要摸索相应的曝光条件，包括扫描行程、扫描速度、曝光剂量等，以及显影的温度和时间等工艺参数的确定。

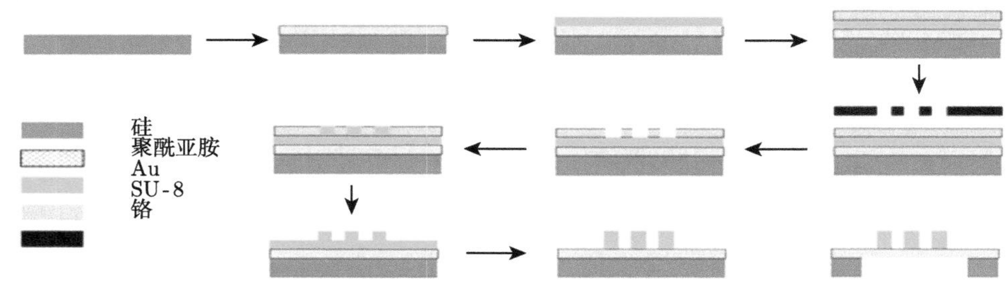

图 9.3.3　X 射线掩模制作工艺流程

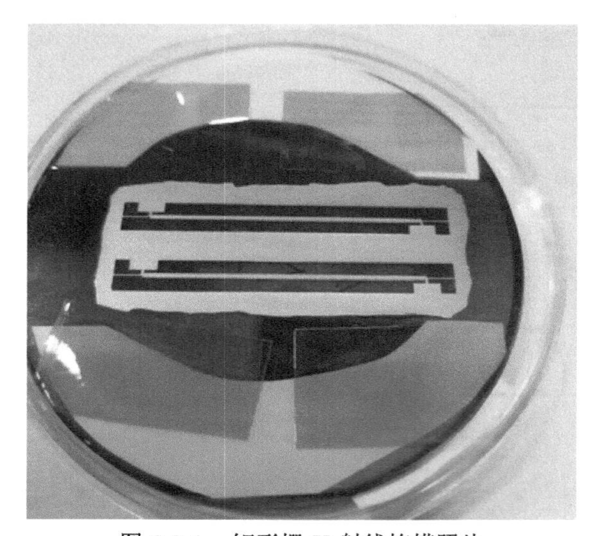

图 9.3.4　矩形栅 X 射线掩模照片

电铸铜微结构工艺研究要解决行波管微结构电铸过程中的深度、应力问题及均镀能力。铸铜的厚度要达到 1mm，由此厚度造成很大的应力积累，带来整个结构的变形过大，无法保证行波管所需要结构的完好性能，控制电铸过程中的应力积累是该工艺的又一关键。为此需要在电镀液配方和电铸工艺上进行调整，电铸液选用柠檬酸铜为主盐的碱性铜电铸液，该电铸液具有很强的深度能力，能够解决有机丝遮挡造成的生长不均匀问题。在电铸工艺上选用脉冲电铸电源以及添加微量添加剂方式，可改善均镀能力和控制电铸铜结构的应力，完成行波管电铸铜的工艺需要。

行波管微高频结构是一个三维结构，X 射线深度曝光工艺参数对尺寸大小影响很大，如曝光量过大，将会造成曝光区胶结构尺寸的增大，从而导致行波管电铸铜微结构尺寸的增大。为了实现太赫兹行波管微高频结构尺寸的高精度要求，需要测试各工艺环节对行波管最终铜微结构尺寸的影响，通过控制工艺环节的过程参数，以及改变原始光刻版的尺寸数据，完成行波管所需要的尺寸精度。X 射线掩模微结构是 LIGA 技术深度光刻的原始尺寸数据，是尺寸精度控制的首要工艺环节，该尺寸精度可以通过修正原始紫外光刻版的尺寸大小，以及控制曝光工艺等参数，满足后续深度 X-LIGA 技术曝光的相应尺寸要求。总之，行波管铜微结构的尺寸精度受到各工艺环节工艺参数的综合影响，需要全方面考虑和综合控制才能够满足。

行波管铜微结构侧壁表面光洁度对行波管性能有着重要影响，但实际的行波管铜微结构侧壁无法直接利用原子力显微镜 (AFM) 进行粗糙度测量。为此需要设计陪伴结构，保证陪伴结构与行波管结构具有完全相同的工艺过程，同时又能够满足 AFM 测试的外形尺寸要求，这样就可以通过测试陪伴铜结构侧壁的光洁度，得到行波管铜微结构侧壁的光洁度指标参数，实现项目所提出的粗糙度指标的测试。行波管铜结构的侧壁光洁度可以通过控制 LIGA 技术掩模和离子束抛光刻蚀技术得到很好的改善，对于 X-LIGA 技术的镍结构，目前最好的粗糙度已经能够达到 5nm。

9.3.3 测试结果与分析

对加工后的高频结构如图 9.3.5 所示，将其在高精度影像仪下进行测量，如图 9.3.6 所示，测试结果表明，采用 X-LIGA 技术的加工精度优于 5μm。同时按照《原子力显微镜的操作规范》的测试要求进行表面粗糙度测试，测试结果表明：Ra⩽0.05μm。对测试精度和光洁度测试的结果表明，为了获得高精度低损耗的微细高频结构，需要采用微纳加工技术进行高频结构加工。

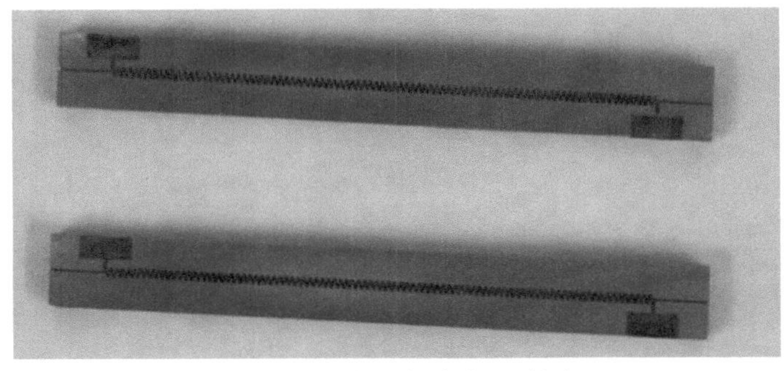

图 9.3.5 矩形栅实物照片图

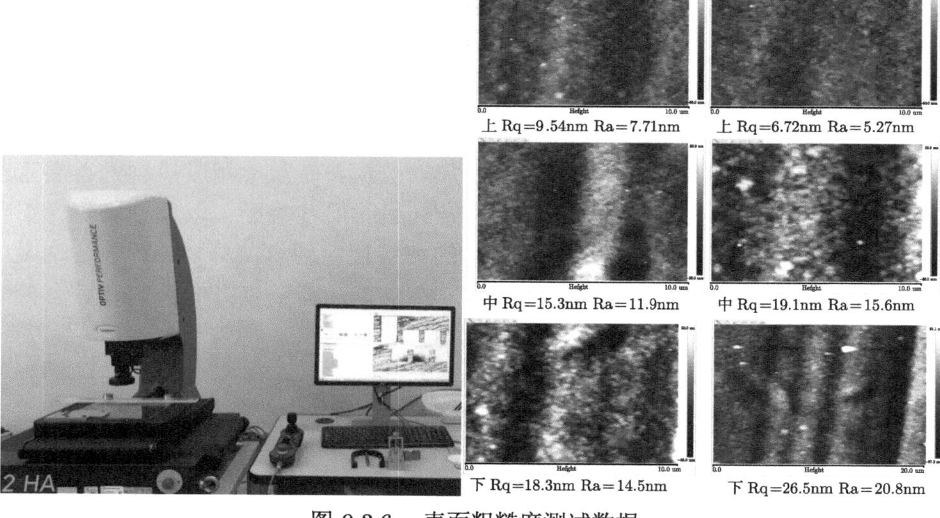

图 9.3.6　表面粗糙度测试数据

9.4　太赫兹折叠波导高频结构制备

9.4.1　简介

折叠波导高频结构是太赫兹真空电子器件注–波互作用与能量交换的重要部件，图 9.4.1 为折叠波导的三维结构示意图，结构制备的好坏对行波管工作性能的影响，直接表现在带宽、频率、损耗、反射、互作用效率以及输出功率等。由于高频结构尺寸与波长具有共渡效应，因此，随着频率升高，高频结构尺寸逐渐减小至微米级。慢波结构的表面光洁度会直接影响器件的高频损耗，同时也对趋肤效应有很大的影响。频率越高，对光洁度要求也就越高。为了保证器件的稳定运行，慢波结构尺寸的加工误差应该控制在 10%以内 [20,21]。

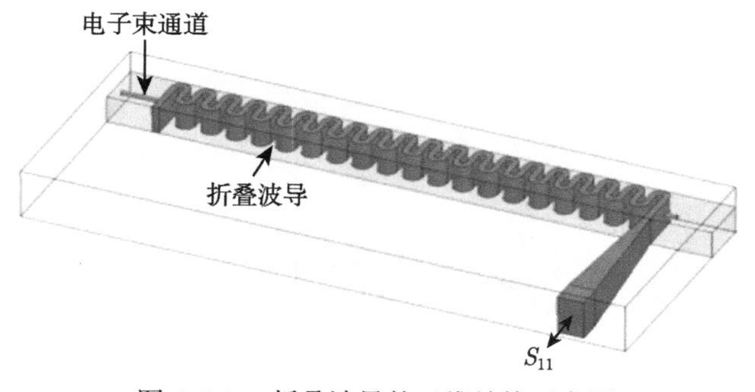

图 9.4.1　折叠波导的三维结构示意图

从折叠波导慢波结构上来看：一方面，其深宽比较大，有利于增加注–波互作用面积；另一方面，折叠波导结构并不是一个平面结构，还有细长电子束通道贯穿波导中心，而且，通道长径比较大，且基本都是圆柱形，这给实际加工带来了一定的挑战。

对于一个太赫兹折叠波导行波管，慢波结构的制备难度主要有以下几个方面 [21]：

(1) 窄边和宽边之比为 5∶1 以上，属于大深宽比的微细结构；

(2) 对于 50 个周期的折叠波导行波管，其电子束通道的长径比为 200∶1 以上；

(3) 对于级联结构中多注结构，或者是其他形式多注结构，几个电子注之间不能有错位，必须定位准确；

(4) 结构的表面粗糙度需控制在 50nm 以下，否则损耗过大。

由于折叠波导慢波结构对加工精度有较高的要求，且尺寸小，误差控制也比较难，因此采用常规的传统机械加工和常规的 MEMS 工艺都无法达到加工要求 [22]。人们对折叠波导的加工工艺开发有了很多探索，取得了不小的成果。目前已有制备出不少的折叠波导行波管，且工作稳定，性能良好。

9.4.2 折叠波导制备方法

每一种折叠波导加工方法都有其特点和使用范围，根据所设计折叠波导尺寸的不同，需要选择的加工方法也会不同。传统的机械加工适用于特征尺寸大于 300μm 的结构，精度在 ±5μm；DIRE 加工方法适用于特征尺寸范围在 10μm∼0.5mm 的结构，精度为 ±1μm；UV-LIGA 加工方法的适用范围在 10μm∼1mm，精度为 ±2μm[23]。

MEMS 是特征尺寸范围在 1μm∼1mm，并且结合电学和机械，用集成电路的制造方法进行批量加工的器件，其特点主要是微型化和集成化，微型化表现在 MEMS 器件的特征尺寸可以小到 μm 量级；集成化则是基于微型化的特点，将大量的机械结构、电路结构，以及其他部分结构都集成到一个较小空间内，并且使其成为能够实现特定功能的微系统 [24]。

MEMS 技术分为三类。其一是以美国为代表的以硅材料为基础的加工技术，主要利用薄膜沉积、图形化以及刻蚀等方法为主要手段的硅基 MEMS 技术。其二是以德国为代表的 LIGA 技术，主要利用 X 射线进行光刻，再进行电铸和电镀成形的方法。其三是日本用传统的机械加工制造小机器，小机器制造微机器的方法，主要手段有超声波加工和微细电火花加工等。利用 MEMS 技术加工折叠波导，所涉及的主要工艺有光刻工艺、深刻蚀工艺等，熟悉 MEMS 工艺，对折叠波导的制备工艺改造具有很大的实际意义 [25]。

超精密电火花线切割加工 (ultra-fine WEDM) 技术的特点是性价比高，其基本原理是利用能微小放电的脉冲电源控制直径为 100 ~ 500μm 的电极，对待加工器件进行脉冲火花放电以及切割成形。其工作原理如图 9.4.2 所示 [26]。

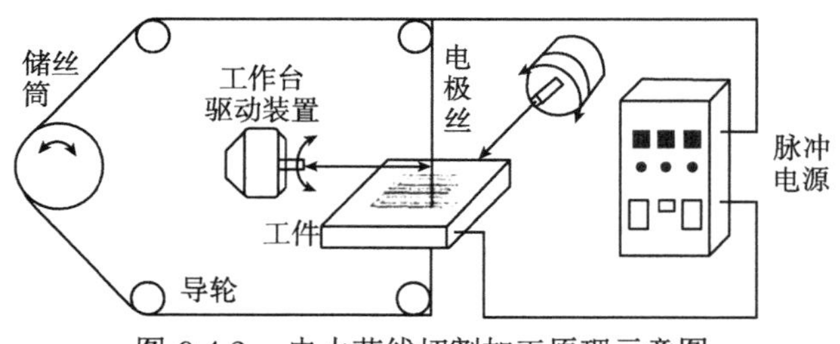

图 9.4.2　电火花线切割加工原理示意图

电火花线切割工艺可以加工任意图形，因为它是通过计算机紧密数控的，可以实现很高的精度。也正是因为是计算机直接控制电极进行任意切割的，所以影响其工艺指标的参数也很多。包括脉冲电源的各项参数、各个系统的参数，以及切割路径、电极材料等，都会对工艺指标有很大影响。此外，由于受电极直径的限制，这也就限制了其能够加工的尺寸大小。一般来说，频率高于 100GHz 时，这种加工方式就很受限制 [27]。

LIGA 工艺制备折叠波导一般采用聚甲基丙烯酸甲酯 (PMMA) 光刻胶，经过 X 射线曝光显影后得到光刻胶模型，该模型就是折叠波导的真空部分；再利用电镀的方法对胶膜以外的部分进行电铸填充，最后再将光刻胶的胶模去掉。这就形成了折叠波导的波导结构部分。基于 LIGA 技术的原理和特点，其优势也非常明显，主要包括以下几个方面：

(1) 深宽比可达到 100 以上；

(2) 可实现的最小尺寸为 0.2μm；

(3) 结构的横向形状不受限制，都是通过曝光实现的；

(4) 结构的表面光滑度可以优于 30nm；

(5) 掩模材料可以是 PMMA，也可以用 Ni、Cu 等金属；

(6) 工艺可重复性好。

当结构的工作频率上升至太赫兹波段的，结构尺寸减小，电子注通道的尺寸也减小。在所有的加工方法中，电子注通道都将是一个加工难点。

无论用何种方式进行电子注通道的加工，都可以分为两种：一种是一次性加工出通道结构；另一种是将高频结构剖成两瓣，分别加工每瓣上半个电子注通道和波导结构，再将两部分进行键合。前者由于一般的通道长径比都比较大，通道位置不容易固定，所以加工往往容易出现偏差，但结构的整体性很好；后者由于将两边分开加工，把电子注通道沿轴线剖开，有利于通道位置的固定，但当结构尺寸较小时，两瓣结构键合的误差就不容忽视，这种方法加工的结构整体性不好。

目前常采用由美国海军研究实验室最早提出的嵌埋丝法加工电子注通道，其方法是利用 UV-LIGA/LIGA 技术，预先在光刻胶中嵌埋好细丝，细丝的尺寸与电子注通道的尺寸一致，用合适的模具将细丝固定在电子注通道所在的位置。然后进行光刻和电镀，在这个过程中，用细丝预先留出了电子注通道的空间位置。在电镀完毕以后，除去光刻胶，最后将细丝去除 [28]。大致的工艺步骤如图 9.4.3 所示。

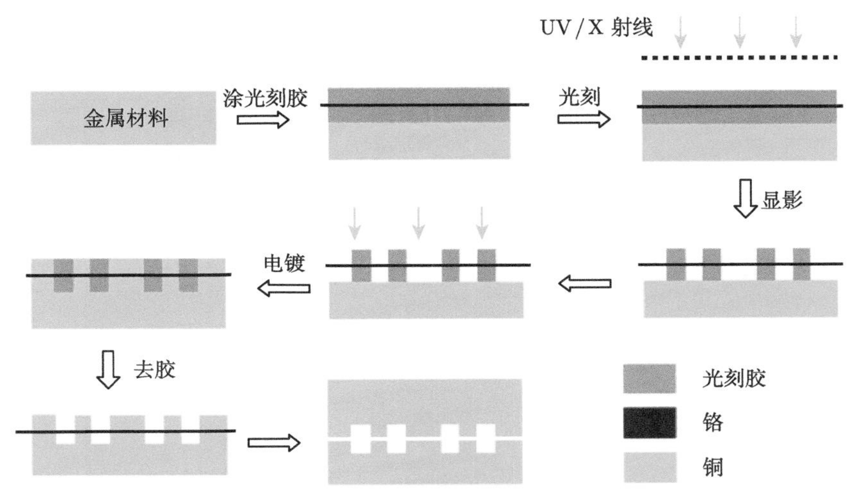

图 9.4.3 UV-LIGA/LIGA 技术嵌丝法制备折叠波导工艺流程图

在这个工艺过程中，对细丝有以下几点要求。

(1) 细丝需具有一定的韧性，因为在将其固定于模具上时，由于长度较长，为避免细丝因重力作用而下垂，需要将两端拉紧，若没有一定的韧性，细丝肯定会断。

(2) 细丝的材料对紫外光的折射率应该与所用光刻胶相当，若非如此，在进行光刻时，紫外光照在细丝上，若是材料对紫外光的折射率过高，则紫外光就会被折射到其他位置，其他部位的光刻胶就会产生交联反应，必定会影响结构的形状。若是采用 LIGA 技术，用 X 射线进行曝光，大部分材料对 X 光都能透射，因此，材料的选择上更有优势。

(3) 样品在曝光完毕后需要显影，常规的显影液都是碱性水溶液；且后续要在电镀液中浸泡，电镀液是酸性水溶液；最后去胶步骤中，由于结构的深宽比很高，因此用的都是厚胶，厚胶很难去除，通常都会用强碱性的除胶剂。因此，细丝材料还需要能够耐酸碱腐蚀。

(4) 在光刻，电镀，去胶都完成后，则需要将细丝抽离出来，这一步骤还要求细丝与金属之间的摩擦系数很小。

9.4.3 折叠波导制备的关键工艺

1. 实验方案和关键工艺设计

为了制备出仿真和理论设计好的折叠波导高频结构，需要从实际实验出发，结合测试需求等，有针对性地调整设计。根据前面的分析，折叠波导振荡器加工结构设计如图 9.4.4(a) 所示，模板和盖板的整体装配如图 9.4.4(b) 所示。

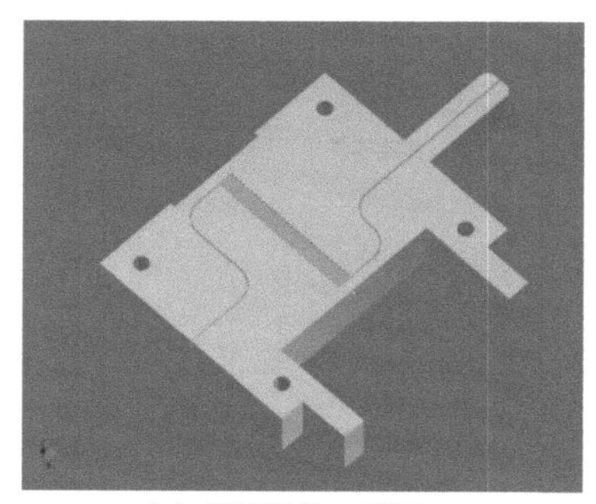

(a) 高频结构三维图

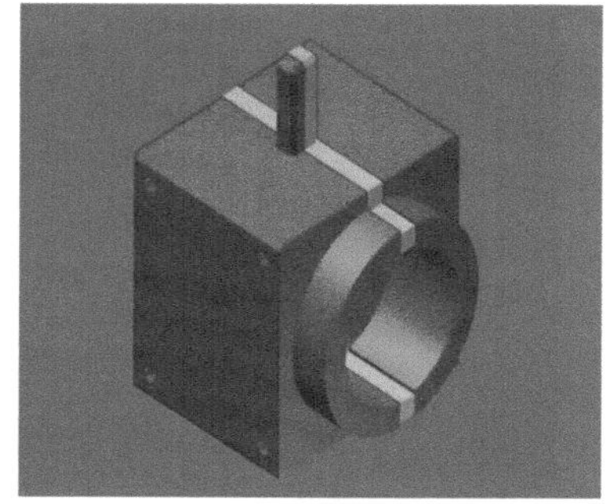

(b) 测试模具装配图

图 9.4.4　高频结构三维图及测试模具装配图

本节中要进行实验研究的对象是工作在 340GHz 的单段折叠波导 EIO，波导材料用无氧铜，其结构参数如表 9.4.1 所示，a 为波导的宽边，b 为波导的窄边，h 为直波导长度，p 为半周期长度，r 为电子束通道半径，N 为周期数。

表 9.4.1　折叠波导的参数表

参数	值	参数	值
a	0.5mm	p	0.24mm
b	0.12mm	r	0.15mm
h	0.8mm	N	30

由参数表可以得知，其深宽比约为 4.2∶1，电子束通道的长径比约为 145∶1，光刻胶的厚度为 0.5mm (即为宽边的长度)。以上要求均在 LIGA 技术的曝光范围内。因此，采用嵌丝 LIGA 工艺来制备 340GHz 的波导结构。

LIGA 工艺的步骤主要是光刻、电铸、塑铸。但在折叠波导的制备中不需要塑铸过程，只需要利用光刻工艺得到波导结构，再用电铸工艺实现波导外的结构。其中，电铸工艺只是利用光刻形成的胶膜作为模具进行电镀，与 X 射线无关。利用 X 射线进行光刻才是整个 LIGA 工艺的关键部分，这其中的难点和重点又包括掩模版的制备以及嵌丝的 PMMA 胶膜制备。

由于 LIGA 技术是利用 X 射线进行光刻的，因此其掩模版与常规光刻的掩模版是不一样的。LIGA 的掩模版一般包括吸收体、支撑膜和支撑体三部分。吸收体的形状是需要光刻的图案，其作用是遮挡、吸收 X 辐射，阻止通过，其材料应当选择对 X 射线有很强吸收的重金属，如金、钨等重金属。支撑膜则是为了支撑吸收体并使其成为一个整体，且还需要对 X 射线有很好的透射性，以便 X 射线能够穿过掩模版与光刻胶反应，其材料应该选择密度较小的轻元素，或是有机薄膜。支撑体则是掩模版的物理支撑，如图 9.4.5 所示。除此以外，LIGA 掩模版的吸收体厚度通常都在 10μm 以上，要制备这么深的结构，掩模本身的制备难度就非常大。

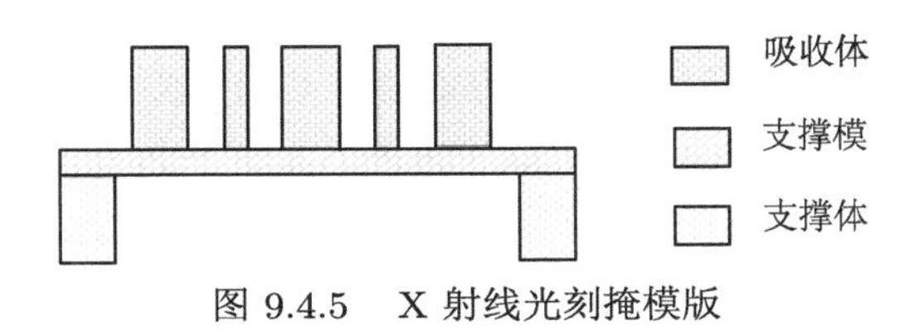

图 9.4.5 X 射线光刻掩模版

2. X 射线光刻掩模版制备

制备 X 射线光刻掩模版，可以选择用普通紫外光刻来实现。该掩模版的制备过程难度很大，相当于一个 UV-LIGA 的工艺过程。其具体的工艺步骤如图 9.4.6 所示 [29]。

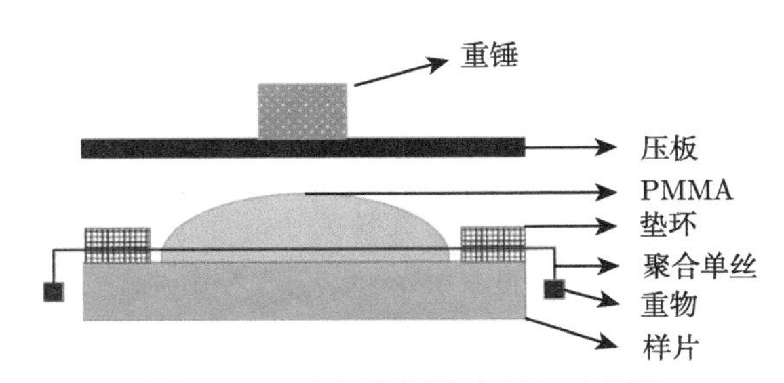

图 9.4.6 嵌丝光刻胶膜制备示意图

(1) 准备普通硅片，并在硅片上旋涂约 25μm 厚的聚酰亚胺光刻胶，作用是支撑膜；

(2) 在 (1) 中的胶膜上再溅射一层 Au 和 Cr；

(3) 在 (2) 样片上再旋涂普通紫外光刻胶，由于结构较深，需要厚胶，选用 SU-8 胶；

(4) 根据待加工的折叠波导结构制备出普通的铬掩模版；

(5) 利用 (4) 中的普通光刻掩模版对 (3) 中的样片进行光刻、显影；

(6) 再电镀 25μm 的 Au 吸收体；

(7) 去除 SU-8 光刻胶，即露出了 Au 层；

(8) 刻蚀掉露出的 Au 层；

(9) 反向刻蚀硅片窗口，直到露出聚酰亚胺胶膜。

完成以上步骤，即可制备出 X 射线光刻的掩模版。由于整个工艺是厚胶工艺，容易出现去胶难、容易坍塌等问题，因此，必须把握好每一个环节才能制备好掩模版。

作为 X 射线光刻的掩模版，其中最重要的部分就是吸收体，若是吸收体没有制备好，将无法进行 X 射线光刻。而吸收体是在厚胶的光刻后用电镀实现的，其厚度是 25μm 左右，属于深度电镀。因此，对于电镀液的要求非常高。根据相关数据得到一个较稳定的金吸收体电镀液的配方，该配方所电镀处的金吸收体的内应力较小，结构不易变形。电镀液的配方如表 9.4.2 所示 [30]。其中，电镀液的 pH 在 9 ~ 10，电镀温度控制在 40 ~ 60℃，阴极电流密度为 0.3A/dm^2。

经过多次试验，利用以上工艺流程是可以制备出 X 射线光刻掩模版的。

表 9.4.2　金吸收体的电镀液配方

成分	含量
氯化铵	80g/L
亚硫酸钠	160g/L
柠檬酸钾	90g/L
金	13g/L

3. 嵌丝 PMMA 光刻胶的制备

折叠波导的制备与普通 LIGA 工艺不同，该结构有一个圆柱形的电子束通道，通道的位置在波导宽边的中间。选择嵌丝法制备有电子注通道的折叠波导，该方法是预先在光刻胶里嵌埋细丝，细丝的直径大小和位置与电子束通道一样。待光刻和电镀完成以后，将细丝抽离，即可形成电子注通道。

上述过程中所采用的光刻胶是 PMMA，这种 PMMA 和常规电子束光刻中的 PMMA 是不一样的，这种 PMMA 具有空间交联结构。为了实现很大的深宽比结构，要求 PMMA 具有很高的机械强度以及很好的化学稳定性。因此，需要在 PMMA 中添加甲基丙烯酸甲酯 (methyl methacrylate，MMA)，使得两者产生共聚合，从而形成空间网状结构来满足实验的要求。除此以外，还需要添加适量的表面处理剂即 KH-570 (methacryloxy propyl trimethoxyl silane)；交联剂即乙二醇二甲基丙烯酸酯 (ethylene dimethacrylate，EDMA)；以及增塑剂，即邻苯二甲酸二丁酯 (dibutyl phthalate)。将以上试剂按照表 9.4.3 中的比例混合后即可得到透明的待用 PMMA 胶溶液。

X-LIGA 工艺制备折叠波导结构过程中的重点是如何得到嵌埋细丝的光刻胶膜。首先，是细丝的位置，可以通过加垫环来确保单丝的位置在波导宽边的中间，且两端同高，并在两端悬挂重物以保证单丝不弯曲。其次，单丝在光刻胶烘烤的高温作用下会因为受热而产生形变，因此需要经过多次试验，并且预先对热变化量进行补偿。制备嵌丝光刻胶膜的工艺设计如图 9.4.6 所示。按照上述工艺流程即可制备出嵌入聚合单丝的 PMMA 胶膜。

表 9.4.3 PMMA 光刻胶的配比表

成分	含量/g
PMMA	3
MMA	7
KH-570	0.1
EDMA	0.2
邻苯二甲酸二丁酯	0.45

4. 折叠波导电铸成型

340GHz 折叠波导高频电路的 LIGA 工艺，其光源是使用中国科学院高能物理研究所的 LIGA 工艺站的同步辐射光源。针对具体的 340GHz 折叠波导的制备实验，其工艺流程如下所述。

首先，按照前述的工艺步骤制备掩模版。340GHz 的折叠波导的厚度并不算太厚，只有 0.5mm，制备出的掩模版如图 9.4.7 所示。

其次，制备 PMMA 光刻胶膜。直接用中间嵌丝方案，X 射线可以完全透射过聚合单丝，不会影响 PMMA 光刻胶的曝光。

最后，将掩模版中标记的电子注通道位置与嵌丝对准，即可曝光，曝光参数为 200mA，曝光 1h。嵌入的单丝在外力作用下才能处于一个平直的状态，因此在去掉单丝时由于张力作用会对胶结构产生一些影响。考虑到这个影响后，在单丝的拉伸时将优化拉力大小，使得对胶结构影响最小。曝光后的结构显影就得到如图 9.4.8 所示的胶模。

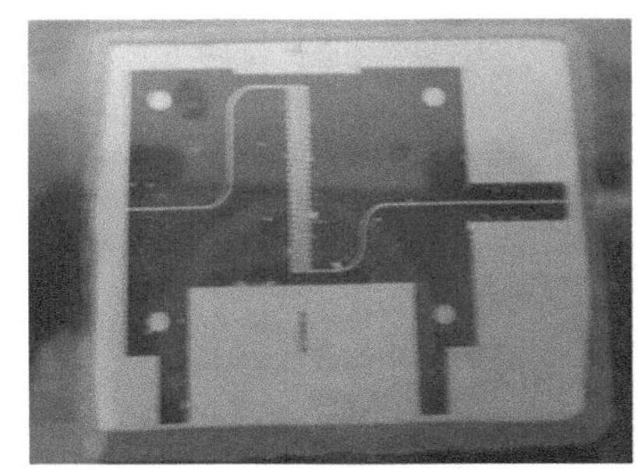

图 9.4.7 340GHz 折叠波导 X 射线光刻掩模版

图 9.4.8 光刻、显影后的胶模及埋丝结构

在以上制备好的胶模上进行电镀工艺，按照上一节中的电镀液配方进行实验。由于电镀的结构微小，面积也小，因此需要对电镀参数进行一定的调整。电镀完成

以后再对结构进行打磨和抛光，打磨至胶平面后，将 PMMA 胶去掉。至此，可得到样品如图 9.4.9 所示。图 9.4.10 为样品在显微镜下的结构放大图。在该样品的上方加上一个封闭的盖板和夹具，如图 9.4.10(b) 所示，高频结构就制备完成了。

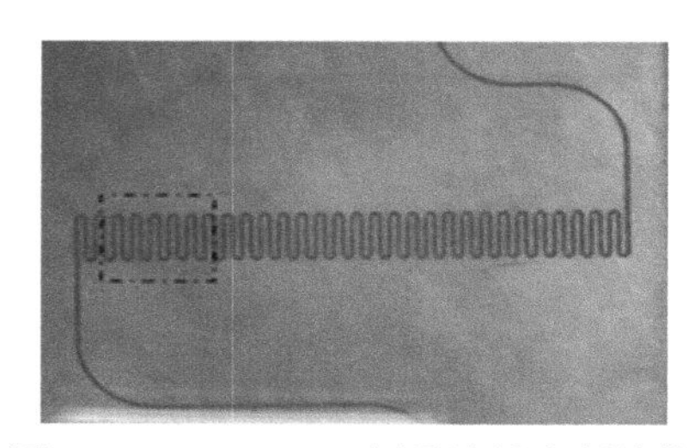

图 9.4.9　340GHz 折叠波导高频结构

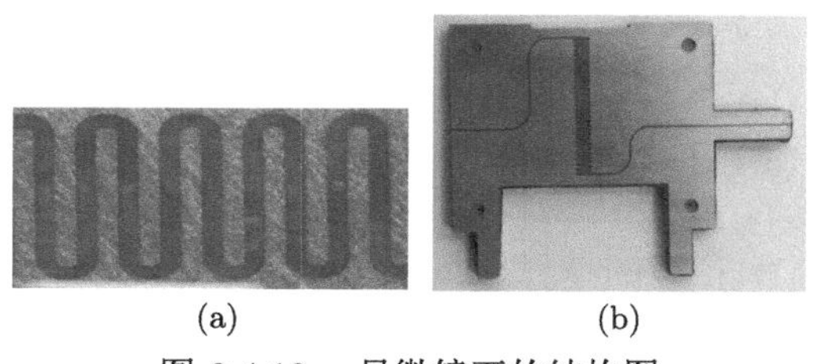

(a)　(b)

图 9.4.10　显微镜下的结构图

9.4.4　测试结果与分析

太赫兹冷测实验平台原理图及测试现场，如图 9.4.11(a) 所示。

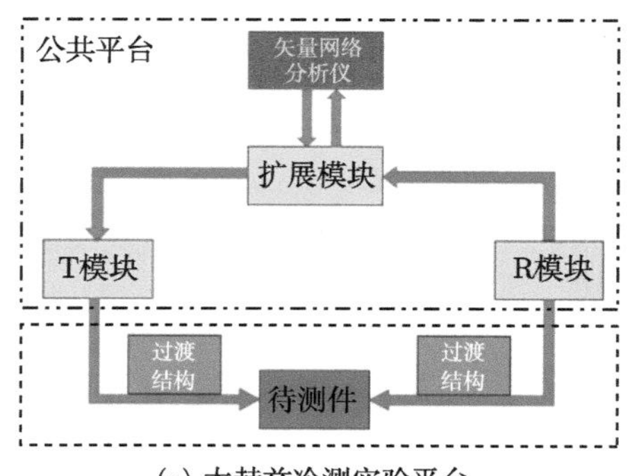

(a) 太赫兹冷测实验平台

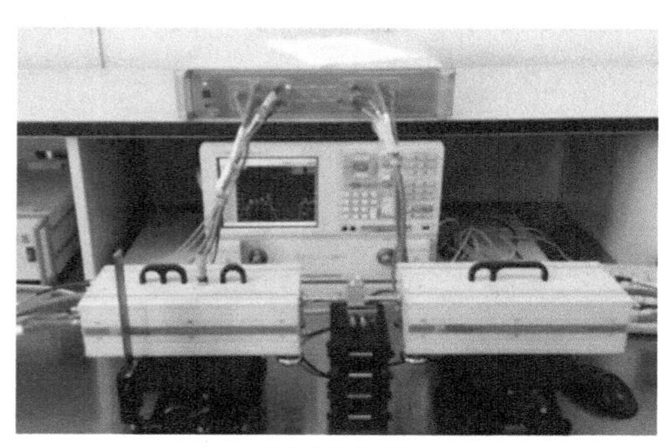

(b) 测试现场

图 9.4.11　太赫兹冷测实验平台原理图及测试现场

待测件的结构设计是一个两段式的折叠波导振荡器，其中部有一个漂移段。第一段为 12 个周期，第二段为 25 个周期，工作频点为 0.32THz。在振荡器的结构中开一个小口，作为输入端。待测件的输入输出端分别接入作为过渡的标准波导，再分别接入 TR 收发组件和扩展模块，最后接入矢量网络分析仪。图 9.4.11(b) 为连接完毕的测试现场图。

测试得到的 S_{21} 曲线如图 9.4.12(a) 所示，图中可以看出通带在 320~324GHz 附近。同样的结构再用 CST 进行仿真计算，得到的 S_{21} 曲线如图 9.4.12(b) 所示，由图中可见测试的结果与仿真通带相符合。但从 S_{21} 曲线来看，实验的测试数据损耗很大，已经达到 −40dB 以上。

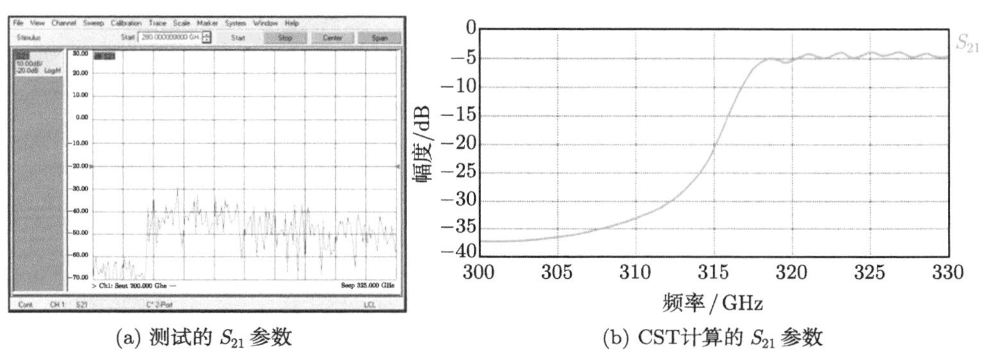

(a) 测试的 S_{21} 参数　　(b) CST计算的 S_{21} 参数

图 9.4.12　测试和 CST 计算的 S_{21} 参数对比图

以上测试说明，LIGA 实验加工的结构还不够理想。一方面是结构的误差较大，其中可能包括电子注通道的位置误差，表面粗糙度等。另一方面，厚胶工艺中很容易出现梯形结构或者倒梯形结构，侧壁的垂直度不能完全保证，这些都是影响结构性能的原因。

9.5　太赫兹正弦波导高频结构制备

9.5.1　简介

1. 高频结构的选择

电磁慢波结构作为行波管中电子注–电磁波互作用能量交换机构，其色散特性基本决定着行波管的工作带宽，其耦合阻抗的大小可影响行波管的增益和效率，其高频损耗将引起输出功率的降低。因此，慢波结构性能优劣始终是制约行波管发展的技术瓶颈。随着工作频率升高，当行波管工作频率在 W 及以上波段时，由于尺寸共渡效应带来慢波结构特征尺寸变小，横向尺寸将在毫米及以下量级，功率容量降低；线路损耗增加，且互作用效率急剧降低，导致输出功率变小。

目前，为了发展毫米波和太赫兹行波管，已提出了若干种慢波结构，主要有折叠波导、半周期矩形交错双栅波导、矩形双排栅波导、正弦波导等几种类型，如图 9.5.1 所示。在这几种慢波结构中，其特点分别如下所述。

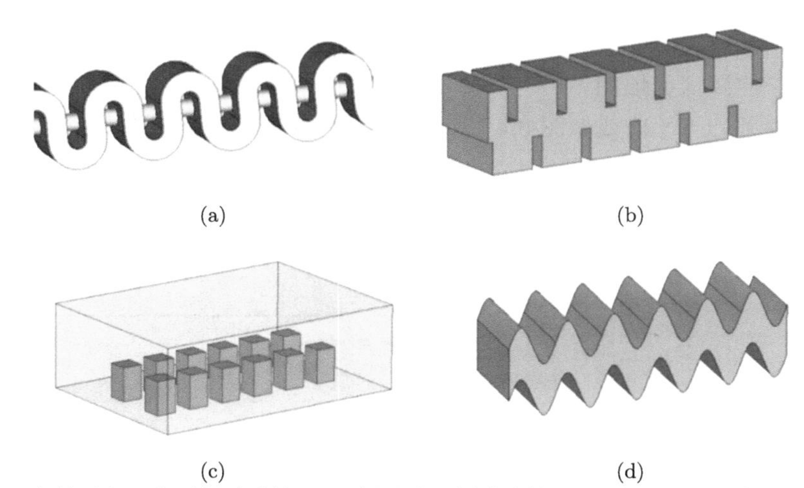

图 9.5.1　太赫兹频段典型慢波结构：(a) 折叠波导慢波结构；(b) 半周期矩形交错双栅波导慢波结构；(c) 矩形双排栅波导慢波结构；(d) 正弦波导慢波结构

折叠波导慢波结构具有一定的工作带宽，在工作频率大于 0.5THz 时，常规方法加工较为困难，特别是与慢波结构互作用部分交错的电子注通道的加工难度更大。

半周期矩形交错双栅波导慢波结构具有宽的工作带宽，但需要设计复杂的输入输出结构，存在较强的反射。

矩形双排栅波导慢波结构较为适合与圆形电子束进行互作用，传输损耗比较大，相对应的器件输出功率较低。

因此，寻找更为合适的慢波结构是研制更高频段行波管的关键之一，据此开展了正弦波导慢波结构研究 [38]，此类新结构结合了曲折波导与半周期矩形交错双栅波导这两种慢波结构的特点，具有反射小、传输损耗低、带宽宽而且易于加工的优势，被认为是一种有潜力的太赫兹慢波结构。

如图 9.5.2 所示，分析了曲折波导和正弦波导两种慢波结构的损耗特性，发现正弦波导比常规的曲折波导的损耗低；而且随着频率的升高，损耗的差值变得更大。同时，采用 Nano CNC 方法加工出了正弦波导慢波结构，实际测试：其传输损耗在 97.5GHz 处达到 −0.27dB/cm。由此看来，这一结构在高频段具有低损耗的潜在优势。

2. 微细加工方法的选择与比较

随着真空电子器件的工作频率向高频乃至太赫兹频段发展，其极小的尺寸特征和超高频率对表面粗糙度的严苛要求，使得传统的机械加工技术已经无法满足加工精度及表面粗糙度的要求，而且随着频率的升高，结构尺寸也减小到

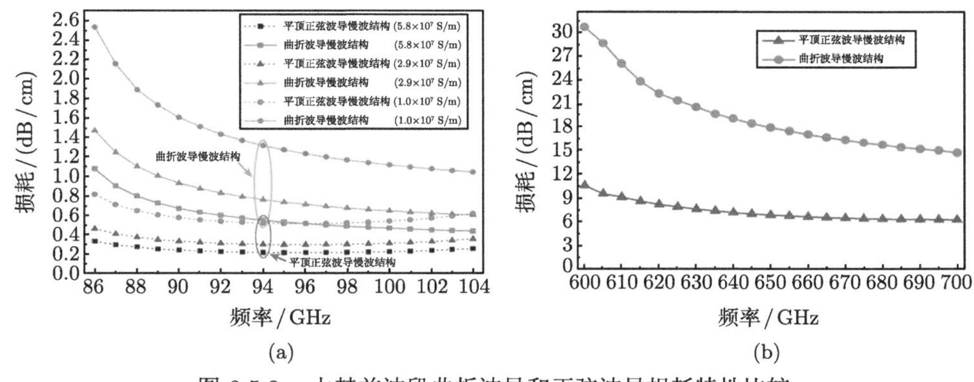

图 9.5.2 太赫兹波段曲折波导和正弦波导损耗特性比较

微米量级。此时真空电子器件的加工技术需要转向微细加工，目前，可用的技术手段有：LIGA 技术、深 X 射线光刻 (DXRL)、深反应离子刻蚀 (DRIE) 技术，SU-8 远紫外曝光技术以及电火花加工等。以下是几种微细加工技术的加工能力和适用范围。

依据表 9.5.1，下面将重点探讨 DRIE 技术加工 1.0THz 正弦高频结构的工艺。

表 9.5.1 几种微细加工技术的加工能力和适用范围

加工方法	加工精度/μm	表面粗糙度/nm	兼容材料	成本	适用频率/GHz
微机械加工	<10	<1000	所有	低	0～100
微电火花加工	<5	<1000	导电	较低	0～300
UV-LIGA	<5	<100	金属	较高	30～1000
DRIE	<1	<50	金属	高	30～3000

9.5.2 1.0THz 行波管正弦高频结构的制备

DRIE 技术由于其各向异性、较高的刻蚀速率、对不同材料的刻蚀有较高的选择比、工艺的可控性等特点，在 MEMS 加工工艺中被广泛应用。本节主要用 SF_6 为刻蚀气体，对 Si 和 SiO_2 进行刻蚀。

主要工艺过程包括清洗硅片、光刻工艺、DRIE、去胶、硅片表面溅射金属铜，以及两个半腔的键合。进行实验的样品基底均为 n 型、⟨100⟩ 晶向单抛硅片，光刻工艺的主要目的是在硅片表面形成慢波结构的图形；采用 DRIE 在硅基片上形成慢波结构，经去胶和硅片表面溅射金属铜，形成可用的慢波结构。具体技术途径如下所述。

1. 采用 DRIE 深硅刻蚀技术制备具有电子注通道的慢波结构

对于慢波高频结构基底的制备，主要包括掩模技术和 DRIE 技术两部分。

1) 掩模技术

在采用 DRIE 制作以硅为基体的高频微细结构时，可采用多种材料作为掩蔽层。常用的掩蔽层有光刻胶、SiO_2、Al 和 Si_3N_4。本实验拟采用正性光刻胶 AZ4620 结合 SiO_2 作为掩蔽层。AZ 系列的正性光刻胶广泛应用于微细加工中，通常在 I 线光谱范围内使用，AZ4620 光刻胶单次甩胶可达大于 20μm 的光刻胶厚度，具有分辨率高、深宽比大、吸收系数小等优点。

AZ4620 是 Clariant 公司生产的一种用于微系统制作的正性光刻胶，属于邻重氮醌类化合物，它由光敏混合物聚合氯化铝 (ployaluminum chloride，PAC)、树脂和有机溶剂组成。其中，树脂作为成膜载体，具有很好的碱溶性。而光敏混合物 PAC 作为抑制剂，能抑制树脂在显影液中的溶解，但它吸收光能后会发生分解，其生成物又作为促进剂能加快树脂在显影液中的溶解。其光化学反应过程为：感光树脂中的邻重氮醌官能团经紫外光照射后发生分解反应，分子空间结构发生重排，使不溶于水的邻重氮醌转化为茚酮；茚酮在碱性显影液中发生反应，生成可溶性的羧酸盐并被溶解掉，而没有被曝光的区域，因不易溶解而保留下来。

2) 深刻工艺

DRIE 在精确的光刻掩模版下进行，位置定义精确。但 DRIE 不可避免地存在横向刻蚀过程，随着刻蚀深度的增加，由于横向刻蚀的存在，使得垂直台阶的位置发生偏差。另外，刻蚀速率较慢，成本较高。工艺过程中，需要针对慢波结构的特点主要需要考察不同前烘条件下光刻胶图形的变化情况。对于厚光刻胶，其前烘温度和时间比薄胶的烘烤温度和要长，那么在厚光刻胶中，溶剂的浓度梯度相对来说较大，也较难去除，从而导致了显著的表面抑制层。

DRIE 过程中采用法国 Alcatel 公司的刻蚀系统和 Bosch 工艺，通过交替转换刻蚀/钝化气体，即多次重复“刻蚀/聚合钝化边壁”来实现刻蚀，其中刻蚀气体为 SF_6，钝化气体为 C_4F_9。

实验过程中也会采用表面带有 SiO_2 层的硅圆片，采用干法刻蚀 SiO_2 层，随后采用 DRIE 技术对硅衬底进行刻蚀，在 Alcatel 刻蚀设备中进行。根据经验，DRIE 刻蚀硅衬底容易在硅表面出现“硅针”现象，如图 9.5.3 所示。硅衬底平面不平整，有“针状”的硅残余。“硅针”的存在，影响刻蚀深度的准确性，若刻蚀深度小于深槽的高度，则容易导致芯片悬在深槽结构上而引起键合失效，因而必须通过大量的实验来克服这些现象。如图 9.5.4 为消除硅针现象。

DRIE 体硅深刻蚀工艺主要需要对以下工艺过程及参数进行优化。①刻蚀时间的影响。改变刻蚀和沉积的时间可以改变侧壁形貌和刻蚀速率，时间长短决定哪种反应起主要作用。如果 SF_6 刻蚀时间太短，以至不能去除较厚的聚合物层时，微掩模效应导致许多针状残留物。随着刻蚀时间增加，更多沉积的聚合物被去除了，同时也意味着侧向刻蚀时间增加了，从而使侧壁垂直度增大。刻蚀时间与沉积时间之比决定刻蚀深度、侧壁粗糙度及侧壁形状。②下电极功率的影响。在该过程中，施于下电极的射频功率本质上影响自偏压，以此决定工艺的特性。在实验阶段偏压不能测试，所以只能讨论下电极的变化。如果下电极功率低 (意味着较低的自偏压)，离子轰击不显著。与刻蚀相比，钝化聚合物的沉积起主导作用。刻蚀速率随着下电极的降低而急剧降低。如果下电极射频功率增加 (意味自偏压增大)，离子轰击能量增强，在刻蚀周期中，底部钝化层快速去除，以致速率提高，侧壁垂直度增大。消除硅针现象后的图像如图 9.5.4 所示。

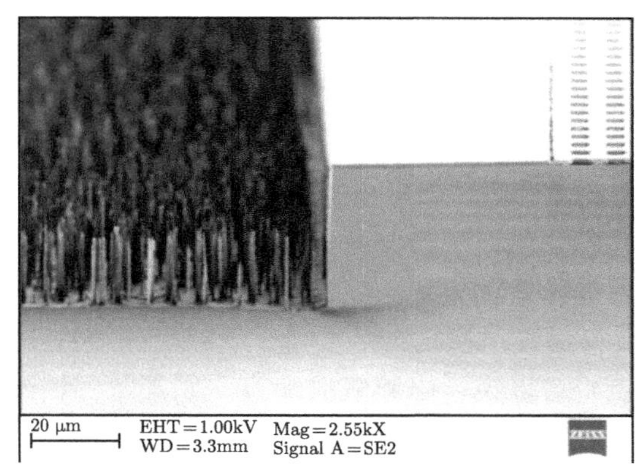

图 9.5.3 硅针现象

图 9.5.4 消除硅针现象

2. 纳米级深度电镀技术

慢波结构的电镀主要是电镀无氧铜，由于真空电子器件对材料的要求很高，对电镀的晶粒大小、金相组织、织构特点、致密性、表面光洁度等都有着严格的要求，并且由于实验的需要，有时需要进行二次电镀，如何提高镀层的黏附力，需要进行大量实验以优化电镀工艺参数。

当 DRIE 深刻蚀后的微细结构准备好后，通过溅射金属层后采用纳米级深度电镀工艺将结构转换成金属微细结构。由于电镀是在硅模内沉积出金属层，其高宽比较大，增大了电镀的难度。因此，深度电镀工艺是非常关键的一个步骤，也是 DRIE 技术的难点之一。

从工艺的条件和要求看，纳米级深度电镀技术要比普通的电镀难得多，其高宽比很大，这就意味着电镀需要在高宽比很大的缝或孔内均匀沉积出平整的金属结构。电镀时，金属开始从金属的基底表面沉积，并逐渐沉积出一定厚度，要调整相关的工艺参数以满足镀层的厚度和晶粒度以及金相的要求。

在实际电镀时，由于电场分布不均匀，电流效率和应力等许多因素的影响，沉积的金属很难均匀生长，况且太赫兹慢波结构作为真空电子器件关键部件对材料的要求很高，对电镀件的晶粒大小、金相组织、织构特点、致密性、表面光洁度等都有着严格的要求，因此需要对微细电镀工艺过程及特点进行深入分析，并通过大量的实验进行优化，主要包括电镀液的配方、配比、pH、过滤、电镀参数控制等方面。

在慢波结构的微电镀过程中，需要电镀液有很好的均镀能力。影响均镀能力的因素主要有两个方面，一是阴极不同部位上的电流分布，二是电流在金属离子析出时的效率。除此之外，影响电镀沉积的另一个因素为电流的效率。电镀液析出金属时的电流效率有三种影响方式：电流效率不随电流密度而改变；电流效率随电流密度增大而增大；电流效率随电流密度增大而减小。为提高均镀性能，希望电流效率随电流密度增大而减小。

在电镀液的使用过程中，为保持镀层性能稳定 (特别是内应力)，必须连续对电镀液进行条件处理。主要是为了除去金属杂质，以及通过在阳极产生的电化学反应，使沉积出的铜内应力维持在所要求的范围内。这样可以更好地对电镀液进行处理，使它保持非常好的稳定性和电镀性能，将应力和均镀能力控制在最佳状态。

不同的电镀液体系其电镀的效果是不同的，一种是传统的硫酸体系，一种是磷酸体系，另一种是柠檬酸体系。体系的电镀结果很不同，微结构中的气孔大小和多少都各不一样。电镀是太赫兹行波管慢波结构实现的关键，电镀出晶粒细小、致密无空洞的微结构，是本实验的重点。可以说，电镀液的配方，尤其是各种添加剂的填入，以及电镀电源的性能和参数对电镀效果的影响巨大。

电镀工艺具有很强的实验性，需要进行深入和不断的实验。

3. 亚微米级精密键合与压力扩散焊技术

经过 DRIE 深刻蚀并纳米级深度电镀工艺后所制备出的慢波结构部件，需要进行精密键合，主要是采用两种方式，一种是使用共熔压力扩散焊接技术，另一种是借助 MEMS 工艺中的 Si-Si 和 Si-glass 键合工艺，在这一步骤中保证装配精度十分重要，需要采用专用的夹具或片上结构来确保电子注通道的一致性。这个过程主要包含以下几个方面。

1) 键合结构表面平整化

键合工艺之前电镀工艺之后还有一步很重要的工作就是电镀结构的表面平整化，这主要通过化学机械抛光 (chemical mechanical polishing，CMP) 研磨技术来实现。CMP 通过旋转的研磨盘在研磨浆和一定压力下对衬底进行抛光，是一个化学反应和机械研磨共同存在的过程。研磨臂的压力大小、研磨臂的旋转速率以及研磨盘的旋转速率是决定研磨速率的关键因素。研磨剂中主要含有研磨颗粒、氧化剂、腐蚀抑制剂和 pH 调节剂等。在 CMP 过程中，首先利用氧化剂在金属表面形成几个原子层厚度的金属氧化层，接着通过研磨颗粒的机械作用将表面氧化层去掉，然后通过研磨垫与圆片之间的相对转动和研磨剂的更新将含有金属氧化物的溶液冲走。腐蚀抑制剂和 pH 调节剂等有助于提高 CMP 的平整度和对不同金属的选择比。由于铜结构的表面平整度由 CMP 质量决定，因而 CMP 技术直接影响键合效果。在研磨中主要采用粗研磨和细研磨两过程，粗研磨过程使用颗粒尺寸较大 (约 20μm) 的浆料和粗糙的磨盘快速地减除多余物，减薄速度可高达 200~300μm/min，但这个过程会给基体造成物理损伤，包括划痕、晶格损伤和应力。粗研磨后的表面 5~10μm 处有明显的微裂缝，而随后的几微米深处有晶格损伤会影响慢波结构的电学性能。物理损伤的程度与粗研磨的工艺参数相关，如浆料中的颗粒尺寸、旋转速度与研磨时间，需要调整并优化工艺参数，降低粗研磨过程给圆片带来的物理损伤。随着厚度的降低，由于应力的影响，微细结构容易产生弯曲，不利于后续的工艺操作并且容易破碎。细研磨主要采用化学机械抛光技术，使用颗粒尺寸较小 (约 5μm) 的浆料和较光滑的磨盘对圆片表面进行抛光处理，减薄速度通常在 1~10μm/min 范围。细研磨过程是必须的，可以减少由粗研磨带来的物理损伤，并且改善表面的粗糙度。除此之外，细研磨过程还能减少结构的翘曲度，同时提高结构的强度。

2) 键合工艺

电镀结构表面平整化后即可进行键合工艺，该键合技术把上层慢波和下层慢波结构按对准要求叠加，要求键合强度足够大，避免两层在后续的工艺过程中脱落，并且键合强度能满足一定的老化要求，保证可靠性。另一方面，要求键合界面不存在气泡或空隙，界面的气泡或空隙容易在后续的高温工艺过程中造成破裂，影响器件的寿命和可靠性。但在完成多步的工艺后，由于应力的存在，慢波结构将不可避免地翘曲，以及表面颗粒的存在和有限的平整度，给键合技术带来挑战。

键合工艺的主要步骤如图 9.5.5 所示，两层圆片表面制备慢波铜结构；两圆片对准后叠加在一起，使两层铜结构紧密接触；随后通过热压的方法实现键合。

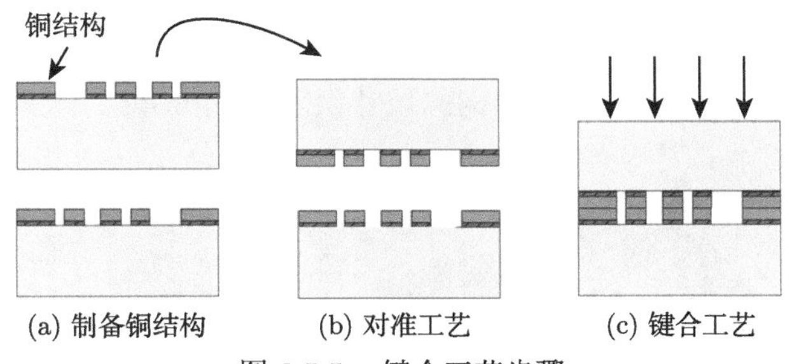

(a) 制备铜结构　(b) 对准工艺　(c) 键合工艺

图 9.5.5　键合工艺步骤

3) 精密压力扩散焊技术

键合过程主要在键合机里进行，由卡具把已经对准的结构固定在腔室内，为了提高压力的均匀性，在两结构的上面放置缓冲垫。在键合过程中，由上下加热板分别对上下圆片进行加热，有利于减少上下结构之间温度差。具体的键合过程和工艺参数需要根据实验现象进行优化。另外为保证无氧铜不被氧化，键合时首先对腔室进行抽真空，随后对结构加载预压力并加热，选择适当的温度上升速率，当温度上升到所需的键合温度时，使压力增大并且进入保温过程，持续时间要依据实验结果进行适当调节，而后降温并撤除压力，当上下热板的温度都下降到室温后停止对腔室抽真空。

在该步键合工艺中需要主要摸索和优化各种相关的工艺参数，主要包括：压力的大小、界面过渡层的材料和厚度、焊接的温度、保温时间等。通过实验优化后，可以制备完整的慢波结构，用于行波管的研制及测试。

9.5.3　测试结果与分析

经过 DRIE 关键工艺的前期准备，制备了工作频率在 1THz 的行波管正弦波导慢波结构 [38]，图 9.5.6 是刻蚀基片金属化后的实物图。

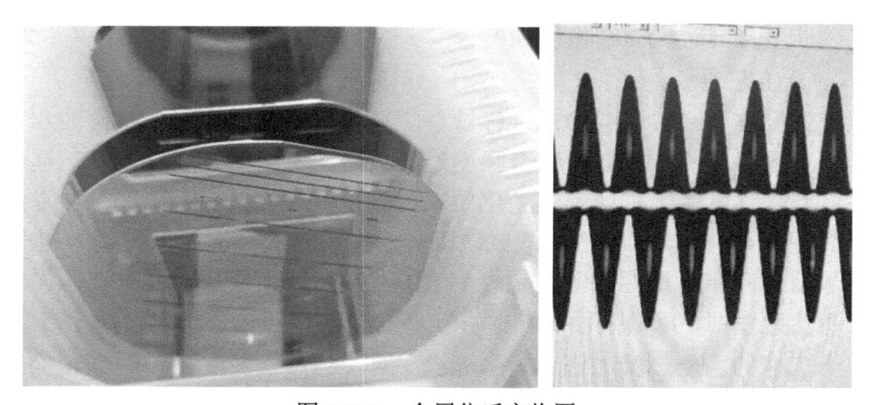

图 9.5.6　金属化后实物图

图 9.5.7 为加工的用于整管的慢波结构局部放大图，表 9.5.2 为尺寸检测结果，检测结果表明，加工的慢波结构的尺寸误差在 5μm 内。

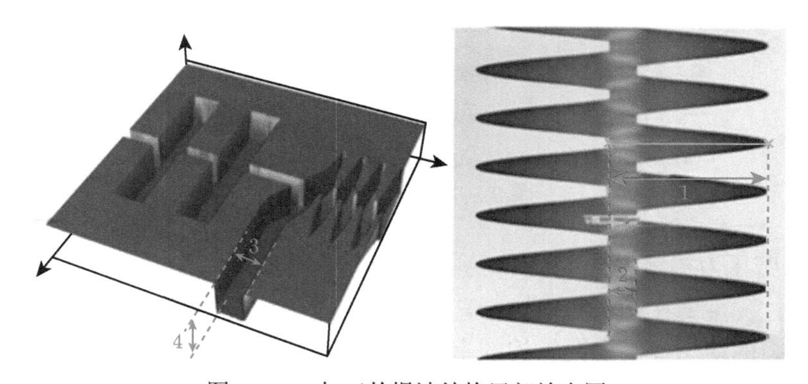

图 9.5.7　加工的慢波结构局部放大图

表 9.5.2 尺寸检测结果

序号	设计值/μm	测量值/μm
1	310	306.5
2	50	50.8
3	127	127.3
4	148	148.8

图 9.5.8 为正弦波导慢波结构的装配流程图和相关的测试部件。图 9.5.9 为慢波结构传输性能测试装置。图 9.5.10 为慢波结构传输特性测试结果，可以看到，慢波结构的 S_{11} 小于 -10dB，与仿真结果有相同的变化趋势；由于测试矢网的动态范围约 -55dB，S_{21} 的测试结果与仿真结果有一定的差异。

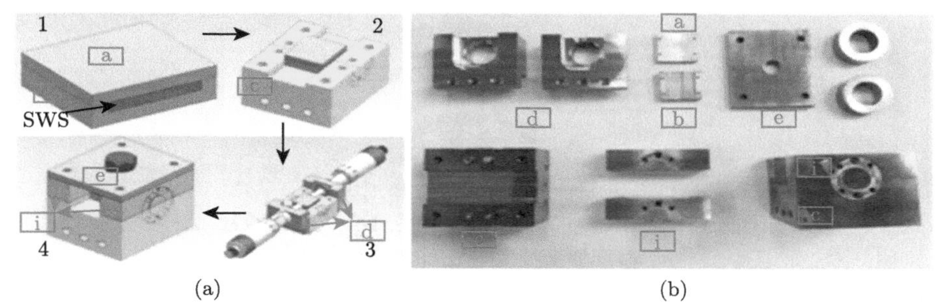

图 9.5.8 (a) 慢波结构装配流程；(b) 加工的测试工件

图 9.5.9 慢波结构传输特性测试

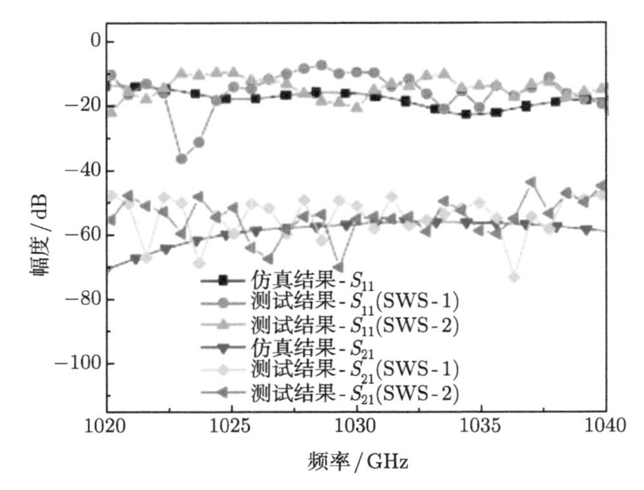

图 9.5.10 慢波结构传输特性测试结果

参 考 文 献

[1] 蒋欣荣. 微细加工技术 [M]. 北京: 电子工业出版社, 1990.

[2] 顾文琪. 电子束曝光微纳加工技术 [M]. 北京: 北京工业大学出版社, 2004.

[3] 刘明, 谢常青, 王从舜, 等. 微细加工技术 [M]. 北京: 化学工业出版社, 2004.

[4] Dennard R H, Gaensslen F H, Yu H N, et al. Design of ion-implanted MOSFET's with very small physical dimensions[J]. IEEE Journal of solid-state circuits, 1974, 9(5): 256-268.

[5] Pease R F, Chou S Y. Lithography and other patterning techniques for future electronics[J]. Proceedings of the IEEE, 2008, 96(2): 248-270.

[6] Tobey A C. Wafer stepper steps up yield and resolution in IC lithography[J]. Microelectronics Reliability, 1980, 20(5): 760.

[7] McGrath D, LaPedus M. Analysis: litho world needs a shrink[J]. EE Times, 2011, 3: 14.

[8] 崔铮. 微纳米加工技术及其应用 [M]. 北京: 高等教育出版社, 2013.

[9] Rai-Choudhury P. Handbook of microlithography, micromachining, and microfabrication: Microlithography[Z]. The Institution of Electrical Engineers London, 1997.

[10] Zant P V. Microchip Fabrication: A Practical Guide to Semiconductor Processing[M]. New York: McGraw-Hill, 2000.

[11] 龙文安. 积体电路微影制程 [M]. 台北: 高立出版集团, 1998.

[12] Madou M J. Fundamentals of Microfabrication: the Science of Miniaturization[M]. Boca Raton: CRC Press, 2002.

[13] 王宏睿, 祝金国. 光刻工艺中的曝光技术比较 [J]. 现代制造工程, 2008, 2008(12): 131-135.

[14] 顾长志. 微纳加工及在纳米材料与器件研究中的应用 [M]. 北京: 科学出版社, 2013.

[15] 王振宇, 成立, 祝俊, 等. 电子束曝光技术及其应用综述 [J]. 半导体技术, 2006(6): 418-422+428.

[16] Ohta H, Matsuzaka T , Saiton N. New optical column with large field for nano-meter e-beam lithography system [A]. Proc. SP IE2437, 1995: 185.

[17] Berger S D, Gibson J M. New approach to projection?electron lithography with demonstrated 0.1μm linewidth[J]. Applied Physics Letters, 1990, 57(2): 153-155.

[18] Harriott L R, Berger S D, Biddick C, et al. The SCALPEL proof of concept system[J]. Microelectronic Engineering, 1997, 35(1-4): 477-480.

[19] Dhaliwal R S, Enichen W A, Golladay S D, et al. PREVAIL—electron projection technology approach for next-generation lithography[J]. IBM Journal of Research and Development, 2001, 45(5): 615-638.

[20] Tucek J, Gallagher D, Kreischer K, et al. A compact, high power, 0.65 THz source[C]. 2008 IEEE International Vacuum Electronics Conference, IEEE, 2008: 16-17.

[21] Mekaru H, Kusumi S, Sato N, et al. Fabrication of a spiral microcoil using a 3D-LIGA process[J]. Microsystem technologies, 2007, 13(3-4): 393-402.

[22] Malek C K, Saile V. Applications of LIGA technology to precision manufacturing of high-aspect-ratio micro-components and-systems: a review[J]. Microelectronics Journal, 2004, 35(2): 131-143.

[23] 欧阳勤. 折叠波导行波管及微加工技术 [J]. 真空电子技术, 2003 (6): 33-38.

[24] 李永海, 丁桂甫, 毛海平, 等. LIGA/准 LIGA 技术微电铸工艺研究进展 [J]. 电子工艺技术, 2005, 26(1): 1-5.

[25] 陈同江, 冯进军, 蔡军. 短毫米波折叠波导慢波结构精密加工技术 [J]. 真空电子技术, 2009 (1): 64-66.

[26] 李雄. UV-LIGA 技术光刻工艺的研究 [D]. 武汉: 华中科技大学, 2004.

[27] Liu G. Research and application of LIGA process at nationol synchrotron radiation laboratory[J]. Chinese Journal of Mechanical Engineering, 2008, 44(11): 47.

[28] Nguyen K, Ludeking L, Pasour J, et al. 1.4: design of a high-gain wideband high-power 220-GHz multiple-beam serpentine TWT[C]. 2010 IEEE International Vacuum Electronics Conference (IVEC), 2010: 23-24.

[29] 马天军, 孙建海, 郝保良, 等. 220 GHz 折叠波导 UV-LIGA 微加工工艺 [J]. 强激光与粒子束, 2015, 27(2): 024101.

[30] 马天军. 太赫兹行波管折叠波导慢波结构制备工艺研究 [D]. 北京: 中国科学院大学, 2015.

[31] Wilkinson C D W, Rahman M. Dry etching and sputtering[J]. Philosophical Transactions of the Royal Society of London. Series A: Mathematical, Physical and Engineering Sciences, 2004, 362(1814): 125-138.

[32] Laermer F, Schilp A. Method of anisotropically etching silicon[P]. U.S. Patent 5,501,893. 1996-3-26.

[33] 吴自勤, 王兵. 薄膜生长 [M]. 北京: 科学出版社, 2001.

[34] 卢进军, 刘卫国, 潘永强. 光学薄膜技术 [M]. 北京: 电子工业出版社, 2011.

[35] 王力衡, 黄运添, 郑海涛. 薄膜技术 [J]. 北京: 清华大学出版社, 1991.

[36] Rossnagel S M. Sputter deposition for semiconductor manufacturing[J]. IBM Journal of Research and Development, 1999, 43(1.2): 163-179.

[37] Chapman B N. Glow Discharge Processes: Sputtering and Plasma Etching[M]. New York: Wiley, 1980.
[38] Yang R , Xu J , Yin P , et al. Study on 1-THz sine waveguide traveling-wave tube[J]. IEEE Transactions on Electron Devices, 2021, (99): 1-6.